UMWELTPROBLEME
DER NORDSEE

Der Rat von Sachverständigen
für Umweltfragen

UMWELTPROBLEME
DER NORDSEE

Sondergutachten
Juni 1980

VERLAG W. KOHLHAMMER GMBH STUTTGART UND MAINZ

Erschienen im Oktober 1980
Preis: DM 23,–
ISBN 3–17–003214–3
Bestellnummer: 7800104–80902
Druck: W. Kohlhammer Druckerei GmbH, Stuttgart

DER NORDSEERAUM

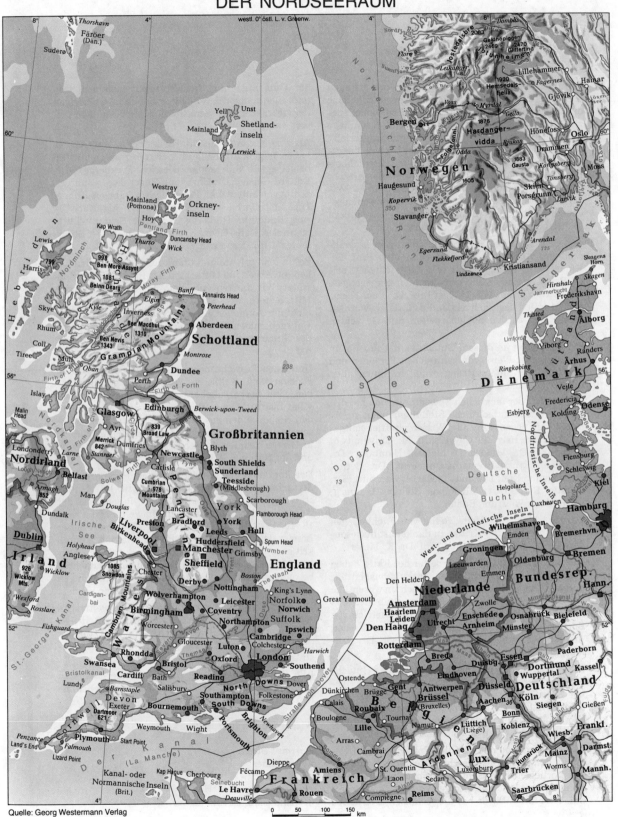

Quelle: Georg Westermann Verlag

1

Vorwort

Der Rat von Sachverständigen für Umweltfragen legt mit dem Sondergutachten „Umweltprobleme der Nordsee" sein fünftes Gutachten zu einem speziellen Bereich der Umweltpolitik vor. Grundlage dieses Gutachtens ist der im Einrichtungserlaß[1] festgelegte Auftrag, die Situation der Umwelt darzustellen und auf Fehlentwicklungen und Möglichkeiten zu deren Vermeidung hinzuweisen; die Absicht des Rates, die Nordsee zum Gegenstand eines Sondergutachtens zu machen, wurde durch eine entsprechende Bitte des Bundesministers des Innern (Schreiben vom 18. 7. 1977) verstärkt.

Aus dem Kreis des Sachverständigenrates ist während der Arbeiten an diesem Gutachten Prof. Dr. Klaus Töpfer im September 1979 ausgeschieden; seine Beiträge sind in dieses Gutachten eingegangen. Mit Wirkung vom 1. 4. 1980 ist Prof. Dr. Paul Klemmer Mitglied des Sachverständigenrates geworden; er hat sich an den Schlußarbeiten zum Gutachten beteiligt.

Bei der Arbeit an diesem Gutachten hat der Rat in mannigfacher Weise von zahlreichen Personen und Institutionen Unterstützung erhalten; ihnen allen möchte er danken.

Die Vielfalt der fachlichen Spezialprobleme hat den Rat veranlaßt, gutachtliche Stellungnahmen zu erbitten, an denen folgende Wissenschaftler mitgewirkt haben: Herr Luc Cuyvers, LL.M., University of Delaware; Dr. Volkert Dethlefsen, Hamburg; Dr. Wolfgang Ernst, Bremerhaven; Prof. Dr. Berndt Heydemann, Kiel; Dr. Ludwig Karbe, Hamburg; Dr. Karsten Reise, List; MR Folker Stelter, Hamburg; Dr. Rüdiger Wolfrum, Bonn.

Darüber hinaus half eine Reihe von Fachkollegen durch Anregung und Kritik; zu danken ist insbesondere Prof. Dr. S. Gerlach und Prof. Dr. K. Tiews.

Die wissenschaftlichen Mitarbeiter des Rates haben durch eigene Ausarbeitungen, Diskussionsbeiträge und Materialsammlungen zum Gutachten wesentlich beigetragen. Im wissenschaftlichen Stab der Geschäftsstelle haben mitgearbeitet: Dr. Dietrich von Borries, Dipl.-Kfm. Monika Cziesla-Kerssenfischer, Assessor Albrecht Glitz, Dr. Láslo Kacsóh, Dr. Hans Marg, Dr. Volker Niklahs.

Dipl.-Biol. Regina Hoffmann-Kroll hat das Gutachten in der Anfangsphase betreut und eine Reihe eigener Entwürfe beigesteuert. Am Gelingen des Gutachtens hat Dr. Jürgen Peter Schödel als unermüdlicher Koordinator in der Abschlußphase und durch eigene Beiträge einen bedeutenden Anteil.

Der Rat dankt besonders Dipl.-Pol. Jürgen H. Lottmann, dem Leiter der Geschäftsstelle des Rates, der das vorliegende Gutachten durch umsichtige Planung und mit eigenen Beiträgen wesentlich gefördert hat. Herr Ernst Bayer hat die technischen Arbeiten

am Gutachten mit Hingabe wahrgenommen, ihm und allen namentlich nicht erwähnten Angehörigen der Geschäftsstelle gebührt Dank für die gute Mitarbeit.

Als wissenschaftliche Mitarbeiter der Ratsmitglieder haben folgende Damen und Herren zum Gutachten beigetragen: Referendar Dietrich Freyberger, Dr. Eduard Geisler, Dr. Christoph Heger, Dipl.-Biol. Joachim von Jutrczenki, Referendarin Gabriele Kohne, Dipl.-Ing. Barbara von Kügelgen, Dr.-Ing. Karl-Ulrich Rudolph, Dipl.-Ing. Manfred Schmidt-Lüttmann, Dr. Hans-Georg Sengewein, Dr. Detlef Stummeyer, Dipl.-Vw. Fritz Vorholz.

Zahlreiche private und öffentliche Institutionen haben die Arbeit am Gutachten mit Rat und Tat unterstützt. Wir danken vor allem der Leitung und den Mitarbeitern der Statistischen Bundesamtes, das nicht nur Aufgaben einer Geschäftsstelle für den Rat wahrgenommen hat, sondern auch in der Endphase des Gutachtens die zügige Fertigstellung ermöglicht hat.

Unter den Einrichtungen, die zu diesem Gutachten Fachverstand, Kritik und Material beigetragen haben, sind hervorzuheben: Deutsches Hydrographisches Institut, Umweltbundesamt, Seewetteramt; in den Niederlanden das Staatliche Institut für Naturschutz und das Institut für Meeresforschung (NIOZ); in Großbritannien das Landwirtschaftsministerium und der National Water Council.

Der Rat dankt den Ländern Bremen, Hamburg, Niedersachsen und Schleswig-Holstein für ihre Unterstützung. Auf der Grundlage eines Beschlusses der Konferenz der norddeutschen Umweltminister vom 18. 10. 1978 haben die zuständigen Behörden dieser Länder dem Rat mit Daten und Material sowie durch kritische Stellungnahmen zu den Entwürfen sehr geholfen. Der Rat hofft daher, daß sein Gutachten besonders für diese Länder bei ihren Bemühungen um den Schutz der Nordsee von Nutzen sein wird.

Der Rat von Sachverständigen für Umweltfragen schuldet allen, die an dem Gutachten durch Beiträge, Anregung und Kritik mitgewirkt haben, Dank für ihre unentbehrliche Hilfe. Er hofft auf ihre Unterstützung auch bei den kommenden Gutachten.

Alle Fehler und Mängel, die das Sondergutachten „Umweltprobleme der Nordsee" enthält, gehen allein zu Lasten der Mitglieder des Rates.

Wiesbaden, im Juni 1980

Hartmut Bick
Vorsitzender

---

[1] Einrichtungserlaß siehe Anhang.

2

Inhaltsübersicht

Inhaltsverzeichnis

Anhang
Ergänzende Materialien

1 EINFÜHRUNG

1. Seit Beginn der Umweltdiskussion steht auch die Frage der Meeresverschmutzung und ihrer Folgen im Mittelpunkt des öffentlichen Interesses. Dazu trugen die großen Tankerunfälle der letzten Jahre ebenso bei wie die wiederholten Berichte über verschmutzte Meeresgebiete oder die Meldungen über krankhafte Veränderungen an bestimmten Fischpopulationen. In der Tat sind mit steigender Siedlungsdichte und vermehrter Industrialisierung vor allem die küstennahen Gewässer der europäischen Industriestaaten einer wachsenden Belastung ausgesetzt. Mit der Schmutzfracht der Flüsse gelangen erhebliche Mengen von Schadstoffen unterschiedlicher Herkunft und Beschaffenheit ins Meer. Seit längerer Zeit wird das Meer auch zur Beseitigung von Industrieabfällen durch Verklappung oder Verbrennung genutzt. Tankerverkehr sowie die Öl- und Erdgasgewinnung aus untermeerischen Lagerstätten bilden weitere Gefährdungspotentiale. Nicht zuletzt hat auch der Fremdenverkehr in der Nachkriegszeit zu einer intensiveren Nutzung und zu steigenden Belastungen geführt.

2. Schon im Umweltgutachten 1974 (Tz. 698) wies der Rat auf das Problem der ins Meer gelangenden Pestizid- und Abfallmengen sowie auf die wachsende Belastung durch Öl hin.

Im Sondergutachten „Umweltprobleme des Rheins" (1976) legte der Rat dann zum ersten Mal eine integrierte ökologische Untersuchung vor, die alle wichtigen Umweltprobleme des Rheins und seiner Region zu erfassen und darzustellen versuchte. Da ein großer Teil der Schadstofffracht des Rheins in die Nordsee gelangt, hatte der Rat schon für das Rheingutachten einen Abschnitt über die Küstengewässer der Nordsee geplant. Dabei zeigte sich, daß die Nordsee als ökologisches System besonderen Bedingungen unterliegt, die im Zusammenhang mit den Problemen von Binnengewässern nicht angemessen zu behandeln sind. Deshalb sollten die Umweltprobleme der Nordsee in einem eigenen Kapitel im Umweltgutachten 1978 dargelegt werden. Bei den Vorarbeiten für dieses Kapitel stellte sich jedoch heraus, daß „dieses wichtige Thema den Rahmen eines allgemeinen Umweltgutachtens gesprengt hätte" (Umweltgutachten 1978, Tz. 16). An der gleichen Stelle kündigte der Rat daher das nun vorliegende Sondergutachten an.

3. Die Probleme, die ein marines Ökosystem wie die Nordsee für die Darstellung und Bewertung aufweist, unterscheiden sich in vieler Hinsicht von denen terrestrischer und binnenländisch-aquatischer Ökosysteme, also etwa von Wäldern, Flüssen und Seen. Dies betrifft zunächst die Größenordnungen. Obwohl geomorphologisch lediglich ein flaches Randmeer des Atlantischen Ozeans, stellt die Nord-

see mit etwa 525 000 km² Wasserfläche und 43 000 km³ Wasservolumen ein Großökosystem dar, dessen Ausmaße die jedes mitteleuropäischen binnenländischen Ökosystems um ein Vielfaches übersteigt. Dieses System ist darüber hinaus durch Naturgewalten gekennzeichnet, die binnenländischen Gewässern fehlen. Dies gilt für Gezeiten und Meeresströmungen wie für Stürme und Eiswinter, die tief in das ökologische Geschehen des Meeres eingreifen. Bis heute bestimmten diese Naturgewalten auch die Gestalt der Küstenlandschaft und das Bewußtsein ihrer Bewohner. Die großen Sturmflutkatastrophen der 50er und 60er Jahre sind hier unvergessen. Dementsprechend ist das Verhältnis zum Meer in den Küstenregionen vielfach stärker auf Abwehr, Eindämmung und Beherrschung ausgerichtet als auf die Erhaltung und Sicherung der ökologisch besonders empfindlichen Randregionen. Mit diesem Bewußtsein wird man rechnen müssen.

4. Die Darstellung und Bewertung der Umweltprobleme der Nordsee muß vielfältige und zum Teil höchst komplexe Vorgänge und Faktoren berücksichtigen. Auf der einen Seite stehen die naturwissenschaftlichen Grunddaten über das Ökosystem selbst, wie sie von den verschiedenen Disziplinen ermittelt werden, so etwa von der Meteorologie, der Hydrographie, der Meereschemie, der Meeresbiologie und insbesondere auch der Fischereibiologie. Auf der anderen Seite müssen die Nutzungen der Nordsee und ihre Folgen erhoben und quantifiziert werden, seien es Fischfang, Schiffsverkehr, Erdölgewinnung oder Tourismus. Dazu kommen die beabsichtigten und unbeabsichtigten Schadstoffeinträge durch die Flüsse, durch Luftverfrachtung und Niederschläge sowie durch die Abfallbeseitigung auf See. Die Datenlage auf diesen ganz verschiedenen Gebieten ist, wie nicht anders zu erwarten, außerordentlich verschieden. Zum Teil gibt es langfristige und zuverlässige Datenreihen; vielfach – vor allem im Bereich des Stoffeintrags – war der Rat jedoch auf Schätzungen und Hochrechnungen angewiesen. Gerade auch im Bereich des Fischbestandes und seiner möglichen Gefährdungen fehlt es an zuverlässigen und aussagekräftigen Zahlen. Generell stellt der Rat deshalb fest, daß ein langfristiges Umweltüberwachungssystem für die Nordsee von außerordentlicher Bedeutung für die Zukunft sein wird.

5. Auch wenn das Gutachten die ganze Nordsee im Blick hat, so sieht der Rat seinem Auftrag gemäß die Umweltprobleme der Nordsee primär aus der Sicht der Bundesrepublik Deutschland; die anderen Anrainerstaaten treten entsprechend zurück. Die Nordsee insgesamt ist jedoch keineswegs ein besonderes deutsches Problem, da die Bundesrepublik Deutschland nur ein Nutzer und Verschmutzer unter vielen ist. Gerade die Bundesrepublik Deutschland aber verfügt über nahezu Zweidrittel jenes Küstenbereiches, der mit weitem Abstand das am meisten gefährdete Gebiet der Nordsee überhaupt darstellt: das Wattenmeer. Ist der Küstenbereich generell gegenüber der hohen See der eigentlich gefährdete Raum, so vervielfacht sich diese Gefährdung noch im Wattenmeer. Der herausragenden ökologischen Bedeutung dieses einzigartigen Systems entspricht eine besondere Empfindlichkeit gegenüber anthropogenen Eingriffen und Belastungen. Hier ist die Bundesrepublik Deutschland zweifellos zu besonderen Anstrengungen herausgefordert, wenn dieser Bereich in seiner ökologischen Funktionsfähigkeit auch in Zukunft erhalten bleiben soll.

6. Der Schutz der Nordsee ist in weiten Bereichen nur durch internationale Zusammenarbeit möglich. Zweifellos bedeutet es eine Erschwernis für eine einheitliche und effiziente Umweltpolitik für die Nordsee, daß hier zumindest sieben Anrainerländer – Großbritannien, Frankreich, Belgien, die Niederlande, die Bundesrepublik Deutschland, Dänemark und Norwegen – mit verschiedenen Nutzungsinteressen unmittelbar beteiligt sind. Gleichwohl sind, wie das Gutachten zeigt, durch eine Fülle von internationalen Abkommen und EG-Richtlinien Ansätze für ein gemeinsames umweltpolitisches Handeln erkennbar. Wie so häufig in der Umweltpolitik spielt freilich auch hier die Frage des Vollzugs eine wesentliche Rolle. In der Bundesrepublik Deutschland hat die Koordinierung der Umweltpolitik zwischen den beteiligten Bundesressorts und den betroffenen Ländern Niedersachsen, Bremen, Hamburg und Schleswig-Holstein Fortschritte gemacht. Es bleibt allerdings noch viel zu tun.

7. Die Gliederung des Gutachtens orientiert sich am ökologischen Ansatz. Es beginnt daher mit einem Abschnitt über die Naturausstattung des Nordseeraumes, der die wichtigsten Voraussetzungen und Komponenten des Ökosystems Nordsee und seine wesentlichen Funktionen darstellt. Daran schließt

sich ein Kapitel über die industrielle Nutzung des deutschen Nordseeküstenraumes an, in dem das Belastungspotential und Nutzungsschwerpunkte umrissen werden. Als erstes großes Belastungsproblem wird dann der Stoffeintrag in die Nordsee behandelt und zwar aufgeschlüsselt nach der jeweiligen Herkunft: durch Flüsse, Direkteinleitungen, Abfallbeseitigung auf See, Niederschläge, Off-shore-Tätigkeit und Schiffahrt. Die in diesem Kapitel behandelten Belastungsfaktoren werden im folgenden hinsichtlich ihrer regionalen Verbreitung, der aktuellen Wirkung und eventueller zukünftiger Gefährdungspotentiale diskutiert. Eine kurze zusammenfassende Betrachtung der Gesamtbelastung der Nordsee schließt sich an. Dabei wird eine Darstellung ökologischer Problemfälle vorgelegt. Die Gesamtproblematik der Ölbelastung erfährt eine ausführliche Behandlung, desgleichen die Veränderung der Fischbestände und die Fischereipolitik. Der besonderen Gefährdung der Küstenregion entsprechend werden deren spezielle Belastungen durch Deichbau, Landgewinnung und Fremdenverkehr eingehend dargestellt. Dem Naturschutz im deutschen Nordseeraum, insbesondere dem Schutz der Inseln und des Wattenmeers, ist ebenfalls ein eigenes Kapitel gewidmet. Es folgt ein Überblick über die rechtlichen Instrumente, die zum Schutz der Nordsee bereits geschaffen worden sind und über die politischen Bemühungen auf internationaler, supranationaler und nationaler Ebene, um diesen Schutz noch zu verbessern. Ein Kapitel „Schlußbetrachtung und Empfehlungen" schließt das Gutachten ab.

8. Das Gutachten ist so umfangreich geworden, weil die Probleme so vielfältig sind, weil zu jedem Problem eine deskriptive Darstellung erforderlich ist und weil man bei den meisten offenen Fragen nicht zu einer eindeutigen und kurzen Antwort kommen kann. Gerade mit dieser Art der Behandlung hofft der Rat, für die besonderen Bedingungen und Schwierigkeiten des Ökosystems Nordsee Verständnis zu wecken und damit zugleich einer langfristigen Planung den Weg zu bereiten.

2 DER NORDSEERAUM

2.1 Geowissenschaftliche Grundlagen

2.1.1 Geographischer Überblick

9. Die Nordsee, zwischen 51° und 61° nördlicher Breite und zwischen 4° westlicher und 9° östlicher Länge gelegen, ist ein Randmeer des Atlantischen Ozeans und mit diesem durch den Kanal und eine weite nördliche Öffnung verbunden. Ihre Grenzen werden in Übereinstimmung mit dem Internationalen Hydrographischen Büro, Monaco, im Süden mit der Straße von Dover, im Osten mit der Verbindung Hanstholm — Lindesnes und im Norden mit der Verbindung Schottland — Orkneys — Shetlands — 61° Breite nach Norwegen angesetzt[1]). Die Nordsee ist ein flaches Randmeer mit einer mittleren Tiefe von etwa 80 m, einer Fläche von etwa 525 000 km² und einem Wasservolumen von etwa 43 000 km³. Der Meeresboden steigt von Norden nach Süden an, abgesehen von dem flachen Teil Doggerbank (20 bis 30 m tief) und der tiefen Norwegischen Rinne, die sich mit etwa 900 km Länge und Tiefen bis zu 710 m vom Schelfrand bis zum Oslo-Fjord erstreckt.

10. Entsprechend den besonderen geomorphologischen, hydrographischen und klimatischen Bedingungen haben sich im Nordseeraum terrestrische und aquatische Ökosysteme herausgebildet, die sonst weltweit nirgends anzutreffen sind. Hohe Bevölkerungsdichte und hoher Industrialisierungsgrad der Anrainerländer sind ein weiteres Merkmal dieses Raumes. Dabei nehmen Industrialisierung und Bevölkerungsdichte von Norden nach Süden zu.

11. Anrainer der Nordsee sind sieben Staaten (Norwegen, Dänemark, Bundesrepublik Deutschland, Niederlande, Belgien, Frankreich, Großbritannien) mit ähnlicher politischer Struktur. Sie unterscheiden sich nach Industrialisierungsgrad und Bevölkerungsdichte, aber auch durch das Verhältnis von Küstenlänge zu Einwohnerzahl bzw. zur Landesgröße. Bereits hieraus ergibt sich eine unterschiedliche Nutzung der Nordsee als Vorfluter, Transportweg und Ressource. (Zur Politik der Nordseeanrainer s. Abschn. 10.1.)

12. Die Nutzung der Nordsee als Vorfluter entspricht der Verteilung von Industrie und Bevölkerung, ist also im Süden am intensivsten. Dieser Tatsache kommt dadurch eine besondere Bedeutung zu, daß eine ausgeprägte Strömung entlang der Küsten verläuft (Tz. 18) und der südöstlichen Festlandsküste das ökologisch bedeutsame Wattenmeer vorgelagert ist.

---

[1]) Etwas abweichende Grenzen werden vom International Council for the Exploration of the Sea (ICES) für die Erfassung von Fischfängen benutzt (s. Tz. 685).

13. Die Nordsee dient als Transportweg zwischen den europäischen und überseeischen Häfen und ist eines der Seegebiete mit der höchsten Verkehrsdichte. Transportiert werden Rohstoffe, Zwischen- und Endprodukte einer hochindustrialisierten Region. (Zur Industrie s. Kapitel 3.) Die Nordsee ist auch von den heute größten Schiffen befahrbar, obwohl nicht alle Häfen von ihnen angelaufen werden können; dies führt wiederum zu einer weiteren Konzentration, beispielsweise von Großtankern auf den Schifffahrtslinien nach Rotterdam oder Wilhelmshaven.

14. Neben der Nutzung als Vorfluter und als Transportweg dient die Nordsee auch als Quelle für Rohstoffe, Energieträger und Nahrungsmittel. Erdöl- und Erdgasgewinnung (s. Tz. 1069, 1087) stellen für einige Nordseeanrainer eine bedeutende Einnahmequelle dar und werden in Zukunft sicherlich eine wachsende Bedeutung für die europäische Versorgung gewinnen. Der Fischfang in der Nordsee schließlich ist nicht nur als Nahrungsquelle anzusehen, er ist auch für eine Reihe von Küstengebieten ein bedeutsamer Wirtschaftszweig.

2.1.2 Hydrographie

Wassermassen und Zuflüsse

15. Drei Zuflüsse bestimmen im wesentlichen die Zusammensetzung der Wassermassen der Nordsee:

1. Der atlantische Zufluß zwischen Schottland und Norwegen formt die nordatlantische Wassermasse.
2. Der atlantische Zufluß durch den Kanal bildet die Wassermasse in der südwestlichen Nordsee.
3. Der Zufluß von Ostseewasser mit geringerem Salzgehalt bestimmt den Bereich im Skagerrak.

Neben diesen primären Wassermassen werden weitere fünf sekundäre gezählt, die aus den primären durch Mischung mit Süßwasserzuflüssen gebildet werden. Eine Übersicht gibt Abb. 2.1. Die Grenzen der Wassermassen schwanken im Laufe des Jahres, weil im Herbst und Winter mehr Wasser in den Bereich der nordatlantischen Wassermasse einfließt. Die beiden atlantischen Zuflüsse erstrecken sich im Gegensatz zum Ostseeabfluß von der Oberfläche bis zum Grund. Letzterer hingegen schiebt sich in der Norwegischen Rinne über nordatlantisches Wasser. In diesem Bereich erfolgt auch der hauptsächliche Abfluß in den Atlantik.

16. Abschätzungen über die zufließenden Wassermassen (nicht zu verwechseln mit den weiter unten behandelten Strömungen) sind recht grob und daher divergierend. Die folgenden Werte werden vom Deutschen Hydrographischen Institut angegeben:

Abb. 2.1

SR–U 80 0463

Wassermassen der Nordsee im Sommer und Winter nach Plankton–Lebensgemeinschaften

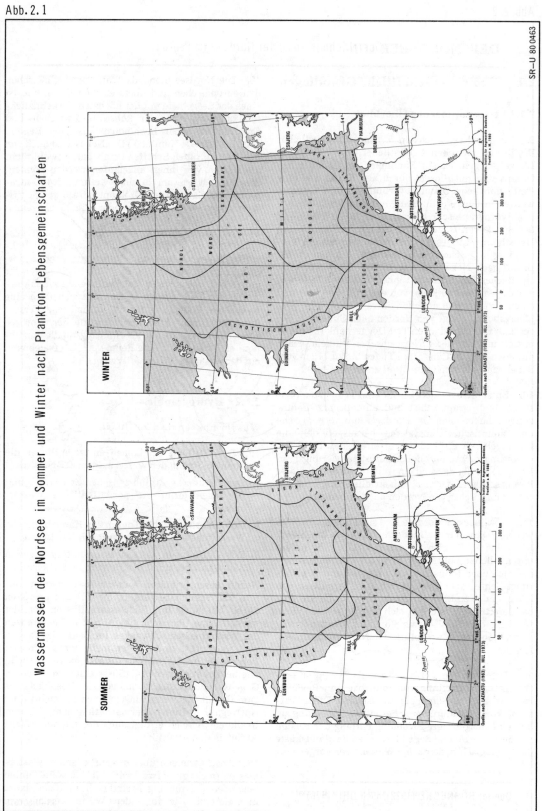

14

Abb. 2.2

Oberflächenströme der Nordsee im Februar

Quelle: BÖHNECKE (1922), nach DHI (1978)

SR–U 80 0318

15

Zwischen Schottland und den Shetland-Inseln führt der Fair Isle Current jährlich etwa 9 000 km³ Atlantikwasser zu. Der stärkste Einstrom erfolgt in der tieferen Norwegischen Rinne mit etwa 51 000 km³ pro Jahr. Jedoch steht diese Wassermenge nicht für die allgemeine Wassererneuerung zur Verfügung, da der überwiegende Teil mit dem Baltischen Strom, dem etwa 500 km³ Ostseewasser beigemischt sind, entlang der norwegischen Küste die Nordsee wieder verläßt. Durch den Kanal gelangen etwa 3 400 km³ Wasser in die Nordsee. Dieses breitet sich im wesentlichen entlang der kontinentalen Küste aus. Bemerkenswert ist, daß die Flüsse mit 290 km³ ebenso wie der Niederschlag (380 km³) nur einen vergleichsweise geringen Anteil liefern. Die verdunstete Menge beträgt etwa 325 km³ und gleicht somit den Niederschlag etwas aus. Dieser relativ geringe Anteil von Flußwasser von ca. 0,5% darf allerdings nicht darüber hinwegtäuschen, daß ihre Schmutzfracht nur einen sehr kleinen und noch dazu oft besonders empfindlichen Raum belastet.

Alle Zuflüsse unterliegen kurzperiodischen (z. B. Gezeiten) bis langperiodischen (jahreszeitlichen und mehrjährigen) Schwankungen.

Gezeiten

17. Sonne und Mond wirken bekanntlich periodisch mit ihren Gravitationskräften auf die Luft- und Wassermassen der Erde. Durch die Überlagerung von Sonnenanziehung mit einer 24stündigen Periode (Sonnentag) und der Anziehungskraft des Mondes mit einer etwa 25stündigen Periode (Mondtag) entstehen die Gezeiten, eine Auf- und Abbewegung des Wasserspiegels.

Die Periode des ansteigenden Wasserspiegels wird als Flut, die des sinkenden Wasserspiegels als Ebbe bezeichnet. Die Variation des Wasserstandes hat im wesentlichen eine halbmondentätige Periode, da der Einfluß des Mondes den der Sonne um mehr als das Doppelte überwiegt. Der Einfluß von Sonne und Mond erreicht den höchsten Wert, wenn Sonne, Erde und Mond auf einer Linie stehen, nämlich bei Voll- und Neumond (Springflut). Dann werden die höchsten Hochwasser und tiefsten Niedrigwasser erreicht. Steht der Mond im ersten oder dritten Quartal, so ist der Gezeitenhub, der Unterschied zwischen niedrigstem und höchstem Wasserstand, am geringsten (Nippflut).

Von Bedeutung sind die Gezeiten u. a. für Küstenschutz, Anregung des Strömungsfeldes und vor allem für Entstehung und Dynamik des Wattenmeeres.

Das Strömungsfeld (nach DHI, 1978b)

18. Die großräumigen Zuflüsse und Wassermassen werden von einer Anzahl von Strömungen überlagert, deren Größe und Richtung das Strömungsfeld der Nordsee ergeben. Als treibende Kräfte für die Strömungen werden die Zuflüsse, die meteorologischen Verhältnisse (Wind und Luftdruck) und dichtebedingte Austauschvorgänge angesehen. Die Gewichtung der Kräfte entspricht der Reihenfolge dieser Aufzählung.

Da der Wind nach Stärke und Richtung in hohem Maße variabel und auch eine der vorherrschenden von den vier Kräften ist, sind Angaben zum Strömungsfeld nur als langperiodische Mittelwerte anzusehen, während die momentane Lage eines Strömungsvektors (Größe und Richtung der Strömung) beträchtlich davon abweichen kann.

Der Anteil der Gezeitenströme am Zustandekommen des Strömungsfeldes ist durch Wechselwirkung der Ströme mit dem Meeresboden (Reibung) zu erklären. Die Bodenreibung verhindert ein streng periodisches Hin- und Herbewegen der Wasserkörper, die Gezeitenströmung wird asymmetrisch und hat eine Versetzung von Wasserkörpern zwischen 3 km pro Tag (in der inneren Deutschen Bucht) und 0,25 km pro Tag (in der Norwegischen Rinne) zur Folge.

Gemessen an Wind- und Gezeiteneinflüssen ist die Strömung des Atlantikwassers in die Nordsee ein nahezu gleichmäßiger, wenn auch jahreszeitlich schwankender Vorgang.

Das am besten bekannte Strömungsfeld ist das der Oberflächenströme, die aus einfachen Driftmessungen oder Salzgehaltbeobachtungen gewonnen werden (Abb. 2.2). Das von BÖHNECKE (1922) aufgestellte Strömungsfeld ist, weil es auf die Strömungsrichtung beschränkt ist, nicht geeignet, den Wasseraustausch zufriedenstellend zu beschreiben. Qualitativ läßt sich dennoch ableiten: Atlantisches Wasser gelangt durch den Nordkanal zwischen Schottland und Norwegen und dringt bis etwa 53°N entlang der britischen Küste nach Süden vor. Durch den Kanal gelangt atlantisches Wasser in die Nordsee und breitet sich entlang der Ostküste der Nordsee bis zum Skagerrak aus, wo eine Mischung mit Ostseewasser stattfindet. Entlang der norwegischen Küste verläßt es die Nordsee wieder. Zwischen diesen vorherrschenden Strömen entstehen drei Wirbel, weitere Wirbel liegen in der Deutschen Bucht, im Moray Firth und im Firth of Forth. Da die Wirbel von dem Windfeld abhängen, sind sie nicht stationär, unterliegen Verlagerungen und Intensitätsschwankungen und können sogar aufgelöst werden.

Schichtungen

19. Die vertikalen Austauschvorgänge hängen im wesentlichen von der sog. Stromscherung, d. h. von der Änderung der Strömung mit der Tiefe, und von der vertikalen Dichteänderung ab. Starke Stromscherung begünstigt vertikale Austauschvorgänge. Starke Dichtezunahme infolge von Temperaturabnahme und/oder Salzgehaltszunahme verringert den vertikalen Austausch oder bringt diesen zum Stillstand.

In ausgedehnten Bereichen der Nordsee wird etwa zwischen April und September eine ausgeprägte Tiefenabhängigkeit der Temperatur beobachtet. Dabei nimmt die Temperatur nicht kontinuierlich mit der Tiefe ab; zwischen dem erwärmten, durchmischten Wasser der Deckschicht und dem kälteren Wasser der Bodenschicht bildet sich vielmehr eine Temperatursprungschicht. Mit der Temperaturabnahme ist eine Dichtezunahme verbunden, so daß die Temperatursprungschicht gleichzeitig eine Dichtesprungschicht ist. Die sommerliche Sprungschicht löst sich auf, wenn die Abkühlung an der Oberfläche einsetzt und Herbststürme eine erhöhte Durchmischung verursachen. Ausgenommen von der som-

Abb. 2.3.

Die Linien verbinden Orte mit gleichen Erneuerungszeiträumen.
Ein Wasserkörper in der inneren Deutschen Bucht wird wahrscheinlich
in 36 Monaten die Grenzen der Nordsee erreicht haben.

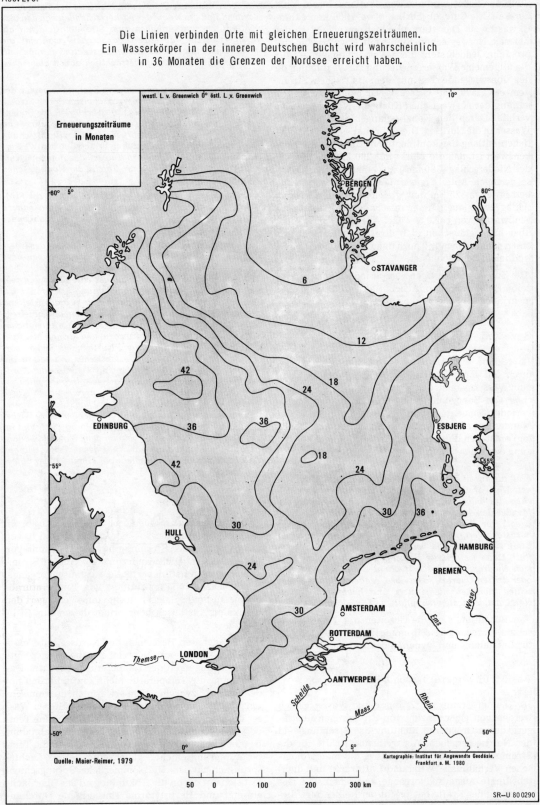

Erneuerungszeiträume
in Monaten

Quelle: Maier-Reimer, 1979

Kartographie: Institut für Angewandte Geodäsie,
Frankfurt a. M. 1980

50   0   100   200   300 km

SR–U 80 0290

Abb. 2.4 a + b

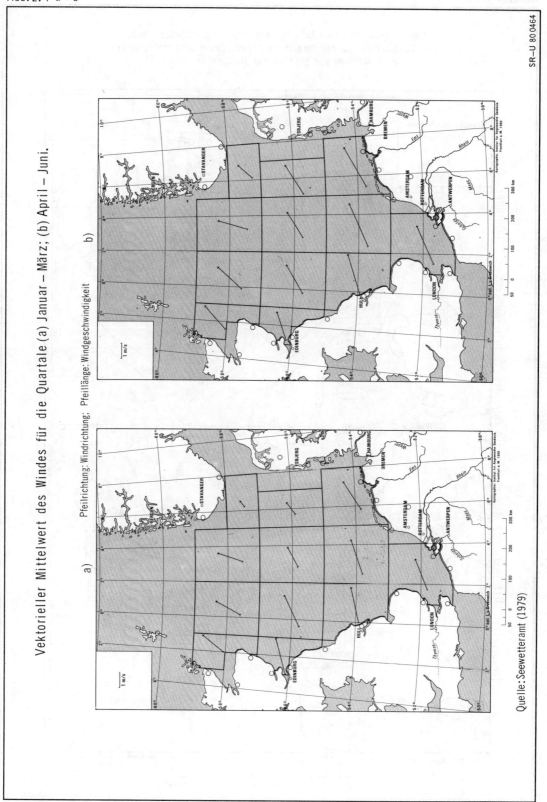

Vektorieller Mittelwert des Windes für die Quartale (a) Januar – März; (b) April – Juni.

Pfeilrichtung: Windrichtung; Pfeillänge: Windgeschwindigkeit

Quelle: Seewetteramt (1979)

SR-U 80 0464

18

Abb. 2.4 c + d

SR-U 800465

Vektorieller Mittelwert des Windes für die Quartale (c) Juli – September; (d) Oktober – Dezember

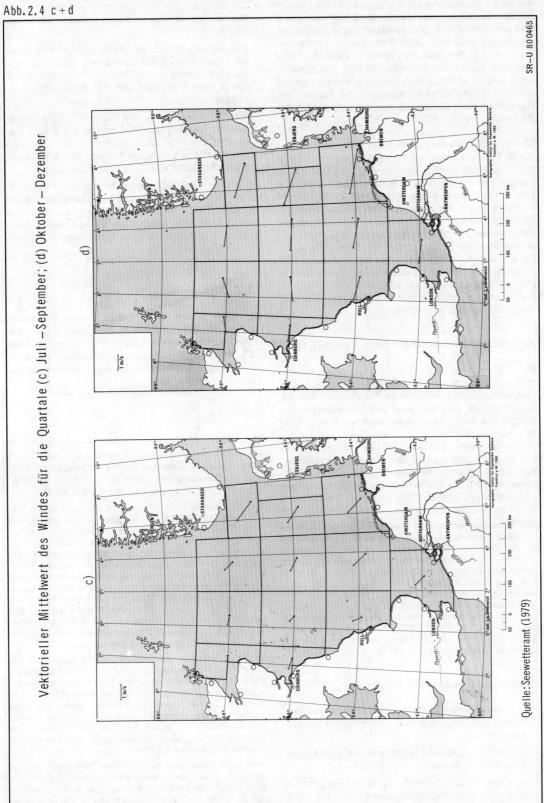

Quelle: Seewetteramt (1979)

19

merlichen Ausbildung der Sprungschicht sind in der Nordsee im allgemeinen nur die flacheren britischen und kontinentalen Küstengewässer sowie das Gebiet der Doggerbank (vgl. Abb. 2.18). In der Deutschen Bucht und in der südlichen Nordsee kann die sommerliche Sprungschicht jedoch durch die Einwirkung von Sommerstürmen vorübergehend aufgelöst werden. Diese Grundbedingungen sind für die Belastbarkeit eines Meeresgebietes von entscheidender Bedeutung (vgl. Tz. 67).

20. In den Gebieten mit stärkerer Süßwasserzufuhr durch Flüsse werden häufig vertikal unterschiedliche Salzgehalte beobachtet, die die Temperaturwirkungen noch verstärken (z. B. Deutsche Bucht). Im Gebiet der Norwegischen Rinne und im Skagerrak kommen wegen des Einstroms von salzhaltigem atlantischem Wasser und dem Ausstrom salzärmeren Ostseewassers komplizierte horizontale und vertikale hydrographische Strukturen. Besonders wichtig ist, daß die dichtebedingten Schichtungen den durch Stromscherung verstärkten Durchmischungsprozeß behindern oder gar aufheben können und so die Verteilung von Schmutz- und Schadstoffen und die Sedimentation beeinflussen.

Zeiträume des Wasseraustausches (DHI, 1978)

21. Während sich für das in Tz. 9 angegebene Volumen der Nordsee und den jährlichen Zu- bzw. Abfluß rechnerisch eine mittlere Verweilzeit von 0,6 Jahren ergibt, sind aufgrund der Strömungsbedingungen die Zeiträume für den Austausch in einzelnen Meeresgebieten, z. B. in der Deutschen Bucht, wesentlich länger. MAIER-REIMER (1977, 1979) hat aus einem Strömungsfeld die „Erneuerungszeiträume" (flushing time) berechnet. Unter diesem Zeitraum ist die Zeit zu verstehen, die ein Wasserkörper wahrscheinlich braucht, um von einer bestimmten Stelle aus die Nordsee zu verlassen (Abb. 2.3).

Die Erneuerungszeiträume sind definitionsgemäß kleiner als die gesamte Aufenthaltszeit eines Wasserkörpers in der Nordsee: Ein Wasserkörper, der 36 Monate braucht, um die Deutsche Bucht zu verlassen, hat sich schon längere Zeit in der Nordsee aufgehalten, wenn er z. B. vom Kanal her entlang der belgischen und niederländischen Küste in die Deutsche Bucht gelangt. Die Ergebnisse von MAIER-REIMER (1977, 1979) sind in guter Übereinstimmung mit den Ausbreitungsuntersuchungen von KAUTSKY (1973), der den Weg von radioaktivem Caesium 137 beschreibt, das an der Küste der Bretagne und in der Irischen See freigesetzt wurde.

Zusammenfassung und Folgerung

22. – Die Nordsee besteht aus Wassermassen verschiedenen Ursprungs und verschiedener Zusammensetzung.

– Die Strömungen sind horizontal und vertikal außerordentlich komplex und variabel.

– In ausgedehnten Bereichen gibt es Temperatur- und/oder Salzgehaltschichtungen, die eine vertikale Durchmischung behindern.

– Die Zeit, die ein Wasserkörper benötigt, um die Nordsee zu verlassen, kann mehrere Jahre betragen.

– Die Strömungen in der Tiefe können von denen der Oberfläche völlig abweichen. Verteilung und Durchmischung von Abfällen und Abwässern sind damit vom jeweiligen Ort der Einbringung abhängig.

– Wasserkörper, die an der Küste mit Schadstoffen belastet werden, haben nicht nur die größte Verweilzeit in der Nordsee, sie werden auch vorzugsweise entlang der Küste bewegt. Das gilt sowohl für die britische wie die kontinentale Küste.

Die letztere Feststellung ist besonders wichtig, da gerade im Küstenraum die „Kinderstube" vieler Tierarten liegt. Der Streifen entlang der Küste, in dem Schadstoffe aufgenommen und konzentriert werden, ist schmaler als das Strömungsfeld vermuten läßt (vgl. Abb. 2.2).

2.1.3 Meteorologie

23. Wärme- und Stoffhaushalt der Nordsee sowie die Ausbreitung von Schadstoffen in der Atmosphäre sind durch die meteorologischen Parameter Wind, Luft- und Wassertemperatur, Feuchte, Aerosole, Stabilität der Luftschichtung und Niederschlag bedingt.

Der Wind

24. Die Nordsee und ihre Küsten liegen im Bereich des nordhemisphärischen Westwindgürtels. Die in diese westliche Grundströmung eingelagerten Tief- und Hochdruckgebiete bewirken häufige Schwankungen in der Richtung und Stärke des Windes.

Die Windstärke wird in Beaufort (Bft) angegeben. Die häufigste Windstärke ist Beaufort 3. Windstillen und hohe Windstärken von 9 Beaufort und mehr kommen vor. Der „skalare" Mittelwert der Windgeschwindigkeit, der aus der Mittelung aller Beobachtungen des Windes im jeweiligen Feld ohne Berücksichtigung der Windrichtung berechnet wurde, bestimmt als wesentlicher Parameter den Austausch von physikalischen Eigenschaften zwischen dem Meer und der Atmosphäre sowie die vertikale Vermischung innerhalb der unteren Atmosphäre und innerhalb der oberen Deckschicht des Meeres. Je höher die skalare Geschwindigkeit, desto wirksamer sind auch Austausch und Vermischung.

Deutlich wirkt sich die unterschiedliche Rauhigkeit der Land- und Wasseroberfläche aus. Die rauhe Landoberfläche bremst die Strömung der Luft in Bodennähe wesentlich stärker ab als die aerodynamisch glattere Wasserfläche. Daher zeigen alle Küstenstationen geringere mittlere skalare Windgeschwindigkeiten als die angrenzenden Gebiete der freien Nordsee. Mit zunehmendem Abstand von der Küste verringert sich landeinwärts die Geschwindigkeit noch weiter.

Eine Information über den mittleren Nettotransport mit der Luft erhält man, wenn der mittlere Wind unter Berücksichtigung seiner Richtung („vektoriell") berechnet wird. Bei variabler Windrichtung ist die Geschwindigkeit der resultierenden Luftbewegung stets geringer

Abb. 2.5

SR–U 80 0466

Isolinien der mittleren Wassertemperatur in °C, a) Februar, (b) August

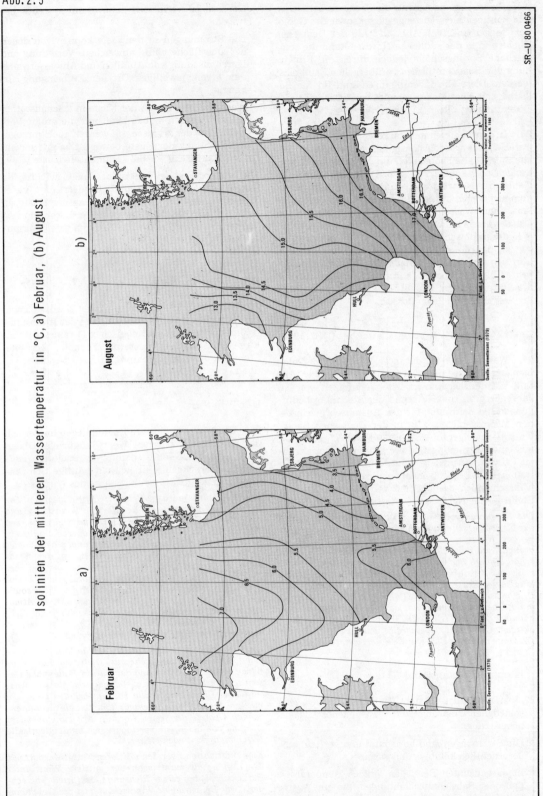

Abb. 2.6

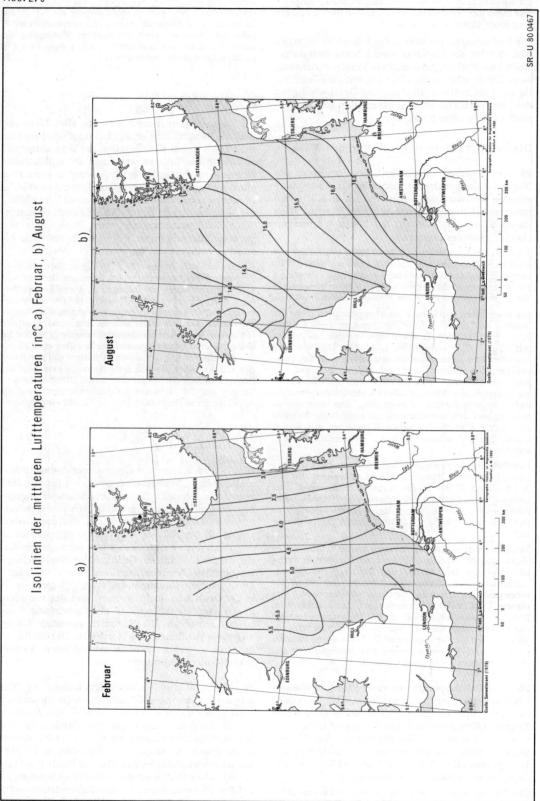

Isolinien der mittleren Lufttemperaturen in°C a) Februar, b) August

22

als die oben erläuterte mittlere skalare Geschwindigkeit. Nur wenn der Wind immer aus derselben Richtung weht, sind beide Mittelwerte gleich.

Die Luftbewegungen sind in Form von Pfeilen in den Abb. 2.4 für die verschiedenen Jahreszeiten dargestellt. Der Pfeil zeigt die mittlere Transportrichtung, seine Länge gibt die Geschwindigkeit an. Gleichzeitig wird die mittlere Richtung und Geschwindigkeit des Transportes eventueller atmosphärischer Schadstoffbeimengungen angegeben.

Die Temperaturen der Luft und des Wassers

25. Die Nordsee ist ein östliches Randmeer des Nordatlantischen Ozeans; daher bringt der vorherrschende Westwind der Nordsee und ihren Küsten ein maritimes Klima. Die wesentlichen Eigenschaften dieses Klimas beruhen auf der hohen Wärmespeicherfähigkeit des Wassers.

Wenn sich beispielsweise das Meer bis zu einer Tiefe von nur einem Meter um 1° C abkühlt, kann mit dieser Wärmemenge die Atmosphäre bis zu einer Höhe von etwa 4 Kilometer um 1° C erwärmt werden. Daher gleicht sich die Lufttemperatur rasch der Wassertemperatur an.

Die niedrigsten mittleren Wassertemperaturen weist die Nordsee im Februar auf, sie betragen dann 3−7° C (Abb. 2.5 a). Die höchsten Temperaturen werden im August mit 13−17° C erreicht (Abb. 2.5 b). Die Differenz der höchsten und niedrigsten Monatsmittelwerte der Temperatur des Jahres wird Jahresgang genannt. Er schwankt zwischen etwa 7° C im Nordwesten und 14° C im Südosten der Nordsee. Diese Unterschiede beruhen auf unterschiedlichen Wassertiefen, den Meeresströmungen und dem vor allem auf die südöstliche Nordsee wirkenden Einfluß des nahen Kontinents mit seinen ausgeprägten jahreszeitlichen Temperaturschwankungen.

Deutlich sind im Februar an den Isothermen des Wassers (Abb. 2.5 a) zwei Wasserzungen zu erkennen, die von Norden und Süden in die Nordsee hineinragen. Das kälteste Wasser befindet sich dann in der flachen Deutschen Bucht. Hier und in der übrigen südlichen Nordsee treten im August (Abb. 2.5 b) die höchsten Temperaturen auf.

Von besonderem Interesse ist der Streifen relativ kalten Wassers an der Ostküste Englands im Sommer. Es dürfte sich hier um eine Auswirkung des auch im Sommer vorherrschenden Westwindes handeln. Der Wind übt einen gewissen Schub auf die Wasseroberfläche aus. Von diesem wird das Oberflächenwasser, das besonders im Sommer wesentlich wärmer als das Tiefenwasser ist, auf die Ostseite der Nordsee gedrängt. Das nun fehlende Wasser wird an der englischen Ostküste durch kälteres aufquellendes Tiefenwasser und Oberflächenwasser aus dem nördlichen Nordatlantik ersetzt.

26. Die Lufttemperatur ist in der Regel der Wasseroberflächentemperatur angeglichen: Die Verteilung der Lufttemperatur über der Nordsee zeigt daher im Februar (Abb. 2.6 a) und auch im August (Abb. 2.6 b) eine weitgehende Ähnlichkeit mit der der Wassertemperaturen. Der Jahresgang der Lufttemperatur beträgt ebenfalls etwa 7−14°C und ist damit erheblich geringer als auf dem Kontinent.

Der Tagesgang der Temperatur ist definiert als die Differenz zwischen der tiefsten und höchsten Temperatur des Tages. Auf der offenen See ist der Tagesgang der Wassertemperatur sehr gering, meist kleiner als 0,3° C; das ist wieder eine Folge des hohen Wärmespeichervermögens des Wassers. Auch der mittlere Tagesgang der Lufttemperatur über dem Meer ist mit weniger als 1° C zu allen Jahreszeiten recht gering.

Maritime Aerosole

27. Nebel tritt über der Nordsee zu allen Jahreszeiten auf. Nebelbildung erfolgt bei relativen Feuchten nahe 100% durch Kondensation des Wasserdampfes an den in der Luft schwebenden atmosphärischen Beimengungen (Kondensationskernen). Dies sind vor allem die sogenannten hygroskopischen Aerosole. Es ist nicht auszuschließen, daß es zu einer Vermehrung der Nebelhäufigkeit kommt, wenn künstlich zusätzliche Kondensationskerne, etwa Rückstände von Verbrennungsvorgängen in die feuchte maritime Atmosphäre eingebracht werden.

Bereits ab Windstärken 2−3 Beaufort (entsprechend 2−5 m/s Windgeschwindigkeit) beginnen sich auf dem Meer Schaumblasen zu bilden, die, wenn sie platzen, feine Salzpartikel in die Luft befördern. Durch die turbulenten Durchmischungsprozesse werden diese hygroskopischen Aerosole in der unteren Atmosphäre verteilt. Besonders hohe Aerosolkonzentrationswerte treten bei den selteneren Windgeschwindigkeiten über etwa 17 m/s (ab Beaufort 8) auf, bei denen sich auch auf der freien See Gischt bildet. Andere feste Aerosole sind über der See wesentlich seltener als über Land. Dies hat Auswirkungen auf die Ökologie des Küstenbereichs; auf die heilklimatische Bedeutung wird in Tz. 928 eingegangen.

Der Niederschlag

28. In Abb. 2.7 sind die Gesamtmengen des Niederschlages (die „Niederschlagssummen") für alle Jahreszeiten dargestellt. Sie sind in Millimeter angegeben, was gleichbedeutend mit Litern pro Quadratmeter ist. Die Abbildungen zeigen, daß der Niederschlag auf der Nordsee selbst kaum geringer als an den Küsten ist, ausgenommen die norwegische Küste, wo der Luftstau am Gebirge hohe Niederschläge erzeugt. Die Niederschlagsmengen vor der englischen Ostküste sind durchweg etwa 15% geringer als in der Deutschen Bucht, hier zeichnet sich vor allem in der zweiten Jahreshälfte die Leewirkung Englands deutlich ab. Die Niederschlagsmenge nimmt allgemein von Süden nach Norden zu. Das dürfte mit den häufig weiter nördlich verlaufenden Niederschlagsfeldern zusammenhängen.

29. Während die Niederschlagssummen der Küstenorte in der Abb. 2.7 aus direkten Messungen berechnet wurden, handelt es sich bei den Angaben für die Seegebiete um abgeleitete Größen, da eine Niederschlagsbestimmung nach der herkömmlichen Auffangmethode nur auf festliegenden, nicht aber auf fahrenden Schiffen zuverlässige Werte gibt. Daher ist für die Bestimmung der Niederschlagsmengen auf See ein besonderes Bestimmungsverfahren nötig (Seewetteramt, 1979; mündliche Informationen).

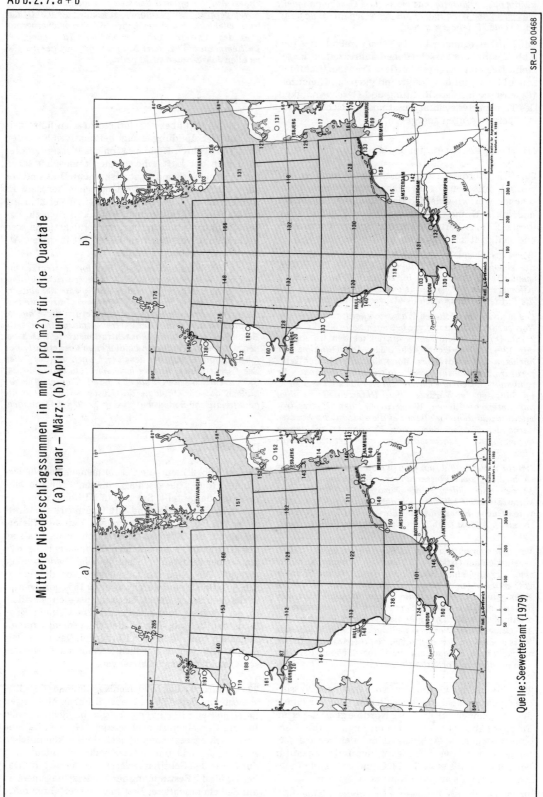

Abb. 2.7.a + b

Mittlere Niederschlagssummen in mm (1 pro m²) für die Quartale
(a) Januar – März; (b) April – Juni

Quelle: Seewetteramt (1979)

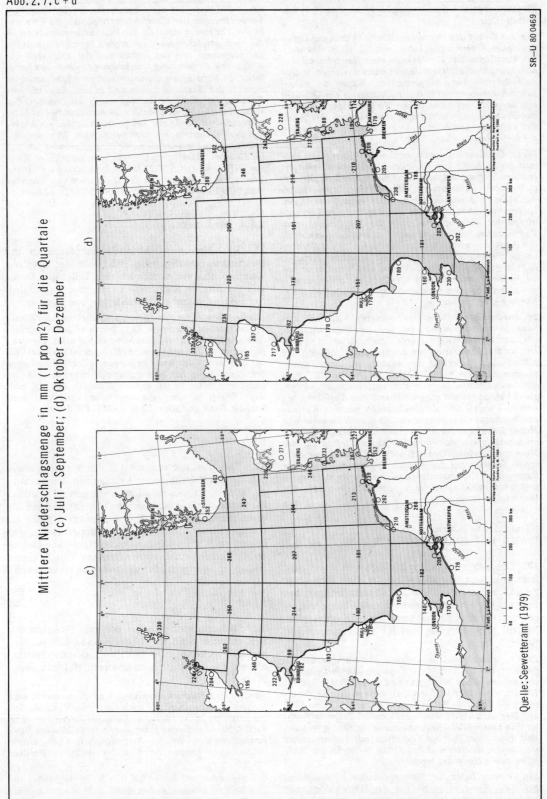

Abb. 2.7. c + d

Mittlere Niederschlagsmenge in mm (1 pro m²) für die Quartale
(c) Juli – September; (d) Oktober – Dezember

Quelle: Seewetteramt (1979)

SR–U 80 0469

25

Diese Überlegungen sind für eine Abschätzung des Stoffeintrags aus der Atmosphäre (Abschn. 4.7) unentbehrlich.

Für das Gebiet der Deutschen Bucht, in dem auf sieben deutschen Feuerschiffen schon seit Jahren Beobachtungen stattfinden und für das auch viele Handelsschiffsbeobachtungen aus diesem Jahrhundert vorliegen, wurde eine Relativeichung vorgenommen. Wegen des ausgeprägten Jahresganges wurde monatsweise der Quotient aus der mittleren monatlichen Niederschlagssumme an den Feuerschiffen und der mittleren relativen Häufigkeit des Auftretens von Niederschlag aus den Beobachtungen der Handelsschiffe berechnet.

Dieser Quotient hat die Dimension „Millimeter pro Prozent der Niederschlagshäufigkeit" und kann als eine Art Niederschlagsergiebigkeit verstanden werden. Die Ergiebigkeit ist im Sommer erheblich höher als im Winter; das steht im Einklang mit dem Jahresgang der in der Luft vorhandenen absoluten Feuchte und den Erkenntnissen der Wolkenphysik über das Tropfenspektrum. Zur weiteren Behandlung des Problems der quantitativen Angabe von Niederschlagssummen über der Nordsee wurde die physikalisch begründete Annahme gemacht, daß das mittlere Tropfenspektrum, also der relative Anteil kleiner, mittlerer und großer Tropfen für den jeweiligen Monat über dem verhältnismäßig kleinen Gebiet der Nordsee konstant sei.

So wurden die beobachteten mittleren Niederschlagshäufigkeiten jedes Monats mit dem jeweiligen Quotienten, der oben erläutert wurde, multipliziert. Die sich ergebenden Monatssummen wurden zur Erhöhung der statistischen Sicherheit der Aussage zu Vierteljahressummen zusammengefaßt (Abb. 2.7). Die für die Seegebiete angegebenen Summen sind untereinander gut vergleichbar, da sie mit einem einheitlichen Verfahren bestimmt wurden. Die Vergleichbarkeit mit den Küstenstationen sind nicht ganz so gut, da überall verschiedene Meßverfahren angewendet werden und überdies die Geländegestalt am jeweiligen Ort einen Einfluß auf die Messungen ausübt. Generell sollten Unterschiede zwischen Summen auf See und an Küstenstationen sowie Summen der Küstenstationen untereinander nicht interpretiert werden, wenn sie weniger als etwa 10% der Werte selbst betragen.

Klimatische Anomalien
(LAMB, 1972; HILL u. DICKSON, 1978)

30. Die meteorologischen Bedingungen unterliegen Schwankungen, die sich entweder über sehr lange Zeiträume erstrecken und als Klimavariationen bezeichnet werden, oder sich über einige Jahre hinziehen und dann als Klimaanomalien definiert werden. Nur die letztgenannten sind für das Gutachten von Belang.

Zum Nachweis von Klimaanomalien ist einmal ein Index geeignet, der die Anzahl der Tage pro Jahr mit vorherrschend westlichen Winden angibt. Dieser Index hat mit 128 Tagen im Jahr 1923 ein Maximum in dem Zeitintervall 1860 bis 1976. Nebenmaxima traten 1910 und 1950 auf. Der tiefste Wert wurde 1969 mit 56 Tagen beobachtet. Ein sehr breites Minimum wurde für 1885 errechnet. Seit 1950 sinkt die Zahl der Tage mit vorherrschend westlichen Winden und hat Mitte der siebziger Jahre offenbar ein Minimum erreicht.

Ein weiterer Index für Klimaanomalien ist die global gemittelte Temperatur, die von der Jahrhundertwende bis in die vierziger Jahre einen Anstieg und seither ein

Absinken zeigt. Es liegt nahe, die möglichen klimatischen Einflüsse auf die Ökosysteme der Nordsee über Veränderungen der Oberflächentemperatur zu erfassen. In der Tat findet man von der Jahrhundertwende bis in die vierziger Jahre einen generellen Temperaturanstieg, der allerdings von der Region und der Jahreszeit abhängt. Die Erwärmung war in der östlichen und nordöstlichen Nordsee am stärksten und am schwächsten im Bereich der Shetland-Inseln und in der südwestlichen Nordsee. Der stärkste Anstieg wurde im Oktober, der schwächste im April gefunden. In Analogie zu den Lufttemperaturen wurde seit den vierziger Jahren ein Absinken der Wassertemperaturen verzeichnet. Dem generellen Trend sind wiederum mehrjährige Perioden (etwa 5 bis 15 Jahre) überlagert, über die in ausführlicher Form von HILL u. DICKSON (1978) berichtet wird. Diese Überlegungen spielen bei der Diskussion von Fischbestandsveränderungen eine wichtige Rolle (Tz. 724).

2.1.4 Sedimente[1])

31. Das Nordseerelief wurde hauptsächlich im Pleistozän[2]) geprägt; die Sedimente der Nordsee stammen im wesentlichen aus dem Holozän[3]). Diese und die älteren Sedimente haben in der zentralen Nordsee insgesamt eine Mächtigkeit von 3500 m.

Die Sedimente, die den gegenwärtigen Grund der Nordsee ausmachen, werden in Kies, Sand und Schlick unterteilt. Als Schlick wird feines Material mit einer Korngröße kleiner als 125 µm bezeichnet. Dieses ist auch der Teil der Sedimente, der leicht in Suspension verfrachtet werden kann. Sand hat eine Korngröße zwischen 125 µm und 2 mm, Kies ist das gröbste Material. Abb. 2.8 gibt eine Übersicht über die regionale Verteilung von Schlick, Sand und Kies (LEE, RAMSTER, 1979).

Kies

32. Kies wird nur vereinzelt in der Nordsee gefunden. In den Zeiträumen mit steigenden Wasserständen (Tz. 42) ist Kies möglicherweise bewegt worden; die gegenwärtigen Strömungen (Tz. 18) sind jedoch nicht stark genug, um Kies in größerem Maße zu transportieren. Auch in den geringen Tiefen der Doggerbank kann das Zusammenwirken von Gezeitenströmungen und sturmerzeugten Oberflächenwellen eine nur geringfügige Bewegung verursachen.

Sand

33. Da gegenwärtig so gut wie kein Flußsand die See erreicht, sind die Nordseesände älteren Ursprungs, vermutlich aus dem Pleistozän oder Tertiär, obwohl Flußsand auch im späteren Holozän zugeführt worden ist.

Sande verschiedenen Ursprungs sind durchmischt und werden auch gegenwärtig noch durchmischt, da die Gezeitenströme in der südlichen Nordsee hinreichend stark sind. Obwohl während jeder Gezeit große Mengen Sand bewegt werden, ist der Nettotransport klein. Große Sturmwellen können Sand in der südlichen Nordsee

---

[1]) Das folgende nach EISMA (1973). – [2]) Voreiszeitlicher Abschnitt der geologischen Gegenwart. – [3]) Jüngster geologischer Zeitabschnitt der Nacheiszeit.

Abb. 2.8

Verteilung von Kies (Gravel), Sand, Schlick (Mud) und Fels (Rock) in der Nordsee

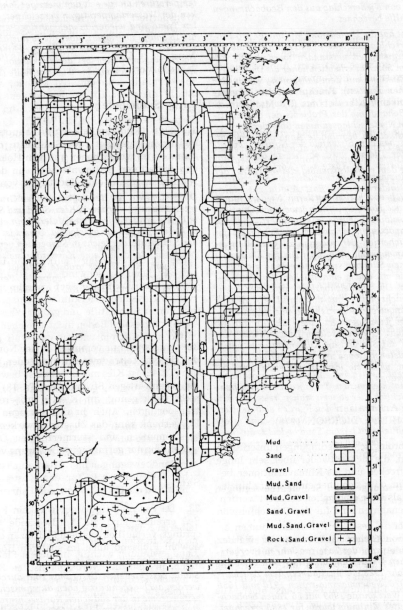

Mud		
Sand		
Gravel		
Mud, Sand		
Mud, Gravel		
Sand, Gravel		
Mud, Sand, Gravel		
Rock, Sand, Gravel		

Quelle: LEE, RAMSTER (1979)

SR–U 80 0319

aufwühlen; der Effekt ist allerdings in Tiefen von mehr als 15 – 25 m gering. Nördlich der Doggerbank kann feiner Sand auch in Tiefen um 100 m bewegt werden, wenn Gezeitenströme und große Wellen in geeigneter Weise zusammenwirken. Außerhalb dieser Perioden können die Oberflächenwellen den Sand nicht beeinflussen, so daß der Sand praktisch in Ruhe ist. In der südlichen Nordsee („Southern Bight") findet sich der Sand in langen Wellenstrukturen, ausgedehnten Sandbänken und Flächen.

Schlick

34. Schlick wird in einer Größenordnung von 5 bis 10 Mio Tonnen pro Jahr von Flüssen und aus dem Kanal in die Nordsee eingetragen. Andere Quellen sind Klippenerosion (1 Mio Tonnen), organische Produktion (3 Mio Tonnen) atmosphärischer Eintrag (1 Mio Tonnen) und Klärschlamm (5,3 Mio Tonnen, 1978).

Schlick wird als Suspension transportiert und folgt dabei im wesentlichen dem Stromfeld der Nordsee (Tz. 18). Schlick aus der Themse wird nordwärts bewegt und trifft im Nordosten der Küste von Norfolk mit dem Schlick von Humber und dem erodierten Material der Klippen von Holderness und East Anglia zusammen. Schlick aus Rhein und Maas wird entlang der niederländischen Küste bewegt und ein großer Teil erreicht das Wattenmeer. Schelde und Ems liefern nur geringe Beiträge ihres Schlicks in die Nordsee, während Weser und Elbe Schlick in das deutsche Wattenmeer bringen, wo er deponiert wird oder auch teilweise weiter nördlich transportiert wird.

Im Wattenmeer, in den Fjorden und teilweise in den Ästuarien werden bisher unbekannte Mengen Schlick eingefangen. Das gleiche gilt für die tieferen Gebiete der südlichen Nordsee, wie z. B. den Helgoland-Kanal, die innere Deutsche Bucht, das Skagerrak und den Austerngrund. Da sich die Strömungen der Nordsee im wesentlichen gegen den Urzeigersinn bewegen, kann suspendierte Materie, die die Nordsee im Süden erreicht, weiter nordwärts bewegt werden und entlang der norwegischen Küste den Atlantik erreichen. Es ist jedoch wahrscheinlich, daß der Schlick, der so weit transportiert wird, in der Norwegischen Rinne oder den Fjorden sedimentiert. In der mittleren und nördlichen Nordsee sind große Flächen mit Schlick und feinem Sand bedeckt; die tiefen Einschnitte wie Teufelsloch oder Fladengrundrinne sind teilweise mit feinem Schlick gefüllt.

2.1.5 Wasserströmungen und Sedimentbewegungen im Watten-Insel-Bereich

35. Neben der in geschichtlichen Zeiträumen erfolgten morphologischen Gliederung der Wattenmeerküste sowie ihrer Veränderung durch den relativen Anstieg des Meeresspiegels und die Wirkung von Sturmfluten unterlag dieses Gebiet auch immer dem dauernden Einfluß von Gezeitenströmen. Die Folge waren und sind Materialverlagerungen, die erst in jüngster Zeit untersucht und dokumentiert werden (DFG, 1979).

36. Die Gezeitenstromwerte sind entscheidend für die Dynamik der Umlagerung der Sedimente und die Nahrungszufuhr im Wattenmeer. Sie prägen damit

wichtige ökologische Voraussetzungen für die Wattenmeer-Ökosysteme. Die Strömungsgeschwindigkeiten betragen 0,3 – 0,5 m/s, bei Sturmfluten auch bis zum Fünffachen, d. h. 1,5 m/s; in kleinen Rinnen beträgt die Strömungsgeschwindigkeit oft 1 m/s, in größeren 1,5 m/s. Sie liegt damit in einer ähnlichen Größenordnung wie der Gezeitenstrom im offenen Wasser bei Sturmflut (REINECK, 1978; KLUG u. HIEGELKE, 1979).

37. Das über dem Wattboden strömende Wasser transportiert nach Erreichen der Erosionsgrenzgeschwindigkeit die obenliegenden Sedimente. Dieser Sedimenttransport ist ein komplexer physikalischer Vorgang (OEBIUS u. FENNER, 1979). Weiterhin transportiert Meerwasser kolloidale Schwebstoffe, die ebenfalls sedimentieren können, sowie gelöste Stoffe, die ausgefällt werden können. Die überwiegende Menge der Feststoffe wird im bodennahen Bereich bewegt (LUCK u. WITTE, 1979). Abb. 2.9 verdeutlicht den Weg eines Schwebstoffteilchens mit dem Gezeitenstrom im Wattenmeer (HICKEL, 1979): Beginn des Flutstroms (1); die Flutwelle dringt durch Tiefs und Priele ein und breitet sich dann über die Watten aus, wobei sich die Strömungsgeschwindigkeit rasch vermindert. Das Absinken des Teilchens beginnt (2), der Boden wird bald erreicht (3). Fließt das Wasser bei Ebbe wieder ab, ist der Strom am Ort der Sedimentation des Teilchens zu schwach, um es zu resuspendieren. Erst ein Wasserkörper, der näher zur Küste hin lag (Pfeil), hat die dazu erforderliche Strömungsgeschwindigkeit (4) und trägt das Teilchen zurück in das Tief (5), allerdings nicht so weit, wie es seinem Herkunftsort entsprach. Bei hier nur kurzer Stromstille und großer Wassertiefe (5 bis 15 m) kann es den Boden nicht erreichen (6) und wird mit dem Flutstrom wieder aufs Watt getragen (7). Wenn es dort erneut absinkt (8), ist es in einer Tide die Strecke 3 bis 8 landeinwärts gewandert.

38. Einige bislang gefundene Hauptverfrachtungswege von Sand nördlich und südlich der Elbemündung sind in Abb. 2.10 dargestellt. Beachtliche Sandversetzungen an den Riffbögen der ostfriesischen Inseln wurden mit Luftbildaufnahmen dokumentiert (LUCK u. WITTE, 1979). Die Erforschung von Sandbewegungen im Küstenraum ist von praktischer Bedeutung z. B. für den Küsten- und Inselschutz und die Offenhaltung von Fahrrinnen.

39. Die Sedimentation (Aufschlickung) im unmittelbaren Küstenbereich, also vor Deichen und Dämmen, ist für den flächenhaften Küstenschutz und die Landgewinnung wichtig. In diesem Flachwasserbereich, in dem die hydrodynamischen Kräfte abgeschwächt sind, interessiert vor allem die Sedimentationsrate, die man in der Regel mit geeigneten Mitteln zu erhöhen versucht (Lahnungen). Obwohl in wenigen Jahren erhebliche Ablagerungen verzeichnet werden können, sind Sturmfluten in der Lage, diese Aufhöhungen binnen Stunden zu vernichten.

40. In neueren Untersuchungen stellte sich heraus, daß die Organismen einen wichtigen Faktor bei der

Abb. 2. 9

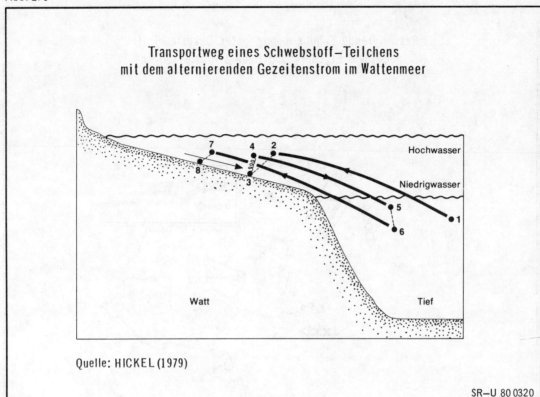

Transportweg eines Schwebstoff–Teilchens
mit dem alternierenden Gezeitenstrom im Wattenmeer

Hochwasser

Niedrigwasser

Watt

Tief

Quelle: HICKEL (1979)

Sedimentations- und Erosionsdynamik der Wattensedimente darstellen.

*Z. B. können Schlickkrebse (Corophium) hochliegende
Schlickkanten so durchlöchern, daß diese leicht abgetragen werden können. Viel höher muß jedoch die sedi-
mentstabilisierende Wirkung tierischer und pflanzlicher
Wattorganismen eingeschätzt werden. Im Wattboden
sind viele gang- und röhrenbewohnende Tiere beheima-
tet. Durch Schleimausscheidungen stabilisieren sie ihre
Wohnbauten, die auch nach Flucht oder Tod ihrer Bewohner erhalten bleiben können. Die Exkremente der
Tiere sind recht beständig und bilden das Kotpillensedi-
ment. Bei der Nahrungsaufnahme werden feinste
Schwebstoffe, die sonst nicht absinken, eingefangen und
im Sediment verfestigt (HERTWECK, 1978).*

*Sedimentverbauende Eigenschaften haben auch die Dia-
tomeen in hohem Maße. Ihre ausgeschiedenen Schleime
verkleben die oberflächennahen Bodenteilchen (CA-
DÉE, 1977; DÖRJES, 1978).*

Große Bedeutung für Einfangen und Festigung des
Sediments haben ferner eine Reihe von Algen und
höheren Pflanzen, insbesondere der Queller und das
Spartinagras. Queller wird im Rahmen von Landgewinnungsmaßnahmen angepflanzt.

2.2 Geschichtliche Entwicklung der Landschaft

41. Wie kaum eine andere europäische Großland-
schaft ist der Nordseeraum und vor allem sein südli-
ches und südöstliches Küstengebiet seit dem Rückzug des Eises ständigen und tiefgreifenden Wandlungen unterworfen gewesen. Dieser natürliche, sich
über mehr als 10 Jahrtausende erstreckende Wand-
lungsprozeß der landschaftlichen Strukturen ist
noch in vollem Gange. Von entscheidendem Einfluß
sind dabei vor allem die relativen Veränderungen des
Meeresspiegelniveaus und langfristige Klimaveränderungen.

In diesen natürlichen Prozeß greift der Mensch seit
Beginn des zweiten nachchristlichen Jahrtausends
durch Deichbau, weitere landeskulturelle Maßnahmen und agrarische Nutzungen ein. Seit der zweiten
Hälfte des vorigen Jahrhunderts kommen technische
Eingriffe und neuere Nutzungen mit bisher nicht
gekannten Belastungen für die Ökosysteme des Meeres und der Küstenlandschaft hinzu. Zur Bewertung

Abb. 2.10

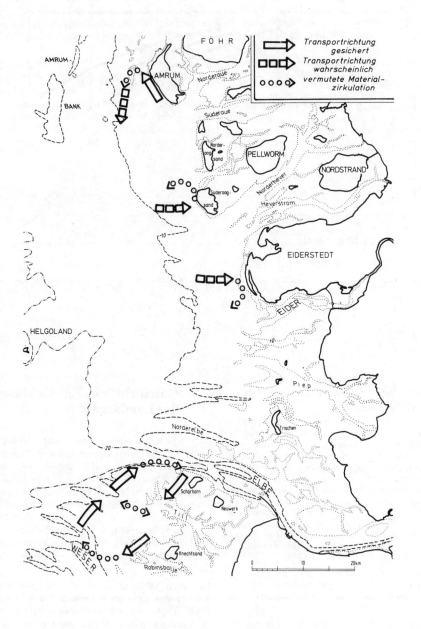

Resultierende Sandbewegung unter Gezeiteneinfluß
nach dem Ergebnis von Dauerstrommessungen

Quelle: Deutsche Forschungsgemeinschaft (1979)

SR−U 80 0321

der Lösung der gegenwärtigen Umweltprobleme des Raumes ist daher eine Kenntnis der natürlichen und anthropogenen Prozesse notwendig, die zu den heutigen Strukturen und ökologischen Verhältnissen geführt haben und weiterhin wirksam sind.

2.2.1 Der relative Meeresspiegelanstieg – Ursachen und Auswirkungen

42. Mit dem Rückzug des Eises aus dem Raum der heutigen Nordsee und aus Skandinavien und dem Abschmelzen der Eismassen erfolgte im Verhältnis zum Niveau des Festlandes ein Anstieg des Meeresspiegels.

Man erklärt diesen relativen Anstieg vor allem mit einer großklimatischen Steuerung der Phasen von Meeresspiegelanstieg und Stillstand, u.a. durch Ausdehnung der Meerwassermasse bei Erwärmung. Dazu tritt die natürliche ‚Sackung‘ von Torf- und Kleischichten des Marschlandes infolge Austrocknung, chemischer Prozesse und Belastung durch auflagernde jüngere Kleischichten. Holozäne Torf- und Tonschichten zeigen Sak-
kungen um 50% bei Torf und bis zu 25% bei Ton. Bei einer Sackung von 25% kann mit einem relativen Anstieg des Meeresspiegels um 2,5 cm je 100 Jahre (ABRAHAMSE et al., 1977) gerechnet werden.

Einflüsse des wirtschaftenden Menschen z. B. in Nordfriesland haben überdies seit dem frühen Mittelalter dazu beigetragen, großflächig den Küstenraum abzusenken, wie die Landschaftsräume mit Salztorfabbau und Fehnkultur zeigen.

Der relative Meeresspiegelanstieg beträgt an der niederländischen Küste für den Zeitraum von etwa 7500 v. Chr. bis heute rd. 35 m (SINDOWSKI, 1962). Dabei folgte einer Phase relativ schnellen Ansteigens eine solche mit langsamerem Anstieg, die bis heute anhält (Abb. 2.11).

Für den Zeitraum von 1840 bzw. 1890 bis 1950 ergeben sich nach Nordseepegelbeobachtungen an der niederländischen, niedersächsischen, schleswig-holsteinischen und dänischen Küste regional unterschiedliche Anstiege. Auffallend sind die im Vergleich zur niederländischen und dänischen Küste höheren Anstiege in der Deutschen Bucht.

Abb. 2.11

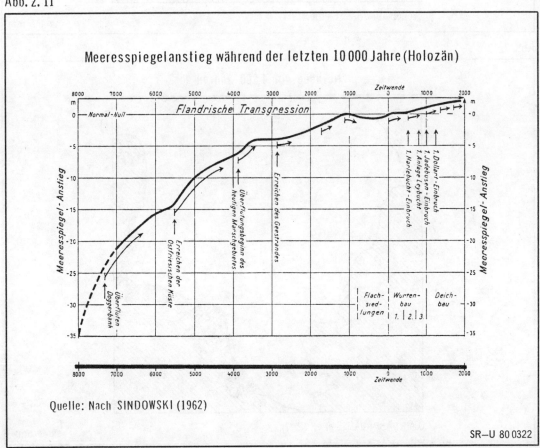

Meeresspiegelanstieg während der letzten 10 000 Jahre (Holozän)

Quelle: Nach SINDOWSKI (1962)

SR-U 80 0322

Abb. 2.12

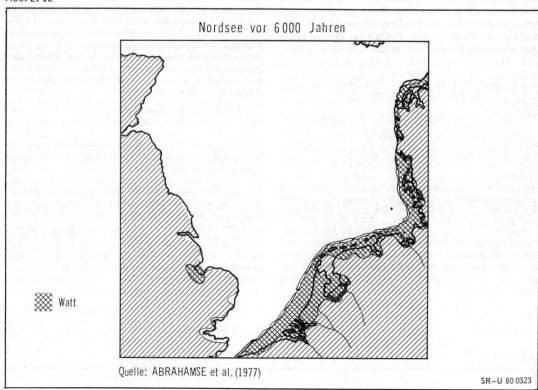

Nordsee vor 6000 Jahren

Watt

Quelle: ABRAHAMSE et al. (1977)

SR–U 80 0323

Abb. 2.13

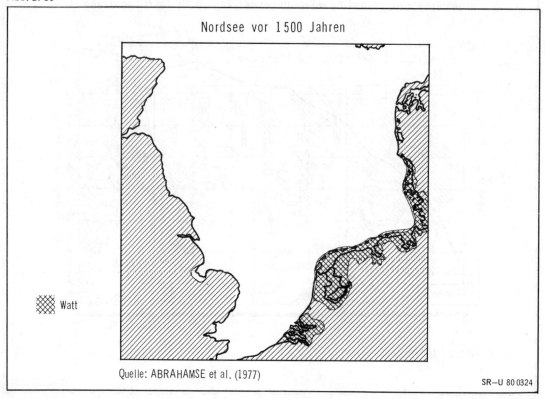

Nordsee vor 1500 Jahren

Watt

Quelle: ABRAHAMSE et al. (1977)

SR–U 80 0324

43. Abb. 2.12 und 2.13 machen deutlich, wie sich im Verhältnis zum heutigen Meeresniveau und der heutigen Küstenlinie und Küstenausformung seit etwa 6 000 v. Chr. Meeresniveau, Gestalt der Watten sowie der Strandwälle bzw. Inselketten verändert haben. Aus Abb. 2.12 ist ersichtlich, daß sich um 6 000 v. Chr. Strandwälle und Watten noch vor der heutigen Küstenlinie befanden. Vor 6 000 Jahren war der Meeresspiegel rd. 7 m niedriger als heute, vor 4 000 Jahren um 4 m, aber vor 1 000 Jahren nur um 0,5 m niedriger als heute. Dieser Anstieg des Meeresspiegels ist nicht kontinuierlich erfolgt, sondern in einer Abfolge von Vorstößen (Transgressionen) und Rückzügen oder Stillständen (Regressionen) des Meeresspiegels. Diese Transgressionsphasen der sog. Flandrischen Nordseetransgression für den Zeitraum von ca. 8 000 v. Chr. bis heute sind aus Abb. 2.11 ersichtlich. Seit der nacheiszeitlichen Klimaphase des Boreals um 6 000 v. Chr. sind – wie Abb. 2.11 zeigt – bis zu zehn Vorstöße und Stillstandsphasen der Nordsee erfolgt. Die Dauer einer solchen Phase betrug meist mehrere Jahrhunderte. Während jeder der Transgressionsphasen wurden weite Landflächen vom Meer überflutet.

Während eines vollständigen Zyklus (Transgression und Regression) wurden im deutschen Wattenmeergebiet in zeitlicher Folge in der Regel fünf Schichten, nämlich Bruchwaldtorf (Süßwasserbildung), Brackwasserton, Wattsand (Muscheln), Brackwasserton und Schilftorf (Brackwasserbildung) abgelagert. Da die Küsten der südöstlichen Nordsee den dominierenden Windrichtungen (Tz. 24) und Strömungsverhältnissen (Tz. 18) in unterschiedlichem Maße ausgesetzt sind, sind die einzelnen Meeresvorstöße in den verschiedenen Küstenräumen unterschiedlich weit vorgedrungen.

44. Vor 12 000 Jahren war die Doggerbank noch ein Teil des Festlandes, das die Britischen Inseln mit NW- und N-Deutschland sowie Dänemark verband. Vor 9 000 Jahren lag die Nordgrenze dieser Landverbindung auf der Linie Humbermündung – Eiderstedt; der Kanal war bereits bis zur Höhe der Insel Texel durchgebrochen.

Das Ansteigen des Meeresspiegels (Flandrische Transgression) drängte die Küstenlinie nach Süden zurück. Da das vorstoßende Meer den Abfluß vom Festland hemmte, versumpfte der Küstenstreifen. Es entstanden Erlen-Bruchwälder und großflächige Schilfröhrichte, die mehrfach von Meeresablagerungen überdeckt wur-

Abb. 2. 14 a – d

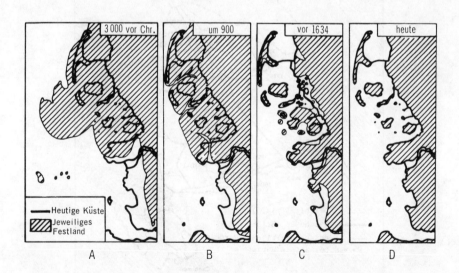

Veränderungen des nordfriesischen Küstenraumes von 3 000 v. Chr. bis heute

3 000 vor Chr. | um 900 | vor 1634 | heute

— Heutige Küste
/// Jeweiliges Festland

A   B   C   D

Quelle: NAUDIET (1976)

SR–U 80 0325

*den. Im niederländischen Küstenraum bildeten sich um
5000 v.Chr. die ersten Watten, die heute unter der mittleren HW-Linie liegen. Vor 6000 Jahren (Abb. 2.12), die
englische Insel war bereits vom Festland getrennt, entstand hier eine Reihe von Strandwällen, auf denen sich
Dünen entwickelten. Im Schutze der Strandwälle schritt
die Wattenbildung durch Sedimentation fort. Auch im
nordfriesischen Küstenraum spielten diese Strandwälle
eine entsprechende Rolle bei der Wattenentstehung
(Abb. 2.14a, b). Zwischen 2500 und 1700 v.Chr. bildete
sich in einer längeren Regressionsphase (vgl. Abb. 2.11)
allmählich eine neue Küstenlinie (Ende der Flandrischen Stufe). Dem nunmehr langsameren Anstieg des
Meeresspiegels (im Mittel 50 cm je 100 Jahre) folgte die
Sedimentation. Abb. 2.13 zeigt die nur von schmalen
Gats durchbrochene, sonst aber geschlossene, dünenbesetzte Küste von den Niederlanden bis Jütland. Um 2000
v.Chr. lag die Küstenlinie in Ostfriesland noch deutlich
vor den heutigen Inseln.*

Erst in geschichtlicher Zeit rissen nun mit den weiteren Vorstößen der Dünkirchener Transgression (nach
2000 v.Chr.) die Sturmfluten überall dort Lücken in
das flache Küstenland, wo der Schutz vorgelagerter
Inseln nicht mehr vorhanden war. So entstanden die
Buchten der Zuidersee (jetzt IJsselmeer), des Dollart
und der Leybucht und des Jadebusens; das alte
„Westland" im nordfriesischen Raum löste sich auf.

2.2.2 Einfluß der Sturmfluten auf die Küstenform

45. Neben den längerfristigen Veränderungen der
Küstenlinie spielen die in sehr viel kürzeren Zeiträumen ablaufenden Veränderungen durch Sturmfluten
eine große Rolle. Einen Überblick über die schwersten Sturmfluten an der ostfriesischen Küste seit
dem 12. Jahrhundert gibt Tab. 2.1.

Die mittelalterlichen Sturmfluten haben das Bild der
heutigen niederländischen und deutschen Nordseeküste geprägt. Durch diese Katastrophenfluten hatte
die Nordsee in Ostfriesland um 1500 ihre bisher
größte Ausdehnung erreicht. Danach setzte eine Periode der Sicherung des noch vorhandenen Kulturlandes und die schrittweise Wiedergewinnung der in
den großen Sturmfluten verlorengegangenen Marschen durch Eindeichung ein. Abb. 2.15 zeigt diesen
Prozeß am Beispiel der Leybucht.

In Nordfriesland brachte die katastrophale Sturmflut von 1634 im Bereich des alten Nordstrand die
weitere Zerstörung oder Verkleinerung mehrerer Inseln und eine Veränderung der Küstenlinie (vgl. Abb.
2.14c und d). Nach diesen schweren Landverlusten

Abb. 2.15

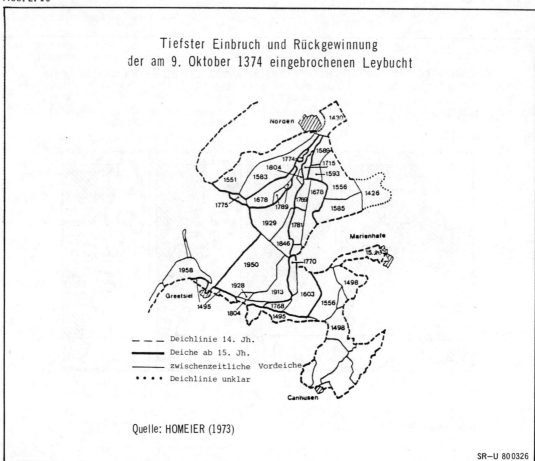

Tiefster Einbruch und Rückgewinnung
der am 9. Oktober 1374 eingebrochenen Leybucht

——— Deichlinie 14. Jh.
——— Deiche ab 15. Jh.
——— zwischenzeitliche Vordeiche
•••• Deichlinie unklar

Quelle: HOMEIER (1973)

SR–U 80 0326

34

Tab. 2.1   **Sturmfluten im südlichen Nordseegebiet seit dem 12. Jahrhundert**

Datum	Name der Sturmflut	Betroffene Küstengebiete und Auswirkungen
17. 2.1164	Julianenflut	Erster Einbruch der Jade nach SW (Made). Küstenland um die Wesermündung „12 Meilen landeinwärts mit Seewasser überflutet". Schwerste Verwüstungen in Nordfriesland.
23.11.1334	Clemensflut	Erweiterung des Jadebusens nach S und E. Dörfer Arngast und Jadelee verlorengegangen, Butjadingen Insel, Heete Verbindung Weser – Jade.
16. 1.1362	Marcellusflut	Als „Große Manntränke" bekannt. Erweiterung des Jadebusens. Erster Dollarteinbruch; Erweiterung der Leybucht durch Störtebekertief nach Marienhave. Bildung der Dornumer Bucht. Jade-Weser-Küstengebiet unter Wasser.
9.10.1373	Dionysiusflut	Größte Ausdehnung der Leybucht. Als Folge Bau eines Ringdeiches um die Leybucht mit Stadt Norden als Zentrum.
9.10.1377	Dionysiusflut	Vor allem die Leybucht getroffen. Deiche nordöstlich Norden an vielen Stellen gebrochen.
26. 9.1509	Cosmas- und Damianflut	Größte Ausdehnung von Dollart und Jadebusen. Emsdurchbruch bei Emden und Entstehung der Insel Nesserland, Untergang von Nesse und Torum. Emden kein direkter Seehafen mehr. Zerstörung des 1454 erbauten Dollartdeiches von Westerreide nach Finsterwolde.
31.10.1532	Allerheiligenflut	Schwere Deichbrüche an der Esenser Deichlinie, Dörfer Osterbur und Ostbense verloren.
1.11.1570	Allerheiligenflut	NW-Sturm und Springflut bei Nachthochwasser. Allgemeine Zerstörungen an Deichen und Inseln. Erneute schwere Deichbrüche an der Esenser Deichlinie, Dörfer Oldendorf und Westbense verloren. Südliche Krummhörn tief landeinwärts überflutet (Flutmarke an Kirche Suurhusen + 4,40 m NN).
26. 2.1625	Fastnachtsflut	NW-Sturm und Springflut bei Neumond, dazu Sonnenfinsternis. Viele Deichbrüche in Ostfriesland, umfangreiche Ausdeichungen im Jade-Weser-Gebiet.
11.10.1634		In Nordfriesland vor allem Zerstörung von Alt-Nordstrand (höchster Wasserstand etwa 4,00 m über MThw).
12.–13.11.1686	Martinsflut	Schwere Deichschäden überall an der Küste. Westerackumer Siel ausgerissen. Einbruch im Westende von Langeoog.
24.12.1717	Weihnachtsflut	NW-Orkan bei Nachthochwasser. Schwerste bisher bekannte Sturmflut. Schwerste Deichschäden, ungeheure Verwüstungen und riesige Überschwemmungen bis zum Geestrand. In Butjadingen große zusammenhängende Ausdeichungen. Schwere Schäden auf Ostfriesischen Inseln, Inseldurchbrüche auf Juist, Baltrum, Langeoog, Spiekeroog. Über 12 000 Menschen ertrunken, davon allein in Ostfriesland 2 752.
3.–4.2.1825	Februarflut	Springflut. Viele Deichbrüche, südliche Krummhörn und nördliches Ostfriesland bis zum Geestrand überflutet. Flutmarken: Dangast + 5,26 m NN, Bremerhaven + 5,04 m NN, Cuxhaven + 4,64 m NN, Hamburg + 5,21 m NN.
13. 3.1906	Märzflut	Höchste bis dahin an der ostfriesischen Küste bekannte Flut. Flutmarken: Dangast + 5,35 m NN, Emden + 5,18 m NN, Borkum + 3,82 m NN, Norderney + 3,96 m NN, Wilhelmshaven + 4,54 m NN, Bremerhaven + 4,84 m NN. Keine Deichbrüche und Überflutungen an der ostfriesischen Küste.
1. 2.1953	Hollandflut	Niederländische Nordseeküste, hohe Verluste an Menschen, Vieh und Gebäuden.
16.–17.2.1962	Februarflut 1962	Gesamte deutsche Nordseeküste; besonders schwer wurde das Elbegebiet betroffen (Hamburg). Erhebliche Schäden an den Küsten- und Inselschutzwerken, infolge zahlreicher Deichbrüche wurden 56 000 ha überflutet (höchster Wasserstand 3,67 m über MThw), 324 Tote.
3. 1.1976	Januarflut	Bisher höchste Sturmflut (östlich der Weser) an der deutschen Nordseeküste. Deichbrüche in Schleswig-Holstein.

Quelle: SINDOWSKI (1962)

setze auch hier verstärkt eine Phase der Sicherung des Marschlandes durch Eindeichungen ein. Die Sturmfluten wirkten sich auch für die Küstenbewohner katastrophal aus; sie haben ihr Verhältnis zum Meer bis heute tiefgreifend beeinflußt. Dieser Einfluß ist bei Landgewinnungs- und Landschutzmaßnahmen noch heute spürbar.

2.3 Landschaftsräume zwischen Den Helder und Esbjerg

46. Der rund 450 km lange und 14 (in Ostfriesland) bis max. 40 km (Nord- und Westfriesland) breite Gürtel von Marschen, Wattenmeer und Inseln, der von Den Helder bis Esbjerg reicht, ist für die Fragestellung des Gutachtens von besonderem Interesse. Dieses Marschen-Watten-System umfaßt auf dem Gebiet der Bundesrepublik Deutschland die Naturräume der Ems-Weser-Marsch mit den ostfriesischen Inseln, die Unterelbe-Niederung sowie die schleswig-holsteinische Marsch mit den nordfriesischen Inseln. Die Insel Helgoland liegt außerhalb des hier untersuchten Küstengebietes in der Flachsee der Deutschen Bucht, noch innerhalb der 20-m-Tiefenlinie. An die Ems-Marsch schließen sich westlich des Ems-Ästuars in den Niederlanden die westfriesische Marsch, die Wadden Zee mit Groningen und Friesischen Watt sowie die westfriesischen Inseln an, südlich der Wadden Zee die Marschen-Polder des IJsselmeeres. Im Norden folgen auf die nordfriesischen Watten in Dänemark das jütländische Marschen- und Wattengebiet mit den drei nördlichsten der nordfriesischen Inseln: Rømø, Mandø und Fanø.

47. Die ökologische Beurteilung des Raumes erfordert über die großräumige Gliederung hinaus eine Differenzierung ökologisch homogenerer Landschaftseinheiten. Dies sind die küstennahe Geest, der Marschengürtel und die Inseln; der Wattenbereich wird gesondert beschrieben.

2.3.1 Die küstennahe Geest

48. Die Landschaft der Marschen und Watten wird im Süden und Osten von der Geest begrenzt. Hierunter werden die eiszeitlichen flachwelligen Altmoränengebiete und breiten ebenen Talsandflächen der Niederlande, Niedersachsens, Schleswig-Holsteins und Jütlands verstanden, die meist mit geringem Niveauunterschied, selten mit steilem Kliffrand wie im holsteinischen Geestrandgebiet in die seewärts vorgelagerte Marsch übergehen. Zahlreiche, radial zur Küste entwässernde kleine Flüßchen und Bäche gliedern die Geestflächen in Rücken, Platten und flache Niederungen. Im deutschen Nordseegebiet bildet die Geest nur bei Dangast nördlich Varel (Ostfriesische Geest), bei Duhnen/Sahlenburg westlich Cuxhaven (Hohe Lieth als Nordsporn der Wesermünder Geest) und vor Husum die Festlandsküste.

Die potentielle natürliche Vegetation würde auf der Sandgeest aus trockenen und feuchten Stieleichen-, Birken- bzw. Eichen-Aspen-Wäldern, auf den Geschiebe-lehmen der Altmoräne aus Buchen-Traubeneichen-Wäldern, in den grundwassernahen Senken der Talsandebenen und Urstromtäler aus Erlenbrüchen, feuchten Eichen-Hainbuchen-Wäldern sowie Birkenbrüchen und Hochmooren bestehen. Dazu treten Binnendünenzüge auf den Kliffrändern der Geest und längs der Flußtäler.

Die reale Vegetation der küstennahen Geest zeigt einen bunten Wechsel von sandigen bis anlehmigen Ackerflächen, Grünland in den grundwassernahen Niederungen sowie auf Hochmoorstandorten. Der Wald tritt in allen Abschnitten des Küstenraumes von den Niederlanden bis Jütland in der küstennahen Geest wie in der Marsch stark zurück. Meist sind Nadelholzforsten an Stelle der einstigen Laubwälder getreten.

2.3.2 Der Marschengürtel

49. Der Geest seewärts vorgelagert ist der 5 – 20 km breite, in den Mündungstrichtern der Flüsse weit nach Süden oder Osten ausgreifende, ebene und waldfreie Gürtel der See- und Flußmarschen. Diese sind junges, holozänes Schwemmland, das von den Gezeiten der Nordsee und den tidebeeinflußten Küstenflüssen abgelagert wurde. Seit dem 11. Jahrhundert sind die Marschen schrittweise eingedeicht worden. Die folgende Darstellung beschränkt sich auf die eingedeichten Seemarschen und die den Deichen vorgelagerten Vorländer und Landgewinnungsflächen.

Die Marschböden (Klei) sind Tonböden, die mit Kalkteilchen und organischen Stoffen angereichert sind. Ihre Mächtigkeit beträgt in Meeresnähe über 20 m, am Geestrand oft nur wenige Zentimeter. See- und Flußmarschen sind ökologisch u.a. durch verschiedene Salzgehalte des Grundwassers gekennzeichnet. An der Obergrenze der Gezeitenbewegung in den Küstenflüssen gehen die Flußmarschen in die ökologisch vom Süßwasser bestimmten Flußauen über.

Die Seemarschen weisen je nach dem Alter ihrer Eindeichung unterschiedliche Höhen über NN, Bodentypen, Grundwasserstände, Nutzungsmöglichkeiten und Strukturen der Kulturlandschaft auf. Man unterscheidet an der Nordseeküste Jungmarsch, Altmarsch, Knickmarsch und die Salzmarsch der Vorländer.

Die Jungmarsch

50. Hinter den Hauptdeichen liegen zunächst die im Verhältnis zur Alt- und Knickmarsch bis zu +2 m NN höher gelegenen Flächen der Jungmarsch mit fruchtbaren bis zum Oberboden kalkreichen, schweren und ziemlich dichten Böden (Kalkmarsch, kalkreiche Seemarsch).

Dieser Bodentyp findet sich auch in bei Sturmflut überfluteten Kögen hinter Sommerdeichen und im Außendeichgelände und geht dort mit zunehmender Überflutungshäufigkeit in die Salzmarsch mit ihren Salzwiesen über. Die mittleren Grundwasserstände liegen in einer Tiefe von 0,8 bis 1,3 m. Die Jungmarsch wird überwiegend zum Getreide- und Feldgemüseanbau genutzt, ferner als Grünland (Fettweiden). Jungmarschen sind zum großen Teil die etwa seit 1500 n.Chr. wiedereingedeichten Flächen des in den mittelalterlichen Meereseinbrüchen verlorenen Marsch- und Moorlandes. Die verschie-

denen Einpolderungsperioden mit den ehemaligen Deichen und heutigen Binnendeichen, Wassergräben, weiten Acker- und Weideflächen mit reichem Viehbestand, Einzelhöfen und kleinen Dörfern auf Wurten oder in Reihenlagen prägen das Landschaftsbild. Die ebene Landschaft ist baumarm; vom Wind verformte Gehölze finden sich auf den Wurten oder an Alleen. Als potentielle natürliche Vegetation kann ein Eschen-Ulmen-Wald angenommen werden.

Die Altmarsch

51. Die älteren Marschgebiete, meist zwischen 1100 und 1500 n. Chr. eingedeicht, liegen geestnäher, im Niveau tiefer als die Jungmarsch, überwiegend in einer Zone zwischen Jung- und Knickmarsch. Die Grundwasserstände liegen auch hier zwischen 0,8 und 1,3 m. Meist lassen die schweren Böden der Altmarsch keinen Ackerbau zu, so daß die Grünlandnutzung überwiegt.

Die ebene, von Gräben durchzogene Weidelandschaft ist baumfrei, sieht man von Baumgruppen auf Wurten und um Wehle (kleine, stehende Gewässer) sowie von den windgeschorenen Alleen ab. Als potentiell natürliche Vegetation kann wie in der Jungmarsch ein Eschen-Ulmen-Wald angenommen werden.

Die Knickmarsch

52. Die Knickmarsch nimmt die geestnächsten, küstenfern gelegenen Teile der Marsch ein. Sie liegt zumeist tiefer als Jung- und Altmarsch, stellenweise bis zu −2,5 m NN unter dem Meeresspiegel. Die oberflächlich entkalkten Böden haben im Unterboden eine verdichtete Schicht („Knick"). Die Grundwasserstände sind hoch.

Örtlich können die Marschenböden von Niedermoor überdeckt sein. Als Bodentyp kommen Niedermoor, Moormarsch und Gleyböden vor. Die Nutzung erfolgt überwiegend als Grünland. Als potentiell natürliche Vegetation kann Eschen-Ulmen-Wald bzw. Erlenbruch in den Randsenken angenommen werden.

2.3.3 Die Inseln

53. Großen Teilen des Wattenmeeres ist gegen die offene See hin eine Kette von Dünen- und Geestkerninseln vorgelagert, die zusammen mit den Außensänden eine wesentliche Schutzfunktion für Watt und Festland erfüllen: Die west-, ost- und nordfriesischen Inseln. Dieser Schutzwall fehlt vor dem Weser- und Elbeästuar, vor den Küsten von Dithmarschen, Eiderstedt und vor den Halligen und Marscheninseln. Die offenen Watten bzw. Ästuarwatten werden z. T. durch Strandwälle und Außensände geschützt. Nach ihrer Entstehung, ihrem geologischen Aufbau, nach Morphologie und Landschaftshaushalt werden im Wattengürtel zwei weitere Inseltypen, nämlich die Halligen und Marscheninseln unterschieden. Die vier Inselgruppen werden durch verschiedene Kombinationen aus den Teillandschaftsräumen Dünen, Marsch mit Vorländern und Geest

charakterisiert und zeichnen sich damit durch bestimmte Nutzungsmöglichkeiten und Nutzungsmuster aus. Jeder Teillandschaftsraum ist wiederum ein Komplex von Ökosystemen.

Die Halligen

54. Vor der schleswig-holsteinischen Küste konnte die Nordsee – vor allem während der großen mittelalterlichen Sturmfluten der Flandrischen Transgression (s. Abschn. 2.2) – große Flächen von Marschland bei dem relativen Anstieg des Meeres abtragen. Die heutigen Halligen sind die Reste dieses alten Marschlandes.

Die Halligen Süderoog, Norderoog, Südfall, Nordstrandischmoor, Oland, Gröde, Habel, Langeness, Hamburger Hallig und Hooge nehmen zusammen eine Fläche von 22 km² ein, das sind 1,1% des nordfriesischen Wattenraumes. Hooge ist seit dem 1. Weltkrieg durch einen Sommerdeich geschützt und muß daher ökologisch bereits zu den Marscheninseln gerechnet werden. Wie die Köge des Festlandes und die Marscheninseln, bestehen die Halligen aus Marschklei. Da sie nicht eingedeicht oder nur durch Sommerdeiche geschützt sind, können sie vor allem im Winter bei Sturmflut überflutet werden, die Hallig geht „landunter". Die Besiedlung ist daher nur auf Wohnhügeln, den Wurten (Warften) möglich.

Die periodische Überflutung bedingt eine Überschlickung und damit leichte allmähliche Aufhöhung. Gefahr für die Halligen droht allerdings durch den seitlichen Abbruch, der häufig mit der Annäherung von Prielen und der Erniedrigung des Watts parallel geht. Die Nutzung erfolgt überwiegend durch Grünlandwirtschaft (Viehzucht). Die Weideflächen der Halligen sind von Prielen durchzogen, die bei Flut vollaufen. Von allen Inseltypen sind die Halligen ökologisch am homogensten. Teilökosysteme sind Marschstandorte mit Fettweiden in allen Übergängen zu Salzwiesen und offenen Schlickflächen. Zur landwirtschaftlichen Nutzung tritt heute als Zu-, Neben- oder Vollerwerb der Fremdenverkehr.

Die Marscheninseln

55. Wie die Halligen, sind die nordfriesischen Marscheninseln Pellworm und Nordstrand sowie die Marscheninsel Neuwerk vor Cuxhaven Reste der von Sturmfluten zerstörten einstigen größeren Marschen. Die rein alluvialen Marscheninseln Pellworm und Nordstrand sind durch hohe Seedeiche umschlossen und durch Schlafdeiche gegliedert. Die Siedlungen liegen in den alten Kögen auf Wurten, in den neuen Kögen direkt auf der Marsch. Die Nutzung erfolgt je nach Höhe der Köge durch Ackerbau oder durch Grünlandwirtschaft (Fettweiden). Seit 1935 ist Nordstrand durch einen hochwasserfreien Damm mit dem Festland verbunden.

Neuwerk ist in seinem Kerngebiet durch Deiche geschützt, so daß hier Ackerbau und Gründlandwirtschaft möglich sind. Daran schließen sich im Norden und Osten Vorländer an.

Die Geestkerninseln

56. Die nordfriesischen Inseln Sylt (96 km²), Amrum (20 km²) und Föhr (82 km²) bestehen in ihren Kernen aus Geestinseln, d. h. eiszeitlichen Schichten, die in Sylt bis zu 27 m über den Meeresspiegel aufragen und an Steilufern (Kliffs) über tertiären Formationen zutage treten. Auf Sylt sind es mehrere kleinere Kerne im Mittelteil der Insel, auf Föhr ein großer Kern im Süden. Diese Geestkerne sind Reste des nacheiszeitlichen großen „Westlandes", das auf der Abb. 2.14 in Abschn. 2.2 als Festlandsraum westlich des heutigen Schleswig-Holstein zu sehen ist.

Die Geestkerne Sylts sind durch Marschland verbunden, im Norden und Süden schließen sich langgestreckte Dünenzüge, z.T. über Marschland an. Amrum besteht aus einem ausgedehnten Geestkern, dem sich ein schmaler Marschengürtel im Osten und Dünen im Westen angliedern. An den großen Geestkern Föhrs fügt sich im Norden ausgedehntes Marschland. Die Geestkerninseln setzten sich also aus drei Teillandschaftsräumen zusammen, haben die größte ökologische wie visuelle Vielfalt und zugleich die unterschiedlichsten Nutzungsmöglichkeiten. Besonders deutlich wird das auf Sylt. Während die sand-lehmige Geest durch Ackerbau, die Marschen als Weideland genutzt werden, sind die Dünengürtel und Küstenheiden mit den vorgelagerten Stränden als Naturschutzgebiete und Erholungsräume von hoher Bedeutung.

Die Düneninseln

57. Die sieben ostfriesischen Inseln sind offenbar – wie auch die Inselkette Westfrieslands – aus einem von Seegatts unterbrochenen Strandwall vor einem Wattengürtel entstanden. Die Abb. 2.12 und 2.13 zeigen den mehr oder weniger geschlossenen Strandwall der Nacheiszeit. In der Mitte der Insel folgen mehrere Dünenzüge aufeinander, wobei die älteren gegen das Watt hin, die jüngsten seewärts liegen, davor der vegetationsfreie Strand. Die Sandmassen vor den Inseln und am Strand werden langsam nach Osten versetzt (Strandversetzung), da die Brandungswellen meist von Nordwest her ausrollen und nach Norden zurücklaufen.

Da sich Orte und Badestrände auf den meisten Inseln im Westen befinden, sind dort sichernde Bauwerke gegen den Abbruch errichtet worden. Im Osten der Inseln wird ständig neuer Sand zugeführt. Als Sandbänke und Platen (Sandablagerungen) wandert ein großer Teil dieses Sandes über die Seegatts zwischen den Inseln auf die östliche Nachbarinsel zu. Die wandernden Bänke treffen an der westlichen Inselspitze auf deren Strand.

58. Sehr deutlich wird die Dynamik der Inseln, der Abbau im Westen und die Ostwanderung am Beispiel der Insel Juist in Abb. 2.16. Nur auf der Wattseite, also im Schutz gegen die direkten Angriffe der Nordsee, war die Bildung von Marschland sowie Vorländern möglich. Das Marschland ist landwirtschaftlich meist als Grünland genutzt, auf den Dünengürteln liegen die Siedlungen sowie die Erholungs- einschließlich der Naturschutzgebiete.

An den untergegangenen Kirchen lassen sich die Süd- und Ostwanderung der Insel ablesen. Durch die Schutzbauten im 20. Jahrhundert vergrößerte und stabilisierte sich nicht nur das Dünengelände, sondern auch der bei Niedrigwasser (N.W.) trockenfallende Sockel. Ein durch einen Deich gegen Sturmfluten geschützter Süßwassersee, der „Hammer", bezeichnet noch heute den früheren Inseldurchbruch. Marschbildung war stets nur im Schutz gegen den direkten Zugriff des Meeres möglich. Stellenweise wurde die Marsch von Dünen überlagert.

2.3.4 Das Wattenmeer

59. Zwischen der Jungmarsch und der Inselkette sowie vor Jade, Weser, Elbe und Eider erstreckt sich das Wattenmeer, eine flache Schwemmlandküste, die durch den Einfluß der Gezeiten geprägt ist. Die durchschnittliche Breite des Wattenmeeres beträgt im südlichen Teil etwa 5−7 km (maximal 10−15 km), im nördlichen Teil 10−20 km. Die breiteste Zonierung erreicht das Wattenmeer im nordfriesischen Raum zwischen Eiderstedt und der Nordspitze der Insel Sylt. Die Gesamtgröße des Wattenmeers beläuft sich auf etwa 730 000 ha (davon entfallen auf die Niederlande 230 000 ha, auf Niedersachsen 200 000 ha, auf Schleswig-Holstein 250 000 ha und auf Dänemark 50 000 ha. Eine Übersicht gibt Abb. 2.17).

Nahezu zwei Drittel dieser ökologisch einzigartigen Landschaft liegen im Bereich der Bundesrepublik Deutschland.

60. Voraussetzung für Entstehung und Erhaltung eines Wattengebietes sind die folgenden Bedingungen:

– Zufuhr von Feinmaterial aus Meer und Flüssen

– Gezeiten (Tz. 17)

– Inseln, Strandwälle oder vorgelagerte Sandbänke zur Sicherung ruhiger Sedimentationsräume

– Allmählich abfallender Meeresboden

– Gemäßigtes Klima mit entsprechender Pflanzen- und Tierwelt

– In Senkung begriffener Küstenraum bzw. relativer Anstieg des Meeresspiegels (s. auch Abschn. 2.2).

61. Die unterschiedliche Kombination dieser Bedingungen hat zur Bildung von drei nach ihrer Lage verschiedenen Watttypen geführt:

– Offene Watten hinter Strandwällen oder vorgelagerten Sandbänken (zwischen Weser und Elbe und nördlich der Elbe bis Eiderstedt). Sie werden durch ein sehr flach abfallendes Unterwasserprofil vor schwerem Seegang geschützt.

– Buchten- und Ästuarwatten im Bereich der Flußmündungen oder in Meeresbuchten (Dollart, Jadebusen, Elbemündung, Wesermündung). Diese Watten können bereits im Brackwasserbereich liegen.

– Rückseitewatten im Schutze von Düneninseln bzw. Geestkerninseln (west-, ost- und nordfriesische Inseln).

Abb. 2.16

Die Nordseeinsel Juist
im Wechselspiel von Dünen–Aufbau und –Zerstörung seit 1650

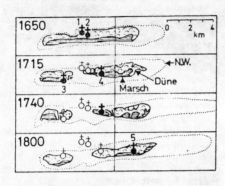
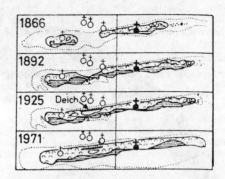

Es sind die Standorte der insgesamt fünf Kirchen erfaßt, wobei untergegangene Kirchen mit einem offenen Kreis gekennzeichnet sind.

Quelle: Ellenberg (1978)

SR–U 800329

62. Der Wattboden ist ein Sedimentboden mit den vorherrschenden Komponenten Sand, Schluff, Ton, Kalk und organischer Substanz. Bestimmte Mischungsverhältnisse von Sand, Schluff und Ton ergeben die charakteristische Körnung eines Sandwatts, Mischwatts und Schlickwatts.

Sandwatt besteht überwiegend aus Feinsanden mit 0–5% Schluff und Ton und 0–10% Mittelsand, das Schlickwatt zu 38–62% aus Schluff. Ton kann mit mehr als 32% beteiligt sein. Das Mischwatt besteht aus schlickigem Sand bzw. sandigem Schlick, nimmt also hinsichtlich der Korngrößenzusammensetzung eine Mittelstellung ein.

Der Begriff „Schlick" steht für ein Feucht-Sediment mit – verglichen zu anderen Bodenarten – hohem Ton-Anteil, viel organischer Substanz, hohen Gehalten aus Kalk und freien Säuren. Bedingt durch Fe-, Mn- und Mg-Oxide ist die oberflächliche Färbung grau bis schwarz.

63. Die räumliche Verteilung dieser Wattbodentypen hängt von der Tiefe der Sedimentlagen sowie Tideströmungen und Seegang ab. Grundsätzlich nehmen die feineren Korngrößen zur Tidehochwasserlinie hin zu. Ursprungsgebiete für die Wattbodenbestandteile sind die Flüsse, erodierte ältere Sedimente, auch fossile Torflager sowie die Nordsee. Den überwiegenden Anteil der organischen Stoffe liefert das Plankton, weniger ins Gewicht fallend ist die Neubildung durch bodenlebende Organismen. Örtlich kann das Seegras wichtiger Produzent organischer Substanz sein. Im Bereich der Salzwiesen (Tz. 834) werden die organischen Stoffe zunehmend aus den Rückständen der dichten Vegetation und aus tierischen Exkrementen gebildet. Die Neuproduktion von Sedimenten in den Wattengebieten ist relativ gering. Die meisten neuen Sedimente, die durch technische Maßnahmen in Küstennähe aufgefangen werden, kommen durch Umlagerungen zustande. Durch die zunehmenden Eindeichungsprozesse sind solche Umlagerungen ständig seltener geworden.

Hier liegen die zentralen Fragen künftiger Eindeichungspolitik.

2.4 Ökologie der Nordsee

2.4.1 Kennzeichnung der Lebensbedingungen

64. Die Lebensbedingungen in der Nordsee lassen sich anhand folgender Faktoren kennzeichnen:

– Salzgehalt
– Gezeiten
– Temperatur
– thermische und haline Schichtungen
– Licht
– Nährstoffgehalt
– pH-Wert
– Sauerstoffgehalt
– Beschaffenheit des Untergrundes.

Abb. 2.17 a + b

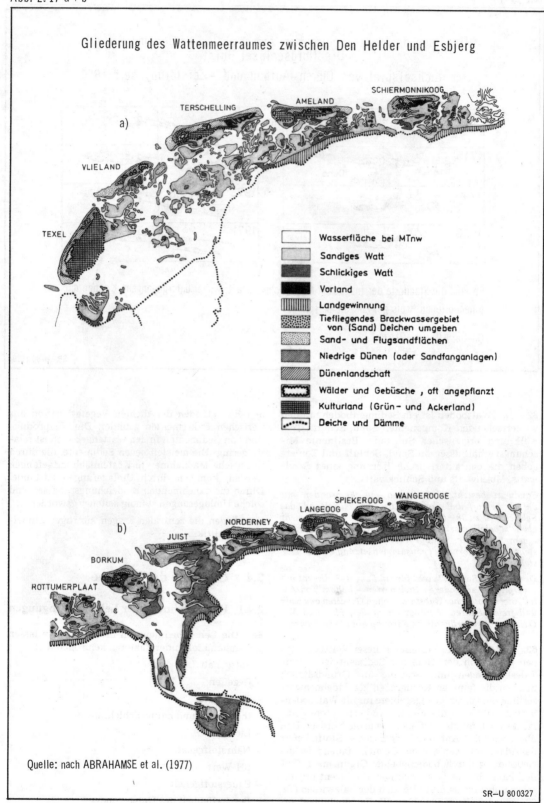

Gliederung des Wattenmeerraumes zwischen Den Helder und Esbjerg

SCHIERMONNIKOOG

AMELAND

TERSCHELLING

a)

VLIELAND

TEXEL

Wasserfläche bei MTnw

Sandiges Watt

Schlickiges Watt

Vorland

Landgewinnung

Tiefliegendes Brackwassergebiet von (Sand) Deichen umgeben

Sand- und Flugsandflächen

Niedrige Dünen (oder Sandfanganlagen)

Dünenlandschaft

Wälder und Gebüsche , oft angepflanzt

Kulturland (Grün- und Ackerland)

Deiche und Dämme

WANGEROOGE

SPIEKEROOG

LANGEOOG

NORDERNEY

b)

JUIST

BORKUM

ROTTUMERPLAAT

Quelle: nach ABRAHAMSE et al. (1977)

SR—U 80 0327

40

Abb. 2.17 c + d

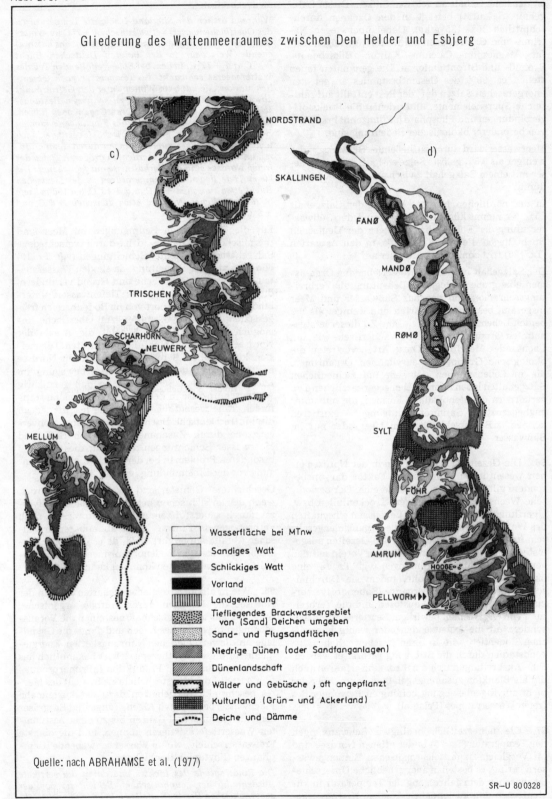

Gliederung des Wattenmeerraumes zwischen Den Helder und Esbjerg

c)

d)

NORDSTRAND

SKALLINGEN

FANØ

MANDØ

TRISCHEN

RØMØ

SCHARHÖRN
NEUWERK

SYLT

MELLUM

FÖHR

AMRUM

HOOGE

PELLWORM ▶▶

	Wasserfläche bei MTnw
	Sandiges Watt
	Schlickiges Watt
	Vorland
	Landgewinnung
	Tiefliegendes Brackwassergebiet von (Sand) Deichen umgeben
	Sand- und Flugsandflächen
	Niedrige Dünen (oder Sandfanganlagen)
	Dünenlandschaft
	Wälder und Gebüsche , oft angepflanzt
	Kulturland (Grün- und Ackerland)
	Deiche und Dämme

Quelle: nach ABRAHAMSE et al. (1977)

SR–U 80 0328

65. Herausragendes Kennzeichen des Meerwassers ist der hohe Gehalt an gelösten Salzen. Dieser Salzgehalt (Salinität) beträgt in den Ozeanen durchschnittlich 35‰ (35 g/kg). Dabei überwiegen Natrium- und Chloridionen bei weitem; es folgen Sulfat-, Magnesium-, Calcium-, Kalium-, Bikarbonat-, Bromid- und Strontiumionen. Die genannten Ionen stellen ca. 99% des Gesamtbestandes an gelösten anorganischen Salzen dar; der Rest entfällt auf zahlreiche Spurenelemente, unter denen die Stickstoffverbindungen und Phosphate („Pflanzennährstoffe") von besonderer ökologischer Bedeutung sind.

Meerwasser wird durch zufließendes Süßwasser, das weniger als 0,5‰ gelöste Salze enthält, zu Brackwasser mit einem Salzgehalt zwischen 0,5 und 30‰ verdünnt.

In der nördlichen Nordsee beträgt der Salzgehalt 35‰; er nimmt küstenwärts aufgrund der Süßwasserzufuhr der Flüsse ab. Im Innern der Deutschen Bucht liegen die Werte um 32‰, in den Ästuarien (Tz. 125) tritt zoniert Brackwasser auf.

Der Salzgehalt hat für die wasserlebenden Organismen eine große ökologische Bedeutung als Verbreitungsschranke; von den aus Süßwasser und Meer insgesamt bekannten Tierarten sind weniger als 1% beiden Lebensräumen gemeinsam. Zu dieser letztgenannten Gruppe gehören z. B. Wanderfische wie Aal, Lachs oder Meerforelle. Diese Arten vertreten die ökologische Gruppe der euryhalinen Organismen, die in Lebensräumen mit sehr unterschiedlichen Salzgehalten leben können. Den gegensätzlichen Typ verkörpern die stenohalinen Formen, die nur unter engbegrenzten Salinitätsbedingungen existieren können, z. B. ausschließlich im Meer oder nur im Süßwasser.

66. Die Gezeiten (Tiden) stellen in der Nordsee einen wesentlichen ökologischen Faktor dar; insbesondere gilt das für den Küstenbereich. Der periodische Wechsel von zweimaligem Trockenfallen bzw. Überfluten pro Tag prägt die Lebensgemeinschaften des Wattenmeeres ebenso wie die Organismengesellschaften an Felsküsten. Die von den Gezeiten ausgelösten Wasserbewegungen spielen im Verein mit den verschiedenen Meeresströmungen (vgl. Tz. 18) eine ökologisch erhebliche Rolle, indem sie Durchmischungs- und Transportvorgänge (Sauerstoffversorgung, Nährsalztransport) auslösen und die Verbreitung von Organismen bewirken. Letzteres gilt insbesondere für die festsitzenden oder wenig beweglichen Bodentiere, die in ihren frei beweglichen Jugendstadien durch die Strömung verbreitet werden. Eine Ausbreitung durch die Strömung erfahren auch die als Plankton zusammengefaßten, kaum oder gar nicht zur Eigenbewegung befähigten Bewohner des freien Wasserraumes (Pelagial).

67. Die jahreszeitlich bedingten Schwankungen der Temperatur (Tz. 25) in der offenen Nordsee sind im Vergleich zu mitteleuropäischen Binnengewässern gering; es bestehen aber erhebliche Unterschiede zwischen dem Jahresgang der Temperatur in küstenfernen und küstennahen Arealen. Hieraus ergeben sich wesentliche Konsequenzen für die Organismenverbreitung.

Während östlich der Shetland-Inseln die Temperaturen des Oberflächenwassers etwa zwischen +7° C im Winter und +12° C im Sommer schwanken, beträgt das entsprechende Wertepaar in der inneren Deutschen Bucht +2° C und +17° C. In dem bei Ebbe freifallenden Teil des Wattenmeeres schwankt die Temperatur noch wesentlich stärker; sie kann im Winter unter den Gefrierpunkt absinken und in „Eiswintern" zu schweren Bestandsschäden an Muscheln und anderen Organismen führen. Auch in größeren Wassertiefen des Flachmeeres können Bodentiere (vgl. Tz. 87) und Fische (Seezunge) nach windbedingten Wasserumwälzungen durch Temperaturen unter 0° C geschädigt werden. In größeren Tiefen der freien Nordsee sind die Verhältnisse ausgeglichener: Bei 40 m Tiefe liegen die Temperaturen in der Deutschen Bucht etwa zwischen +5° C und +13° C, bei 100 m Tiefe in der nördlichen Nordsee etwa zwischen +6° C und +8° C.

Für die ökologischen Bedingungen im Meer sind thermische und haline (d. h. durch verschiedene Salzgehalte verursachte) Schichtungen (vgl. Tz. 19) von wesentlicher Bedeutung, da sie den Wasseraustausch zwischen Oberfläche und Grund verhindern, die Sauerstoffversorgung des Tiefenwassers unterbinden und den Transport von im Bodenbereich freigesetzten Pflanzennährstoffen zur Oberfläche unmöglich machen. Abb. 2.18 zeigt die Areale der Nordsee, in denen Schichtungen auftreten. Die meisten küstennahen Bereiche der südlichen Nordsee besitzen wegen der starken Wasserbewegung im Flachwasser keine Schichtung, so daß ganzjährig Austauschprozesse in der ganzen Wassersäule stattfinden. Eine wesentliche Ausnahme betrifft jedoch die innere Deutsche Bucht, wo in der sog. Konvergenzzone durch Zusammentreffen von Süß- und Meerwasser Schichtungen auftreten; dies führt zu besonderen Problemen bei der Klärschlammverbringung vor der Elbemündung (vgl. Tz. 279).

Geschichtete Gebiete sind ökologisch gefährdet, wenn der an sich schon beschränkte Sauerstoffvorrat durch sauerstoffzehrende Abbauprozesse nach anthropogenem Eintrag leicht abbaubarer organischer Abfälle aufgezehrt wird, da es dann zum Absterben der meisten Bodenorganismen und zu nachhaltigen Veränderungen kommen kann.

68. Wie in allen Ökosystemen schaffen auch in der Nordsee die Pflanzen durch Aufbau organischer Substanz aus anorganischen Bausteinen die Voraussetzungen für tierisches Leben und damit die Grundlage für die verschiedenen Nahrungsketten. Energiequelle für diesen Syntheseprozeß ist bekanntlich das Licht; die pflanzliche Produktion („Primärproduktion") ist auf die oberste, belichtete Schicht des Meeres beschränkt. Es gehörten dazu der küstennahe Flachwasserbereich, wo Algen, Tange und Seegräser als bodengebundene Pflanzen bis zu einer bestimmten Wassertiefe existieren können, und die oberste Freiwasserschicht, wo im Wasser schwebende Kleinpflanzen (Phytoplankton) leben.

Die Eindringtiefe des Lichtes und damit die vertikale Ausdehnung der „euphotischen" Schicht ist von der geographischen Breite (Einfallswinkel der Sonnenstrah-

Abb. 2.18

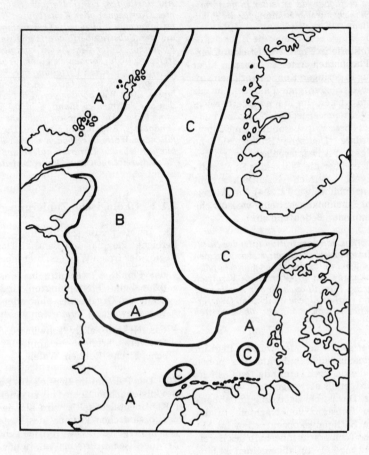

Die Lage der ungeschichteten (A)
und der geschichteten Wasserkörper (B–D) in der Nordsee

A: Keine Schichtung; ganzjährig gleicher Salzgehalt und gleiche
Temperatur in allen Schichten; entsprechend Durchmischungsprozesse ganzjährig möglich im Gegensatz zu B bis D.

B: Jahreszeitliche oder ganzjährige Temperaturschichtung
(thermische Schichtung); ganzjährig gleicher Salzgehalt
in allen Schichten (homohalin).

C: Jahreszeitliche oder ganzjährige haline Schichtung. Geringe Jahresschwankung, unregelmäßig in den oberen Meeres-
schichten, regelmäßiger im Tiefenwasser.

D: Jahreszeitliche oder ganzjährige haline Schichtung; Jahresschwankungen im Oberflächenwasser sehr deutlich, in
der Tiefenzone weniger ausgeprägt.

Quelle: DIETRICH (1950) aus HILL u. DICKSON (1978)

SR–U 80 0330

43

len) und der Trübung des Wassers abhängig. In den mittleren Breiten kann die Schicht 40–50 m dick sein, in der Nordsee ist sie vor allem in den stärker getrübten Küstenbereichen oft weniger mächtig (bis 10 m). Für die pflanzliche Produktion ist neben ausreichender Lichtversorgung die Verfügbarkeit von CO_2 und Pflanzennährstoffen von Wichtigkeit. CO_2 ist in aller Regel in genügender Menge verfügbar, da es außer in gasförmig gelöster Form auch in chemischer Bindung für die Pflanzen verfügbar vorliegt.

69. Pflanzennährstoffe in Form von Stickstoffverbindungen und Phosphaten treten im offenen Meer normalerweise nur in geringen Konzentrationen auf. Sie können daher als begrenzende Faktoren für das Pflanzenwachstum wirken. Im Flachwasserbereich, insbesondere im Wattenmeer ist die Nährsalzversorgung von Natur aus besser. Insbesondere im Küstenbereich der Nordsee (Deutsche Bucht, südliche Nordsee) ist infolge von Abwasserbelastung und Zufuhr von Nährsalzen über die Flüsse das Stickstoff- und Phosphatangebot vielfach wesentlich erhöht (anthropogene Eutrophierung s. Tz. 394). Für Kieselalgen kommt dem Siliciumangebot eine wesentliche produktionsbestimmende Bedeutung zu.

70. *Die Wasserstoffionenkonzentration (pH) des Nordseewassers liegt im alkalischen Bereich zwischen den pH-Werten 7,5 und 8,5. Infolge der hohen Pufferkapazität[1] sind Schwankungen des pH-Wertes im Vergleich zum Süßwasser gering. Das gilt auch für den Anstieg des pH-Wertes während starker Algenentwicklung (Wasserblüte), wo Extremwerte von 8,5 nicht überschritten werden.*

71. Der Sauerstoffgehalt des Meerwassers liegt im sog. Sättigungsgleichgewicht aufgrund des hohen Salzgehaltes und der dadurch verminderten Löslichkeit für Gase niedriger als derjenige eines vergleichbaren Süßwassers. Das ist bei Belastung mit abbaubarer organischer Substanz von Nachteil. In der Nordsee liegt die Sättigungskonzentration in Abhängigkeit von der Temperatur innerhalb des Bereiches von 7,5 bis 12 mg/l O_2. Im allgemeinen ist eine gute Sauerstoffversorgung gewährleistet, vor allem da die kräftigen Wasserbewegungen für Nachschub aus der Atmosphäre sorgen. O_2-Mangel kann jedoch bei thermischer oder haliner Schichtung im bodennahen Wasser infolge von Abbauprozessen auftreten, da die Zufuhr von der Wasseroberfläche her verhindert wird. Das kann z. B. im geschichteten Konvergenzbereich der Deutschen Bucht (vgl. Tz. 67) oder in einigen tiefen norwegischen Fjorden der Fall sein. O_2-Mangel tritt des weiteren in solchen Sedimenten auf, die hohe Anteile organischer Substanz aufweisen; das trifft für weite Gebiete des Schlickwatts zu. Die hier lebenden Tiere zeigen besondere Anpassung an das Leben in Bereichen mit sehr geringem oder zeitweise fehlendem Sauerstoffangebot.

---

[1] Die Pufferkapazität bezeichnet das Vermögen einer Lösung, seinen pH-Wert gegen Einfluß starker Säuren oder Basen nahezu stabil zu halten.

72. Von besonderer Bedeutung für die bodenlebenden Meeresorganismen ist die Beschaffenheit des Untergrundes (Substrat). Man unterscheidet als extrem verschiedene Substrattypen Hartboden und Weichboden; zwischen diesen gibt es gewisse Übergangstypen.

Auf Hartboden, z. B. Felsgrund (Helgoland, Großbritannien, Norwegen) oder Kunstbauten (Buhnen, Küstenbefestigungen u.a.) leben die Organismen fast ausnahmslos auf der Substratoberfläche (Epibiose mit Epiflora und Epifauna). Unter den Tieren kommen festsitzende und freibewegliche Formen in einer für den jeweiligen Lebensraum typischen Verteilung vor. Einige wenige Arten können Gänge im Substrat (Kalkstein) anlegen (Endobiose). Liegt Weichboden vor, d. h. besteht der Meeresboden aus Sedimenten (Sand, Schlick) (z. B. Wattenmeer), nimmt der Anteil der im Substrat lebenden Formen (Endobiose, Endofauna) stark zu. Die bei Ebbe trockenfallenden Wattenmeerböden weisen überwiegend endobiotisch lebende Tierarten auf, so daß oft auf den ersten Blick dieser Lebensraum kaum besiedelt wirkt.

2.4.2 Ökologische Zonierung

73. Im Meer unterscheidet man zwei Hauptlebensbereiche: Pelagial und Benthal. Das Pelagial ist die Region des freien Wassers; hier leben

– das Plankton, worunter im Wasser schwebende pflanzliche (Phytoplankton) und tierische (Zooplankton) Organismen ohne oder mit nur geringer Eigenbewegung verstanden werden, und

– das Nekton, aktiv schwimmende, zu größeren Ortsveränderungen befähigte Formen (Tintenfische, Fische, Robben, Wale).

74. Das Pelagial im Bereich des Schelfmeeres, d. h. des küstennahen Meeres bis zu einer Tiefe von 200 m („Kontinentalsockel"), wird als ‚neritische Provinz' der ‚ozeanischen Provinz' des küstenfernen Meeres gegenübergestellt. Die Nordsee gehört überwiegend der ‚neritischen Provinz' an, in der starke Wechselbeziehungen zur Bodenzone (Benthal, s.u.) bestehen, da viele bodenlebende Organismen planktonische Entwicklungsstadien besitzen. Hervorzuheben ist noch, daß infolge der geringen Eindringtiefe des Lichtes ins Wasser nur die obere Zone des Pelagials („belichtetes Epipelagial") pflanzliches Leben ermöglicht.

75. Das Benthal (Bodenzone) ist der gesamte Bereich des Meeresbodens; seine Besiedler werden als Benthos zusammengefaßt. Die im Flachwasser des belichteten Benthals wachsenden Pflanzenbestände (Seegräser, Tange) werden Phytal genannt. Die wichtigste Gliederung erfolgt nach Wassertiefe und Gezeiteneinwirkung. Der Bereich oberhalb einer Wassertiefe von 200 m (Schelf) heißt Litoral, hierzu rechnet der größere Teil der Nordsee; unter der 200-m-Tiefenlinie spricht man von Bathyal.

76. Das Litoral wird nach der Auswirkung der Gezeiten untergliedert. Vom Land her gesehen, ergeben sich folgende Zonen (REMANE, 1940):

- Das Epilitoral liegt außerhalb jeder Überflutung, wird aber von fein zerstäubtem Meerwasser („Gischt") erreicht. Hier leben typische Landorganismen.

- Das Supralitoral (Spritzwasserzone) wird gelegentlich (Springtide, Sturmflut) überflutet und häufig von Spritzwasser der Brandung erreicht. An der Untergrenze lagert vielfach angeschwemmtes Pflanzenmaterial (Spülsaum). In diesem unter Meereswassereinfluß stehenden Bereich leben sowohl typische Landtiere als auch spezialisierte Meeresformen (Strandschnecken, Seepocken).

- Das Eulitoral ist die eigentliche Gezeitenzone, die sich zwischen Niedrig- und Hochwasserlinie erstreckt, also bei Ebbe trockenfällt und bei Flut unter Wasser gerät. Hier leben nur noch wenige primäre Landtierarten (z.B. Salzkäfer); die Besiedlung ist durch typische Meerestiere geprägt (Krebstiere, Vielborstige Würmer, Schnecken, Muscheln u.a.). Bei Flut wandern Fische zur Nahrungssuche aus dem Sublitoral in diesen Bereich ein. Bei Ebbe finden sich Vögel vom Land her zum gleichen Zweck ein.

- Das Sublitoral ist der dauernd vom Wasser bedeckte Bereich, d.h. das eigentliche Meeresgebiet. Zum Sublitoral rechnet der größte Teil der Nordsee.

2.4.3 Pflanzen und Tiere

2.4.3.1 Allgemeines

77. Das Meer ist durch eine gegenüber dem Süßwasser artenmäßig völlig anders zusammengesetzte Pflanzen- und Tierbesiedlung ausgezeichnet. Der auffallende Unterschied ergibt sich aus dem erdgeschichtlich hohen Alter des marinen Lebensraumes, aus seiner Größe und Vielgestaltigkeit und aus ökologischen Besonderheiten, wie dem hohen Salzgehalt.

78. *Pflanzliche Organismen treten als Phytoplankton im Freiwasser und als bodenlebende Formen im Litoral auf, soweit Licht in genügender Intensität vorhanden ist. Den Hauptbestandteil des Phytoplanktons bilden Kieselalgen (Diatomeen) und Dinoflagellaten. Daneben kommen einige weitere Flagellatentypen im Pelagial vor, von denen hier nur als Vertreter des Zwergplankton (Nanoplankton) die Kalkflagellaten (Coccolithophoriden) als typisch marin genannt werden sollen. Im Litoral bilden Kiesel- und Blaualgen dichte Lager am Boden. Unter den größeren Formen sind als typische Besiedler Braunalgen („Tange"), Rot- und Grünalgen zu erwähnen; Braunalgen bilden auf Hartboden, den sie zum Anheften benötigen, förmlich Tangwälder aus („Phytal"). Blütenpflanzen treten nur in wenigen Arten auf, z.B. Seegräser (Zostera), die Unterwasserwiesen bilden. Einige wenige Blütenpflanzenarten finden sich im Bereich der Meer/Land-Grenzzone. Auch diese Zone ist im Vergleich etwa zur Uferbesiedlung eines Süßwassersees sehr artenarm. Auf die landwärts anschließenden Salzwiesen und ihre typischen Besiedler (Halophyten, Salzpflanzen) wird in anderem Zusammenhang eingegangen (Tz. 835).*

79. *Die Tierwelt des Meeres weist ebenfalls kaum gemeinsame Arten mit dem Süßwasser auf (Tz. 98), die absolute Artenzahl ist fast genau so groß wie im Süßwasser, die systematische Typenmannigfaltigkeit ist aber wesentlich größer.*

Einige Beispiele von auf das Meer beschränkten systematischen Gruppen seien genannt: Foraminifera (kalkgehäusebesitzende Urtiere, Protozoa); Kalkschwämme, Quallen, Korallentiere, Rippenquallen, Tintenschnecken („Tintenfische"), Stachelhäuter, Pfeilwürmer, Manteltiere, Haie, Rochen. Andere systematische Gruppen sind mit wenigen Arten im Süßwasser vertreten, haben aber den Schwerpunkt des Vorkommens im Meer. Hierher gehören Borstenwürmer, Schnecken und Muscheln, Krebstiere, die im Meer besonders artenreich sind und zahlreiche Spezialanpassungen zeigen, sowie Robben und Wale unter den Säugetieren.

2.4.3.2 Typische Organismengemeinschaften

80. Die Nordsee weist keine einheitliche Besiedlung auf, vielmehr zeigen sich sowohl im Freiwasserbereich (Pelagial) als auch in der Bodenzone abgrenzbare Organismengemeinschaften, deren Zusammensetzung sich auf die jeweiligen hydrographischen Gegebenheiten zurückführen läßt. Neben diesen regionalen Unterschieden gibt es zum Teil erhebliche jahreszeitliche Unterschiede, sowohl nach Arten-, als auch nach Individuenzahl; diese lassen sich meist auf die für gemäßigte Klimazonen typischen Unterschiede in Lichtintensität und Temperatur zwischen den Jahreszeiten zurückführen. Bei der folgenden Darstellung einiger wesentlicher ökologischer Faktoren wird von der Grobgliederung des Organismenbesatzes in Plankton, Benthos (Bodenorganismen) und Nekton ausgegangen. Die drei Gruppen stellen ökologische Einheiten dar; zahlreiche Arten wechseln im Lauf ihres Lebens die Gruppenzugehörigkeit. Viele Fische (Nekton) und zahlreiche bodenlebende Tiere (Benthos) haben frei im Wasser schwebende Larven (Planktonlarven), die für die Ausbreitung der Art, insbesondere auch für die Wiederbesiedlung von entvölkerten Arealen nach Sturmfluten, Eiswintern oder anthropogenen Schäden von größter Bedeutung sind.

Plankton

81. Das Plankton (CUSHING, 1973; DREBES, 1974; FRASER, 1973; GESSNER, 1957) weist starke regionale Unterschiede in der Artenzusammensetzung und der Individuendichte auf. So ist das pflanzliche Plankton (Phytoplankton) in nährstoffreichen Küstenzonen wesentlich arten- und individuenreicher als in der zentralen Nordsee. Beim tierischen Plankton (Zooplankton) weisen im Flachwasserbereich die Larven der bodenlebenden Organismen besonders hohe Anteile auf; diese gehören zum Meroplankton, das nur bestimmte Entwicklungsphasen im Plankton zubringt. In der zentralen Nordsee ist der Anteil der Holoplanktonformen größer, bei denen im Gegensatz zum Meroplankton der ganze Entwicklungszyklus im Pelagial abläuft.

82. Da Planktonorganismen höchstens geringe Eigenbeweglichkeit haben, werden sie mit Strömungen verfrachtet; aus diesem Grund können sie auch als Leitorganismen für bestimmte Wasserkörper benutzt werden, deren Individualität lange erhalten bleiben kann. In der Nordsee sind im Sommer etwa 10 Phytoplanktongesellschaften abgrenzbar (NEWELL u. NEWELL, 1963), deren Areale aber in einzelnen Jahren beträchtlich ihre Lage wechseln können. Innerhalb der einzelnen Bereiche zeigt das Phytoplankton überdies von Jahr zu Jahr erhebliche Schwankungen der Individuenzahlen und der dominierenden Arten; Beispiele liefern u. a. HAGMEIER (1978) für die Umgebung von Helgoland und REID (1978) für verschiedene Nordseeareale. Ähnlich starke Populationsschwankungen zeigt auch das Zooplankton (Beispiele bei COLEBROOK, 1978). Daraus ergibt sich, daß als Basis für Aussagen über Bestandsveränderungen des Planktons nur jahrzehntelange, kontinuierlich durchgeführte Untersuchungen dienen können, da nur diese eine sichere Trendaussage ermöglichen.

Eine beobachtete Veränderung ursächlich zu begründen, ist eine weitere Schwierigkeit; so ist es unsicher, ob die in Teilen der Nordsee festgestellte Bestandsverschiebung im Phytoplankton (REID, 1978) von Kieselalgen zu kleinen Flagellaten auf Klimaveränderungen oder anthropogenen Stoffeintrag zurückzuführen ist. Möglicherweise werden einige Arten von kleinen Flagellaten durch Kohlenwasserstoffe, die z. B. aus diffusen Ölbelastungen stammen, gefördert.

GREVE u. PARSONS (1977) diskutieren diese Frage und stellen Hypothesen hinsichtlich möglicher Folgen einer solchen Veränderung auf. Normalerweise verläuft die Nahrungskette im Plankton von Kieselalgen zu großen Zooplanktonarten, die von Fischen genutzt werden. Kleine Flagellaten hingegen können nur durch kleinere Zooplanktonformen ausgenutzt werden, die ihrerseits von Rippenquallen und Medusen verzehrt werden und deren Bestand fördern. Das Nahrungsangebot für Fische wird damit verringert, so daß deren Bestände zurückgehen. Diese zunächst hypothetischen Überlegungen zeigen mögliche ökologische Wirkungen von stofflichen Belastungen, die an anderer Stelle im Detail zu diskutieren sind (vgl. Tz. 525 ff.).

83. Neben den erwähnten regionalen Unterschieden zeigt das Plankton deutliche jahreszeitliche Bestandsschwankungen, die sich auf wechselnde Licht- und Temperaturverhältnisse und unterschiedliche Nährsalzangebote zurückführen lassen.

Dieser Wandel des Planktons im Jahresgang läßt sich wie folgt kennzeichnen: Im Winter ist bei geringer Lichtversorgung und niedriger Temperatur der Planktonbestand gering. Starke winterliche Wasserbewegung führt Pflanzennährstoffe aus der Bodenzone an die Oberfläche, so daß mit steigender Lichtintensität und Temperatur im Frühjahr eine starke Vermehrungsphase des Phytoplanktons einsetzen kann (Kieselalgenmaximum); dadurch werden zunächst die pflanzenfressenden Zooplanktonarten und über diese die weiteren Glieder der Nahrungskette gefördert. Wechselwirkungen zwischen der „Frühjahrsblüte" und Fischlarvenentwicklung haben praktische Bedeutung (vgl. Tz. 726). Verbrauchsbedingte Verarmung an Silicium und Pflanzennährstoffen,

zunehmende Tageslänge, erhöhte Lichtintensität und Fraß durch Zooplankton bedingen in der Folge einen Rückgang des Kieselalgenbestandes, der im Sommer durch Dinoflagellaten abgelöst wird. Die Biomasse des Phytoplanktons ist im Sommer wesentlich kleiner als im Frühjahr. In den Teilen der Nordsee, die im Sommer eine Schichtung des Wasserkörpers aufweisen (vgl. Tz. 19), ist die vertikale Nährsalzzirkulation unterbunden, so daß Versorgungsmängel die pflanzliche Primärproduktion einschränken können. Die herbstliche Auflösung der thermalen Schichtungen bringt eine Verbesserung der Nährstoffversorgung im Oberflächenwasser. Davon profitieren die Kieselalgen, die bei abnehmender Tageslänge überall zu erneuter Entfaltung kommen.

84. Auch das Zooplankton wechselt im Jahresgang stark; z. B. liegt die Fortpflanzungsphase vieler bodenlebender Tiere (Seesterne, Seeigel, Vielborstige Würmer) im Frühjahr, so daß ihre Larven dann im Plankton auftreten und nach einigen Wochen mit Ende der Larvenphase wieder verschwinden. Die Krebslarven treten meist etwas später auf mit einem Maximum im Frühsommer; die Larven vieler Muscheln und Schnecken erscheinen erst im Spätsommer. Auch viele Fischlarven sind im Plankton vertreten; auf ihre jahreszeitliche Verbreitung soll hier nicht eingegangen werden. Einige Wechselbeziehungen zwischen dem zeitlichen Auftreten von Fischlarven und anderen Planktonformen werden in Kap. 7 diskutiert (Tz. 726).

Benthos

85. Als Benthos wird die Gesamtheit der die Bodenzone besiedelnden Organismen bezeichnet, wobei verschiedene Größenklassen unterschieden werden. Am besten bekannt sind naturgemäß die größeren Formen; nach ihnen werden auch die typischen Bodentiergemeinschaften benannt (vgl. Tz. 88 ff.). Die mit bloßem Auge nicht sichtbaren Kleinformen stehen den großen Formen (Makrobenthos) an Typenmannigfaltigkeit nicht nach. Ihre Bedeutung für das Ökosystem muß als groß angesehen werden, wenngleich allgemeingültige Daten über ihren Anteil an Produktions- und Umsatzprozessen noch fehlen.

86. Das Makrobenthos zeigt in der Nordsee eine regionale Gliederung in etwa 10 größere ökologische Einheiten, die jeweils nach der vorherrschenden oder besonders typischen Tierart benannt werden. Diese Gemeinschaften sind entweder dem Flachwasser- oder dem Tiefwasserbereich zuzuordnen. In beiden Bereichen ist nach Gemeinschaften der Hart- und der Weichböden zu trennen.

Eine Sonderstellung nehmen die nur im Flachwasser anzutreffenden Pflanzenbestände ein (sog. Phytal). Während über alle Flachwassergemeinschaften viele Informationen vorliegen, sind im Tiefwasser die Weichböden wesentlich besser untersucht als die Hartböden, die aus technischen Gründen schwerer zu bearbeiten sind. Allerdings weisen die Hartböden insgesamt in der Nordsee einen verhältnismäßig geringen Anteil auf.

87. Die Flachwasserbereiche sind, wie erwähnt, starken natürlichen Belastungen durch Stürme und tiefe winterliche Temperaturen (bis −1°C im Extrem) ausgesetzt, die zu starken Schwankungen der Individuenzahlen und zeitweiligen Veränderungen des Artenbestandes führen. Stürme können Wasserbewegungen hervorrufen, die noch bei 30 m Wassertiefe das Sediment aufwirbeln oder die obersten Lagen völlig abtragen und verfrachten, so daß der Tierbestand ganz oder weitgehend vernichtet wird. Für sauerstoffverarmte Sedimente, d. h. solche mit hohen Anteilen an organischer Substanz und entsprechend starker abbaubedingter Sauerstoffzehrung, bringt die Umwälzung durch Belüftung eine zeitweilige Verbesserung der Situation. Die Sedimentaufwirbelung führt ferner zur Freisetzung von gebundenen Nährsalzen, die der pflanzlichen Produktion zugute kommen; andererseits besteht aber auch die Gefahr, daß Schwermetalle und andere im Sediment festgelegte Schadstoffe bei dieser Gelegenheit wieder frei werden.

Die Wiederbesiedlung eines durch Sturmfolgen oder Kälteschäden verödeten Bereichs erfolgt in aller Regel im Verlauf weniger Jahre. Das ist möglich, weil die meisten Bodentiere Planktonlarven besitzen, die schon bei der nächsten Fortpflanzungsperiode aus fern gelegenen, nicht geschädigten Beständen mit der Strömung herangeführt werden und eine neue Besiedlung gründen.

88. Im folgenden werden einige typische Organismengemeinschaften vorgestellt und ihre Besonderheiten erläutert (vgl. Abb. 2.19).

Zur Benennung der Gemeinschaften siehe FRIEDRICH (1965); Detaildarstellungen bei REMANE (1940); regionale Aspekte und weiterführende Literatur: ZIEGELMEIER (1978), östliche Deutsche Bucht; GERLACH (1972), Helgoländer Bucht; RACHOR u. GERLACH (1978), Sandböden der inneren Deutschen Bucht; STRIPP (1969a, b, c), Helgoländer Bucht; MCINTYRE (1978), westliche Nordsee. Über die Verteilung der Gemeinschaften in der Deutschen Bucht unterrichtet Abb. 2.20.

89. Im Flachwasserbereich (0−15 m) findet sich auf Sandböden verschiedener Körnung sowie auf schlickhaltigem Sand weit verbreitet die Macoma balthica-Gemeinschaft mit der Leitart Baltische Plattmuschel. Diese artenarme Gemeinschaft, deren Glieder überwiegend zur Endofauna rechnen, besiedelt z. B. das Wattenmeer (vgl. Tz. 111) und die vorgelagerten flachen Sublitoralabschnitte; sie findet sich auch in Ästuarien. Zur Verbreitung in der Deutschen Bucht s. Abb. 2.20.

Geringere Verbreitung auf stärker exponiertem, d. h. stärker überströmten gröberem Substrat hat die Angulus tenuis-Gemeinschaft (= Tellina tenuis-Gemeinschaft; Leitart: Platte Tellmuscheln).

90. *Lokal findet sich auf Weichböden des Flachwassers die Seegrasgemeinschaft, die zum Phytal rechnet und in der sich Elemente der Macoma balthica-Gemeinschaft finden. Da sich organische Sinkstoffe in meist erheblichem Umfang zwischen den dicht stehenden Seegrasblättern ansammeln, kommt es im Bodenbereich oft zu starker Sauerstoffzehrung mit Faulschlammbildung, die beschränkend auf die Bodenbesiedlung wirkt. Der Anteil der Epibiose, d. h. der auf dem Boden oder an den*

Pflanzen lebenden Tiere ist verhältnismäßig groß. Auch eine große Zahl von Fischarten besiedelt die Seegrasbestände. Seegraswiesen stellen auch wichtige Weidegründe für Ringelgänse dar (vgl. Tz. 861). Der größere Teil der organischen Substanz geht jedoch in die Detritus-Nahrungskette: Absterbende Seegrasblätter werden durch die Tätigkeit von Bestandsabfallverzehrern und mechanisch durch Wellenschlag zu organischem Zerreibsel („Detritus") umgewandelt, das eine wichtige Rolle als Nahrungssubstrat für niedere Tiere spielt. Die Bestände der überwiegend im Sublitoral vorkommenden Art Zostera marina starben Anfang der 30er Jahre infolge natürlicher Ursachen fast völlig ab; vermutlich förderte eine Folge heißer Sommer den einzelligen Parasiten Labyrinthula macrocystis (zusammenfassende Darstellung RASMUSSEN, 1973; siehe auch WOLFF, 1979). Zum Teil wurden diese freigewordenen Areale von dem überwiegend im Eulitoral (Gezeitenzone) vorkommenden Zwergseegras (Zostera noltii = Z. nana) besiedelt, zum Teil entstanden im gleichen Raum und auch an ursprünglich unbesiedelten Stellen neue Zostera marina-Bestände. Insgesamt dürfte der ursprünglich ca. 6 000 km² deckende Bestand heute wesentlich kleiner sein; genaue Angaben über die derzeitigen Verhältnisse fehlen.

91. *Auf Hartböden im Flachwasserbereich tritt eine Tang- und Algenvegetation auf, die vielfältig strukturiert einer großen Zahl von Tierarten Lebensraum bietet. Dieser Phytaltyp wird in Abschn. 2.4.5.2 (Tz. 123) ausführlich behandelt.*

Eine typische Tiergemeinschaft im Flachwasser an Felsen und vom Menschen geschaffenen Bauten ist die Mytilus-Epifauna mit der Leitart Miesmuschel und Seepocken, Strandschnecken sowie Napfschnecken als Begleitern.

Einer besonderen Erwähnung bedürfen die Miesmuschelbänke auf Sand- und Schlickboden im unteren Eulitoral. Die Miesmuscheln verspinnen leere Muschelschalen und lebende Artgenossen zu klumpenartigen Gebilden, die zu großen Bänken anwachsen. Diese dem Weichboden aufliegenden Hartgebilde bieten Tangen und festsitzenden Tieren das sonst fehlende Besiedlungssubstrat. Andere Arten (Aale) finden Versteckmöglichkeiten; für alle wird das Nahrungsangebot verbessert. In und an den Bänken erfolgt eine starke Sedimentation, so daß den Muschelbänken insgesamt eine erhebliche stabilisierende Funktion innerhalb der starken Veränderungen unterworfenen Küstenareale mit Weichboden zukommt.

92a. Im tieferen Wasser der Deutschen Bucht schließt die Abra alba-Gemeinschaft mit der Kleinen Pfeffermuschel als Leitform an die eingangs erwähnte Macoma balthica-Gemeinschaft an (Abb. 2.20). Sie besiedelt Schlick und detritusreichen Sand in Tiefen von etwa 10−30 m und kommt auch in Buchten (z. B. Limfjord) mit Salzgehalten bis herab zu 18‰ vor. Die Kleine Pfeffermuschel ist ein wichtiges Fischnährtier, vor allem für Schollen. In der Deutschen Bucht liegt das Kerngebiet der Abra alba-Gemeinschaft in der Schlickregion südöstlich von Helgoland, einer Konvergenzzone (vgl. Tz. 67) mit thermo-haliner Schichtung, die von April bis Juli den Bodenbereich weitgehend von der Sauerstoffzufuhr abschneidet, so daß infolge starker Abbauprozesse im Sediment ein Trend zu sommerlichem Sauerstoffmangel besteht (RACHOR, 1977). Die sauer-

Abb. 2. 19

Muscheln der Nordsee

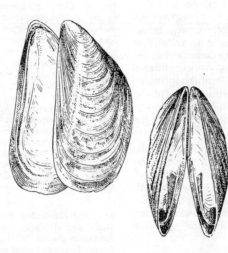

Miesmuschel (Mytilus edulis)

Herzmuschel (Cerastoderma edule)

Venusmuschel (Venus striatula =
Venus gallina)

Platte oder Zarte Tell-
muschel (Tellina tenuis)

Baltische Plattmuschel
(Macoma balthica)

Kleine Pfeffermuschel
(Abra alba)

Quelle: DE HAAS u. KNORR (1965)

SR—U 80 0331

Abb. 2.20

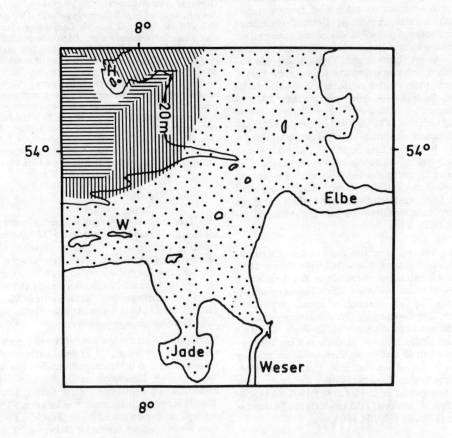

Verteilung der Bodentiergemeinschaften in der Helgoländer Bucht

Punktiert: Macoma balthica-Gemeinschaft
Senkrecht schraffiert: Abra alba-Gemeinschaft
Waagerecht schraffiert: Echinocardium cordatum -
　　　　　　　　　Amphiura filiformis-Gemeinschaft
Schräg schraffiert: Venus striatula-Gemeinschaft
　　　　　　　　　(= Venus gallina-Gemeinschaft)

H = Helgoland
W = Wangerooge

Quelle: STRIPP (1969): verändert

SR–U 80 0332

stoffhaltige Bodenschicht ist sehr dünn (1 – 20 mm), darunter kann Schwefelwasserstoff auftreten; alles in allem also ein Extremlebensraum, für den schon aus den genannten Gründen starke Schwankungen im Organismenbesatz auch bei zeitweise sehr individuenstarken Arten zu erwarten sind. Dazu kommen aber noch katastrophenartige Bestandsrückgänge nach sturmbedingter Bodenerosion und nach extrem kalten Wintern. Die Regenerationszeit des Systems beträgt mehrere Jahre; nach Vernichtung des ursprünglichen Organismenbesatzes können für kürzere Zeit ganz andere Arten zahlenmäßig die Oberhand gewinnen. So trat nach dem kalten Winter 1946/47 die Korbmuschel (Aloidis gibba = Corbula gibba) in Massen auf; von 1963 bis 1967 bildete der Quappwurm (Echiurus echiurus) dichte Bestände und ersetzte die durch den Eiswinter 1962/63 erloschenen oder dezimierten Vorkommen anderer Arten. Die ökologische Situation der Schlickregion der inneren Deutschen Bucht ist also durch Labilität gekennzeichnet. Diese Feststellung ist wesentlich mit Blick auf die Nutzung des Bereichs zur Klärschlammverklappung (s. Tz. 279).

92 b. Die Echinocardium cordatum-Amphiura filiformis-Gemeinschaft (= Echinocardium filiformis-Gemeinschaft) schließt in der Deutschen Bucht seewärts an die Abra alba-Gemeinschaft an (Abb. 2.20). Die Gemeinschaft ist arten- und individuenreich, ihre Leitformen sind der Herzseeigel und der Schlangenstern Amphiura filiformis. Die Gemeinschaft findet sich auf Schlicksand bei Wassertiefen zwischen 15 und 40 m. Mindestens bis zu einer Tiefe von 30 m sind Schäden beim Tierbestand infolge orkanbedingter Bodenerosionen möglich. Sehr kalte Winter (wie z. B. 1946/47 oder 1962/63 brachten regional bei beiden Leitformen starke Bestandseinbußen (ZIEGELMEIER, 1964).

93. Die Venus striatula-Gemeinschaft (= Venus gallina-Gemeinschaft) lebt auf Sandboden in Tiefen von 10 – 50 m. Leitform ist die Venusmuschel. In der Deutschen Bucht (Abb. 2.20) findet sich ein größeres Areal nördlich der Abra alba-Zone. Auch bei dieser Gemeinschaft treten Orkanschäden in unregelmäßigem Abstand auf. Nach jeder Störung beginnt eine Neubesiedlung mit starken Bestandsschwankungen, so daß sich keine stabile Gemeinschaft ausbildet. Bei längeren sturmfreien Perioden mit Schlickablagerung zeigt sich die Tendenz zur Umwandlung in die Echinocardium cordatum-Amphiura filiformis-Gemeinschaft (RACHOR u. GERLACH, 1978), ein Zeichen dafür, daß sturmbedingte Erosionen des schlickigen Sediments entscheidende Bedeutung für die Ausprägung der Venusmuschel-Gemeinschaft hat. Das Verklappungsgebiet für Abwässer der deutschen Titandioxidproduktion (vgl. Tz. 241) liegt im Bereich der Venusmuschel-Gemeinschaft nahe der Grenze zur Echinocardium cordatum-Amphiura filiformis-Gemeinschaft (STRIPP u. GERLACH, 1969).

94. *Drei weitere Bodentiergemeinschaften sollen nur kurz erwähnt werden: Auf Grobsand und Schill findet*

sich die Spatangus purpureus-Venus fasciata-Gemeinschaft, die keine große Ausbreitung hat. In der Deutschen Bucht entspricht nur die Artengemeinschaft des Borkumer Riffgrundes in etwa diesem Typ (DÖRJES, 1977); Leitformen sind der Purpurseeigel und die Gerippte Venusmuschel. Die Brissopsis lyrifera-Amphiura chiajei-Gemeinschaft (= Brissopsis-chiajei-Gemeinschaft) hat als Leitformen eine Seeigel- und eine Schlangensternart. Die Gemeinschaft kommt auf Schlick in größeren Tiefen (40 – 100 m) vor und rechnet zur Schellfischzone, d. h. stellt einen wesentlichen Fraßplatz für diesen Nutzfisch dar. Die Ophiura sarsi-Brissopsis lyrifera-Gemeinschaft (= Brissopsis sarsii-Gemeinschaft) mit einer weiteren Schlangensternart in Verbindung mit der vorher genannten Seeigelart als Leitformen, lebt auf Weichböden („Blauer" weicher Schlamm) bei 150 – 200 m Tiefe (Norwegische Rinne). Auch diese Region rechnet zur Schellfischzone; weitere typische, von Bodentieren lebende Fischarten dieses Areals sind Wolfsfisch und Hundszunge.

Nekton: Fische

95. Die wichtigste Gruppe innerhalb des Nekton bilden die Fische, die mit rund 250 Arten in der Nordsee vorkommen. Fragen der Fischerei und der Bestandsveränderungen der Nutzfische durch menschliche Eingriffe werden ausführlich in Kap. 7 (Tz. 721 ff.) behandelt; dort wird auch auf natürliche bestandsbeeinflussende Faktoren hingewiesen. Hier soll nur kurz auf die Bedeutung der Fische im Ökosystem Nordsee eingegangen werden.

Nach dem Lebensraum werden zwei Typen von Fischen unterschieden: (1) Freiwasserfische („pelagische Fische", z. B. Hering, Makrele), die während ihres ganzen Lebenszyklus im Pelagial leben; (2) Bodenfische („demersale Fische"), die Bindungen an den Bodenbereich zeigen, ohne in allen Fällen ausschließlich am Boden zu leben. Fast alle Fische nehmen ausschließlich tierische Nahrung zu sich; eine Ausnahme macht die Meeräsche, die auch Kleinpflanzen im Watt abweidet.

Im übrigen werden Pflanzen nicht direkt von Fischen ausgenutzt, sondern erst nach Zwischenschaltung von Zooplankton oder Bodentieren. Von Zooplankton ernähren sich neben den Fischlarven als Erwachsene beispielsweise Hering, Sprotte und Maifisch. Bodentierfresser sind in erwachsenem Zustand u. a. die Plattfischarten Flunder, Kliesche, Rotzunge und Scholle sowie der Schellfisch, der wie auch andere Arten außerdem Fischeier und -brut am Boden aufsammelt. Viele Arten nehmen je nach Alter und Körpergröße die verschiedensten Bodentiere und Fische unterschiedlicher Größe als Nahrung auf (Kabeljau). Sandaale fressen Zooplankton, kleine Bodentiere und Jungfische. Überwiegend von Fischen ernähren sich Steinbutt, Heilbutt und Seehecht. Reine Fischfresser sind Dornhai, Heringshai, Köhler und Thun, wobei die Jungtiere allerdings auch Zooplankton fressen. Die ernährungsbedingte Verflechtung der einzelnen Ökosystemkomponenten ist also groß und oftmals sind nicht alle gegenseitigen Abhängigkeiten auf den ersten Blick erkennbar.

96. Speziell bei Nutzfischen ist die Kenntnis der jeweiligen Nahrungsobjekte wichtig, da einmal der Schutz der Fischnährtiere vor anthropogener Beeinträchtigung zur Erhaltung des Fischbestandes bedeutsam ist, zum anderen über die Nahrungskette potentielle Schadstoffe in den Fisch übergehen und sich dort anreichern können (Biomagnifikation; vgl. Tz. 355, 444). Es sollte hier aber auch betont werden, daß Fische in z. T. erheblichem Umfang auch Schadstoffe direkt aus dem Wasser aufnehmen (Bioakkumulation; vgl. Tz. 355).

97. Die Verteilung der Fischarten in der Nordsee ist nicht gleichförmig. Abgesehen davon, daß manche Arten Schwärme bilden (Hering), andere als Einzelgänger leben, treten horizontale und vertikale Verteilungsmuster auf. So gibt es Küstenfische (Meeräsche; Wattenmeerfische s. Tz. 114) und Arten der offenen See. Eine Anzahl von Fischarten lebt nur im Flachwasser (Kliesche, Scholle), andere vorzugsweise in tieferen Wasserschichten (z. B. Hundszunge, Silberdorsch, Blauer Wittling). Andere besiedeln ein breites Tiefenspektrum, wie Kabeljau (5–600 m) oder Schellfisch (10–200 m). Auch Substratabhängigkeiten bestehen: Der Meeraal bevorzugt Felsgrund, der Sandaal braucht Sandboden zum Eingraben, Plattfische leben auf Weichböden.

98. Von Bedeutung ist, daß viele Fischarten ein ausgeprägtes Wanderverhalten zeigen, sei es um bestimmte Nahrungsgründe aufzusuchen, sei es um feste Fortpflanzungsreviere zu erreichen. Einige Arten ziehen zur Eiablage ins Süßwasser (Stör, Lachs, Meerforelle, Maifisch, Stint); diese haben durchweg starke Bestandseinbußen hinnehmen müssen, die überwiegend auf anthropogene Belastung der Flüsse und Ästuarien (vgl. Tz. 129) zurückzuführen sind. Bestandseinbußen hat auch die Flunder erlitten, die zur Nahrungssuche in Ästuarien wandert. Mehrere Arten haben feste Laichplätze in der Nordsee, die bei jährlichen Wanderungen aufgesucht werden (vgl. Tz. 695 und Abb. 7.4 b) sowie bestimmte oft relativ eng umgrenzte Aufwachsräume. Solche Kinderstuben liegen im Wattenmeer der Deutschen Bucht (Scholle, Seezunge, vgl. Tz. 114), wo die Konflikte zwischen dem Ziel der Erhaltung des Nutzfischbestandes und anderen Zielvorstellungen besonders auffällig sind (vgl. Tz. 884).

2.4.4. Produktionsökologische Aspekte

Literatur: CRISP, 1975; CUSHING, 1973, 1975; WHITTACKER u. LIKENS, 1975.

99. Die Nordsee gehört zu den – ökologisch gesehen – produktivsten Meeresgebieten mit guter Nährsalzversorgung und entsprechend hoher pflanzlicher und tierischer Produktion. Das zeigt sich deutlich an den Fischfangerträgen: Die Nordsee weist bei einem Flächenanteil von 0,002% an der gesamten Meeresfläche einen Anteil am Weltmeeresfischfang von 4,3% auf. Auf Flächenerträge umgerechnet liefert die Nordsee 50 kg/ha (5 g/m²) Fische und Schalentiere (Basis Fanggewicht, d. h. Lebendgewicht). Im Vergleich dazu liefert das Meer insgesamt rund 2 kg/ha, der Bodensee-Untersee 70 kg/ha. Die besondere Bedeutung des Wattenmeeres läßt sich auch an den

Erträgen ablesen; sie liegen zwischen 200–400 kg/ha, wobei die Schwankungsbreite sich aus der unsicheren Zuordnung von Flächengrößen und Fangmenge ergibt. Dabei übertrifft im Wattenmeer der Ertrag von Krebstieren (Garnelen) und Muscheln deutlich den der Fische.

100. Die Basis der Nahrungskette, die zu den Fischen und weiteren Verbrauchern (Seehund, in gewissem Umfang auch Mensch) führt, ist die pflanzliche Primärproduktion. In der offenen Nordsee liefert das Phytoplankton etwa 200–250 g/m²·Jahr (hier und im folgenden Angaben in Trockengewicht; Produktion unter 1 m² Meeresoberfläche). Im Englischen Kanal liegen die Maximalwerte etwa doppelt so hoch, im Wattenmeer produzieren die bodenlebenden Algen etwa 300 g/m²·Jahr. Seegras- oder Tangbestände können kleinräumig wesentlich böhere Werte erreichen. Vergleicht man die Daten mit Werten aus anderen Flachmeeren, so zeigt sich, daß die pflanzliche Produktion der Nordsee etwas unter dem weltweiten Durchschnitt der Schelfgebiete (360 g/m²·Jahr, WHITTACKER u. LIKENS, 1975) liegt. Das kann auf die relativ ungünstige geographische Lage mit niedriger Temperatur, Wassertrübung und relativ geringer Lichtintensität zurückgeführt werden. Im Vergleich zu Landlebensräumen ist die pflanzliche Biomasse (gemessen in kg/m²) in der Nordsee wie in anderen Meeren gering, die Produktion (ausgedrückt in kg/m²·Jahr) aber vergleichsweise hoch. Mit anderen Worten: Das Verhältnis von Produktion zu Biomasse ist sehr hoch.

Ein Vergleich (Daten von WHITTACKER u. LIKENS, 1975): Das Verhältnis Produktion zu Biomasse (P:B) beträgt im Schelfmeer 360:1, im offenen Ozean 42:1, im tropischen Regenwald 0,05:1 und in Laubwäldern der gemäßigten Zone 0,04:1. Das sehr große P:B-Verhältnis der Schelfmeere einschließlich der Nordsee beruht vor allem auf der Kleinheit der einzelligen Phytoplanktonorganismen sowie der bodenlebenden Kieselalgen, die im Gegensatz etwa zu großen Landpflanzen ein wesentlich höheres Vermehrungspotential haben.

Diese hohe Produktivität führt zu starker Sauerstoffproduktion (bei Kohlendioxidverbrauch), woraus die große Bedeutung der Meere allgemein für den Sauerstoffhaushalt (bzw. den CO_2-Haushalt) der Erde deutlich wird. Eine Störung dieser pflanzlichen Ökosystemkomponenten durch Schadstoffe würde also neben der Beeinträchtigung der Bioproduktion von Nutztieren wegen der Verkleinerung der Nahrungskettenbasis auch zu weiteren ökologischen Beeinträchtigungen führen.

101. Die pflanzliche Produktion (Primärproduktion) in der offenen Nordsee versorgt drei ökologische Gruppen:

– pflanzenfressende Zooplanktonarten, also im freien Wasser lebende, meist kleine Tiere, die ihrerseits Fischnahrung darstellen können, fressen das lebende Phytoplankton;

– absinkende, sich zersetzende tote Phytoplanktonformen dienen als sog. Detritus vielen bodenlebenden wirbellosen Tieren als Nahrung, die ihrerseits vielfach Fischnährtiere darstellen;

– ein gewisser Anteil lebender oder abgestorbener Kleinpflanzen wird in den Küstenbereich, insbesondere ins Wattenmeer, eingeschwemmt und stellt dort eine wesentliche Nahrungskomponente für Bodentiere und weitere Konsumenten dar; dieser Weg wird im Abschnitt Wattenmeer (Tz. 109) verfolgt.

Schätzungsweise 75% der Primärproduktion gehen den ersten Weg und führen zu einer Sekundärproduktion von ca. 50 g/m^2·Jahr an pflanzenfressenden Zooplanktonarten. Darauf baut sich eine Tertiärproduktion von 0,5 bis 1,5 g/m^2·Jahr an planktonfressenden Freiwasserfischen (pelagische Fische) auf. Der Mensch erntet davon 0,2−0,6 g/m^2·Jahr. Auf den zweiten Weg soll nicht weiter eingegangen werden, da die Datenbasis sehr schmal ist und nur grobe Schätzungen ermöglicht. Angenähert beträgt die Produktion der Bodentiere 15 g/m^2·Jahr, die der Bodenfische 1−2 g/m^2·Jahr bei einer menschlichen Entnahme von 0,5−0,8 g/m^2·Jahr.

2.4.5 Die Ökologie ausgewählter Teilbereiche

102. Die unterschiedliche Kombination der verschiedenen hydrographischen, geologischen und ökologischen Faktoren schafft im Küstenbereich der Nordsee abgrenzbare Lebensräume mit jeweils typischen Lebensbedingungen und daran angepaßter Organismenbesiedlung. Es sind dies beispielsweise die Marschen-, Dünen- und Felsküsten sowie die Ästuarien und Fjorde. Anteilig überwiegen die Marschenküsten, von denen das Wattenmeer der Deutschen Bucht den größten zusammenhängenden Abschnitt umfaßt und daher als Beispiel ausführlich beschrieben wird (Abschn. 2.4.5.1). Ökologisch vergleichbare, aber wesentlich kleinere Areale gibt es an strömungsgeschützten Plätzen der englischen Küste (Beispiel: The Wash). Dünenküsten finden sich in Jütland, auf den friesischen Inseln, in den Niederlanden, ferner südlich Den Helder, in Belgien und in England (z. B. Northumberland, North Norfolk). Felsküste ist im Nordseebereich vergleichsweise gering vorhanden; ausgedehnt findet sie sich nur in Norwegen, stellenweise in Großbritannien (z. B. nördlich von Scarborough in York, in kleinen Abschnitten nördlich und südlich der Tynemündung usw.); im südöstlichen Nordseebereich kommt Felsküste nur auf Helgoland vor. Einige ökologische Besonderheiten der Felsküste werden in Abschn. 2.4.5.2 dargestellt. Dem Komplex Ästuarien und Fjorde ist der Abschnitt 2.4.5.3 gewidmet.

2.4.5.1 Wattenmeer

Literatur: GESSNER, 1957; REINECK, 1978; ABRAHAMSE et al., 1976.

a) Ökologische Bedingungen

103. Das Wattenmeer (vgl. Tz. 59 ff.) umfaßt mit rd. 8 000 km^2 nur ca. 1,5% der Nordseefläche, stellt aber ökologisch gesehen einen Raum von einzigartiger Bedeutung dar, der zahlreiche wesentliche Beziehungen zur offenen Nordsee hat („Kinderstube" von mehreren wirtschaftlich wichtigen Fischarten, vgl. Tz. 114), aber auch Verbindungen zum nordatlantisch-arktischen Bereich aufweist (Vogelzug, s. Tz. 1001 und Abb. 9.1).

104. Das Wattenmeer ist ökologisch entscheidend durch die Gezeiten geprägt. Mehr als die Hälfte der Fläche kann zum Eulitoral gerechnet werden, fällt also bei Ebbe trocken und gerät bei Flut unter Wasser; dieses ist das Wattgebiet im engeren Sinne. Der durchschnittliche Tidenhub an der meerseitigen Grenzlinie des Eulitorals beträgt rd. 2,50 m; die Extremwerte liegen bei 1,50 m und 4 m. In die Wattflächen eingesenkt sind die dauernd Wasser führenden Priele, rinnenartige Vertiefungen mit mehr oder weniger starker Strömung; dieser zum Sublitoral zu rechnende Bereich umfaßt grob geschätzt ein knappes Drittel der Fläche. Im Eulitoral und Sublitoral dominiert der Meereseinfluß, während der landseitig anschließende Supralitoralbereich zum Land überleitet. Das Supralitoral wird normalerweise nicht überflutet (Tz. 834) und umfaßt mit Außensänden und Salzwiesen (Tz. 835) nur einen verhältnismäßig kleinen Flächenanteil. Die Abfolge der Zonen verdeutlicht Abb. 2.21.

105. Das Wattenmeer ist ein Ablagerungsraum (Tz. 37), in dem sich je nach Wasserbewegung relativ grobkörniger Sand oder feinkörniger Schlick mit den verschiedensten Zwischenstufen und Mischungstypen ablagern. Das Sandwatt überwiegt flächenmäßig bei weitem; Schlickwatt findet sich in strömungsgeschützten Bereichen von Buchten, im Strömungsschatten von Inseln usw. Den anorganischen Sedimenten ist in wechselndem Umfang organisches Material beigefügt, darunter Reste von Pflanzen und tierische Kotkrümel aus dem Wattenmeer selbst (autochthones Material) sowie aus dem angrenzenden Landbereich; wesentlich größer ist die Zufuhr organischen Materials aus der offenen Nordsee und aus den Flüssen. Dieses allochthone Material hat für den Stoffhaushalt des Wattenmeeres wesentliche Bedeutung. Die zugeführten organischen Partikeln sind die Basis für den reichen Organismenbesatz. Beim Abbau freigesetzte Nährsalze werden von pflanzlichen Organismen genutzt; die organischen Partikeln selbst samt ansitzenden Bakterien bilden ebenso wie die genannten Kieselalgen und andere Pflanzen die Nahrungsgrundlage für die Tiere. Ökologische Probleme können dadurch entstehen, daß an den sedimentierenden Partikeln Schwermetalle oder andere Schadstoffe (PCBs u. a.) gebunden sein können, die auf diesem Weg in das Wattenmeersediment und in Organismen gelangen können.

106. Das Eulitoral des Wattenmeeres weist einige ökologische Eigentümlichkeiten auf. Entsprechend dem Wechsel von Ebbe und Flut schwankt die Temperatur auf den Wattflächen sehr stark. Bei Ebbe kommt es im Winter zu starker Abkühlung, im Sommer dagegen bei Sonneneinstrahlung zu starker Erwärmung. Daraus ergibt sich eine maximale Jahres-

Abb. 2.21

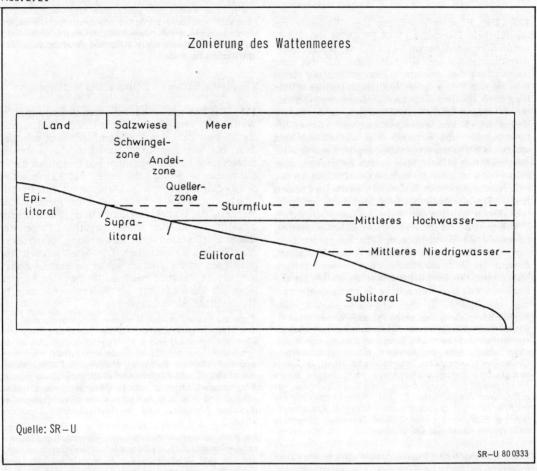

Zonierung des Wattenmeeres

Quelle: SR-U

SR-U 80 0333

temperaturschwankung von über 40°C an der Bodenoberfläche, die Wassertemperatur liegt zwischen 0 und +20°C. Auch der Salzgehalt kann deutliche Schwankungen zeigen: Bei Ebbe erfolgt eine Erhöhung infolge von Verdunstung oder Ausfrieren, ein Absinken durch Regenfälle; die jahreszeitlich wechselnde Süßwasserzufuhr durch Flüsse bringt weitere Veränderungen. Insgesamt schwankt der Salzgehalt etwa zwischen 22 und 33‰, meist liegt er im Bereich von 25 – 30‰.

107. Die Sauerstoffversorgung im freien Wasser des Wattenmeeres ist wegen der starken Wasserbewegung sehr gut; im Boden jedoch, wo ein großer Teil der Tierwelt lebt, kann in Abhängigkeit von der Sedimentbeschaffenheit starker Sauerstoffmangel auftreten. Während die Sauerstoffversorgung in Sandsedimenten gut ist, nimmt sie in Schlickböden stark ab, so daß die belüftete (oxidierte) oberste

Schicht oft nur 1 – 2 mm dick ist. An der Bodenoberfläche kann im Gegensatz zu den Verhältnissen im Substrat bei starkem Algenbewuchs sogar Sauerstoffübersättigung auftreten. Die Mehrzahl der im Wattboden lebenden Tiere versorgt sich bei Flut durch spezielle Organe oder besondere Verhaltensweisen mit Atmungssauerstoff von der Bodenoberfläche. Solange der Zugang zu sauerstoffhaltigem Wasser offensteht, können diese Wattbewohner also auch das sauerstoffarme Sediment besiedeln.

108. *Die Nährsalzversorgung im Wattenmeer ist durchweg sehr gut, vor allem da aus den im Boden an totem organischem Material ablaufenden Abbauprozessen ständig Stickstoffverbindungen, Phosphat, Silicium u.a. freigesetzt und durch die starke Wasserbewegung gut verteilt werden. – Das Wasser ist aufgrund der starken Umwälzungen durch Gezeitenströmung und Seegang meist relativ trübe.*

53

b) Pflanzen- und Tierbesiedlung

109. Die Pflanzenbesiedlung des Wattenmeeres (ausführliche Darstellung WOLFF, 1979) umfaßt folgende Komponenten: Im freien Wasser leben Phytoplanktonorganismen, Kleinstformen, die das gute Nährsalzangebot ausnutzen. Herkunftsmäßig stammen sie zum Teil aus der Nordsee, in geringem Umfang auch aus dem Süßwasser. Infolge der besonderen hydrographischen Bedingungen, insbesondere wegen des starken Wasseraustausches zwischen offener Nordsee und Wattenmeer entwickelt sich kein spezielles Wattenmeerplankton, sondern nur eine im Vergleich zum offenen Meer relativ artenarme, aber zeitweise sehr individuenreiche Gesellschaft, in der sich häufig auch vom Boden aufgewirbelte Formen finden. Die Maximalentfaltung liegt meist im Frühjahr. Einen bedeutenden Anteil an der pflanzlichen Primärproduktion im Wattenmeer haben außerdem bodenlebende Kleinstformen (Mikrophytobenthos), vor allem Kieselalgen (Diatomeen) und Blaualgen, die auf der Bodenoberfläche oder in den obersten Millimetern des Sediments leben; sie stellen für die Bodentierwelt eine wesentliche Nahrungsquelle dar.

Während vor allem die Kieselalgen sehr große Wattenflächen überziehen, sind große Pflanzenformen (Makrophytobenthos) auf kleinere Flächenanteile des Wattenmeereulitorals beschränkt. Beispiele: Zwergseegras (Zostera noltii), eine der wenigen Blütenpflanzenarten, Grünalgen (Cladophora, Enteromorpha, Ulva), Braunalgen (Fucus), Rotalgen (Porphyra). Tiere nutzen dieses Pflanzenmaterial direkt durch Abweiden (Zwergseegras z. B. durch Ringelgänse, Tz. 861, Schnecken) oder sie profitieren von dem abgestorbenen Material, das wesentlich zur Bildung von organischem Zerreibsel (Detritus) beiträgt (detritusfressende Würmer).

110. Innerhalb der Tierwelt des Wattenmeeres sind folgende ökologische Gruppen zu unterscheiden: Das Zooplankton besiedelt den freien Wasserkörper; als Nahrung nutzen diese meist sehr kleinen Formen entweder pflanzliches Plankton, organische Partikeln und Bakterien oder andere Zooplankter. Einen wesentlichen Anteil am Zooplankton haben die Larven von Bodentieren (Vielborstige Würmer, Muscheln u. a.) und Fischen. Planktontiere stellen eine wichtige Nahrungsquelle für bodenlebende Tiere dar (Miesmuschel, Herzmuschel). Der Wattenmeerboden beherbergt eine reiche Tierbesiedlung, die in Abhängigkeit von den unterschiedlichen Sedimenttypen, der verschiedenen Dauer des Trockenfallens bzw. der Überflutung bei Ebbe und Flut sowie dem Grad und der Art der Pflanzenbesiedlung abgrenzbare Gesellschaften (s. Tz. 112) mit typischen Leitarten bildet. Das Wattenmeereulitoral wird bei Flut von einer Reihe von Fischarten (s. Tz. 115) zur Nahrungsgewinnung aufgesucht, sie ziehen sich bei Ebbe wieder ins angrenzende Sublitoral zurück. Vom Land her kommen umgekehrt bei Ebbe zahlreiche Vogelarten in oft großen Schwärmen zur Nahrungssuche ins Watt. Es bestehen also viele Querverbindungen zwischen den einzelnen Teilräumen, auf die an anderer Stelle eingegangen wird.

Zum Vogelbestand des Wattenmeeres siehe Kapitel 9, Tz. 999 ff.; auf den Seehundbestand wird in Kapitel 5.8 (Tz. 556) und Kapitel 9 (Tz. 1021) näher eingegangen. Die für das Wattenmeer und seinen Stoff- und Energiehaushalt besonders wichtigen Bodentiergesellschaften werden ebenso wie der aus ökologischen wie wirtschaftlichen Gründen bedeutsame Fischbestand im folgenden ausführlich behandelt.

Tiergesellschaften im Eulitoral des Wattenmeeres

111. Die besonderen ökologischen Bedingungen im Wattenmeer ermöglichen es nur einer verhältnismäßig kleinen Zahl von Tierarten, sich dort anzusiedeln; die wenigen Arten erreichen aber teilweise extrem hohe Individuenzahlen und bestätigen damit die bekannte ökologische Regel, daß extreme Lebensbedingungen zwar zu Artenarmut führen, zugleich aber hohe Individuendichten fördern. Die Mehrzahl der Wattenmeertiere lebt im Boden (Endobiose) und kann sich so den negativen Folgen der Gezeiten (Trockenfallen, Erwärmung, Ausfrieren, Aussüßung u. a.) entziehen. Die Arten müssen Anpassungen an die vielfach schlechte Sauerstoffversorgung im Substrat besitzen. Nur wenige Formen leben als Epifauna auf der Bodenoberfläche (z. B. Miesmuschel, Strandschnecke).

Typische Besiedler des Wattenmeereulitorals sind von den Vielborstigen Würmern (Polychaeta) der Pierwurm (Arenicola marina) und der Wattringelwurm (Nereis diversicolor), von den Muscheln die Arten Baltische Plattmuschel (Macoma balthica), Herzmuschel (Cerastoderma edule), Große Pfeffermuschel (Scrobicularia plana), Klaffmuschel (Mya arenaria), Miesmuschel (Mytilus edulis) und von den Schnecken die Strandschnecken (Gattung Littorina) und die Wattschnecke (Hydrobia ulva).

Im Wattenmeereulitoral lebt eine Variante der Plattmuschel-Gemeinschaft (Macoma-balthica-Gemeinschaft), die von der Landgrenze des Eulitorals bis zur 10-m-Tiefenlinie verbreitet ist (vgl. Tz. 89). In Abhängigkeit vom Sedimenttyp variiert der Artenbestand. So sind für Sandwatten typisch: Pierwurm, Baltische Plattmuschel und Bäumchenröhrenwurm (Lanice conchilega). Im Schlickwatt finden sich vor allem: Große Pfeffermuschel, Schlickkrebs (Corophium volutator) und Wattringelwurm.

112. *Abgrenzbare Gemeinschaften finden sich in Abhängigkeit von der Lage zwischen Flut- und Ebbegrenze; hier bestimmt die Dauer der Überflutungs- bzw. Trockenphase sowie die Intensität der Wasserbewegung über das Vorkommen der Tierarten. Im Grenzbereich Land – Wasser, dort etwa, wo bei Flut im Spülsaum Pflanzenreste u. a. angespült werden, lebt eine Reihe von Insekten (Landtiere!) sowie an das Landleben weitgehend angepaßte Krebstiere (z. B. Strandfloh, Talitrus saltator). Im obersten Eulitoral können sich im Sandboden Salzkäfer (Bledius) entfalten. Im oberen Schlickbereich siedelt die artenarme, aber sehr individuenreiche Schlickkrebs-Gemeinschaft, zu der u. a. die Wattschnecke rechnet; hier finden sich dichte Kieselalgenlager. In den seewärts folgenden Abschnitten treten zoniert Gesellschaften auf, die neben der Leitform Baltische Plattmuschel jeweils bestimmte dominierende Arten aufweisen, nach denen die Benennung erfolgt. Ein Beispiel einer solchen Abfolge ist: Pfeffermuschel-Gemeinschaft; Zwergseegraszone (Seegraswiesen mit großen Beständen an Strandschnecke, Wattschnecke und verschiedenen Wurmarten); Pierwurm-Gemeinschaft auf Sand-*

watt, Herzmuschel-Gemeinschaft auf Mischwatt; Mies-
muschelzone mit Miesmuschelbänken, die sich auf see-
wärtigen Schlickbänken bis ins Sublitoral ziehen;
Bäumchenröhrenwurm-Gemeinschaften auf Sandwatt
am Übergang zum Sublitoral.

113. *Hartboden-Gemeinschaften (vgl. Tz. 91) leben im*
Wattenmeer in erster Linie auf vom Menschen geschaffe-
nen Hartsubstraten (Buhnen, Küstenbefestigungen und
andere Bauwerke, Bojen). Natürliches Hartsubstrat ist
selten. Zur Anheftung nutzen Hartbodenbewohner (z. B.
Seepocken oder manche Tange) jedoch auch Muschel-
schalen und andere tierische Hartgebilde. So finden sich
beispielsweise an Miesmuschelbänken typische Hartbo-
denbewohner ein. Einen Sonderfall stellen die an einigen
Orten riffartig auftretenden freigespülten Torflager dar,
die als Wohnsubstrat von Bohrmuscheln genutzt wer-
den.

Fische des Wattenmeeres

Literatur: DANKERS, WOLFF u. ZIJLSTRA, 1978
(dort weiterführendes Schrifttum).

114. Im Wattenmeer sind rund 100 Fischarten
nachgewiesen worden (Nordsee: ca. 250 Arten), davon sind allerdings nur 22 Arten ausgesprochen häufig und nur etwa fünf Arten sind im strengen Sinne
Standfische der Region, die dort ihr ganzes Leben
verbringen (Aalmutter, Butterfisch, Großer Schei-
benbauch, Seeskorpion, Strandgrundel).

Die übrigen Arten lassen sich je nach ihrer Bindung ans
Wattenmeer verschiedenen ökologischen Gruppen zu-
ordnen, z. B.

- *Wattenmeerbewohner, die das Gebiet zur Fortpflan-*
  zung verlassen (Flunder, manche Grundeln, Finte,
  Meerforelle),
- *Nordseearten, die das Wattenmeer als Kinderstube*
  nutzen (Scholle, Seezunge; wahrscheinlich auch He-
  ring und Sprotte),
- *südliche Arten, die das Wattenmeer als Freßraum*
  nutzen (Dicklippige Meeräsche),
- *Wintergäste (Stichling, Stint),*
- *Nordseearten, deren Jungfische im Wattenmeer auf-*
  treten, ohne daß es ein unverzichtbarer Aufwuchs-
  raum ist (Kabeljau und Wittling, deren Jugendformen
  im Spätsommer und Herbst regelmäßig ins Watten-
  meer kommen, sowie Köhler, Pollak, Steinbutt und
  Brill, deren eigentliche Kinderstuben außerhalb des
  Wattenmeeres liegen),
- *Durchwanderer auf Laichzügen vom Meer zum Süß-*
  wasser (Neunauge, Stör, Schnäpel, Maifisch, Lachs),
  sowie bei der Rückwanderung,
- *Durchwanderer, teils auch Dauergäste (Aal).*

115. Die Mehrzahl der Fischarten lebt also nur zeitweilig im Wattenmeer, entweder nur zu bestimmten
Jahreszeiten oder in bestimmten Entwicklungsphasen. Das Wattenmeer ist dementsprechend Teillebensraum der Arten und als solcher unverzichtbar
für deren Existenz. Die besondere wirtschaftliche
Bedeutung liegt für den Fischfang in der Kinderstubenfunktion für wichtige Nutzfische. Direkten

wirtschaftlichen Nutzen zieht der Mensch durch
Fang von Garnelen und Muscheln (vgl. Tz. 707 ff.,
714).

Das Wattenmeer bietet den Fischen trotz der gegenüber
der freien Nordsee widrigen Milieubedingungen (Wech-
sel von Ebbe und Flut, Strömungen, Seegang, Wasser-
trübe u. a.) den großen Vorteil reichen Nahrungsange-
bots. Dieses beruht auf der relativ hohen autochthonen
Primärproduktion und der konstant hohen Akkumula-
tion von organischer Substanz, die von außen zugeführt
wird. Zooplanktonfresser sind neben den Fischlarven
u. a. Hering, Sprotte, Stint. Junge Kabeljaue und Witt-
linge stellen neben Garnelen auch kleinen Fischen nach.
Bei vielen Arten ist es alters-, d. h. größenabhängig,
welche Beuteobjekte aufgenommen werden; es bestehen
dann keine starren, einfachen Nahrungsbeziehungen,
vielmehr ein verschlungenes Beziehungsgefüge. Da-
durch werden Vorhersagen über Folgen von Eingriffen
in das System erschwert. Von besonderer Bedeutung als
Fischnährtiere sind die in hohen Bestandsdichten vor-
kommenden Bodentiere (Würmer, Muscheln, Schnek-
ken, Krebstiere), die von Flunder, Kliesche, Seezunge,
Scholle sowie von Aal, Aalmutter, Butterfisch, Grun-
deln, Seeskorpion u. a. genutzt werden. Es kommen ge-
wisse ökologische Differenzierungen vor: Schollen be-
vorzugen Sandwatt, Seezungen hingegen Schlick. Die
Scholle ist ein typischer Gezeitenwanderer, d. h. wan-
dert mit der Flut zur Nahrungssuche ins Eulitoral und
mit Ebbe wieder ins Sublitoral zurück; sie nutzt beide
Räume als Nahrungsquelle.

116. Die Verteilung des Fischbestandes im Wattenmeer ist nicht gleichmäßig; der durch die west- und
ostfriesischen Inseln abgeschirmte Teil weist bei
gleichem Bestand an typischen Wattenmeerarten eine größere Individuendichte auf als der offen liegende schleswig-holsteinische Abschnitt, wo andererseits der Anteil von Formen des offenen Meeres größer ist. Auf die besonderen Verhältnisse in den
Ästuarien wird in anderem Zusammenhang eingegangen (Tz. 129).

117. Die Individuendichte der einzelnen Arten unterliegt gewissen, zum Teil offenbar erheblichen
Schwankungen. Nach Zählungen im Beifang der
deutschen Garnelenfischerei nach 1954 nahmen einige Arten bis Mitte der 70er Jahre im Bestand zu
(Kliesche, Sprotte), andere ab (Aal, Hering, Stichling, Stint, Wittling); verhältnismäßig konstant blieben die Zahlen von Flunder, Scholle und Seezunge.
Die Daten sind nur schwer interpretierbar; teils
(Kliesche) kann die seewärts gerichtete Verlagerung
der Garnelenfischerei die Ursache sein. Beim Stint
könnte eine Steigerung der Abwasserbelastung, vor
allem im Umkreis der Flußmündungen eine Rolle
gespielt haben. Beim Hering macht sich der über-
fischungsbedingte Rückgang des Gesamtbestandes
(Tz. 695) bemerkbar. Insgesamt ist die Daten- und
Wissensgrundlage für weitergehende Folgerungen
unsicher; hier dürften erst spezielle fischereibiologische Untersuchungen weiterhelfen.

118. Hinsichtlich der Individuenzahl bei Fischen
im Wattenmeer liegen aus methodischen Gründen
nur relativ grobe Schätzwerte vor, die aber immerhin einen Eindruck von der Besatzdichte geben können. Typische Werte für 1 ha Fläche sind:

Scholle (Jungtiere bis 2 Jahre) Eulitoral	550
Seezunge (Jungtiere, 1 Jahr) Wattenmeer-sublitoral	400
Flunder (Eu- und Sublitoral)	70
Grundeln (Eu- und Sublitoral) 3 350 (extrem 10 000)	
(alle folgenden Arten Wattenmeersublitoral)	
Aal	60
Aalmutter	140
Butterfisch	30
Großer Scheibenbauch	300
Kabeljau	110
Kliesche	1 100
Sandaale	150
Seenadel	700
Seeskorpion	80
Wittling	400

119. Die Fische, vor allem Schollen, konsumieren einen beachtlichen Anteil der Jahresproduktion an Bodentieren (die Schätzungen reichen von 10% bis 30%). Wichtig ist in diesem Zusammenhang, daß die carnivoren Fische einen großen Teil (um 90%) der aufgenommenen Nahrung assimilieren, d. h. sich selbst nutzbar machen können. Ein erheblicher Teil der assimilierten Nahrungsenergie wird in Fleischzuwachs, d. h. Biomasseproduktion angelegt, in der Jugend wesentlich mehr als später. Insofern wird die Biomasse der wirbellosen Tiere des Wattenmeerbodens durch die Jugendstadien von Scholle, Seezunge u. a. ökologisch und ökonomisch sehr gut genutzt. Die Kinderstubenfunktion wird damit erklärt. Zugleich läßt sich hiermit die Forderung nach Schutz dieses Raumes untermauern.

c) Zur Produktionsökologie des Wattenmeereulitorals

120. Im Wattenmeer mit seinen besonderen Lebensbedingungen (vgl. Tz. 104 ff.) beträgt die Produktion der bodenlebenden Mikroflora überschlagsmäßig 200 g/m² · Jahr; dazu kommt eine eigenständige Phytoplanktonproduktion von geringerem Umfang (um 50 g/m² · Jahr) sowie ein mengenmäßig schwer abschätzbarer, ebenfalls kleinerer Anteil von Seegras- und Tangproduktion (Daten in aschefreier Trockensubstanz; kalkuliert nach Daten von CADÉE u. HEGEMAN, 1974 a, b). Zusätzlich zu dieser für Küstenmeere nicht sonderlich hoch einzustufenden eigenständigen Primärproduktion kommt eine erhebliche Einschwemmung von organischem Material aus der offenen Nordsee (schätzungsweise bis 200 g/m² · Jahr), so daß insgesamt für die Tierwelt eine sehr gute Versorgungsbasis besteht. Auf die Produktion der Salzwiesen (Supralitoral) wird in Kap. 8.1 eingegangen (Tz. 840). Eine ausführliche Darstellung des Gesamtkomplexes findet sich bei WOLFF (1979).

Die Biomasse (Daten in aschefreier Trockensubstanz) der Bodentiere im niederländischen Wattenmeer beträgt im Jahresdurchschnitt rd. 20 g/m² (BEUKEMA, 1976 a, 1976 b; BEUKEMA, DE BRUIN u. JANSEN, 1978). Das entspricht mengenmäßig den Ergebnissen aus Untersuchungen anderer Wattengebiete, die im Vergleich zu sonstigen Lebensräumen allgemein derartig hohe Bio-

massewerte der Bodentiere aufweisen. Wesentlich über dem genannten Durchschnitt liegen Miesmuschel- und Herzmuschelbänke. Bemerkenswert ist ferner, daß im Eulitoral deutlich höhere Werte auftreten als in den Sublitoralabschnitten des Wattenmeeres. Die höchsten jahreszeitlichen Werte fand BEUKEMA (1976 a) im Sommer (35 g/m²), die niedrigsten im Spätwinter (15 g/m²). Aus der Differenz der beiden Werte kann näherungsweise die Jahresproduktion abgeschätzt werden, die mindestens 20, wahrscheinlich aber eher 30 g/m² · Jahr ausmacht. Von dieser tierischen Nettoproduktion profitieren in lokal sehr unterschiedlichem Umfang räuberische Wirbellose (vgl. dazu REISE, 1978) sowie die Wattenmeerfische (Tz. 114), die Vögel (vgl. Tz. 1001) und der Mensch (vor allem durch Muschelernte).

121. *Der Konsum der Bodentiere durch Fische wird von ZIJLSTRA (1978) auf 2,5–5 g/m² · Jahr geschätzt; andere Werte liegen noch höher (BEUKEMA, 1976 b: 9 g/m² · Jahr). Vögel verzehren um 4 g/m² · Jahr. Der Mensch erntet an Muscheln ca. 2 g/m² · Jahr; ebensoviel fressen Strandkrabben und Garnelen. Daneben gibt es Verluste durch Parasitenbefall, Alterstod, Sturmfluten, Eiswinter u. a. Die Gesamtbiomasse bleibt im langjährigen Mittel etwa gleich; es kann allerdings von Jahr zu Jahr zu stärkeren Artenverschiebungen kommen, vor allem im Gefolge von kalten Wintern.*

Das System verträgt dank der guten und stabilen Versorgungssituation den vergleichsweise hohen Ausnutzungsgrad der ernährungsökologisch zu den Konsumenten 1. und 2. Ordnung (Sekundär- und Tertiärproduzenten) zu rechnenden Bodentierarten. Die Produktions- und Konsumtionsdaten variieren in der Literatur, was wegen der großen Vielfältigkeit der einzelnen Organismengesellschaften und den schwierigen Erfassungstechniken nicht verwundert. Insgesamt krankt die Produktionskalkulation an der Nichtberücksichtigung von Bakterien und anderen Kleinstformen; eine Einbeziehung dieser Gruppen und eine vertiefte produktionsökologische Bearbeitung des gesamten Ökosystems Nordsee könnte die bestehenden Lücken füllen. Derartige Forschungsempfehlungen sind in engem Zusammenhang mit Fragen der biologischen Kontrolle und Überwachung zu sehen.

2.4.5.2 Felsküsten

122. Das Felslitoral in Helgoland, Norwegen und Großbritannien stellt einen überaus artenreichen Lebensraum dar. Im Gegensatz zu den leicht durch Wasserbewegungen verlagerbaren Sedimenten der Weichböden, die überwiegend von im Boden lebenden Formen besiedelt werden, überwiegen auf den Hartböden der Felsküste festsitzende und anhaftungsfähige Organismen. Nur Kalkgestein weist im Substrat lebende Arten auf, die sich in den Fels einbohren (Bohrmuscheln). Das Felslitoral zeigt eine gezeitenbedingte Zonierung der Organismengesellschaften, die je nach den lokalen Gegebenheiten eine wechselnde Artenzusammensetzung aufweisen.

Eine typische Abfolge von Leitarten im Supra- und Eulitoral einer der Brandung voll ausgesetzten Felsküste wäre – von Land her betrachtet – z. B. Seepocken, Strandschnecken, Miesmuscheln, Fingertang (Laminaria digitata). Bei geschützter Lage nimmt die Großalgenbesiedlung zu und die grobe Zonierung kann sich dann wie folgt darstellen: Flechten, Seepocken, Rinnentang (Pelevetia caniculatus), Blasentang (Fucus), Knotentang

(Ascophyllum), Finger- und Zuckertang (Laminaria digitata und L. saccharina). (Ausführliche Darstellung für die Küste von Großbritannien s. LEWIS 1964, für Helgoland GESSNER, 1957; KUCKUCK, 1974.)

123. Die genannten Tange sowie zahlreiche weitere Algenarten des Eulitoral bilden zusammen mit den im belichteten Sublitoral lebenden Großalgen das Phytal (vgl. Tz. 78), das z.B. in Helgoland bis in 10—15 m Tiefe reicht. Das Phytal besteht aus förmlichen Tangwäldern oder Algenwiesen und bietet Lebensraum für zahlreiche Tierarten, darunter beispielsweise im Helgoländer Felssockel der Hummer (s. a. Tz. 718). Die Bedeutung des Phytals für die Tierwelt liegt in erster Linie in den zahlreichen gebotenen Ansiedlungs- und Versteckmöglichkeiten sowie in der Nutzung als Fortpflanzungsraum; als Nahrung spielen die Großalgen für die Tiere eine geringere Rolle.

124. *Eine Reihe von Großalgen nutzt der Mensch (BONOTTO, 1976; NEISH, 1979); z. B. werden Zuckertang, Meersalat (Ulva lactuca) und einige Rotalgen (u. a. Porphyra laciniata) in Schottland gegessen; Braun- und Rotalgen liefern verschiedene Rohstoffe mit vielseitiger industrieller und auch pharmazeutischer Nutzung (Agar, Alginate, Carraghenan zur Gelherstellung, u. a.). Algenextrakte werden als Düngestoffe in den verschiedenen Formen des alternativen Landbaus benutzt (Algifert, Solalg usw.; Herstellung z. B. aus Ascophyllum norwegischer Herkunft); Flügeltang (Alaria esculenta) kann als Viehfutter dienen (Schottland). Früher spielten Tange eine wichtige Rolle als Ausgangsprodukt zur Soda-, Pottasche- und Jodgewinnung. Die Nutzung von Großalgen im Nordseebereich ist gegenwärtig auf Norwegen und Schottland beschränkt, die vergleichsweise geringe Mengen an Tangen (Braunalgen) ernten. Die Algennutzung hat ihren Schwerpunkt in Japan. Es ist denkbar, daß die Großalgenernte in der Nordsee in gewissem Umfang gesteigert werden könnte, wobei neben der Ausnutzung der natürlichen Bestände im Phytal der Hartböden vor allem an die Erstellung von Aquakultureinrichtungen (künstliche Ansiedlungssubstrate u. a.) zu denken ist. Eine derartige Nutzung der Nordsee würde allerdings durch Abwassereintrag entscheidend eingeschränkt. Speziell die wirtschaftlich wichtigen Tange verschwinden bei derartigen Belastungen und werden durch andere, nicht nutzbare Arten ersetzt.*

2.4.5.3 Ästuarien und Fjorde

125. Als Ästuar wird der durch die Einwirkung der Gezeiten trichterförmig erweiterte Unterlauf eines ins Meer mündenden Flusses bezeichnet. Durch das Aufeinandertreffen von Süßwasser und Meerwasser kommt es hier zu komplizierten Einschichtungs- und Mischungsprozessen, so daß Zonen unterschiedlichen Salzgehaltes entstehen, die in Abhängigkeit von Ebbe und Flut Verlagerungen flußab bzw. flußauf erfahren (zum Gesamtkomplex siehe WELLERSHAUS, 1978). Im Nordseebereich besitzen beispielsweise Eider, Elbe, Weser, Ems, Schelde und Themse typische Ästuarien; an Hand des Elbeästuars werden die besonderen ökologischen Bedingungen eines solchen Gewässertyps erläutert.

Das Elbeästuar (vgl. CASPERS, 1955, 1958, 1968 sowie „Elbe-Ästuar" 1961 ff.) erstreckt sich über 145 km von Geesthacht, wo die Gezeitenwirkung endet, bis Friedrichskoog, wo rein marine Bedingungen herrschen. Die hydrographische Grenze Süßwasser-Brackwasser (definiert als Überschreiten des Grenzwertes 0,5‰ Salzgehalt) liegt im Raum Glückstadt. Die Grenze pendelt mit den Gezeiten zwischen Glückstadt und Brunsbüttel. Die Gezeiten führen insgesamt dazu, daß große Wasserkörper im Strombett aufwärts und abwärts pendeln. Die dadurch bedingte längere Verweilzeit innerhalb einer Salzgehaltsstufe ermöglicht die Entwicklung typischer Planktongesellschaften, die sich in Abhängigkeit von der Salzkonzentration artenmäßig unterscheiden. Oberhalb Glückstadt liegt ein Süßwasserplankton vor, das mit zunehmendem Salzgehalt abstirbt. Im Raum Brunsbüttel tritt eine starke Trübung auf, die durch Planktonreste, vor allem aber durch anorganische Schwebstoffe (Tonmineralien, Feinsande) entsteht; den Partikeln sitzen Mikroorganismen an, die unter Sauerstoffverbrauch eine biologische Selbstreinigung bewirken. Während hier noch einige Planktonarten existieren können, sterben die letzten Süßwasserformen und ebenso die durch die Flutwelle flußaufwärts verfrachteten Meeresformen im Raum Otterndorf sämtlich ab, so daß sich dort eine sehr trübe, praktisch planktonfreie Zone bildet. Die Trübungszone tritt auch unter natürlichen Bedingungen auf, hat also ursprünglich nichts mit anthropogenen Belastungen zu tun; Abwasserzufuhr in einem Fluß fördert aber die Trübungsintensität. Erst unterhalb von Cuxhaven findet sich ein marines Plankton, dessen pflanzliche Komponente von dem hohen Nährsalzangebot im Elbwasser profitiert.

126. *Während die im freien Wasser lebenden Planktonorganismen durch die hydrographischen Gegebenheiten eine gewisse Förderung erfahren, sind die ortsfest angesiedelten Bodenorganismen benachteiligt, da sie einem häufigen, oft sehr kurzfristigen Wechsel des Salzgehaltes unterworfen sind, was nur wenige Arten vertragen. Dazu kommt, daß mit dem Ausbau der Elbe zur Schiffahrtsstraße sich die Existenzbedingungen im Stromrinne insgesamt verschlechtert haben. Die Zahl der Süßwasserarten, die derartige Verhältnisse erträgt, ist extrem gering, während eine Reihe von Meerestieren auch im Brackwasser leben kann und einige überdies die Fähigkeit zum Anheften auf hartem Substrat haben; so besiedelt die Miesmuschel den harten Grund der Fahrrinne vor Cuxhaven.*

127. Die vom Fluß ins Ästuar transportierten Schwebstoffe verbleiben dort zu einem beträchtlichen Anteil als Sediment. In der Trübungszone (Tz. 201) lagert sich ein Sediment ab, das auffällig reich an spezifisch leichten Partikeln ist und bei ungestörten Verhältnissen dicke Schlammpakete bildet. Diese sind wegen ungünstiger Lebensbedingungen (Sauerstoffmangel, Salzgehaltsschwankungen) sehr tierarm. In der Schiffahrtsrinne wird das Sediment durch Baggern entfernt und an Land deponiert oder seewärts verklappt. An den sedimentierten Partikeln sind vielfach Schwermetalle adsorbiert, die dann mit dem Baggergut verfrachtet werden und andernorts Schadwirkungen ausüben können. (Zum Komplex Schwermetalle siehe Abschn. 5.4.)

128. Im ganzen Elbeästuar haben sich durch Ablagerung von Sinkstoffen in strömungsarmen Bereichen ausgedehnte Wattenflächen entwickelt. Bei Glückstadt (Krautsand) überwiegen im Sediment noch Süßwasserorganismen (vor allem Tubifiziden, Schlammwürmer). Elbabwärts steigt dann der Anteil mariner Formen, unterhalb von Brunsbüttel treten sie ausschließlich auf. Es handelt sich um Arten, die auch im Wattenmeer als Bodenbewohner auftreten. Die Watten im Ästuar haben eine wesentliche Bedeutung für den Selbstreinigungsprozeß, und sie stellen Freßplätze für Fische dar: Für Stoffhaushalt und Organismenbesiedlung der Elbe spielen auch die Nebengewässer, insbesondere die der Gezeitenwirkung ausgesetzten („tideabhängige"), eine große Rolle. Vor allem sind sie für die ständige Neu- und Wiederbesiedlung des Elbstromes mit Kleintieren wichtig, ferner stellen sie die Laichplätze vieler Elbfische dar.

129. Der ursprüngliche Fischbestand des Elbeästuars ist ähnlich wie der des unteren Niederrheins (vgl. Rheingutachten 1976 des Rates von Sachverständigen für Umweltfragen) sehr stark durch anthropogene Einflüsse verändert; entsprechend hat die Fischerei schon seit längerem starke Einbußen hinnehmen müssen (MANN, 1968; WILKENS u. KÖHLER, 1977). Wie beim Rhein sind wasserbauliche Maßnahmen, Schiffahrt und vor allem Abwasserbelastung die entscheidenden Ursachen für die Bestandsrückgänge; teilweise – zumindest beim Stör – spielte auch die Überfischung eine Rolle.

Der Rückgang betraf schon im 19. Jahrhundert die Wanderfischarten Stör, Lachs, Schnäpel, später auch Maifisch und Zährte. Die genannten Arten sind aus der Elbe verschwunden. Unklar sind die Gründe für das Erlöschen des winterlichen Massenfanges von Hering und Sprotte im äußeren Mündungstrichter der Elbe; es ist möglich, daß das Ausbleiben dieser wandernden Schwarmfische nichts mit Veränderungen der Elbökologie zu tun hat. Die wirtschaftlich bedeutendsten Arten waren in der Mitte dieses Jahrhunderts Aal, Flunder („Elbbutt"), Kabeljau, Kaulbarsch, Scholle. Der Aal spielt eine besondere Rolle, da er nicht nur als wichtiger Speisefisch genutzt wird, sondern auch als Glasaal oder Satzaal für Besatzmaßnahmen im Binnenland und für Aalmästereien gefangen wird; die Verbreitung des Aales ist mit wachsender Abwasserbelastung zurückgegangen. Der Stint schränkt seit einiger Zeit seine elbaufwärts führenden Laichwanderungen ein und bleibt im mündungsnahen Bereich. Ebenso wandert die Flunder weniger weit als früher zur Nahrungssuche in die Elbe hinein. Beides ist offenbar eine Folge der zunehmenden Abwasserbelastung des Flusses, da bei stärkerer Wasserführung und entsprechender Verdünnung des Abwassers die Wanderungen sich wieder ausdehnen.

Starke Rückgänge zeigt in den letzten Jahren auch der Kaulbarsch, der ebenso wie Stint und Flunder zunehmend Krankheitserscheinungen (u. a. Leberschäden) aufweist (PETERS, 1979). KÖHLER (1979) beschreibt durch Schadstoffbelastung ausgelöste pathologische Veränderungen bei Stint und Flunder. Beim Aal auftretende Geschwülste am Kopf („Blumenkohlkrankheit", vgl. Tz. 540) werden möglicherweise auch durch Abwasserinhaltsstoffe ausgelöst oder gefördert. Die Belastung der Elbe mit industriellen Abwässern schlägt sich in Geschmacksbeeinträchtigungen („Phenolgeschmack") der Fische nieder, die die wirtschaftliche Nutzung stark einschränken. Der Rückgang der Bestände wirtschaftlich wichtiger Fischarten sagt nichts über den Gesamtfischbestand der Elbe aus; vielmehr ist dieser wie im Rhein zwar zahlenmäßig bedeutend, aber ebenso wie dort nur aus verhältnismäßig wenigen Arten aufgebaut, wobei im Süßwasserbereich Plötze, Brachsen und Günster überwiegen. Allerdings leiden diese in erheblichem Maße an Pilz- und Bakterieninfektionen (PETERS, 1979), Folgeerscheinungen der starken Abwasserbelastung. Die Fische im gesamten Ästuar sind durch die starke Belastung des Wassers mit leicht abbaubaren, d. h. sauerstoffzehrenden Stoffen gefährdet. Bei einem Zusammentreffen ungünstiger Faktoren ist es schon in der Vergangenheit zu Fischsterben infolge Sauerstoffmangels gekommen.

130. *Auf die Verhältnisse in den anderen Ästuarien soll hier nicht eingegangen werden. Zu Naturschutzaspekten siehe Kap. 9. Einige weiterführende Hinweise: Die Hydrographie des Weserästuars beschreiben LÜNEBURG, SCHAUMANN u. WELLERSHAUS (1975), die fischereiliche Situation NOLTE (1968); Zugang zu den einschlägigen laufenden Arbeiten ergibt sich über die Jahresberichte des Instituts für Meeresforschung Bremerhaven. Für den Dollart als Teil des Emsästuars wurde ein vorläufiges Kohlenstoffbudget aufgestellt (VAN ES, 1977). Zur Ökologie der Ästuarzonen von Rhein, Maas und Schelde s. WOLFF (1973). In der Oosterschelde liegt ein Beispiel für einen unbelasteten Ästuarabschnitt vor, der u. a. zur Muschelaquakultur genutzt wird (vgl. Tz. 746). Das Themseästuar, lange Zeit extrem belastet, zeigt positive Auswirkungen von Sanierungsmaßnahmen auf die ökologischen Verhältnisse (Umfassende Darstellung über Themseästuar: WHEELER, 1979).*

131. Fjorde sind vom Meer überflutete Trogtäler, die infolge ihrer eiszeitlichen Entstehung steile Talwände haben und schwellenartig zum offenen Meer abfallen. Sie sind oft sehr tief, zeigen vielfach thermohaline Schichtungen und sind deshalb gegen starke Abwasserbelastung empfindlich, die zu Sauerstoffmangel am Grunde führen kann. Starker Süßwassereinstrom führt bei hohen Nährsalzfrachten zu reicher Planktonentfaltung, so daß eine gute Ernährungsgrundlage für Folgekonsumenten, insbesondere Fische (vgl. Aquakultur, Tz. 743) und Muscheln gegeben ist. Fjorde treten in typischer Ausprägung in Norwegen auf (z. B. Sogne-Fjord, Hardanger-Fjord).

Die in Dänemark als Fjord bezeichneten Meeresbuchten haben Haffcharakter, d. h. stellen durch Nehrungen vom Meer abgetrennte Buchten dar, die wegen ihrer Abschirmung gegenüber der offenen See ebenso wie die norwegischen Fjorde ökologische Sondermerkmale aufweisen, insbesondere als Produktionsstätten für Fische und Muscheln große Bedeutung haben (zur Fauna s. MUUS, 1967). Ein erheblicher Teil der dänischen „Fjordgewässer" (insgesamt 220 000 ha) ist auch zum Besatz mit Forellen geeignet (Salmo trutta). Die pflanzliche Primärproduktion ist in den dänischen „Fjorden" mit ca. $220-250$ g/m² · Jahr (aschefreie Trockensubstanz) als gut anzusehen und stellt die Grundlage für die Nutztierproduktion dar.

2.4.6 Ökologisches Gleichgewicht, Belastung und Belastbarkeit

132. Die Nordsee besitzt wie jedes Ökosystem ein ökologisches Gleichgewicht, das sich in einem bestimmten Bestand an Mikroorganismen, Pflanzen und Tieren widerspiegelt und durch einen systemtypischen Stoffkreislauf und Energiefluß gekennzeichnet ist. Das ökologische Gleichgewicht schließt eine gewisse Regulationsfähigkeit bei Störungen ein. Im Prinzip gilt diese Feststellung für das Gesamtsystem Nordsee ebenso wie für die Teilsysteme (Wattenmeer, Düne, Salzwiese u. a.).

133. Anthropogene Störungen eines Ökosystems werden als Belastungen bezeichnet. Diese können aus Eingriffen verschiedenster Art bestehen, wie beispielsweise aus lebensraumzerstörenden Baumaßnahmen, Überfischung, Bejagung, Störungen am Brut- oder Rastplatz von Vögeln; derartige Eingriffe häufen sich im Küstenraum. Besondere Bedeutung kommt dem anthropogenen Stoffeintrag zu. Diese Belastung kann definiert werden (vgl. auch Umweltgutachten 1978, Tz. 41) als die Einwirkung von nicht zur normalen Ausstattung eines Ökosystems gehörenden Faktoren (Beispiele: PCB, CCKW) oder das Überhandnehmen eines auch unter natürlichen Bedingungen vorkommenden Faktors (Beispiel: eutrophierende Stoffe), wobei der Mensch direkt oder indirekt für die eingetretene Veränderung verantwortlich ist.

134. Manche vom Menschen eingetragenen Stoffe werden unterhalb gewisser Konzentrationsgrenzen im Ökosystem schadlos aufgenommen; so können z.B. geringe Mengen leicht abbaubarer, fäulnisfähiger organischer Substanz im Rahmen der sog. biologischen Selbstreinigung durch Abbau beseitigt werden. Eutrophierende Stoffe können in geringer Menge positive produktionsfördernde Wirkungen ausüben, in höheren Konzentrationen aber störende Wasserblüten begünstigen und damit belastend wirken. In diesen Fällen hängt es neben der Konzentration sehr stark vom Gewässertyp und den jeweiligen Nutzungsansprüchen ab, ob von einer Belastung gesprochen werden muß oder nicht. Andere Stoffe, wie PCBs, CCKWs und einige Schwermetalle sind auch bei kleinen Eintragsmengen belastend, da sie längerfristig oder sogar auf Dauer im Ökosystem erhalten bleiben und sich dort anreichern können.

135. *Der Komplex Belastung des Meeres durch anthropogenen Stoffeintrag entspricht weitgehend dem Begriff „marine pollution" oder „Meeresverschmutzung" im Sinne der Intergovernmental Oceanographic Commission; die Definition lautet in der deutschen Fassung (CASPERS, 1970): „Meeresverschmutzung ist die direkte oder indirekte Einleitung durch Menschen von Substanzen oder Energie in den marinen Bereich (einschließlich Ästuarien), die einen schädlichen Effekt auf die lebenden Organismen haben oder für die menschliche Gesundheit gefährlich sind oder die marine Nutzung einschließlich der Fischerei behindern oder die Qualität des Meerwassers einschränken oder die Erholungsmöglichkeiten verringern."*

Der Begriff der Verschmutzung ist zu vieldeutig; er wird in diesem Gutachten daher nur zur Übersetzung des englischen Wortes „pollution" in festen Bezeichnungen (von Verträgen usw.) verwendet.

136. Der Grenzwert einer Belastung, der gerade noch kompensiert werden kann, markiert die ökologische Belastbarkeit. Der Rat geht von der ökologischen Grundforderung aus, daß die Ökosysteme der Nordsee in ihrer Funktions- und Leistungsfähigkeit vollständig erhalten werden sollen; dann darf eine Belastung nur in dem Maße erfolgen, wie das Regulationsvermögen eine Kompensation der Störung ermöglicht. Wichtig ist dabei, daß bei der einer Belastung folgenden Regulation das ursprüngliche ökologische Gleichgewicht wieder hergestellt wird. Ökosysteme sind nämlich vielfach in der Lage, nach einer Störung einen neuen Gleichgewichtszustand mit geringerem Artenbestand und verändertem Stoff- und Energiehaushalt aufzubauen (vgl. Umweltgutachten 1978, Tz. 41 ff.). Dieser Zustand kennzeichnet aber schon eine Überschreitung der Belastbarkeit. Aus diesem Grund sollte eine Veränderung des Artenbestandes, insbesondere eine Abnahme der Artenzahl im Zusammenhang mit anthropogenen Belastungen als bedenklich eingestuft werden. In der Praxis muß aber sorgfältig unterschieden werden zwischen den oftmals starken natürlichen Bestandsschwankungen und anthropogenen Effekten.

137. Von besonderer Problematik ist die Belastung von Ökosystemen mit solchen Schadstoffen, die sich in Organismen und im Sediment anreichern, weil hier vielfach keine unmittelbaren, sichtbaren Schäden auftreten, sondern ein langfristig wirkendes Gefährdungspotential entsteht. Hier ist die ökologische Belastbarkeit äußerst gering, auch wenn das Ökosystem zunächst keine erkennbaren Defekte zeigt.

138. Bei der Abwägung der verschiedenen Nutzungsansprüche im Nordseeraum untereinander und gegenüber dem ökologischen Anspruch auf Erhaltung der intakten Ökosysteme treten zahlreiche Interessen- und Zielkonflikte auf, die nicht immer eine Berücksichtigung der ökologischen Belastbarkeit möglich erscheinen lassen. Es wird Aufgabe des Gutachtens sein, Vorschläge zur Lösung dieser Konflikte zu machen.

3 INDUSTRIELLE NUTZUNG DES DEUTSCHEN NORDSEEKÜSTENRAUMES

139. Die wirtschaftlichen Nutzungen des Nordseeraumes gewinnen ihre Bedeutung für das Gutachten aus den mit ihnen direkt oder indirekt verbundenen ökologischen Konfliktpotentialen. Dieses Auswahlkriterium müßte bei konsequenter Berücksichtigung dazu führen, alle wirtschaftlichen Aktivitäten und die sie begünstigenden infrastrukturellen Einrichtungen und Planungen in die Analyse einzubeziehen. Ein solches Vorgehen würde ein regionales Entwicklungskonzept für den Nordseeraum insgesamt erforderlich machen – eine Zielsetzung, die in diesem Gutachten weder realistisch noch wünschenswert ist. Es werden daher nur diejenigen wirtschaftlichen und infrastrukturellen Nutzungen gekennzeichnet, die in besonderer Weise durch die Lage an der Nordseeküste spezifische Belastungen der Ökosysteme verursachen können. Den Belastungen selbst wird in den folgenden Kapiteln nachgegangen.

140. Diese Zielsetzungen machen es erforderlich, über eine Darstellung der „Industrie an der Küste" hinauszugehen. Die Standortvorteile der Küste werden nämlich für die wirtschaftliche Nutzung erst durch Infrastrukturinvestitionen in vollem Umfang nutzbar. Es ist daher erforderlich, die wichtigen infrastrukturellen Einrichtungen im Nordseeraum ebenfalls zu erfassen. Dabei bezieht sich die Darstellung vornehmlich auf die deutsche Nordseeküste.

3.1 Zur Abgrenzung des Untersuchungsgebietes

141. Bei der „Festlegung des Untersuchungsgebietes" im Rheingutachten ging der Rat davon aus, daß „nicht allein der Rhein als Fluß Gegenstand des Gutachtens sein sollte, sondern das gesamte in seiner Entwicklung durch die Rheinachse bestimmte Gebiet innerhalb der Bundesrepublik Deutschland". Dabei ist die Abgrenzung dieses Gebietes „in erster Linie an ökonomisch-politischen Kriterien orientiert" (Sondergutachten des Rates von Sachverständigen, „Umweltprobleme des Rheins", 1976, Tz. 1).

Diese Abgrenzung geht von der Erkenntnis aus, daß

– die räumlich-funktionalen Ausstrahlungen des Rheins als Standortfaktor die wirtschaftlichen Nutzungen dieser Region in erheblichem Maße mitbestimmen und rückwirkend die ökologische Situation des Flusses wesentlich beeinflussen (Kriterium der Funktionalität) und

– eine bewußte Gestaltung dieser funktionalen Interdependenzen den räumlichen Bezug auf politische Planungs- und Handlungseinheiten erforderlich macht (Gestaltungskriterium).

Räumliche Funktionsbeziehungen und politische Gestaltungsmöglichkeiten sind aus gleichen Gründen auch für die Abgrenzung der „Küstenregion" in diesem Gutachten maßgebend. Es sind daher die Regionen im Hinterland der unmittelbaren Nordseeküste in die Analyse einzubeziehen, die

– in ihrer Wirtschafts- und Infrastruktur durch die Nähe zur Nordsee geprägt sind;

– in ihrem regionalen Entwicklungspotential durch den Standort- und Wohnortfaktor „Küstennähe" bedeutsam beeinflußt werden;

– durch Umweltprobleme der Nordsee sowie dadurch bedingte Nutzungsbeschränkungen und Gegenmaßnahmen in ihrer zukünftigen Entwicklung vornehmlich betroffen werden könnten;

– durch die Art und die Intensität ihrer Nutzung der Umweltfaktoren unmittelbar die Leistungsfähigkeit des Ökosystems „Nordsee" beeinträchtigen und

– durch Verwaltungsgrenzen nicht durchschnitten werden.

142. Diesen Anforderungen wird nicht entsprochen, wenn lediglich die wirtschaftlichen Aktivitäten unmittelbar an der Küste erfaßt werden. Für die Abgrenzung unter dem Aspekt der funktionalen Ausstrahlung wäre es vielmehr theoretisch besonders befriedigend, die Grenze dort zu ziehen, wo die „Küste" für die wirtschaftlich bedeutsamen Entscheidungen ihre Bedeutung verliert, d. h. im einzelnen für die Standortentscheidungen der Industrie und des Handels, für die Attraktivität der Fremdenverkehrs- und Naherholungsstandorte, für die Infrastrukturentscheidungen der öffentlichen Hände. Diese funktionalen Abgrenzungen sind jedoch weder für die verschiedenen Bereiche deckungsgleich und statistisch belegbar noch planerische Grundlage. Sie können daher nicht als allgemeine Bezugsebene, sondern lediglich fallweise für Belege genutzt werden. Eine Abgrenzung nach naturräumlichen Homogenitätskriterien ist für diese spezielle Fragestellung ungeeignet. Das bedeutet allerdings nicht, daß diese Abgrenzung in anderen Teilen des Gutachtens nicht herangezogen werden muß (Abschnitt 2.3).

143. Es empfiehlt sich daher, an den vorhandenen administrativen und planungsorientierten Abgrenzungen anzuknüpfen. Dadurch wird die statistische Basis gesichert, politische Planungszuständigkeit und Handlungskompetenz eindeutig nachweisbar sowie eine Vergleichbarkeit mit anderen Ergebnissen gewährleistet. Es kommen in Frage:

1. Die Gebietseinheiten des Bundesraumordnungsprogramms. An die Nordsee grenzen die Gebiets-

einheiten 1, 2, 3, 5 und 7. Diese Einheiten sind zu großflächig; so würde z. B. auch die gesamte Ostseeküste der Bundesrepublik Deutschland mit erfaßt (Gebietseinheiten 1 und 2). Außerdem sind beträchtliche Vorbehalte im Hinblick auf die Informationsqualität dieser Regionen für regionale Planungsaufgaben zu machen. Auf diese Einheiten soll daher nur bei großräumigen Vergleichen zurückgegriffen werden.

2. Die an die Nordseeküste angrenzenden Schwerpunktbereiche in der Abgrenzung nach den Raumordnungsvorstellungen der vier norddeutschen Länder (Karte 1, Anhang). Es handelt sich um die Bereiche Emden/Leer, Aurich, Wilhelmshaven, Oldenburg, Bremen/Brake/Nordenham/Bremerhaven, Cuxhaven, Bremervörde, Stade, Hamburg, Itzehoe, Brunsbüttel, Heide und Husum. Diese Abgrenzung entspricht weitgehend den Einzugsbereichen der Oberzentren Wilhelmshaven, Oldenburg, Bremen, Bremerhaven, Hamburg und Flensburg (hier lediglich mit dem Kreis Nordfriesland aus der Planungsregion V der Landesplanung Schleswig-Holstein).

3. Die Entwicklungsräume des niedersächsischen Landesentwicklungsprogramms bzw. die Planungsräume des schleswig-holsteinischen Landesraumordnungsplanes, zuzüglich der Stadtstaaten Bremen und Hamburg. Diese Gliederung knüpft an die größeren Arbeitsmärkte an und erfüllt damit wesentliche Anforderungen an die Erfassung funktionaler Beziehungen. Die Entwicklungsräume haben jedoch ihre Bedeutung als Planungs- und Gestaltungseinheiten weitgehend verloren.

4. Die Abgrenzung des nordwestdeutschen Küstenraumes durch die Arbeitsgemeinschaft Norddeutscher Bundesländer der Akademie für Raumforschung und Landesplanung. Dazu gehören im Nordsee-Bereich die Bundesländer Bremen und Hamburg, die niedersächsischen Regierungsbezirke Stade, Aurich und Oldenburg (ohne den Kreis Vechta), die niedersächsischen Stadt- und Landkreise (nach alter Gliederung) Aschendorf-Hümmling, Grafschaft Hoya, Harburg sowie die Landkreise Dithmarschen und Nordfriesland im Bundesland Schleswig-Holstein. Der Charakter dieses Raumes „wird wesentlich durch die Küste der Nordsee . . . geprägt, deren Eigenschaft durch die Unterläufe von Elbe, Weser und Ems . . . sowie durch den Jadebusen und den Dollart . . . verstärkt wird. Mit den eigentlichen Küstenräumen ist ein relativ schwach bevölkertes ländliches Hinterland verbunden" (ARL, 1973).

Die Abgrenzung nach den Schwerpunkträumen (Alternative 2) der gemeinsamen Landesplanung der vier norddeutschen Länder entspricht den eingangs angeführten Abgrenzungskriterien am besten. Sie wird den weiteren Darstellungen zugrunde gelegt. Die unterste Bezugsebene ist dabei der Kreis.

3.2 Die Häfen an der Nordseeküste

3.2.1 Häfen an der deutschen Nordseeküste

144. Ansatzpunkt für die wirtschaftliche Nutzung der Vorteile eines Küstenstandortes ist die Existenz eines Hafens. Die Charakteristik des Hafens, vor allem seine Zugänglichkeit von See und seine Verbindung mit dem Hinterland, seine Hafen-Infrastruktur und seine Einbindung in das Netz der Schiffahrtslinien sind wirtschaftspolitisch von grundsätzlicher Bedeutung. Die gesamtwirtschaftliche Bedeutung der Häfen geht über den Standort selbst und die unmittelbare Hafenregion weit hinaus; sie ergibt sich vor allem aus der Tatsache, daß diejenigen Transportleistungen ermöglicht werden, die mit der weltwirtschaftlichen Arbeitsteilung Entwicklungsspielräume für die Volkswirtschaft insgesamt schaffen.

145. Durch diese ökonomisch wichtigen Kommunikationsvorteile waren die Hafenstädte, meist an den Mündungen großer Flüsse gelegen, über Jahrhunderte hinweg weltweit die wesentlichen Konzentrationspunkte von Wirtschaft und Verkehr, von Menschen und politischer Macht. Von der Küste und den Häfen her wurden neue Länder und Kontinente erschlossen und ausgebeutet; an diesen Standorten bündelte sich der wirtschaftliche Wohlstand. Die Siedlungsstruktur vieler Entwicklungsländer ist bis in die Gegenwart hinein durch diese koloniale Kopflastigkeit zur Küste und auf Hafenstädte hin gekennzeichnet.

146. Mit ihrer hohen ökonomischen Bedeutung wurden die Hafenstädte aber auch zu Konzentrationspunkten ökologischer Belastungen für das Meer. Bis in die Gegenwart hinein wird die „problemlose" Beseitigung von Abwasser und Abfall als kostensparender Standortvorteil genutzt (dazu auch Tz. 188), beruht die Ballung industrieller Aktivitäten zum Teil auch auf den Vorteilen bei der Lösung von Entsorgungsproblemen. Eine gestraffte Darstellung der wesentlichen Merkmale der Hafenstandorte an der Nordseeküste ist somit für die Bedeutung der Nutzungen des Nordseeraumes als auch zur Kennzeichnung der ökologischen Belastungsschwerpunkte erforderlich. Die folgenden deutschen Nordseehäfen werden in die Darstellung einbezogen: Emden – Wilhelmshaven – Nordenham – Brake – Bremen – Bremerhaven – Cuxhaven – Hamburg – Brunsbüttel. Zum Vergleich werden in einigen Fällen die Werte für Kiel und Lübeck mit angeführt.

Entwicklung des Güterumschlages insgesamt (nach RICHERT, 1977)

147. Die Größenordnung des grenzüberschreitenden Güterverkehrs bei den verschiedenen Verkehrsträgern in der Bundesrepublik Deutschland zeigt Tab. 3.1 mit den Zahlen für 1960–1977.

Der Befund ergibt, daß der Anteil der Seeschiffahrt am grenzüberschreitenden Verkehr rückläufig gewesen ist. Er verringerte sich von 34,7 vH (1960) auf 28,3 vH (1975). Für 1977 ist ein leichter Anstieg zu verzeichnen. Dabei haben sich gleichzeitig keine signifikanten Änderungen in der Struktur der beförderten Güter ergeben (Tab. 3.2).

Tab. 3.1:

Entwicklung des grenzüberschreitenden Verkehrs nach Verkehrsträgern

Grenzüberschreitender Verkehr in Mio t
(ohne Luftverkehr)

Jahr	Insgesamt	Bahn	Straße	Binnenschiff	Seeschiff	Rohölleitung
1960	213,5	52,3	11,7	72,9	74,2	2,4
1970	428,0	68,8	41,4	121,9	128,7	67,0
1974	501,9	72,0	71,7	143,7	150,2	64,0
1975	447,2	56,6	70,6	132,9	127,2	59,6
1976	474,0	59,8	83,3	134,0	139,1	67,5
1977	478,7	54,4	88,6	135,5	136,1	63,7

Daten gerundet

Quelle: Verkehr in Zahlen 1978, Hrsg. BMV.

Tab. 3.2

Anteile der Güterabteilungen am Gesamtverkehr in %

Abteilung	1967	1970	1973	1974	1975	1976	1977	1978
Land-, forstwirtschaftl. u. verwandte Erzeugnisse	8,2	9,0	8,7	7,9	9,9	10,8	8,3	7,3
Andere Nahrungs- und Futtermittel	6,7	7,1	7,3	7,3	8,6	8,3	9,2	9,8
Feste mineralische Brennstoffe	7,3	7,3	5,5	5,5	4,7	4,3	5,4	7,2
Erdöl, Mineralölerzeugnisse, Gase	40,5	38,0	42,1	40,4	38,8	39,2	39,6	38,0
Erze und Metallabfälle	10,7	13,0	12,5	14,2	13,6	13,4	10,8	10,1
Eisen, Stahl und NE-Metalle	4,8	4,0	5,0	5,9	5,2	4,4	5,0	5,9
Steine und Erden (einschl. Baustoffe)	4,3	4,5	4,8	4,6	4,7	4,1	4,3	4,3
Düngemittel	2,7	2,9	2,3	2,6	2,2	2,5	3,6	3,4
Chemische Erzeugnisse	2,4	3,0	3,9	4,0	4,0	4,3	4,6	4,6
Andere Halb- und Fertigerzeugnisse	9,5	9,8	5,9	5,7	6,2	6,1	6,6	6,5
Besond. Transportgüter	2,8	1,6	2,1	1,9	2,2	2,4	2,7	2,9
Insgesamt	100	100	100	100	100	100	100	100
Zum Vergleich: Gesamtmengen in Mio t	105,2	138,2	141,8	154,7	131,4	144,9	141,6	144,4

Quelle: Statistisches Bundesamt, Fachserie 8, Reihe 5 Seeschiffahrt, diverse Jahrgänge.

Bei der Aufteilung des Güteraufkommens auf die wichtigsten Häfen an der deutschen Nordseeküste zeigt sich (Tab. 3.3), daß nach den Transportmengen Hamburg mit deutlichem Abstand größter Hafen ist, gefolgt von Wilhelmshaven und den bremischen Häfen. Mit erheblichem Abstand folgt Emden; Lübeck, Brunsbüttel und Nordenham liegen nahezu gleichauf dahinter.

148. Diese Rangfolge allein nach den Transportmengen ist allerdings für die ökonomische und ökologische Beurteilung der Häfen unzureichend. Entscheidend sind die erheblichen strukturellen Unterschiede zwischen den Häfen. So sind an der deutschen Nordseeküste nur Hamburg und die bremischen Häfen als Universalhäfen zu bezeichnen, die vor allem auch der Entwicklung im Container-Verkehr voll Rechnung getragen haben. In diesen Häfen bündeln sich die Schiffahrtslinien, die die Deutsche Bucht zu einer der meistbefahrenen Schiffahrtsstraßen der Welt machen. Alle anderen Häfen sind monostrukturiert, d. h. sie sind auf ein oder wenige Güter spezialisiert. Einige Beispiele zeigen dies:

Emden: Erzhafen.
Die Umschlagstruktur in Emden ist zusätzlich durch den Automobil-Außenhandel geprägt.

Wilhelmshaven: Mineralölhafen.

Cuxhaven: Fischereihafen.

Mit dieser einseitigen Ausrichtung sind die Entwicklungsprobleme dieser Standorte ebenso angesprochen wie die ökologischen Risiken. So ist es vor allem aus Gründen der wirtschaftlichen Stärkung durchaus verständlich, wenn in diesen spezialisierten Hafenstandorten alle Anstrengungen für eine gezielte Erweiterung der Umschlagspalette unternommen werden. Das gilt besonders für den Ausbau des Hafens Emden (Tz. 151).

Tab. 3.3

Güterumschlag in ausgewählten Küstenhäfen in 1 000 t

Häfen	1960[1]	1970	1974	1975	1976	1977	1978[2]
Lübeck	3 038	6 730	6 293	5 574	5 953	5 986	6 249
Kiel	975	1 383	1 352	1 290	1 222	1 320	1 549
Brunsbüttel	1 444	3 464	6 997	5 803	5 150	5 304	5 340
Hamburg	30 754	46 949	51 675	47 482	51 539	52 569	53 332
Cuxhaven	150	292	286	255	276	299	321
Bremische Häfen	15 138	23 381	25 557	21 030	22 126	21 848	23 577
Brake	1 635	4 211	4 332	4 008	4 941	3 400	3 893
Nordenham	2 358	4 172	6 550	5 286	6 202	4 794	4 708
Wilhelmshaven	10 541	22 331	30 539	23 703	30 199	30 774	31 128
Emden	10 287	15 241	15 743	10 724	11 677	9 774	8 274
Übrige Häfen	3 082	13 004	9 552	9 817	10 342	10 457	10 858
Küstenhäfen insg.[3]	79 402	141 157	158 874	134 972	149 628	146 525	149 228
Zum Vergleich Binnenhäfen:							
Duisburg	34 188	37 989	49 395	42 710	42 260	38 600	43 621
Dortmund	7 226	5 200	6 279	5 995	6 605	6 413	6 689

[1] Einschl. der Eigengewichte von Transportbehältern und Fahrzeugen. – [2] Vorläufiges Ergebnis. – [3] Differenzen in der Summe durch Runden der Zahlen.

Quelle: Statistisches Bundesamt, Fachserie 8, Reihe 5 Seeschiffahrt, diverse Jahrgänge.

Die Fahrwassertiefen der deutschen Nordseehäfen

149. Die Nutzung der Häfen wird durch den maximalen Tiefgang der Schiffe begrenzt, die in den Hafen einfahren können. Vor dem Hintergrund sprunghaft angestiegener Schiffsgrößen, besonders bei Tankern und Massengutfrachtern, hat die Frage nach den Fahrwassertiefen aktuelle Bedeutung für die Küstenregion erlangt. Allerdings hat die relativ küstenferne Lage von Bremen und Hamburg der Vertiefung der Weser- bzw. Elbefahrrinne bereits seit vielen Jahrzehnten einen herausragenden Stellenwert in den Aufgaben dieser Städte zugewiesen: Den „Wasserweg in einem für die jeweiligen Schiffsgrößen ausreichenden Zustand zu halten, ist daher seit jeher ein besonderes Anliegen der bremischen Kauf- und Handelsleute gewesen" (KÖHLER, 1976). So enthält auch der Vertrag zwischen dem Deutschen Reich und der Stadt Bremen (1922) die Verpflichtung des Reiches zur Vertiefung des Fahrwassers „mit dem Ziele, daß das jeweilige Regelfrachtschiff im Weltverkehr unter Ausnutzung des Hochwassers nach und von Bremen-Stadt verkehren kann". Auf die bahnbrechenden Leistungen des Bremer Oberbaudirektors Ludwig Franzius bei der „Unterweser-Korrektur" (1887–1895) sei beispielhaft hingewiesen. Ähnliche Pionierleistungen sind auch mit der Vertiefung der Elbe verbunden.

150. Die wirtschaftliche Notwendigkeit von Fahrwasservertiefungen vor allem im Elbe- und Weserästuar sowie die damit verbundenen technischen Leistungen haben lange die Frage in den Hintergrund gedrängt, welche ökologischen Folgen mit den Vertiefungen verbunden sind. Das Ausmaß dieser Veränderungen ergibt sich aus den folgenden Angaben über den gegenwärtigen Stand der Fahrwassertiefen und über weitere Pläne zur Vertiefung

151. Emden:

Fahrwasser:

8,50 m unter SkN (Seekartennull = Springniedrigwasser) 40 000 tdw. bzw. 10,67 m Tiefgang bei Tidenfahrt.

Leichterung:

Durch Leichterung bei Borkum (alte Ems/Dukegat) bis 85 000 tdw.

Planung:

„... das Emsfahrwasser zwischen dem Umschlagplatz und dem Hafen Emden sollte von 8,50 m auf 10,50 m unter SkN vertieft werden, damit Frachter mit Tiefgängen bis 41 Fuß (= 12,50 m) sowie einer Tragfähigkeit bis etwa 60 000 tdw nach Emden durchfahren können." (Regionales Raumordnungsprogramm für den Regierungsbezirk Aurich 1976, S. 186).

Dollart-Hafen:

„Die (niedersächsische) Landesregierung strebt an, den Hafen für Schiffe mit 80 000/150 000 tdw (bei vorheriger Leichterung) Ladung auszubauen." (Raumordnungsbericht Niedersachsen 1978, S. 126.)

In einer „Kosten-Nutzen-Untersuchung für die Verbesserung der seewärtigen Zufahrt und den Ausbau des Emder Hafens unter besonderer Berücksichtigung der regionalen Wirtschaftsstruktur" (PLANCO CONSULTING GmbH, 1976 a) ist für die „Dollarthafen-Strategie" ein beachtlich positives Nutzen-Kosten-Verhältnis errechnet worden. Bei dieser Strategie soll die Ems durch den Dollart umgeleitet und eine größere Seeschleuse am Ende des Emder Fahrwassers neu gebaut werden (vgl. Abb. 3.1). Die Anfangsinvestitionen werden in der Kosten-Nutzen-Analyse per 1. 1. 1980 mit 700 Mio DM (ohne Vertiefung) ausgewiesen. Die wesentlichen Nutzenfaktoren sind:

– *Beschäftigungseffekte: Das zusätzlich geschaffene Angebot von rd. 1 000 ha Industriefläche wird nach Ansicht der Gutachter Ansiedlungen induzieren, die bei einem jährlichen Zuwachs von 600 Arbeitsplätzen („kontinuierliches Ansiedlungsmodell") im Endausbau 24 600 neue Arbeitsplätze in Emden ermöglichen (PLANCO CONSULTING GmbH, 1976 b). Der Beschäftigungsnutzen je Arbeitsplatz wird mit 12 500 DM angesetzt.*

Hinzugerechnet werden rd. 1 400 Arbeitsplätze, die bei der Emder Werft Thyssen Nordseewerke dadurch zusätzlich geschaffen bzw. erhalten werden sollen, daß dieses Unternehmen bei einer entsprechenden Schleusenvergrößerung auch als Mitbewerber für den Bau von Schiffen bis 120 000 tdw auftreten kann.

– *Ersparte Investitions-, Betriebs- und Unterhaltungsausgaben gegenüber dem Fall, daß der Emder Hafen in seinem jetzigen Zustand erhalten bleibt.*

Diese beiden Nutzengrößen erklären es, daß die Kosten-Nutzen-Analyse je nach unterstellter Arbeitsmarktlage ein Kosten-Nutzen-Verhältnis von 3,3 bzw. 2,8 ausweist.

Zur Kritik dieser Pläne vgl. Abschn. 3.4.

152. Jadefahrwasser (Wilhelmshaven):

Fahrwasser:

18,50 m unter SkN, 250 000 tdw. Einziger Tiefwasserhafen für Großtanker.

Wilhelmshaven verfügt gegenwärtig über drei Umschlagseinrichtungen:

– Tankerlöschbrücke

– Ölpier für die Raffinerie

– „Niedersachsenbrücke" als Massengutumschlaganlage bis 80 000 tdw.

Diese Anlage wurde auf der Grundlage eines Vertrags von 1970 zwischen dem Land Niedersachsen, der Stadt Wilhelmshaven und einem ansiedlungsbereiten Aluminiumproduzenten erbaut. Dadurch sollte die direkte Belieferung mit Bauxit, Tonerde, Salz, Natronlauge etc. sichergestellt werden. Das Unternehmen hat jedoch seine Aluminiumproduktion in Wilhelmshaven nicht aufgenommen. Über die Niedersachsenbrücke werden gegenwärtig lediglich etwa 2 Mio t Importkohle pro Jahr für das 750-MW-Kohlekraftwerk in Wilhelmshaven entladen.

– Der Bau eines weiteren Schiffanlegers für die Ansiedlung eines Chemieunternehmens und als Terminal für Flüssiggastanker (Algeriengas) ist vertraglich gesichert. Zur Beurteilung siehe Abschnitt 3.4.

Abb. 3.1

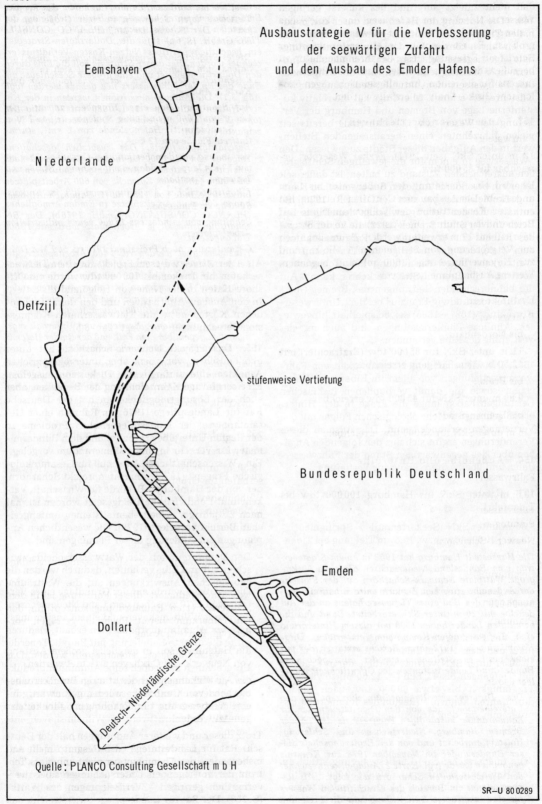

Ausbaustrategie V für die Verbesserung
der seewärtigen Zufahrt
und den Ausbau des Emder Hafens

Eemshaven

Niederlande

Delfzijl

stufenweise Vertiefung

Bundesrepublik Deutschland

Emden

Dollart

Deutsch-Niederländische Grenze

Quelle: PLANCO Consulting Gesellschaft m b H

SR—U 80 0289

Es ist bereits an dieser Stelle darauf zu verweisen, daß nicht zuletzt aufgrund des äußerst geringen Wasseraustausches im Jadebusen das ökologische Risikopotential in diesem Fahrwasser besonders groß ist. Es ist deshalb als ein erster wichtiger Schritt zur Erfassung dieser Gefahren nachhaltig zu begrüßen, daß im Rahmen des Planfeststellungsverfahrens für die neuen Umschlagseinrichtungen ökologische Risiko-Analysen erstellt wurden.

153. Außenweser (Bremerhaven):

Fahrwasser:

12 m unter SkN (seit 1971), Erzkai Weserport erreichbar für 85 000 tdw.

Es wird eine Vertiefung der Außenweser bis 14 m angestrebt. Der Ausbau zum Container-Terminal hat zu einer Konzentration der Vollcontainerlinie auf Bremerhaven geführt. Die Wassertiefe an der Stromkaje soll auf 17 m erweitert werden; Baumaßnahmen zur Vergrößerung von Stellflächen (1 Mio m²) und zur Kajenverlängerung (2 500 m) sind begonnen. Weitere Ausbaupläne liegen vor.

Unterweser:

Fahrwasser:

– bis Nordenham:

11 m unter SkN für 85 000 tdw (Erzfrachter) mit 12,50 bis 13 m Tiefgang erreichbar.

– bis Brake:

9,80 m unter SkN für 45 000 tdw erreichbar.

– bis Bremen-Stadt:

8 m unter SkN für 35 000 tdw erreichbar.

154. Außenelbe und Unterelbe:

Fahrwasser:

13,5 m unter SkN bis Hamburg 100 000 tdw bei Tidenfahrt.

Planungen:

Neuwerk-Scharhörn.

Die Hansestadt Hamburg hat 1962 in einem Staatsvertrag vom Bundesland Niedersachsen die etwa 90 km² große Wattplate Neuwerk-Scharhörn auf der Südseite der Außenelbe erworben. Danach wurden baureife Planungen für den Bau eines Tiefwasserhafens an der Außenelbe mit 20 m unter SkN erarbeitet. Bund und die beteiligten Länder haben 1969 vor diesem Hintergrund eine Tiefwasserhäfen-Kommission einberufen. Diese Kommission hat 1972 ihren Bericht erstattet, der mit einer positiven Stellungnahme der auftraggebenden Bundes- und Länderinstanzen der Öffentlichkeit vorgelegt wurde.

– Das „Differenzierte Raumordnungskonzept für den Unterelberaum", das von den Dienststellen der für Raumordnung zuständigen Fachressorts der Länder Bremen, Hamburg, Niedersachsen und Schleswig-Holstein erarbeitet und von den Regierungschefs dieser Bundesländer im November 1978 zur Kenntnis genommen wurde (vgl. Karte 2, Anlage), kennzeichnet den Tiefwasserhafen Scharhörn wie folgt: „Als Reservegelände im Bereich des seeschifftiefen Wassers für eine langfristige Entwicklung hält die Freie und

Hansestadt Hamburg im Vorfeld der Küste 13 km westlich bis nordwestlich von Cuxhaven das Projekt Tiefwasserhafen Scharhörn in einer Größe von 24 km² . . . Der Beginn der Maßnahme ist noch nicht abzusehen" (S. 16 – 17).

Dieses Projekt einer Ergänzungsanlage und eines Vorhafens zum Hamburger Hafen stellt sich in seinen wesentlichen technischen Daten wie folgt dar (vgl. Karte 2, Anlage):

– Auf Scharhörn Bau eines Hafenbeckens mit einer Länge von 1 000 m und einer Sohlenbreite von 280 m (1. Bauabschnitt); Hafengelände von 2 km², sturmflutfreie Fläche von 12 km².

– Verbindung mit dem Festland bei Cuxhaven über einen 17 km langen Erddamm mit 4bahniger Straße und 2spuriger Eisenbahn.

– Industriegelände von 1 250 ha (1. Bauabschnitt) bzw. 6 000 ha im Endausbau.

– Schaffung von mindestens 15 000 neuen industriellen Arbeitsplätzen.

– Gesamtkosten nach Preisstand 1970 rd. 500 Mio DM.

Als Alternative zu diesem Projekt für einen Tiefwasserhafen für Tanker bis 700 000 tdw wurde ein Offshore-Hafen in der Nähe von Helgoland diskutiert. In den Ausbau-Alternativen und den damit verbundenen Kosten hatte die Tiefwasserhäfen-Kommission Berechnungen vorgelegt (Tab. 3.5):

155. Das Projekt Neuwerk-Scharhörn hat unter ökonomischen, vor allem aber unter ökologischen Aspekten eine umfangreiche Diskussion ausgelöst. Eine sorgfältige Kennzeichnung der Bedenken, aber auch der Lösungsmöglichkeiten hat der Deutsche Rat für Landespflege (1976) im Rahmen einer Gesamtanalyse der landespflegerischen Probleme in der Region Unterelbe erarbeitet und dem Bundesminister für Verkehr in einem Memorandum vorgelegt. Ein „Wissenschaftlicher Ausschuß für Gesamtökologische Fragen" (1976) zum Hafenprojekt Scharhörn, der von der Hamburger Behörde für Wirtschaft, Verkehr und Landwirtschaft eingesetzt worden ist, hat nach 2¹/₂jähriger Arbeit ebenfalls einen umfangreichen Bericht vorgelegt (1976). Die wesentlichen Anregungen zur Änderung dieser Planungen sind:

– Der Damm muß auf der Wattwasserscheide zwischen Till und Elbe verlaufen; dadurch werden die ökologischen Auswirkungen auf die Watträume wesentlich reduziert; dieser Forderung ist in dem „Differenzierten Raumordnungskonzept für den Unterelberaum" bereits Rechnung getragen worden (vgl. Karte 2, Anlage);

– die Hafeninsel soll in möglichst großem Abstand von Neuwerk und Cuxhaven errichtet werden,

– die Auswirkungen auf den starken Bevölkerungszuwachs von Cuxhaven sollen „in Richtung auf eine Verbesserung der Erholungsmöglichkeiten" genutzt werden.

Trotz dieser und weiterer Änderungen hält der Deutsche Rat für Landespflege „das Gesamtprojekt und insbesondere den Dammbau für nicht unbedenklich, trotz der vorliegenden Untersuchungen über die – vermutlich geringen – Veränderungen des Watts" (S. 253). Der Rat für Landespflege unterstreicht, daß

Tab. 3.4

Zufahrtstiefen für Ems, Jade, Weser und Elbe nach Abschluß der laufenden Vertiefungen

Flußgebiet	Abschnitt	Tiefe in m unter SkN	maximale Schiffsgröße[1] in tdw
Ems	Seezufahrt bis Leichterplatz bei Borkum	−12,5	80 000
	Leichterplatz bis Emden	− 8,5	40 000
Jade	Seezufahrt bis zur Ölpier der NWO	−18,5	250 000
	Zufahrt zur Niedersachsenbrücke (1. Bauabschnitt)	−12,0	80 000
Weser	Seezufahrt bis Nordenham	−11,0	85 000
	Nordenham − Brake	−9,80 bis −9,10	45 000
	Brake − Bremen	− 8,0	35 000
Elbe	Seezufahrt bis Hamburg	−13,5	100 000

[1] unter Ausnutzung der Tide.

Quelle: Der Niedersächsische Minister des Inneren (1978).

Tab. 3.5

Kostenschätzungen für den Ausbau der seewärtigen Zufahrten wichtiger Massenguthäfen für Schiffe oberhalb der 100 000 tdw-Klasse (Stand 1971) in Mio DM

Fahrwasser	Ausbau für das				
	125 000 bis 130 000	150 000	350 000	500 000	700 000
	tdw-Schiff				
Ems bis Rysumer Nacken	500	●	●	●	●
Weser bis					
Bremerhaven	320	500	●	●	
Nordenham	430	640	●	●	●
Jade bis Wilhelmshaven					2 470
a) Minsener Oog	●●	●●	970	1 630	
b) jetzige Strompier	●●	●●	1 880	3 170	4 660
Außenelbe bis					
Neuwerk-Scharhörn	●●	●●	100	260	570

Quelle: Tiefwasserhäfen-Kommission (1972)

„das Bild der unberührten und großartigen Naturlandschaft des Watts für den Wattwanderer und den Besucher Neuwerks durch die vorgesehenen Bauwerke wesentlich verändert" würde. Auch der „Wissenschaftliche Ausschuß" empfiehlt, angesichts der schutzwürdigen Wattlandschaft „einen Industriehafen bei Scharhörn nur dann zu bauen, wenn dies aus gesamtvolkswirtschaftlichen Erwägungen notwendig wird und wenn gleichzeitig sichergestellt ist, daß eine Standortalternative mit vergleichsweise geringeren Umweltbelastungen nicht vorhanden ist" (S. 36).

Der Rat von Sachverständigen macht sich diese Bedenken zu eigen. Er ist darüber hinaus der Auffassung, daß abgesehen von den ökologischen Bedenken zu überprüfen ist, inwieweit sich die ökonomischen Bedingungen so geändert haben, daß auch im Hinblick auf die regionalpolitischen Entwicklungseffekte verstärkt Vorbehalte anzumelden sind (vgl. Abschnitt 3.4).

Entwicklungstendenzen der Schiffsgrößen

156. Für eine Beurteilung der gegenwärtigen Fahrwasser-Tiefen der deutschen Nordseehäfen und der angestrebten Tiefwasserhafen-Projekte sind Informationen über die Entwicklungstendenzen bei den Schiffsgrößen erforderlich:

– Tanker

Eine kontinuierliche Steigerung über 250 000 tdw ist nicht zu erwarten, da die Durchfahrt durch den Ärmel-Kanal über diese Größe hinaus nicht möglich ist. Die Fahrt um die britischen Inseln wird nach gegenwärtigen Schätzungen ab 700 000 tdw wieder wirtschaftlich (Tiefgang 29,5 m). Derartige Tankergrößen sind allein vom Bedarf her nach heutigem Erkenntnisstand nicht erforderlich. So stellte auch die Tiefwasserhäfen-Kommission fest: „Bei Tankern hat sich das Schiff um 250 000 tdw (20 m Tiefgang) zu einem Regelschiff entwickelt."

Ebenso unterstreicht RICHERT (1977): Es ist „nicht mehr mit einem weiteren Vertiefungswettlauf zum Empfang von Supertankern zu rechnen" (S. 159). Für den 250 000-tdw-Tanker ist, wie bereits unterstrichen wurde, Wilhelmshaven leistungsfähig ausgebaut. Die allgemeine energiewirtschaftliche und -politische Diskussion zeigt außerdem, daß die begrenzten Welterdölreserven zu einer strukturellen Änderung des Energieverbrauchs führen werden. Die Entwicklung größerer Tanker wird auch unter diesem Aspekt wenig wahrscheinlich. Gegenwärtig sind in Europa nur Le Havre (Cap d'Antifer) und Marseille (Fos) für die Abfertigung von Supertankern über 250 000 tdw geeignet.

– Massengutschiffe
(insbesondere Erztransporte)

Nach den Untersuchungen der Tiefwasserhäfen-Kommission muß „mit Schiffsgrößen von 175 000 bis 250 000 tdw gerechnet werden". Der Schwerpunkt liegt gegenwärtig allerdings noch deutlich bei 60 000 tdw. Auch bei den Massengutschiffen werden die Veränderungen in der weltwirtschaftlichen Arbeitsteilung die Tendenz zu wesentlich größeren Schiffen abbremsen. Von diesem Bereich her ist ein „Vertiefungswettlauf" ebenfalls nicht zu begründen.

– Container

Die gegenwärtig noch vorherrschende 2. Generation der Containerschiffe (Staukapazität 1 500 Container) hat 11,5 m Tiefgang. Die 3. Generation mit einer Staukapazität bis 3 000 Container erreicht 13 m Tiefgang. Zur Verdeutlichung der Nachfrageentwicklung sei darauf verwiesen, daß „ein Schiff dieser Größenordnung sechs konventionelle Frachter ersetzt" (RICHERT, 1977, S. 41).

157. Es kann somit festgehalten werden, daß die absehbare Entwicklung der Schiffsgrößen weitreichende Vertiefungsprogramme für die Häfen der deutschen Nordseeküste bzw. den Neubau von Tiefwasserhäfen nicht hinreichend begründet. Erforderlich wird vielmehr eine Optimierung der Schiffsgrößen, bei der nicht nur die Häfen den steigenden Schiffsgrößen, sondern auch die Schiffe den Häfen angepaßt werden. Dabei spielt neben der Tiefe auch die Breite der Zufahrt eines Hafens eine bedeutende Rolle. Ökonomische Notwendigkeiten können zur Begründung für ökologische Nachteile bei derartigen Projekten nicht ins Feld geführt werden, jedenfalls nicht, soweit es sich um die Vorteile der Lage an seeschifftiefem Wasser handelt.

3.2.2 Häfen in den anderen Nordseeanrainerländern

158. Das Entwicklungspotential der deutschen Nordseehäfen und die Voraussetzungen für die Nutzung dieses Potentials werden wesentlich von der Wettbewerbslage zu den konkurrierenden Hafenstädten in den anderen Nordseeanrainerländern mitbestimmt. Tab. 3.6 gibt die Entwicklung des Güterumschlages in den wichtigsten Häfen dieser Region wieder, wobei zur Kennzeichnung möglicher Verkehrsumlenkungen auch die Hafenstädte Marseille und Genua einbezogen worden sind. Diese wenigen Zahlen belegen eindrucksvoll die herausragende Position von Rotterdam: Der Umschlag hat sich zwischen 1965 und 1977 mehr als verdoppelt und ist nahezu doppelt so groß wie der Gesamtumschlag aller deutschen Nordseehäfen zusammen.

159. Kennzeichnend für die Konkurrenzbeziehungen zwischen den deutschen Häfen und Rotterdam ist, daß ein nicht unbeträchtlicher Teil deutscher Importgüter via Rotterdam eingeführt und somit den deutschen Häfen als Umschlagspotential entzogen wird. Insbesondere Rohstoffe gelangen in erheblichem Umfang per Seeverkehr nach Rotterdam und werden von hier auf dem Landweg in die Bundesrepublik Deutschland – überwiegend direkt in die Wirtschaftszentren an Rhein und Ruhr – weitergeleitet. Beispielhaft sei hier auf die Eisenerzlieferungen zwischen Rotterdam und der Bundesrepublik Deutschland eingegangen (Tab. 3.7).

Von den 1977 in Rotterdam insgesamt gelöschten 27,32 Mio t Eisenerz, die zu rund 100% über See importiert wurden, wurden 27,31 Mio t weiter versandt. Hiervon gingen 24,45 Mio t oder 93% in die Bundesrepublik Deutschland, 23,8 Mio t hiervon per Binnenschiff. Nahezu die gesamten Liefermengen an die Bundesrepublik Deutschland waren in Rotterdam von vornherein zur Durchfuhr[1] vorgesehen. Die für den deutschen Markt bestimmten, über Rotterdam importierten Eisenerzmengen belaufen sich auf etwa das 2,4fache des entsprechenden Güterumschlags der deutschen Häfen bzw. knapp das 7- oder 8fache des jeweiligen Umschlags von Hamburg oder Emden. Hierbei ist in Rechnung zu stellen, daß sich die Umschlagzahlen der deutschen Häfen auf die Mengen beschränken, die im Seeverkehr empfangen oder versandt werden.

In Tab. 3.7 ist neben Eisenerz ergänzend als typisches Beispiel für ein Stückgut die Gütergruppe Fahrzeuge aufgeführt. Für dieses Produkt finden Importumleitungen via Rotterdam praktisch nicht statt.

---

[1] In niederländischer Statistik zolltechnisch als doorvoer erfaßt.

Tab. 3.6

Entwicklung des Güterumschlags in europäischen Häfen

in 1 000 t

Hafen	1965	1969	1973	1975	1976	1977	1978
Amsterdam	13 905	19 906	22 843	18 357	19 037	17 253	17 091
Antwerpen	59 390	73 020	72 296	60 481	66 147	70 031	72 108
Dünkirchen	15 887	20 776	31 383	29 886	33 514	32 773	35 644
Genua	34 038	53 481	61 568	52 514	51 570	50 494	51 141
Le Havre	28 037	50 891	89 029	73 881	81 751	79 998	76 719
London	59 786	58 016	57 236	45 590	48 600	51 000	49 500
Marseille	56 218	64 953	100 504	95 782	103 979	97 562	93 631
Rotterdam	122 705	182 646	309 820	273 185	287 796	279 941	268 713
Hamburg	●	40 903	49 850	48 180	52 460	53 574	54 596

Quelle: Zeitschrift „Strom und See", Basel, diverse Jahrgänge.

Tab. 3.7

Güterumschlag ausgewählter Güter in Rotterdam und den bundesdeutschen Häfen sowie Lieferbeziehungen zwischen Rotterdam und der Bundesrepublik Deutschland (1977)

in Mio t

	Rotterdam				bundesdeutsche Häfen		
	Empfang[1]		Versand[1]		Empfang[1]	Versand[1]	Güter-umschlag[1]
	insgesamt	aus der Bundes-republik	insgesamt	aus der Bundes-republik			
Eisenerz (Gütergruppe 41 in Systematik)	27,32	–	27,31	25,45	10,70	0,015	10,72[2]
Fahrzeuge (Gütergruppe 91 in Systematik)	0,56	0,18	0,66	0,044	0,21	1,41	1,62

[1] Für Rotterdam: per Seeverkehr, Binnenschiffahrt, Eisenbahn und Straße; ohne Belgien und Luxemburg.
[2] Hiervon in Hamburg (Stadt): 3,73, in Emden 3,16 Mio t.

Quelle: Statistisches Bundesamt (1978); Centraal bureau voor de statistiek (1978).

3.2.3 Die Anbindung der deutschen Nordseehäfen an ihr Hinterland

160. Die Bedeutung eines Hafens ist in hohem Maße von der Wirtschaftskraft und dem damit zusammenhängenden Verkehrsaufkommen seines Hinterlandes abhängig. Dieses Hafeneinzugsgebiet findet dort seine Grenzen, wo ein anderer Hafen mit gleichen Leistungsquantitäten und -qualitäten kostengünstiger erreicht werden kann. Eine derartige Konkurrenz erwächst den deutschen Universalhäfen Bremen und Hamburg, aber auch den Spezialhäfen Emden und

Wilhelmshaven in erster Linie durch die Rhein- und Scheldemündungshäfen. Diese Häfen haben allein aufgrund eines kürzeren Seeweges zu wichtigen Ziel- und Quellgebieten des Seeverkehrs (Ostküste der USA) um rund 300 Seemeilen einen Vorteil. Es ist auch auf die durch die deutsche Teilung veränderte Bedeutung des Hafens Rostock hinzuweisen.

161. Für die Erschließung und Anbindung des Hinterlandes ist der Ausbau der binnenländischen Verkehrsinfrastruktur bedeutsam. Für die deutschen Nordseehäfen ist diese Infrastruktur ausschlaggebend; sie wird wie folgt gekennzeichnet:

Binnenschiff

Emden:

Unmittelbarer Anschluß an den Dortmund-Ems-Kanal. Max. Schiffsgröße 1 350 t (Europaschiff).

Bremen und Unterweserhäfen:

Über die Weser Anschluß an den Küstenkanal (Länge 70 km, Schiffsgröße bis 1 350 t) und an den Mittellandkanal (Ausbau für das 1 350-t-Schiff soll bis 1985 abgeschlossen werden).

Hamburg:

Elbe und Elbe-Seiten-Kanal (bis 1 350 t).

Wilhelmshaven:

Ohne besonderen Anschluß an das Netz der Binnenwasserstraßen.

Tab. 3.8

Relative Transportentfernungen auf Binnenwasserstraßen für ausgewählte Relationen[1])

von/nach	Duisburg	Dortmund	Braun-schweig
Rotterdam	100/100	100/100	100/100
Antwerpen	150/160	141/142	120/122
Amsterdam	94/100	95/100	97/100
Emden	137/207	100/120	68/79
Wilhelmshaven[2])	155/225	115/133	63/70
Bremerhaven	181/248	136/148	58/63
Hamburg	227/265	175/162	27/28

[1]) Relationen von Rotterdam gleich 100 gesetzt. Erste Zahl ohne Berücksichtigung von Schleusen, zweite Zahl mit einem Entfernungszuschlag von 7 km je Schleuse berechnet. – [2]) Unter Berücksichtigung eines Stichkanals zum Küstenkanal.

Quelle: PROGNOS AG (1967).

Trotz dieser Anschlüsse an das Netz der Binnenschiffahrt ist die relative Transportentfernung der Nordsee-Häfen vor allem in das Rhein-Ruhr-Gebiet gegenüber den konkurrierenden Rhein- und Scheldemündungshäfen erheblich ungünstiger. Das zeigt sich besonders deutlich, wenn die ökonomisch relevante Zeit-Kosten-Entfernung zugrunde gelegt wird.
Obwohl sich gegenüber den Berechnungen der PROGNOS AG durch umfangreiche Verkehrsinvestitionen (z. B. Elbe-Seiten-Kanal) inzwischen Verbesserungen zugunsten der deutschen Nordseehäfen ergeben haben, ist weiterhin mit einem Wettbewerbsnachteil der deutschen Häfen zu rechnen, soweit es sich um die Anbindung an das Hinterland und die Zentren der wirtschaftlichen Aktivität handelt.

Bundesfernstraßen

162. Über den gegenwärtigen Ausbaustand der Autobahnen und den Bedarfsplan für die Bundesfernstraßen (Teil Niedersachsen bzw. Schleswig-Holstein) informiert die Kartenanlage zum Zweiten Gesetz zur Änderung des Gesetzes über den Ausbau der Bundesfernstraßen in den Jahren 1971–1985. Besondere Anbindungs- und Erschließungsbedeutung für den Küstenbereich wird den folgenden Planungen zugeschrieben:

„Emsland-Autobahn" (A 31)

Parallel zur deutsch-niederländischen Grenze. Dringlichkeitsstufe 1 b; eine Höherstufung in die Dringlichkeitsstufe 1 a wird von der Niedersächsischen Landesregierung angestrebt. Mit dem Bau dieser Autobahn werden u.a. die folgenden Ziele angestrebt (vgl. „Große Verkehrsprojekte in Niedersachsen" in Wirtschaft und Standort, 4/79, S. VII):
– Anbindung Ostfrieslands an das Rhein-Ruhr-Gebiet zur Förderung von Wirtschaft und Fremdenverkehr,
– Anbindung des Dollarthafens,
– Erschließung des Emslandes.

„Küstenautobahn" (A 22)

Von der niederländischen Grenze bis nach Dänemark (Leer – Westerstede – Weserquerung – Bremerhaven – Stade – Elbequerung). In den größten Teilen ist diese Baumaßnahme lediglich in der Dringlichkeitsstufe „möglicher weiterer Bedarf" eingestuft worden. Hauptzielsetzungen:
– Erschließung des näheren Küstenhinterlandes,
– Flußquerung von Weser und Elbe, wobei in beiden Fällen eine (Teil-)Untertunnelung der Flüsse angestrebt wird.

„Gießenlinie" (A 5)

Frankfurt – Gießen – Bremen – Brake – Küstenautobahn. Weitere Anbindung von Bremen an den Raum Frankfurt und Süddeutschland. Nahezu durchgehend nur in der Dringlichkeit „möglicherer weiterer Bedarf".

Im Bau:

Bremen – Cuxhaven (A 27)
Bremen – Oldenburg – Westerstede (A 28)
Oldenburg – Wilhelmshaven (A 29).

163. Die wachsende Erkenntnis der hohen ökologischen Kosten, die mit dem Neubau von Autobahnen in vielen Fällen verbunden sind, aber auch der abnehmende ökonomische Nutzen einer weiteren Verdichtung des ohnehin bereits dichtesten Autobahnnetzes in Europa haben in der Bundesrepublik Deutschland zu einer wachsenden Kritik an der Bundesfernstraßenplanung geführt. Spürbare Abstriche von den bisherigen Zielsetzungen für den quantitativen Ausbau des Fernstraßennetzes zugunsten einer qualitativen Verbesserung der bestehenden Verbindungen im Sinne von mehr Umweltschutz sind das absehbare Ergebnis dieser Kritik.

In diesem Zusammenhang werden im Untersuchungsgebiet insbesondere die Gießen-Linie und die Küstenautobahn erneut überprüft.

Eisenbahnverkehr

164. Als bedeutsame Planungen der Deutschen Bundesbahn für die Anbindung des Nordseeküstengebietes und insbesondere der Häfen sind zu nennen:

Elektrifizierungen:

a) Norden—Emden—Meppen—Rheine (Fertigstellung).

b) Bremen—Brake—Blexen.

Ausbaustrecken:

a) Hamburg—Bremen—Osnabrück.

b) Hamburg—Hannover.

Rohrleitungen

165. Für die Mineralöl- und die chemische Industrie sind Rohrleitungen zu wichtigen Verkehrsträgern geworden (Erdöl- und Produktenleitungen). Sie sind im wesentlichen Verbindungen zwischen Raffineriestandorten.

Im Untersuchungsbereich liegen (s. auch Karte 3, Anlage):

Erdölleitungen

a) *Wilhelmshaven—Lingen—Gelsenkirchen (Ø 1 020 mm, Ø 711 mm)*
   Raffinerie Wilhelmshaven   *8 Mio t*
   Raffinerie Lingen   *4,5 Mio t*

b) *Brunsbüttel—Heide (Ø 450 mm)*
   Raffinerie Brunsbüttel   *0,45 Mio t*
   Raffinerie Heide   *5,60 Mio t*

c) *Wilhelmshaven—Hamburg (Ø 750 mm) — geplant —*
   4 Raffinerien in Hamburg mit einer Gesamtkapazität von 15,3 Mio t.

d) *Raffinerie Emden*   *2,4 Mio t*

Produktenpipeline

Brunsbüttel—Heide (Ø 6×150 mm).

166. Abschließend ist festzuhalten, daß die Anbindung der deutschen Nordseehäfen an die Regionen Rhein—Ruhr und Rhein-Main durch umfangreiche Ausbaumaßnahmen bei allen Verkehrsträgern bedeutend verbessert worden ist. Diese großen Investitionen haben die Nachteile gegenüber den Rheinmündungshäfen jedoch nicht entscheidend abgebaut. Die Darstellung der Absatzgebiete und Konkurrenzhäfen für die Eisenimporte der niedersächsischen Häfen, die im Verkehrsbericht Niedersachsen 1978 enthalten ist, belegt diese Feststellung anschaulich.

3.3 Bodenschätze im Küstengebiet

167. Die wirtschaftliche Nutzung des Küstenraumes wird auch durch die vorhandenen Bodenschätze beeinflußt. Dabei ist es u. a. vom Stand des technischen Wissens in der Fördertechnik und in der Produktion, aber auch von den Preisentwicklungen auf dem Weltmarkt und Autarkiebestrebungen (Versorgungssicherheit) abhängig, ob zu einem bestimmten Zeitpunkt eine bestimmte Bodenbeschaffenheit als „Bodenschatz" erkannt und gegebenenfalls ausgebeutet wird. Es erweist sich daher im Rahmen dieser Übersicht als empfehlenswert, auch auf solche Lagerstätten hinzuweisen, die gegenwärtig als nicht abbauwürdig angesehen werden bzw. keinen wirtschaftlichen Nutzungen unterliegen, gegenwärtig somit keine Bodenschätze sind. Ebenso ist in diesem Zusammenhang sinnvoll, „das Nordseeküstengebiet mit dem Schelfgebiet vor der deutschen Küste als eine Einheit zu betrachten" (ARL, 1973).

Die Darstellung zu Tz. 168 ff. basiert auf folgenden Quellen: LÜTTIG, G.; Die Bodenschätze des Nordsee-Küstenraumes und ihre Bedeutung für Landesplanung und Raumordnung, 1972. ARL, 1973, Mündliche Information von G. LÜTTIG, Niedersächsisches Landesamt für Bodenforschung, Hannover.

Erdöl und Erdgas

168. Die Erkundung von Erdöl und Erdgas reicht im deutschen Küstengebiet bis zum Jahre 1938 zurück („Reichsbohrprogramm", Bohrung Helgoland). Im deutschen Anteil an der Nordsee konnten keine größeren Erdöl- bzw. Erdgasvorkommen ermittelt werden (vgl. Karte 3, Anlage). Das Nordsee-Konsortium hat seinen Auftrag weitgehend abgeschlossen. Geringe Funde konnten lediglich nordöstlich des Feldes Groningen gemacht werden.

Die Prospektion von stickstoffreichem Erdgas hat Pläne zum Bau von Off-shore-Kraftwerken ausgelöst. Die Verwertung dieser Gase macht aufgrund der Qualitätsunterschiede Umrüstungen erforderlich, so daß aus Kostengründen allein Großabnehmer in Frage kommen. Im Hinterland der Küste sind im Oldenburger Raum und im Raum Emden neue Erdgasfunde gemacht worden (Gesamtvorräte rd. 365 Mio m^3 (Heizwert = 35 169 kJ/m^3).

Außerdem wird Erdöl im Hinterland gefördert – eine besonders seit der Erdölkrise wirtschaftlich interessante Tatsache. Die Erdgasförderung betrug im Jahre 1977 rund 18,0 Mrd m^3. Für die Zukunft ist eine jährliche Förderung von rund 20 Mrd m^3 zu erwarten (Raumordnungsbericht Niedersachsen 1978) (vgl. Tab. 3.9). Die Erdölförderung betrug 1977 in der Bundesrepublik Deutschland insgesamt 5,4 Mio t gegenüber Importmengen von rund 89 Mio t. Der Hauptteil der deutschen Erdölförderung entfällt auf das Untersuchungsgebiet (Tab. 3.10), allein 85% stammen aus niedersächsischen Erdölfeldern.

Der Rückgang der Erdölförderung in der Küstenregion konnte in den vergangenen Jahren bis einschließlich 1977 verlangsamt werden. Die Gründe liegen in einer steigenden Zahl neuer Bohrungen (1977: 72 Bohrungen), aber auch im Einsatz neuer Fördermethoden (Sekundär- und Tertiärverfahren beim Erdöl, FRAC-Verfahren beim Erdgas).

Salz

169. Das Vorkommen an Salz in zum Teil äußerst mächtigen Salzstöcken ist für die wirtschaftlichen Nutzungen des Raumes von doppelter Bedeutung.

Tab. 3.9

Erdgas- und Erdölgewinnung nach Fördergebieten

in 1 000 m³

	1974	1975	1976	1977	1977/1976 in %
Nördlich der Elbe	15 027	13 460	13 064	10 720	− 17,9
Zwischen Elbe und Weser	170 659	402 889	958 683	1 545 609	+ 61,2
Zwischen Weser und Ems	12 909 866	12 186 089	11 628 864	12 639 336	+ 8,7
Mündung Ems	4 138 035	2 969 511	3 480 980	2 438 270	− 30,0
Westlich der Ems	1 914 973	1 822 450	1 834 457	1 686 074	− 8,1
Oberrheintal	10 898	8 606	6 065	6 474	+ 6,7
Alpenvorland	1 035 501	874 010	923 709	888 432	− 3,8
Gesamt	20 194 959	18 277 055	18 845 822	19 214 915	+ 2,0

Quelle: European Petroleum Year Book 78 (1978), TAMCHINA (1979).

Tab. 3.10

Erdölgewinnung nach Fördergebieten

in t

	1974	1975	1976	1977	1978	1978/1977 in %
Nördlich der Elbe	548 021	517 043	508 473	443 422	408 294	− 8,1
Zwischen Elbe und Weser	1 702 348	1 556 648	1 447 395	1 404 889	1 336 058	− 4,9
Westlich der Ems	1 716 667	1 622 487	1 641 778	1 601 294	1 536 527	− 4,0
Oberrheintal	148 821	142 258	132 760	121 576	103 940	− 14,5
Alpenvorland	336 184	291 271	258 608	210 255	221 266	+ 5,2
Gesamt	6 191 061	5 741 386	5 524 257	5 401 139	5 058 943	− 6,3

Quellen: für 1974−1977: European Petroleum Year Book 78, S. 2−109
für 1978: TAMCHINA (1979).

– Förderung und Verarbeitung von Salz

Im Untersuchungsgebiet fördern vornehmlich die Saline Stade mit 300 000 t Siedesalz jährlich und der Salzstock Harsefeld bei Stade. Gesamte Steinsalzförderung in Niedersachsen: 1,493 Mio t (1977); Siedesalz 0,382 Mio t.

– Speicherung in Kavernen

Aufgrund der physikalischen, feldmechanischen und chemischen Eigenschaften des Salzes sind Kavernen in den Salzstöcken zunehmend für die Vorratshaltung von Massengütern (Erdöl, Gase etc.) sowie für die Aufnahme von Sonderabfällen genutzt worden. So befindet sich in Niedersachsen ein Drittel der gesamten Tanklagerkapazität der Mineralölbevorratung (9,7 Mio t Rohöl in Kavernen eingelagert). „Da die Abführung der bei der

Solution anfallenden Laugen im Binnenland weitgehend über Flußsysteme erfolgen muß, deren Versalzung unerwünscht ist, bevorzugt man Salzstöcke im Küstengebiet für die Herstellung von Hohlräumen. Denn die Ableitung der Laugen in die Ästuaren oder in die See bedingt keine ökologischen Schäden in den Gewässern" (ARL, 1973, S. 27). Dieses Ergebnis wird auch von Untersuchungen bestätigt, die vom Senckenberg-Institut im Hinblick auf die Salzeinleitung in die Jade durchgeführt worden sind. Angesichts der aktuellen Diskussion über den Bau einer Pipeline zur Bewältigung der Salzprobleme in der Weser ist jedoch zu unterstreichen, daß die Einleitung von Kalisalzen grundsätzlich anders zu beurteilen ist.

Schwerpunkte für die Rohölspeicherung liegen vor allem in Rüstringen sowie in Etzel.

Erze

170. Lagerstätten befinden sich im Raum Salzgitter und Gifhorn (außerhalb des Untersuchungsgebietes), im Raum Bremen (Grube Staffhorst) und im Landkreis Friesland (Friedeberg). Unter den gegenwärtigen Rohstoff-Bedingungen der deutschen Wirtschaft (Reicherz-Importe) sind keine abbauwürdigen Vorkommen im Untersuchungsgebiet vorhanden.

Eine wirtschaftliche Bedeutung könnten dagegen die Erzseifen „in Form von Schwermineral-Anreicherungen längs der gegenwärtigen Küste und ... entlang der früheren postglazialen Küstenlinie" erlangen. Es handelt sich dabei vor allem um Ilmenit, Monazit sowie um Zirkon. Außerdem konnte in den Schlickgebieten Thorium nachgewiesen werden. Voruntersuchungen haben bestätigt, daß abbauwürdige Titanerze (Ilmenit) an der deutschen Nordseeküste vorhanden sind (ARL, 1973, S. 24).

Diese Feststellungen müssen in zweifacher Weise unter dem Aspekt der ökologischen Situation der Nordsee beachtet werden:
- *da „ihr Anteil am Gesamtsediment höchstens 3% beträgt", würde bei einer Gewinnung durch aufgewirbelten Sand eine Gefahr für den Strand und den Vorstrand entstehen (FIGGE, 1979)*
- *die industrielle Verwertung dieser Erzseifen an küstennahen Standorten würde weitere ökologische Belastungen zur Folge haben.*
Es ist davon auszugehen, daß eine Ausbeutung dieser recht begrenzten Lagerstätten für absehbare Zeit nicht wirtschaftlich erscheint. LUDWIG u. FIGGE (1979) kommen zu dem Ergebnis, daß „bezogen auf das Jahr 1974 ... die errechneten Zirkon- und Ilmenitmengen dem Bedarf der Bundesrepublik Deutschland für etwa 1,5 Jahre (Zirkon) bzw. für höchstens drei Monate (Ilmenit) entsprechen". Allerdings erwartet LÜTTIG (1978), daß die Abnahme dieser Schwerminerale in den gegenwärtigen Hauptlieferländern (Australien, Indien) eine wirtschaftliche Nutzung in der Zukunft nicht völlig ausschließt.

Kies und Sand

171. Auf dem Festland der deutschen Nordseeküste wird Kies nicht in der erforderlichen Menge und Qualität gewonnen. Die Versorgungssituation mit Sand und Kies muß nach den Vorratsberechnungen des Niedersächsischen Geologischen Landesamtes im Nordwesten der Bundesrepublik Deutschland in weiten Teilen als besorgniserregend bezeichnet werden. Es wird mit einer Erschöpfung der Lagerstätten in den nächsten 20 bis 30 Jahren gerechnet, wobei durch die erheblichen Konflikte der Kies- und Sandgewinnung mit Grundwasserschutz, Freizeit- und Erholungswerten, Landschaftsschutz etc. weitere Beschränkungen unumgänglich werden.

172. Unter Federführung des niedersächsischen Landesamtes für Bodenforschung sind die Lagerstätten von Kies in der deutschen Nordsee erforscht worden mit dem Ergebnis, daß mit den festgestellten Vorräten der Bedarf Nordwestdeutschlands für mindestens 70 bis 80 Jahre gedeckt werden könnte (LÜTTIG, 1978). Es konnten etwa 650 Mio t Kies nachgewiesen werden. Vor diesem Hintergrund ist es

verständlich, daß bereits ein Konsortium „Sand und Kies Nordsee" eine Konzession für die Gewinnung dieser „Meeresschätze" erhalten hat. Geplante Probebaggerungen wurden bisher nicht durchgeführt; kommerzielle Baggerungen wurden noch nicht genehmigt.

Vor allem in England liegen bereits umfangreiche Erfahrungen mit der Gewinnung von Kies aus der Nordsee vor (etwa 12% des gesamten englischen Kiesbedarfs!). Dort werden kaum ökologische Bedenken gegen diesen Abbau vorgetragen; auch die Beeinträchtigung der Fischerei wird als geringfügig angesehen.

173. Für die deutschen Vorkommen unterstreicht LÜTTIG (1978) diese Ergebnisse. Danach sind die ökologischen Auswirkungen bei einer optimalen Lenkung des Abbaus gering; die Fischerei ist in dem Gebiet der Hauptlagerstätte nordwestlich von Helgoland ohnedies gering. Demgegenüber kommt FIGGE (1979) zu dem Ergebnis, daß sich „die potentiellen Kieslagerstätten ... ausgerechnet auf solche Gebiete konzentrieren, in denen der Abbau besonders große Interessenkonflikte verursachen kann" (Behinderung der Seeschiffahrt, Beeinträchtigung der Fischerei, Zerstörung von Laichgründen, Gefährdung der Küste und des Inselsockels, unzureichende Kenntnisse über die Mechanismen des Sandtransportes etc.). Aus ökonomischen Gründen wird versucht werden, die Kiesgewinnung möglichst küstennah zu betreiben. Dadurch würden die angesprochenen Konflikte erheblich verschärft. Aus diesem Grund darf vor der niederländischen Küste nur bei Wassertiefen von über 20 m abgebaut werden. Dieser Vorschlag ist auch für die Bundesrepublik Deutschland gemacht worden. Zu den Folgen von Kies- und Sandgewinnung s. auch Abschn. 5.7 und ICES (1977).

Angesichts dieser Divergenzen ist es vor der Erlaubniserteilung zur Ausbeutung dieser Kiesvorkommen sicherlich dringend geboten, die von FIGGE geforderten detaillierten geologischen und biologischen Untersuchungen durchzuführen. Die vor allem in England gemachten Erfahrungen sollten umfassend genutzt werden, wobei die unterschiedlichen Bedingungen zu beachten sind.

Es ist zu begrüßen, daß in den niedersächsischen Regionalen Raumordnungsprogrammen Rohstoffsicherungskarten für die Berücksichtigung bei der Nutzungsabwägung gefordert und aufgestellt werden. Das große ökonomische und ökologische Konfliktpotential dieser knappen Ressource macht planerische Maßnahmen dringend erforderlich.

174. Bei der Frage einer zukünftigen Ausbeutung von Kies und Sand vor der deutschen Nordseeküste wird neben der Ermittlung und Bewertung ökologischer Folgewirkungen auch ein Koordinationsproblem sichtbar. So ist das DHI als Genehmigungsbehörde für die Nutzung des Festlandssockels nur außerhalb der 3-Meilen-Zone zuständig. Sollte die Ausdehnung auf eine 12-Meilen-Zone in Zukunft erfolgen, dann würde diese Koordinationsaufgabe weiter erschwert.

3.4 Die Wirtschaft des deutschen Nordseeküstenraumes: Gegenwärtige Situation und Entwicklungsprobleme

3.4.1 Die historische Entwicklung der Wirtschaftsstruktur im deutschen Nordseeraum (vgl. dazu ARL (1973) u. ISENBERG (1967))

175. Vor dem 2. Weltkrieg befand sich die norddeutsche Küstenregion aufgrund der wirtschaftsgeographischen und wirtschaftsstrukturellen Standortgegebenheiten in einem guten, den damaligen Reichsdurchschnitt übertreffenden Entwicklungsstand mit ebenfalls überdurchschnittlichen Perspektiven.

Die wesentlichen Ursachen können wie folgt gekennzeichnet werden:

- *Vergleichsweise hohe Leistungen der Landwirtschaft (gute Betriebsgrößenstrukturen, Geländegestaltung, Bodenqualität), verbunden mit guten Absatzchancen, bewirkten hohe Wertschöpfungen je Arbeitsplatz. So lagen die Leistungen je Arbeitskraft in der Landwirtschaft im Norden etwa doppelt so hoch wie in Bayern.*

- *Hohe Vorzüge der großräumigen Verkehrslage in der Mitte einer wachstumsstarken, funktional verflochtenen Großregion: Seehäfen mit einem Hinterland bis zur Donau.*

- *Hohe Bedeutung eines leistungsstarken tertiären Sektors, sowohl auf der Grundlage von Seehandel und Seeverkehr (Basisfunktionen des tertiären Sektors) als auch bei den vornehmlich nahbedarfstätigen Dienstleistungen und im Fremdenverkehr. So betont ISENBERG (1967): „In den Küstenländern spiegelten industriearme Städte wie Stade, Lüneburg, Husum, Schleswig u. a. vor dem Krieg einen behäbigen Wohlstand wider" (S. 26).*

- *Gute Entwicklungsvoraussetzungen für standort-, nicht dagegen für arbeitsorientierte Industriebereiche. Man hatte es nicht nötig, „auf arbeitsintensive Fernverarbeitung um jeden Preis auszuweichen" (ARL, 1973, S. 14), wie in anderen Teilen des Deutschen Reiches (Württemberg, Thüringen).*

176. *Diese günstigen Standortbedingungen der Großregion konnten allerdings nicht verhindern, daß sich innerregional strukturschwache Rückstandsgebiete entwickelten. Besonders im westlichen Teil der Gesamtregion, im Emsland und in Ostfriesland, begründete die nationale Randlage, der Mangel an natürlichen Standortvorteilen und die Vernachlässigung des Infrastrukturausbaus strukturelle Entwicklungsnachteile, die in den Indikatoren überdurchschnittlicher regionaler Arbeitslosigkeit, unterdurchschnittlicher Erwerbsbeteiligung, starken Abwanderungsverlusten und unterdurchschnittlichen Einkommenschancen ihren deutlichen Niederschlag fanden.*

Trotz dieser starken innerregionalen Unterschiede war die Gesamtregion im Vergleich zum Durchschnitt des Deutschen Reiches durch die folgenden Strukturmerkmale geprägt:

- *ein durchschnittlicher Beschäftigungs-, aber ein überdurchschnittlicher Einkommensanteil der Landwirtschaft*

- *überdurchschnittliche Beschäftigungs- und Einkommensanteile des tertiären Sektors*

- *unterdurchschnittlicher Anteil des sekundären Sektors, besonders der weiterverarbeitenden Industrie.*

Die wirtschaftliche Leistungskraft und die Bevölkerung waren eindeutig auf die Hafenstandorte konzentriert; das Hinterland der Küste blieb ländlich geprägt, dünn besiedelt und ohne bedeutsame industrielle Aktivitäten.

3.4.2 Die Veränderungen der Entwicklungsdeterminanten in der Nachkriegszeit

177. Die günstigen Strukturbedingungen der norddeutschen Küstenregion wurden durch die Nachkriegsereignisse wesentlich verschlechtert:

- die wirtschaftsgeographische Kernlage wurde durch den Ost-West-Gegensatz zu einer deutlichen Randlage mit sehr geringem Hinterland (Hamburg!) und dem Ausfall des Ost-West-Verkehrs entwertet;

- der Strukturwandel der Bundesrepublik Deutschland bewirkte tiefgreifende Funktionsverluste gerade bei den Branchen, die in der Küstenregion besonders stark vertreten waren (Werften, Nahrungsmittelindustrie, Verarbeitungsbetriebe der ersten Stufe etc.). Die stagnierenden Industriesektoren bzw. die Bereiche mit unterdurchschnittlichen Wachstumserwartungen sind überdurchschnittlich vertreten;

- die starke Orientierung der wirtschaftlichen Ballungsräume (Rhein – Ruhr!) auf die Rhein- und Schelde-Mündungshäfen beeinträchtigen die tertiären Leistungspotentiale;

- die Landwirtschaft, obgleich noch immer wesentlich überdurchschnittlich produktiv kann nicht mehr in gleicher Weise die Basis für die nahbedarfstätigen Wirtschaftsbereiche bilden; gleichzeitig ist der Beitrag der Landwirtschaft zum Arbeitsmarkt drastisch zurückgegangen;

- die überdurchschnittliche Belastung mit Flüchtlingen und die daran anschließenden Anpassungswanderungen führten zu einer spürbaren Belastung der Startphase nach dem 2. Weltkrieg.

178. Die Staats- und Senatskanzleien der vier norddeutschen Bundesländer kommen in einer „Strukturanalyse Norddeutschlands", die für die Konferenz der Regierungschefs dieser Länder erstellt wurde (November 1978), zu folgendem Ergebnis: „Die wirtschaftlichen Entwicklungsperspektiven (sind) infolge der räumlichen Randlage, der räumlichen Unausgewogenheit und der industriellen Strukturschwäche Norddeutschlands ungünstig. Erschwerend kommt hinzu, daß auch die Infrastrukturausstattung und die Steuerkraft Norddeutschlands unter dem Bundesdurchschnitt liegen". Im einzelnen wird festgestellt:

- der Anteil des Primärsektors am BIP (Bruttoinlandsprodukt) liegt deutlich über dem Bundesdurchschnitt,

- der Sekundärbereich mit seiner entscheidenden Bedeutung für Produktivität und Wachstum liegt erheblich unter dem Bundesdurchschnitt (Industriebesatz 94 pro 1 000 Einwohner gegenüber 123 im Bundesgebiet),
- die Industriestruktur Norddeutschlands ist unterdurchschnittlich wachstumsintensiv,
- die Arbeitsplatz-Zunahmen im Dienstleistungsbereich liegen deutlich unter dem Bundesdurchschnitt.

179. Diese Strukturschwächen und Entwicklungsnachteile zeigen innerhalb der Gesamtregion erhebliche Unterschiede. In besonderer Weise betroffen sind die traditionell strukturschwachen Regionen, so vor allem Ostfriesland, Emsland, Schleswig und die südliche Westküste von Schleswig-Holstein. In diesen Regionen wird sich der Rückgang der Arbeitsplätze, der für Norddeutschland insgesamt mit 115 000 (obere Variante) und 230 000 (untere Variante) prognostiziert wird, besonders stark niederschlagen (vgl. Tab. 3.11).

180. Die in Tab. 3.11 aufgeführten Zahlen zeigen, daß in den Hafenzentren Hamburg und Bremen mit erheblichen Rückgängen bei den Arbeitsplätzen im Produzierenden Gewerbe gerechnet wird. Diese Prognosewerte resultieren im wesentlichen aus den Entwicklungserwartungen für die Werftindustrie (incl.

der Vorleistungen, die mit über 50% in diesem Raum vertreten sind)[1], für die Fischwirtschaft, die Mineralölverarbeitung und die chemische Industrie. Durch die weitreichenden Arbeitsmarktverflechtungen müssen diese Arbeitsplatzverluste Auswirkungen in Niedersachsen und Schleswig-Holstein haben.

Besonders in den bereits angesprochenen schwachstrukturierten Entwicklungsräumen der Küstenregion wird die Situation noch dadurch wesentlich verschlechtert, daß dem tendenziell rückläufigen Arbeitsplatzangebot ein überdurchschnittlicher Anstieg der Erwerbspersonen und damit der Arbeitsplatznachfrage gegenübersteht. So liegen die Zuwächse der 15- bis 29jährigen in den Gebieten Nord-West-Niedersachsens und der südlichen Westküste Schleswig-Holsteins bis 1985 zwischen 30% und 50%. Diese Zuwachsrate beträgt in Norddeutschland insgesamt 12,3%, im Bundesdurchschnitt dagegen nur 8,5%. Diese Entwicklungen von Arbeitsplatzangebot und -nachfrage schlagen sich in stark defizitären Arbeitsmarkt-Bilanzen der Entwicklungsräume in der Küstenregion nieder.

---

[1] Die „Hafenabhängigkeit" der Bremischen Wirtschaft wird z. B. für 1970 mit 31% aller Arbeitsplätze angegeben (DANNEMANN, 1978).

Tab. 3.11

Prognose der Arbeitsplatzentwicklungen in den Entwicklungsräumen der Nordseeküstenregion bis 1985

Entwicklungsraum		Landwirtschaft	Produz. Gewerbe	Handel und Verkehr	Übrige Dienste	Insgesamt
Ostfriesland	u.V.[1]	−42,3	− 7,4	− 3,2	19,4	−6,1
	o.V.		0,0	3,2	33,3	1,4
Oldenburg	u.V.	−41,0	− 3,8	0,0	25,7	−0,7
	o.V.		− 1,9	3,7	32,8	2,6
Bremen	u.V.	−46,7	− 7,8	− 2,5	22,8	−2,8
	o.V.		− 5,7	− 1,3	24,2	−1,0
Hamburg	u.V.	−35,9	−16,1	− 3,8	12,3	−5,2
	o.V.		−12,2	− 1,8	13,9	−2,8
Schleswig		−40,0	−13,0	−12,1	14,0	−8,4
Südliche Westküste		−37,5	− 5,6	−10,5	9,1	−8,6
Norddeutschland insg.	u.V.	−39,5	−12,7	− 2,7	18,3	−4,5
	o.V.		−10,6	− 0,9	21,7	−2,2

[1] u.V. = untere Variante; o.V. = obere Variante; Angaben in %.

Quelle: Auszug aus Tab. 7 in: Die Bevölkerungs- und Arbeitsmarktentwicklung in Norddeutschland bis 1985, Staats- und Senatskanzleien der norddeutschen Bundesländer.

3.4.3 Die Strukturschwäche der Küsten-region

181. Die Fortschreibung der regionalisierten Raumordnungsprognose im Rahmen des Bundesraumordnungsprogrammes (BROP, 1975) bestätigt in der Tendenz diese Entwicklungserwartungen der vier norddeutschen Bundesländer. Das Ausmaß der Arbeitsmarktdefizite wird jedoch spürbar niedriger angenommen – diese Erwartungen sind für Norddeutschland und die Küstenregion somit optimistischer. Dennoch zeigen auch diese Prognosen, daß von den fünf an die Nordsee angrenzenden Gebietseinheiten des Bundesraumordnungsprogrammes im großräumigen Vergleich vier durch Strukturschwächen in der Erwerbs- und Infrastruktur gekennzeichnet sind (Abb. 3.2). Bei der Status quo-Prognose der Arbeitsplatzentwicklung 1970–1985 liegen drei dieser fünf Gebietseinheiten mit einem Zuwachs unter 5% deutlich unter der durchschnittlichen Entwicklungstendenz.

182. Auch bei anderen Entwicklungsindikatoren verstärkt sich bei einer kleinräumigen Analyse das Bild vom Entwicklungsrückstand der unmittelbaren Untersuchungsregion.

Das BIP in jeweiligen Preisen je Einwohner, das 1977 noch um 12,9% unter dem Bundesdurchschnitt lag, war „im Westen und Nordosten Niedersachsens ... auch 1974 weit geringer als im Landesdurchschnitt. Von den 15 Kreisen mit dem niedrigsten BIP je Kopf der Wirtschaftsbevölkerung gehörten sieben zum Regierungsbezirk Weser–Ems und sechs zum Regierungsbezirk Lüneburg" (Raumordnungsbericht Niedersachsen 1978, S. 80). Aus dem Untersuchungsgebiet sind dies die Landkreise Aurich, Friesland, Wesermarsch, Cuxhaven, Rotenburg (Wümme) und Harburg. Eine in der Grundtendenz gleichartige Strukturschwäche zeigt sich bei allen anderen Kennziffern der wirtschaftlichen Leistungskraft, z. B. Beschäftigte in der Industrie, Einkommen pro Kopf etc.

183. Bereits an dieser Stelle kann jedoch als Zwischenergebnis festgehalten werden: Die im Rhein-Gutachten aufgeworfene Frage, ob ein Bedarf für eine forcierte industrielle Durchdringung des Raumes aufgrund der vorhandenen Potentiale in Bevölkerung und Wirtschaft besteht (SG Umweltprobleme des Rheins, 1976, Tz. 469), kann für weite Teile des deutschen Nordseeraumes nicht verneint werden. Diese Forderung wird vielmehr durch die demographisch bedingte überdurchschnittliche Arbeitsplatznachfrage in den Teilregionen noch verschärft. Defizitäre Arbeitsmarkt-Bilanzen sind vorherrschend.

Die Vertreter einer verstärkten Industrialisierung dieser Regionen unterstellen jedoch, daß die regionalen Entwicklungsschwächen nur oder zumindest vornehmlich durch die Schaffung industrieller Arbeitsplätze überwunden werden können. Da diese strategische Grundsatzentscheidung durch die Konzeption der regionalen Wirtschaftspolitik in der Bundesrepublik Deutschland voll getragen wird, ist daher die Wirksamkeit dieser Konzeption für die Küstenregion zu erörtern.

3.4.4 Die Strategie zur Beseitigung der wirtschaftlichen Entwicklungsschwäche der Küstenregion

184. Die Status quo-Projektionen der wirtschaftlichen Entwicklung des Küstenraumes, vor allem aber bedeutsamer Teilregionen, haben verdeutlicht, daß ohne zusätzliche Maßnahmen der regionalen Strukturpolitik gravierende Fehlentwicklungen nicht zu vermeiden sind. Offene und latente Arbeitslosigkeit, zunehmende Pendelentfernungen und Abwanderungen besonders der jungen und qualifizierten Arbeitskräfte wären die Folge einer unbeeinflußten Status quo-Entwicklung. Diese Auswirkungen, die noch die Gefahren einer selbstverstärkenden Entwicklung in sich tragen, widersprechen der Ausgleichszielsetzung der Raumordnungspolitik, die zur „Vermeidung und Beseitigung extremer Disparitäten in der interregionalen Verteilung der Realeinkommen" (SCHNEIDER, 1968) führen soll.

Unterschiedliche regionale Lebenschancen und regionale Wohlstandsunterschiede sollen nach dieser Zielsetzung, die über das BROG aus dem Grundgesetz abgeleitet wird, über eine „aktive Sanierung" beseitigt werden: Durch eine Beeinflussung der unternehmerischen Standortentscheidung im „fernbedarfstätigen Grundleistungsbereich", also vornehmlich der Industrie, soll mobiles Kapital in die strukturschwachen Regionen gelenkt werden. Dort sollen neue Arbeitsplätze geschaffen und somit ökonomisch erzwungene Abwanderung vermieden werden. Dieser Zielsetzung einer aktiven Sanierung strukturschwacher Regionen dient die Gemeinschaftsaufgabe „Verbesserung der regionalen Wirtschaftsstruktur". In den Fördergebieten dieser Gemeinschaftsaufgabe, die nach gemeinsamen Kriterien abgegrenzt werden, können schwerpunktmäßig die Investitionen zur Schaffung industrieller Arbeitsplätze subventioniert werden. Außerdem wird der Ausbau der „wirtschaftsnahen" Infrastruktur gefördert.

185. Eine detaillierte Darstellung der Konstruktion der Gemeinschaftsaufgabe „Verbesserung der regionalen Wirtschaftsstruktur" ist an dieser Stelle nicht erforderlich. Trotz unzureichender Erfolgskontrolle dieser Gemeinschaftsaufgabe zeigen aber die bisherigen Ergebnisse der regionalen Wirtschaftsentwicklung in der Bundesrepublik Deutschland, daß eine grundsätzliche Tendenzwende in der Entwicklung der Regionen nicht erreicht werden konnte. Nach wie vor zeigen die traditionell wirtschaftsschwachen Regionen die höchsten Arbeitslosenquoten; sie sind durch erhebliche Abwanderungsverluste ebenso gekennzeichnet wie durch Ausstattungs- und Einkommensunterschiede. Empirische Untersuchungen haben nachgewiesen, daß die direkte Investitionsförderung die regionale Investitionstätigkeit weniger induziert als prämiiert hat. Außerdem können erhebliche selektive Wirkungen zugunsten von Betriebsstätten mit geringen Anforderungen an die Standortqualitäten und insbesondere an die Qualität der Arbeitskräfte nachgewiesen werden. Eine kritische Überprüfung der Erfolgserwartungen, die mit dem Einsatz der Instrumente im Rahmen der Gemeinschaftsaufgabe verbunden werden, ist somit auch für die Küstenregion erforderlich.

Abb. 3.2

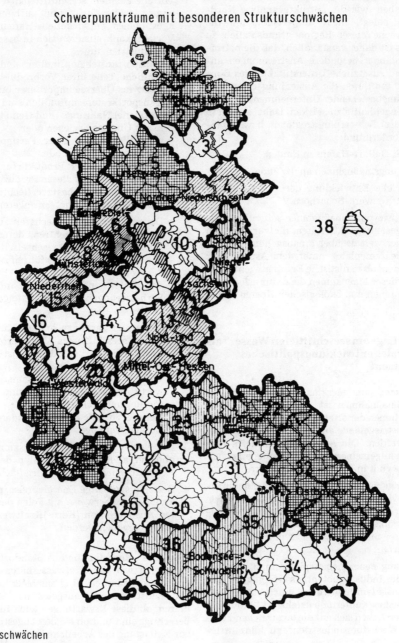

Schwerpunkträume mit besonderen Strukturschwächen

Strukturschwächen
im großräumigen Vergleich

 in der Erwerbs- und Infrastruktur
vorwiegend in der Infrastruktur
vorwiegend in der Erwerbsstruktur
Grenze der Schwerpunkträume
Grenze des Zonenrandgebietes

Karte zum Bundesraumordnungsprogramm

Quelle: Bundesraumordnungsprogramm, 1975

Strukturschwächen

 aufgrund der besonderen Lage (38) Berlin

Die Gebietseinheiten 22, 23 und 31 bis 35 sind
für die Ausweisung der Schwerpunkträume in
Anpassung an die Planungsregionen geringfügig
abweichend dargestellt (siehe punktierte Linie)

Gebietseinheiten BROP.

SR-U 80 0288

186. Die strukturschwachen Teile der Küstenregion waren von Anfang an Fördergebiete der Gemeinschaftsaufgabe. Die Erfolge dieser zehn Jahre Förderung haben, wie die „Strukturanalyse Norddeutschland" belegt, nicht ausgereicht, um die Strukturschwäche dieser Region grundsätzlich zu beseitigen. Es ist daher verständlich, daß die betroffenen Bundesländer besondere Anstrengungen unternehmen und zusätzliche Unterstützung des Bundes erwarten, um durch die Ansiedlung neuer und die Erweiterung bestehender Unternehmen die industrielle Basis nachhaltig zu stärken. Dabei stehen in erster Linie drei Schwerpunktregionen bzw. -maßnahmen im Vordergrund:

– Der Bau des Dollart-Hafens in Emden,

– die Ansiedlungsmaßnahmen an der Jade,

– die industrielle Entwicklung der Unterelbe und das Projekt Neuwerk-Scharhörn.

Diese drei Schwerpunktmaßnahmen sollen beispielhaft für die gesamten Aktivitäten, die vor allem an der Unterweser weit darüber hinausgehen (z. B. Industriegelände Luneplate), unter dem Aspekt kurz beurteilt werden, ob realistische Erwartungen an die Zielbeiträge dieser Maßnahmen die dafür erforderlichen ökonomischen und ökologischen Kosten rechtfertigen.

3.4.5 Die „Lage am seeschifftiefen Wasser" als zentrales entwicklungspolitisches Argument

187. Das gemeinsame Merkmal der drei angesprochenen Großmaßnahmen ist darin zu sehen, daß durch Investitionen der öffentlichen Hand große Flächen als Industriegelände am seeschifftiefen Wasser geschaffen werden. Die Argumentationskette verläuft dann im allgemeinen wie folgt, wobei eine Vereinfachung bewußt in Kauf genommen wird:

– Das Küstengebiet ist insgesamt durch eine unzureichende wirtschaftliche Eigendynamik belastet; die erforderlichen Arbeitsplätze für die arbeitssuchende Bevölkerung sind nicht hinreichend vorhanden; diese Situation wird sich in Zukunft weiter verschärfen;

– die Schaffung neuer Arbeitsplätze muß über die Stärkung des Industriepotentials erfolgen, da dieser Raum insgesamt und vornehmlich einige Teilregionen bisher „unterindustrialisiert" sind; die Bemühungen haben sich auf die unzureichend vertretenen „Wachstumsindustrien" zu konzentrieren;

– im harten Wettbewerb zwischen den verschiedenen Standorten um diese industriellen Arbeitsplätze müssen die besonderen Standortvorteile des Küstenraumes ausgebaut und die Nachteile abgebaut werden.

188. Zu den wesentlichen Standortvorteilen mit besonderer Anziehungskraft wird in der Küstenregion die Lage am „seeschifftiefen Wasser" gezählt. Dabei sind jedoch die folgenden sehr unterschiedlichen Argumente zu unterscheiden (was allerdings selten geschieht):

1. Vorteile aus dem seeschifftiefen Wasser mit oder ohne „localisation-" und „urbanisation-economies" eines entwickelten Hafenplatzes. Diese Vorteile konkretisieren sich in besonderem Maße für Industrien, die
   – transportkostenempfindlich sind, weil sie wesentliche Teile ihrer Vorprodukte als Massengüter aus Übersee importieren oder
   – transportkostenempfindlich sind, weil sie (verderbliche) Nahrungs- und Genußmittelrohstoffe aus Übersee beziehen oder
   – wesentliche Teile ihrer Fertigprodukte nach Übersee exportieren oder
   – direkt oder indirekt Produkte für die Schiffahrt erzeugen oder mit diesen Produzenten in engen Bezugs- oder Absatzverflechtungen stehen („Seehafen-Industrie" im engeren Sinne).

   Danach werden die Seehäfen zu Wachstums- und Entwicklungszentren, deren Auswirkungen sich (theoretisch) wechselseitig verstärken: Die Vorteile des Hafens führen zur Ansiedlung, die Verkehrsnachfrage dieser Betriebe stärkt den Hafen und ermöglicht infrastrukturelle Verbesserungen und damit steigende Attraktivitäten.

2. Vorteile aus der Lage an der Küste, ohne daß dafür ein seeschifftiefes Wasser erforderlich ist:
   – Vorteile durch besonders günstige Kühlungsmöglichkeiten,
   – Vorteile durch besonders günstige und preiswerte Abwasserbeseitigung und sonstige Entsorgungsmöglichkeiten,
   – weitere Vorteile aufgrund anderer technischer Zusammenhänge.

3. Die Verfügbarkeit großer, zusammenhängender und der alleinigen Disposition der öffentlichen Hand unterliegenden Industrieflächen.

4. Besonders günstige Energiepreise, die sich in Zukunft möglicherweise als Folge des konzentrierten Ausbaues von (Kern-)Kraftwerken in dieser Region ergeben werden.

189. Die „Kombination aus Standorteigenschaften dieser Art war es" (Tiefwasserhäfen-Kommission), die den sogenannten „Zug ans Meer" in verschiedenen Industriezweigen ausgelöst hat. Es ist dabei zu klären, ob diese Erwartungen auch für die Zukunft berechtigt sind und ob sie den angestrebten Beitrag zur Entlastung des Arbeitsmarktes dieser Region leisten können.

3.4.6 Die Erfolge der Industrieansiedlung in der Küstenregion

190. Die Erfolge der Industrieansiedlungen im Küstenraum scheinen die Durchschlagskraft des Standortfaktors „Küste" auch in der Bundesrepublik Deutschland zu belegen: Der „Zug zur Küste" ist in einigen spektakulären Standortentscheidungen auch an der deutschen Nordseeküste sichtbar geworden. Einige Beispiele:

Emden: Ansiedlung Automobilindustrie, Raffinerie, Elektrostahl, (Kraftwerk).

Wilhelmshaven: Aluminiumindustrie, Chemie, (Kraftwerk).

Brunsbüttel: Chemie, (Kraftwerk).

Hamburg: Aluminium, Elektrostahl.

Stade: Aluminium, Chemie, (Kraftwerk).

Betrachtet man diese Ansiedlungserfolge näher, so zeigen sich als gemeinsame Merkmale:

1. Es handelt sich vornehmlich um Unternehmen der Grundstoffgüter-Industrie, die wie folgt gekennzeichnet sind:
   – Kapitalintensiv und arbeitsextensiv, d. h. der Beitrag zur Entlastung des regionalen Arbeitsmarktes ist relativ gering,
   – flächenbeanspruchend und allein dadurch für die öffentliche Hand vorleistungsintensiv,
   – zur Nutzung der Standortvorteile auf umfangreiche Infrastrukturinvestitionen angewiesen.

2. Es handelt sich um Unternehmen mit überdurchschnittlichen Ansprüchen an die Umweltmedien im weiteren Sinne. Obwohl spezielle Analysen der Entscheidungen für den Küstenstandort bisher nicht vorliegen, kann davon ausgegangen werden, daß die umweltbezogenen Kostenvorteile dieser Standorte neben den Standortvorteilen des seeschifftiefen Wassers eine erhebliche Rolle gespielt haben. Außerdem kann die Hypothese, daß vor allem die besonders umweltbelastenden Teilbereiche der Unternehmen an die Küste verlagert werden, kaum widerlegt werden. Die zunehmend größere Möglichkeit einer regionalen Aufgliederung des Unternehmensstandortes zur Nutzung standortspezifischer Vorteile hat offenbar zusätzlich den entwicklungspolitischen Effekt beeinträchtigt. Die berechtigte Klage in der „Strukturanalyse Norddeutschland", daß es „im produzierenden Bereich nur wenige gewichtige Wachstumsbetriebe mit Hauptsitz in Norddeutschland" gibt, wird dadurch nicht behoben – die negativen Auswirkungen müssen für einen relativ geringen entwicklungspolitischen Effekt in Kauf genommen werden.

3. Es handelt sich um Unternehmensteile, die angesichts des weltweiten Struktur- und Standortwandels in der Bundesrepublik Deutschland nur geringe Wachstumschancen aufweisen. So hat z. B. der „Zug zum Meer" bei der Stahlindustrie allein vor dem Hintergrund der vorhandenen Überkapazitäten in diesem Sektor in der Bundesrepublik Deutschland keine Bedeutung gewonnen. Die zahlreichen optimistischen Erwartungen, wie sie beispielsweise von der Tiefwasserhäfen-Kommission „in der Errichtung größerer Stahlwerkskapazitäten an der deutschen Küste" geäußert werden, haben sich nicht erfüllt.

191. Vergleichbar ungünstige Wachstumserwartungen für Standorte der deutschen Küste ergeben sich auch für andere Branchen, von denen vornehmlich Großansiedlungen an der deutschen Nordseeküste erwartet werden: Aluminiumindustrie, Mineralölverarbeitung, Schiffsbau, Chemische Industrie (vor allem Grundstoffchemie), Nahrungs- und Genußmittelindustrie. Durch die Ansiedlung dieser Unternehmensteile kann die Wachstumsschwäche der Industrie in dieser Region kaum beseitigt werden. So ist zu Recht unterstrichen worden, daß die „seit 1973 veränderte weltwirtschaftliche Arbeitsteilung dazu führen wird, daß Teile der Grundstoffindustrie zunehmend in die Förderländer der Dritten Welt verlagert werden" (POHL, 1979).

192. Angesichts dieser Merkmale der „küstenbezogenen" Industrie müssen die quantitativen und qualitativen Arbeitsmarktwirkungen dieser Großprojekte wesentlich niedriger eingestuft werden, als dies aus offiziellen Verlautbarungen zu entnehmen ist. So erwähnt der Gutachter für den Dollart-Hafen u. a. auch, daß für den wichtigen Bereich der Arbeitsmarkteffekte „eine abgesicherte Prognose nicht möglich ist, sondern mit Annahmen gearbeitet werden muß" (PLANCO Consulting GmbH, 1976, Ergebnisbericht, S. 18). Aber obwohl dieser Gutachter betont, daß die erhofften Wirkungen u. a. „vom Flächenangebot in westeuropäischen Konkurrenzhäfen" beeinflußt wird, zieht er keine Folgerungen aus seiner eigenen Erkenntnis, daß „das Angebot an Industrieflächen an Hafenstandorten der europäischen Westküste groß (ist); der Wettbewerb um Ansiedlungen scheint sich eher zu verschärfen als abzunehmen" (S. 40).

Tab. 3.12 ermöglicht einen Eindruck von dem großen Flächenangebot allein der Westhäfen Antwerpen, Zeebrügge, Dünkirchen, Le Havre. Unberücksichtigt bleibt bei dieser Aufstellung, daß „in Holland 2400 ha freie Industrieflächen am seeschifftiefen Wasser zur Verfügung stehen" (POHL, 1979). Die weitreichenden Planungen für zusätzliches Industriegelände an der deutschen Nordseeküste (Dollart-Hafen und Rysumer Nacken, Voslapp-Watt, Luneplate, Medemland, weitere Flächen an der Unterelbe gemäß der „Flächenbilanz" des „Differenzierten Raumordnungskonzepts" (1979) als wichtigste Beispiele) würden das Flächenangebot inflationsartig ansteigen lassen.

193. Da die monetären Erträge der „geschaffenen Arbeitsplätze" die ausschlaggebende Nutzengröße bei der Kosten-Nutzen-Analyse sind, muß die an rein ökonomischen Kriterien orientierte Wirtschaftlichkeit überprüft werden. Ohne eine Gesamtkritik der Kosten-Nutzen-Analyse für den Dollart-Hafen vorzunehmen, sind sowohl bei der Quantifizierung der Arbeitsmarkteffekte als vor allem bei der Bewertung dieser Arbeitsplätze in monetären Größen weitreichende Vorbehalte gegen diese Untersuchung zu machen.

194. Angesichts der Anfangserfolge und mit dem Blick auf die Ansiedlungen an den Rhein- und Schel-

Tab. 3.12

Flächenbilanz für die Westhäfen und die deutsche Nordseeküste

(Flächenangaben in ha)

Standort	erschlossene Industrieflächen	im Ausbau befindliche Flächen einschl. konkreter Planungen	vergebene Industrieflächen	noch freie bzw. in absehbarer Zeit verfügbare Flächen
Antwerpen	3 100	2 500	4 300	1 300
Zeebrügge	100	1 000	100	1 000
Dünkirchen	2 000	4 800	2 300	4 500
Le Havre	7 000	–	3 100	3 900
Westhäfen	12 200	8 300	9 900	10 700
Brunsbüttel	2 300	–	1 200	1 100
Stade	1 000	–	800	200
Emden	1 800	800	600	2 000
Wilhelmshaven	3 000	–	2 100	900
Deutsche Nordseeküste	8 100	800	4 700	4 200

Quelle: POHL, 1979.

de-Mündungshäfen wurden geradezu euphorische Erwartungen an die Entwicklungsdynamik der Standorte am seeschifftiefen Wasser geäußert. Diese Versionen sind inzwischen einer sehr viel nüchterneren Betrachtung gewichen. Die entscheidende Frage nach dem Beitrag dieser Projekte zur besseren Erfüllung der regionalpolitischen Entwicklungsziele führte zu sehr viel bescheideneren Aussagen und Erwartungen. Angesichts des nach wie vor gültigen Konzeptes für die strukturelle Entwicklung wirtschaftsschwacher Regionen in Form der Gemeinschaftsaufgabe „Verbesserung der regionalen Wirtschaftsstruktur" ist es jedoch aus der Sicht der verantwortlichen Landesregierungen verständlich, daß diese Industrieansiedlung mit ihrem Argumentationsschwerpunkt auf dem Standortfaktor „seeschifftiefes Wasser" weiterhin konsequent verfolgt wird. Solange kein alternatives Konzept dafür entwickelt wurde, die Zielsetzung einer aktiven Sanierung zumindestens im Gesamtrahmen stabiler Arbeitsmarktregionen zu erreichen, kann eine Abkehr von dieser auf infrastrukturellen Vorleistungen und direkten Investitionsförderung aufbauenden Politik nicht erwartet werden. An dem Beispiel der strukturschwachen Küstenregion mit ihrem großen, aber trotzdem empfindlichen ökologischen Potential wird somit die Notwendigkeit einer regional differenzierten Strukturpolitik besonders deutlich sichtbar.

195. Diese Strukturpolitik kann in diesem Gutachten nicht umfassend entwickelt werden. Wesentliche Bausteine für eine gezielte Fortentwicklung müssen jedoch in folgenden Überlegungen gesehen werden:

Gerade in Gebieten mit hohem und wertvollem ökologischem Potential wird die planerische Kennzeichnung als ökologischer Ausgleichsraum im überregionalen Maßstab so lange unbefriedigend bleiben, wie nicht gleichzeitig über entsprechende monetäre Ausgleichsmaßnahmen ein ökonomisches Äquivalent für diese Region geschaffen wird, falls eine Vermarktung dieser Funktionen technisch nicht möglich oder gesellschaftlich nicht erwünscht ist. Die Fortentwicklung der Gemeinschaftsaufgabe für die Verbesserung der regionalen Wirtschaftsstruktur, aber auch die verschiedenen Maßnahmen zur Verbesserung der Agrarstruktur müssen bewußt für diese ökologische Aufgabenstellung nutzbar gemacht werden.

Über diese konzeptionelle Erweiterung hinaus werden in Teilregionen aber auch solche Maßnahmen in ein regionales Entwicklungskonzept zu integrieren sein, die besser als bisher die regionalen unternehmerischen Potentiale aufgreifen und somit das interne Wachstum der Region stärker begünstigen. Derartige Vorschläge sind in der kritischen Diskussion über die Wirksamkeit der Gemeinschaftsaufgabe „Verbesserung der regionalen Wirtschaftsstruktur" verschiedentlich entwickelt worden. Sie könnten auch für die Küstenregion einen bedeutsamen Beitrag leisten und damit zur Vermeidung ökologischer Kosten bei der strukturellen Änderung dieser Region beitragen.

3.4.7 Die ökologischen Auswirkungen

196. Die konzentrierten Bestrebungen der öffentlichen Hand zur Verbesserung der Wirtschafts- und Infrastruktur der Küstenregion einschließlich der Energieversorgung haben erhebliche Eingriffe in die Landschaft und die Ökosysteme besonders der Ästuarien von Ems, Weser und Elbe bewirkt. Aus Karte 2, Anlage, sind die wesentlichsten dieser Maßnahmen für den Unterelberaum ersichtlich. Aber auch diese Karte enthält noch nicht alle Einzelvorhaben und weitreichenden Planungen, die zum Teil auch im Textteil dieses differenzierten Raumordnungskonzeptes für den Unterelberaum angesprochen werden (z. B. mögliche weitere Vertiefung des Elbefahrwassers mit zunehmenden Schwierigkeiten bei der Ablagerung des Baggergutes, weitere Großkraftwerke in Winsen und Cuxhaven/Altenbruch, Straßenverkehrsplanungen).

197. Diese Konzentration wirtschaftlicher Aktivitäten mit weitreichenden ökologischen Implikationen sollte erwarten lassen, daß ein Raumordnungskonzept für diesen Raum – ebenso wie für die Ästuarien von Weser und Ems – gerade diese Nutzungskonflikte einbezieht und zu einer Kompromißlösung führt. Es kann daher keineswegs der Ansicht im differenzierten Raumordnungskonzept zugestimmt werden, daß „es nicht die Aufgabe dieser Darstellung sein kann, in eine Abwägung zwischen den wirtschaftlichen Entwicklungsinteressen und den Interessen am Schutz bestimmter ökologischer Verhältnisse einzutreten" (S. 7). Diese Aussage ist um so unverständlicher, als eine „Ökologische Darstellung Unterelbe-Küstenregion" im Auftrage der Umwelt-Ministerkonferenz Norddeutschland bereits im Herbst 1976 im Entwurf vorlag. Im Raumordnungskonzept selbst wird außerdem betont, daß „für bestimmte Immissionsarten integrierte Studien für größere zusammenhängende Siedlungsräume (unter Umständen für den gesamten Unterelberaum) vorzunehmen" sind (S. 36). Der Rat fordert daher mit Nachdruck, in den Abwägungsprozeß zwischen ökonomischer Nutzung und ökologischer Belastung einzutreten. Diese Besorgnis kann keineswegs durch die Feststellung ausgeräumt werden, daß in der Flächenbilanz des Raumordnungskonzeptes „in flächenmäßiger Hinsicht kein Übergewicht durch industrielle oder gewerbliche Nutzung besteht und nicht zu erwarten ist" (S. 17). Dieselbe Forderung ist mit demselben Nachdruck für die Ästuarien von Weser und Ems zu stellen. Die „Untersuchung über die Belastung der Umwelt im Emsmündungsgebiet", die von der Deutsch-Niederländischen Raumordnungskommission initiiert worden ist, kann dafür sicherlich nur ein erster Schritt sein. Sie muß dringend über die Bestandsaufnahme hinausgeführt werden, bevor durch irreversible Investitionsmaßnahmen Entwicklungstendenzen festgeschrieben werden. Dabei ist durchaus anzuerkennen, daß gerade für das Projekt eines Dollart-Hafens von deutscher und niederländischer Seite verschiedene Gutachten zu ökologisch bedeutsamen Teilbereichen durchgeführt worden sind bzw. erarbeitet werden. Besonders die Arbeiten des Franzius-Instituts für Wasserbau und Küsteningenieurwesen der Universität Hannover (Veränderung von Salzgehaltsverteilung, Schichtung und Trübung im Dollart durch den Bau des Hafens, PARTENSCHKY u. BARG, 1979 a, b) sind wichtige Beiträge. Eine Untersuchung der ökologischen Verträglichkeit dieser Maßnahme, die als gleichwertige Ergänzung der allein ökonomisch ausgerichteten Kosten-Nutzen-Analyse alle absehbaren ökologischen Auswirkungen integrativ erfassen muß, liegt immer noch nicht vor oder ist der Öffentlichkeit noch nicht zugänglich gemacht worden. In diesem Rahmen müßten gegebenenfalls auch die Möglichkeiten von Ersatzmaßnahmen erörtert werden (Beispiele: Senkung der Vorbelastungen aus den Fehnkulturen, Verzicht auf alle weiteren Eindeichungsprojekte, z. B. Leybucht etc.).

198. Es ist bereits erwähnt worden, daß im Rahmen des Planfeststellungsverfahrens für den Ausbau der Bundeswasserstraße Jade durch Errichtung und Betrieb einer Transport- und Umschlagbrücke vor dem Voslapper Groden in Wilhelmshaven Risikoanalysen erstellt worden sind. Diese Arbeiten sind vornehmlich vom Beirat für den Transport gefährlicher Güter initiiert worden. Vor dem Hintergrund der anstehenden Projekte reicht es jedoch aus, diese Risikoanalyse auf die Wahrscheinlichkeit von Schiffsunfällen zu beschränken, ohne die damit verbundenen ökologischen Schadenspotentiale zu beachten. So ist es nicht überraschend festzustellen, daß der im Gutachten genannte Maßnahmenkatalog nahezu ausschließlich auf eine Verminderung der unmittelbaren Sicherheitsrisiken und kaum auf die ökologischen Risiken ausgerichtet ist. Gerade aber die wichtige Sicherheitsmaßnahme einer Verlegung des Fahrwassers ist wiederum mit ökologischen Folgen verbunden. Als weitere Maßnahmen zur Begrenzung des Sicherheitsrisikos werden genannt: Einrichtung einer Radarkette, schiffahrtspolizeiliche Maßnahmen verschiedener Art, besondere Schiffsausrüstung etc.

199. Abschließend ist noch einmal festzuhalten, daß vor allem an den Ästuarien Großprojekte durchgeführt werden bzw. im konkreten Planungsstadium stehen, mit denen gravierende ökologische Folgen verbunden sein können. Die Dringlichkeit besonderer Maßnahmen für diese Region wird angesichts der wirtschaftlichen Strukturschwäche nicht bestritten. Es ist jedoch zu befürchten, daß mit der gegenwärtigen Entwicklungsstrategie die Entwicklungsschwächen nicht grundlegend beseitigt werden und ein sich selbst tragender Wachstumsprozeß nicht eingeleitet wird. Die dafür in Kauf zu nehmenden Belastungen der Umwelt, hier insbesondere der Nordsee, beeinträchtigen jedoch einen der langfristig wertvollsten Standortfaktoren dieser Region.

4 STOFFEINTRAG IN DIE NORDSEE

4.1 Zur Systematik der Belastungskomponenten

200. Der Stoffeintrag aus Abwässern, die über Flüsse oder von der Küste aus in die Nordsee gelangen, läßt sich nach seiner Herkunft in Emissionsgruppen, nach seinen Wirkungen in Immissionsgruppen, nach allgemeinen naturwissenschaftlich-technischen Gesichtspunkten (also z. B. chemisch nach Stoffgruppen oder auch nach den technischen Kontrollmöglichkeiten) einteilen. Für jeden Fall ergeben sich unterschiedliche Zuordnungen. Die im Rheingutachten (Tz. 93) verwendete Gliederung in fünf Belastungsgruppen muß für die Nordsee verändert werden; Salzbelastung und Trinkwassergewinnung spielen hier keine Rolle. Statt dessen werden Sink- und Schwebstoffe, bakterielle Verunreinigungen, Rohöl und radioaktive Verunreinigungen zusätzlich berücksichtigt. Diese Belastungen müssen getrennt nach den Regionen Ästuarien, Küstenbereich und Hohe See gewertet werden (Tab. 4.1). Die Parameter zur quantifizierenden Beschreibung der Belastungsfaktoren sind in Tab. 4.2 aufgeführt.

Tab. 4.1

Belastende Faktoren nach Emissions- und Immissionsbereichen

	Emissionen				Immissionen		
	I.	II.	III.	IV.	a	b	c
	Stoffeintrag durch Flüsse	Einleitungen von der Küste aus	Einleitungen in die Hohe See	Stoffeintrag aus der Atmosphäre	Ästuarien	Küstenbereich	Hohe See
1. leicht abbaubare Stoffe	(+)	+	(+)	−	++	+	(−)
2. Pflanzennährstoffe	+	+	(+)	+	++	++	(−)
3. Sink- und Schwebstoffe	+	+	+	−	+	+	−
4. bakterielle Verunreinigungen	+	+	(−)	−	(+)	(+)	−
5. Rohöl und Ölprodukte	+	+	+	−	+	+	+
6. Schwermetalle	+	+	(+)	+	+	+	+
7. schwer abbaubare Stoffe	+	(+)	?	+	++	+	+
8. radioaktive Verunreinigungen	(+)	(+)	−	+	?	?	−
9. Abwärme (s. Kap. 5.9)	+	+	(−)	−	(+)	(+)	

Emissionen
+   i. a. vorhanden
−   i. a. z. Z. keine wesentlichen Emissionen nachweisbar
( )   mit Einschränkungen
?   keine Untersuchung bekannt

Immissionen
++   i. a. starke Auswirkungen
+   i. a. geringe Auswirkungen
−   i. a. keine Auswirkungen
( )   mit Einschränkungen
?   keine Untersuchung bekannt

Tab. 4.2

Meßgrößen von Belastungsfaktoren

	Stoffe	Meßgrößen	Dimension
1	leicht abbaubare Stoffe	O_2-Verbrauch	BSB mg O_2/l
2	Pflanzennährstoffe	N-, P-Gehalt	mg/l
3	Sink- und Schwebstoffe	SS (oder Trübungseinheit)	mg/l ($\triangleq$ mg SiO_2/m³)
4	bakterielle Verunreinigungen	Keimzahl (Colititer)	Keime/ml
5	Rohöl	Gesamtölgehalt	mg/l
6	Schwermetalle und Spurenelemente	Fe, Mn, Cd, Hg, Cu, Cr, Ni, Pb, Zn etc.	µg/l
7	schwer abbaubare Stoffe	PCB, DDT, HCH etc.	µg/l
8	radioaktive Verunreinigungen	α- und β-Aktivität	pCi/g Trockensubstanz ($\triangleq 3{,}7 \cdot 10^{10}$ Bq)
9	Abwärme	Wärmeeintrag	MJ/d

4.2 Bedingungen für die Selbstreinigung in marinen Gewässern

4.2.1 Selbstreinigung in Ästuarien

201. Die Selbstreinigung, d. h. der Abbau nicht stabiler organischer Abfallstoffe („abbaubare Stoffe", vgl. Rheingutachten Tz. 104) durch vorwiegend biologische, aber auch chemische und physikalische Prozesse, geschieht im Brackwasserbereich der Ästuarien nach den gleichen natürlichen Gesetzmäßigkeiten wie im Süßwasserbereich der Fließgewässer, jedoch unter wesentlich anderen Bedingungen.

- Die Verdünnung der eingeleiteten Verunreinigungen, für deren Berechnung im Flußbett oft vereinfacht die ideale Durchmischung angenommen werden kann, ist bei den hydrographischen Gegebenheiten in einem Ästuar selbst mit komplizierten Strömungsmodellen kaum vorauszurechnen. Hier hängt beispielsweise die Fließrichtung u. a. von der Höhendifferenz zwischen Seewasserspiegel und Pegelstand flußaufwärts ab.

- Der Gehalt an Sauerstoff, maßgebende Größe für die Gewässergüte vor allem im küstennahen Bereich, wird beim biologischen Abbau organischer Abfallstoffe durch die Atmung der Bakterien verringert. Diese organischen Stoffe können auch nicht-anthropogenen Ursprungs sein. In vielen Ästuarien tragen abgestorbenes Plankton sowie

tote Bakterienmasse beim Übergang von Süßwasser- in den Salzwasserbereich stellenweise wesentlich zur Belastung mit organischen Stoffen bei. Die für den Ausgleich des dabei entstehenden Sauerstoffdefizits notwendige Wiederbelüftung von der Oberfläche aus ist u. a. von der Turbulenz, den Wassertiefen sowie vom Einfließen sauerstoffreichen Meer- oder Süßwassers in das Ästuar abhängig. Diese Größen hängen wiederum von den besonderen Strömungsverhältnissen in Ästuarien ab.

- Bei Fließgewässern muß in der Regel davon ausgegangen werden, daß die im Flußwasser natürlicherweise enthaltenen Organismen bezüglich Anzahl und physiologischer Leistung in der Regel nicht auf den Abbau von Abwasser eingestellt sind. Der Selbstreinigungsprozeß in einer fließenden Welle setzt daher erst ein, wenn geeignete Organismen in ausreichender Zahl herangewachsen sind. Dies betrifft die frei schwebenden oder die an Schwebepartikel angelagerten Organismen; der Anteil der an der Sohle festsitzenden Organismen ist hingegen an eine ständige Zuleitung tendenziell besser angepaßt und schneller wirksam (Benthaleffekt).

In Tidegewässern hingegen treiben bereits belastete Wasserkörper mit biologisch an den Abbau angepaßten Organismen vor der Einleitungsstelle auf und ab, so daß dort auch die freischwebenden oder an Schwebeteilchen ansitzenden Organismen

Abb. 4.1

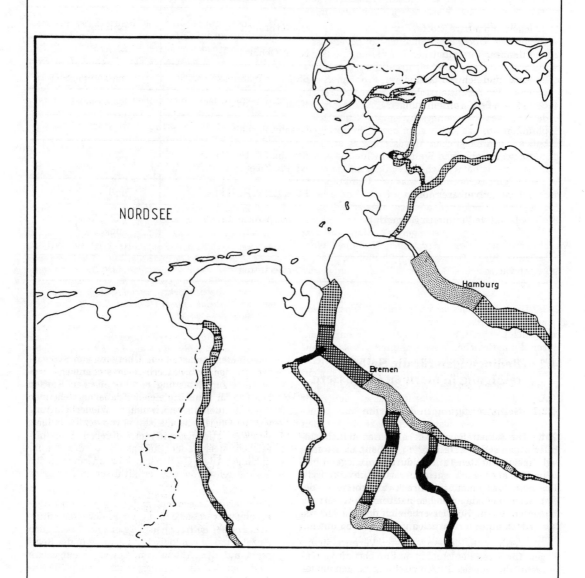

Gewässergüte der aus der Bundesrepublik Deutschland in die Nordsee mündenden Fließgewässer

NORDSEE

Hamburg

Bremen

Gütegliederung der Fließgewässer:

Grad der organischen Belastung	Güteklasse	Kennung
unbelastet	I	••••••
gering belastet	I/II	
mäßig belastet	II	
kritische Belastung	II/III	

Grad der organischen Belastung	Güteklasse	Kennung
stark verschmutzt	III	
sehr stark verschmutzt	III/IV	
übermäßig verschmutzt	IV	

Quelle : LAWA, 1977

SR–U 80 0306

rasch wirksam werden. So können z. B. Nitrifikationsvorgänge als zweite Stufe der Selbstreinigung, die in Fließgewässern erst weit unterhalb der Einleitung einsetzen, in Ästuarien bereits im Einleitungsbereich auftreten. Dieser „Quasi-Benthaleffekt" ist nur in Küstennähe zu beobachten, wo die belasteten Wasserkörper vor der Einleitungsstelle hin und her pendeln.

– Wegen des Übergangs von Süß- zu Meerwasser und der damit verbundenen Umstellung im Organismenbestand ist die Selbstreinigung der Flüsse im Ästuarbereich mit besonderen Problemen verbunden. Wie bereits ausführlich dargestellt, stirbt bei steigendem Salzgehalt im Mündungsbereich des Flusses das eingeschwemmte Süßwasserplankton ab, das sich wegen des Nährstoffangebots aus den häuslichen Abwässern, z. B. aus Bremen und Hamburg in Weser und Elbe, beträchtlich vermehrt hat. Gleiches geschieht mit dem von See her eingeschwemmten marinen Plankton. Dadurch entsteht in einer planktonfreien Verödungszone eine große Menge toter organischer Substanz, die teils aus der normalen Bioproduktion, teils aus durch Abwässer gesteigerter Bioproduktion stammt. Diese Zone wird wegen der hohen Wassertrübe durch Detritus auch Trübungszone genannt. Sie macht z. B. in der Elbe eine Länge von ca. 25–30 km aus.

202. Die unter diesen Verhältnissen vorhandene Selbstreinigungskraft der Ästuarien wird unterschiedlich beurteilt. Einerseits ist „ein Ästuarsystem durch die natürlichen Gegebenheiten sozusagen auf eine gesteigerte Dekompositionsleistung eingestellt, die Selbstreinigungspotenzen von daher also um ein Vielfaches höher als die eines normalen Vorfluters" (CASPERS, 1968). Andererseits müssen sich nicht nur Plankton, sondern auch die für die Selbstreinigung eines Flusses zuständigen Mikroorganismen dem veränderten Salzgehalt anpassen (GRIMME, PETERS u. ROHWEDER, 1976), so daß „Stoffwechseltätigkeit und Generationsdauer der Bakterienflora im Brack- und Salzwasser derart verändert (sind), daß die Selbstreinigung, die zwei- bis dreifache Zeit (wie die von entsprechend belastetem Süßwasser) in Anspruch nimmt". Sicher erscheint, daß die Abbaurate mariner Bakterien, auch wenn sie sich auf erhöhten Abwasseranfall eingestellt haben, niedriger ist als die von Süßwasserbakterien (WACHS, 1972).

In jedem Fall ist das als mehr oder weniger leistungsfähig eingestufte Abbaupotential durch Schadstoffe gefährdet. Aufgrund des Vorsorgeprinzips ist der Rat deshalb der Auffassung, daß die Belastbarkeit von Ästuarien mit Schmutzstoffen solange vorsichtig zu beurteilen ist, bis eine günstigere Leistungsfähigkeit der Selbstreinigung eindeutig nachgewiesen werden kann.

4.2.2 Die Selbstreinigung im Meer

203. Der Zustand eines natürlichen Gewässers wird neben der Stoffzufuhr durch drei wesentliche Einflußgrößen geprägt, durch Temperatur, Licht und die hydraulischen Verhältnisse. Dabei existieren zahlreiche Abhängigkeiten. So kommt es z. B. zu einer verstärkten Stoffzufuhr in den Wasserkörper unter veränderten hydraulischen Bedingungen, wenn sedimentierte Feststoffe aufgewirbelt und einzelne Stoffe rückgelöst werden.

204. Erkenntnisse über die Reaktion des marinen Lebensraumes auf Zufuhr von verschiedenen Einzelsubstanzen wurden u. a. von VERNBERG u. VERNBERG (1974) zusammengefaßt. Nach Zufuhr von biologisch abbaubaren Stoffen zeigte sich ein Rückgang des Phytoplankton und eine Zunahme der Bakterienzahlen. Die Sauerstoffzehrung verläuft dabei, ebenso wie in Ästuarien, offensichtlich langsamer als im Süßwasser, wobei sich der Unterschied vorwiegend bei hohen Belastungen bemerkbar macht.

205. *Allgemein haben Reaktionen ohne Licht vor allem bei den großen Wassertiefen der Hohen See einen größeren Anteil an der gesamten Selbstreinigung als in den flacheren limnischen Gewässern. Lichtabhängig ist vor allem die Aufnahme von Nährstoffen und CO_2 durch Algen und Wasserpflanzen.*

Grundsätzlich wirkt eine Temperaturerhöhung auch im Seewasser beschleunigend auf die Stoffumsatzgeschwindigkeit. Jede Temperaturänderung kann daher auch eine Änderung der Zusammensetzung der Biozönose und evtl. ihrer spezifischen Leistungsfähigkeit bewirken. Bedingt durch die verstärkte Atmungstätigkeit wird vor allem bei Vorbelastung mit organischen Stoffen nach Erwärmung des Wassers schnell ein niedriger Sauerstoffgehalt erreicht. In manchen küstennahen Zonen können sommerliche Temperaturen gelegentlich sogar anaerobe Zustände herbeiführen, die mit Geruchsbelästigung, Rücklösung etwa von Schwermetallen aus dem Sediment und Absterben von Bodenorganismen – vor allem der Kleinlebewesen ohne große Mobilität – sowie von Fischeiern und -brut verbunden sind.

In den küstenfernen Gebieten sind Temperaturänderungen im Zusammenhang mit Direkteinleitungen von der Küste aus nicht relevant. Für manche schwer abbaubare Substanzen erhöht sich deren toxische Wirkung mit der Temperatur, so vor allem bei Detergentien, manchen Pestiziden und Chlorverbindungen (CAIRNS, HEATH u. PARKER, 1975).

4.3 Stoffeintrag durch deutsche Flüsse

4.3.1 Allgemeines

206. Über die Flüsse gelangt ein wesentlicher Anteil von Schmutzstoffen in die Nordsee. Im Rahmen dieses Gutachtens sind deshalb die Wassergüteverhältnisse zumindest im Unterlauf der größeren in die Nordsee mündenden Gewässer zu diskutieren: Einige Ursachen der Meeresverschmutzung lassen sich von der Küste her bis in das Binnenland verfolgen. Als mengenmäßig bedeutsam werden der Rhein, die Ems, die Weser, die Elbe und die Eider behandelt. Die Betrachtung beginnt an der Obergrenze des Ästuars, d. h. an der Süßwassergrenze (nach CASPERS, 1968, bei einem Salzgehalt von 0,5‰). Für diesen Grenzquerschnitt werden die im Sinne der

Belastungssystematik maßgebenden Wassergüteparameter erfaßt und als Immissionsgrößen für die Ästuarien und mittelbar für das Meer verwendet. Einleitungen in nicht namentlich genannte, kleinere Vorfluter im Küstenbereich werden – unter Berücksichtigung einer evtl. Selbstreinigung im Flußbett – wie Einleitungen von der Küste aus behandelt, sofern überhaupt Daten vorliegen.

207. Grundsätzlich bestehen qualitative Unterschiede zwischen Ober- und Unterlauf eines Fließgewässers. Für die meisten in die Nordsee mündenden Flüsse gilt im allgemeinen folgendes:

– *Während im Oberlauf eines Flusses leicht abbaubare Substanzen zumindestens teilweise abgebaut sind, bis die nächste Einleitung erfolgt, addieren sich die schwerer abbaubaren Stoffe aller Einleitungen, so daß sie im Unterlauf einen relativ großen Anteil der Gesamtschmutzfracht ausmachen.*

– *Andererseits wirken die Ästuarien, ähnlich wie Stauhaltungen, wegen der dort geringen Fließgeschwindigkeiten gewissermaßen als Absetzbecken, d. h., der Anteil der sich ablagernden Stoffe weist tendenziell geringere Korn- bzw. Flockendurchmesser auf.*

– *Der Anteil der bodenlebenden Organismen an der Reinigungsaktivität im Fluß ist im Unterlauf geringer, da das Wasservolumen im Verhältnis zum Flußboden ungleich größer geworden ist. Bei vergleichbarer Bodenbeschaffenheit ist dieses Verhältnis, der sogenannte hydraulische Radius, für die Selbstreinigung wesentlich. Wie experimentelle Untersuchungen (ESSER, 1977) zeigen, läßt sich die relativ hohe Abbauleistung kleiner Bäche u.a. darauf zurückführen. Für den Anteil der im freien Wasser lebenden Organismen an der Reinigungsaktivität ist neben dem Fließquerschnitt vor allem der Gehalt an Schwebstoffen von Bedeutung, da sich daran für die biologische Selbstreinigung wichtige Organismen ansiedeln können.*

– *Der Anteil der lichtabhängigen Algen, Moose und höheren Wasserpflanzen am Selbstreinigungsprozeß ist im trüben Unterlauf nur bis zu einer maximalen Tiefe von ca. 2,5 m wirksam und daher gering (ATV, 1973).*

208. Nach der Gewässergütekarte der LAWA (1977), die ausschnittsweise in Abb. 4.1 wiedergegeben ist, sind alle im deutschen Küstenbereich mündenden Flüsse „mäßig" bis „kritisch" belastet. Allerdings sind es aber gerade die Stoffgruppen fünf bis sieben (Tab. 4.1) und hier besonders die schwer abbaubaren Stoffe, welche für die Nordsee eine wichtige Rolle spielen, die aber bei dieser Qualitätseinstufung nicht berücksichtigt werden. Die Entwicklung eines geeigneteren Bewertungsschemas ist daher für den Nordseebereich dringend erforderlich, wie allgemein mittelfristig eine Modifikation der Gewässergüteklassifikation auch für das Binnenland notwendig ist, nachdem die schwer abbaubaren Stoffe generell an Bedeutung zunehmen (vgl. Umweltgutachten 1978, Tz. 363, vgl. auch CASPERS, 1977). Hier hat die IAWR (1979) eine neue Methode vorgeschlagen, die sich allerdings vorwiegend an den Problemen der Trinkwasserversorgung orientiert, und bei welcher der für die Nordsee weniger problematische Salzgehalt im zufließenden Wasser naturgemäß eine we-

sentliche Rolle spielt. Den Versuch einer saprobiellen Wertung von Abwassereinleitungen in Wattgebiete unternimmt OTTE, 1979.

4.3.2 Der Rhein

209. Zu den Umweltproblemen des Rheins hat der Rat in seinem Sondergutachten 1976 ausführlich Stellung genommen. Für den Niederrhein und mittelbar auch für die Nordsee zeichnen sich seitdem neue Entwicklungstrends ab (RINCKE, 1979). Insgesamt hat sich seit Herausgabe des Rheingutachtens eine deutliche Verbesserung des Sauerstoffgehaltes, d. h. vorwiegend eine Verminderung der leicht abbaubaren Belastungen ergeben. Dies wurde einerseits durch die nur zögernde Konjunkturbelebung, andererseits durch die mittlerweile erfolgte Sanierung wesentlicher Belastungsquellen bewirkt.

210. *Auf deutscher Seite sind vollzogen bzw. im Vollzug befindlich die biologische Emscher-Mündungskläranlage, die Kläranlagen-Erweiterung in Frankfurt-Hoechst und einige Kläranlagen mittlerer Größe. Weitere große biologische Kläranlagen über 1 Mio EGW im Raum Basel, im Rhein-Main-Gebiet, z. B. Wiesbaden und Frankfurt, werden seit Ende der siebziger Jahre schrittweise ausgebaut. Für zwei größere Chemiebetriebe im Raum Offenbach kann nach langen Verzögerungen ab 1980 mit dem Baubeginn einer biologischen Anlage gerechnet werden. Das Gemeinschaftsklärwerk Leverkusen wird erweitert.*

Insgesamt und parallel mit den Auswirkungen der Schmutzwasserverwaltungsvorschrift (vgl. 4.4.2) ist zumindest für die größeren kommunalen Einleitungen im Gebiet der Bundesrepublik Deutschland bis etwa 1983 eine wesentliche Verminderung der leicht abbaubaren Belastungen zu erwarten.

211. Hinsichtlich der biologischen Reinigung der größeren niederländischen Einleitungen bestehen gleichartige Zielvorstellungen. Insbesondere die angekündigte abwassertechnische Sanierung des bedeutenden Verschmutzungsschwerpunktes Rotterdam würde den Rhein und damit die Nordsee wesentlich entlasten.

212. Nach DAHLEM (1977); ILIC (1977) und ZAHN (1980) ist die biochemische Abbaubarkeit organischer Verbindungen vorwiegend eine Frage der Einwirkungsdauer und der biologischen Anpassung. Innerhalb eines breiteren Spektrums der „Abbaubarkeit" bedeutet dies für mehrere mengenmäßig bedeutsame schwer abbaubare Stoffe, daß sie im Rhein insgesamt verfügbare Fließzeit nahezu unverändert überdauern, so daß in der Bundesrepublik Deutschland eingeleitete Stoffe sich noch in der Nordsee auswirken können.

213. *Bei der Belastung des Rheins mit schwer abbaubaren Stoffen kommt den industriellen Einleitern, vor allem der chemischen und der Zellstoffindustrie, besondere Bedeutung zu. Durch die bisher bei Gemeinden und Industrie vorangetriebene biologische Abwasserreinigung werden die „harten" Verbindungen nicht eliminiert. Hierfür sind entweder zusätzliche chemisch/phy-*

Abb. 4.2

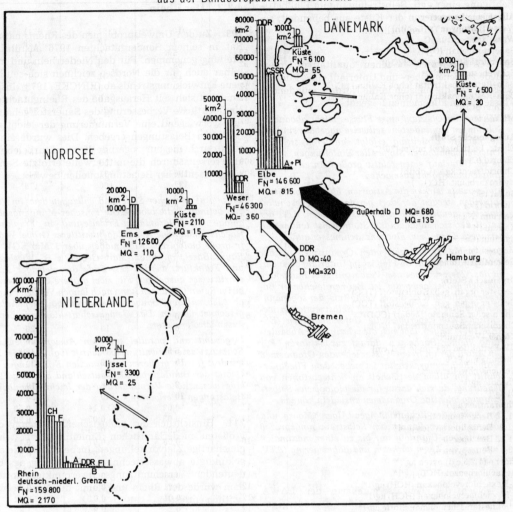

Wassermengenflüsse in die Nordsee
aus der Bundesrepublik Deutschland

Bilanz (m³/s):	Rhein	Ijssel	Ems	Weser	Elbe
Zufluß in die Bundesrepublik	1225	—	—	40	680
Abfluß vom Gebiet der Bundesrepublik	945	25	110	320	135
Abfluß aus der Bundesrepublik	2170	25	110	360	815

⟹ Abfluß
⟹ Abflußanteil von außerhalb der Bundesrepublik
Einzugsgebiet
Wasserscheiden
Grenzen der Bundesrepublik

F_N = Einzugsgebiet (km²)
MQ = mittlerer langjähriger Abfluß (m³/s)

Die Abkürzungen entsprechen Autokennzeichen
oder offiziellen Kurzbezeichnungen.

(Die Flächen und Abflußdaten sind gerundet.)

Quelle: Deutsche Forschungsgemeinschaft, 1978

SR-U 80 0307

Tab. 4.3 Grenzwerte und Zusammensetzung des Rheinwassers bei Ochten im Jahre 1978
(Waal, Strom-km 906)

Zusammensetzung	n	Minimum	Mittelwert	Maximum
Allgemeine Parameter				
Wasserführung m³/s (Lobith)	365	910	2361	6341
Wassertemperatur °C	52	4	13	20
Sauerstoffgehalt (O_2)*	52	5,6	7,8	11,3
Sauerstoffsättigungsindex (O_2)*	52	58	75	99
Schwebestoffe 110°C*	52	12	31	97
Beta-Restradioaktivität (ohne Kalium) pCi/l*	12	0	0,6	2,4
Beta-Restradioaktivität (ohne Kalium) pCi/l	12	0	0,1	1,1
Tritium pCi/l*	12	405	620	865
pH-Wert*	52	7,3	7,6	8,1
Anorganische Stoffe				
Elektr. Leitfähigkeit mS/m (20°C)	309	49,0	85,5	134,0
Chlorid (Cl^-)	309	56	159	320
Chloridfracht kg/s (Lobith)	309	196	331	744
Hydrokarbonat (HCO_3^-)*	52	132	160	178
Sulfat (SO_4^{--})	52	43	75	119
Fluorid (F^-)	52	0,13	0,25	0,39
Natrium (Na^+)	52	41	85	180
Kalium (K^+)	52	4,0	6,7	11,2
Calcium (Ca^{++})	52	60	79	104
Magnesium (Mg^{++})	52	9,3	11,8	15,6
Gesamthärte mmol/l	52	1,82	2,46	3,25
Organische Stoffe				
Gelöster organ. geb. Kohlenstoff (TOC)*	–	–	–	–
Gelöster organ. geb. Kohlenstoff (TOC)	51	3,3	5,0	7,0
Chemischer Sauerstoffbedarf (COD)*	52	10	20	29
Chemischer Sauerstoffbedarf (COD)	52	6	13	20
$KMnO_4$-Verbrauch	52	11	18	26
UV-Extinktion 254 nm (d = 1 cm)	52	6,9	12,5	16,8
Färbung mg Pt/l	52	15	22	30
Geruchsschwellenwert	51	4	27	87
Phenole µg/l*	52	2	6	19
Öl µg/l*	52	20	140	620
Fluoranthen µg/l*	11	0,02	0,14	0,59
11,12 Benzofluoranthen µg/l*	11	0,03	0,05	0,20
3,4 Benzofluoranthen µg/l*	11	0,02	0,10	0,56
1,12 Benzoperylen µg/l*	10	0,03	0,07	0,12
3,4 Benzopyren µg/l*	11	<0,01	0,08	0,58
Indeno (1,2,3,c,d) pyren µg/l*	11	0,01	0,07	0,31
Hexachlorbenzol (HCB) µg/l*	11	0,01	0,04	0,06
α-Hexachlorcyclohexan (HCH) µg/l*	12	<0,01	0,01	0,02
γ-Hexachlorcyclohexan (HCH) µg/l*	12	<0,01	0,01	0,02
Cholinesterasehemmende Stoffe µg/l*	12	<0,2	0,9	1,8
Polychlorbifenyle µg/l*	–	–	–	–
Anionaktive Detergentien µg/l*	52	30	120	260
Chlorophyll-a µg/l*	51	1	17	61
Eutrophiefördernde Stoffe				
Ammonium (NH_4^+)	52	0,06	0,86	3,1
Albuminoid-Ammonium (NH_4)	52	0,08	0,32	2,0
Kjeldahl-Stickstoff (N)*	52	0,6	1,7	4,1
Nitrit (NO_2^-)	52	0,17	0,31	0,52
Nitrat (NO_3^-)	52	11	18	23
Orthophosphat (PO_4^{---})	52	0,58	1,29	2,84
Gesamtphosphat (PO_4)*	52	0,98	2,05	3,80
Siliciumdioxid (SiO_2)	52	1,5	5,4	8,8
Metalle				
Eisen (Fe)*	52	0,19	1,1	2,6
Gesamtchrom (Cr) µg/l*	52	7	23	47
Gesamtchrom (Cr) µg/l	12	4	11	18
Kobalt (Co) µg/l*	–	–	–	–
Kobalt (Co) µg/l	–	–	–	–
Nickel (Ni) µg/l*	–	–	–	–
Nickel (Ni) µg/l	–	–	–	–

Noch Tab. 4.3

Zusammensetzung	n	Minimum	Mittelwert	Maximum
Kupfer (Cu) µg/l*	52	5	12	30
Kupfer (Cu) µg/l	12	5	7	11
Zink (Zn) µg/l*	52	35	100	240
Zink (Zn) µg/l	12	25	45	85
Arsen (As) µg/l*	51	<2	7	20
Arsen (As) µg/l	12	<2	5	10
Selen (Se) µg/l*	–	–	–	–
Selen (Se) µg/l	–	–	–	–
Kadmium (Cd) µg/l*	52	0,2	1,5	3,8
Kadmium (Cd) µg/l	12	0,3	0,6	0,9
Antimon (Sb) µg/l*	–	–	–	–
Antimon (Sb) µg/l	–	–	–	–
Quecksilber (Hg) µg/l*	50	0,1	0,3	0,9
Quecksilber (Hg) µg/l	12	0,1	0,2	0,4
Blei (Pb) µg/l*	52	3	17	51
Blei (Pb) µg/l	12	<2	4	8
Cyanid (CN) µg/l*	–	–	–	–

Bakterien
Keimzahl (Agar) pro µl:

	n	Minimum	Mittelwert	Maximum
3 Tage (22°C)*	52	3,7	20	280
2 Tage (37°C)*	52	0,9	4,5	18
MPN coliforme Bakterien pro ml*	52	14	172	480

Grenzwerte	A[1]	B[2]
Allgemeine Meßdaten		
Sauerstoffdefizit (%)	20	40
Elektrische Leitfähigkeit bei 20°C (mS/m)	70,0	100,0
Farbe (mg/l Pt)	5	35
Geruchsbelastg. (Schwellenwert)	10	100
Geschmacksbelastg. (Schwellenwert)	5	35
Suspendierte organische Stoffe (mg/l)	5	25
Anorganische Wasserinhaltsstoffe		
Gesamtgehalt an gelösten Stoffen (mg/l)	500	800
Chlorid (mg/l)	100	200
Sulfat (mg/l)	100	150
Nitrat (mg/l)	25	25
Ammonium (mg/l)	0,2	1,5
Eisen gesamt (mg/l)	1	5
Fluorid (mg/l)	1	1
Arsen (mg/l)	0,01	0,05
Blei (mg/l)	0,03	0,05
Chrom (mg/l)	0,03	0,05
Cadmium (mg/l)	0,005	0,01
Kupfer (mg/l)	0,03	0,05
Quecksilber (mg/l)	0,0005	0,001
Zink (mg/l)	0,5	1,0
Organische Wasserinhaltsstoffe		
Gelöster organisch gebundener Kohlenstoff (mg/l C)	4	8
Chemischer Sauerstoffbedarf (Bichromatmethode) (mg/l O)	10	20
Kohlenwasserstoffe (mg/l)	0,05	0,2
Detergentien (als TBS) (mg/l)	0,1	0,3
Phenole (mg/l)	0,005	0,01
Organisch gebundenes Chlor (gesamt) (mg/l)	0,05	0,1
Lipoph. org. Chlorverbindungen (mg/l Cl)	0,01	0,02
Organochlorpestiz. gesamt (mg/l Cl)	0,005	0,01
Organochlorpestiz. einzeln (mg/l Cl)	0,003	0,005
Cholinesterasehemm. Stoffe (als Parathionäquivalent) (mg/l)	0,03	0,05

n = Zahl der Proben im Jahr.
* = in unfiltrierter Probe,
(Werte in mg/l, wenn nicht anders erwähnt).
[1] Grenzwerte für Rheinwasser bei alleiniger Anwendung von natürlichen Aufbereitungsverfahren.
[2] Grenzwerte für Rheinwasser bei Anwendung von bekannten und bewährten physikalisch-chemischen Aufbereitungsverfahren.

Quelle: IAWR (1978).

sikalische Reinigungsverfahren oder die unmittelbare, möglichst konzentrierte Erfassung am innerbetrieblichen Anfallort notwendig.

Wie die entsprechende Karte der Rheineinleiter im Rheingutachten zeigte, entstehen die mit dem BSB_5-Parameter erfaßten größten Einzelbelastungen in der chemischen und Zellstoffindustrie. Für diese Abwässer gilt ein wesentlich höheres CSB: BSB_5-Verhältnis als für häusliche Abwässer. Auf einer CSB-Umrechnungsbasis wäre die Gesamtverschmutzung des Rheins mit 78 Mio Einwohnergleichwerten (ohne Rotterdam) doppelt so hoch wie auf der BSB_5-Grundlage (Umweltgutachten 1978, Tz. 366).

Die davon auf die Bundesrepublik Deutschland entfallenden 57 Mio EGW[1] stammen zu über 80% aus der Industrie. An diesem Zahlenverhältnis hat sich seit 1975 kaum etwas geändert. Der Anteil an einigen besonders kritischen Verbindungen industrieller Herkunft liegt wesentlich höher, so z. B. der Anteil an NE-Metallen, Quecksilber und organischen Chlorverbindungen. Um den auch für die Nordsee relevanten Schadstoffeintrag mit schwer abbaubaren Stoffen aus dem Rhein zu vermindern, kommt es daher entscheidend auf eine wirkungsvolle Beeinflussung der industriellen Einleiter an. Soweit sie in der Vergangenheit biologische Kläranlagen gebaut haben, ist damit vorwiegend nur die Belastung mit leicht abbaubaren Stoffen erfaßt.

214. Die vom Rhein in die Nordsee transportierten Schwermetallmengen sind erheblich. ESSINK u. WOLFF (1978) geben allein für Blei eine Jahresfracht von 2 Mio kg an. Nach den neueren Untersuchungen (vgl. IAWR, 1979) treten außerdem nennenswerte Überschreitungen der A-Werte des IAWR-Memorandums (Umweltgutachten 1978, Tz. 341) für Eisen, Chrom und Quecksilber auf. Die Werte für Eisen und Chrom weisen auf noch zu hohe Ableitungen aus Betrieben der metallischen Oberflächenveredlung hin. Vermeidungsmaßnahmen kommunaler Anschlußnehmer zeigen immer noch einen Nachholbedarf; außerdem ist die Betriebssicherheit der Entgiftungsanlagen von Galvanikbetrieben zu verbessern.

Wenn die von der chemischen Industrie angekündigte Verringerung des Quecksilber-Ausstoßes – durch die Berücksichtigung im Abwasserabgabengesetz und durch internationale Übereinkommen unterstützt – realisiert wird, müßten auch die Quecksilber-Konzentrationen wesentlich reduziert werden können. Deutliche Erfolge bei der Verringerung der Hg-Emissionen aus der Chloralkalielektrolyse sind auch außerhalb Europas bereits heute zu verzeichnen (EPS, 1979).

215. Eine Übersicht über Konzentrationen für verschiedene Stoffe gibt Tab. 4.3. Es ist freilich nicht erkennbar, warum die IAWR zwar Messungen der Konzentrationen von Benzfluoranthen, Benzoperylen und Indenopyren vornahm, daß aber Benzpyren als eine wesentlich wichtigere und aussagekräftigere Leitsubstanz nicht erfaßt wurde.

4.3.3 Die Elbe

216. Die Elbe ist der größte aus der Bundesrepublik Deutschland in die Nordsee mündende Vorfluter. Dies gilt zunächst für den Abfluß, der im langjährigen Mittel 815 m³/s, ausmacht. Das ist mehr als zweieinhalbmal so viel wie der Abfluß der Weser (360 m³/s) und mehr als das Siebenfache des Ems-Abflusses (110 m³/s) (vgl. Abb. 4.2). Auch zum gesamten Stoffeintrag in die Deutsche Bucht trägt die Elbe den erheblichen Teil bei. WEICHART (1973) schätzt z. B. den Phosphor-Eintrag auf 10 000 t/a, gegenüber 3 500 t/a, bei Weser und 1 000 t/a bei der Ems und den Stickstoff-Eintrag auf 60 000 t/a gegenüber 30 000 t/a bzw. 10 000 t/a.

217. Die Belastung mit leicht abbaubaren Stoffen stammt im wesentlichen aus den Abwässern der Stadt Hamburg. Zwischen den Meßstellen Geesthacht im Osten von Hamburg und Wedel im Westen von Hamburg (siehe Abb. 4.3) steigen die BSB-Werte teilweise um mehr als 100% an (s. Tab. 4.4). Dies liegt zum einen daran, daß wesentliche Teile der abgeleiteten Abwässer noch nicht (s. Abb. 4.4) und der übrige Teil i.w. unzureichend gereinigt wird (vgl. Tab. 4.5). Jedenfalls werden die Mindestanforderungen nach § 7a WHG, die bei fünf 24-h-Proben im Mittel einen Ablauf von weniger als 20 mg/l BSB_5 verlangen, weder vom Klärwerk Köhlbrandhöft noch vom im Bau befindlichen Klärwerk Köhlbrandhöft-Süd erfüllt (Baubehörde der Freien Hansestadt Hamburg, Jahresbericht der Stadtentwässerung 1976/77)[1].

Dadurch wird der Fluß direkt unterhalb der Einleitungen auf die Gewässergüte III—IV (sehr stark verschmutzt) herabgedrückt, was zeitweilig zu totalem Sauerstoffschwund führt und aus hygienischen Gründen in der Regel Badeverbot erfordert. Die Selbstreinigung führt etwa 15 km elbauf bei Stadersand zur Wassergüte II—III (kritisch belastet) (s. Abb. 4.1 und 4.3). Da die Gewässergütebestimmung an der Süßwassergrenze der Flußunterläufe endet und noch kein geeignetes Saprobiensystem für den marinen Lebensraum entwickelt wurde, können Angaben über die Gewässergüte über diesen Bereich hinaus nicht gemacht werden.

218. Der Stickstoffhaushalt läßt mit verhältnismäßig hohen Ammoniumwerten bereits bei Schnackenburg eine Vorbelastung aus der DDR erkennen. Die Konzentrationen nehmen zwischen Geesthacht und Wedel weiter zu. Aus den im Winter höheren, im Spätsommer niedrigeren NH_4-Werten ist für diesen Teil der Unterelbe auf partielle Nitrifizierung und damit eine zusätzliche Beanspruchung des Sauerstoffhaushalts bei höheren Temperaturen zu schließen. Auch für unerwünschtes Pflanzenwachstum liegt Nitrat in ausreichender Menge vor.

---

[1] Erfaßt sind dabei nicht die Flächenquellen (vgl. Umweltgutachten 1978, Tz. 360) und somit auch nicht der Schmutzeintrag aus der Landwirtschaft.

[1] Die Kläranlagen Stellinger Moor und Volksdorf sollen erweitert und eine neue Anlage Köhlbrandthöft-Süd bis 1982 in Betrieb genommen werden.

Abb. 4.3

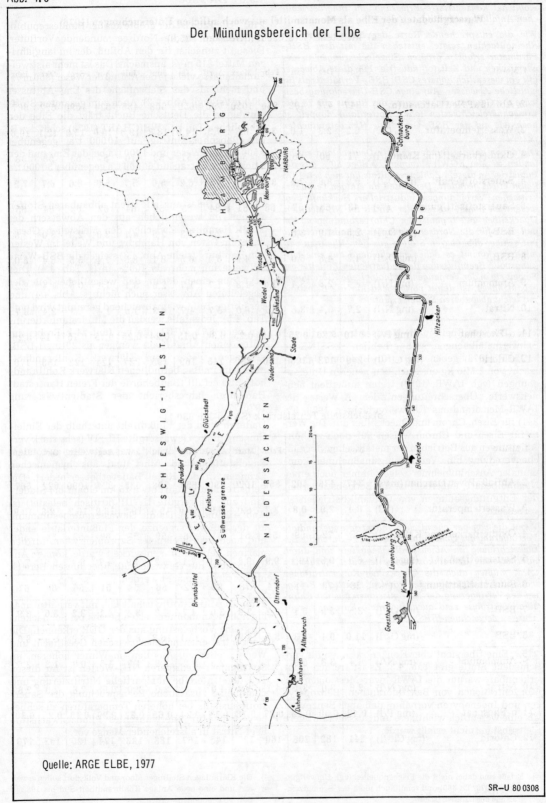

Der Mündungsbereich der Elbe

Quelle: ARGE ELBE, 1977

SR—U 80 0308

Tab. 4.4

Wassergütedaten der Elbe als Monatsmittel aus wöchentlichen Untersuchungen (1976)

a) Meßstelle Geesthacht (Strom-km 585,9)

1. Monat	Nov.	Dez.	Jan.	Febr.	März	April	Mai	Juni	Juli	Aug.	Sept.	Okt.	Jahr
2. Abfluß a P Neu Darchau (m³/s)	347	476	402	850	1020	790	650	508	435	824	1090	622	667
3. Wassertemperatur (°C)	6,2	2,3	1,0	3,0	6,3	7,5	14,9	18,8	19,5	19,0	15,8	12,1	10,6
4. Oxidierbarkeit (mg $KMnO_4$/l)	71	60	65	56	50	55	51	53	70	57	55	58	58
5. Sauerstoffgehalt (mg O_2/l)	5,2	8,8	7,9	8,9	9,7	9,8	6,2	5,0	5,7	5,6	6,6	6,7	7,2
6. Sauerstoffsättigung (%)	43	66	57	68	81	84	63	56	64	62	68	64	65
7. BSB_2 (mg O_2/l)	2,5	1,9	3,5	2,1	1,7	2,1	2,3	2,5	4,1	3,0	2,9	3,0	2,6
8. BSB_5 (mg O_2/l)	4,2	4,8	6,0	5,1	4,9	5,9	6,5	8,1	8,5	7,4	5,5	6,4	6,0
9. Ammonium (mg N/l)	3,4	2,8	3,4	2,6	1,8	1,7	1,7	2,6	3,1	1,1	0,6	1,4	2,2
10. Nitrat (mg N/l)	2,7	3,4	3,6	5,1	6,0	5,7	4,7	4,3	1,5	1,4	2,3	2,4	3,7
11. o-Phosphat (mg P/l)	0,40	0,29	0,25	0,49	0,25	0,34	0,15	0,24	0,25	0,15	0,15	0,14	0,26
12. Chlorid (mg Cl^-/l)	249	173	195	160	130	145	169	195	237	124	122	153	170

b) Meßstelle Teufelsbrück (Strom-km 630,1)

1. Monat	Nov.	Dez.	Jan.	Febr.	März	April	Mai	Juni	Juli	Aug.	Sept.	Okt.	Jahr
2. Abfluß a P Neu Darchau (m³/s)	347	476	402	850	1020	790	650	508	435	824	1090	622	667
3. Wassertemperatur (°C)	8,4	2,9	0,8	3,2	6,0	6,9	15,9	19,4	19,5	18,9	16,2	12,8	10,9
4. Oxidierbarkeit (mg $KMnO_4$/l)	73	72	69	55	51	51	56	59	57	60	52	54	59
5. Sauerstoffgehalt (mg O_2/l)	6,8	9,8	10,1	9,9	9,8	10,0	7,1	5,2	4,9	4,7	6,4	6,9	7,7
6. Sauerstoffsättigung (%)	58	73	71	74	78	82	72	56	54	51	66	66	67
7. BSB_2 (mg O_2/l)	3,5	3,9	3,1	2,2	2,9	3,0	4,7	8,8	3,4	4,1	3,2	3,6	3,9
8. BSB_5 (mg O_2/l)	11,0	9,1	5,3	5,5	4,9	5,9	13,1	16,3	8,9	8,6	6,0	8,9	8,6
9. Ammonium (mg N/l)	4,4	3,8	5,0	3,7	2,3	2,5	2,2	2,8	1,8	1,5	0,7	1,3	2,6
10. Nitrat (mg N/l)	2,6	3,0	3,1	4,1	4,8	4,0	–	2,0	2,0	0,98	2,6	2,0	2,8
11. o-Phosphat (mg P/l)	0,42	0,30	0,28	0,27	0,18	0,19	0,24	0,65	0,32	0,29	0,18	0,23	0,30
12. Chlorid (mg Cl^-/l)	241	182	206	160	125	145	167	188	196	174	120	153	170

c) Meßstelle Wedel (Strom-km 642)

1. Monat		Nov.	Dez.	Jan.	Febr.	März	April	Mai	Juni	Juli	Aug.	Sept.	Okt.	Jahr
2. Abfluß a P Neu Darchau (m³/s)		347	476	402	850	1020	790	650	508	435	824	1090	622	667
3. Wassertemperatur	(°C)	6,8	2,2	2,0	4,4	7,8	9,3	15,8	19,3	19,9	19,3	16,7	13,2	11,1
4. Oxidierbarkeit (mg $KMnO_4$/l)		62	57	62	59	48	53	50	51	35	37	40	41	50
5. Sauerstoffgehalt	(mg O_2/l)	5,3	10,4	9,7	9,4	9,0	9,0	6,7	4,4	6,5	4,6	7,0	6,3	7,4
6. Sauerstoffsättigung	(%)	45	79	72	75	77	77	66	50	73	52	73	62	66
7. BSB_2	(mg O_2/l)	4,2	2,1	2,3	1,9	1,7	1,9	2,7	3,8	2,1	2,6	2,1	2,1	2,5
8. BSB_5	(mg O_2/l)	15,3	10,1	6,0	5,8	5,6	5,3	9,4	9,4	6,0	4,1	3,7	5,1	7,1
9. Ammonium	(mg N/l)	3,7	3,2	3,5	3,2	2,0	1,9	1,6	1,3	0,06	1,3	1,6	0,9	2,0
10. Nitrat	(mg N/l)	3,2	3,4	3,9	5,1	6,5	5,9	4,9	5,9	6,2	4,0	4,8	4,8	4,9
11. o-Phosphat	(mg P/l)	0,46	0,43	0,38	0,51	0,23	0,32	0,23	0,30	0,64	1,8	1,4	1,9	0,72
12. Chlorid	(mg Cl^-/l)	253	181	192	178	129	153	159	194	175	150	128	167	170

Quelle: ARGE ELBE (1977).

Abb. 4.4

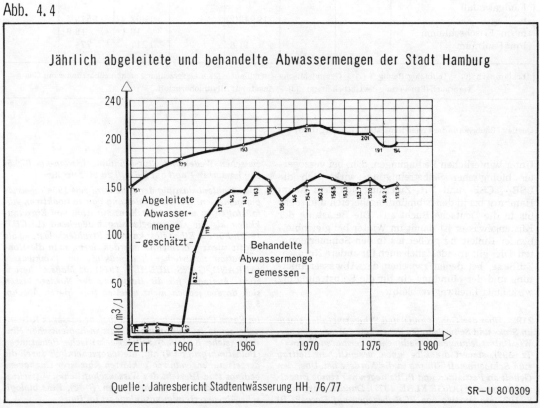

Jährlich abgeleitete und behandelte Abwassermengen der Stadt Hamburg

Quelle: Jahresbericht Stadtentwässerung HH. 76/77

SR–U 80 0309

Tab. 4.5

Betriebsdaten der öffentlichen Klär- und Pumpwerke der Stadt Hamburg

Betriebsjahr 1977	Pumpwerk Hafenstraße	Sonstige Pumpwerke	Klärwerk Köhlbrandhöft	Klärwerk Stellinger Moor	Klärwerk Bergedorf	Klärwerk West	Klärwerk Volksdorf
In Betrieb seit	**1958**		**1961(0)**	**1965**	**1913**	**1953**	**1954**
Kapazität in 1000 EGW			2 500	500	150	75	25
Belastet mit 1000 EGW			2 000	360	150	80	20
Gepumpte Abwassermenge Mio m³/Jahr	124,9	30,6					
Klärwerkszulauf Mio m³/Jahr			124,9	12,9	6,8	6	1,3
m³/Tag (TW)			337 700(1)	33 017	18 051	13 328	3 450
mg BSB_5/l			339	489	483	347	290
mg $KMnO_4$-Verbr./l			468	578	531	374	316
Klärwerksablauf mg BSB_5/l			174(3)	20(3)	27(3)	25(3)	25(3)
mg $KMnO_4$-Verbr./l			258	89	105	83	88
Durchsicht in cm			24	61	44	53	38
Rechengutanfall m³/Jahr	1 315	4 443		1 045	1 245	795	202
Sandanfall m³/Tag	16			0,9	0,6	0,08	0,1
Frischschlammanfall m³/Tag			1 684		103	80	
Faulgasanfall m³/Tag			19 943(2)		1 892	1 510	
m³/m³ Frischschlamm					18,4	18,9	
l/m³ Faulraum			11,8		1 217	774	

Erklärungen: (0) - Teilbiolog. Reinig., (1) - Gesamt-Mischwasserzulauf, (2) - Gaserzeugung nicht meßbar, daher nur Gasverbrauch (Erneuerung des Gasbehälters) (3) - Ansatz mit Allylthioharnstoff

Quelle: Baubehörde der Freien Hansestadt Hamburg (1977)

Unter winterlichen Bedingungen, d. h. bei verzögerter biologischer Selbstreinigung, wirkt sich die BSB_5-, CSB- und NH_4-Zuleitung aus dem Raum Hamburg bis in den Elbmündungsbereich und sogar bis in die Deutsche Bucht aus. Die Belastung der Küstengewässer ist damit im Winter bei gleichbleibender Einleitung größer als in den Sommermonaten. Dies gilt grundsätzlich auch für andere Nordsee-Zuflüsse, bei denen zwischen der Abwassereinleitung und der Mündung ein für die Selbstreinigung wirksamer Fließweg verbleibt.

219. *Über den Gehalt an Öl und Schwermetallen sowie an Sink- und Schwebstoffen liegen keine Messungen vor. Wie Untersuchungen an Sedimenten vermuten lassen (s. Tz. 399), steuert die Elbe einen wesentlichen Beitrag zum Schwermetall-Eintrag in die Nordsee bei. Über den Gehalt an Pestiziden und PCBs liegen nur einige Einzelmessungen vor (ARGE ELBE, 1977). Danach war am 24. 8. 1977 ein Anstieg von PCB (bezogen auf Deca-PCB)*

zwischen Wedel und Stör-Mündung (Strom-km 679,5) von immerhin 1 µg/l auf 5,6 µg/l zu verzeichnen.

Die Strahlenbelastung der Elbe wird seit 1954 regelmäßig gemessen. Bei der Einleitung von radioaktiven Abfallstoffen ist weniger die Konzentration von Einzelnukliden als die Gesamtbelastung maßgebend (LUCHT, 1977). Für die Elbe selbst kann die Strahlenbelastung als relativ niedrig bezeichnet werden, wenn man die Konzentration natürlicher Radionuklide im Trinkwasser (AURAND, GANS, RUEHLE, 1974) als Maßstab heranzieht. Aussagen für die Belastung der Nordsee lassen sich daraus jedoch nicht ableiten (vgl. hierzu Abschn. 5.6).

Im Raum Cuxhaven treten im Elbefahrwasser in Küstennähe sowie im küstennahen Watt in hygienischer Hinsicht (siehe Kap. 8.2) zeitweise kritische Belastungen (Belastungsgruppe 4) auf, die wahrscheinlich durch die derzeit nur mechanisch geklärten Abwässer Cuxhavens bedingt sind (Bericht des Wissenschaftlichen Ausschusses für gesamtökologische Fragen, S. 22). Eine biologische Abwasserreinigungsanlage ist im Bau.

4.3.4 Die Weser

220. Die stärkste Belastung des gesamten Weser-
laufes, nämlich die Salzkonzentration (vgl. Umweltgutachten 1978, Tz. 737), spielt für die Nordsee keine
Rolle. Von Bedeutung ist die hohe Belastung mit
leicht abbaubaren Stoffen, insbesondere aus dem

Tab. 4.6

**Belastung der Unterweser
mit häuslichen Abwässern
und mit organischen Industrieabwässern 1979**

Haupteinleiter	BSB_5 (kg O_2/d)
Stadt Bremen	85 000
„Mobil Oil" – Raffinerie	1 300
Stadt Delmenhorst	10 400
„Bremer Wollkämmerei"	13 000
Kläranlage Bremen-Farge	300
Stadt Brake	820
Fettraffinerie Brake	1 000
Gemeinde Rodenkirchen	250
Stadt Nordenham	1 120
Stadt Bremerhaven u. Fischereihafen	33 000

Quelle: Eigene Erhebungen.

Belastungsschwerpunkt Bremen (Tab. 4.6). Dort
werden die Abwässer noch unzureichend geklärt.
Das Klärwerk Seehausen reinigt die Abwässer von
ca. 550 000 Einwohnern (900 000 EGW) derzeit nur
mechanisch. Eine biologische Stufe ist geplant. In
Bremen-Farge werden 50 000 EGW (150 000 EGW
geplant) aus einem Gebiet mit 50 000 Einwohnern
vollbiologisch behandelt. Bremen hat etwa 570 000
Einwohner.

221. *Während noch im Jahre 1975 nach Angaben der
Wasserwirtschaftsämter in Niedersachsen nur 39% der
Einwohner an „ausreichende" Kläranlagen angeschlos-
sen waren, betrug dieser Prozentsatz im Jahre 1978
bereits rd. 53%. Dies ist u.a. auf die Inbetriebnahme
neuer Anlagen in Delmenhorst und Nordenham zurückzuführen. Mit einem Anschlußgrad von 40% ist Brake
nach wie vor problematisch (Tab. 4.12), ebenso Bremerhaven, wo zur Zeit ein biologisches Klärwerk gebaut
wird.*

*Die mittleren BSB_5-Werte lagen 1977 für Intschede (we-
seraufwärts von Bremen) bei 5 mg/l, für Bremen-Mittelsbüren bei 4,5 mg/l und für Brake bei 5,1 mg/l (siehe Abb.
4.5). Der Kaliumpermanganatverbrauch[1] erreichte in
Brake 31 mg/l. Anscheinend machen sich weiter weser-
abwärts die Abwässer der Fischverarbeitung im Raum
Bremerhaven wegen der Verdünnung mit Meerwasser
nicht bemerkbar. Jedenfalls war während der Meßfahrten am 27. und 29. 4. 1977 ein deutliches Absinken der
BSB_5-Werte von 6,5 resp. 5,9 mg/l in Brake auf 2,5 resp.
2,4 mg/l vor Bremerhaven zu beobachten.*

---

[1] Maß für Verschmutzung, ähnlich wie der CSB.

Abb. 4.5

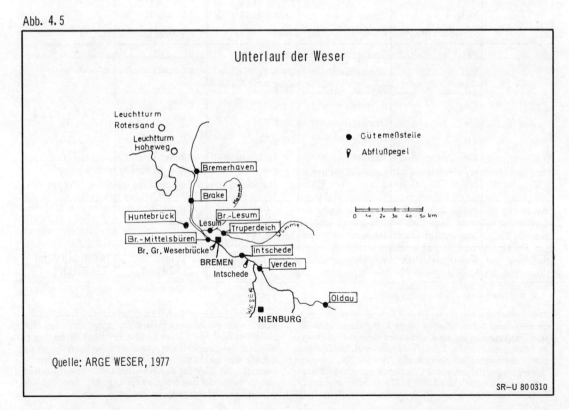

Quelle: ARGE WESER, 1977

SR–U 80 0310

Von den Nährstoffen steigt der Gesamtphosphorgehalt von 0,63 mg/l bei Bremen-Mittelsbüren auf 1,2 mg/l in Brake an, während die Ammonium- und Nitratkonzentrationen sogar leicht absinken und in Brake bei 0,36 resp. 4,8 mg/l liegen.

Schwermetalle sind kein gravierendes Weserproblem; dies läßt sich aus den Ergebnissen der Untersuchungsfahrt 1977 ablesen (Tab. 4.7). Die Werte lagen unter den entsprechenden Vorgaben der DVGW-Richtlinien W 151 für Rohwasser (Umweltgutachten 1978, Tz. 341). Ob der Eintrag an Spurenelementen bzw. an chlorierten Kohlenwasserstoffen in die Nordsee ebenso unbedenklich ist, kann daraus allerdings nicht abgeleitet werden (vgl. 5.4 und 5.5).

Über Sink- und Schwebstoffe liegen keine Messungen vor. Die Rest-β-Aktivität bei Brake blieb im Jahresmittel unter 5 pCi/l.

Die hygienische Situation in der Unterweser und im vorgelagerten Küstenbereich wurde u.a. durch WACHS (1970) untersucht. Abb. 4.6 zeigt die Häufigkeit der Fäkalbakterien (Coliverdächtige), die als Indikatorwert für möglicherweise enthaltene pathogene Keime gelten (vgl. 8.2). Die unterhalb Bremens (km 35) in hygienischer Hinsicht schon stark belastete Weser erholt sich bis Bremerhaven leicht, zeigt aber dort aufgrund zugeführter Abwässer (bei km 65 Abwässer des Fischereihafens, bei km 67 kommunale Abwässer) eine erneute Zunahme der Bakterienhäufigkeit (Abb. 4.6).

Wie die Weser-Untersuchungsfahrt 1977 erwies, steigt der Salzgehalt (gemessen als Cl⁻) ab Strom-km 55 stark an. Damit verbunden ist eine deutliche Verminderung der Keimzahl zwischen Strom-km 80 und 90 in der Wesermündung, eine zweite Abnahme etwa bei Weser-km 110, wo im Durchschnitt weniger als 20 Coliverdächtige in 100 ml Wasser gemessen wurden.

Tab. 4.7

Inhaltsstoffe im Wasser der Unterweser

Belastungs-gruppe	Parameter	Meßstelle	Termin	Ergebnis	Grenzwert DVGW W 151*
1	BSB₅ (unfiltriert)	Brake	Mittel 1977	5,1 mg/l	3
2	NH₄	Brake	Mittel 1977	0,36 mg/l	0,2
	NO₃	Brake	Mittel 1977	4,8 mg/l	25
	Gesamt-Phosphat	Brake	Mittel 1977	1,2 mg/l	–
6	Fe	Bremerhaven**	29.4.77	10 µg/l	100
	Mn	Bremerhaven**	29.4.77	12 µg/l	50
	Zn	Bremerhaven**	29.4.77	73 µg/l	500
	Cd	Bremerhaven**	29.4.77	0,6 µg/l	5
	Cu	Bremerhaven**	29.4.77	3,7 µg/l	30
	Pb	Bremerhaven**	29.4.77	3,0 µg/l	10
	Cr	Bremerhaven**	29.4.77	4,2 µg/l	30
	Ni	Bremerhaven**	29.4.77	6,0 µg/l	30
	Hg	Bremerhaven**	29.4.77	0,01 µg/l	0,5
7	Detergentien	Bremerhaven**	29.4.77	<0,07 µg/l	–
8	Rest-β-Aktivität	Brake	Mittel 1977	<5 pCi/l	–
4	Coliverdächtige	km 65		ca. 10 000 in 100 ml	10 000 in 100 ml (EG Richtl.)

* für natürliche Wasseraufbereitungsverfahren
** km 65

Quelle: ARGE WESER (1977)

Abb. 4.6

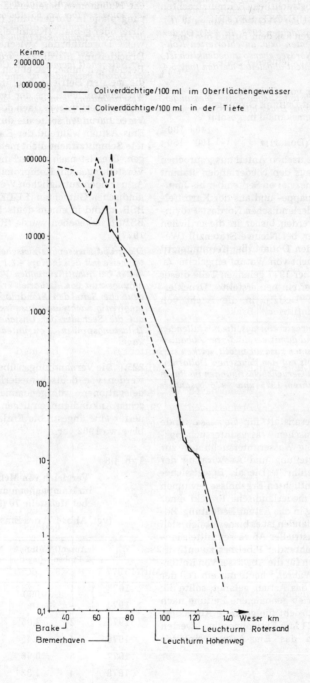

Durchschnittliche Häufigkeit der Abwasserbakterien
in der Fahrrinne des Weserästuars

Keime

2 000 000

1 000 000

———— Coliverdächtige/100 ml im Oberflächengewässer

–––––– Coliverdächtige/100 ml in der Tiefe

100 000

10 000

1 000

100

10

1

0,1

40   60   80   100   120   140   Weser km

Brake

Bremerhaven

Leuchtturm Hohenweg

Leuchtturm Rotersand

Quelle: Wachs, 1970

SR–U 80 0311

4.3.5 Die Ems

222. Für die untere Ems wird die Wassergüteklasse II (mäßig belastet) angegeben (Abb. 4.1). Der Kläranlagenanschlußgrad für den Bereich des Wasserwirtschaftsamtes Aurich beträgt rund 47%. In das Ems-Ästuar selbst werden beträchtliche Schmutzfrachten (in BSB_5/d) eingeleitet (RINCKE, SEYFRIED, 1977):

– Deutsche Einleitungen aus dem Zufluß der Ems
  3,5 t
  direkte Einleitung von deutscher Seite
  (Raum Emden[1]) 5,7 t

– direkte Einleitungen von niederländischer Seite aus dem Gebiet Delfzijl, Groningen, Appingedam und Eemskanaal insgesamt
  140 – 180 t
  Westerwoldsche Aa (Dollart) 100 – 150 t

Die gegenüber dem deutschen Anteil ausgesprochen hohe Schmutzfracht aus den Niederlanden stammt während der Kampagnezeit von September bis Januar z.T. aus der Strohpappe- und aus der Kartoffelmehlindustrie der niederländischen Nordost-Provinzen. Die Abwässer werden bisher in die örtlichen Kanäle und aus diesen bei Nieuwe Statenzijl (Westerwoldsche Aa) in den Dollart, bei Termunterzijl und Delfzijl in die Bucht von Watum eingeleitet (s. Abb. 4.7). Seit Dezember 1977 gelangen Teile dieser Industrieabwässer über ein neu erstelltes Druckleitungssystem nördlich Delfzijl in die Bucht von Watum.

In der Zeit erhöhten Abwassereintrags, die mit fallenden Wassertemperaturen und damit verminderter Abbauleistung von Mikroorganismen zusammenfällt, wirken sich die Verschmutzungen bis auf den deutschen Dollartanteil aus. Hinzu kommen Geruchsbelästigungen im Raum Emden, die in den Jahren 1975 und 1976 besonders unangenehm auftraten.

223. Von der Bundesanstalt für Gewässerkunde und vom Niedersächsischen Wasseruntersuchungsamt werden regelmäßig Wasseruntersuchungen zur Erforschung der Verteilung und Auswirkung der Einleitungen durchgeführt[2]). Die als Beweissicherungsberichte veröffentlichten Ergebnisse gewinnen im Hinblick auf das niederländische Projekt einer Abwasserdruckleitung in das Ästuar Bedeutung. Besonders in den Niederlanden ist es bisher üblich, sich kommunaler und industrieller Abwässer mittels langer, in die Nordsee führender Pipelines zu entledigen, z.B. mit Leitungen für die Abwässer von Rotterdam und Den Haag. Während heute nur ein Teil der Industrieabwässer in das Ästuar gelangt, sollte die 1977 teilweise in Betrieb genommene Leitung nach der ursprünglichen Absicht die gesamte Abwassermenge entsprechend 24 Mio Einwohnergleichwerten (EGW) ungeklärt in das Ems-Ästuar einleiten (EGGINK, 1965).

224. Nachhaltige Proteste, getragen von der Sorge um eine Überlastung des Ästuars und die schädliche Beeinflussung des Wattenmeers und der ostfriesischen Inseln, konnten erreichen, daß die niederländische Seite sich nunmehr zu einer wesentlichen Verringerung der Schmutzfracht durch innerbetriebliche Maßnahmen bereit erklärt. Es sind daher Sanierungspläne in Vorbereitung (Papier- und Pappindustrie) oder geplant (Kartoffelstärkeindustrie, stufenweise Durchführung zwischen 1977 und 1982). Die Druckleitung allerdings wurde im Dezember 1977 in Betrieb genommen, zu einem Zeitpunkt also, zu dem die meisten Betriebe, begründet mit der schlechten wirtschaftlichen Lage der Provinz Groningen, noch nicht saniert waren. Nach deutsch-niederländischen Vereinbarungen sollte die durch die „Smeerpijp" im Ems-Ästuar während der Kampagne 1977 eingeleitete Schmutzfracht nicht mehr als 75 t BSB_5/d betragen. Dies ist nach niederländischen und deutschen Vorstellungen ein Kompromiß zwischen dem für das Ästuar noch zuträglichen Wert, der in einem niederländischen Gutachten (EULEN et al., 1977) mit 130 t BSB_5/d und in einem deutschen Gutachten mit 25 t BSB_5/d angegeben wurde (RINCKE u. SEYFRIED, 1977).

Die große Diskrepanz zwischen 25 und 130 t läßt sich teilweise mit den in Kap. 4.2.1 geschilderten Schwierigkeiten bei quantifizierenden Vorhersagen der Selbstreinigungskraft von Ästuarien erklären. Dabei vertritt die deutsche Seite den Standpunkt, daß im Hinblick auf langfristig nachteilige Auswirkungen einer Überlastung auf die Seebäder der Unsicherheitsbereich nur durch Belastungsproben „von unten her" eingeengt werden kann.

225. Die Verhandlungen über die Abwasserpipeline werden von deutsch-niederländischen Regierungsdelegationen wahrgenommen. Nach niederländischen Ankündigungen liegen bereits Sanierungspläne für eine angestrebte Entlastung auf 10 t BSB_5/d bis etwa 1982 vor.

Tab. 4.8

Vergleich von Meßergebnissen im Kampagnemonat September bei Meßstelle 70 (Mittelwerte)

(vgl. Abb. 4.7) des Ems-Dollart-Ästuars

Jahr	Anzahl d. Proben	BSB_5 (mg/l)	NO_3-N (mg/l)	NH_4-N (mg/l)	Ges. P (mg/l)
1973	4	1,23	0,13[1])	0,29	0,20
1974	–	–	–	–	–
1975	2	2,05	0,60[2])	0,55	0,21
1976	4	1,45	0,45	0,38	0,23
1977	5	0,96	0,34	0,15	0,19
1978	4	1,33	0,55	0,19	0,19

[1]) 3 Proben. – [2]) 1 Probe

Quelle: B.O.E.D.E. et al., 1978.

---

[1] Die Abwässer der Stadt Emden werden mechanisch, teilweise auch biologisch geklärt.

[2] Beweissicherungsberichte zum Forschungsvorhaben Wasser Nr. 11/70 des BMI. Detaillierte Angaben und Meßergebnisse sind dort nachzulesen.

Abb. 4.7

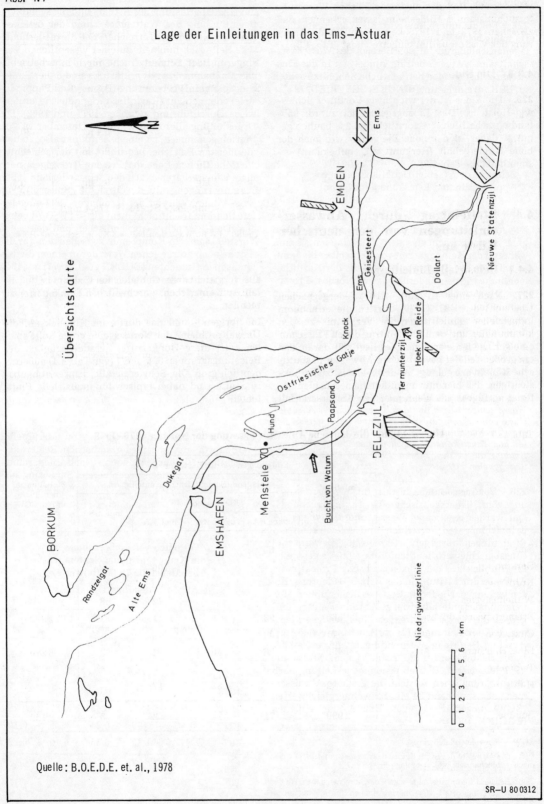

Lage der Einleitungen in das Ems–Ästuar

Übersichtskarte

EMDEN

Ems

Nieuwe Statenzijl

Geisesteert

Ems

Dollart

Knock

Hoek van Reide

Termunterzijl

Ostfriesisches Gatje

Paapsand

DELFZIJL

Hund

Meßstelle

Bucht von Watum

Dukegat

EMSHAFEN

BORKUM

Randzelgat

Alte Ems

Niedrigwasserlinie

0 1 2 3 4 5 6 km

Quelle: B.O.E.D.E. et. al., 1978

SR–U 80 0312

Neuere Untersuchungen der Bundesanstalt für Gewässerkunde und des niedersächsischen Wasseruntersuchungsamtes Hildesheim lassen erkennen, daß zwischen 1973 und 1978 keine signifikante Änderung der Wasserqualität eingetreten ist (Tab. 4.8).

4.3.6 Die Eider

226. Die Eider ist der wichtigste Vorfluter Schleswig-Holsteins. Das Einzugsgebiet ist zu rd. 95% landwirtschaftlich, 3% forstlich und 2% baulich genutzt; daher ist der hohe Bleigehalt wie auch der hohe Kupfergehalt (Herkunft z. Z. unbekannt) erstaunlich (vgl. Tab. 4.9).

4.4 Stoffeintrag durch Abwassereinleitungen von der deutschen Küste aus

4.4.1 Industrielle Einleitungen

227. Nach einer in Tab. 4.10 wiedergegebenen Übersicht der ERL (1979) dürften die erfaßbaren industriellen Einleitungen im Verhältnis zu den kommunalen und dem Stoffeintrag durch Flüsse nur eine geringe Rolle spielen. Dies liegt z. T. daran, daß ein großer Teil der gewerblichen Abwässer in städtische Kanalnetze gelangt. Andererseits ist zu berücksichtigen, daß hier nur unvollkommenes Zahlenmaterial verfügbar ist. Wenn man den Abwasseranfall

Tab. 4.9 **Gütedaten der Eider**

Gruppe	Meßgröße	Ergebnis 1975	Grenzwert DVGW W 151
1	BSB$_5$ filtriert	3 mg/l	3
2	ges. N filtriert	3,3 mg/l	–
	ges. P unfiltriert	0,2 mg/l	–
6	Cu	5,4 µg/l	30
	Pb	6,1 µg/l	10
	Cd	0,5 µg/l	5
	Hg	0,2 µg/l	0,5
	ungelöste Stoffe	118,4 mg/l	–

Quelle: LA für Wasserhaushalt und Küsten Schleswig-Holstein (1978).

aus vergleichbaren Gebieten heranzieht, ist jedenfalls mit einer nicht unerheblichen Dunkelziffer zu rechnen.

Im übrigen – und das dürfte im Hinblick auf die Umweltprobleme der Nordsee eine große Rolle spielen – ist diese Dunkelziffer gerade bezüglich der Belastungsgruppen 5, 6 und 7 (vgl. Tab. 4.1) außerordentlich groß. Öle, Schwermetalle, schwer abbaubare Stoffe sind dabei typisch für industrielle Emittenten.

Tab. 4.10 **Übersicht über die deutsche Abwasserbelastung der Nordsee 1976–1978**

Hauptquellen	Anfallende Schmutzfracht insgesamt in Tsd. EGW	Kommunen: keine KA	Kommunen: mech. KA	Kommunen: biol. KA	Industrie	Einleitungen über Flüsse in Tsd. EGW
Ems	172	63	–	–	37	492
Borkum	} 10	–	–	100	–	
Norderney		–	–	100	–	
Wilhelmshaven	43	–	–	42	58	–
Bremerhaven und Weser	565	93	3	1	3	2 698
Cuxhaven	571	100	–	–	–	
Elbe, Hamburg	1 499	56	40	1	3	6 270
Temming	117	88	–	8	4	–
Halligen	22	–	83	17	–	–
Summe	2 999	71	21	2	5	9 460

EGW = Einwohnergleichwerte
KA   = Kläranlage
mech. = mechanisch; biol. = biologisch

Quelle: ERL, 1979 u. a.

4.4.2 Kommunale Einleitungen

228. Die kommunalen Direkteinleitungen in die Nordsee sind in Tab. 4.11 erfaßt. Soweit die Gemeinden vom saisonalen Fremdenverkehr leben, entstehen Probleme weniger durch die als Jahresmittel angegebenen Verschmutzungen, als durch die überwiegend im Sommer auftretenden Belastungsspitzen. Auffallend ist der Belastungsschwerpunkt Cuxhaven.

Das unbefriedigende Gesamtbild resultiert aus nach wie vor geringen Anschlußwerten (Tab. 4.12) und aus unzureichenden Reinigungsgraden. Den in der 1. Schmutzwasser VwV. vom 24. 1. 1979 festgelegten Mindestanforderungen an das Einleiten von Schmutzwasser aus Gemeinden in Gewässer (für vorhandene Anlagen gültig ab 1. 1. 1985) können heute noch lange nicht alle Kläranlagen genügen. Wie Tab. 4.13 zeigt, betragen die Ablaufwerte z. T. noch ein Mehrfaches der entsprechenden Grenzwerte.

Tab. 4.11

Kommunale Einleitungen in kg/d (1976)

Ort	BSB$_5$	N ges.	P ges.
Borkum	180	120	38
Norderney	240	200	50
Wangerooge	50	38	9
Wilhelmshaven	600	456	180
Varel	40	30	20
Cuxhaven	31 600	594	162
Büsum	15	85	10
Husum	672	701	71
Dagebüll	1	1	0
Sylt	287	459	85
Föhr (Wyk)	36	100	20

Quelle: div. Quellen, eigene Schätzungen und Erhebungen.

Tab. 4.12

Anschlußgrad an Kläranlagen im niedersächsischen Küstenraum (Stand 31. 12. 1978)

Wasserwirtschaftsamt Landkreis kreisfreie Stadt	Gemeinden			Einwohner				
	insgesamt	mit Abwasserkanalisation	mit Kläranlagen	insgesamt	an Abwasserkanalisation angeschlossen	%	an ausreichende Kläranlage angeschlossen	%
Aurich	58	40	40	404 281	230 641	56,4	192 507	47,0
LK Aurich (mit Altkreis Norden)	26	24	24	165 291	89 691	54,2	87 907	53,2
Stadt Emden	1	1	1 (tw)	52 350	44 200	84,5	7 850	15,0
Stadt Wittmund (alt)	19	4	4	49 333	24 000	48,6	24 000	48,6
Stadt Leer	12	11	11	142 307	72 750	51,1	72 750	51,1
Wilhelmshaven	11	11	11	217 803	178 050	81,8	178 050	81,8
LK Friesland	5	5	25	53 633	39 850	74,4	39 850	74,4
LK Wesermarsch (teilw.)	1	1	1	4 289	1 300	30,3	1 300	30,3
LK Ammerland	4	4	4	59 052	41 900	70,9	41 900	70,9
LK Wilhelmshaven	1	1	1	100 829	95 000	95,0	95 000	95,0
Cloppenburg	33	31	31	452 520	306 881	67,8	306 803	67,8
LK Ammerland	5	5	5	71 182	35 918	49,4	35 918	49,4
LK Cloppenburg	13	12	12	108 483	47 368	43,6	47 290	43,6
LK Vechta	10	10	10	96 934	67 869	70,0	67 869	70,0
LK Oldenburg	4	3	3	40 513	26 926	66,5	26 926	66,5
Stadt Oldenburg	1	1	1	135 408	128 800	95,0	128 800	95,0
Brake	13	13	13	214 779	180 994	84,2	86 551	40,2
Stadt Delmenhorst	1	1	1	71 766	71 000	99,0	–	–
LK Oldenburg	4	4	4	54 005	37 355	69,2	33 406	61,8
LK Wesermarsch	8	8	8	89 206	72 639	81,4	53 145	59,5
Stade	134	50	49	425 845	219 410	49,3	155 755	36,5
LK Cuxhaven	58	23	22	192 201	95 160	49,5	42 880	22,3
LK Bremervörde (alt)	36	11	11	74 891	30 530	40,7	29 430	39,3
LK Stade	36	16	16	158 753	84 720	53,4	83 445	54,5
zusammen				1 720 228	1 106 976	64,3	919 666	53,4

Quelle: Jahresberichte der Wasserwirtschaftsämter zum Stand der Abwasserbeseitigung (1978)

101

Tab. 4.13

Ablaufwerte einiger kommunaler Abwässer im deutschen Küstenraum, welche die Mindestanforderungen der 1. Schm. W. VwV. nicht erfüllen

(Stand: 1978)

Ort	BSB_5-Ablauf Mittelwert mg/l	Mindestanforderungen WHG § 7 a, 1. Sch. W. VwV. (24-h-Mischprobe)	Bemerkungen
Emden	150	20	mech.-biol. Kläranlage im Bau
Cuxhaven	200	20	mech. Kläranlage
Mövenberg	188	30	*
Hörnum-Süd	137	25	*
Husum	51	20	*
List	50	30	*
Dagebüll	32	30	instabiler Ablauf

* Schwefelwasserstoff-Entwicklung bei abgeschlossener Probe innerhalb 120 h, daher ist ggf. mit Sauerstoffproblemen im Immissionsbereich zu rechnen.

4.5 Übersicht über den gesamten Stoffeintrag durch Abwässer

4.5.1 Vorbemerkungen

229. Die Berechnung des Stoffeintrages durch direkte und indirekte Abwassereinleitungen erfolgt unter Vorbehalten:

– Die Zahlen stammen aus unterschiedlichen Quellen, u. a. aus Berichten der ARGE Weser, der ARGE Elbe, aus der einschlägigen Fachliteratur, aus Messungen der BfG, der Wasserwirtschafts- und Untersuchungsämter, aus Berichten der ICES, der ERL, des Landesamtes für Wasserhaushalt und Küsten Schleswig-Holsteins und verschiedenen inoffiziellen Auskünften. Unterschiede bei Meßverfahren, Probeentnahmen und statistischer Auswertung konnten nur teilweise und pauschal berücksichtigt werden. Die Darstellungen enthalten daher methodische Mängel.

– Der Rat ist der Meinung, daß nicht allen wissenschaftlichen und halbamtlichen Publikationen ausnahmslos sachgerechte Auswertungen zugrunde liegen. So wurde etwa bei der ERL-Studie nicht konsequent zwischen Abwässer-BSB und Rest-BSB im Gewässer unterschieden. Die Angaben des ICES stellen zum großen Teil lediglich plausible Annahmen dar. Da es weder den Aufgaben noch den Möglichkeiten des Rates entspricht, eigene Messungen durchzuführen oder neu auszuwerten, fließen solche Unzulänglichkeiten mangels besserer Alternativen in die Ergebnisse ein.

– Viele Zahlen wurden z. T. nur durch grobe Abschätzungen über Pro-Kopf-Anfall an Schadstoffen und vorhandene Reinigungsanlagen ermittelt. Die Abbildungen 4.8 bis 4.12 geben also nicht ausschließlich Meßergebnisse wieder.

– Die Stofffrachten mußten fast immer aus Momentkonzentrationen und einem angenommenen mittleren Durchfluß hochgerechnet werden. Die Darstellungen geben also nur einen angenäherten Überblick, da sie zum großen Teil auf Hochrechnungen beruhen.

– Die vorhandenen Emissionsdaten zeigen gerade bei den Stoffen Lücken, die ökologische Probleme für die Nordsee bringen, z. B. bei chlorierten Kohlenwasserstoffen. Bei diesen ist auf die Belastungssituation besser aus Immissionsmessungen (vgl. 5.4 und 5.5) zu schließen, so daß hier auf eine Behandlung verzichtet werden muß. Eine geschlossene Darstellung ist nur für BSB-Frachten, Pflanzennährstoffe, Schwebstoffe und einige Metalle möglich. Soweit für BSB-Frachten eine Differenzierung zwischen Abwassereinleitungen von der Küste aus und Belastungen durch Flußwasser ausgewiesen wird, lassen sich aus Abb. 4.9 mittelbar Rückschlüsse auf schwer abbaubare Stoffe insoweit ziehen, als ihr Anteil an der gesamten Belastung mit organischen Stoffen im Flußwasser ungleich größer ist als in frischem Abwasser.

– Analog zum Vorgehen bei den deutschen Gewässern wurden die Schadstofffrachten der großen Vorfluter in den Anliegerstaaten Dänemark, Niederlande, Frankreich, Belgien und Großbritannien erfaßt. Leicht abbaubare Stoffe und Schwebstoffe sind für die Hohe See oder den Küstenbereich der Bundesrepublik Deutschland im allgemeinen ohne Bedeutung.

– Die Bilanzierung stützt sich nur auf bekannte Einleitungen. Vielfach – und besonders für problematische Belastungsgruppen (s. o.) – erscheinen deshalb u. U. relativ umweltbewußte Emittenten, die über ihre Abfälle Auskunft geben, in den Darstellungen als Hauptverschmutzer, während bei dem nicht in Erscheinung tretenden Teil, evtl. sogar der

Abb. 4.8

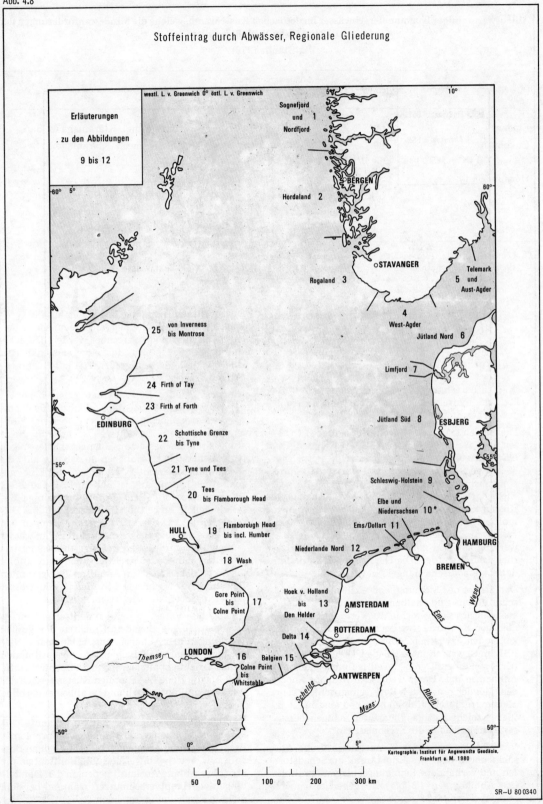

Stoffeintrag durch Abwässer, Regionale Gliederung

westl. L. v. Greenwich 0° östl. L. v. Greenwich

Erläuterungen

. zu den Abbildungen

9 bis 12

Sognefjord
und 1
Nordfjord

BERGEN

Hordaland 2

STAVANGER

Telemark
und 5
Aust-Agder

Rogaland 3

West-Agder 4

Jütland Nord 6

von Inverness 25
bis Montrose

Limfjord 7

Firth of Tay 24

Firth of Forth 23

Jütland Süd 8

ESBJERG

EDINBURG

Schottische Grenze 22
bis Tyne

Tyne und Tees 21

Schleswig-Holstein 9

Tees 20
bis Flamborough Head

Elbe und 10
Niedersachsen

Flamborough Head 19
bis incl. Humber

Ems/Dollart 11

HULL

HAMBURG

Niederlande Nord 12

Wash 18

BREMEN

Gore Point
bis 17
Colne Point

Hoek v. Holland
bis 13
Den Helder

AMSTERDAM

Delta 14

ROTTERDAM

Themse LONDON 16

Belgien 15

Colne Point
bis
Whitstable

ANTWERPEN

Scheide

Maas

Rhein

Ems

Weser

Kartographie: Institut für Angewandte Geodäsie,
Frankfurt a. M. 1980

50   0   100   200   300 km

SR–U 80 0340

103

Abb. 4.9

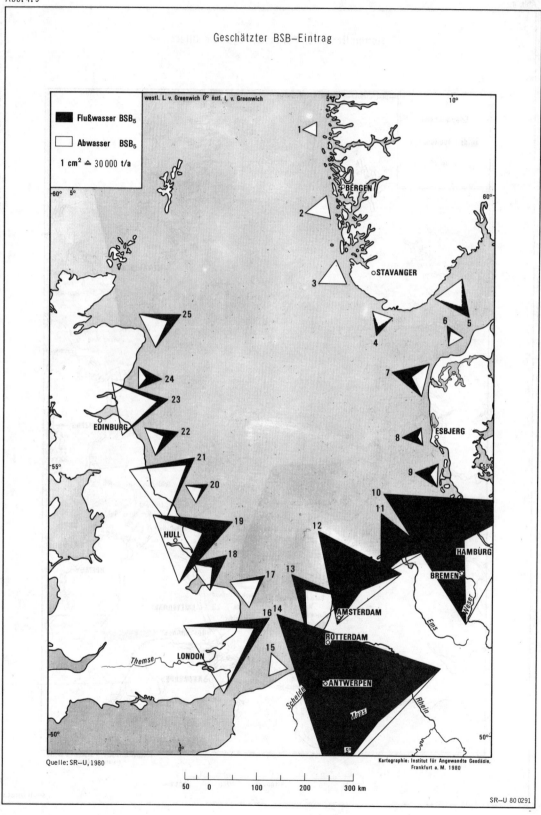

Geschätzter BSB-Eintrag

Quelle: SR-U, 1980

Kartographie: Institut für Angewandte Geodäsie,
Frankfurt a. M. 1980

SR-U 80 0291

104

Abb. 4.10

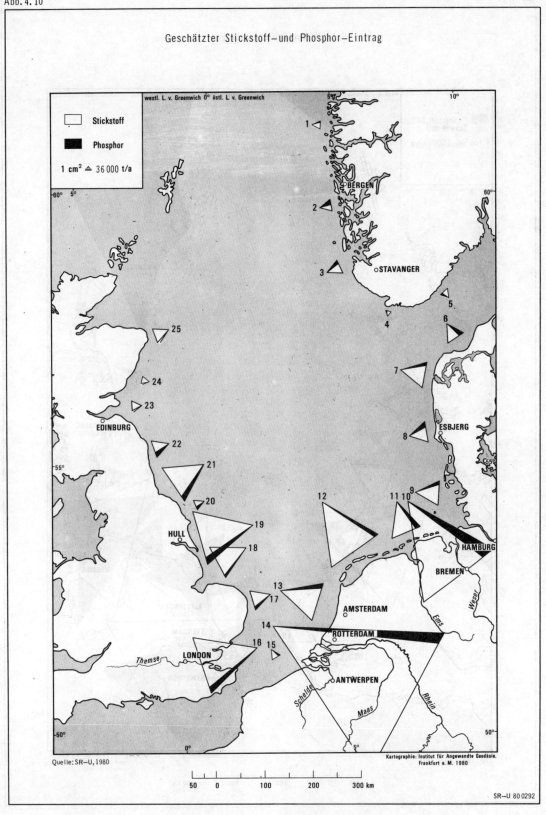

Geschätzter Stickstoff- und Phosphor-Eintrag

Quelle: SR-U, 1980

Kartographie: Institut für Angewandte Geodäsie,
Frankfurt a. M. 1980

SR-U 80 0292

105

Abb. 4.11

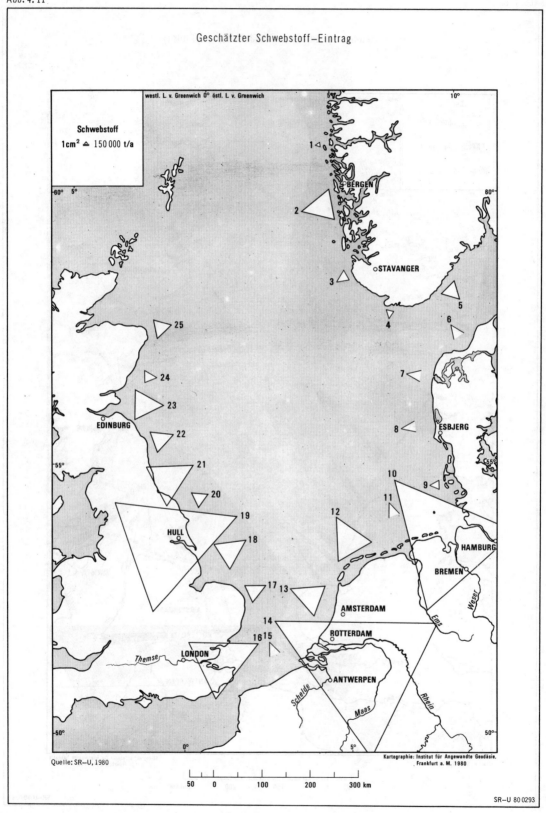

Geschätzter Schwebstoff–Eintrag

Quelle: SR–U, 1980

Kartographie: Institut für Angewandte Geodäsie,
Frankfurt a. M. 1980

SR–U 80 0293

106

Abb. 4.12

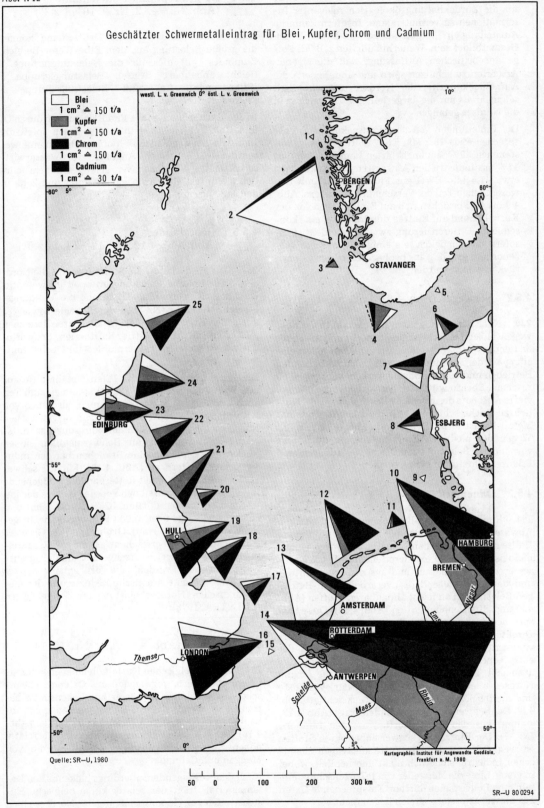

Geschätzter Schwermetalleintrag für Blei, Kupfer, Chrom und Cadmium

Quelle: SR-U, 1980

Kartographie: Institut für Angewandte Geodäsie,
Frankfurt a. M. 1980

SR-U 80 0294

„schweigenden Mehrheit", z. T. besondere Gründe für die Zurückhaltung ökologisch relevanter Informationen zu vermuten sind. Insofern kann die Aufstellung ein „Negativabzug" des tatsächlichen Gesamtbildes sein. Weiterhin dürften z. B. als Folge der britischen Auffassung, daß die eigenen Ästuarien zu schützen seien und andererseits die Aufnahmekapazität der Nordsee unerschöpflich sei, mehr als nur die dargestellten Stofffrachten in die Nordsee gelangen.

– Die Einleitungen von der Nordseeküste aus entsprechen etwa 18,5 Mio EGW (ERL, 1979), davon stammen 39% aus ungeklärten kommunalen und 47% aus industriellen Abwässern. Hinzu kommen etwa 41,5 Mio EWG aus Flüssen, die damit den wesentlichen Teil der Verschmutzung liefern. Abb. 4.9 bis 4.12 beziehen sich auf Einleitungen von der Küste her und auf Eintrag durch Flüsse; eine konsequente Differenzierung zwischen beiden ist insofern nicht möglich, als einige Emissionen größenordnungsmäßig aus beobachteten Immissionen rückgerechnet wurden.

4.5.2 Norwegen (Abb. 4.8–4.12, Nr. 1–5)

230. Nach dem verfügbaren Datenmaterial ist Norwegen außer bei Schwermetallen ein relativ unbedeutender Nordseeverschmutzer. Die Abwasserbelastung aus der Fischindustrie, aus holzverarbeitenden Betrieben und einigen Chemiewerken wächst jedoch rasch an. Ebenso wirkt sich bereits heute die intensivierte Ausbeute des Nordsee-Öles aus (Kap. 6). Deutlich zu Buche schlagen auch die Blei-Abgänge der Metall-Industrie im Hordaland (Abb. 4.12, Nr. 2). Wegen der niedrigen Einwohnerdichte dürfte die vorhandene Belastung mit leicht abbaubaren und Pflanzennährstoffen gering bleiben.

4.5.3 Dänemark (Abb. 4.8–4.12, Nr. 6–8)

231. Rund die Hälfte aller kommunalen dänischen Abwässer werden unbehandelt abgeleitet, die andere Hälfte nur durch mechanische Klärung vorgereinigt; biologische Anlagen existieren nicht. Für die Nordsee ergeben sich daraus und aus den lebensmittel- und dabei vorwiegend fischverarbeitenden Betrieben Belastungen an leicht abbaubaren Stoffen (Abb. 4.9) und Pflanzennährstoffen (Abb. 4.10). Diese entsprechen insgesamt etwa denen aus den deutschen Direkteinleitungen, obwohl das dänische Abwasservolumen mit ca. 165 Mio m³/a nur rund 10% der entsprechenden deutschen Schmutzwassermenge ausmacht. Dabei wurden ausschließlich die für die Nordsee relevanten Emissionen von der Westküste und die ins nördliche Kattegat berücksichtigt (Abb. 4.8). Der Schwerpunkt des Metalleintrags (Abb. 4.12) stammt aus den Schiffswerften um den Limfjord (Nr. 7). Der Eintrag an schwer abbaubaren Stoffen ist wegen der an der Westküste ansässigen chemischen Industrie sicherlich nicht unerheblich, wobei in erster Linie die Hersteller von Pflanzenschutzmitteln eine Rolle spielen dürften. Entsprechende Daten aus diesem Emissionsbereich liegen nicht vor.

4.5.4 Bundesrepublik Deutschland
(Abb. 4.8–4.12, Nr. 9, 10, 11 z. T.)

232. In der Bundesrepublik Deutschland kommt die größte Belastung aus dem Elbe-Weser-Bereich. Zumindest gilt dies für die Belastungsgruppe 1 (leicht abbaubare Stoffe), Belastungsgruppe 2 (Pflanzennährstoffe) und Belastungsgruppe 3 (Schwebstoffe).

In den Karten nicht erfaßt sind Belastungen durch Öl und Chlorkohlenwasserstoffe. Bei ihnen spielt die Industrie um den Jadebusen offensichtlich eine wesentliche Rolle. Nach Angaben des Wasserwirtschaftsamtes Wilhelmshaven gelangen zudem jährlich allein fast 4,5 t an Nickel, Kupfer und Zink in den Jadebusen.

4.5.5 Niederlande
(Abb. 4.8–4.12, Nr. 12–14, 11 z. T.)

233. Der niederländische Stoffeintrag in die Nordsee kennt für alle Belastungsgruppen im wesentlichen drei Schwerpunkte. Diese sind die Mündungsbereiche der Ems (Nr. 11), der Schelde sowie vor allem des Rheins (Nr. 14). In allen drei Bereichen gibt es chemische Industrie, Raffinerien, Schwerindustrie, Brauereien, Papiermühlen und Lebensmittelbetriebe.

Die leicht abbaubaren und Pflanzennährstoffe aus den West-Provinzen (Nr. 13, 14) stammen zum Teil auch aus Abgängen der Kommunen, also auch von Rotterdam und Den Haag. Bei den ausgewiesenen Emissionen handelt es sich um Jahresdurchschnittswerte. Die Emission an Schwermetallen lassen Rückschlüsse auf einzelne Branchen bei den industriellen Einleitern zu (Abb. 4.12). Für die schwer abbaubaren Stoffe spielt Rotterdam die maßgebende Rolle, wobei die Emissionen vorwiegend aus der Petrochemie stammen dürften. ICES (1978) nennt u. a. 550 t Phenole und über 8000 t PCBs pro Jahr. Insgesamt sollen bis 1980 auf Grundlage des Gesetzes zum Schutz des Oberflächenwassers vor Verunreinigungen schrittweise strengere Emissionsgrenzwerte wirksam werden, die bei entsprechender Durchsetzung eine drastische Reduzierung der niederländischen Nordseebelastung zur Folge hätten (ZIJLSTRA, 1978).

4.5.6 Belgien (Abb. 4.8–4.12, Nr. 15, 14 z. T.)

234. An der belgischen Küste fallen neben kommunalen Abwässern, vorwiegend aus Ostende, chemische Abwässer und Abwässer aus Lebensmittelbetrieben an, womit sich die Emissionen an leicht abbaubaren (Abb. 4.9) und Pflanzennährstoffen (Abb. 4.10) erklären lassen. Bemerkenswert sind die relativ hohen Schwermetalleinträge, vor allem die von Mangan und Cadmium.

Nach dem vorliegenden, allerdings lückenhaften Datenmaterial, trägt der relativ kurze belgische Küstenstreifen zur Gesamtbelastung der Nordsee einen nur geringen Stoffanteil bei. Der indirekte Beitrag Belgiens über die auf niederländischem Gebiet in die Nordsee mündende Wester-Schelde ist jedoch erheblich. So betragen die Schwermetallfrachten z. B. für Chrom, Mangan, Kupfer, Zink und Blei jeweils mehrere hundert Tonnen jährlich (ESSINK u. WOLFF, 1978).

4.5.7 Großbritannien
(Abb. 4.8 – 4.12, Nr. 16 – 25)

235. Hier spielen die Einleitungen über Flüsse eine wesentliche Rolle, allerdings machen (Dept. of Environment, 1977) die unbehandelten kommunalen und gewerblichen Direkteinleitungen mit 36% resp. 30% der Gesamt-BSB$_5$-Belastung einen höheren Anteil aus als in der Bundesrepublik Deutschland, was mit dem größeren Verhältnis von Küstenlänge zu Gesamtfläche zusammenhängt.

Die Schwermetall-Frachten an der Ostküste (Abb. 4.12) sind relativ gleichmäßig verteilt und zumindest im nördlichen Küstenstreifen auf den Maschinen- und Schiffsbau sowie die Stahlverarbeitung zurückzuführen (Abb. 4.12, Nr. 21 – 25).

Nicht in den Karten verzeichnet sind die folgenden Informationen: Schwer abbaubare Stoffe sind schwerpunktmäßig im Tees- und Trent-(Humber-)Bereich und an der Themse-Mündung gefunden worden, hier allein 12 kg/a DDT, 22 kg/a PCB und rd. 1 500 t Phenol pro Jahr (ICES, 1977). Die Kunststoff-Industrie um London und die Chemiewerke im Raum Middlesbrough, York und Hull dürften dabei wesentlich beteiligt sein.

4.6 Stand und Probleme der Abfallbeseitigung auf See

4.6.1 Allgemeines

236. Die Beseitigung von an Land angefallenen Abfällen durch Einbringung („Verklappung"; engl. dumping) ins Meer ist ein im Grunde schlichtes Verfahren: Schiffe werden an Hafenstationen mit Abfall beladen, fahren damit auf See und leiten ihre Ladung in das Meerwasser ein (ursprünglich durch Öffnen der Ladeklappen, daher „Verklappung"). Diesem Verfahren liegt offensichtlich die Auffassung zugrunde, daß sich das Meer aufgrund seines enormen Wasservolumens ohne Schaden als Müllgrube verwenden läßt.

237. Die Entscheidung, diese Art der Abfallbeseitigung zu wählen, hat im allgemeinen finanzielle Gründe und wird vom regionalen Standort der Verursacher mitbestimmt. Zum einen sind es küstennahe Gemeinden oder Industriebetriebe, für die die Transport- und Betriebskosten des Verklappungsschiffes geringer sind als die Aufwendungen, die für eine im Binnenland übliche weitergehende Behandlung der Abfälle (z. B. bei Klärschlamm) zwecks Beseitigung auf dem Lande nötig wären. Binnenländi-

sche Abfallproduzenten werden sich dagegen nur für die Verbringung ins Meer entscheiden, wenn die Kosten für den weiten Transport niedriger liegen als die Aufwendungen für eine den gesetzlichen Bestimmungen des Umweltschutzes genügende Beseitigung an Land. Dies trifft in der Bundesrepublik Deutschland für einige Betriebe am Niederrhein zu (Abwässer der Titandioxidproduktion, organisch-chemische Abwässer). Doch auch die Schwierigkeiten, geeignete Flächen zur Deponie oder zur Errichtung einer Abfallbeseitigungsanlage an Land zu finden und den vielfach vorhandenen Widerstand von Bürgern und Gemeinden gegen derartige Anlagen zu überwinden, sind ausschlaggebende Faktoren zur Entscheidung für die letztlich einfachere Beseitigung auf See. Die Entfernung der gewählten Einbringungsgebiete zur Küste wird bisher vornehmlich durch die Kostenfrage, d. h. die Dauer des Schiffstransports bestimmt. Daher liegen diese Gebiete durchweg küstennah und damit in denjenigen Bereichen, die schon durch die Abwasserfracht der Flüsse belastet sind.

238. *Bis vor kurzem gab es keine gesetzlich verankerte Kontrollmöglichkeit der Verklappung im Meer. Ungeachtet ihrer möglichen Schadwirkungen auf die marine Umwelt sind daher seit Jahrzehnten unbekannte Mengen von zum Teil ökologisch gefährlichen Stoffen eingebracht worden. Die Menge der unkontrolliert verklappten Abfälle wird nachträglich weder für die Gesamtheit der Meere noch für die Nordsee genau zu ermitteln sein, Kenntnisse beschränken sich auf einzelne Vorfälle. So wurde für die Nordsee z. B. bekannt, daß zwischen 1963 und 1969 38 000 Fässer mit chlorierten Kohlenwasserstoffen in die Seegebiete vor England, Belgien, Holland und der Bundesrepublik Deutschland eingebracht worden sind (ROLL, 1971). Abfallgefüllte Fässer wurden wiederholt in den Netzen von Fischern in niederländischen und deutschen Küstengewässern gefunden (GERLACH, 1976). Auch der sog. EDC-tar (s. Abschn. 5.5), eine Mischung kurz-kettiger aliphatischer Kohlenwasserstoffe, die als Abfall bei der Vinylchloridproduktion entstehen (in Nordeuropa ca. 75 000 t/Jahr), ist in der Vergangenheit großenteils in die nördliche Nordsee verbracht worden (JERNELÖV et al., 1972).*

239. *Erst mit der Schaffung der Oslo-Konvention (1974), gültig für den Nordatlantik, das nördliche Eismeer und die Nordsee sowie der weltweit gültigen London-Konvention (1975) stehen rechtliche Instrumente zur Regelung von Verklappung und Verbrennung von Stoffen in bzw. auf See zur Verfügung (vgl. Tz. 1145 ff., mit ausführlicher Darstellung). Die Abkommen wurden in der Bundesrepublik Deutschland 1977 zum nationalen Gesetz. Sie enthalten Stofflisten, denen zufolge bestimmte Stoffe einem absoluten Einbringungsverbot durch Verklappung unterliegen (z. B. organische Halogenverbindungen), es sei denn, sie liegen als Spurenverunreinigung vor. Das Einbringen aller anderen Stoffe muß grundsätzlich durch das Deutsche Hydrographische Institut als Genehmigungsbehörde erlaubt und genehmigt werden. (Zur Praxis des Genehmigungsverfahrens in der Bundesrepublik Deutschland siehe Tz. 1179 ff.)*

Seitdem die Oslo-Konvention in Kraft getreten ist, bestehen genauere Kenntnisse über die Menge der auf diesem Wege eingebrachten Stoffe, da die Mitgliedsstaaten die Daten über Verklappungen und Verbrennungen in der Nordsee an das Sekretariat der Oslo-Kommission (OSCOM) melden. Die Abfälle werden nach Industrieab-

fällen, Baggergut, Klärschlamm und auf See verbrann-ten (Industrie-)Abfällen getrennt erfaßt. Um bereits an dieser Stelle eine Vorstellung von der Größenordnung der jährlichen Einträge zu geben, seien beispielhaft die von der SACSA (1979a) (Standing Advisory Committee for Scientific Advice der Oslo Konvention) bekannt ge-machten Daten für 1978 genannt. In diesem Zeitraum wurden von den Staaten Belgien, Frankreich, Nieder-lande, Bundesrepublik Deutschland, Dänemark, Irland und Großbritannien (einschl. Irische See) mindestens 88 Millionen Tonnen Abfälle im Gültigkeitsbereich der Konvention eingebracht, wovon 7,6 Mio t (8,7%) Indu-strieabfälle, 72 Mio t (81,5%) Baggergut und 8,6 Mio t (9,8%) Klärschlamm waren. Es werden 86 Dumping-Gebiete angegeben, die in der Mehrzahl vor englischen Küsten liegen. Die in der Nordsee im gleichen Jahr verbrannten Abfallmengen betrugen 67 000 t (SACSA, 1979b).

240. Seitdem die Oslo-Konvention in der Bundesrepu-blik Deutschland ratifiziert ist, hat das Deutsche Hydro-graphische Institut als zuständige Behörde mehrere An-träge zur Abfallbeseitigung auf See genehmigt (Stand August 1979):

– Einbringung ausgefaulten Klärschlamms aus Hamburg

– Einbringung von Abwässern aus der Titandioxid-produktion an der Nordseeküste

– Verbrennung organohalogener Abfälle (drei Ge-nehmigungen).

241. Für die Deutsche Bucht sind die Lage der Ein-bringungsgebiete und des Verbrennungsgebietes auf Abb. 4.13 eingezeichnet. Die Auswahl der Gebiete erfolgt in der Form, daß im Antrag auf Abfalleinbringung die gewünschte Region großräumig angegeben und in der Folge von der Erlaubnisbehörde sachlich begründet ein-gegrenzt wird. Allerdings muß hierzu einschränkend bemerkt werden, daß die allgemeinen Kenntnisse der Strömungsverhältnisse an einer beliebigen Stelle der Nordsee noch nicht ausreichen, um danach geeignete Einbringungsgebiete (gute Durchmischung und Ab-transport der Abfälle, keine Beeinträchtigung von Fisch-vorkommen u. ä.) auswählen zu können.

242. Über die erteilten Erlaubnisse hinaus werden in der Bundesrepublik Deutschland z. Z. eine Reihe von Genehmigungsanträgen bearbeitet. Dazu gehören u. a. mehrere Anträge zur Verbrennung von Organohalogen-abfällen, zur Einbringung weiterer Abfälle aus der Ti-tandioxidproduktion und der Produktion spezieller or-ganischer Verbindungen, Abwässer aus der Produktion von Buchstabensäuren[1]) sowie ein weiterer Antrag zur Einbringung ausgefaulten Klärschlamms (Bremer-haven).

Im folgenden soll auf Menge und Charakter der einge-brachten Stoffe, das Beseitigungsverfahren und auf die meeresökologische Wirkung, soweit bekannt, näher ein-gegangen werden.

---

[1]) Der Name bezeichnet eine Vielzahl von organischen Säuren sowie deren Salze (Na-, Ca-Salze) aus den Reihen der α– und β–Naphtylamin- und Naphthol-, Mono-, Di- und Trisulfon-säuren. Sie werden als Zwischenprodukte (Kuppelkompo-nenten) in der Azofarbstoffherstellung verwendet. Dabei ent-steht ein Abfallprodukt, die wäßrige Mutterlauge von „Buch-stabensäuren", aus der die einzelnen Verbindungen nicht mehr zurückgewinnbar sind. Als Beseitigung bietet sich die Verbrennung in Sonderabfallbeseitigungsanlagen an.

4.6.2 Industrieabfälle

243. Die zwischen den Jahren 1976 und 1978 im Gültigkeitsbereich der Oslo-Konvention (vgl. Tz. 1145) insgesamt genehmigt eingebrachten und inter-national bekannt gemachten Industrieabfälle schwanken zwischen sieben und ca. acht Millionen Tonnen pro Jahr (Tab. 4.14). Diese Zahlen enthalten auch die seitens Großbritanniens in die Irische See eingebrachten Abfälle, da die Statistik nicht die La-ge der einzelnen Verklappungsgebiete ausweist. An-dererseits erscheint die Aufnahme dieser Daten in die Gesamtbilanz nicht ungerechtfertigt, da aus Ra-dioaktivitätsmessungen des Nordseewassers be-kannt ist, daß aus der Irischen See kommende Mee-resströmungen einen Teil der dort eingebrachten Schadstoffe in die Nordsee verfrachten (vgl. Tz. 489).

244. Etwa ein Drittel aller Industrieabfälle stammt aus Großbritannien, von welchem gleichzeitig die größte Zahl an Verklappungsgebieten benutzt wird, gefolgt von den Niederlanden und Frankreich. In den für die Niederlande angegebenen Zahlen sind aller-dings Abfälle der deutschen Industrie (u.a. aus der Titandioxidproduktion) enthalten, die von nieder-ländischen Häfen aus verschifft werden.

4.6.2.1 Abfälle aus der Titandioxidproduktion

245. Etwa ein Drittel der auf See verklappten Indu-strieabfälle stammt aus der Titandioxidproduktion. Eine Reihe von Werken, die 87% der europäischen Kapazität für Titandioxid besitzen, leitet die Abfälle in den Ärmelkanal und in die Nordsee ab, und zwar entweder direkt in die Flüsse oder mittels Rohrlei-tungen ins Küstenmeer oder durch die hier bespro-chenen Einbringungen vom Schiff aus. Der Rest der Industrieabfälle stammt aus der organischen Che-mieindustrie (vgl. Tz. 275ff.) und v. a. in Großbritan-nien aus dem Kohlenbergbau oder aus dem Kraft-werksbetrieb (Kraftwerksasche).

Produktionsverfahren und ihre Abfälle

246. Titandioxid ist ein Weißpigment, das z. B. an Stelle des früher üblichen Bleiweiß zur Herstellung von Farben, Lacken u. a. verwendet wird. In der Bundesrepublik Deutschland werden mit 300 000 t/a 33% der EG-Produktion an TiO_2 hergestellt. Titan und seine Verbindungen werden zur Zeit aus zwei Rohstoffen, dem häufig vorkommenden Ilmenit (Ei-sentitanat, etwa $FeTiO_3$) mit vergleichsweise niedri-gem Titangehalt und dem selteneren natürlichen Ru-til (TiO_2) mit hohem Titangehalt hergestellt. Letzte-res wird in erster Linie für die Produktion von Titan-tetrachlorid ($TiCl_4$) verwendet, welches das Aus-gangsmaterial für metallisches Titan darstellt und für militärische Zwecke (Al-Ti-Legierungen, Rake-ten-, Flugzeug-, U-Boot-Bau) sehr gefragt ist. Dies beschränkt die Verfügbarkeit des Rutil für die Farb-

Abb. 4.13

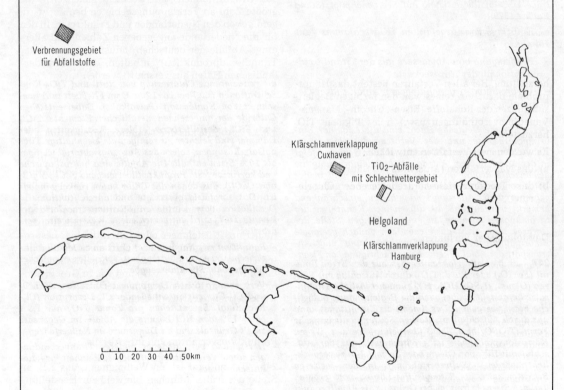

Lage der Einbringungsgebiete für kommunale und industrielle Abfälle
vor der Küste der Bundesrepublik Deutschland
sowie des Verbrennungsgebietes für industrielle Abfälle
in internationalen Gewässern

Verbrennungsgebiet
für Abfallstoffe

Klärschlammverklappung
Cuxhaven

TiO$_2$–Abfälle
mit Schlechtwettergebiet

Helgoland

Klärschlammverklappung
Hamburg

0 10 20 30 40 50km

Kartographie: Institut für Angewandte Geodäsie, Frankfurt a . M. 1980

Quelle: Nach Angaben des Deutschen Hydrographischen Instituts, 1979

SR–U 80 0339

Tab. 4.14

Einbringung von Industrieabfällen in die See im Gültigkeitsbereich der Oslo-Konvention

in 1000 t/a

Herkunftsland	1976		1977		1978	
Belgien	451	(4)	657		672	(5)
Dänemark	20 404 (m³)	(1)	5 654 (m³)	(1)	5 (m³)	(1)
Frankreich	2 310	(1)	1 069	(1)	1 382	(1)
Bundesrepublik Deutschland	691	(1)	759	(1)	728	(1)
Niederlande	1 381	(1)	1 256	(6)	1 500	(5)
Großbritannien	2 666	(17)	2 386	(18)	2 469	(18)
Irland	809	(2)	809	(2)	853	(2)

Anzahl der Einbringungsgebiete in Klammern.
Großbritannien einschließlich Irischer See

Quelle: SACSA (1979 a)

herstellung. Bei allen Verfahren besteht das Hauptproblem darin, ein reines, von den farbigen Begleitsubstanzen der Rohstoffe (Eisen-, Chrom-, Mangan-, Vanadiumverbindungen usw.) freies Pigment-TiO_2 herzustellen.

Es wurden zwei Verfahren entwickelt:

a) das Naßverfahren (Aufschluß mit Säuren);

b) das Trockenverfahren (reduzierende Chlorierung).

Darstellung der Verfahren

247. *a) Im Naßverfahren werden aus den Erzen Ilmenit (FeTiO₃) oder Rutil (TiO₂) durch Aufschluß mit Säuren (Oleum, H₂SO₄ HCL, HF) zunächst lösliche Titanylsalze hergestellt, wobei auch die Begleitmetalle in lösliche Form übergehen. Das Ilmenit als Eisentitanat kann nur durch Aufschluß mit starken Säuren in die basische Form (TiOSO₄ bzw. TiO₂) übergeführt werden. Wegen Korrosionsproblemen ist großtechnisch nur der Aufschluß mit Hilfe von Oleum oder Schwefelsäure verwirklicht worden („Sulfatverfahren"). In den weiteren Schritten wird die Titanylsulfat-Lösung vom größten Teil des Eisens befreit, wobei Grünsalz als Abfallprodukt anfällt (FeSO₄ · 7H₂O). In der nachfolgenden Hydrolyse wird Titandioxidhydrat ausgefällt. Das Rohprodukt enthält noch Chrom-, Mangan-, Vanadiumverbindungen usw., die durch mehrmaliges Waschen in schwefelsaurem Medium sorgfältig entfernt werden müssen. Bei dieser Reinigung fallen große Mengen Mutterlauge, die sog. Dünnsäure an, die neben dem Grünsalz den Hauptabfall der Titandioxidproduktion im Naßverfahren ausmachen. Im letzten Schritt wird aus dem TiO₂-Hydrat durch Kalzinierung das Pigment-TiO₂ hergestellt.*

248. *b) Nur wenn das Ausgangsprodukt einen hohen Titangehalt aufweist, wenn also beispielsweise Rutil zur Verfügung steht, kann im Trockenverfahren (TiCl₄-Verfahren) gearbeitet werden. Dies bedeutet hauptsächlich*

die reduzierende Chlorierung von Rutil und TiO₂-Konzentrationen (s.u.) bei ca. 1 200° C im Fließbett in Anwesenheit von Kohlenstoff (Petrolkoks). Dabei entstehen Chloride der anwesenden metallischen Elemente. TiCl₄ und SiCl₄, destillierbare farblose Flüssigkeiten oder Dämpfe, sind leichter zu reinigen als eisenhaltige Titanylsalz-Lösungen, sofern das Ausgangsmaterial weniger als 10% Eisen enthält. Die Abfälle sind hygroskopische und korrosive feste Produkte (überwiegend FeCl₃, MgCl₂ und CaCl₂), aus denen das Chlor kaum rückgewinnbar ist. Das sorgfältig gereinigte und durch fraktionierte Destillation vom wertvollen Siliziumtetrachlorid getrennte TiCl₄ wird auf verschiedene Weisen weiter verarbeitet:

– *Reduktion mit Natrium oder Calcium zu Metall (militärische Zwecke, Flugzeugbau, spezieller chemischer Anlagenbau, Sportfahrzeugbau).*

– *Verbrennung durch Dampfphase-Oxidation zu TiO₂ und Cl₂-Gas mit anschließender Cl₂-Desorption (Cl₂-Recycling). Es entstehen pro Tonne TiO₂ nur 1,3 t einer 15%igen HCl-Lösung als Abfall, im Gegensatz zu 4 t Grünsalz und 8 t Dünnsäure im Naßverfahren.*

– *Herstellung verschiedener anderer Titanverbindungen sowie Verarbeitung auf höchste Reinheit für katalytische Zwecke.*

249. Das Titandioxid wird heute noch überwiegend im Naßverfahren aus Ilmenit hergestellt (in Westeuropa: 85% Sulfat-Verfahren, 15% Chlorid-Verfahren). Die geplanten Kapazitätserweiterungen sehen in den USA ausschließlich das Chlorierungsverfahren vor, während in Europa beiden Verfahren die gleiche Bedeutung eingeräumt wird. Die USA, die Sowjetunion und Australien verfügen über reiche Rutilvorkommen, jedoch nur Australien exportiert im wesentlichen nach Westeuropa, den USA und Japan. 1979 hat die Sowjetunion ihre Rutillieferungen drastisch gekürzt, so daß die Pigmentindustrie hauptsächlich auf die Ilmenitverarbeitung angewiesen ist.

250. Es besteht jedoch als dritter Verfahrensweg grundsätzlich auch die Möglichkeit, eine mit Ilmenit als Rohstoff arbeitende TiO$_2$-Pigmentindustrie auf das ohne flüssige Abfälle arbeitende Chlorierungsverfahren umzustellen. Titandioxid-Konzentrat mit weniger als 10% Fe-Gehalt und einem TiO$_2$-Gehalt von 85−88% als Ausgangsmaterial für das Chloridverfahren kann nämlich aus Ilmenit hergestellt werden. Das Know-how dieses Verfahrens ist allerdings nicht allen Herstellern geläufig.

251. *Als Vorstufe für das Sulfat-Verfahren wird außerdem großtechnisch das Sorel-Verfahren (ULLMANN, 1962) betrieben, bei dem aus Ilmenit im Lichtbogenofen ein Roheisen als „Abfall“ und eine 70% TiO$_2$ enthaltende Schlacke zur Weiterverarbeitung gewonnen werden. Bei diesem Verfahren sind Strompreise und Absatzmöglichkeiten des Roheisens, das noch weiter verhüttet werden muß, von entscheidender Bedeutung. In Kanada wurden 1960 bereits 350 000 Tonnen Schlacke für die Pigmentindustrie hergestellt.*

Ein anderes Verfahren zur Gewinnung von TiO$_2$-Konzentraten erzielt einen noch niedrigeren Eisenoxidgehalt (ULLMANN, 1962) und wird inzwischen in den USA und Japan mit Erfolg durchgeführt. Dabei werden die Erze mit Schwefelsäure (in Japan) oder mit Salzsäure (in den USA) aufgeschlossen. Ein amerikanischer Hersteller ist sogar in der Lage, TiO$_2$ mit einer abweichenden Kristallstruktur nach dem Chloridverfahren herzustellen, was bisher nur nach dem Sulfatverfahren möglich war.

Beseitigung der Abfälle aus dem Naßverfahren

252. Die Weiterverarbeitung der beim Sulfat-Verfahren entstehenden Abfälle zu Folgeprodukten ist technisch kein Problem, ökonomisch jedoch uninteressant. Grünsalz kann in bestimmtem Ausmaß als Flockungs- und Fällungsmittel für Abwasserreinigung und Wasseraufbereitung verwendet werden. Auch andere Nutzungen wie z. B. als Zuschlag bei der Eisenverhüttung oder in der Baustoffindustrie sind denkbar. Auch ist es möglich, den Sulfatanteil des Grünsalzes in Schwefelsäure überzuführen. Wegen des in der Bundesrepublik Deutschland ohnehin vorhandenen Schwefelüberschusses gibt es hierfür allerdings keine Absatzmöglichkeit. Außerdem fällt Sondermüll an.

Die Dünnsäure kann unter hohem Energieaufwand zu hochprozentiger Schwefelsäure konzentriert oder aber neutralisiert werden. Bei letzterem Verfahren müßten Deponieflächen für das entstehende Gips- und Eisenhydroxid-Gemisch bereit stehen.

253. Das in großem Maßstab angewendete Beseitigungsverfahren für Dünnsäure und Grünsalz ist daher bisher die Einbringung ins Meer. Während die Abwässer deutscher Firmen vom Rhein vor den Niederlanden eingebracht werden, werden diejenigen aus der TiO$_2$-Produktion in Norddeutschland (Nordenham) seit 1969 in einem 25−28 m tiefen Seegebiet ca. 14 sm nordwestlich von Helgoland eingebracht. In den Jahren 1969 bis 1976 betrug die Menge im Jahresdurchschnitt etwa 650 000 t, seit 1977 etwa 750 000 t. Die Zusammensetzung der in die See eingebrachten Abwässer aus der deutschen TiO$_2$-Produktion zeigt Tab. 4.15.

254. Die Folgen der Einbringung von Abwässern aus der TiO$_2$-Produktion werden seit längerer Zeit untersucht. Die seit Beginn der Einleitungen durchgeführten chemisch-physikalischen Untersuchungen (DHI) erbrachten, daß sich unmittelbar nach der Einbringung in das Schraubenwasser des fahrenden Abwassertankers der pH-Wert im Meerwasser merklich erniedrigt, so daß Planktonorganismen im Bereich der noch wenig verdünnten Abwasserfahne absterben dürften. Die eingebrachten Säuren werden aber im weiteren Umkreis rasch neutralisiert; es liegen keine Anhaltspunkte für Schadwirkungen durch veränderte pH-Werte vor.

255. *Das im Abfallprodukt in Lösung vorliegende zweiwertige Eisen reagiert mit dem im Wasser gelösten Sauerstoff nach Einbringung unter Bildung von dreiwertigem Eisen, das in Form von Flocken als Eisenoxidhydrat ausfällt. Diese Flocken verteilen sich ungleichmäßig und bilden deutlich sichtbare, verschieden große Wolken, die zum Teil bei ruhigen Wetterverhältnissen auf den Meeresboden absinken, aber bei stärkerem Wind und Seegang wieder in den Wasserkörper aufgenommen werden. Es wird angenommen, daß das eingebrachte Eisen von den Strömungen nordwärts aus der Deutschen Bucht in die offene Nordsee transportiert wird und der Abtransport des Eisens im Mittel ebenso groß ist wie der Eintrag.*

Infolge der Reaktion des Eisen-(II)-sulfats mit dem Sauerstoff des Seewassers tritt direkt im Schraubenwasser des Einbringungsschiffes vorübergehend ein Sauerstoffdefizit auf. Bereits wenige Stunden nach der Verklappung stellen sich allerdings wieder die normalen Sauerstoffwerte des Meerwassers ein.

Tab. 4.15

Anteile der in den Abwässern der deutschen TiO$_2$-Produktion enthaltenen Stoffe in Prozent

FeSO$_4$	ca. 14	MgSO$_4$	ca. 1,0	Cr$_2$(SO$_4$)$_3$	ca. 0,014
H$_2$SO$_4$	ca. 12	MnSO$_4$	ca. 0,07	Al$_2$(SO$_4$)$_3$	0,2
TiOSO$_4$	ca. 0,8	VOSO$_4$	ca. 0,04	Na$_2$SO$_4$	0,03
				CaSO$_4$	0,07

Quelle: Mitteilung des DHI (1978).

Beim Mangan ist im Wasser des Einbringungsgebietes ebenso wie beim Eisen eine Konzentrationserhöhung gegenüber der nicht abwasserbelasteten Umgebung festzustellen. Die Eisenkonzentration ist in den Sedimenten stellenweise erhöht, wobei bisher nicht geklärt ist, ob es sich nicht nur um zeitlich begrenzte lokale Erscheinungen handelt. Anreicherungen anderer Elemente wie etwa Quecksilber, Cadmium, Blei (2 mg/l im Abwasser), Zink (40 mg/l im Abwasser), Kupfer (1,5 mg/l im Abwasser), Kobalt, Nickel (15 mg/l im Abwasser), Chrom (200 mg/l im Abwasser) oder Mangan (4,5 g/l im Abwasser) im Sediment wurden bisher nicht festgestellt.

Untersuchungen
zur Auswirkung der eingebrachten Abwässer

256. Laboruntersuchungen mit Abwässern der Titandioxidproduktion ergaben eine gewisse Toxizität für Miesmuscheln (WINTER, 1972). Einzellige Algen (Prorocentrum micans) starben noch bei einer Verdünnung von 1:2500 (KAYSER, 1969). (Die Primärverdünnung der Abwässer im Schraubenwasser des Tankers liegt bei 1:500 und steigt in der ersten Stunde auf 1:2500 bis 5000; WEICHART, 1975b, 1977.)

257. Noch vor Beginn der Einleitungen wurden die Bodentiergesellschaften im Einbringungsgebiet vorsorglich untersucht (STRIPP u. GERLACH, 1969) und die Beobachtungen seitdem fortgesetzt. Dabei konnten zwar deutliche mehrjährige Bestandsveränderungen beobachtet werden (RACHOR u. GERLACH, 1978), die aber durch natürliche Faktoren wie extreme Temperatur und starker Wellengang (Herbst- und Frühjahrsstürme) erklärbar sind. Anthropogene Effekte waren nicht zu erkennen. Die Regenerationsfähigkeit der Bodentiergemeinschaften ist anscheinend nicht beeinträchtigt (RACHOR, 1979). Allerdings wurde noch nicht geprüft, inwieweit Störungen der normalen Funktionen und Leistungen der ansässigen Tiere (Produktionsleistung, Fortpflanzungsvermögen etc.) eintreten und ob die Regeneration möglicherweise auf einwandernde Individuen (Larvenzuwanderung) zurückgeht.

258. DETHLEFSEN (1979) beobachtete eine erhöhte Krankheitsrate bei Klieschen, einer Plattfischart, im Einbringungsgebiet der Abwässer aus der Titandioxidproduktion und leitet die Vermutung ab, daß diese Abwasserbelastung ursächlich mit dem erhöhten Auftreten von Fischkrankheiten verknüpft ist. Die Zahl der vorliegenden Untersuchungen reicht jedoch zur Bestätigung des Verdachtes nicht aus, eine Klärung ist dringend erforderlich. (Zum Komplex Fischkrankheiten siehe Tz. 536 ff.)

259. Die EG hat 1978 eine Richtlinie erlassen, die die Einbringung von Abfällen aus der TiO$_2$-Produktion verringern und schließlich ganz unterbinden soll. Ziel der Richtlinie ist zum einen die Rechtsangleichung, um Wettbewerbsverzerrungen (insbesondere zwischen den Mittelmeer- und Nordseeanrainern) zu verhindern. Zum zweiten verfolgt die Richtlinie umweltpolitische Ziele, nachdem ein Bericht (Verschmutzung durch die TiO$_2$-Industrie, Dok

ENV/47/75) im Jahre 1975 zahlreiche ökologische Bedenken geltend gemacht hatte (vgl. Umweltgutachten 1978, Tz. 1687).

Die Richtlinie (Präambel) geht von einer Gefährdung der „Gesundheit des Menschen" und der „Umwelt" durch die Abfälle aus der Titandioxid-Produktion aus. Die vorliegenden Untersuchungen und auch der genannte Bericht der EG-Kommission stellen jedoch keine Gefährdung der menschlichen Gesundheit fest (JOHNSON, 1979). Daher bleibt ein Widerspruch zwischen der Präambel und den wissenschaftlichen Untersuchungen (Näheres s. in Abschn. 10.2, Tz. 1191ff.).

260. Die Richtlinie unterwirft die Beseitigung einer Genehmigung, die nach einer Prüfung alternativer Beseitigungsmethoden nur unter der Voraussetzung erteilt werden kann, daß sich „keine nachteiligen Auswirkungen für Schiffahrt, Fischerei, Erholung, Rohstoffgewinnung, Entsalzung, Fisch- und Muschelzucht, Gebiete von besonderer wissenschaftlicher Bedeutung und die übrigen rechtmäßigen Arten der Nutzung der betreffenden Gewässer ergeben". Voraussetzungen und Folgen müssen durch Messung und Überwachung laufend geprüft werden. Die Ergebnisse der Folgeuntersuchungen können Grundlage für den Widerruf der Genehmigung sein. Außerdem müssen die Mitgliedstaaten der Kommission über Genehmigungen, Vor- und Nachuntersuchungen usw. berichten. Alle drei Jahre ist ein umfassender Bericht an die Kommission und die übrigen Mitgliedstaaten zu erstatten. Schließlich haben die Mitgliedstaaten der Kommission bis zum 1. Juli 1980 ein Programm für die Minderung des Eintrags von Abwässern aus der TiO$_2$-Produktion zu unterbreiten, aufgrund dessen die Kommission ein Gesamtprogramm vorschlägt, welches auch die umstrittene Frage lösen soll, bis zu welchem Grad die Einbringung zu verringern ist und welche Umstellungen des Produktionsprozesses angemessen sind.

Die Kommission beabsichtigt, im zweiten Halbjahr 1980 einen Richtlinienvorschlag betreffend der Schaffung eines Systems zur Überwachung und Kontrolle der Abfälle der Titandioxidindustrie vorzulegen. Der Rat von Sachverständigen für Umweltfragen ist der Auffassung, daß mit der bestehenden Richtlinie eine gute Grundlage für die Überwachung der ökologischen Auswirkungen und der denkbaren Gesundheitsgefahren für den Menschen in bezug auf diese Form des Stoffeintrags gegeben ist. Die beabsichtigte weitere Richtlinie zur Überwachung dieses ganzen Beseitigungsverfahren wird voraussichtlich die Qualität des Vollzugs noch verbessern.

4.6.2.2 Rotschlamm

261. Wenn auch Rotschlamm z. Z. weder von seiten der Bundesrepublik Deutschland noch von anderen Anrainern in die Nordsee eingebracht wird, so ist doch, nach Auffüllung der Deponieflächen an Land, ein Antrag auf Einbringung nicht ausgeschlossen. Daher soll über die bisherigen Erfahrungen mit der Verbringung dieses Abfalls berichtet werden.

Die Titandioxidabfälle, die wegen der bei der Verklap-pung entstehenden rotbraunen Flecken oft fälschlicher-weise „Rotschlamm" genannt werden, dürfen nicht mit dem eigentlichen Rotschlamm verwechselt werden, der beim Aufschluß von Bauxit zur Aluminiumgewinnung in Mengen von 0,5–1 t pro erzeugter Tonne Al_2O_3 in Form stark alkalischer Schlammes entsteht. Aluminium wird im deutschen Küstenraum in zwei Werken an der Unter-elbe produziert. Ein weiteres Werk ist in Brunsbüttel projektiert.

Zur Beseitigung des Rotschlamms an Land sind große Deponieflächen notwendig, wobei eine Gefährdung des Grundwassers ausgeschlossen werden muß. Daher bean-tragte ein betroffenes Unternehmen vor Aufnahme der Produktion in Anlehnung an die Verfahren in Frankreich, Großbritannien (Irische See) und Italien (Adria) die Ver-klappung von ca. 800 000 t Rotschlamm pro Jahr in der Nordsee.

Bei einem nach der Antragstellung durchgeführten Großversuch wurden 1971 innerhalb von 20 Tagen 15 000 t Rotschlamm 90 Seemeilen nördlich von Helgo-land versenkt. Statt einer lokal begrenzten Ablagerung, wie sie wünschenswert gewesen wäre, um mögliche Aus-wirkungen auf einen kleinen Raum zu begrenzen, hatten sich dabei die abgesunkenen Rotschlammpartikeln fünf Wochen nach Versuchsbeginn über eine Bodenfläche von etwa 250 km² ausgebreitet. Unter den in der Nordsee herrschenden Bedingungen (Seegang, Strömung) ist es demnach nicht möglich, eine lokal begrenzte Verklap-pung des Schlamms zu gewährleisten. Insofern unter-scheidet sich die Situation gänzlich von der in der Adria (nur schwache Strömung) oder in Frankreich (Einlei-tung in einen engen untermeerischen Canyon in Tiefen bis zu 2 000 m, lokal eng begrenzt), aber auch von der Praxis in England, wo der Schlamm vor den endgültigen Einbringungen in Becken abgelagert und dadurch weit-gehend von der Restlauge befreit wurde (ROSENTHAL et al., 1973).

An der während des Versuchs beobachteten Bodenfauna wurde keine eindeutig auf Rotschlammverklappung zu-rückzuführende Bestandsveränderung beobachtet; für eine abschließende Beurteilung war jedoch der Zeitraum der Untersuchungen zu kurz (ROSENTHAL et al., 1973). Eindeutige Schäden zeigten sich bei im Versuchsgebiet in Käfigen gehaltenen Kabeljauen, von denen 59% (4 m über Grund gehalten) bzw. 14% (10 m über Grund) innerhalb des Versuchszeitraums starben, während alle Kontrolltiere (in sauberem Wasser bei Helgoland gehäl-tert) überlebten. Die Tiere hatten stark mit Rot-schlammpartikeln verklebte Kiemen, die sich auch nach Übertragung der Fische in sauberes Wasser nicht mehr reinigten. Im Laborversuch wurden sowohl Kiemenver-klebungen an Aalen, Schollen und Garnelen beobachtet als auch Verklebung von Heringseiern (Verhinderung des Gasaustausches über die Oberfläche), Beeinträchti-gung von Wachstum und Fortpflanzung bei einem Planktonkrebs (Calanus helgolandicus) und Schäden an planktischen Algen, Rippenquallen, Seesternen, See-igeln und Krebsen (ROSENTHAL et al., 1973).

262. In einer gemeinsamen Stellungnahme der an den Versuchen beteiligten Institute wurde die Ver-klappung von Rotschlamm in der Nordsee abgelehnt. Dem oben genannten Antrag wurde nicht stattgege-ben, da schwerwiegende Folgen für die Fischbestän-de, vor allem für die durch die Schlammabsenkung besonders gefährdeten bodenlebenden Plattfische (wie Seezunge, Steinbutt, Scholle, Rotzunge und Kliesche) der Nordsee nicht auszuschließen sind.

Seitdem werden die Rotschlammabfälle auf einer Deponie im Bützflether Moor abgelagert. Auch künf-tig dürfte nicht mit einer Einbringungserlaubnis für Rotschlamm aus der Bundesrepublik Deutschland zu rechnen sein.

Untersuchungen von ZOBEL, KULLMANN u. STA-ROSTA (1978) ergaben, daß Rotschlamm nach einer ge-wissen Vorbehandlung durchaus als Bodenverbesse-rungsmittel (wasserhaushaltsverbessernde Wirkung und Erhöhung der Bodenfruchtbarkeit in Sandböden) ver-wendet werden kann. Die Versuche sollen fortgesetzt werden. Eine andere Verwendungsmöglichkeit bietet sich, ebenfalls nach Aufbereitung, als Flockungsmittel zur Reinigung von Abwässern.

4.6.2.3 Radioaktive Abfälle

263. Radioaktive Abfälle dürfen in der Nordsee nicht verklappt werden.

4.6.2.4 Verbrennung auf See (Organohalogene)

Art und Herkunft der Abfälle

264. In der chemischen und pharmazeutischen In-dustrie fallen seit einigen Jahren vermehrt haloge-nierte (hauptsächlich chlorierte) Kohlenwasserstoffe als Abfälle an. Sie entstehen als Nebenprodukte oder Rückstände bei der Weiterverarbeitung oder beim Verbrauch (z.B. als Lösungsmittel). Im EG-Raum sind (FABIAN u. FRICKE, 1977) 1976 schätzungs-weise 600 000 t/a Rückstände (Primäranfall) produ-ziert worden, von denen ca. zwei Drittel ganz oder teilweise verwertet wurden und der Rest Abfall war. Allein in der Bundesrepublik Deutschland sind 1976 bei einer Produktion von 2,8 Mio t chlorierter Koh-lenwasserstoffe schätzungsweise 150 000–200 000 t Nebenprodukte und Rückstände angefallen, von de-nen etwa 40% verwertet wurden und 120 000 t Abfall waren. Die Abfälle aus der Weiterverarbeitung und der Verwendung als Lösungsmittel sind hinzuzu-rechnen. Die gesamte Menge an flüssigen und auch schlammförmigen chlorierten Kohlenwasserstoffab-fällen wird auf ca. 150 000 t/a in der Bundesrepublik Deutschland geschätzt.

Beseitigung der Abfälle

265. Halogenierte Kohlenwasserstoffe sind teilwei-se sehr schwer abbaubare und giftig wirkende Ver-bindungen, deren für Mensch und Umwelt schadlose Beseitigung mit großer Sorgfalt vorgenommen wer-den muß. In der Bundesrepublik Deutschland und im EG-Raum werden drei Methoden angewandt:

– Lagerung in Untertage-Deponien,

– Verbrennung an Land,

– Verbrennung auf See.

Z.Z. wird in der Bundesrepublik Deutschland über-wiegend die Seeverbrennung praktiziert (Tab. 4.16), die am kostengünstigsten ist. Nach einem Kostenver-gleich für die verschiedenen Beseitigungsmethoden

Tab. 4.16

Beseitigung halogenierter Kohlenwasserstoffe (HKW)
in der Bundesrepublik Deutschland

Beseitigung	Mengen (t/a)	Bemerkungen
Auf See verbrannt	80 000	in der Regel hochchlorierte HKW (50 Gew.-% Cl)
Regeneration verbrauchter Lösemittel	20 000 – 30 000	Zahl an Hand der Regenerationsmenge von Lösemitteln geschätzt
Untertagedeponie	ca. 7 000	Zahl an Hand der größten Stoffgruppe in Herfa-Neurode geschätzt
An Land verbrannt	ca. 30 000	überwiegend niedrigchlorierte HKW (10 – 25 Gew.-% Cl)
Summe	ca. 137 000 – 147 000	

Quelle: BARNISKE (1978).

müssen z.Z. für die Landverbrennung DM 250 – 400 und für die Seeverbrennung DM 120 – 200 pro t gerechnet werden. (Beseitigungskosten frei Anlieferung, Beseitigungsanlagen bzw. Verbrennungsschiff für 1976, FABIAN u. FRICKE, 1977.) Diese Aufstellung gilt für das ehemalige Verbrennungsgebiet vor der niederländischen Küste, das bis 1978 benutzt wurde. Nach dessen seewärtiger Verlegung (s. Abb. 4.13) ist mit dem längeren Transportweg eine Verteuerung für die Verbrennung auf See eingetreten.

266. *Die Verbrennung auf See wird international durch eine Ergänzung (sog. Regulations) zur London-Konvention geregelt und ist wie das Dumping genehmigungsbedürftig (vgl. „Entschließung der dritten Konsultationssitzung über die Verbrennung auf See. Dt. Übersetzung [105 – 94/79] der am 12. 10. 78 angenommenen Entschließung zur London Dumping Convention [LDC] Res. 5 [II]. Im deutschen Ratifikationsgesetz und den entsprechenden Verordnungen wird die Verbrennung als indirektes Dumping definiert.*

267. Der grundsätzliche Unterschied zwischen Land- und Seeverbrennung besteht darin, daß auf See keine Abgasreinigungsvorschriften bestehen und die Verbrennungsabgase daher unverändert in die Atmosphäre abgegeben werden. Zur Verbrennung gelangen in erster Linie flüssige Abfälle aus der chemischen Industrie, vorwiegend die hoch chlorierten Kohlenwasserstoffe. Einen Eindruck von der Zusammensetzung der Abfälle (für Genehmigungen aus den Niederlanden) vermittelt Tab. 4.17.

268. Die zwischen 1969 und 1978 in der südlichen Nordsee verbrannten Kohlenwasserstoffabfälle belaufen sich nach Tab. 4.18 auf rd. 570 000 t.

269. Die Abfälle stammen vorwiegend aus den Niederlanden, Belgien oder der Bundesrepublik Deutschland. Aus den Daten für 1977 und 1978 geht hervor, daß neuerdings auch Abfälle aus anderen Ländern wie Großbritannien, Italien, Österreich, Schweden, Finnland, ja sogar aus der Tschechoslowakei und den USA verbrannt wurden.

270. Die Verbrennungen werden auf für diesen Zweck konstruierten Verbrennungsschiffen durchgeführt, die in den Niederlanden (Hafen Rotterdam) oder in Belgien (Antwerpen, Hemiksem) beladen werden. Tab. 4.19 nennt die Verbrennungsschiffe, die seit 1969 in der Nordsee in Betrieb genommen wurden.

Von den vier erstgenannten Schiffen arbeiten z.Z. (Stand 1979) nur MATTHIAS II, während MATTHIAS I mangels Seetüchtigkeit und MATTHIAS III mangels Wirtschaftlichkeit nicht mehr eingesetzt werden. Obgleich die Kapazität der Verbrennungsschiffe 1978 nicht ausgelastet war, wurde Mitte 1979 ein weiteres Schiff (VESTA) fertiggestellt. Dieses Schiff hat eine Verbrennungskapazität von ca. 40 000 t/a und kann 1 400 t Abfälle laden. Die Abfälle der deutschen Firmen werden in einem Tankschiff über den Rhein nach Rotterdam oder Antwerpen gebracht und über Tanks bzw. Rohrleitungen auf das Verbrennungsschiff umgeschlagen.

271. Die Schiffe arbeiteten bis 1978 in einem Seegebiet 20 – 30 km westlich von Scheveningen vor der niederländischen Küste, abseits vom Seeverkehr, aber in durch die Fischerei genutzten Gewässern. Wegen Klagen der Küstenbewohner über Beeinträchtigungen durch Abgase wurde das Verbrennungsgebiet in die mittlere Nordsee verlegt, und zwar abseits der Schiffahrtsrouten in ein fischereibiologisch wenig

Tab. 4.17

Zusammensetzung der für die Niederlande zwischen Mitte 1976 und Mitte 1978 jährlich für die Verbrennung auf See genehmigten flüssigen Abfälle

Hafenstation Rotterdam bzw. Antwerpen (Beladung)

jährliche Menge (in t)	Herkunft	Zusammensetzung
1 800	Mineralölprodukt Entschwefelung	Salzlösung
1 800	Propylen-Glykol-Herstellung	Natrium-Salze, Glykole
500	Steroid-Produktion	Lösungsmittel
15 000	Glyzerinherstellung	chlorierte organische Bestandteile
8 000	Vinylchlorid/Chlorotoluidin-Herstellung (aus der Bundesrepublik Deutschland)	chlorierte organische Bestandteile
300	Pharmazeutische Industrie	Lösungsmittel
4 000	Herbizid-Herstellung	chlorierte organische Bestandteile
25	verschiedene Prozesse	Lösungsmittel und chlorierte organische Bestandteile
10 000	Vinylchlorid- und Herbizidproduktion	chlorierte organische Bestandteile
600	Herstellung von Phenol, Kresol-Formaldehyd	Formaldehyd, Phenol, Kresol, Methanol

Quelle: OSCOM (1978 c).

bedeutendes Gebiet, dessen Lage bei den vorherrschenden Windrichtungen einen Niederschlag der Abgase noch über der Nordsee erwarten läßt (s. Abb. 4.13). Dieses seit Ende 1978 durch die Niederlande benutzte neue Gebiet steht im Falle bilateraler Absprachen auch für andere Nationen zur Verfügung.

Die Verbrennung erfolgt bei Flammentemperaturen oberhalb 1200° C – i.a. bei 1500 bis 1600°C –. Bei optimaler Verbrennung sind die wesentlichen Bestandteile des Abgases Chlorwasserstoff, Kohlendioxid und Wasserdampf. Die Mengen an Kohlenmonoxid und Ausgangsmaterial sind sehr gering, es wird davon ausgegangen, daß mehr als 99,9% davon umgesetzt werden (BARNISKE, 1978; FABIAN, 1979).

Wärend des Einsatzes wird das Schiff dadurch kontrolliert, daß viertelstündlich die Anzeigen der Navigationsgeräte (Standort), der Ofentemperatur und der Abfallpumpe photographiert werden. Die Entleerung der Tanks ist nur über die Brenner möglich, so daß die Abfälle nicht ins Meer eingeleitet werden können. Die Schiffe müssen nach dem IMCO-Code für den Transport giftiger Chemikalien einen doppelten Boden haben, um Schutz bei Kollisionen zu bieten.

272. Tab. 4.18 gibt die zwischen 1969 und 1978 in der südlichen Nordsee verbrannten Kohlenwasserstoffabfälle mit rund 570 000 t an. Wenn maximal

0,1% der Abfälle unzerstört oder nur teilweise zerstört abgegeben werden, sind im angegebenen Zeitraum ca. 570 t chlorierte Kohlenwasserstoffe aus Verbrennungsschiffen in die Atmosphäre der südlichen Nordsee abgegeben worden.

273. Die Abgase enthalten die aus dem Ausgangsmaterial stammenden Stoffe CO_2, H_2O, HCl und Cl_2 (BARNISKE, 1978) sowie Zersetzungsprodukte wie z. B. Trichlormethan (FABIAN, 1979). Es kann davon ausgegangen werden, daß die geringen Mengen einfacher Chlor-Kohlenwasserstoff-Verbindungen in der Atmosphäre relativ schnell zu HCl und CO_2 abgebaut werden (FABIAN, 1979). Zusätzlich entstehen NO_x aus der Verbrennungsluft und, sofern im Ausgangsprodukt Schwefel, Phosphor und Schwermetalle vorhanden sind, auch SO_2, P_2O_5 und Schwermetalloxide (BARNISKE, 1978).

Die Verbrennungsprodukte gelangen in die Atmosphäre. Die Oberfläche des Meeres hat eine ausreichende Pufferfähigkeit für gasförmiges HCl. Unverbrannte organische Bestandteile werden aus der Atmosphäre ausgewaschen oder über den Gas-Flüssigkeits-Austausch in das Meer eingetragen. Das gilt auch für Schwermetallspuren (BARNISKE, 1978).

Tab. 4.18

Chlorierte Kohlenwasserstoffabfälle, die in der südlichen Nordsee zwischen 1969 und 1978 auf Verbrennungsschiffen verbrannt wurden

(in t/a)

1969	4 000[1]
1970	8 000[1]
1971	28 000[1]
1972	66 000[1]
1973	87 000[1]
1974	85 000[1]
1975	85 000[1]
1976	85 000[1]
1977	55 440[2]
1978	67 503[3]
	570 943

Quellen: [1] FABIAN u. FRICKE (1977): Schätzungen. – [2] SACSA (1979 b): Verbrennungen durch Matthias II und III sowie Vulcanus von in Antwerpen geladenen Abfällen, die aus Belgien, Niederlanden, Bundesrepublik Deutschland, Großbritannien, Italien und Österreich stammten. – [3] SACSA (1979 b): Zusätzlich zu den in Fußnote 2 genannten Ländern Abfälle aus Schweden, Finnland, Tschechoslowakei, USA.

Tab. 4.19

Verbrennungsschiffe in der Nordsee, die seit 1969 in Betrieb gingen

Verbrennungs- schiffe	Flaggenstaat	Verbrennungs- kapazität/Jahr
MATTHIAS I	Bundesrepublik Deutschland	15 000 t
MATTHIAS II		60 000 t
MATTHIAS III		150 000 t
VULCANUS	Singapur	100 000 t
VESTA	Bundesrepublik Deutschland	40 000 t

Quelle: Mitteilung des DHI (1978); BARNISKE (1978).

274. Die Bewertung der umweltrelevanten Bedeutung der Verbrennung auf See hat in Fachkreisen dazu geführt, daß diese als die derzeit beste und in Relation zu anderen im Augenblick verfügbaren Verfahren umweltfreundlichste Beseitigungsmethode anzusehen sei.

4.6.2.5 Dünnsäure aus der Fertigung von organischen Farbstoffen und Zwischenprodukten

275. Die in Tz. 245 genannten Industrieabfälle stammen zum Teil aus der Fertigung von organischen Farbstoffen und Zwischenprodukten.
Diese bei einem deutschen Hersteller anfallenden Dünnsäuren bestehen im wesentlichen aus 15–20%iger Schwefelsäure mit einem Anteil von ca. 1% organischer Substanz (Benzol-, Naphthalin- und Anthrachinonsulfonsäuren), Spuren von Schwermetallen (angenähert sind dies: 100 ppm Fe, 20 ppm Cr, 1 bis 10 ppm Cu und Zn, 0,1 bis 1 ppm Ni, V, Pb und Hg, weniger als 0,1 ppm As, Cd und Ag) und ca. 10 ppm Organohalogenverbindungen. Die für das angeführte Unternehmen anfallende Menge dieses Gemischs wird für das Jahr 1980 voraussichtlich ca. 280 000 t betragen (Auskunft des Herstellers).

276. Mehrjähriger Praxis entsprechend wird aus der Herstellung von organischen und Zwischenprodukten kommende Dünnsäure zusammen mit der aus anderen Fabrikationszweigen, z.B. binnenländischer Titandioxidproduktion (Tz. 245 ff.), stammenden in Rotterdam auf Schiffe verladen und vor der niederländischen Küste verklappt. Weiterhin wird beispielsweise in der Irischen See Dünnsäure durch Direktleitung vom Land aus beseitigt, entsprechend der weltweit geübten Seebeseitigung. Die niederländischen Genehmigungsbehörden haben eine Verdünnung der Säure auf 1 : 7 500 im Schraubenstrahl des Schiffes vorgeschrieben, dieser Wert orientiert sich offenbar an Untersuchungsergebnissen, die zeigten, daß bei einer Verdünnung auf 1 : 10 000 noch Schädigungen von Organismen auftraten; dieser Verdünnungsgrad wird wenige Minuten nach Einleiten in das Meerwasser erreicht. Da die Abfälle bei der Erzeugung hochechter Farbstoffe entstehen, ist damit zu rechnen, daß sich unter den organischen Substanzen nennenswerte Mengen schwer abbaubarer Stoffe befinden.

277. Es ist davon auszugehen, daß die Verklappung dieser aus der Produktion von organischen Farbstoffen und Zwischenprodukten stammenden Dünnsäure in absehbarer Zeit eingestellt werden kann, da zumindest das in Tz. 275 angeführte Unternehmen ein Entsorgungskonzept vorgelegt hat, das bis 1984 realisiert sein soll. Dazu gehören die Aufarbeitung eines Teils der Säure in einer anlaufenden Anlage (Stand Juni 1980), Betriebsverlagerung in eine neue Anlage in Brunsbüttel, die nach Angaben des Herstellers ohne Dünnsäureabfall arbeitet, sowie der Einsatz einer Eindampfungsanlage. Es bleibt abzuwarten, ob nach 1984 noch Restmengen verbleiben, und wieweit die Möglichkeiten der Technik in der genannten Zeit wirklich ausgeschöpft werden.

4.6.3 Klärschlamm

278. Die Einbringungen von Klärschlamm in die Nordsee stiegen von ca. 4,4 Mio t für 1976 auf ca. 5,3 Mio t für 1978 an (Tab. 4.20). Mehr als 90% des Klärschlammeintrags stammen aus Großbritannien;

Tab. 4.20

Einbringung von Klärschlamm in die Nordsee

(in 1 000 t/a)

Herkunftsland[1]	1976	1977	1978
Bundesrepublik Deutschland	299	272	272
Großbritannien[2]	4 140	4 729	5 010

[1] Von Belgien, Dänemark, Frankreich und den Niederlanden entweder keine Angaben oder keine Einbringungen. – [2] Für Großbritannien liegen keine regional differenzierten Daten über tatsächliche Klärschlammeinbringungen vor. Um größenordnungsmäßig die tatsächlichen Klärschlammeinbringungen in die Nordsee (ostenglische Küste) zu ermitteln, wurde die Gesamteinbringungsmenge mit dem Anteil der für die Nordsee vorliegenden Lizenzen gewichtet (Prämisse: regional gleich verteilte Ausnutzung der genehmigten Einbringungsmengen). Gewichtung 1976: 57,3%; 1977: 60,7%; 1978: 60,7% (geschätzt).

Quelle: SACSA (1979a).

der Rest kommt aus der Bundesrepublik Deutschland. In den Niederlanden werden Klärschlämme nicht verklappt, sondern über Rohrleitungen eingebracht; diese Einträge werden künftig durch die seit 1978 in Kraft befindliche Pariser Konvention erfaßt. Ausreichende Unterlagen aus Belgien, Dänemark und Norwegen fehlen.

279. In der Bundesrepublik Deutschland wurde von 1961 bis Juni 1980 im Vormündungsbereich der Elbe, nordöstlich des Feuerschiffs Elbe I, in einem Gebiet von 20 m Wassertiefe täglich der eingedickte Faulschlamm der Stadt Hamburg eingebracht, bis 1976 wurde auch Faulschlamm aus Elmshorn im gleichen Seegebiet verklappt (siehe auch Abb. 4.13). Es existieren zwei Schleppverbände, die wöchentlich vier bis fünf Fahrten durchführen und die Auflage haben, die Abfälle mit vorgeschriebener Mindestgeschwindigkeit bei ablaufendem Wasser einzubringen. Die Genehmigung zur Einbringung, die nach dem Hohe-See-Einbringungsgesetz vom 11. 2. 1977 zum ersten Mal für den Zeitraum vom November 1978 bis zum Dezember 1979 ausgesprochen wurde, belief sich auf 340 000 m³ ausgefaulten Klärschlamms (292 000 m³ pro Jahr). Seit Juli 1980 muß Hamburg ein neues Gebiet auf Hoher See benutzen. Die Genehmigung läuft bis Ende 1980, dann soll die Genehmigung nur noch für eine Einbringung in den Atlantik möglich sein. Währenddessen wird eine Anlage an Land erstellt. Seit 1979 ist auch eine Erlaubnis für die Einbringung von Klärschlamm der Stadt Cuxhaven in die Nordsee erteilt (vgl. Abb. 4.13); Cuxhaven macht wegen der mit der Genehmigung verbundenen Auflagen jedoch keinen Gebrauch von der Erlaubnis.

Daten über die Klärschlammeinbringung in die Nordsee liegen nur für die Bundesrepublik Deutschland und für Großbritannien vor.

280. Mit den Schlämmen werden erhebliche Mengen an Pflanzennährstoffen, sauerstoffzehrenden Substanzen, Schwermetallen, persistenten organischen Stoffen und Mikroorganismen eingetragen. Messungen des Metallgehalts im Hamburger Schlamm lassen unter Annahme eines jährlichen Eintrags von 320 000 t und einem Feststoffgehalt von ca. 5% die in Tab. 4.21 aufgeführten jährlichen Metalleinträge vermuten. Dies ist weniger als der jährliche Eintrag mit dem Faulschlamm Londons (800 t Zink, 200 t Kupfer, 100 t Chrom, 50 t Nickel, 10 t Cadmium; WEICHART, 1973) und entspricht je nach Element größenordnungsmäßig 0,1–1% des geschätzten jährlichen Eintrags durch den Rhein.

Die in Tab. 4.21 angeführten Daten zum Metallgehalt der Sedimente des Verklappungsgebiets entsprechen mehr oder weniger der regionalen Norm (KARBE, 1977). Es wird angenommen, daß ein großer Teil des Materials verdriftet und sich über ein nicht näher einzugrenzendes Areal verteilt, so daß der im Vergleich zur zentralen Nordsee erhöhte Schwermetallgehalt der Sedimente im Verklappungsgebiet primär auf den Eintrag der Elbe zurückzuführen sein dürfte. Zu den übrigen mit dem Schlamm eingebrachten Stoffen liegen keine Abschätzungen vor.

Es stellt sich die Frage, ob und in welchem Umfang die Klärschlammeinbringungen Einfluß auf andere Nutzungen und auf die Ökologie des betroffenen Gebietes haben. In der Vergangenheit wurde mehrfach von Fischern Beschwerde über Zwischenfälle bei der Grundschleppnetzfischerei im Verklappungsgebiet geführt, weil Schleppnetze im Sediment stecken blieben oder Netzverluste auftraten. Untersuchungen des DHI ergaben jedoch, daß nicht Klärschlamm, sondern weiche Flußsedimente Ursache der Zwischenfälle waren.

Tab. 4.21

Abschätzung des Metall-Eintrags durch die Einbringung von Hamburger Klärschlamm im Vormündungsbereich der Elbe im Vergleich zum Metallgehalt der Sedimente

	Metallgehalt des Klärschlamms (mg/kg Trockengewicht)	Eingebrachte Metallmenge (t/Jahr)	Metallgehalt der Sedimente im Verklappungsgebiet (mg/kg Trockengewicht)
Fe	20 000 – 21 000	330	3 400 – 26 000
Zn	2 500 – 2 700	40	13 – 198
Cu	1 100 – 1 500	20	4 – 20
Pb	600 – 800	10	12 – 70
Cr	290 – 390	5	6 – 67
Ni	120 – 170	2	4 – 36
Co	33 – 37	0,5	4 – 20
Cd	20 – 24	0,4	0,3 – 3
Hg	8 – 9	0,1	0,02 – 1

Quelle: Nach RÜHL und ALBRECHT (pers. Mitt., 1977).

281. Über die seit 1970 laufenden Untersuchungen der Bodentiere im Klärschlamm-Verklappungsgebiet vor der Elbemündung berichtet CASPERS (1979). Entsprechend der Zugehörigkeit des Verklappungsgebietes zur Abra-alba-Gemeinschaft (vgl. Tz. 92) ist die ökologische Situation durch Labilität gekennzeichnet, die sich in starken Schwankungen der Besiedlungsdichte widerspiegelt. Das zentrale Verklappungsgebiet ist durch einen zahlenmäßig stark fluktuierenden Bestand der Kleinen Pfeffermuschel (Abra alba) gekennzeichnet, zeitweilig treten vielborstige Würmer (Polychaeten) in größerer Zahl auf. 1977 und 1978 war die Pfeffermuschelzahl sehr gering und die Artenzahl insgesamt reduziert. Diese Verarmung könnte nach Erfahrungen mit anderen Schlickgebieten Teil langfristiger natürlicher Fluktuationen sein, sie könnte aber auch mit der Belastungssituation zusammenhängen. Die Frage bedarf dringend der Überprüfung.

In den dem Klärschlamm-Verklappungsgebiet benachbarten Arealen kommt die Nußmuschel (Nucula nitida; Synonyme Nucula nitidosa und N. turgida) mit verschiedenen Begleitarten als überwiegendes Faunenelement vor. Diese Gesellschaft zeigte nach RACHOR (1977) in einem Seegebiet 8–9 km westlich des Verklappungsgebietes von 1969 bis 1976 einen deutlichen Trend zur Artenverarmung; Ursache hierfür dürfte die starke anthropogene Belastung des von Natur aus labilen Gebietes durch den Zufluß trübstoffreichen Elbewassers und die Einbringung von Klärschlamm sein (vgl. hierzu auch 2.4 und 5.2).

282. Ein besonderes Problem stellt die Häufung von Fischkrankheiten im abwasserbelasteten küstennahen Bereich der inneren Deutschen Bucht dar (vgl. Tz. 536). Es ist zu vermuten, daß die Klärschlammverklappung in gewissem Umfang zur Steigerung der Krankheitsrate beiträgt; die bisherigen Untersuchungen (DETHLEFSEN, 1979) erlauben jedoch noch kein abschließendes Urteil.

283. Offensichtlich bleibt die Klärschlammeinbringung in dem von Natur ungeeigneten und durch seine Küstennähe bereits stark vorbelasteten Gebiet nicht ohne Folgen. Die Region wurde ursprünglich nur aus schiffahrtstechnischen Erwägungen ausgewählt, da keine Störungen des Schiffsverkehrs entstehen und der Transportweg kurz ist. Trotz der auch aus der Sicht der Genehmigungsbehörde ungeeigneten Beschaffenheit des Gebietes wurde es für die jüngste Genehmigung beibehalten, da die Verklappungsschuten Hamburgs nicht seetüchtig sind, es für die Stadt unwirtschaftlich ist, seegängige Schiffe einzusetzen und Deponieflächen in der Stadt nicht zur Verfügung stehen. Es wurde dem Antragsteller aber bereits in der Erlaubnis zur Auflage gemacht, die Beseitigung der Klärschlämme an Land voranzutreiben und mitgeteilt, daß im Jahre 1980 ein weiter entfernt gelegenes Einbringungsgebiet benutzt werden muß.

284. Mit der Initiative einiger Küstenstädte zum Kläranlagenbau wächst das Problem der Beseitigung des Klärschlamms. Der Antrag zum Klärschlammeintrag aus der Gemeinde Cuxhaven wurde jüngst genehmigt, ein Antrag der Gemeinde Bremerhaven mit Fertigstellung ihrer Kläranlagen liegt vor. Weitere Anträge sind zu erwarten. Unter Berücksichtigung ökologischer Aspekte sowie der Tatsache, daß der umweltpolitische Effekt der hohen Investitionen für Kläranlagen zum großen Teil an anderer Stelle wieder zunichte gemacht wird, ist es nicht zu vertreten, daß die Einbringungen beibehalten werden oder sogar zunehmen. Hinzu kommt, daß die Städte im Binnenland andere Wege der Schlammbeseitigung gehen müssen. Diese kritische Haltung entspricht der Politik der deutschen Genehmigungsbehörden, deren langfristiges Ziel es ist, die Klärschlammverklappung innerhalb der nächsten zehn Jahre einzustellen. Insofern sollen die Neuanträge, falls genehmigt, nur als Übergangslösung angesehen werden. Sieht man die deutschen Einträge darüber hinaus in Relation zur Praxis Großbritanniens, so wird klar, daß zur Gesamtlösung des Problems eine internationale Regelung notwendig ist.

4.6.4 Baggergut, Bauschutt

285. Den mengenmäßig größten Anteil an Verklappungen in der Nordsee bildet das Baggergut; in geringerem Umfang fällt Bauschutt an. Tab. 4.22 weist deren Menge mit 44 Mio t (1976) bzw. rund 72 Mio t (1978) aus. Es handelt sich vorwiegend um Sedimente, die aus Baggerarbeiten in Häfen und Schiffahrtsstraßen stammen. Mehr als die Hälfte des Gesamteintrags an Baggergut aus allen Anliegerländern (für 1977) stammt aus den Niederlanden. Der Rest entfällt (1977) zu etwa gleichen Teilen auf die Bundesrepublik Deutschland und Großbritannien.

286. In der Bundesrepublik Deutschland wird Baggergut innerhalb der Hoheitsgewässer eingebracht. Die Genehmigung obliegt für diesen Bereich den jeweiligen Bundesländern an der Küste im Rahmen des Wasserhaushaltsgesetzes und entsprechender Landesgesetze und -richtlinien. Außerhalb der Hoheitsgewässer eingebrachtes Baggergut unterliegt der Genehmigung des Bundes. Die Einbringungen erfolgen nicht regelmäßig. Sie beliefen sich 1977 auf ca. 12 Mio m³, 1978 auf ca. 2,5 Mio m³ und stammen vornehmlich aus der Vertiefung von Wasserstraßen. Über die Schwermetallgehalte, die bei der Ausbaggerung von Ästuarsedimenten nicht unwesentlich sein dürften, liegen Messungen für Häfen in den Niederlanden, Belgien und Frankreich vor (Tab. 4.23).

Tab. 4.22

Einbringung von Baggergut und Bauschutt in die See im Gültigkeitsbereich der Oslo-Konvention
(in 1 000 t/a; Anzahl der Einbringungsgebiete in Klammern)

Herkunftsland	1976	1977	1978
Dänemark	507 (5)	33 (2)	●
Bundesrepublik Deutschland	8 670 (3)	12 210 (1)	●
Niederlande	21 816 (3)	26 109 (3)	25 565 (4)
Schweden	●	3 (1)	●
Großbritannien	13 341 (36)	12 232 (33)	12 634 (39)
Frankreich	●	●	33 748 (13)
Gesamt	44 334 (47)	50 588 (40)	71 947 (58)

● keine Angaben oder keine Einbringungen. Ebenso von Belgien. Für Großbritannien einschl. Verklappung in die Irische See.

Quelle: SACSA (1979a).

Tab. 4.23

Schwermetallgehalt von Sedimenten in einigen Nordseehäfen

Hafen	Flußmündung/ Hafenanlage	Schwermetallgehalt in mg/kg Ts.					
		Zn	Cu	Pb	Cd	Ni	Hg
(B) Antwerpen	Schelde	<425	87	88	6,8	u. N.	k. A.
(NL) Rotterdam	Rheinhafen	1 818	352	404	33	k. A.	k. A.
	Maashafen	1 287	240	306	20	k. A.	k. A.
	Waalhafen	1 468 (569[2])	248	365	19	35–82[2]	k. A.
	Eemhafen[1]	1 704	105	157	8	35–82[2]	k. A.
	1. Ölhafen	917	160	191	13	35–82[2]	k. A.
	2. Ölhafen	1 144	178	246	14	35–82[2]	k. A.
	3. Ölhafen	707	104	151	10	35–82[2]	k. A.
(F) Dünkirchen	Außenhafen	127	20	53	1	21	0,23
	Innenhafen	206	57	147	1	13	0,001

Ts. = Trockensubstanz
u. N. = unter der Nachweisgrenze
k. A. = keine Angaben
[1] Probenahme unmittelbar nach Baggerarbeiten. – [2] 1974.

Quelle: „Assessment of certain European Dredging Practices and Dredged Material Containment and Reclamation Methods", Adrian Volker Groep N. V., Rotterdam, 1976

4.6.5 Schadstoffeintrag als Folge von Verklappungen

287. Aus Tab. 4.24 lassen sich die Mengen einiger Stoffe der Liste I (Quecksilber, Cadmium, Organohalogene) und der Liste II (hier Kupfer, Blei und Zink) entnehmen, die nach Angabe der Mitgliedstaaten der Oslo-Konvention in den Jahren 1976, 1977 und 1978 im Geltungsbereich des Abkommens anläßlich von Verklappungen in die See eingebracht wurden. Wie in Tz. 1156 erläutert wird, unterliegen die Stoffe der Liste I einem absoluten Einbringungsverbot und dürfen nur in Form von Spurenverunreinigungen in den Abfällen eingebracht werden. Da es keine Konzentrationsstandards zur Definition derartiger Spurenverunreinigungen gibt, ist dieser Begriff allerdings so vage, daß er für die Genehmigungspraxis nicht praktikabel ist.

Nach Angaben in Tab. 4.24 wurden zwischen 1976 und 1978 jährlich 30–40 t Quecksilber, 60–70 t Cadmium, 30–50 t Organohalogene sowie 1000–1500 t Kupfer, 1800–2200 t Blei und 5000–7000 t Zink als Folge von genehmigten Abfallverklappungen eingetragen. Die Daten vermögen freilich nur Größenordnungen zur Beurteilung des tatsächlichen Schadstoffeintrags zu geben, da wesentliche Informationslücken bestehen:

– *zum ersten liegen den Angaben über den Gesamteintrag an Industrieabfällen, Klärschlämmen und Baggergut nicht die Meldungen aller Mitgliedsländer zugrunde;*

– *zum zweiten hat von denjenigen Ländern, die ihrer Meldepflicht nachgekommen sind, nur ein Teil Angaben über den Schadstoffgehalt machen können und*

– *zum dritten haben diejenigen Länder, die den Schadstoffgehalt für die eingebrachten Abfälle mitteilten, dies wiederum oft nur für einen (den Angaben nicht zu entnehmenden) Teil ihrer Abfälle getan.*

Um den Umfang der Ungenauigkeiten zu verdeutlichen, wurden in einer eigenen Rechnung die von den Ländern gemeldeten Gesamtabfalleinträge demjenigen Anteil dieser Abfälle gegenübergestellt, auf die sich die Angaben zum Schadstoffgehalt tatsächlich beziehen. Danach sind, bezogen auf das Gebiet der Oslo-Konvention, für Quecksilber nur 30–60%, für Cadmium 55–75%, für Organohalogene 40–70% und für Kupfer, Blei und Zink ca. 60–80% der eingetragenen Schadstoffe berücksichtigt worden.

288. Ein Vergleich des Stoffeintrags über die genehmigte Abfallverklappung mit dem Stoffeintrag über die Flüsse wurde am Beispiel des Rheins vorgenommen, um die Größenordnungen deutlich zu machen. Das bemerkenswerte Ergebnis ist, daß die in

Tab. 4.24

Als Folge von Verklappungen in die Nordsee eingebrachte Schadstoffe in 1976, 1977 u. 1978 nach Angaben der Mitglieder der Oslo-Konvention im Vergleich mit dem Eintrag durch den Rhein 1978 (geschätzt) in Tonnen

Zur Exaktheit der Daten siehe Tz. 287

Quelle	Jahr	Stoffe der Liste I (Oslo-Konv.)			Stoffe der Liste II (Oslo-Konv.)		
		Queck-silber	Cad-mium	Organo-halogene	Kupfer	Blei	Zink
Industrieabfall[1])	1976	12	10	2	111	42	158
	1977	0,2	4	39	75	34	181
	1978	0,2	5	6	209	233	586
Klärschlamm[1])	1976	4	11	0,4	257	145	788
	1977	4	12	0,4	278	171	807
	1978	3	9	0,4	252	219	916
Baggergut[1])	1976	12	42	25	918	1707	4162
	1977	10	50	30	712	1710	5180
	1978	36	59	47	1043	1749	5818
Summen	1976	28	63	27	1286	1894	5108
	1977	14	66	69	1065	1915	6168
	1978	39	73	53	1504	2201	7320
Eintrag durch den Rhein[2])	1978	22	112	.	893	1265	7445

. keine Schätzung
[1]) Quelle: SACSA (1979a). – [2]) Tab. 4.3.

Tab. 4.24 für den Rhein angenommenen Schätzwerte durchaus in der gleichen Größenordnung wie die Schadstoffeinträge infolge von Verklappungen liegen. Selbst wenn man berücksichtigt, daß bei Erfassung des Stoffeintrags aller in die Nordsee mündenden Flüsse, dieser Betrag noch erheblich höher liegt als der Eintrag durch den Rhein, so wird deutlich, welche große Entlastung die Nordsee durch Einschränkung der Verklappung erfahren könnte.

4.6.6 Empfehlungen

289. Es ist mittlerweile unbestritten, daß die Einbringung von Abfällen mit Hilfe von Schiffen in die Nordsee in bestimmten küstennahen Gebieten schwerwiegende ökologische Folgen hat. Die Konsequenzen spiegeln sich in der deutschen Genehmigungspraxis wider (s. Tz. 1179 ff.). Die in Tab. 4.25 vorgenommene Einteilung der Deutschen Bucht nach Zonen unterschiedlicher Verbringungsmöglichkeiten dürfte daher nicht kontrovers sein.

4.7 Stoffeintrag aus der Atmosphäre

290. Immissionsmessungen in der Atmosphäre über Seegebieten sind verständlicherweise selten, da die Erfassung von Stofffrachten in der Atmosphäre für das Land einfacher ist. Ebenso ist der großräumige Transport von Schadstoffen weniger gut modellmäßig erfaßt als der lokale oder regionale Transport. Entsprechend gering ist die Zahl der Veröffentlichungen zum Stoffeintrag aus der Atmosphäre in die Nordsee. Daher muß mit einer lückenhaften Datenbasis gearbeitet und auf die Behandlung einer Reihe von Stoffen ganz verzichtet werden.

Die Emissionen stammen im wesentlichen vom Festland der hochindustrialisierten Nordseeanrainer; wegen der großen Räume ist es nicht erforderlich, die lokalen Emittenten einzeln zu berücksichtigen. Emissionen von Schiffen (auch Verbrennungsschiffe, s. Tz. 273) und Bohrinseln haben nur lokale Bedeutung und lassen sich aus dem vorhandenen Datenmaterial nicht zweckgerecht auswerten.

4.7.1 Qualitative Beschreibung der Schadstoffausbreitung

291. Bei Transportentfernungen von 500 bis 1 000 km, dem für die Nordsee relevanten Bereich, werden Schadstoffe durch drei Mechanismen aus der Atmosphäre ausgetragen oder in ihr umgewandelt (KLUG, 1973):

– Sedimentation und Absorption/Adsorption an der Grenze Atmosphäre/Erdoberfläche

– Niederschlagsausfällung durch Ausregnen und Auswaschen

– Chemische und photochemische Reaktion.

Da auf dem Meer keine bzw. vernachlässigbare Emissionen bestehen, nimmt die Schadstoffkonzentration von dem Wert an der Küste zunächst steil ab. Die Abnahme hängt von der Ablagerungsgeschwindigkeit und der Niederschlagshöhe ab. Setzt man typische mittlere Wetterbedingungen an, so erhält man Kurven für die Depositionsrate, wie sie in Abb. 4.14 (nach MACHTA, 1978) wiedergegeben werden.

Für die Abbildung sind wegen des Modellcharakters willkürliche Einheiten für die Depositionsrate und die Entfernung angesetzt. Die realen räumlichen Depositionsraten können wegen der stark wechselnden meteorologischen Bedingungen beträchtlich von den idealisierten Kurven abweichen, ohne ihren qualitativen Charakter zu ändern.

Tab. 4.25

Einteilung der Deutschen Bucht in Zonen verschiedener anthropogener Belastung und Wirkungen auf Organismen zur Beurteilung der Möglichkeit einer Einbringung von Abfällen

Zonen	anthropogene Belastung	Wirkung auf Organismen	Verbringung von Abfällen
I Helgoland Küstennaher Bereich von Niedersachsen und Schleswig-Holstein	stark	deutlich negativ; Verarmung der Bodenfauna (RACHOR, 1977) Fischkrankheiten	unter keinen Umständen
II 30–80 sm der Zone I vorgelagert	mittel	erkennbar, Fischkrankheiten	nur in Ausnahmefällen, nie regelmäßig
III der II. Zone vorgelagert bis an den Festlandsockel	gering	noch nicht untersucht	nach Regeln des Oslo-Abkommens

Quelle: DETHLEFSEN (1979).

Abb. 4. 14

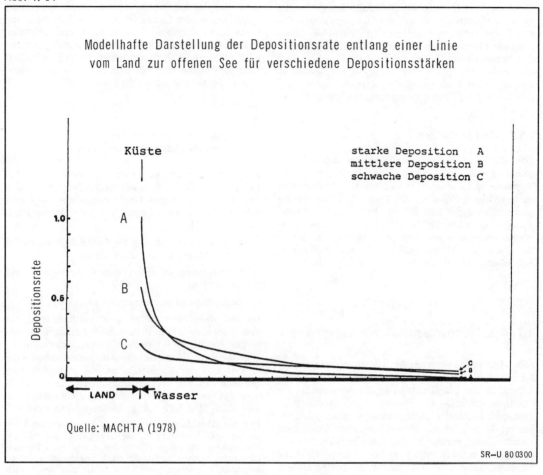

Modellhafte Darstellung der Depositionsrate entlang einer Linie
vom Land zur offenen See für verschiedene Depositionsstärken

Küste

starke Deposition A
mittlere Deposition B
schwache Deposition C

A

B

C

Depositionsrate

1.0

0.5

0

C
B
A

LAND Wasser

Quelle: MACHTA (1978)

SR–U 80 03 00

Zur Problematik der Anwendbarkeit
von Ausbreitungsmodellen

292. Ausbreitungsmodelle für Schadstoffe, wie sie
für Entfernungen bis ca. 100 km (Gaussmodelle,
Boxmodelle; NATO, 1978) angesetzt werden, können
für die Nordsee nicht benutzt werden. Diese Modelle
gehen u. a. von einer bekannten Quelle, dem Emittenten, aus, während für die Nordsee bestenfalls
Immissionswerte (in der Regel an der Küste) bekannt
sind. Daher gilt es, von gemessenen Immissionen auf
den Emittenten oder auf Emissionsflächen zurück-
zuschließen. Dieses läßt sich durch die Bestimmung
von Trajektorien (auf die Erde projizierte Bahn eines
Luftpaketes) bewerkstelligen, die aus Verteilungen
von Luftdruck und Windvektoren konstruiert werden können. Sie geben die tatsächliche Bahn von
Luftpaketen mit guter Näherung wieder (MÖLLER,
1973).

*Konsequent angewendet wurde die Berechnung von
Trajektorien vor allem im OECD-Programm (1977), in
dem der Transport von SO₂ und Sulfat über große Entfernungen im europäischen Raum gemessen und berech-*

*net wurde. Hierbei wurde der Windvektor in 1200 bis
1500 m Höhe (auf der 850-mb-Fläche) und gelegentlich
am Boden für Berechnungen verwendet.*

293. Auch die Darstellung mit Trajektorien hat nur
Näherungscharakter, weil die Verteilung der Schadstoffe mit der Höhe nicht immer korrekt in die zwei-
dimensionale Darstellung eingeht. Beispiele für Trajektorien gibt Abb. 4.15 für je eine Station in Norwegen und Schweden; diese vermitteln einen Eindruck
davon, daß Transmissions- und Immissionsbedin-
gungen lokal stark variieren können (Abb. 4.15 a).
Während variabler Wetterlagen erhält man innerhalb weniger Tage Trajektorien, die nicht nur verschieden lang sind, sondern auch verschiedene Emit-
tentenflächen überziehen (Abb. 4.15 b). Im OECD-
Programm wurden für die Meßstationen den gemessenen Immissionswerten über Trajektorien die großräumigen Emissionsflächen zugeordnet. Auf diese
Weise gelingt es, für eine Meßstation und ihr Umland
den Anteil der verschiedenen großräumigen Emissionsflächen an der gesamten Immissionsbelastung
zu ermitteln.

Abb. 4. 15 a

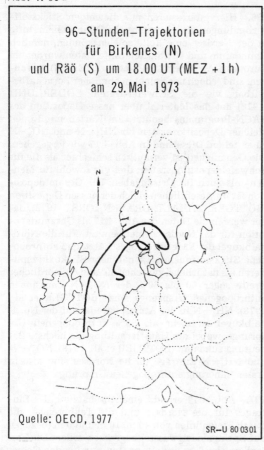

96–Stunden–Trajektorien
für Birkenes (N)
und Räö (S) um 18.00 UT (MEZ + 1 h)
am 29. Mai 1973

N

Quelle: OECD, 1977

SR–U 80 03 01

Abb. 4. 15 b

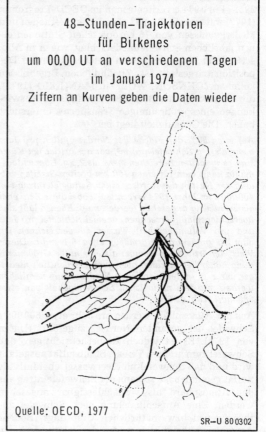

48–Stunden–Trajektorien
für Birkenes
um 00.00 UT an verschiedenen Tagen
im Januar 1974
Ziffern an Kurven geben die Daten wieder

Quelle: OECD, 1977

SR–U 80 03 02

4.7.2 Ergebnisse der Modellrechnungen

294. Zur Abschätzung des Eintrags in die Nordsee werden die aus der Literatur bekannten Meßergebnisse benutzt. Die ausführlichsten Daten liegen für Schwefel vor, der im genannten OECD-Programm untersucht wurde, wobei es primär um die Untersuchung der Versäuerung von Seen und Flüssen ging. Auch über Stickstoff- und Phosphorverbindungen, polycyclische aromatische Kohlenwasserstoffe, chlorierte cyclische Kohlenwasserstoffe, Schwermetalle und Spurenelemente gibt es Veröffentlichungen und Berichte.

Spurenelemente, Schwefel- und Stickstoffverbindungen und andere Stoffe sind in gewissem Maße von Natur aus sowohl im Meerwasser als auch in der darüberliegenden Luft vorhanden. Daher sollten Immissionsmessungen, wo es möglich ist, auf den natürlichen Hintergrund korrigiert werden. Dieser Hintergrund wird im wesentlichen durch die Stoffe bestimmt, die mit dem Meerwasser durch Versprühen in die Atmosphäre eingetragen werden. Tab. 4.26 gibt die Konzentrationen von im Meerwasser gelösten Elementen an. Stickstoff tritt anorganisch als Nitrat, Nitrit und Ammonium auf.

Tab. 4.26

Im Meerwasser enthaltene chemische Elemente, Salzgehalt 34,33‰ (g/kg) (ohne gelöste Gase)

Element	mg/kg	Element	mg/kg
Cl	18 980	Fe	0,002 – 0,02
Na	10 556	Cu	0,001 – 0,01
Mg	1 272	Zn	0,005
S (Vbdg)	884	Ni	0,0001 – 0,005
Ca	400	Pb	0,004
Sr	13	Se (Vbdg)	0,004
Si (Vbdg)	0,02 – 4,0	Hg (Vbdg)	0,00003
F	1,3	Mn	0,001 – 0,01
N (Vbdg)	0,01 – 0,7	Cd	0,00005
P (Vbdg)	0,001 – 0,1	Cr	0,0002 – 0,002
As (Vbdg)	0,01 – 0,02		
Vbdg = Verbindungen			

Quelle: BARTELS (1960).

295. Für 1974 errechnete man im OECD-Programm (1977) mit dem in Tz. 292 skizzierten Methoden und Meßergebnissen von 76 europäischen Stationen einen jährlichen Schwefelniederschlag, wie er in Abb. 4.16 in der Form von Linien gleicher jährlicher Deposition dargestellt ist. Zu ähnlichen Ergebnissen kommen JOHNSON, WOLF u. MANCUSO (1978), die im Auftrage des BMI/UBA ebenfalls die Auswirkungen eines großräumigen Transportes untersucht haben. Die Genauigkeit liegt bei 50%.

Auf etwa 50% der Fläche der Nordsee fallen pro Jahr mehr als 1 g Schwefel pro m², vor der britischen Küste sind es in weiten Bereichen mehr als 2,5 g. Überschlagsmäßig kann man für einen 100 km breiten Streifen entlang der Küsten der Nordsee einen Schwefeleintrag von 400 000 t im Jahre 1974 errechnen, wobei diese Zahl eher als zu niedrig angesehen werden muß. Ebenso läßt sich überschlagsmäßig errechnen, wieviel Schwefel pro Jahr und pro Volumeneinheit Wasser zu verzeichnen ist, nämlich größenordnungsmäßig etwa 0,1 mg/l. Dieser Wert, der örtlich um weniger als eine halbe Größenordnung höher liegen kann, aber auch beträchtlich niedriger wie z. B. in der nördlichen Nordsee, muß verglichen werden mit dem natürlichen Schwefelgehalt von etwa 880 mg/l (Tab. 4.26).

Aus der Atmosphäre werden pro Jahr etwa 800 000 t Schwefel der gesamten Nordsee zugeführt (Daten von 1974). Es ist jedoch zu berücksichtigen, daß Schwefel zum größten Teil als Staubsulfat ausgefällt wird und daß Schwefel im Meerwasser ebenfalls als Sulfat gebunden ist, so kann der Schwefeleintrag aus der Atmosphäre als vernachlässigbar angesehen werden. Eine Aufschlüsselung nach Schwefel anthropogenen bzw. natürlichen Ursprungs (Boden-Aerosole) erübrigt sich wegen der relativ geringen Mengen.

296. Hier interessieren nur diejenigen Stickstoffverbindungen, die als potentielle Pflanzennährstoffe in der Nordsee eine Rolle spielen können, nämlich Ammonium und Nitrat. Relevante Daten wurden im European Air Chemistry Network (EACN) gewonnen, sind jedoch noch nicht in ähnlicher Form aufbereitbar wie die Schwefel-Daten. SÖDERLUND (1977) hat das Material über nasse Deposition des EACN-Programms benutzt, um Karten mit Linien gleicher Depositionsraten für NH_4^+-N und NO_3^--N zu erstellen. Diese sind in Abb. 4.17 wiedergegeben. Die Genauigkeit ist vermutlich schlechter als die für Schwefeldepositionsraten; dies gilt sowohl für Mengen- als auch für Ortsangaben. Die Gesamtdeposition ist im wesentlichen gleich der nassen Deposition (BÖTTGER, EHHALT, GRAVENHORST, 1978), daher werden die Daten der Abb. 4.17 als Gesamtdeposition für das Nordseegebiet benutzt. Für die Nordhalbkugel der Erde wird abgeschätzt, daß anthropogene Stickstoffquellen 1,5mal mehr Stickoxid emittieren als natürliche, zwischen 30° und 60° nördlicher Breite sogar 60 bis 80% der NO_3^--N-Emissionen anthropogenen Ursprungs sind (BÖTTGER et al., 1978). NH_4^+-N in der Atmosphäre ist auf der Nordhalbkugel zu mehr als 95% anthropogenen Ursprungs, wobei der Haustierhaltung die höchste Bedeutung zukommt (BÖTTGER et al., 1978). NO_3^--N und NH_4^+-N-Einträge in die Nordsee sind also in erster Näherung anthropogenen Ursprungs.

297. Abb. 4.17 erlaubt eine Abschätzung des Eintrages für die Nordsee und die Teilbereiche, die durch Tiefenlinien von 40 m, 10 m und 0 m (bezogen auf Springniedrigwasser) begrenzt werden. Die Tiefenbereiche 0 m und 10 m sind nur für das Gebiet zwischen Den Helder (etwa 53°N) und Ringköbing (etwa 56°N) bearbeitet worden. Die jährliche Gesamtdeposition ergibt sich aus Tab. 4.27.

Tab. 4.27

Flächenmäßige Stickstoffdeposition für die gesamte Nordsee, die Bereiche bis 40 m, 10 m und 0 m Tiefe; letztere nur im Wattengebiet

	Fläche	NO_3^--Stickstoff	NH_4^+-Stickstoff
	km²	t/a	
Gesamte Nordsee	525 000	168 000	174 000
Nordsee ≤ 40 m	156 000	67 000	79 000
Nordsee (53° - 56° N) ≤ 10 m	11 500	4 600	6 900
Trockenfallendes Gebiet ≤ 0 m	5 700	2 300	3 400

(Tiefen bezogen auf Springniedrigwasser)

Quelle: Eigene Berechnungen.

Abb. 4. 16

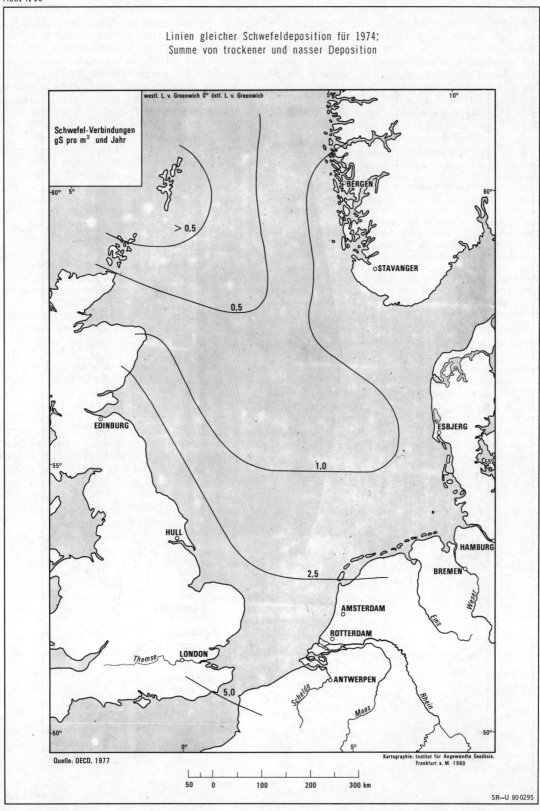

Linien gleicher Schwefeldeposition für 1974;
Summe von trockener und nasser Deposition

Abb. 4.17

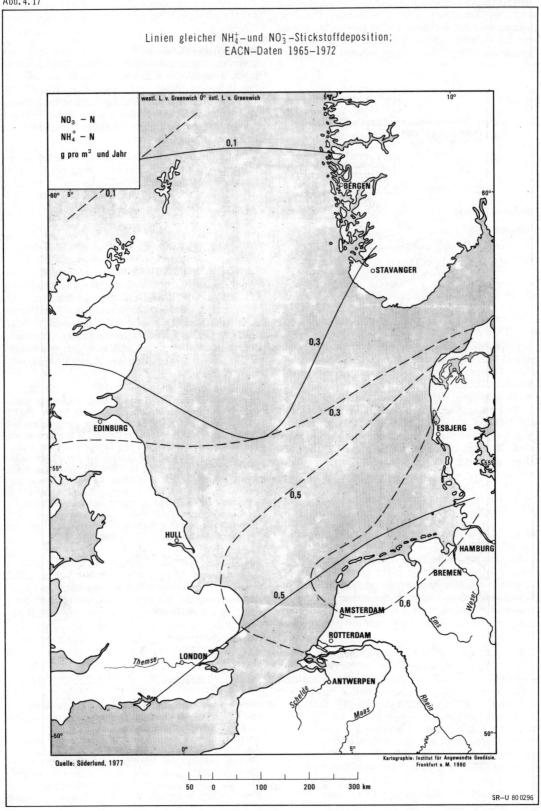

Linien gleicher NH_4^+–und NO_3^-–Stickstoffdeposition;
EACN–Daten 1965–1972

$NO_3 - N$

$NH_4^+ - N$

g pro m^2 und Jahr

Quelle: Söderlund, 1977

Kartographie: Institut für Angewandte Geodäsie,
Frankfurt a. M. 1980

SR–U 80 0296

Überschlagsmäßig ergibt sich dann für diese Gebiete mit den Annahmen von vollständiger Durchmischung und von mittleren Tiefen von 80, 20, 5 und 3 m, daß volumenbezogen pro Jahr die in Tab. 4.28 gegebenen Mengen eingetragen werden.

Tab. 4.28

Auf das Volumen umgerechneter jährlicher Stickstoffeintrag; Gebiete wie in Tab. 4.27

	NO_3^--Stickstoff	NH_4^+-Stickstoff
	µg pro Liter und Jahr	
Gesamte Nordsee	4	4
Nordsee ≤ 40 m	22	26
Nordsee (53°-56° N) ≤ 10 m	40	60
Trockenfallendes Gebiet ≤ 0 m	135	200

Quelle: Eigene Berechnungen

Eine Gegenüberstellung mit dem Wert von 10 bis 700 µg pro Liter anorganisch gebundenen Stickstoffs aus Tab. 4.26 zeigt, daß die anthropogen verursachte Stickstoffzufuhr über die Atmosphäre nicht zu vernachlässigen ist. Einen weiteren Vergleich mit Konzentrationsmessungen ermöglicht Abb. 4.18 (MCINTYRE u. JOHNSTON, 1975), in der Linien gleicher Nitrat-Stickstoffkonzentration aufgetragen sind. Es zeigt sich, daß der jährliche Eintrag die Größenordnung der gemessenen Konzentrationen erreicht.

Phosphor

298. Für Phosphor liegen nur globale Immissionsdaten (PIERROU, 1976) vor, eine regionale Betrachtung – analog zu der Darstellung des Stickstoffeintrags – ist deshalb leider nicht möglich. Phosphor kommt in der Atmosphäre nicht in gasförmigen Verbindungen vor und kann daher nur mit Aerosolen transportiert werden. Er gelangt über die Verbrennung organischer Materie und mit Industrieabgasen in die Atmosphäre.

Setzt man die von PIERROU angegebenen Werte von 10 bis 100 µg Phosphor pro Liter im Regenwasser an und benutzt die in Tz. 28 gegebenen Niederschlagswerte, so werden bei Phosphorgehalten von 10 µg /l (100 µg/l) und den niedrigsten (engl. Ostküste) bzw. höchsten Niederschlagswerten pro m² und Jahr zwischen 5,6 (56) mg und 8,4 (84) mg Phosphor ausgefällt. Umgerechnet auf eine Wassertiefe von 10 m oder eine entsprechend starke Wasserschicht ergibt sich pro Jahr ein Eintrag, der zwischen 0,056 und 0,84 µg pro Liter liegt. Die Bedeutung dieses Eintrags scheint im Vergleich mit den in der Nordsee (Abb. 4.19) gemessenen Konzentrationen gering.

Polycyclische aromatische Kohlenwasserstoffe (Polycyclic Aromatic Hydrocarbons, PAH)

299. PAHs entstehen bei der unvollständigen Verbrennung von organischem Material. Eine Gesamtbilanz aller PAHs aus den häufigsten Emissionsquellen läßt sich bisher nicht aufstellen (GRIMMER, 1979). Emittenten sind Kraftfahrzeugverkehr, Haushaltsfeuerungen, Wärmekraftwerke, Abfallverbrennungsanlagen und Industrieanlagen (Crackanlagen, Koksherstellung usw.).

Damit kann in erster Näherung davon ausgegangen werden, daß die räumliche Verteilung der Emittenten etwa derjenigen der SO_2-Emittenten entspricht; der Kfz-Verkehr kann mit einem Anteil von ca. 2% an der PAH-Emission (BMI, 1978) vernachlässigt werden.

300. Eine Korrelation von Sulfat und PAH-Immissionen in Norwegen und Schweden (BJÖRSETH, LUNDE, LINDSKOG, 1979) legt es ebenfalls nahe, über die ausführlich untersuchten Schwefeldaten (Tz. 295) auf die PAH-Deposition zurückzurechnen, denn auch der PAH-Transport erfolgt z.T. mit Aerosolen (POTT, 1979) wie es beim Schwefel (OECD, 1977) der Fall ist. Der Nachweis, daß der Transport über große Entfernungen erfolgt, wurde von BJÖRSETH et al. (1979) mittels der Trajektorienberechnung erbracht.

Für die folgende Abschätzung wird auch der Depositionsmechanismus für Schwefel und PAHs als gleich unterstellt. Immissionsdaten für PAH (nach POTT, 1979), insbesondere für Benzo(a)pyren werden dazu mit denen von Schwefel (nach OECD, 1977) verglichen; aus den so gewonnenen Daten von 14 europäischen Stationen ergibt sich unter den genannten Voraussetzungen sowie der Annahme, daß BaP 5% der gesamten PAH-Menge ausmacht (BJÖRSETH et al.), daß auf ein µg SO_2 und Sulfat pro m³ Luft zwischen 5 und 50 µg PAHs entfallen. Diese Streuung ergibt sich aus der geringen Genauigkeit der PAH-Daten, die verschiedenen Ursprungs und verschiedener Qualität sind, und aus der Unschärfe der Immissionsdaten für Schwefel.

301. Wegen der relativ großen Streuung ist es nicht sinnvoll, nach Teilbereichen der Nordsee zu differenzieren; für die gesamte Nordsee schätzt man dann aus dem gesamten Schwefeleintrag von etwa 800 000 t pro Jahr ab, daß zwischen 400 und 4 000 t PAH pro Jahr in die Nordsee eingetragen werden. Umgerechnet auf das gesamte Volumen der Nordsee werden also jährlich zwischen 9 und 90 ng je Liter Wasser eingetragen, vorausgesetzt, es findet eine vollständige Durchmischung statt. Ein Vergleichswert für natürliche Konzentrationen liegt nicht vor.

Ein weiterer Ansatz zur Bestimmung des Verhältnisses von PAH- und SO_2-Eintrag wäre die Bestimmung eines mittleren Emissionsverhältnisses von PAH und SO_2 aufgrund von Emissionsfaktoren für diese beiden Komponenten der Luftverunreinigung. Während für SO_2 ausreichend genaue Emissionsfaktoren bekannt sind, fehlen diese für PAH weitgehend bzw. weisen ungeklärte Schwankungen von mehr als einer Größenordnung auf; dieser Ansatz ermöglicht deshalb auch keine genauere Abschätzung.

Abb. 4.18

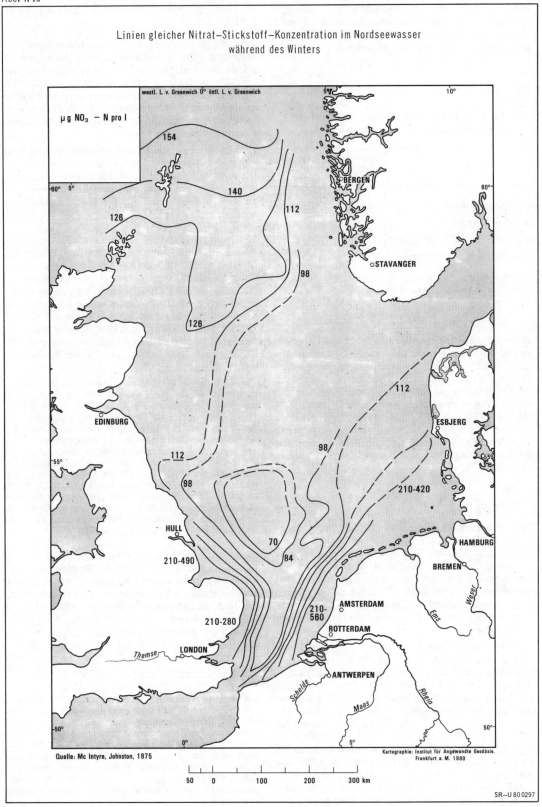

Linien gleicher Nitrat–Stickstoff–Konzentration im Nordseewasser
während des Winters

Quelle: Mc Intyre, Johnston, 1975

Kartographie: Institut für Angewandte Geodäsie,
Frankfurt a. M. 1980

SR–U 80 0297

Abb. 4.19

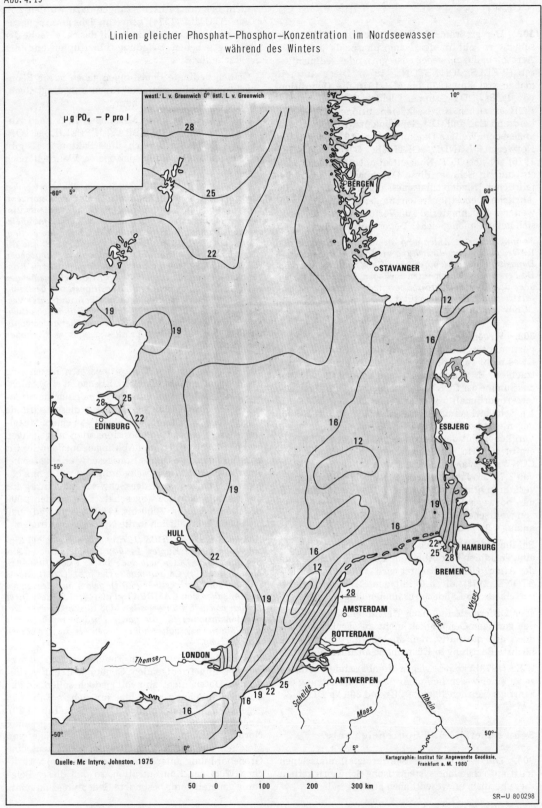

Linien gleicher Phosphat–Phosphor–Konzentration im Nordseewasser
während des Winters

µg PO₄ – P pro l

Quelle: Mc Intyre, Johnston, 1975

Kartographie: Institut für Angewandte Geodäsie,
Frankfurt a. M. 1980

50   0   100   200   300 km

SR–U 80 0298

Chlorierte cyclische Kohlenwasserstoffe (CCKW)

302. Der großräumige Transport von CCKWs geschieht sowohl in der Dampfphase als auch mit Aerosolen, die entweder ausregnen oder sedimentieren (WELLS, JOHNSTONE, 1978). Diese Autoren maßen von Juni 1975 bis Mai 1976 die Deposition von PCBs, DDT-Gruppe, Dieldrin, α-HCH und γ-HCH an sieben Nordseeküstenstationen in Schottland und England. Die Genauigkeit wird mit $\pm20\%$ angegeben. Weitere Daten (1974 bis 1975) liegen für Norwegen (LUNDE, GETHER, GJØS, LANDE, 1976) vor über PCB-Konzentrationen im Regenwasser und in Schnee; diese Daten werden über die jährlichen Niederschlagsmessungen (s. Tz. 28) in jährliche Depositionsraten umgerechnet. Da kein weiteres Datenmaterial zur Verfügung steht, lassen sich keine Linien gleicher Deposition erstellen.

Es muß daher in Anlehnung an das Verfahren für die PAHs wieder eine Beziehung zwischen der Schwefel-Deposition und derjenigen von CCKWs gesucht werden. Da bereits Depositionsraten vorliegen, kann der Umweg über das Emissionskataster vermieden werden und ansatzweise die Proportionalität zwischen Schwefel- und CCKW-Deposition angenommen werden.

303. Wegen der beträchtlichen Streuung der Proportionalitätsfaktoren für die angeführten CCKWs ist es nicht sinnvoll, die Schadstoffe einzeln zu betrachten. Es wurde daher für die britischen Daten die Summe der CCKWs genommen und ein gemittelter Proportionalitätsfaktor von 4800 ng CCKWs pro 1 g Schwefel gefunden. Der höchste Wert ist 10700, der niedrigste 1800 ng CCKWs pro 1 g Schwefel. Verglichen mit der Gesamtdeposition von Schwefel ergibt sich ein jährlicher Eintrag von 1,4 bis 8,3 t CCKWs pro Jahr mit einem wahrscheinlichen Wert von 3,7 t pro Jahr. Nach dem gleichen Bestimmungsverfahren erhält man für die PCBs unter Einschluß der norwegischen Daten einen jährlichen Eintrag von wahrscheinlich 1,4 t PCBs, die Extremwerte sind analog 0,3 t und 2,9 t PCBs pro Jahr.

Bei diesen Daten gilt es zu berücksichtigen, daß seit einigen Jahren eine Abnahme der CCKW-Belastung der Atmosphäre beobachtet wird (WELLS u. JOHN-STONE, 1978), die u.a. mit den DDT-Verboten in verschiedenen Ländern zusammenhängt.

Eine Differenzierung nach Tiefenregionen ist wegen der geringen Genauigkeit nicht aussagekräftig. Jedoch gilt qualitativ, daß analog zu Abb. 4.14 die höchste Belastung in Küstennähe anzunehmen ist.

ICES (1978b) kommt wegen offenbar anderer Ansätze zu einer wesentlich niedrigeren Einschätzung des Eintrags (jährlich 700 kg PCBs und 300 kg DDT).

Schwermetalle und Spurenelemente

304. Die Messung von Schwermetallimmissionen trifft auf erhebliche systematische Schwierigkeiten; diese beruhen im wesentlichen auf folgendem:

- Die natürlichen Konzentrationen in der Luft sind nicht bekannt; Abschätzungen dazu wurden z.B. von STUMM (1974) gemacht. Die anthropogene „Anreicherung" schätzt er auf das ca. 45fache der naturgegebenen Beladung für Kupfer und das 50fache für Blei.

- Örtlich bedingte Belastungen gehen in die Beobachtungen ein, ohne daß ihnen unbedingt Rechnung getragen werden kann.

- Die Unsicherheit der Messungen liegt nach Abschätzungen von CAMBRAY, JEFFERIES u. TOPPING (1976) im Bereich eines Faktors 2. Es gibt Anhaltspunkte dafür, daß sie in Wahrheit noch höher ist.

CAMBRAY et al. (1976) haben für eine Reihe britischer Meßstationen, eine niederländische und eine norwegische Station jährliche durchschnittliche Konzentrationen in Regenwasser für Schwermetalle und Spurenelemente bestimmt. Weitere Daten werden für den Firth of Forth (DAVIES, 1976), Birkenes (SEMB, 1978) und die niederländische Provinz Noordholland angegeben (SEMB, 1978). Aus den dort gegebenen mittleren Konzentrationen wurden mit Hilfe der Niederschlagsmengen nach Tz. 28 die jährlichen Depositionsraten bestimmt (Tab. 4.29). Dazu wurden – beispielhaft und unter Verzicht auf eine Auswahl nach der potentiellen Schädlichkeit – die Elemente Kupfer, Zink und Blei ausgewählt, da ihre Konzentrationen in allen genannten Stationen gemessen wurden.

305. Linien gleicher Depositionsraten lassen sich aus den Daten nicht erstellen. Ebenso ist eine Anlehnung an die Schwefeldaten nicht möglich, da offenbar keine Korrelation besteht. Aus diesem Grunde wurde als Abschätzungsverfahren von einem Mittelwert der gemessenen Depositionsraten ausgegangen und nach Abb. 4.14 deren Abklingen über der See für hohe und niedrige Depositionsgeschwindigkeiten bei einer mittleren Windgeschwindigkeit von 5 m/s berechnet. Danach wird der Schwermetalleintrag für die gesamte Nordsee abgeschätzt: Es werden 2000 bis 4000 t Kupfer, 7000 bis 14000 t Zink und 3000 bis 6000 t Blei jährlich in die Nordsee eingetragen.

Abschätzungen von ICES (1978b) belaufen sich auf Einträge von 4900 t Kupfer, 14500 t Zink und 5600 t Blei pro Jahr. Diese Daten, wie auch die für Eisen (105000 t), Mangan (4100 t), Cadmium (530 t), Chrom (720 t), Nickel (1650 t) und Quecksilber (5,6 t), gehen auf Messungen und Angaben von CAMBRAY et al. (1976) zurück. Diese Zahlen von ICES unterstellen, daß die gemessenen Depositionsrationen für die ganze Nordsee repräsentativ sind. Sie müssen daher höher liegen als die der obigen Abschätzung.

Eine Differenzierung nach Tiefenbereichen ist wegen der unbefriedigenden Genauigkeit der vorliegenden Daten nicht sinnvoll, jedoch sollen sie zur Veranschaulichung auch hier mit den in Tab. 4.26 gegebenen Werten verglichen werden (Tab. 4.30). Abgesehen von Eisen liegen die auf das gesamte Nordseevolumen berechneten Jahreseinträge von Metallen aus der Atmosphäre um wenigstens eine Größenordnung unter dem (angenommenen) natürlichen Wert der Konzentration, so daß dieser Belastung generell keine besondere Bedeutung zukommt.

Tab. 4.29

Gehalt (µg/l) des Niederschlages an ausgewählten Schwermetallen und jährliche Depositionsraten

(mg pro m² und Jahr)

Station	Niederschlag mm/Jahr	Cu µg/l	Cu $\frac{mg}{m^2 a}$	Zn µg/l	Zn $\frac{mg}{m^2 a}$	Pb µg/l	Pb $\frac{mg}{m^2 a}$
Collafirth, GB	1 000	17	17	28	28	9,7	10
Rattray, GB	820	36	30	28	23	16,5	14
Firth of Forth[1]), GB	580	–	3	–	91	–	10
Lindisfarne, GB	615	21	13	23	14	42	26
Flamborough, GB	640	34	22	44	28	39	25
Leiston, GB	530	10,5	6	195	103	20	11
Petten, NL	715	19,5	14	77	55	34	24
Noordholland, NL	715	6,6	5	187	13	28	20
Birkenes[2]), N	1 400	5,3	7	28,9	40	12,7	18
Sotra, N	1 130	7,8	9	28	32	8,8	10

[1]) 1975. – [2]) 1976. – Andere Daten 1974/1975.

Quelle: CAMBRAY et al. (1976); DAVIES (1976); SEMB (1978).

Tab. 4.30

Vergleich natürlicher Konzentrationswerte in der Nordsee mit Einträgen aus der Atmosphäre

Metall	Gesamter jährlicher Eintrag t	Pro Volumeneinheit ng/l a	Natürliche Konzentration ng/l	Quelle
Cu	2 000 – 4 000	47 – 93	1 000 – 10 000	Eigene Berechnungen
Zn	7 000 – 14 000	163 – 326	5 000	Eigene Berechnungen
Pb	3 000 – 6 000	70 – 140	4 000	Eigene Berechnungen
Fe	105 000	2 400	2 000 – 20 000	ICES (1978b)
Mn	4 100	95	1 000 – 10 000	ICES (1978b)
Cd	530	12	50	ICES (1978b)
Cr	720	17	200 – 2 000	ICES (1978b)
Ni	1 650	38	100 – 5 000	ICES (1978b)
Hg	5,6	0,13	30	ICES (1978b)

4.8. Stoffeintrag durch die Schiffahrt

4.8.1 Schiffahrt, Tankschiffahrt und Chemikalientransport

306. Die Gefahren für die Meeresumwelt aus der Schiffahrt liegen vor allem im modernen Massengut-transport, insbesondere in der Tankschiffahrt. Im Vordergrund des Interesses steht von der Menge her die Öltransportschiffahrt.

Ende 1977 gab es schon 712 Tanker in Besitz von Ölge-sellschaften und privaten Reedern, deren Kapazität über 200 000 tdw lag; sie stellten eine Gesamtkapazität von knapp 186 Mio tdw entsprechend 56% der Gesamtkapa-zität aller Tanker über 10 00 tdw Kapazität. Das Größen-spektrum der zu diesem Zeitpunkt im Bau befindlichen oder in Auftrag gegebenen Tanker zeigt die Tendenz zu immer größeren Einheiten: vier Tanker der Größen-klasse 200 000–250 000 tdw, sieben der Klasse 250 000–300 000 tdw und 19 der Klasse 300 000 tdw und mehr (Deutsche BP AG, 1978). (siehe auch Kap. 3 Tz. 156). Die Tankergröße wird allerdings durch die Tiefe des Kanals und der Schiffahrtsrinnen begrenzt.

Für die Nordsee nehmen neuere Schätzungen (RAHN et al., 1979) für 1981 ein Transportvolumen des Erdöls (Rohöl und Erdölprodukte) von 655 Mio t an. Davon dürften etwa 455 Mio t auf von außerhalb der Nordsee eingeführtes Öl bzw. von Nordseeanrainern ausgeführte Ölprodukte und 200 Mio t auf in der Nordsee gefördertes Öl entfallen. Diesen Überlegungen folgend kann weiterhin angenommen werden, daß der größte Teil des in der Nordsee geförderten Öls, nämlich 150 Mio t, in Pipelines befördert wird und etwa 50 Mio t in Tankern. Zur Bewältigung des gesamten Transportvolumens von 505 Mio t mit Tankern einer für den Bereich der Nordsee realistisch erscheinenden mittleren Ladefähigkeit von 60 000 t Öl wäre eine Flotte erforderlich, die rund 8 500 Fahrten im Jahr bewältigen kann.

307. Über das Transportaufkommen von Chemikalien liegen keine vergleichbaren Schätzungen und Hochrechnungen vor. Sie sind auch gegenwärtig nicht zu erstellen, da Statistiken, die das Transport- und Umschlagvolumen erfassen, Chemikalientransporte nur in groben Sammelbegriffen erheben und nach anderen Gesichtspunkten geordnet sind. Die teilweise von den Häfen geführten Statistiken dienen in der Regel nur internen Zwecken, sind nicht direkt vergleichbar und werden nicht überregional ausgewertet. Dennoch wagt das britische Department of Trade (1978) die Aussage, daß zwar der Seetransport von Massengut, darunter Chemikalien und Flüssiggase, stark zugenommen habe, diese Stoffe auch eine Umweltbedrohung und Gefahr für menschliches Leben darstellen können, die im Einzelfall diejenige des Öls übersteigt, daß aber die Gesamtmenge des transportierten Guts doch um einen Faktor 100 oder mehr kleiner geschätzt wird als die verschiffte Menge an Öl. Tatsächlich sind die Chemikalien-Tanker wesentlich kleiner als die großen Öltanker. Die Gefährlichkeit der Flüssiggase liegt mehr im Risiko der Entzündung, weniger in der Schädigung der Umwelt. RAHN et al. (1979) weisen darauf hin, daß die Entsorgung von (mit Wasser verunreinigten) Restchemikalienladungen durch Entsorgungsschuten zeitaufwendig und teuer und das Ablassen ins Meer bei zahlreichen Chemikalien – anders als bei Öl – unauffällig möglich ist. Durch Unfall verlorene Chemikalienladungen werden in der Regel nicht geborgen, da die Kosten der Bergung den Wert des geborgenen Gutes meist übersteigen. Eine gesetzliche Regelung der Stoffe, die aus Sicherheitsgründen geborgen werden müssen, besteht nicht.

308. Die meisten chemischen Substanzen sind, werden sie in die See eingebracht, häufig weniger beständig (persistent) als Rohöl (Department of Trade, 1978); gleichwohl sind erhebliche Schäden an Flora und Fauna von Meer und Strand möglich. Eine im GESAMP-Bericht III/19 (hier zitiert nach RAHN et al., 1979) benutzte Klassifizierung mit pauschaler mengenbezogener Bewertung wie „möglicherweise schädliche Eintragungen", „erhebliche Eintragungen" und „geringfügige Eintragungen" ist für die tatsächliche Risikobeurteilung sowie für Entscheidungen zu Sofortmaßnahmen und für behördliche

Regelungen unbrauchbar. Sie ordnet nämlich ganze Substanz- und Wirkstoffgruppen in diese Kategorien ein, ohne die außerordentlichen Gefährdungsunterschiede innerhalb der Gruppen zu berücksichtigen. Dadurch wird in vielen Fällen ein unbegründetes Sicherheitsbewußtsein erzeugt. Eine realistische Abschätzung der Gefahren ist vielmehr nur fallweise anhand der einzelnen Stoffe unter Berücksichtigung ihres Wirkungsmusters, ihrer Persistenz etc. möglich.

Der Rat empfiehlt den Häfen, Wasser- und Schiffahrtsdirektionen oder den Reedereien, Störfallpläne zu entwickeln, die in Anlehnung an die Chemiestörfallverordnung oder die Katastrophenvorsorge bei kerntechnischen Anlagen aufgebaut sein könnten.

309. Über die Anteile der verschiedenen Quellen am Erdöl-Eintrag ins Meer liegen lediglich einige Schätzungen vor; insbesondere für die Nordsee gibt es keine Daten. Die in Tab. 4.31 wiedergegebene Schätzung von KOONS und WHEELER (1977) bezieht sich nicht allein auf die Nordsee, sondern umfaßt auch den Nordostatlantik. Allerdings dürfte der

Tab. 4.31

Eintrag von Erdölkohlenwasserstoffen in Nordsee und Nordostatlantik

Quelle	Eintrag	
	Mio t/a	v.H.
Unterseeische Quellen		
– natürliche Quellen	0,003	0,75
– Off-shore-Technik	0,0022	0,55
Atmosphäre	0,01	2,5
von Land		
– Flüsse	} 0,08	20,0
– Küstenstadt-Abwässer		
– Kommunaler Abfall		
– Industrieller Abfall	} 0,2	51,0
– Küstenraffinerien		
Seetransport		
– Tanker		
– sonst. Seeschiffe		
– Terminals		
– Trockendocks	} 0,1	25,0
– Bilgenwasser		
– Unfälle		
Insgesamt (gerundet)	0,4	100

Quelle: KOONS u. WHEELER (1977), Norwegische Delegation, Paris-Konvention (1978).

Schwerpunkt der dort geschätzten Eintragungen wegen des hohen Verkehrsaufkommens tatsächlich in der Nordsee liegen. Schwerer wiegt der Einwand, daß es sich lediglich um eine Umrechnung der Schätzung der National Academy of Sciences (NAS) der USA (1975) für den globalen Öleintrag mit zum Teil einfachen, linearen Ansätzen handelt. COWELL (1978) hat die NAS-Schätzung unter Berücksichti-

gung der inzwischen eingetretenen Entwicklung (erhöhte Welt-Erdölproduktion, neue technische und rechtliche Maßnahmen der Bekämpfung der Ölverschmutzung der Meere) fortgeschrieben und zugleich eine Abschätzung des Öleintrages in die europäischen Meere versucht. Beide Schätzungen sind hier als Tab. 4.32 bzw. 4.33 angeführt, um die Bewertung von Tab. 4.31 zu erleichtern.

Tab. 4.32

Erdöl(kohlenwasserstoff)-Eintrag in die Weltmeere nach NAS 1973 aktualisiert[1])

Quelle	Eintrag	
	Mio t/a	v. H.
Unterseeische Quellen	**0,66**	**13**
– natürliche Quellen	0,60	12
– Off-shore-Technik[2])	0,06	1
Atmosphäre	**0,60**	**12**
von Land	**2,25**	**46**
– Kommunalabfälle	0,30	6
– Industrieabfälle (ohne Küstenraffinerien)	0,15	3
– Abwässer von Küstenstädten	0,40	8
– Eintrag durch Flüsse	1,40	28
Küstenraffinerien[3])	**0,06**	**1**
Seetransport	**1,061**	**22**
Tanker		
– LOT Tanker	0,11	2
– Nicht-LOT Tanker[4])	0,50	10
– Betrieb an Terminals	0,001	
sonstige Seeschiffe		
– Bilgenwasser, Bunkern	0,10	2
– Dockung	0,25	5
– Nichttanker-Unfälle	0,10	2
Tankerunfälle	**0,30**	**6**
insgesamt	4,931	100

[1]) Berücksichtigung der Produktionsraten 1977, verbesserter Betriebsführung und der Bestimmungen des Umweltschutzes u.ä. – aber wohl noch keine Berücksichtigung der 1978 in Kraft getretenen 1969er Amendments zu OILPOL, 1954.
[2]) 0,03 Mio t/a rühren von Störfällen her.
[3]) Die NAS Schätzung des Beitrags der Küstenraffinerien gilt als erheblich zu niedrig.
[4]) Laufen nach Aussage des BMV-See Westeuropa nicht an.

Quelle: COWELL, 1978.

Tab. 4.33

Erdöl(kohlenwasserstoff)-Eintrag in europäische Meere

Quelle	Eintrag	
	1 000 t/a	v. H.
Unterseeische Quellen	**0,16**	
– natürliche Quellen	0,01	
– Off-shore-Technik	0,15	
Atmosphäre	**15**	**2**
von Land	**320**	**48**
– Kommunalabfälle	100	15
– Industrieabfälle (ohne Küstenraffinerien)	70	10
– Abwässer von Küstenstädten	100	15
– Eintrag durch Flüsse	50	8
Küstenraffinerien	**k. A.**	
Seetransport	**232**	**35**
Tanker		
– LOT Tanker	2,5	
– Nicht-LOT Tanker[1])	9,0	1
– Betrieb an Terminals	0,1	
sonstige Seeschiffe		
– Bilgenwasser, Bunkern	20	3
– Dockung[2])	150	22
– Nichttanker-Unfälle	50	8
Tankerunfälle	**100**	**15**
insgesamt (ohne Küstenraffinerien)	667	100

[1]) Laufen nach Aussage des BMV-See Westeuropa nicht an.
[2]) Der hohe Anteil dieses Postens spiegelt die Tatsache wider, daß zur Zeit dieser Schätzung ein hoher Anteil der Reparaturwerften auf Europa entfällt.
Zum Vergleich GIERLOFF-EMDEN, GUILCHER (1978): „Im Mittelmeer lassen Tanker und Frachter Ölrückstände ... bevorzugt in dem ... Gewässerdreieck zwischen der Südküste Siziliens und Libyen ab, jährlich etwa 320 000 t".

Quelle: COWELL, 1978.

In der neueren Literatur (RAHN et al., 1979) werden Hochrechnungen der Öleintragungen einzelner Quellen für das Referenzjahr 1981 angegeben. Unter gewissen Annahmen wird mit einem chronischen Öleintrag in die Nordsee aus der Tankschiffahrt von 23 000 t (nach eigenen Abschätzungen 18 000 t) und aus Produktionsplattformen der Off-shore-Förderung von 2 800 t gerechnet (Tz. 339). Der Unterschied zu COWELL's Daten ergibt sich aus den verschiedenen Zeitpunkten und der Hochrechnung von RAHN et al.

Auch Vorausschätzungen aus Tanker-, Pipeline- und Plattformunfällen liegen vor (RAHN et al., 1979). Wie unsicher diese Vorausschätzungen sind, ergibt sich aus der Bandbreite der Angaben. Sie liegen für Pipelines zwischen 700 und 10 000 t/a, für Plattformunfälle zwischen 5 600 und 17 000 t/a und für Tankerunfälle zwischen 1 300 und 42 000 t/a.

4.8.2 Öleintragungen durch Tanker im Normalbetrieb

310. Die normalen Umweltprobleme der Öl-Tankschiffahrt werden durch die Stichworte Ballastwasser, Tankreinigung und Entsorgung von Oil-Slop (Öl-Rückstände) umrissen. Fast alle Rohöle enthalten relativ schwere wachsartige und asphaltische Bestandteile (s. auch Tz. 575), die sich während des Transports niederschlagen und insbesondere die waagerechten Bauteile und Wände der Tanks mit einer Schicht überziehen; sie bleiben bei Entladung der Tanks zurück. Diese Rückstände werden insgesamt auf ungefähr 0,4–1% der Ladung BLUNCK (o.J.); EXXON (1976); MYERS u. GUNNERSON (1976); NAS (1975) geschätzt. Sie wurden bis etwa 1965 einfach als Abfall angesehen, der über das Lenzen von Ballastwasser und über die Tankreinigung ins Meerwasser gelangte.

Unabhängig davon können zufällige Ölausschüttungen ins Meer erfolgen, z. B. durch undichte Ventile usw. Es gibt zahlreiche Bemühungen der Technik und der Personalführung, die insbesondere die Häufigkeit solch kleinerer Störungen mit Ölaustritt auf ein Minimum reduzieren sollen.

Ballastwasser, Load-On-Top-(LOT-) Verfahren, getrennte Ballasttanks

311. Bei Leerfahrt muß zur Erhaltung von Stabilität und Steuerbarkeit des Tankschiffs ein Teil der Ladetanks als Ballasttanks benutzt und mit (See-)Wasser gefüllt werden. Vor Aufnahme neuer Ladung wurde früher das mit Öl und Ölrückständen beladene Ballastwasser wieder ins Meer gegeben. Aber schon 1976 bedienten sich fast 80% der Welt-Tankerflotte des Verfahrens des Load-On-Top (LOT). Hierbei findet in einem Zwischentank (sloptank, Rückstandstank, Setztank) eine Schwerkraftabscheidung des aufschwimmenden Öls vom Ballastwasser statt, das erst nach dieser Reinigung vor Einfahrt in den Hafen ins Meer gegeben wird. Wird die

neue Ölladung an Bord genommen, so wird sie „ontop" der im Zwischentank verbliebenen Ölreste geladen (MYERS u. GUNNERSON, 1976).

Wenn auch erhebliche Mengen an Erdöl durch das LOT-Verfahren zurückgehalten werden und dem Eigentümer erhalten bleiben, gibt es immer noch Verluste. Voraussetzungen für die Wirksamkeit des Verfahrens sind ruhige See und Fahrten, die für den Vorgang der Schwerkraft-Abscheidung genügend lange währen. Selbst unter günstigen Bedingungen enthält das Abwasser noch etwa 100 ppm Öl (MYERS u. GUNNERSON, 1976). Betriebserfahrungen an Bord haben aber gezeigt (EXXON, 1976), daß mit dem LOT-Verfahren die Grenzwerte der 1969er Amendments – die im wesentlichen auch die des noch nicht rechtskräftigen Londoner Abkommens MARPOL 1973 (s. Tz. 1229) sind – beim Öleintrag eingehalten werden können, wenn LOT gemäß den Richtlinien des Oil Companies International Marine Forum (OCIMF, o.J.) und der International Chamber of Shipping (ICS) durchgeführt wird.

Hinsichtlich der Messung und Überwachung hat es in der ersten Hälfte der 70er Jahre in der Verfolgung der Ergebnisse von LOT an zahlreichen größeren Rohöl-Terminals große Fortschritte gegeben. Die Verfahren sind in einer weiteren OCIMF/ICS-Richtlinie (1973) beschrieben worden. Die Überwachungen haben einen in dieser Zeit stetig wachsenden Erfolg von LOT nachgewiesen.

312. *Einen anderen Weg zur Vermeidung der Meeresbelastung mit ölhaltigem Ballastwasser beschreitet MARPOL 1973: Es verlangt für „neue" Tanker ab 70 000 tdw getrennte Ballasttanks (segregated ballast). Getrennte Ballasttanks vermeiden den Öleintrag über ölhaltiges Ballastwasser, die Tanks müssen seltener gereinigt werden und die Überwachung auf See wird einfacher. Getrennte Ballasttanks der vorgesehenen Auslegung entheben jedoch nicht der Notwendigkeit, bei schwerem Wetter zusätzlich Ballastwasser in Ladetanks aufzunehmen. Die Belastung des Meeres durch ölhaltiges Ballastwasser wird daher insgesamt nicht gänzlich unterbunden, allerdings wesentlich gemindert. Auf der internationalen IMCO-Konferenz „Tanker, Safety and Pollution Prevention, 1978" wurden noch weitergehende Forderungen erarbeitet. Hiernach sollen neue Öltanker ab 20 000 tdw und Produktentanker ab 30 000 tdw mit separaten Ballasttanks versehen werden; dieses soll bei bereits in Fahrt befindlichen Tankern ab einer Tragfähigkeitsgrenze von 40 000 tdw gelten. Daneben werden weitere Vorschriften über die Ausrüstungspflicht mit Tankwaschmaschinen gefordert.*

Tankreinigung, Crude-Oil-Washing-(COW-)Verfahren

313. Unabhängig davon, ob Ballastwasser in Ladetanks aufgenommen wird oder nicht, besteht die Notwendigkeit, die Öltanks regelmäßig zu reinigen, sei es für Instandsetzungsarbeiten, sei es um die Bildung von Ölschlamm zu verhindern oder um andere Ladungen nach Rohöl aufnehmen zu können. Ladetanks (cargo-only-tanks) müssen ungefähr bei jeder 2. bis 4. Reise gewaschen werden. Soweit die Tanks mit Wasser gereinigt werden, wird das Öl-Wasser-Gemisch entweder in Auffanganlagen an Land verbracht oder einfach ins Meer eingeleitet.

Die Versuchung, die letztere Lösung statt der vorschriftsmäßigen Entsorgung an Land zu wählen, war wenigstens bis vor einiger Zeit beträchtlich, da die Gefahr, ertappt zu werden, gering ist und selbst bei Entdeckung die zu erwartende Geldbuße niedriger war als die vermiedenen Kosten der Entsorgung an Land. Es bleibt abzuwarten, wie sich die Praxis im deutschen Küstenbereich ändert, nachdem das „Gesetz über das Internationale Übereinkommen zur Verhütung der Verschmutzung der See durch Öl, 1954" in der Fassung vom 19. 1. 1979 rechtskräftig geworden ist, das den Strafrahmen erheblich ausgedehnt hat und die Möglichkeit der Freiheitsstrafe vorsieht.

314. Die im ersten Absatz skizzierte Situation bestand durchgängig noch bis etwa 1973, dem Jahr der Londoner Konferenz und des MARPOL-Übereinkommens. Seither dringt das Verfahren des Crude-Oil-Washing (COW) auch aus wirtschaftlichen Gründen immer mehr vor. Dabei wird ein Teil der Rohöl-Ladung des Tankers dazu verwendet, während des Löschens bestimmte Tanks auszuwaschen. Das Rohöl, aus dem während der Fahrt die Rückstände ausgefallen sind, ist zur Reinigung am geeignetsten.

Das COW-Verfahren (festinstallierte Waschgeräte, Inertgas-System) wird bei der überwiegenden Zahl der Großtanker eingesetzt. Die Effektivität des COW-Verfahrens hängt mit davon ab, inwieweit es gelingt, die unter dem Niveau der Pumpen-Ansaugöffnung liegenden Öl-Neigen aus den Tanks zu entfernen. Gegenwärtig ist ein Nachspülen mit Wasser (bottom rinsing, water rinse) vor der Aufnahme von Ballastwasser üblich. Eine gänzliche Vermeidung der Verwendung von Wasser erscheint möglich. Auch Fortschritte bei Verfahren des „Restlenzens (Stripping)" von Tanks und Rohrleitungen sind zu erwarten. Aufgrund der wirtschaftlichen Vorteile, die das Verfahren der Rohölreinigung bietet, ist mit seiner schnellen Durchsetzung zu rechnen.

315. Diese Vorteile – die teilweise zugleich auch günstig für den Umweltschutz wirken – sind:

– Rückgewinnung von Rohöl statt Vermischung von Öl und Wasser; ein verlustärmerer Löschvorgang; eine erhöhte Tankerkapazität;

– Senkung der Tankreinigungskosten; Vermeidung der manuell zu entfernenden Ölablagerungen;

– Senkung des Risikos von Ölschlamm-Entzündungen in Tanks bei Instandsetzungsarbeiten.

Wirksamkeit der Maßnahmen

316. Die Exxon Corporation hat 1976 die Wirksamkeit der verschiedenen vorgeschlagenen oder möglichen Maßnahmen und Verfahren zur Minderung des Öleintrags in die Weltmeere durch Rohöltanker abgeschätzt. Dabei wird eine Welt-Flotte von 1 300 Tankern über 70 000 tdw Kapazität angenommen, die mit einer Gesamtkapazität von 215 Mio tdw 1,6 Mrd t/a Rohöl transportiert. (Zum Vergleich: Gemäß John I. Jakobs & Co., London, hier zitiert nach Deutsche BP AG (1978), umfaßt die Welt-Tankerflotte Ende 1977 1 322 Einheiten über 80 000 tdw mit einer Gesamtkapazität von 256,7 Mio tdw.)

Es wird angenommen, daß bei jedem Löschvorgang Ölreste in einer Menge von 0,4% der Kapazität zurückbleiben; diese gelangen, wenn keine Rückhaltemaßnahmen ergriffen werden, in die See, so daß sich der weltweite Öleintrag der fiktiven Flotte auf etwa 6,5 Mio t/a bzw. mit Einschluß des Ölschlamms auf 6,7 Mio t/a beläuft. (Zum Vergleich: Durch Havarie und Sprengung der Amoco Cadiz sind im März 1978 230 000 t Rohöl ins Meer gelangt (Department of Trade, 1978).)

Je nach getroffener Maßnahme oder eingesetztem Verfahren ergeben sich die in Tab. 4.34 geschätzten Einträge; die Spalte „Öl" bezieht sich auf den Ölgehalt des mit Öl vermischten Ballastwassers bzw. des Tankwaschwassers, „Ölschlamm" auf den Ölgehalt fester Ablagerungen in den Rohöltanks. Nach diesen Abschätzungen bietet eine Verbindung von getrennten Ballast-Systemen mit COW keine erheblichen Vorteile gegenüber dem Einsatz von COW allein.

Tab. 4.34

Geschätzte jährliche Öleinträge in die Weltmeere für eine Flotte von 1 300 Rohöltankern bei Durchführung verschiedener Maßnahmen

(Voraussetzungen unterschiedlich zu Tab. 4.32)

Emissionsminderungsmaßnahmen	Öl 1 000 t	Ölschlamm 1 000 t	insgesamt 1 000 t
konventionelle Tanker ohne besondere Maßnahmen	6 500	200	6 700
LOT (bei 80% der Flotte in Anwendung)	1 000	200	1 200
COW a) mit Wasserspülung	50	5	55
b) ohne Wasser (möglich)	0	0	0
separate Ballasttanks	50	200	250
separate Ballasttanks in Verbindung mit COW	0	0	0

Quelle: EXXON (1976).

Tab. 4.35

Tankerunfälle in der Nordsee

Schiffsname	Gesamttrag-fähigkeit tdw	Flaggenstaat	Unfallort	Datum	Unfallursache	Ölauslauf
Anne-Mildred-Brovig	25 454	Norwegen	westl. Helgoland	20. 02. 66	Zusammenstoß	17 000 t Rohöl[1]
Diane	60 193	Liberia	Niederlande	17. 04. 67	Zusammenstoß	keine Angaben
Diane	60 193	Liberia	Amsterdam	12. 12. 68	Explosion	keine Angaben
Benedicte	74 953	Liberia	vor Schweden	31. 05. 69	Zusammenstoß, Feuer	1 900 t Rohöl[1]
Texaco Westminster	100 924	Großbritannien	vor Hoek van Holland	16. 09. 69	Strandung	ja
Frances Hammer	60 333	Liberia	Niederlande	01. 05. 70	Zusammenstoß	keine Angaben
Samnanger	60 500	Norwegen	Göteborg	14. 05. 71	Zusammenstoß	keine Angaben
Elisabeth Knudsen	216 187	Norwegen	Hoek van Holland	24. 12. 71	Zusammenstoß	ja
Conoco Britannia	116 840	Liberia	Ostengland	24. 06. 73	Maschinenschaden, Strandung	ja
Jawachta	55 000	Norwegen	Schweden	21. 12. 73	Wrack gerammt	ja
Sea Scape	356 400	Schweden	Haugesund, Norwegen	25. 07. 75	Explosion	keine Angaben
Pacific Colocotronis	82 604	Griechenland	Niederlande	29. 09. 75	Explosion	ja
Liverpool Bridge	168 700	Großbritannien	Niederlande	12. 06. 76	Explosion	keine Angaben
Andros Titan	232 644	Griechenland	Deutsche Bucht	08. 08. 79	Kollision	nein
Hitra	37 625	Norwegen	Deutsche Bucht	22. 11. 79	Kollision	1 600 t

Tab. 4.36

Tankerunfälle im Kanal

Schiffsname	Gesamttrag-fähigkeit tdw	Flaggenstaat	Unfallort	Datum	Unfallursache	Ölauslauf
Torrey Canyon	118 285	Liberia	England	18. 03. 67	Grundberührung	95 000 t Rohöl[1]
Pacific Glory	77 648	Liberia	Isle of Wight	23. 10. 70	Zusammenstoß	6 300 t[2]
Asiatic	150 216	Liberia	westl. Brest	24. 07. 74	Feuer	keine Angaben
Olympic Alliance	219 913	Liberia	Dover, Brest	12. 11. 75	2 Zusammenstöße	2 100 t[2]
Olympic Bravery	277 599	Liberia	westl. Brest	24. 01. 76	Maschinenschaden, Grundberührung, Auseinanderbrechen	ja
Amoco Cadiz	228 513	Liberia	Bretagne	17. 03. 78	Strandung	230 000 t
Eleni V	12 680	Griechenland	südl. Irland	07. 05. 78	Zusammenstoß	5 000 t
Betelgeuse		Frankreich		08. 01. 79	Explosion	20 000 t

1) Angaben durch Dillingham Corp., Analysis of Oil Spills and Control Materials. – 2) Angaben nach Department of Trade, 1978.

Quelle: Umweltbundesamt, 1978.

138

4.8.3 Unfallbedingte Öleintragungen, insbesondere durch Tankerunfälle

317. Eine Zusammenstellung der wichtigsten Tankerunfälle in der Nordsee enthält Tab. 4.35; wegen der Schwere der Fälle und der Bedeutung des Ärmelkanals für den Nordseeraum sind in Tab. 4.36 Tankerunglücke im Kanalbereich zusammengestellt; Tab. 4.37 führt beachtliche Havarien im Hafengebiet Wilhelmshaven auf, dem größten Ölumschlagplatz der Bundesrepublik Deutschland. Die Tabellen erheben keinen Anspruch auf Vollständigkeit, zumal eine systematische Statistik nicht vorliegt.

318. Über die zu erwartende Häufigkeit von Tankerunglücken liegt eine britische Schätzung (Department of Trade, 1978) vor, wonach z.B. in der Straße von Dover auf 25 000 Durchfahrten ein Zusammenstoß oder eine Strandung kommen könnten. Da die Zahl der Durchfahrten bei 8 000 im Jahr liegt, müßte man mit einem solchen Unfall etwa alle drei Jahre rechnen. Nicht alle Unfälle führen aber tatsächlich zum Öleintrag. Die Schätzung rechnet daher, daß sich einmal in zehn Jahren ein größerer Ölunfall in der Straße von Dover ereignet. Allerdings wird in den kommenden Jahren das durchschnittliche Alter der Großtanker zunehmen, wodurch nach aller Erfahrung die Unfallwahrscheinlichkeit, nicht zuletzt auch durch Flaggenwechsel, wächst.

319. RAHN et al. (1979) haben eine Schätzung der Tanker-Unfallwahrscheinlichkeit in der Nordsee

und des zu erwartenden Öleintrags vorgelegt, die proportional zur transportierten Ölmenge angesetzt ist. Sie übertragen dabei Ergebnisse statistischer Untersuchungen über Ölunfälle im Gebiet des amerikanischen Kontinentalschelfs, des Golfs von Mexiko und der englischen Küstengewässer, da die Datenbasis der in der Nordsee aufgetretenen Unfälle für statistische Aussagen nicht ausreicht. Pro 300 Mio t transportierten Öls rechnen sie mit einem „größeren" Tankerunfall (eingebrachte Ölmenge > 135 t). Für das Referenzjahr 1981 mit einem Öl-Transportvolumen von 505 Mio t liegt entsprechend die Erwartung bei weniger als zwei Unfällen im Jahr. Die erwartete Ausflußmenge ist dabei mit 70% Wahrscheinlichkeit kleiner als 2 500 t. Der Erwartungswert der gesamten ausgeflossenen Ölmenge an Tankerunfällen liegt nach dieser Schätzung bei weniger als 5 000 t im Referenzjahr; auf die Unsicherheiten wurde bereits hingewiesen.

320. Kleine Ölunfälle (Ausflußmenge < 135 t) ereignen sich insbesondere beim Laden, Löschen oder Bunkern in Häfen oder Off-shore – z.B. bei der Herstellung von Schlauchverbindungen oder durch Überlaufen beim Befüllen von Tanks (Versagen von Füllstandsanzeigern). Aus Tab. 4.38, in der die Ölunfallzahlen der wichtigsten deutschen Ölumschlagplätze aufgeführt sind, läßt sich entnehmen, daß es in den betreffenden Hafen- und Küstenbereichen zu etwa 100 (bzw. 40) Ölunfällen im Jahr kommt. Sie sind zu einem Drittel Bunker- und Ladeunfälle.

Tab. 4.37

Tankerunfälle im Bereich Wilhelmshaven

Schiffsname	Gesamttragfähigkeit tdw	Unfallort	Datum	Unfallursache	Ölauslauf
Al Funtas	208 810	Jade-Busen	07. 08. 74	Anleger-Zusammenstoß	~40 t[1]
Energy Vitality	212 980	Jade-Busen	02. 12. 76	Fehler von Lotsen und Rudergänger Auf-Grund-Laufen	geringfügig
Classic	150 254	Jade-Busen	09. 05. 77	Nebel, Auf-Grund-Laufen	30 – 50 t
Nicos I. Vardinoyannis	134 700	Jade-Busen	23. 12. 77	Kursfehler, Auf-Grund-Laufen	100 – 300 t
Camden	217 206	Jade-Busen	01. 04. 78	Auf-Grund-Laufen	nein
Esso Hawaii	VLCC	vor Wangerooge	Febr. 79	Auf-Grund-Laufen	nein

[1] Aus gerissener Rohölleitung; bei späterer Bergung der Leitung weitere 20 t (davon 7 t aufgesaugt).

Quelle: Wasser- und Schiffahrtsamt Wilhelmshaven, hier zitiert nach RAHN et al. (1979).

Tab. 4.38

Ölunfälle in deutschen Häfen

Hafen- und Küstenbereich	Beobachtungs- zeitraum	Unfall- anzahl	ausgetretene Ölmenge
Wilhelmshaven	1975 – 1977	115	ca. 600 t[1]
Hamburg	1977 – 1978	200	•
Unterweser-Häfen	1974 – 1977	362	•
Emden, Unterems	1973 – 1977	582	ca. 10 t

[1] Nach anderen Angaben (NWO) max. ca. 400 t.

Quelle: RAHN et al. (1979).

321. *Für solche kleineren Ölunfälle (Ausflußmengen < 135 t) mit Tankern schätzen RAHN et al. für die Nordsee eine Rate von einem Unfall auf eine transportierte Ölmenge von 1,06 · 10⁶ t (optimistische Schätzung) – bzw. von einem Unfall pro 0,303 · 10⁶ t (pessimistische Schätzung). Dem entspräche für das Referenzjahr 1981 mit einem Öltransportvolumen von 505 Mio t eine optimistische Erwartung von etwa 480 bzw. eine pessimistische Erwartung von etwa 1676 kleineren Ölunfällen. Der Erwartungswert der Ausflußmenge hat die Größenordnung 1 t. Insbesondere für die kleineren Öleintragungen bei der Übergabe von Öl über single buoy moorings (Vertäuen an nur einer Boje) in Tiefwasser-Häfen oder Off-shore-Übergabestationen schätzen RAHN et al. die Eintragungsrate für günstiger als ein Ereignis pro 750 t bzw. günstiger als ein Fall pro 30 Ladevorgänge, wie in der Studie des MIT (1974) angegeben, und weisen ihnen angesichts des eingetretenen oder noch zu erwartenden Fortschritts der Technik gegenüber dem Datenerhebungszeitraum der MIT-Studie nur einen geringen Anteil am gesamten Öleintrag in die Nordsee zu.*

4.8.4 Ölverunreinigung durch Schiffe allgemein

322. Im untersten Bereich des Schiffes, der Bilge, sammeln sich neben sonstigem Abfall, Abwasser und Unrat im wesentlichen Schwitz- und Leckwasser sowie Öl-, Schmierfett- und Treibstoffreste. Das Außerbordpumpen (Lenzen) dieses Gemisches verlangt besondere Beachtung. Allerdings verlangen die Änderungen zu OILPOL 1954 von 1969, daß jedes Eindringen von Öl (Schmieröl, schweres Dieselöl, Heizöl, Rohöl) in die Bilgen durch geeignete Ausrüstung des Schiffes zu unterbinden ist. Zur Durchsetzung dieser Regelung wurden die Vorschriften über die Führung des Öltagebuches erweitert.

Zur Abschätzung der verschiedenen anfallenden Mengen an Ölresten und Öl-Wasser-Gemischen ist eine differenzierte Betrachtung des Spektrums der möglichen Quellen und ihrer Emissionsstärke erforderlich.

Eine solche Betrachtung findet sich in der Literatur z. B. für den Anfall von Ölwasserschlamm aus dem Brennstoff (SEIBEL, 1976). Bei Einsatz von wirksamen Brennstoffiltern wird demnach mit einem Ölwasserschlamm-

Anfall von 0,5% des gesamten Brennstoffverbrauchs gerechnet. Bei Verwendung von mit Wasserzusatz arbeitenden Seperatoren erhöht sich die Ölwasserschlamm-Menge auf 1% der gesamten verbrauchten Brennstoffmenge. Dieser Wert ist als eine Abschätzung von der „sicheren Seite" anzusehen.

323. *Zur Vermeidung einer Verunreinigung der Meere durch Öl-Wasser-Gemische stehen mehrere Verfahren zur Verfügung:*

- *Mechanische Verfahren: Für Schwerkraftabscheidungsanlagen an Bord wird ein gesicherter erreichbarer Wert des Ölgehalts von <100 mg/l angegeben. Durch Nachschaltung einer Flotation kann eine Senkung des Restölgehaltes um 10 bis 40% erreicht werden. Ölfilteranlagen scheitern praktisch an der mangelnden Wirtschaftlichkeit des Verfahrens.*

- *Weitere physikalische Verfahren: Erwärmung einer Öl-Wasser-Emulsion vermindert ihre Stabilität; dies kann in Verbindung mit mechanischen Verfahren genutzt werden. Die energieaufwendige elektrostatische Abscheidung ist auf See ungeeignet.*

- *Chemische Verfahren: Durch Flockung von Restölemulsionen sind Restölgehalte von 2 bis 5 mg/l erreichbar (OOSTERS, 1974; SCHUSTER, 1973; BORN, 1978); der abgeschiedene Flockenschlamm muß entsorgt werden. Die Selbstbrenngrenze verölter Abwässer liegt bei 40% Ölgehalt; zur Verbrennung muß Brennstoff beigemischt werden oder ein Stützfeuer die Verbrennung aufrechterhalten.*

324. *Die genannten erreichbaren Ölgehalte sind in Vergleich zu setzen mit dem Gehalt an Öl, den die 1969er Änderungen von OILPOL 1954 für das Lenzen in verbotenen Zonen fordern. Nach diesen seit dem 20. Januar 1978 rechtsgültigen Regelungen darf z. B. der Ölgehalt der von Nicht-Tankschiffen (nur unter weiteren Bedingungen erlaubt!) abgelassenen Flüssigkeiten nicht größer sein als 100 ppm = 100 mg/l.*

Es erscheint demzufolge – jedenfalls bei größeren und besser auszurüstenden Schiffen – möglich, durch Abwasserreinigungsmaßnahmen selbst neuere und strengere Anforderungen – wie sie z. B. in Zukunft von MARPOL 1973 gestellt werden – zu erfüllen. Allerdings fehlt noch immer ein robustes, vielseitig verwendbares und fälschungssicheres Meß- und Überwachungsinstrument zur Erfüllung von MARPOL 1973.

325. Der Beitrag der Bilgenwassereintragungen (sowie der von Trockendock-Einträgen) zum gesamten Öleintrag in die Nordsee läßt sich z. Z. kaum abschätzen. Tab. 4.42 in Abschnitt 4.9 gibt eine Schätzung des anfallenden verölten Bilgenwassers in Abhängigkeit von der Schiffsgröße wieder. Der NAS-Bericht 1975 setzt ihn weltweit mit 0,50 Mio t/a (bzw. 0,25 Mio t/a) oder in der Aktualisierung durch COWELL 1978 mit 0,10 Mio t/a (bzw. 0,25 Mio t/a) – Tab. 4.32 – an. „Eine Übertragung dieser Werte auf die Nordsee wäre aber spekulativ, da selbst die Zahlen der National Academy auf sehr unsicherem Datenmaterial beruhen" (RAHN et al., 1979). Der Beitrag dürfte jedoch insgesamt bedeutend sein, nicht zuletzt wegen der geringen Entdeckungsgefahr.

4.8.5 Sonstiger Stoffeintrag von Seeschiffen im Normalbetrieb

326. Neben dem Eintrag von Ölrückständen verdient beim Normalbetrieb von Schiffen der Eintrag von Abfall und Abwasser Beachtung. Hierzu liegen neben Mengenfaktor-Abschätzungen, z. B. SEIBEL (1976), die Abschätzungen des Ausschusses Mariner Umweltschutz (Marine Environment Protection Committee, MEPC) der IMCO in den Richtlinien für die Auslegung von Entsorgungsanlagen in Häfen (MEPC VIII/17, o. J. und MEPC IX/17, o. J.) vor. Eine Abschätzung der Gesamtmengen, die in die Nordsee gelangen, kann nicht vorgelegt werden, da der Umfang des Schiffsverkehrs in der Nordsee sich allenfalls überschläglich berechnen läßt.

Schiffsmüll

327. *Als Schiffsmüll definiert MARPOL 1973 alle Arten von Lebensmittel-, Haushalts- und Betriebsabfall (ausgenommen Teile von frischem Fisch), der bei normalem Schiffsbetrieb anfällt und stetig oder periodisch beseitigt werden muß. Seine Einbringung ins Meer soll aufgrund der Regelungen 3, 4 und 5 des (fakultativen) Anhangs V zu MARPOL 1973 zum Teil verboten werden.*

328. *Unter den Abfallarten wächst die anfallende Menge an Haushaltsabfällen mit der Stärke der Besatzung und der Anzahl der Passagiere. Man rechnet für „Lebensmittelabfälle" (d. h. alle Abfälle aus Kombüse und Speiseräumen u. ä.) 1,40–2,40 kg je Person und Tag sowie für Abfälle des täglichen Lebens (d. h. Abfälle in Aufenthaltsräumen von Besatzung und Passagieren, z. B. Papiererzeugnisse, Textilien, Glas, Lappen, Flaschen, Plastikgegenstände) 0,50–1,50 kg je Person und Tag (MEPC IX/17, o. J.). Für Passagierschiffe sind jeweils die oberen Grenzen der Mengenfaktoren anzusetzen.*

Ladungsspezifische Rückstände fallen in unterschiedlichem Maße an:

Ladung, die in irgendeiner Form – aber nicht in Containern – abgepackt ist (break bulk cargo), bedingt den meisten Abfall (Stauholz, Stützbalken, Laderoste, Sperrholz, Papier, Karton, Draht, Stahlgurte usw.); man setzt an: 1 t Abfall je 123 t Ladung. Nicht abgepackte und schüttgutartige Ladung (dry bulk cargo) erzeugt 1 t Abfall je 10 000 t Ladung. Bei in Containern beförderter Ladung ist das Verhältnis am günstigsten: 25 000 t Ladung bedingen 1 t Abfall (MEPC IX/17, o. J.).

Die ladungsspezifischen Abfälle werden andererseits zunehmen mit der Häufigkeit des Umschlagens von Ladung. Dementsprechend finden sich in der Literatur, z. B. SEIBEL (1976), Angaben zum Anfall von Transportabfällen in Umschlaghäfen, die je nach Schiffstyp unterschiedlich sind, z. B. für Küstenmotorschiffe etwa 100 kg je Hafen (SEIBEL, 1976).

Betriebsabfälle, die im Maschinenraum und an Deck bei Betrieb und Wartung der Maschinenanlagen anfallen (Ruß, Rost, Maschinenablagerungen und Kleinteile, Farbreste, Deckskehricht, Putzabfälle, Lappen usw.) sind auf die Betriebszeit zu beziehen; Ruß und andere Maschinenablagerungen: 5 kg/Schiffstag; Rost: 4 kg/Schiffstag; Farbreste: 3 kg/Schiffstag; Metallspäne, Füllungen, Reste: 3 kg/Schiffstag; Kehricht: 1 kg/Schiffstag

– insgesamt also 16 kg/Schiffstag (MEPC IX/17, o. J.). In großen Seeschiffen können auch 20 kg/Schiffstag erreicht werden. Darin sind die Abfälle, die bei größeren Überholungsarbeiten anfallen, nicht enthalten.

Schiffsabwässer

329. Unter Schiffsabwässern versteht MARPOL 1973 Ablaufwasser und andere Abflüsse aus sanitären und medizinischen Einrichtungen und aus Räumen mit lebenden Tieren sowie andere Wässer, die mit derartigen Abwässern vermischt sind.

Die Mengen von Schiffsabwässern, die gemäß Anhang IV zu MARPOL 1973 in Zukunft nicht ins Meer gegeben werden dürfen, hängen von zahlreichen Einflußgrößen ab (Abwasserzusammensetzung, Schiffstyp, Schiffsroute, Anzahl der Personen an Bord, Typ des Abwasserbehandlungssystems an Bord). Die MEPC-Richtlinie (MEPC VIII/17, o. J.) rechnet mit 140 l Toiletten-Abwässern u. ä. (human body wastes) sowie noch einmal 150 l sanitären Abwässern je Person und Tag. SEIBEL (1976) setzt aufgrund von Erfahrungen mit gemeindlichen Abwässern an Land 200 l Abwasser je Person und Tag an. Der Grad der Verschmutzung ist gekennzeichnet durch eine Konzentration von Sink- und Schwebstoffen von etwa 350 mg/l und 125 mg/l (MEPC VIII/17, o. J.) bzw. nach SEIBEL (1976) von 600 mg/l und einer Keimzahl von $10^7/l$.

Regelung 3 vom Anhang IV zu MARPOL 1973 verlangt für Schiffe ein Zeugnis, daß sie die Anforderungen von MARPOL an den Gebrauch von Abwasserbehandlungsanlagen und/oder von Rückhaltetanks erfüllen.

4.8.6 Schiffahrtsaufkommen in der Nordsee

330. Die Belastung des Ökosystems Nordsee durch die Schiffahrt kann über die Höhe des allgemeinen Schiffahrtsaufkommens abgeschätzt werden. Detailliertere Informationen bietet die räumliche Verteilung des Schiffahrtsaufkommens in der Nordsee. Weiterhin ist für die Abschätzung der Belastung die Art des Schiffsverkehrs von Bedeutung. Die Emissionsfaktoren (Tz. 327 ff.) hängen sowohl von der Art des Schiffsverkehrs (Personen- oder Güterverkehr) ab als auch – innerhalb der Kategorie Güterverkehr – von der Art der transportierten Güter (vgl. Tz. 327 ff.). Hier wäre vor allem eine Unterscheidung zwischen Öl- und Nicht-Öl-Transporten angebracht. Allerdings ist auch diese Differenzierung noch zu grob, da das Gefährdungspotential bei Öltankern u. a. von der Bauart der Schiffe (Alter, Technik) und dem Ausbildungsstand des Bordpersonals abhängt.

331. Die nach Quantität und Qualität unzureichende Datenlage erlaubt allerdings nur unvollständige Informationen. Von der Seeverkehrsstatistik sind bislang wichtige statistische Unterlagen nicht erhoben bzw. nicht aufbereitet worden. Die folgenden Angaben über Niveau und Struktur der Schiffahrt können deshalb nur als Annäherungen verstanden werden. Dies ist vor allem bei der Interpretation der Daten zu beachten.

332. Einen Überblick über das Schiffahrtsaufkommen in der Nordsee – auch im Vergleich zu anderen Meeren – vermittelt Tab. 4.39. Die Erfassung der Häfen mit einem Güterumschlag von mindestens 1 Mio t kann als repräsentativ für die aufgeführten Bereiche gelten, da der Gesamtumschlag in diesen Häfen von 3 311 Mio t (1978) mit dem Welt-Güterverkehr über See von 3 380 Mio t (1977) nahezu übereinstimmt. Bezüglich der Anzahl der Schiffe steht der Bereich „Nordsee" mit 27,5% an zweiter Stelle hinter Japan mit 37,5%. Allerdings ist die durchschnittliche Schiffsgröße im japanischen Bereich mit 1 229 NRT wesentlich kleiner als im Bereich der Nordsee mit 3 637 NRT. Die in der Nordsee eingesetzte Tonnage liegt daher mit 29,3% mit großem Abstand an der ersten Stelle. Die Aussage wird unterstützt durch Schätzungen des Verkehrsaufkommens in bestimmten Seegebieten (Tab. 4.40). Die Straße von Dover liegt hierbei mit großem Abstand an der Spitze. In der südlichen Nordsee im Bereich zwischen Dover und der Elbemündung ereignet sich auch etwa die Hälfte der weltweiten Schiffskollisionen (SIBTHORP, 1975).

Tab. 4.39

Tab. 4.40

Vergleich des geschätzten täglichen Verkehrsaufkommens in bestimmten Seegebieten

Region	Schiffe pro Tag	
	1969	1980
Kanal	400	340
Japanische Küste	100	190
Kap der Guten Hoffnung	215	225
Straße von Gibraltar	160	180
Straße von Malacca	85	180
Masqat (Persischer Golf)	80	180

Quelle: Institut für Seeverkehrswirtschaft (1980).

Schiffahrtsaufkommen in der Nordsee einschl. Kanalhäfen im Vergleich zu anderen Meeren

Bereich	Schiffsverkehr		Schiffsverkehr		Güterumschlag		Durchschnitts-tonnage/Schiff (NRT)	Güterumschlag je Schiff (t)
	Anzahl	%	Tonnage (1 000 NRT)	%	1 000 t	%		
Nordsee	213 112	27,5	775 129	29,3	853 104	25,8	3 637	4 003
Ostsee	14 847	1,9	43 810	1,7	81 113	2,4	2 951	5 463
Mittelmeer	96 849	12,5	352 229	13,3	400 518	12,1	3 637	4 135
Südamerika	9 986	1,3	34 056	1,3	114 797	3,5	3 410	11 495
USA und Kanada	64 785	8,4	483 134	18,3	678 909	20,5	7 457	10 479
Hongkong	9 436	1,2	48 021	1,8	25 715	0,8	5 089	2 725
Japan	290 951	37,5	357 540	13,5	528 984	16,0	1 229	1 818
Singapur	21 787	2,8	135 433	5,1	73 339	2,2	6 216	3 366
Australien	9 615	1,2	111 512	4,2	192 811	5,8	11 597	20 053
Sonstige	44 306	5,7	304 513	11,5	362 145	10,9	6 873	8 174
Summe	775 674	100,0	2 645 377	100,0	3 311 435	100,0	3 410	4 269

Quelle: Institut für Seeverkehrswirtschaft (1980).

333. Eine grobe Vorstellung über die regionale Verteilung des Schiffsaufkommens läßt sich aus den Hafenstatistiken ableiten sowie aus der Kenntnis der großen Schiffahrtswege. Aus Tab. 4.41 geht hervor, daß die Anzahl der einlaufenden Schiffe im Betrachtungszeitraum in den meisten Häfen rückläufig ist. Allerdings wird dieser Effekt, zum Teil in erheblichem Maße, durch die Zunahme des Fassungsvermögens der Schiffe im gleichen Zeitraum überkompensiert (Ausnahme: Emden).

Bei der Betrachtung der großen Schiffahrtsrouten zeigt sich die herausragende Bedeutung der Straße von Dover (Abb. 4.20). Am nordöstlichen Ende dieser Meerenge teilen sich die Schiffahrtsrouten: Große Verkehrsadern verlaufen vor der ostenglischen Küste bis etwa Edinburgh sowie entlang der belgischen, niederländischen und deutschen Nordseeküste. Gegenüber diesem starken Verkehrsaufkommen in Küstennähe ist der Schiffsverkehr quer durch die Nordsee vergleichsweise gering.

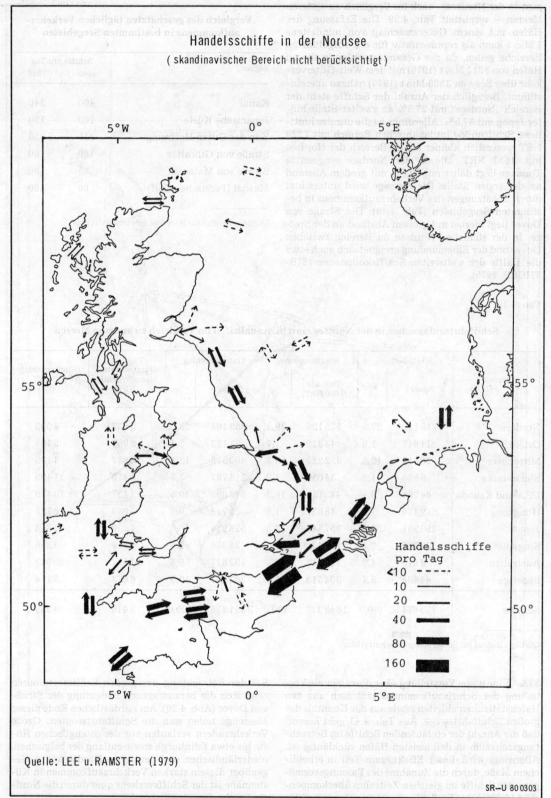

Abb. 4. 20

Handelsschiffe in der Nordsee
(skandinavischer Bereich nicht berücksichtigt)

5°W   0°   5°E

55°   55°

**Handelsschiffe
pro Tag**

<10
10
20
40
80
160

50°   50°

5°W   0°   5°E

Quelle: LEE u. RAMSTER (1979)

SR–U 80 0303

143

Abb. 4. 21

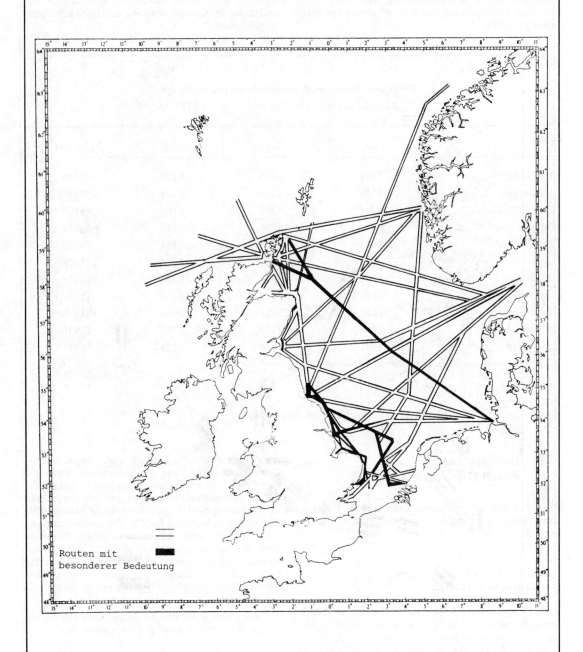

Schiffsrouten in der Nordsee

Daten für den Kanal auch in Abb. 4.20

Routen mit
besonderer Bedeutung

Quelle: LEE u. RAMSTER (1979)

SR–U 80 0304

Ein anderes Bild ergibt sich bei der Betrachtung der Schiffahrtsrouten zwischen den Nordseeanrainerstaaten (Abb. 4.21). Auch die Routen der Fährschiffe verlaufen oft in beträchtlicher Entfernung von den Küstenlinien. Der Nord-Ostsee-Kanal wurde 1978 von 26 387 Handelsschiffen (entsprechend 25 657,5 × 10³ NRT) in Ost-West-Richtung bzw. von 26 328 Handelsschiffen (entsprechend 21 810,1 × 10³ NRT) in West-Ost-Richtung passiert (Statistisches Bundesamt, 1978).

334. Aussagen über das Verhältnis des Personenverkehrsaufkommens zum Güterverkehrsaufkommen in der Nordsee lassen sich aufgrund der unzureichenden Datenlage nicht machen. Auch über die Struktur des über See transportierten Güteraufkommens liegen nur Daten im Weltmaßstab vor. Der Rat hält es für dringend geboten, die statistischen Unterlagen zu verbessern, damit eine zuverlässige Abschätzung der Gesamtbelastung durch die Schiffahrt möglich wird.

Tab. 4.41

Verkehrsaufkommen in ausgewählten Nordseehäfen

(Anzahl der einlaufenden Schiffe und NRT)

Hafen	1970		1978	
	Schiffe	1 000 NRT	Schiffe	1 000 NRT
Amsterdam	7 982	16 092	4 390	16 999
Antwerpen	19 150	54 315	17 382	59 133
Bremische Häfen	13 044	30 353	10 809	44 845
Dünkirchen	6 340	16 221	6 043	24 601
Emden	3 634	8 268	2 869	6 015
Gent	3 634	4 675	2 920	13 002[2]
Hamburg	18 878	42 902	16 636	61 786
London	20 638[1]	42 422[1]	18 653[1]	42 800[1]
Rotterdam	31 867	123 911	31 042	184 873
Wilhelmshaven	938	9 912	1 376	17 448
Zeebrügge	4 691	12 064	8 700	26 821[3]

[1] Ein- und ausfahrende Schiffe dividiert durch zwei.
[2] BRT.
[3] Belg. NRT.

Quelle: Redaktion der Zeitschrift „Strom und See", Basel (diverse Jahrgänge).

4.9. Stoffeintrag durch Off-shore-Tätigkeit

Es ist angebracht, zwischen Erdöl/Erdgas-Bohrung und -Förderung und sonstiger Off-Shore-Tätigkeit zu unterscheiden.

Sonstige Off-shore-Tätigkeit im deutschen Bereich

335. Gegenwärtig führt eine Firmengruppe „Nordseekies und -sand" Prospektionen im deutschen Anteil des Festlandsockels durch. Derzeit ist die Sand- oder Kiesförderung in der Nordsee für die Bundesrepublik Deutschland noch bedeutungslos, aber die Lagerstätten auf dem deutschen Festland nehmen schnell ab, so daß der Zeitpunkt absehbar ist, an dem auf unterseeische Vorkommen zurückgegriffen werden muß (vgl. auch Abschnitte 3.3 und 5.7).

Außerdem liegen Vorkommen von Zirkon (Zirkoniumsilikat $ZrSiO_4$) und – in geringerem Ausmaß – von Ilmenit (Eisentitanat $FeTiO_3$) unmittelbar vor der deutschen Küste in geringer Seetiefe etwa 20 cm unter Meeresgrund. Die nachgewiesene Mächtigkeit der Zirkonvorkommen liegt in der Größenordnung eines Jahresbedarfs der Bundesrepublik Deutschland, die tatsächliche Mächtigkeit ist noch unbekannt. Aber auch hier ist die Förderung gegenwärtig noch unwirtschaftlich. Die Ausbeutung solcher Schwerminerallager wird in den kommenden 20 Jahren erwartet.

Auf die Umweltbelastungen durch diese Off-shore-Tätigkeiten wird in Abschn. 5.7 eingegangen.

Verschiedene Schätzungen zum Öleintrag aus Off-shore-Tätigkeit

336. Die Schätzungen über das Ausmaß der Belastung der Weltmeere im allgemeinen und der Nordsee im besonderen aufgrund von Off-shore-Tätigkeit streuen – vgl. Tz. 309 – über einen weiten Bereich. Es scheint jedoch unbestritten, daß der Gesamtbeitrag dieser Verschmutzungsquelle vergleichsweise gering ist. Die Exxon Production Research Company (KOONS u. WHEELER, 1977) gibt einen Öleintrag aus Off-shore-Förderung in Nordsee und Nordostatlantik von 2 000 t/a entsprechend 0,5% des Gesamteintrages an (s. Tab. 4.31). Die Schätzung der National Academy of Sciences (NAS) der USA aus dem Jahre 1975 setzt einen Öleintrag in die Weltmeere aus Off-shore-Aktivitäten von 0,08 Mio t/a an, entsprechend gut 1% des Gesamteintrages.

337. COWELL (1978) (s. Tab. 4.32) sieht einen Off-shore-Beitrag von 0,06 Mio t/a, d. h. ebenfalls gut 1%, zum Gesamt-Öleintrag in die Weltmeere als realistische Schätzung für 1978 an; davon soll die Hälfte aus Störfällen (blow-outs) herrühren. Für die europäischen Meere gibt COWELL (1978) den erstaunlich geringen Off-shore-Beitrag von nur 150 t/a zum gesamten Öleintrag an (s. Tab. 4.33).

4.9.1 Erdöleintrag durch Exploration und Förderung

338. In der Nordsee sind seit Ende der 50er Jahre bis Anfang 1978 etwa 1 000 Suchbohrungen niedergebracht worden; zu ihrer völligen Erschließung werden noch einige tausend weitere für erforderlich gehalten. Für diese Aufgabe werden neben Bohrschiffen mobile Bohrplattformen (Hubinseln und Halbtaucher) eingesetzt; im September 1977 waren 71 solcher Explorationsplattformen in der Nordsee im Einsatz, davon etwa 45 Halbtaucher (ALTHOF, 1978).

Die Zahl der Förderplattformen in der Nordsee setzen RAHN et al. (1979) für die Zeit ab 1981, wenn erwartungsgemäß die höchste jährliche Förderung erreicht wird, mit etwa 55 an. Es gibt allerdings auch Annahmen, die vom Einsatz von wenigstens 61 Öl/Gas-Förderplattformen ausgehen (Working Group on Oil Pollution, 1978). Es handelt sich dabei immer um fest gegründete Einheiten. Da von einer solchen Plattform zur Ausbeutung größerer Ölfeld-Bereiche jeweils mehrere Bohrungen niedergebracht werden, kann die Zahl der Förderbohrungen in der Nordsee auf ungefähr 400 geschätzt werden. Jedes einzelne Bohrloch muß gegen den unbeherrschten Austritt von Öl oder Gas durch Absperrvorrichtungen (Eruptionskreuz mit Blow-Out-Preventer, Untertage-Sicherheitsventile) gesichert werden. Bei großen Ölfeldern wird das von mehreren Plattformen geförderte Öl über Rohrleitungen in einer Zentralstation gesammelt. Dort wird es entweder stetig in ein Pipeline-System eingeleitet oder muß in Zwischenlagertanks gespeichert werden. Diese Zwischentanks sind bei neueren Einheiten in die Plattform integriert; sie geben der Plattform bei der schwimmenden Verbringung an ihren Einsatzort Auftrieb und werden am Ziel geflutet. Das geförderte Öl wird von oben eingeleitet und verdrängt das schwerere Wasser (Verdrängungswasser, displacement water). Förderplattformen sind für eine Standdauer am Einsatzort von 20 – 30 Jahren gedacht, verglichen mit der Dauer einer Suchbohrung von 3 – 4 Monaten.

Öleintrag durch Förderplattformen im Normalbetrieb

339. Im Normalbetrieb einer Förderplattform ist eine gewisse Öleintragung mit der Abgabe von Verdrängungswasser und Produktionswasser sowie dem Regenwasser, das von der ölbehafteten Plattform abläuft, verbunden. Das Verdrängungswasser aus den Zwischentanks muß Ölseparatoren durchlaufen, bevor es ins Meer gepumpt wird; die Ölabscheidung kann aber nicht vollständig sein. Entsprechendes gilt für mitgefördertes Produktionswasser, soweit es nicht in die Lagerstätte zur Erhöhung ihrer Ergiebigkeit zurückgepreßt wird. Zur Beurteilung der Ölverschmutzung durch diese Betriebswässer ist man auf Schätzungen angewiesen. Eine in der Working Group on Oil Pollution (1978) vorgelegte Schätzung, daß von 51 erfaßten Öl- und Gasförderplattformen rund 800 t/a Öl in die Nordsee gelangen sollen, wurde auf der Sitzung dieser Arbeitsgruppe in Paris am 1.–2. 6. 1978 allgemein als zu niedrig angesehen. Nach norwegischen Schätzungen auf dieser Sitzung werden allein im norwegischen Bereich 700 t/a von Förderplattformen ins Meer geleitet; vgl. auch die Schätzung der Exxon Production Research Company in Tab. 4.31, die dieser Quelle 2 000 t/a zuweist (KOONS u. WHEELER, 1977). Einer Abschätzung von RAHN et al. (1979) folgend, kann der gesamte Öleintrag aus Förderplattformen für das Jahr 1981 mit 2 800 t pro Jahr angenommen werden, bei einer Fördermenge von insgesamt 200 Mio t pro Jahr. Die Autoren urteilen abschließend, daß der Eintrag ziemlich gesichert zwischen 1 000 und 3 000 t/a liegt.

Öleintrag durch Bohrplattformen im Normalbetrieb

340. Der norwegischen Delegation zur Paris-Konvention (1978) folgend, können die technischen Überlegungen der Emissionsabschätzung beispielhaft für Bohrplattformen durchgeführt werden.

Aufkommen von ölhaltigen Abfällen an Bord von Bohrplattformen

Ölhaltige Abfälle fallen an von der mechanischen Ausrüstung und vom Maschinenpark, Dieselgeneratoren, Schlammpumpen, Hebewerk usw. Sie entstehen beim Austauschen und Instandsetzen der Geräte und kommen aus „normalen" Lecks. Gewöhnlich wird der Abfall an Bord nicht weiter behandelt, sondern in Containern für festen Müll, für Schlamm und für Altöl gesammelt oder einfach in die See gegeben.

In der Off-shore-Industrie der Nordsee stimmen Maschinenpark und Ausstattung der Plattformen weitgehend überein: Zur Elektrizitätserzeugung dienen drei bis vier Dieselmotoren, die mit je einem elektrischen Generator verbunden sind; Gesamtleistung: 38 MW.

Zur Qualifizierung der ölhaltigen Abfälle ist es nützlich zwischen Ölabfällen, Ölschlamm und festen ölhaltigen Abfällen zu unterscheiden:

Ölabfälle

Solche Abfälle von Treibstoff (Dieselöl), Hydrauliköl, Schmieröl und anderen Systemölen machen den größten Anteil unter den ölhaltigen Abfällen aus; ihre Menge schwankt je nach Größe, Ausrüstung, Zustand der Maschinen, Häufigkeit der Wartung und Gewissenhaftigkeit der Mannschaft. Das anfallende Altöl wird gewöhnlich in Containern für den Transport an Land gesammelt. Ein vernünftiger Schätzwert für die Altölmenge einer typischen Bohrplattform ist etwa 120 kg/d; der größte Beitrag wird vom Schmieröl gestellt.

Ölschlamm

Ölschlamm fällt nur in geringem Maße an, da die Generatoren nur mit Dieselöl hoher Reinheit gefahren werden. Lediglich bei der Reinigung von Schmieröl in Separatoren fällt Ölschlamm an. Er enthält nur einen mäßigen Ölanteil. Er wird wieder in Containern für den Transport an Land gesammelt. Als vernünftigen Schätzwert für die aus der Schmierölseparation anfallende Ölschlamm-Menge kann man 1 kg/d ansehen.

Fester ölhaltiger Abfall

Hierunter fällt jeglicher fester Abfall, der durch Öl verschmutzt ist (ölige Lappen, ausgewechselte Filter oder Maschinenteile usw.). Faktisch sind die Container für feste Abfälle voll von (brennbarem) Holz und Pappkartonmaterial sowie öligen Lappen. Der Abfall wird anscheinend zum Teil an Bord verbrannt, zum Teil in Containern an Land geschafft. Ein Schätzwert für die Menge anfallenden festen ölhaltigen Abfalls von 120–160 kg/d scheint mit der Erfahrung gut übereinzustimmen.

Tab. 4.42 vergleicht die Menge anfallender ölhaltiger Abfälle an Bord von Bohrplattformen mit der von Schiffen unterschiedlicher Größe. Die Werte für eine Plattform entsprechen insgesamt etwa denen für ein Frachtschiff von 2 000–10 000 BRT, abgesehen vom Bilgenwasser.

Ölemission bei Testarbeiten

Während des Tests einer Quelle durchläuft das Rohöl einen Separator. Das abgetrennte Wasser enthält noch Kohlenwasserstoffe, es wird gewöhnlich unbehandelt in die See abgegeben. Manchmal wird das Wasser zum Testbrenner geleitet, so daß die enthaltenen Kohlenwasserstoffe zusammen mit getestetem Öl und Gas verbrannt werden. Wenn der Testbrenner im Verlauf eines Tests ausfällt, wird das getestete Erdöl kurzfristig in die See geleitet.

Eine Befragung von Betreibern, über die die norwegische Delegation (1978) berichtet, ergibt folgendes Bild: Ein Test dauert im Mittel 24 h; während dieser Zeit erlischt die Flamme dreimal; jedesmal werden 1,3 t Öl in die See abgegeben. Zugleich wird im Separator 480 m³/d Wasser aus dem Fördergut der Testquelle abgetrennt; sein Ölgehalt ist 0,01%, so daß mit ihm noch einmal 0,04 t Öl ins Wasser abgegeben werden. Während eines „mittleren" Tests werden demnach etwa 4 t Öl an die Meeresumgebung abgegeben.

Ölbelastung durch Explorationsbohrungen

Im Mittel dauert eine Explorationsbohrung 50–60 Tage. Es fallen pro Bohrung im Mittel 7 t Abfallöl, 8 t feste ölhaltige Abfälle und 5 t aus dem Test an. Die norwegische Delegation (1978) kommt in ihrer Vorlage unter vereinfachenden Annahmen zu dem Ergebnis, daß aufgrund von Explorationstätigkeit in der Nordsee 825 t/a ölhaltige Abfälle anfallen, von denen 70–75% an Land gebracht werden. Der Öleintrag durch Explorationstätigkeit in der Nordsee wird daher auf 225 t/a geschätzt.

Plattform-Störfälle

341. Die Gefahr eines Brandes oder einer Explosion besteht, insbesondere wenn eine Explorationsbohrung eine gasführende Schicht („Horizont") trifft oder wenn bei Förderungsplattformen mitgeförderte Gase sich entzünden. Plattformen können bei sehr schlechtem Wetter (Sturm, Seewellen, Sandwellen) oder durch (Versorgungs-)Schiffe beschädigt werden, ein Leck erhalten oder kentern. Die Sicherheitszone von 500 m bietet insbesondere in Schiffahrtsgebieten oder bei dicht stehenden Plattformen keinen ausreichenden Schutz, schon die Ankerketten der Halbtaucher können darüber hinausreichen. Vor allem frei auf dem Meeresboden verlegte Sammelleitungen sind erhöhter Gefährdung durch Anker, fal-

Tab. 4.42

Vergleich der anfallenden Menge ölhaltiger Abfallstoffe bei einer typischen Bohrinsel und Frachtschiffen verschiedener Größe

Art des Abfalls	anfallende Menge des Abfalls			
	bei Bohrinseln	bei Frachtschiffen der Größe		
		200–300 BRT	500–1000 BRT	2 000–10 000 BRT
		kg/d		
Abfallöl	120	40	40	100
Ölschlamm	1	20–50	40–80	120–600
Feste ölhaltige Abfälle	120–160	10	10	12–15
Bilgenwasser	–	80–100	100–200	400–2000

Quelle: Norwegische Delegation, 1978.

lende Gegenstände und die genannten Umwelteinflüsse ausgesetzt. Es kann zu Ausfällen der Energieversorgung, des Spülkreislaufs und des Bohrlochüberwachungssystems kommen.

342. Speziell bei Förderplattformen drohen wegen der langen Einsatzzeit Schäden durch Korrosion, Materialermüdung und Gründungsversagen. Kritische Untersysteme sind die Zwischenlagertanks, die Ölseparatoren für das Betriebswasser, die Absperrventile und die Überwachungseinrichtungen für den Öl- und Gasfluß der Plattform. Die notwendige Überwachung unter Wasser (Taucher, ferngesteuerte Geräte) ist zeitaufwendig und nur bedingt zuverlässig (Algen und Muschelbewuchs), insbesondere Materialermüdung ist nicht feststellbar.

343. Das bei weitem größte Störfallrisiko und zwar sowohl wegen der Häufigkeit wie der Ausflußmenge stellt der Ausbläser (blow-out) dar. Solche blow-outs können bei Explorations- und bei Förderplattformen auftreten. Allerdings hat sich bis heute noch kein Ausbläser mit Öleintrag im Verlauf der Explorationstätigkeit in der Nordsee ereignet. Besonders gefahrenträchtig sind bestimmte Überhol-Arbeiten (work-over) am Bohrloch, bei denen dessen Absperrvorrichtungen gewechselt werden müssen; bei und nach dem Abbau des Eruptionskreuzes besteht erhöhte blow-out-Gefahr, wenn nicht die Techniken gleichwertiger Sicherung der Bohrung richtig angewandt werden. Erfahrungen aus anderen Off-shore-Gebieten haben gezeigt, daß zwei Drittel aller blow-outs auf menschliches Versagen und knapp 20% auf Mängel der Technik zurückgehen (nach RAHN et al., 1979).

Auch der Ausbläser (blow-out) der Förderinsel Bravo (s. auch Abschn. 6.2) im norwegischen Erdölfeld Ekofisk ging auf menschliches Versagen zurück: Bei Überholarbeiten hatte ein Fachmann verschiedene blow-out preventer falsch zusammen- und eingebaut. Der Störfall ereignete sich am 22. 4. 1978, die Undichtigkeit konnte erst am 30. 4. 1978 geschlossen werden. Die Schätzungen über die ausgeströmte Ölmenge schwanken zwischen 10000 t und 30000 t. Die Produktionskapazität (Ende 1977) wird mit 44000 t/d angegeben.

344. In ihrer statistischen Analyse rechnen RAHN et al. mit einem größeren Unfall (>135 t) auf 60 bis 100 Mio t geförderten Erdöls. Ab 1981 rechnen sie für mehrere Jahre mit einem konstanten Förderungsumfang von 200 Mio t/a, so daß sie für diese Zeit zwei bis drei größere Plattformunfälle im Jahr erwarten; ihre mittlere Ausflußmenge liegt zwischen 2600 t und 4000 t. Die Wahrscheinlichkeit, daß die Ausflußmenge kleiner als 10000 t ist, liegt bei 85 – 95%. Bei kleineren Plattformstörfällen (<135 t) rechnen sie mit einem Unfall auf 900000 t geförderten Öls und folglich für das Referenzjahr 1981 mit etwa 220 Unfällen einer mittleren Auslaufmenge von ungefähr ½ t.

4.9.2 Seeverlegte Pipelines

345. Zur Sicherheit von Pipelines an Land liegt der Bericht von CONCAWE (1977) vor. Ihm zufolge bestanden 1976 in Westeuropa 18100 km Rohrleitungen, in denen 540 Mio m³ Erdöl und Raffinerieprodukte transportiert wurden. Es ereigneten sich 14 Unfälle, bei denen 3165 m³ ausliefen. Das sind knapp 0,0006%. Fast die Hälfte der ausgelaufenen Flüssigkeit konnte wieder gesammelt werden. Unfallursachen waren mechanische Fehler, Betriebsfehler, Korrosionen, Naturereignisse usw.

346. In der Nordsee sind zur Zeit 1385 km Pipelines mit einer Gesamtkapazität von 148 Mio t/a verlegt. Über gewisse Entfernungen hinaus wird es erforderlich, den Druckabfall im strömenden Öl aufgrund der Reibung an der Rohr-Innenwand durch Zwischenpumpenstationen auszugleichen; zu deren Energieversorgung wird ein Teil des herangeführten Öls eingesetzt. An den Pumpstationen wird, wie auch am Pipeline-Anfang und Ende, der Durchfluß gemessen und ein Soll/Ist-Vergleich durchgeführt; im Fall einer Störung kann die Pipeline abschnittsweise abgesperrt werden (RAHN et al., 1979).

347. *Seeverlegte Pipelines sind stärkeren Belastungen ausgesetzt als Pipelines an Land; sie liegen in einem sehr korrosiven Medium, sie sind dem Wellengang und der Bewegung des Meeresbodens und äußerer Gewalteinwirkung durch Anker und Fischereigerät ausgesetzt. Man begegnet dem durch kathodischen Korrosionsschutz mit Zink-Opferanoden und Beschwerung der Rohre mit einem Betonmantel, Einspülung im Meeresboden, Abdecken mit Betonteilen, Sandsäcken oder Kies bzw. Verlegung der Pipeline in einen vorbereiteten Graben, der anschließend zugeschüttet wird. Zum Schutz der Betonummantelung gegen mechanische Beanspruchung wird eine Armierung mit verzinktem Maschendraht in den Beton eingebracht. Erfahrungsgemäß kommt es bei Transport und Verlegung der Rohre immer wieder zu Schäden an der Betonummantelung, insbesondere wenn die vorgeschriebene Aushärtezeit des Betons von vier bis sechs Wochen nicht immer eingehalten worden ist. Allerdings scheint die Befürchtung, die Bewehrung könne infolge von Rissen und einer unzureichenden Schichtdicke des Betons zerfressen werden und der abdeckende Beton abfallen, durch die Erfahrung nicht bestätigt zu werden; anscheinend wirken sich neben der geringen mechanischen Belastung im eingegrabenen Zustand zwei günstige Umstände aus: Der „Selbstheileffekt" (die selbsttätige Abdichtung kleiner Risse in Betonrohren – insbesondere unter äußerem Druck) des Betons und der geringe Sauerstoffgehalt am Meeresboden.*

348. *Große Bedeutung kommt einer ausreichend großen und beständigen Überdeckung der verlegten Pipeline zu. Allerdings schützt sie nicht vor großen Ankern, die bis zu 5 m tief in den Meeresboden eindringen können, während heute Eingrab- und Einspültiefen von bis zu 2 m erreichbar sind. Außerdem besteht immer die Gefahr der Wieder-Freispülung durch Meeresströmungen oder Meeres- und Sandwellen (vgl. Abschn. 2.1.4).*

Zwar ist selbst dann, wenn es nach Freispülen und Ablösen des Betons zu einem Aufschwimmen der Leitung kommt, wegen der Biegsamkeit der Pipeline ein Aufreißen des Rohrs und Austreten des Fördergutes noch nicht unmittelbar gegeben. Aber neben der rein statischen mechanischen Belastung besteht immer die Gefahr, daß das freie Stück zu Schwingungen angeregt wird. Relativ gefährdet durch Korrosion und mechanische Belastung sind außerdem Krümmer und Riser, d. h. die Teile, die die am Seeboden verlegte Pipeline mit der Plattform verbinden, sowie die Durchtrittstellen durch Meeresboden und Meeresoberfläche. Es ist darum eine regelmäßige Überwachung des Pipeline-Zustandes erforderlich; jedoch sind die heute einsetzbaren Verfahren (akustische Vermessung, magnetische Vermessung, Taucher-Inspektion, Innen-Untersuchung mit Pipeline-Molchen) zeitaufwendig und nicht genügend genau - insbesondere können Rißbildung und Materialermüdung nicht entdeckt werden (RAHN et al., 1979).

349. *Die Pumpenstationen sind darüber hinaus der Gefahr des Zusammenstoßes mit Schiffen ausgesetzt; der „Sicherheitsabstand" von 500 m um die Station ist für realistische Schiffsgeschwindigkeiten zu klein, seine Einhaltung wird überdies nicht wirksam überwacht.*

350. RAHN et al. urteilen daher, daß trotz aller Sicherheitsvorkehrungen bei genügend großer Be-

schädigung der Pipeline das unter statischem Druck von 60–100 bar stehende Öl ins Meer austreten kann. Dabei ist bis zum Absperren der Bruchstelle bei 100 km Leitung und 36″ Durchmesser von etwa 4 000 bis 8 000 t auszugehen.

Bei einer Anwendung ihrer statistischen Analysen von Ölunfallrisiken in der Nordsee auf Pipeline-Unfällen kommen sie zu der Schätzung, daß im Referenzjahr 1981 bei einem angenommenen Öldurchsatz von 150 Mio t/a – entsprechend einer durchsatzbezogenen Unfallrate von $\lambda = (65 \cdot 10^6 \text{ t})^{-1}$ – fünf bis sechs größere Ölunfälle (>135 t) bezogen auf zwei Jahre zu erwarten sind mit einer pessimistisch angenommenen Ausflußmenge von 3 500 t. Für kleinere Ölunfälle (<135 t) geben sie als günstigste Schätzung etwa 100 Unfälle im Jahr mit einer mittleren Ausflußmenge von weniger als 1 t an.

351. MILZ u. BROUSSARD (o. J.) kommen insgesamt zu dem Schluß: „Seeverlegte Pipelines haben sich faktisch als sicherer erwiesen als Pipelines an Land, und Pipelines an Land stellen der Statistik zufolge das sicherste Mittel für den Transport von Massengütern dar."

5 AUSWIRKUNGEN DES ANTHROPOGENEN STOFFEINTRAGES AUF DIE ÖKOSYSTEME DER NORDSEE

5.1 Methodische Probleme der Erfassung

352. Die Erfassung der Auswirkungen des Stoffeintrages steht vor einer Reihe von Problemen. Sie sind teils durch politische oder organisatorische Mängel bedingt, wie z. B. Informationsdefizite beim Stoffeintrag (Tz. 229) oder unzureichende chemische und biologische Überwachung (Tz. 1381 ff.), teils beruhen sie auf wissenschaftlich-experimentellen Schwierigkeiten bei der Erfassung von Schadstoffen und bei der Interpretation ihrer Wirkungen.

353. Ein Schadstoff kann durch drei Eigenschaften gekennzeichnet werden:

- Toxizität

- Persistenz

- Anreicherung in Organismen.

Unter Toxizität eines Stoffes versteht man die Eigenschaft, in Abhängigkeit von Dosis und Einwirkungszeit Änderungen von Strukturen und Funktion von Organismen zu verursachen. Man unterscheidet dabei zwischen akuter Toxizität, die innerhalb kurzer Zeit zu Schädigungen verschiedener Stärke und zum Absterben führt, und chronischer Toxizität, die erst über längere Zeiträume der Aufnahme hinweg Schäden und Tod hervorruft.

354. *Wenn ein Schadstoff auf chemisch-physikalischem oder biologischem Wege in kurzer Zeit zu unschädlichen Produkten abbaubar ist, so ist seine Wirkung nur kurzzeitig und betroffene Ökosysteme können sich prinzipiell regenerieren. Dies gilt aber nicht unbedingt bei der Aufnahme solcher Schadstoffe in Organismen; gelangen sie etwa über die Nahrung in den menschlichen Organismus, so können im metabolischen Abbau sehr wohl toxische Abbauprodukte auftreten und toxische Wirkungen ausgelöst werden. Ist die Substanz bzw. sind deren Abbauprodukte aber schwer abbaubar, also persistent, und sind sie infolgedessen aus dem System nur innerhalb sehr langer Zeiträume entfernbar, so können sie sich auf Dauer schädlich auswirken. Hinzu kommt, daß die Konzentration persistenter Schadstoffe (etwa PCBs und DDT) bei gleichbleibender Stoffzufuhr bis zu einem Gleichgewichtszustand stetig steigt und damit auch die Schadwirkung ansteigen kann. Außerdem bleibt der Stoff häufig wegen seiner Langlebigkeit nicht auf den Eintragsort beschränkt, sondern wird über größere Räume verbreitet. Ist in einem vom Eintrag persistenter Schadstoffe betroffenen Gebiet der Organismenbestand durch die ständige Belastung geschädigt, kann sich dieser nur schwer regenerieren, es sei denn, es entstehen resistente Arten, die durch die Ausbildung bestimmter Eigenschaften gegenüber einem bestimmten Schadstoff unempfindlich werden.*

355. *Die Anreicherung in Organismen geschieht entweder durch Aufnahme aus dem Wasser (Bioakkumulation) oder aus der Nahrung (Biomagnifikation). Bioak-*

149

kumulation tritt bei persistenten Stoffen dann auf, wenn die Stoffe im Körper der Organismen besser löslich sind als im Wasser und wenn der Organismus keine oder nur geringe Ausscheidemechanismen besitzt. Bei hoher Fettlöslichkeit erreicht die in Mikroorganismen, Pflanzen und Tieren, insbesondere in den Endgliedern von Nahrungsketten gespeicherte Schadstoffmenge ein Vielfaches der in der Umwelt vorhandenen Schadstoffkonzentration.

356. Die methodischen Probleme bei der chemisch-analytischen Erfassung von Schadstoffen im Meer und deren Wirkung liegen auf mehreren Gebieten der Forschung. Hier sei zunächst auf die Erfassung der Schadstoffe in der Umwelt eingegangen. Eine wesentliche Einschränkung erfahren die meist üblichen Untersuchungen nämlich dadurch, daß im Routineverfahren nur nach dem Vorkommen und der Konzentration von schon bekannten Stoffen gesucht wird, für die entsprechende spezielle Analysemethoden vorhanden sind. Darüber hinaus kann ohne allzu großen Aufwand nach ebenfalls bekannten, aber bisher noch nicht im Ökosystem nachgewiesenen Substanzen gesucht werden. Unbekannte Stoffe sind aber mit diesen stoffspezifischen Untersuchungen meist nicht erfaßbar und können dann nur durch Zufall entdeckt oder durch aufwendige Untersuchungsprogramme aufgrund besonderer Verdachtsmomente gezielt erforscht werden. Man kann aber davon ausgehen, daß es im Meer eine weitaus größere Zahl von potentiellen Schadstoffen gibt als heute bekannt ist. Dies sind nicht nur die ursprünglich eingetragenen Schadstoffe, sondern insbesondere deren in der Natur sich bildenden Ab- und Umbauprodukte, die toxischen Charakter haben können. Die mögliche Zahl derartiger Varianten ist so groß, daß man kaum systematisch nach ihnen sucht. Aus dieser lückenhaften Kenntnis heraus muß bei der Betrachtung von Angaben über Schadstoffgehalte im Meer oder in marinen Organismen durchaus die Möglichkeit ins Auge gefaßt werden, daß bei der Entdeckung neuer Substanzen andere Schwerpunkte bezüglich der Bedeutung und Toxizität von Stoffen gesetzt werden müssen als bisher.

357. Noch größer als bei der chemischen Erfassung von Schadstoffen sind die Wissenslücken über die toxischen Effekte dieser Stoffe auf Meeresorganismen sowie über deren ökologische Wirkungen. Vergleichsweise einfach läßt sich die akute Toxizität eines Stoffes ermitteln, indem er an geeigneten, d. h. im Labor leicht zu haltenden Organismen getestet wird. Die Nützlichkeit derartiger Tests ist beschränkt, da nur eine Abschätzung des akuten Schädigungspotentials, also der kurzfristigen Einwirkung einer Substanz auf verschiedene Organismen und der Vergleich der relativen Kurzzeittoxizität verschiedener Stoffe möglich ist.

Ins Meer eingebrachte Schadstoffe erreichten bisher jedoch nur in Ausnahmefällen Konzentrationen, die zu akuten Schäden führten. Wesentlich wichtiger ist unter den gegebenen Bedingungen daher die Untersuchung der chronischen Toxizität der verschiedenen Stoffe. Die Wirkungen von Schadstoffen in akut nicht wirksamen Konzentrationen können sich auf verschiedene Weise zeigen, z. B. in Form teratogener und morphologischer Defekte (Mißbildungen, Geschwüre), durch Mutationsauslösung bzw. Krebserzeugung, durch Störung physiologischer Funktionen (z. B. Atmung, Enzymaktivitäten, Wachstum und Reproduktionsfähigkeit) oder durch Auslösung schwerwiegender Verhaltensänderungen infolge neurophysiologischer Schäden u. a. m. Eine Zusammenstellung möglicher und bereits beobachteter Effekte und einen Überblick zum bisherigen Wissensstand gibt ICES (1978).

358. Ausschlaggebend für das Maß der Schädigung einer Spezies kann dabei u. a. die Empfindlichkeit des jeweils betroffenen Altersstadiums der Organismen sein. Auch wenn erwachsene Individuen einer Art durch eine gegebene Schadstoffkonzentration nicht beeinträchtigt werden, sind oft bestimmte Entwicklungsstadien, z. B. Larven, wesentlich empfindlicher. Dadurch kann die Embryonalentwicklung und Reproduktionsfähigkeit erheblich gestört und damit der Bestand einer Population gefährdet werden.

359. Marine Organismen können sich innerartlich durch hormonähnliche chemische Kommunikationsstoffe verständigen. Schon geringe Schadstoffkonzentrationen können die Wahrnehmung von ins Wasser abgegebenen Nachrichtenstoffen oder von anderen Geruchsstoffen, mit deren Hilfe sich z. B. Lachse auf dem Weg in die Heimatgewässer orientieren, beeinträchtigen, wenn die Molekülstruktur von Schadstoffen und Kommunikationsstoffen an entscheidenden Stellen ähnlich ist (KETTRIDGE, 1974 bzgl. Rohöl, JACOBSEN u. BOYLAN, 1973 bzgl. Kerosin). In welchem Ausmaß die aus der industriellen Produktion in die Meere gelangenden chemischen Verbindungen in dieser Weise verändernd in das Kommunikationssystem der marinen Lebensgemeinschaften eingreifen, ist noch nicht bekannt. Ehe daher bei Toxizitätstests im Labor nicht alle möglichen Wirkungen von Schadstoffen bedacht und überprüft werden, ist Vorsicht bei der Formulierung von als unbedenklich erachteten Grenzwerten angebracht (GRASSHOFF 1976, pers. Mitt.).

360. Eine andere Wirkung subakuter Schadstoffmengen besteht darin, daß die Widerstandsfähigkeit gegenüber unterschiedlichen Arten von Streß, auch natürlicher Art, herabgesetzt werden kann. So kann z. B. das Vermögen, extreme Temperaturen oder Salzgehaltsschwankungen zu ertragen, durch Schwermetalle verringert werden (CAIRNS, HEATH u. PARKER, 1975). Dies hat zur Folge, daß Meerestiere in den Grenzzonen ihrer Existenzbereiche (z. B. Flußmündungen) schon durch wesentlich geringere Umweltbelastungen geschädigt werden als unter ihren optimalen Bedingungen.

361. Alle Versuchsergebnisse, die durch Labortests gewonnen worden sind, haben den Nachteil, daß sie nur unter erheblichen Einschränkungen auf die natürlichen Verhältnisse übertragbar sind. Dies liegt vor allem darin begründet, daß schon allein die künstlichen Lebensbedingungen im Labor einen so starken Streßfaktor für die Testorganismen darstellen, daß dieser sich möglicherweise stärker auswirkt als die fraglichen Teststoffe. Derartige Beobachtungen werden beispielsweise bei Laboruntersuchungen über die Anreicherung von Cadmium in Muscheln (STURESSON, 1978) oder bei Untersuchungen an Fischen gemacht, die im Labor bereits bei wesentlich geringeren Schadstoffkonzentrationen gestörte Bewegungsabläufe zeigten als in der Natur.

362. Ein weiteres Problem von Labortests besteht in der Wahl geeigneter Testorganismen. Nicht nur verschiedene Entwicklungsstadien einer Art, sondern selbstverständlich auch verschiedene Arten reagieren je nach artspezifischen Eigenschaften, Ernährungsweise, Fortpflanzungsverhalten, Beweglichkeit etc. ausgesprochen unterschiedlich auf den gleichen Schadstoff. Es wäre also notwendig, möglichst viele Arten zu untersuchen, darunter vor allem die empfindlicheren. Der erwähnte „Laborstreß" allerdings bringt es mit sich, daß gerade die empfindlicheren Arten unter Laborbedingungen nicht zu halten sind. Infolgedessen können nur die gegenüber variablen Umweltbedingungen ohnehin toleranten Spezies untersucht werden, wodurch Aussagen über die empfindlichen Arten kaum möglich sind.

363. Die in schadstoffhaltigem Meerwasser lebenden Organismen sind gewöhnlich nicht nur einem, sondern mehreren verschiedenen Schadstoffen ausgesetzt. Wie Rückstandsuntersuchungen zeigen, werden diese auch nebeneinander gespeichert. Die ohnehin eingeschränkte Aussagefähigkeit der Laborergebnisse wird folglich noch dadurch vermindert, daß die Tests im allgemeinen nur mit Einzelschadstoffen durchgeführt werden. Würden aber allein die für zwei Einzelschadstoffe als gerade noch unschädlich erkannten Konzentrationen gemeinsam auf einen Testorganismus einwirken, könnte sich die Reaktion aufgrund coergistischer Vorgänge (Abschwächung oder Verstärkung – Synergismus der Schadwirkung) völlig verändern. Die Kombinationsmöglichkeiten allein der bekannten Schadstoffe sind sehr groß, die Kenntnisse über Interaktionen und Kombinationseffekte noch sehr unbefriedigend. Zwar bleiben in der überwiegenden Zahl der Fälle die Komponenten ohne gegenseitige Beeinflussung, doch sind Ausnahmen festgestellt worden, bei denen unerwartete Verstärkereffekte auftraten.

364. Eine Untersuchungsmethode, die die Nachteile der Labortests umgeht, ist die Beobachtung im natürlichen Lebensraum der Organismen. Allerdings müssen hier andere Erschwernisse in Kauf genommen werden, da im Gegensatz zum Laborexperiment viele Außenbedingungen nicht konstant gehalten werden können. Nicht nur die Schadstoffe, sondern viele andere Faktoren beeinflussen die Reaktionen der untersuchten Organismen. Dies erschwert die Zuordnung von Ursache und Wirkung. Um die natürlichen Schwankungen von Populationen von den Reaktionen auf anthropogene Belastungen unterscheiden zu können, sind jahrelange Beobachtungen nötig.

365. In jüngster Zeit wird zunehmend eine Untersuchungsmethode angewendet, die einen Mittelweg zwischen Naturbeobachtung und Laborexperiment einschlägt: Ein größerer Wasserkörper wird im Meer in Plastikfolie eingeschlossen und dient als räumlich abgegrenztes Versuchssystem (DAVIES u. GAMBLE, 1979 u. a.). Dabei bleiben bestimmte Umweltgegebenheiten wie Temperatur, Licht, Sauerstoffverhältnisse usw. nahezu ungestört, einige Austauschvorgänge sind allerdings unterbrochen. In diese Wassersäulen und die darin gehaltenen, natürlicherweise vorkommenden Organismen (vor allem Plankton) werden Schadstoffe eingebracht und deren Wirkung (z. B. auf die Photosyntheseaktivität, Populationsdichte, Populationsdynamik) untersucht. Die bisher durchgeführten Experimente mit großen experimentellen Modellsystemen haben allerdings mehr Kenntnisse über grundlegende ökologische Beziehungen als über Langzeiteffekte von Schadstoffen erbracht (STEELE, 1979). Dies spricht jedoch nicht gegen diese Experimente. Die Kenntnis der ökologischen Zusammenhänge, der Ansprüche des Verhaltens von Arten und Lebensgemeinschaften, ist eine grundlegende Voraussetzung für das Verständnis der Wirkung von Schadstoffen.

366. Die aktuelle Belastung der Ökosysteme im Nordseebereich kann durch die Verwendung von Bioindikatoren gemessen werden, die bestimmte Belastungen anzeigen (z. B. Muscheln als Schwermetallindikatoren, vgl. Tz. 416). Aussagen über die Belastungsfolgen beruhen auf der Beobachtung von Bestandsveränderungen bei Pflanzen- und Tierpopulationen. Bei diesen Verfahren sind freilich über Jahre und Jahrzehnte hinweg regelmäßige ökologische Bestandsaufnahmen notwendig, um Veränderungen des Besiedlungsmusters wie z. B. Rückgang von Arten, Reduktion der Artenvielfalt, Verschiebung der Dominanzverhältnisse usw. feststellen zu können. Die Interpretation der Ergebnisse derartiger Untersuchungen bereitet jedoch große Schwierigkeiten, da ökologische Veränderungen im allgemeinen die Folge einer Vielzahl verschiedener Einwirkungen sind (s. Tz. 64).

5.2 Leicht abbaubare Stoffe

367. Anthropogen eingetragene leicht abbaubare Stoffe wirken auf zweifache Weise: Einmal wird die durch Organismen abbaubare Substanz vermehrt, so daß mikrobielle Abbauprozesse zunehmen und dabei verstärkt Sauerstoff verbraucht wird; zum anderen werden anorganische Verbindungen (Stickstoffverbindungen, Phosphate) freigesetzt, die als Pflanzennährstoffe fördernd auf die pflanzliche Produktion wirken können (Zur Eutrophierung vgl. Abschn. 5.3).

368. Leicht abbaubare Stoffe gelangen in erster Linie über Flüsse und Ableitungen von der Küste aus (vgl. Abb. 4.9) sowie durch Verklappung von Klärschlamm (vgl. Kap. 4.6) in die Nordsee. Insgesamt wird der Sauerstoffhaushalt der Nordsee durch diese

Einträge nicht beeinträchtigt. Bei ungünstigen hydrographischen Bedingungen, etwa thermo-halinen Schichtungen mit einer Unterbindung der Sauerstoffzufuhr zum Tiefenwasser, können anthropogene Belastungen jedoch natürliche O_2-Mangelzustände verstärken oder sogar Mangelzustände hervorrufen (Beispiel Fjorde), so daß Schäden am Organismenbestand auftreten.

369. Eine problematische Situation besteht in der Deutschen Bucht südöstlich von Helgoland, wo derzeit noch der Hamburger Klärschlamm verklappt wird (vgl. Kap. 4.6; Tz. 279). Durch das Zusammentreffen verschiedener Faktoren ist dieser Bereich in der Bodenzone schon von Natur aus schlecht mit Sauerstoff versorgt. Das liegt einmal an thermohalinen Schichtungen, die sich aus dem Zusammentreffen von spezifisch leichterem, salzarmen Küstenwasser mit salzreichem Nordseewasser (Konvergenzzone; GOEDEKE, 1968) ergeben, zum anderen ist das Sediment ohnehin reich an organischer Substanz, die teils aus abgelagerter Flußtrübe, teils aus der hohen Eigenproduktion des nährstoffreichen Areals stammt. Die Folge ist eine starke Sauerstoffzehrung durch mikrobielle Abbauprozesse, die zu einem sauerstofffreien, schwefelwasserstoffhaltigem Sediment führt, das von einer dünnen, sauerstoffhaltigen Oberflächenschicht überlagert ist. Die genannte Wasserschichtung behindert die Sauerstoffzufuhr von der Wasseroberfläche.

370. Die Klärschlammverklappung (vgl. Tz. 280) verstärkt den natürlichen Trend zum Sauerstoffmangel und führt zu Verschiebungen in der artlichen Zusammensetzung und bei den Individuenzahlen der einzelnen Arten der in diesem Bereich siedelnden Abra alba-Gemeinschaft (vgl. Tz. 92), wie Untersuchungen von CASPERS (1968, 1978, 1979) in dem seit 1961 als Klärschlammverklappungsgebiet benutzten Areal zeigen. Im weiteren Umkreis des Verklappungsgebietes wurden von RACHOR (1977, 1979) Verarmungserscheinungen an der Abra alba-Gemeinschaft festgestellt. Diese sind trotz der starken natürlichen Bestandsschwankungen dieser Gemeinschaft (vgl. Tz. 92) klar zu erkennen. Insgesamt sind etwa 20 – 30 km² betroffen. Die artenmäßig verarmte Gemeinschaft faßt RACHOR (1979) als eine Indikatorgemeinschaft für zeitweilig sauerstofffreies Schlicksediment auf. Sie signalisiert eine anthropogene Veränderung des betreffenden Gebietes, die es berechtigt erscheinen läßt, von einer ökologischen Gefährdung zu sprechen.

371. Das Wattenmeer ist entsprechend seiner natürlichen Funktion als Ablagerungs- und Abbauraum für organische Schwebstoffe an die Aufnahme organischer Abfallstoffe angepaßt. So kann die natürliche Selbstreinigung hier eine gewisse Menge leicht abbaubarer Abwässer bewältigen, ohne daß der Organismenbesatz Schaden nimmt. Dabei ist zu berücksichtigen, daß die im Wattenmeer lebende Macoma balthica-Gemeinschaft (vgl. Tz. 89) an sich schon an extreme Umweltbedingungen angepaßt ist.

OTTE (1979) untersuchte die Auswirkung mechanisch oder biologisch gereinigter kommunaler Abwässer auf Wattengebiete vor Sylt; dabei fand sich im stark belasteten Bereich um die Einleitungsstelle eine mehr oder weniger stark verarmte Besiedlung, die ursächlich nicht zuletzt mit den starken Veränderungen von Temperatur und Salzgehalt infolge des Abwasser-(Süßwasser-)zuflusses zusammenhängt. In gewissem Abstand von der Einleitungsstelle zeigt sich bei mittlerer Belastung eine hohe Bestandsdichte der Makrofauna bei normaler Artenzahl. Mit abklingender Belastung stellt sich die normale Tierbesiedlung wieder ein. Die mit dem Abwasser eingebrachten Pflanzennährstoffe bedingen lokal anthropogene Eutrophierung, die sich u.a. im Auftreten dichter Algenwatten zeigt. Die Auswirkungen der Abwasserbelastung sind in Prielen und Wattflächen verschieden, was mit den unterschiedlichen ökologischen Ausgangsbedingungen der beiden Bereiche zusammenhängt (Details zur Makrofauna siehe OTTE [1979]; zur Mikrofauna siehe KÜSTERS [1974]).

372. *Extreme Abwasserbelastungen führen auch im Wattenmeer zu nachhaltigen Schäden, beispielsweise bei Nordpolderzijl im Auslaufbereich einer Pipeline, über die Abwässer aus der Strohpappen- und Zuckerrübenindustrie in das niederländische Wattenmeer eingeleitet werden (ESSINK, 1978). Der BSB_5 der dort eingeleiteten Abwässer schwankt zwischen 1 415 und 6 450 t/Jahr. In einem Bereich von über 1,5 km sinkt der Sauerstoffgehalt auf einen Sättigungswert unter 15% ab. In einem weit größeren Bereich von ca. 200 – 300 ha stirbt in jedem Herbst zur Zeit der Hauptbelastung die Bodenfauna ab. Von der auftretenden Sauerstoffverarmung werden Würmer, Muscheln, Schnecken, Krebsre und auch Fische betroffen. Garnelen und Strandkrabben werden genauso geschädigt wie junge Plattfische (Schollen, Seezungen, Klieschen u.a.). In dem jeweils darauffolgenden Frühjahr setzt zwar eine Neubesiedlung ein, die aber nur bis zum Herbst überdauert.*

373. Von entscheidender Bedeutung ist die Frage, ob das Wattenmeer durch anthropogene Zufuhr organischer Substanz insgesamt gefährdet ist. Dabei ist zu bedenken, daß dieses Gebiet von Natur aus eine hohe Eigenproduktion an organischer Substanz und damit ein hohes Aufkommen an Bestandsabfall hat; außerdem erfolgt ein erheblicher natürlicher Eintrag von organischem Material über Flüsse und aus der Nordsee. Die vom Menschen ausgehende Belastung des Wattenmeeres mit organischer Substanz verteilt sich auf die direkten Abwassereinleitungen (vgl. Tz. 227 und 228) und auf den anthropogenen Anteil an der Fracht der Flüsse sowie am Eintrag von der Nordsee her.

Eine Abschätzung der einzelnen Anteile nehmen ESSINK u. WOLFF (1978) für das niederländische Wattenmeer vor; hier stammen derzeit rd. 7% ($6{,}5 \cdot 10^4$ t C/Jahr) des jährlich anfallenden organischen Materials aus der Direkteinleitung, ca. 31% ($29 \cdot 10^4$ t C/Jahr) aus der pflanzlichen Eigenproduktion und rd. 62% ($58 \cdot 10^4$ t C/Jahr) aus der Nordsee. Im letztgenannten Wert sind einmal in der Nordsee produzierte pflanzliche Biomasse bzw. Bestandsabfälle enthalten, zum anderen ursprünglich aus dem Rhein stammende organische Materialien. Folgt man den Angaben von DE JONGE u. POSTMA (1974), so liegt der Gesamteintrag aus der Nordsee ins westliche Wattenmeer heute um das Drei- bis Vierfache über dem Wert von 1950. Dieser Steigerungsbetrag kann in etwa mit anthropogen bedingter Steigerung gleichge-

setzt werden, so daß insgesamt gesehen nahezu die Hälfte der im Wattenmeer zur Ablagerung kommenden organischen Substanz direkt oder indirekt menschlicher Aktivität entstammt. Bei aller anhaftenden Unsicherheit mag diese Kalkulation eine Vorstellung von den anteiligen Dimensionen geben.

374. Wenn auch die anthropogenen Einträge von leicht abbaubarer Substanz gegenwärtig für das Wattenmeer als Ganzes gesehen noch keine bedrohliche Belastung des Sauerstoffhaushaltes darstellen, so zeigen die lokalen Schadwirkungen (vgl. Tz. 529 ff.) doch deutlich, daß keine unbeschränkte Belastbarkeit gegeben ist. Aus dieser Sicht erscheint auch der hohe und zunehmende anthropogene Anteil an der Gesamtzufuhr organischen Materials ins Wattenmeer bedenklich, da bei Beibehaltung der Steigerungstendenz mit negativen ökologischen Wirkungen gerechnet werden kann. Es sollte also angestrebt werden, die anthropogene Stoffzufuhr ins Wattenmeer durch geeignete Maßnahmen zu beschränken. Dazu gehören sowohl Sanierungsmaßnahmen an den großen Flüssen Rhein, Weser und Elbe, als auch die Unterbindung jeglicher Direkteinleitung von ungereinigten Abwässern ins Wattenmeer.

375. Für die Nordsee außerhalb der Wattengebiete bringt die Zufuhr leicht abbaubarer Stoffe bisher nur lokal begrenzte ökologische Schäden in Bereichen mit schlechter Sauerstoffversorgung am Meeresgrund. In diesen Zonen sollte die Klärschlammverbringung ganz unterbunden werden. Geht man allein vom Sauerstoffhaushalt aus, so bestehen in anderen Gebieten keine Bedenken gegen eine mäßige Einbringung leicht abbaubarer Abfälle. Da aber speziell Klärschlämme häufig erhebliche Gehalte an Schadstoffen (u. a. Schwermetalle) enthalten, sollte auf die Dauer auch in diesen Fällen eine Einbringung ganz unterbleiben, um das Meer nachhaltig zu schützen.

5.3 Eutrophierende Stoffe

5.3.1 Allgemeine Grundlagen

376. Als eutrophierende Stoffe werden hier Pflanzennährstoffe zusammengefaßt, die unter bestimmten Bedingungen (Licht, Temperatur u. a.) eine Steigerung der Intensität der pflanzlichen Produktion („Trophie") bewirken können. Sie werden teils durch Flüsse, Kläranlagenausläufe u. a. eingetragen (vgl. Kap. 4), teils in der Nordsee selbst durch Abbauprozesse („Mineralisation") aus organischen Stoffen anthropogener oder natürlicher Herkunft freigesetzt (vgl. Abschn. 5.2). Zu den Pflanzennährstoffen gehören die anorganischen Stickstoff- und Phosphorverbindungen, die in den herkömmlichen Untersuchungsverfahren erfaßt werden und deren Daten man zur Kennzeichnung der Eintragshöhe heranziehen kann. Daneben treten aber auch gelöste organische Stickstoff- und Phosphorverbindungen auf, von denen offenbar die Stickstoffkomponenten direkt vom Phytoplankton genutzt werden können (BUT-

LER, KNOX u. LIDDICOAT, 1979). Während der Eintrag von Stickstoff- und Phosphorverbindungen in der Nordsee regional hohe anthropogene Anteile aufweist, ist die Zufuhr von Siliciumverbindungen, die für Kieselalgen wesentliche Bedeutung haben, praktisch unabhängig von menschlichen Aktivitäten.

377. Zur Beurteilung der gegenwärtigen Belastungssituation der Nordsee mit eutrophierenden Stoffen anthropogener Herkunft und der daraus entstehenden ökologischen Folgen sind folgende allgemeine Feststellungen wichtig: Die Pflanzennährsalze, d. h. die anorganischen Stickstoff-, Phosphor- und Siliciumverbindungen sind in der Nordsee natürlicherweise ungleich verteilt. Das Wattenmeer weist einen hohen Gehalt an den genannten Pflanzennährsalzen auf; zumindest in größeren Teilen des westlichen Wattenmeeres wirkt nach POSTMA u. VAN BENNEKOM (1974) der hohe Trübungsgrad infolge Verminderung der Lichtzufuhr begrenzend auf die pflanzliche Produktion, insbesondere beim Phytoplankton. Die zentrale und die nördliche Nordsee sind dagegen relativ arm an Pflanzennährsalzen; hier kann während des Sommerhalbjahres Mangel an Stickstoff- und Siliciumverbindungen begrenzend auf das Pflanzenwachstum wirken. In den küstennahen Bereichen der offenen Nordsee, speziell vor Flußmündungen und im Kontaktbereich zum Wattenmeer, liegen die Nährsalzkonzentrationen über denen der zentralen Nordsee. In allen Bereichen der Nordsee treten jahreszeitliche Schwankungen des Nährsalzgehaltes auf; die relativ hohen Winterwerte beruhen auf fehlendem Verbrauch durch Pflanzen und – regional – stärkerer Zufuhr durch Flüsse.

5.3.2 Veränderungen der Nährsalzkonzentrationen

378. Während für den Bereich der zentralen und der nördlichen Nordsee keine anthropogene Steigerung der Konzentration anorganischer Stickstoff- und Phosphorverbindungen nachgewiesen ist, zeigen außer kleineren küstennahen Arealen die südliche Nordsee (Southern Bight), die innere Deutsche Bucht und speziell das Wattenmeer deutlich Konzentrationsanstiege. Die umfassendsten Untersuchungen wurden im niederländischen Wattenmeer durchgeführt (Zusammenfassungen von POSTMA, 1978; VAN DER EIJK, 1979). Diese werden im folgenden beispielhaft herangezogen; es ist aber zu berücksichtigen, daß sie nur bedingt auf das deutsche und dänische Wattenmeer übertragbar sind, da dort andere hydrographische Verhältnisse (z. B. geringere Trübung) herrschen und die Nährstofffracht von Ems, Weser, Elbe und Eider eine andere ist als die des Rheins.

Phosphat

379. Im niederländischen Wattenmeer ist der Phosphatgehalt seit Beginn der 50er Jahre kontinuierlich gestiegen (hierzu und zum folgenden: DE JONGE u. POSTMA, 1974; POSTMA, 1973, 1978). Die Zunahme ist in erster Linie auf die gestiegene Phosphatfracht des Rheins zurückzuführen, die sich von 1950 bis 1970 verdreifacht hat (1970: 0,45 kg/s PO_4-P). Im gleichen Zeitraum stieg in der küstennahen südlichen Nordsee der Phosphatgehalt von 0,3 µg at/l[1] bzw. 9,3 µg/l (1950) auf 0,5 µg at/l bzw. 15,5 µg/l PO_4-P (1970); im Wattenmeer sogar auf 1,4 µg at/l bzw. 43,4 µg/l. Die Konzentration dieses wichtigen Pflanzennährstoffs hat damit beträchtlich zugenommen.

380. Für den Phosphathaushalt des niederländischen Wattenmeeres ist nicht nur der Eintrag von anorganischen Phosphorverbindungen wichtig, sondern auch die in den letzten Jahrzehnten stark gestiegene Zufuhr organischer Substanz aus der Nordsee (vgl. Tz. 389), die zu einer erhöhten Phosphatfreisetzung durch Abbauprozesse führt. Nach DE JONGE u. POSTMA (1974) hat sich der Eintrag organischer Substanz ins westliche Wattenmeer zwischen 1950 und 1970 verdreifacht (1970: 240 g C/m²·Jahr). Die starken wärmebedingten Abbauprozesse im Wattenmeer führen im Sommer zu maximalen Konzentrationen von Phosphat, während in der übrigen Nordsee zu dieser Zeit die Minimalwerte des Jahresganges zu beobachten sind.

381. In der inneren Deutschen Bucht stiegen die Phosphatgehalte von 1954 bis 1977 um das Drei- bis Fünffache (HICKEL, 1979); die Herkunft aus den Süßwasserzuflüssen zeigt sich darin, daß die höchsten Phosphatgehalte bei niedrigen Salzgehalten, d. h. höchstem Süßwasseranteil liegen. Nach HAGMEIER (1978) stieg der Phosphatgehalt im Raum Helgoland von 1962 bis 1977 von rd. 0,5 µg at/l auf 0,8–0,9 µg at/l PO_4-P (15,5 bzw. 25–28 µg/l PO_4-P). Der Anstieg des Phosphatgehaltes in der Deutschen Bucht wird in erster Linie dem Eintrag durch Elbe und Weser angelastet. In der äußeren Deutschen Bucht (Salzgehalt über 33,8 %) konnten bisher keine Erhöhungen der Phosphatgehalte beobachtet werden (HICKEL, 1979).

Anorganische Stickstoffverbindungen

382. Im westlichen niederländischen Wattenmeer hat sich die Ammoniumkonzentration von 1961/62 bis 1971/72 nahezu verdoppelt (HELDER, 1974). Die Steigerung ist einmal auf einen in dieser Zeit um ein Drittel erhöhten Ammoniumeintrag des Rheins zurückzuführen, zum anderen auf verstärkte Abbauprozesse im Wattenmeer selbst. Die Jahresdurchschnittswerte des Nitrats blieben in der genannten Zeitspanne praktisch unverändert, während Nitrit zunahm.

Der Nitritanstieg kann auf eine infolge des höheren Ammoniumangebotes verstärkte Nitrifikation zurückgeführt werden.

---

[1] g at = Gramm-Atom, d. h. soviel Gramm eines Elementes, wie sein Atomgewicht angibt; µ at = millionster Teil dieser Einheit.

383. Der anthropogene Nährsalzeintrag hat zu einer Verschiebung des Verhältnisses von Phosphor zu Stickstoff zu Silicium (P:N:Si) geführt, und zwar zuungunsten von Silicium. Dies ist ökologisch insofern von Bedeutung, als Silicium schon unter natürlichen Bedingungen zum produktionsbegrenzenden Faktor für Kieselalgen werden kann (VAN BENNEKOM et al., 1974). Das heißt, daß unter den neuen Gegebenheiten die Kieselalgen (Diatomeen) das gesteigerte Nährsalzangebot nicht ausnutzen können, sondern andere Phytoplanktonorganismen, die nicht auf Silicium angewiesen sind, gefördert werden.

Die möglichen Folgen für die Nahrungskettenverflechtungen in der Nordsee diskutieren GREVE u. PARSONS (1977). Ein Denkmodell wäre, daß durch Förderung kleiner Flagellaten die kleineren Planktonkrebsarten bessere Ernährungsmöglichkeiten hätten und damit über die Nahrungskette wiederum Rippenquallen gegenüber Fischen begünstigt würden.

5.3.3 Auswirkungen auf Organismen

384. Eine anthropogene Steigerung der Konzentration an Pflanzennährsalzen, wie sie für einige Areale der Nordsee in Abschn. 5.3.2 belegt wurde, würde theoretisch eine Vermehrung der pflanzlichen Bioproduktion im Sinne einer Erhöhung der Trophie (vgl. Tz. 376), also eine Eutrophierung, erwarten lassen. Das muß aber nicht notwendigerweise so sein, da das Ausmaß der Pflanzenproduktion nicht nur vom Angebot an Stickstoff- und Phosphatverbindungen abhängt, sondern durch eine größere Zahl anderer, nicht vom Menschen beeinflußter Faktoren bestimmt wird. Eine Steigerung der pflanzlichen Produktion kann für das Gesamtökosystem Vorteile bringen, da die Nahrungskettenbasis vergrößert wird und so beispielsweise die Produktion bestimmter Fischarten gefördert werden kann (vgl. Kap. 7, Tz. 728); es können aber auch negative Folgen auftreten wie beispielsweise erhöhtes Aufkommen von Bestandsabfall, dessen Abbau den Sauerstoffhaushalt beeinträchtigt.

385. *Veränderungen der pflanzlichen Produktion („Primärproduktion") und des Artenbestandes werden auf zwei Wegen erfaßt: (1) Aus Artenlisten und Zählungen der Individuendichte oder aus Pauschalmessungen wie der Chlorophyllbestimmung werden Veränderungen des Artenbestandes und der Biomasse erschlossen. Aus den Biomassemessungen kann die pflanzliche Jahresproduktion pro Flächeneinheit errechnet werden. Diese wird als pro Jahr gebildete Trockensubstanz (g/m²·Jahr) angegeben oder der darin enthaltene Kohlenstoffgehalt (C-Gehalt) dient als Bezugsbasis (Angaben in g C/m²·Jahr). (2) Durch spezielle experimentelle Verfahren wird die potentielle pflanzliche Produktion ermittelt und daraus die tatsächliche Produktion nach vorgegebenen Formeln errechnet.*

386. Ein Vergleich der heutigen Situation mit früheren Gegebenheiten wird durch den Mangel an Messungen und an Vergleichsdaten sowie durch methodische Probleme speziell bei den experimentellen Verfahren erschwert, so daß die Erfassung der Primärproduktion in der Nordsee mit vielen Problemen behaftet ist. Für das hier besonders interessierende Wattenmeer, das von Natur aus einen eutrophen Charakter hat, sind die Auswirkungen der gesteigerten Nährsalzzufuhr wegen eben dieser Ausgangssituation besonders schwer erfaßbar.

387. Als Beurteilungsbasis stehen zur Verfügung: Ergebnisse niederländischer Arbeiten im westlichen Wattenmeer (CADÉE u. HEGEMAN, 1974a, b; GIESKES, 1974; POSTMA, 1978; POSTMA u. ROMMETS, 1970; VAN BENNEKOM, GIESKES u. TIJSSEN, 1975; VAN DE EIJK, 1979), Untersuchungen von HAGMEIER (1978) im Gebiet um Helgoland und die Resultate der von Großbritannien aus seit 1932 betriebenen Planktonfänge (Continuous Plankton Recorder Survey, HARDY, 1939; COLEBROOK, 1960), die aber schwerpunktmäßig das Zooplankton erfassen und wegen der technischen Ausstattung der Sammelapparatur für Phytoplankton nur eingeschränkt brauchbar sind.

388. Für das Wattenmeer ist bisher keine anthropogen bedingte Steigerung der Phytoplanktonproduktion nachweisbar. Ebensowenig fand sich eine Produktionssteigerung bei den bodenlebenden Kleinalgen. Dieser Befund könnte im westlichen Wattenmeer durch die starke natürliche Trübung zu erklären sein, die eine Ausnutzung des gestiegenen Nährsalzangebotes wegen Lichtmangel ausschließt. In geschützten Flachwasserabschnitten ohne Trübung tritt lokal eine Steigerung des Kleinalgenbesatzes auf sowie eine Förderung zumindest der größeren Grünalgen.

389. Im küstennahen Bereich der südlichen Nordsee außerhalb des Wattenmeeres wird von POSTMA (1973) eine Steigerung der Primärproduktion aufgrund des erhöhten Nährstoffangebotes postuliert. Eine Bestätigung dieser Ansicht könnte darin zu sehen sein, daß sich der Eintrag organischer Substanz aus der Nordsee in das Wattenmeer zwischen 1950 und 1970 verdoppelt hat; die Ursache hierfür wäre dann eine erhöhte Produktion organischer Substanz im vorgelagerten Nordseebereich gewesen.

390. Im Bereich von Helgoland (HAGMEIER, 1978) ist ab 1962 tendenziell eine Steigerung des Phosphatgehaltes zu beobachten, die auf steigenden Phosphateintrag durch Elbe und Weser zurückzuführen sein dürfte; die Phytoplanktonbiomasse zeigt jedoch keine Zunahme (Abb. 5.1).

Abb. 5. 1

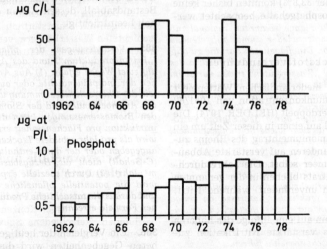

Quelle: HAGMEIER (1978) und mdl. Mitt. Biol. Anst. Helgoland

SR–U 80 0299

391. Die Auswertung der langfristigen britischen Planktonuntersuchungen (Continuous Plankton Recorder Survey, vgl. Tz. 387) ergab keine erkennbaren Zusammenhänge zwischen anthropogen erhöhten Nährsalzkonzentrationen und der Phytoplanktonbesiedlung (COLEBROOK et al., 1978; GIESKES u. KRAAY, 1977; REID, 1975, 1977, 1978; ROBINSON, 1977). Es treten im übrigen bei der Interpretation langfristiger Schwankungen der Planktondichte erhebliche Schwierigkeiten auf (GLOVER et al., 1972; GLOVER, 1974), da die Planktonentwicklung von einer ganzen Reihe verschiedener natürlicher Faktoren beeinflußt wird und die anthropogene Steigerung der Nährsalzversorgung nur einen Faktor unter vielen darstellt.

392. Man muß ferner davon ausgehen, daß durch Überlagerung verschiedener Faktoren die ökologischen Folgen einer Erhöhung der Konzentrationen der eutrophierenden Stoffe vielleicht mit den bisher eingesetzten Methoden gar nicht erkannt werden. Zudem weiß man z. Z. noch nicht, welche Auswirkungen der anthropogene Schadstoffeintrag (PCBs, Chlorkohlenwasserstoffe, Abschn. 5.5; Schwermetalle, Abschn. 5.4) auf die pflanzliche Bioproduktion hat. Im übrigen besteht auch die Möglichkeit, daß aliphatische Kohlenwasserstoffe aus Öl von Phytoplanktonarten genutzt werden können (vgl. Kap. 6, Tz. 596). Schließlich ist noch darauf zu verweisen, daß die Phytoplanktonorganismen keine ernährungsphysiologisch einheitliche Gruppe darstellen; insbesondere bei den Dinoflagellaten kommt neben der typisch pflanzlichen Verwertung anorganischer Stickstoffkomponenten auch die Aufnahme gelöster organischer Verbindungen in Frage. Daraus folgt, daß bestimmte Phytoplanktonorganismen durch organische Verbindungen anthropogener Herkunft gefördert werden könnten, die heute bei Routineuntersuchungen noch gar nicht erfaßt werden (vgl. hierzu auch BUTLER, KNOX u. LIDDICOAT, 1979).

393. *Ein Beispiel für die Schwierigkeit einer Kausalanalyse stellen die schon lange bekannten, regional und zeitlich beschränkt immer wieder einmal auftretenden Massenvorkommen von Dinoflagellaten dar, die zu auffallenden bräunlichen oder rötlichen Verfärbungen des Wassers führen. Diese „Wasserblüten" treten vor allem im küstennahen Bereich auf, und zwar bei relativ ruhiger See, meist im Zusammenhang mit thermo-halinen Schichtungen (Literatur bei TANGEN, 1977). Eine Förderung der Dinoflagellaten durch den Eintrag eutrophierender Stoffe wurde zwar wiederholt angenommen, ließ sich aber bisher nicht beweisen. Es besteht die Möglichkeit, daß anorganische Nährsalze in der Tat keinen Einfluß ausüben, wohl aber gelöste organische Stoffe, die auch anthropogener Herkunft sein können, fördernd wirken. Die Massenvermehrungen von Dinoflagellaten sind von erheblichem praktischen Interesse, da einige Arten (z. B. Gyrodinium aureolum) eine toxisch wirkende Substanz ausscheiden, die zu Fischsterben führen kann, andere (Gonyaulax tamarensis) über die Nahrungskette zu Miesmuscheltoxizität führen.*

394. Zusammenfassend kann zum Komplex anthropogener Eintrag eutrophierender Stoffe und ökologische Folgen festgestellt werden: Im niederländischen Wattenmeer, in der Deutschen Bucht und in der südlichen Nordsee (Southern Bight) sowie allgemein vor den meisten Flußmündungen ist eine anthropogene Steigerung des Phosphatgehaltes festzustellen. Im niederländischen Wattenmeer zumindest ist auch ein Anstieg der Ammoniumkonzentrationen nachzuweisen. Eine anthropogene Steigerung der pflanzlichen Produktion kann allenfalls für die südliche Nordsee angenommen werden; gewisse im Rahmen der fortlaufenden britischen Planktonuntersuchungen (Continuous Plankton Recorder Survey, vgl. Tz. 387) beobachtete Veränderungen des Phytoplanktons in der gesamten Nordsee beruhen auf natürlichen Ursachen. Im Wattenmeer hat der Anstieg der Nährsalzkonzentrationen bisher keine nachweisbare Förderung des Phytoplanktons und der bodenlebenden Kieselalgen gebracht. Lokal ist eine Zunahme von Blaualgen und Grünalgen beobachtet worden.

395. Alle genannten anthropogenen Eutrophierungsphänomene bedeuten gegenwärtig keine Gefährdung des Ökosystems Nordsee. Für die menschliche Nutzung kann die Steigerung der pflanzlichen Produktion regional sogar eine positive Folge haben, da die Nahrungsgrundlage für nutzbare Tiere (Muscheln, Fische) verbessert wird (vgl. Tz. 728), ohne daß daraus ökologische Schäden erwachsen. Bei der Bewertung der gegenwärtigen Eutrophierungssituation und der Abschätzung zukünftiger Entwicklung ist es aber wichtig, sich die völlig inhomogene Verteilung der Pflanzennährstoffe in der Nordsee zu vergegenwärtigen (vgl. Abb. 4.18 für NO_3-N und Abb. 4.19 für PO_4-P in Abschn. 4.7). Die verhältnismäßig starre Trennung einzelner Wasserkörper führt zu regionalen Eutrophierungsprozessen vor allem im Bereich der südlichen Nordsee, vermutlich auch in der inneren Deutschen Bucht, die bei anhaltender Steigerung der Nährstoffzufuhr zu überwiegend negativen ökologischen Veränderungen führen können (Wasserblüten durch Algenmassenentfaltung, erhöhtes Aufkommen von Bestandsabfall, negative Auswirkungen auf Sauerstoffhaushalt in geschichteten Wasserkörpern, verstärkte Zufuhr organischer Substanz ins Wattenmeer, Veränderung der gegenwärtigen Nahrungskettenstruktur). Eine Abschwächung des Trends zur Eutrophierung ist nur durch Minderung der Fracht an Pflanzennährsalzen in den Flüssen und die Vermeidung der Abwasser- und Klärschlammzufuhr in die kritischen Gebiete zu erreichen.

5.4 Schwermetalle und Spurenelemente[1]

396. Schwermetalle sind natürlicherweise in mehr oder weniger niedriger Konzentration in Gewässern vorhanden. Verschiedene Schwermetalle, wie z. B. Eisen, Kupfer, Zink u. a., sind in kleinsten Mengen sogar lebensnotwendige Spurenelemente. Marine

---

[1] Der Abschnitt basiert auf einem externen Beitrag von Dr. L. Karbe, Institut für Hydrobiologie und Fischereiwissenschaft der Universität Hamburg.

Organismen sind auf einen gewissen natürlichen Schwermetallgehalt der Meere eingestellt und ertragen ihn innerhalb eines bestimmten Konzentrationsbereiches. Schwierigkeiten treten erst dann auf, wenn die Schwermetallkonzentration eine artmäßig verschiedene Toleranzgrenze überschreitet und das physiologische Regulationssystem überfordert ist. Dann können chronische und – bei besonders hohen Konzentrationen – akut toxische Wirkungen auftreten. Schwermetalle natürlicher und anthropogener Herkunft sind in der Nordsee im Wasser, in Sedimenten sowie in pflanzlichen und tierischen Organismen anzutreffen. Im freien Wasserkörper liegt ein Gleichgewicht zwischen löslicher und ungelöster Zustandsform vor. Aufgrund besonderer Affinitäten ist hier die Hauptmenge der Metalle an Schwebstoffe gebunden. In der für die ökotoxische Wirkung entscheidenden gelösten Phase kommen die Metalle dagegen nur zum geringeren Teil vor.

397. Um die toxikologisch relevanten, aber in vergleichsweise geringer Konzentration im Wasser vorhandenen Schwermetalle festzustellen, ist ein hoher analytischer Aufwand erforderlich. Das Ergebnis einer Einzelmessung ist aber nur eine Momentaufnahme der Stoffkonzentration des Gewässers, die kurze Zeit vor und nach der Messung, abhängig von Jahreszeit und Strömungsverhältnissen, ein abgewandeltes Bild zeigen kann. Die derzeitigen analytischen Möglichkeiten und die ökologischen Kenntnisse, die notwendig sind, um die gefundenen Schwermetalle nach ihren verschiedenen, ökologisch unterschiedlich bedeutsamen Bindungsformen aufzuschlüsseln, sind noch begrenzt. Da die Metalle aufgrund physikalischer oder biologischer Akkumulationsprozesse in Sedimenten und Organismen angereichert werden, ist die Analyse hier einfacher und insofern aussagekräftiger, als sie die Belastungen über einen längeren Zeitraum summiert erkennen läßt. Es können sowohl zeitlich zurückliegende Veränderungen der Schwermetallkonzentration als auch lokale Anreicherungen der Schadstoffe festgestellt werden.

5.4.1 Schwermetalle in Ästuarien

398. Der weitaus größte Eintrag von Schwermetallen in die Nordsee erfolgt über die großen Flußmündungen (vgl. Tz. 206 ff.). Das Verhalten der in Flüssen mitgeführten Schwermetalle im Übergangsbereich zwischen Süß- und Meerwasser ist zur Beurteilung der Belastung des Meeres von besonderer Bedeutung.

Schwermetalluntersuchungen wurden an Sedimenten von Rhein und Ems seit 1966 (DE GROOT 1966, 1978) und in Form einer generellen Bestandsaufnahme 1972 für die großen deutschen Flüsse durchgeführt (FÖRSTNER u. MÜLLER, 1974). Für die Flüsse und Seen der Bundesrepublik Deutschland und die angrenzenden Küstengewässer zeichnen FÖRSTNER u. MÜLLER (1974) das „Bild einer bedrohlichen Entwicklung in den aquatischen Ökosystemen und für die Trinkwasserversorgung". Als repräsentatives Beispiel wird hier die Situation im Elbe-Ästuar behandelt.

399. LICHTFUSS u. BRÜMMER (1977) untersuchten zwischen 1972 und 1974 rund 250 Sedimentproben aus dem Uferbereich und in Hafenbecken des Elbe-Ästuars auf die Elemente Chrom, Kobalt, Nikkel, Kupfer, Zink, Arsen, Cadmium, Quecksilber und Blei. Nach Abb. 5.2 gibt es in belasteten Ästuarien einen Trend zur Abnahme der Schwermetallkonzentrationen im Sediment in Richtung Mündung.

Die höchsten Werte für alle Schwermetalle (außer Kobalt) fanden LICHTFUSS u. BRÜMMER (1977) im Elbe-Mittellauf zwischen Geesthacht und dem Hamburger Hafen. Maxima wurden für Chrom in Geesthacht, für Arsen in Kirchwerder sowie für Kupfer und Cadmium im Hamburger Hafen beobachtet (Einfluß der kupferverarbeitenden Industrie in Hamburg). Von Hamburg bis zur Elbemündung nehmen die Schwermetallgehalte deutlich ab, wobei Anstiege in Kollmar (Zufluß der Krückau), bei Glückstadt und Brunsbüttel den Einfluß lokaler Industrie- und Haushaltsabwässer anzeigen. Vergleicht man die Schwermetallbelastung von Elbe- und Rheinmündungssedimenten, so sind die Gehalte von Zn, Cu, As, Co, Ni und Hg in der Elbe höher, die von Cr, Pb und Cd im Rhein höher.

400. Parallel zur Schwermetallabnahme in den Sedimenten nahm auch bei verschiedenen Bodentieren (Muscheln, Schnecken, polychaete Würmer, Krebstiere) seewärts der Schwermetall-Gehalt ab. Abb. 5.3 zeigt entsprechende Befunde für Garnelen aus dem Bereich Jade-Weser-Elbe am Beispiel von Quecksilber. Für die Elbe ist dieser Trend die Fortsetzung einer Abnahme des Quecksilbergehaltes über den Gesamtverlauf des Flusses, ausgehend von Höchstwerten in Bodentieren aus der Elbe oberhalb Hamburgs (Asellus 0,34 mg/kg, Radix 0,35 mg/kg; ZAUKE, 1975).

Der für Ästuarien typische Trend einer seewärtigen Abnahme der Quecksilber-Kontamination wird dort durch erneuten Anstieg der Werte unterbrochen, wo lokal in größerem Maße quecksilberhaltige Abwässer ins Gewässer gelangen, wie die Abb. 5.8 für den Delfzijl vorgelagerten Bereich des Ems-Ästuars zeigt. Die Proben aus dem Ems-Ästuar stammen aus dem Jahre 1974 und entsprechen möglicherweise nicht mehr der aktuellen Situation, da 1975 die Eintragungen, nach den dem Rat vorliegenden Informationen, auf 5% des ursprünglichen Wertes reduziert wurden.

401. Die Abnahme der Sedimentbelastung im Ästuar in Richtung Meer widerspricht der Erwartung, daß sich die höchsten Schadstoffkonzentrationen zum Mündungsgebiet der belasteten Flüsse hin summieren müßten. Zur Erklärung dieses Phänomens wurde die Theorie entwickelt, daß die höhere Ionenkonzentration des Meerwassers beim Kontakt mit den Süßwassersedimenten in der Brackwasserzone zur Ionenkonkurrenz mit den gebundenen Schwermetallen führt und deren Rücklösung bewirkt. Ein solcher Prozeß wäre von großem Nachteil für die aquatischen Organismen.

Rücklösungsversuche an Rheinsedimenten mit Meerwasser (MÜLLER u. FÖRSTNER, 1975) ergaben jedoch nur relativ geringe Remobilisationsquoten. We-

Abb. 5.2

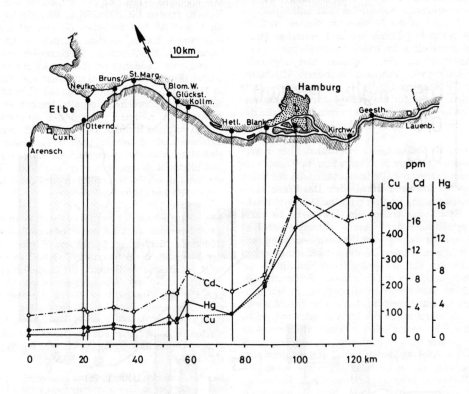

Mittlere Schwermetallgehalte der Elbe–Sedimente

Abszisse: Entfernung von der Flußmündung;

Ordinate: Mittlere Schwermetallgehalte (ppm) bei Gehalten an der Fraktion <2 µm von 25 %

Quelle: LICHTFUSS u. BRÜMMER (1977)

SR–U 80 0470

sentlich höhere Remobilisierungsquoten konnten in Experimenten mit Sedimenten aus dem Elbe-Ästuar bei längerer Kontaktzeit für Cadmium nachgewiesen werden (BIAS, 1979). Die auffällige Abnahme der Metallkonzentrationen der Ästuarsedimente zum Meer hin ist somit zu deuten als eine Folge von Remobilisierungsprozessen beim Übergang in das marine Milieu sowie als Folge der Vermischung stark belasteter Flußsedimente mit relativ unbelastetem marinem Sediment. In der Gesamtbilanz dürfte letzterem Phänomen die größere Bedeutung zukommen. Solche Mischungsprozesse erfolgen mit den Gezeitenbewegungen weit über die Brackwassergrenze hinauf bis in den limnischen Bereich hinein.

402. Die Gezeitenbewegungen haben zur Folge, daß sich in Ästuarien schadstoffhaltige Abwässer nicht nur seewärts, sondern durch Versetzung bei Flut auch flußaufwärts auswirken, wo sie gegebenenfalls in Kombination mit der Belastung des Oberwassers zu besonders hohen Metallanreicherungen führen können. Andererseits wäre ohne die Gezeitenbewegungen und die Vermischung von marinen und fluviatilen Sedimenten schon heute die Schwermetallkonzentration in den Sedimenten der großen Ästuarien wie etwa der Elbe außerordentlich hoch. Dies tritt deutlich zutage, wenn die Austauschprozesse in den Mündungsgebieten durch wasserbauliche Maßnahmen unterbrochen werden, wie etwa in abgedämmten Ästuarbereichen. So stellte sich im IJsselmeer unter dem Einfluß der metallhaltigen Schwebstoff-Fracht des Rheins ein stark erhöhter Cadmium-Gehalt ein, der nach der Trockenlegung Probleme bei der Nutzung landwirtschaftlicher Produkte brachte.

158

Abb. 5.3

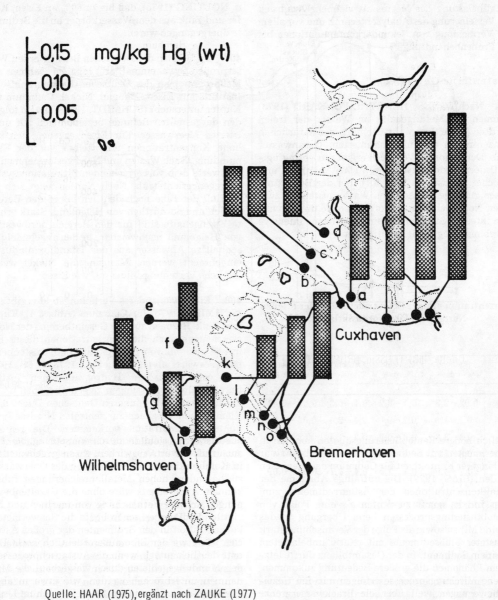

Seewärts gerichtete Abnahme des Quecksilber – Gehalts in Garnelen
im Herbst 1974

Angaben bezogen auf mg/kg Frischgewicht

Analysenmethode: Atomabsorptionsspektrometrie (AAS)

Quelle: HAAR (1975), ergänzt nach ZAUKE (1977)

SR–U 80 0471

5.4.2 Schwermetalle im Nordseewasser

403. Unsere Kenntnis über den Gehalt des Nordsee-Wassers an Schwermetallen und anderen Spurenelementen basiert bis heute erst auf einigen wenigen Probenserien, die nur mit Vorbehalt für generalisierende Aussagen herangezogen werden können (vgl. auch Tz. 397). Die vielerorts beschriebene tendenzielle Abnahme der Schwermetallgehalte im Meerwasser ist nach übereinstimmender Auffassung der chemisch-analytisch arbeitenden Ozeanographen weniger Ausdruck einer Abnahme der Spurenmetallbelastung des Meeres als vielmehr Ausdruck der Verfeinerung der Analysentechnik und vor allem der Vermeidung von Sekundärkontaminationen bei der Probenbehandlung.

Küstenferne Gewässer

404. Nach JONES, HENRY u. FOLKARD (1973) kommen die Metallgehalte im Wasser der freien Nordsee (Hohe See) wahrscheinlich der natürlichen Konzentration in unkontaminiertem Ozeanwasser nahe. Der regionale Vergleich ergibt nur geringfügige Unterschiede zwischen südlicher, zentraler und östlicher Nordsee (s. Tab. 5.1). Bei der Bewertung dieser Aussage müssen der Wasseraustausch zwischen Nordatlantik und Nordsee sowie die sich aus dem internen Strömungsregime ergebende intensive Durchmischung berücksichtigt werden.

Tab. 5.1

Konzentration einiger Schwermetalle in der offenen Nordsee und im Nordostatlantik

(µg/l)

	Südliche Nordsee	Zentrale Nordsee	Östliche Nordsee	Nordost-Atlantik
Cd	0,02−2,3	0,1−0,2	0,1−0,3	0,01−0,41
Cu	0,1−1,8	0,2−0,6	0,4−2,4	0,05−0,8
Ni	0,3−3,8	0,3−0,9	0,3−1,4	0,3−0,7
Zn	0,8−11,2	0,6−5,8	1,9−8,6	1,4−7,0
Mn	0,7−4,0	0,1−1,5	0,4−1,1	0,03−0,09

Quelle: JONES, HENRY u. FOLKARD (1973).

Küstengewässer

405. Im Küstenbereich, insbesondere im Einflußbereich der Ästuarien, lassen sich allgemein gegenüber der Hohen See deutlich erhöhte Schwermetall-Gehalte nachweisen. JONES et al. (1973) berichten über entsprechende Gradienten für Cadmium, Kupfer, Nickel und Zink mit Konzentrationsunterschieden bis zu einer Zehnerpotenz.

406. Bei einer Bilanzierung des Spurenmetall-Eintrags aus den Flüssen zeigt sich, daß im Vormündungsbereich meist geringere Metallmengen nachweisbar sind als aufgrund der Metallfrachten der Flüsse zu erwarten wäre. Als Erklärung werden Fällungs-, Sorptions- und Sedimentationsprozesse herangezogen, die meist bereits im unteren limnischen Bereich einsetzen und dann verstärkt im Mischungsbereich von Süßwasser und Seewasser zur Sedimentierung eines Teils der im Flußwasser gelösten oder an Schwebstoffe gebundenen Metalle führen. Im Mündungsgebiet des Rheins ermittelten DUINKER u. NOLTING (1976), daß bis zu 60% an Eisen, Kupfer und Zink aus dem Wasserkörper an die Sedimente übergegangen waren.

407. Im Bereich der Deutschen Bucht werden Wasserproben etwa einmal pro Jahr im Rahmen von Meßprogrammen des Deutschen Hydrographischen Instituts auf Eisen, Mangan, Nickel, Cadmium und Kupfer untersucht (SCHMIDT, 1976). Die im folgenden dargestellten Befunde beziehen sich auf unfiltriertes Meerwasser. Für Eisen ergeben sich sehr hohe Konzentrationen unmittelbar vor der Elbemündung. Nach Westen und Nordwesten nehmen die Meßwerte dem vorherrschenden Zirkulationssystem entgegengerichtet ab. Nach Norden zeigt sich der Einfluß der Elbe noch deutlich bis in den Bereich östlich und nordöstlich von Helgoland. Stark erhöhte Eisengehalte sind für den Bereich nordwestlich von Helgoland nachweisbar, in den regelmäßig eisenhaltige Abwässer aus der Titandioxidindustrie eingebracht werden. Mangan und Nickel weisen ähnliche Verteilungsbilder auf wie Eisen.

408. Ein etwas anderes Verteilungsbild ergibt sich (SCHMIDT, 1976) für Cadmium (Abb. 5.4), Kupfer und Zink. Bezogen auf den Gesamtbereich der Nordsee nehmen auch die Konzentrationen dieser Elemente generell von den Ästuar- und Küstenbereichen seewärts ab (JONES et al., 1973; ICES, 1974). Die vom Deutschen Hydrographischen Institut durchgeführten Messungen zeigen aber, daß im gesamten Bereich der inneren Deutschen Bucht diese Elemente im Vergleich zur zentralen Nordsee in erhöhter Konzentration vorkommen. Die regional schwächer ausgebildeten Gradienten dürften als Ausdruck der im Vergleich zu Eisen größeren Mobilität dieser Elemente zu werten sein.

5.4.3 Schwermetalle in Sedimenten der Deutschen Bucht

409. Das Adsorptionsvermögen von Sedimenten ist unter limnischen und marinen Bedingungen aufgrund unterschiedlicher Ionenkonkurrenz verschieden. Primär ist es abhängig von der Korngrößenzusammensetzung sowie dem Anteil anorganischer und organischer Komponenten. So werden Schwermetalle überwiegend in den feinen Kornfraktionen angereichert; gleichzeitig ist der Metallgehalt mit dem Anteil organischen Kohlenstoffs im Sediment korreliert. Bei einer Analyse des Gesamtsediments bedeu-

Abb. 5.4

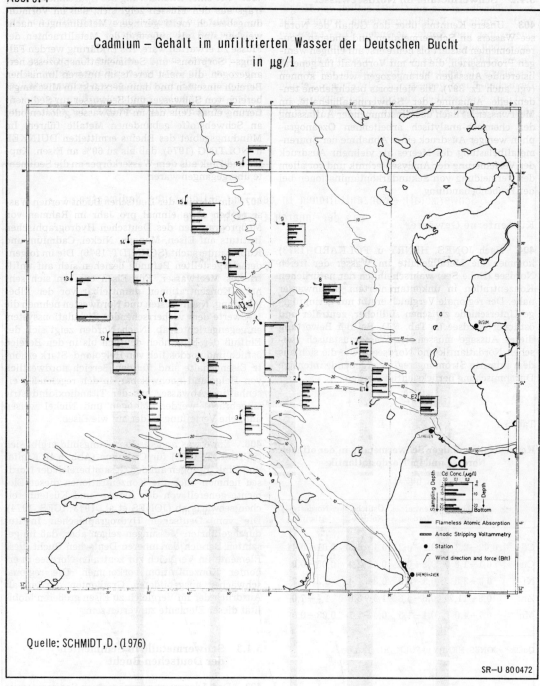

Cadmium – Gehalt im unfiltrierten Wasser der Deutschen Bucht
in µg/1

Quelle: SCHMIDT, D. (1976)

SR–U 80 0472

ten Unterschiede im Gehalt umweltrelevanter Spurenmetalle daher nicht unbedingt Unterschiede in anthropogenen Belastungen, sondern spiegeln zunächst die Sedimentqualität wider. Um einen regionalen Vergleich zu ermöglichen, müssen einheitliche Bezugsstandards zugrunde gelegt werden.

410. In einer Bestandsaufnahme von GADOW u. SCHÄFER (1973) werden die Schwermetallgehalte in Sedimenten der inneren Deutschen Bucht auf die Tonfraktion (Korngröße < 2 µm) bezogen; diese Untersuchung zeigt drei Bereiche schwerpunktmäßiger Belastung für Zink, Chrom und Blei: ein Gebiet im

Vormündungsbereich der Weser, ein Gebiet nördlich der Außenelbe sowie ein Gebiet östlich von Helgoland. Ähnliche Verteilungsmaxima wurden für Quecksilber und Kupfer gefunden. Die Verteilung von Kobalt und Cadmium erwies sich innerhalb des Untersuchungsgebietes als sehr ungleichmäßig, die des Eisens als recht einheitlich. Die im Bereich der Deutschen Bucht gemessenen Schwermetallgehalte sind nur unwesentlich niedriger, bei Chrom sogar höher als die von FÖRSTNER u. MÜLLER (1974) im

Unterlauf von Weser und Elbe. Als Ursache für die regionalen Unterschiede sind Verschiedenheiten in der Zufuhr und Deponie von Schwebstoffen aus Weser, Elbe und Eider anzusehen.

411. Hinweise auf die zeitliche Entwicklung der Schwermetallbelastung dieses Raumes geben Untersuchungen der Schichtenfolge von Schwermetallgehalten in vertikalen Sedimentprofilen. Beim Vergleich der Meßwerte (gewonnen an der Tonfraktion)

Abb. 5.5

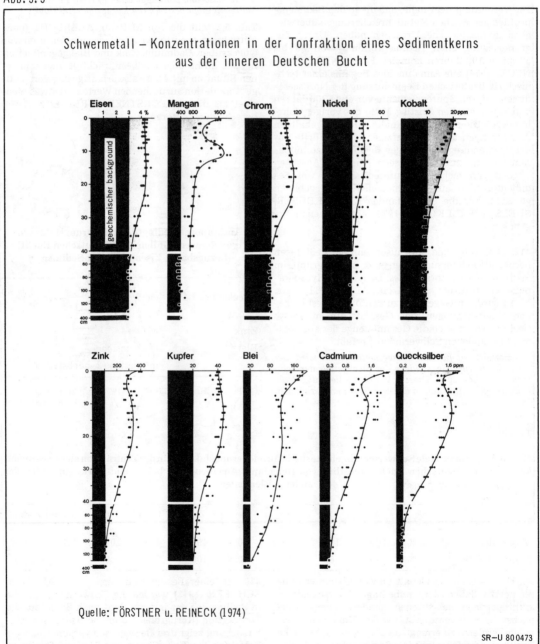

Schwermetall – Konzentrationen in der Tonfraktion eines Sedimentkerns aus der inneren Deutschen Bucht

Quelle: FÖRSTNER u. REINECK (1974)

SR–U 80 0473

aus verschiedenen Schichten eines Sedimentkerns aus der inneren Deutschen Bucht, südöstlich von Helgoland (FÖRSTNER u. REINECK, 1974), zeigen die Elemente Zink, Blei, Cadmium und Quecksilber eine generell zur Oberfläche hin steigende Tendenz (Abb. 5.5). Bei den anderen Elementen ist diese weniger deutlich ausgeprägt, am geringsten bei Eisen und Nickel. Mit einer gewissen Berechtigung können die Metallgehalte in den Tiefenschichten als Maß für die ursprüngliche Situation (regionale „back-ground"-Werte) angesehen und entsprechend die Quotienten aus Maximal- und Minimalwert als „Anreicherungsfaktoren" (Tab. 5.2) aufgefaßt werden.

Die Vermutung liegt nahe, daß die in den Sedimentprofilen gemessenen Metallanreicherungen überwiegend zivilisatorische Ursachen haben. Unter Zugrundelegung einer Sedimentbildung von 30 bis 50 cm in 100 Jahren kommen FÖRSTNER u. REINECK (1974) zur Annahme des Beginns einer technisch zivilisatorischen Beeinflussung der Nordseesedimente durch Spurenelemente vor etwa 200 Jahren und einem starken Anstieg Mitte des vorigen Jahrhunderts. Die auffällige Zunahme der Bleigehalte in Ablagerungen aus den fünfziger Jahren dürfte mit der Verwendung bleihaltiger Benzinzusätze in Zusammenhang zu bringen sein. Ähnliche Aussagen werden von mehreren Autoren anhand von Sedimentprofilen aus verschiedenen Meeresgebieten gemacht. Für die Ostsee fanden ERLENKEUSER, SUESS u. WILLKOMM (1974) entsprechende Ergebnisse.

412. Bei ähnlichen, auf ausgedehnten Meßfahrten beruhenden Untersuchungen einer Arbeitsgruppe im Sediment-Laboratorium des Deutschen Hydrographischen Instituts (RÜHL u. ALBRECHT, pers. Mitt.) wird, im Gegensatz zu den bisher besprochenen Untersuchungen, das Gesamtsediment analysiert und somit auch die Gesamtmenge der ans Sediment gebundenen Schwermetalle erfaßt.

Als Bezugsbasis für den Schwermetallgehalt wird hier nicht die Korngröße, sondern der Eisengehalt der Sedimente herangezogen. Diesem Verfahren liegt die Beobachtung zugrunde, daß in den Nordsee- und Ästuarsedi-

menten eine feste Beziehung zwischen dem Eisengehalt und dem Median der Korngröße besteht, die sowohl für Oberflächensedimente als auch für solche aus tieferen Schichten gilt. Offenbar hatten die Nordsee-Sedimente natürlicherweise aufgrund geochemischer Gegebenheiten seit jeher einen hohen Eisengehalt. Der heutige, zusätzliche anthropogene Anteil ist vergleichsweise gering. Dies ist anders bei Elementen wie Quecksilber, Cadmium und Blei, die von Natur aus nur in einer um mehrere Zehnerpotenzen geringeren Menge in der Nordsee vorhanden sind. Da die Sorptionskapazität für diese Elemente im Prinzip durch die gleichen Faktorenkomplexe bestimmt wird wie die Sorptionskapazität für Eisen, gibt der Bezug auf den Eisengehalt eine Möglichkeit der Normierung von Meßwerten (g Hg/g Fe statt g Hg/g Sediment einer bestimmten Korngrößenfraktion).

Tab. 5.3 teilt die von RÜHL u. ALBRECHT (pers. Mitteilung) ermittelten Anreicherungsfaktoren von Quecksilber, Cadmium, Zink und Blei gegenüber einer als anthropogen unbeeinträchtigt angenommenen Situation mit. Diese als vorläufige und vorsichtige Kalkulation anzusehenden Werte sind etwas niedriger als die von FÖRSTNER u. REINECK (1974) berechneten Faktoren.

Tab. 5.3

Anthropogen bedingte Anreicherungsfaktoren von Schwermetallen in der Deutschen Bucht (Bezugsbasis: Eisengehalt der Sedimente)

Quecksilber	ca. 5 – 10
Cadmium	ca. 2 – 4
Zink	ca. 2 – 4
Blei	noch unsicher, mindestens 2, höchstens 8

Quelle: RÜHL und ALBRECHT, 1977 (pers. Mitteilung).

Tab. 5.2

Minimale und maximale Schwermetallgehalte sowie Anreicherungsfaktoren in der Tonfraktion eines Sedimentkerns aus der Deutschen Bucht südöstlich von Helgoland. Angaben in % bei Fe und mg/kg (ppm) bei den anderen Elementen

	Fe	Mn	Cr	Ni	Co	Zn	Cu	Pb	Cd	Hg
Maximalwerte	4,5 %	1 600	120	45	20	400	40	200	2,1	1,6 ppm
Minimalwerte	3,0 %	400	60	30	10	100	20	20	0,3	0,2 ppm
Anreicherungsfaktor	1,5	4	2	1,5	2	4	2	10	7	8

Quelle: FÖRSTNER u. REINECK (1974).

413. Allgemein ist, ähnlich wie bei Schwermetall-gehalten im freien Wasser, eine Abnahme der Belastung von der Elbe-Mündung ausgehend entlang des alten Elbe-Tals in nordwestlicher Richtung zu verzeichnen. Während die Belastung mit Quecksilber, Cadmium und Zink über die Helgoländer Bucht hinaus rasch seewärts abnimmt, scheint sich die Belastung mit Blei weit in die offene See hinein auszudehnen.

5.4.4 Schwermetalle in Organismen

5.4.4.1 Übersicht über die gesamte Nordsee

414. In allen Weltmeeren bestehen regionale Unterschiede zwischen den Schwermetallgehalten von Organismen aus der Hohen See und aus den Küstengewässern. Organismen aus Ästuarien und aus küstennahen Meereszonen im Bereich stark industrialisierter und dicht besiedelter Küsten weisen durchweg wesentlich höhere Schwermetallgehalte auf als solche aus küstenfernen Regionen. Das gilt auch in der Nordsee, wo die Organismen im belasteten Bereich der südlichen Küste vielfach stärker kontaminiert sind als die der weniger belasteten offenen See. Tab. 5.4 zeigt die Schwankungsbreite der Schwermetallgehalte von Schalentieren und Fischen aus der Nordsee, die bei Messungen 1974–1976 gefunden wurden. Tab. 5.5 bringt Mittelwerte der Schwermetallkonzentration in Nutztieren aus kommerziellen Fängen der Jahre 1974, 1975 und 1976. Wie Tab. 5.4 und 5.5 erkennen lassen, finden sich außer bei Quecksilber die größeren Konzentrationen der untersuchten Metalle in Muscheln und Garnelen. Dies gilt insbesondere für Zink und Kupfer, in geringem Maße auch für Cadmium und Blei. Die höheren Schwermetallgehalte der Schalentiere gegenüber den Fischen dürften neben ernährungsphysiologischen Eigenheiten, denen zufolge möglicherweise Kupfer und Zink, eventuell auch Cadmium, von Muscheln und Garnelen stärker angereichert werden, Ausdruck der stärkeren Belastung des küstennahen Lebensraumes dieser Tiere sein.

Tab. 5.4

Schwankungsbreite in verschiedenen Bereichen der Nordsee gemessener Metallgehalte in Fischen, Miesmuscheln und Garnelen in mg/kg Frischgewicht (1974–1976)

Metall	Miesmuschel	Garnelen	Kabeljau	Scholle	Hering
Quecksilber	0,01–0,13	0,03–0,39	0,01–0,60	0,01–1,50	0,01–0,62
Cadmium	0,03–1,10	0,02–0,28	0,002–0,40	0,001–0,20	0,01–0,20
Blei	0,20–2,10	0,18–2,10	0,02–0,70	0,01–0,60	0,04–0,40
Kupfer	0,6–9,4	1,5–31	0,06–1,90	0,02–1,50	0,08–3,30
Zink	10–64	9,0–49	1,4–10	1,9–11	2,2–23,6

Quelle: ICES 1977a, b.

Tab. 5.5

Mittelwerte der Schwermetallkonzentration (mg/kg Frischgewicht) in Schalentieren und Fischen (Muskelfleisch) der Nordsee von 1974 bis 1976 (berechnet nach ICES)

Metall	Muscheln			Garnelen			Dorsch			Scholle			Hering		
	'74	'75	'76	'74	'75	'76	'74	'75	'76	'74	'75	'76	'74	'75	'76
Quecksilber	0,08	0,07	0,06	0,15	0,09	0,11	0,13	0,11	0,13	0,11	0,10	0,18	0,12	0,07	0,07
Cadmium	0,21	0,22	0,3	0,11	0,08	0,07	<×			<×			<×		
Blei	0,62	0,77	0,98	0,53	0,6	0,34	<×			<×			<×		
Kupfer	2,7	2,8	2,9	14,19	14,6	14,95	0,43	0,39	0,4	0,5	0,33	0,27	1,1	0,76	1,1
Zink	23,8	22,95	20,4	33,6	35,2	30,0	3,5	4,18	3,85	6,4	4,8	5,5	10,0	6,2	8,3

<× = unter der Erfassungsgrenze der angewendeten Analysetechnik.

Quelle: ICES (1977a, b).

415. *Ein Vergleich der Daten von 1974 bis 1976 (Tab. 5.5) läßt folgendes erkennen: Die Quecksilberkonzentrationen scheinen bei Muscheln leicht rückläufig; die Autoren des ICES (1977) bezweifeln jedoch, ob diese Messungen angesichts der vergleichsweise geringen Probenzahl tatsächlich eine fallende Tendenz widerspiegeln. Ähnliches gilt für Fische.*

Der Cadmiumgehalt bleibt in Muscheln relativ konstant. Die Cadmiumkonzentrationen in Fischen liegen im allgemeinen nahe oder unter dem Erfassungsniveau der angewendeten Analysenmethode. Ein für die deutschen Proben angewendetes empfindlicheres Meßverfahren erbrachte Mittelwerte in der Größenordnung von 0,002 mg/kg (in Schollen, ICES 1977 b).

Ein gegenüber der ersten grundlegenden Untersuchung der Nordsee (Baseline-Study, ICES, 1974) festzustellender Rückgang der Bleiwerte in Schalentieren wird weniger als Ausdruck eines rückläufigen Trends denn als Folge verbesserter Meßtechniken interpretiert. Wie auch bei Wasseranalysen ist die Bestimmung von Blei mit besonderen Unsicherheiten behaftet. In Fischen lie-

gen die Konzentrationen im allgemeinen wiederum unter der Nachweisgrenze. Nach Messungen an der deutschen Küste scheint der durchschnittliche Gehalt bei ca. 0,02 mg/kg (in Schollen, 1976 gemessen) zu liegen.

Die Werte für Kupfer und Zink bei Muscheln sind etwa gleichbleibend, ebenso bei Fischen. Neueren Arbeiten zufolge sollen Fische den Kupfer- und Zinkgehalt der Muskeln regulieren können, so daß der Wert der Fische als Bioindikatoren fraglich erscheint (ICES 1977 b).

5.4.4.2 Küstengewässer der Bundesrepublik Deutschland

Quecksilber

416. Miesmuscheln scheinen geeignete Indikatoren für das Ausmaß der Schwermetallkontamination von anderen Wirbellosen und von Fischen des gleichen Standorts zu sein. Vergleichende Untersuchungen an Miesmuscheln aus anthropogen gering belasteten Gebieten (von Tonnen aus der zentralen Nordsee,

Abb. 5.6

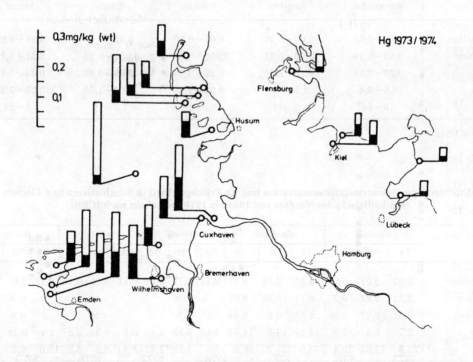

Quecksilber – Gehalte im Weichkörper von Miesmuscheln

Minimal– und Maximalkonzentrationen in über zwei Jahresgänge genommenen Proben

Angaben bezogen auf Frischgewicht. Analysenmethode: AAS

Hg 1973/1974

Quelle: KARBE (1976)

SR–U 80 0474

von den Hebriden und von irischen Küstengewässern) ergaben einen für Muscheln der Nordsee als natürlich anzunehmenden Quecksilbergehalt von 0,02 – 0,04 mg/kg (Frischgewicht Weichkörper; DE WOLF, 1975). Gehalte von mehr als 0,15 mg/kg werden als brauchbarer Hinweis auf eine Quecksilberbelastung angesehen. Legt man diesen Wert zugrunde, so sind die meisten Muschelbestände längs der niederländischen Küsten und nach Norden hin auch noch Teile der Bestände an der deutschen Küste, außerdem sämtliche Muschelbestände längs der britischen Süd- und Ostküste als erhöht mit Quecksilber kontaminiert anzusehen. Ausgesprochen hohe Gehalte wurden lokal an einigen eng begrenzten Stellen der britischen Küste und im Ems-Ästuar im Raum Delfzijl nachgewiesen (DE WOLF, 1975).

417. Quecksilberbestimmungen an Miesmuscheln von deutschen Küsten im Untersuchungszeitraum 1973/74 zeigten eine stärkere Belastung im inneren Bereich der Deutschen Bucht (insbesondere in den

Ästuarien) als in den Förden und Buchten der deutschen Ostseeküste (Abb. 5.6). Alle für Ostsee-Muscheln gemessenen Werte lagen unter 0,1 mg/kg, meist im Bereich um oder unter 0,05 mg/kg. Die Meßwerte von den Nordsee-Muscheln lagen generell höher, meist über 0,05 mg/kg. Besonders hohe Werte bis zu 0,2 mg/kg fanden sich in den inneren Bereichen von Ems- und Elbe-Ästuar sowie im Jadebusen. Beim Vergleich mit den von DE WOLF als natürlich angenommenen Werten ist auch hiernach zumindest ein Teil der Miesmuschel-Bestände an der deutschen Nordsee-Küste als erhöht mit Quecksilber kontaminiert anzusehen.

Für entsprechende Bereiche des Weser-Ästuars liegen keine Befunde vor, da von dort wegen des Rückgangs der Miesmuschel-Bestände kein Probematerial beschaffbar war. Dieser Rückgang der Muscheln ist bisher nicht wissenschaftlich geklärt. Es ist aber durchaus anzunehmen, daß die Ursache in der Einleitung von Industrieabwässern zu suchen ist und daß in der Wesermündung bereits ökologische Schäden eingetreten sind.

Abb. 5.7

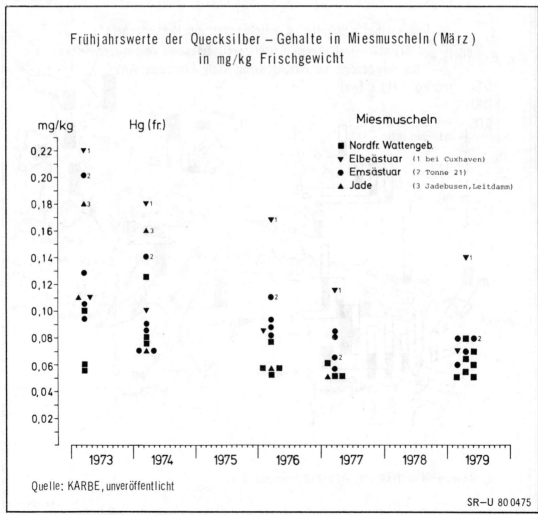

Innerhalb eines Jahres treten bei Miesmuscheln typische saisonale Unterschiede auf, mit relativ hohen Quecksilber-Konzentrationen am Ende der Winterruhe im zeitigen Frühjahr und niedrigeren Werten während der Wachstumsphase im Sommer und im Herbst. Im Vergleich der Jahre 1973 und 1979 zeichnet sich die Tendenz einer Abnahme der Quecksilberkontamination an der deutschen Küste ab, besonders ausgeprägt zwischen 1973 und 1977. Es sei speziell darauf hingewiesen, daß in diesem Fall die Aufbereitungs- und Analysentechnik über die Jahre nicht geändert wurde und daß alle Analysendaten gegen Standardreferenzproben abgesichert sind. Der beschriebene rückläufige Trend wird besonders deutlich bei Beschränkung auf die Meßwerte aus den Frühjahrsproben (Abb. 5.7). Parallele Entwicklungen einer allgemeinen Abnahme der Quecksilber-Gehalte in Meeresorganismen wurden auch für verschiedene Küstenbereiche der Ostsee beschrieben.

418. Für den äußeren Bereich der Deutschen Bucht („Hohe See") liegen Meßwerte über Quecksilber-

Abb. 5.8

Quecksilber – Gehalte in Pierwürmern (Arenicola marina, 1974) und in Quappwürmern (Echiurus echiurus 1976, 1977) aus dem Klärschlamm – Verklappungsgebiet sowie aus dem "Titandioxidabwässer—Verklappungsgebiet"

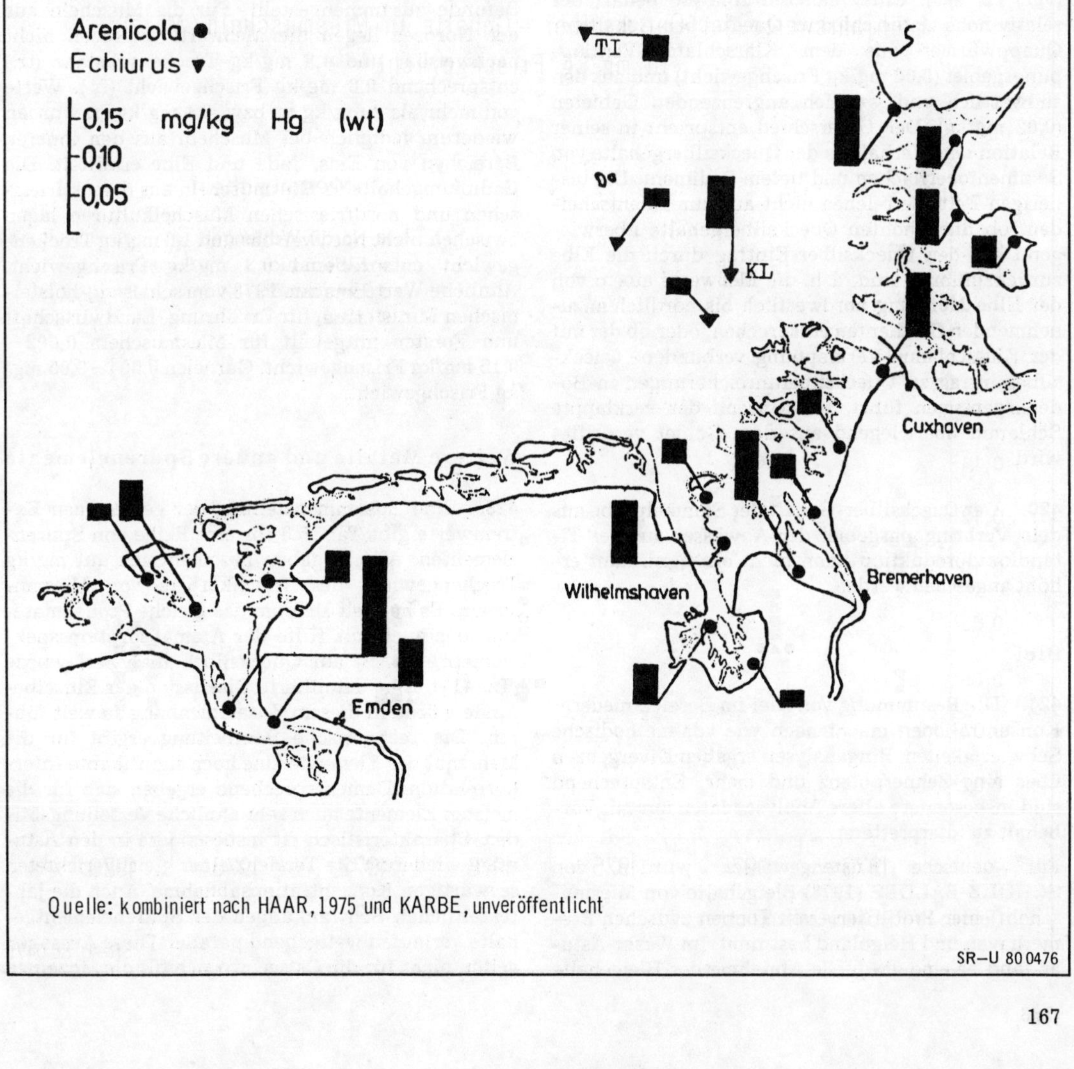

Arenicola ●
Echiurus ▼

0,15   mg/kg   Hg   (wt)
0,10
0,05

TI

DO

KL

Cuxhaven

Wilhelmshaven

Bremerhaven

Emden

Quelle: kombiniert nach HAAR, 1975 und KARBE, unveröffentlicht

SR-U 80 0476

Gehalte in verschiedenen Bodentierarten vor, die 1976 bei Meßfahrten des Deutschen Hydrographischen Instituts gesammelt wurden. Mit Meßwerten um 0,01 mg/kg Frischgewicht, in einigen Organismen lokal bis zu 0,06 mg/kg, erwiesen sich die Bodentiere des küstenferneren Bereichs als generell nur gering mit Quecksilber kontaminiert. Die Meßwerte liegen in der von DE WOLF (1975) als natürlich angenommenen Größenordnung (vgl. Tz. 416).

419. Abb. 5.8 gibt eine kombinierte Darstellung von Quecksilber-Gehalten in Pierwürmern aus einer Probenserie im Wattenmeer (HAAR, 1975) sowie in Quappwürmern aus dem Klärschlamm-Verklappungsgebiet, zwei südwestlich und westlich angrenzenden Kontrollgebieten sowie aus dem Verbringungsgebiet für Abwasser aus der Titandioxidproduktion nördlich von Helgoland (Probenentnahme Pierwürmer Herbst 1974, Quappwürmer Herbst 1976 und Frühjahr 1977). Die beobachteten hohen Quecksilber-Kontaminationen von Bodentieren im Bereich des westlichen Ems-Ästuars entsprechen möglicherweise nicht mehr der aktuellen Situation, da nach dem Rat vorliegenden Informationen die Emissionen seit 1975 offenbar beträchtlich reduziert wurden (vgl. Tz. 400). Einer näheren Analyse bedarf der relativ hohe Unterschied im Quecksilber-Gehalt der Quappwürmer aus dem Klärschlamm-Verklappungsgebiet (0,06 mg/kg Frischgewicht) und aus den südwestlich und westlich angrenzenden Gebieten (0,02 mg/kg). Der Unterschied entspricht in seiner Relation dem Verhältnis der Quecksilbergehalte von Sedimentoberflächen und tiefem Sediment. Die bisherigen Befunde reichen nicht aus, um zu entscheiden, ob die erhöhten Quecksilbergehalte überwiegend auf den Quecksilber-Eintrag durch die Elbe zurückzuführen sind, d. h. die Meßwerte einem von der Elbe-Mündung nordwestlich bis nördlich anzunehmenden Gradienten entsprechen, oder ob der mit der Klärschlamm-Verklappung verbundene Quecksilbereintrag zu Quecksilberanreicherungen in Bodenorganismen führt, selbst wenn der verklappte Schlamm überwiegend aus dem Gebiet verdriftet wird.

420. Der Quecksilber-Gehalt der Sammelprobe aus dem Verbringungsgebiet der Abwässer aus der Titandioxidproduktion kann nicht als signifikant erhöht angesehen werden.

Blei

421. Die Bestimmung von Blei im Bereich niederer Konzentrationen macht nach wie vor methodische Schwierigkeiten. Ringanalysen ergaben Divergenzen über eine Zehnerpotenz und mehr. Entsprechend sind insbesondere ältere Analysendaten nur mit Vorbehalt zu interpretieren.

Für deutsche Küstengewässer wurden von SCHULZ-BALDES (1973) Bleigehalte von Miesmuscheln einer Probenserie von Tonnen zwischen Bremerhaven und Helgoland bestimmt. Im Weser-Ästuar fand er eine graduelle Abnahme der Bleigehalte

seewärts, und zwar zwischen 6,4 mg/kg (Trockengewicht) in der Wesermündung und 1,9 – 2,6 mg/kg an verschiedenen Entnahmestellen bei Helgoland entsprechend Bleigehalten, wie sie auch in anderen Bereichen gefunden wurden. 1978 an der Westküste Schleswig-Holsteins entnommene Miesmuscheln hatten nach Messungen des schleswig-holsteinischen Ministeriums für Ernährung, Landwirtschaft und Forsten Bleigehalte zwischen 0,3 und 4,4 mg/kg Frischgewicht; Garnelen solche von nicht nachweisbar bis 0,2 mg/kg.

Cadmium

422. Ähnlich wie für Blei existieren auch für Cadmium erst wenig publizierte Daten aus deutschen Küstengewässern. Im Zusammenhang mit Multielement-Analysen unter Anwendung der instrumentellen Neutronen-Aktivierungsanalyse konnte in Miesmuscheln mehrfach Cadmium nachgewiesen werden, obwohl dieses Verfahren in der angewendeten Form für die Bestimmung von Cadmium nicht besonders gut geeignet ist (Nachweisbarkeitsgrenze etwa 1 mg/kg Trockensubstanz $\triangleq$ 0,2 mg/kg Feuchtgewicht). In Tab. 5.6 sind die bisher vorliegenden Befunde zusammengestellt. Für die Muscheln aus der Nordsee liegen die Meßwerte zwischen nicht nachweisbar und 4,8 mg/kg Trockensubstanz (tr.) entsprechend 0,8 mg/kg Frischgewicht (fr.). Werte von mehr als 2 mg/kg tr. bzw. 0,4 mg/kg fr. wurden wiederum lediglich bei Muscheln aus den inneren Bereichen von Ems, Jade und Elbe ermittelt. Die Cadmiumgehalte in Miesmuscheln aus den ostfriesischen und nordfriesischen Muschelkulturen lagen zwischen nicht nachweisbar und 1,8 mg/kg Trockengewicht entsprechend 0,3 mg/kg Frischgewicht. Ähnliche Werte wurden 1978 vom schleswig-holsteinischen Ministerium für Ernährung, Landwirtschaft und Forsten mitgeteilt für Miesmuscheln 0,002 – 0,15 mg/kg Frischgewicht, Garnelen 0,004 – 0,05 mg/ kg Frischgewicht.

Weitere Metalle und andere Spurenelemente

423. Eine Zusammenstellung der gemessenen Extremwerte gibt Tab. 5.6 für eine Reihe von Spurenelementen. Alle Angaben beziehen sich auf mg/kg Trockengewicht des Weichkörpers von Miesmuscheln. Es handelt sich um das gleiche Probenmaterial, das auch mit Hilfe der Atomabsorptionsspektrometrie (AAS) auf Quecksilber analysiert wurde (Tz. 417). Eine detaillierte Diskussion der Einzelbefunde würde in diesem Zusammenhang zu weit führen. Die rechnerische Bearbeitung ergibt für die Mehrzahl der Elemente eine hoch signifikante Interkorrelation. Dementsprechend ergeben sich für die meisten Elemente auch sehr ähnliche Verteilungsbilder. Charakteristisch ist insbesondere in den Ästuarien wiederum die Tendenz einer gleichgerichteten seewärtigen Konzentrationsabnahme. Auch die jahreszeitlichen Schwankungen der Spurenelementgehalte verlaufen weitgehend parallel. Diese Aussagen gelten nicht für die Ostsee, wo sich für die einzelnen

Tab. 5.6

Nachgewiesene Elemente im Weichkörper von Miesmuscheln (mg/kg Trockengewicht). Probeentnahme 1973 und 1974; (Multielement-Analysen unter Anwendung der instrumentellen Neutronen-Aktivierungsanalyse)

Element	Ems	Jade	Elbe	Helgoland	Nordfriesland
Sc	<0,007−0,037	<0,007−0,16	<0,008−0,022	<0,007−0,036	<0,006−0,029
Cr	0,4−3,2	1,2−17	0,8−14	0,6−4,1	0,4−5,7
Fe	62−189	68−721	60−220	58−218	41−235
Co	0,3−1,1	0,4−2,4	0,3−0,8	0,2−0,8	0,2−1,0
Ni	0,4−4,1	0,6−7,2	0,7−10	0,9−3,4	0,5−3,5
Zn	53−180	51−200	58−170	51−219	38−139
As	5,5−11	8,0−14	8,0−18	7,3−18	5,8−15
Se	1,3−7,0	1,5−8,4	2,3−6,7	1,7−9,0	1,5−5,7
Br	110−216	107−210	145−185	110−240	89−220
Rb	2,8−8,0	2,9−9,7	3,3−7,4	3,1−7,0	2,7−9,8
Sr	20−64	38−80	22−61	21−55	15−46
Ag	0,04−0,23	0,02−0,21	0,06−0,32	0,05−1,0	0,02−1,4
Cd	0,6−1,1	1,1−2,7	1,3−4,8	0,9−2,7	0,5−2,0
Eu	<0,002−0,005	<0,004−0,016	<0,002−0,005	<0,002−0,004	<0,002−0,005
Tb	<0,001−0,004	<0,002−0,012	<0,001−0,009	<0,001−0,002	<0,001−0,005
Yb	<0,006−0,025	<0,006−0,043	<0,009−0,031	<0,005−0,013	<0,005−0,027
Au	0,02−0,05	0,02−0,07	0,04−0,11	0,01−0,09	0,01−0,07
Hg	0,1−1,1	0,1−1,0	0,1−1,4	0,1−1,3	0,1−0,5
Th	<0,01−0,04	<0,01−0,14	<0,01−0,06	<0,01−0,03	<0,01−0,04

Quelle: KARBE, SCHNIER, NIEDERGESÄSS (1978)

Buchten und Förden sehr unterschiedliche Bedingungen abzeichnen. Als Beispiele sind in Abb. 5.9 bis 5.12 die regionalen Verteilungsbilder für Silber, Selen, Zink und Arsen aufgetragen. Ähnlich wie für Quecksilber scheint sich hier auch für andere Elemente im Vergleich der Meßwerte für 1973 und 1974 eine geringfügige Abnahme des Kontaminationsniveaus anzudeuten. Da für die folgenden Jahre noch keine entsprechenden Meßwerte vorliegen, lassen sich hier aber noch keine Aussagen über allgemeine Trends machen. Multielement-Analysen von anderen Bodentieren ergaben größenordnungsmäßig ähnliche Befunde.

5.4.5 Bewertung der Befunde

424. Für die Nordsee besteht zumindest im Bereich der „Hohen See" nach den bisher vorliegenden Befunden über die Gehalte an Schwermetallen und anderen Spurenelementen kein Grund zu der Annahme akuter oder chronischer Schäden durch Schwermetallvergiftung. Die im gesamten Bereich der Nordsee in den letzten Jahrzehnten besonders starken Schwankungen in den Beständen von Plank-

ton, Bodentieren und Fischen werden allgemein auf Änderungen der hydrographischen Bedingungen, auf extreme Sturmeinflüsse, auf außergewöhnliche Temperaturbedingungen oder auf Überfischung zurückgeführt.

425. Anders einzuschätzen ist die Situation in regional begrenzten Bereichen des Küstenmeeres. Die küstennah anzutreffenden Konzentrationen sind eindeutig gegenüber denen der offenen See erhöht; das gilt gleichermaßen für deutsche Küstengewässer wie für Küsten anderer Staaten mit industriellem Hinterland. Regionale Schwerpunkte der Belastung lassen sich direkt auf den Schwermetalleintrag über die großen Flüsse (z. B. Elbe und Weser, Abschn. 4.3) beziehen, obwohl auch der Eintrag über die Atmosphäre (Abschn. 4.7) nicht vernachlässigt werden darf. Die Schwermetallbelastung durch Einbringen von Klärschlamm und industriellen Abfallprodukten (Abschn. 4.6) scheint zwar derzeit für den Bereich der Bundesrepublik Deutschland klein in Relation zum Schwermetalleintrag über Flüsse und Niederschläge, trägt aber doch nicht unwesentlich zur Gesamtbelastung bei.

Abb. 5. 9

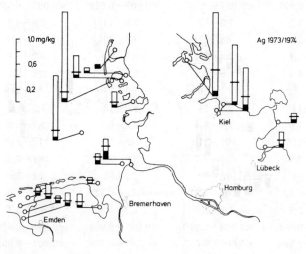

Silber – Gehalte im Weichkörper von Miesmuscheln

Minimal– und Maximalkonzentration in über einem Jahresgang genommenen Proben

Angaben bezogen auf Trockengewicht

Quelle: KARBE, SCHNIER u. NIEDERGESÄSS (1978)

SR–U 80 0477

Abb. 5. 10

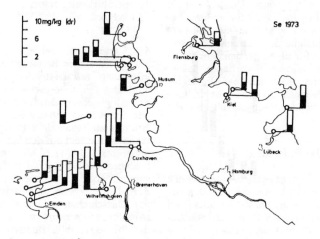

Selen – Gehalte im Weichkörper von Miesmuscheln

Minimal– und Maximalkonzentration in über einem Jahresgang genommenen Proben

Angaben bezogen auf Trockengewicht

Quelle: KARBE, SCHNIER u. SIEWERS (1977)

SR–U 80 0478

Abb. 5.11

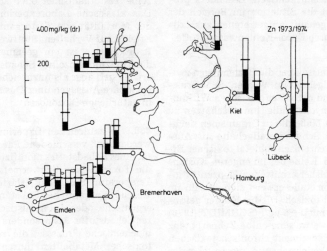

Zink – Gehalte im Weichkörper von Miesmuscheln

Minimal – und Maximalkonzentration in über einem Jahresgang genommenen Proben

Angaben bezogen auf Trockengewicht

Quelle: KARBE, SCHNIER u. NIEDERGESÄSS (1978)

SR−U 800479

Abb. 5.12

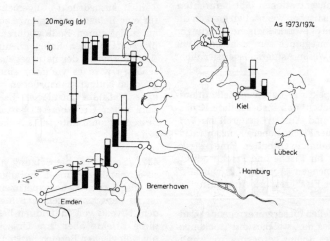

Arsen – Gehalte im Weichkörper von Miesmuscheln

Minimal – und Maximalkonzentration in über einem Jahresgang genommenen Proben

Angaben bezogen auf Trockengewicht

Quelle: KARBE, SCHNIER u. NIEDERGESÄSS (1978)

SR−U 800480

426. Die regionalen Schwerpunkte der Schwermetallbelastung sind weitgehend deckungsgleich mit Arealen starker Abwasserbelastung und gestiegenem Gehalt an eutrophierenden Stoffen (vgl. Abschn. 5.2 und 5.3). Es ist damit zu rechnen, daß in diesen Bereichen Sekundäreffekte der Belastung mit leicht abbaubaren Stoffen, Pflanzennährstoffen und den verschiedensten Schadstoffen synergistisch die Organismenbestände beeinträchtigen. Besonders problematisch erscheint die Situation im Bereich der Jade aufgrund der gehäuft aufgetretenen zusätzlichen Belastungen durch Erdöl-Kohlenwasserstoffe.

427. Unsere Kenntnisse über die Beziehungen zwischen Schwermetallgehalt im Wasser, Schwermetallakkumulation und chronisch toxischen Wirkungen sind noch zu unvollständig, um abschätzen zu können, in welchem Maße die in Organismen nachweisbaren erhöhten Schwermetallgehalte als Ausdruck oder Ursache chronisch subletal toxischer Effekte zu werten sind. Keine der im engeren Küsten- und Ästuarbereich bisher ermittelten Konzentrationen gelöster Spurenmetalle erweist sich einzeln im Experiment als akut toxisch. Die für Kupfer gefundenen Werte liegen mit $1-6$ µg/l (SCHMIDT, 1976) jedoch nur noch um etwa eine halbe Zehnerpotenz unterhalb der im Experiment chronisch toxischen Werte, die das Koloniewachstum meereslebender Polypen (Campanularia flexuosa) bereits bei Kupferkonzentrationen von $10-13$ µg/l hemmen können (KARBE, 1973; STEBBING, 1976). Im Bereich der gleichen Größenordnung (und geringer) reagieren auch verschiedene marine Planktonalgen. Für die Mehrzahl der untersuchten Metalle liegen die Meßwerte um einen Faktor von mehr als 10 unterhalb der bisher experimentell ermittelten Wirkschwellenkonzentrationen. Der verbleibende Spielraum schrumpft, wenn man berücksichtigt, daß nicht allein die einzelnen Metalle, sondern eine Vielzahl verschiedener Spurenstoffe und organischer Schadstoffe gleichzeitig auf die Organismen einwirken. Die Summe aller Stoffkonzentrationen läßt befürchten, daß aufgrund synergistischer Wechselwirkungen die Grenze für chronische ökotoxikologische Wirkungen in bestimmten Küstenregionen sehr nahe oder, wie etwa im Bereich des Weser-Ästuars, bereits erreicht ist.

428. Unter dem Aspekt der Lebensmittelkontamination ist hervorzuheben, daß insbesondere Krebstiere, Miesmuscheln und Austern generell im Vergleich zur Mehrzahl der Fische höhere Konzentrationen von Arsen und Cadmium enthalten. Eine restriktive Anwendung der für Fische und Fischprodukte diskutierten Höchstmengen (Abschn. 7.2) würde zu Einschränkungen der Fischerei und Aquakultur im Küstenbereich führen.

Einen Spezialfall stellen besorgniserregende Cadmiumwerte in Gemüse dar, welches auf trockengelegten Sedimenten des Rheins gezogen wird. Ähnliche Konsequenzen sind für entsprechende Landgewinnungs- und Aufspülbauvorhaben an anderen Ästuarien zu erwarten.

5.4.6 Zur Problematik der Grenzwertbestimmung

429. Zahlreiche Untersuchungen wurden in den vergangenen Jahren durchgeführt zur Ermittlung von Dosis-Effekt-Beziehungen zwischen Konzentrationen einzelner Schadstoffe (bzw. Kombinationen mehrerer Schadstoffe) und deren Wirkungen auf einzelne Testorganismen oder komplexe Testsysteme. Das klassische Laborexperiment der Bestimmung der Mortalität von Testorganismen oder subletaler Effekte auf Verhalten, Stoffwechsel, Wachstum und Reproduktion ist ein geeignetes Instrumentarium, die Toxizität einzelner Schadstoffe zu erkennen. Es erwies sich aber als unzureichend für allgemein anwendbare Aussagen über Dosis-Effekt-Beziehungen in natürlichen Biozönosen.

430. In zahlreichen Experimenten konnte gezeigt werden, daß verschiedene Parameter auf die Toxizität eines Schadstoffes modifizierend wirken. So wird die Toxizität von Schwermetallen verändert durch Temperatur, Salzgehalt, Härte, Gehalt an komplexierenden organischen Substanzen, sowie durch synergistische oder antagonistische Wirkungen anderer Schadstoffe. Als besonders wichtig erweisen sich biochemische Prozesse, die zur Bildung verstärkt toxischer Metaboliten führen; Beispiel: Methylierung anorganischer Quecksilber-Verbindungen.

Es gibt kaum einen Parameter, durch den die Bindungsform oder das chemische Verhalten eines metallischen Schadstoffs und damit seine Wirkung auf Organismen nicht beeinträchtigt wird; entsprechendes gilt für das Ausmaß seiner Aufnahme aus dem Wasser oder über die Nahrung. Dieser Umstand bedingt stark abweichende Dosis-Effekt-Beziehungen bei teilweise nur geringen Unterschieden im Chemismus des Wassers.

431. In Anbetracht der Komplexität der Wirkungsgefüge wird es nicht möglich sein, durch einzelne Zahlen ausgedrückt allgemeingültige Grenzwerte für eine Belastbarkeitsgrenze aquatischer Ökosysteme zu definieren. Bedingt durch Unterschiede in den biogeochemischen Rahmenbedingungen und durch Besonderheiten der naturgegebenen Lebensgemeinschaften wird es vielmehr sinnvoll sein, auch bei gleichen Nutzungsansprüchen regional unterschiedliche Maßstäbe anzulegen. Es sollte also möglich sein, einen Grenzbereich abzuschätzen, innerhalb dessen regional unterschiedliche Grenzwerte zu setzen sind.

432. Soweit für die Setzung von Grenzwerten Dosis-Effekt-Beziehungen herangezogen werden, die im klassischen Laborexperiment ermittelt wurden, ist zu berücksichtigen, daß hier Effekte meist auf dem Niveau von Individuen bestimmt werden, daß diese Effekte aber ihre Ursache im biochemisch-physiologischen Bereich haben und ihre Auswirkungen sich in Veränderungen von Lebensgemeinschaften zeigen (Ökosystemniveau). Alle Befunde deuten darauf hin, daß sich Schadwirkungen mit steigendem Organisationsniveau in einem niedrigeren Konzentrationsbereich manifestieren, ohne daß sich diese Beziehungen eindeutig quantifizieren lassen.

5.4.7 Empfehlungen

Maßnahmen

433. Da die Schwermetallbelastung der Nordsee überwiegend auf vom Lande ausgehende Einträge zurückzuführen ist, haben Maßnahmen zur Verhütung einer stärkeren Belastung und zur Verminderung der derzeitigen Belastung primär am Orte ihrer Entstehung im Bereich industrieller und menschlicher Ballungsräume an der Küste sowie im Hinterland anzusetzen. In Entwicklungsgebieten sollte von vornherein auf eine umweltfreundliche Produktion geachtet werden. Verstärkte Beachtung bedarf die Vermindung der Luftverunreinigung.

In Anbetracht der tiefgreifenden Änderungen, die wasserbauliche Maßnahmen im Regime Wasser-Schwebstoffe-Sediment-Schwermetalle herbeiführen können, sollten alle wasserbaulichen Maßnahmen vor Inangriffnahme wegen der Gefahr einer negativen Beeinträchtigung der Wasserqualität überprüft werden. Eine besondere Gefährdung bedeuten alle Eingriffe, durch die die Abflußverhältnisse (und die Sedimentationsbedingungen) in Ästuarien verändert werden, sowie Baggerarbeiten, die zu einer Freisetzung der im Sediment angereicherten Schwermetalle führen können.

Der zentralen Bedeutung entsprechend, die anorganischen und organischen Spurenstoffen als potentiellen Schadstoffen in marinen Ökosystemen zukommt, sollte im Rahmen eines Umweltüberwachungssystems auf die Erfassung dieser Stoffe im Wasser, in Schwebstoffen, in Sedimenten und in Organismen besonderer Wert gelegt werden.

Forschungsprojekte

434. Im Rahmen des Gesamtprogramms Meeresforschung und Meerestechnik 1976–1979 wurde eine ganze Reihe von Forschungs- und Entwicklungsprojekten mit Bezug zu Fragen der Reinhaltung des Meeres durchgeführt. Es handelt sich hierbei um Programme der zweckorientierten Grundlagenforschung, bei denen Erkenntnisse gewonnen werden, die eine wesentliche Hilfe der Entscheidungsträger bedeuten. Da ein großer Teil der z. Z. anstehenden Fragen nur durch die entsprechend ausgerüsteten Forschungsinstitute bearbeitet werden kann, erscheint ein enger Kontakt zwischen Entscheidungsträger, Fachbehörden und Forschungsinstituten als ein dringendes Erfordernis.

Forschungsvorhaben zur Frage nach der Wirkung und dem Verbleib von Schwermetallen und anderen Spurenelementen wurden bis Dezember 1979 im Sonderprogramm Meeresverschmutzung der Deutschen Forschungsgemeinschaft von Arbeitsgruppen im Institut für Meereskunde an der Universität Kiel, im Institut für Meeresforschung Bremerhaven, im Institut für Meeresgeologie und Meeresbiologie Senckenberg Wilhelmshaven, im Laboratorium für Sedimentforschung Heidelberg und im Institut für Hydrobiologie und Fischereiwissenschaft der Universität Hamburg durchgeführt. Diese Arbeiten erfolgten in Koordination und in Zusammenarbeit mit Arbeitsgruppen im Deutschen Hydrographischen Institut, an der Biologischen Anstalt in Helgoland, in der Bundesforschungsanstalt für Fischerei und im GKSS-Forschungszentrum Geesthacht. (Koordinierung in den Projektgruppen: „Bioindikatoren, Analytik, Toxizität und Schicksal von Schadstoffen").

435. Einer weiteren Bearbeitung bedürfen dringend insbesondere folgende Projekte:

– Untersuchungen über Langzeiteffekte an Organismen unter Berücksichtigung der Beziehungen zwischen Schadstoffanreicherung und chronisch toxischen Wirkungen.

– Untersuchungen über konkurrierende Wirkungen von Schadstoffkombinationen und den modifizierenden Effekt der allgemeinen Milieubedingungen.

– Untersuchungen der Beziehungen zwischen Kondition bzw. physiologischen Leistungsparametern und Schwermetallakkumulation in ausgewählten Testorganismen.

– Untersuchungen über die Abhängigkeit von Toxizität und Bioakkumulation von der Bindungs- und Erscheinungsform sowie der Metabolisierung der potentiellen Schadstoffe.

– Untersuchungen über Bindung, Freisetzung und Toxizität von an Trübstoffen und in Sedimenten angereicherten Schwermetallen.

5.5 Chlorkohlenwasserstoffe und andere Organohalogenverbindungen[1])

436. Chlorkohlenwasserstoffe (chlorierte Kohlenwasserstoffe, Organochlorverbindungen) sind fast ausschließlich synthetisch erzeugte Produkte. Sie werden mit häuslichen und industriellen Abwässern, durch Flüsse oder durch Einleitung an der Küstenlinie, durch Einbringung von Schiffen aus oder über die Atmosphäre ins Meer eingetragen. Das Verhalten von Chlorkohlenwasserstoffen ist charakterisiert durch geringe Löslichkeit im Wasser und gute Löslichkeit in Fetten (hohe „Lipidlöslichkeit"). Sie werden daher leicht ins Körperfett aufgenommen oder an lipidhaltigen Oberflächen von Organismen (Plankton) angelagert und an Schwebeteilchen (Detritus) adsorbiert. Mit sedimentierten Partikeln werden Chlorkohlenwasserstoffe am Meeresboden abgelagert; ein Teil verbleibt in einer filmartigen Schicht an der Meeresoberfläche.

---

1) Dieser Abschnitt beruht weitgehend auf einem externen Gutachten von Dr. W. Ernst, Institut für Meeresforschung, Bremerhaven.

Die Chlorkohlenwasserstoffe sind auf chemischem oder biologischem Wege schwer abbaubar („persistent") und je nach Substanzklasse in unterschiedlichem Maße toxisch für Mikroorganismen, Pflanzen und Tiere. Die Kenntnisse von Chemie und Verhalten chlorierter Kohlenwasserstoffe im Meerwasser sind noch lückenhaft. Dies betrifft beispielsweise die Wege biologischen Um- und Abbaus und die toxische Wirkung. Auch bei der Analytik gibt es noch offene Probleme. Bei der Analyse chlorierter Kohlenwasserstoffe stellt sich immer wieder heraus, daß nur ein Teil des organisch gebundenen Chlors chemisch zugeordnet werden kann. Hinter dem nicht chemisch eindeutig zuzuordnenden Anteil können sich noch unbekannte Schadstoffe verbergen.

5.5.1 Chlorkohlenwasserstoffe in den Ästuarien

437. Aus Ästuarien der Nordsee liegen nur sehr wenige Untersuchungen vor. Die Verteilung von Pentachlorphenol (PCP) im Weser-Ästuar (ERNST u. WEBER, 1978a) dürfte auch für das Verteilungsmuster anderer organischer Schadstoffe in belasteten Ästuarien charakteristisch sein. PCP wird vorwiegend als Holzschutzmittel verwendet (Fungizid), wirkt auf aquatische Organismen stark toxisch und wird in benthischen Lebensformen akkumuliert (ERNST u. WEBER, 1978a). Das Verteilungsmuster

der PCP-Gehalte im Weser-Ästuar und der inneren Deutschen Bucht (Abb. 5.13) erinnert an die bereits für die Schwermetalle im Elbe-Ästuar mitgeteilten Beobachtungen (vgl. Tz. 399): hohe Konzentration mit seewärts leicht abnehmender Tendenz im Flußunterlauf und Vormündungsbereich (Stationen 1–12, Abb. 5.13) und um zwei Zehnerpotenzen niedrigere Werte in der Deutschen Bucht. Im Tidebereich (Station 12) wurde ein typischer Konzentrationsabfall bei Flut (Verdünnung durch frisches Meerwasser) und ein Anstieg bei Ebbe (Zufuhr belasteten Flußwassers) gemessen (Abb. 5.14); nach der Darstellung schwankt der Schadstoffeintrag offenbar jahreszeitlich. Diese Beobachtung ist wichtig für die Vergleichbarkeit von Meßdaten. PCP ist einmal im Meerwasser gelöst und zum anderen in wesentlichem Umfang an Schwebstoffe gebunden.

ERNST u. WEBER (1978a) schätzen den jährlichen Eintrag an gelöstem PCP über das Weser-Ästuar in die Nordsee auf ca. 1 000 kg/a. Nach Angaben der Arbeitsgemeinschaft für die Reinhaltung der Elbe (1977) liegen die PCP-Werte in der Unterelbe an den Meßstationen Wedel bis Störmündung mit 890 ng/l etwa doppelt so hoch wie die höchsten Werte in der Weser-Mündung (Tab. 5.13).

Im Weser-Ästuar wurde eine Reihe niedriger chlorierter Phenole nachgewiesen und quantitativ bestimmt (Tab. 5.7). Es zeigt sich, daß Tetrachlorphenole mengenmäßig am stärksten vertreten sind (WEBER u. ERNST, 1978b).

Tab. 5.7

Chlorkohlenwasserstoffe im Elbwasser (µg/l) am 21. 9. 1977 (Einzelproben)

Lfd. Nr.	Station: Strom-km:	Wedel 642	Stadersand 655	Grauerort 660,5	Bielenberg 670	Stör-Mündung 679,5
1. HCB		0,001	0,001	0,001	0,001	0,016
2. Lindan		1,31	0,053	0,078	0,056	0,075
3. Heptachlor		0,003	0,003	0,003	0,003	0,003
4. Aldrin		0,059	0,055	0,079	0,059	0,075
5. 4,4 DDE		0,003	0,003	0,027	0,003	0,003
6. Dieldrin		0,003	0,003	0,003	0,003	0,003
7. 2,4 DDT		0,005	0,005	0,005	0,005	0,005
8. Endrin		0,005	0,005	0,005	0,005	0,005
9. 4,4 DDD		0,003	0,003	0,003	0,003	0,003
10. 4,4 DDT		0,003	0,003	0,003	0,003	0,003
11. Methoxychlor		0,006	0,006	0,006	0,006	0,006
12. PCB bzw. auf Deca-PCB		3,50	3,56	2,50	2,67	3,33
13. Deca-PCB		0,003	0,003	0,003	0,003	0,003
14. Dichlorbenil		0,030	0,030	0,030	0,030	0,030
15. α-Endosulfan		0,032	0,082	0,039	0,033	0,029
16. β-Endosulfan		0,003	0,003	0,003	0,003	0,003
17. Pentachlorphenol		0,89	0,89	0,89	0,89	0,89

Quelle: Arbeitsgemeinschaft zur Reinhaltung der Elbe: Wassergütedaten der Elbe, Abflußjahr 1977.

Abb. 5.13

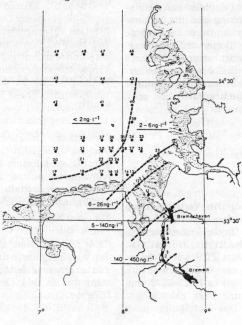

PCP–Gehalte des Wassers im Weser–Ästuar und der inneren Deutschen Bucht.
Punkte geben die Meßstationen an.

Quelle: nach ERNST u. WEBER (1978a)

SR–U 80 0489

Abb. 5.14

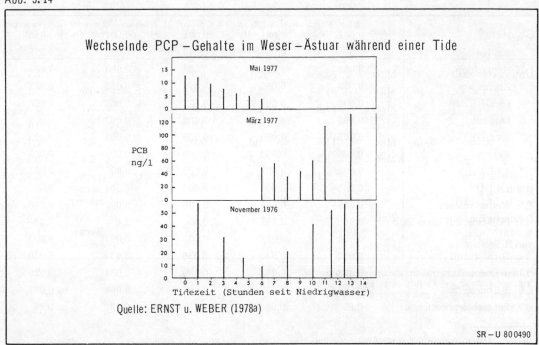

Wechselnde PCP–Gehalte im Weser–Ästuar während einer Tide

Quelle: ERNST u. WEBER (1978a)

SR–U 80 0490

5.5.2 Chlorkohlenwasserstoffe im Meer

5.5.2.1 Vorkommen im Wasser

438. Die exakte Bestimmung von Chlorkohlenwasserstoffen im Wasser ist dadurch erschwert, daß die vorgefundenen Konzentrationen unter meßtechnischen Gesichtspunkten sehr gering sind und die kontaminationsfreie Probenahme von Bord eines Schiffes, welches selbst vielfältig Träger der gesuchten Substanzen ist, hohe Sorgfalt erfordert. Hinzu kommt, daß der Oberflächenfilm des Meerwassers, der im wesentlichen aus Fettsäuren, Fettsäureestern und Fettalkoholen besteht, die unpolaren Halogenverbindungen anreichern kann. Bei der Entnahme von Proben aus den oberen Wasserschichten muß vermieden werden, daß dieser Film in die Proben gelangt.

PCP und Pestizide

439. In der Deutschen Bucht und der Ostsee werden vom Deutschen Hydrographischen Institut jährlich Wasserproben auf PCBs und Chlorpestizide hin untersucht (STADLER u. ZIEBARTH, 1975; STADLER, 1977). Die 1975 gemessenen Mittelwerte (Daten von 1974 in Klammern) in der Deutschen Bucht liegen für Dieldrin bei 0,15 (0,3) ng/l, für DDT und seine Abbauprodukte DDD und DDE bei 0,5 ng/l

DDT allein 0,26 (0,3), für PCB bei 1,9 (3,1) ng/l und Lindan bzw. α-HCH bei 4,8 bzw. 5,4 ng/l Seewasser. Hierbei sind die Oberflächenschichten unberücksichtigt.

Chlorphenole

440. In der Deutschen Bucht konnten durch WEBER u. ERNST (1978 b) neben Pentachlorphenol (Tz. 437) auch eine Reihe niedriger chlorierte Phenole nachgewiesen werden (Tab. 5.8). Tetrachlorphenole erreichten mit 0,14 ng/l den höchsten Wert. Konzentrationen anderer Verbindungen lagen wesentlich niedriger.

Aliphatische Chlorkohlenwasserstoffe

441. Diese Gruppe umfaßt kurzkettige Chlorkohlenwasserstoffe, die z. B. als Abfallprodukt der Vinylchloridproduktion in Form des sog. „EDC-tar" anfallen und auch in der Nordsee verklappt werden.

Für den Nordseebereich liegen nur einige wenige Daten über das Vorkommen von aliphatischen Chlorkohlenwasserstoffen in Organismen aus Ästuarien vor; lediglich in der Irischen See (Liverpool Bay) existieren parallele Messungen im Wasser bzw. Sediment und in Organismen (PEARSON u. McCONNEL, 1975).

Tab. 5.8

Gehalte von Chlorphenolen im Weser-Ästuar und der Deutschen Bucht

Station	Monat 1977	2, 3, 4, 6- und/oder 2, 3, 5, 6-tetra	2, 3, 4, 5- und/ oder tetra-	2, 4, 6- und/ oder tri-	2, 4, 5- und/ oder tri-	2, 6- und/ oder di-	2, 5- und/oder 2, 4-di-
		Chlorphenole (ng/l Wasser)					
Unterweser-km[1]) 30	März	86,4	2,7	8,6	7,5	0,3	2,7
40	März	61,1	2,7	8,3	6,2	0,5	2,1
65	März	64,2	2,9	10,4	6,2	0,7	2,3
100	März	20	1,3	3,9	1,5	1,8	1,1
45–75	Mai	11,3	1,8	3,2	3,5	0,7	2,1
100	Mai	1,2	0,5	0,4	0,2	0,3	0,2
Deutsche Bucht südlich von Helgoland[2])	Juni	0,14	0,04	0,01	n. b.	nicht nach- weisbar	0,02
Deutsche Bucht nördlich von Helgoland[3])	Juni	0,08	n. b.	0,01	n. b.	nicht nach- weisbar	0,02

[1]) Unterweser-km = Entfernung von Bremen, flußabwärts
[2]) 53°50′ N – 54°00′ N und 7°45′ E – 8°14′ E
[3]) 54°30′ N – 54°42′ N und 7°10′ E – 8°07′ E
n. b. nicht quantitativ bestimmbar

Quelle: WEBER, K. u. ERNST, W. (1978 b)

5.5.2.2 Vorkommen in Sedimenten

442. Die marinen Sedimente stehen in ständiger Wechselbeziehung mit dem Wasserkörper. Durch unterschiedliche Gehalte an organischem Material und an Tonmineralien haben die Sedimente eine teilweise beträchtliche Kapazität für die Adsorption lipophiler Chlorkohlenwasserstoffe. Diese Anreicherung von Schadstoffen an Sedimentoberflächen ist für sedimentfressende Organismen von Bedeutung.

Je kleiner die Korngröße und je höher der organische Kohlenstoffgehalt, desto größer ist die Adsorptionskapazität mariner Sedimente (vgl. Abschn. 5.4). Eine lineare Beziehung zwischen diesen Größen wurde nachgewiesen (CHOI u. CHEN, 1976). Als organische Bestandteile spielen dabei hauptsächlich Huminstoffe (z. B. Huminsäuren und Fulvosäuren) eine Rolle. Die Entfernung der Huminfraktionen aus einem Sediment reduzierte die Adsorptionskapazität um mehr als 50 % (PIERCE et al., 1974). Aus umfangreichen Untersuchungen an Sedimenten der gesamten Nordsee ergeben sich starke Variationen hinsichtlich der Korngrößen und der organischen Kohlenstoffgehalte (ERNST, in Vorbereitung). Hieraus folgt, daß auch bei einer zeitlich konstanten Schadstoffkonzentration im Wasser keine pauschale Konzentrationsangabe für die Gesamtheit der Sedimente in der Nordsee abgeleitet werden kann.

443. Nach neueren Untersuchungen liegen die Konzentrationen für PCB, DDT, Dieldrin und HCH in den Sedimenten in der Größenordnung von µg/kg (ppb); z. B. 0,5 bis 1,1 µg/kg DDT-Gruppe und 14 bis 20 µg/kg PCB in der mittleren Nordsee (EDER, 1976); 0,6 bis 0,7 µg/kg Lindan, 0,3 µg/kg Dieldrin und 2,5 µg/kg DDT-Gruppe (MESTRES, 1975). Die Anreicherung in den Sedimenten gegenüber dem Meerwasser beträgt etwa das 1000- bis 10 000fache.

Die Konzentrationen an aliphatischen Chlorkohlenwasserstoffen liegen in Sedimenten der Liverpool Bay ebenfalls im unteren µg/kg-Bereich; die Anreicherung gegenüber dem Wasser beträgt aber nur etwa eine Zehnerpotenz. Die gleiche Anreicherung dürfte auch in der Nordsee stattfinden; allerdings fehlen Daten aus diesem Bereich.

5.5.3 Chlorkohlenwasserstoffe in Meeresorganismen

5.5.3.1 Anreicherung und Metabolismus

444. Alle bisher untersuchten Meeresorganismen besitzen die Fähigkeit, im Meerwasser gelöste oder suspendierte fettlösliche Chlorkohlenwasserstoffe aufzunehmen und in unterschiedlichem Maße im Fettgewebe abzulagern und anzureichern. Die Anreicherung kann sowohl durch Aufnahme über die Haut oder die Kiemen direkt aus dem Wasser (Bioakkumulation) als auch über die Nahrung durch Verzehr bereits belasteter Organismen (Biomagnifikation) erfolgen. Ein Grenzwert der Konzentration im Wasser, unterhalb dessen keine Akkumulation mehr stattfinden würde, ist nicht bekannt.

445. Die gespeicherten Schadstoffe können Konzentrationen erreichen, die sehr erheblich über denen des umgebenden Wassers liegen. Vergleicht man die auf den Fettgehalt bezogenen Schadstoffkonzentrationen (Fettgehaltbasis), so stellt sich heraus, daß die Rückstände in verschiedenen Arten wasserlebender Organismen mit Ausnahme der marinen Säuger und der Seevögel in vergleichbarer Größenordnung liegen (KOEMAN u. STASSE-WOLTHUIS, 1978). Ganz offenbar wird hier die Konzentration der Schadstoffe von deren Auftreten im umgebenden Medium (Bioakkumulation) und nicht von der Stellung in der Nahrungskette bestimmt. Anders ist die Situation bei lungenatmenden Tieren, die diese Schadstoffe nur über die Nahrung aufnehmen. Die höchsten Raten von Chlorkohlenwasserstoffen kommen in nahrungsspezialisierten Tieren wie etwa fischfressenden Vögeln vor (z. B. Kormorane, Seeschwalben), während Arten mit breiterem Nahrungsspektrum (z. B. Möwen) relativ geringer belastet sind. Aus Tab. 5.9, die die Chlorkohlenwasserstoffkonzentrationen im Meerwasser, in Sedimenten und Organismen verschieden hoher Organisationsstufe aufführt, wird deutlich, daß die weitaus stärkste Anreicherung mit $1:10^5$ bis $1:10^6$ (bezogen auf Fettgehalt) bei stark bioakkumulierenden Substanzen (z. B. PCB) aus dem Wasser stattfindet. In Laborexperimenten werden bei der Aufnahme aus dem Wasser ähnliche Faktoren gefunden (ERNST, 1975; ERNST, 1973 a).

Die experimentelle Bestimmung des Konzentrationsfaktors gewinnt hiermit eine praktische Bedeutung: Sie gestattet Vorhersagen einer im Ökosystem zu erwartenden Belastung, wenn die Konzentration des Stoffes im Wasser vorgegeben wird bzw. bestimmt werden kann.

446. Die einzelnen Chlorkohlenwasserstoffe werden unterschiedlich stark angereichert, u. a. abhängig von der Art der Substanz, der Organismenart, der Temperatur (ERNST, 1973 a), der Salinität (SMITH u. COLE, 1970) oder der Anwesenheit anderer Chemikalien (KENAGA, 1972). Ganz allgemein scheint die Akkumulationsfähigkeit der Stoffe in der Reihenfolge Lindan<Dieldrin<DDT<PCB zuzunehmen (ADDISON, 1976). Parallel zur Akkumulation können die Stoffe wieder ausgeschieden werden. Bei über Haut und Kiemen atmenden Tieren stellt sich ein bestimmter Gleichgewichtszustand zwischen Medium und Konzentration im Organismus ein. Die Eliminierbarkeit der oben genannten Stoffe verhält sich umgekehrt zur Akkumulierbarkeit (Lindan> Dieldrin>DDT>PCB). Die Ausscheidung erfolgt z. B. über Urin, Kot, Kiemen, Haut und Fortpflanzungsprodukte. Geschieht das auf letzterem Wege, so können Schäden beim Nachwuchs (Fische, Vögel) auftreten.

447. Die im Fettdepot gespeicherten Stoffe werden im Normalfall nur allmählich remobilisiert, umgebaut und ausgeschieden. Unter Streßbedingungen,

Tab. 5.9

Konzentration von Chlorverbindungen in Meerwasser, Sedimenten und Organismen verschiedener Organisationshöhe im Bereich Nordsee (nach gemessenen Werten in natürlichen Proben, Gehalte in mg/kg, bezogen auf den Fettgehalt des Untersuchungsmaterials)

Untersuchungsobjekt	Organohalogene		
	PCB	DDE	Dieldrin
Meerwasser	0,0000011 – 0,0000031	0,0000008 – [3]) 0,0000033	0,0000001 – 0,0000006
Meeressedimente	0,005 – 0,16	0,0005 – 0,014[4])	0,0003 – 0,004
Phytoplankton	8,4	0,1	
Zooplankton	10,3	0,1	
Invertebraten	4,6 – 11	0,2 – 1	0,1 – 0,3
Fische	0,8 – 37	0,2 – 2,2	0,08 – 0,8
Meeressäuger	160	4 – 21	0,7 – 2,9
Seevögel[1])	110[2])	3 – 8,3[5])	6 – 16

[1]) Es wurden die Gehalte geschossener Seevögel verwendet. Verendet gefunden Vögel können ein Mehrfaches der angegebenen Gehalte enthalten
[2]) berechnet aus Lebergehalten (KOEMAN u. v. GENDEREN, 1972)
[3]) DDT + DDD
[4]) DDT
[5]) Gehalte im Körperfett, aber ohne Berücksichtigung des Wassergehaltes

z.B. in Hungersituation mit raschem Abbau des Fettdepots, wird die Remobilisierung beschleunigt und die ansteigende Schadstoffkonzentration im Körper kann Schäden hervorrufen (KOEMAN u. STASSE-WOLTHUIS, 1978). Auch bei anderen Gelegenheiten, z.B. in Reproduktionsphasen, bei Kälteeinwirkung, Krankheiten oder Verletzungen und in Wanderphasen ohne Nahrungsaufnahme werden die Fettreserven verbraucht. Beispielsweise erhöht sich die Konzentration von Telodrin und Dieldrin im Blut weiblicher Eiderenten während der Brutzeit um das 20fache, da die Enten während der Brutzeit weniger fressen (KOEMAN, 1971; KOEMAN u. v. GENDEREN, 1972).

Speicherung, d.h. Stillegung in inaktiver Form, Ab- und Umbau der Schadstoffe im Organismus sind im wesentlichen als Entgiftungsmechanismen zu verstehen. Der Abbau scheint bei aquatischen Organismen langsamer abzulaufen als bei terrestrischen (ADDISON, 1976). Die Abbauwege sind erst in geringem Umfang erforscht. Bekannt ist, daß DDT auf verschiedene Weise abgebaut wird, entweder zu DDE, welches zu wesentlich höheren Anteilen als DDT gespeichert wird, oder zu DDD und Folgeprodukten. Es kommt vor, daß die Schadstoffe durch Umbauvorgänge nicht entgiftet werden, sondern in noch giftigere Stoffe verwandelt werden. Beispiele sind die Umwandlung von PCB über die Zwischenstufe sog. Arenexoide mit karzinogener Wirkung, unter-

sucht bei Kaninchen (SUNDSTRÖM et al., 1975a, b) oder die Bildung des wesentlich persistenteren Dieldrins aus Aldrin und weitere Umwandlung in das besonders toxische Photodieldrin durch marine Organismen.

5.5.3.2 Schadstoffgehalte in Organismen

448. *Da die im Vergleich zu Wasser und Sediment höhere Schadstoffkonzentration in Organismen den Analysenaufwand wesentlich verringert, liegen hier umfangreichere Ergebnisse vor. Die folgenden Konzentrationsangaben erstrecken sich auf repräsentative Arten aus marinen Nahrungsketten.*

Wirbellose und Fische

449. *Die PCB-Konzentrationen liegen bei allen untersuchten Proben am höchsten, gefolgt von DDT und Dieldrin; die α- und γ HCH-Werte liegen häufig noch um eine Größenordnung niedriger als Dieldrin. Fettreiche Gewebe zeigen deutlich höhere Konzentrationen als die fettarmen. Es erfolgt also im Organismus eine Verteilung zwischen der Lipidphase und der lipidfreien Phase. Dies erklärt etwa die hohen Schadstoffgehalte in der fettreichen Leber des Kabeljau und die niedrigen Werte in dessen fettarmer Muskulatur. Beim Hering dagegen treten diese Unterschiede in den Gehalten nicht so stark hervor, da sowohl Muskel als auch Leber vergleichbare Mengen Fett enthalten.*

PCB

450. Am Beispiel des PCB wird näher auf die Belastung mit organischen Schadstoffen eingegangen. Tab. 5.10 vermittelt einen Eindruck von der in Muscheln und Fischen zwischen 1974−1976 anzutreffenden PCB-Konzentration, gemittelt über die gesamte Nordsee. Die Angaben basieren auf regelmäßigen Untersuchungen des ICES und sind dadurch in gewissem Rahmen miteinander vergleichbar. Es läßt sich erkennen, daß (bezogen auf das Frischgewicht) die Konzentration in Kabeljau am geringsten ist, gefolgt von Scholle, Muscheln und Hering. Diese Reihenfolge entspricht den steigenden Fettgehalten der Arten. Die Zunahme verhält sich jedoch nicht proportional. vielmehr steigt der PCB-Gehalt langsamer als der Fettgehalt, so daß der Hering, als Bewohner der wenig kontaminierten offenen See, relativ gesehen geringer belastet ist als die an der Küste lebenden Muscheln und Schollen. Eine Aufgliederung der Werte für diese sessilen bzw. ortstreuen Küstenbewohner nach den Fangorten ermöglicht einen regionalen Vergleich der Belastung.

451. Die PCB-Gehalte in Muscheln (Abb. 5.15) nehmen an der deutsch/niederländischen Küste von Norden nach Süden hin zu, mit hohen Werten vor der Schelde- und Rheinmündung, den westfriesischen Inseln und dem höchsten gemessenen Wert vor der französischen Küste. Die Werte an der englischen Küste liegen um eine Zehnerpotenz niedriger als die an der deutsch/niederländischen Küste; im Vergleich dazu finden sich höhere Werte in der Irischen See.

452. Bei Schollen (Abb. 5.15) bestätigt sich die an Muscheln aufgezeigte Tendenz: hohe Werte finden sich in der Deutschen Bucht und vor Rhein- und Schelde-Mündung. Die englischen Werte liegen, von lokalen Ausnahmen abgesehen, um eine Zehnerpotenz niedriger. Erstaunlich hoch sind die Werte auf offener See im Norden und vor allem in der zentralen südlichen Nordsee. In allen Fällen sind bei einem zeitlichen Vergleich zwischen 1974 und 1976 keine Aussagen über eine zu- oder abnehmende Entwicklung möglich. Allgemein ist die Vergleichbarkeit der zur Verfügung stehenden Meßwerte dadurch behindert, daß die Proben nicht zur gleichen Jahreszeit genommen wurden, nicht genügend hinsichtlich Alter und Größe der Tiere differenziert worden ist und den Mittelwerten einer Region oft nur wenige Proben zugrunde liegen.

DDT, DDE und DDD

453. DDT, DDE und DDD werden analytisch vielfach gemeinsam erfaßt und als Summenwerte (Σ-DDT) angegeben. Die Werte für Σ-DDT liegen bei Muscheln und Fischen um eine Größenordnung unter denen für PCB (vgl. Tab. 5.11 mit Tab. 5.10). Die höchsten Werte für Muscheln wurden 1976 mit 0,04 mg/kg vor der niederländischen Küste, für Schollen mit 0,01 mg/kg vor der deutschen und britischen Küste gemessen.

Tab. 5.10

Schwankungsbreiten und Mittelwert der PCB-Gehalte in Muscheln und Fischen der Nordsee 1974−1976 in mg/kg (Frischgewicht)

	1974			1975			1976		
	Herkunft	PCB min./max. mittel	% Fett	Herkunft	PCB min./max. mittel	% Fett	Herkunft	PCB min./max. mittel	% Fett
Muschel	NL D	0,06−0,20 0,12	1,25	NL D GB	<0,01−0,28 0,15	0,85	NL D GB F	<0,01−0,31 0,10	0,87
Scholle	GB D	<0,01−1,4 0,15	0,78	GB D	0,02−0,31 0,10	0,48	GB D	<0,01−0,16 0,04	0,45
Kabeljau	GB D	<0,01−0,078 0,03	0,35	GB	0,01−0,071 0,08	0,3	GB D F NL	0,01−0,18 0,05	0,24
Hering	GB B	0,06−0,25 0,13	5,86	GB F	0,046−0,33 0,23	6,84	GB	0,04−1,23 0,18	3,32

Quellen: ICES Coop. Res. Rep. No. 58 (1977 a) und 72 (1977 b).

Abb. 5.15

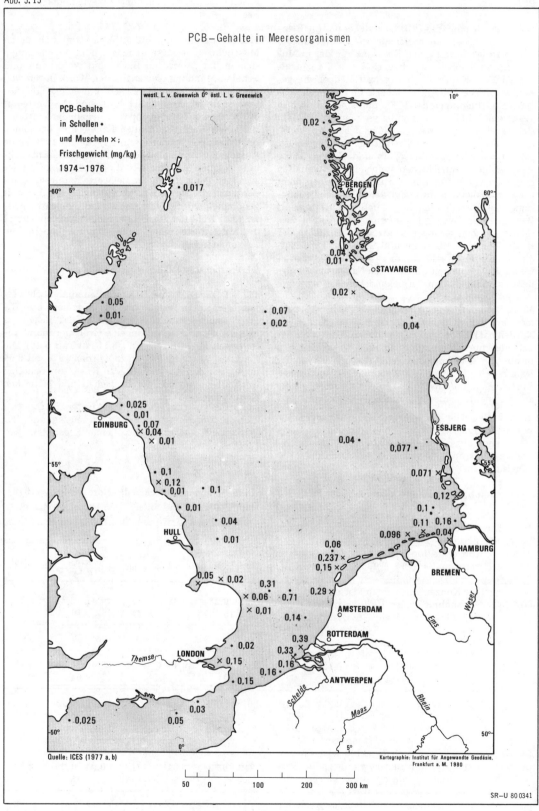

PCB-Gehalte in Meeresorganismen

PCB-Gehalte
in Schollen •
und Muscheln ×;
Frischgewicht (mg/kg)
1974–1976

Quelle: ICES (1977 a, b)

Kartographie: Institut für Angewandte Geodäsie,
Frankfurt a. M. 1980

SR-U 80 0341

Tab. 5.11

Σ-DDT, Dieldrin, α- und γ-HCH in Muscheln und Fischen der Nordsee 1976 in mg/kg bezogen auf Frischgewicht

	Σ-DDT	Herkunft	α-HCH	Herkunft	γ-HCH	Herkunft	Dieldrin	Herkunft
Muscheln	<0,03−0,04	F D NL GB	<0,001−0,005	NL GB	<0,001−0,012	NL D GB	<0,001−0,013	D NL GB
Schollen	<0,003−0,01	D GB	<0,001	GB	<0,001−0,007	D	<0,001−0,008	D GB
Kabeljau	<0,002−0,025	F D N GB	<0,001	GB	<0,001−0,007	D	<0,001−0,005	D GB
Hering	0,006−0,32	F GB	<0,001−0,003	GB	<0,001−0,001	GB	<0,005−0,008	GB

Quelle: Nach ICES Coop. Res. Rep. No. 72 (1977).

Dieldrin

454. Muscheln vor der deutschen Küste (1976, Tab. 5.11) haben Gehalte bis zu 0,013 mg/kg, Schollen bis 0,008 mg/kg. Die Konzentrationen in Heringen sind mit bis 0,08 mg/kg (1976, Großbritannien) am höchsten. Schon aus den wenigen Daten scheint sich eine höhere Belastung des deutsch-niederländischen Küstenraums abzuzeichnen.

α- und γ-HCH

455. Die Werte entsprechen (1976) größenordnungsmäßig denen von Dieldrin (Tab. 5.11). Die höchsten Konzentrationen in Muscheln wurden in den Niederlanden (α-HCH, 0,005 mg/kg) und der Bundesrepublik Deutschland γ-HCH, 0,012 mg/kg) gemessen. Die Konzentrationen in Fischen sind niedriger. Eine Ausnahme bilden Heringe aus der südlichen Nordsee (Southern Bight). Sie enthalten bis 0,043 mg/kg α-HCH und bis 0,024 mg/kg γ-HCH. Auch bei HCH scheint sich eine höhere Belastung der deutsch-niederländischen Küste abzuzeichnen.

Chlorphenole

456. Chlorphenole können von aquatischen Organismen gespeichert werden. In Vielborstigen Würmern (Polychaeten) des Weser-Ästuars konnten Pentachlorphenol (PCP) und niedrig chlorierte Phenole nachgewiesen und quantifiziert werden. Die Pentachlorphenolgehalte variieren stark zwischen 0,1 und 0,7 mg/kg Frischgewicht (Tab. 5.12). Unter den niedriger chlorierten Phenolen dominieren die Te-

trachlorphenole mit etwa 0,07 mg/kg (ERNST u. WEBER, 1978 b). Pentachlorphenol wird von Wirbellosen in unterschiedlicher Weise gespeichert.

In Meereswürmern (Polychaeten) traten häufig PCP-Gehalte im Bereich von 0,1−0,3 mg/kg auf. Für Wirbeltiere liegen bisher keine Ergebnisse vor (ERNST u. WEBER, 1978 b).

Tab. 5.12

PCP-Gehalte in Lanice conchilega (Polychaeta) (ng/g Frischgewicht); Weserästuar

Datum	Gehalte in individuellen Proben
11. März 1976	260; 303; 261
21. Juli 1976	213; 559; 362; 276; 285
19. Nov. 1976	153; 179; 133; 135; 118; 112; 223; 152; 270; 113
2. März 1977	173; 125; 207
24. Mai 1977	155; 72; 81
13. Dez. 1977	271; 766; 168; 271; 171
19. Jan. 1978	288
14. Febr. 1978	151; 146

Quelle: ERNST u. WEBER (1978 b).

Vögel und Säugetiere

457. Die hier betrachteten Meeresvögel und Meeressäuger stehen am Ende mariner Nahrungsketten und weisen teilweise beträchtlich hohe Schadstoffkonzentrationen auf. Auffallend hohe Konzentrationen wurden bei Vögeln gemessen, die tot oder sterbend aufgefunden wurden (KOEMAN u. STASSE-WOLTHUIS, 1978). Die untersuchten Gewebe und Eier sind lipidreich; damit ist die hohe Anreicherungsrate zu erklären.

Zwischen 1964 und 1970 gemessene Konzentrationen von Chlorkohlenwasserstoffen in Seevögeln der niederländischen und der englischen Nord- und Südostküste sind um etwa zwei Größenordnungen höher als bei Wirbellosen und Fischen, wobei wiederum PCB am stärksten angereichert wird (bis 460 mg/kg Frischgewicht in tot gefundenen Kormoranen). Bemerkenswert ist, daß in Eiern der Krähenscharbe, die zwischen 1964 und 1971 an der englischen Ostküste gesammelt wurden, der Gehalt an Dieldrin bis 1966/67 anstieg und danach wieder abfiel. Ebenso stiegen die DDE-Werte bis zu einem Maximalgehalt im Jahre 1968, um danach wieder abzufallen (KOEMAN, 1972; COULSON et al., 1972; KOEMAN u. v. GENDEREN, 1972).

458. *Über die Belastung von Seevögeln, einigen Landvögeln und Säugern in der Deutschen Bucht geben artenvergleichende Pestiziduntersuchungen an 91 Tieren von Helgoland Auskunft (VAUK u. LOHSE, 1977). Hier zeigt sich trotz teilweisen Verbots von DDT in Mittel- und Nordeuropa eine hohe Belastung der fischfressenden Seevögel und Robben mit DDT. Die PCB-Werte sind noch höher. Im Vergleich dazu waren ernährungsmäßig vom Meer unabhängige Nager und Drosselarten, Hauskatzen, Thorshühnchen, Buntspecht und Stare nicht oder nur gering belastet (Abb. 5.16). Die bei weitem höchsten Konzentrationen (bei einer Mantelmöwe über 3 000 mg/kg, bezogen auf Fettgewicht) finden sich bei PCB, gefolgt von DDT, Hexachlorcyclobenzol (HCB) und Hexachlorcyclohexan (HCH). Die besonders stark belasteten Arten ernähren sich ganz oder zu erheblichen Teilen von Fischen.*

Die bei Hausmaus, Star, Buntspecht, Thorshühnchen und Hauskatze gefundenen Werte übersteigen die nach der Höchstmengenverordnung von 1975 bei Lebensmitteln tierischer Herkunft erlaubten DDT-Mengen um etwa das Doppelte, bei Seevögeln um das Zehn- bis Hundertfache. Es wurde festgestellt, daß die Belastungswerte mit zunehmendem Alter der Tiere steigen.

459. Die Konzentrationen an PCB in Säugetieren sind allgemein höher als die der Chlorpestizide; die Werte von Tieren aus der südlichen Nordsee sind durchweg höher als die von Exemplaren aus nördlichen Bereichen. Tab. 5.13 bringt Daten zum Gehalt an chlorierten Kohlenwasserstoffen aus Seehunden des schleswig-holsteinischen Wattenmeeres. Interessant erscheint, daß sich hohe Kontaminationen von PCB und DDT schon in sehr jungen Seehunden finden, d. h. in diesem Fall keine Korrelation zum Alter der Tiere besteht; die Jungtiere nehmen zumindest einen Teil der Schadstoffe mit der Muttermilch auf (DRESCHER, HARMS, HUSCHENBETH, 1977). Im allgemeinen ist in warmblütigen Tieren (mit gesteigertem Stoffwechsel) der DDE-Gehalt höher als der von DDT und DDD.

Aliphatische Chlorkohlenwasserstoffe

460. Die Untersuchung der Verteilung auf verschiedene Organe von Fischen, die zum großen Teil von der englischen Ostküste stammen, zeigt, daß die aliphatischen Halogenkohlenwasserstoffe im Mittel in fallender Konzentration in der Reihenfolge Gehirn > Kiemen > Leber > Muskel gespeichert werden; das gilt auch für zwei weitere Komponenten, nämlich Trichlorfluormethan und Methyljodid (DICKSON u. RILEY, 1976); letzteres kann biogenen Ursprungs sein (Tz. 464). Insgesamt liegen die Konzentrationen mit Werten im unteren μg/kg-Bereich (ppb) niedrig, was auch für die Säuger und Seevögel gilt. Nach bisher vorliegenden Untersuchungen ist anzunehmen, daß die Akkumulation und Ausschei-

Tab. 5.13

Chlorierte Kohlenwasserstoffe in Seehunden aus dem schleswig-holsteinischen Wattenmeer; Angabe in mg/kg (ppm) Frischgewicht (Σ-DDT umfaßt DDT, DDE u. DDD)

		Fettgewebe	Leber	Gehirn	Niere
Anzahl der Proben		59	20	8	4
Mittl. Fettgehalt in %		85,5	2,28	7,18	1,78
PCB	Durchschnitt	151,5	3,08	1,18	0,54
	Variationsbreite	27−564	0,4−8,2	0,48−2,96	0,18−1,22
Σ-DDT	Durchschnitt	8,7	0,24	0,09	0,15
	Variationsbreite	1,8−27,2	0,04−0,43	0,04−0,16	0,01−0,4

Quelle: DRESCHER (1979).

Abb. 5.16

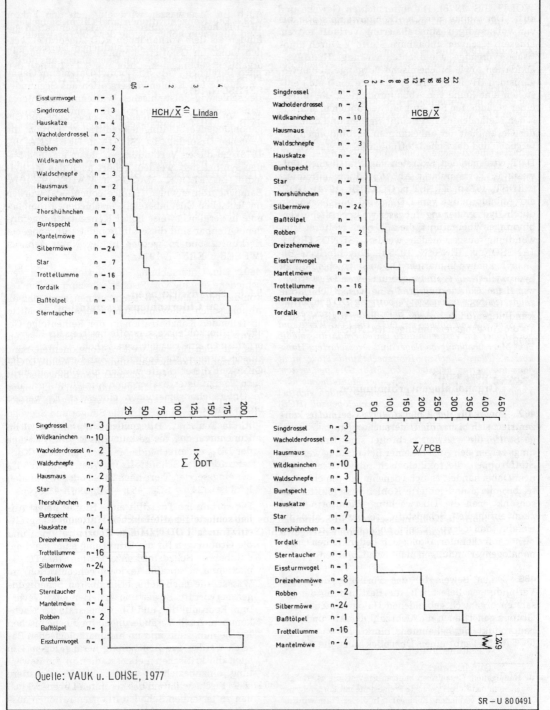

Mittelwerte von Chlorpestiziden (Hexachlorcyclohexan, Hexachlorbenzol, DDT) und PCB in Seevögeln, Landvögeln und Säugern der Insel Helgoland (1977) in mg/kg, bezogen auf Fett

Quelle: VAUK u. LOHSE, 1977

SR – U 80 0491

dung von EDC-tars in marinen Organismen relativ schnell abläuft und die biologischen Halbwertzeiten wesentlich geringer sind als die von DDT und PCB (JENSEN et al., 1975).

5.5.4 Zum Abbau von Chlorkohlenwasserstoffen

461. Der Abbau der Chlorkohlenwasserstoffe bis zur vollständigen Mineralisierung verläuft extrem langsam („schwer abbaubare Stoffe"). Durch abiotische Vorgänge wie Lichteinwirkung, Hydrolyse, Oxidation sowie biochemische Vorgänge in den Organismen (Hydroxylierung, Konjugation[1]) etc.) entstehen eine Reihe von Abbauprodukten, die infolge einer veränderten Struktur mit den üblichen analytischen Methoden nicht erkannt werden und damit in der Gesamtheit der unbekannten Verbindungen untergehen und das Schadstoffpotential verstärken.

DDT wird mit den Exkreten von Plattfischen teilweise in Form polarer Abbauprodukte eliminiert (ERNST, 1973b; ERNST u. GOERKE, 1974). DDE, ein Abbauprodukt von DDT, wird von Seevögeln durch Hydroxylierung in besser wasserlösliche Verbindungen übergeführt, die z.T. nach weiterer Umwandlung ausgeschieden werden (SUNDSTRÖM, JANSSON u. JENSEN, 1975a). Polychlorierte Biphenyle können in marinen Organismen ebenfalls zu hydroxylierten Verbindungen umgewandelt werden, wobei der Chlorierungsgrad eine wesentliche Rolle spielt (ERNST, GOERKE u. WEBER, 1977). Umwandlungsprodukte dieser Art können toxischer sein als die Ausgangsverbindungen (SUNDSTRÖM et al., 1975b).

5.5.5 Unbekannte Organohalogenverbindungen

462. Innerhalb der Chlorkohlenwasserstoffe konzentriert sich bisher die Untersuchung auf wenige Stoffe, die weltweit verbreitet sind. Erst neuerdings zeigen sich Ansätze einer Behandlung weiterer Stoffgruppen, die toxikologisch relevant sein können. Dabei handelt es sich vornehmlich um chlorierte, bromierte und jodierte Kohlenwasserstoffe. Beschränkt man die Überwachung (Monitoring) auf „konventionelle" Schadstoffe, so besteht also die Gefahr, daß eventuell sehr hohe Konzentrationen bisher unbekannter, ökologisch bedenklicher Organohalogenverbindungen nicht erfaßt werden.

463. Einen Beweis für das Vorliegen derartiger Verbindungen liefert z.B. die Bestimmung der gesamten organisch gebundenen Halogene. Zu dieser Gruppe gehört auch die Mehrzahl der Ab- und Umbauprodukte der bekannten Chlorkohlenwasserstoffe. Tab. 5.14 gibt einen Überblick über die in ver-

schiedenen Organismen gefundenen Halogengehalte. Ein Vergleich mit den PCB- und Σ-DDT-Werten zeigt, daß aber nur ein Bruchteil dieser Halogenkonzentrationen solchen Schadstoffen zugeordnet werden kann. Aufgrund chemischer Daten muß ein Teil dieser Stoffe als schwer abbaubar (persistent) angesehen werden (LUNDE u. STEINNES, 1975; LUNDE, GETHER u. STEINNES, 1976).

Auch im Meerwasser wird eine um den Faktor $10-100$ höhere organische Chlorkonzentration gefunden als dem vorhandenen PCB zugeordnet werden kann. Im Oslofjord konnten von $40-195$ ng/l organisch gebundenem Chlor nur $1,1-1,6$ ng/l den PCBs zugeordnet werden (LUNDE, GETHER u. JOSEFSSON, 1975).

464. In marinen Organismen ist eine Reihe von Organohalogenverbindungen identifiziert worden, die biogenen Ursprungs ist (SIUDA u. DEBERNADIS, 1973); zu diesen Verbindungen, die im marinen Milieu synthetisiert werden, gehört auch das Methyljodid (LOVELOCK, MAGGS u. WADE, 1973). Im Bäumchenröhrenwurm (Lanice conchilega) wurden im deutschen Küstenbereich verschiedene Bromphenole in vergleichsweise hoher Konzentration gefunden. Offenbar sind diese Stoffe nicht anthropogener Herkunft, sondern werden in der Natur gebildet (WEBER u. ERNST, 1978a).

5.5.6 Schadwirkungen von Chlorkohlenwasserstoffen

465. Chlorkohlenwasserstoffe besitzen für Meeresorganismen eine vergleichsweise hohe, teilweise spezifisch ausgeprägte Toxizität. Zur Beurteilung der Giftigkeit dieser Stoffe werden die allgemein üblichen Toxizitätsteste, aber auch speziell ausgerichtete Untersuchungsmethoden eingesetzt. Es werden unterschieden:

– Akute Toxizität: Die toxische Wirkung wird im Kurzzeitversuch festgestellt. Das Ergebnis ist eine der LD_{50} entsprechende Maßzahl, die LC_{50} (Konzentration des Schadstoffs im Wasser, die für 50% der eingesetzten Tiere nach 24, 48 oder 96 Stunden letal ist). ($24h - LC_{50}$, $48h - LC_{50}$, $96h - LC_{50}$.)

– Die chronische Toxizität eines Stoffes liefert Anhaltspunkte für die Beurteilung seiner Langzeiteinwirkung bei subletalen Konzentrationen und die Grundlagen für die Ermittlung einer maximal duldbaren Schadstoffkonzentration (MATC = maximum acceptable toxicant concentration) im Wasser, die noch keine erkennbaren Schädigungen hervorruft. Bewertungskriterien sind Wachstum, Reproduktion und Überlebensrate der Nachkommen. Auch Veränderungen im biochemischen Erscheinungsbild und im histopathologischen Bereich werden zur Beurteilung herangezogen. Um auch die kritischen Lebensstadien in die Bewertung einzubeziehen, werden die Versuchstiere (z.B. Fische während des gesamten Lebenszyklus) den zu testenden Schadstoffkonzentrationen ausgesetzt.

---

[1] Konjugation: Organismen besitzen Enzyme, die es ermöglichen, in den Körper gelangte Fremdstoffe mit körpereigenen Stoffen zu verbinden (Konjugate). In dieser Form wird die Ausscheidung der Fremdstoffe im allgemeinen erleichtert.

Tab. 5.14

Gehalte von organisch gebundenem Chlor und Brom in marinen Organismen (Norwegische Küste und Nordsee) in mg/kg (ppm) bezogen auf Fett

Spezies	Region		Chlor	Brom
Makrele	Bergen	W.N.	126	3,3–3,8
Makrele	Bergen	S.N.	65	2,5
Kabeljau-Leber	Lofoten	N.N.	25–28	5,2–5,9
	More	W.N.	38–40	
	Bergen	W.N.	74–75	40–50
Hering	Bergen	W.N.	60	8,2
	Stavanger	W.N.	46	
	Skagerrak	S.N.	36	9,2
	Shetland		38	4,2
Kliesche	Skagerrak	S.N.	79–84	8,5
Scholle	Skagerrak	S.N.	44	2,8
Scholle-Leber	Skagerrak	S.W.	657	25

N.N. = Nord-Norwegen
W.N. = West-Norwegen
S.N. = Süd-Norwegen

466. Die akute Toxizität ist unter den derzeitigen Verhältnissen im Meer und in den Ästuarien von geringer Bedeutung, da akut toxische Konzentrationen kaum auftreten. Die LC_{50}-Toxizitäten haben einen orientierenden, die Rangordnung der Giftigkeit festlegenden Charakter. Es ist möglich, daß bei Unglücksfällen, die unkalkulierbar und mit enger lokaler Begrenzung auftreten, sich akut toxische Schadstoffkonzentrationen aufbauen können. Dieser Fall ist aber die Ausnahme und ist wegen der fortschreitenden Verdünnung der Schadstoffe zeitlich begrenzt. Eine wesentlich größere Bedeutung kommt der chronischen Toxizität subletaler Schadstoffkonzentrationen zu, insbesondere wenn es sich um bioakkumulative Substanzen handelt.

467. *Ausgehend von der akuten Toxizität von Schadstoffen werden häufig Applikationsfaktoren bzw. sogenannte Sicherheitsfaktoren von 0,1–0,01 angewendet, um eine für den aquatischen Bereich „sichere" Konzentration abzuschätzen. Es hat sich jedoch im Verlauf eingehender chronischer Toxizitätsuntersuchungen gezeigt, daß ein solches Verfahren zu Fehleinschätzungen führt. Eine wesentliche Verbesserung brachte die Einführung des Konzeptes des spezifischen Applikationsfaktors F, der im chronischen Test an einer Tierart ermittelt wird. Hierzu wird der im chronischen Test erhaltene MATC-Wert durch die akute 96 h – LC_{50} dividiert. Der so erhaltene Applikationsfaktor F dient dann zur Berechnung der MATC-Werte für andere Spezies, für die lediglich die akute LC_{50} bestimmt worden ist.*

468. *Eine eingehende Darstellung der an verschiedenen marinen Organismen gewonnenen Versuchsergebnisse über akute und subletale Toxizitätswirkungen würde den Rahmen dieses Gutachtens sprengen. Für eine detailliertere Übersicht sei auf die Literaturstudie von KOEMAN u. STASSE-WOLTHUIS (1978) verwiesen.*

Zyklische Chlorkohlenwasserstoffe

469. Als Ergebnis toxikologischer Untersuchungen an Chlorkohlenwasserstoffen ergibt sich allgemein:

– Die akute Toxizität von Chlorpestiziden ist höher als die von PCB.

– Die LC_{50} nimmt mit steigendem Chlorierungsgrad der PCBs zu.

– Die LC_{50} nimmt mit steigender Versuchsdauer ab.

Aus einer Vielzahl von Untersuchungen der Dosis-Wirkungsbeziehungen ergibt sich, daß Wirkungen von etwa 1 µg/kg (1 ppb) an gefunden werden; bei einigen Wirbellosen und bei Phytoplankton ergaben sich Wirkungen schon ab 0,1 µg/kg (Tab. 5.15).

470. Bei tot aufgefundenen Seevögeln (Kormoranen) kann mit großer Wahrscheinlichkeit angenommen werden, daß eine PCB-Vergiftung vorlag. Einen Beweis dafür geben Experimente mit Kormoranen, die unter umweltrelevanten Bedingungen PCB

(Chlophen A 60) erhielten. Beim Tod der Tiere nach 55–124 Tagen enthielt der Gesamtkörper PCB-Mengen, die mit denen in verendeten wildlebenden Kormoranen vergleichbar waren (KOEMAN, 1973). Bei einem Seevogelsterben an der englischen Küste 1972, bei dem über 100 Tölpel (Sula bassana) gefunden wurden, enthielten die Tiere im Fett hohe Gehalte an PCB (bis 9570 ppm), DDE (bis 520 ppm), auch Quecksilber (bis 97,7 ppm, bezogen auf Trockensubstanz) sowie Cu und Zn. Vögel der Ostküste (Firth of Forth) wiesen geringere Schadstoffkonzentrationen auf, die auf den physiologischen Zustand der Tiere zurückzuführen waren. Die hohen PCB-Gehalte werden als mögliche Todesursache angesehen, jedoch wird der Gehalt an Schwermetallen für mitverantwortlich gehalten (PARSLOW, JEFFERIES u. HANSON, 1973).

Aliphatische Chlorkohlenwasserstoffe

471. Akut toxische Konzentrationen liegen für marine Organismen im ppm-Bereich (Tab. 5.16). Einzellige Algen (Phaeodactylum tricornutum) zeigen eine Hemmung der Photosynthese im Bereich 5–340 ppm für die in Tab. 5.16 angeführten Stoffe.

Eine akute Schadwirkung der im Meerwasser bisher nachgewiesenen Konzentrationen an aliphatischen Chlorkohlenwasserstoffen ist gegenwärtig nicht zu erwarten.

Tab. 5.16

Akute Toxizität von aliphatischen Chlorkohlenwasserstoffen für marine Organismen

Substanz	96h LC_{50} (mg/kg) Kliesche (Limanda limanda) (Plattfisch)	48h LC_{50} (mg/kg) Seepocke (Eliminius modestus) (Krebstier)
Trichloräthylen	16	20
Perchloräthylen	5	3,5
Trichloräthan	33	7,5
Chloroform	28	–
Tetrachlorkohlenstoff	ca. 50	–
Hexachlorbutadien	0,45	0,87
Äthylendichlorid	115	186
Propylendichlorid	61	53

Quelle: PEARSON u. McCONNEL, 1975.

Tab. 5.15

Übersicht über Effekte von PCB auf aquatische Organismen (aus Untersuchungen mit Aroclor 1248, 1254, 1260)

Konzentration im Wasser (μg/l)	Versuchstier	Effekt
10–100	Austern	Reduziertes Schalenwachstum
	Garnelen	Mortalität
	Krustazeen	Mortalität
	Fisch	Mortalität, Degeneration von Lebergewebe
1,0–10	Garnelen	Mortalität
	Fisch	Mortalität, Degeneration von Lebergewebe
	Austern	Reduziertes Schalenwachstum
0,1–1,0	Garnelen	Mortalität, Virusinfektion begünstigt
	Phytoplankton (marine Mischkulturen)	Reduzierte Artendiversität
	Marine Bodentiergemeinschaften	Reduzierte Artendiversität

Quelle: ROBERTS, RODGERS, BAILY, RORKE (1978).

5.5.7 Bewertung der Belastungssituation mit Organohalogenverbindungen

472. Die gegenwärtige Beurteilung von Organohalogenverbindungen im Meer beruht auf der Gegenüberstellung von aktuellen Werten der Belastung und deren toxikologischer Bedeutung (ERNST, 1980). Auf der Basis des verfügbaren toxikologischen Materials kann eine mögliche Schädigung von Meeresorganismen in der Hohen See ausgeschlossen werden, da die aktuellen Schadstoffkonzentrationen im Wasser etwa vier Zehnerpotenzen unterhalb einer schädigenden Wirkstoffkonzentration liegen. Im Küsten- und Ästuarbereich liegt dagegen eine erheblich höhere Schadstoffbelastung vor (Abb. 5.17), deren Abnahme in Richtung offenes Meer im wesentlichen von hydrographischen Faktoren, von der Einleitungsweise und den stofflichen Eigenschaften der Substanzen bestimmt wird. Die Schadstoffkonzentrationen können insbesondere in den Ästuarien um zwei bis drei Größenordnungen über denen der Hohen See liegen. Weiterhin muß folgendes beachtet werden:

Abb. 5.17

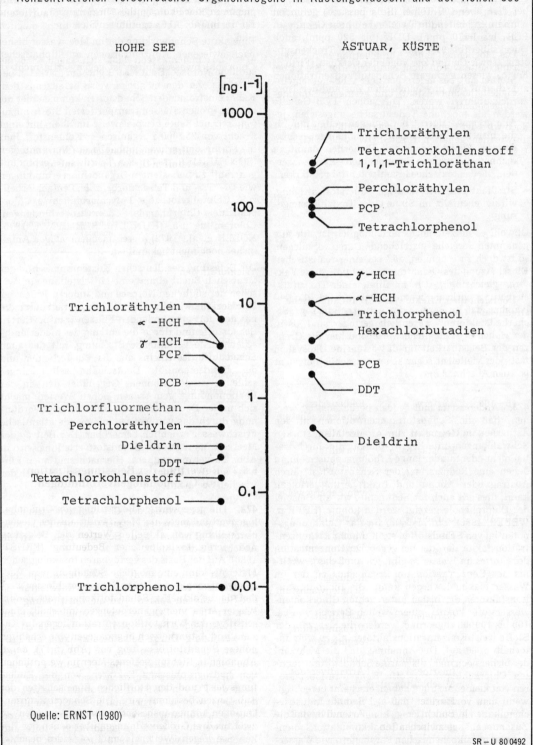

Konzentrationen verschiedener Organohalogene in Küstengewässern und der Hohen See

HOHE SEE

ÄSTUAR, KÜSTE

$[ng \cdot l^{-1}]$

1000 —

— Trichloräthylen
— Tetrachlorkohlenstoff
1,1,1-Trichloräthan

— Perchloräthylen
100 — — PCP
— Tetrachlorphenol

— γ-HCH

— α-HCH
Trichloräthylen — 10 — — Trichlorphenol
α-HCH — — Hexachlorbutadien
γ-HCH —
PCP — — PCB
PCB —
Trichlorfluormethan — — DDT
Perchloräthylen — 1 —
Dieldrin —
DDT — — Dieldrin
Tetrachlorkohlenstoff —
Tetrachlorphenol — 0,1 —

Trichlorphenol — 0,01 —

Quelle: ERNST (1980)

SR – U 80 0492

– Für die Abschätzung der Gefährdung wurden die toxikologischen Daten von Einzelsubstanzen herangezogen; für eine Einschätzung des Gefährdungspotentials ist die Summe toxischer Effekte der tatsächlich vorkommenden Schadstoffe einzusetzen, wenn lediglich die summative Toxizität und nicht überadditive Effekte in Betracht gezogen werden.

– Die Möglichkeit einer Anreicherung in der Nahrungskette wurde nicht berücksichtigt. Sie ist bei Stoffen mit besonders geringer Abbaugeschwindigkeit (hochpersistent) und geringem Eliminierungspotential einzubeziehen.

– Alle gegenwärtigen Überlegungen gelten nur für die bisher aufgefundenen Organohalogenverbindungen. Es ist jedoch mit Sicherheit damit zu rechnen, daß weitere Komponenten gefunden werden, die das toxische Gesamtpotential verstärken.

– Streßfaktoren, wie niedrige Sauerstoffsättigung, wirken ebenfalls im Sinne einer Toxizitätssteigerung.

Obwohl es derzeit noch nicht möglich ist, für alle genannten Bereiche ausreichende Daten vorzulegen, so ist doch zu erkennen, daß bei einer realistischen Einschätzung des Gefährdungspotentials diese Faktoren gleichsinnig, d. h. im Sinne einer Toxizitätssteigerung wirksam werden. Damit wird klar erkennbar, daß im Bereich der Ästuarien die sog. „Sicherheitsfaktoren" wesentlich geringer sind als in der Hohen See; möglicherweise sind hier die Grenzen der Belastbarkeit für das ästuarine Ökosystem fast oder vielleicht sogar schon tatsächlich erreicht (s. auch Abschn. 5.8).

473. Andererseits muß jedoch berücksichtigt werden, daß die Schadstoffkonzentrationen in den Ästuarien, im Gegensatz zum offenen Meer, starken Schwankungen unterliegen können. Hierdurch treten mehr oder minder lange Erholungspausen ein, in denen eine Reduzierung der Schadstofflast durch Austrag oder Abbau und Inaktivierung erfolgen kann; dies gilt auch für Sedimente, wie am Beispiel der Chlorphenole gezeigt werden konnte (EDER u. WEBER, 1980). Ein Maßstab für das Gefährdungspotential von Schadstoffen stellt u. a. ihr Biokonzentrationsfaktor dar, der bei gegebener Konzentration des Stoffes im Wasser angibt, wie groß das Verhältnis der Konzentration im Organismus zu der im Wasser maximal werden kann. Die Biokonzentrationsfaktoren der bisher untersuchten Chlorkohlenwasserstoffe können einem weiten Bereich von ca. 100 bis 100 000 zugeordnet werden; die Mehrzahl der Stoffe weist Konzentrationsfaktoren bis zu weit unterhalb 5 000 auf. Die Annahme, daß die Mehrzahl der bisher noch nicht als marine Schadstoffe erkannten Chlorkohlenwasserstoffe Konzentrationsfaktoren von kleiner als 5 000 haben, erscheint berechtigt, wenn man voraussetzt, daß a) bekannte Industriechemikalien hierfür in Frage kommen und b), daß die Zusammenhänge zwischen Bioakkumulationspotential und physikochemischen Parametern wie Wasserlöslichkeit und Verteilungskoeffizient auch auf diese

Verbindungen anwendbar sind. Über die zur Verminderung der Konzentration des ursprünglichen Schadstoffs beitragenden Abbauprozesse liegen bislang noch so wenige Forschungsergebnisse vor, daß eine Quantifizierung dieser Vorgänge in der Natur und auch Bewertungen der Wirkung ggf. auftretender stabilerer Abbauprodukte noch nicht möglich sind.

474. Zusammenfassend läßt sich sagen, daß die südliche Nordsee (Southern Bight) am stärksten belastet ist. Zu den möglicherweise bereits aus dem Kanal einströmenden Schadstoffen kommen hier die mit den großen Flüssen transportierten Stoffe hinzu. Man rechnet heute beispielsweise im Rhein mit einer Fracht von 250 000 t organischem Kohlenstoff/Jahr in Form von schwer abbaubaren Verbindungen (SONTHEIMER, 1973). Ein Teil dieser Verbindungen zählt zu persistenten Organochlorverbindungen wie Di-, Tri- und Tetrachlorbenzole, Pentachlorbenzole, Chloralkylbenzole, Polychlorbiphenyle, Chlorpestizide, Chlorphenole, Chlornitroverbindungen, Chloraniline u. ä. (KUNTE u. SLEMROVA, 1975; KÖLLE et al., 1972), deren mengenmäßiger Anteil bisher noch nicht bekannt ist.

Die Belastung des deutschen Küstenraumes und der Deutschen Bucht nimmt eine Mittelstellung ein zwischen der südlichen Nordsee und anderen Teilen der Nordsee. Sie wird im wesentlichen geprägt durch die mit den dort einmündenden Flüssen transportierten Schadstoffe und durch die entlang der niederländischen Küste verlaufende Strömung, mit der auch Schadstoffe des Rheins aus den Niederlanden und der Bundesrepublik Deutschland selbst eingeschleust werden können. Gegenüber den an der Rheinmündung gemessenen hohen Werten macht sich in der Deutschen Bucht offenbar eine Verdünnung durch das von Norden kommende atlantische Frischwasser erheblich bemerkbar. Der Beitrag der Meeresströmungen zur Schadstoffverteilung wird in Abb. 2.2 veranschaulicht. Hiernach sind auch Einträge aus dem Kanal und sogar aus dem Bereich der Irischen See möglich.

475. Die Bewertung der Chlorkohlenwasserstoffkonzentrationen in den zur menschlichen Ernährung genutzten Fischen und Schalentieren wird in Abschn. 7.2 dargestellt.

476. Für die in Zukunft zu erwartende Belastung der Nordsee zeichnen sich folgende Entwicklungen ab: Seit einigen Jahren wird die Entwicklung von Ersatzstoffen für PCBs verstärkt vorangetrieben. Im nichtelektrischen Bereich stehen bereits Ersatzstoffe zur Verfügung. Durch Selbstbeschränkung der Produzenten ist die Anwendung von PCB auf geschlossene Systeme reduziert worden. PCBs und PCB-haltige Gegenstände sollen nach einer Richtlinie des Rates der EG von 1976 nur kontrolliert beseitigt und deponiert werden. Ferner sind in der EG-Richtlinie über Beschränkungen des Inverkehrbringens und der Verwendung gewisser gefährlicher Stoffe und Zubereitungen vom Juli 1976 auch die PCBs Verwendungsbeschränkungen unterworfen (UBA, 1977).

Der Gebrauch von DDT und anderen Chlorpestiziden ist in den letzten Jahren eingeschränkt worden, so daß mit einer Verschärfung der Belastung mit dieser Stoffgruppe in absehbarer Zeit nicht zu rechnen ist. Dies schließt nicht aus, daß gegebenenfalls neue Schädlingsbekämpfungsmittel in Erscheinung treten, wie z. B. Organophosphate und Carbamate. Diese Verbindungen besitzen zwar gegenüber den Chlorpestiziden eine teilweise höhere Säugetiertoxizität, sind aber bedeutend leichter abbaubar.

Die Unkenntnis einer Reihe von Fakten über die stoffliche Belastung und über ökologische Wirkungen gebietet große Umsicht beim Einbringen von Chemikalien in das Meer. Die weitere Erforschung des Wirkungsgefüges von Umweltchemikalien und verbesserte Überwachungsmethoden (Abschn. 10.3) sind unabweisbare Forderungen für die Zukunft.

5.5.8 Empfehlungen

477. Die Hauptmenge der Organohalogenverbindungen wird den küstennahen Gebieten durch die Flüsse zugeführt. Der Reinigung der Abwässer vor ihrem Eintritt in die Flüsse kommt daher eine besondere Bedeutung zu. Aus der großen Zahl der ins Meer gelangenden Verbindungen wird bisher nur ein verhältnismäßig kleiner Teil bei Untersuchungen erfaßt. Zum Schutz des Ökosystems Nordsee ist die Einbeziehung weiterer relevanter Schadstoffgruppen in Routineuntersuchungen unbedingt erforderlich. Dieses setzt eine Vereinheitlichung von analytischen und toxikologischen Untersuchungsverfahren voraus. Wesentliche Bedeutung kommt einer Bestandsaufnahme aller möglichen Schadstoffkomponenten und einer Abstimmung über die zu untersuchenden Stoffe, über die Probestellen und über die Probenahmehäufigkeit zu. Zwischen den untersuchenden Institutionen muß ein breiter Informationsfluß gewährleistet werden; Daten über das Umweltverhalten der einzelnen Stoffe müssen ebenso wie alle eingehenden Meßdaten in einer Datenbank gespeichert werden. Dem trägt ein Umweltüberwachungssystem Nordsee Rechnung, wie es in Abschn. 10.3 vorgestellt wird.

478. Voraussetzung für eine breite Überwachungstätigkeit ist eine intensive Forschung, die vor allem folgende Aspekte vorrangig behandeln sollte:

- Untersuchung der Zusammenhänge zwischen den physikalisch-chemischen Eigenschaften der Schadstoffe und ihrem Umweltverhalten;

- Ausbau der Analytik zur besseren Identifizierung der Stoffe;

- Untersuchung über biotischen und abiotischen Abbau von Schadstoffen;

- Ausbau eines einfachen Testsystems zur Prüfung von Schadstoffen und deren Abbauprodukten auf chronische Toxizität;

- die Übertragbarkeit von Laboruntersuchungen auf die komplexen Verhältnisse im Meer muß eingehend überprüft werden (ERNST, 1979).

Zur Erhöhung der Effektivität der Forschung sollte eine Verbesserung der Forschungsplanung dahingehend erfolgen, daß finanzielle Mittel für einen Zeitraum von mindestens drei Jahren bewilligt werden können.

5.6 Radioaktive Stoffe

5.6.1 Ursprung und Eintragungsmechanismen radioaktiver Stoffe

479. Der Gehalt radioaktiver Stoffe im Meer beruht auf den in der Natur ursprünglich vorhandenen radioaktiven Nukliden und auf den von Menschen erzeugten Spalt- und Aktivierungsprodukten. Bei den natürlich vorkommenden Radionukliden unterscheidet man drei Gruppen

- Radionuklide ohne Zerfallsreihen

- Radionuklide der natürlichen Zerfallsreihen (zwei Uran-Reihen, eine Thorium-Reihe)

- Radionuklide, die durch kosmische Strahlung erzeugt werden.

In den Weltmeeren sind radioaktive Nuklide aller drei Gruppen vorhanden, aus der ersten Gruppe sind Kalium 40 (K-40) und Rubidium 87 (Rb-87) relevant, aus der dritten Gruppe Kohlenstoff 14 (C-14) und Tritium (H-3). Die Nuklide K-40 und Rb-87 treten proportional zum Salzgehalt auf und sind daher weitgehend homogen verteilt, während die Isotope der Uran- und Thoriumzerfallsreihe sowie C-14 und H-3 größere Konzentrationsschwankungen aufweisen.

480. Für Meerwasser (35‰ Salzgehalt) ergeben sich die in Tab. 5.17 aufgeführten spezifischen Aktivitäten. Abweichende Angaben in der Literatur, z. B. bei Rb-87, sind auf verbesserte Analyseverfahren für Spurenelemente zurückzuführen. Da der Salzgehalt der Nordsee im allgemeinen nur wenig unter 35‰ liegt, läßt sich eine Hochrechnung der Gesamtaktivität bei einem Volumen von 43 000 km^3 (zur Abgrenzung s. Tz. 9) ohne nennenswerten Fehler vornehmen.

481. Bei den künstlichen radioaktiven Isotopen unterscheidet man nach ihrer Entstehung zwischen Aktivierungsprodukten und Spaltprodukten. Aktivierungsprodukte entstehen im wesentlichen durch Bestrahlung mit Neutronen, z. B. in Kernkraftwerken; es handelt sich meist um Schwermetallisotope mit relativ geringen Halbwertzeiten – bis fünf Jahre –, die zwar grundsätzlich im Sediment stark angereichert werden können, deren Konzentration im Meerwasser wegen des sehr geringen Eintrages aber mit wenigen Ausnahmen unterhalb der Nachweisgrenze liegt; diese Nuklide werden deshalb im folgenden nicht weiter behandelt.

Die Hauptmenge der künstlichen Radioisotope im Meer besteht aus Spaltprodukten, die bei oberirdischen Explosionen von Kernwaffen freigesetzt oder aus kerntechnischen Anlagen abgegeben werden.

Tab. 5.17

Spezifische Aktivität natürlicher Radioisotope im Meerwasser und Gesamtaktivität der Nordseewassermassen; zum Teil handelt es sich um geschätzte Mittelwerte

Isotop	Strahlungs-typ	Halbwerts-zeit	spez. Akt. in pCi/l[1])	Gesamtaktivität der Nordsee in Ci
K-40	$\beta + \gamma$	$1,28 \cdot 10^9$ a	320	$13,8 \cdot 10^6$
Rb-87	β	$4,7 \cdot 10^{10}$ a	3	$1,3 \cdot 10^5$
U-238	α	$(4,5 \cdot 10^9$ a)	1,0	$4,3 \cdot 10^4$
Zerfallsr.	β	$(4,5 \cdot 10^9$ a)	0,5	$2.2 \cdot 10^4$
H-3	β	12,3 a	3	$1,3 \cdot 10^5$
C-14	β	5730 a	0,1	$4,3 \cdot 10^3$

1) Die gesetzliche Einheit der Aktivität ist Bq (Becquerel) = 1 Zerfall/sec = $2,7 \cdot 10^{-11}$ Ci = 27 pCi; wegen der leichteren Vergleichbarkeit mit der – teils auch älteren – Literatur werden die traditionellen Einheiten – wie übrigens auch im Jahresbericht Umweltradioaktivität und Strahlenschutz 1977 – beibehalten.

Quelle: Rime Report 1971, Umweltradioaktivität und Strahlenbelastung, Jahresbericht 1977, 1980. AURAND, GANS u. RÜHLE, 1974 und eigene Berechnung.

Diese Radioisotope werden inhomogen eingetragen; da eine Durchmischung längere Zeiträume in Anspruch nimmt, ergibt sich eine recht ungleichmäßige Verteilung im Meer. Die Analyse dieser Inhomogenitäten ermöglicht die Feststellung der Sedimentationseigenschaften einzelner Radionuklide und die Kontrolle größerer Einträge aufgrund atmosphärischer Kernwaffenexplosionen oder aus kerntechnischen Anlagen. Aus der Verteilung der Radionuklide im Meer können ozeanographisch wichtige Feststellungen über Strömungen, Durchmischungs- und Transportphänomene gewonnen werden.

482. Der Eintrag radioaktiver Spaltprodukte in die Nordsee erfolgt über die Atmosphäre, über die in die Nordsee mündenden Flüsse, über Direkteinleitungen aus dem Küstenraum, evtl. auch durch Schiffe und über Meeresströmungen, die Radionuklide von Emissionsquellen außerhalb der Nordsee heranführen.

Der Eintrag aus der Atmosphäre wird als fall-out und wash-out bezeichnet; er ist eine Folge der durch Kernwaffenexplosionen in die Atmosphäre getragenen Spaltprodukte, gegenüber denen die Abgaben entsprechender Nuklide mit der Abluft kerntechnischer Anlagen – mit Ausnahme von Edelgasen – geringfügig sind.

Dieser Zusammenhang ist bestätigt durch den starken Rückgang des Rest-fall-out nach Abschluß des Vertrages über das Verbot oberirdischer Kernwaffentests, aber auch durch die chinesischen Kernwaffentests am 26. 9. 1976, 11. 11. 1976 und 17. 9. 1977. Als Folge des 1. Kernwaffentests werden Anfang Oktober 1976 im Niederschlag für Jod 131 (J-131) Aktivitäten um 600 pCi/l gemessen. Als Folge des 2. Kernwaffentests wurde im Frühjahr 1977 erhöhte Aktivität langlebiger Spaltprodukte in der Luft und im Niederschlag festgestellt. Der Jahresmittelwert für Caesium 137 (Cs-137) stieg in

Braunschweig von 0,27 fCi/m³ im Jahr 1976 auf 1,0 fCi/m³ im Jahr 1977. Als Folge des 3. Kernwaffentests wurden Ende September und Anfang Oktober an verschiedenen Stellen für J-131 Aktivitäten von 60 pCi/l im Niederschlag gemessen. Auch für andere Einzelnuklide ergeben sich deutlich erkennbare Anstiege, die gegen Jahresende wieder abnahmen (alle Angaben nach „Umweltradioaktivität und Strahlenbelastung", Jahresberichte 1976 und 1977).

483. Der Aktivitätseintrag in die Nordsee aus dem wash-out läßt sich abschätzen, wenn die Höhe der Niederschläge und ihre spezifische Aktivität bekannt sind. Für eine Bewertung der gemessenen Aktivitäten ist dabei die Kenntnis der Anteile einzelner Nuklide entscheidend. Der Deutsche Wetterdienst nimmt an 16 Stationen im Gebiet der Bundesrepublik Deutschland Messungen der Gesamt-Beta-Aktivität der Niederschläge vor und bestimmt auch einzelne Nuklide (ausgewählte Daten in Tab. 5.18).

Tab. 5.18 zeigt deutlich, daß die atmosphärischen Kernwaffentests 1976/77 zu zusätzlichem wash-out geführt haben, der allerdings im wesentlichen auf kurzlebige betaaktive Nuklide entfiel. Unterstellt man, daß diese an Land gemessenen Einträge auch für die Nordsee repräsentativ sind, so läßt sich bei einer Fläche von 525000 km² ein Eintrag von 5000−15000 Ci/a Gesamt-Beta-Aktivität abschätzen, darunter für 1977 rd. 130 Ci/a Strontium 90 (Sr-90) und rd. 530 Ci/a Cs-137.

484. Der Eintrag durch fall-out hängt mit dem Aerosolgehalt und der spezifischen Aktivität der wassernahen Luftschicht zusammen. Über dem Festland werden für die bodennahe Luftschicht 0,05 pCi/m³ für Beta-Strahlung und 0,01 pCi/m³ für langlebige Alpha-Strahler gemessen. Eine Abschätzung des Eintrages aus der Luft in das darunter liegende

Tab. 5.18

Aktivität von Niederschlägen und Eintrag von Spaltprodukten in den Boden im Gebiet der Bundesrepublik Deutschland

Jahr	Gesamt-Beta-Aktivität Jahres- und Ortsmittel		Gesamt-Beta-Eintrag Küstenstationen	langlebige Nuklide räumliches Mittel	
	pCi/l	mCi/km²	mCi/km²	mCi Sr-90/km²	mCi Cs-137/km²
1975	13,9	10,4	6,8 – 19,0	0,145	0,545
1976	27,0	15,4	12,2 – 34,8	<0,052	0,230
1977	35,0	25,2	14,0 – 19,9	0,251	1,014

Quelle: Umweltradioaktivität und Strahlenbelastung, Jahresberichte 1976, 1977.

Gewässer läßt sich aus diesen Angaben allein jedoch nicht gewinnen, dazu müßte neben der Aktivität des Aerosolanteils auch der Aerosoleintrag bekannt sein.

485. Der Eintrag von Radioisotopen über die Flüsse läßt sich aus den Aktivitätskonzentrationen und den zugehörigen Massenströmen berechnen. Für eine umfassende Bestimmung des auf diesem Wege erfolgenden Eintrags wären die Daten für sämtliche Flüsse der Nordseeanrainer erforderlich, diese liegen jedoch nicht bzw. nicht in einheitlicher Form vor. Neben dem Wasser, dessen Fracht aus Konzentrations- und Abflußmessungen leicht abzuleiten ist, tragen auch die mitgeführten Schwebstoffe und der Sedimenttransport zur Gesamtfracht bei. Bei einer Reihe wichtiger Nuklide erfolgt eine wesentliche Anreicherung an Schwebstoffen und im Sediment, so daß deren Beitrag berücksichtigt werden müßte. Ungenügende Kenntnisse über den Schwebstoffgehalt und den Sedimenttransport erschweren aber die an sich wünschenswerten Frachtberechnungen.

486. Für deutsche Flüsse liegen Frachtberechnungen im allgemeinen nicht vor. Nur für Tritium (H-3) werden vierteljährliche Frachten bestimmt; diese betrugen 1978 im Rhein bei Emmerich etwa 40 000 Ci, in der Ems bei Emden etwa 700 Ci, in der Weser bei Blexen etwa 2 300 Ci und in der Elbe bei Wedel etwa 5 000 Ci (Bundesanstalt für Gewässerkunde 1978). Diese Zahlen passen ausreichend gut zu den Abschätzungen in Tab. 5.19, die einen groben Überblick über die mittleren Aktivitätskonzentrationen des Wassers und des Schlamms für in die Nordsee mündende deutschen Flüsse für 1976 geben. Berücksichtigt werden dabei Tritium (H-3), Beta-Aktivitäten ohne Kalium = Rest-Beta-Aktivität (Rβ) und Gesamt α-Aktivität (Gα) für das Wasser sowie Gesamt-Beta-Aktivität (Gβ) und Gesamt-Alpha-Aktivität (Gα) für den Schlamm. Es wurde jeweils die küstennächste Stelle gewählt, für die entsprechende Messungen publiziert sind. In Verbindung mit dem mittleren Abfluß MQ, für den das langjährige Mittel gewählt wurde, ergibt sich eine grobe Abschätzung der Frachten. Die Zahlen für 1977 weichen nicht gravierend ab.

Einen besseren Einblick in den Aktivitätseintrag durch Flüsse erhält man, wenn man einzelne Nuklide betrachtet. 1976 wurde im Rhein für Koblenz 0,29 pCi/l Sr-90 und 0,09 pC/l Cs-137 bestimmt, woraus eine Jahresfracht von etwa 17 Ci Sr-90 und 5,5 Ci/Cs-137 folgt. Der Anteil kerntechnischer Anlagen an der Aktivitätsfracht der Flüsse läßt sich – soweit Anlagen in der Bundesrepublik Deutschland betroffen sind – aus der Emissionsüberwachung der Anlagen herleiten (Tab. 5.20). Tab. 5.20 zeigt, daß nur ein geringer Anteil der in Tab. 5.19 abgeschätzten Gesamtfracht an Radionukliden aus unmittelbaren Ableitungen kerntechnischer Anlagen der Bundesrepublik Deutschland stammt, der Rest muß von natürlichen Radionukliden, Kernwaffentests, indirektem Eintrag aus kerntechnischen Anlagen und sonstigen Radionuklidquellen sowie aus Einleitungen vom Ausland kommen, wobei den Nachwirkungen der Kernwaffentests das größte Gewicht zukommt.

Tab. 5.19

Jahresmittelwerte der Aktivitätskonzentration und Frachtabschätzung für 1976

(zur Erläuterung s. Tz. 486)

	Wasser pCi/l			Schlamm pCi/gTr		MQ m²/s	geschätzte Jahresfracht in Ci		
	H–3	Rβ	Gα	Gβ	Gα	Langjähriges Mittel	H–3	Rβ	Gα
Elbe	295	15	5	28	32	815	7500	385	128
Weser	199	8	–	–	–	360	2300	90	–
Ems	263	10	1	8	1	110	900	35	3
Rhein	598	5	3	23	26	2 170	41 000	340	205

Quelle: Umweltradioaktivität und Strahlenbelastung, Jahresbericht 1976 und eigene Berechnung.

191

Tab. 5.20

Einleitungen kerntechnischer Anlagen in deutsche Flüsse, die in die Nordsee münden

Fluß	Emittenten	H-3 (Ci) 1976	1977	sonst. Spalt- und Aktiv. Prod. (Ci) 1976	1977	Cs-137 (mCi) 1976	1977	α-Strahler (mCi) 1976	1977
Elbe	KKW Brunsbüttel, KKW Stade	47	151	0,87	1,35	109,6		0,14	
Weser	KKW Würgassen	25	42	1,07	1,57	32,8	15,1	0,04	
Ems	KKW Lingen	15	2,5	0,03	0,01			0,01	
Rhein	KKW Kahl, KKW Obrigheim, KKW Biblis A u. B, KKW Neckarwestheim, KFZ u. WAK Karlsruhe, NUKEN u. RBU Hanau, KFA Jülich	4 639	4 639	1,89	0,54	462	110,0	1 333	607

Quelle: Umweltradioaktivität und Strahlenbelastung, Jahresbericht 1976 und 1977, und eigene Berechnungen.

487. Die direkte Einleitung schwach radioaktiver Substanzen in die Nordsee erfolgt bisher vorwiegend aus Kernkraftwerken an der englischen Ostküste, da auf dem europäischen Festland keine Kernkraftwerke an der Nordseeküste[1]) stehen. Es handelt sich dabei meist um gasgekühlte Reaktoren älterer Bauart, die – bezogen auf die elektrische Leistung – höhere radioaktive Abgaben mit dem Abwasser aufweisen als moderne Leichtwasserreaktoren. In Tab. 5.21 sind Emissionswerte für Kernkraftwerke an der englischen Ostküste angegeben, außer für H-3 liegt der Gesamteintrag in einer Größenordnung, die derjenigen durch Flüsse vom Festland aus in etwa entspricht.

488. *Das Einbringen und Endlagern radioaktiver Stoffe in die Nordsee von Schiffen aus ist durch internationale Konventionen verboten und findet unseres Wissens nicht statt. Ein nennenswerter Eintrag könnte daher nur durch Schiffe – insbesondere U-Boote – mit Kernenergieantrieb erfolgen. Die maximale Abgaberate der „Otto Hahn" war auf 2 Ci/Monat beschränkt, welche nie ausgeschöpft wurde; 1976 wurden 0,3 Ci/Monat nicht überschritten. In welchem Ausmaß U-Boote mit Kernenergieantrieb die Nordsee befahren, ist dem Rat nicht bekannt, jedenfalls verfügt die Bundesmarine nicht über derartige Schiffe. Der Untergang eines solchen Schiffes – in Analogie zur „Thresher" im Atlantik im Jahre 1963 – würde zwar ein bedeutendes Aktivitätspotential einbringen (Größenordnung 10^6 Ci), angesichts der geringen Nordseetiefe wäre jedoch vermutlich eine Bergung möglich und das Risiko auf diese Art und Weise beherrschbar. Durch Unfall ins Meer gelangende Kernwaffen stellen – auch wenn sie nicht zünden – wegen des*

Spaltstoffs Pu 239 bei Korrosion ebenfalls ein Kontaminationsrisiko dar; es sei denn, es gelingt, sie unversehrt zu bergen.

Tab. 5.21

Radioaktive Emissionen von KKW an der englischen Ostküste für 1976 in Ci/a

Kraftwerk	Aktivität ohne H-3 Gesamt	Sr-90	Cs-137	Tritium-aktivität H-3
Dungeness A	46,3	3,1	24,5	34,2
Sizewell A	29,5	2,1	16,1	62
Bradwell	65,4	7,4	29,8	309

Quelle: LUYKX u. FRASER, 1979.

489. Den quantitativ bedeutsamsten Anteil an der Belastung der Nordsee mit radioaktiven Stoffen liefern die Wiederaufbereitungsanlagen (WAA) Windscale, Dounreay und La Hague, deren Abwässer durch Meeresströmungen in die Nordsee verdriftet werden (KAUTSKY, 1977). Die im Februar/März 1971 von der WAA La Hague eingeleiteten ca. 3 000 bis 4 000 Ci Cs-137 konnten knapp zwei Jahre lang auf ihrem Wege längs der südlichen und der östlichen Nordseeküste bis ins Skagerrak verfolgt werden (Abb. 5.18). Die Transportgeschwindigkeit betrug zwischen 0,7 und 1,7 sm/d. Die zwischen Nordschottland und den Orkney-Inseln nach Süden längs

---

[1]) KKW Brunsbüttel und KKW Unterweser liegen an Ästuarien, Petten ist ein niederländisches Forschungszentrum.

der englischen Ostküste verlaufende Strömung transportiert radioaktive Abwässer der Wiederaufbereitungsanlagen Dounreay in Nordschottland und Windscale an der Irischen See.

Die gesamten nach Norden aus der Irischen See austretenden Wassermassen werden im Bereich der Orkney-Inseln der Nordsee zugeführt und durch die Strömungen entlang der englischen Ostküste nach Süden transpor-

Abb. 5.18

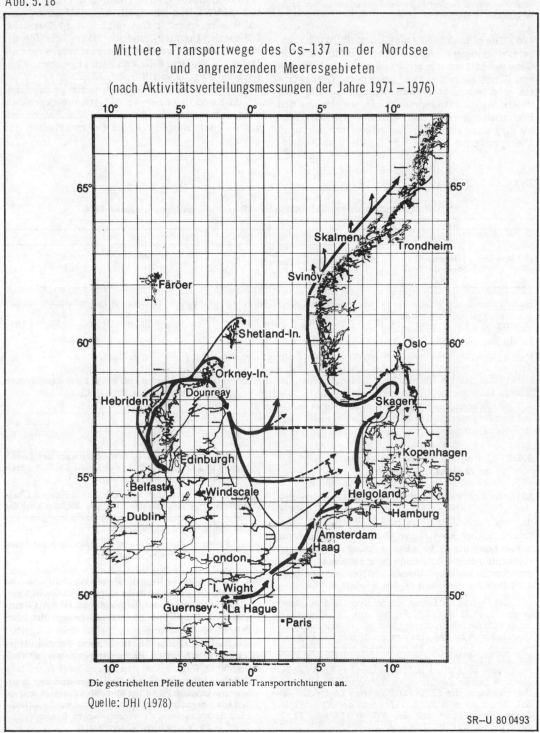

Mittlere Transportwege des Cs-137 in der Nordsee und angrenzenden Meeresgebieten (nach Aktivitätsverteilungsmessungen der Jahre 1971 – 1976)

Die gestrichelten Pfeile deuten variable Transportrichtungen **an.**

Quelle: DHI (1978)

SR–U 80 0493

tiert (Abb. 5.18). Auf diesem Weg lassen sich drei nach Osten abzweigende Teilströme erkennen, mit denen die Radioisotope quer durch die Nordsee in Richtung Skagerrak transportiert werden. Von dort fließt das Wasser entlang der norwegischen Küste nach Norden. Ein geringer Teil wird der Ostsee zugeführt. Ein direkter Transport des aus der Irischen See nach Norden ausströmenden Wassers in die Norwegische See konnte bisher nicht beobachtet werden.

490. Die radioaktiven Ableitungen der Wiederaufbereitungsanlagen können Daten der Europäischen Gemeinschaft entnommen werden. Die Ableitungen von Windscale halten zwar genehmigte Grenzwerte ein, sind jedoch, absolut und bezogen auf die elektrische Arbeit (Stromproduktion), welche aus den Brennelementen gewonnen wurde, wesentlich größer als diejenigen anderer Wiederaufbereitungsanlagen. Die spezifische Abgabe von Spalt- und Aktivie-

rungsprodukten ließe sich um mehrere Größenordnungen senken, wenn die Genehmigung dies – u.a. wegen geringer Kapazität des Vorfluters – verlangen würde. Für die Wiederaufbereitungsanlage in Gorleben mit einer Kapazität von 1400 t Uran/a, entsprechend einer Stromerzeugungskapazität von 40000 MWe, waren Abwasserableitungen von 1200 Ci/a für H-3 und 0,4 Ci/a für Spalt- und Aktivierungsprodukte vorgesehen. In Tab. 5.22 sind die Daten für Windscale, Dounreay und La Hague, die für die Nordsee durch Verdriftung relevant sind, sowie die Daten für Karlsruhe als Vergleich angegeben. Während die Abgabe von Kyrpton 85 (Kr-85) etwa der Stromproduktion der Brennelemente proportional ist, da Kr-85 in keiner der Anlagen zurückgehalten wird, ergeben sich für die übrigen Ableitungen sehr große Unterschiede bezüglich der spezifischen Ableitung.

Tab. 5.22

Aktivitätsabgaben ausgewählter Wiederaufbereitungsanlagen im Jahre 1976

Standort	el. Netto-arbeit der behandelten Brennelemente MW$_e \cdot$ a	in die Abluft				in das Abwasser		darunter		
		Kr–85 Ci/a	α-Aerosol Ci/a	β-Aerosol Ci/a	H–3 Ci/a	α Ci/a	β ohne H–3 Ci/a	Sr–90 Ci/a	Pu–106 Ci/a	H–3 Ci/a
Windscale	$2,6 \cdot 10^3$	$1,2 \cdot 10^6$	$5,2 \cdot 10^{-2}$	3,4	$1,2 \cdot 10^4$	1614	183000	10300	20700	32460
Dounreay	–	–	$2,1 \cdot 10^{-2}$	<5,8	–	11	1370	183	36	104
La Hague	$8,4 \cdot 10^2$	$3,5 \cdot 10^5$	$2 \cdot 10^{-8}$	$8,9 \cdot 10^{-3}$	49	99	19300	1080	15000	?
Karlsruhe	$2,8 \cdot 10^2$	$8,6 \cdot 10^4$	$3,1 \cdot 10^{-3}$	0,14	102	– (b)	0,04	$\approx 10^{-2}$	–	3100

(b) unter der Nachweisgrenze; Pu 239 + 240 10^{-3} Ci/a.

Quelle: LUYKX und FRASER, 1978.

5.6.2 Grundlagen der Überwachung auf radioaktive Stoffe

491. Im Zusammenhang mit der Röntgendiagnostik wurde seit Anfang unseres Jahrhunderts deutlich, daß ionisierende Strahlen biologische Schäden unterschiedlicher Art auslösen können. Diese Kenntnis hat im Laufe der Zeit zur Entwicklung von Strahlenschutznormen geführt, die in mehr oder weniger großen Abständen den wachsenden Kenntnissen über die Schutzbedürftigkeit angepaßt wurden.

Mit dem Vertrag zur Gründung der Europäischen Atomgemeinschaft (EURATOM-Vertrag vom 25. März 1957) haben sich die Mitglieder verpflichtet, gemeinschaftliche Grundnormen für den Strahlenschutz zu entwickeln und zu befolgen. Die ersten Grundnormen wurden vom Rat der EG am 2. Febr. 1959 erlassen (Amtsblatt der EG Nr. 11 vom 20. 2. 1959, S. 221/259), und entsprechen im Konzept bereits den heutigen Normen. Die geltenden Bestimmungen des EURATOM-Vertrags (Amtsblatt der EG, Nr. L 73 vom 27. 3. 1973) und der EURATOM-Grundnormen (Amtsblatt der EG Nr. 187 vom 12. 7. 1976) verpflichten die Mitglieder,

- *Grundnormen für den Gesundheitsschutz der Bevölkerung und der Arbeitskräfte gegen die Gefahren ionisierender Strahlungen zu befolgen,*
- *die notwendigen Einrichtungen zur ständigen Überwachung des Gehalts der Luft, des Wassers und des Bodens an Radioaktivität sowie zur Einhaltung der Grundnormen zu schaffen,*
- *der Euratom-Kommission regelmäßig über die Überwachungsmaßnahmen zu berichten,*
- *der Kommission über jeden Plan zur Ableitung radioaktiver Stoffe diejenigen allgemeinen Angaben zu übermitteln, aufgrund derer festgestellt werden kann, ob bei Realisierung des Plans eine radioaktive Verseuchung der Umweltmedien eines Mitgliedstaates erfolgen kann,*
- *die Zahl der strahlenbelasteten Personen und die jeweilige Dosis soweit zu beschränken, wie sinnvoll durchführbar,*
- *die Dosisbelastung für die Gesamtbevölkerung so gering wie möglich zu halten und dafür Sorge zu tragen, daß die genetische Dosis – mit Ausnahme der natürlichen Strahlung und der medizinischen Behandlung – 5 rem in 30 Jahren nicht überschreitet*

- und für Einzelpersonen aus der Bevölkerung die in Tab. 5.23 genannten Grenzdosen nicht überschritten werden.

Tab. 5.23

Vereinbarte Grenzdosen für die Strahlenbelastung von Einzelpersonen aus der Bevölkerung

Exponiertes Organ	EG-Norm v. 12.7.76	StrlSchV v. 13.10.76
Ganzkörper, Knochenmark, Gonaden	0,5 rem/Jahr[1]	30 mrem/Jahr[1]
Haut, Knochengewebe	3 rem/Jahr	180 mrem/Jahr
Schilddrüse	3 rem/Jahr	90 mrem/Jahr
Andere Organe	1,5 rem/Jahr	90 mrem/Jahr

[1] rem bzw. mrem = 10^{-3} rem ist die Einheit für die biologische Wirkung von ionisierender Strahlung; die genetisch signifikante natürliche Strahlenexposition beträgt für die Bundesrepublik Deutschland etwa 110 mrem/a.

Quelle: EG-Verordnung, Strahlenschutz-Verordnung.

492. Die Mitgliedsstaaten der EG haben entsprechende Vorschriften in die nationale Gesetzgebung aufgenommen. Großbritannien hatte bereits vor seinem Beitritt auf der Basis der Empfehlungen der Internationalen Strahlenschutzkommission (ICRP) 1959 entsprechende Regelungen erlassen, die für die maximale Strahlenexposition für Einzelpersonen 500 mrem/a zulassen und für die Strahlenexposition der gesamten Bevölkerung aus radioaktiven Emissionen einen Maximalwert von 1 rem in 30 Jahren also ca. 30 mrem/a vorsehen. Die Bundesrepublik Deutschland hat die Grenzdosen in der Strahlenschutzverordnung (StrlSchV v. 13. Oktober 1976) auf 6% der EG-Norm reduziert.

493. Bei der Abschätzung der Strahlenexposition werden stets, also auch beim Meer, aufgrund erfolgter oder geplanter Emissionen die relevanten Expositionspfade einschließlich der Nahrungskette betrachtet. Grundsätzlich müssen die Dosisbeiträge der einzelnen Radionuklide betrachtet werden, da ihr Verhalten in der Umwelt, bei der Aufnahme durch den Menschen sowie ihre Anreicherung in den einzelnen Organen unterschiedlich ist. Aufgrund inzwischen vorhandener Kenntnisse kann man sich in vielen Fällen auf die nach Höhe der Emission, radioökologischen Anreicherungen und Radiotoxizität wesentlichen Nuklide beschränken. Da die Dosisgrenze für Einzelpersonen festgelegt ist, müssen bei den Abschätzungen Annahmen getroffen werden, die

auf jeden Fall eine Unterschätzung der Strahlendosis vermeiden. Dies geschieht dadurch, daß die ungünstigsten Bedingungen (konservative Annahmen) unterstellt werden, etwa dadurch, daß Fische an Orten höchster Kontamination gefangen werden und Personen, die viel Fisch essen, nur Fische aus diesem Fanggebiet verzehren. Die berücksichtigte Dauer der Emission für die Berechnung der Strahlenbelastung ist unterschiedlich, teilweise wird eine 50 Jahre lang konstante Emission angenommen.

Durch die Methode der Abschätzung zur sicheren Seite hin wird bereits für einzelne Personen die Strahlenexposition überschätzt, für die Bevölkerung insgesamt liegen die mittleren Dosiswerte daher weit niedriger, als die im Zusammenhang mit Genehmigungsverfahren berechneten Strahlenexpositionen. Der technische Stand der Rückhalteverfahren kann darüber hinaus zu weiteren Auflagen führen, mit denen der Grundsatz „so niedrig wie möglich" realisiert und die Strahlenexposition weiter beschränkt wird. Unterschiedliche Ergebnisse bei Dosisberechnungen lassen sich dadurch erklären, daß verschiedene Übergangsfaktoren in der Nahrungskette, verschiedene Verzehrgewohnheiten oder verschiedene Ausgangsdaten (Meßwerte oder berechnete Schätzwerte) verwendet werden. Wegen der zahlreichen Schritte bei der Basisberechnung können auf diese Weise insgesamt bedeutende Unterschiede entstehen. Zwar werden überall die auf ICRP-Empfehlungen beruhenden Dosisfaktoren angewandt, jedoch bestehen keine insgesamt einheitlichen Berechnungsverfahren für die gesamte EG. Um Widersprüche in Dosisberechnungen zu vermeiden, wurden in der Bundesrepublik Deutschland einheitliche „Berechnungsgrundlagen" erarbeitet.

494. Entsprechend den übernommenen Verpflichtungen führen die Mitgliedsstaaten umfangreiche Überwachungsprogramme durch. In der Bundesrepublik Deutschland werden die Ergebnisse als Jahresberichte „Umweltradioaktivität und Strahlenbelastung" vom BMI veröffentlicht. Auch die EG veröffentlicht Zusammenstellungen der Ableitung radioaktiver Stoffe aus kerntechnischen Anlagen, beispielsweise für den Zeitraum 1972–1976 (LUYKX u. FRASER, 1978).

5.6.3 Kontamination des Wassers und der Organismen der Nordsee

495. Radioaktive Kontaminationen lassen sich nur durch Konzentrations- oder Emissionsangaben der einzelnen Radionuklide zufriedenstellend charakterisieren. Demgegenüber bieten Gesamt-Alpha-, Gesamt-Beta- und Rest-Beta-Meßwerte nur eine allgemeine Orientierung sowie Hinweise darauf, wann Einzelnuklidbestimmungen notwendig sind; wegen ihrer geringeren Kosten sind sie dennoch ein viel benutztes Instrument der Überwachung. Gegenwärtig sind im Wasser der Nordsee die künstlichen Radioisotope Cs-137, Cs-134, Sr-90, H-3, Ru-106, Pu-238, 239, 240 und Am-241 in meßbaren Konzentrationen vorhanden.

496. Seit 1962/63 werden im Bereich der Deutschen Bucht Sr-90 und Cs-137 vom Deutschen Hydrographischen Institut regelmäßig gemessen. Bis Ende der 60er Jahre stammte die entsprechende Aktivität im wesentlichen aus dem „fall-out" der Kernwaffenversuche. In der Deutschen Bucht wurden 1968 0,42 pCi/l Cs-137 und 0,36 pCi/l Sr-90 gemessen; die entsprechenden Meßwerte im Atlantik betrugen (42°N, 14°W) 0,27 bzw. 0,14 in der Ostsee (Schleimündung) 0,75 bzw. 0,71 (KAUTSKY, 1973).

Die höhere Konzentration in den Randmeeren ergibt sich bei sehr ähnlichen Eintragsverhältnissen aus den geringeren Verdünnungsmöglichkeiten, daneben wirkt sich der Eintrag über Flüsse aus. Das in den Randmeeren, z. B. in der weitgehend abgeschlossenen Ostsee und in Flußmündungsgebieten der Nordsee, gegenüber dem Atlantik abnehmende Verhältnis Cs-137/Sr-90 erklärt sich aus der stärkeren Adsorptionsmöglichkeit von Cs-137 an Sedimentpartikeln; tatsächlich konnten Anreicherungen dieses Isotops im Bodensediment nachgewiesen werden.

497. Im Oktober 1970 wurden im Gebiet der Deutschen Bucht zum ersten Mal deutlich erhöhte Aktivitätskonzentrationen für Cs-137 nachgewiesen, im März 1971 erstmals auch in der westlichen Nordsee auf der Breite von Aberdeen. Beide Aktivitätszunahmen konnten eindeutig den Wiederaufbereitungsanlagen La Hague bzw. Windscale zugeordnet werden. In der Folgezeit wurden die Aktivitätseinträge durch den Kanal und durch den Pentland Firth sowie die zugehörigen Strömungsverhältnisse in der Nordsee genauer untersucht. Während 1969 für Cs-137 ein Aktivitätsgehalt der mittleren und südlichen Nordsee (51°−56°N) von rd. 4500 Ci bestimmt wurde, der weitgehend auf fall-out beruhte, betrug dieser Wert 1975 rd. 13 700 Ci, dabei stieg die mittlere Aktivität von 0,53 auf 1,5 pCi/l (KAUTSKY, 1976). Im Februar 1978 wurden im Kanal und in der Deutschen Bucht Werte um 0,7 pCi/l gemessen, während sie in der mittleren Nordsee um 3−5 pCi/l und in der Gegend zwischen Edinburgh und Aberdeen bis zu 15 pCi/l erreichten, womit der von KAUTSKY (1976) für möglich gehaltene weitere Anstieg tatsächlich eintrat. Ähnlich hohe Werte waren 1977 auf der Höhe der Orkney-Inseln beobachtet worden. Einen Eindruck von der räumlichen Aktivitätsverteilung und der Meßgenauigkeit für Cs-137 vermittelt Abb. 5.19.

498. Ausführliche Angaben sind auch zu Strontium 90, Ruthenium 106, Plutonium 239/240 sowie Americium 241 vorhanden. Februar 1978 wurden für Sr-90 im Bereich der südlichen Nordsee und der Deutschen Bucht Werte unter 0,7 pCi/l, im Bereich der Nord-Süd-Strömung an der englischen Ostküste bis 2,2 pCi/l bestimmt, während im Vorjahr die Werte in diesem Bereich deutlich niedriger lagen. Für Ruthenium 106 wurden 1977 und 1978 in der Deutschen Bucht Werte zwischen 40 und 140 fCi/l[1]) gemessen.

Das typische Niveau der freien Nordsee betrug 10−50 fCi/l. Erste Messungen der Plutonium-Aktivität erfolgen 1975; es ergaben sich typische Werte von 0,4−2 fCi/l für Pu-239/240, die Werte für Plutonium 238 lagen um einen Faktor 5−10 niedriger. Messungen für Pu-239/240 im Februar 1978 wiesen in der Deutschen Bucht Aktivitäten um 0,5 und an der schottischen Ostküste um 2,5 fCi/l aus (MURRAY u. KAUTSKY, 1977, DHI-Bericht, 1978). Im Einflußbereich der Wiederaufarbeitungsanlagen sind Niveau und Isotopenverhältnis der Aktivität vom Effekt des allgemeinen fall-out im Nordatlantik deutlich unterschieden. Messungen von Americium 241 im Jahre 1975 ergaben im Nordseeraum typische Werte von 0,04 bis 0,20 fCi/l, Messungen im Februar 1978 ergaben Werte bis 0,6 fCi/l (MURRAY u. KAUTSKY, 1977, DHI-Bericht, 1978). Die relativ geringe Kontamination des Wassers durch Plutonium und Americium hängt offenbar auch damit zusammen, daß bis zu 96% dieser Nuklide im Meeressediment abgelagert werden, während der Rest − offenbar echt gelöst − ähnlich wie Cs-137 transportiert wird (HERTHERINGTON et al., 1976).

Verglichen mit der Aktivität natürlicher Radionuklide ist die Aktivität künstlicher Radionuklide im Nordseewasser gering (s. Tab. 5.17); diese Relation gilt − allerdings weniger ausgeprägt − auch für die durch natürliche bzw. künstliche Radionuklide verursachte Strahlendosis.

499. In den Sedimenten ist die Konzentration radioaktiver Nuklide typischerweise um den Faktor 10−10 000 höher als im Wasser. Für Uran beträgt das natürliche Verhältnis zwischen fester und flüssiger Phase etwa drei Größenordnungen (Bereich µg/g zu Bereich µg/l), siehe dazu auch ARNDT et al. (1973). Für Sr-90 wurde im Süßwasser der Donau ein Faktor von rd. 50, für Cs-137 ein Faktor von rd. 2 500 bestimmt und für Berechnungen der Strahlenbelastung durch Verdoppelung nach oben abgesichert (HÜBEL u. RUF, 1974). Aus Messungen der Pu-Aktivität von Meerwasser und Sediment im Küstengebiet der Deutschen Bucht und der Ostsee ergibt sich ein Konzentrationsverhältnis von zwei bis vier Größenordnungen (MURRAY u. KAUTSKY, 1977). Der Unterschied beruht im wesentlichen auf der verschiedenen chemischen Natur- und Korngröße der Sedimente.

500. Auch in Meeresorganismen findet eine Anreicherung radioaktiver Stoffe gegenüber dem freien Wasser statt. Hinsichtlich einer möglichen Belastung des Menschen über die Nahrungskette interessiert dabei vor allem die Kontamination eßbarer Teile von Fischen und anderen Meeresprodukten. Entsprechende Untersuchungen werden regelmäßig von dem Isotopenlaboratorium der Bundesforschungsanstalt für Fischerei in Hamburg durchgeführt. Aus deren Berichten (Umweltradioaktivität und Strahlenbelastung, Jahresberichte 1976 und 1977, sowie interne Mitteilungen von Meßergebnissen für 1978) lassen sich die in Tab. 5.24 angegebenen Kenngrößen ableiten. Um die Kontamination von Nutztieren des Meeres mit der anderer für die menschliche Ernährung

---

1) f = femto = 10^{-15}, p = pico = 10^-, n = nano = 10^{-9}, µ = micro = 10^{-6}, m = milli = 10^{-3}.

Abb. 5.19

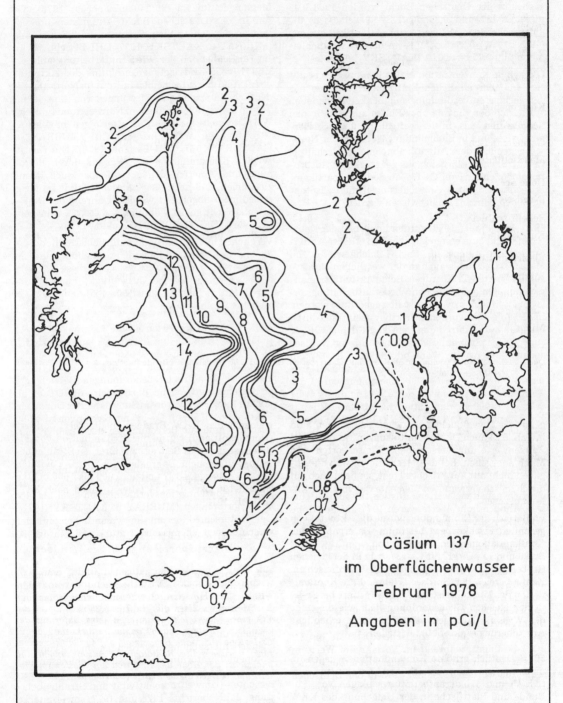

Cs-137 im Oberflächenwasser der Nordsee im Februar 1978

Cäsium 137
im Oberflächenwasser
Februar 1978
Angaben in pCi/l

Quelle: DHI-Bericht (1978)

SR-U 80 0494

Tab. 5.24

Kontamination von Fischen, Garnelen, Muscheln der Nordsee (Fänge 1976–1978) im Vergleich zu Fleisch und Milch (Proben 1976); Mittelwerte ($\bar{X}$) und Maxima (Xmax), ausgedrückt als Verhältnis pCi zu kg Frischgewicht bzw. g Calcium oder Kalium

Nuklid		Sr-90				Cs-137			
Maßeinheit	Zahl der Proben	pCi kg frisch		pCi g Calcium		pCi kg frisch		pCi g Kalium	
Mittel/Maximum		$\bar{X}$	Xmax	$\bar{X}$	Xmax	$\bar{X}$	Xmax	$\bar{X}$	Xmax
Küstengebiet									
Schollenfilet	10	0,46	0,96	1,2	2,7	53,2	72	23	35
Garnelenfleisch	10	1,48	2,00	1,4	2,3	14,0	19	93	12
Muschelfleisch	6	0,62	1,30	0,98	1,3	9,2	17	5,6	7,8
Hohe See (Nordsee)									
Schellfischfilet	2	0,13	0,13	0,45	0,56	60	110	21	36
Kabeljaufilet	3	0,09	0,15	0,37	0,48	69	120	30	30
Fleisch und Milch (1976)									
Rindfleisch	35					22	100		
Schweinefleisch	34					19	60		
Kalbfleisch	9					34	53		
Milch	350	4	14			10	55		

Quelle: Umweltradioaktivität und Strahlenschutz, Jahresbericht 1976 und 1977; Mitteilung der Bundesforschungsanstalt für Fischerei; eigene Berechnungen.

genutzter Eiweißquellen vergleichen zu können, sind in Tab. 5.24 auch Durchschnittskonzentrationen und Spitzenwerte für verschiedene Fleischsorten und Milch angegeben. Bei den Meerestieren sind die Angaben nicht nur auf Frischgewicht, sondern auch auf die chemisch verwandten Elemente Calcium und Kalium bezogen.

Im Bereich der Elbmündung wurde die Aktivität von gesamten Fischkörpern bestimmt. Es ergaben sich Kontaminationen im Bereich von 1 pCi/gCa für Sr-90 und 15 pCi/gK für Cs-137, d. h. in der gleichen Größenordnung wie diejenigen von Fischfleisch im Küstenbereich der Nordsee. Während die Kontamination des Muskelfleisches der Meerestiere bei Sr-90 in der gleichen Größenordnung liegt wie diejenige des Wassers, läßt sich bei Cs-137 eine erhebliche Anreicherung (Faktor 10) feststellen.

501. Deutlich erhöhte Kontaminationen liegen im näheren Einleitungsbereich von Kernkraftwerken (KKW) und Wiederaufbereitungsanlagen vor. Für Rund- und Plattfische in der Umgebung des KKW Sizewell (Suffolk) werden rd. 100 pCi/kg angegeben. Ähnliche Werte werden für das am Kanal liegende KKW Dungeness berichtet; noch etwas höhere Werte werden für das Blackwater-Ästuar angegeben, an welchem das KKW Bradwell liegt. Bei Dounreay (Nordschottland) wurde die Kontamination von Fischen wegen ihres Beitrags zur internen Strahlenbelastung untersucht. Es ergaben sich spez. Aktivitäten um 100 pCi/kg Cs-137 und um 1 000 bis 5 000 pCi/kg für Ru-196 bzw. Ce-144 (alle Angaben nach MITCHELL, 1978).

Exkurs: Die Verhältnisse im Raum der Wiederaufbereitungsanlage Windscale

502. *Durch die Wiederaufbereitungsanlage Windscale werden nennenswerte Mengen radioaktiver Stoffe in die Irische See eingeleitet. Zur Gesamtemission und den wichtigsten Nukliden gibt die Tab. 5.25 nach Daten der EG einen Überblick. Inzwischen wird aufgrund der „Windscale-Untersuchung" immerhin diskutiert, ob für Cs-Isotope nicht eine Begrenzung auf 40 000 Ci/a eingeführt werden sollte. Radiologische Auswirkungen sind angesichts der Höhe der Emission am ehesten im Einwirkungsbereich dieses Emittenten zu erwarten.*

503. *Die Überwachung der radiologischen Effekte der Einleitungen von Windscale durch das britische radiobiologische Fischereilaboratorium erfolgt sowohl in unmittelbarer Umgebung der Einleitungsstelle als auch in größerer Entfernung in der Irischen See. Dabei wurde*

Tab. 5.25

Radioaktivitätsabgaben mit dem Abwasser in Windscale

Jahr	Äquival. El. Arbeit (MW-a)	Strahler in Ci/a			q-Strahler in kCi/a				
		gesamt	Pu	Am	gesamt ohne H-3	Sr-90	Ru-106	Cs-137[1]	H-3
1972	2,6	3 860	1 548	2 172	140 000	15 200	30 500	35 000	33 569
1973	1,7	4 896	1 776	2 952	127 000	7 440	37 800	20 300	10 123
1974	1,7	4 572	1 248	2 192	207 000	10 600	9 200	110 000[2]	32 396
1975	2,6	2 309	1 200	984	245 000	12 600	20 600	142 000[2]	37 952
1976	2,6	1 614	1 272	324	183 000	10 300	20 700	115 000[2]	32 460

[1] über Quoten zurückgerechnet
[2] Anstieg durch Korrosionsschäden an Brennelementhüllen nach langer Lagerung

Quelle: Radioactive effluents from NPSs and NFRPs in the EG, EUR 6088

für eine Region von rd. 2 000 km² bei auf dem Meeresboden lebenden Organismen eine Strahlenbelastung nachgewiesen, die über dem natürlichen Niveau liegt.

Über radiologische Messungen in unmittelbarer Umgebung der Abwassereinleitung (Windscale area) sowie an den angelandeten Fängen in Whitehaven berichtet MITCHELL (1977). Die Ergebnisse sind für verschiedene Fischarten und für Muscheln in Tab. 5.26 zusammenfassend wiedergegeben. Ein Vergleich mit Tab. 5.24 zeigt, daß die Kontamination mit Cs-137 in der Windscale area rd. drei Größenordnungen, die der Anlandungen in Whitehaven rd. zweieinhalb Größenordnungen höher liegt als bei den Fängen in der Deutschen Bucht. Für die anderen Radionuklide entfällt ein entsprechender Vergleich, weil Daten für die Deutsche Bucht wegen der dort vorliegenden niedrigen Konzentration nicht vorliegen.

504. *Untersuchungen von PENTREATH u. LOVETT (1976), 5 km südlich der Windscale-Einleitung – also in nicht ganz so hoch kontaminierten Gewässern – demonstrieren die sehr unterschiedliche Anreicherung von Plutonium und Americium in verschiedenen Organen der Scholle. Der Mittelwert aus jeweils vier Fängen im Jahre 1975 betrug 0,3 pCi/kg Pu-239/240 und 1,2 pCi/kg Am-241. Im Gonadengewebe wurden Konzentrationen der gleichen Größenordnung nachgewiesen. In der Leber wurden 10- bis 200fache, im Mageninhalt 500- bis 5 000fache Konzentrationen im Vergleich zum Muskelgewebe nachgewiesen.*

505. *Zur Bestimmung der externen Strahlenbelastung wurde die Dosis über den Wattflächen der Cumbrischen Küste bestimmt, es ergaben sich Werte von 25 bis 150 µR/h[1]) gegenüber dem natürlichen Niveau von rund 10 µR/h mit Spitzenwerten im Ravenglass-Ästuar (MITCHELL, 1977). Für den Bereich der unmittelbaren Einwirkung der Emission von Windscale sind die Aktivitätskonzentrationen künstlicher Radionuklide (z. B. 500 – 2 000 pCi/l für Cs-137) und die zugehörigen Strahlenbelastungen groß gegenüber der natürlichen marinen Strahlungsdosis.*

---

[1]   µR/h = 10⁻⁶ Röntgen je Stunde; Röntgen ist die Einheit für die Ionendosis-Leistung, die Umrechung in rem hängt von der jeweiligen γ-Energie ab, näherungsweise kann 1R gleich 0,9 rem gesetzt werden.

5.6.4   Wirkungen radioaktiver Stoffe

506.   Die Tatsache, daß ionisierende Strahlen biologische Schäden hervorrufen können, wurde wenige Jahre nach der Entdeckung der Röntgenstrahlung bekannt. In den 30er Jahren dieses Jahrhunderts wurde erkannt, daß die strahlenbiologisch bedeutsamen Wirkungen auf Änderungen des genetischen Code der Zellen zurückzuführen sind. Die Schädigungen des genetischen Code sind stochastischer Natur, d. h. nicht ihr Charakter, wohl aber ihre Häufigkeit hängt von der Dosis ab. Zwischen Dosis und Wirkung wurde dabei im Bereich mittlerer und großer Strahlendosen Proportionalität festgestellt, wie es der Erwartung bei stochastischen Effekten entspricht (Sättigungseffekte durch Mehrfachschädigung treten erst bei extremen Dosen auf). Da bestimmte somatische Schäden nur auftreten, wenn so viele Zellen geschädigt werden, daß die Regeneration des entsprechenden Gewebes gestört wird, gibt es für derartige strahlenbiologische Schäden Schwellenwerte unterschiedlicher Höhe.

507.   Die Frage nach dem Verlauf der Dosis-Wirkungs-Beziehungen für kleine Dosen ist bisher nicht abschließend geklärt. Eine derartige Klärung kann auch nur jeweils für einen bestimmten Dosisbereich erfolgen und wird um so schwieriger, je kleiner die untersuchte Dosis sein soll, weil dann mit abnehmender Häufigkeit der Effekte mit entsprechend schwierigeren Bedingungen für statistisch signifikante Aussagen zu rechnen ist. Die bisherigen Untersuchungen erstrecken sich in den Bereich bis zu etwa 5 rem und liegen damit noch weit oberhalb der normalen natürlichen Strahlendosis (~0,1 rem/a) sowie der meisten durch anthropogene Kontamination verursachten Strahlenbelastungen. Bisher gibt es jedoch keinerlei theoretische Hinweise oder experimentelle Anzeichen dafür, daß die Annahme einer durchgehend linearen Dosis-Wirkungs-Beziehung die tatsächlich auftretenden Schäden unterschätzt. Es ist daher üblich, einen linearen Zusammenhang als sichere (konservative) Abschätzung zu verwenden.

Tab. 5.26

Aktivität von Meeresprodukten im Umfeld von Windscale

	Nuklid / Art	Gesamt β	Cs-137	Cs-134	Pu-239 + 240	Am-241
		10^3 pCi/kg frisch			10^3 pCi/kg frisch	
Windscale area	Scholle	46 ± 16	41 ± 14	5,5 ± 2,0	0,0042	0,0071
	Kabeljau	42 ± 3,1	35 ± 4,9	4,9 ± 0,2	0,00014	0,00046
	Kliesche	40 ± 11	33 ± 5,7	4,3 ± 1,6	–	–
	Miesmuscheln[1]	361 ± 86	23 ± 7,3	4,0 ± 1,6	3,1	9,1
	Taschenkrebs[1]	62 ± 28	21 ± 11	3,2 ± 1,5	–	–
Whitehaven	Scholle	12 ± 4,0	11 ± 4,9	1,4 ± 0,7	0,0014	0,0017
	Kabeljau	23 ± 12	15 ± 6,6	2,0 ± 1,0	–	–
	Hering	11 ± 2,3	9,3 ± 4,2	1,4 ± 0,6	–	–

[1] Ru-106 liefert mit 260 ± 60 bzw. 26 ± 6,1 in Ci/kg den Hauptbeitrag.

Quelle: MITCHELL (1977).

508. Zur radioaktiven Belastung im Meerwasser führt WOODHEAD (1979) aus, daß K-40 die bedeutsamste Quelle für äußere Gammastrahlenexposition darstellt, während am Meeresgrund K-40 sowie die Radionuklide der Zerfallsreihen von Uran und Thorium in ähnlicher Größenordnung zur externen Gammaexposition beitragen und insgesamt bei am Boden lebenden Organismen stärker zur Esposition beitragen als die Radioaktivität des Wassers. Die wesentliche Quelle für die Ganzkörperstrahlung durch akkumulierte Radionuklide ist wiederum K-40 mit einer Dosis von 2,5 µrem/h. Daneben tragen andere Radionuklide zur Exposition einzelner Organe bei, insbesondere kann Po-210 zu Belastungen von Magen und Leber führen (Größenordnung 50 µrem/h).

509. Zwei Phasen im Lebenszyklus werden in der Regel als besonders strahlenempfindlich angesehen, die Gametogenese und die Embryonalentwicklung. Für pelagische Fischeier beträgt die Exposition durch kosmische Strahlung an der Oberfläche 4 µrem/h, in 20 m Tiefe 0,5 µrem/h; K-40 erzeugt extern und intern zusammen weitere 0,7 µrem/h. Für Fischeier, die sich auf dem Meeresgrund entwickeln, werden 1 – 16 µrem/h abgeschätzt, wobei die Uran- und Thorium-Zerfallsreihen den Hauptbetrag liefern.

Schon die erste Analyse der voraussichtlichen Folgen der Windscale-Emission stellte fest, daß Exposition über kontaminiertes Sediment die bedeutsamste Strahlungsquelle sein werde, und schätzt das für einen kleinen Bereich mögliche Maximum auf 45 000 µrem/h = 45 mrem /h; es wird aber nicht mit signifikanten Effekten auf das marine Ökosystem gerechnet (DUNSTER, GARNER, HOWELLS u. WIX, 1964 nach WOODHEAD, im Druck). Aus der tatsächlichen Kontamination in der näheren Umgebung der WAA Windscale wurden 1968 Dosisraten aus dem Sediment für Schollen zu 37 – 3 340 µrem/h ohne β-Strahlung bzw. 207 – 5 376 µrem/h mit β-Strahlung geschätzt. Messungen mittels rd. 3 500 ausgesetzter Schollen mit implantierten Lithiumfluorid-Dosimetern auf Ober- und Unterseite ergaben für die Unterseite eine logarithmische Dosisverteilung mit einem Mittelwert von 350 µrem/h und Spitzenwerten bei 2 500 µrem/h; die mittlere Gonadendosis konnte zu 250 µrem/h bestimmt werden. Die Rechnungen aufgrund der tatsächlichen Kontamination und die experimentellen Befunde passen gut zusammen (WOODHEAD, 1977).

510. *Es liegen nur wenige experimentelle Befunde über Strahlenschädigung der Reproduktion von Fischen bei kleinen Dosen vor. Diese Untersuchungen beziehen sich zudem nur auf eine einzige Generation, so daß die Frage offenbleiben muß, ob über mehrere Generationen größere oder andersartige Wirkungen auftreten. Eine IAEA-Studie von 1976 kommt zu dem Schluß, daß 40 mrem/h ≙ 350 rem/a die kleinste Dosis sein dürfte, bei der geringe strahlenbedingte Störungen an Fischen nachweisbar sein könnten. Tritiumexposition von 85 mrem/h über 10 Tage ≙ 20 rem führte bei Oryzias latipes zu Störungen der Samenproduktion mit Erholungsanzeichen nach 30 Tagen, bei Exposition von 450 mrem/h ≙ 100 rem fehlte die Erholung nach 30 Tagen (HYODO-TAGUCHI et al., 1977). Permanente Exposition von Guppy-Paaren bei 170 mrem/h ≙ 1 500 rem/a ergab um 43% geringere Nachkommenzahl (WOODHEAD, 1977). Exposition von Lachseiern über 80 Tage zeigte erst ab 210 mrem/h ≙ 400 rem Effekte auf Wachstum, Wanderungsverhalten und Fruchtbarkeit (HERSCH, BERGER BONHAM u. DONALDSON, 1978).*

Die Exposition in der näheren Umgebung der WAA Windscale liegt rund zwei Größenordnungen unter dem Niveau, bei dem bisher experimentell Schädigungen nachgewiesen werden konnten, obwohl sie andererseits bis zu zwei Größenordnungen über dem natürlichen Dosisniveau liegt. Der große Niveauunterschied zwischen natürlicher Strahlenbelastung und dem Bereich nachgewiesener Schadwirkung schafft einerseits eine beachtliche Sicherheitsreserve für anthropogene Aktivitätsfreisetzung, andererseits bietet er den Anlaß für erhebliche Meinungsverschiedenheiten darüber, in welchem Umfang diese Sicherheitsreserve für wirtschaftliche Zwecke genutzt werden darf.

5.6.5 Folgerungen

511. Die Nordsee insgesamt ist zur Zeit relativ geringfügig mit künstlichen Radionukliden kontaminiert; da der unkontrollierbare Eintrag aus der Atmosphäre als Folge des Verzichts auf oberirdische Kernwaffenversuche zurückgegangen und weiter rückläufig ist, besteht die Chance, diesen Zustand zu erhalten. Um dieses Ziel zu erreichen, müssen jedoch die Einträge aus kerntechnischen Anlagen – insbesondere aus Wiederaufbereitungsanlagen – auf das technisch mögliche Maß beschränkt werden, weil die Akkumulation der einmal eingetragenen Nuklide in den Ökosystemen des Meeres nur durch den radioaktiven Zerfall (Kenngröße: physikalische Halbwertzeit) beschränkt wird, während durch Meeresströmungen allenfalls eine Verteilung über größere Räume und damit eine Verdünnung erfolgt. Da technisch eine sehr wirksame Begrenzung möglich ist, besteht so die Möglichkeit, ein nennenswertes Anwachsen der im Sediment und in Organismen des Küstenbereichs zu beobachtenden Anreicherungen zu vermeiden.

512. Die Überwachung der radioaktiven Stoffe in der Nordsee durch das Meßprogramm des DHI sollte fortgesetzt werden, um größere Änderungen rechtzeitig zu erfassen. Nachdem inzwischen ein gewisser Überblick über die Aktivitätsverteilung gewonnen wurde, könnten die Messungen stärker auf das radioökologische Verhalten einzelner Nuklide konzentriert werden.

513. Im Forschungsbereich ist die weitere Analyse der Anreicherungspfade und der Wirkungen im Bereich kleiner Dosen, insbesondere in Mehrgenerationen-Versuchen, wünschenswert.

5.7 Folgen der Kies- und Sandgewinnung

514. Kies- und Sandgewinnung in der Nordsee schaffen in mehrfacher Hinsicht ökologische Belastungen: Bodensubstrat als Lebensstätte von Organismen wird zerstört und spezifisch leichtes Material aufgewirbelt. Die entstehende Trübung stellt einen speziellen Belastungsfaktor dar (vgl. Tab. 4.1),

ebenso kann die spätere Ablagerung der Schwebstoffe negative ökologische Auswirkungen haben. Die Folgen dieser Aufwirbelungen und Umlagerungen ähneln den Auswirkungen eines Trübstoffeintrages von außen; sie müssen aber im Zusammenhang mit den durch die Substratentnahme selbst entstehenden Schäden gesehen werden.

515. Die Kies- und teilweise auch die Sandvorräte sind in einigen Nordseeländern so knapp geworden, daß auf Lagerstätten im Meer zurückgegriffen werden muß. Eine intensive Nutzung der Nordsee als Sand- und Kieslieferant wird bisher in den Niederlanden, in Dänemark und vor allem in Großbritannien betrieben, das mehr als 10% seines Kiesbedarfs (110 Mio t im Jahre 1976, DE GROOT, 1979 c) aus Nordsee, Kanal und Irischer See deckt (FIGGE, 1979). Nach Angaben von TIEWS (1979) beläuft sich die gegenwärtige europäische Gesamtproduktion aus der Nordsee auf 30 bis 35 Mio m³ Sand und Kies pro Jahr. Zur Verteilung der Kies- und Sandgebiete in der Nordsee s. Tz. 31. Im Bereich des deutschen Schelfgebietes wurden bisher 630 bis 650 Mio t Kies nachgewiesen; sie befinden sich auf dem hochgelegenen Borkumriffgrund und am östlichen Ufer des früheren Elbe-Urstromtales.

Die Gewinnung von Kies und Sand vom Meeresgrund wird in Europa voraussichtlich stark ansteigen. Allein für die Niederlande wird bis zum Jahre 2000 ein kumulierter Bedarf von 1 Mrd m³ angegeben (TIEWS, 1979) . Angesichts eines Verbrauchs von 16 Mio t Sand und 17,5 Mio t Kies im Jahre 1978 (ICES, 1979) und eines Auslaufens der Produktion an Land würde der kumulierte Bedarf bis zum Jahre 2000 250 Mio m³ ergeben, wobei allerdings weder Zuwachsraten noch Auffüllmaterial (63 Mio m³ in 1966) gerechnet wurden. Dennoch erscheint der Wert von 1 Mrd m³ hochgegriffen. Von Steigerungen der Kies- und Sandgewinnung in derartigen Größenordnungen müßten beträchtliche ökologische Folgen ausgehen, die nach den bisherigen Erfahrungen mit kleinräumigem Abbau nur qualitativ abschätzbar sind.

Ökologische Folgen

516. Auswirkungen der Sedimententnahme auf Fischbestände beschreibt TIEWS (1979) und unterscheidet dabei zwischen direkten und indirekten Folgen. Direkte Einwirkungen sind:

– Zerstörung von Laichgründen; hiervon betroffen sind Fischarten, die ihre Eier auf Kiesgrund ablegen. Unter den wirtschaftlich genutzten Fischen sind das Hering (Literatur bei DE GROOT, 1979 a) und Sandaal. Die Laichgründe des Herings liegen häufig in den Kieslagerstätten, allerdings nicht in denen des deutschen Festlandsockels. Der Sandaal, der eine erhebliche Rolle im Industriefischfang spielt und überdies auch Nahrungsobjekt für andere Nutzfischarten ist, wird durch Sedimententnahme besonders geschädigt, da er im Substrat selbst lebt.

– Vernichtung von Bodentieren, die als Fischnährtiere dienen.

– Das Freilegen von sauerstofffreiem, schwefelwasserstoffhaltigem Sediment (s. Tz. 369) kann dazu führen, daß diese Gebiete zumindest kurzfristig von Fischen gemieden werden.

Indirekte Einwirkungen entstehen durch Wassertrübung, die einmal durch das Aufwirbeln während der Baggerarbeiten selbst hervorgerufen wird und zum zweiten durch das Waschen von Baggergut. Die möglichen Auswirkungen durch Wassertrübung sind im einzelnen:

– Behinderung des Sehvermögens bei Fischen, so daß die Nahrungssuche erschwert wird;

– Beeinträchtigung der Atmung durch verklebte Kiemen;

– Schädigung des Phytoplankton infolge von Lichtmangel;

– Verschlicken von Fischlaich oder Muschelbänken mit folgendem Absterben;

– Freisetzen von Schadstoffen, die vorher an Partikeln gebunden waren, infolge der Aufwirbelung der feinen Sedimente.

517. Es muß mit einer nachhaltigen Schädigung der Bodentiergesellschaft gerechnet werden, da nicht nur eingegrabene oder aufsitzende Organismen bei der Entnahme vernichtet werden, sondern vermutlich auch mechanische und chemische Eigenschaften des Sediments verändert werden. Wegen dieser Substratveränderungen wird die Wiederbesiedlung dieser Gebiete erheblich behindert.

Es wird ferner damit gerechnet, daß aufgewirbelte Sedimente mit hohen Anteilen abbaubarer organischer Substanzen das Auftreten und ein längeres Erhaltenbleiben von sauerstofffreien Bedingungen verursachen können. Solche Bedingungen, die zu erheblichen Beeinträchtigungen der Organismenbesiedlung führen, sind allerdings auf Gebiete mit geringer Wasserbewegung beschränkt.

518. Beeinträchtigungen des Fischfanges treten insbesondere bei der Grundschleppnetzfischerei auf; sie sind abhängig vom Abbauverfahren und besonders dann zu erwarten, wenn beim Einsatz festliegender Bagger verhältnismäßig tiefe Löcher mit steilen Hängen entstehen. Die Beeinträchtigung ist geringer, wenn vom fahrenden Schiff aus flache Gräben aus der Lagerstätte gesaugt werden. Da aus navigatorischen Gründen ein flächenmäßiger Abbau nicht möglich sein wird, ist mit der Entstehung eines unruhigen Bodenreliefs zu rechnen. Schließlich ist noch das Zurückbleiben einzelner großer, nicht baggerfähiger Steine zu nennen, die ein Schleppnetz zerstören können. Ausführliche Darstellung der Wirkungen von mariner Sand- und Kiesgewinnung auf die Fischerei siehe ICES (1979).

519. Die Strömungsbedingungen in der Nordsee führen in der Regel zur schnellen Regeneration der ausgebeuteten Sandlagerstätten; hierzu werden Regenerationszeiten zwischen sechs und achtzehn Monaten angegeben. Die Regenerationszeit hängt von der Korngröße des ausgebaggerten Materials ab. Die

Entnahme von Kies wird zu länger anhaltenden Veränderungen führen, da die herrschenden Strömungsbedingungen Kies nur selten bewegen können und Regenerationen damit ausbleiben.

Zum Genehmigungsverfahren in der Bundesrepublik Deutschland (nach TIEWS, 1979)

520. Der Internationale Rat für Meeresforschung (ICES) hat Rahmenempfehlungen erarbeitet, die zum großen Teil als Grundsätze für die Erlaubniserteilung zur Gewinnung von Sand und Kies auf dem deutschen Festlandsockel übernommen wurden. Diese Grundsätze besagen folgendes:

– Die Lagerstätten müssen nicht nur geologisch, sondern auch bioökologisch vorerkundet werden; dazu gehört eine Erfassung von Flora und Fauna sowie die Erkundung der Meeresbodenoberfläche durch photographische Unterwasseraufnahmen.

– Zur Erhaltung von Ökosystemen und zum Schutz der Fischerei können für gewisse Zeiträume Baggerarbeiten untersagt werden.

– Um eine möglichst vollständige Nutzung der Lagerstätten zu erreichen, sind Art und Förderkapazität der Abbaugebiete genau zu spezifizieren.

– Falls eine Aufbereitung auf See erfolgt, ist die Verbringung von Abfallsand hinsichtlich Verfahren und Örtlichkeit festzulegen.

– Abbauerlaubnisse sollen auf kleine Gebiete begrenzt werden, deren Flächen etwa 5 km^2 betragen.

– Die insgesamt während eines Jahres unter Nutzung stehende Fläche muß begrenzt sein. Die Bundesforschungsanstalt für Fischerei und die Biologische Anstalt Helgoland halten eine Begrenzung auf 10 bis 20 km^2 für angebracht.

– Die Erlaubnis muß sicherstellen, daß die Firmen den Behörden genaue Arbeits- und Zeitpläne sowie Produktionsstatistiken vorlegen.

521. Als Auflagen wurden empfohlen:

– Durch einen genauen Lageplan sind die im Abbau befindlichen Flächen dem DHI mitzuteilen. Damit werden Untersuchungen der Fischereibehörden ermöglicht.

– Es dürfen keine Geschiebemergel oder Tone freigelegt werden; damit soll die Entstehung von biologisch inerten Flächen verhindert werden.

– Die Böschungswinkel der Abbaugebiete müssen so angelegt werden, daß nach spätestens einem Jahr der Fischfang nicht mehr behindert wird. Im übrigen ist flächenhafter Abbau anzustreben.

– Es dürfen keine Steine zurückbleiben, die Grundschleppnetze zerstören könnten.

– Einem Angehörigen der Bundesforschungsanstalt für Fischerei muß auf Wunsch die Mitfahrt bei Untersuchungs- und Abbauarbeiten gewährt werden.

– Die Erlaubnisinhaber sind gehalten, eine Bergbürgschaft in erforderlicher Höhe zu hinterlegen.

- Eine Haftpflichtversicherung zugunsten der Fischerei ist abzuschließen.

Zukunftsperspektiven

522. Die Kies- und Sandgewinnung wird sich weiter vom Land in die Nordsee verlagern, da die Lagerstätten auf dem Land nur noch in begrenztem Maße zur Verfügung stehen und außerdem Umweltgesichtspunkte den Abbau erschweren.

In den Niederlanden wird sich im Jahre 1980 voraussichtlich bei einem industriellen Sandbedarf von 17 Mio t ein Defizit von 4 Mio t ergeben, für Industriekies wird das Defizit 1,8 Mio t bei einem Bedarf von 18,5 Mio t betragen (ICES, 1979). Das Defizit muß aus dem Meer gedeckt werden, es sei denn, man könnte auf andere Materialien umstellen. Großbritanniens Betonindustrie hängt in einem ähnlichen Maße vom Seekies ab (FIGGE, 1979; DE GROOT, 1979 c). Ähnliche Tendenzen zeichnen sich für die anderen westeuropäischen Länder ab (s. auch DE GROOT, 1979 c).

523. *Neben dem Bedarf für Bauzwecke auf dem Land könnte in der Zukunft auch der Bedarf für künstliche Inseln mit Häfen für Schiffe mit extremem Tiefgang eine Rolle spielen; das inzwischen zurückgestellte Hafenprojekt im Gebiet der Insel Scharhörn ist ein Beispiel dafür. Da für dieses Projekt (Freie und Hansestadt Hamburg, 1976) dem Rat keine genauen Abschätzungen zu den ntowendigen Sedimentbewegungen vorliegen, soll ein Beispiel aus den Niederlanden (STUNET, 1978; DE GROOT, 1979 b) zur Erläuterung herangezogen werden: Für eine Hafenanlage vor Rotterdam mit einer Fläche von 30 bis 50 km², inklusive Ankerplätze und Hafenbekken, müßten etwa 1 Mrd m³ Sand aufgespült werden. Für Scharhörn kann man etwa 0,2 Mrd m³ abschätzen, wenn eine Fläche von 16 km² und eine Dammlänge von 16 km angenommen werden. Da bei Aufspülungen die Verluste von der gleichen Größenordnung sind, würden für das niederländische Projekt rund 2 Mrd m³ Sand gebaggert, wovon die Verluste zur Wassertrübung beitrügen und Trübungs„fahnen" am Gewinnungsort und am Ablagerungsort hinterließen. Zum Vergleich mag der oben genannte niederländische Bedarf von rund 20 Mio m³ für das Jahr 1980 herangezogen werden. In dem Beispiel wird weiterhin davon ausgegangen, daß 40% der Sandmenge durch unterhaltende Baggerarbeiten im Hafen und Fahrwasser von Rotterdam gewonnen würden; die verbleibende Menge müßte aus einer Fläche von immerhin 400 km² gewonnen werden, wenn 3 m Sedimente abgetragen werden. Geht man von einer Bauzeit von acht Jahren aus, so gehen z. B. der küstennahen Fischerei pro Jahr 50 km² Fischgründe verloren; die Beeinträchtigung ist allerdings nur vorübergehend, da die Erholungszeiten (Tz. 519) recht kurz sind und sich die Lebensgemeinschaften im allgemeinen wieder regenerieren.*

Bewertung der Kies- und Sandgewinnung aus der Nordsee

524. Die Gewinnung von Kies und Sand aus der Nordsee ist ebenso wie die auf dem Lande mit einer Reihe von ökologischen Beeinträchtigungen verbunden, die aber einen Abbau nicht grundsätzlich ausschließen. Um die Belastung des Ökosystems Nord-

see möglichst klein zu halten, sollten die in Tz. 520 und 521 vorgestellten Grundsätze und Auflagen strikt befolgt werden. Insbesondere sollte eine präzise Festlegung der Abbaupläne nach Flächen und Zeitablauf erfolgen, deren Genauigkeit sich nach Möglichkeit an den auf dem Festland üblichen Anforderungen orientieren muß.

5.8 Ökologische Folgen der Belastung durch anthropogenen Stoffeintrag

525. In den vorhergehenden Abschnitten wurde dargestellt, welche Wirkungen von einzelnen Belastungskomponenten ausgehen; im folgenden soll die Frage diskutiert werden, ob das Ökosystem Nordsee als Ganzes oder gegebenenfalls auch nur einzelne Teilsysteme durch den Stoffeintrag aktuell geschädigt sind oder ob Gefährdungen vorliegen, die zukünftige Schäden erwarten lassen.

526. Grundlage für die Auswahl von Kriterien für ökologische Schäden oder Gefährdungen ist das Ökosystemkonzept, wie es in beiden Umweltgutachten verwendet wurde (siehe Umweltgutachten 1974, Tz. 388 ff. und Umweltgutachten 1978, Tz. 28 ff.). Ökosysteme sind räumlich abgrenzbare funktionelle Einheiten aus einer Lebensgemeinschaft (systemtypische Gemeinschaft aus zahlreichen Arten von Mikroorganismen, Pflanzen und Tieren) und ihrer unbelebten Umwelt (Faktoren wie z. B. Temperatur, Licht, Sauerstoffgehalt, Nährstoffangebot). Alle belebten und unbelebten Kompartimente sind durch gegenseitige Beeinflussung verknüpft. Das Ökosystem weist ein dynamisches Gleichgewicht („ökologisches" Gleichgewicht) auf, das sich bei Organismen in typischen Bestandsschwankungen um einen langfristigen Mittelwert widerspiegelt. Insbesondere Populationen von Meeresorganismen weisen starke natürliche Bestandsschwankungen auf; dies gilt auch für die Nordsee (vgl. z. B. Tz. 723 ff.). Kraft eines gewissen Regulationsvermögens können Störungen (Belastungen) in einem für das jeweilige Ökosystem typischen Umfang kompensiert werden. Ökosysteme haben schließlich einen sie kennzeichnenden Stoff- und Energiehaushalt.

527. Unter Berücksichtigung der in Abschnitt 5.1 dargelegten methodischen Schwierigkeiten bieten sich folgende Parameter als Meß- oder Beobachtungsgröße an: Im Bereich des Stoffhaushalts des Ökosystems der Sauerstoffhaushalt und die Konzentration an Pflanzennährstoffen; im Bereich der Lebensgemeinschaft der Artenbestand und die jeweilige Individuendichte, die Wachstumsleistung, die Fortpflanzungsrate oder der Gesundheitszustand typischer Arten. Aus Veränderungen des Stoffbestandes von Organismen, z. B. durch Anreicherung von Schwermetallen oder PCBs in Muscheln oder Fischen (vgl. Tz. 451 f), lassen sich sowohl Hinweise auf Gefährdungen der jeweiligen Organismen erkennen, als auch Gefahren für diejenigen Tiere (oder auch Menschen) vorhersagen, die das betreffende Lebewesen als Nahrungsobjekt nutzen (Weitergabe von Schadstoffen in der Nahrungskette siehe Tz. 444). In der Praxis der biologischen Meeresüberwachung (vgl. Kap. 10.3) bedient man sich geeigneter Organismenarten als Bioindikatoren für bestimmte Belastungstypen (Beispiele siehe Abschnitte 5.4 und 5.5).

528. Nimmt man die genannten Kriterien als Maßstab für die Folgen des anthropogenen Stoffeintrags, so lassen sich regional verschiedenartige negative Folgen dieser Belastung erkennen (zusammenfassende Darstellung siehe Tz. 529 ff.); diese Auswirkungen betreffen primär den Stoffhaushalt, schädigen aber über die ökosystemaren Verknüpfungen auch den Organismenbestand (Beispiel einer solchen Kausalkette aus Abschnitt 5.2: Zufuhr leicht abbaubarer Substanz – Sauerstoffmangel – Absterben sauerstoffbedürftiger Arten). Aus derartigen Beobachtungen werden Gefährdungspotentiale für das Gesamtsystem Nordsee sichtbar; wenn beispielsweise als Kinderstuben für Nordseefische bedeutsame Küstenregionen infolge Überbelastung mit Abwasser funktionsuntauglich werden, wirkt das auf den Gesamtfischbestand und das Gesamtsystem zurück. Es gibt Hinweise darauf, daß bestimmte stoffliche Belastungen wesentlich zu Bestandsrückgängen bei einzelnen Arten beitragen; ein typisches Beispiel bietet der Seehund (Tz. 556 ff.). Ein aktuelles Problem ist die Zunahme von Fischkrankheiten in küstennahen, abwasser- und abfallbelasteten Meeresabschnitten, wo offenbar anthropogene Stoffeinträge krankheitsfördernd wirken können (Tz. 536 ff.). Für die Nordsee ergibt sich insgesamt folgende Situation: Zwar sind weder großräumige und bleibende Bestandsveränderungen bei Pflanzen und Tieren aufgrund des anthropogenen Stoffeintrags sicher nachzuweisen, noch ist der Stoffhaushalt im ganzen nachweisbar beeinträchtigt, doch besteht insgesamt gesehen eine ökologische Gefährdung.

Regionalisierte Darstellung der ökologischen Folgen des anthropogenen Stoffeintrags

529. Das Wattenmeer weist in beträchtlichem Umfang einen anthropogenen Eintrag von leicht abbaubarem Material und von Pflanzennährstoffen auf, ohne daß sich bisher großräumig negative Folgen für den Sauerstoffhaushalt und die Organismenbesiedlung ergeben haben. Das liegt nicht so sehr an der Höhe des Eintrags, als vielmehr an dem besonderen Charakter dieses Ökosystems, das von Hause aus eutroph (nährstoffreich und gut produzierend) ist und einen Ablagerungsraum für Sedimente darstellt, deren großer organischer Anteil teils im Wattenmeer selbst produziert, teils aus Flüssen oder aus der Nordsee eingeschwemmt wird. Die Organismenbesiedlung dieses Ökosystems ist entsprechend an den Abbau organischen Materials hervorragend angepaßt und kann zusätzlich eingebrachtes Material anthropogenen Ursprungs in beträchtlichem Umfang verarbeiten. Diese hohe Selbstreinigungskapazität wird durch die starke Wasserbewegung im Wattenmeer, insbesondere die Gezeiten, gefördert, weil diese eine gute Sauerstoffversorgung gewährleistet.

Trotz der hohen Belastbarkeit dieses Systems mit leicht abbaubarer Substanz muß jedoch die Gefahr gesehen werden, daß ein ständig steigender Eintrag organischen Materials zumindest regional und zu bestimmten Jahreszeiten oder bei besonderen Witterungssituationen zu nachhaltigen Veränderungen des Stoffhaushaltes und zur Schädigung des Organismenbestandes führen kann. Vorbeugungsmaßnahmen gegen diese mögliche Gefährdung bestehen in verstärkter Abwasserreinigung im Bereich der unmittelbaren Anlieger aber auch – und ganz besonders – an den in das Wattenmeer mündenden Flüssen. Wesentlich ist auch eine Minderung der Phosphatfrachten der Flüsse, die über eine Steigerung der Eutrophierung im küstennahen Bereich zu verstärkter Einschwemmung von organischem Material ins Wattenmeer führen.

530. Das Wattenmeer ist wie der angrenzende küstennahe Meeresbereich mit schwer abbaubaren Stoffen, vor allem Chlorkohlenwasserstoffen, und mit Schwermetallen belastet; diese Schadstoffe stammen überwiegend aus den Flußfrachten und werden vielfach mit organischen Partikeln transportiert, an die sie adsorbiert sind. Nachweisbare großräumige Bestandsveränderungen bei Pflanzen und Tieren infolge der Belastung mit diesen beiden Stoffgruppen liegen nicht vor. Allerdings hat es in der Vergangenheit lokal Todesfälle bei Vögeln gegeben, die der Wirkung pestizidhaltiger Abwässer zugeschrieben werden (vgl. Tz. 458). Aus vielen Untersuchungen (vgl. Tz. 451) ist bekannt, daß es in Muscheln und anderen Organismen im Wattenmeer zu Anreicherungen von Schadstoffen kommt, deren Folgen für den Organismus vielfach noch nicht bekannt sind. Es besteht der Verdacht, daß zumindest polychlorierte Biphenyle (PCBs) zum Rückgang der Bestände des Seehundes (vgl. Tz. 556) und des Schweinswales (Phocoena phocoena) beitragen. Gewisse Verdachtsmomente bestehen auch hinsichtlich des ursächlichen Zusammenhangs zwischen dem gehäuften Auftreten von Fischkrankheiten und der Belastung mit Chlorkohlenwasserstoffen.

531. Aus Laborbefunden kann geschlossen werden, daß bei der heutigen Belastungssituation einige Schadstoffe Schäden durch chronische Toxizität verursachen können. Wenn auch eindeutige Belege aus der freien Natur noch fehlen, was bei der Schwierigkeit der Beweissicherung auf ökologischem Gebiet nicht wundert (vgl. Abschnitt 5.1), so sollte doch im Sinne der Umweltvorsorge alles mögliche getan werden, um die zunehmende Belastung mit Schwermetallen, Chlorkohlenwasserstoffen und anderen schwer abbaubaren und ökologisch belastenden Stoffen entscheidend zu vermindern. Diese Aufgabe muß vornehmlich im Binnenland bei der Verminderung der Schadstofffracht der großen Flüsse geleistet werden. Die Stoffeinträge in das Wattenmeer dürfen nicht isoliert von anderen Belastungen dieses Ökosystems und seiner Organismenwelt gesehen werden. Das Beispiel Seehund (vgl. Tz. 556) stellt einen besonderen Fall multifaktorieller Belastung dar.

532. Die innere Deutsche Bucht und die südliche Nordsee (Southern Bight) zeigen eine erhöhte Konzentration an Pflanzennährstoffen, die auf anthropogenen Stoffeintrag zurückzuführen ist. Eine Zunahme der pflanzlichen Produktion (Phytoplankton) kann aber nur für Teile der südlichen Nordsee wahrscheinlich gemacht werden, insgesamt gesehen ist keine Veränderung des Organismenbestandes durch die Belastungskomponente sicher nachweisbar.

533. In mehreren Bereichen der küstennahen Nordsee wird Klärschlamm eingebracht (vgl. Tz. 278); dieser Stoffeintrag wirkt regional sehr verschieden. Wird das Material in relativ unbewegtem Wasser eingebracht, lagert es sich im Bereich der Ausbringung in dicker Schicht am Grunde ab („Akkumulationszone", Beispiel: Konvergenzzone der inneren Deutschen Bucht mit Hamburger Klärschlammverbringung); wird hingegen das Material in einem Areal mit starker Strömung ausgebracht, so erfolgt rasche Verteilung über einen größeren Raum („Dispersionszone", Bsp.: Klärschlammverbringung vor dem Themse-Ästuar). Die ökologischen Folgen sind daher unterschiedlich, z. B. wird im letztgenannten Fall die Bodenbesiedlung nur wenig beeinflußt, im anderen Fall jedoch sehr stark, da durch Sauerstoffmangel im Sediment oder der ganzen Bodenzone die Bodentierwelt nachhaltig geschädigt wird. Diese auf übermäßige Zufuhr abbaubarer Substanz zurückführbaren Schäden könnten nach Einstellung des Stoffeintrags vom Gesamtsystem wieder ausgeglichen werden, die Regenerierbarkeit des Ökosystems ist also noch intakt.

534. Schwerwiegender ist die Belastung mit Schwermetallen und schwer abbaubaren Stoffen, insbesondere Chlorkohlenwasserstoffen, die gar nicht oder nur sehr langsam abgebaut werden. Die Regenerierbarkeit („Selbstreinigung") des Ökosystems nach derartigen Belastungen ist beschränkt; selbst im Sediment abgelagerte Schadstoffe können durch die im flachen Küstenbereich auftretenden sturmbedingten Aufwirbelungen des Bodenschlammes wieder aktiviert werden. Diese Schadstoffe werden mit Klärschlamm und vor allem mit der Stofffracht der Flüsse in erheblichem Umfang in den küstennahen Bereich eingetragen. Veränderungen des Organismenbestandes aufgrund dieser Belastung sind zwar bis jetzt nicht nachgewiesen, trotzdem liegt eine ökologisch bedenkliche Situation vor, da zumindest bei einigen Schadstoffen schon jetzt chronische Toxizität zu erwarten ist. Eine besondere aktuelle Gefährdungssituation dieser Region muß in der Zunahme von Fischkrankheiten gesehen werden, die anscheinend durch Schadstoffeintrag gefördert wird (vgl. Tz. 536 ff.). Zahlenmäßige Veränderungen der Fischbestände lassen sich jedoch nicht mit anthropogenem Stoffeintrag in Verbindung bringen, hier spielt unter den nichtnatürlichen Ursachen nur die Befischung bei einer Reihe von Arten eine Rolle (vgl. Kap. 7).

535. Für den Bereich der küstenfernen zentralen und nördlichen Nordsee („offene Nordsee", „Hohe See") liegen keine Hinweise auf eine durch anthropogenen Stoffeintrag bedingte Bestandsveränderung bei Organismen vor, ebensowenig sind Veränderungen des Sauerstoffhaushaltes oder Eutrophierungsprozesse beobachtet worden; auch zukünftige Gefährdungen sind in dieser Hinsicht nicht erkennbar. Auch die bisher vorgelegten Daten über das Auftreten von Schwermetallen und anderen Spurenelementen lassen keine Gefahrenpotentiale erkennen. Problematischer erscheint die Situation bei den Organohalogenverbindungen; wenngleich Schadwirkungen im Ökosystem auch bei dieser Gruppe bisher nicht nachgewiesen wurden, so könnte sich hier doch ein erhebliches ökologisches Gefährdungspotential durch chronische Toxizität aufbauen. Weitergehende Aussagen sind zur Zeit nicht möglich, da noch erhebliche Kenntnislücken hinsichtlich Zahl und Typen der vorkommenden Organohalogenverbindungen bestehen, sowie über deren Verbreitung, Konzentration und toxikologische Eigenschaften. Offen ist auch die Frage, welche Wirkungen von gelösten Erdölkohlenwasserstoffen ausgehen, die bei der Ölgewinnung in der offenen See in das Ökosystem Nordsee gelangen (vgl. Kap. 6).

Exkurs: Fischkrankheiten und Abwasserbelastung

536. Bei der Diskussion der ökologischen Folgen des Stoffeintrags in die Nordsee kommt einer Beantwortung der Frage besondere Bedeutung zu, ob Fischkrankheiten durch anthropogenen Stoffeintrag, speziell durch Abwasserbelastung, gefördert werden. Zusammenhänge dieser Art werden als wahrscheinlich angenommen, da nach Beobachtungen in verschiedenen Randmeeren des Atlantischen oder des Pazifischen Ozeans gewisse Fischkrankheiten in abwasserbelasteten Küstengewässern häufiger auftreten als in nicht verschmutzten (ausführliche Literaturübersicht bei SINDERMANN, 1979). Die wichtigsten dieser Krankheiten werden nachstehend kurz gekennzeichnet.

537. Flossenfäule, die zur Zerstörung von Haut und Knochen der Flossen führt, tritt häufig in abwasserbelasteten Ästuarien und Küstenstrecken auf. Bei der Entstehung wirken mehrere, im einzelnen nicht genau bekannte Vorgänge zusammen: Hautschädigung durch abwasserbürtige Schadstoffe, wobei möglicherweise PCBs, DDT oder Rohölbestandteile eine Rolle spielen, Schwächung des Fisches durch Sauerstoffmangel oder Schwefelwasserstoffvorkommen und – mindestens in einigen Fällen – bakterielle Infektionen.

538. Geschwüre werden häufig als Krankheitsbild bei Fischen aus abwasserbelasteten Gewässern aufgeführt; in vielen Fällen liegen hier Infektionen mit Bakterien (z. B. Vibrio anguillarum) vor, die nach Verletzungen oder aufgrund körperlicher Schwächung erfolgen. Abgeheilte Geschwüre werden relativ häufig beobachtet.

539. Auch von der Lymphocystis-Krankheit, die von Viren erregt wird und zu Geschwulstbildungen führt, wird vermutet, daß sie durch Abwasserbelastung gefördert werden kann. Die Krankheit ist aber auch in Meeresgebieten ohne jede nachweisbare anthropogene Belastung nicht selten. Die Krankheit ist ansteckend, eine Ausheilung möglich, und die Vitalität scheint nur wenig beeinträchtigt (AMLACHER, 1976).

540. In der Diskussion als möglicherweise durch anthropogenen Stoffeintrag geförderte Krankheit stehen auch die Epidermalen Papillome; diese Tumore kommen bei Plattfischen verschieden belasteter wie unbelasteter Meeresgebiete nicht selten vor. Die Blumenkohlkrankheit des Europäischen Aales ist ein besonders auffälliges Papillom, das wegen großer Wucherungen im Kopfbereich die Nahrungsaufnahme und die Atmung zunehmend behindert und so zum Tode führen kann. Diese Erkrankung ist im stark belasteten Elbe-Ästuar häufig, tritt aber auch in Aalintensivhaltung der Aquakultur bei ungünstigen Milieubedingungen auf.

541. Es ist davon auszugehen, daß in stark belasteten Gewässerabschnitten die Krankheitserscheinungen sich nicht auf die genannten, äußerlich gut faßbaren Typen beschränken, sondern daß durch Schadstoffwirkungen pathologische Veränderungen an inneren Organen, insbesondere im Verdauungstrakt, auftreten, die zunächst äußerlich nicht erkennbar sind und erst durch Gewebsuntersuchungen aufgedeckt werden. Beispiele dieser Art beschreibt KÖHLER (1979) bei Stint und Flunder aus dem Elbe-Ästuar (vgl. auch Tz. 129). Darüber hinaus gibt es auch Hinweise darauf, daß Fische (Kabeljau) aus schadstoffbelasteten Gewässern in ihrem Reaktionsvermögen beeinträchtigt sind (OLOFSSON u. LINDAHL, 1979).

542. Bei Fischen sind ferner zahlreiche Fälle von Skelettanomalien, insbesondere Deformationen der Wirbelsäule bekannt, die auf verschiedene Ursachen zurückgehen. Zunächst einmal treten Mißbildungen aufgrund genetischer Störungen auch unter natürlichen Gegebenheiten auf und erreichen unter bestimmten Bedingungen (z. B. Fehlen von Feinden) in einzelnen Populationen nennenswerte Anteile. Es gibt aber auch Hinweise darauf, daß neben anderen Umweltfaktoren, wie z. B. Sauerstoffmangel, Parasitenbefall oder Mangelernährung auch Schadstoffe anthropogener Herkunft eine wesentliche Rolle bei der Entstehung dieser Defekte spielen. Zu denken ist etwa an eine Störung des Calciumhaushaltes durch chlorierte Kohlenwasserstoffe (Literatur bei SINDERMANN, 1979).

543. Für die Nordsee ist seit langem bekannt, daß z. B. in der Deutschen Bucht Geschwüre (Kabeljau),

Lymphocystis (Plattfische), Blumenkohlkrankheit (Aal) und Skelettdeformationen (bei vielen Fischarten) vorkommen (AKER, 1970; ANWAND, 1962; KOOPS u. MANN, 1966 und 1969; KOOPS et al., 1970; MANN, 1970; PETERS, 1975; PETERS et al., 1972; WUNDER, 1971). Quantitative Daten lagen bis Mitte der 70er Jahre für die meisten Krankheitserscheinungen nicht vor; Flossenfäule und Papillome waren nicht untersucht und Aspekte der regionalen und jahreszeitlichen Verteilung der Häufigkeit waren lediglich für die Blumenkohlkrankheit des Aales bearbeitet (KOOPS u. MANN, 1969; PETERS, 1977). Erst MÖLLER (1977, 1978) untersuchte die Häufigkeit verschiedener Fischkrankheiten in der Nordsee, wobei das Schwergewicht auf der offenen See lag und nur relativ wenige Proben an der Deutschen Bucht genommen wurden. MÖLLER (1979) liefert eine Zusammenstellung der geographischen Verbreitung von Fischkrankheiten im Nordostatlantik. Für den Bereich der Deutschen Bucht legte DETHLEFSEN (1979 a und b) Untersuchungen vor, auf denen die folgenden Darlegungen über diese Zone (Tz. 544—555) fußen.

544. *DETHLEFSEN untersuchte im Sommer 1977 und Frühjahr 1978 die innere Deutsche Bucht im Bereich der Klärschlammverklappungszone und in umgebenden Vergleichsräumen, ferner ein Seegebiet 12 sm nordwestlich von Helgoland im Bereich der Einbringung von Abwässern (Dünnsäure) der Titandioxidproduktion und benachbarte Vergleichsgebiete. Im Frühjahr 1978 wurde die südliche Schlickbank (120 sm nordwestlich von Cuxhaven) und im Januar 1979 ein größeres Gebiet der Deutschen Bucht befischt. Insgesamt wurden 31 Fischarten auf Krankheiten und Deformationen untersucht; obgleich für eine Vielzahl von Arten pathologische Befunde erbracht wurden, waren diese doch nur bei den Plattfischen Kliesche, Scholle und Flunder sowie beim Kabeljau häufiger anzutreffen. Die große Zahl untersuchter Fische (z. B. Kabeljau: 30 000; Kliesche: 35 000) macht die Resultate hinlänglich aussagekräftig.*

545. Flossenfäule (vgl. Tz. 537) fand sich in der Deutschen Bucht am häufigsten bei Kliesche (DETHLEFSEN, 1979 a), wobei die Befallsraten, d. h. der Prozentanteil kranker Fische, zwischen 0 und 14% variierten. In der inneren Deutschen Bucht war die Befallsrate deutlich höher als im Seegebiet nordwestlich von Helgoland. Bei Winterfängen (Januar 1979) lag die Befallsrate im küstennahen Bereich bei 1,1%, küstenfern dagegen bei 0,1%. MÖLLER (1977) fand zur gleichen Jahreszeit in der offenen Nordsee eine Befallsrate von 0,3%. Auch an Flundern und Schollen trat Flossenfäule auf (maximale Befallsrate 1%), seltener beim Kabeljau. Eine Bewertung der Daten ist mangels umfassenden Vergleichsmaterials schwierig. In der stark belasteten Bucht von New York mit Auftreten von Fischsterben lag die maximale Befallsrate bei 38% (MURCHELANO u. ZISKOWSKI, 1976; zitiert nach SINDERMANN, 1979). Da unter natürlichen Bedingungen die zur Auslösung der Erkrankung führenden Faktoren selten wirksam werden, dürften schon niedrige Befallsraten als ernste Warnzeichen für eine Umweltbelastung aufzufassen sein.

546. Geschwüre (vgl. Tz. 538) traten in der Deutschen Bucht bei Klieschen mit Befallsraten bis 7,1% auf, wobei der innere Bereich die höchsten Werte aufwies. Eine Abhängigkeit vom Klärschlammeintrag war allerdings nicht nachzuweisen. Bei Winterfängen war die Befallsrate küstennah etwas höher als küstenfern (DETHLEFSEN, 1979 a). Dieses Ergebnis kann nicht verallgemeinert werden, denn MÖLLER (1978) fand höhere Befallsraten (9,6%) in der offenen See als in der Deutschen Bucht. Insbesondere die Klieschen aus der Doggerbank waren stark befallen. MÖLLER (1979) nimmt an, daß die Geschwüre bei durch Nahrungsmangel oder infolge des Laichgeschäfts geschwächten Fischen gehäuft auftreten und lokale Gewässerverunreinigungen im Vergleich dazu weniger Bedeutung haben. Weitere Untersuchungen erscheinen zur Klärung dieser Frage nötig. Flundern, die ausschließlich in der inneren Deutschen Bucht gefangen wurden, wiesen eine Befallsrate von 1,4 bis 5,4% auf; Schollen waren selten erkrankt. Beim Kabeljau waren bis 3,5% eines Fanges befallen; die höchsten Werte lagen auch hier in der inneren Deutschen Bucht (DETHLEFSEN, 1979 a). Vergleichsdaten: In der offenen Nordsee fand MÖLLER (1978) beim Kabeljau eine Befallsrate von 0 bis 0,2%; in stark abwasserbelasteten Bereichen der dänischen Beltsee fanden JENSEN u. LARSEN (nach MÖLLER, 1979) bis zu 22% erkrankte Tiere.

547. Die Lymphocystis-Krankheit (vgl. Tz. 539) fand DETHLEFSEN (1979 a) in der Deutschen Bucht bei Klieschen mit Befallsraten bis 8%, wobei die Höchstwerte im Winter im küstennahen Bereich lagen. Die Befallsrate im Verklappungsgebiet von Abwässern der Titandioxidproduktion war höher als an Vergleichsstandorten. Flundern aus der inneren Deutschen Bucht wiesen einen Krankheitsstand von 2,1 bis 5,4% auf; Schollen waren insgesamt sehr gering befallen. Nach MÖLLER (1978) waren auf der Doggerbank 5% der Klieschen mit Lymphocystis befallen bei einem Durchschnittswert in der Deutschen Bucht von 0,7% und der restlichen Nordsee von 3,2%; schlechter Ernährungszustand wird hier wie bei den Geschwürerkrankungen (vgl. Tz. 538) als wesentlich für den Ausbruch dieser Infektionskrankheit angenommen. Nach McCain et al. (1978) waren Plattfische (Limanda aspera) der nicht belasteten Beringsee (Alaska) mit einer Rate von 2,1% befallen; dies dürfte eine grundsätzliche Aussage umfassen: man muß demnach von einer entsprechenden Grundbelastung der Bestände ausgehen.

548. Epidermale Papillome (vgl. Tz. 540) traten in der Deutschen Bucht (DETHLEFSEN, 1979 a) bei Klieschen mit einer Befallsstärke bis 6,6% auf, wobei der Schwerpunkt im Umkreis des Verklappungsgebietes für Abwässer der Titandioxidindustrie lag. Der Befall im Klärschlammverklappungsgebiet lag nur wenig über dem des unbelasteten Vergleichsgebietes. Bei Winteruntersuchungen war die Erkrankungsrate im küstennahen Bereich (2,3%) höher als im küstenfernen (0,7%). Der Befall von Plattfischen (Lepidopsetta bilineata) in der Beringsee lag hingegen bei 1% (McCAIN et al., 1978).

549. Die Blumenkohlkrankheit des Europäischen Aales (vgl. Tz. 540) wurde 1953 erstmalig für deutsche Nordseeküstengewässer nachgewiesen (KOOPS u. MANN, 1969). Seither hat die Häufigkeit der Krankheit stark zugenommen; 1957 waren 6% der im Elbe-Ästuar gefangenen Aale erkrankt, 1967 waren es 12% und 1971 annähernd 30% (PETERS, PETERS u. BRESHING, 1972). PETERS (1975) zeigte, daß das Vorkommen der Tumore starken jahreszeitlichen Schwankungen mit einem sommerlichen Maximum unterliegt. Hohe Befallsraten (bis 60%) treten auch im Ems-Ästuar und im Bereich des Jadebusens auf (Beobachtungen von PETERS, zit. in MÖLLER, 1979). Aus der Nordsee selbst wurden bisher nur Einzelfunde kranker Aale gemeldet (MÖLLER, 1978); eingehendere Untersuchungen fehlen bisher.

550. Skelettdeformationen fand DETHLEFSEN (1979 a) in der Deutschen Bucht am häufigsten beim Kabeljau; die extremen Befallsraten waren 0,4% im küstenfernen Bereich und 3,3% im Zentrum der Klärschlammverklappung. Die Werte schwankten stark, so daß Folgerungen nur mit Vorbehalt zu ziehen sind. Es besteht der Eindruck, daß im küstennahen Bereich die Erkrankungsrate höher ist als im küstenfernen Bereich, und daß im Zentrum der Klärschlammverklappung eine deutliche Erhöhung gegenüber unbelasteten Vergleichsgebieten vorliegt und eine geringere gegenüber dem Verbringungsgebiet für Abfälle aus der Titandioxidproduktion. In geringer Zahl fanden sich Skelettdeformationen auch bei Kliesche, Flunder, Scholle, Schellfisch, Wittling und einigen anderen Arten. Nach MÖLLER (1979) kommen Skelettdeformationen bei Kabeljau in der ganzen Nordsee vor (1978: 0,4%): kranke Schellfische traten im ganzen Verbreitungsgebiet auf (1977: 1,4%; 1978: 0,6 %). Die Krankheitsfälle lagen bei Kliesche, Scholle, Wittling, Sprotte und Hering unter 0,2%.

551. Aus den bisher bekannt gewordenen Befunden über das Auftreten von Fischkrankheiten in der Nordsee und speziell in der Deutschen Bucht lassen sich noch keine endgültigen Schlüsse hinsichtlich einer Auswirkung der Klärschlamm- und Abwasserverklappung auf die Höhe der Befallsrate ziehen. Am Beispiel der Kliesche, einer Plattfischart, kann wahrscheinlich gemacht werden, daß die Verklappung der Dünnsäure, eines Abfallproduktes aus der Titandioxidherstellung, zu erhöhtem Auftreten von Fischkrankheiten (Epidermale Papillome, Lymphocystis) führt oder zumindest dazu beiträgt (DETHLEFSEN, 1979 a, b). Möglicherweise kommt dem Eisensulfatanteil (vgl. Tz. 253) in der Dünnsäure dabei eine Bedeutung zu, da sich durch Oxidationsprozesse im Meerwasser in beträchtlichem Umfang Eisenhydroxid bildet, das zunächst im Wasser suspendiert ist und später zu Boden sinkt, wo es sich ablagert. Kiemenverklebung, d. h. Einschränkung der Atmung durch das Eisenhydroxid könnte zur Schwächung des Fisches führen und die Infektion mit Lymphocystis fördern („Schwächeparasit"). Eine Analyse der multifaktoriellen Verknüpfungen steht noch aus.

552. Wichtig und entscheidend für die Beurteilung ist die generelle Feststellung von DETHLEFSEN (1979 a), daß die Häufigkeit von Fischkrankheiten in anthropogen belasteten Bereichen der Deutschen Bucht deutlich größer ist als in küstenfernen, weniger belasteten Bereichen (Beispiel: Flossenfäule bei Kliesche; Geschwüre bei Kabeljau). Insbesondere der von der Abwasserfracht der Elbe belastete Teil der inneren Deutschen Bucht weist erhöhte Erkrankungsraten auf. In der Elbe selbst ist Blumenkohlkrankheit des Aales häufig. Der Abwasserbelastung kommt ohne Zweifel eine wesentliche Bedeutung bei der Auslösung der genannten Fischkrankheiten zu, wenngleich auch hier oft von einem Zusammenwirken mehrerer Faktoren auszugehen ist. Beispielsweise spielt die im Vergleich zu küstenfernen Bereichen höhere Temperatur des Küstenwassers zumindest bei typischen Infektionskrankheiten (Lymphocystis) eine fördernde Rolle, aber auch bei Krankheiten, die unter Beteiligung von pathogenen Bakterien ablaufen (Geschwüre).

553. Die Befunde von MÖLLER (1977, 1978, 1979) über gehäuftes Auftreten von Lymphocystis und bakteriell verursachten Geschwüren im Bereich der Doggerbank, also in einem küstenfernen Areal, werden von verschiedenen Autoren unterschiedlich interpretiert. MÖLLER (1979) erklärt die Häufung der Lymphocystiskrankheit bei Plattfischen im Doggerbankbereich mit Konditionsschwäche infolge Unterernährung. Eine ähnliche Annahme macht der Autor bei Geschwüren, die gleichfalls hier sehr häufig waren. DETHLEFSEN (1979) vermutet, daß auch die Doggerbank eine gewisse Schadstoffbelastung erfährt, weil Strömungen aus der stark verschmutzten Irischen See um Schottland herum bis in dieses Gebiet führen (Abb. 5.18). Da entsprechende Daten fehlen, kann diese Annahme nicht belegt werden.

554. DETHLEFSEN (1979 a) diskutiert fernerhin die Frage, ob im Fisch angereicherte Schadstoffe (Schwermetalle, polychlorierte Biphenyle u.a.) für die Auslösung von Fischkrankheiten eine Rolle spielen. Bei Kliesche fanden sich bei orientierenden Versuchen die höchsten PCB-Gehalte in Tieren, die mit Epidermalem Papillom befallen waren; auch an Lymphocystis erkrankte Exemplare wiesen überwiegend höhere PCB-Konzentrationen auf. Die Datenbasis ist zur Überprüfung dieser Zusammenhänge jedoch noch völlig unzureichend; wegen gewisser Verdachtsmomente sind weiterführende Untersuchungen dringend erforderlich.

555. Zusammenfassend kann zum Komplex Fischkrankheiten und anthropogene Belastung der Nordsee festgestellt werden, daß viele Befunde für einen kausalen Zusammenhang zwischen Typ und Intensität der Abwasserbelastung und der Häufigkeit mehrerer Fischkrankheiten sprechen. Dieser schwerwiegende Verdacht sollte Anlaß zu intensiverer Erforschung des Sachverhaltes sein.

Exkurs: Bestandsveränderungen
bei Seehunden des Wattenmeeres

556. *Einen deutlichen Bestandsrückgang haben in den vergangenen Jahrzehnten die Seehunde der südlichen Nordsee gezeigt. Besonders auffällig war die Verminderung in den Niederlanden (Deltagebiet und Wattenmeer), wo der Bestand seit den 30er Jahren von einer (geschätzten) Größe von 3 000 Tieren auf etwa 500 zurückging (dazu neuere zusammenfassende Darstellungen von DRESCHER, 1979a; REIJNDERS, 1978; SUMMERS, BONNER u. VAN HAAFTEN, 1978). Die Bestandsverminderungen im Wattenmeer führten zur Einstufung des Seehundes als „stark gefährdet" in der „Roten Liste der gefährdeten Tiere und Pflanzen in der Bundesrepublik Deutschland" (BLAB, NOWAK, TRAUTMANN u. SUKOPP, 1977). Seit 1975 beträgt ausweislich genauer Zählungen der Internationalen Seehundarbeitsgruppe der Bestand an Seehunden in der Deutschen Bucht etwa 3 200 (DRESCHER, 1979a). Für den früheren Bestandsrückgang und die fortbestehende aktuelle Gefährdung gibt es mehrere Gründe, die im folgenden kurz abgehandelt werden (ausführliche Darstellung für die ganze Nordsee: SUMMERS et al., 1978; für Schleswig-Holstein: DRESCHER, 1979b; für Dänemark: IVENSEN, SÖNDERGAARD u. HANSEN, 1976; England (Wash): VAUGHAN, 1978).*

557. Die Jagd auf Seehunde spielte lange Zeit eine wesentliche Rolle und ist auf zweierlei Weise für den Bestandsrückgang mitverantwortlich (DRESCHER, 1979a): Einmal wegen zu starker Verminderung der Bestandszahl durch Abschuß, zum anderen durch die mit der Jagdausübung verbundene Störung der Seehunde während der Aufzucht; diese Störung ergab sich, weil die Jagdzeit schon begann, wenn die Mehrzahl der Jungtiere noch gesäugt wurde. (Die Folgen von Störungen werden in Tz. 558 behandelt.) Die Bejagung spielt gegenwärtig keine Rolle mehr, da in den Niederlanden schon seit 1962, in Dänemark seit 1977 die Jagd ganz verboten und in Niedersachsen (seit 1971) und Schleswig-Holstein (seit 1973) nur noch Hegeabschüsse von kranken Seehunden vom 1. bzw. 15. 9. bis 31. 10. erlaubt sind (DRESCHER, 1979a, 1978/79). Die Zahl der Abschüsse belief sich allerdings in Niedersachsen in der Jagdzeit 1978/79 auf 81, bei einem Fallwildverlust von 70 (DJV 1980). Die Einstellung der Jagd hat in den Niederlanden zwar zunächst eine Zunahme der Seehundbestände bewirkt, konnte aber einen Abfall der Populationszahl nach 1970 nicht verhindern. Eine eindeutige Erklärung für diesen erneuten Bestandsabfall gibt es nicht (SUMMERS et al., 1978); naheliegend ist die Annahme, daß Störungen durch Tourismus (Tz. 1022) und Schadstoffe hier eine wesentliche Rolle spielten.

558. Erhebliche Beeinträchtigungen des Seehundbestandes ergeben sich aus Störungen der Seehunde an ihren Liegeplätzen, die sie bei Ebbe aufsuchen (DRESCHER, 1979b). Diese Störungen wirken sich während der Aufzuchtzeit der Jungen sehr schädlich aus, da der Säugevorgang schon bei geringster Beunruhigung abgebrochen wird und die Tiere ins Wasser flüchten. Bei häufigen Störungen kommt es zu Unterernährung der Jungen, die zum Tode führen kann; Verminderung der Widerstandskraft gegen Infektionen und anderes sind die nachteiligen Folgen. Außerdem treten bei den Jungtieren nachhaltige Schäden auf infolge von Verletzungen der Bauchhaut, die bei erzwungenem, zu häufigem Umherrobben auf Sand entstehen. (Ungestört würde das Tier den Liegeplatz im Regelfall erst wieder bei auflaufendem Wasser, also bei Flut verlassen.) Infektionen der Wunde führen in der Folge häufig zu entzündlichen Prozessen, vornehmlich in der Nabelregion. Diese seit längerem bekannte „Hautkrankheit" (siehe auch DRESCHER, 1978) führt häufig zum Tod. Für die Störungen verantwortlich sind heute vor allem touristische Aktivitäten (Besichtigungsfahrten zu Seehundbänken, Wattwanderungen, Boots- und Flugverkehr); die früher wesentliche Jagd ist weggefallen (vgl. Tz. 557), während Fischerei und Schiffahrt zu Störquellen rechnen. In gewissem Umfang spielen militärische Tiefflüge als Störquelle eine Rolle. Zum Schutz der Seehundbestände vor Störungen durch Touristen (DRESCHER, 1979 a) wurden in Niedersachsen fünf spezielle Schutzgebiete eingerichtet, in den Niederlanden besteht ein Schutzgebiet. Die Einrichtung weiterer Seehundschutzgebiete in Schleswig-Holstein und Dänemark ist vorgesehen; in diesen Gebieten sind alle Störungen während der Wurf- und Aufzuchtzeit untersagt.

559. Die zum Teil sehr großräumigen Eindeichungen der Vergangenheit haben durch Einschränkung des Lebensraumes die Seehundbestände zum Teil stark beeinträchtigt. Im niederländischen Deltagebiet verschwand der 1959 noch 800 Tiere zählende Bestand im Zuge der umfassenden Deichbau- und sonstigen Küstenschutzmaßnahmen bis 1979 vollständig (SUMMERS et al., 1978; WOLFF, mdl. Mitt. 1979).

In den Seehunden des Wattenmeeres ist eine erhebliche Schadstoffbelastung festzustellen (DRESCHER, HARMS u. HUSCHENBETH, 1977; vgl. im übrigen Abschnitt 5.4 und 5.5), über deren Bedeutung für die individuelle Gesundheit der Tiere und für den Komplex Bestandsveränderungen keine sicheren Aussagen zu machen sind. Es wäre denkbar, daß Krankheiten der Seehunde, insbesondere auch die in Tz. 558 erwähnte Hautkrankheit, durch hohe Schadstoffkonzentrationen im Körper gefördert werden. Hervorzuheben sind die in Seehunden des Wattenmeeres nachgewiesenen hohen Gehalte an PCBs und DDT, da diese möglicherweise die Fortpflanzung beeinträchtigen. Ein derartiger Verdacht leitet sich von Befunden an Robben der Ostsee (Ringel-, Kegelrobbe, Seehund) ab, bei denen krankhafte Veränderungen am Uterus zu verminderter Vermehrung führen. HELLE, OLSSON u. JENSEN (1976) fanden in diesen kranken Tieren signifikant höhere Konzentrationen von PCBs und DDT als in gesunden, trächtigen Weibchen und vermuten, daß speziell die PCBs für die Defekte am Uterus ursächlich verantwortlich sind. Diese Annahme bedarf zwar noch der Bestätigung; der Verdacht als solcher muß aber schon bedenklich stimmen, da die durchschnittliche PCB-Konzentration bei Wattenmeerseehunden höher liegt als der vergleichbare Wert bei weiblichen Ringelrobben der Ostsee mit Uterusverwachsungen.

560. Für einen nachhaltigen Schutz der Seehunde im Wattenmeer sind neben den zu Kontrollzwecken unverzichtbaren regelmäßigen Bestandszählungen die Ausweisung und Sicherung von Seehundschutzgebieten sowie die Beibehaltung der jagdlichen Beschränkungen unbedingt notwendig. Neben diesen Maßnahmen, deren Durchführung verhältnismäßig einfach ist, sind zukünftig weitere Vorsorgemaßnahmen für die Bestandserhaltung nötig, die wesentlich schwieriger zu vollziehen sind, zugleich aber steigende Bedeutung erlangen werden (BONNER, 1978). So ist z. B. für eine langfristige Sicherung des Bestandes eine drastische Verminderung des Schadstoffeintrages in die Nordsee unverzichtbar; diese Maßnahme muß im übrigen auch zum Schutz des Gesamtökosystems Nordsee gefordert werden.

5.9 Exkurs Abwärme

Quantitative Aspekte

561. Durch die Einleitung von Kühlwasser aus Kraftwerken und Industrieanlagen wird Abwärme in die Nordsee eingetragen, ferner erfolgt eine Wärmezufuhr durch anthropogen erwärmte Flüsse und durch die Schiffahrt. Der Wärmeeintrag[1] durch Direkteinleitung von Kühlwasser ergibt sich aus der Kapazität der Kraftwerke und Industrieanlagen. Zur Bestimmung des Wärmeeintrags aus industriellem Kühlwasser lagen dem Rat ausreichende Unterlagen nicht vor, doch dürfte der Umfang denjenigen der Kraftwerke nicht erreichen. Vom europäischen Festland leiten fünf Kraftwerke mit rd. 3000 MW_e, von der englischen Ostküste vier Kraftwerke mit rd. 1400 MW_e direkt ins Meer ein. Unter Berücksichtigung des für die Kernkraftwerke geringeren Wirkungsgrades sowie der Kraftwärmekopplung bei einem Kraftwerk ergibt sich eine Wärmebelastung von maximal rd. 7 GW_{th}. An der französischen Kanalküste bei Gravelines nahe Dünkirchen ist eine Gruppe von sechs Leichtwasserreaktoren zu je 925 MW_e netto mit Meerwasserkühlung im Bau. Der erste Block wird noch 1980 seine volle Leistung erreichen. Wenn der Kraftwerkskomplex abgeschlossen ist, ergibt sich eine maximale Abwärmeabgabe von rd. 11 GW_{th} auf engem Raum.

562. *Große Kraftwerkskapazitäten bestehen auch an den Ästuarien der großen Flüsse bzw. an tiefen Buchten. Allein am Themse-Ästuar und am Firth of Forth sind Kraftwerke von jeweils mehr als 4000 MW_e, an der Westerschelde von knapp 2000 MW_e in Betrieb. Im Tide-*

---

[1] Der Wärmeeintrag wird als physikalische Größe „Leistung" betrachtet, dadurch wird ein Vergleich mit Kraftwerksleistungen möglich; die Einheit ist W (Watt). Man unterscheidet W_{th} für den Wärmeeintrag und W_e für die elektrische Leistung; $MW = 10^6$ W, $GW = 10^9$ W.

bereich der Weser und Elbe (unterhalb Hamburg) beträgt die installierte Kraftwerksleistung rd. 2700 MW_e bzw. 3000 MW_e, jeweils rd. zur Hälfte fossil und nuklear beheizt; daraus ergibt sich ein Wärmeeintrag von maximal rd. 4,5 GW_{th} bzw. 5 GW_{th}.

Die Frage der Abwärmeeinleitung aus Kernkraftwerksparks im off-shore-Bereich ist nicht aktuell, weil entsprechende Pläne gegenwärtig nicht mehr verfolgt werden. Abwärmeeinleitung aus konventionellen Kraftwerken, welche auf hoher See sonst nicht rentable Gasvorkommen nutzen, könnte demnächst aktuell werden; sie dürfte wegen der bescheidenen Größe der geplanten Anlage keine gravierenden Probleme aufwerfen.

563. Der Wärmeeintrag über die anthropogene Temperaturerhöhung der Flüsse läßt sich nur der Größenordnung nach abschätzen. Legt man für den Rhein an der Mündung eine mittlere Temperaturerhöhung von 1° C zugrunde, so ergibt sich ein mittlerer Wärmeeintrag von 10 GW_{th}. Legt man für die übrigen in die Nordsee mündenden großen Flüsse ähnliche Temperaturerhöhungen zugrunde, so ergibt sich insgesamt etwa der doppelte Betrag.

Der Wärmeeintrag aus der Schiffahrt läßt sich aus dem Schiffahrtsaufkommen (Tz. 330) abschätzen, wenn für Maschinenleistung, Weglänge und Fahrgeschwindigkeit plausible Annahmen getroffen werden. Für den Wärmeeintrag ergibt sich eine Größenordnung von 1 bis 2 GW_{th} für die gesamte Nordsee, woraus folgt, daß diese Wärmequelle keine Bedeutung hat.

Der Gesamteintrag aus Direkteinleitungen, Flüssen, Ästuarien und Schiffahrt liegt nach dieser Abschätzung in der Größenordnung von 50 GW_{th}. Unter Zugrundelegung einer gewissen Fehlerquote dürfte der Gesamteintrag also nicht höher als 80 GW_{th} sein.

564. Angesichts einer mittleren jährlichen Sonneneinstrahlung von rd. 50 000 GW_{th} auf die Oberfläche der Nordsee kann der Abwärmeeintrag bisher nur in Teilbereichen der Randzone in der Nordsee eine Rolle spielen. Der Rat verzichtet auf eine weitergehende Behandlung der Ästuarien, die wegen der komplizierten Strömungsverhältnisse schwer zu analysieren sind und z. Z. auch keinen wesentlichen Beitrag zum Abwärmeeintrag in die Nordsee leisten. Eine ausführliche Befassung mit den Ästuarien erscheint daher entbehrlich, ohne daß daraus die generelle Unbedenklichkeit von Abwärmeeinleitungen in Ästuarien gefolgert werden könnte.

Auswirkungen des Wärmeeintrags

565. Der Rat begnügt sich im folgenden mit möglichen Auswirkungen in der Nordsee, ohne auf die Effekte in den Ästuarien einzugehen. Das direkt in die Nordsee eingeleitete Kühlwasser wird infolge seines geringeren spezifischen Gewichts in der Regel auf der Wasseroberfläche eingeschichtet. Schon nach ca. 1 km hat sich die Kühlwassertemperatur der Umgebungstemperatur weitgehend angeglichen. Die lokalen Temperaturerhöhungen wirken sich aufgrund der relativ hohen Temperaturtoleranz der meisten Organismen des flachen Küstenmeeres im allgemeinen wenig aus. In Buchten und Fjorden allerdings kann sich eine Verschiebung zugunsten wärmeliebender Arten ergeben. Unterbrechung der Kühlwassereinleitung, insbesondere in der kalten Jahreszeit, bringt diese Arten wieder zum Verschwinden. Die bisher betrachteten mäßigen Temperaturerhöhungen haben zwar lokal die Bioproduktion gesteigert, Beeinträchtigungen des Sauerstoffhaushalts, die in Binnengewässern ein zentrales Problem darstellen, haben bisher nicht zu Belastungen geführt.

566. Im Umkreis von Auslaufbauwerken von Kraftwerken beobachtete Veränderungen und Schädigungen des Organismenbestandes sind in erheblichem Umfange nicht auf Wärmeeffekte zurückzuführen, sondern auf veränderte Strömungsverhältnisse im Auslauf- und Biozidzugaben zum Kühlwasser. Zwar werden größere Organismen durch Scheuchanlagen, Grob- und Feinrechen zurückgehalten, kleinere Formen gelangen in den Kühlkreislauf und können dort – vor allem durch veränderte Druckverhältnisse und Biozide – geschädigt werden. Von den veränderten Strömungsverhältnissen profitieren allerdings wiederum filtrierende Zoobenthosformen und an stärkere Strömung angepaßte Fische (MÜLLER, 1978).

Folgerungen

567. Der Abwärmeeintrag ist – bezogen auf das Wasservolumen der Nordsee – als sehr gering anzusehen. Allerdings muß bei Kühlwassereinleitungen in isolierte Küstenbereiche (Buchten, Fjorde) mit Auswirkungen auf die Organismen gerechnet werden. Belastungen dürften sich auch bei größerem Abwärmeeintrag in Ästuarien ergeben; auf Ästuarien wird hier nicht eingegangen, da für sie Wärmelastpläne bestehen (ARGE Elbe, 1973; ARGE Weser, 1974). Bei kontinuierlichem Anfall von Abwärme aus Kraftwerken im Küstenbereich sollte in der Zukunft eine stärkere Nutzung in der Aquakultur von Fischen und Schalentieren erfolgen. Positive Erfahrungen in diesem Bereich, auf denen die weitere Arbeit aufbauen kann, liegen aus Großbritannien (Scholle, Seezunge, u. a.; KINGWELL, 1974) und der Bundesrepublik Deutschland (Emden: Aal; KUHLMANN, 1976) vor.

6 BELASTUNG DER NORDSEE DURCH ERDÖL UND ERDÖLPRODUKTE

568. Keine Belastung des Meeres erregt solche Aufmerksamkeit wie die Ölunfälle: Der Ursprung ist meist ein einzelnes Ereignis, das für jedermann verständlich ist und dramatisch abläuft. Ein Teil der Schäden an der Tierwelt wird erschreckend sichtbar, die Folgen an den Stränden berühren die Bevölkerung an der Küste immer wieder. Neben den akuten Schäden großer Ölunfälle und deren langfristigen Folgen sind auch die Konsequenzen des ständigen Öleintrags durch die Schiffahrt, durch Off-shore-Tätigkeit (Tz. 336) und vom Lande aus zu untersuchen. Wegen der Bedeutung der Ölverschmutzung für die Öffentlichkeit und wegen der Besonderheiten bei der Verhütung oder Verminderung dieser Belastung hat der Rat diesem Thema ein eigenes Kapitel gewidmet.

569. Die Ausgangslage für eine Untersuchung und für fundierte Empfehlungen ist schwierig. Das Risiko ist schwer bestimmbar, selbst die Tendenz der Entwicklung kann nicht vorhergesagt werden. Reduzieren die durch steigende Ölpreise und öffentliche Maßnahmen ausgelösten technischen Entwicklungen die Gefahr, oder überwiegt die Steigerung der Gefahren durch den Seeverkehr, gestiegene Tankergrößen und vermehrte Off-shore-Förderung? Schließlich ist auch eine Beurteilung der Wirksamkeit technischer und organisatorischer Vorkehrungen bei einem Unfall schwierig, zumal zumindest die deutschen Vorbereitungen sich noch nicht im Ernstfall bewähren mußten. Zwar gibt es über die Auswirkungen von Öl im Meer eine zahlreiche und gut dokumentierte Literatur, die Diskussion über die Vorbeugung und Bekämpfung der Unfälle wird jedoch meist intern geführt.

6.1 Eigenschaften von Öl und Ölprodukten und ihr Verhalten im Meer

6.1.1 Stoffliche Eigenschaften

570. Um das Verhalten des Öls im Meer und die unterschiedlichen biologischen und ökologischen Auswirkungen der Öle verschiedener Herkunft verstehen zu können, ist eine Kenntnis der stofflichen Eigenschaften der Rohöle erforderlich. Der Rat hält es deshalb für zweckmäßig, einführend die Öleigen-schaften zu beschreiben, zumal die Überlegungen hinsichtlich der Ölbekämpfungsmaßnahmen diese Eigenschaften berücksichtigen müssen.

6.1.1.1 Chemische Zusammensetzung der Rohöle

571. Rohöl ist ein komplexes Gemisch einer Vielzahl von organischen Verbindungen; der Gehalt an anorganischen Verbindungen ist vernachlässigbar. Es handelt sich um eine Vielkomponenten-Lösung, in der sich neben echt gelösten Bestandteilen auch kolloidal gelöste hochmolekulare Verbindungen sowie Gase befinden. Deshalb weisen die Komponenten des Rohöls extrem große Unterschiede in Dampfdruck (100 bar bis < 1 mbar) und Siedepunkten (von −190° bis 600°C) auf (TISSOT u. WELTE, 1978).

Da bei der Entstehung und während der Wanderung und Lagerung in den Lagerstätten unterschiedliche Einflüsse auftreten, bestimmt die Herkunft die chemischen und physikalischen Eigenschaften des Rohöls in weitem Umfang. Die Rohöle unterscheiden sich daher hinsichtlich ihrer Zusammensetzung und Eigenschaften nach Fördergebiet, Feld, Bohrloch, Teufe und Zeit (CLARK u. BROWN, 1977; HELLMANN u. ZEHLE, 1976). Die „Vollanalyse" eines Rohöls muß nicht nur für die Verarbeitung bekannt sein, sie erleichtert es auch, die möglichen ökologischen Schäden eines Ölunfalls abzuschätzen und eine wirksamere Bekämpfungsstrategie einzusetzen (NATALI, 1979). Durch die quantitative und statistische Auswertung von Analysenwerten läßt sich der „Fingerabdruck" einer Ölprobe aufstellen, der seit kurzem durch die US-Küstenwacht (USCG) zur Identifizierung auftretender Öllachen benutzt wird (JADAMEC u. KLEINBERG, 1978; KAWAHARA, 1974; THRUSTON u. KNIGHT, 1971).

572. Erdöl (Tab. 6.1) besteht zum größten Teil aus Kohlenwasserstoffen (bis zu 98%); daneben sind Verbindungen mit anderen Elementen (O, N, S, V, Ni) und ‚Asche' enthalten. Die Kohlenwasserstoffe lassen sich in verschiedene Stoffgruppen einteilen. Da sich die Zahl der möglichen Isomerverbindungen von Kohlenwasserstoffen mit steigender C-Atomzahl auf Tausende beläuft, wird die vollkommene Kenntnis der Zusammensetzung eines Rohöls wohl nie ganz möglich sein. Unter Berücksichtigung der Häufigkeit charakterisieren jedoch einige hundert Ver-

Tab. 6.1

Elementare Zusammensetzung von Rohöl

Element	Anteile in Gewichts-%	Stoffgruppe	
C	80 – 88	Kohlen-wasser-stoffe	
H	10 – 14		
O	0,1 – 7,0		Heteroverbindungen
N	0,02 – 1,1		
S	0,01 – 10 (auch bis 15)		
V	0,001 – 0,12		
Ni	< 0,01		
anorg. Salze (NaCl, MgCl$_2$ usw.)	< 0,1	(Asche)	

Quelle: nach ULLMANN (1975), CLARK u. BROWN (1977), GERLACH (1979)

bindungen Zusammensetzung und Eigenschaften der Rohöle. Die Zusammenfassung der häufigsten Verbindungen zu den folgenden Stoffklassen ermöglicht die Kennzeichnung der verschiedenen Rohöle.

Kohlenwasserstoffe

573. *Die Stoffklasse der Paraffin-Kohlenwasserstoffe (C_nH_{2n+2}) oder Alkane (Anteil am Rohöl 10 – 70 Gew.%) besteht aus gerade- („normal") und verzweigtkettigen („iso-")gesättigten Verbindungen vom Methan (CH$_4$) bis zu C-Atomzahlen von etwa n $\leq$ 40. Einzelne Stoffe mit n > 60 (bis 80) wurden auch identifiziert. Bis n = 4 sind Alkane unter Normalbedingungen (25° C, 1 bar) Gase, bei 5 < n < 16 Flüssigkeiten und n > 16 wachsartige oder feste Substanzen.*

Im Bereich C_5-C_{10} (Benzine) treten Iso-Verbindungen häufiger auf, während sich in den oberen C-Atomzahlbereichen überwiegend Normal-Alkane befinden (Wachse). Dazwischen liegt eine von der Struktur her charakteristische persistente Stoffgruppe, die sog. Isoprenoide (ca. C_{20}, z. B. Pristan, Phytan), die mehrfach Methylverzweigungen aufweisen und dem biologischen Abbau stark widerstehen. Der langfristige Abbauprozeß eines der Natur ausgesetzten Rohöls kann mit der Abnahme der n-C_{17}/Pristan- bzw. der n-C_{18}/Phytan-Molverhältnisse verfolgt werden (CALDER u. BOEHM, 1979).

Unter den Cycloparaffinen (Cn H$_{2n}$), auch Cyclo-Alkane oder Naphthene genannt (Anteil am Rohöl 30 – 80% des Gew.%), sind die Monocycloverbindungen mit mehrfachen Methylsubstitutionen am häufigsten. Neben diesen Cyclopentan- und Cyclohexan-Derivaten kommen Mehrringsysteme bis zur Ringzahl 6 (n $\approx$ 40) vor, letztere allerdings nur in hochsiedenden Fraktionen.

Die aromatischen Kohlenwasserstoffe (ungesättigte Ringsysteme mit einer spezifischen Elektronenstruktur) bilden eine weitere Stoffklasse (Anteil am Rohöl 20 – 30 Gew.% maximal etwa 50 Gew.%). Mehrfach substituierte Benzole, Naphthaline und Naphthenoaromate kommen in den niedrigeren Fraktionen häufig vor. In den hochsiedenden Fraktionen befinden sich hochkondensierte aromatische und naphthenoaromatische Verbindungen mit bis zu 6 oder 7 Ringen (oft mit Heteroatomen N, O, S, Tz. 574).

Hinsichtlich der Toxizität sind Paraffine verhältnismäßig unbedenklich und können von vielen Mikroorganismen-Arten leicht abgebaut werden, solange nur wenige Verzweigungen vorhanden sind.

Naphthene wirken in hohem Grade auf Meeresorganismen toxisch; sie sind gegen den mikrobiellen Abbau persistent. Die erhebliche Toxizität der Aromate wächst mit der Ringzahl bis zu einem Maximum bei 4 bis 5 Ringen. Es sind jedoch Mikroorganismen bekannt, die diese Stoffe nach einer Anlaufphase abbauen können (GERLACH, 1979).

Heteroverbindungen

574. Heteroelemente (O, S, N, Metalle) können im Rohöl Anteile bis zu 18 Gew.% erreichen. Die Nicht-Kohlenwasserstoff-Verbindungen sind in schwerem Öl meist stärker vertreten, im Boscan-(Venezuela-) Öl z. B. mit rd. zwei Drittel. Innerhalb der Heteroverbindungen handelt es sich um die Gruppen sauerstoff-, schwefel-, stickstoffhaltige Verbindungen, Porphysine und Asphaltene. Unter den Heteroverbindungen finden sich viele toxisch wirkende und/oder persistente Stoffe. Bei einer Reihe von Heteroverbindungen ist bekannt, daß sie von speziellen Mikroorganismen abgebaut werden.

Die organischen Sauerstoffverbindungen können sauer (insbesondere Carbonsäuren, Fettsäuren, Naphthencarbonsäuren sowie Phenole) und neutral (Ketone, Ester, Harze u.a.) sein. Sie wirken giftig auf die meisten Meeresorganismen. Naphthenreiche Rohöle enthalten aus dieser Stoffgruppe insbesondere Naphthencarbonsäuren, deren biologischer Abbau wegen Giftwirkung und Persistenz doppelt erschwert ist.

Schwefel kommt in anorganischer Form als Schwefelwasserstoff („Sauergas") im Rohöl vor; dieser wird aber schon während der Vorbehandlung des Öls am Feld entfernt. Wichtiger sind die organischen Schwefelverbindungen, darunter aliphatische, naphthenische und aromatische Merkaptane, Thioäther (Sulfide), Sulfone, Thiophenderivate, Thiaverbindungen und Asphaltene. In die niedrigsiedenden Fraktionen (<200° C) gelangen einfachere Merkaptane und Sulfide, das Gros des Schwefels gerät allerdings in die hochsiedenden Fraktionen und Rückstände als cyclische Sulfide und Thiophenderivate. Während der Verarbeitung wird ein großer Anteil des Öls entschwefelt und der Schwefelgehalt zu Elementarschwefel, zu Schwefel- oder Schwefelsäure-Produkten umgewandelt; der Rest geht bei Verbrennungsprozessen in Schwefeldioxid über.

Schwefelarmes Rohöl wird zwar überall bevorzugt, ist aber bereits heute knapp und es muß dafür ein Qualitätszuschlag bezahlt werden. Die in westeuropäischen Häfen in den größten Mengen angelandeten Rohölarten (Mittlerer Osten) enthalten 1 bis 4% (Durchschnitt =2,5%) Gesamtschwefel, Afrika-Rohöle (Libyen und Ni-

212

geria) bzw. Nordseeöl weniger als 1%. Bei Rohölen aus West-Venezuela treten nicht selten 5% Schwefel auf. Ein linearer Zusammenhang zwischen Dichte und Schwefelgehalt konnte festgestellt werden (ICES, 1975, S. 13): Schweröle haben immer größere Mengen an schwerflüchtigen oder unlöslichen Schwefelverbindungen.

Organische Stickstoffverbindungen (Anteil am Rohöl 0,5 bis 15 Gew.%, als N bis 1,1 Gew.%) konzentrieren sich in den hochsiedenden Fraktionen bzw. Rückständen. Sie sind basisch oder neutral und gehören der Klasse kondensierter aromatischer Stoffe an, deren Abbau meist sehr langsam abläuft.

Porphyrine werden als Sondergruppe der Stickstoffverbindungen betrachtet (oft mit komplex gebundenem Nikkel und Vanadium) und kommen in niedrigeren Konzentrationen (1 – 3 500 mg/l) vor. Metalle liegen aber auch in Form von anderen Verbindungen als Porphyrine vor. Insgesamt wurden etwa 40 Spurenelemente – überwiegend Metalle – nachgewiesen; sie tragen zu einer Giftwirkung des Öls nur unwesentlich bei. Das Vanadium-Nickel-Verhältnis (V/Ni) ist für die Herkunft des Öls charakteristisch und ändert sich während der Alterung des Öls im Meer nicht, es kann daher zur Identifizierung von Ölverunreinigungen herangezogen werden (THRUSTON u. KNIGHT, 1971; KAWAHARA, 1974).

Asphaltene bilden eine Sondergruppe von Heteroverbindungen; sie spielen bei Alterung des Öls an der Meeresoberfläche eine wichtige Rolle. Die Asphaltene sind kolloidale, hochmolekulare, in apolaren Kohlenwasserstoff-Lösungsmitteln unlösliche C-, H-, N-, O-, S- (und gelegentlich metall-)haltige Verbindungen mit weitgehend unbekannter Molekularstruktur. Ihr Anteil macht durchschnittlich 20% aus, aber höhere Werte (30 – 40%) sind in Naturasphalten, Teersand- und Schieferölen nicht ungewöhnlich. Die mittlere Molekularmasse liegt zwischen 1 000 und 10 000. Nach den bisherigen Erkenntnissen sollen in einem Molekül 3 – 5 Untereinheiten von hochkondensierten aromatischen Polyzyklen (10 – 20 Ringe, teils Heterozyklen) mit aliphatischen und naphthenischen Seitenketten vorhanden sein (ICES, 1975).

Asphaltene können von Mikroorganismen kaum angegriffen und abgebaut werden (HELLMANN u. MÜLLER, 1975).

6.1.1.2 Erdölfraktionen – Mineralölprodukte

575. Infolge des Bemühens mehrerer Förderländer, die Rohölverarbeitung selbst vorzunehmen, sind bei Schutz- und Vorsorgemaßnahmen für die Nordsee auch Meeresverschmutzungen durch Mineralölprodukte zu berücksichtigen. Wichtige Eigenschaften der Erdölfraktionen und Mineralölprodukte seien daher kurz besprochen. Bei der Erdölverarbeitung wird das Rohöl zunächst nach Siedebereichen getrennt. Nacheinander entstehen:

– *Petrolgas („LPG") (<20° C) enthält Methan, Äthan, Propan, Butane und Butene.*

– *Rohbenzin („Naphtha") mit einem Siedebereich zwischen 20 und 150 (oder 200) °C alle Arten von C_5-C_{10}-(C_{12})-Verbindungen. Es wird zu Vergaser-Kraftstoff und Kunststoffen verarbeitet.*

– *Mitteldestillate enthalten C_{10}-C_{20}-Verbindungen und werden zwischen ca. 145 – 370° C in mehrere Fraktionen getrennt.*

Da die Fraktionsschnitte nach der Herkunft des Rohöls und dem Verwendungszweck unterschiedlich ge-

wählt werden, seien nur die gebräuchlichen Bezeichnungen genannt. In der Reihenfolge steigender Siedebereiche unterscheidet man Düsenkraftstoff, Dieselkraftstoff, leichtes Heizöl und Gasöle.

In der direkt gewonnenen Form (straight run) werden die Rohdestillate selten verwendet, aber oft transportiert und in einer anderen Anlage weiter verarbeitet (Entschwefelung, Zumischung usw.). Chemisch gesehen enthalten die Mitteldestillate sowohl die ökologisch relativ unbedenklichen n-Paraffine als auch toxisch wirkende Verbindungen beispielsweise Naphthenoaromate.

– *Die schweren Fraktionen (z. T. Rückstände) sieden über 370° C. In diesen Fraktionen befinden sich C_{20}-C_{40}-Verbindungen von den verschiedensten Stoffgruppen hohen Molekulargewichts. Rückstandsöle können im Vakuumprozeß (370 – 540° C) noch getrennt oder dem schweren Heizöl beigemischt werden. Die Vakuumdestillate finden als schwere Schmieröle Anwendung. Die Vakuumrückstände (Bitumina, auch Asphalte genannt) sind als Bindemittel vielfach verwendbar und bestehen aus Asphaltenen (CLARK u. BROWN, 1977).*

Im Nordsee-Tankschiffverkehr werden außer Rohölen Leicht- und Mitteldestillate transportiert. Schwere Produkte bedürfen beim Be- und Entladen der Aufwärmung; sie eignen sich deshalb wenig zum Transport in Großraumschiffen, werden jedoch als Treib- oder Brennstoff (Bunker-C-Öl) mitgeführt.

6.1.1.3 Eigenschaften, Bestimmungsgrößen, Klassifizierung

576. In weitgehender Abhängigkeit von der chemischen Zusammensetzung gibt es eine Reihe von miteinander eng zusammenhängenden Eigenschaften, die sowohl für die Verarbeitung wie auch beim Verhalten im Meer von entscheidender Bedeutung sind. Angesichts der Komplexität des Gemisches Rohöl werden oft empirisch ausgewählte Kenngrößen unter Verwendung willkürlicher, aber durch Konvention festgelegter Einheiten zur Kennzeichnung der Rohöle und Mineralölprodukte verwendet.

In Hinblick auf ihre Umweltrelevanz sind vor allem folgende Eigenschaften zu beachten:

– mittlere Molekularmasse,

– Dichte (in g/cm^3 bei 60°F $\simeq$ 15,6°C und in °API),

– Ausbeute an Fraktionen und Stoffgruppen,

– Dampfdruckkurve,

– Flammpunkt,

– Viskosität (nach verschiedenen Definitionen, bei unterschiedlichen Temperaturen),

– Kälteverhalten (pour point, Stock- oder Fließpunkt),

– Löslichkeit in Wasser, Emulsionsbildung,

– Löslichkeit in Fett.

577. *Die mittlere Molekularmasse (in der Regel die zahlgemittelte Molmasse $\overline{M}_n$) läßt sich für Erdölfraktionen definieren. Die Molmassenverteilung der Rohölfraktionen und die im Öl vorhandenen Strukturgruppen*

bestimmen die Eigenschaften und das mögliche Verhalten des Öls im Meer im weitesten Sinne. Mit steigender Molmasse nimmt z. B. der Siedebereich stark zu bzw. der Dampfdruck rasch ab; dagegen ist die Zunahme der Dichte relativ beschränkt und auch von anderen Faktoren (z. B. Schwefelgehalt) beeinflußt. In Kenntnis dieser Analysendaten können die Anteile der auf dem Meer verdunstenden und treibenden Substanzen abgeschätzt werden.

578. Eine der wichtigsten Eigenschaften ist die Dichte des Rohöls und der Ölprodukte; sie wird bei der Bezeichnung herangezogen. Bei Handelsnamen wird die willkürliche API-Dichte angegeben, z. B. „Quatar Dukhan-40" ($\triangleq$ 0,825 g cm^{-3}). Die Dichte der leichtesten Rohöle liegt bei d_{15} = 0,750 g cm^{-3} (57,2° API), die der schwersten um d_{15} = 0,998 g cm^{-3} (10,3° API). Dichten oberhalb von 1,000 g cm^{-3} kommen nur bei Bitumina und biologisch besiedelten Teerklumpen vor. Die Dichte nimmt mit steigender Temperatur ab.

Zur Klassifizierung der Erdöle wurden zahlreiche Versuche unternommen. In erster Näherung wird zwischen „leichten" (d_{15} = 0,750 bis 0,860 g cm^{-3}) und „schweren" (d_{15} >0,860 g cm^{-3}) Rohölen unterschieden, auch in den Handelsnamen. „Iranian light 34" $\triangleq d_{15}$ = 0,8549 g cm^{-3}. Leichte Rohöle mit Dichten unter ca. 0,850 g cm^{-3} haben in der Regel größere Anteile an leichtflüchtigen Komponenten („Norwegian Ekofisk-36" $\triangleq d_{15}$ = 0,843 g cm^{-3}). Eine weitere Beschreibung versucht, die Dichte und die Strukturgruppen miteinander zu verknüpfen. So entstehen drei Hauptklassen (paraffin-, naphthen- und gemischtbasische Rohöle) sowie – durch weitere Unterteilung – Untergruppen und Sonderklassen (Tab. 6.2).

Diese Klassifizierung bezeichnet Struktur und mögliches Verhalten im Meer nur unzureichend. Es gibt z. B. entgegen dem Normalverhalten leichtflüssige Rohöle mit hoher Dichte (d_{15} = 0,869 g cm^{-3}, Kuweit −31,3) oder zähflüssige Öle mit niedrigerer Dichte (Iranian light Agha Jari 34,2, d_{15} = 0,854 g cm^{-3}).

579. Unter Einsatz anspruchsvollerer Analyse-Methoden (DGMK, 1979) lassen sich die Strukturgruppen (in Abschn. 6.1.1.1) in den vorgetrennten Rohölproben immer feiner aufschlüsseln. Diese Daten über die Ausbeute der Fraktionen und deren Zusammensetzung nach Stoffgruppen sollten im Falle eines Tanker- oder Ölbohrunglücks zur Verfügung stehen, um den Verlauf der Abbauprozesse und den Typ der Gefährdung voraussagen sowie das Bekämpfungsverfahren optimieren zu können.

580. Hoher Dampfdruck (0,5 bis 1 bar bei 38°C) deutet auf hohen Gehalt an leichtflüchtigen – brennbaren – Komponenten hin, z. B. Methan bis Pentan bzw. Benzinkomponenten. Kuwait- oder Nordsee-Öl mit einem Dampfdruck um ca. 0,6 bar können sich innerhalb von einem Tag durch Verdunstung auf 60% der Ausgangsmenge verringern. Die ökologisch bedenklichen giftigen oder persistenten Stoffe (z. B. Mitteldestillate) verbleiben jedoch wegen ihres geringen Dampfdruckes wesentlich länger im Meer als die leichtflüchtigen Komponenten. Auch diese Stoffe treten aufgrund ihrer Flüchtigkeit (Volatilität) in die

Tab. 6.2

Klassifizierung von Rohölen

Klasse („Basis")	d_{15} (g cm^{-3})	Stoffgruppen				Vorkommen
		Paraffine	Naphthene	Aromaten	Harze und Asphalt	
P	0,750−0,830	> 75 %	Rest	Rest	Rest	Arabien, Irak, USA, Canada, Afrika, Nordsee
N	0,860−0,980	Rest	> 70 %	Rest	Rest	USA, Venezuela, Borneo, Sumatra, Java, UdSSR
P−N	0,835−0,855	60−70 %	> 20 %	Rest	Rest	Iran, Irak-Kirkuk, USA, Kaukasus, Niedersachsen, Nordsee
AR	0,850−0,890	Rest	Rest	> 50 %	Rest	Borneo
AS	> 0,980	Rest	> 10 %	> 20 %	> 60 %	Trinidad
P−N−AR	k. A.	> 25 %	> 25 %	25 %	Rest	Kaukasus
N−AR	k. A.	Rest	> 35 %	> 35 %	Rest	Burma, USA (Calif., Texas)
N−AR−AS	k. A.	Rest	> 25 %	> 25 %	> 25 %	USA (Calif., Texas, Golf of Mex.)
AR−AS	> 0,860	Rest	Rest	> 35 %	> 35 %	Mexico, Ural

P = Paraffin   P−N = Gemischt   AS = Asphalt
N = Naphthen   AR = Aromaten   k. A. = keine Angabe

Quelle: LEHMANN (1964), ergänzt nach ULLMANN (1975), MALINS (1977) u. a.

Atmosphäre über und zwar im Verhältnis ihres Dampfdrucks zum Dampfdruck des Wassers; bei starker Wasserverdunstung ist deshalb auch die Verdunstung der Schadstoffe entsprechend größer. In der Luft werden die Stoffe luftchemischen Prozessen ausgesetzt und dadurch stärker zersetzt als wenn sie im Wasser verblieben.

581. *Der Flammpunkt hängt ebenfalls vom Gehalt an leichtsiedenden Komponenten ab. Er ist nicht nur von der Provenienz des Rohöls sondern auch davon abhängig, wie weit die unter 20° C siedenden Bestandteile (C_1-C_5-Paraffine) noch am Bohrfeld entfernt worden sind („Stabilisierung"). (Diese Gase werden heute noch zum größten Teil an Ort und Stelle abgefackelt, besonders bei Off-shore-Bohrplattformen. Neben erheblichen Energieverlusten wird die Umwelt geschädigt.) Je nach Herkunft und Stabilisierungsgrad treten Flammpunkte zwischen −20° C und +80° C auf. Je niedriger sie liegen, desto größer ist die Explosions- und Brandgefahr. Öl besteht ausschließlich aus brennbaren Komponenten, allerdings müssen hochmolekulare Komponenten ständig mit einer Flamme in Berührung kommen, um brennen zu können. Ölrückstände (schweres Heizöl, Bitumina) bedeuten wegen ihrer hohen Flammpunkte nur eine sehr niedrige Brandgefahr und keine Explosionsgefahr. Die Handhabung von Rohölen und Leichtdestillaten (Kraftstoffe, leichtes Heizöl) bedarf dagegen eines wirksamen Explosionsschutzes sowohl in der Schiffahrt und in den Häfen wie auch bei Off-shore-Tätigkeiten und Ölbekämpfungsmaßnahmen. Besondere Vorsicht ist auch bei den leichten Rohölen (Nordseeöl, Arabian und Nigerian light) geboten.*

Für Flüssiggase (LNG und LPG), deren Transport nach Wilhelmshaven geplant ist, kommt dem Explosionsschutz entscheidende Bedeutung zu. Im Falle eines Unglücks mit einem Flüssiggastanker verursachen die ausströmenden Erdgas- bzw. leichtflüchtigen Erdölkomponenten zwar keine Wasserverschmutzung, aber die Explosion des entstehenden Gas-Luft-Gemisches durch Funken ist nahezu unvermeidlich. Dann können nahe gelegene Öltanklager oder Tanker vom Großbrand ebenfalls betroffen werden.

582. *Die Viskosität nimmt – je nach Provenienz und dadurch nach dem Verhältnis von Verbindungen niedrigerer und höherer Molekularmasse – verschiedene Werte an. Mit sinkender Temperatur erhöht sie sich stark. Das rheologische Verhalten von Erdölen weicht bei niedrigeren Temperaturen und während der Alterung auf der Meeresoberfläche vom rein Newtonschen Fließen ab (ULLMANN, 1975; HELLMANN u. MÜLLER, 1975). Je nach Rohöltyp tritt entweder Strukturviskosität (bei naphthenbasischen Erdölen) oder Plastizität und Thixotropie (wie z. B. bei paraffinbasischen Rohölen) auf. Die Strukturviskosität wird durch das Tieftemperaturverhalten von hochmolekularen Asphaltenen, die Thixotropie durch die Ausscheidung von Paraffinen verursacht.*

Die strukturbedingte Viskosität führt dazu, daß sich Dichte und Viskosität gegenläufig verhalten können.

Bei der Bekämpfung vieler Ölverschmutzungsfälle war die hohe Ölviskosität der begrenzende Faktor (HELLMANN u. ZEHLE, 1972). Neuere Geräte zur Ölbekämpfung berücksichtigen die starke Temperaturabhängigkeit der Viskosität und setzen Vorwärmer ein.

583. *Das Kälteverhalten (Tieftemperatur-Viskositätsverhalten) des Öls bzw. von Ölprodukten kann durch*

einen empirischen Wert, den „pour point" (Stock- oder Fließpunkt) gekennzeichnet werden. Er bezeichnet den tiefsten Temperaturbereich, in dem das Öl noch flüssig ist. Der Stockpunkt ist stark von der chemischen Struktur, insbesondere den Anteilen der Paraffine und Bitumina, abhängig und liegt für Rohöle zwischen −40 und +50° C. Die Kenntnis des Stockpunktes ist nicht nur bei Transportvorgängen an Land (Verpumpen) wichtig; ausgelaufenes Öl hohen Stockpunktes verhärtet sich unter Nordseewetterverhältnissen sehr bald, besonders in kalten Jahreszeiten. Der hohe Stockpunkt des Ekofisk-Öls (+20° C) und die niedrige Wassertemperatur (5−6° C) trugen wesentlich dazu bei, daß beim Bravo-Blow-Out der Ölteppich schnell in „Ölkuchen" auseinanderbrach und anschließend die Ölkuchen zu Restölbröckchen zerfielen.

584. *Die Wasserlöslichkeit der Erdölkomponenten liegt im ppm-Bereich, dies folgt aus dem überwiegend apolaren chemischen Charakter und der großen Molmasse der Erdölverbindungen im Vergleich zu den kleinen und polaren Wassermolekülen. Deshalb entstehen bei einem Ölauslauf Zweiphasensysteme, d. h. schwimmende Öle mit geringem echt gelöstem Wassergehalt, obere Wasserschichten mit geringem echt gelöstem Ölgehalt sowie Emulsionen. Von den Kohlenwasserstoffen lösen sich Alkane im Wasser nur sehr begrenzt; die Wasserlöslichkeit nimmt mit steigender C-Atomzahl zwischen 1 und 5 zu, dann rasch ab. Die Löslichkeitsgrenze für polare organische Stoffe liegt höher (Tab. 6.3).*

Trotz der geringen Wasserlöslichkeit von Erdölkomponenten kann die Gesamtmenge der echt gelösten organischen Verbindungen nach einem größeren Ölverlust beträchtlich sein (nach EXXON (1979) 1 000 t auf 20 000 t Rohöl).

Die Heteroverbindungen – mit Ausnahme von niedrigmolekularen Schwefel- und Sauerstoffverbindungen – befinden sich vorwiegend unter den Asphaltenen, die im Rohöl in kolloidaler Form vorliegen. Diese bituminösen Stoffe haben zwar polare Gruppen, zeichnen sich durch wasserabstoßendes (hydrophobes) Verhalten aus (s. Verwendung als Isolierschicht) und bilden weder normale noch kolloidale[1]) Lösungen mit Wasser.

Die Komponenten der Mitteldestillate (höhere Paraffine, Naphthene, Naphthenoaromaten und Aromate, auch Heterocyklen) lösen sich praktisch nicht mehr in Wasser, bilden aber häufig mittelstabile Wasser-in-Öl-Emulsionen. Dagegen bilden sich stabile Öl-in-Wasser-Emulsionen erst bei Zugabe von Detergenzien, Naturprozesse genügen dafür nicht (Tz. 665).

585. *Die Fettlöslichkeit und der Fettverteilungskoeffizient der Rohöle bzw. ihrer Komponenten und der daraus gebildeten Metabolite ist entscheidend für die Bioakkumulation. Im Gleichgewicht bestimmt sich die Anreicherung bei der Bioakkumulation bezogen auf Fett weitgehend aus dem Verhältnis der Löslichkeit in Fett und der Löslichkeit in Wasser, d. h. dem Fettverteilungskoeffizienten, der sich experimentell durch Ausschütteln mit Oktanol und Wasser oder mit Olivenöl und Wasser bestimmen läßt. Die Fettlöslichkeit selbst bestimmt, wie-*

---

[1]) Zur Herstellung von Bitumenemulsionen werden chemische Hilfsstoffe (Emulgatoren) und mechanische Mittel (Scherkräfte durch starke Durchmischung) eingesetzt. Dies läßt sich allerdings nicht mit den Verhältnissen nach einem Ölauslauf vergleichen.

Tab. 6.3

Wasserlöslichkeit einiger Stoffe

	Substanz	C-Atomzahl	Temperatur °C	Löslichkeit in Wasser
org. apolare Stoffe	Methan	1	20	2,7 mg/kg (= ppm)
	Äthan	2	20	50 mg/kg (= ppm)
	n-Pentan	5	16	360 mg/kg (= ppm)
	n-Hexan	6	15	140 mg/kg (= ppm)
	n-Heptan	7	15	50 mg/kg (= ppm)
	n-Oktan	8	16	20 mg/kg (= ppm)
	Naphthalin	10	25	30 mg/kg (= ppm)
org. polare St.	Phenol	6	15	7,6 Gew.-%
	i-Buttersäure	4	20	18,0 Gew.-%
	Stearinsäure	18	25	300 mg/kg
	Cyclohexanol	6	20	3,5 Gew.-%
	Cyclopentanon	5	20	geringfügig
Salz	Kochsalz	–	0	26,3 Gew.-% (gesättigte Lösung)

Quelle: PERRY et al. (1965)

viel von den Schadstoffen ins Gewebe übergehen kann, wenn die Konzentration im Wasser für eine Sättigung ausreicht. Die Bestimmung der Fettlöslichkeit und des Fettverteilungskoeffizienten ist Bestandteil der vorgesehenen Umweltverträglichkeitsprüfung chemischer Stoffe; sie sollte auch für Rohöl und Ölprodukte vorgenommen werden, um eine Vorstellung von mutmaßlichem Anreicherungsverhalten in Fischen und sonstigen Meeresfrüchten zu erhalten.

586. Einen Überblick über die umweltrelevanten Eigenschaften einiger wichtiger Rohöle bietet Tab. 6.4. Die Tabelle versucht, einen Eindruck von der Vielfalt der Rohöleigenschaften hinsichtlich Dichte, Schwefelgehalt, Zähigkeit, Stockpunkt, Vanadium- und Nickelgehalt sowie stofflicher Zusammensetzung – bei letzterer, soweit Angaben vorliegen – zu geben.

Tab. 6.5

Für die Bundesrepublik Deutschland bestimmte Rohölanlandungen im ersten Halbjahr 1979

	Häfen	t	%
Nordsee	Elbhäfen (Hamburg, Brunsbüttel)	6 967 653	12,92
	Weser-, Jade-, Ems-Häfen (Bremen, Wilhelmshaven, Emden)	13 861 689	25,71
	Rhein-, Schelde-Häfen (Rotterdam, Antwerpen)	7 738 252	14,43
	Nordseehäfen gesamt	28 567 774	53,00
	Deutsche Häfen gesamt	20 829 342	38,63
	Mittelmeerhäfen gesamt	25 348 307	47,00
	Gesamt	53 916 081	100,00

Quelle: AEV (1979)

Tab. 6.4

Umweltrelevante Daten einiger ausgewählter Rohöle

Daten		Naher und Mittlerer Osten					Afrika			Nordsee		Venezuela	
Herkunft/Handelsname		Arab. Light (Berry)	Qatar Dukhan	Iraq Kirkuk	Iranian Light	Kuwait	Libya Brega	Nigerian Bonny light	Algerian Hassi M.	Norwegian Ekofisk	GB Forties Field	Boscan	Bachaquera Zulia
Dichte d_{15}	g cm^{-3}	0,831	0,821	0,845	0,856	0,869	0,824	0,837	0,803	0,843	0,835	0,998	0,954
API-Dichte	°API	39	40,9	35,9	33,5	31,3	37,6	37,6	44,7	36,3	38	10,3	16,8
Klassifikation		PG	G	PG	G	G	G	G	P	G	G	N	N
Schwefel (Ges.)	Mass.-%	1,10	1,29	1,95	1,4	2,5	0,14	0,13	0,13	0,21	0,29	5,5	2,40
Kinem. Viskosität/38 °C	cSt	5,65	~30	4,61	6,41	9,6	9,0	36,0	1989	42,5	4,2	90000	1362
Fließ-(Stock-)punkt	°C	−34,4	−20	−36	−6,7	−4	+24	−15	−52	20	0	15,6	−23,3
Vanadium/Nickel	ppm/ppm	12/7		20/1	35/13	31/9,6	0,5/	<0,5/4	<0,5/0,7	0,76/1,9	10/7	1200/150	437/75
C$_4$ u. leichter	Vol.-%		7,9		1,9	2,52	2,3	2,2		1,0	4,0	–	–
Benzinfraktion (C$_5$– 150 °C)	Vol.-%	10,5	31,3	12,5	8,1	16,65	17,3	28,4	11,3	31,0	18,75	4,0	8,5
Paraffine	Vol.-%	87,4	58,0	80	50,0			34	80,8	56,5	81		27,6
Naphthene	Vol.-%	10,7	20,0	18	33,0			55	15,5	29,5	17		58,5
Aromaten	Vol.-%	1,9	22,0	2	17,0			11	3,7	14,0	2		13,9
Mitteldestillat (150–370 °C)	Vol.-%	48,9	34,3	53,1	51,3	35,15	37,4	38,6	55	29,2	39,80	17,0	20,5
Fließpunkt	°C	−12,2	−15		−37								
Paraffine	Vol.-%	66,3	58,0	69	54,0				56,5		47,5		19,2
Naphthene	Vol.-%	20,0	20,0	21	30,0				32,9		38,5		54,8
Aromaten	Vol.-%	13,7	22,0	10	16,0				10,6	13,1	14		26,0
Rückstandsöl (>370 °C)	Vol.-%	38,0	26,5	34,4	45,4	45,75	43,0	7,7	28,18	38,8	36,0	~75	15,6
Fließpunkt	°C	24	38	30,0	23,9				18	29,4		~70	
Schwefel	Mass.-%	2,04	2,34	4,0	2,4	4,16	0,15	0,39	0,31	0,39	0,65		3,0
Vakuumdestillat (370–525 °C)	Vol.-%	7,4				19,85	22,9				20,40		
Vakuumrückstand (>525 °C)	Vol.-%	6,2			18,6	25,90	21,1				15,60		

(Zeilengruppen links: Gesamtrohöl — Siedeanalyse, Ausbeute)

P = Paraffin   N = Naphthen   G = Gemischt

Quelle: BERGHOFF (1968), RUMPF (1969) und AALUND (1976)

6.1.1.4 Öltransporte auf der Nordsee

587. Da, wie bereits bemerkt, die Eigenschaften des Rohöls für die Bekämpfungsmaßnahmen bei Ölunfällen wesentlich sind, ist die Kenntnis der Herkunft des transportierten Öls von großer Bedeutung. Mehr als die Hälfte der bundesdeutschen Rohöleinfuhr wird in Nordseehäfen angelandet, die Verteilung auf die einzelnen Häfen zeigt Tab. 6.5. Die Außenhandelsstatistiken geben die Einfuhren nach Herkunftsländern an. Die für Umweltbelange wichtige Verknüpfung von Rohölsorten und Ölhäfen ist bisher nicht in Statistiken belegt. Das Wasserwirtschaftsamt Wilhelmshaven hat allerdings für 1970 und 1974 eine Aufgliederung der Ölanlandungen in Wilhelmshaven publiziert (WWA, 1979).

Insgesamt läßt sich eine Schwerpunktverlagerung der Einfuhren auf afrikanische (Libyen, Nigeria) und europäische (Norwegen, Großbritannien) Herkunft feststellen. Dies bedeutet einen zunehmenden Anteil der leichteren – paraffinischen und paraffinisch-gemischtbasischen, schwefelärmeren – Öle an der Gesamtversorgung. Bei der Versorgung im Juli 1979 trugen Libyen, die Nordsee, Saudi-Arabien, Nigeria und Iran – in dieser Reihenfolge – mit insgesamt zwei Drittel zur Gesamtmenge bei. Es wurden die in Tab. 6.6 eingeführten Ölsorten in großen Mengen in die Bundesrepublik Deutschland über Häfen und Rohrleitungen verschifft.

Über Transportvorgänge mit Mineralölprodukten auf der Nordsee stehen noch keine aufgeschlüsselten Daten zur Verfügung. Zur besseren Vorbereitung auf mögliche Ölunfälle sollten die Häfen über eine ständige Übersicht der anzulandenden Rohöl- und Produktmengen nach Sorten verfügen („Ölkataster").

Tab. 6.6

Dichte wichtiger Rohöle

Rohölname, API-Grad	Dichte d_{15} in g cm^{-3}
Libya Brega - 40	0,825
Norwegian Ekofisk - 41,5	0,818
GB Forties Field - 38	0,835
Arabian Berry - 39	0,823
Nigeria Bonny - 37	0,834
Iranian Light - 34	0,854
Algeria Saharan - 44	0,806
Qatar Dukhan - 40	0,825
Iraq Kirkuk - 36	0,845

Quelle: MWV (1980)

6.1.2 Verhalten von Öl im Meer

588. Bei der Freisetzung größerer Ölmengen auf See bei Tanker-, Pipeline- und Bohrplattformunglücksfällen spielen sich komplexe Vorgänge ab, deren Verlauf im einzelnen Art und Ausmaß der Umweltfolgen bestimmt. Neben der Zusammensetzung des Erdöls bestimmen Temperatur, Windverhältnisse, Wellengang und Strömung den Ablauf der Ereignisse. Eine Übersicht über das Schicksal des Öls bietet Abb. 6.1; man unterscheidet insbesondere zwischen rasch ablaufenden Vorgängen (Kurzzeitprozesse) und länger währenden Umwandlungen (Langzeitprozesse). Die folgenden Ausführungen stützen sich weitgehend auf den Bericht von HELLMANN u. MÜLLER (1975).

6.1.2.1 Kurzzeitprozesse

589. Die physikalischen Primärprozesse wie Ausbreitung, Verdunstung, Lösung und Emulsionsbildung spielen sich in einer Zeitspanne von Stunden bis zu wenigen Tagen ab. Die Dauer ist durch die Ölsorte und die Naturverhältnisse an der Meeresoberfläche bedingt; deshalb kann Emulsionsbildung auch zu den Langzeitprozessen gezählt werden. Zur Veranschaulichung der Bedeutung dieser Kurzzeitprozesse für die Umweltfolgen von Ölaustritten werden die verschiedenen Vorgänge kurz beschrieben.

590. *Ausbreitung. Ausgelaufenes Öl breitet sich auf ruhiger Wasserfläche sehr schnell aus, bis nur ein dünner Ölfilm zwischen 0,1 μm und 0,1 mm Schichtdicke bleibt. Die Geschwindigkeit der Ausbreitung hängt von der Viskosität und Oberflächenspannung des Öls ab, die ihrerseits eine Folge der Zusammensetzung, der Temperatur und des Stockpunktes ist. Bei hoher Viskosität und/oder niedriger Temperatur erfolgt die Ausbreitung vergleichsweise langsam. Die Ausbreitung, d. h. die Vergrößerung der spezifischen Oberfläche, ist die notwendige Vorstufe für die folgenden Umwandlungsprozesse.*

591. *Verdunstung. Parallel zur Ausbreitung verläuft die Verdunstung. Die C_1-C_{12}-Kohlenwasserstoff-Komponenten verdunsten entsprechend ihren unterschiedlichen Dampfdrücken. Temperatur und Wind spielen auch hier eine wichtige Rolle; höhere Temperatur beschleunigt die Verflüchtigung (Temperaturabhängigkeit des Dampfdruckes), starker Wind trägt durch Luftaustausch zur Verdunstung bei, solange nicht durch starken Wellengang Ölschlamm (Wasser-in-Öl-Emulsion) gebildet wird. Im Ölschlamm verbleiben die flüchtigen Bestandteile länger als im Ölfilm. Paraffin- und gemischtbasische Öle zeigen Verluste durch Verdunstung bis zu 60%, während aus naphthen- und asphaltreichen Ölen und Restölen die Verdunstung der flüchtigen Komponenten viel langsamer abläuft (bis zu einigen Jahren).*

Verdunstete Ölbestandteile bleiben als Luftimmissionen weiter bestehen und können dann luftchemischen Umwandlungen unterliegen. Besonders unter Nordsee-Wetterverhältnissen darf man annehmen, daß ein Teil dieser luftfremden Stoffe mit dem Niederschlag wieder ins Meer geleitet wird, darüber hinaus ist auch mit einer Verfrachtung über Land zu rechnen.

Abb. 6.1

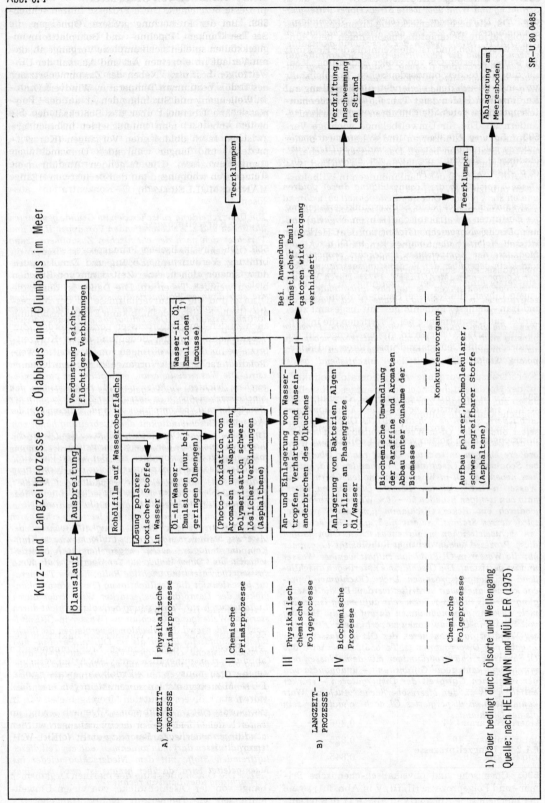

Kurz- und Langzeitprozesse des Ölabbaus und Ölumbaus im Meer

SR–U 80 0485

1) Dauer bedingt durch Ölsorte und Wellengang

Quelle: nach HELLMANN und MÜLLER (1975)

A) KURZZEIT-PROZESSE

I Physikalische Primärprozesse

II Chemische Primärprozesse

B) LANGZEIT-PROZESSE

III Physikalisch-chemische Folgeprozesse

IV Biochemische Prozesse

V Chemische Folgeprozesse

592. *Verdriftung. Ausgelaufenes Öl kann durch Strömung und Wind über weite Strecken verdriftet werden. Die Drift beträgt etwa 60% der Strömungsgeschwindigkeit und 2–4% der Windgeschwindigkeit (GERLACH, 1979). Wegen der Geschwindigkeitsdifferenzen während der Verdriftung treten Scherkräfte auf, die den Stofftransport (Lösung, Emulsionsbildung) zwischen den öligen und wäßrigen Phasen beschleunigen. Wegen der Verdunstung nimmt die treibende Ölmasse ab bzw. ihre Viskosität zu; aus dem zähflüssiger werdenden Ölteppich lassen sich Stoffe immer schwerer auslaugen.*

593. *Lösung. Die Wasserlöslichkeit von niedrigmolekularen polaren organischen Verbindungen (Heteroverbindungen) übertrifft diejenige von apolaren Stoffen (z. B. Alkane) um Zehnerpotenzen.*

Deshalb spielt sich die Lösungsbildung dieser polaren und oft stark giftigen Ölbestandteile schnell ab, während die ohnehin begrenzt löslichen Komponenten die Gleichgewichts-Konzentration bei weitem nicht erreichen können. Die Lösungsgeschwindigkeit von C_2-C_{10}-Alkanen ist dem Molbruch der Komponenten im Öl direkt, der Molmasse der Komponenten umgekehrt proportional, und klein gegenüber der Verdunstungsgeschwindigkeit der Komponenten (McAULIFFE, 1977). Durch Verdunstungsvorgänge sinken die zunächst auftretenden Konzentrationen von 2–60 µg Alkane je kg Wasser auf Werte unter 1 µg/kg ab.

Wenn die Bedingungen für photochemische Prozesse günstig sind (Abb. 6.1, Prozeß II), entstehen neben den schon vorhandenen polaren Ölbestandteilen ähnliche polare Stoffe, die unmittelbar anschließend gelöst werden.

594. *Emulsionsbildung. Unter die Kurzzeitprozesse läßt sich die Entstehung von zwei Emulsionstypen eingliedern, sofern es sich um leichtes Öl handelt. Von selbst bilden sich Öl-in-Wasser-Emulsionen (Öltropfen in der Wassersäule) nur bei geringen Ölmengen. Wenn größere Mengen an leichtem Öl auf rauher Oberfläche bei Schaum- und Gischtbildung vorhanden sind, entstehen neben den Öl-in-Wasser-Emulsionen überwiegend Wasser-in-Öl-Emulsionen. Leichte Öle können innerhalb von wenigen Stunden 50–80% Wasser absorbieren, wodurch ein dicker Ölschlamm („mousse") gebildet wird, dessen Stabilität relativ niedrig ist. Bei schwereren, schwefelreichen naphthenbasischen Ölen laufen diese Prozesse wegen der hohen Viskosität langsamer ab; die Wasser-in-Öl-Emulsion enthält weniger Wasser und ist persistent. Die Ölschlämme unterliegen anschließend den Langzeitprozessen. Dicke Ölschlamm-Teppiche können auch weit verdriftet werden. Da die Beseitigung des Öls in dieser Form sehr aufwendig ist, zielen viele Bekämpfungsmaßnahmen darauf ab, die Bildung von Wasser-in-Öl-Emulsionen zu verhindern. Einer dieser Wege ist das Emulgieren des Öls in Wasser unter Zugabe von Dispergatoren (s. Tz. 655). Dabei wird das Öl intensiver und großräumiger mit dem Wasser vermischt und kann seine Giftwirkung – unabhängig von der möglichen Giftigkeit der Dispergatoren – stärker entfalten als an der Meeresoberfläche. Auch im Watt kann chemisch dispergiertes Öl noch schädlicher sein als der Ölschlamm.*

6.1.2.2 Langzeitprozesse

595. Chemische und physikalisch-chemische Primär- und Folgeprozesse (II, III, V in Abb. 6.1) sowie der biochemische Abbau (IV in Abb. 6.1), deren Dau-

er Wochen bis Jahre beträgt, werden als Langzeitprozesse bezeichnet. Diese Prozesse führen schließlich zum Aufbau hochmolekularer Asphaltene, die als Teerklumpen lange auf der Oberfläche schwimmen können und letztlich durch Schwebstoffeinlagerungen und biologische Besiedlung absinken. Die Vorgänge II, III und V beinhalten die photochemisch – durch UV-Sonnenstrahlung – ausgelöste Radikalbildung und die daraus folgenden Oxidations-, Polykondensations- und Polymerisationsreaktionen. Sie laufen bei dicken Ölfilmen mit wesentlich niedrigerer Geschwindigkeit ab, da sich Strahlungsenergie und Sauerstoffangebot mit größerer Schichtdicke quadratisch bzw. exponentiell vermindern. Eine Temperaturerhöhung kann Konkurrenzvorgänge („Verdickung", sinkende O_2-Konzentration) auslösen.

Die Unterscheidung zwischen den im Grunde genommen ähnlichen und z. T. übergreifenden Vorgängen II, III und V richtet sich nach der chemischen Zusammensetzung des Öls, denn diese ist daher für die Alterung von entscheidender Relevanz. Der Aromaten- und Cycloparaffinengehalt des Öls verwandelt sich zu polaren Stoffen wie Aldehyden, Ketonen und Säuren, die sich dann an Polymerisationsreaktionen beteiligen (II). Als Endprodukte entstehen hochmolekulare, schwer lösliche Asphaltene. Der Teilvorgang III (physikalisch-chemische Folgeprozesse, Verhärtung und Auseinanderbrechen des Ölkuchens) verläuft durch die An- und Einlagerung von Wassertropfen, die ihrerseits von der Polarität der Molekularstruktur des Kuchens bestimmt wird. Die Wassereinlagerung ermöglicht bei paraffinbasischen (leichten) Rohölen den Mikroorganismen den biochemischen Abbau (s. unten). Der Zusatz künstlicher Emulgatoren (Ölbekämpfung) verhindert diese Form der Wassereinlagerung.

Die schon im Rohöl anwesenden hochmolekularen polaren Asphaltene werden chemischen Folgeprozessen wie Polymerisations- und Polykondensationsreaktionen unterworfen (Abb. 6.1, V). Schließlich liegt das ganze Restmaterial als hochmolekulare Asphaltene („Restöle", „Teerklumpen", „tars") vor. Es gibt jedoch Unterschiede zwischen Teerklumpen, die aus asphaltenarmen bzw. -reichen Ölen entstanden sind: Bei letzteren erhöht sich die schon ursprünglich hohe „Zähigkeit" während der Alterung besonders stark und es bilden sich harte Klumpen, die biologisch weder angegriffen noch besiedelt werden. Sie treiben länger auf der Oberfläche als paraffinbasische Teerklumpen.

Biochemischer Abbau (Abb. 6.1, IV)

596. Eine große Anzahl von marinen Bakterien, Hefen, Pilzen und Algen können Erdölkomponenten abbauen, d. h. mineralisieren. Viele Arten verarbeiten bevorzugt ausgewählte Erdölkohlenwasserstoffe. Diese Mikroorganismen kommen in größerer Zahl nur in stark überschmutzten Meeresgebieten vor. In der Nordsee ist ihr Vorkommen allgemein gering; im Bereich der Off-shore-Fördereinrichtungen wurden allerdings größere Zahlen festgestellt (GERLACH, 1979).

597. Die Ölabbauleistung der marinen Organismen hängt von der Ölschichtdicke, von vielen Umwelteinflüssen wie Temperatur, Nährstoffangebot (P-,

N-Verbindungen), Schwebstoffkonzentration und von den im Öl vorhandenen chemischen Stoffgruppen ab. Unter 5°C Wassertemperatur verlaufen biochemische Vorgänge sehr langsam. In Ästuarien und Küstengewässern verläuft der Ölabbau viel schneller als in klaren, nährstoffarmen Hochseeregionen (z. B. Nordatlantik). Frisch ausgelaufenes Rohöl enthält noch die giftigen und schwer abbaubaren Aromaten, Naphthene und Naphthenoaromaten sowie Heteroverbindungen. Der mikrobielle Ölabbau beginnt erst, wenn das Öl gealtert ist, d. h. die giftigen Komponenten durch Verdunstung und chemisch-physikalischen Umbau in andere Phasen oder Verbindungen übergegangen sind und die leicht angreifbaren Paraffine den Mikroorganismen zugänglich werden. In der Anlaufphase ist die Abbaurate niedrig, im weiteren Verlauf hängt sie vom Nährstoffangebot, vom Sauerstoffangebot, vom Temperaturniveau (Optimum um 30°C) und von der spezifischen Oberfläche ab; dicke Ölschichten wurden deshalb sehr viel schlechter abgebaut als dünne Ölfilme.

598. Der Verlust an n-Paraffin in den Ölkuchen und Teerklumpen ist auf biologische Prozesse, nämlich auf mikrobiellen Abbau (Oxidation) bzw. Umbau (Kondensation) zurückzuführen. Der Massenzuwachs an Biomaterial und Schwebstoffen erhöht die Dichte des Kuchens, aber die Zähigkeit steigt nicht weiter. Letztlich bricht der Ölklumpen auseinander („Mechanischer Abbau"), wobei Teerklümpchen entstehen. Sie tauchen erst ab, wenn sich durch Besiedlung und Einlagerung von Schwebstoffen die Dichte über ca. 1,04 g/cm³ erhöht. Nach langem Schweben können sie in das Sediment absinken, aber auch durch Auswaschung wieder auftauchen. Nach dem endgültigen Absinken verlaufen die weiteren Abbauvorgänge weit langsamer als auf der Oberfläche, die zugehörigen Zeiträume dürften nach Jahrzehnten zu bemessen sein (HELLMANN u. MÜLLER, 1975).

Die biochemische Abbaubarkeit nimmt mit steigendem naphthenischem Charakter bzw. Asphalt- und Schwefelgehalt ab. Für einige wichtige Rohöle haben HELLMANN u. MÜLLER (1975) eine Prüfung nach biochemischer Abbaubarkeit vorgenommen: Irak > Libyen > Arabian Light ≫ Cabimas (West-Venezuela), Holstein ~ Aramco ≫ Boscan (Venezuela). Nach WHITHAM (1974) ist Kuwait-Öl zwischen Cabimas und Holstein einzuordnen. Für Kuwait-Öl (Torrey-Canyon-Unfall) schätzt man bei optimalen Bedingungen einen Abbau von 15% in 12 Monaten (PILPEL, 1970).

6.2 Ökologische Auswirkungen von Ölbelastungen

6.2.1 Allgemeines

599. Eine allgemeingültige Aussage über die Auswirkungen von Ölbelastungen auf die Ökosysteme des Meeres läßt sich aus vielerlei Gründen nicht machen.

Erdöl und Erdölkohlenwasserstoffe gelangen auch unter natürlichen Bedingungen ins Meer, z. B. bei Leckstellen unterseeischer Öllager. Erdöl ist aus Organismen entstanden, und auch heute noch produzieren pflanzliche Meeresorganismen Kohlenwasserstoffe, die im Meerwasser gelöst auftreten. Die Anteile dieser gegenwärtig neu gebildeten Kohlenwasserstoffe und der natürlichen und anthropogenen Erdölemission an dem Gesamtbetrag der im Meerwasser nachweisbaren Kohlenwasserstoffe sind nicht bekannt. Entsprechend der weiten Verbreitung von Kohlenwasserstoffen ist eine Reihe von Mikroorganismen (Bakterien, Hefen, heterotrophe Protozoen) in der Lage, Erdöl abzubauen (vgl. Tz. 596). Diese Organismen finden sich gehäuft im Bereich natürlicher Ölaustrittsstellen und von Schiffahrtswegen. Die Wirkung dieser ölabbauenden Mikroorganismen ist allerdings begrenzt durch das im Meer durchweg geringe Angebot an Nährsalzen (P- und N-Verbindungen), so daß z. B. im Fall von Ölunfällen ihrer Reinigungskapazität Grenzen gesetzt sind. Außerdem enthalten manche Rohöle Komponenten, die auch für diese ölabbauenden Organismen giftig sind; erst nach Verdunstung dieser Fraktionen kann die Abbautätigkeit einsetzen.

600. Eine Reihe von höheren Meeresorganismen hat besondere physiologische Abwehrmechanismen (weiterführende Literatur bei GIERE, 1979), die einen Abbau aufgenommener Erdölkohlenwasserstoffe ermöglichen. So finden sich bei Weichtieren, Würmern, Krebsen und Fischen spezielle Enzymsysteme (sog. Mixed Function Oxidases), die bei Bedarf aktiviert werden und den Abbau aufgenommener Erdölkohlenwasserstoffe vornehmen; bis auf ausgeschiedene Reststoffe erfolgt damit ein biologischer Abbau. Eine Anzahl von Tierarten (z. B. Planktonkrebse) tragen dazu bei, daß Erdöltröpfchen aus dem freien Wasserraum verschwinden und über Kotpartikel im Bodensediment festgelegt werden; die entscheidende Rolle bei der biologischen Selbstreinigung von Erdöl spielen aber die Mikroorganismen.

601. Einigen Tierarten können gewisse unspezifische Schutzmechanismen auch gegen Erdölbelastungen Vorteile bieten. Nach Schließen der Gehäuse halten manche Muscheln und Schnecken sowie Seepocken eine Zeitlang Überschichtung mit Öl aus. Gleiches gilt für Napfschnecken, die sich eine Weile fest an den Untergrund anpressen, oder für Würmer, die in Röhren im Sediment leben.

602. Entsprechend der Vielzahl der biologischen Erscheinungsformen und der unterschiedlichen Zusammensetzung des Erdöls verschiedener Herkunft (Tz. 586) gibt es kein einheitliches Schadensbild. Voraussagen über ökologische Schäden im Fall von Ölunfällen sind demgemäß nur schwer möglich; vor allem, da die jahreszeitlichen, hydrographischen und klimatischen Bedingungen, die Art der betroffenen Ökosysteme und die angewandten Bekämpfungsmethoden von Fall zu Fall sehr unterschiedlich sind und sehr verschiedenartige Reaktionen bedingen. (Ausführliche Darstellung s. McINTYRE u. WHITTLE, 1977.)

603. Gleichwohl gelten für die ökologischen Auswirkungen von Ölbelastungen die folgenden Grundsätze. Öle oder Ölprodukte, die auf Hoher See in die Umwelt gelangen und, wenn überhaupt, erst in gealterter Form eine Küste erreichen, richten im allgemeinen weniger Schaden an als solche, die im Küstenbereich freigesetzt werden. Je größer die Ölmenge, desto größer ist die Schadwirkung, bei leichtem Öl und Ölprodukten vorwiegend durch die akute Toxizität der toxischen Komponenten, bei schwerem Rohöl durch die Überschichtung von Organismen und der Substraten an der Küste (BAKER, 1978). In vom Öl bedeckten Sedimenten kommt es zu Sauerstoffmangel und Auftreten von Schwefelwasserstoff, woraus sekundäre Schadwirkungen am Organismenbesatz entstehen (HÖPNER, 1979). Die Schäden variieren je nachdem, ob das Öl die Organismen als dünner Ölfilm oder als dicke Ölschicht, als Wasser-in-Öl-Emulsion (mousse) oder als Öl-in-Wasser-Emulsion (z. B. nach dem Einsatz von Dispergatoren) erreicht.

604. Von entscheidender Bedeutung für die ökologischen Beeinträchtigungen ist die Häufigkeit des Öleintrags in einem Gebiet. Ein großer Ölunfall kommt innerhalb eines bestimmten Bereiches und eines längeren Zeitraums nach Wahrscheinlichkeitsregeln (Ausnahme: häufig befahrene Schiffahrtsrouten wie der Englische Kanal) nur einmal vor. Je nach den gegebenen Bedingungen regenerieren sich die betroffenen Ökosysteme, vor allem durch Neubesiedlung innerhalb von 2 bis 10 Jahren (BAKER, 1978). Anders sieht es aus, wenn Organismen des gleichen Gebietes wiederholt von kleineren oder größeren Ölverschmutzungen betroffen sind. Die langfristigen Schäden sind in diesem Fall größer als die eines einmaligen Ölunfalls, da die Regeneration des Ökosystems immer wieder verhindert wird. Ständiger Öleintrag an der Küste, z. B. durch Raffinerieabwässer oder belastete Flüsse, führt zu einer Ölanreicherung in den Sedimenten und damit verbunden zur Verarmung der Bodenfauna; das gilt vor allem dann, wenn der Eintrag in Bereichen mit geringer Wasserbewegung erfolgt. Bei jeder Ölverschmutzung an der Küste sind die lokalen Schäden um so größer, je geringer die Wasserdurchmischung des Gebietes ist (z. B. in strömungsarmen Buchten).

605. Die Folgen bestimmter Ölbekämpfungsmaßnahmen können ökologisch genauso schädlich oder gar schädlicher sein als es die Ölverschmutzung alleine wäre. Beispielsweise kann der Einsatz bestimmter Dispergatoren die Giftigkeit des Öls erhöhen; auch mechanische Reinigungsmaßnahmen (Abgraben) können zu Schädigungen führen. Im Zusammenhang mit der Beschreibung der Ölunfälle (Tz. 607 ff.) wird darauf im einzelnen eingegangen.

606. Aufgrund der in der Vergangenheit gesammelten Erfahrungen bei verschiedenen Ölunfällen lassen sich allgemeine Aussagen über die Empfindlichkeit einzelner Ökosysteme machen. GUNDLACH u. HAYES (1978) entwickelten eine abgestufte Empfindlichkeitsskala („Vulnerability Index") für verschiedene Küstenbiotope, die im wesentlichen Vorhersagen über die Zeitspanne macht, die das Öl in dem jeweiligen Lebensraum als Schadstoff erhalten bleibt. Es zeigt sich, daß die Dauer einer Ölverschmutzung und die davon abhängende ökologische Schädigung vor allem von der Wellenenergie abhängt (vgl. auch Tab. 6.8 als Beispiel eines aktuellen Falles). Mit abnehmender Wellenenergie nehmen Belastungsdauer und Schaden zu, wie die folgende Skala ergibt:

- Stark wellenexponierte Felsküsten werden innerhalb kurzer Zeit auch von großen Ölmengen natürlich gereinigt und sind damit am wenigsten gefährdet.

- Feinsandige, dem Wellengang ausgesetzte Strände zeigen ebenfalls eine gute natürliche Reinigung. Diese ist langfristig gesehen wahrscheinlich in vielen Fällen besser zu beurteilen, als die mechanische Reinigung mit schwerem Gerät; zumindest gilt das in solchen Fällen, wo durch Räumfahrzeuge das Öl in tiefere Sandschichten gedrückt wird, so der Wellenwirkung entzogen und in anaerobe Bereiche verfrachtet wird.

- Grobsandige Strände haben den Nachteil, daß das Öl tiefer in das Sandlückensystem eindringen kann und so dem Wellengang entzogen wird.

- Wattgebiete, auch wenn sie wellen- und strömungsexponiert sind, unterliegen ausgedehnten ökologischen Schäden, wie der Amoco-Cadiz-Unfall zeigt.

- Kiesige Strände lassen das Öl besonders tief in das Substrat eindringen und sind entsprechend schwer zu reinigen.

- Wellengeschützte Felsküsten und Wattgebiete im Schutz von vorgelagerten Inseln oder in Buchten werden sehr stark und langfristig vom Öleintrag getroffen.

- Salzwiesen werden wie die vorgenannten Areale besonders nachhaltig durch Ölverschmutzungen betroffen; auch hier sind erhebliche ökologische Schäden zu erwarten.

6.2.2 Auswirkungen großer Ölunfälle

6.2.2.1 Bravo-Blow-out im Ekofisk-Feld (1977)

607. Der Öl- und Gasausbruch auf der Bravo-Bohrplattform im norwegischen Ekofisk-Feld, bei dem vom 22. bis 30. 4. 1977 täglich zwischen zwei- und dreitausend Tonnen Öl ausströmten, ist bisher der einzige große Ölunfall in der Nordsee. Dieser Unfall gibt ein Beispiel für die Auswirkungen eines größeren Ölaustritts auf hoher See. Allerdings muß betont werden, daß die die Umweltschäden begrenzenden, ganz besonderen Bedingungen dieses Unfalls es nicht erlauben, die Erfahrungen des Bravo-Blow-out auf andere Plattformstörfälle, geschweige denn auf Tankerunfälle, zu übertragen. Beispielsweise betrug die Öltemperatur 75°C gegenüber nur ca. 20°C bei Tankern, und die Distanz zur Küste entspricht fast dem in der Nordsee möglichen Maximum.

608. Der Ausbruch konnte nach neun Tagen glücklicherweise gestoppt werden. Insgesamt waren ca. 21 300 t Öl ausgeströmt. Tab. 6.7 gibt die täglich ausgeströmten Mengen an. Die jüngsten Erfahrungen beim Ölausbruch auf der Ölplattform Ixtoc 9 im Golf von Mexiko zeigen, daß ein Ausbruch über viele Monate nicht unter Kontrolle zu bringen sein kann und dann zu verheerenden Folgen führt. Nach einer Schätzung des Institute of Continental Shelf Surveys (IKU, 1977) sind beim Ekofisk-Unfall 40% des Öls dank der hohen Temperatur (75°C) des Gemisches in der Fontäne verdunstet, so daß maximal 12 700 t die Meeresoberfläche erreichten. Auf See verteilte sich das Öl bis zu einer Schichtdicke von 1 mm in Form von 1–2 km langen und 10 m breiten Streifen (NOU, 1977), später bildeten sich erbsenähnliche Teerklümpchen (0,2–2 cm im Durchmesser). Das Öl bedeckte eine Fläche von ca. 3 000 km² und verdriftete erst nördlich, später wieder südlich in der zentralen Nordsee. Bis Ende Juli wurden Teerklumpen gesichtet. Die Wind- und Wetterverhältnisse waren derart günstig, daß keine Küstenregionen bedroht waren.

Tab. 6.7

Öl- und Gasmengen, die pro Tag dem Bohrloch der Bravo-Plattform während des Blow-out entströmten

	mindestens	wahrscheinlich	maximal
Öl (t)	1 700	2 800–3 000	3 000
Gas (Mio m³)	0,95	1,4–1,6	1,6

Quelle: Norges Offentlige Utredninger (NOU) 1977

609. Das Öl wurde sowohl mechanisch (Einsammeln von ca. 1 610 t Öl/Wassergemisch entsprechend 870 t Rohöl) als auch mit Chemikalien (57,6 m³ der Produkte OSR 2 und BP 1 100 WD) bekämpft. Die Sammelaktion zeigte, daß es möglich ist, Öl auch auf hoher See in beschränktem Ausmaß mechanisch aufzunehmen. Die Chemikalien wurden nur dann eingesetzt, wenn Feuergefahr für die Plattform bestand.

610. Die ökologischen Auswirkungen des Unfalls wurden auf verschiedenen Forschungsfahrten untersucht (ICES, 1977). Zur Zeit des Ausbruchs begann in der Umgebung des Ekofisk-Feldes gerade die Entwicklung des typischen Frühjahrsplanktons; es dominierten Kieselalgen und Kleinkrebse (Calanus). Kurz nach dem Ausbruch wurde in einem begrenzten Bereich eine verminderte Vermehrung des Phytoplanktons festgestellt; nahe der Plattform fanden sich tote Kleinkrebse. Die an sich im Ekofisk-Gebiet infolge des Dauereintrags von geringen Ölmengen vermehrt vorkommenden ölabbauenden Mikroorganismen gingen in der ersten Phase des Ausbruches zahlenmäßig zurück, was im wesentlichen eine Folge der toxisch wirkenden Bestandteile des frischen Rohöls ist.

In einem weiten Bereich wurden gelöste aromatische Kohlenwasserstoffe in der ganzen Wassersäule gefunden. Abgesehen von dem Bereich der frischen Ölverschmutzung lagen deren Konzentrationen aber unter denjenigen, die im Labor akute Toxizität – z.B. für bestimmte Stadien der Fischentwicklung – zeigen.

Die befürchteten Schäden an Fischbeständen traten nicht ein. Zwar haben einige Fischarten, wie z.B. Makrelen, auch Laichgründe im Bereich des Ekofisk-Feldes; zur Zeit des Unfalls waren aber nur wenige Fischeier und -larven vorhanden. Die Makrelen laichten erst ab Mitte Mai und ihre Larven zeigten eine normale Entwicklung.

Seevögel hielten sich nur in geringer Zahl im Unglücksgebiet auf, da die Mehrzahl sich an den Brutplätzen im Küstengebiet befand, so daß die Zahl der verölten oder getöteten Vögel schätzungsweise nur zwischen 100–1 000 lag.

611. Insgesamt gesehen waren die akuten Effekte auf Organismen gering. Obwohl subletale Effekte nicht auszuschließen sind, macht die niedrige Kohlenwasserstoffkonzentration im Wasser es jedoch unwahrscheinlich, daß ernste Schäden aufgetreten sind. Für das geringe Ausmaß der Umweltschäden dieses Blow-out sind vor allem folgende günstige Begleitumstände verantwortlich:

– Die ausgetretene Ölmenge war relativ gering. Die norwegische Regierung ging in ihrem zur Zeit des Unglücks bearbeiteten Katastrophenplan im Falle eines unkontrollierten Blow-out von einem täglichen maximalen Verlust bis zu 8 000 t Öl und insgesamt bis zu 1 Mio. t Öl aus (NOU, 1977).

– Das Ekofisk-Öl ist eine sehr leichte, naphthenisch-paraffinbasische Rohölsorte (s. Tab. 6.4).

– Das Bohrloch konnte schnell geschlossen werden.

– Günstige Winde und Wellengang verhinderten ein Antreiben des Öls an die Küste. Nach Drift-Kalkulationen des IKU (1977) wäre das Öl, wenn es um den 10. Mai zum Unglück gekommen wäre, wahrscheinlich an die Küste Dänemarks gedriftet, um den 20. Mai hätte es möglicherweise die deutsche Küste erreicht.

– Der Unglückszeitpunkt lag vor der Laichzeit der Fische; zu anderen Zeiten des Jahres wären wahrscheinlich erhebliche Schäden aufgetreten.

Ein weiterer Blow-out in der Nordsee kann deshalb bei einer Kombination unglücklicher Umstände völlig anders verlaufen und sehr viel schwerwiegendere Folgen haben.

6.2.2.2 Tankerunglück der Torrey Canyon (1967)

612. Auf der Fahrt nach Milford Haven strandete am 18. März 1967 der Tanker „Torrey Canyon", beladen mit 119 000 t (SOUTHWARD u. SOUTHWARD, 1978) kuwaitischen Rohöls, nahe der Scilly Inseln vor der Küste Großbritanniens (SMITH, 1968) (Abb. 6.2). Dieser Unfall liefert ein Beispiel für die ökologische Wirkung großer Ölmengen auf die Le-

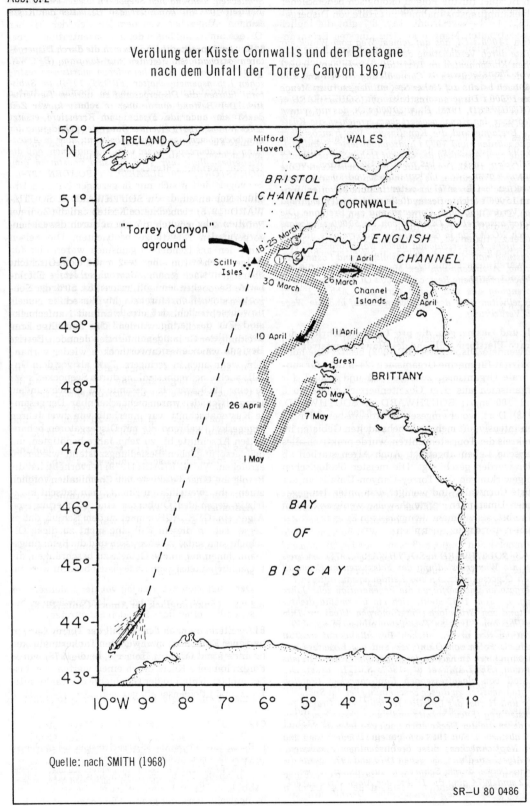

Abb. 6.2

Verölung der Küste Cornwalls und der Bretagne
nach dem Unfall der Torrey Canyon 1967

Quelle: nach SMITH (1968)

SR—U 80 0486

bensgemeinschaften einer Felsenküste und zugleich ein Beispiel für die Folgen ökologisch bedenklicher Ölbekämpfungsmaßnahmen mit Hilfe von Dispergatoren.

Etwa 14 000 t Öl, das auf seinem Weg vom Wrack zur Küste durch Verdunstung der leichtflüchtigen aromatischen Komponenten an Toxizität verloren hatte, wurde an der Felsenküste von Cornwall angetrieben und hier wie auch bereits auf Hoher See, mit der enormen Menge von 10 000 t Dispergatoren bekämpft (SOUTHWARD u. SOUTHWARD, 1978). Etwa 20 000 t Öl, das auf seinem Weg über den Kanal gealtert war, erreichten die Küste der Bretagne und die Kanalinseln. Von französischer Seite wurden rund 3 000 t hydrophobisierter Schultafelkreide zum Absenken des Öls auf Hoher See verwendet (COOPER, 1968). Die nördliche bretonische Küste (Côte du Nord, Trébeurden bis Sillon de Talbert) wurde stark, die Küste bei Brest leicht bis mittelstark betroffen. Weitere 15 000 t leichte Bestandteile verdunsteten während der Verdriftung nach Cornwall und zur Bretagne. Die später ausgetretene Ölmenge von ca. 50 000 t gelangte durch NO-Winde in die Biskaya und erreichte die Küsten nicht; sie verschwand durch Naturvorgänge (Verdunstung, natürliche Emulsionsbildung und Lösung, Alterung, Absinken) von der Meeresoberfläche. Der im Wrack verbliebene Rest, ca. 20 000 t Öl, trat nach dessen Sprengung aus und wurde verbrannt. Abb. 6.2 zeigt Einzelheiten über den zeitlichen Ablauf und die Wege der Verdriftung.

613. Der vor der Küste von Cornwall vorwiegend verwendete Dispergator (BP 1002) besitzt eine hohe Toxizität für marine Organismen (24-h LC_{50} für sublitorale Organismen zwischen 0,5 und 5 mg/l, für Organismen aus dem Gezeitenbereich zwischen 5 und 100 mg/l; SOUTHWARD u. SOUTHWARD, 1978). Dort, wo er eingesetzt wurde, insbesondere in den intensiv, oft mehrmals behandelten Gebieten im Umkreis der Touristenzentren, wurde praktisch alles tierische Leben abgetötet. Auch Algen starben ab oder wurden geschädigt. Die meisten ökologischen Folgewirkungen des Torrey-Canyon-Unfalls an der Küste Cornwalls sind weniger dem unter den gegebenen Umständen vergleichsweise wenig toxischen Öl selbst, als vielmehr dem massiven Einsatz giftiger Dispergatoren zuzuschreiben.

614. *SOUTHWARD u. SOUTHWARD (1978) beschreiben die Wiederbesiedlung der Felsküsten in Cornwall nach Ölverschmutzung und Reinigung mit giftigen Dispergatoren und verfolgen die Regeneration zehn Jahre lang. Im Juni 1967 stellte sich ein übermäßig dichter Bestand von Grünalgen (Enteromorpha, Ulva) ein. Dieses Phänomen tritt an Felsküsten allgemein nach Vernichtung der ursprünglichen Besiedlung auf und ist auch als Folge von Ölunfällen und des Einsatzes von Dispergatoren an Küsten des gemäßigten Klimabereichs bekannt (BELLAMY et al., 1967; SMITH, 1968). Der Ausfall von algenfressenden Napfschnecken (Patella) trägt wesentlich zu dieser Erscheinung bei. Im Spätsommer und Herbst des Unfalljahres folgte eine Braunalgenansiedlung (Fucus serrata und Fucus vesiculosus), unter deren dichter Decke etwa noch überlebende Seepokken abstarben. Seit 1968 erfolgte eine Wiederbesiedlung mit Napfschnecken; diese beeinträchtigen zunehmend die Algenbesiedlung. Zwischen 1970 und 1972 wurde die Fucus-Decke durch Schnecken ausgedünnt, zwischen 1972 und 1974 ging die Dichte der Algen stark zurück, und 1975 waren die Felsen algenfrei. Der nunmehr ein-*

tretende Nahrungsmangel führte zu einem Rückgang der Schnecken, während sich Seepocken wieder ansiedelten und seit 1975 die dominierenden Besiedler der Küste sind.

615. *Im Supralitoral erholten sich die durch Dispergatoren geschädigten Flechten nur langsam (BROWN, 1974), ebenso die stark betroffenen maritim-terrestrischen Lebensgemeinschaften (FROST, 1974). Im Sublitoral führten die Dispergatoren zu starken Tierverlusten. Der Bestand wurde aber in relativ kurzer Zeit durch einwandernde Fische und Krebstiere ersetzt (DREW et al., 1967). Über die Dauer der Schädigung der Sandbodenbewohner ist wenig bekannt, aber in Anlehnung an Laborexperimente wird angenommen, daß die Wiederbesiedlung nur sehr langsam vonstatten ging (JOHNSTONE, 1970; BLEAKLEY u. BOADEN, 1974).*

616. Nur an einer von SOUTHWARD u. SOUTHWARD (1978) beobachteten Küstenstation (Godrevy Point) war es möglich, die allein durch das Öl hervorgerufenen Effekte zu beobachten. Die Felsen samt den ansitzenden Organismen waren hier für einige Wochen von einer 1–2 mm dicken Ölschicht überzogen. Nach einem Monat waren einige überlebende Seepocken vom Ölfilm frei, ca. 50% der Seepocken starben ab. Muscheln (Mytilus edulis, Nucella) überlebten unbeschadet, während Napfschnecken stark geschädigt wurden. Eine auffällige Entwicklung der Grünalgen unterblieb dennoch. Bereits ab 1968 waren die Napfschnecken wieder vorhanden, wenn auch in geringerer Zahl als vor dem Unfall; auch eine Neubesiedlung durch Seepocken setzte ein. 1969 war das gesamte Öl verschwunden, Langzeitschäden waren nicht erkennbar. Der gesamte Küstenabschnitt war innerhalb von zwei Jahren regeneriert, während die mit Dispergatoren behandelten Abschnitte bis zu zehn Jahre benötigten, um den ursprünglichen Besiedlungszustand wieder zu erreichen. Wie GERLACH (1979) hervorhebt, hat die Reinigung einer Felsküste mit Chemikalien folglich einen sehr zweifelhaften Effekt; man tauscht kurzfristig gegen den Ölüberzug eine Wucherung von Algen ein. GERLACH kommt zu dem Schluß, daß es besser sei, in diesem Fall eine nicht zu dicke Ölschicht sich selbst zu überlassen und die Reinigungsmaßnahmen auf solche Gebiete zu beschränken, die tatsächlich intensiv von Badegästen besucht werden.

6.2.2.3 Tankerunglück der Amoco Cadiz (1978)

617. Elf Jahre nach dem Unfall der Torrey Canyon und zwei Jahre nach zwei weiteren Tankerunglücken (Böhlen[1]) und Olympic Bravery[2], beide 1976) wurde die bretonische Küste durch einen vierten, den bisher größten Unfall in der Geschichte der Tankschifffahrt in Mitleidenschaft gezogen. Am 16. 3. 1978

---

[1] Schiff sank 1976, ist eine ständige Kontaminationsquelle und hatte 1977 noch ca. 8 000 t Öl an Bord.

[2] Verlust von 1 200 t Bunker C-Öl, mehrere Kilometer Strand verschmutzt. Das Schiff fuhr in Ballast und brach auseinander.

strandete der liberianische Tanker Amoco Cadiz, beladen mit 100 000 t leichtem arabischem und 123 000 t leichtem persischem Rohöl sowie mit 4 000 t Treibstoff (Bunker C-Öl).

Ca. 64 000 t Öl und damit ein Drittel der insgesamt vom Tanker entlassenen Ölmenge wurde in den ersten zwei Wochen nach dem Unfall an 72 km der bretonischen Küste getrieben. Später verteilte sich das Öl auf 393 km Küstenlinie (s. Abb. 6.3), wobei 180 km schwer, 213 km leicht verschmutzt wurden (GUNDLACH u. HAYES, 1978). Etwa vier Wochen nach dem Unglück waren über 20% des angetriebenen Öls durch Verdunstung bzw. als Ergebnis der intensiven Aufräumungsarbeiten beseitigt.

Die nicht an der Küste angetriebenen restlichen zwei Drittel der Tankerladung sind teilweise verdunstet, verteilten sich in der Wassersäule oder wurden am Meeresboden abgelagert.

618. Chemische Bekämpfungsmittel wurden sowohl im küstennahen Wasser als auch an der Küste selbst eingesetzt, jedoch in wesentlich geringerem Ausmaß als nach dem Torrey-Canyon-Unfall: Durch englische Schiffe wurden 750 t und durch französische 1 300 t Detergentien eingebracht (CROSS et al., 1978; SPOONER, 1978).

Abb. 6.3

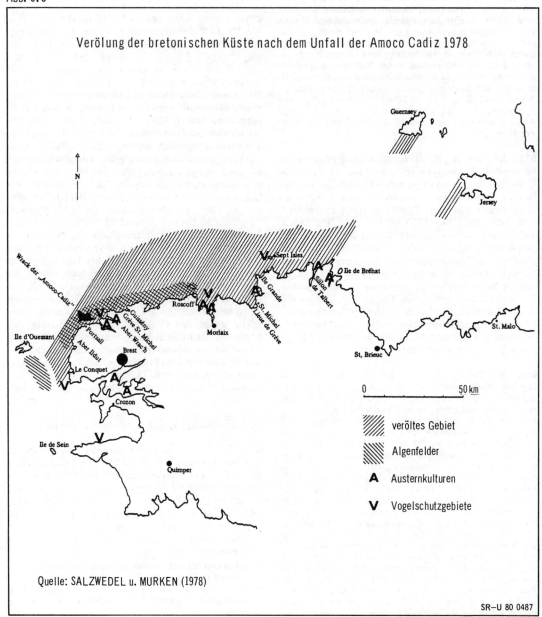

Verölung der bretonischen Küste nach dem Unfall der Amoco Cadiz 1978

Quelle: SALZWEDEL u. MURKEN (1978)

SR–U 80 0487

619. Entsprechend dem sehr vielgestaltigen Aufbau der bretonischen Küste, die Sandstrände, felsige Vorgebirge, geschützte Buchten, Flußmündungen und Salzwiesen aufweist, sind die bisherigen und die mutmaßlich langfristigen ökologischen Folgen des Unfalls auf verschiedene Lebensräume verteilt. Der von GUNDLACH und HAYES (1978) aufgestellte Index der Empfindlichkeit verschiedener Küstenformen wurde auf die speziellen Verhältnisse der bretonischen Küste nach dem Unfall der Amoco Cadiz angewendet (Tab. 6.8) und erläutert, in welchem Maße die verschiedenen Biotope aufgrund ihrer Lage

Tab. 6.8

Empfindlichkeitsindex der bretonischen Küstenformen; aufgestellt für das leichte Rohöl der Amoco Cadiz

Zone	Index	Küstentyp, lokales Beispiel	Ausmaß der Ölverschmutzung	(Vermutete) Dauer der Verschmutzung
Zonen mit hoher Wellenenergie	1	Felsige Küsten und Vorgebirge. Pointe St-Mathieu südlich le Conquet, Primel-Trégastel bis Locquirec.	Das Öl konnte sich während des Sturmes nicht auf den Felsen halten.	Einige Tage bis Wochen
	2	Von Wellen geformte Felsplatten. Tremazan bei Portsall.	Ölablagerungen auf Felsflächen werden durch Gezeiten abgespült.	Einige Wochen
	3	Strand mit feinem Sand. Tréompan.	Kompaktheit des Sediments verhindert tiefes Eindringen. Ölablagerungen können durch Gezeiten abgelöst und mit dem Wasser fortgetragen werden.	Einige Monate bis zu einem Jahr
	4	Strand mit mittel- bis grobkörnigem Sand. Saint Cava.	Öl dringt je nach Substratbeschaffenheit mehr oder weniger tief ein. Interstitialwasser mit Öl belastet.	Ein bis zwei Jahre
	5	Strand mit Kies und Geröll. Pointe de Séhar.	Rasches Eindringen des Öls in tiefere Schichten, wenige oder keine Ablagerungen auf der Oberfläche.	Zwei bis drei Jahre
Zonen mit geringer Wellenenergie	6	Felsige Küsten und durch Erosion entstandene Flächen. Roc'h Huit.	Ansammlung von Öl in Felsmulden. Felsen mit dünnem Ölfilm bedeckt.	Mehrere Jahre
	7	Strand mit feinem bis mittelkörnigem Sand. Argenton.	Eindringen des Öls in das Substrat. Verschmutzung der Zone unter MThw mit einer Mischung aus Öl und feinem Sediment. Nach einem Jahr bildet sich verhärtete Schicht.	Mehrere Jahre
	8	Strand mit Kies und Geröll. Castel Meur.	Rasches Eindringen. Ausbildung einer Schicht aus Öl und Kies innerhalb eines Jahres.	Mehr als fünf Jahre
	9	Wattflächen. Aber Benoit.	Das Eindringen von Öl ins Substrat wird durch im Boden grabende Tiere und durch Bewegungen des Interstitialwassers gefördert.	Sehr viel länger als fünf Jahre
	10	Salzwiesen. Ile Grande.	Bedeckung mit Öl nur bei sehr hohen Flutwasserständen. Ablagerung auf der Oberfläche und geringfügiges Eindringen in das Substrat.	Sehr viel länger als fünf Jahre

Quelle: BERNE u. D'OZOUVILLE (1979)

und Gestalt durch die Ölverschmutzung betroffen wurden. Die stärksten Schäden sind in Salzwiesen, an strömungsgeschützten Wattenflächen bzw. Felsküsten sowie an Kiesstränden aufgetreten.

620. *Das Öl hat sich vor allem in Ästuarien und in Buchten bis zu einer Wassertiefe von 70 m in den Sedimenten abgelagert, bevorzugt in feinkörnigen Sanden (CABIOCH, DAUVIN u. GENTIL, 1978). Die Selbstreinigung der betroffenen Sedimente erfolgt nur langsam, da nur eine dünne Oberflächenschicht mit Sauerstoff versorgt ist. Die Kontamination der Sedimente bezeichnen CABIOCH et al. (1978) als die vermutlich am längsten andauernde Verschmutzung nach dem Unfall der Amoco Cadiz.*

621. *CROSS et al. (1978), SALZWEDEL u. MURKEN (1978), CHASSE (1978), CABIOCH et al. (1978) u.a. berichten über die Schäden, die mehrere Wochen nach dem Unfall eingetreten waren. Es wurden sowohl direkt nach dem Unfall, als auch im zeitlichen Abstand von mehreren Wochen, Massensterben bei verschiedenen Arten beobachtet. Sechzehn Tage nach dem Unfall wurde 95 km von der Unfallstelle entfernt (St. Efflam) mehrere Millionen toter Herzseeigel und mehrere hunderttausend tote Messermuscheln angeschwemmt; an anderer Stelle (Rulosquet Marsch) fand man Tausende von Polychaeten (Nereis diversicolor) und Strandkrabben (Carcinus maenas) tot auf (CROSS et al. 1978). Diese in oder auf Weichböden des Sublitorals, also unterhalb der Niedrigwasserlinie, lebenden Tiere wurden offensichtlich durch in der Wassersäule gelöstes Öl getötet (CHASSE, 1978). Im Wattenbereich zeigten sich Pierwürmer relativ widerstandsfähig; andere Polychaeten, wie der Bäumchenröhrenwurm, wurden stärker betroffen. Herzmuscheln erlitten ebenfalls starke Verluste.*

Die auf Felsen lebenden Organismen erwiesen sich ebenfalls als unterschiedlich widerstandsfähig. Relativ wenig betroffen waren z.B. Seepocken, Miesmuscheln und Napfschnecken, während Strandschnecken stark geschädigt wurden (SALZWEDEL u. MURKEN, 1978).

622. Tote Fische wurden selten aufgefunden; das ist aber kein Beweis dafür, daß überhaupt keine Schäden bei dieser Organismengruppe vorliegen, da spezifische physiologische Defekte schwierig zu bestimmen sind (CROSS et al., 1978). Zu den Fischsterben in Corn ar Gazel und St. Efflam mag der Einsatz von Dispergatoren beigetragen haben.

Über 4 500 verölte Vögel wurden nach dem Unfall eingesammelt; es muß außerdem mit einer gewissen Zahl abgetriebener oder auf den Meeresboden abgesunkener Tiere gerechnet werden (HOPE-JONES et al., 1978). Besonders betroffen waren Papageientaucher, Tordalk, Trottellumme und Krähenscharbe (SALZWEDEL u. MURKEN, 1978).

623. Die Wirtschaft der bretonischen Küstenregion (Tourismus, Algengewinnung, Fischerei, vor allem Muschelkulturen, Landwirtschaft) wurde durch die Ölunfallfolgen erheblich in Mitleidenschaft gezogen. Die ökologischen Spätfolgen dieses katastrophalen Unfalls werden vermutlich noch über mehrere Jahre hinweg anhalten. Erst dann werden sich über das tatsächliche Ausmaß der Schäden abschließende Aussagen machen lassen.

6.2.2.4 Tankerunfälle vor der deutschen Küste

624. GERLACH konstatierte 1976, daß ein neuerliches, dem Unfall der Torrey Canyon ähnliches Unglück geradezu überfällig sei, da sich nach der Weltstatistik 50% aller Kollisionen von Schiffen über 500 Bruttoregistertonnen zwischen Dover und der Elbemündung abspielen. Diese Ansicht fand durch die Tankerkatastrophe der Amoco Cadiz eine traurige Bestätigung. Daß ein der Wahrscheinlichkeit nach ebenso überfälliger größerer Ölunfall im deutschen Nordseegebiet bisher ausblieb, kann nur als außerordentliches Glück bezeichnet werden.

In der Deutschen Bucht wurde bis heute nur ein Unfall mit größerem Ölverlust (Anne Mildred Brøvig, 1966) registriert. Allerdings traten an der deutschen Küste mehrere Zwischenfälle (Tab. 6.9) ein, vor allem in der Jade, wo wegen der schmalen Fahrwasserrinne sehr heikle Verhältnisse für die notwendigen Dreh- und Wendemanöver der Tanker herrschen. Seit dem Vollausbau von Wilhelmshaven gab es – bedingt durch das erhöhte Verkehrsaufkommen – einige Zwischenfälle, die jedoch überraschend glimpflich abliefen. Festgefahrene Tanker konnten mit Hilfe von Schleppern wieder freigemacht werden, verloren nur kleine Ölmengen und wurden höchstens gering beschädigt.

625. Bei einem Ölunfall vor der deutschen Küste ist das Wattenmeer bedroht, dessen Lebensräume nach der Empfindlichkeitsskala (Tz. 619) von GUNDLACH u. HAYES (1978) zu den gegenüber Ölverschmutzung empfindlichsten Typen überhaupt gehören. Insbesondere gilt das für Schlickwatt und Salzwiesen, wo bei starkem Öleintrag mit sehr langen Regenerationsphasen gerechnet werden muß (vgl. Tab. 6.8), d.h. langdauernde ökologische Schäden auftreten. Lediglich an den wellenexponierten, feinsandigen seewärtigen Stränden der Inseln besteht die Hoffnung, daß eine Ölverschmutzung bald durch Sturm und Wellen weggespült wird. Im Gegensatz zu Schlickwatt und Salzwiesen kann an den Sandstränden auch schweres Räumgerät erfolgreich eingesetzt werden.

626. Allerdings hofft man aufgrund der bisherigen Ereignisse, daß es bei einem vor der deutschen Küste auflaufenden Tanker wegen des weichen, sandigen oder schlickigen Untergrundes nicht zu einem Ölverlust von der Dimension des Amoco-Cadiz-Unglücks kommt. Dennoch muß damit gerechnet werden, daß ein festgelaufener Großtanker unter dem Einfluß der Tide aufreißt, was zu einem Ölauslauf zwischen 10 000 t und 20 000 t führen könnte (Der Bremische Bausenator in Beantwortung einer Großen Anfrage der SPD-Fraktion und eines Antrags der CDU-Fraktion am 1. 2. 1979, PlPr 9/75, 1979). Bei einer in Anbetracht des regen Schiffsverkehrs nicht unwahrscheinlichen Schiffskollision oder einer Explosion muß mit noch größeren Verlusten gerechnet werden. Ist ein Unfall erst eingetreten, dürften die deutschen Küsten dem Öl mehr oder weniger schutzlos ausgeliefert sein, da die Möglichkeiten zur Ölbekämpfung noch beschränkt sind (vgl. Tz. 656 ff.).

Tab. 6.9

Tankerunfälle und -zwischenfälle vor der deutschen Küste

Name des Schiffes (Flaggenstaat)	Datum des Unfalls	Schiffsgröße[1] tdw[2]	Baujahr des Tankers[1]	Ladung t	Ursache, Ort	Folgen
ANNE MILDRED BRØVIG (Norwegen)	20. Febr. 1966	–	k. A.	39 000 t persisches Rohöl	Kollision W von Helgoland	Tanker sank, 16 000 t Öl liefen aus, 70 t Dispergatoren eingesetzt. Keine Küstenschäden
AL FUNTAS (Kuwait)	7. Aug. 1974	ca. 212 121	k. A.	200 915 t Rohöl	rammt NWO-Ölpier in Wilhelmshaven bei Drehmanöver (Ausfall der Hauptmaschine)	53 t Ölverlust
ENERGY VITALITY (Liberia)	2. Dez. 1976	219 766	k. A.	200 000 t Rohöl	läuft auf Grund in der Jade	Schlepper ziehen Schiff in Fahrwasser
GIMLEVANG (Norwegen)	Herbst 1976	–	k. A.	60 000 t Rohöl	läuft auf Grund in der Elbemündung	Schlepper ziehen Schiff in Fahrwasser, Tankerboden beschädigt, Löschen nicht möglich. Nach Umpumpen in eine Hamburger Werft geschleppt
NICOS I. VARDINOYANNIS (Griechenland)	Dez. 1977	139 051	1971	134 700 t Rohöl	läuft auf Grund in der Jade	ca. 100 t Ölverlust, Tanker kommt frei
CLASSIC (Griechenland)	Mai 1977	155 108	1973	145 000 t persisches Rohöl	gerät im Jadefahrwasser auf Grund (Nebel)	Geringe Ölverluste aus Leitungssystem. Kommt nach Leichtern (10 500 t) durch Schlepper frei
CAMDEN (Großbritannien)	1. April 1978	224 222	1969	217 200 t Rohöl	läuft auf Grund in der Jade (Lotsungsfehler)	Kein Ölverlust. Tanker kommt durch Schlepper frei
ESSO HAWAII (Liberia)	16. Febr. 1979	287 806	1975	150 000 t Rohöl	läuft auf Grund vor Wangerooge	Kein Ölverlust, Tanker kommt durch 11 Schlepper frei
ASTORIA (Griechenland)	Juni 1979	59 977	1964	ca. 50 000 t Rohöl	Kollision mit der Schleusenanlage des Emder Hafens	Verlust von 2 000–4 000 t Rohöl. Durch Schließen der Schleuse Ausbreitung des Öls verhindert
HITRA (Norwegen)	22. Nov. 1979	38 840	1961	34 700 t russ. Gasöl	Kollision (Nebel) NW vom FS Weser vor Spiekeroog	1 600 t Gasölverlust, 15 km² Ölteppich (trieb nach NO). Kein Schaden an der Küste. Tanker fuhr nach Wilhelmshaven

[1] LLOYD'S (1979); k. A. = keine Angaben – [2] In metrischen Tonnen

Quelle: GERLACH (1979), KRÜGER (1978 a, b).

6.2.3 Ökologische Wirkungen der Dauerbelastungen durch geringe Öleinträge

627. Neben den spektakulären Schäden großer Ölunfälle verdienen auch die Folgen der Dauerbelastung durch kleinere Öleinträge Beachtung. Man unterscheidet zweckmäßigerweise zwischen laufendem Öleintrag aus kontinuierlichen Prozessen und mehreren dicht aufeinander folgenden Kontaminationen durch kleine Ölverluste. Ebenso wichtig ist es, die verschiedenen durch Dauerbelastung betroffenen Lebensräume zu betrachten, wobei vor allem die Hohe See und der Küstenbereich zu unterscheiden sind.

628. *Über die ökologischen Auswirkungen eines ständigen Öleintrags auf hoher See liegen kaum Kenntnisse vor. Die Beobachtung, daß sich bestimmte Meeresorganismen gehäuft in der Nähe von festen Bohrplattformen aufhalten, dürfte weniger mit den hier entlassenen Kohlenwasserstoffen als mit der Tatsache zusammenhängen, daß die Organismen im Bereich des Plattformunterbaus eine gewisse Deckung (Fische) genießen oder Ansiedlungsraum vorfinden (Muscheln und andere festsitzende Tiere) (RALPH u. GOODMAN, 1979). Es ist lediglich bekannt, daß die diffusen Öleinträge im Bereich stark befahrener Schiffahrtswege und im Umkreis von Bohrplattformen zu erhöhten Konzentrationen ölabbauender Bakterien oder Pilze im Wasser führen (ICES, 1977).*

629. *Über die Wirkung einer Dauerbelastung mit geringen Ölmengen im Küstenbereich liegt eine Reihe von Untersuchungen vor, z. B. an Salzwiesen. Diese gehören zu den gegenüber Ölverschmutzung empfindlichsten Küstenbiotopen. Die Reaktion auf einmalige Ölverschmutzung unterscheidet sich deutlich von der Wirkung wiederholter Belastungen. Bei einer einmaligen Ölverschmutzung treten Kurzzeiteffekte auf: die verölten Pflanzentriebe sterben ab, werden aber durch Regeneration von der Pflanzenbasis her ersetzt. Während der Erholungsphase wird reduzierte Keimfähigkeit und Blütenbildung, eine verminderte Bestandsdichte der einjährigen Arten, aber auch eine Wachstumsstimulation beobachtet, während Langzeiteffekte nicht aufzutreten scheinen (BAKER, 1971a, nach Untersuchungen in Milford Haven).*

Bei aufeinanderfolgenden Ölverschmutzungen (Experimente mit wiederholtem Besprühen mit Öl) zeigte sich, daß die einzelnen Salzwiesenpflanzenarten eine sehr unterschiedliche Toleranz besitzen (BAKER, 1971b; GOLOMBEK, 1979). Bis zu einer viermaligen Verölung wird die Regeneration als gut bezeichnet, bei mehr als vier Besprühungen nahm die Vegetation längerfristig erheblich ab. Am empfindlichsten waren einjährige Pflanzen wie Suaeda maritima und Salicornia ssp., am tolerantesten perennierende Pflanzen, z. B. Oenanthe lachenalii (s. Tab. 6.10). Nach noch nicht abgeschlossenen Untersuchungen sind Kräuter empfindlicher als Gräser (GOLOMBEK, 1979).

Auch die Jahreszeit der Kontamination spielt dem Entwicklungsstadium entsprechend eine wichtige Rolle

Tab. 6.10

Toleranz verschiedener Salzwiesenpflanzen gegenüber Verölung

Gruppe I	Gruppe II	Gruppe III	Gruppe IV	Gruppe V	Gruppe VI
sehr empfindlich	empfindlich	empfindlich	mittlere Empfindlichkeit	widerstandsfähig	sehr widerstandsfähig
	Mehrjährige	Grünalgen	Mehrjährige	Mehrjährige mit Rosettenbildung und Nahrungsreserven	Mehrjährige
Suaeda maritima Salicornia ssp. Samen aller Arten	Halimione portulacoides	Ulothrix sp. Vaucheria sp.	Juncus maritimus Spartina anglica Puccinellia maritima Festuca rubra Agrostis stolonifera	Cochlearia anglica Glaux maritima Artemisia maritima Spergularia media Triglochin maritimum Juncus gerardii Limonium sp.	Oenanthe lachenalii

Quelle: BAKER (1971b)

(BAKER, 1971c): Bei Besprühungstests zu verschiedenen Jahreszeiten (frisches kuwaitisches Rohöl) wurden nach dem Sprühen im Sommer insbesondere die einjährigen Arten (Suaeda maritima, Salicornia ssp.) geschädigt, so daß man annehmen kann, daß die Schadeffekte bei heißem und sonnigem Wetter größer sind. Wird während der Entwicklung der Blütenknospen besprüht (Juncus sp., Festuca rubra, Plantago maritima u.a.), wird die Blüte erheblich reduziert. Verölte Blüten produzieren kaum Samen, und Samenverölung im Winter reduziert die Keimfähigkeit im Frühjahr.

630. Wichtig ist die Beobachtung, daß keine von drei Reinigungsmethoden – Behandlung mit Emulgatoren (BP 1002); Abbrennen; Mähen – die Schäden vermindern konnte. BAKER (1971d) empfiehlt daher, eine verölte Salzwiese der natürlichen Regeneration zu überlassen.

In einem vom UBA geförderten Projekt[1]) wird in der Jade die Verölung mit Arabian-Light-Rohöl und die Reinigung mit FINA-SOL-Emulgator untersucht. Reinigungsversuche laufen erst im Mai 1980 an. Die Verölung kann schon aus Umweltschutzgründen der richtigen Ölpest nach Fläche und Intensität nicht entsprechen. Verölungen mit auf See gealtertem „chocolate mousse" fanden nicht statt (UBA, 1979). Die Ergebnisse des Projekts können deshalb voraussichtlich nicht ohne weiteres auf alle realen Unfälle übertragen werden.

631. Eine Quelle kontinuierlichen Öleintrags bilden Abwässer von Raffinerien an der Küste. Raffinerieabwässer enthalten u.a. Sulfide, Phenole, Metalle, Stickstoffverbindungen und Öl. Tab. 6.11 gibt einige typische Charakteristika dieser Abwässer wieder.

Tab. 6.11

Typische Charakteristika von Raffinerieabwässern

	Minimum	Maximum	Durchschnitt
Temperatur °C	21	38	31
suspendierte Feststoffe mg/l (ppm)	80	450	350
Sulfide mg/l (ppm)	1,3	38	8,8
Phenole mg/l (ppm)	7,6	61	27
BSB$_5$ mg/l (ppm)	97	280	160
pH	7,1	9,5	8,4
Öl mg/l (ppm)	23	130	57
Ammoniumion mg/l (ppm)	56	120	87

Quelle: BAKER (1971e)

632. *An der englischen Küste führten Raffinerieabwässer, die über eine Salzwiese ins Meer eingeleitet wurden, zum gänzlichen Absterben der Salzwiesenvegetation*

---

[1]) Auswirkungen von Tankerunfällen vor der deutschen Küste auf das Ökosystem Wattenmeer; Projekt für ca. 1978–1981.

(Beobachtungszeitraum 1951–1970). Als Ursache wurden nicht der pH-Wert, die Sulfide, der Ölgehalt im Boden oder die Abwassertemperatur ermittelt, sondern die während höheren Wasserstandes wiederholt auf den Pflanzen abgelagerten dünnen Ölfilme aus den Abwässern (BAKER, 1971e). Eine Wiederbesiedlung wurde durch die sich immer wieder bildenden dünnen Ölfilme verhindert.

633. *Auch Fauna und Flora einer Felsküste (Milford Haven) wurden durch Raffinerieabwässer geschädigt bzw. verändert. CRAPP (1971) berichtet, daß die im betroffenen Gebiet übliche Felsenbesiedlung durch Napfschnecken und Seepocken durch eine Gesellschaft von Braunalgen (Fucus) ersetzt wurde. Wahrscheinlich werden vor allem die jungen Individuen der Schnecken und Krebse geschädigt. Die toxischen Effekte beschränkten sich auf die nahe Umgebung des Abwasserauslasses; im Abstand von etwa 50 m von der Auslaßstelle war die Population wieder normal.*

634. *Raffinerieabwässer, die in einen Vorlandpriel an der deutschen Wattenmeerküste (Meldorfer Bucht) eingeleitet wurden, führten zu einer bis über hundertfachen Anreicherung der Abwasserinhaltsstoffe im Schlick der Priele (KÖNIG, 1968). Die Biozönosen des betroffenen Gebietes wurden durch das Abwasser wesentlich beeinflußt: wenig empfindliche Blaualgen breiteten sich aus; die Kieselalgengesellschaft veränderte sich wenig. Die Makrofauna zeigte eine merkliche Verarmung; viele typische Arten fehlten. Nur der Polychaet Nereis diversicolor kam vor. Die Auswirkungen beschränkten sich auf den Abwasserpriel und seine Nebengräben.*

635. Mit Raffinerieabwässern werden nicht unwesentliche Schadstoffmengen eingetragen. Verschiedene Untersuchungen ergaben, daß der Ölanteil, darunter vor allem die Naphthalinderivate, den größten Beitrag zur Toxizität liefern (u.a. HALL, BUIKEMA u. CAIRNS, 1978). Diese zweifelsohne toxischen Abwässer führten bei den untersuchten Salzwiesen, Felsküsten und Wattenbereichen zu deutlichen Veränderungen der Lebensgemeinschaften oder zum Absterben der Organismen; die Auswirkungen scheinen sich aber lokal auf die direkte Umgebung der Einleitungen zu beschränken.

6.3 Vermeidung von Tankerunfällen – Maßnahmen in den Bereichen Schiffahrt und Schiffbau

636. Maßnahmen zur Vermeidung von Tankerunfällen lassen sich aus der Untersuchung des tatsächlichen Unfallgeschehens und aus systematischen Analysen des Gefahrenpotentials ableiten. Eine Grundlage dazu bietet die weltweite Statistik der Tankerunfälle und die vom BMFT geförderte Studie über die Risiken des Schiffsverkehrs und der Offshore-Tätigkeit („Schwachstellenbericht", RAHN et al., 1979).

637. *Anhand der Statistik der Tankerunfälle (Tab. 6.12) hat die IMCO-Untergruppe Tankerunfälle (Sub-Group on Tanker Casualties) 1977 die Lage folgendermaßen beschrieben:*

Tab. 6.12

Schwere Unfälle von Öl- und Chemikalientankern nach Größenklassen

Tankergröße	Anzahl der Tanker		mittlere Unfallrate 1968 – 1976 in % der Tanker-Klassenstärke							
			Feuer und Explosion von				Stran-dung	Zer-brechen	Zusam-menstoß	ins-gesamt
tdw	im Mittel 1968 – 1976	zum Vergleich per 31.12.77[1]	Ladung	Maschine	Sonstiges	insgesamt				°/°°
			°/°°					°/°°		
10 000– 24 999	1 192	924	2,4	3,4	0,7	6,4	5,5	4,7	4,9	25,1
25 000– 49 999	818	778	2,3	2,0	1,2	5,6	5,7	4,1	7,2	23,0
50 000–149 999	930	981	4,8	1,7	0,7	7,2	4,9	4,1	3,8	21,5
150 000 u. mehr	305	788	2,9	1,8	0,7	5,5	5,5	3,6	1,8	18,2
insgesamt	3 245	3 471	3,1	2,2	0,8	6,2	5,4	4,2	4,4	22,9
				Mittelwerte				Mittelwerte		

[1] Deutsche BP AG (1978)

Quelle: IMCO Report MSC/MEPC/9 Joint MSC/MEPC Meeting on Tanker Safety and Pollution Prevention 23. 8. 1977.

– *Von 1968 bis 1976 gingen im Durchschnitt 72 Tankschiffe jährlich – d. h. alle fünf Tage ein Tanker – verloren. Feuer und Explosionen stehen an erster Stelle der Unfallursachen. Es folgen Strandung, Zerbrechen und Zusammenstoß.*

– *Die Unfallrate, das Verhältnis der Zahl der Unfälle zur Gesamtzahl der tätigen Tankschiffe lag 1975 und 1976 deutlich höher als im vorangegangenen Zeitraum 1970 – 1974.*

– *Die über den Zeitraum 1968 – 1976 gemittelte Unfallrate sinkt mit aufsteigender Tankergrößenklasse (Tab. 6.12). In den beiden mittleren Klassen ist ein Anstiegen der Unfallrate zu verzeichnen; für Tanker über 150 000 tdw Tragfähigkeit ist sie praktisch gleich geblieben.*

– *Für Feuer und Explosion hat die Unfallrate seit 1973 abgenommen, ebenfalls im Jahre 1976 für die Kollisionen. Dagegen hat sie für Strandung und Zerbrechen 1975 und 1976 zugenommen.*

– *Für diese Unfallursachen liegt die Unfallrate in der Klasse der größten Tanker mehr oder weniger deutlich unter dem Mittelwert aller vier Klassen und auch unter der Unfallrate des Mittelfeldes der Tanker zwischen 50 000 tdw und 150 000 tdw.*

– *Eine weitere Aufgliederung der Unfallursache Feuer und Explosion zeigt erheblich geringeres Ladungsfeuer-Risiko in der Klasse der größten Tanker. Den Grund wird man in der dort vorhandenen modernen Schutztechnik, wie z. B. den Inertgassystemen, sehen dürfen.*

Der Aussagewert dieser Angaben der IMCO ist unter Umweltgesichtspunkten unzureichend, da die Unfalleinheit mit der ausgelaufenen Ölmenge und die Tankereinheiten mit der Tragfähigkeit gewichtet

werden müßten. Auch eine Analyse nach Flaggenstaat, Baujahr und technischem Standard des Schiffes sowie Qualifikation der Besatzung wäre unter dem Abhilfeaspekt sinnvoll.

638. Zur Harmonisierung ihrer Sicherheitsanforderungen und -prüfungen haben sich die Schiffs-Klassifikationsgesellschaften in der International Association of Classification Societies (IACS) zusammengeschlossen, so daß sich die Prüfungsanforderungen zwischen den Gesellschaften nicht erheblich unterscheiden. Allerdings können die in den verschiedenen Flaggenstaaten zuständigen Organe und Personen über unterschiedliche Qualifikation verfügen, so daß der tatsächliche Stand der Sicherheit doch nicht immer einheitlich ist (STELTER, 1978).

6.3.1 Vorbeugungsmaßnahmen in der Schiffahrt

639. Bei gegebener technischer Auslegung eines Schiffes hängt die Sicherheit im wesentlichen von der Führung sowie von der Sicherung der Verkehrswege, der Qualifikation der Besatzung und der Wartung der Sicherheitseinrichtungen ab. Angesichts des scharfen Wettbewerbs in der Schiffahrt kommen internationale Regelungen nur allmählich zustande und werden erst nach und nach in die Praxis umgesetzt (Abschn. 10.2.2.3.1). Regeln über die Verkehrswege, Verbesserungen im Vollzug des geltenden Rechts, und der wachsende Wert der Ladungen dürften am ehesten zur Risikominderung beitragen.

640. Für die Verbesserung der Schiffsverkehrssicherheit in der Deutschen Bucht bieten sich u. a. (s. auch Kap. 10.2.3.4) folgende Möglichkeiten an:

– Hoheitsrechtliche Ausnahmeregelung für das ganze „Verkehrstrennungsgebiet Deutsche Bucht" (VTG-DB), das in einer Entfernung von ca. 60 km vor der Küste liegt. Die Bildung eines EG-Gewässerblocks (RSPB, 1979) oder die Erklärung der Deutschen Bucht zum deutschen Hoheitsgewässer würde der Bundesrepublik Deutschland Eingriffsbefugnisse (Pflichtroute, Kontrolle, Zulassung usw.) geben.

– Erweiterung der Kontrollbefugnisse des Hafenstaates. Kontrollen durch die Hafenbehörden dürften nicht mehr aus Zeitgründen abgelehnt werden. Gegen Substandardschiffe und -crews kann nur durch Kontrollen an Bord vorgegangen werden.

– Ab 1. 4. 1979 wurde die außen gelegene Seeroute im VTG-DB zur Pflichtroute für den Transport gefährlicher Güter (Tanker über 10 000 BRT, sonstige Schiffe mit gefährlicher Ladung über 300 BRT) erklärt.

– Verbesserung der Manövriermöglichkeit großer Tanker (Vertiefung der Fahrrinnen, große Wendebecken). Wasserbauliche Maßnahmen dürfen nicht durch Zulassung größerer Tanker wieder kompensiert werden.

– Ausstattung für das Verkehrstrennungsgebiet Deutsche Bucht nach dem Vorbild der Flugsicherung.

Über die Regelung von Einbahnstraßen hinaus müßten folgende Maßnahmen ergriffen werden:

– Präzisions-Funkpeilkette (Ortung der Schiffe von Land aus),

– Geschwindigkeitsbegrenzung für größere Fahrzeuge mit gefährlicher Ladung,

– Vorfahrtsregelung dem Anhalteweg des Schiffes entsprechend,

– Verpflichtung zur Inanspruchnahme von Wetterberatung.

641. Eine solche systematische Überwachung oder Lenkung des Schiffsverkehrs findet bisher nur in der sog. Revierfahrt statt, nicht aber in der Deutschen Bucht. Nach dem Vorbild dieser Revierfahrt, die z. B. in den Ästuarien vorgeschrieben ist, sollte die Verkehrslenkung in der ganzen Deutschen Bucht erfolgen.

Eine Verkehrsüberwachung für den Ärmelkanal und die Straße von Dover war auf Vorschlag Englands und Frankreichs Gegenstand der Beratungen der 21. Tagung des IMCO-Ausschusses „Safety of Navigation" im August 1978 sowie einer EG-Beratung im Dezember 1978 und Anfang 1980. Beide Länder wollen – zunächst auf freiwilliger Basis – vorab im genannten Gebiet ein Schiffmeldesystem errichten (RAHN et al., 1979).

642. Von großem Einfluß auf die Sicherheit sind auch Ausbildung, Training und Verhalten des Personals. Bei einem erheblichen Teil der Unfälle spielen

menschliches Fehlverhalten und Versagen eine Rolle (v. ILSEMANN, 1979); nach einigen Quellen soll der Anteil dieses Faktors bis zu 85% betragen.

Während die Qualifikation von Offizieren und Mannschaften der Schiffe entwickelter Länder im allgemeinen über dem Standard des „Internationalen Übereinkommens über Ausbildung, Befähigung und Wachdienst von Seeleuten, 1978" liegt, bestehen in einigen Ländern erhebliche Unterschiede im Ausbildungsstand hinsichtlich Navigation, Seemannschaft und Ladungskunde gefährlicher Güter. Ein Beispiel war die Minderqualifikation von Offizieren der „Amoco Cadiz". Trotz einschlägiger Vorschriften und besonderer Ausbildungsgänge ist mangelndes Sicherheitsbewußtsein der Besatzung ein wesentlicher Schwachpunkt bei der Verhütung und Bekämpfung von Bränden und Explosionen. Erschwerend kommt hinzu, daß die automatische Überwachung und die Warnung bei Störungen zu einer komplizierten Sicherheitstechnik geworden sind; das Versagen von Temperaturfühlern, Rauchmeldern und ähnlichen Überwachungsgeräten ist insbesondere bei schlechtem Wartungszustand ein Brand-Risikofaktor (RAHN et al., 1979).

6.3.2 Vorbeugungsmaßnahmen in der Schiffbautechnik

643. Konstruktion und Ausstattung der Schiffe können wesentlich zur Sicherheit beitragen. Redundante[1]) Auslegung der wichtigsten, die Seetüchtigkeit bestimmenden Komponenten insbesondere Antriebsanlage, Ruderanlage, Ankergeschirr, Stromversorgung, Funk und nautische Geräte, wirksamer Explosionsschutz, doppelter Boden und unabhängige Qualitätskontrolle kommen als schiffbauliche Maßnahmen in Frage.

Frachtschiffe und Tanker aller Größen sind in der Regel 1-Schrauben-Schiffe mit einem Ruder hinter der Schraube. Dies scheint ausreichend, da beim Einlaufen in Häfen Schlepperhilfe in Anspruch genommen wird. Tatsächlich jedoch läßt sich der Ausfall der Hauptmaschine mit Schleppern nicht ausgleichen (Unfälle „Al Funtas", Wilhelmshaven; „Astoria", Emden). Auch ist es unmöglich, einen vollbeladenen Tanker unter ca. 3 sm Anhalteweg zu bremsen, da das übliche Ankergeschirr und der weiche Boden in der Deutschen Bucht dazu ungeeignet sind. Bugstrahlruder können das Ausweichen erleichtern und dadurch der auftretenden Unfallgefahr entgegenwirken.

644. *Die Bedeutung einer redundanten Auslegung der Ruderanlagen wurde durch den Amoco-Cadiz-Unfall – Versagen der Ruderanlage – deutlich. Die Bedeutung redundanter Notstromanlagen liegt auf der Hand. Die Ausrüstung mit modernem Navigationsgerät ist zwar in der Regel gegeben, aber nicht vorgeschrieben, da SOLAS 1974 noch nicht ratifiziert wurde; das Protokoll zu SOLAS 1978 trat in der Bundesrepublik Deutschland Ende März 1980 in Kraft. Auch eine redundante Auslegung der Navigationsgeräte ist nicht Vorschrift.*

Die Bodenfreiheit vollbeladener Tanker in schmalen Fahrrinnen beträgt oft nur rd. 1 m. Schon der kleinste Navigations- oder Bedienungsfehler führt zum Auflaufen (s. Tab. 6.9, „Energy Vitality").

---

[1]) Zur Erhöhung der Sicherheit mehrfach eingebaute, in Reserve stehende Teile.

645. *Für einen wirksameren Explosionsschutz wäre der Einbau von Inertgasanlagen (mit Gaskonzentrationskontrolle) und Hochgeschwindigkeitsventilen (zum Be- und Entlüften der Tanks) erforderlich. Entsprechende Vorschriften sind noch nicht in Kraft.*

Der Vorschlag, Doppelböden für Tanker vorzuschreiben, wurde von den IMCO-Konferenzen 1973 und 1978 abgelehnt, weil dadurch die Tragfähigkeit des Schiffes herabgesetzt, der Treibstoffverbrauch und die Explosionsgefahr (durch Gasbildung in den Zwischenräumen) erhöht würden. Es wird nur angestrebt, die einzelnen Tanks kleiner auszubilden bzw. seitlich angelegte Ballasttanks („protective locations of segregated ballast tank") mit erhöhter innerer Verstärkung zu bauen.

Die Unfallursache Strukturversagen ist in vielen Fällen auf Materialermüdung zurückzuführen. Die zerstörungsfreie Prüfung des Ermüdungszustandes mit der Dehnungsstreifenmeßtechnik ist für eine Routineüberwachung leider zu aufwendig (RAHN et al., 1979).

646. Der Aufbau einer unabhängigen internationalen Institution für die Qualitätskontrolle der Schiffsausrüstung sollte den Vollzug einschlägiger Vorschriften ermöglichen. Die Befugnisse des Hafenstaates reichen dazu allein nicht aus. Zusammenfassend ist festzustellen, daß eine Reihe von technischen Vorschlägen und Normen besteht, die die schiffbauliche Sicherheit verbessern könnten. Diese sind jedoch überwiegend aus wirtschaftlichen Gründen meist noch nicht verwirklicht. Auch die Ratifizierung einiger Abkommen durch die Bundesrepublik Deutschland und andere Staaten steht noch aus (Abschn. 10.2).

6.4 Ölauslaufverhütung und Ölbekämpfung

6.4.1 Ölauslaufverhütung (Bergung) und Organisation der Ölbekämpfung

647. Bei Tankerunfällen, die eine Bergung erforderlich machen, ist immer wieder zu beobachten, daß durch langwierige Verhandlungen zwischen Bergungs- und Tankerreederei der Bergungszeitpunkt hinausgezögert wird. Teilweiser oder vollständiger Verlust der Ladung können die Folge sein, wie der Fall „Amoco Cadiz" zeigte. Während Rettungsmaßnahmen schnell und ohne Rücksicht auf Kosten eingeleitet werden, wenn es um Menschenleben geht, werden Schutz und Rettung von tierischem und pflanzlichem Leben, wie auch von Sachgütern, offenbar den ökonomischen Interessen von Reedereien untergeordnet. Daß die Bergungsverhandlungen nach wie vor der Vertragsform „Lloyd's Open Form" folgen, ist in Anbetracht der transportierten Ölmengen und der Zahl der Tanker nicht mehr tragbar.

Die Tankerschiffahrt hat zwar einen Hilfsfond (v. ILSEMANN, 1979) geschaffen, aus dem Entschädigungen und Ölbeseitigungskosten getragen werden können; es erscheint jedoch auch sinnvoll, die Mittel für eine rechtzeitige Bergung einzusetzen.

648. Nur wenige Bergungsreedereien verfügen über große Bergungsschlepper, die in der Lage sind, große

Tanker zu bergen. Da die Firmen aber auch Schleppaufträge, z. B. für Bohrplattformen, übernehmen, sind möglicherweise im Unglücksfall nicht immer Hochseeschlepper verfügbar. Für die Deutsche Bucht zumindest sollte eine ständige Schlepperreserve bereitgehalten werden. Die Bundesmarine könnte überdies den Wasser- und Schiffahrtsbehörden im Katastrophenfall Amtshilfe gewähren.

649. Die glimpflichen Unfallabläufe der letzten Jahre (Tab. 6.9) führten dazu, daß heute bei der Strandung eines Tankers nicht mehr mit dem Freiwerden der gesamten Ladung (ca. 65000 t für die Elbehäfen und Emden, max. 267000 t für Wilhelmshaven, ca. 300000 t für Rotterdam) gerechnet wird (ITOPF, 1979). Die niederländische Strategie geht davon aus, daß – wenn überhaupt – nur einige Tanks leckschlagen und nach Verdunstung und Verdriftung höchstens 20000 t Öl an die Küste gelangen können; die Überlegungen der Exxon Corp. gehen von 10000 t Öl aus. Ob diese Annahmen berechtigt sind, kann nur das künftige Unfallgeschehen zeigen; auf jeden Fall muß bei Tankerkollisionen mit der Möglichkeit einer sehr viel größeren Ölfreisetzung gerechnet werden. In der Deutschen Bucht stellt eine Tankerkollision daher eine bedeutend größere Gefahr dar als Strandung.

650. Umfassende Strategien zur Bekämpfung von eingetretenen Ölunfällen gibt es noch nicht. Verschiedene Ansatzpunkte einer solchen Strategie sind jedoch vorhanden. Die weltweit tätigen großen Mineralölkonzerne verfügen neuerdings über eigene Ölbekämpfungsstrategien (z. B.: Exxon, 1979). Die Harmonisierung der „Firmen" und der lokalen „Behördenpläne" ist allerdings schwierig und macht deshalb nur geringe Fortschritte. Die Ölbekämpfungsstrategie, -organisation und -bereitschaft der einzelnen Nordseeanrainer ist sehr unterschiedlich (ITOPF, 1979).

In Arbeitsgruppen der Mineralölfirmen und Reedereien sowie in ihren nationalen und internationalen Dachverbänden (z. B. ITOPF = International Tanker Owner's Pollution Federation, London) gibt es Bemühungen, ein „Leichterabkommen" zur Mietung internationaler Leichtertonnage abzuschließen. In der Bundesrepublik Deutschland wurde die ÖSK (Tz. 652) in diese Verhandlungen mit einbezogen. Für Einsätze in der Deutschen Bucht steht z. Z. ein 8500 t-Leichter der Mobil Oil AG („Mobil Jade") zur Verfügung. Die Mineralölfirmen und Reedereien, die diesen Leichter chartern, haben dafür Zuschüsse des Bundes und der Länder durch die ÖSK beantragt. Beim einfachen Auflaufen vollbeladener Tanker müssen allerdings oft 30000 t geleichtert werden, ein 8500 t-Leichter reicht also nicht aus. Nach Kollision und/oder Auseinanderbrechen der Tanker müßte vielmehr Leichtertonnage aus dem gesamten Raum von Brest bis Hamburg mobilisiert werden können (ITOPF, 1979). Da die Bereitstellung von Tankerkapazität ausschließlich als Leichter recht aufwendig ist, werden z. Z. Mehrzweckschiffe entwickelt, die in kürzester Zeit umgerüstet und in das Gefahrengebiet beordert werden können.

651. Die deutsche Organisation der Ölbekämpfung (Abb. 6.4) wurde von RAHN et al. (1979) eingehend

Abb. 6.4

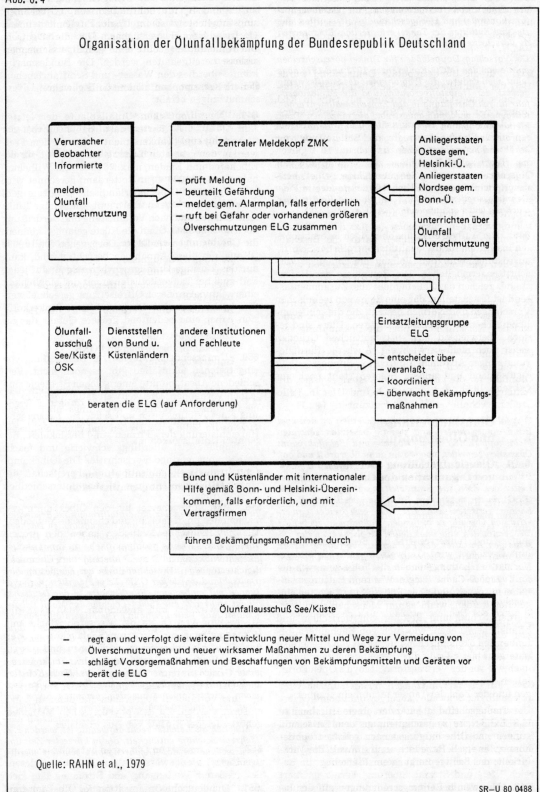

Organisation der Ölunfallbekämpfung der Bundesrepublik Deutschland

| Verursacher Beobachter Informierte

melden Ölunfall Ölverschmutzung | Zentraler Meldekopf ZMK

– prüft Meldung
– beurteilt Gefährdung
– meldet gem. Alarmplan, falls erforderlich
– ruft bei Gefahr oder vorhandenen größeren Ölverschmutzungen ELG zusammen | Anliegerstaaten Ostsee gem. Helsinki-Ü. Anliegerstaaten Nordsee gem. Bonn-Ü.

unterrichten über Ölunfall Ölverschmutzung |

| Ölunfall-ausschuß See/Küste ÖSK | Dienststellen von Bund u. Küstenländern | andere Institutionen und Fachleute | Einsatzleitungsgruppe ELG

– entscheidet über
– veranlaßt
– koordiniert
– überwacht Bekämpfungs-maßnahmen |
| beraten die ELG (auf Anforderung) | | | |

Bund und Küstenländer mit internationaler Hilfe gemäß Bonn- und Helsinki-Übereinkommen, falls erforderlich, und mit Vertragsfirmen

führen Bekämpfungsmaßnahmen durch

Ölunfallausschuß See/Küste

– regt an und verfolgt die weitere Entwicklung neuer Mittel und Wege zur Vermeidung von Ölverschmutzungen und neuer wirksamer Maßnahmen zu deren Bekämpfung
– schlägt Vorsorgemaßnahmen und Beschaffungen von Bekämpfungsmitteln und Geräten vor
– berät die ELG

Quelle: RAHN et al., 1979

SR–U 80 0488

analysiert. Zersplitterte Kompetenz, mangelnde Erfahrungen und die bisherigen Einsätze lassen vermuten, daß ein Fall „Amoco Cadiz" eine reichlich unvorbereitete deutsche Küste treffen würde (GERLACH, 1979).

652. Für die Bundesrepublik Deutschland wurde 1967 der Ölunfallausschuß See/Küste (ÖSK) als beratendes Bund-Länder-Gremium mit Sitz in Kiel eingerichtet. Aufgabe des ÖSK ist es, eine Strategie zur Ölbekämpfung zu erarbeiten und fortzuschreiben sowie Empfehlungen für die Beschaffung von Gerät und Material zu geben. Im Februar 1970 gab er die „Technischen Vorschläge zur Bekämpfung von Ölverunreinigungen im See- und Küstengebiet" heraus. Er wird voraussichtlich 1981 eine zweite Fassung seiner technischen Vorschläge vorlegen. Ferner arbeitet er mit dem BMFT hinsichtlich einiger Forschungsvorhaben zusammen (s. Tz. 675). Weitere Aufgaben des ÖSK bestehen darin, die Beschaffungspläne für Bekämpfungsmittel und -geräte zu erstellen und Vorsorgemaßnahmen anzuregen sowie einen jährlichen Tätigkeitsbericht zu erstellen.

653. Inzwischen wird die Tätigkeit des ÖSK durch das „Verwaltungsabkommen zwischen dem Bund und den Küstenländern über die Bekämpfung von Ölverschmutzungen" vom 29. April 1975 geregelt (VkBl Amtlicher Teil, 11/1975, S. 333/334). Dieses Abkommen regelt auch die Bekämpfung der akuten Ölunfälle für die hohe See, die Küstengewässer, die Ästuarien sowie Häfen, Strände und Ufer im Falle „außergewöhnlicher Ölverschmutzungen" (§ 2.1).

Ölunfälle und Ölverschmutzungen werden an den vom Bund eingerichteten und ständig besetzten zentralen Meldekopf (ZMK) beim Wasser- und Schiffahrtsamt Cuxhaven gemeldet, von wo sie dann überprüft und ggf. an die Partner des Abkommens weitergegeben werden. Ist mit großen Ölverschmutzungen zu rechnen, ruft der Leiter des ZMK die Einsatzleitungsgruppe zusammen (ELG), in der neben dem Bund die jeweils betroffenen Länder vertreten sind. Die ELG entscheidet einvernehmlich über die zu treffenden Maßnahmen, wobei ihr die personellen und finanziellen Möglichkeiten der zuständigen Anstalten der Partner zur Verfügung stehen und auch sonstige Fachleute beteiligt werden können. Die ELG kann Maßnahmen bis zu geschätzten Kosten von 500 000 DM ohne Rücksprache treffen, darüber hinaus ist die Ermächtigung der betroffenen Finanzminister einzuholen. In besonders schweren Fällen kann Amtshilfe durch den Bundesgrenzschutz und die Bundeswehr angefordert werden (RAHN et al., 1979). Die ELG kann zwar die Beseitigung von Ölverschmutzungen an Ufern und Stränden anordnen, die Durchführung ist jedoch nicht mehr ihre Sache (§ 4.6).

654. Für Ölverschmutzungen in Häfen und am Ufer unterhalb der Schwelle „außergewöhnlicher" Ölverschmutzungen sind die Länder, Regierungsbezirke oder Landkreise zuständig. Einige Landkreise und Regierungsbezirke haben sogenannte Katastropheneinsatzpläne (z. B. Bezirksregierung Weser/Ems) entwickelt; der Schwerpunkt dieser Pläne liegt im Bereich Ufer- und Strandsäuberung. Ferner existiert ein „Alarmplan bei Ölverschmutzungen auf der Jade" (1979), der sich hauptsächlich auf kleinere und mittlere Unfälle bis zur Größenordnung von 100 t bezieht und sich u. a. auf die Dienste von Ölbekämpfungsfirmen stützt. Einige dieser Firmen haben sich auf freiwilliger Basis zu einem Dachverband „Öl- und Katastrophenschutz e.V." (ÖKS) zusammengeschlossen.

655. Insgesamt sind zahlreiche Stellen mit Ölverschmutzungen befaßt:

a) mit Eingriffsbefugnissen
 – Einsatzleitungsgruppe (ELG) und Zentraler Meldekopf (ZMK),
 – Wasser- und Schiffahrtsämter bzw. -direktionen,
 – Bezirksregierungen,
 – Wasserschutzpolizei,
 – Wasserwirtschaftsämter,
 – Hafenämter,
 – Landkreise,
 – Städte und Gemeinden;

b) ohne Eingriffsbefugnisse
 – Ölunfallausschuß See/Küste (ÖSK),
 – Ölgesellschaften und Mineralölwirtschaftsverband (MWV),
 – Reedereien und Verband Deutscher Reeder (VDR),
 – Umschlagbetreiber,
 – Ölbekämpfungsfirmen und ÖKS,
 – Bundesgrenzschutz,
 – Bundeswehr.

Die Anzahl der Beteiligten und die Kompetenzvielfalt lassen erkennen, welche Bedeutung der Regelung eines reibungslosen und schnellen Zusammenwirkens im Falle eines großen und räumlich ausgedehnten Unfalls zukommt.

6.4.2 Physikalische und chemische Ölbekämpfungsmaßnahmen

656. Man unterscheidet bei den Ölbekämpfungsmaßnahmen physikalische und chemische Methoden. Alle physikalischen Methoden haben den großen Vorteil, daß sie ohne problematische, in ihren ökologischen Wirkungen oft nicht abschätzbare Chemikalien auskommen. Ihnen ist daher grundsätzlich der Vorzug gegenüber chemischen Methoden einzuräumen. Leider sind sie noch nicht im wünschenswerten Umfang wirksam und anwendbar. Man kann die Ausbreitung von Öl an der Wasseroberfläche mit Hilfe schwimmender Ölsperren (Schläuche u. a.) oder durch Luftblasenbarrieren eindämmen und das Öl von der Wasseroberfläche mittels hierfür konstruierter Geräte (Skimmer) absaugen. Von Felsenküsten kann Öl mit heißem Wasser abgewaschen, von Stränden und Vorländern abgegraben und dann an Land entsorgt werden. Zu den physikalischen Methoden gehört auch der Einsatz von Adsorbenzien.

657. Der Einsatz von Ölsperren hat sich bisher nur in ruhigen Hafengewässern als praktikabel erwiesen. Bei größerem Wellengang und Strömung läßt sich meist nicht verhindern, daß das Öl die Barrieren unterläuft.

Die in der Bretagne zum Schutz bestimmter Gebiete, z. B. von Austernbänken und Ästuarien, ausgelegten Sperren waren bei höherem Wellengang meistens unwirksam. Hinzu kam, daß die gelegentlich aufgefangene Ölmenge nicht eingesammelt wurde (HANN et al., 1978).

658. Auch das Absaugen des Öls von der Wasseroberfläche ist bisher nur in ruhigem Wasser oder bei geringem Wellengang eine effektive Methode.

Der beim Amoco-Cadiz-Unfall eingesetzte Skimmer „Chamdis" wies zwar eine hohe Absaugleistung von 40 t/h auf, war während seines zweiwöchigen Einsatzes nur insgesamt 2 Stunden lang funktionsfähig und sammelte 80 t Öl (HANN et al., 1978). Beim Bravo-Blow-out gelang es immerhin, 870 t Rohöl aufzunehmen (NOU, 1977). Die an der deutschen Küste im Notfall zur Verfügung stehenden Saug- und Sammelgeräte sind allesamt nicht auf hoher See einsetzbar. Auch ein auf Veranlassung des Ölunfallausschusses See/Küste (ÖSK) in Schweden in Auftrag gegebener Ölbekämpfungskatamaran, der im Jahre 1979 fertiggestellt wurde, eignet sich eher für kleinere Unfälle und den Einsatz im flachen Küstengewässer. In der Bundesrepublik Deutschland wurde an eine deutsche Werft eine Studie zur Entwicklung eines Gerätes in Auftrag gegeben, welches auch bei Wellenhöhen bis zu 2,50 m größere Ölmengen einsammeln soll.

659. Gegebenenfalls kann der Erfolg von Saug- und Sammelgeräten erhöht werden, wenn vorher physikalisch wirkende Adsorptionsmittel eingesetzt werden.

Diese Mittel überführen das Öl in gebundene Form für eine spätere Abschöpfung. Als Adsorbenzien kommen Tonerdesorten (Bentonit, Zeolith), Infusorienerde (Diatomeenerde, Kieselgur), zellulosehaltige Abfallstoffe (Stroh, Sägespäne, Sägemehl usw.), Schaumstoffe (Polyurethan-Hartschaum) und Kunstfasersubstanzen (Ölsaugteppiche) in Frage.

Technisch eignet sich der Polyurethan-(PU-)Hartschaum am besten, da er etwa das Dreißigfache seiner eigenen Masse an Öl adsorbieren kann. Der Harte PU-Schaum muß aus zwei Komponenten an Ort und Stelle in Spezialbehältern hergestellt und zermahlen werden. Unter den Bedingungen des Katastropheneinsatzes ist dabei allerdings nicht auszuschließen, daß Reste der Komponenten übrigbleiben. Da vor allem die Isocyanate als sehr starke Gifte gelten – sie stehen auf der UBA-Liste der 154 gefährlichsten Stoffe im Entwurf zur Störfallverordnung (BMI, 1978) – sollte der Einsatz dieser PU-Schäume sorgfältig erwogen werden. Gegenwärtig wird man sich also auf andere aufsaugende Mittel, z. B. Ölsaugteppiche beschränken. Das BMFT fördert die Erforschung geeigneter Adsorbenzien.

660. *Nach dem Aufsammeln der Öl-Bindemittel-Konglomeratmassen ist eine Entsorgung erforderlich. Sie werden zunächst überwiegend deponiert. Mit Ausnahme von zellulosehaltigen Stoffen kann das Konglomerat jedoch anschließend durch Desorption (Aufwärmung oder Behandlung mit Dampf) getrennt und das Mittel wieder verwendet werden. Eine weitere Entsorgungsmöglichkeit besteht in der Verbrennung. Da Zellulosen auch Wasser adsorbieren, erfolgt deren Verbrennung in Müllverbrennungsanlagen erst nach einer Trocknung. Nach der Amoco-Cadiz-Katastrophe wurde ölhaltiges Stroh deponiert; in der Bundesrepublik Deutschland käme dafür nur eine Sonderdeponie in Frage.*

661. Der gleichzeitige Einsatz von Ölsperren und Adsorbenzien erhöht den Wirkungsgrad beider Methoden (BOESCH et al., 1974). Zähflüssige naphthenreiche Öle können allerdings durch Adsorbenzien nicht bekämpft werden. Unterhalb der „Fließpunkt"-Temperatur ist der Adsorbenzieneinsatz für jedes Öl überdies wirkungslos (HELLMANN u. ZEHLE, 1972).

662. *Nach der Strandung der Amoco Cadiz wurde das an Land getriebene Öl mittels Handarbeit von mehreren tausend Hilfskräften beseitigt. Ausgerüstet mit einfachen Hilfsmitteln wie Schaufeln, Eimern, Plastiktüten sowie Jauchewagen und Traktoren wurden verölte Sandschichten und Salzwiesensedimente abgegraben, Kies und Felsen mit Heißwasserspritzen gereinigt, verölte Pflanzen und Tiere eingesammelt und das Material im Hinterland deponiert. Dadurch gelang es, 20 000 – 25 000 t Öl zu beseitigen (HANN et al., 1978). Allerdings wurden an manchen Stellen auch die Schäden vergrößert. Zum Beispiel geriet das Öl durch schweres Gerät oder beim Abgraben tiefer in die Sedimente als zuvor und wurde langfristig dem biologischen Abbau entzogen. Man schätzt, daß etwa 15 000 t Öl tief im Substrat verblieben (HANN et al., 1978). Das abgegrabene Öl wurde teilweise mangels anderer Deponieflächen in hierfür ausgehobene Gruben im Hinterland mit dem Risiko einer Grundwasserverseuchung abgelagert.*

663. Sollte nach einem Unglücksfall Öl in das Wattengebiet gelangen, dann dürfte es kaum möglich sein, die Wattensedimente abzugraben. Daher würde das Öl in tiefere und sauerstoffarme Sedimente eindringen und dort über viele Jahre hinweg wirken. GERLACH (1979) schlägt deshalb im Falle eines Ölunfalls vor den friesischen Inseln vor, die Seegatten zwischen den Inseln mit Ölsperren zu versehen, wenngleich auch wegen Wellengang und Strömung eine nur begrenzte Wirksamkeit dieses Verfahrens zu erwarten ist. Um eine Belastung der Küste mit antreibendem Öl oder Ölschlamm zu verhindern, wird bei Unfällen im küstenfernen Bereich der Einsatz chemisch wirkender Stoffe erwogen; dieser Anwendung steht aber eine Reihe von ökologischen Bedenken gegenüber (s. Abschn. 6.1 und 6.2).

664. Die hier diskutierten Stoffe lassen sich nach ihrer Wirkung wie folgt unterteilen:

– Dispergatoren (Emulgatoren), die Öl-in-Wasser-Emulsionen, d. h. in der Wassersäule schwebende Öltropfen erzeugen;

– Bindemittel, die das Öl adsorbieren und danach absenken oder eine schwimmende Masse bilden;

– Stoffe mit anderen Wirkungsmechanismen, wie

   – gelbildende Substanzen
   – photochemisch wirkende Stoffe (Photosensibilisatoren)
   – ausbreitungshemmende Stoffe („herding agents")
   – biochemisch wirkende Stoffe
   – Zündstoffe und andere Brandhilfen.

665. *Der Einsatz von Dispergatoren (Emulgatoren) zielt darauf ab, das Öl möglichst bald in eine Öl-in-Wasser-Emulsion zu überführen. Derartige Vorgänge* laufen ohne Zusätze nur in begrenztem Maße ab. Durch die Zugabe oberflächenaktiver Stoffe wird die Oberflächenspannung an der Phasengrenze zwischen Öl und Wasser abgesenkt und die Emulsionsbildung ermöglicht. Dadurch vergrößert sich die spezifische Oberfläche des Öls um mehrere Zehnerpotenzen; zugleich erhöht sich die Verfügbarkeit des Öls für Lösungsvorgänge, für chemische Reaktionen und für mikrobielle Abbauvorgänge. Dies ist jedoch auch negativ zu bewerten, denn die meisten und wirksamsten Abbauprozesse wie photochemische Oxidation und aerober mikrobieller Abbau laufen an der Wasseroberfläche ab; stabile Öl-in-Wasser-Emulsionen entstehen ferner nur bei frisch ausgelaufenem Öl, wobei die flüchtigen, sehr toxischen Komponenten wie niedrigere Aromate und Naphthene (vgl. Kap. 6.1.1) mit emulgiert werden, somit auf längere Zeit wirksam bleiben und nur langsam verdunsten. Schließlich werden durch Strömung und Diffusion die Öl-Wasser-Tröpfchen sehr weit in Bereiche abtransportiert, die sonst nicht betroffen wären.

Untersuchungen von TARZWELL (1975) (zit. nach HUANG u. ELLIOT, 1977) ergaben, daß das toxische Potential des Rohöls mit erhöhtem Dispersionsgrad steigt. Wesentlich ist, daß die ökologisch bedenklicheren leichten naphthenbasischen Rohöle sich unter gleichen Bedingungen stärker dispergieren lassen als die zähflüssigen, schweren Sorten.

666. Die Anwendung von Dispergatoren bedarf der intensiven Durchmischung von Öl, Wasser und Chemikalien. Bei ruhiger See müssen dazu Spezialgeräte oder die Propellerwirkung von Schiffen eingesetzt werden. Bei hohem Wellengang und bei Gischtbildung ist die Durchmischung zwar gegeben, es treten jedoch Konkurrenzvorgänge, nämlich Bildung von Wasser-in-Öl-Emulsion auf. Wenn sich bereits dieser Ölschlamm („chocolate mousse") gebildet hat, werden größere Mengen an Dispergatoren benötigt; ebenso ist ein höherer Aufwand zur Durchmischung erforderlich, um ein Umschlagen in eine Öl-in-Wasser-Emulsion zu erreichen. Der Erfolg solcher Aktionen bleibt allerdings fraglich (ITOPF, 1979). Bei bereits gealtertem Ölschlamm oder bei Temperaturen um und unter dem Fließpunkt des Öls wird keine Öl-in-Wasser-Emulsion entstehen; dann stellt der Dispergatoreneinsatz lediglich eine zusätzliche Belastung des Ökosystems dar (HELLMANN u. ZEHLE, 1972).

Die US Coast Guard und die EPA (Environmental Protection Agency der USA) schlugen 1971 vor, auf den Einsatz von Dispergatoren zu verzichten (BOESCH et al., 1974):

– bei Heizöldestillaten,

– bei Ausläufen geringer als ca. 25 t,

– in Küstengebieten,

– bei Tiefen geringer als 150 m,

– in Fischlaichgründen, Vogelbrut- und Vogelrast-stätten.

Die Übertragung dieser im Grundsatz sinnvollen Beschränkung auf die Deutsche Bucht würde bedeuten, auf den Einsatz von Dispergatoren völlig zu verzichten. In abgeschwächter Form übernahmen die Franzosen diese Vorschläge, als beim Amoco-Cadiz-Unfall der Einsatz von Dispergatoren auf Gebiete mit Tiefen größer als 50 m beschränkt wurde.

667. Für das Absenken von Öl durch Bindemittel stehen Erfahrungen nur vom Torrey-Canyon-Unfall zur Verfügung. Dabei wurden gealterte Ölflecke auf hoher See mit vorbehandeltem, d. h. hydrophobisiertem Kreidepulver (erdiger Kalkstein) besprüht. Innerhalb von wenigen Stunden sank das Öl ab. In jedem Falle bleibt bei dieser Methode jedoch das abgesunkene Öl weiterhin ein Gefahrenpotential für Organismen, denn das Öl schwimmt wieder auf, wenn das Bindemittel ausgewaschen wird (GERLACH, 1979).

668. Der Ölverlust aus havarierten Tankern kann auch durch den Einsatz von gelbildenden Substanzen vermindert werden. In die leckgeschlagenen Tankräume werden solche Mittel eingeführt und mit dem Öl vermischt. Nach etwa acht Stunden bildet sich ein Gel, dessen Festigkeit sich mit der Zeit noch erhöht. Durch Erhitzen des Gels über 50° C kann das Öl später zurückgewonnen werden. Gelbildende Mittel sind teuer (BOESCH et al., 1974). Wegen der langen Reaktionszeiten mangels geeigneter Hilfseinrichtungen können die Bemühungen fehlschlagen. Über die Giftigkeit der gelbildenden Substanzen liegen noch keine aussagekräftigen Untersuchungen vor.

669. Bei kleineren Ölausläufen kann die Verteilung des Öls durch ausbreitungshemmende Stoffe gemindert werden. Diese Substanzen („herding agents") verändern die Oberflächenspannung derart, daß die Stärke der Ölschicht zunimmt, bis das Gleichgewicht zwischen Kohäsionskraft und Gravitation erreicht ist. Diese Chemikalien werden von Flugzeugen aus versprüht. Ihre Anwendung verspricht nur dann Erfolg, wenn das Öl noch frisch und dünnflüssig ist. Ein Nutzen ergibt sich jedoch nur, wenn dadurch das Einsammeln, z. B. mittels Endlosförderband oder Aufnahmetrommel erleichtert wird. Zähflüssige Öle breiten sich langsamer aus und bilden von vornherein dickere Schichten; in diesen Fällen empfiehlt sich der Verzicht auf den Einsatz. Ausbreitungshemmende Mittel sind ökologisch nach Stand des Wissens weitgehend unbedenklich (DOE, 1976).

670. Das Abbrennen von Öl wird wegen der dabei entstehenden Schadstoffe, u.a. polycyclische, aromatische Kohlenwasserstoffe, als unerwünschte Bekämpfungsmethode angesehen. Ölflecke, vor allem in frühen Stadien eines Unfalls oder bei Blow-outs auf Bohrplattformen, entzünden sich jedoch leicht, und gelegentlich läßt man das Öl auch verbrennen. Der Verbrennungsvorgang bleibt nur dann beständig, wenn der Ölteppich hinreichend dick, zusammenhängend und reich an leichtflüchtigen Komponenten ist; im übrigen erfolgt keine vollständige Verbrennung, so daß die genannten Produkte zurückbleiben. Bei Ölausbrüchen auf Plattformen entweicht zusätzlich „Petrolgas" (C_1-C_4-Kohlenwasserstoffe), so daß durch das Nachströmen leicht brennbarer Substanzen ein kontinuierlicher Abbrand gesichert ist (Ixtoc-9-Blow-out im Golf von Mexico).

Soll trotz aller Nachteile die Verbrennung gezielt als Bekämpfungsmaßnahme eingesetzt werden, so müssen Chemikalien zugesetzt werden, um möglichst weitgehenden Abbrand zu erreichen. Die Verbrennung verläuft allerdings auch dann nicht vollständig und ist mit erheblicher Rauchentwicklung verbunden. Die Rückstände der Verbrennung hemmen den weiteren Verlauf des Brandes und bleiben schließlich in Form von Restölen bestehen. Je nach Ölsorte können diese Restöle so hohe Dichten erreichen, daß sie auf den Meeresboden absinken oder unter Wasser weiträumig verdriftet werden (Ixtoc-9). Der Erfolg der Maßnahme ist überdies oft unbefriedigend, weil das Feuer schlecht entfacht werden kann oder vorzeitig erlischt.

Zur Förderung der Verbrennung werden Chemikalien mit verschiedenen Wirkungsmechanismen eingesetzt: Zündstoffe wirken durch chemische Reaktionen mit Wasser und/oder Ölbestandteilen explosionsartig; Leichtöle erhöhen die Verbrennungstemperatur und ermöglichen einen besseren Ausbrand für schwere Komponenten; Stoffe mit Dochtwirkung bilden eine thermische Isolierungsschicht zwischen Wasser und Öl, wodurch der Verbrennungsvorgang gefördert wird.

Eine Ölbekämpfung durch Verbrennen würde speziell in der Nordsee Förder-, Bohr- und Verladeeinrichtungen, Pipelines mit Pumpstationen sowie Schiffe auf den Wasserwegen gefährden, und sollte auch aus diesem Grunde unterbleiben.

671. *Da sich ölabbauende Mikroorganismen gehäuft in ölbelasteten Meeresgebieten wie Schiffahrtswegen oder in der Nähe von Bohrplattformen finden, wurde vorgeschlagen, diese Organismen gezielt zur Ölbekämpfung einzusetzen. Diese zweifellos elegante Methode ist in ihrer Wirksamkeit begrenzt, da Wassertemperatur, mangelndes Angebot an Nährsalzen und die Toxizität frisch ausgelaufenen Öls nur einen sehr langsam ablaufenden biologischen Abbau zulassen.*

Vielfach wird deswegen vorgeschlagen, gemeinsam mit geeigneten Organismen organisch gebundenen Phosphor und Stickstoff auszubringen (STØRMER u. VINS-JANSEN, 1976). Aber auch dann bleiben wachstumsbegrenzende Faktoren wie die anfängliche Toxizität oder die niedrige Wassertemperatur erhalten. Es wird also kaum möglich sein, Öl innerhalb kurzer Zeiträume (1 – 2 Wochen) biologisch zu beseitigen (VAN DER LINDEN, 1978), so daß diese zunächst vielversprechende Methode nur eingeschränkte Bedeutung haben kann. Sinnvoll wäre es, sie in Ergänzung anderer Verfahren, z. B. nach mechanischer Reinigung, einzusetzen. Auf See wurden bisher jedoch noch keine Erfahrungen mit dem Ausbringen ölabbauender Bakterien gesammelt (VAN DER LINDEN, 1978).

6.5 Forschungsaspekte

6.5.1 Offene Fragen in der Meeresforschung

672. Die Meereskunde ist noch nicht in der Lage, wirksame Ölbekämpfungsmaßnahmen vorzuschlagen, da erhebliche Wissenslücken bestehen. Insbesondere drei Gebiete sind hier zu nennen:

– Ausbreitung und Alterung des Öls (auch bei Einsatz von Chemikalien),

– Wechselwirkungen von Öl und Wasser,

– Einwirkung von unterschiedlichen Rohölen und Ölbekämpfungsmitteln auf die Meeresorganismen.

Die Ergebnisse von Laborversuchen sind nur beschränkt auf die Ölbekämpfungspraxis anwendbar (MARCINOWSKI, 1978, 1979a, 1980). Viele Abläufe müßten daher in Großversuchen (Maßstab 1:1) untersucht werden. Derartige Versuche würden aber großräumige Ölverschmutzungen voraussetzen und sind daher nicht vertretbar.

673. Die Anstrengungen der Wissenschaft richten sich daher gegenwärtig auf die Auswertung von Erfahrungen bei Ölunfällen. Für diesen Zweck wurde 1977 eine „Arbeitsgruppe zur meereskundlichen Un-

tersuchung von Ölunfällen" von Einrichtungen der Meeresforschung gegründet (GERLACH, 1978), deren Aufgabe es ist, ein „Aktionsprogramm der Meeresforschung in der Bundesrepublik Deutschland für den Fall eines größeren Ölunfalls im deutschen Meeres- und Küstengebiet" zu erarbeiten und ggf. durchzuführen. Das Programm ist nur auf einen Ölunfall abgestellt und soll daher keine weitergehenden Aktivitäten ersetzen, welche sich im Labor- und Freilandexperiment in kleinerem Maßstab mit den Auswirkungen von Ölunfällen bzw. von Bekämpfungsmaßnahmen beschäftigen. Im Rahmen des Programms wurden nach dem Amoco-Cadiz-Unfall Untersuchungsreihen von deutschen Wissenschaftlern durchgeführt (SALZWEDEL u. MURKEN, 1978).

Wichtigste Zielsetzungen dieses Arbeitsprogramms sind:

– *Aufzeigen von Kenntnislücken,*

– *Beratung der für die Ölbekämpfung verantwortlichen Behörden,*

– *Beschreibung des Ölunfalls und seiner Randbedingungen, einschließlich der erkennbaren Auswirkungen auf die Lebensgemeinschaften des Meeres,*

– *Bewertung der Bekämpfungsmaßnahmen aus meereskundlicher Sicht und Empfehlungen für den Fall eines erneuten Ölunfalls,*

– *Bewertung und Verbesserung des Aktionsprogramms.*

6.5.2 Forschung und Entwicklung in der Ölbekämpfungstechnik

674. Die Wirksamkeit aller Maßnahmen zur Bekämpfung ausgelaufenen Öls ist zumindest in der Deutschen Bucht unbefriedigend. Neben den Maßnahmen zur Erhöhung der Sicherheit von Schiffen und Schiffahrtswegen sowie zur raschen Bergung nach Unfällen besteht deshalb die Notwendigkeit, geeignete Verfahren und Geräte für die Ölbekämpfung zu entwickeln und zu erproben. Überdies sind hinsichtlich des Verhaltens im Meerwasser, der Ausbreitung und der Alterung von Rohölen Kenntnislücken zu schließen, um die Ölbekämpfungsmethoden wenigstens an die Parameter Ölsorte, Wellenprofil, Strömung und Temperatur anpassen zu können (MARCINOWSKI, 1978). Besonders wichtig ist eine genaue Kenntnis der Beziehungen zwischen Öleigenschaften und der Hydrodynamik.

675. Die Entwicklung von Ölbekämpfungsgeräten wird durch den begrenzten Absatz gehemmt; überdies liegt ihre Produktion meist in Händen kleinerer und mittlerer Betriebe. Für leistungsfähige, mit allen Teilaspekten der Ölbekämpfung vertraute Unternehmen des Schiff- und Apparatebaus bietet dieser Markt wenig Anreiz, zumal die Wissenslücken außerhalb des eigentlichen Interessenbereichs dieser Firmen liegen und sich keine nutzbare Weiterverwendung bietet.

Das BMFT fördert deshalb seit 1978 im Rahmen des Programms „Umweltforschung und Umwelttechnologie" Forschungs- und Entwicklungsarbeiten, die das Ziel der Vermeidung bzw. Verminderung der Meeresver-

schmutzung insbesondere durch Öl haben (BMFT, 1979).
Die Projekte zielen auf die Eingrenzung, das Entfernen
und die Entsorgung des ausgetretenen Öls ab. Vorberei-
tend wurden zwei Studien erarbeitet, in denen der Stand
der Technik und die Randbedingungen ermittelt sowie
die Entwicklungsspezifikationen ausgearbeitet wurden
(RAHN et al., 1979; BLOHM u. VOSS, 1979).

Der Schwerpunkt der Fördermaßnahmen liegt bei Be-
kämpfungsmethoden, die auch bei den in der Nordsee
üblichen rauhen Wetterbedingungen und im Watten-
meer das Öl wirkungsvoll entfernen lassen:

1. Integrierte autonome Systeme
   – Hopper-Bagger, d. h. ein Bagger mit getrennten
     Räumen für Kies/Sand bzw. abgeschöpftes Öl und
     mit Ölwehr, Skimmer und Trennsystem
   – Doppelrumpf-Mehrzweckfahrzeug (Küstentanker
     oder – in aufgeklapptem Zustand – „Ölsperre" mit
     beheizbarem Skimmer sowie mit Trennsystem und
     Tanks)
   – Katamaran
   – Abschöpf-Schute

2. Einzelgeräte und Verfahren
   – Öl/Wasser-Separatoren
   – Mechanischer Ölsaugteppich
   – Ölabschöpfverfahren auf hoher See

3. Adsorbenzien
   – Polyurethanschäume

Ferner laufen noch vom BMI/UBA geförderte Untersu-
chungen in zwei Bereichen: Auswirkungen des Öls auf
das Ökosystem Wattenmeer und Lasermessung von
Schichtdicke und Ausbreitung von Öl vom Flugzeug aus.

6.6 Bewertungen und Empfehlungen

676. Ein schwerer Ölunfall im Bereich der Deutschen Bucht hätte aller Voraussicht nach gravierende Auswirkungen auf das ökologisch wertvolle Wattenmeer (Abschn. 2.4) und würde zudem eine der
wichtigsten Erholungslandschaften (Abschn. 8.3) der
Bundesrepublik Deutschland auf Jahre hinaus schädigen. Angesichts der beachtlichen – allerdings noch
nicht voll genutzten – technischen Möglichkeiten,
die Sicherheit der Tankschiffahrt zu verbessern, sowie angesichts der sehr beschränkten Möglichkeiten
der Bekämpfung von ausgelaufenem Öl kommt der
Unfallverhütung die höchste Priorität zu. Hier zeigt
sich erneut, daß Vorsorge wirksamer ist als die nach-
trägliche Bekämpfung von Umweltschäden. Da trotz
Vorsorge jedoch ein gewisses Unfallrisiko verbleibt,
bedarf es auch eines Konzeptes für die Verringerung
von Unfallfolgen. Dazu gehört sowohl die Verbesserung der organisatorischen und technischen Bedingungen für Bergung und Leichterung als auch ein
umfassendes Konzept für die Bekämpfung großer
ausgelaufener Ölmengen.

677. Die zu wählenden Ölbekämpfungsmaßnahmen
hängen vom Ort des Unfalles ab. Hat sich ein Unfall
auf hoher See ereignet und ist nicht mit einer Gefährdung von Küsten zu rechnen, dann empfiehlt es
sich, auf den Einsatz von Chemikalien zu verzichten.
Auch wenn inzwischen weniger toxische Dispergatoren, als die bei früheren Unfällen verwendeten, zur
Verfügung stehen, würde deren Einsatz auf hoher

See keine wesentliche ökologische Entlastung bringen. Sind Küstenräume gefährdet, dann kann es
sinnvoll sein, Dispergatoren einzusetzen, um Badestrände, Vogellebensstätten oder andere ökologische
wertvolle Gebiete vor dem Antreiben von Öl zu bewahren. Dem Einsatz hat aber ein sorgfältiger Abwägungsprozeß vorauszugehen, da auch Dispergatoren ökologisch nicht völlig unbedenklich sind. Das
aus ökologischer Sicht günstigste Bekämpfungsverfahren ist z. Z. die mechanische Entfernung des Öls
durch Abschöpfen; diese Verfahren sind zwar noch
nicht ausgereift, die laufenden Entwicklungsarbeiten (Tz. 675) sind jedoch erfolgversprechend.

678. Um nach einem Unfall möglichst schnell handeln zu können, sind neben einem Alarmplan, der in
der Bundesrepublik Deutschland existiert, und ver-
fügbarem Material, dessen Beschaffung vorgesehen
ist, auch Vorstellungen über sinnvolle Maßnahmen
erforderlich. Dazu bedarf es auch regionaler bzw.
örtlicher Pläne, die den Ort des Unfalls, Wetterbedingungen, Strömungsverhältnisse, betroffene Biotope und ausgetretene Ölsorten berücksichtigen.
Diese örtlichen Katastrophenpläne sollten über die
bisherigen Festlegungen hinaus ein Raster zur Auswahl der Maßnahmen enthalten, welche sich vorrangig an den Verhältnissen der betroffenen Biotope
orientieren.

679. Aus seiner Analyse der Unfallrisiken, des Un-
fallablaufes und der Vorsorge zur Vermeidung von
Ölschäden kommt der Rat zu drei Gruppen von
Empfehlungen:

Die Bundesrepublik Deutschland sollte Initiativen
für eine Zusammenarbeit der Nordseeanrainer zur
besseren Sicherung der Schiffahrt – speziell im Hinblick auf Unfälle bei Öl- und Chemikalientransporten – ergreifen und dabei folgende Hauptziele verfolgen:

– ein im Kreis der Nordseeanrainer wettbewerbs-
  neutraler konsequenter Vollzug der geltenden
  Vorschriften (Abschn. 10.2); ein Schritt in diese
  Richtung ist der Beschluß der EG vom 21. 12. 1978
  über die Behandlung von unternormigen Schiffen,
  über Sanktionen bei Meeresverschmutzungen und
  zu Schiffen der Gefälligkeitsflaggen;

– ein einheitliches landseitiges Verkehrslenkungs-
  system für die Deutsche Bucht in Erweiterung des
  für Reviere geltenden Systems; evtl. eine Ausdehnung bis zum Englischen Kanal;

– Abschluß eines zur wechselseitigen Bereitstellung
  von Schlepper- und Leichterkapazität für den Bereich der Nordsee und des Kanals verpflichtenden
  Abkommens;

– redundante Auslegung von besonders sicherheits-
  relevanten Schiffs-Anlageteilen, wie doppelte Ruderanlage und ähnliches;

– Einrichtung einer Datenbank mit den Ergebnissen
  der Vollanalysen aller Erdöle und Erdölprodukte,
  die für den Bereich der Nordsee und des Kanals
  wichtig sind;

– Erstellung einer Statistik über Beinahe-Unfälle.

680. Die Bundesrepublik Deutschland sollte ferner eine Reorganisation und Straffung ihrer Vorkehrungen für einen Ölunfall vornehmen.

– Der Ölunfallausschuß See/Küste muß in seiner Leistungsfähigkeit als Koordinierungs- und Planungsinstitution gestärkt werden. Ein wichtiger Schritt wäre die weitgehende Freistellung der Vertreter von Bund und Ländern von anderen Aufgaben. Ferner sollte erwogen werden, ein Sekretariat des ÖSK zu schaffen. Dieses könnte zweckmäßigerweise nach Cuxhaven verlegt werden, um dort auch Aufgaben für ZMK und ELG übernehmen zu können.

– Die Organisation und Besetzung der ELG sollte stärker an den Erfordernissen des Katastrophenschutzes orientiert sein. Eine Ausdehnung der Weisungsbefugnisse gegenüber den Organisationen, die über die technischen Geräte verfügen, scheint angebracht.

– Ölbekämpfungspläne müssen flächendeckend erstellt und mit allen örtlich zuständigen Behörden abgestimmt werden. Mögliche Hilfeleistungen der Bundeswehr sind dabei einzubeziehen.

– Mechanische Bekämpfungsmethoden unter Berücksichtigung der Öleigenschaften sowie der Ökologie und Hydrographie der Teilräume sollten Vorrang vor anderen Maßnahmen haben.

– Die Ölbekämpfung sollte in gelegentlichen manöverartigen Übungen auf die Leistungsfähigkeit in organisatorischer und technischer Hinsicht überprüft werden.

681. Schließlich sollten nach Meinung des Rates die in den zuständigen Behörden und mitverantwortlichen Unternehmen entwickelten Absichten und Pläne zum Schutz vor Tankerunfällen und Ölschäden in ein Gesamtkonzept zusammengefaßt und öffentlich dargestellt werden. Denn nur ein solches Gesamtkonzept scheint geeignet, eine öffentliche Diskussion über die Qualität der Vorkehrungen und eine verantwortliche Entscheidung über die angemessene Höhe der Finanzmittel zu ermöglichen.

Der Rat begrüßt daher den Beschluß des Deutschen Bundestages vom 24. April 1980, von der Bundesregierung bis Ende 1980 einen Bericht über Maßnahmen zur Verhinderung von Tankerunfällen und zur Bekämpfung von Ölverschmutzungen der Meere und Küsten anzufordern.

In dieser Diskussion müßte auch das Dilemma jeder Unfallvorsorge zur Sprache kommen, daß nämlich eine erfolgreiche Arbeit kaum Anerkennung findet und deshalb wenig Mittel mobilisiert. Hingegen entsteht beim Eintritt eines Unfalls der Eindruck, daß alle Vorkehrungen unzulänglich waren. Es muß stärker ins Bewußtsein gehoben werden, daß die Häufigkeit der Unfälle und die Schwere der Unfallfolgen durch entsprechende Anstrengungen wesentlich gemindert werden. Nur so kann die Bereitschaft geweckt werden, die erforderlichen Vorsorgeaufwendungen vorzunehmen und das verbleibende, aber stark geminderte Unfallrisiko zu tragen.

7 FISCHEREI

7.1 Fischereibiologie

7.1.1 Einführung

682. Die wirtschaftlich genutzten Fische, Schnecken, Muscheln, Tintenfische und Krebstiere sind wesentliche Glieder des Ökosystems Nordsee. Ihre Befischung bedeutet daher einen Eingriff in das ökologische System, der nicht nur die jeweils genutzte Art betrifft, sondern über die bestehenden ökologischen Wechselbeziehungen mehr oder weniger starke direkte oder indirekte Auswirkungen auf sonstige Nutztierarten oder Fischnährtiere und andere Organismen hat. Als Glieder des Ökosystems unterliegen die genutzten Arten selbstverständlich zahlreichen weiteren Einwirkungen aus der belebten und unbelebten Umwelt; diese Effekte können natürlichen Ursprungs sein (Klima, hydrographische Faktoren) oder anthropogen bedingt sein und den an anderer Stelle besprochenen Komplexen Schadstoffe, eutrophierende Stoffe oder Baumaßnahmen im Küstenbe-

reich zugehören. Die aktuelle und die mögliche Wirkung der verschiedenen Belastungen anthropogenen Ursprungs auf die Nutztierbestände der Nordsee wird in Abschn. 7.1.5 behandelt, wobei vor allem die Abgrenzung gegen natürliche Veränderungen zu diskutieren ist (die Verhältnisse in den Ästuarien werden in Abschn. 2.4 besprochen). Eine wichtige Schlußfolgerung vorwegnehmend kann festgestellt werden, daß unter den anthropogenen Eingriffen in die Nordsee zumindest gegenwärtig die Fischerei der wichtigste Faktor ist. Dementsprechend wird in den folgenden Abschnitten 7.1.2 bis 7.1.4 zunächst die Höhe der Fänge als ein Maß für die Eingriffshöhe vorgestellt und anschließend die Ursachendiskussion über Veränderungen der Bestandsgrößen geführt (7.1.5). Schließlich (Abschn. 7.1.6) werden ökologische Aspekte der Fischbestandsbewirtschaftung erörtert.

683. Unter „Bestand" wird dabei die Population einer Art in der Nordsee verstanden, deren Größe in Biomasse, d. h. in t Lebendgewicht angegeben wird.

Auf die fischereibiologischen Methoden zur Erreichung der Bestandsgröße kann hier nicht eingegangen werden.

„Fischerei" ist die Gewinnung von nutzbaren Organismen im Gewässer schlechthin; Objekte der Fischerei in der Nordsee sind Fische, Invertebraten oder Wirbellose mit Mollusken (Schnecken, Muscheln, Tintenfische) und Krebstieren (Krustazeen). Mollusken und Krebstiere werden in Statistiken vielfach als „Schalentiere" zusammengefaßt.

Als Maß der Fischereierträge dient im folgenden das Fanggewicht („Fänge", catches bzw. im Sinne der

FAO: nominal catch oder live weight equivalent). Abweichungen von dieser Regel sind ausdrücklich gekennzeichnet. Der Begriff „Anlandungen" wird nur im Sinne von „landings" (FAO: actual weight of the quantities landed) verwendet, also Nettogewicht nach Ausnehmen bzw. Verarbeitung.

684. Die jährlichen Fischereierträge in der Nordsee werden seit 1904 im Bulletin Statistique des Pêches Maritimes des ICES publiziert; seit 1909 sind die in Abb. 7.1 dargestellten statistischen Regionen in Gebrauch.

Abb. 7.1

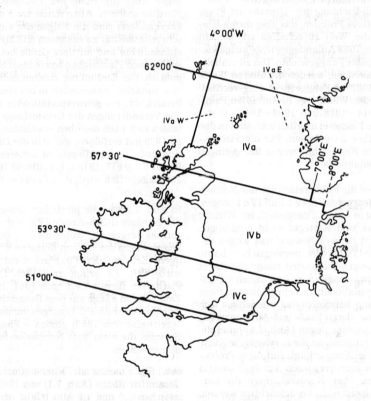

Die statistischen Areale IV a–c des ICES in der Nordsee

IV a W = Westlicher Bereich von Areal IV a ; entspricht etwa EEC – Bereich

IV a E = Östlicher Bereich ; norwegischer Bereich

Quelle: ICES

SR–U 80 0261

ICES: *International Council für the Exploration of the Sea*, gegründet 1902; gegenwärtige Mitglieder: *Belgien, Bundesrepublik Deutschland, Dänemark, DDR, Finnland, Frankreich, Großbritannien, Kanada, Irland, Island, Niederlande, Norwegen, Polen, Portugal, Schweden, Spanien, USA, UdSSR. Aufbau und Arbeitsweise des ICES siehe* TAMBS-LYCHE (1978).

In der ICES-Statistik finden die meisten wirtschaftlich genutzten Fischarten Berücksichtigung, lediglich solche mit sehr kleinen Fangzahlen werden nicht namentlich erwähnt. Entsprechend gewissen Veränderungen bei den befischten Arten haben sich die Listen im Laufe der Jahre vergrößert. Die publizierten Daten weisen einige z. T. unvermeidliche Ungenauigkeiten auf. Die Zahl der Daten liefernden Länder hat sich im Laufe der Jahre durch Vergrößerung der Mitgliederzahl erhöht. Beim Industriefang ist die artenmäßige Zuordnung offensichtlich nicht immer korrekt, so schließen z. B. die Stintdorschzahlen auch andere Arten ein. Das beruht zum Teil auf Schwierigkeiten der Aufschlüsselung von gemischten Massenfängen, zum Teil dürfte aber auch die Verschleierung der Verwendung untermaßiger, d. h. eigentlich Schonvorschriften unterliegender Fischarten im Industriefischfang als Ursache in Frage kommen. Ein weiteres Problem, das aber durch Umrechnungen aus der Welt zu schaffen ist, besteht darin, daß bis etwa 1953 Anlandegewichte ausgewiesen werden und später Fanggewichte. Um zu einheitlichen Daten zu kommen, werden die älteren Werte nach HOLDEN (1978) in Fanggewicht umgerechnet. Die durch die beiden Weltkriege beeinflußten Fangperioden (d. h. 1914–1918 und 1939–1946), in denen keine normale Fischerei möglich war, sind in den folgenden Graphiken ausgelassen. Für die Fischbestände stellten die Kriegsjahre wegen der geringen Ausnutzung Schonjahre dar.

685. Regional sind die Fischereierträge der Nordsee hier auf die ICES-Areale IVa, IVb und IVc bezogen, deren Abgrenzung in Abb. 7.1 dargestellt ist. Wichtig ist, daß Skagerrak und Kattegat nicht eingezogen sind. Außerdem ist bemerkenswert, daß wegen der Einbeziehung von Teilen der norwegischen Küste (Areal IVa) bei einigen Fischarten Fänge registriert werden, die sich im strengen Sinne nicht den eigentlichen Nordseepopulationen zurechnen lassen. Beim atlantischen Hering beispielsweise handelt es sich um eine Population, deren Fraß- und Aufwuchsräume nördlich der Nordsee liegen (Abb. 7.4a) und die nur zur Fortpflanzungszeit an die norwegische Küste kommt, wo dann der Fang erfolgt. Auf diese Problematik muß schon hier verwiesen werden, weil in Veröffentlichungen über Nordseeheringe die norwegischen Fänge meist nicht berücksichtigt werden, so daß Diskrepanzen z. B. zu den ICES-Statistiken auftreten können.

7.1.2 Veränderungen der Fischfänge in der Nordsee seit 1909

686. Das Ökosystem Nordsee wird seit der Steinzeit vom Menschen als Nahrungslieferant genutzt; zunächst kam es im Küstenbereich zum Sammeln von Muscheln und zur Reusenfischerei, später drang der Mensch mit wachsenden technischen Hilfsmitteln immer weiter in den Bereich der offenen See vor. Innerhalb der vergangenen hundert Jahre brachten zunächst Dampfmaschine und Motor entscheidende fangtechnische Fortschritte, da die Leistungsfähigkeit der Fanggeräte in hohem Maße gesteigert werden konnte. Das führte im Verein mit schnelleren Reisezeiten, Kühltechnik, Funk- und Peiltechnik, Fischortungsverfahren (Echolot), mechanischem Netzeinholen (statt Einholen mit der Hand) und anderen technischen Verbesserungen zu beträchtlicher Steigerung der Fischereiintensität. Die letzten für die Nordsee wichtigen Entwicklungen waren in den 50er Jahren die pelagischen Schleppnetze (pelagisch, d. h. im Freiwasser arbeitend, im Gegensatz zum Grundschleppnetz) sowie die Ringwaden, die in Verbindung mit maschinell angetriebenen Netzwinden („Kraftblock") in den 60er Jahren Massenfänge von Makrele und Hering zur Industriefischnutzung ermöglichten.

687. Bis etwa 1900 lassen sich keine sicheren Aussagen über die Höhe der Fischereierträge in der Nordsee machen. Aber schon am Ende des vorigen Jahrhunderts sind die Folgen der zunehmenden Fischereiintensität zu erkennen (HEMPEL, 1977): Bestandsdichte und mittlere Größe bei den bevorzugt gefangenen Plattfischen sowie beim Schellfisch nahmen ab. Der Einfluß der starken Befischung machte sich zunächst vornehmlich in der südlichen Nordsee bemerkbar, die schwerpunktmäßig genutzt wurde. Die Veränderungen der Gesamtfänge in der Nordsee lassen sich nach der oben erwähnten ICES-Statistik ab 1909 gut verfolgen, wobei in der Dateninterpretation auf die grundlegenden neueren Arbeiten von HEMPEL (1977, 1978a, b, c, d) und HOLDEN (1978) zurückgegriffen wird; dort findet sich weiterführende Literatur.

In Abb. 7.2 sind die jährlichen Gesamtfischfänge in der Nordsee (ICES-Areale IVa, b c; d. h. ohne Skagerrak) dargestellt, wobei die Zeit der beiden Weltkriege wegen der starken Beeinträchtigung oder völligem Erliegen der Fischerei nicht berücksichtigt wird. Tab. 7.1 bringt zusätzlich Daten einzelner Fischarten für die Zeit nach 1961. In Abb. 7.2 und Tab. 7.1 sind Fänge aus dem Gesamtbereich Nordsee (entsprechend Abb. 7.1) aufgenommen, d. h. auch die – zeitweise (um 1950) großen – Fänge atlantischer Heringe, die nicht zum Nordseebestand im engeren Sinne rechnen.

688. Bei zunehmender Fischereiintensität lagen die Gesamtfischfänge (Abb. 7.1) von 1909 bis 1938 etwa zwischen 1,0 und 1,5 Mio t/Jahr und von 1946 bis 1961 zwischen 1,2 und 2,0 Mio t/Jahr. Insgesamt gesehen ergibt sich also eine langsame Zunahme der Jahresfangmenge mit Phasen nahezu stagnierender Erträge. Dieses scheinbar statische Bild täuscht jedoch, denn tatsächlich bewirkte die starke Befischung den Rückgang einzelner Bestände. Diese artmäßigen oder regionalen Einbußen wurden kompensiert durch Ausweichen der Fischerei auf andere Arten oder Verlagerung der Fanggebiete, wobei ins-

Abb. 7.2

Gesamtfischfänge in der Nordsee seit 1909
Kriegsjahre nicht berücksichtigt

Quelle: ICES Bull. stat.

gesamt eine Verschiebung nach Norden zu beobachten war, so daß die südliche Nordsee als Fanggebiet erheblich an Bedeutung verlor.

689. Nach 1961 stiegen die Gesamtfänge stark an, lagen ab 1964 immer über 2 Mio t/a und erreichten 1968 ein erstes Maximum mit rd. 3,4 Mio t/a. In der Folge lagen die Jahresfänge immer um oder über 3 Mio t (vgl. Tab. 7.1), also doppelt so hoch wie die Höchstwerte von vor dem letzten Weltkrieg. Entscheidenden Anteil an dieser Steigerung hatte die Industriefischerei (Tab. 7.2). Während bis 1950 die Fänge nahezu vollständig als Speisefisch genutzt wurden, brachte danach die steigende Nachfrage nach Fischöl (Margarineherstellung) und vor allem nach Fischmehl (Futtermittel für Vieh- und Teichwirtschaft) eine enorme Zunahme beim sog. Industriefischfang. Anteilig stieg der Industriefisch von 2% (1950) auf 20% (1960), 50% (1965) und schließlich auf 62% (1974) des Gesamtfischfanges. Zunächst waren es Jungheringe, die vor allem von dänischen und deutschen Kuttern gefangen wurden;

dann (1965 – 1969) brachte die norwegische Ringwadenfischerei auf Hering und Makrele in der bisher wenig befischten nordwestlichen Nordsee einen beachtlichen Anstieg der Fangmenge (Tab. 7.1). Nach einer Reduzierung dieser Bestände auf nahezu ein Zehntel der ursprünglichen Größe (HEMPEL, 1977, 1978a) gewannen die „Kleinfischarten" Stintdorsch, Sandaal und Sprotte zunehmende Bedeutung als Industriefisch, wobei vor allem Dänemark und Norwegen diese Fischerei ausbauten. Zur Beurteilung der Gesamtsituation muß nochmals darauf hingewiesen werden, daß von den sog. „neuen Arten" die Sandaale und der Stintdorsch überhaupt erst seit den 50er Jahren in der ICES-Statistik auftreten und Sprottenfänge erst seit kurzer Zeit in größeren Mengen verzeichnet sind (Details bei HEMPEL, 1978a und POPP MADSEN, 1978). Problematisch bei der Deutung der Fangziffern ist, daß in einigen Fällen keine exakten Artzuordnungen vorgenommen wurden, da in den Massenfängen keine Unterscheidung getroffen wurde. Es besteht auch der Verdacht, daß untermaßige Jungfische von Speisefischarten (z. B. vom Hering) mitgefangen worden sind.

Tab. 7.1

Fangzahlen (nominal catch) von Fischen in der Nordsee 1961 – 1977 in 1000 t

	1961	1962	1963	1964	1965	1966	1967	1968	1969	1970	1971	1972	1973	1974	1975	1976	1977
Fische ges.	1465,7	1570,0	1919,7	2146,3	2597,0	2836,3	3064,6	3361,1	3236,7	3173,0	2959,1	2907,0	2989,7	3440,2	3311,3	3312,2	2722,2
darunter:																	
Hering	689,8	678,5	805,3	932,0	1330,3	1038,9	819,3	850,1	724,9	748,8	644,4	604,8	599,1	326,6	295,3	162,5	44,2
Sprotte	19,7	31,3	67,7	70,8	76,2	106,6	69,5	65,4	62,3	51,0	89,2	92,3	228,2	326,1	651,6	610,0	311,1
Kabeljau	105,8	89,6	105,9	121,6	179,5	217,8	249,0	285,3	199,0	224,7	320,0	346,3	235,5	210,9	136,5	213,4	185,0
Schellfisch	67,2	52,4	59,4	198,7	221,8	269,0	167,4	139,5	639,2	671,8	257,9	213,2	195,8	193,3	174,2	204,6	150,7
Wittling	83,3	69,0	98,6	91,5	106,7	155,8	91,2	144,9	199,0	181,5	112,2	108,8	142,9	188,3	140,2	190,7	120,1
Stintdorsch	33,8	157,0	166,8	82,7	59,3	52,5	180,2	468,7	134,5	273,6	358,9	492,5	436,9	822,7	642,0	532,1	433,6
Köhler	31,0	22,3	27,6	55,1	68,9	86,9	72,5	93,4	106,0	169,5	206,3	198,6	182,4	253,3	249,8	282,5	175,6
Leng	6,6	4,5	8,1	10,2	1,0	9,8	7,8	6,3	7,8	5,9	10,4	12,3	8,8	7,1	9,1	11,6	13,0
Makrele	85,8	66,3	55,4	79,4	151,7	505,1	909,9	808,6	713,9	290,0	227,9	182,2	318,3	292,1	252,2	296,8	252,0
Sandaal	83,7	110,0	162,1	128,5	130,8	161,1	188,8	194,2	113,0	191,4	382,1	358,4	296,9	524,2	428,3	495,9	786,2
Stöcker	1,1	3,7	4,5	1,2	5,7	2,1	0,1	1,5	–	12,0	32,1	8,0	42,0	30,8	9,9	8,7	1,3
Seezunge	23,8	26,8	26,1	11,3	17,0	31,8	21,6	29,0	27,6	19,7	23,7	21,1	19,3	17,9	18,4	14,3	14,0
Scholle	85,8	87,4	107,0	110,4	96,9	100,1	100,6	108,8	121,7	130,3	113,9	123,2	130,2	112,2	109,6	108,0	107,0
Dornhai	33,8	27,5	31,9	16,9	21,9	20,0	21,7	29,3	31,5	22,9	18,1	30,7	26,0	●	22,7	22,4	19,5

● = keine Daten, – = kein Fang.

Quelle: ICES Bull. Stat.

690. Betrachtet man in der Phase seit 1961 die Fangmenge der Konsumfische (Tab. 7.2), dann zeigt sich, daß diese abgesehen von jährlichen Schwankungen insgesamt bis 1970 leicht ansteigt, anschließend aber wieder etwas abnimmt. Die genannte Steigerung beruht (Tab. 7.1) auf Zunahme der Fangerträge bei seit langem genutzten, typischen Bodenfischen, nämlich Kabeljau, Schellfisch, Wittling und Scholle. Gegenüber der ersten Hälfte des Jahrhunderts haben sich die Fänge mehr als verdoppelt. Parallel zur Zunahme der Bodenfischfänge läuft die steigende Nutzung der Kleinfische in der Industriefischerei und der Rückgang bei den Freiwasserfischen („pelagische" Fische) Makrele und Hering. Besonders spektakulär ist der relative wie absolute Rückgang der Heringsfänge, deren Anteil am Gesamtfang von über 50% in früheren Jahrzehnten auf knapp 10% im Jahre 1974 und nahezu Null im Jahre 1977 absank.

Tab. 7.2

Vergleich von Industriefischfang und Konsumfischfang in der Nordsee von 1950–1974

Angaben in 1 000 t, Werte gerundet

Jahr	Industrie-fisch	Konsum-fisch	Fische gesamt
1950	29	1501	1530
1951	60	1692	1752
1952	93	1580	1673
1953	143	1631	1774
1954	155	1664	1819
1955	192	1826	2018
1956	225	1789	2014
1957	269	1550	1819
1958	316	1270	1586
1959	431	1368	1799
1960	357	1196	1553
1961	305	1161	1466
1962	468	1154	1622
1963	607	1313	1920
1964	769	1387	2146
1965	1188	1409	2597
1966	1435	1451	2886
1967	1777	1253	3030
1968	1992	1369	3361
1969	1810	1427	3237
1970	1491	1682	3173
1971	1510	1442	2952
1972	1501	1418	2919
1973	1626	1364	2990
1974	2111	1329	3440

Quelle: POPP MADSEN (1978) und ICES.

691. Der gewaltige Anstieg der Fänge Ende der 60er Jahre und der unverändert hoch gebliebene Gesamtfangertrag in den folgenden Jahren hat auch Fachleute überrascht. Das Gesamtphänomen beruht – wie gesagt – auf der Umstellung des Fanges auf früher nicht oder wenig genutzte Arten und auf höherer Ausbeute bei Bodenfischen. Deren Ertragszuwachs beruht nach HEMPEL (1977, 1978c u. a.) vor allem auf dem gehäuften Auftreten besonders reicher Nachwuchsjahrgänge, einem schnelleren Wachstum in den ersten Lebensjahren und einer Vorverlegung der Geschlechtsreife um ein Jahr (vgl. Tz. 694). Zu einem kleineren Teil ist die Ertragszunahme auch auf eine verbesserte Befischung zurückzuführen, die fischereibiologische Erkenntnisse stärker berücksichtigt. Auf die Ursachen der Bestandsveränderungen selbst wird in Abschnitt 7.1.5 näher eingegangen.

7.1.3 Bestände und Fang ausgewählter Fischarten

692. Der von der EG-Kommission eingesetzte Wissenschaftlich-Technische Fischereiausschuß kommt in seinem im Oktober 1979 vorgelegten ersten Bericht zu folgenden Aussagen über den Zustand wichtiger Nordseebestände: „Von den elf wichtigsten Beständen sind zwei (Hering und Makrele) in Gefahr des Zusammenbruchs des Nachwuchses; über drei Bestände der Industriefischerei (Sprotte, Stintdorsch und Sandaal) ist nicht genug bekannt; von den sechs Grundbeständen können fünf (Kabeljau, Schellfisch, Wittling, Köhler und Seezunge) zu einem vernünftigen Gleichgewichtszustand aufgebaut werden, wenn die Fänge 1980 geringer sind als 1979; ein Bestand (Scholle) ist stabil (d. h. auf seiner normalen Höchstfangrate)". (KOM [79] 612 endg.)

Um die Verschiedenartigkeit der Situation bei einzelnen Fischarten deutlich zu machen, werden nachstehend die Verhältnisse bei einigen wichtigen Arten dargestellt, die als exemplarisch für ökologische und nutzungsmäßige Gegebenheiten gelten können.

Hering

Literatur: BURD, 1978; CORTEN, 1978; HEMPEL, 1978a, ICES, 1978

693. *Die im folgenden genannten Daten beziehen sich in Anlehnung an BURD (1978) nur auf die Nordseeheringe im engeren Sinne, die als Herbst- oder Winterlaicher zu kennzeichnen sind. Die zu den Frühjahrslaichern gehörenden atlantischen (atlanto-skandischen) Heringe, die zeitweilig vor der norwegischen Küste in großer Zahl gefangen wurden, bleiben hier im Gegensatz zu den statistischen ICES-Daten der Regionen IVa–c unberücksichtigt, um so die Veränderungen des Nordseeheringsbestandes klarer darstellen zu können.*

Abb. 7.3 zeigt die Veränderung der Heringsfänge seit Anfang dieses Jahrhunderts. Bis 1953 wiesen die jährlichen Fänge einen Mittelwert um 0,6 Mio t auf und zeigten starke Schwankungen. Nach 1953 stieg der Mittelwert auf 0,7 Mio t mit einem absoluten

Abb. 7.3

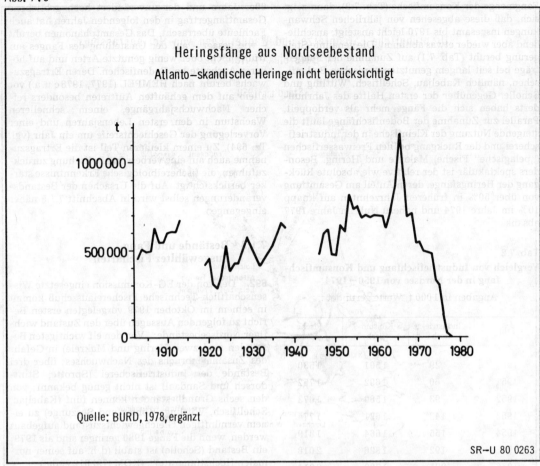

Heringsfänge aus Nordseebestand

Atlanto–skandische Heringe nicht berücksichtigt

t

1 000 000 —

500 000 —

0 —

1910   1920   1930   1940   1950   1960   1970   1980

Quelle: BURD, 1978, ergänzt

Maximum von 1,2 Mio t im Jahre 1965, das auf die Einführung der norwegischen Ringwadenfischerei zurückzuführen ist. Danach sanken die Jahresfänge ständig ab. Der Nordseeheringsbestand, der ursprünglich 2,5 Mio t umfaßte, sank bis 1975 auf 0,25 Mio t ab (Berechnungsbasis: Biomasse der erwachsenen Heringe).

694. Auffallend war, daß etwa ab 1953 in der ganzen Nordsee die individuelle Wachstumsrate der Heringe zunahm und die Fortpflanzungsfähigkeit schon mit drei statt mit vier Jahren eintrat. Das führte zunächst zu einer gesteigerten Vermehrung und kompensierte teilweise die Verluste durch Fang. Das schnellere Wachstum sowie die Vorverlegung der Geschlechtsreife läßt an ähnliche Beobachtungen beim Bodenseefelchen denken, wo Eutrophierung, d. h. verbessertes Nahrungsangebot als Ursache angenommen wird. Die Vorgänge beim Hering lassen sich nicht durch eine nachgewiesene Eutrophierung in der Nordsee selbst erklären, man nimmt vielmehr an, daß Reduktion der Individuenzahl durch starke Befischung bessere Ernährungschancen für das einzelne Individuum brachte und so der Vorgang ausgelöst wurde. Es sei dahingestellt, ob gege-

benenfalls eine Stimulierung des Wachstums in den küstennahen „Kinderstuben" erfolgt, wo aufgrund anthropogener Erhöhung der Nährsalzkonzentration eine gewisse Eutrophierung angenommen werden kann.

695. Der Rückgang der Heringsbestände begann im Kanal und in der südlichen Nordsee, wo die dort laichenden Populationen 1964 nahezu verschwanden (vgl. Abb. 7.4 a). Hier wird Überfischung als die wesentliche Ursache angesehen; es könnten aber auch zusätzliche ökologische Faktoren eine Rolle gespielt haben. Dieser Bestand erholte sich Anfang der 70er Jahre wieder etwas und wurde bis 1975 erneut stark vermindert. Als Folge von Überfischung verschwand 1965 die Doggerbanklaichpopulation, die sowohl im Laichgebiet selbst als auch in den Überwinterungsgebieten in der nordöstlichen Nordsee sowie im Skagerrak stärkstens genutzt wurde. Zur gleichen Zeit verschwand auch die Buchan-Population aus ihrem Laichgebiet östlich Aberdeen (Schottland): Hier war die Befischung wohl nicht die einzige Ursache. Die Mitte der 60er Jahre erfolgte Zunahme der Bestände der Herbstlaicher um die Orkney- und Shetland-Inseln könnte z. T. mit der Abwanderung des Bu-

247

Abb. 7.4a

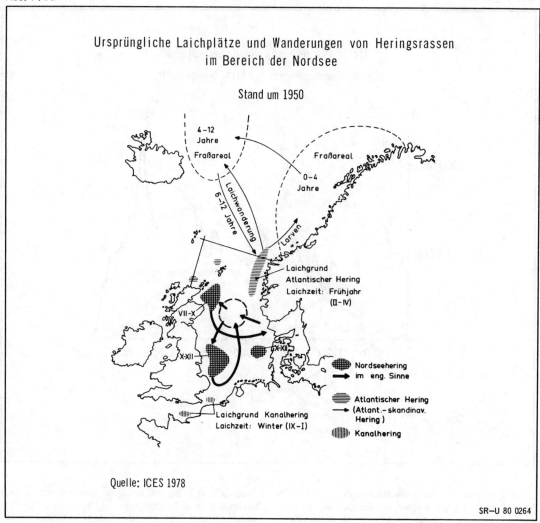

Ursprüngliche Laichplätze und Wanderungen von Heringsrassen
im Bereich der Nordsee

Stand um 1950

Quelle: ICES 1978

SR–U 80 0264

chan-Bestandes erklärbar sein. Ab Ende der 60er Jahre gingen die Heringsbestände in der ganzen Nordsee so zurück, daß verringerte Laichproduktion und sehr schwache Jungfischjahrgänge die Folge waren. Hier liegt insgesamt ein Überfischungseffekt vor, der aber ab 1971 endlich zu ersten Schonmaßnahmen führte, ab Mitte 1974 wurden Fangquoten, später (ab 1. 3. 1977) Fangverbote ausgesprochen (eine Zusammenstellung aller getroffenen Maßnahmen und der weitergehenden Vorschläge von ICES bringt CORTEN, 1978). Erwähnt werden muß auch, daß Jungheringe z.T. in erheblichem Umfang als Industriefisch Verwendung fanden, teils in gezieltem Fang, teils als Beifang in der Sprottenfischerei.

Abb. 7.4b zeigt die heutigen Laichplätze der Nordseeheringe, die Wanderrichtungen sowie die Lage der Kinderstuben, in denen die Jungfische sich ernähren, und die Fraßräume der ausgewachsenen Fische. Der z. Z. bedeutendste Laichplatz liegt im Gebiet der Orkney- und Shetland-Inseln. Von besonde-

rer Bedeutung ist, daß ein großer Teil der Aufwuchsplätze im küstennahen Gebiet der südlichen Nordsee, speziell auch im Wattenmeer liegt. Daraus ergeben sich Gefährdungspotentiale für den Hering auch durch Belastungen des Wattenmeeres. Im übrigen zeigt die Abb. 7.4b klar, daß als Gesamtlebensraum des Herings die ganze Nordsee aufzufassen ist, somit regionale Eingriffe sehr wohl weitergehende Auswirkungen zeigen können.

Makrele

Literatur: HAMRE, 1978; HEMPEL, 1978a; HOLDEN, 1978; ICES, 1978

696. Die Nordseepopulation der pelagisch (d. h. im Freiwasser) lebenden Makrele laicht in der zentralen Nordsee und überwintert in der norwegischen Rinne. Der Bestand steht in einem gewissen Austausch mit

Abb. 7.4 b

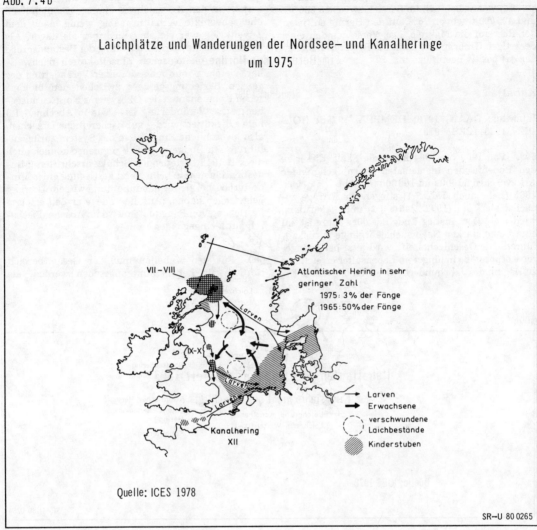

Laichplätze und Wanderungen der Nordsee- und Kanalheringe
um 1975

VII–VIII

IX–X

Larven

Atlantischer Hering in sehr
geringer Zahl
1975 : 3 % der Fänge
1965 : 50 % der Fänge

Larven

Larven

Kanalhering
XII

→ Larven
➡ Erwachsene
⊝ verschwundene
Laichbestände
▨ Kinderstuben

Quelle: ICES 1978

SR–U 80 0265

einer Population westlich der Britischen Inseln und südlich von Irland. Der Nordseebestand umfaßte um 1960 rund 2,5 Mio t Biomasse und ging infolge starker Befischung (norwegische Ringwadenfischerei) auf 250 000 t (1971) zurück. Fangzahlen siehe Tab. 7.1. Wegen des kritischen Zustandes des Makrelenbestandes ist von ICES für 1980 ein Fangverbot (Null-TAC[1])) empfohlen worden.

Thunfisch

Literatur: TIEWS, 1978 a

697. Thunfischfänge wurden seit dem 19. Jahrhundert in geringer Zahl als Beifang in der Nordsee eingebracht. Eine spezialisierte Fischerei setzt nach dem 2. Weltkrieg ein, und von 1951–1962 lagen die Jahresfänge zwischen 2 600 und 10 600 t. Dann endete der Fang abrupt, nicht aufgrund der Überfischung, sondern weil keine Zuwanderung mehr aus den atlantischen Fortpflanzungsräumen erfolgte. Der Thunfisch wird hier als Beispiel eines pelagischen Großräubers erwähnt, von dem wesentliche Einflüsse auf andere Fische ausgehen können. Der

----

[1]) TAC = Total Allowable Catches.

Konsum der Nordseethunfische lag nach TIEWS (1978a) wahrscheinlich im Bereich zwischen 300 000 und 425 000 t, wovon 75% auf den Hering entfielen, der Rest auf die Makrele. Das Verschwinden eines derartigen Großräubers kann die Bestandsdichte einer Art positiv beeinflussen.

Kabeljau

Literatur: DAAN, 1978; HEMPEL, 1978a; HOLDEN, 1978; ICES, 1978

698. Von 1909 bis 1964 lagen die Fänge dieser zu den Bodenfischen (demersalen Arten) gehörenden Art zwischen 60 000 und 100 000 t/a (Abb. 7.5). Nach 1965 (siehe auch Tab. 7.1) stiegen die Erträge zunächst stark an (1972: 346 000 t) und fielen dann wieder ab. Der Anstieg Ende der 60er Jahre ist auf eine Reihe starker Nachwuchsjahrgänge zurückzuführen. Die Geschlechtsreife wird jetzt bei geringerer Körpergröße in jüngerem Lebensalter erreicht als zu Beginn des Jahrhunderts. Die Ursache dieser Erscheinung ist unklar. Die Befischungsintensität war – außer in den Kriegsjahren – immer ziemlich hoch und schwankte verhältnismäßig wenig, nach dem 2. Weltkrieg war sie eher niedriger als davor. Als Ursache für die starke Steigerung der Bestandsgröße sind keine ökologischen Einzelfaktoren nachweisbar, vielmehr muß man von einer Veränderung des ganzen Beziehungsgefüges zwischen den biologischen Komponenten des Ökosystems Nordsee ausgehen; diese Veränderung ist – wie in Abschn. 7.1.5 näher diskutiert wird – auf fischereiliche Ursachen, also menschliche Eingriffe in das System zurückzuführen. Zur Steigerung der Fangmenge können auch die seit 1946 bestehenden Schutzvorschriften (Mindestmaschenweite beim Netz; Festlegung einer Mindestgröße bei der Anlandung) in gewissem Umfang beigetragen haben. (Auf die in neuerer Zeit erfolgte Festlegung von Fangquoten wird im Abschn. Fischereipolitik eingegangen.)

699. Für den Kabeljau muß der Gesamtbereich Nordsee als Lebensraum angesehen werden; als

Abb. 7.5

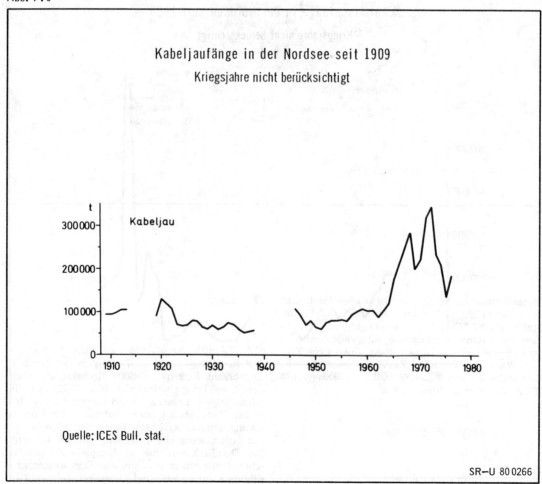

Kabeljaufänge in der Nordsee seit 1909

Kriegsjahre nicht berücksichtigt

Kabeljau

Quelle: ICES Bull. stat.

SR–U 80 0266

„Kinderstube" hat das Wattenmeer große Bedeutung, hier wie unmittelbar davor finden sich hohe Konzentrationen der jüngsten Stadien (O-Gruppe). Als anthropogene Bestandsbelastung muß in diesem Bereich die Garnelenfischerei (vgl. Tz. 714) gelten, da sie wesentlich zur Erhöhung der Jugendsterblichkeit des Kabeljaus beitragen kann. Bezogen auf einjährige Tiere treten infolge Beifangs in der Garnelenfischerei 1−20% Verluste auf. − Weitere Aufenthaltsorte der O-Gruppe liegen vor der dänischen Küste sowie vor der Ostküste von England und Schottland.

Schellfisch

Literatur: HEMPEL, 1978a; HOLDEN, 1978; ICES, 1978; JONES u. HISLOP, 1978; SAHRHAGE u. WAGNER, 1978

700. Der Schellfisch ist ein Bodenfisch aus der Gruppe der Dorschartigen; die Fänge lagen Anfang dieses Jahrhunderts bei 100 000 t/a, erreichten 1920 ein Maximum von 200 000 t und fielen dann bis 1939 stark ab (Abb. 7.6). Mit Ausnahme eines Maximums unmittelbar nach dem zweiten Weltkrieg blieb die

Abb. 7.6

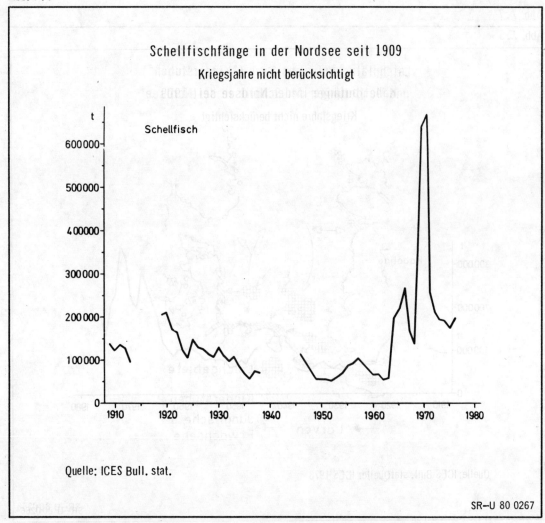

Schellfischfänge in der Nordsee seit 1909

Kriegsjahre nicht berücksichtigt

Quelle: ICES Bull. stat.

SR−U 80 0267

Fangmenge niedrig bis 1963 (Tab. 7.1), um dann stark anzusteigen auf 670 000 t im Jahre 1970. Die tatsächliche Fangmenge dürfte noch höher gewesen sein, da Beifänge von Jungtieren beim Industriefischfang nicht gemeldet werden. Nach 1970 gingen die Fänge wieder zurück.

Mit dem auffallenden Wechsel der Fangmenge gehen erhebliche Veränderungen in geographischer Verbreitung, Bestandsdichte und Jahrgangsstärke einher. Ende des vorigen Jahrhunderts war der Schellfisch in der ganzen Nordsee verbreitet. Um die Jahrhundertwende verschwand er aus der südlichen Nordsee, 1925 aus der Deutschen Bucht. Nach 1945 beschränkte sich das Vorkommen auf das Gebiet nördlich der Doggerbank, um 1962 trat die Art wieder im Süden auf.

701. Die fortpflanzungsfähigen Bestände waren nach 1962 nahezu dreimal so hoch wie in der vorhergehenden Periode. Auffallend ist beim Schellfisch ein starker Wechsel zwischen individuenreichen und zahlenmäßig schwachen Jahrgangsklassen. Es gibt keine Hinweise für die direkte Abhängigkeit dieser Erscheinung von hydrographischen oder anderen abiotischen Faktoren. Wahrscheinlich ist, daß die Gunst des Nahrungsangebots während der ersten Lebensphase und in gewissem Umfang auch das Auftreten von Raubfeinden hier entscheidend wirkt. Der hiermit zusammenhängende Fragenkomplex nach der Auslösung des verbesserten Nahrungsangebots wird in anderem Zusammenhang diskutiert (s. Abschn. 7.1.5). Hier mag die Feststellung genügen, daß direkte anthropogene Wirkungen keine Bedeutung zu haben scheinen. Die starken Schwankungen in den Jahrgangsklassen sind dadurch erklärbar, daß ein aufgrund guten Nahrungsangebots überdurchschnittlich starker Jahrgang nach drei Jahren bei Erreichen der Geschlechtsreife eine hohe Laichproduktion erbringt, die in Abhängigkeit vom herrschenden Nahrungsangebot dann wieder zu einem starken oder sogar sehr starken Nachwuchsjahrgang führt. Die mittlere Jahrgangsstärke nimmt beim Schellfisch wie auch beim Kabeljau und anderen Arten nach 1960 deutlich zu. Die individuelle

Abb. 7.7

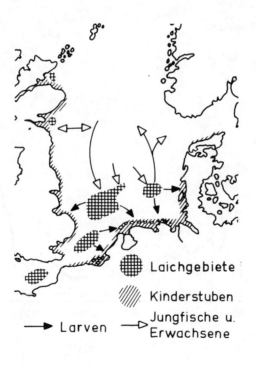

Laichplätze, Aufwuchsräume ("Kinderstuben") und Wanderungen der Scholle in der Nordsee

⊞ Laichgebiete

╱ Kinderstuben

→ Larven

⇨ Jungfische u. Erwachsene

Quelle: ICES 1978

SR-U 80 0268

Wachstumsrate stieg von Anfang des Jahrhunderts bis etwa 1960 an, verringerte sich danach aber wieder etwas.

Scholle

Literatur: BANNISTER, 1978; HARDING et al., 1978; HEMPEL, 1978c; HOLDEN, 1978; TALBOT, 1978

702. Die Scholle besiedelt in der südlichen und zentralen Nordsee vorzugsweise den flacheren Teil unter 80 m Wassertiefe und laicht in Bereichen unter 50 m, vor allem in der südlichen Nordseebucht, ferner im Süden der Doggerbank, vor der deutschen Küste usw. (s. Abb. 7.7). Die Jungfische halten sich im ersten oder in den beiden ersten Lebensjahren im Flachwasser der Küsten auf („Kinderstuben", Abb. 7.7), vor allem im Wattenmeer und an der englischen Ostküste. NELLEN (1978b) schätzt, daß 80% der Nordseeschollen ihr erstes Lebensjahr im Wattenmeer verbringen; ein Teil bleibt auch im zweiten Jahr dort. Anschließend wandern sie zunächst in küstennahe Bereiche, später in die offene See. Die Scholle ist ein weiteres typisches Beispiel für Fisch-

arten, deren Gesamtlebensraum sich aus sehr unterschiedlichen Teilarealen zusammensetzt, die alle vor schädigenden Eingriffen geschützt werden müssen, wenn der Bestand erhalten bleiben soll.

703. Anfang des Jahrhunderts lagen die Schollenfänge in der Nordsee bei 55 000 t/a, stiegen Ende der 20er Jahre etwas an, sanken dann aber wieder auf das alte Niveau ab (Abb. 7.8). Die Schollenfischerei wies deutliche Anzeichen von Überfischung aus (Absinken der Erträge pro Fangreise). Als Folge der mehrjährigen sehr geringen Befischung (1939–1945) stiegen unmittelbar nach dem 2. Weltkrieg die Fangzahlen zunächst auf 100 000 t/a, fielen dann aber wieder auf die alten Werte ab, ehe ab 1955 ein stetiger Anstieg einsetzte, der zu Maxima in 1970 und 1973 von je 130 000 t führte (Tab. 7.1).

704. Die auffällige Fangzunahme hat mehrere Ursachen. In gewissem Umfang ist eine rationellere Ausbeutung der Bestände verantwortlich, außerdem ein verändertes individuelles Wachstum mit Beschleunigung bei den jüngeren Jahrgängen und Verlangsamung bei den älteren. Wesentlich ist ferner die Zunahme der Rekrutierung, d.h. ein höherer Anteil der Jungtiere erreicht das fangfähige Alter. Die Er-

Abb. 7.8

Schollenfänge in der Nordsee seit 1909

Kriegsjahre nicht berücksichtigt

Quelle: ICES Bull. stat.

SR-U 80 0269

höhung der Biomasse des laichreifen Bestandes war
beträchtlich. 1970 lagen 700 000 t vor, d. h. gegenüber 1950 eine Erhöhung auf das Fünffache! Nach
1970 ging der Bestand wieder zurück, für 1978 wird
nur ein Wert von 400 000 t geschätzt; daraus ist aber
keine Gefährdung des Laichfischbestandes abzuleiten. Eine Beeinflussung der Größe des Schollenbe-
standes durch nichtfischereiliche anthropogene Faktoren ist z. Z. nicht nachweisbar. Gefährdungen
könnten entstehen durch ökologische Belastungen
der immer küstennah (Abb. 7.7) liegenden „Kinderstuben", insbesondere im Wattenmeer. Auf die
Wechselbeziehungen zwischen Schollenbestand und
Population anderer Nutzfischarten wird in Abschn.
7.1.5 einzugehen sein.

Sprotte

Literatur: HOLDEN, 1978; ICES, 1978

705. Die Sprotte wird in der Nordsee seit langer
Zeit genutzt; ihre Fangzahlen lagen aber bis 1961
unter oder wenig über 20 000 t/a (Abb. 7.9). Ab 1962
(s. auch Tab. 7.1) ist wegen der Einbeziehung in den
Industriefischfang eine stete Zunahme der Fänge zu
verzeichnen, die 1975 ein Maximum von 651 000 t
erreichten. Im gleichen Jahr wurde erstmals eine
Fanghöchstmenge vorgeschlagen. Das für 1980 vorgeschlagene Limit von 400 000 t zeigt die Besorgnis
über eine Schädigung des Bestandes durch Überfischung.

Abb. 7.9

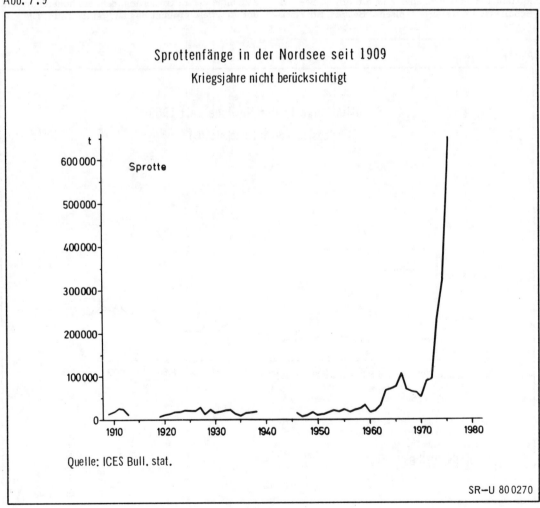

Sprottenfänge in der Nordsee seit 1909

Kriegsjahre nicht berücksichtigt

Quelle: ICES Bull. stat.

SR–U 80 0270

Stintdorsch

Literatur: HOLDEN, 1978; ICES, 1978

706. Der Stintdorsch wird erst seit kurzem als Industriefisch genutzt. Seit Anfang der 60er Jahre steigerten sich die Fänge rasch zu einem Maximum von über 700 000 t in 1974 (Tab. 7.1). Die Datenbasis ist problematisch, da die an ICES gemeldeten Fangzahlen in wechselnden, teilweise hohen Anteilen andere Arten einschließen. Das gilt z. B. für norwegische Fänge, bei denen Blaue Wittlinge in erheblicher Menge enthalten sind (ICES, 1978). Bereinigte Fangzahlen bringt Tab. 7.3. Der hohe Fangwert von 1968 wird mit starken Beifängen von jungem Schellfisch erklärt, deren Höhe nicht abzuschätzen ist.

Tab. 7.3

Geschätzte Stintdorsch-Fänge in der Nordsee (ICES-Region IV)

Bereinigte Daten ohne Beifänge in 1 000 t

Jahr	Menge
1966	53,0
1967	182,6
1968	451,8
1969	113,5
1970	238,0
1971	305,3
1972	444,8
1973	345,8
1974	735,9
1975	559,7
1976	445,0

Quelle: ICES, 1978.

7.1.4 Bestände und Fang von Schalentierarten

707. *Als Schalentiere werden die wirtschaftlich genutzten wirbellosen Tiere bezeichnet; es handelt sich um Vertreter der Muscheln, Schnecken, Tintenfische, Krebstiere und Stachelhäuter. Tab. 7.4 bringt Fangdaten aus der Nordsee seit 1961. Neben den aufgeführten Arten werden einige weitere in geringer Menge gefangen. Im folgenden werden die ökologisch wesentlichen Fakten im Rahmen einer Auflistung der einzelnen Arten kurz dargelegt. Zusammenfassende Literatur: KORRINGA (1973, 1976a, 1976b); DANKERS, WOLFF u. ZIJLSTRA (1978). Fangdaten: ICES Bulletin Statistique des Pêches maritimes.*

Tab. 7.4

Fangzahlen von Wirbellosen (und Schalentieren) in der Nordsee 1961 – 1977 in 1 000 t

	1961	1962	1963	1964	1965	1966	1967	1968	1969	1970	1971	1972	1973	1974	1975	1976	1977
Wirbellose ges. darunter:	180,9	205,6	213,3	234,2	228,0	217,4	188,9	221,2	208,4	202,4	198,2	217,0	227,9	230,1	230,3	216,0	237,1
Miesmuschel	106,7	120,4	108,0	137,7	135,5	120,0	111,0	138,9	128,4	115,0	127,7	152,5	149,1	142,2	157,5	132,6	172,0
Herzmuschel	6,2	13,6	7,2	7,7	8,5	17,3	10,0	9,1	11,0	10,8	9,3	10,4	15,2	17,5	15,9	17,7	16,3
Auster	2,7	2,3	0,5	0,6	0,8	●	0,9	0,9	0,9	0,9	1,0	1,0	1,2	1,2	1,5	1,4	1,3
Garnelen	44,3	42,7	69,0	52,1	47,7	41,1	40,3	46,2	42,0	50,6	31,0	31,3	38,0	39,0	31,5	37,4	24,8
Tiefseegarnelen	5,1	7,3	11,8	10,6	11,2	6,6	7,7	8,2	7,7	7,4	8,2	6,9	4,4	3,6	2,8	5,2	3,9
Kaisergranat	2,6	2,2	2,0	2,7	2,9	4,4	3,8	3,9	4,1	4,7	4,4	4,7	4,6	4,5	3,6	5,8	4,9
Hummer	1,5	1,0	1,1	1,0	0,8	0,7	0,7	0,8	0,6	0,6	0,7	0,6	0,6	0,5	0,5	0,5	0,5
Seesterne	4,9	7,8	2,7	6,6	5,6	1,7	3,0	3,2	2,9	4,7	●	●	4,5	4,4	1,0	2,9	1,8

● = keine Daten.

Quelle: ICES Bull. Stat.

708. Miesmuscheln dominieren bei weitem in den Fangerträgen. Ausgedehnte natürliche Vorkommen liegen im gesamten Wattenmeer sowie in einigen Bereichen der norddänischen sowie der englischen und schottischen Küste. Die Fänge beruhen seit einiger Zeit zu einem erheblichen Teil auf Aquakulturverfahren, bei denen die Speisemuscheln in besonderen „Muschelfarmen" produziert werden (vgl. KLEINSTEUBER u. WILL, 1976).

Es handelt sich um eine Halbkultur, d. h. der Miesmuschelfarmer fängt 1- bis 2jährige Wildmuscheln und „sät" sie auf besonders vorbereiteten Flächen in geeigneten Küstenabschnitten aus, wo das Heranwachsen zur marktfähigen Größe unter kontrollierten Bedingungen abläuft. Die Kulturflächen stehen nur dem Farmer zur Verfügung und sind für den Fischfang gesperrt. Der Anstieg der Fänge in den letzten Jahren rührt von der erfolgreichen Aquakultur her. Von den in Tab. 7.4 ausgewiesenen Fängen stammt die mit einem Zwei-Drittel-Anteil bei weitem überwiegende niederländische Ausbeute nahezu ausschließlich aus Muschelfarmen (Oosterschelde; Wattenmeer zwischen Texel und Terschelling); bei den im Fangertrag folgenden Ländern Dänemark und Bundesrepublik Deutschland spielt die Miesmuschelkultur (noch) eine geringere Rolle: Im deutschen Wattenmeer (vgl. Abb. 7.14) liegen Muschelfarmen z. B. nördlich der Halbinsel Eiderstedt, bei Büsum und im Jadebusen. Der Ausbau der sog. Bodenkultur, wozu das erwähnte niederländische Verfahren rechnet, ist im deutschen Wattenmeer nach Ansicht von TIEWS (1977) nur begrenzt möglich. Die Vertikalkultur, bei der die Muscheln in Siebkästen gehalten oder unter Flößen an Tauen gezüchtet werden, dürfte bessere Möglichkeiten bieten, ist aber wegen der relativ hohen Investitionskosten in der Bundesrepublik Deutschland z. Z. kommerziell noch nicht lohnend (TIEWS, 1977). Zur Anlage von Muschelkulturen können in Schleswig-Holstein beispielsweise durch Rechtsverordnung Teile der Küstengewässer zu Muschelkulturbezirken erklärt werden (Gesetz zum Schutze der Muschelfischerei vom 25. 8. 1953); auch die übermäßige Nutzung von Wildmuschelbeständen soll durch das genannte Gesetz verhindert werden.

Ökologische Belastungen durch Miesmuschelfang und Anlage von Muschelkulturen sind nicht erkennbar. Die Muschelkultur ihrerseits kann allerdings durch menschliche Eingriffe und Stoffeintrag beeinträchtigt werden. Eindeichungen zerstören potentielle Kulturflächen, Abwasserzufuhr kann zu hygienischen Belastungen des Nahrungsprodukts durch pathogene Keime, Schwermetalle, CCKWs und PCBs führen, die sich in der Muschel anreichern (vgl. Abschn. 7.2). Mäßige Eutrophierung fördert durch Verbesserung des Nahrungsangebots die Miesmuschel. Andererseits besteht die Gefahr, daß bestimmte toxische Phytoplanktonorganismen durch Eutrophierung gefördert werden, und deren Toxine sich über die Nahrungskette in den Speisemuscheln anreichern (Beispiel: Dinoflagellat Gonyaulax mit Toxin Saxitoxin; vgl. WOOD, 1976). Verunreinigung der Muschelzuchtgewässer mit Rohöl führt zu Geschmacksbeeinträchtigungen des Produktes, abgesehen von den je nach Belastungsstärke mehr oder weniger starken ökologischen Schadwirkungen.

709. Herzmuscheln leben im Wattenmeer sowie an der ostenglischen Küste hauptsächlich im Gezeitenbereich (Eulitoral). Die Bestände unterliegen starken natürlichen Schwankungen, die durch meteorologisch-hydrographische Einwirkungen (Eiswinter, Sturmfluten) ausgelöst werden. Beispielsweise brachte der Winter 1978/79 beachtliche Einbußen bei den Herzmuschelbeständen (MEIXNER, 1979).

Bei längeren Phasen ohne starke Störungen sind Herzmuscheln auf vielen tausend ha großflächig verbreitet; der beste Zuwachs erfolgt an küstenfernen Stellen auf Sandgrund und bei klarem Wasser, während in Küstennähe auf schlickigem Grund mit trübem Wasser das Wachstum schlecht ist (KÜHLMORGEN-HILLE, 1977).

Herzmuscheln werden in der Bundesrepublik Deutschland kommerziell erst seit Anfang der 70er Jahre genutzt, und zwar nach Erschöpfung der schon früher befischten niederländischen Bestände, die infolge von Übernutzung und kalten Wintern stark dezimiert waren. Die deutschen Fangdaten (Tab. 7.5) sind nicht in Tab. 7.4 enthalten; die dort verzeichneten Fänge stammen in den letzten Jahren ausschließlich aus England.

Die Herzmuschelernte mit Dredschen stellt eine starke ökologische Belastung des betreffenden Bereichs dar; Dauerschäden scheinen aber bisher nicht aufgetreten zu sein. Zum Schutz der Herzmuschelbestände besteht für Schleswig-Holstein ein Mindestfangmaß von 25 mm Schalenlänge; ein Fang während der Fortpflanzungszeit (1. 3. bis 30. 6.) ist verboten (KÜHLMORGEN-HILLE, 1977).

Tab. 7.5

Herzmuschelfänge in der Bundesrepublik Deutschland in t Rohgewicht

Jahr	Menge
1973	750
1974	5 500
1975	4 500
1976	2 800

Quelle: KÜHLMORGEN-HILLE 1977.

Austern

710. Die Auster (Ostrea edulis L.) war ursprünglich in der Nordsee weit verbreitet, vornehmlich im flacheren Küstenbereich, seltener in tieferem Wasser (z. B. vor Helgoland). Viele ehemals reiche Austernbestände z. B. im Wattenmeer, in der Oosterschelde oder im britischen Küstenbereich wurden schon im 19. Jahrhundert durch Überfischung schwer geschädigt; Abwasserbelastung brachte andere Bestände zum Erliegen. Vor 1870 existierten allein im nordfriesischen Wattenmeer Austernbänke auf 1800 ha bei einem Jahresertrag von 4 bis 5 Mio Austern. Hier und an anderen Stellen (Niederländisches Wattenmeer, Firth of Forth) brachte schließlich der extrem lange und kalte Winter 1962/63 die Restbestände zum Aussterben. Dieser Einbruch spiegelt sich in den Fangdaten der Tab. 7.4 deutlich wider. Heute existieren nur noch wenige kleinere natürliche Vorkommen.

711. *Austernkultur wurde schon früh versucht, gelangte aber nur in der Oosterschelde zu Blüte, wo die ursprünglichen Muschelbänke schon 1870 der freien Fischerei entzogen wurden. Durch Aquakultur, die wie bei der Miesmuschel eine Halbkultur ist, d. h. auf natürlich anfallenden Nachwuchs angewiesen ist, konnte der Ertrag auf das 30fache gesteigert werden. Die Oosterschelde bot und bietet den seltenen Vorteil, daß keine Abwasserbelastung erfolgt und somit ökologisch und hygienisch (die Freiheit von pathogenen Keimen ist wichtig für den Lebendverzehr der Auster!) ausgezeichnete Bedingungen für die Speiseausternproduktion vorliegen. Daneben werden aber auch sog. Saataustern produziert, d. h. Jungtiere werden bis zum 3. Lebensjahr aufgezogen und dann zur Mast verkauft.*

Die in Tab. 7.4 aufgeführten Daten enthalten überwiegend niederländische (1976: 1302 t), in sehr geringem Maße englische Austern. Nach dem Rückgang der einheimischen Auster und dem Fehlschlag von Neuansiedlungen sind erfolgreiche Versuche unternommen worden, die Pazifische Auster (Crassostrea gigas) in Aquakultur zu nehmen. Die Saataustern werden z. Z. noch importiert, um dann in „Vertikalkultur" gemästet zu werden. Bei der Vertikalkultur werden die Austern in Siebkästen an Bojen oder Flößen ausgehängt oder in mehrstöckigen Containern untergebracht, die auf dem Meeresgrund stehen. Eine ökologische Belastung aus dieser Kultur ist nicht zu erwarten. (Zum Gesamtkomplex Aquakultur und Gewässerbelastung siehe TIEWS u. MANN, 1976). Die Produktion an Pazifischen Austern belief sich 1976 auf 9 t (England).

Schnecken

712. Der Schneckenfang ist unbedeutend und bringt keine ökologischen Probleme. Gefangen werden Wellhornschnecke (3600 t) und Strandschnecke (830 t); beide überwiegend in Großbritannien (Daten: abgerundete Werte für 1976 nach ICES).

Tintenfische

713. In der Nordsee werden nur in sehr geringem Umfang Tintenfische gefangen (1976: 171 t).

Krebstiere

Garnele (Crangon crangon L., Nordseegarnele, Echte Garnele, Sandgarnele, „Speisekrabbe", Granat, Brown shrimp, Common shrimp.)

Literatur: BODDEKE, 1978; TIEWS, 1978b, 1978c, 1979; TIEWS u. SCHUMACHER, 1977

714. Die Nordseegarnele nimmt innerhalb der Krebstierfänge mengenmäßig die Spitzenposition ein (Tab. 7.4). Das Vorkommen der Art ist auf den küstennahen Bereich der Deutschen Bucht (vor allem Wattenmeer), den anschließenden niederländischen und belgischen Bereich sowie Teile der ostenglischen Küste beschränkt. Entsprechend dieser geographischen Verbreitung stammen die meisten Fänge aus dem deutschen und niederländischen Bereich (D: 73%; NL: 17% in 1977). Der Fang ist nicht auf das Wattenmeer beschränkt, er wird in zunehmendem Maße auch vor den Inseln ausgeübt. Garnelen werden zunehmend als (größere) Speisegarnelen zum menschlichen Konsum gefangen; die Anlandung von (kleineren) Futtergarnelen („Gammel") geht hingegen zurück. In den Niederlanden ist der Gammelfang von Anfang der 60er Jahre bis 1972 fast auf Null abgesunken, da wegen drohender Überfischung der Bestände erlassene Schonvorschriften neue Fang- und Sortiertechniken notwendig machten; kleinere Stücke werden nun nicht mehr gefangen oder können unbeschädigt ins Meer zurückgesetzt werden (BODDEKE, 1978). In der Bundesrepublik Deutschland ging seit 1970 die Anlandung von Futtergarnelen infolge der verschlechterten Marktlage etwas zurück, ein Teil des Gammels wird seit dieser Zeit über Bord geworfen, so daß die Anlandungszahl nicht die tatsächliche Bestandseinbuße wiedergibt. In Schleswig-Holstein ist es seit 1979 verboten, Nordseegarnelen für Fischmehl- oder Tierfutterzwecke zu fischen oder anzulanden (LandesVO zur Änderung der Schleswig-Holsteinischen Fischereiordnung vom 14. 5. 1979). Eine Gefährdung der Garnelenbestände im deutschen Wattenmeer durch die Fischerei liegt daher nicht vor; nach TIEWS u. SCHUMACHER (1977) kann vielmehr von einer optimalen Befischung gesprochen werden.

715. Von ökologischem Interesse ist die Wechselwirkung zwischen die Fisch- und Garnelenbeständen im Wattenmeer. Garnelen dienen vielen Fischen als Nahrung, unter den Nutzfischen z. B. dem Kabeljau, der bei hoher Jahrgangsstärke bestandsbeeinflussend wirkt. Allgemein verändert der Konsum durch Raubfeinde die Nutzung der Garnele stark: Je mehr Garnelen in einem Jahr von Fischen gefressen werden, desto geringer ist der Fang im nächsten Jahr, da die Speisegarnelen ein halbes bis ein Jahr älter sind, als die von Fischen konsumierten. Die Garnelenfischerei („Krabbenfischerei") übt einen gewissen, im Umfang aber schwer bewertbaren negativen Einfluß aus auf die in den Kinderstuben des Wattenmeeres heranwachsenden Jungfische (Scholle, Seezunge, Wittling, Kabeljau), die als untermaßiger, an sich Schutzvorschriften unterliegender Beifang in die Netze gerät. Wirtschaftliche Interessenkonflikte können entstehen, wenn es um die Einrichtung größerer Miesmuschelfarmen (s. Tz. 708) geht, weil dort jede Fischerei verboten werden muß.

Tiefseegarnele (Pandalus borealis Krög., Deepwater prawn)

716. Sie lebt in Wassertiefen über 50 m (bis 500 m) und wird als „Speisekrabbe" zum Konsum genutzt. Die Fänge (Tab. 7.4) sind seit den 60er Jahren stark zurückgegangen (von maximal 11 000 t auf 2 000 t) und werden überwiegend von Norwegen und Dänemark eingebracht. Der Fangrückgang scheint auf natürliche Bestandsveränderungen zurückzuführen zu sein.

Kaisergranat (Nephrops norvegicus (L.), Norway lobster)

717. Sein Vorkommen erstreckt sich nur in der nördlichen Nordsee von Norwegen bis Schottland. Zu Konsumzwecken wird er vor allem von englischen Fischern gefangen. Die Fangmengen sind gering (Tab. 7.4).

Hummer (Homarus gammarus L., Europäischer Hummer, lobster)

718. Er war auf Hartböden ursprünglich in der ganzen Nordsee verbreitet, in der deutschen Bucht nur bei Helgoland. Die Bestände sind durch starke Befischung beeinträchtigt; die Fangzahlen liegen seit 1965 unter 1 000 t (vgl. 7.4). Zur Erhaltung der Bestände sind Schonvorschriften und Mindestmaße eingeführt worden; durch Besatzmaßnahmen mit künstlich aufgezogenen Jungtieren wurde eine Bestandsstärkung versucht (Norwegen). Versuche, den Hummer in Aquakultur zu nehmen, sind noch nicht zur Praxisreife gediehen. Eine Abwärmenutzung ist möglich.

Taschenkrebs (Cancer pagurus L., Edible crab)

Literatur: EDWARDS, 1978

719. *Er kommt im ganzen Nordseebereich vor. Fänge (1976: 36 000 t) erfolgen überwiegend in Großbritannien und Norwegen. In einigen Ländern sind Schutzmaßnahmen (Schonzeiten, Mindestmaße) zur Bestandserhaltung nötig geworden.*

Stachelhäuter

720. *Seesterne werden in der ICES-Statistik mit geringen Fangerträgen ausgewiesen; diese gehen in die Fischmehlproduktion. Es gibt keine ökologischen Probleme.*

7.1.5 Bestandsveränderungen und ihre Ursachen

721. Bisher lag der Schwerpunkt der Darstellung bei den Fangveränderungen; von ihnen kann nicht in allen Fällen auf Bestandsänderungen geschlossen werden. Durch den Wechsel der Befischungsintensität und der Fangobjekte ergaben sich teilweise star-

ke Veränderungen in den Fanglisten. Typische Beispiele bietet die Industriefischerei: Die Sprottenbestände wurden immer in geringer Intensität befischt (Tab. 7.1), der enorme Anstieg der Fangzahlen ab 1972 dürfte nur die wachsende Fischereiintensität widerspiegeln, nicht eine abrupte Bestandsveränderung. Die in den 60er Jahren einsetzende Befischung von – vermutlich schon länger – vorhandenen Sandaal- und Stintdorschbeständen führte zu starken Anstiegen bei den Fangzahlen. Vermutungen, daß zumindest die Sandaalbestände durch den Rückgang der Makrelen gefördert wurden, sind nicht zu belegen. In anderen Fällen spiegeln die Fangzahlen Bestandsänderungen wider: Das Verschwinden des Thunfisches aus der Nordsee wurde erwähnt und auf natürliche Bestandsveränderungen zurückgeführt; die abnehmenden Erträge bei Hering und Makrele beruhen auf Überfischung der Bestände. Die gestiegenen Fänge bei Bodenfischen hingegen signalisieren eine Bestandsvergrößerung.

722. Die Bestandsgröße als solche muß durch spezielle fischereibiologische Untersuchungen ermittelt werden; zur Interpretation der jeweiligen Bestandssituation bedarf es weiterer populationsökologischer Kennwerte: Vermehrungsrate, Laichaufkommen, Larvenzahlen, Jahrgangsstärken, Sterberate, Lebenserwartung, Rekrutierungsrate (d. h. Anteil der ins laichreife Alter eintretenden Individuen). Für eine Lagebeurteilung wie für eine Bewirtschaftung der Bestände sind ferner wichtig: Kenntnis über Laichort und -zeit, Larven- und Jungfischaufwuchsgebiete („Kinderstuben"), Fraß- und Überwinterungsräume, Wanderverhalten, Nahrungsobjekte, Feinde und vieles mehr. Als Ursachen für Bestandsveränderungen kommen natürliche und anthropogene Faktoren in Frage.

Natürliche Ursachen von Bestandsveränderungen

723. Veränderungen in den Räuber-Beute-Beziehungen durch Verminderung (oder Zunahme) der Freßfeinde beeinflussen ebenso wie Abnahme (oder Vermehrung) der Beute, d. h. des Nahrungsangebotes, die Bestandsdichte der einzelnen Arten. So wird beispielsweise dem Verschwinden des Thunfisches aus der Nordsee (vgl. Tz. 697) oder dem starken Rückgang der Robbenbestände (vgl. Tz. 556) ein positiver Einfluß auf die Bestandsentwicklung einiger Fischarten zugeschrieben, wenn auch wegen der Vielzahl ökologischer Verknüpfungen diese Effekte im einzelnen nicht belegbar sind. Die Wirkung einer Erhöhung des Nahrungsangebotes wird an anderer Stelle (Tz. 384) zu diskutieren sein. Extrem kalte Winter („Eiswinter") haben in den küstennahen Flachwasserbereichen wiederholt zu starken Bestandsminderungen von Seezungen geführt (vgl. in Tab. 7.1 die Fangergebnisse der Jahre 1962 – 1964).

724. Klimaänderungen können Zu- und Abwanderung solcher Arten zur Folge haben, deren Temperaturansprüche nicht mehr oder jetzt erst erfüllt werden. POSTUMA (1978) berichtet über die Einwanderung südlicher Arten in die Nordsee in jüngerer Zeit (Sardine, Graubarsch, Stöcker); bei dem in Tab. 7.1 aufgenommenen Stöcker (Holzmakrele) ist es aber fraglich, ob die in letzter Zeit gestiegenen Fangzahlen tatsächlich Bestandsvergrößerung andeuten oder ob der Anstieg auf stärkere Befischung zurückzuführen ist. Die Dicklippige Meeräsche stellt ein Beispiel einer neuerdings verstärkt im Wattenmeer auftretenden wärmeliebenden südlichen Art dar (u. a. MICHAELIS, 1978); bei ihr gilt die seit 1965 gestiegene mittlere Jahrestemperatur als die entscheidende Ursache, daneben mag auch ein durch zunehmende Eutrophierung im Wattenmeer verbessertes Nahrungsangebot eine Rolle spielen. Klimaveränderungen beeinflussen insgesamt die pflanzliche Produktion, d. h. verändern das Nahrungsangebot am Beginn der zu den Fischen führenden Nahrungsketten. Dabei ist insbesondere an Veränderungen im Plankton zu denken, wodurch die Ernährung vor allem der Fischlarven beeinflußt wird. Wichtig ist in diesem Zusammenhang die Feststellung, daß die für die Fischerei wichtigen Bodenfische („demersale" Arten) im Freiwasser (Pelagial) lebende Larven („Planktonlarven") besitzen, so daß eine Verbesserung des Nahrungsangebotes im Freiwasserbereich höhere Jahrgangsstärken bei Bodenfischen zur Folge haben kann.

725. *Veränderungen der Klimasituation in der Nordsee können in ökologisch bedeutsamem Umfang angenommen werden. Nordatlantische Klimaverschiebungen mit einer Verschlechterung etwa zwischen 1950 und 1970 und anschließende Verbesserung haben auch in der Nordsee Einfluß genommen. Daneben gibt es eigenständige Entwicklungen in verschiedenen Nordseeregionen, die Verallgemeinerungen schwer machen. Nach HILL u. DICKSON (1978) ergibt sich für dieses Jahrhundert eine allgemeine Erwärmung der Nordsee; im südlichen Bereich allerdings nahmen die mittleren Winter- und Frühjahrstemperaturen ab, im zentralen Teil nur die Wintertemperaturen. Danach könnten regional unterschiedliche Reaktionen des Fischbestandes erwartet werden.*

726. *Wesentliche Bedeutung für die Planktonentwicklung und alle davon abhängigen Glieder der Nahrungskette wird dem Temperaturverlauf im Frühjahr zugeschrieben (CUSHING u. DICKSON, 1976). Da die Planktonentfaltung von bestimmten Mindesttemperaturen abhängt, kann der jeweilige Witterungsverlauf große zeitliche Verschiebungen im Auftreten des Frühjahrsplanktons haben. Andererseits sind die Laichzeiten der Fische im Jahresgang zeitlich relativ starr eingebunden, so daß die Larven nicht immer zeitgleich mit den Planktonarten auftreten, die sie zu ihrer Ernährung brauchen. Nahrungsmangelsituationen können so in einzelnen Jahren zu geringen Jahrgangsstärken bei Fischen führen. In den 60er Jahren war wiederholt eine derartige Verspätung um mehrere Wochen zu beobachten (GLOVER et al., 1974). Von solchen Verzögerungen werden die relativ spät laichenden Sandaale und Schellfische gefördert (HEMPEL, 1977), während z. B. der Kabeljau Einbußen erleiden kann.*

Anthropogene Ursachen von Bestandsveränderungen

727. In der Nordsee hat unzweifelhaft die Fischerei den stärksten Einfluß auf die Bestandsdichten. Dabei dürften die indirekten Effekte möglicherweise die größte Bedeutung haben. Starke Befischung erhöht zunächst die Sterberate („fischereiliche" Sterblichkeit), die absinkenden Bestandszahlen führen zu geringerer Fortpflanzungsrate, d. h. die Nachkommenzahl sinkt ab; typische Beispiele sind die Bestandsveränderungen bei Makrele, Hering und Auster. Demgegenüber bestehen indirekte Wirkungen zunächst in veränderten Feind-Beute-Beziehungen, wobei durch Wegfall einer räuberischen Art die Beuteorganismen vom Feinddruck entlastet werden. Reduktion der Heringsbestände bedeutet beispielsweise, daß weniger Kabeljau- und Schellfischlarven während ihrer planktonischen Lebensphase vom Hering gefressen werden. Auch die Makrele spielt als Räuber für Larven und Jungfische eine wesentliche Rolle. Wegfang älterer Kabeljaujahrgänge entlastet die jüngeren Artgenossen und als Nahrungsobjekte dienende kleinere Fischarten vor räuberischer Nachstellung und hebt deren Überlebensrate. Indirekte Wirkungen sind ferner durch gewandelte Konkurrenzverhältnisse gegeben; fressen zwei Arten die gleichen Nahrungsobjekte, so steigert der Wegfall der einen die Nahrungsverfügbarkeit für die andere Art. Die Reduktion von Hering und Makrele als Vertilger von Fischbrut kann Sandaalen und Sprotten bessere Ernährungsmöglichkeiten gebracht haben (HEMPEL, 1978e). Die Höhe der Sterblichkeitsrate durch Raubfeinde ist insgesamt bedeutsamer als die Konkurrenz um Nahrung. (Weitere Diskussion s. Tz. 733.)

728. Verglichen mit den Folgen der Fischerei für die Fischbestände spielen die übrigen anthropogenen Belastungen in der Nordsee z. Z. nur eine unbedeutende Rolle (vgl. hierzu LEE, 1978); ganz anders sieht es in den Ästuarien aus, wo Abwasserbelastung, Baumaßnahmen und Schiffahrt schwere Schäden am Fischbestand anrichten (s. Abschn. 2.4). Gewiß hat sich in Teilen der südlichen Nordsee, der Deutschen Bucht und des Wattenmeeres die Konzentration an Pflanzennährsalzen aufgrund menschlicher Aktivitäten erhöht; es ist zu vermuten, daß sich hier durch die Steigerung der Produktion an pflanzlichen Kleinorganismen (Phytoplankton, Bodendiatomeen) über die Nahrungskette, d. h. über eine Förderung von Zooplankton und kleinen Bodentieren, auch die Ernährungsbedingungen für Fischlarven und Jungfische zumindest in gewissem Umfang verbessert haben. RAUCK u. ZIJLSTRA (1978) fanden jedoch keine Anhaltspunkte dafür, daß sich die Wachstumsraten von Scholle und Seezunge durch diese Vorgänge gesteigert haben. Für andere Fischarten sind keine Unterlagen zur Hand. Hingegen werden Miesmuscheln und Garnelen durch diese

Vorgänge deutlich gefördert. Für den Bereich der zentralen und nördlichen Nordsee („Hohe See") gibt es keine Hinweise auf anthropogene Eutrophierung und entsprechend keine diesbezüglichen Beeinflussungen der Fischbestände.

729. Die Einleitung von Abwässern mit hohen Anteilen leicht abbaubarer organischer Substanzen hat im Küstenbereich lokal zu Sauerstoffmangel und darauf folgender Beeinträchtigung des Wirbellosenbestandes und von Jungfischen geführt (Bsp.: Noordpolderzijl; ESSINK u. WOLFF, 1978). (Zur Situation in den Ästuarien s. Abschn. 2.4.) Klärschlammverklappungen in der inneren Deutschen Bucht (s. Abschn. 4.6; Tz. 279) haben dort die Lebensbedingungen für Fische lokal verschlechtert; wegen der Großräumigkeit des Areals bestehen hier

aber im Gegensatz zu den Verhältnissen in kleinen Binnengewässern für die Fische Ausweichmöglichkeiten. Insgesamt sind die Fischbestände der Nordsee – wenn man von den Ästuarien ausdrücklich absieht – durch leicht abbaubare Abwässer derzeit nicht gefährdet.

730. Schadstoffe anthropogener Herkunft haben zwar gegenwärtig keine nachweisbare Einwirkung auf die Bestandsdichte der Fische und Schalentiere; in Fischen, Muscheln und anderen Meerestieren wurden aber Schwermetalle, Chlorkohlenwasserstoffe und PCBs nachgewiesen, die durch Bioakkumulation (Aufnahme aus dem umgebenden Medium und Anreicherung im Körper) sowie durch Biomagnifikation (Nahrungskettenanreicherung) in den Organismen konzentriert worden sind. Die vorhan-

Abb. 7.10

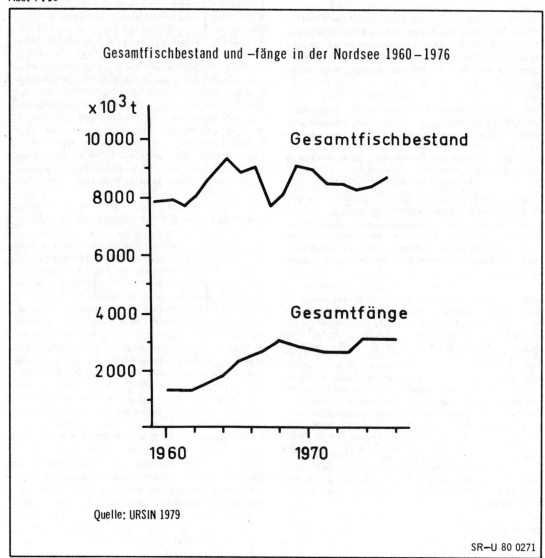

Gesamtfischbestand und –fänge in der Nordsee 1960–1976

Quelle: URSIN 1979

SR–U 80 0271

denen Daten werden ebenso wie der Wirkungsaspekt in den Abschnitten 5.4 (Tz. 396ff.) und 5.5 (Tz. 436ff.) behandelt. Diese Schadstoffe stellen ein erhebliches, in den ökologischen Konsequenzen nicht absehbares Gefährdungspotential dar. Es gibt Hinweise darauf, daß zwischen dem Vorhandensein von Schadstoffen und dem Auftreten von Fischkrankheiten Zusammenhänge bestehen (DETHLEFSEN, 1979). Obgleich gegenwärtig wohl keine Auswirkungen auf die Größe der Fischbestände zu erwarten sind, wird dieser Komplex wegen seiner allgemeinen Bedeutung im Abschn. 5.8 (Tz. 536ff.) ausführlich behandelt. Die für den menschlichen Konsumenten bedeutende Frage, ob vom Schadstoffgehalt in Fischen oder Schalentieren der Nordsee gesundheitliche Gefährdungen ausgehen, wird in Abschn. 7.2 diskutiert.

Diskussion der aktuellen Bestandsveränderungen

731. Bei der Intensität der Fischerei in der Nordsee und bei der Höhe der Fänge, die als Maß der anthropogenen Belastung der Bestände dienen kann, mag es zunächst überraschen, daß der Gesamtfischbestand der Nordsee seit 1960 im Bereich von 9 Mio t liegt (Abb. 7.10) und trotz der seither auf das Doppelte gestiegenen Fänge im Endeffekt zwar einige Schwankungen zeigt, aber nicht absinkt. Die Steigerung der Fangerträge geht – wie bereits dargelegt – einmal auf die Nutzung bisher nicht oder wenig gefangener Arten zurück (Sandaale, Stintdorsch, Sprotte), zum anderen auf den erheblichen Anstieg der Ausbeute bei Bodenfischen (Kabeljau, Köhler, Schellfisch, Wittling). Überraschend ist, daß sich trotz der starken Befischung der Bodenfische in den 60er Jahren auch deren Bestand vergrößert hat (Abb. 7.11), denn nach den herkömmlichen fischereibiologischen Vorstellungen müßte ein gestiegener Fischereiaufwand (mehr Schiffe, bessere Fangtechnik) zur Bestandsabnahme führen. Den theoretischen Erwartungen entspricht das Bild bei Hering und Makrele (Abb. 7.12), wo der Bestand durch starke Befischung tatsächlich absinkt. Dieser Effekt zeigt sich übrigens auch in der Gesamtfischbestandskurve (Abb. 7.10) durch ein deutliches Minimum, das aber bald durch Vermehrung anderer Arten ausgeglichen wird. Den Wandel der Situation verdeutlicht Tab. 7.6. Nach Abb. 7.10 und Tab. 7.6 kann man den Eindruck gewinnen, daß nach dem schweren fischereilichen Eingriff in die pelagischen (Freiwasser-)Bestände von Hering und Makrele das Ökosystem Nordsee im Rahmen eines Selbstregulationsprozesses eine neue Kombination von zahlenmäßig stark veränderten Beständen der einzelnen Arten entwickelt hat; diese verträgt eine überraschend hohe Befischung und zeigt von der Gesamtbiomasse her keine Einbußen gegenüber früher. Der Ursachenkomplex, der dieser Erscheinung zugrundeliegt, wurde 1975 auf einem ICES-Symposium in Aarhus (HEMPEL, 1978b) und auf weiteren Veranstaltungen des ICES 1976 in Edinburgh (PARSONS et al., 1978) diskutiert; eine ausführliche Wiedergabe findet sich bei HEMPEL (1977, 1978a).

Tab. 7.6

Vergleich der Bestände von 1964 und 1976 in Mio t

	1964	1976
Heringe und Makrelen	6	2
Andere Arten	3	7

Quelle: URSIN (1979).

732. Fassen wir die Ergebnisse zusammen, so sind für die verbesserte Ertragslage und die höheren Bestände bei den Bodenfischen sowohl natürliche Faktoren (Klimaveränderungen mit verschiedenen Auswirkungen) als auch anthropogene Faktoren (Eutrophierungsprozesse, Befischung) als Auslöser denkbar. Computermodelle (ANDERSEN u. URSIN, 1977, 1978; URSIN 1979), die mit mehreren Arten und Faktoren arbeiten, also ein Ökosystem in entscheidenden Teilen nachahmen, haben wahrscheinlich gemacht, daß durch die Fischerei veränderte Wechselwirkungen zwischen verschiedenen Arten wohl die entscheidende Ursache für die Vermehrung der Bodenfische sind. Eine anthropogene Zunahme der Pflanzennährsalze hingegen scheint nach Modellberechnungen bisher keine wesentliche Bedeutung zu haben (ANDERSEN u. URSIN, 1977), während der Klimaeinfluß von CUSHING (1976) als wesentlich, wenn nicht entscheidend angesehen wird. In erster Linie ist dies die für eine gute Larvenentwicklung notwendige zeitliche Parallelität zwischen Laichzeit und Planktonentwicklung (vgl. Tz. 726).

733. Die grundlegenden Modellvorstellungen über die von der Fischerei ausgehende Kausalkette im Ökosystem sollen anhand von Abb. 7.13 skizziert werden. Die Bestandsabnahme der Freiwasserfische Hering und Makrele, die in erheblichem Umfang die im freien Wasser als Planktonorganismen lebenden Jugendstadien der Bodenfische fressen, führt infolge von vermindertem Feinddruck zu stärkeren Nachwuchsjahrgängen dieser Gruppe. Zur Zeit der hohen Makrelen- und Heringsbestände könnte etwa die Hälfte der Fischbrut anderer Arten durch Fraß vernichtet worden sein (URSIN, 1979). Dazu kommt noch, daß durch den Wegfall der Nahrungskonkurrenz von Hering und Makrele auch das Futterangebot für die Jungtiere der Bodenfische erhöht wurde. Dieser Effekt muß aber als weniger bedeutsam eingestuft werden als der Wegfall der Raubfeinde.

Wenn sich die Jahrgangsstärken der Bodenfische erhöhen, kann ohne Gefahr für die Nachwuchsproduktion eine Befischung in jüngerem Alter einsetzen. Dadurch verringert sich die Zahl alter Tiere im Bestand, so daß die Überlebensrate jüngerer Tiere steigt, die sonst in erheblichem Umfang von älteren Artgenossen (Kabeljau) oder verwandten Arten gefressen worden wären.

Abb. 7.11

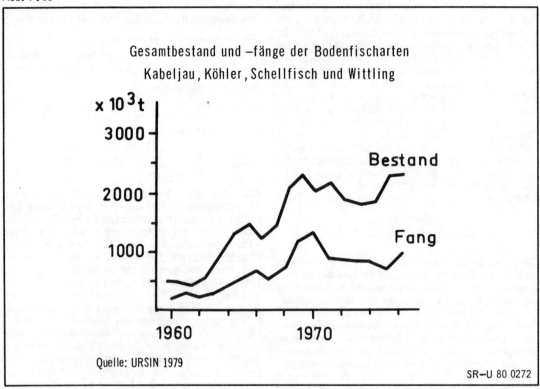

Gesamtbestand und –fänge der Bodenfischarten
Kabeljau, Köhler, Schellfisch und Wittling

Quelle: URSIN 1979

SR–U 80 0272

Abb. 7.12

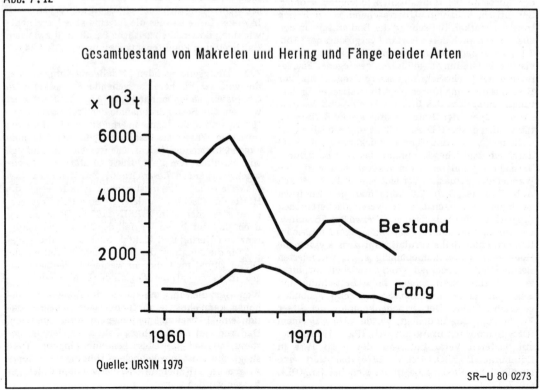

Gesamtbestand von Makrelen und Hering und Fänge beider Arten

Quelle: URSIN 1979

SR–U 80 0273

Abb. 7.13

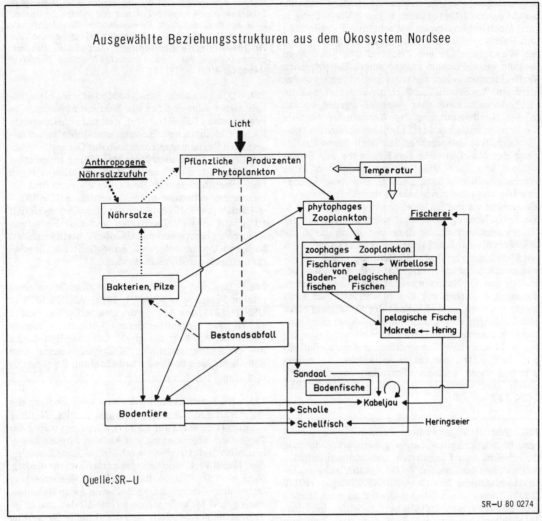

Ausgewählte Beziehungsstrukturen aus dem Ökosystem Nordsee

Licht

Anthropogene
Nährsalzzufuhr

Pflanzliche   Produzenten
Phytoplankton

Temperatur

Nährsalze

phytophages
Zooplankton

Fischerei

zoophages   Zooplankton
Fischlarven ⟷ Wirbellose
                    von
Boden-   pelagischen
fischen   Fischen

Bakterien, Pilze

Bestandsabfall

pelagische Fische
Makrele ← Hering

Sandaal
    Bodenfische
                Kabeljau

Bodentiere

→ Scholle

→ Schellfisch ←   ← Heringseier

Quelle: SR–U

SR–U 80 0274

7.1.6 Ökologische Aspekte der Bestandsbewirtschaftung

734. Die Fischereiregulierung hat die Aufgabe, Nutzfischbestände in einer Höhe zu halten, die optimale wirtschaftliche Ausbeutung gewährleistet. Voraussetzung für die Erhaltung eines wirtschaftlich dauerhaft nutzbaren Bestandes ist der Ersatz gefangener Individuen durch nachwachsende Jungtiere; der ausreichende Nachwuchs eines Bestandes muß gesichert werden. Dazu ist ein ausreichend großer Bestand an laichreifen, d. h. fortpflanzungsfähigen Fischen nötig. Hierzu bedarf es sowohl einer Reglementierung des Fangs laichreifer Tiere, als auch eines Schutzes der Eier, der Larven und der Jungfische, die zur Bestandserhaltung in genügender Zahl das fortpflanzungsfähige Alter erreichen müssen.

Schutzmaßnahmen bestehen einmal in der Festlegung von Fangquoten, d. h. der Beschränkung auf eine bestimmte Jahresfangmenge, und in der Begrenzung von Fischereiflottengröße, Fischereisaison, Fanggebieten oder Fangausrüstung; zum anderen bestehen die Maßnahmen im Verbot des Anlandens zu kleiner Fische, insbesondere auch im Rahmen der Beifangregelungen beim Industriefischfang, in der Festlegung von Mindestmaschenweiten der Netze oder im Verbot des Fischens in Laichgebieten oder „Kinderstuben", d. h. Aufwuchsgebieten bestimmter Jungfische. Die Festlegung der Mindestfanggröße hat den Sinn, das Erreichen der Laichreife zu gewährleisten; unmittelbar damit verbunden ist der Vorteil, die Wachstumsfähigkeit besser ausnutzen und in Gestalt größerer Fische mehr und preislich besser bewertete Ware anbieten zu können.

735. Die Regulierung der Fischerei, insbesondere die Festlegung von Quoten zum Schutz der Bestände, beruht gegenwärtig vor allem auf zwei Vorstellungen von Überfischungstypen: Wachstumsüberfischung und Nachwuchsüberfischung. In beiden Fällen wird ein Wirkungsgefüge aus Fischerei und jeweiligem Bestand einer Fischart angenommen, ökosystemare Verflechtungen gehen zunächst in die Überlegungen nicht ein. Wachstumsüberfischung bedeutet, daß die Fische in zu frühem Alter gefangen werden, so daß infolge Nichtausnutzung des Wachstumspotentials die Erträge zurückgehen. Es gibt ein optimales Mindestfangalter; entsprechend läßt sich durch Festlegung der Maschenweite der Fangnetze der Ertrag steuern und eine Überfischung vermeiden. Eine Wachstumsüberfischung kann in eine Nachwuchsüberfischung übergehen, wenn durch den Fang zu kleiner Individuen das Erreichen der Laichreife, d. h. die Fortpflanzung verhindert wird. Allgemein liegt Nachwuchsüberfischung dann vor, wenn durch die Fischerei die Zahl der laichreifen Fische so reduziert wird, daß die zur Bestandserhaltung nötige Nachwuchszahl nicht mehr erreicht wird. Besonders betroffen von der Nachwuchsüberfischung sind Arten, die nach Erreichen der Geschlechtsreife nur noch wenig wachsen, so daß sie mit der Festlegung einer Mindestfanggröße (Mindestmaschenweite) nicht hinlänglich geschützt sind. Hier können nur Fangquoten und Laich- bzw. Larvenschutzgebiete weiterhelfen. Auch Arten mit kurzer natürlicher Lebenserwartung oder geringer Fortpflanzungsrate sind durch Nachwuchsüberfischung gefährdet (NELLEN, 1978a).

736. Auf den genannten Formen von Überfischungsmöglichkeiten bauen gegenwärtig die zur Berechnung von Fangquoten und anderen Schutzmaßnahmen beruhenden Verfahren auf, insbesondere das klassische Modell von BEVERTON u. HOLT (1957). Dieses ist ein Ein-Art-Modell, also ein Modell mit Betonung autökologischer Aspekte, bei dem die Wechselbeziehungen zwischen den verschiedenen Fischbeständen vernachlässigt werden. Auch sonstige synökologische Aspekte, wie sie für die Erfassung der Wechselbeziehung in einem Ökosystem unerläßlich sind, fehlen diesem Modell.

Der Aufbau des Modells von BEVERTON u. HOLT sei in Anlehnung an Ausführungen von NELLEN (1978a) im folgenden kurz skizziert: Grundlage ist die Überlegung, daß durch Fischerei in einem Bestand die Zahl der alten, großen Individuen verringert wird und die jungen, kleinen Fische nun mehr Entfaltungsmöglichkeiten haben; der zahlenmäßig verminderte und verjüngte Bestand besitzt aufgrund der altersbedingten besseren Wachstumsrate, der besseren Ausnutzung der Nahrungsenergie und einer geringeren natürlichen Sterblichkeit eine höhere Produktionsleistung. Aufgrund von Kenntnissen über Bestandsgröße, mittleres Wachstum und natürliche Sterblichkeit wird die Fischereiintensität und die Mindestfanggröße für einen maximal möglichen Dauerertrag bestimmt. Das mittlere Wachstum, der Zeitpunkt des Eintretens der Geschlechtsreife und die natürliche Sterblichkeit werden als weitgehend unbeeinflußbar angesehen. Auch das Reproduktionspotential wird wegen der hohen individuellen Fruchtbarkeit als wenig beeinflußbar betrachtet. Um die Nachwuchsüberfischung zu berücksichtigen, muß bei Arten mit kurzer Lebenszeit oder solchen, die nach Erreichen der Geschlechtsreife nicht mehr wachsen, das Reproduktionspotential der Art Eingang in die Berechnung finden und die Mindestbestandsgröße für eine optimale Nutzung festgelegt werden.

737. Das klassische Ein-Art-Modell wird hinsichtlich seiner Eignung für die Nordsee neuerdings in Frage gestellt (URSIN, 1979), weil mit zunehmendem fischereibiologischem Kenntnisstand den zwischenartlichen Beziehungen innerhalb des Gesamtfischbestandes der Nordsee größere Bedeutung eingeräumt wird. Vor allem muß an die starken Veränderungen im Bereich der Räuber-Beute-Beziehungen und der Nahrungskonkurrenz gedacht werden. ANDERSEN u. URSIN (1977, 1978) haben ein Mehr-Arten-Modell aufgebaut, das elf Fischarten und eine Reihe von anderen Ökosystemkomponenten berücksichtigt. Moderne Computertechnik ermöglicht die Simulation verschiedenster Situationen.

738. Zunächst einmal ergibt die Simulation eines totalen Fangstopps (URSIN, 1979; ANDERSEN u. URSIN, 1977) den Anstieg des Gesamtfischbestandes auf 12 Mio t (gegenüber derzeit 9 Mio t); bei diesem Niveau kontrolliert die große Zahl der Raubfische die Gesamtbestandshöhe. Kabeljau, Hering und Scholle würden in diesem unbefischten Bestand dominieren.

739. Nach dem Modell wäre eine Verdoppelung des gegenwärtigen Gesamtfischfangs in der Nordsee möglich (also von 3 auf 6 Mio t), allerdings würde der Fang dann überwiegend aus kleinen Fischen bestehen, also Industriefisch und kleine Konsumfische; der Marktwert der letztgenannten wäre niedrig. Nach der Simulation ließe sich der Gesamtertrag insbesondere durch starke Befischung von Kabeljau, Hering und Makrele steigern. Das Modell macht im übrigen wahrscheinlich, daß die aktuelle Steigerung der Bodenfischbestände vor allem auf den Fortfall von Makrele und Hering zurückzuführen ist, die den Larven der Bodenfische nachstellen; das Modell erlaubt freilich keine Vorhersagen über die von CUSHING (1978) als wesentlich angenommenen klimatischen Effekte (Zusammentreffen von Frühjahrsplanktonmaximum und Laichtermin, s. Tz. 726).

740. Zusammenfassend kann zum Mehr-Arten-Modell festgestellt werden: Das Modell eröffnet interessante und wesentliche Perspektiven; es bedarf aber noch der Weiterentwicklung, ehe es praxisreif ist, d. h. ehe man es wagen kann, aufgrund der Ergebnisse der Simulationsrechnungen einer Steigerung des Fischfangs in der Nordsee das Wort zu reden. Die Kenntnisse über die Struktur, den Stoffhaushalt und die Populationsdynamik der Organismen im Ökosystem Nordsee sind in vielen Punkten noch unzureichend, wie auch HEMPEL (1977) und NELLEN (1978a) betonen.

741. Mit Sicherheit ist aber die folgende Aussage erlaubt: Es ist eine Illusion anzunehmen, daß für jede einzelne Art der höchstmögliche Ertrag durch Fischereiregulierung zu erreichen ist (URSIN, 1979). Die komplizierten ökologischen Wechselbeziehungen zwischen den Arten machen das unmöglich. Das neue Modell eröffnet allerdings die Perspektive, durch gezielte Befischungsmaßnahmen die eine oder andere Fischart oder auch Artengruppe zu fördern, z. B. relativ große Konsumfische oder Kleinfische speziell als Industriefisch. Es wird ökonomischen Überlegungen und politischen (nicht zuletzt weltpolitischen) Entscheidungen vorbehalten bleiben müssen, festzulegen, ob das Ökosystem Nordsee überwiegend Konsumfische hoher Qualität liefern soll, die unmittelbar der Ernährung des Menschen zugute kommen, oder ob überwiegend Kleinfische für Zwecke der Futtermittelherstellung erzeugt werden, die erst über die Veredelung im landwirtschaftlichen Betrieb für den Menschen nutzbar gemacht werden können. Da bei der Veredelung über diese „lange Nahrungskette" ca. 80% der eingesetzten Primärenergie (Fischeiweiß) für den Menschen verlorengehen, handelt es sich bei der Industriefischerei um eine vergleichsweise schlechte Ausnutzung der natürlichen Ressourcen der Nordsee. Es kommt hinzu, daß beim Industriefischfang auch große Mengen von Jungtieren hochwertiger Konsumfische mitgefangen werden (POPP MADSEN, 1978). Der Rat ist deshalb der Auffassung, daß ökonomische, ökologische und politische Argumente für eine Konzentration auf den Konsumfischfang sprechen (vgl. hierzu auch Tz. 824).

7.1.7 Aquakultur in der Nordsee

742. Als Aquakultur wird die kontrollierte Produktion von Wasserorganismen für menschliche Nutzungszwecke bezeichnet. Die weltweite Aquakulturproduktion liegt etwa bei 6 Mio t, das entspricht rd. 8,5% der Gesamtfänge an Nutzorganismen in Meer und Süßwasser. Davon wird weniger als die Hälfte im Meer produziert; innerhalb dieser sog. Marikultur überwiegen Muscheln und Algen (jeweils 1 Mio t) gegenüber Fischen und Krebstieren. In der Nordsee lag der Marikulturertrag 1976 etwa bei 130 000 t, das entspricht 3,5% der Nordseefänge. Anteilmäßig überwiegen Miesmuscheln aus dem Wattenmeer (Abb. 7.14) bei weitem (über 90%).

An Muscheln werden weiterhin produziert: Europäische Auster (1 400 t; vor allem in den Niederlanden), Pazifische Auster (9 t in England) und Kammuscheln (Schottland). Unter den Krebstieren ist nur der Hummer mit geringen Mengen zu nennen.

743. Die Marikultur von Fischen ist in der Nordsee nur regional beschränkt möglich. In norwegischen Fjorden werden z. B. Lachs und Regenbogenforelle in Netzgehegen gehalten. Innerhalb des ICES-Areals (vgl. Abb. 7.1) sind es vor allem Sletta, Korsfjorden, Sognesjöen und Stad, die wegen ihrer Temperaturbedingungen geeignet sind (EDWARDS, 1978). Infolge der steigenden Nachfrage nach Lachs wird sich dessen Produktion sicherlich noch ausweiten. Die Lachsproduktion der gesamten norwegischen Marikultur lag 1976 bei 1 850 t (EDWARDS, 1978), auf den hier behandelten Nordseebereich dürfte weniger als die Hälfte dieser Summe entfallen. Lachs wird auch in Schottland in geringer Menge produziert. Ferner finden Steinbutt und Scholle (Schottland), Seezunge (Großbritannien, Belgien) und Aal Verwendung in der Marikultur.

744. An mehreren Stellen wird versucht, Abwärme von Kraftwerken zur Verbesserung der Produktionsleistungen einzusetzen, so beispielsweise in der Bundesrepublik Deutschland (Emden) und in Schottland (vgl. Tz. 567 im Abschn. 5.9).

Da die Temperatur in der Nordsee für Marikulturzwecke oft den begrenzenden Faktor darstellt, kommt derartigen Versuchen große praktische Bedeutung zu.

745. Von den gegenwärtig genutzten Objekten der Marikultur in der Nordsee werden Miesmuscheln und Europäische Austern in „Halbkultur" bewirtschaftet, d. h., der Nachwuchs für die Kulturen muß im Meer gewonnen werden, während bei vielen Fischarten (Lachs, Regenbogenforelle, Scholle, Seezunge, Steinbutt) eine künstliche Aufzucht der Jungtiere in Brutanstalten möglich ist („Vollkultur"). Bei den in Halbkultur bewirtschafteten Formen, zu denen auch der Aal gehört, besteht eine wesentlich stärkere Abhängigkeit von natürlichen Gegebenheiten, insbesondere Unsicherheiten bei der Beschaffung von Nachwuchs.

746. Über die Lage der Miesmuschelzuchtgewässer im Wattenmeer informiert Abb. 7.14. Flächenmäßig sind im deutschen Wattenmeergebiet rd. 600 ha für die Miesmuschelzucht geeignet (KINNE u. ROSENKRANZ, 1977). Im niederländischen Bereich bestehen 6 000 ha staatliches Pachtgelände für Muschelkulturen; davon sind 3 000 ha geeignete Aufwachsgebiete (DRINKWAARD, 1976). Im seeländischen Bereich (Scheldeästuar) sind 1 500 ha für die Muschelaufzucht gut geeignet (DRINKWAARD, 1976).

747. Geht man von den heutigen technischen Gegebenheiten aus, so liegen potentielle Areale für eine Ausweitung der Marikultur in norwegischen und schottischen Fjorden sowie in den dänischen Meeresbuchten. Eine Nutzung der offenen See ist gegenwärtig nicht möglich.

7.2 Schadstoffe in marinen Lebensmitteln

7.2.1 Höchstmengen, Richtwerte, Empfehlungen

748. Gesetzliche Höchstmengenverordnungen, die sich auf marine Lebensmittel beziehen, gibt es bisher von den hier zur Diskussion stehenden Substanzen und Wirkstoffen (Hg, Pb, Cd, As, Organohalogenver-

Abb. 7.14

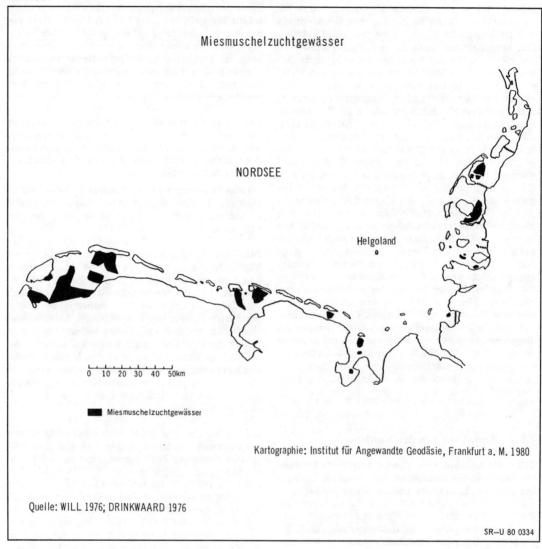

Miesmuschelzuchtgewässer

NORDSEE

Helgoland
o

0 10 20 30 40 50km

■ Miesmuschelzuchtgewässer

Kartographie: Institut für Angewandte Geodäsie, Frankfurt a. M. 1980

Quelle: WILL 1976; DRINKWAARD 1976

SR—U 80 0334

bindungen vom Typ DDT und seiner Metaboliten, PCB, HCH, HCB etc.) lediglich für das Quecksilber und für die Gruppe der chlorierten Kohlenwasserstoffe (Ausnahme: PCB). Zur Beurteilung des Kontaminationsgrades von Lebensmitteln dienen die vom Bundesgesundheitsamt veröffentlichten „Richtwerte 1976" bzw. „1979" über Arsen-, Blei-, Cadmium- und Quecksilbergehalte in Lebensmitteln (Bundesgesundheitsamt, 1979). Allerdings sind hierin keine Angaben speziell über marine Lebensmittel enthalten, sondern nur Richtwerte für Blei- und Cadmiumkonzentrationen in Süßwasserfischen. Bei diesen Richtwerten handelt es sich um Angaben, nach denen sich die Lebensmittelwirtschaft und -überwachung richten kann und soll. Sie haben jedoch keine gesetzliche Verbindlichkeit. Für zulässige Arsenkonzentrationen in Fischen und Schalentieren bestehen derzeit weder Höchstmengenverordnungen noch

Richtwerte. Als Vorschlag wird ein Grenzwert von 0,5 mg/kg für Fische und 5 mg/kg für Muscheln diskutiert.

In Tab. 7.7 sind die Konzentrationsangaben der einzelnen Substanzen und Wirkstoffe aus den Höchstmengenverordnungen, Richtwerten und Empfehlungen aufgeführt.

7.2.2 Rückstände in Fischen, Krusten- und Weichtieren

Schwermetalle und Arsen

749. Sämtliche bisher an Fischen aus der Nordsee auf Quecksilberrückstände durchgeführten Untersuchungen haben Stichprobencharakter. Wegen der starken Streuung der Quecksilberbelastung sogar in-

266

Tab. 7.7:

Höchstmengen und Richtwerte

Substanz	gesetzliche Höchst-menge mg/kg			Richtwerte '79 mg/kg	tolerierbare wöchent-liche Aufnahme mg/Mensch
Quecksilber	1.0			–	0,3 Gesamt Hg 0,2 Methyl Hg
Cadmium	–			0,05 F	0,4 – 0,5
Blei	–			0,5 F	3,0
Arsen	–			–	–
Organohalogenverbindungen[1]):					
DDT, DDE, DDD	A 3,5	B 2,0	C 5,0		DDT DDE DDD 2,1 mg PCB
Dieldrin	D 1,0	B 0,5			
HCB, HCH-Isom.	E 0,5				HCH Dieldrin
γ-HCH	E 2,0				HCB 4,2 mg[2]) Heptachlor-
PCB	(für USA: 2,0)				epoxid

A Aal, Lachs und Stör, sowie daraus hergestellte Erzeugnisse mit Ausnahme von Rogenerzeugnissen dieser Fische.

B Sonstige Fische und andere wechselwarme Tiere, Krusten-, Schalen- und Weichtiere, sowie daraus hergestellte Erzeugnisse, mit Ausnahme von Leber- und Rogenerzeugnissen dieser Fische.

C Fischleber-, Fischrogenerzeugnisse

D Aal, Lachs und Stör, sowie daraus hergestellte Erzeugnisse, Fischleber-, Fischrogenerzeugnisse

E Fische und andere wechselwarme Tiere, Krusten-, Schalen- und Weichtiere, sowie daraus hergestellte Erzeugnisse

F Wert gilt nur für Süßwasserfische

[1]) Abkürzungen: DDT = Dichlor-diphenyl-trichlorethan
                        DDE = Dichlor-diphenyl-dichlorethenyliden
                        DDD = Dichlor-diphenyl-dichloroethyliden
                        PCB = Polychlorierte Biphenyle
                        HCH = Hexachlorcyclohexan
                        HCB = Hexachlorbenzol

[2]) nach DFG, 1979

Quelle: Bundesgesundheitsamt, WHO/FAO

nerhalb eines Fanges kann von Stichproben nicht auf andere Fische der gleichen Population geschlossen werden. Dies beruht darauf, daß die untersuchten Fische in aller Regel unbekannte individuelle Unterschiede besitzen und gleichfalls unbekannten meeresbiologischen und ökologischen Einflüssen unterworfen sind. Die geringe qualitative Repräsentanz wird besonders dadurch hervorgerufen, daß zwischen Körperlänge und Lebensalter keine lineare Beziehung besteht, andererseits aber die Körperlänge der einzige bei Routineuntersuchungen aus technischen Gründen auswertbare Parameter ist (KRÜ-

GER u. NIEPER, 1978). Eine hohe qualitative Repräsentanz wäre hingegen dann gegeben, wenn man das jeweilige Verhältnis von Körperlänge eines Fisches zur Quecksilberbelastung, das aus stichprobenartigen Untersuchungen eines Fanges gewonnen würde, mit großer Genauigkeit auch auf die Bestimmung der Quecksilberbelastung von Fischen eines anderen Fanges anwenden könnte. Repräsentanz und damit sichere Aussagen können nur durch große Stichproben erreicht werden. Da – wie oben bereits erwähnt – die Quecksilberbelastung von Fischen eines Fanges starken individuellen Streuungen unterliegt, ist daher dringend zu fordern, durch regelmäßige, über einen langen Zeitraum sich erstreckende Messungen die Quecksilberbelastung der Fanggebiete zu kontrollieren (Trenduntersuchung).

750. Allgemein kann man feststellen, daß die Quecksilberbelastung von Hochseefischen erheblich niedriger ist als von küstennah, insbesondere in Bereichen von Flußmündungen vorkommenden Fischen. Dagegen werden in den verschiedenen Fanggebieten der Hochseefischerei keine Unterschiede in der Quecksilberbelastung gemessen, die größer waren als die innerhalb einer Fischart und eines Fanggebietes festgestellten Unterschiede (KRÜGER u. NIEPER, 1978).

751. Die überwiegende Mehrzahl (99,4%) von untersuchten Fischen aus der Nordsee (Hochsee) weist einen Quecksilbergehalt von weit unter 1 mg/kg Frischgewicht auf (Zentrales Daten- und Informationssystem ARGUM des Bundesamtes für Ernährung und Forstwirtschaft, 1979). Zu den hochbelasteten Fischarten zählen wegen ihres Fettreichtums Haie und der Heilbutt. Insgesamt waren nur 0,6% aller untersuchten Proben über der 1-mg/kg-Grenze (DFG, 1979).

Teilweise bedenklich hohe Rückstände von Quecksilber werden jedoch in Tieren aus den Mündungsgebieten der in die Nordsee fließenden Ströme beobachtet (bei Kaulbarsch und Aal Werte bis zu 3 mg/kg Frischgewicht) (DFG, 1979). Ebenso zeigt die Analyse von Miesmuscheln, die man als geeignete Indikatoren für Schwermetallkontamination auch anderer Organismen ansieht, daß in einigen Gebieten der Küstengewässer (innerer Bereich des Ems- und Elbeästuars, Jadebusen) von einer Quecksilberbelastung (> 0,15 mg/kg) gesprochen werden muß (DE WOLF, 1975).

752. Über Blei und Cadmium stehen derzeit im Vergleich zum Quecksilber keine ausreichenden Untersuchungen zur Verfügung; die vorliegenden Messungen sind keinesfalls repräsentativ. Zudem bereitet die Bestimmung von Blei im Meßbereich niedrigerer Konzentrationen methodische Schwierigkeiten. Für Cadmium liegen die mittleren Meßwerte bei Fischen unter der Erfassungsgrenze der angewendeten Analysentechnik (Schwankungsbreite 0,02 – 0,07 mg/kg). Ähnliche Untersuchungsergebnisse sind auch für Blei vorhanden: Auch hier liegt der mittlere Gehalt bei Fischen unter der Erfassungsgrenze, jedoch sind die absoluten Bleigehalte um den Faktor 5 größer als die entsprechenden Cadmium-Werte. Bei Muscheln und Garnelen werden für Blei durchschnittliche Werte von 0,98 mg/kg (Schwankungsbreite 0,1 – 7,2 mg/kg) und für Cadmium 0,34 mg/kg (Schwankungsbreite 0,1 – 6,8 mg/kg) gefunden (ICES, 1974; ICES, 1977a, 1977b).

753. Für Arsen liegen im Untersuchungszeitraum ab 1973 keine Rückstandsanalysen von Fischen aus dem Bereich der Nordsee vor. Spurenelementuntersuchungen an Miesmuscheln (KARBE, SCHNIER u.

SIEWERS, 1977) in küstennahen Gebieten ergaben Arsen-Werte zwischen 5,8 – 17,8 mg/kg Trockengewicht, was einem Arsengehalt von etwa 1,0 – 3,5 mg/kg Feuchtgewicht entspricht. In einer Studie (ZOOK, POWELL, HACKLEY, EMERSON, BROOKER u. KNOBL, 1976) über Schadstoffgehalte in Fischen, Muscheln und Weichtieren aus hauptsächlich amerikanischen Meeres-Gewässern wird über mittlere Arsengehalte von 2 mg/kg Feuchtgewicht berichtet.

Über Speicherung und Vorkommen von Schwermetallen in marinen Organismen berichtet zusammenfassend HARMS (1979).

Organohalogen-Verbindungen

754. Die PCB-Konzentrationen liegen bei allen untersuchten Proben am höchsten. Je nach Fettgehalt des Tieres liegen die Werte zwischen 0,03 – 0,15 mg/kg PCB. Im Organismus erfolgt eine ausgeprägte Verteilung von PCB zwischen fettreichem und fettarmem Gewebe. So werden z. B. im Muskelfleisch des Kabeljaus lediglich Werte zwischen 0,01 – 0,15 mg/kg, in der fettreichen Leber dagegen Konzentrationen bis 10 mg/kg gefunden. Die Werte für Gesamt-DDT bewegen sich im allgemeinen eine Größenordnung unter den für PCB in Fischen und Muscheln gemessenen Konzentrationen (bestehend aus DDT und seinen Abbauprodukten DDE und DDD). Die Werte von Dieldrin und α- und γ-HCH liegen im µg/kg-Bereich (EDER, SCHAEFER, ERNST u. GOERKE, 1976; HUSCHENBETH, 1973; ICES, 1974; ICES, 1977b; MOORE u. HARRIES, 1972; SCHAEFER, ERNST, GOERKE u. EDER, 1976; HARMS, 1979).

In diesem Zusammenhang darf nicht unerwähnt bleiben, daß bei der Überwachung sehr hohe Konzentrationen an anderen persistenten Organohalogen-Verbindungen natürlichen oder anthropogenen Ursprungs, deren Identität bisher unbekannt ist, nicht beachtet und bewertet werden (vgl. SVANBERG u. LINDEN, 1979).

755. Zu Futtermitteln verarbeitete Meerestiere können zu einer indirekten Belastung mit Schwermetallen und Organohalogen-Verbindungen führen. In der Futtermittelverordnung vom 16. 6. 1976 (BGBl. I, 1976, S. 1497) sind Höchstwerte für den Gehalt an Organochlorverbindungen in Einzel- und Mischfutter festgesetzt.

7.2.3 Humantoxikologische Beurteilung

756. Will man unter toxikologischen Gesichtspunkten die Rückstandssituation hinsichtlich einer möglichen gesundheitlichen Gefährdung beurteilen, so ist zum einen die durchschnittliche Schadstoffaufnahme pro Kopf durch Verzehr von marinen Lebensmitteln festzustellen. Da jedoch gerade der Fischkonsum starke regionale und individuelle Unterschiede aufweist, kann es hierbei zu Schadstoffaufnahmen kommen, die weit über der durchschnittlichen Belastung liegen und deshalb von toxikologischem Interesse sind. Um bei der toxikologischen

Beurteilung nicht auf Schätzungen angewiesen zu sein, empfiehlt der Rat daher, Daten über Nahrungsgewohnheiten besonders für Regionen zu beschaffen, in denen der Fischverzehr erfahrungsgemäß überdurchschnittlich hoch ist.

Zum anderen wäre auch zu klären, wie z. B. die chemische Bindungsform bedeutender Kontaminationen beschaffen ist. Bei organisch gebundenem Quecksilber sollte geprüft werden, welche Verteilung zwischen Methyl-, Äthyl- und Arylquecksilber vorliegt, weil deren toxische Eigenschaften unterschiedlich sind. Bei Arsen wäre anzugeben, ob es in drei- oder fünfwertiger Bindungsform vorliegt. Auch sind für einige Substanzen und besonders ihre Umwandlungsprodukte, die als Rückstände in marinen Organismen vorkommen, keine gesicherten toxikologischen Daten aus langfristigen Tierversuchen bekannt. Ebensowenig weiß man in vielen Fällen, ob im lebenden Organismus Metabolite der Schadstoffe mit anderen, evtl. stärkeren toxischen Eigenschaften auftreten. Zu erwähnen ist in diesem Zusammenhang auch die Problematik, inwieweit Metabolismusstudien, die an Warmblütern vorgenommen wurden, überhaupt auf den Kaltblüter Fisch übertragbar sind. Darüber hinaus muß bei der toxikologischen Beurteilung beachtet werden, daß die durch den Verzehr von marinen Nahrungsmitteln aufgenommenen Schadstoffe nicht die einzige Quelle von Schadstoffeinwirkungen für den Menschen darstellen. Auch ist die Kenntnis der Wechselwirkungen der Schadstoffe untereinander nur mangelhaft.

Will man trotz dieses offensichtlichen Informationsdefizites eine Abschätzung des gesundheitlichen Risikos durch den Verzehr von Fischen, Krusten- und Weichtieren versuchen, so kann lediglich von den derzeit zur Verfügung stehenden analytischen Daten, den Ergebnissen toxikologischer Untersuchungen und den Verzehrgewohnheiten für den statistischen Bevölkerungsdurchschnitt ausgegangen werden.

757. Die auf hoher See gefangenen Fische weisen Organohalogen-Verbindungen und Schwermetallrückstände in Konzentrationen auf, die in der Regel keinen Anlaß zu Bedenken geben. Allerdings sollte man sich hier immer vor Augen halten, daß statistische Mittelwerte in diesem Zusammenhang nichts über lokale, hohe und gesundheitsgefährdende Belastungen aussagen. Erwähnt werden sollten an dieser Stelle auch die beiden Quecksilbervergiftungskatastrophen in Minamata Bay (KATSUNA, 1968) und Niigita (NIIGITA REPORT, 1967), die durch Abgabe von quecksilberhaltigen Industrieabwässern in die Minamata Bay bzw. den Aganofluß mit anschließender Anreicherung des Quecksilbers in den Fischen ausgelöst worden sind. Erhöhte Rückstandswerte lassen sich meistens durch ökologische oder biologische Gründe erklären: So weisen z. B. Fische in stark belasteten, küstennahen Gewässern oft erhöhte Rückstandswerte auf. Auch die Belastung älterer Fische, zumal wenn sie als Raubfische in umweltbelasteten Gewässern leben, kann problematisch werden. Obwohl bei den aus küstennahen Gebieten

stammenden Fischen die Schwermetall- und Organohalogen-Konzentration wesentlich höher liegt, müßte man, um die wöchentliche Höchstmenge (WHO/FAO-Empfehlung) an Quecksilber aufzunehmen, mindestens ein halbes kg Fisch pro Woche verzehren. Das entspricht der fünffachen Menge des statistischen Pro-Kopf-Verzehrs in der Bundesrepublik Deutschland. Die wöchentliche Höchstmengenempfehlung (WHO) für Organohalogene würde man auf diese Weise bei weitem nicht erreichen. Daraus darf aber nicht der Schluß gezogen werden, daß diese Empfehlungen zu niedrig angesetzt sind, weil – wie bereits betont – die Schadstoffaufnahme durch Verzehr von marinen Nahrungsmitteln nur einen Bruchteil der Gesamtbelastung des Menschen ausmacht. Im Gegenteil, nach der geschilderten Lage bei der toxikologischen Beurteilung der Rückstandssituation dürfen die wöchentlichen Höchstmengen-Empfehlungen keineswegs als zu niedrig gelten. Außerdem sind bei Risikoabschätzungen stets Sicherheitsfaktoren mit zu berücksichtigen.

758. Beachtung verdienen die sehr hohen Cadmium-Konzentrationen in Miesmuscheln, die im Durchschnitt 0,4 mg/kg betragen. Der Richtwert 1979 vom Bundesgesundheitsamt für Cadmium-Belastungen von Süßwasserfischen liegt im Vergleich bei 0,05 mg/kg. Cadmium ist insofern unter den hier aufgeführten Schwermetallen eine Ausnahme, als seine biologische Halbwertszeit im menschlichen Organismus Jahrzehnte beträgt und sich daher selbst geringe Aufnahmen zu größeren Mengen akkumulieren können. Aus diesem Grund sollte zumindest ein Richtwert für Cadmiumkonzentrationen in Muscheln aufgestellt werden, wenn nicht sogar die Aufnahme von Cadmium in die Höchstmengenverordnung vorzuziehen ist.

Zur Beurteilung und Risikoabschätzung der Arsenaufnahme durch Verzehr von marinen Lebensmitteln ist von der krebserzeugenden Wirkung dieses Stoffes auszugehen (IARC, 1973). Aus dem Bereich der Nordsee liegen jedoch keine repräsentativen analytischen Daten vor. Es ist deshalb zu fordern, Arsen-Werte von Meeresprodukten regelmäßig zu messen. Eine Forderung nach einer Höchstmengenverordnung ist derzeit noch nicht sinnvoll. Richtwerte, insbesondere für Miesmuscheln, stellen im Moment eine mögliche Übergangslösung dar.

Da PCB die höchsten Konzentrationen von allen Organohalogenverbindungen in Fischen und Muscheln aufweisen, stellt sich die Frage, ob diese Stoffe in die Höchstmengenverordnung aufgenommen werden sollen. Hierzu ist anzumerken, daß der Mensch am empfindlichsten auf diesen Schadstoff reagiert und Wirkungen bereits bei einer Dosis zeigt, die bei keiner anderen Spezies hierzu ausreicht (WHO, 1976). Ebenso ist zu beachten, daß PCB im menschlichen Fettgewebe angereichert werden und möglicherweise bei einer Fettmobilisation toxische Wirkungen auf den Organismus entfalten können. Deshalb sollte unter toxikologischen Gesichtspunkten die Aufnahme der PCB in die Höchstmengenverordnung unterstützt werden; zumindest ist ein

Richtwert zu fordern, nicht zuletzt auch wegen der cancerogenen Wirkung, die bisher allerdings nur an Ratten und Mäusen beobachtet wurde. Epidemiologische Anzeichen dafür, daß PCB auch beim Menschen Tumoren erzeugen könnten, gibt es nicht.

7.3 Wirtschaftliche Aspekte der Fischerei

7.3.1 Bedeutung der Nordsee als Fanggebiet

759. Für die bundesdeutsche Fischerei stellt die Nordsee das mit Abstand wichtigste Fanggebiet dar. Mit einem Fangaufkommen von rund 125 000 t (1978, einschließlich geringer Fangmengen aus dem Kanal,

Tab. 7.8

Fangergebnis der bundesdeutschen Hochsee- und Küstenfischerei nach Fanggebieten (1978)

	1000 t	%
Nahe Fahrt	209,2	51,3
darunter:		
Nordsee mit Kanal, Skagerrak, Kattegat	124,3	30,5
Ostsee	27,0	6,6
Westbrit. Gewässer	57,9	14,2
Mittlere Fahrt	70,0	17,2
darunter:		
Nördlich der Azoren	4,3	1,1
Norweg. Küste	51,8	12,7
Färöer	13,8	3,4
Bäreninseln	0,1	0
Fernreisen	128,2	31,5
darunter:		
Grönland	89,9	22,1
Labrador	7,5	
Neufundland	1,7	2,6
Neuschottland	1,4	
Südatlantik	27,7	6,8
alle Fanggebiete[1])	407,4	100,0

[1]) Einschließlich 12 700 t, die unmittelbar in ausländischen Häfen angelandet wurden. Bei allen deutschen Daten handelt es sich, sofern nicht anders angegeben, um Fanggewichte, die aus den Anlandegewichten mit Hilfe von Umrechnungsfaktoren berechnet werden.

Quelle: HEGAR (1979).

Skagerrak und Kattegat) stammen 30% der deutschen Fänge aus diesem Gebiet – entsprechend nahezu dem fünffachen Fangertrag der Ostsee und annähernd der Menge, die westbritische Gewässer, norwegische Küste, Bäreninseln und Färöer insgesamt für die deutsche Fischerei erbringen (Tab. 7.8).

760. Für die übrigen Nordseeanrainerstaaten – ausgenommen Frankreich und Norwegen, das seine Fänge zu einem erheblichen Teil aus der Barentssee bezieht – sind die Fischvorkommen der Nordsee teilweise von noch wesentlich größerer Bedeutung. Dänemark, dessen Nordseefänge 49% des mengenmäßigen Nordsee-Ertrages ausmachen, sowie Belgien und die Niederlande fangen rund drei Viertel ihrer Fische und Weichtiere „vor der Haustür". Die Fänge Großbritanniens stammen knapp zur Hälfte, die Schottlands allein zu über 90% aus der Nordsee.

761. Die Fänge der bundesdeutschen Fischerei aus der Nordsee und den übrigen Fanggebieten der nahen und mittleren Fahrt lagen in den letzten Jahren aufgrund teilweise abnehmender Fischbestände sowie infolge von Fangquotierungen und Fanggebietsverlusten deutlich unter den Ergebnissen, die bis etwa Ende der 60er Jahre erzielt wurden – zwischen 1968 und 1978 sanken sie um rund 23%. Einen Ausgleich hierfür konnte die deutsche Flotte in der Fernfischerei nur in beschränktem Umfang erreichen, so daß ihre Gesamtfänge erheblich abnahmen (vgl. Abschn. 7.4.2.2).

Vor allem aufgrund dieser Entwicklung stieg die Importabhängigkeit der deutschen Fischindustrie in den letzten Jahren beträchtlich. Die Quantifizierung des Anteils der Einfuhren an der Marktversorgung ist aufgrund der Erfassungsmodalitäten der amtlichen Statistik, die innerhalb der Importe auch Produkte erfaßt, die in verarbeiteter Form wieder exportiert werden, nicht möglich, doch signalisieren die im Zeitraum 1968 – 1978 um mehr als 50% gestiegenen Importe (bei einer Steigerung der Exporte um knapp 12%), deren zunehmende Bedeutung für die inländische Nachfrage. Der Hering als wichtigster Rohstoff der weiterverarbeitenden Industrie wird, vor allem aufgrund der weitgehenden Fangsperre in der Nordsee und der deutschen Fanggebietsverluste im Nordatlantik, bereits zu 97% importiert.

762. Der überwiegende Teil des Nordseefangs stammt aus Fängen der Kutter- und Küstenfischerei. Für die Vollfroster und Frischfischtrawler der Großen Hochseefischerei, die in den letzten Jahren über 75% ihrer Fänge durch Reisen in entferntere Nordatlantikteile bezogen haben, ist die Nordsee von untergeordneter Bedeutung. Das durchschnittliche Fangergebnis pro Fangtag der Nordsee ist mit 16,1 t (1978) teilweise erheblich schlechter als die Ergebnisse der meisten anderen Regionen der nahen und mittleren Fahrt. Hierbei ist zu berücksichtigen, daß die Fangwerte je Fangtag von Jahr zu Jahr stark streuen und nur bedingte Rückschlüsse auf die Ergiebigkeit eines Fanggebietes ermöglichen. Auch

Abb. 7.15

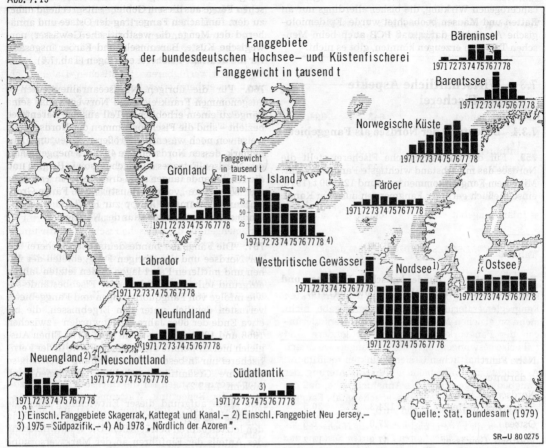

Fanggebiete
der bundesdeutschen Hochsee- und Küstenfischerei
Fanggewicht in tausend t

Bäreninsel
1971 72 73 74 75 76 77 78

Barentssee
1971 72 73 74 75 76 77 78

Norwegische Küste
1971 72 73 74 75 76 77 78

Grönland

Fanggewicht
in tausend t

Island

125
100
75
50
25
0
1971 72 73 74 75 76 77 78 4)

Färöer
1971 72 73 74 75 76 77 78

1971 72 73 74 75 76 77 78

Labrador
1971 72 73 74 75 76 77 78

Westbritische Gewässer
1971 72 73 74 75 76 77 78

Nordsee 1)
1971 72 73 74 75 76 77 78

Ostsee
1971 72 73 74 75 76 77 78

Neufundland
1971 72 73 74 75 76 77 78

Neuengland 2)   Neuschottland
1971 72 73 74 75 76 77 78

Südatlantik
3)
1971 72 73 74 75 76 77 78

1971 72 73 74 75 76 77 78

1) Einschl. Fanggebiete Skagerrak, Kattegat und Kanal.– 2) Einschl. Fanggebiet Neu Jersey.–
3) 1975 = Südpazifik.– 4) Ab 1978 „Nördlich der Azoren".

Quelle: Stat. Bundesamt (1979)

SR–U 80 0275

Tab. 7.9

Bedeutung der Nordsee als Fanggebiet der Anrainerstaaten (1977)

	Fangmengen (1 000 t)		Wert der Anlandungen (1 000 US $)	
	Nordsee (= ICES Areale IV a, IV b, IV c)	% der Nordseefänge an Fängen in allen ICES Gebieten	Nordsee	insgesamt
Dänemark	1 343,7	75,2	184 642	340 041
Großbritannien	471,5	48,6	193 934	399 548
Norwegen	468,6	14,0	rd. 75 000	545 889
Niederlande	235,9	76,2	129 019	185 486
Bundesrepublik Deutschland	109,0	35,1	61 800[1] (144,6 Mio DM)[1]	196 364 (459,1 Mio DM)
Frankreich	83,9	14,0	.	684 078
Belgien	31,7	70,0	28 805	51 727

Der Wert der Anlandungen wurde anhand der Wechselkurse umgerechnet, die die OECD in „Review of Fisheries" für den 30. 6. 1977 zugrunde legt.

[1] Inklusive Schätzungen für Große Hochseefischerei (ca. 55 Mio DM).

Quelle: ICES Advance Release (1979); EUROSTAT (1979); MAFF (1978); STATISTIK ARBOG (1979); STATISTISCHES BUNDESAMT (1978); OECD (1978); eigene Erhebungen.

Tab. 7.10

Versorgung der Bundesrepublik Deutschland mit Seefisch (1968/78, in 1000 t)

	1968	1978
Eigenfänge, in deutschen Häfen angelandet	643,7	394,7
Nordsee	153,6	124,3
+ Einfuhren	318,0	489,5
·/. Ausfuhren	197,1	220,0
·/. nicht zum Verzehr geeignete Ware	104,3	70,9
= Inlandsangebot	660,3	593,3

Quelle: STATISTISCHES BUNDESAMT (1969, 1979).

können die Fangflotten aufgrund der verstärkten Fangreglementierung durch Quotenvergabe nicht mehr im gleichen Maße wie früher auf Veränderungen der Fangvorkommen reagieren, sondern sind teilweise gezwungen, auch dort zu fangen, wo es sich unter wirtschaftlichen Gesichtspunkten nicht lohnt. Angesichts der allgemeinen Verschlechterung der Fangbedingungen liegt die Annahme nahe, daß die Nordsee für die Große Hochseefischerei als Fanggebiet an Bedeutung gewinnen wird.

Die Zahlen, die zu den Fängen der für die Hochseefischerei in der Nordsee wichtigsten Fischarten Seelachs und Sprotte vorliegen, lassen bisher noch keine eindeutige Entwicklung erkennen. Während die Seelachsquote (Fangquote f. 1979: 23864 t) 1979 anscheinend ebenso wie 1978 weitgehend ausgeschöpft wurde, zeichnet sich für die Sprotte (Fangquote 1979: 17580 t) ähnlich wie im Vorjahr nur eine partielle Ausschöpfung der Quote ab (mündl. Mitteilung des Bundesamtes für Ernährung, Hamburg). (Vgl. auch Abschn. 7.4.2.2).

763. Für die Kleine Hochsee- und Küstenfischerei ist die Nordsee das weitaus wichtigste Fanggebiet, vor Ostsee und Kattegat. Knapp drei Viertel ihres Gesamtertrags stammen aus der Nordsee (1978) – in den letzten Jahren durchschnittlich das Dreifache des Ostseefangs. Hierbei ist zu berücksichtigen, daß die zuletzt verfügbaren statistischen Daten noch nicht ausreichend wiedergeben, welche Bedeutung die Nordsee inzwischen aufgrund der Fangbeschränkungen in der Ostsee für die deutsche Kutter- und Küstenfischerei gewonnen hat.

Der Nordseefang der Kleinen Hochsee- und Küstenfischerei von knapp 77000 t (1978) erbringt einen Erlös von nahezu 85 Mio DM und somit rund drei Viertel des gesamten Erlöses der Kutter- und Küstenfischerei (Tab. 7.11). Der Erlös pro Fangeinheit liegt mit 1109 DM/t rund 17% über dem der Ostsee. Nur im Kattegat, das aber aufgrund seiner geringen Fangmengen für die deutsche Fischerei relativ unbedeutend ist, sind Erlöse vergleichbarer Größenordnung zu erzielen. Der größte Teil der Fischarten, die für die Kutter- und Küstenfischerei gute und überdurchschnittliche Preise erbringen, wird vorwiegend oder fast ausschließlich in der Nordsee gefangen (Tab. 7.12).

764. Für die Kleine Hochsee- und Küstenfischerei sind neben den Kabeljau- und Plattfischfängen der Kutter die Fänge der Küstenfischerei in der Wattenmeerregion von erheblicher und – angesichts der Fangbeschränkungen für die Hochseefischerei – zunehmender Bedeutung. Wattenmeerspezifische Arten haben einen beträchtlichen Anteil am Fangaufkommen der Kutter- und Küstenfischerei: allein auf Garnelen und Muscheln entfiel in den letzten Jahren rund die Hälfte ihrer Fänge in der Nordsee (Tab. 7.13).

Insbesondere aufgrund der hohen Fänge an Garnelen – die nach der Seezunge den zweithöchsten Preis der in der Nordsee gefangenen Arten erzielen – ist auch der wertmäßige Ertrag der Wattenmeerregion beträchtlich. 1977 lag er schätzungsweise bei etwa 27

Tab. 7.11

Fangerträge der einzelnen Fanggebiete der bundesdeutschen Kutter- und Küstenfischerei (1978)

	t	%	1000 DM	%	durchschnittl. Erlös (DM/t)
Gesamtfang der Kleinen Hochsee- u. Küstenfischerei	105000	100,0	111918	100,0	1065,9
Nordsee	76637	73,0	84951	75,9	1108,5
Ostsee	26912	25,6	25418	22,7	944,5
Kattegat u. Skagerrak	1451	1,4	1548	1,4	1066,9

Quelle: STATISTISCHES BUNDESAMT (1979).

Tab. 7.12

Durchschnittspreise der für die bundesdeutsche Kutter- und Küstenfischerei wichtigen Fischarten und deren überwiegende Fanggebiete (1978)

Fischart	Durchschnitts-preis je kg Anlande-(Frisch-gewicht)	Kleine Hochsee- und Küsten-fischerei	darunter Anlandeanteile aus	
			Nord-see	Ost-see
	DM	t Fanggewicht	in %	
Hering	0,98	7 835	0	100
Kabeljau	1,28	49 151	63	34
Köhler (Seelachs)	1,33	2 370	100	0
Schellfisch	1,65	600	99	1
Scholle	1,76	3 594	87	11
Speisegarnele	3,40	10 832	100	0
Seezunge	8,52	430	99	0
Miesmuschel	0,26	16 309	100	0

Quelle: STATISTISCHES BUNDESAMT (1979).

Mio DM. Prämissen hierbei, in Abstimmung mit dem Deutschen Kutterverband, Hamburg: 70% der Garnelen und 100% der Muscheln aus der Nordsee stammen aus der Wattenmeerregion. Hiervon erbrachten Garnelen- und Muschelfänge rd. 25 Mio DM, wobei auf Speisegarnelen allein ein Erlös von knapp 21 Mio DM entfällt. Mehr als ein Drittel des Erlöses, den die Kleine Hochsee- und Küstenfischerei in der Nordsee erzielt, stammt somit aus der ökologisch bedeutsamen Wattenmeerregion.

765. Der unter ökologischen Gesichtspunkten bedenkliche Industriefischfang (vgl. Tz. 689 Kap. 7.1.2) wird in der Nordsee überwiegend von den dänischen Fischern betrieben. Rund 70% der als Industriefisch vorrangig genutzten Fischarten Sandaal, Stintdorsch und Sprotte stammen aus dänischen Fängen.

Das Verhältnis der Anlandemengen von industriell verarbeitetem zu Konsumfisch liegt in der dänischen Fischerei inzwischen bei 4,7:1; wertmäßig liegt die gleiche Relation jedoch aufgrund des unterdurchschnittlichen Erlöses des Industriefisches bei 0,6:1; 1 430 914 t : 302 625 t; 767 Mio DKr : 1 283 Mio DKr, jeweils 1977 (Statistik Arbog, 1979). Beträchtlich sind auch die Fangmengen der norwegischen und der schottischen Flotte, wenngleich sie nur Bruchteile der dänischen Fänge betragen. Kennzeichnend für den Industriefischfang der Nordsee ist, daß rund 87% der hierfür hauptsächlich genutzten Fischarten allein von zwei Nationen – Dänemark (71%) und Norwegen (16%) – gefangen werden (Tab. 7.14).

766. Von der deutschen Fischerei wurden 1977 aus allen Fanggebieten rd. 22 000 t Fische, Weich- und Krebstiere an Fischmehlfabriken und ähnliche weiterverarbeitende Betriebe geliefert, was einem Anteil von knapp 6% der Anlandemengen entspricht. Diese Zahlen erfassen auch Fangmengen, die zwangsläufig in die industrielle Verwertung gehen, z. B. unverkäufliche Teilmengen und Abfälle. Der tatsächliche Industriefischfang liegt in einer wesentlich niedrigeren Größenordnung.

Industriell genutzter Fisch stammt überwiegend aus den Fängen der Kutter- und Küstenfischerei. Nach wie vor entfällt ein relativ hoher Anteil auf Garnelen bzw. sog. Futterkrabben, wenngleich sich deren Abgabemengen an Fischmehlfabriken und zu Futterzwecken in den letzten Jahren deutlich reduziert haben. Aufgrund der teilweise bestehenden Verbote des Fanges oder der Anlandung von Nordseekrabben für Fischmehl- oder Tierfutterzwecke ist eine weitere Reduzierung des Fanges von „Futterkrabben" wahrscheinlich (Schleswig-Holsteinische Fischereiverordnung).

Hinsichtlich seiner Erlöse ist der Fang von „Futterkrabben" ebenso wie der Industriefischfang insgesamt von untergeordneter Bedeutung. Mit einem Erlös von 1,5 Mio DM (1977) entfallen nur 1,3% des Gesamterlöses der Kutter- und Küstenfischer auf Industriefisch. Der Fang von „Futterkrabben" hat nur in Niedersachsen gewisse regionale Bedeutung (BEIL, 1978).

Tab. 7.13

Garnelen- und Muschelfänge der bundesdeutschen Kutter- und Küstenfischerei in der Nordsee

	Nordseefänge der Kleinen Hochsee- und Küstenfischerei		Garnelen und Muscheln		Garnelen		Muscheln	
	t	%	t	%	t	%	t	%
1976	96 362	100,0	52 500	54,5	27 060	28,1	25 440	26,4
1977	69 802	100,0	31 845	45,6	18 223	26,1	13 622	19,5
1978	76 637	100,0	33 112	43,2	16 818	21,9	16 294	21,3

Quelle: STATISTISCHES BUNDESAMT (1977, 78, 79).

Tab. 7.14

Fänge und Anteile der Nordseeanrainerstaaten von ganz oder überwiegend als Industriefisch genutzten Fischarten in der Nordsee (1977)

	Sandaale		Sprotte		Stintdorsch		zusammen	
	t	%	t	%	t	%	t	%
Dänemark	664 281	84,5	182 061	58,5	240 802	55,5	1 087 144	71,0
Norwegen	78 706	10,0	26 294	8,5	135 530	31,3	240 530	15,7
Großbritannien	26 113	3,3	89 594	28,8	4 634[1])	1,1	120 341	7,9
Bundesrepublik Deutschland	–		5 890		–		5 890	
Niederlande	–		–		114		114	
Belgien	–		–		–		–	
Frankreich	–		–		–		–	
Fänge aus der Nordsee insgesamt (einschl. Nicht-Anrainer)	786 247	100,0	311 127	100,0	433 600	100,0	1 530 974	100,0

[1]) Nur Schottland.

Quelle: ICES (1979).

Tab. 7.15

Fangergebnis der bundesdeutschen Hochsee- und Küstenfischerei, das an Fischmehlfabriken und zu Futtermittelzwecken abgegeben wurde (1977)

	Fangmengen		Erlös	
	t	% am Gesamtfang	Mio DM	% am Gesamterlös
Große Hochseefischerei (einschl. Loggerfischerei)	6 810	2,4	.	.
Kleine Hochsee- und Küstenfischerei	15 338	13,8	1,5	1,3
– Hering	1 153	.	0,1	.
– „Futterkrabben"	8 961	.	0,1	.
– andere Industriefische	5 224	.	0,6	.
Fischerei insgesamt	22 148	5,6	.	.

Quelle: STATISTISCHES BUNDESAMT (1978).

7.3.2 Situationsmerkmale der Fischerei

767. Die wirtschaftliche Situation der bundesdeutschen Fischerei wird durch die zuletzt verfügbaren Daten über die Betriebsabschlüsse, die deutliche Reinerträge sowohl für die Große Hochseefischerei als auch für Kutter- und Küstenfischerei beinhalten (Tab. 7.16), nur unzureichend wiedergegeben. Vor allem sind in diesen Angaben die erst später in vollem Umfang eingetretenen Ertragseinbußen aufgrund der Fangbeschränkungen in den traditionellen Fanggebieten der deutschen Hochseefischerei sowie die erheblichen Kostensteigerungen infolge der Treibstoffverteuerung noch nicht berücksichtigt.

Für die Große Hochseefischerei bedeutet der positive Betriebsabschluß von 1977 den ersten Gewinn nach vier Verlustjahren und somit ein Ergebnis, das ihre wirtschaftliche Lage nach den zum Teil erheblichen Eigenkapitalverlusten der letzten Jahre vor allem unter dem Aspekt der Substanzerhaltung noch nicht hinreichend verbessert. Auch die wirtschaftliche Situation der Kleinen Hochseefischerei hat sich nach den schlechten Ergebnissen von 1974/75 noch nicht genügend stabilisiert, um z.B. die Fangbeschränkungen und -verbote in der Ostsee relativ unbeschadet zu überstehen. In der Garnelenfischerei konnten bisher, auch in Jahren mit unterdurchschnittlichen Fangergebnissen, durch Preiserhöhungen ausrei-

Tab. 7.16

Betriebsergebnisse der bundesdeutschen Fischerei nach Betriebsarten

	Ertrag	Aufwand	+ Reinertrag/ − Verlust
	1 000 DM		
Große Hochseefischerei (1977)	379 100	373 000	+6 100
Fang- und Verarbeitungsschiffe (vorwiegend Frostfischerzeugung)	257 700	250 000	+7 700
Sonstige Schiffe (vorwiegend Frischfischfang)	121 400	123 000	−1 600
Kleine Hochsee- und Küstenfischerei (1976)			
Hochseekutter, Nordsee (hauptsächlich Konsumfischfang)	427,8	417,0	+ 10,8
Hochseekutter, Ostsee (auch in Nordsee fischend) (Konsumheringe, Konsumfisch)	285,1	263,4	+ 21,7
Lachsfischerei von Ostseekuttern (auch in Nordsee fischend)	213,4	195,8	+ 17,6
„Reine" Krabbenfischerei	115,5	104,0	+ 11,5
„Gemischte" Krabbenfischerei	135,6	122,2	+ 13,4
Tagesfischerei mit Schleppnetzen in der Ostsee	112,6	92,8	+ 19,8
Tagesfischerei mit stehenden Geräten in der Ostsee	61,3	60,4	+ 0,9

Quelle: BEIL (1978).

chende Erlöse erzielt werden, doch dürfte hier inzwischen die Preisobergrenze erreicht sein.

768. Die die wirtschaftliche Situation bestimmenden Faktoren unterscheiden sich für die einzelnen Fischereibetriebsarten zum Teil erheblich:

Für die Große und Kleine Hochseefischerei ist die Entwicklung der Fangquoten von vorrangiger und zunehmender Bedeutung. Sie ist aufgrund ihres hohen Fixkostenblockes in stärkerem Maße als die Küstenfischerei auf eine Steigerung oder zumindest Erhaltung der Fangmengen angewiesen. Die Festsetzung der TACs (Total Allowable Catches) und die Beschränkung der für die Fischerei zugänglichen Fischarten werden daher die Ergebnisse der deutschen Hochseefischerei und die der übrigen Anrainerstaaten unmittelbar beeinträchtigen. Vor allem für die Kutterfischerei bestehen aufgrund ihrer begrenzten Einsatzreichweite nur in beschränktem Umfang Ausweichmöglichkeiten, und diese sind zudem nicht kurzfristig zu realisieren. Dies verdeutlicht z. B. die Ertragsentwicklung der schleswig-holsteinischen Kutterfischer, die durch die Sperrung der Fanggebiete in der östlichen Ostsee am stärksten betroffen werden: während die gesamte Kleine Hochseefischerei im 1. Halbjahr 1978 eine Ertragssteigerung von 15% erzielte, hat sich die Ertragslage der Ostseefischerei im gleichen Zeitraum „in besorgniserregendem Ausmaß verschlechtert" (BEIL, 1978).

769. Die Ertragseinbußen infolge reduzierter Fangmengen können durch Preissteigerungen nur in beschränktem Umfang ausgeglichen werden. In der deutschen Großen Hochseefischerei ist inzwischen ein Preisniveau erreicht, das, insbesondere für den überwiegend gefangenen Rotbarsch, nennenswerte Steigerungen nicht mehr zuläßt. Auch der in der Kutterfischerei bestehende Spielraum liegt erheblich unter der Größenordnung der Vorjahre. Am deutlichsten ist die Preisgrenze in der Krabbenfischerei erreicht – hier ist davon auszugehen, daß vor allem wegen der Konkurrenz von Importprodukten eine weitere spürbare Anhebung des Preisniveaus nicht mehr möglich ist (BEIL, 1978). Die noch durchsetzbaren Preissteigerungen werden zudem zum Auffangen der teilweise erheblichen Kostensteigerungen, in erster Linie der Gasölverteuerung, benötigt.

770. Die wirtschaftliche Situation der Fischerei wird außer von der Entwicklung der Fangmengen und Preise wesentlich von der Flottenkapazität und -struktur bestimmt. In den letzten Jahren wurden vor allem in der Hochseefischerei Kapazitäten abgebaut – in der deutschen Flotte stärker als in jedem anderen Anrainerstaat der Nordsee – und es fand ein erheblicher Strukturwandel hinsichtlich Alters- und Betriebsgrößenzusammensetzung der Fahrzeuge statt (Tab. 7.17). In der Großen Hochseefischerei der Bundesrepublik Deutschland verringerte sich die Zahl der eingesetzten Fahrzeuge von 124 (1970) auf

Tab. 7.17

Kapazität und Struktur der bundesdeutschen Fischereiflotte in den Jahren 1970 und 1977

| | Fahrzeuge | | Br.-Reg.-Tonnen | | Alter | | Bordpersonal | |
| | 1970 | 1977 | 1970 | 1977 | 1970 | 1977 | 1970 | 1977 |
	Anzahl		1 000 t		Jahre		Anzahl	
Große Hochseefischerei	110	65	117,1	109,9	11,0	12,5	3902	2912
Große Heringsfischerei	14	5	5,4	1,5	13,9	21,2	162	
Kutterfischerei	958	663	.	.	63 % über 20 Jahre		2328	1748
Küstenfischerei	1734	1676 (in 1976)	.	.	34 % der Krabben- kutter ü. 20 Jahre		552	428

Quelle: SOMMER (1978), STEINGASSER (1978)

70 (1977) bei einer Reduzierung der Gesamttonnage um 10% (Tab. 7.17). Die Kutterfischerei baute im gleichen Zeitraum ihren Bestand um 30% auf 663 Fahrzeuge ab. Gleichwohl gilt es auch noch in den nächsten Jahren, eine Reihe von untermotorisierten, älteren Fahrzeugen („Kriegsfischkutter"), die kaum noch wirtschaftlich arbeiten, zu ersetzen. Die Überalterung der Fahrzeuge bleibt trotz zahlreicher Modernisierungsmaßnahmen, Umbauten und Abwrakkungen ein Problem für alle Betriebsarten der deutschen Fischerei. In der Großen Hochseefischerei ist das Durchschnittsalter infolge unzureichender Neuinvestitionen inzwischen auf 12,5 Jahre gestiegen, und in der Kutterfischerei sind mehr als 60% der Fahrzeuge älter als 20 Jahre (Stand 1977, Tab. 7.17). Der Standard der technischen Ausrüstung ist teilweise, insbesondere in der Garnelenfischerei, überholt; hier fehlt es vor allem an produktivitätssteigernden Einrichtungen wie Sortiermaschinen, Ortungsgeräten usw. (GOEBEN, 1975).

771. Die Anpassung der Flottenkapazität und -struktur an die veränderten Fang- und Absatzbedingungen erfordert in erheblichem Umfang Förderungsmaßnahmen von Bund und Ländern. 1978 beliefen sich die Finanzhilfen des Bundes für die deutsche Fischerei auf rund 25 Mio DM (vgl. Tab. 7.18). Hiervon entfielen knapp 12 Mio DM auf Sofortmaßnahmen zur Anpassung der Kapazitäten in der Hochsee- und Küstenfischerei, d. h. zum Beispiel auf Maßnahmen zur befristeten oder endgültigen Stillegung von Kapazitäten. Der Haushaltsansatz für 1979 betrug 25,6 Mio DM (BT-Drucksache 8/3097). Ein erheblicher Teil der Mittel wurde bereitgestellt für die Neuausrichtung der Fangkapazitäten auf bisher wenig oder nicht für den menschlichen Konsum genutzte Fischarten. Eine Übersicht über die Finanzhilfen des Bundes für 1978 enthält Tab. 7.18; inklusive der Ausgaben für die Erkundung neuer Fanggebiete, für Fischereiforschungsboote, Fischereischutzboote und sonstige Maßnahmen hat die Bun-

Tab. 7.18

Finanzhilfen des Bundes für die Bundesdeutsche Fischerei (1978)

Art der Finanzhilfe	Mio DM
Zinszuschüsse für Darlehen zur Förderung der Fischerei	3,5
Darlehen für die Kleine Hochsee- und Kutterfischerei (Kutterdarlehen)	3,3
Zuweisungen für Neubauten der Hochseefischerei	0,7
Struktur- und Konsolidierungsbeihilfe für die Seefischerei	3,1
Zuschuß an den zentralen Fonds zur Absatzförderung der deutschen Land-, Forst- und Ernährungswirtschaft (Anteil der Fischerei nicht separat ausgewiesen)	(2,9)
Sofortmaßnahmen zur Anpassung der Kapazitäten in der Hochsee- und Küstenfischerei (ohne Verbraucheraufklärung)	11,9
Finanzhilfen insgesamt	25

Quelle: Bundestagsdrucksache 8/3097 (Siebter Subventionsbericht).

desregierung im Programm Fischwirtschaft für 1979 Ausgaben in Höhe von 104,31 Mio DM veranschlagt. (Vgl. Agrarbericht 1979 vom 1. 2. 1979, Bundestagsdrucksache 8/2530, S. 75.)

772. Die Fischereien der übrigen Anrainerstaaten, insbesondere die Kutter- und Küstenfischerei, werden ebenfalls mit erheblichen finanziellen Mitteln unterstützt. Auf Umfang und Struktur der Förderung kann hier nicht detailliert eingegangen werden. Folgende Daten vermitteln immerhin einen Eindruck von den Förderungsaktivitäten der übrigen Anrainer:

– *Die belgische Seefischerei erhielt 1978 u.a. Abwrackprämien in Höhe von 24,2 Mio BF, Kredite für Schiffsneubauten (40 Mio BF), Zuschüsse zur experimentellen Fischerei, Beihilfen zur Modernisierung und Ausrüstung u.ä.*

– *Die dänische Regierung stellte 1979 u.a. staatliche Beihilfen in Höhe von 25 Mio DKr zur Verfügung, die ganz oder zum überwiegenden Teil als Stillegungsprämien ausgezahlt wurden.*

– *Großbritannien gab 1978/79 u.a. 10 Mio Pfund im Rahmen seines permanenten Beihilfeprogramms zur Verbesserung der Rentabilität in der Kutterfischerei aus (Schwerpunkt: bis zu 25%ige Zuschüsse zu den Baukosten der Fahrzeuge).*

– *Für die niederländische Fischerei wurde 1978 ein Förderungsetat in Höhe von 17 Mio hfl bereitgestellt, dessen wichtigste Bestandteile Stillegungsprämien für die Kleine und Große Seefischerei sowie Sanierungsbeihilfen für die Große Seefischerei sind.*

– *Norwegen stellte für 1979 640 Mio nKr an Beihilfen für die Fischwirtschaft zur Verfügung, knapp 40% hiervon als Preisbeihilfen und andere Zuschüsse für die Kabeljaufischerei.*

7.3.3 Wirtschaftliche Bedeutung der Fischwirtschaft in den Anrainerstaaten

773. Der Sektor Fischerei hat gemessen an volkswirtschaftlichen Bezugsgrößen nur geringe gesamtwirtschaftliche Bedeutung – dies in Übereinstimmung mit der generell niedrigen und tendenziell abnehmenden Rolle des primären Sektors in entwickelten Volkswirtschaften. So liegt z. B. der Anteil der wertmäßigen Anlandungen am Bruttosozialprodukt in allen Anrainerstaaten der Nordsee in sehr niedrigen Größenordnungen und beträgt selbst für eine stark fischwirtschaftsabhängige Nation wie Norwegen weniger als 2% (SCOTT, 1979). Noch geringer ist der Anteil der in der Fischerei Beschäftigten an den Erwerbstätigen; er liegt beispielsweise in Dänemark bei 1% (COULL, 1979). Entsprechende Daten für die einzelnen Anrainerstaaten enthält Tab. 7.19.

774. Zu einer realistischen Einschätzung der wirtschaftlichen Bedeutung der Fischwirtschaft sind zusätzlich die von ihr abhängigen Industrien zu berücksichtigen. Für alle Anrainerstaaten der Nordsee gilt, daß die Fischwirtschaft (Fischerei, Umschlag, Fischverarbeitung und -handel) und die von ihr abhängigen Zuliefer- und Nebenindustrien (z. B. Verpackungsindustrie, Schiffsbau und -reparatur, Transportwesen) wesentliche Träger der Wirtschaftsstruktur der Küstenregion sind. Eine Quantifizierung ihrer wirtschaftlichen Bedeutung anhand der üblichen Indikatoren (Beitrag zum Bruttoinlandsprodukt, Anteil der Beschäftigten an den Erwerbstätigen u.ä.) ist vor allem aufgrund unzureichender Abgrenzungsmöglichkeiten innerhalb der vor- und nachgelagerten Industrien nicht möglich.

Tab. 7.19

Strukturdaten der Fischerei der Nordseeanrainerstaaten (1977); Daten für französische und dänische Flotten aus 1976, Niederlande nur Kleine Hochsee- und Küstenfischerei; deutsche Daten aufgrund unterschiedlicher Erhebungsmethoden nicht mit Tab. 7.17 vergleichbar

	Groß- britannien	Frankreich	Belgien	Niederlande	Bundesrepublik Deutschland	Dänemark	Norwegen
Anlandungen (1 000 t)	916,4	712,3	45,5	276,5	394,5	1 901,0	3 160,1
– Nordsee	471,5	83,9	31,7	235,9	108,4	1 343,7	468,6
Anlandungen (1 000 US $)	399 548	684 078	51 727	185 486	185 015	340 041	545 889
– Nordsee	193 934	.	28 805	129 019	61 800	184 642	≈75 000
Flotte (Motorfahrzeuge) – Fahrzeuge	6 940	12 764	219	933	1 294	7 430	28 586
– BRT	243 404	522 152	21 001	87 215	141 250	149 149	367 448
Besatzungsmitglieder	21 832	31 084	919	3 964	5 111	15 229	33 271
– vollbeschäftigt	16 337	27 675	919	.	4 841	11 218	18 289
– teilzeitbeschäftigt	5 495	3 409	–	.	270	4 011	14 982

Quelle: OECD (1978), ICES (1979), MAFF (1978), Statistik Arbog (1979), STATISTISCHES BUNDESAMT (1978), eigene Erhebungen.

Abb. 7.16

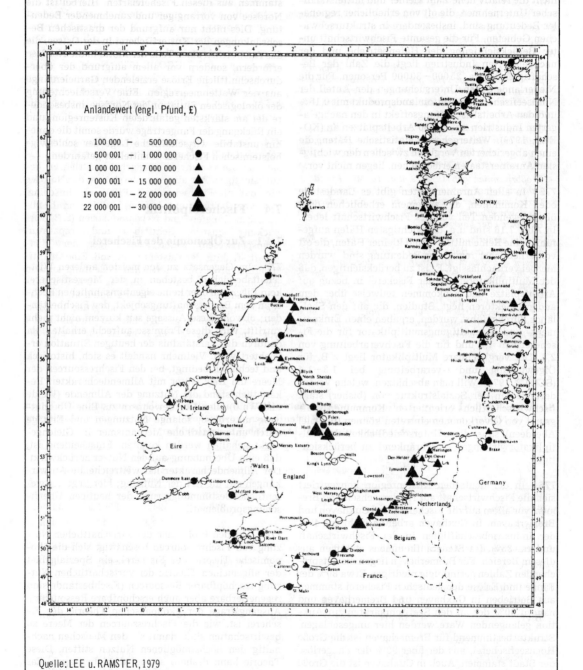

Fischereihäfen in den Anrainerstaaten der Nordsee,
Daten aus dem Zeitraum 1970 bis 1974

Anlandewert (engl. Pfund, £)

100 000	–	500 000
500 001	–	1 000 000
1 000 001	–	7 000 000
7 000 001	–	15 000 000
15 000 001	–	22 000 000
22 000 001	–	30 000 000

Quelle: LEE u. RAMSTER, 1979

SR–U 80 0335

Zumindest einen Anhaltspunkt zur Einschätzung vermitteln Daten, die über die fischverarbeitende Industrie in der Bundesrepublik Deutschland zur Verfügung stehen; hier wird bei einer Beschäftigtenzahl von über 11 000 Personen ein Umsatz von 1,5 Mrd DM getätigt (Bundesverband Fischindustrie, 1978). Diese Zahlen beziehen sich nur auf Betriebe mit 20 und mehr Beschäftigten und berücksichtigen nicht die relativ hohe Zahl kleiner und mittelständischer Unternehmen, die oft von erheblicher regionaler Bedeutung sind, insbesondere in strukturschwachen Gebieten. Für die gesamte Fischwirtschaft unter Berücksichtigung der Hafenbetriebe und der nachgelagerten Industrien liegt die Zahl der Beschäftigten bei ca. 25 000 – 30 000 Personen. Für die Niederlande geben Untersuchungen den Anteil der Nordseefischerei am Nettoinlandsprodukt mit 0,15% und den Arbeitsbeschaffungseffekt in den nachgelagerten Industrien mit 10 000 Arbeitsplätzen an (KOERS, 1979). Weitergehende statistische Daten, die einen abgesicherten Vergleich zwischen den wichtigsten Anrainerstaaten ermöglichen, liegen nicht vor.

775. In allen Anrainerstaaten gibt es Landesteile oder Kommunen, die zu einem erheblichen oder überwiegenden Teil von der Fischwirtschaft leben. In Abb. 7.16 sind u.a. die wichtigsten Häfen aufgeführt; eine Reihe mittlerer und kleiner Häfen, die oft von erheblicher regionaler Bedeutung sind, wurden hierbei vernachlässigt. Es ist zu berücksichtigen, daß der Multiplikatoreffekt der Fischerei in bezug auf Arbeitsplätze und Einkommen teilweise über dem anderer Sektoren liegt. Studien, die auf den Shetlands durchgeführt wurden, ergaben einen Einkommens- und Beschäftigungsmultiplikator für die Fischerei von 1,6 und für die Fischverarbeitung von 2,8. Der vergleichbare Multiplikator liegt z. B. für Ölgewinnung und -verarbeitung bei 1,3 – 1,4 (SCOTT, 1979). Will man abschätzen, welche Veränderungen in der Sozialstruktur von (bisher) stark fischwirtschaftlich orientierten Kommunen aufgrund von Ölvorkommen eintreten können (Beispiel Aberdeen), so ist diese Unterschiedlichkeit der Multiplikatorwirkungen einschränkend zu berücksichtigen.

776. In der deutschen Küstenregion konzentriert sich die Fischwirtschaft auf Niedersachsen und Bremen, vor allem auf die Fischereihäfen Cuxhaven und Bremerhaven. In Cuxhaven arbeiten mehr als 40% der Industriebeschäftigten in der Fischwirtschaft und ca. 35% des Steueraufkommens stammen aus diesem Bereich. Für Bremerhaven liegen die entsprechenden Zahlen geringfügig niedriger. Etwa 80% der Fänge und Erlöse der deutschen Fischerei stammen aus Betrieben in Cuxhaven und Bremerhaven und nahezu 90% der an den Seefischmärkten zur Auktion gelangenden Ware werden hier umgeschlagen. Strukturbestimmend für Bremerhaven ist die Große Hochseefischerei, aus der über 90% der Fangerlöse der Stadt stammen. Auch in Cuxhaven ist die Große Hochseefischerei vorherrschend. Nur rund ein Viertel der Erlöse stammen aus der Kutter- und Küstenfischerei, obwohl Cuxhaven die zweitgrößte Kutter-

flotte an der deutschen Küste besitzt und über 40% der Fänge der deutschen Kutter- und Küstenfischerei sowie ein erheblicher Anteil der Garnelenfänge aus der niedersächsischen Fischerei stammen.

Dagegen wird die wirtschaftliche Situation der schleswig-holsteinischen Fischereihäfen nahezu ausschließlich von der Kutter- und Küstenfischerei bestimmt – rund 99% der hier angelandeten Fänge stammen aus diesen Fischereiarten. Hierbei ist die Nordsee von vorrangiger und zunehmender Bedeutung. Dies nicht nur aufgrund der drastischen Beschränkungen der Kutterfischerei in der Ostsee, die das Ausweichen eines Teils der Flotte in die Nordsee erfordern, sondern vor allem aufgrund der überdurchschnittliche Erlöse erzielenden Garnelenfänge aus der Wattenmeerregion. Eine Verschlechterung der ökologischen Situation der Nordsee, insbesondere der am stärksten gefährdeten Küstenregion, und ein Rückgang der Fangerträge würde somit die ohnehin unstabile wirtschaftliche Lage der schleswig-holsteinischen Fischerei unmittelbar gefährden.

7.4   Fischereipolitik

7.4.1   Zur Ökonomie der Fischerei

777. Im Gegensatz zu den meisten anderen Wirtschaftsbereichen bestehen in der Meeresfischerei kein Eigentum oder keine eigentumsähnlichen Rechte an dem Bewirtschaftungsobjekt, den Fischbeständen; obwohl diese Aussage seit kurzem nicht mehr zutrifft, wird diese Prämisse aufrecht erhalten, da dadurch das Verständnis der heutigen Situation erleichtert wird. Vielmehr handelt es sich, historisch und technisch bedingt, bei den Fischressourcen der Meere um freie Güter mit Allmendecharakter. Bekanntlich stand die Nutzung der Allmende (Weide und Wald) allen Dorfbewohnern zu. Eine Übernutzung unterblieb, solange Nutzungen und Erträge durch unterschiedliche Mechanismen im Gleichgewicht gehalten werden konnten. Entscheidend ist, daß eine Übernutzung auf den Nutzer zurückwirkt. Der Allmendecharakter hat weitreichende Auswirkungen auf die Art der Nutzung; hier liegt der wesentliche Bestimmungsgrund der heutigen Überfischungsproblematik.

778. Mit den Problemen der wirtschaftlichen Nutzung von Fischressourcen beschäftigt sich die ökonomische Theorie der Fischerei, ein Spezialgebiet der allgemeinen Theorie der wirtschaftlichen Nutzung erschöpfbarer Ressourcen (Fischbestände sind regenerierbare aber auch erschöpfbare Ressourcen). Ausgangsfrage der ökonomischen Theorie der Fischerei ist, wie die Fischressourcen der Meere zu bewirtschaften sind, damit sie den Menschen nachhaltig den höchstmöglichen Nutzen stiften. Diese Theorie kann deshalb sowohl dazu beitragen, das empirische Phänomen der Überfischung zu erklären, als auch Ansatzpunkte und Instrumente einer bestandserhaltenden Politik aufzeigen.

779. In der Fischereiwirtschaft unterliegt das Produktionsergebnis (Fang) nur zum Teil der Kontrolle der einzelnen Fischer. Es ist vielmehr gemeinsames Ergebnis der biologischen Reproduktion sowie der Einwirkungen der Fanganstrengungen (catch effort) der Fischer auf diese. In einfachen ökonomischen Modellen der Fischerei wird die Reproduktion in einer Reproduktionsfunktion erfaßt und in Abhängigkeit von der Größe des Bestandes in Gewichtseinheiten (Biomasse) gesehen. Einfach sind die Modelle insofern, als Inter-Spezies-Beziehungen unberücksichtigt bleiben. Wie in vielen Theorien werden auch bei der hier vorgestellten die Aussagen auf dem Wege der Abstraktion gewonnen. Dies vermindert ihr Potential zur Erklärung konkreter Phänomene. (Über Versuche komplexerer Modelle vgl. Tz. 737 in Abschn. 7.1.6.) Das einfache Modell scheint jedoch die Verhältnisse bei den pelagischen Arten Hering und Makrele recht gut erklären zu können. Je nach dem Ausmaß der Fanganstrengungen, der Befischungsintensität, verringert sich das natürliche Gleichgewicht, das sich ohne anthropogene Eingriffe eingestellt hätte, auf niedrigere Niveaus von Bestandsgleichgewichten.

780. Aus Abb. 7.17 geht hervor, daß der mengenmäßige Ertrag der Fischerei nur bis zum Punkt C positiv mit der Befischungsintensität korreliert. Darüber hinaus gehende Fanganstrengungen führen zu einem Rückgang des mengenmäßigen Ertrages, weil der Fischbestand sich nicht schnell genug regenerieren kann. Dies führt langfristig bei Ausdehnung der Befischungsintensität zu einer rückwärts gebogenen Angebotskurve für Fisch.

781. Diejenigen Fänge, die sich bei einem gegebenen Niveau von Fanganstrengungen und dem dazugehörigen Bestandsgleichgewicht ergeben, werden dauerhafte Erträge (Sustainable Yields) genannt, weil sie bei gleicher Befischungsintensität auch in Zukunft erzielt werden können. Aus Abb. 7.17 geht hervor, daß gleiche Bestandsgleichgewichte bei unterschiedlicher Befischungsintensität erreicht werden können (Ertrag X_1 bei Befischungsintensität E_1 und E_2). Die möglichen dauerhaften Fangerträge erreichen im Punkt C ein Maximum (Maximum Sustainable Yield, MSY). Dieses biologische Optimum muß jedoch nicht identisch sein mit der unter ökonomischen Aspekten optimalen Fangmenge. Aussagen hierzu lassen sich erst unter Berücksichtigung von Kosten und Preisen treffen. Allerdings können in zentralgeplanten Volkswirtschaften außerökonomische Faktoren eine entscheidende Rolle spielen (KACZYNSKI, 1979).

782. In der ökonomischen Theorie – unter der Voraussetzung vollkommener Märkte – wird davon ausgegangen, daß auf Wettbewerbsmärkten die Güter-

Abb. 7.17

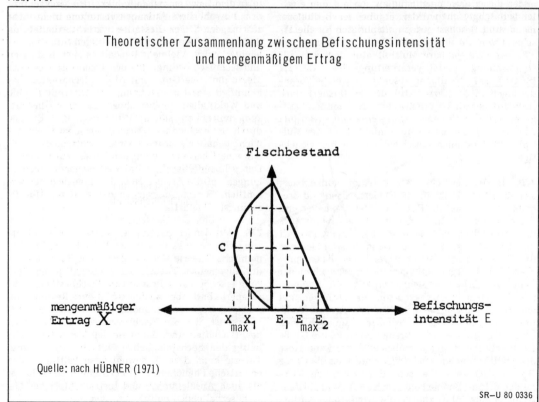

Theoretischer Zusammenhang zwischen Befischungsintensität und mengenmäßigem Ertrag

Quelle: nach HÜBNER (1971)

SR-U 80 0336

produktion bis zu dem Punkt ausgedehnt wird, an dem die für die Produktion der letzten Guteinheit anfallenden Kosten gerade noch dem für das Gut erzielbaren Preis entsprechen (Grenzkosten-Preis). Der Gleichgewichtspreis wiederum ergibt sich aus dem Schnittpunkt von Angebots- und Nachfragefunktion. Unter Wettbewerbsverhältnissen ist jedoch für den einzelnen Anbieter der Preis ein Datum, auf das er durch Variation seiner eigenen Angebotsmenge keinen Einfluß hat. Ausschlaggebend für die produzierte Menge sind also – bei gegebenem Preis – die Grenzkosten. Die horizontale Addition der einzelwirtschaftlichen Grenzkostenkurven ergibt die Angebotskurve auf einem Markt. Der Schnittpunkt dieser Angebotskurve mit der Nachfragekurve bestimmt Preis und Menge eines Gutes auf diesem Markt.

783. In der Fischerei fallen bei Produktionsanstrengungen nach der Grenzkostenkalkulation Gewinne an, solange die durchschnittlichen Kosten niedriger als der Marktpreis sind. Diese potentiellen Gewinne, die als „Rente der Ressource" bezeichnet werden, wirken als Anreiz zur Ausdehnung der Fanganstrengungen: Zusätzliche Kapazitäten werden in der Fischerei investiert, bis die Gesamtkosten den Gesamteinkommen gleich werden, die „Rente der Ressource" also wegkonkurriert ist. In diesem Wettbewerb um Gewinn- und Ressourcenanteile können von jedem einzelnen Konkurrenten externe Effekte auf die Gesamtheit der Produzenten in Form einer Schmälerung der Ressourcenbasis ausgehen (externe diseconomies). Da dem einzelnen Konkurrenten dieser Zusammenhang zwischen seiner eigenen wirtschaftlichen Aktivität und der Reduktion der Ressourcenbasis jedoch unmerklich erscheint,

kommt insofern keine „freiwillige" Beschränkung der Fanganstrengungen in Betracht (free-rider-Position). Wegen der Eigenschaft des Fischbestandes als Allmendegut kann jedoch auch niemand von der Nutzung dieser Ressource ausgeschlossen werden. Im Ergebnis können diese Zusammenhänge dazu führen – wenn nur die Nachfrage auf genügend hohem Niveau liegt –, daß die Fanganstrengungen über den Punkt hinaus ausgedehnt werden, der dem Maximum Sustainable Yield entspricht. Da aber die Mortalität aufgrund des Fischfanges jenseits dieses Punktes größer als die Regenerationsfähigkeit des Fischbestandes ist, ergibt sich aus den genannten Prämissen eine ab dem MSY nach rückwärts gebogene Angebotskurve für Fisch: Bei steigenden Kosten und Preisen nimmt die angelandete Menge Fisch ab. Aus Abb. 7.18 geht hervor, daß dieser Zustand ökonomisch nicht sinnvoll ist, da das Angebot M_1 auch zu geringeren Kosten bereitgestellt werden könnte.

784. Der ökonomische Optimalpunkt, der Maximum Economic Yield, wird demgegenüber im Schnittpunkt von Grenzkostenkurve und Nachfragekurve erreicht (M_2/P_2 in Abb. 7.18). In diesem Punkt gleichen sich Grenzkosten und Grenznutzen der Fischerei aus. Ohne regulierende Eingriffe wird dieser Optimalpunkt jedoch nicht erreicht. In der Regel entspricht dem ökonomischen Optimalpunkt eine Fangmenge unterhalb des MSY. Dieser Tatbestand könnte als zu geringe Nutzung einer gewichtigen Nahrungsquelle interpretiert werden. Im ökonomischen Modell erscheint dies jedoch nicht als Unternutzung, weil nur die in der Nachfragefunktion zum Ausdruck kommende kaufkraftfähige Nachfrage bei gegebener Einkommensverteilung in das Modell eingeht. Unter dieser Restriktion bedeutet das

Abb. 7.18

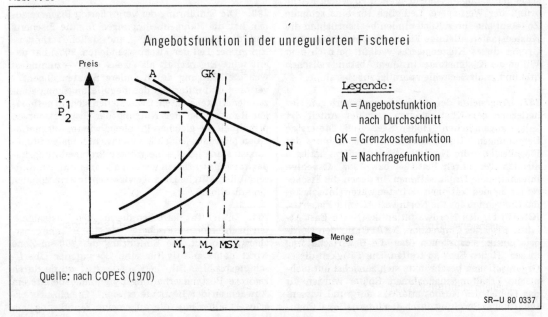

Angebotsfunktion in der unregulierten Fischerei

Legende:
A = Angebotsfunktion nach Durchschnitt
GK = Grenzkostenfunktion
N = Nachfragefunktion

Quelle: nach COPES (1970)

SR–U 80 0337

abgeleitete Ergebnis jedoch ein Maximum an gesellschaftlichem Nutzen. Umgekehrt ist die Ausdehnung der Produktionsanstrengungen über den ökonomischen Optimalpunkt hinaus eine Überinvestition im Bereich der Fischerei. Da diese Ressourcen in anderen Sektoren der Volkswirtschaft produktiver verwendet werden könnten, ist diese Fehlallokation gleichbedeutend mit gesamtwirtschaftlichen Wohlfahrtsverlusten.

785. Es handelt sich bei diesem Ergebnis der unregulierten Fischerei jedoch nicht nur um eine Fehlallokation in sachlicher Hinsicht. Eine dynamische Betrachtungsweise legt darüber hinaus die mangelnde Berücksichtigung der in Zukunft anfallenden Nachfrage offen. Denn der Grad der Konservierung bzw. Ausbeutung der Fischbestände bestimmt den zukünftigen wirtschaftlichen Dispositionsspielraum. Das optimale Verhältnis von Gegenwarts- und Zukunftskonsum wird in den theoretischen Modellen mit Hilfe eines Diskontfaktors zu erfassen versucht. Dabei ist die optimale Fangmenge um so geringer, je niedriger die Diskontrate gewählt wird, d. h. je höher der Zukunftskonsum bewertet wird. Da es jedoch keine intersubjektiv gültigen Kriterien für die Wahl eines bestimmten Diskontfaktors gibt, sind derartige modelltheoretische Überlegungen für die praktische Politik (noch) unbrauchbar. Sie weisen allerdings darauf hin, daß eine Politik, die den Wert knapper Ressourcen für zukünftige Jahre und Generationen unberücksichtigt läßt, nicht rational sein kann.

7.4.2 Die Fischereipolitik der EG

7.4.2.1 Problemhintergrund

786. Für viele Jahrhunderte unterlag die Fischerei dem Grundsatz der „Freiheit der Meere": Jeder Fischer hatte Zugangsmöglichkeiten zu jedem Fischgrund der Weltmeere. Lediglich für eine schmale Zone entlang ihrer Küstenlinien beanspruchten die Küstenstaaten alleinige Fischereirechte. Die äußere Grenze dieses Küstenmeeres verläuft je nach dem Willen des Küstenstaates in einem Abstand zwischen drei und zwölf Seemeilen parallel zur Basislinie.

787. Angesichts der vergleichsweise geringen Hoheitszone der Küstenstaaten war der Anteil der jedem zugänglichen „Hohen See" groß. Die ersten Bemühungen, Übereinkommen zum Schutz der Fischbestände im Nordatlantik zu treffen, datieren aus den 30er Jahren. Seit 1950 bzw. 1963 versuchten internationale Organisationen, in denen die Fischerei treibenden Nationen vertreten waren (International Convention for the Northwest Atlantic Fisheries, ICNAF) für den Nordwestatlantik, (North-East Atlantic Fisheries Convention, NEAFC) für den Nordostatlantik, Absprachen über die Bewirtschaftung dieser „Hohen See" zu treffen. Die Tätigkeit dieser Organisationen beschränkte sich zunächst auf technische Erhaltungsmaßnahmen. Später wurden für das Gebiet des Nordostatlantiks aufgrund wissenschaftlicher Beratung durch den International Council for the Exploration of the Sea (ICES) Gesamtfangquoten (Total Allowable Catches, TACs) festgelegt und den Mitgliedstaaten zugeteilt.

788. Trotz der Regulierungsversuche durch die NEAFC konnte die Überfischung bestimmter Bestände nicht aufgehalten werden. Dies lag vor allem daran,

– daß die von der NEAFC festgesetzten TACs über den wissenschaftlichen Empfehlungen lagen, weil die Beschlüsse über die TACs einstimmig gefaßt werden mußten (vgl. für 1976 Tab. 7.20);

– daß die TACs zu spät in nationale Quoten umgesetzt wurden (ab 1974);

– daß die Kontrolle der Einhaltung der TACs bei den Mitgliedstaaten verblieb und oft mangelhaft war.

789. Die aufgrund der Dynamik der technischen Entwicklung weiter zurückgehenden Fischbestände einzelner Fischarten trugen deshalb dazu bei, die Küstenstaaten zu einer Ausdehnung ihrer Fischereizone zu veranlassen. War es bei der einseitigen Erklärung einer Fischereizone durch die isländische Regierung am 15. 10. 1975 noch zu erheblichen Konflikten, vor allem mit Großbritannien, gekommen, so wurden die Erklärung der USA (Fisheries Management and Conservation Act) sowie die Ausdehnungen der Fischereizonen auf 200 Seemeilen durch die Sowjetunion, Norwegen, Schweden und die Färöer ohne vergleichbare Konflikte akzeptiert; zur Wahrung der eigenen Fischereiinteressen setzten die EG-Länder zum 1. 1. 1977 ebenfalls eine 200-sm-Zone in Kraft.

Da lediglich der Umfang der Hoheitsrechte der Küstenstaaten umstritten ist, muß die Einführung der 200-sm-Zone als vorweggenommenes Ergebnis der Dritten Seerechtskonferenz der Vereinten Nationen gewertet werden.

790. Die Einführung der vergrößerten Fischereizonen hat die Rahmenbedingungen für die Fischerei und die Fischereipolitik grundsätzlich verändert. Ein großer Teil der Fischbestände (ca. 90%) hat damit seine Eigenschaft als „freies Gut" – zumindest was die Nutzung durch andere Staaten angeht – verloren und unterliegt den Regulierungskompetenzen der Küstenstaaten. Zwar stellen sich im nationalen Rahmen bei der Nutzung der Fischressourcen prinzipiell die gleichen Probleme wie im internationalen Maßstab, jedoch kann einer nationalen Steuerungsinstanz i. d. R. eine größere Problemlösungskapazität zugeschrieben werden als einer auf den Konsens aller Mitglieder angewiesenen internationalen Organisation.

791. In der Tat betreiben die meisten Küstenstaaten in ihrer neuen Fischereizone eine Ressourcensicherungspolitik; die Einführung der 200-sm-Zone wirkt daher positiv für eine Lösung der Überfischungsproblematik. In Kanada z. B. wurde durch rigorose Bestandserhaltungsprogramme bereits ein Anwachsen der Bestände erreicht. Gleichzeitig erschwert allerdings die allgemeine Einführung von

200-sm-Zonen für andere Staaten den Zugang zu diesen Fanggründen. Davon ist insbesondere die Fischereiwirtschaft von Ländern mit vergleichsweise kurzer Küstenlinie wie der Bundesrepublik Deutschland negativ betroffen, wie die dargestellte Veränderung der Fangergebnisse deutlich zeigt.

792. Es gibt allerdings auch Tatbestände, die die für eine Bestandserhaltung positiven Auswirkungen der Einführung von 200-sm-Zonen durchkreuzen können:

– Der Küstenstaat kann unter innenpolitischen Druck geraten, die Fangmengen höher festzusetzen, als mit dem Ziel der optimalen Nutzung der Fischbestände vereinbar wäre. Diese Situation ergibt sich vor allem dann, wenn in der Vergangenheit in der Fischerei Überkapazitäten aufgebaut worden sind und die Fischereiwirtschaft über eine einflußreiche Lobby verfügt.

– Es kann auch dann zum Überfischungsphänomen kommen, wenn bei der Festsetzung der Fangmengen unsichere oder falsche Daten über den Fischbestand zugrunde gelegt werden. Diese Problematik stellt sich vornehmlich für Gewässer, in denen Fischwanderungen auftreten (z. B. EG-Norwegen).

793. Die Fischbestände außerhalb der 200-sm-Fischereizonen unterliegen nach wie vor einem unbeschränkten Aneignungsrecht, sind also im ökonomischen Sinne als „common property" anzusehen. Sie werden für das Gebiet des Nordatlantiks von der North Atlantic Fisheries Organisation (NAFO) als Nachfolgeorganisation der ICNAF „verwaltet". Die Europäische Gemeinschaft ist Mitglied der NAFO. Die für das Gebiet des Nordostatlantik bislang zuständige NEAFC ist aus politischen Gründen funktionsunfähig geworden. Die EG-Mitgliedstaaten sind aus dieser Organisation ausgetreten, weil die Sowjetunion die EG als Mitglied nicht anzuerkennen bereit war.

794. Für die Europäische Gemeinschaft hat sich nach Einführung der 200-sm-Fischereizonen („EG-Meer") eine gegenüber den meisten anderen Ländern besondere Problematik ergeben, weil aufgrund des Vertrages zur Gründung der EWG sowie aufgrund der EWG-Verordnung 101/76 vom 19. Januar 1976 über die Einführung einer gemeinsamen Strukturpolitik für die Fischwirtschaft den Fischern aller Mitgliedstaaten gleicher Zugang zu den Fanggründen zu gewähren ist. Mit der Einführung von 200-sm-Zonen durch die EG-Mitgliedsländer bekamen diese Normen für die EG politisches Gewicht. Da wegen der zurückgehenden Fischbestände eine bestandserhaltende Politik mit dem Ziel der optimalen Nutzung der Fischbestände auf EG-Ebene immer dringlicher wurde, beschloß der EG-Ministerrat am 3. 11. 1976, in Zukunft die EG-Kompetenz für die Fischereipolitik verstärkt wahrzunehmen („Haager Resolution").

Bis zu diesem Zeitpunkt hatte die EG-Politik u. a. zur Einführung einer gemeinsamen Marktordnung

für Fischereierzeugnisse geführt. Ihr Ziel ist wie bei anderen Marktordnungen,

– den rationellen Absatz der Fischereierzeugnisse zu fördern,

– die Stabilität des Marktes zu gewährleisten,

– den Erzeugern ein angemessenes Einkommen zu gewährleisten.

795. Wichtigstes Instrument der Marktregulierung sind Orientierungspreise für bestimmte Erzeugnisse, die festgesetzten Normen entsprechen. Die Höhe der Orientierungspreise wird zu Beginn eines jeden Fischwirtschaftsjahres vom EG-Ministerrat auf Vorschlag der Kommission festgelegt. Grundlage für die Höhe der Orientierungspreise sind die Preisnotierungen, die in den vergangenen drei Fischwirtschaftsjahren auf repräsentativen Großhandelsmärkten festgestellt worden sind. Von diesen Orientierungspreisen werden Rücknahmepreise, Interventionspreise und Referenzpreise abgeleitet. Die offiziellen Rücknahmepreise bewegen sich in einer Spanne zwischen 60% und 90% der Orientierungspreise. Der Interventionspreis liegt zwischen 35% und 45% des Orientierungspreises.

796. Die Durchführung der marktregulierenden Maßnahmen obliegt zum großen Teil nichtstaatlichen oder parafiskalischen Erzeugerorganisationen. Erzeugerorganisationen sind Organisationen, „die geeignet sind, die rationale Ausübung der Fischerei und die Verbesserung der Verkaufsbedingungen für ihre Erzeugnisse zu gewährleisten". Diese Erzeugerorganisationen können für bestimmte Produkte autonom Rücknahmepreise festsetzen, unter denen sie die Erzeugnisse ihrer Mitglieder nicht verkaufen. Für nicht verkaufte Produkte erhalten die Mitglieder eine Entschädigung aus einem Interventionsfonds, der durch Mitgliedsbeiträge finanziert wird. Wenn die aus dem Handel genommenen Erzeugnisse nicht zur menschlichen Ernährung bestimmt sind (d. h. i. d. R. Verarbeitung zu Fischmehl bzw. Fischöl) und wenn der Rücknahmepreis der Erzeugerorganisation dem offiziellen Rücknahmepreis entspricht, erhalten die Erzeugerorganisationen Zuschüsse aus dem Europäischen Ausgleichs- und Garantiefonds für die Landwirtschaft (EAGFL).

Es sei noch darauf hingewiesen, daß außer den Erzeugerorganisationen die Mitgliedstaaten selbst Marktentnahmen bei frischen oder gekühlten Sardinen oder Sardellen vornehmen können, wenn der Marktpreis für diese Erzeugnisse an drei aufeinanderfolgenden Tagen auf einem der festgesetzten repräsentativen Märkte für diese Fischart unter den Interventionspreis fällt („ernste Krise"). Die aufgekauften Erzeugnisse dürfen nicht für die menschliche Ernährung verwendet werden. Auch werden für bestimmte gefrorene Erzeugnisse Beihilfen für die private Lagerhaltung gewährt, wenn sich die Tendenz zur Entwicklung einer Marktstörung abzeichnet. Die „Tendenz zur Entwicklung einer Marktstörung" ist definiert als ein Absinken der Marktpreise unter 85% des Orientierungspreises.

797. Zur Abschirmung der auf dem Binnenmarkt ergriffenen Maßnahmen gegenüber Einflüssen aus

Drittländern werden Referenzpreise festgesetzt. Liegen die Einfuhrpreise unter den Referenzpreisen, so können Ausgleichsabgaben (Heringe/Thunfische) erhoben bzw. die Einfuhr ausgesetzt oder auf bestimmte Qualitäten, Aufmachungen oder Verwendungsarten beschränkt werden. Schließlich können, um die Gemeinschaftsprodukte auf dem Weltmarkt konkurrenzfähig zu machen, Exporterstattungen gewährt werden.

Einen Überblick über die Aufwendungen der Gemeinschaft zur Durchführung der gemeinsamen Marktorganisationen bringt Tab. 7.24.

798. Gewiß zeigt die Übersicht, daß es sich nicht um Summen handelt, wie sie bei anderen Marktinterventionen mittlerweile üblich sind. Gleichwohl sind die aufgewendeten Mittel für die marktregulierenden Maßnahmen gesellschaftliche Kosten der Vermarktung von Fischereierzeugnissen. Inwieweit diesen gesellschaftlichen Kosten ein entsprechender Nutzen gegenübersteht, könnte nur beurteilt werden, wenn Informationen vorlägen über die

– politische Bewertung des Fischfanges durch nationale bzw. EG-Fischer (Sicherheitsaspekt),

– gesellschaftliche Kosten, die ein unregulierter Fischmarkt verursachen würde (Opportunitätskosten in Form von Transferzahlungen an private Haushalte).

Da aber die Garantiepreise der Fischmarktordnung im Gegensatz zu den meisten EG-Agrarmarktordnungen unterhalb der „normalen" Marktpreise liegen, stimulieren sie nicht systematisch solche Fanganstrengungen, die auf keine entsprechende Marktnachfrage treffen. Insofern konterkarieren die marktregulierenden Maßnahmen auch nicht das Ziel der Erhaltung der Fischbestände. Dennoch deuten die temporär auftretenden Friktionen darauf hin, daß die marktregulierenden Maßnahmen das Ziel der optimalen Nutzung der Fischbestände offenbar bisher nicht gewährleisten können. Das zeitweise zu bestimmten Preisen unverkäufliche Angebot zeigt an, daß das den Erzeugerorganisationen zur Verfügung stehende Instrument der Fang- und Absatzplanung zu unflexibel gehandhabt wird. Auch die Tatsache, daß „stehengebliebene" Ware nicht für den menschlichen Konsum verwendet werden darf, ist als Mangel der Marktorganisation anzusehen. Zu bestimmten Preisen unverkäufliche Ware könnte zu späteren Zeitpunkten ohne „Störung" wieder in den Markt eingeschleust werden (Landfrostung/Salzfischproduktion). Angesichts der zurückgehenden Fangmöglichkeiten gewinnen diese Verwendungsmöglichkeiten für den menschlichen Konsum zunehmend an Bedeutung.

7.4.2.2 Problemlösungsversuche

799. Seitdem aufgrund der seerechtlichen Entwicklung die Notwendigkeit einer EG-Fischereipolitik zum Schutz der Fischbestände mit dem Ziel der längerfristigen wirtschaftlichen Nutzung immer dringlicher geworden ist, wird – bislang nur mit

geringem Erfolg – versucht, eine Einigung über das EG-Fischereiregime zu erzielen. Die Probleme, die sich der EG dabei stellen, sind weitgehend mit den Problemen identisch, denen sich vor Einführung der 200-sm-Zonen die NEAFC und die ICNAF konfrontiert sahen.

800. Die EG-Fischereipolitik unterscheidet zwischen Problemen des Internen Regimes und des Externen Regimes. Ziel der EG-internen Fischereipolitik ist es, auf der Grundlage einer „wissenschaftlichen Bewirtschaftungspolitik",

– kurzfristig besonders gefährdete Arten zu schützen und dadurch die Zukunft der Fischereiindustrie hauptsächlich in Gebieten, die in großem Maße vom Fischfang abhängig sind, zu sichern. Dem entspricht in der Zielstruktur des Bundesministeriums für Ernährung, Landwirtschaft und Forsten die „Verbesserung der Lebensverhältnisse im ländlichen Raum" (Agrarbericht v. 1. 2. 1979, Bundestagsdrucksache 8/2530, S. 83 ff.),

– langfristig eine Politik zur Gewährleistung des richtigen Gleichgewichts zwischen den Arten und zwischen dem Fischfang für den menschlichen Verbrauch und dem Industriefischfang zu verfolgen (Europäisches Parlament, Dok. 608/78).

Aufgrund der divergierenden nationalen Interessen der Mitgliedstaaten ist jedoch die Fischereipolitik zu einem der „heikelsten, zeitraubendsten und dringendsten" (VOLLE u. WALLACE, 1977) Probleme der europäischen Politik geworden. Bislang ist es nicht gelungen, effiziente Instrumente zur Erreichung der o. g. Ziele einzuführen. Dennoch war bei den vergangenen Ministerratssitzungen eine gewisse Annäherung der konträren Standpunkte zu verzeichnen.

801. Im Februar 1976 hatte die EG-Kommission vorgeschlagen,

– die aus den Artikeln 100 und 101 der Beitrittsakte ableitbaren besonderen Fischereirechte der Küstenstaaten in einer Sechs- bzw. Zwölfmeilenzone über den 31. 12. 1982 hinaus zu verlängern. Die besonderen Fischereirechte anderer Mitgliedstaaten in diesen Zonen sollten nach 1982 schrittweise abgebaut werden; auch in denjenigen Küstenstreifen zwischen sechs und zwölf Seemeilen, die nicht in Artikel 101 der Beitrittsakte genannt sind, sollte die Fischerei nur solchen Schiffen gestattet sein, die herkömmlicherweise von der betreffenden Küste aus in diesen Gewässern Fischfang betreiben;

– jährliche Fangquoten durch den Ministerrat beschließen zu lassen, die aufgrund der historischen Fänge der Mitgliedstaaten in nationale Quoten bzw. Kontingente übersetzt werden;

– technische Erhaltungsmaßnahmen zum Schutz des Fischbestandes in Kraft zu setzen (KOM (76) 59 endg.).

802. Gegen die Einführung einer Zwölfmeilen-Exklusivzone wehrte sich Großbritannien mit dem Argument, eine Zwölfmeilenzone sei zu klein, um wirk-

Tab. 7.20

Fangquoten und Fänge in der Nordsee
(in 1000 t Fanggewicht)

Fischart	1975 Fang	1976 ICES TAC	1976 NEAFC TAC	1976 Fang	1977 ICES TAC	1977 Fang	1978 ICES TAC	1978 EG „Berliner Kompromiß"	1978 Fang	1979 ICES TAC	1979 EG TAC	1980 ICES TAC	1980 Vorschlag EG-Kom.	1980 Beschluß EG Rat
Hering	313[1]	0[1]	160[1]	190[1]	0[1]	84[1]	0[1]	0[8]	30[7]	0[1]	0	0[1]	0[8]	0[8]
Sprotte	641	650	650	622	450	304	400	450	378	400	400	400	400	400
Makrele	298[2]	249[2]	–	316[2]	220[2]	261[2]	145[2]	190[3]	154[2]	145[2]	145[6]	0[2]	0[9]	55,5[3]
Kabeljau	186	130–210	236	214	220	185	210	230	260	183	183 (247)[5]	200	200	200
Schellfisch	174	106–155	206	208	165	151	105	106	90	83	83	66	66	69
Wittling	140	160	189	197	165	120	111	161	100	85	85 (111)[5]	100	100	105
Köhler (Seelachs)	268[3]	200[3]	–	307[3]	210[3]	195[3]	200[3]	200	145[3]	200[3]	200[3]	129[3]	129[3]	129[3]
Scholle	109	85	100	111	71	118	115	95	112	120	120	112	112	116
Seezunge	18	8	12,5	17,3	6,7	18,2	8	10	20,4	13	13 (15)[5]	14	14	15

1) Inklusive Zone VIId und VIIe
2) Inklusive Zone IIIa und IIa
3) Inklusive Zone IIIa
4) Vorläufige Ergebnisse
5) Korrigierter TAC
6) Inklusive Zone IIIa Nord
7) Inklusive Zone Skagerrak
8) Inklusive Zone VIId
9) Inklusive Zone III

Quellen: – Report of the ICES Advisory Committee on Fishery Management to the XVIII Annual Meeting of the North East Atlantic Fisheries Commission, London, November 1979
– EG, „Berliner Kompromiß"
– Kom(78) 669 endg. v. 23.11.1978
– Kom(79) 72 endg. v. 16. 2.1979
– Kom(79) 600 endg. v. 25.10.1979
– Kom(79) 676 endg. v. 21.11.1979

same Maßnahmen zur Erhaltung der Bestände durchzuführen. Außerdem wiesen die Briten darauf hin, daß ca. 60% der Fischbestände der Gemeinschaft sich in britischen Gewässern befinden und forderten über die Zwölfmeilen-Exklusivzone hinaus eine Präferenzzone für ihre Fischer bis 50 Seemeilen. Dieser Forderung widersprachen die anderen EG-Mitgliedstaaten mit dem Hinweis, daß eine solche Präferenzzone dem Gebot der Nichtdiskriminierung und der Gemeinschaftssolidarität widerspreche.

Obwohl die EG-Kommission den Interessen der Briten durch Einräumung von Sonderfangquoten für die nördlichen Regionen Großbritanniens entgegenkam und sowohl dem Vereinigten Königreich als auch der Bundesrepublik Deutschland zum Ausgleich von Verlusten von Fangmöglichkeiten vor Drittländern Zusatzkontingente zugeteilt wurden, kam eine Einigung aller EG-Mitgliedstaaten nicht zustande. Am Rande der Grünen Woche in Berlin im Januar 1978 einigten sich zwar die Landwirtschaftsminister der acht EG-Mitgliedstaaten ohne Großbritannien im wesentlichen auf diese Kommissionsvorschläge ("Berliner Kompromiß"). Da Luxemburg über keine Fischereiflotte verfügt und Italien im Nordostatlantik nur marginale Fischereiinteressen hat, handelt es sich materiell um einen Kompromiß zwischen sechs Mitgliedstaaten. In der Ministerratssitzung vom 31. 1. 1978 kamen die acht Mitgliedstaaten auch überein, die in Berlin vereinbarten Regelungen durch gleichgerichtete nationale Maßnahmen für 1978 anzuwenden. Um eine Konfrontation mit Großbritannien zu vermeiden, wurde hierüber jedoch auf der Ministerratssitzung keine förmliche Abstimmung herbeigeführt.

803. *Aus Tab. 7.20 lassen sich die von ICES, NEAFC und EG für die Nordseebestände vorgeschlagenen Fangquoten sowie die tatsächlichen Fänge entnehmen. Den verfügbaren Statistiken zufolge sind die Quoten bei Hering und Kabeljau 1978 erheblich überschritten worden. Bei anderen Fischarten konnten die zulässigen Gesamtfangmengen in 1978 nicht ausgeschöpft werden.*

Tab. 7.21 stellt die der Bundesrepublik Deutschland zugewiesenen Quoten den tatsächlichen Fangergebnissen gegenüber. Bei Kabeljau und Seezunge wurden die deutschen Quoten 1978 relativ weit überzogen. Bei anderen Fischarten dagegen konnten die Quoten bei weitem nicht ausgeschöpft werden. Die Disparitäten spiegeln z.T. die Umstellungsprobleme der bundesdeutschen Fischerei aufgrund der seerechtlichen Entwicklung wider. Wegen des andauernden Konflikts um das EG-interne Fischereiregime hat die EG-Kommission für 1979 keine nationalen Quoten vorgeschlagen, sondern für das „EG-Meer" – aufgegliedert nach Regionen – lediglich zulässige Gesamtfangquoten für bestimmte Fischarten empfohlen.

804. Die Mitgliedstaaten haben sich für 1979 mehrmals auf Dreimonatsbasis bereit erklärt, die von der EG-Kommission vorgeschlagenen TACs zu respektieren. Umstritten dagegen ist nach wie vor die Aufteilung der TACs in nationale Quoten. Großbritannien fordert nunmehr eine Zwölfmeilen-Exklusivzone sowie die Einfrierung der Anrechte von Fischern anderer Mitgliedstaaten in einer Zone zwischen zwölf und fünfzig Seemeilen auf dem Stand von 1977. Für 1980 hat der EG-Ministerrat Gesamtfangquoten beschlossen, die allerdings zum großen Teil über den wissenschaftlichen Empfehlungen liegen. Über die derzeit in den einzelnen Mitgliedstaaten praktizierten Fischereiregimes liegen nur lückenhafte Informationen vor. Die folgenden Angaben beruhen auf Angaben der EG-Kommission, Generaldirektion 14.

Tab. 7.21

Fangquoten („Berliner Kompromiß") und tatsächliche Fänge der deutschen Seefischerei in der Nordsee

(in Tonnen)

Fischart	Quote[1]	Fangergebnis[2] 1978	$\dfrac{\text{Fänge 1978}}{\text{Quote}} \times 100$	Fänge[2] 1973/76	$\dfrac{\text{Fänge 1978}}{\text{Fänge 1973/1976}} \times 100$
Kabeljau	26 282	35 303	134 %	18 043	195 %
Schellfisch	2 385	1 877	78,7%	2 446	76,7%
Köhler (Seelachs)	56 300	12 877	22,9%	8 715	147,7%
Wittling	2 518	290	11,5%	309	93,8%
Scholle	4 469	4 402	98,5%	3 465	127 %
Seezunge	320	465	145,3%	231	201 %
Makrele	346	214	61,8%	190	112,6%
Sprotte	24 559	1 828	7,4%	7 791	23,5%
Hering	0	1	–	6 042	0,00165%

Quellen: [1] Europäische Gemeinschaften / Der Rat, Arbeitsunterlagen R / 168 d/78 (AGRI 49) (RELEX 2), Brüssel, 8. Februar 1979 („Berliner Kompromiß"), S. 23 ff. – [2] Bundesministerium für Ernährung, Landwirtschaft und Forsten.

- Die Bundesrepublik Deutschland und die Niederlande wenden bei der Errechnung der nationalen Quoten den Verteilungsschlüssel des „Berliner Kompromisses" an.

- Dänemark wendet den Verteilungsschlüssel des „Berliner Kompromisses" teilweise an. Bei für die dänische Fischerei als besonders wichtig angesehenen Fischarten werden die TACs überzogen.

- Irland hat lediglich Fangverbote für diejenigen Fischarten erlassen, für die die EG-Kommission Null-TACs vorgeschlagen hat.

- Großbritannien praktiziert ein nationales Lizenzsystem. Die bei der Lizenzvergabe relevanten TACs sind nicht bekannt.

- Belgien praktiziert keine Quotenregelung.

- Frankreich hat Fangverbote für diejenigen Fischarten erlassen, für die die Kommission Null-TACs vorgeschlagen hat. Darüber hinaus will die französische Regierung die Fischer über die EG-TACs informieren mit der Bitte, diese zu beachten.

805. In der Bundesrepublik Deutschland erfolgt die interne Quotenverteilung auf die einzelnen Fischer oder Genossenschaften durch den Bundesminister für Ernährung, Landwirtschaft und Forsten. Die Verfolgung und Ahndung von Ordnungswidrigkeiten obliegt dem Bundesamt für Ernährung und Forstwirtschaft. Im einzelnen wird wie folgt verfahren:

- Für bestimmte Fischarten werden Gesamtfangquoten ohne Aufteilung auf die einzelnen Fischer festgesetzt. Nach Ausschöpfung der Gesamtfangquote wird der Fischfang verboten (Windhundverfahren).

- Bei Einzelfangquoten werden die zulässigen Mengen für die Kutterwirtschaft den Erzeugerorganisationen zugeteilt, die ihrerseits zur Aufteilung der Quoten auf die einzelnen Fischer verpflichtet sind. Für nicht in Erzeugerorganisationen organisierte Fischer wird dem Verband der deutschen Kutter- und Küstenfischer eine Gesamtverbandsquote zugeteilt, die dieser auf die nicht organisierten Fischer aufzuteilen hat.

- Für die Hochseefischerei werden den Fanggesellschaften die Quoten direkt zugeteilt. Auch Kutterfischern, die weder Mitglied in Erzeugerorganisationen noch Verbandsmitglieder sind, werden die Quoten direkt zugeteilt.

806. Neben den Quotenregelungen besteht die zweite Säule einer bestandserhaltenden Fischereipolitik in technischen Erhaltungsmaßnahmen zum Schutz der Fischbestände. In diesem Bereich werden nach Auskunft der EG-Kommission von den Mitgliedstaaten die von der NEAFC aufgestellten Regelungen offenbar zumindest praktiziert. Jedoch sind auch in diesem Politikbereich bislang Fortschritte in Richtung koordinierter Regelungen an der Uneinigkeit der Mitgliedstaaten gescheitert. So war zum Beispiel geplant, die Maschenweiten der Fangnetze in der Nordsee zum 1. September 1979 generell auf 80 mm heraufzusetzen. Da Großbritannien jedoch bereits zwei Monate zuvor im nationalen Rahmen

hierüber einen Beschluß gefaßt hat, ist das EG-Vorhaben zumindest zum vorgesehenen Zeitpunkt gescheitert.

807. Die Kontrolle der Quotenregelungen wie auch die Überwachung der technischen Erhaltungsmaßnahmen obliegt nationalen Behörden. Die in der Bundesrepublik Deutschland derzeit praktizierten technischen Erhaltungsmaßnahmen sowie die vorgesehenen Überwachungsinstrumente gehen aus Tab. 7.22 hervor.

808. Insgesamt ergibt sich: Wegen der andauernden Probleme bei der Einführung eines gemeinsamen Fischereiregimes droht weiterhin die Gefahr des Überfischens, wenn einzelne EG-Staaten zu hohe Anteile der TACs für sich in Anspruch nehmen. Diese Gefahr wird dadurch verstärkt, daß die nationalen Exekutivorgane gegenüber der Fischereiwirtschaft unter innenpolitischen Druck geraten können, weil sie sich bei der Durchführung restriktiver Maßnahmen nicht auf die Beschlüsse supranationaler Institutionen berufen und sich auf diese Weise legitimatorisch entlasten können. Daher muß der Rat feststellen, daß für den EG-Bereich die Einführung von 200-sm-Fischereizonen faktisch keine Nationalisierung der Gewässer und der Fischbestände gebracht hat und auf supranationaler Ebene der Verteilungskampf um Ressourcenanteile eine politische Einigung bislang verhindert hat. So ist diese ansonsten im Sinne der Bestandserhaltung positiv zu wertende Maßnahme in den EG-Gewässern – sieht man von der Verdrängung von Drittländern ab – bislang erfolglos geblieben. Eine politische Einigung auf EG-Ebene bleibt für die im Interesse der Nordseefischerei notwendigen bestandserhaltenden Maßnahmen unabdingbar.

809. Es sei hinzugefügt, daß die generelle Einführung von 200-sm-Zonen für die Fischereiflotten der EG-Mitgliedsländer auch weitreichende strukturelle Auswirkungen hatte:

Nach Japan (10,0 Mio t), der UdSSR (9,0 Mio t) war die Europäische Gemeinschaft mit einem Fang von 4,8 Mio t im Jahr 1975 die drittgrößte Fischfangnation der Welt (FAO, 1978). Allerdings stammte ein großer Anteil der EG-Fänge aus Gewässern, die nach der Einführung der 200-sm-Zonen unter die Hoheit der jeweiligen Küstenstaaten fielen (25%). Nach Einführung der 200-sm-Zonen waren diese Gewässer für EG-Fischer nur noch begrenzt zugänglich. Von dieser Konsequenz der Einführung von 200-sm-Zonen war besonders die bundesdeutsche Fischerei betroffen, deren Fänge im Durchschnitt der Jahre 1973/76 zu ca. 60% aus 200-sm-Zonen vor Drittländern stammten (s. Tab. 7.23).

810. Die herkömmlichen Fanggebiete der deutschen Hochseefischerei lagen sogar zu mehr als 90% innerhalb von 200-sm-Zonen vor Drittländern (ERTL, 1978). Damit stellt sich für die EG insgesamt und für die Bundesrepublik Deutschland im besonderen die Aufgabe, die Verluste von Fangmöglichkeiten vor Drittländern zu kompensieren. Alternati-

Bestandserhaltende Maßnahmen

Tab. 7.22

Die wichtigsten bestandserhaltenden Maßnahmen nach dem Seefischerei-Vertragsgesetz (Nordseebestände)	Fangerlaubnisse	Netzbeschaffenheit	Mindestgrößen
Vgl. Art. 2, Abs. 3 des Seefischerei-Vertragsgesetzes vom 25. August 1971 in der Fassung vom 10. September 1976: „Bei der Erteilung der Erlaubnis ist die Leistungsfähigkeit und Eignung der Fischereiunternehmen sowie ihre bisherige Teilnahme an der betreffenden Fischerei zu berücksichtigen und dem wirtschaftlichen Einsatz der Fischereiflotte und der bestmöglichen Versorgung des Marktes Rechnung zu tragen."	Kabeljau/Schellfisch/Köhler (Seelachs)/Wittling/Scholle/Seezunge/Makrele/Sprotte/Stöcker (Holzmakrele)/Seehecht/Stintdorsch/Blauer Wittling/Sandaal/Hering/Rotbarsch/Schwarzer Heilbutt/Leng/Blaulenge/Lumb.	Schleppnetze, Zugnetze oder ähnliche Netzarten dürfen nur benutzt werden, wenn folgende Mindestmaschenweiten eingehalten werden: – Jeder aus einfachem Garn hergestellte Teil eines Netzes mindestens 70 mm. – Jeder aus doppeltem Garn hergestellte Teil eines Netzes mindestens 75 mm. – Verbot von Netzen, die an ihrem Steert Maschen von Weiten zwischen 50 und 70 bzw. 75 mm haben. – Verbot von Schleppnetzen mit engeren Maschen als 55 mm beim Fang von Kaisergranat. – Verbot von eigens für den Plattfischfang vorgesehenen Netzen innerhalb einer Zwölfmeilenzone vor der belgischen, niederländischen, deutschen, französischen, britischen und irischen Küste sowie vor der Westküste Dänemarks für Fischereifahrzeuge von mehr als 50 BRT oder einer Antriebsleistung von 200 kW. Ausnahmen: Zulassung von kleinmaschigen Netzen (mindestens 16 mm) für folgende Fischarten: Hering/Makrele/Stöcker/Sprotte/Stintdorsch (gilt nicht für Schleppnetzfischerei in bestimmten Nordseegebieten)/Blauer Wittling/Goldlachs/Ausgewachsene Aale/Petermännchen/Mollusken/Lodde/Makrelenhecht/Stint/Garnelen (Pandalus-Arten)/Garnelen (Crangon-Arten, keine Mindestmaschenweiten innerhalb 12 sm der Festlandküste der Mitgliedstaaten)/Sandaal vom 1.11.1978–28.2.1979.	Untermaßige Fische müssen ins Meer zurückgeworfen werden. Es gelten folgende Mindestgrößen, gemessen von der Maulspitze bis zum Schwanzflossenende: Fischart — Mindestgröße in cm Kabeljau — 30 Schellfisch — 27 Seehecht — 30 Scholle — 25 Rotzunge — 28 Limande — 25 Seezunge — 24 Steinbutt — 30 Glattbutt — 30 Flügelbutt — 25 Wittling — 23 Kliesche — 15 Köhler (Seelachs) — 30 Hering — 20 Makrele — 30 Kaisergranat — 9 (zur industriellen Verarbeitung) Ausnahmen: Die Bestimmungen über Mindestgrößen gelten nicht bei Benutzung vorschriftsmäßiger Netze, wenn der Anteil der untermaßigen Fische 10% der Gesamtfischmenge nicht übersteigt. 10% des Fanggewichts dürfen untermaßige Heringe sein. Anlandungen von Makrelen zur industriellen Verarbeitung dürfen höchstens 20% des Gewichts an Untermaßigen enthalten.

Noch Tab. 7.22

Kontrolle der bestandserhaltenden Maßnahme nach dem Seefischerei-Vertragsgesetz (Nordsee)	Kontrollberechtigte	Umfang der Kontrollen	Melde- und Aufzeichnungspflicht
Vgl. Art. 4 des Seefischerei-Vertragsgesetzes vom 25. August 1971 in der Fassung vom 10. September 1976: „(1) Die Überwachung der Einhaltung und die Durchführung der aufgrund dieses Gesetzes erlassenen Vorschriften erfolgt außerhalb des Küstenmeeres der Bundesrepublik Deutschland durch die Kapitäne oder die Schiffsoffiziere des nautischen Dienstes der im Fischereischutz eingesetzten Fahrzeuge der Bundesrepublik Deutschland, durch sonstige vom Bundesminister bestellte Bedienstete des Bundes oder durch Behörden eines Landes nach Maßgabe einer mit dem Land zu treffenden Vereinbarung. Die Überwachung kann auch durch Kontrollbeamte der Fischereiaufsichtsdienste anderer Staaten erfolgen. (2) Die der Überwachung dienenden Handlungen der in Abs. 1 Satz 2 genannten Kontrollbeamten stehen den Diensthandlungen von Amtsträgern im Sinne des § 113 des Strafgesetzbuches gleich."	Kontrollbeamte folgender Nationen sind zur Kontrolle der nach dem Seefischerei-Vertragsgesetz erlassenen Vorschriften befugt: Belgien/Dänemark/Deutsche Demokratische Republik/Frankreich/Island/Niederlande/Norwegen/Polen/Schweden/Sowjetunion/Spanien/Vereinigtes Königreich. Die Kontrolle durch bundesrepublikanische Kontrollbeamte findet auch in deutschen Hoheitsgewässern statt. Dort Kontrolle durch die zuständige Landesbehörde oder nach einer mit dem Land zu treffenden Vereinbarung durch Bedienstete des Bundes. Die Zuständigkeit für die Verfolgung und Ahndung von Ordnungswidrigkeiten nach dem Seefischerei-Vertragsgesetz obliegt dem Bundesamt für Ernährung und Forstwirtschaft.	– Der Schiffsführer hat dem Kontrollbeamten die Kontrolle zu ermöglichen. – Der Kontrollbeamte ist berechtigt, den gesamten Fang zu untersuchen und zu messen. – Der Kontrollbeamte ist berechtigt, alle Fanggeräte und -vorrichtungen mit Ausnahme der Netze, die trocken unter Deck verstaut sind, zu untersuchen. – Gegenüber Kontrollbeamten der Bundesrepublik Deutschland hat der Schiffsführer auf Verlangen zu erklären, welche Gewässer er zum Fang aufzusuchen beabsichtigt oder aufgesucht hat und auf welche Art von Fischen sich der Fang erstrecken soll oder erstreckt hat. – Unvorschriftsmäßige Fanggeräte können mit Kontrollmarken versehen werden. – Bestimmte Fischarten (14 Arten) müssen bei einer Anlandung in der Bundesrepublik Deutschland in bestimmten Anlandeorten angelandet werden (26 Anlandeorte). – Fischereifahrzeuge, die herkömmlicherweise andere Orte aufgesucht haben, können weiterhin an diesen Orten anlanden.	– Der Kapitän jedes Fischereifahrzeuges ist verpflichtet, für bestimmte Fischsorten die angelandeten Mengen sowie Zeit und Ort dieser Fänge der zuständigen Behörde zu melden. – Die Führer von Fischereifahrzeugen mit einer Länge von mehr als 17 Metern sowie von allen Fischereifahrzeugen, die sich länger als 24 Stunden von ihrem Heimathafen entfernen, haben ein Fischerei-Logbuch zu führen, das folgende Eintragungen enthält: Datum/Position/Art und Einsatz des Fanggerätes/Anzahl der täglichen Hols und ihre jeweilige Dauer/Gewicht des Fangs pro Fischart für jeden Hol/Verwendung des Fanges. Die Vorschriften gelten nicht für Fischereifahrzeuge, die im Garnelen- oder Muschelfang eingesetzt sind.

Tab. 7.23

Verteilung der Fangergebnisse der deutschen Seefischerei vor und nach Einführung der 200-sm-Zonen.
Die Daten beziehen sich auf den Fang-, nicht auf den Anlandezeitpunkt

(in Tonnen)

	1973/76 Durchschnitt	1978	Zuwachs+ und Abnahme−
Fänge in 200-sm-Zonen vor Drittländern	274 544	66 329	− 208 215
Fänge im „EG-Meer"	161 120	290 177	+ 129 057
Fänge im „freien Meer"	23 558	24 957	+ 1 399
Gesamtfang	459 222	381 463	− 77 759

Quelle: Bundesministerium für Ernährung, Landwirtschaft und Forsten, Ref. 724

ve Fangmöglichkeiten wurden in einem gewissen Ausmaß durch die Etablierung der EG-Fischereizone und der daran sich anschließenden Verdrängung von Drittländern aus dieser Zone geschaffen. Diese Politik hat dazu geführt, daß die Fänge von Drittländern in der EG-Zone von 1 569 000 Tonnen in 1973 auf 632 000 Tonnen in 1978 reduziert worden sind.

Wegen der bereits weit fortgeschrittenen Reduzierung der derzeit kommerziell genutzten Konsumfischbestände in der Nordsee reicht diese Verdrängung als Entschädigung für die EG-Fischer jedoch nicht aus. Die EG versucht deshalb, ihren Fischern Fangmöglichkeiten in den Fischereizonen anderer Küstenstaaten zu erschließen. Dies ist hier nur für die Nordsee zu verfolgen.

811. Mit Norwegen konnte die EG – was für die Erhaltung der Nordseebestände besonders wichtig ist – trotz erheblicher Probleme Vereinbarungen über gegenseitige Fangrechte sowohl für 1978 als auch für 1979 treffen. Einigungen kamen auch mit Schweden und den Färöer zustande. Die Politik der externen Fischereiregimes ist jedoch ansonsten bislang weitgehend daran gescheitert, daß es der EG nicht möglich ist, Drittländern bestimmte Quoten einzuräumen, solange die EG-interne Quotenaufteilung umstritten ist und sich die Bestände nicht weitgehend erholt haben. Unabhängig von der instrumentellen Basis der Fischereipolitik ist es darum z. Z. nicht möglich, eine sowohl den Bedürfnissen der Fischereiwirtschaft als auch den Erfordernissen der Bestandserhaltung gerecht werdende Politik für die Nordsee zu betreiben.

812. Zur Bewältigung der auch aus der seerechtlichen Entwicklung resultierenden Problematik hatte die EG-Kommission bereits vor längerer Zeit einen Vorschlag zur Unterstützung der notwendigen Umstellungsmaßnahmen bezüglich der Flottenkapazität und -struktur vorgelegt. Da die Mitgliedstaaten jedoch die Entscheidung hierüber von der Einigung über das Fischereiregime abhängig gemacht haben,

sind bislang keine aus dem EAGFL alimentierten Strukturprogramme in Kraft. Lediglich eine Interimsregelung über eine „gemeinsame Übergangsmaßnahme zur Umstrukturierung der Küstenfischerei" konnte bereits politisch durchgesetzt werden.

813. In diesem Zusammenhang werden national und international beachtliche Subventionsprogramme verfolgt. Die Finanzhilfen des Bundes sind in Tab. 7.18, Tz. 771 (Abschn. 7.3.2) aufgelistet. Die Bundesregierung verfolgt dabei das Ziel, „die deutsche Fischwirtschaft in ihrem Bestand zu erhalten und ihre Zukunft zu sichern" (Bundestagsdrucksache 8/1818).

Aus dem EAGFL wird die Fischerei folgendermaßen subventioniert:[1]

– Vermarktungsbeihilfen nach EWG-Verordnung 17/64 (Marketing/Infrastruktur der Fischereihäfen/Aquakultur) von 1971 bis 1979 85,91 Mio ERE, davon Bundesrepublik Deutschland 11,1 Mio ERE (= 28,78 Mio DM).

– Vermarktungs- und Verarbeitungsbeihilfen nach EWG-Verordnung 355/77 (zwei Tranchen 1978, erste Tranche 1979) 5,46 Mio ERE, davon Bundesrepublik Deutschland 0,34 Mio ERE (= 0,88 Mio DM).

– Umstrukturierung der Küstenfischerei nach EWG-Verordnung 1852/78 in 1978 4,92 Mio ERE. Für 1979 sind 15 Mio ERE veranschlagt, Anteil der Bundesrepublik Deutschland: 0.

---

[1] Nach Angaben der EG-Kommission, Generaldirektion 14. Da die Daten nicht nach Jahren differenziert vorliegen, ist eine exakte Umrechnung in DM nicht möglich. Um dennoch eine Vorstellung von den Größenordnungen zu vermitteln, ist eine Umrechnung auf der Basis des Umrechnungskurses vom 1. 2. 1978 (1 ERE = 2,59338 DM) vorgenommen worden.

Tab. 7.24

Marktordnungsausgaben der EG für den Sektor Fischerei

(in 1 000 ERE)

	1972	1973	1974	1975	1976	1977
Exporterstattungen	481,1	574,3	657,1	2 788,0	3 755,1	3 297,1
Intervention	767,4	614,6	512,2	6 501,6	6 712,6	4 606,9
Gesamt:	1 248,5	1 188,9	1 169,3	9 289,6	10 467,7	7 904,0
davon Bundesrepublik Deutschland	132,8	137,7	85,1	2 998,4	2 483,1	1 895,1
in DM	486,0	504,0	311,5	10 974,0	8 886,3	6 596,5

Quelle: OECD 1978. Umrechnungskurse: 1972 bis 1975:3,66; 1976:3,57873; 1977:3,48084

– Umstrukturierung der Kabeljau-Fischerei nach EWG-Verordnung 2722/72 9,8 Mio ERE, davon Bundesrepublik Deutschland 2,9 Mio ERE (= 7,52 Mio DM).

– Marktordnungsausgaben.

814. Insgesamt macht die Unterstützung der Fischerei nur einen Bruchteil der öffentlichen Mittel aus, die jährlich in die Agrarwirtschaft fließen. Der Rat ist allerdings der Auffassung, daß es sich bei der Fischerei offenbar um einen subventionierten Wirtschaftsbereich handelt, dessen Kapazität seit längerer Zeit schrumpft und der daher aus beachtenswerten Gründen dauerhaft subventioniert werden muß. Daher ist Anlaß gegeben, nach Alternativen zu der derzeit praktizierten Politik zu suchen, die vielleicht die Belange ökologischer Lösungen verbessern könnten.

7.4.3 Bewertung im einzelnen

815. Von einer einheitlichen EG-Fischereipolitik kann nach wie vor keine Rede sein; dennoch können die in der Diskussion sich befindlichen und zum Teil praktizierten Regelungsinstrumente einer kritischen Überprüfung unterzogen werden. Dabei müssen zwei Aspekte im Vordergrund stehen: ihre ökologische Wirksamkeit und ihre ökonomische Effizienz. Die aus einer solchen Analyse ableitbaren Defizite der instrumentellen Grundlagen der derzeit praktizierten Politik könnten vielleicht Orientierungspunkte für eine langfristige Fischereipolitik liefern.

816. Die technischen Erhaltungsmaßnahmen beschränken sich in der Regel auf Auflagen über die Verwendung bestimmter Fanggeräte sowie auf Vorschriften über Mindestgrößen für bestimmte Fische. Derartige Auflagen bzw. das Verbot der Benutzung bestimmter Fangeinrichtungen können, ökonomisch betrachtet, zunächst lediglich Kostensteigerungen bewirken. Diese steigenden Kosten wiederum kön-

nen zu einem Rückgang der Fanganstrengungen führen. Entsprechen die Fanganstrengungen im Ausgangszustand einem Ertrag jenseits des Maximum Sustainable Yield, so resultiert aus den verminderten Fanganstrengungen langfristig ein Anstieg der Fangmenge, wie Abb. 7.19 zu entnehmen ist:

Die durch die Kostensteigerung induzierte Reduktion der Fanganstrengungen entspricht den Zielvorgaben; insofern sind Auflagen für Fanggeräte als sinnvolle Instrumente der Fischereipolitik anzusehen. Es muß allerdings beachtet werden, daß die Behinderung des technischen Fortschritts in Form von restriktiven Bestimmungen über Fanggeräte auch gesamtgesellschaftliche Kosten verursacht. Die den geringeren Fanganstrengungen entsprechenden langfristigen Anlandemengen könnten nämlich auch zu niedrigeren Kosten bereitgestellt werden. Den gesellschaftlichen Kosten derartiger Regulierungsmaßnahmen entspricht in Abb. 7.19 die Fläche K_3 AB K_2. Insofern kann es sich bei Auflagen bezüglich des Fanggerätes – unbeschadet ihrer ökologischen Wirksamkeit – im ökonomischen Sinne nur um „second best" Lösungsversuche der Überfischungsproblematik handeln.

817. Versuche, mittels Quotierung das Überfischungsproblem in den Griff zu bekommen, sind unter ökonomischen Aspekten je nach der Art des Quotenregimes differenziert zu beurteilen:

Allgemeine Fangquoten sind in ihrer ökonomischen Wirkungsweise den technischen Erhaltungsmaßnahmen annähernd gleich. Sie können die Konkurrenz unter den Produzenten steigern und einzelwirtschaftlich als Anreiz wirken, in möglichst kurzen Zeiträumen eine möglichst große Menge Fisch anzulanden, um Fangverboten nach Ausschöpfung der Quoten zuvorzukommen. Diese Intensivierung der Fanganstrengungen wirkt kostensteigernd. Die Konzentration der Fanganstrengungen auf vergleichsweise kurze Zeiträume führt darüber hinaus zu ei-

Abb. 7.19

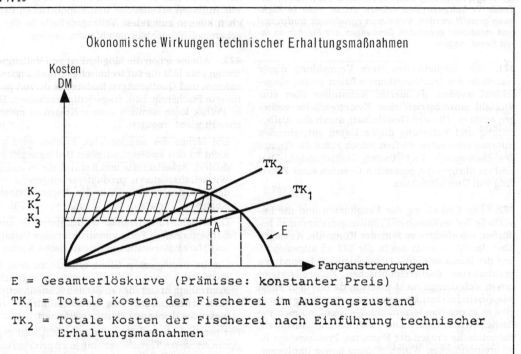

Ökonomische Wirkungen technischer Erhaltungsmaßnahmen

E = Gesamterlöskurve (Prämisse: konstanter Preis)

TK₁ = Totale Kosten der Fischerei im Ausgangszustand

TK₂ = Totale Kosten der Fischerei nach Einführung technischer Erhaltungsmaßnahmen

SR–U 80 0338

nem diskontinuierlichen Marktangebot mit der Konsequenz unerwünschter Verwendungsarten des Fisches aufgrund marktregulierender Maßnahmen.

818. Dazu ist überaus fraglich, ob eine bestandserhaltende Politik auf der Basis von Gesamtfangquoten ökologisch sinnvoll ist. Da nämlich die Fangquoten normalerweise in Gewichtseinheiten definiert sind, kann die Konzentration der Fanganstrengungen auf kurze Zeiträume zum Fang einer größeren Individuenzahl führen als bei einer gleichmäßigeren temporären Verteilung der Fanganstrengungen. Gerade dadurch aber kann die Wachstumsrate der Fischpopulation vermindert werden.

819. Demgegenüber haben Einzelfangquoten, durch die den einzelnen Fischern bzw. den Fanggesellschaften bestimmte Fangmengen zugeteilt werden, diesen ökologisch und ökonomisch unerwünschten Wettlauf um Fangmengen nicht zur Folge. Sie sind insofern sowohl unter ökonomischen wie auch unter ökologischen Aspekten zu begrüßen.

820. Eine Antwort auf die Frage nach den gesellschaftlichen Kosten kann jedoch erst unter Berücksichtigung der Art der Quotenzuteilung gegeben werden. In der Verwaltungspraxis wird das Verfahren bevorzugt, welches die geringsten politischen Widerstände (in Form der Umverteilung von Besitz-

ansprüchen) hervorruft. Bei diesem Verfahren werden die Quotenanteile so auf die einzelnen Fischer verteilt, daß die prozentualen Anteile am Gesamtfang sich nicht verändern. Ob allerdings dieses Verteilungsverfahren ökonomisch effizient ist, könnte erst beurteilt werden, wenn Informationen über die einzelbetrieblichen Kostenverläufe vorliegen. Zwar dürfte die generelle Einschränkung der Fanganstrengungen branchenweit zu sinkenden Grenzkosten erfolgen, die Verläufe der auch von den Fixkosten abhängigen Durchschnittskosten dürften dagegen jedoch durchaus unterschiedlich tangiert werden.

Besonders bedeutsam wird diese Tatsache, wenn Unternehmen mit hoher Fixkostenbelastung aufgrund zurückgehender Fangmengen in den Bereich steigender Durchschnittskosten gelangen, „economies of scale" also nicht mehr ausgenutzt werden können.

Auch Unternehmen mit weniger umfänglicher Kapitalausstattung müssen Einkommensausfälle hinnehmen, wenn nicht den reduzierten Fangmengen entgegengesetzte Preissteigerungen in gleichem Ausmaß gegenüberstehen.

Da jedoch die administrativ verordnete Reduktion der Fanganstrengungen gleichzeitig auch eine „Garantie" für bestimmte Fangmengen ist, insofern also Anreize für den Verbleib in der Fischerei existieren, wird der Strukturwandel verlangsamt, solange nur die variablen Kosten durch Erlöse bzw. Subventionen gedeckt werden können.

Derartige, langfristig ökonomisch nicht mehr zu begründende Verhaltensweisen müssen um so mehr in Rechnung gestellt werden, wenn man von den oft traditional und emotional geprägten Bindungen der Fischer an ihren Beruf ausgeht.

821. Die Möglichkeiten einer Vermeidung dieser Nachteile des Quotensystems müssen gering eingeschätzt werden, da hierfür Kenntnisse über eine Vielzahl einzelbetrieblicher Kostenverläufe vorliegen müßten. Die der Gesellschaft durch die Aufbereitung und Erfassung dieser Daten entstehenden Informationskosten dürften jedoch rasch die Grenze des ökonomisch Vertretbaren überschreiten. Dies sind im übrigen die generellen Grenzen einer Zuteilung von Umweltrechten.

822. Die Einhaltung der Fangquoten und die Beachtung der technischen Erhaltungsmaßnahmen bedürfen, um effektiv zu sein, der Kontrolle. Aussagen über die Effektivität des in der EG im allgemeinen und der Bundesrepublik Deutschland im besonderen praktizierten fischereipolitischen Kontrollsystems lassen sich derzeit nicht machen, da hierüber keine wissenschaftlichen Untersuchungen vorliegen. Zwar gibt es in der Bundesrepublik Deutschland mehrere fischereiwissenschaftliche Institute und Anstalten; ökonomische Fragen der Fischerei, Probleme der fischereipolitischen Willensbildung sowie Implementations- und Kontrollprobleme der Fischereipolitik sind hier bislang jedoch offenbar nicht Gegenstand wissenschaftlicher Beschäftigung geworden. Deshalb ist es z. Z. nicht möglich, generelle Aussagen über den Vollzug der fischereipolitischen Regelungen zu treffen. Hier ist sicherlich eine Forschungslücke, die rasch zu schließen wäre.

Die unzureichende Informationsbasis erlaubt keine generellen Rückschlüsse auf ein Funktionieren oder Nichtfunktionieren des Kontrollsystems. Vielmehr liegen dem Sachverständigenrat sowohl Äußerungen vor, die auf ein funktionierendes Kontrollsystem hinweisen, als auch solche, die die Kontrolle als lückenhaft und mangelhaft ausweisen: So wird eine zunehmende Verfälschung der Fangstatistiken beklagt (besonders bezüglich der Fanggebiete und der Fischarten), Vorschriften nach dem Seefischerei-Vertragsgesetz werden angeblich nicht eingehalten. Es wird auch auf Vollzugsdefizite im internationalen Maßstab hingewiesen. So sollen beispielsweise die EG-Länder Dänemark und die Niederlande gezielt Heringsfang betreiben; Länder also, die angeblich ihre nationale Fischereipolitik auf der Grundlage des „Berliner Kompromisses" betreiben. Auch der von der EG-Kommission eingesetzte wissenschaftlich-technische Fischereiausschuß hat mit Nachdruck auf die Nachlässigkeit im Kontrollsystem aufmerksam gemacht. Es ist klar, daß für Mitgliedsländer, die keine Quotenregelungen implementiert haben, sich selbstverständlich auch keine Vollzugsdefizite nachweisen lassen. Der Sachverständigenrat konnte derartige Äußerungen nicht nachprüfen. Sie sollten allerdings Anlaß genug sein, mögliche Probleme beim Vollzug der Fischereipolitik systematisch zu analysieren, um die Effektivität der Politik

zu erhöhen. Aus der Kenntnis der Praxis in anderen, mit Auflagen arbeitenden umweltpolitischen Bereichen können zumindest Vollzugsdefizite in der Fischereipolitik nicht ausgeschlossen werden.

823. Alleine schon die Möglichkeit von Vollzugsdefiziten aber läßt die auf technischen Erhaltungsmaßnahmen und Quotierungen basierende derzeit praktizierte Fischereipolitik fragwürdig erscheinen. Diese Politik kann nämlich soziale Kosten in mehrfacher Hinsicht erzeugen:

– Die Menge des angelandeten Fisches wird u. U. nicht zu den kostengünstigsten Bedingungen produziert. Arbeitskräfte und Kapital, die in anderen Wirtschaftssektoren produktiver eingesetzt werden könnten, verharren in der Fischerei (soziale Kosten).

– Diese Beharrungstendenz wird unterstützt durch Subventionen in Form von strukturellen Beihilfen und Marktinterventionen (pagatorische Kosten).

– Um im ökologischen Sinne effektiv zu sein, bedürfte eine solche Politik eines umfangreichen Kontrollapparates, der zusätzlich Kosten verursachen würde. Ohne eine solche Kontrolle aber bleibt der Erfolg der Politik zweifelhaft.

Der gesellschaftliche Nutzen dieser Politik ist dagegen in ersparten Transferzahlungen an private Haushalte zu sehen (z. B. Umschulungsbeihilfen), in einer für die Fischer aufgrund außerökonomischer Erwägungen möglicherweise höheren Lebensqualität sowie in einer höheren Versorgungssicherheit.

7.4.4 Alternativen

824. Angesichts der Mängel des derzeitigen Fischereiregimes, die vor allem im instrumentellen Bereich liegen, drängt sich die Frage nach effizienteren Instrumenten einer rationalen Fischereipolitik auf. Aufgrund des bemerkenswerten Defizits an wissenschaftlicher Beschäftigung mit Fragen der Fischereipolitik und -bewirtschaftung ist der Sachverständigenrat nicht in der Lage, anwendungsreife Rezepte vorzulegen. Darüber hinaus wirken die noch nicht ausreichenden Kenntnisse auf dem Gebiet der Fischereibiologie – insbesondere was die Wechselwirkung zwischen verschiedenen Fischarten angeht – als Restriktion bei der Formulierung möglicher Alternativen zur derzeit praktizierten Politik. Die folgenden Überlegungen können deshalb nur Denkanstöße für eine intensivere Diskussion über derartige Fragestellungen sowohl im wissenschaftlichen als auch im politischen Raum liefern.

825. Eine rationale Fischereipolitik muß, wie bereits betont, zur Erreichung von zwei miteinander verknüpften Hauptzielen beitragen. Unter ökonomischen Aspekten steht die möglichst kostengünstige Bereitstellung eines ausreichenden und qualitativ hochwertigen Fischangebotes im Vordergrund. Der Kostenbegriff ist dabei sowohl betriebs- als auch volkswirtschaftlich zu interpretieren.

Unter ökologischen Aspekten steht die Erhaltung der Bewirtschaftungsgrundlage, des Fischbestandes, in seiner Vielfalt auf einem optimalen Niveau im Vordergrund. Hierbei ist insbesondere eine auf ökologische Gleichgewichtsbedingungen ausgerichtete Relation einzelner Fischarten untereinander, insbesondere auch ein optimales Verhältnis zwischen Konsumfisch- und Industriefischarten anzustreben. Eine für die praktische Politik notwendige Operationalisierung dieser globalen Zielvorstellung ist jedoch mit Problemen verbunden, da insbesondere über die bedeutsamen zwischenartlichen Beziehungen (inter-species-Interdependenzen) nur unzureichende Kenntnisse vorliegen. Neben diesen beiden Hauptzielen einer rationalen Fischereipolitik, die auch von der derzeit betriebenen Politik gefordert werden, können bei der Formulierung von politischen Strategien Nebenziele etwa regionalpolitischer, versorgungspolitischer oder sozialpolitischer Natur eine wichtige Rolle spielen. Der Rat weist darauf hin, daß Maßnahmen zur Erreichung bestimmter Hauptziele nur sinnvoll sind, wenn gesellschaftlich nicht erwünschte Nebenwirkungen in angemessenem Verhältnis zu den positiven Konsequenzen stehen.

826. Ausgangspunkt der Überlegungen zur Entwicklung wirksamer Instrumente der Fischereiregulierung in der Nordsee ist die Tatsache, daß wichtige Fischbestände bereits überfischt sind (Tz. 695), andere Fischbestände in der Gefahr sind, überfischt zu werden und der Bestand einer dritten Gruppe von Fischarten zwar nicht akut gefährdet ist, sich insgesamt aber auf einem suboptimalen Niveau befindet (vgl. First Report of the scientific and technical Committee for Fisheries, Brüssel, 25. 10. 1979). Dieser Tatbestand findet seinen Niederschlag in den sowohl von wissenschaftlichen Kommissionen als auch von politischen Gremien festgesetzten zulässigen Gesamtfangmengen für wichtige Fischarten. Ferner ist davon auszugehen, daß die Fangkapazitäten trotz der in den vergangenen Jahren erfolgten Abwrackungen zu groß sind, und daher Überkapazitäten bestehen. Wäre dies nicht der Fall, gäbe es keine regelmäßigen Diskussionen über die „richtigen" zulässigen Gesamtfangmengen.

827. Wir haben gesehen: Überfischung im ökonomischen Sinne liegt bereits dann vor, wenn die Fanganstrengungen auf ein Niveau ausgedehnt werden, bei denen die entstehenden Grenzkosten über dem Grenznutzen (Marktpreis) liegen. Der aus ökonomischer, aber auch aus ökologischer Sicht erwünschte Ausgleich von Grenzkosten und Grenznutzen ließe sich theoretisch durch Anwendung verschiedener Instrumente erreichen, die gleiche Allokations-, aber unterschiedliche Distributionswirkungen haben. Ein Ansatz wäre die Institutionalisierung eines Abgabesystems. Wenngleich sich theoretisch zeigen läßt, daß eine Abgabe, die alternativ auf inputs oder den output der Fischerei zu erheben wäre, ein wirksames Regelungsinstrument zur Reduktion der Fanganstrengungen auf ein ökonomisch sinnvolles Niveau wäre (ANDERSON, 1977) und somit eine übermäßige Ausbeutung der Fischbestände verhindert würde, so ergibt sich doch bei der Implementation eines solchen Instrumentes eine Reihe von Problemen (HÜBNER, 1971), die es nicht angezeigt sein lassen, diese Lösung weiter zu verfolgen.

828. Praktikabler scheint demgegenüber der Einsatz von Lizenzen zur Reduzierung der Fanganstrengungen. Derartige Lizenzen sind in der Lachsfischerei British Columbiens bereits erprobt (PEARSE, 1972). Lizenzsysteme basieren auf einer Quasi-Privatisierung der Fischbestände. Ist diese Quasi-Privatisierung für die Interessenten kostenlos, dann wird das Lizenzsystem mit dem bereits praktizierten Quotensystem nahezu identisch. Unter der Prämisse eines Marktes allerdings, auf dem die Lizenzen frei gehandelt werden, ziehen sich rational kalkulierende Produzenten vom Markt zurück, wenn der Preis der Lizenz den Gegenwartswert des erwarteten Nettoeinkommens übersteigt. Produzenten mit komparativen Kostennachteilen würden demgemäß automatisch vom Fischfang ausgeschlossen. Dies führt zu einem mehr oder weniger schnellen Rückgang der Fanganstrengungen, damit aber auch zu einem Ausscheiden von Arbeitskräften aus der Fischerei. Dies kann als Verletzung eines Nebenzieles im oben definierten Sinne angesehen werden. Nur eine politische Bewertung der verschiedenen Wirkungen derartiger Abgabe- oder Lizenzsysteme kann ein realistisches Bild ihrer „sozialen Verträglichkeit" abgeben.

829. Eine weniger grundsätzliche Strategie zur verbesserten ökonomischen und ökologischen Nutzung der Nordseefischbestände könnte die Reduzierung des Industriefischfanges darstellen. Wie bereits dargestellt, wird beim Industriefischfang das ökologische Potential nicht voll ausgeschöpft.

Auch unter wirtschaftlichen Aspekten ist der Fang von Konsumfisch der Industriefischerei vorzuziehen, weil die Erlöse für wertvollen Konsumfisch in der Regel weit über denen für Industriefisch liegen (vgl. Tz. 765). Außerdem ist zu berücksichtigen, daß beim Industriefischfang ein nicht unerheblicher Anteil von jungen Konsumfischen mitgefangen wird. 1974 bestanden die Industriefischanlandungen an der Nordsee zu etwa 70% aus den „klassischen" Industriefischarten Sprotte, Sandaal und Stintdorsch. Fast 30% (= 601 800 t) der Industriefischanlandungen waren dagegen Konsumfische (POPP MADSEN, 1978). Diese hochwertigen Fische werden anschließend zusammen mit den eigentlichen Industriefischen zu Fischmehl bzw. -öl verarbeitet.

830. Auch der Ernährungsausschuß des Deutschen Bundestages hat sich deutlich für eine EWG-weite Priorität des Fischfangs für den menschlichen Konsum gegenüber dem Fischfang für Industriezwecke ausgesprochen (Allgemeine Fischwirtschaftszeitung, AFZ Nr. 1−2, 14. 1. 1980, S. 17). Bevor allerdings einem derartigen selektiven Eingriff zugestimmt werden kann, müssen auch hier sorgfältig die ökologischen und ökonomischen Konsequenzen ausgelotet werden.

Eine verminderte Befischung der vorrangigen Industrie-
fischarten Sandaal, Sprotte und Stintdorsch würde aller
Voraussicht nach zu einem Anstieg der Bestände dieser
Arten führen. Die Frage ist, wie sich diese erhöhten
Industriefischbestände auf Zahl und Struktur der Be-
stände von Konsumfischen auswirken.

Mit einiger Sicherheit lassen sich Aussagen hierüber nur
für die Sandaalbestände machen: Erhöhte Bestände die-
ser Art würden das Nahrungsangebot für räuberische
Bodenfische, v.a. Kabeljau, erhöhen und über gestiegene
Bestände dieser Arten dem Menschen zugute kommen.
Derartige klare Aussagen lassen sich für Sprotte und
Stintdorsch nicht treffen.

831. Den möglichen positiven Folgen einer verrin-
gerten Industriefischerei steht allerdings als mögliche negative Konsequenz eine gestiegene Nahrungskonkurrenz zwischen Industriefischen und besonders den kleinen Konsumfischen gegenüber. Dies
könnte sich u. U. negativ auf den Bestand von Konsumfischen auswirken. Außerdem können auch hier
politische Restriktionen wirksam werden. Innerhalb
der EG ist die gezielte Industriefischerei – wenn
auch in absoluten Zahlen abnehmend – in Dänemark
konzentriert. Größere Reduktionen würden demzufolge besonders dort zu sozial- und regionalpolitischen Problemen führen. Reduzierte Industriefisch-
fangmöglichkeiten könnten außerdem Kapazitäten
in Konkurrenz für Konsumfischerei freisetzen, was
aus ökologischen und ökonomischen Gründen bedenklich ist. Schließlich ist zu berücksichtigen, daß
die Nicht-EG-Staaten Norwegen, Schweden und Färöer durch Fangmöglichkeiten für ihre Industriefischerei im sog. EG-Meer kompensiert werden.

832. Es ist auch denkbar, Struktur und Niveau
des Fischereiaufwandes über administrierte Erlös-
höchstgrenzen für die Fischerei zu steuern. Dabei
bleibt es dem ökonomischen Kalkül der Fischer vorbehalten, in welcher Struktur sie Fische anlanden.
Die Beurteilung einer solchen Strategie aus ökologischer Perspektive hängt v. a. vom Planungshorizont
der Produzenten sowie von der Flexibilität der
Nachfrage ab.

833. Diese Überlegungen machen deutlich, daß eine
gezielte Regulierung der Fischerei wegen der komplexen Interdependenzen mit vielfachen Problemen
verbunden ist, die zur Zeit keinesfalls als gelöst
angesehen werden können. Dabei handelt es sich
zum Teil um Wissenslücken; zum Teil geht es aber
auch um politisch äußerst verwickelte Problemlagen
nationaler und internationaler Art. Die in ihren
Grundstrukturen skizzierten möglichen alternativen
Regelungsmöglichkeiten der Fischerei sind, wie die
Diskussion gezeigt hat, keineswegs als ideal anzusehen; jede hat vielmehr ihre Vor- und Nachteile. Der
Rat wollte das Bewußtsein dafür schärfen, daß zu der
momentan von der Politik favorisierten Quotenlö-
sung Alternativen bestehen, die diskussionswürdig
sind. Quotenfestsetzungen und -zuteilungen aber
sind ihrerseits nur sinnvoll, wenn ihre Implementation gesichert ist. Derzeit spricht jedoch einiges dafür, daß dies nicht der Fall ist. Unabhängig von einer
längerfristigen Perspektive, in der über alternative
Regelungssysteme nachzudenken und zu diskutieren
ist, muß aus ökologischen und ökonomischen Gründen zumindest die Einhaltung und Beachtung der
derzeit praktizierten Regelungen gewährleistet sein.

8 SPEZIELLE BELASTUNGEN IM KÜSTENBEREICH

8.1 Ökologische Folgen von Deichbau, Abdämmungen und Landgewinnung im Wattenmeerbereich[1])

8.1.1 Kennzeichnung des Gebietes

834. Das Wattenmeer, (vgl. Tz. 59 ff. und 103 ff.),
eine flache Schwemmlandküste, die sich im Schutze
der friesischen Inselkette und im Innern von Buchten
der Festlandsküste sowie im Bereich der Ästuarien
ausgebildet hat, weist eine typische ökologische Zonierung auf.

Das Sublitoral liegt auch bei normaler Ebbe unter Was-
serbedeckung. An der Seewassergrenze ist das tiefere
Sublitoral die Wattenmeergrenze zum offenen Meer. In-
nerhalb des Wattenmeers wird das Sublitoral aus Priel-
rinnen und tieferen, Lagunen ähnlichen Wasserbecken
gebildet, in denen wiederum Land und Schlickbänke
liegen. Das Sublitoral ist durch eine rein marine Flora
und Fauna gekennzeichnet.

Das Eulitoral liegt als Areal zwischen der mittleren
Niedrigwasserlinie (MTnw) und der mittleren Hochwas-
serlinie (MThw). Es ist bei normaler Ebbe frei und bei
normaler Flut mit Wasser bedeckt. Die besonderen öko-
logischen Gegebenheiten (Tz. 104) führen hier zu unge-
wöhnlich hoher Individuendichte und Biomasse bei
pflanzlichen und tierischen Organismen; allein an Tier-
arten sind rd. 1500 bekannt. Die dauernd im Eulitoral
lebenden Arten sind überwiegend mariner Herkunft, nur

---

[1]) Dieser Abschnitt beruht weitgehend auf einem externen Gutachten von Prof. Dr. B. Heydemann (1979 a), Universität Kiel.

ein kleiner Teil leitet sich von Landformen ab. Das Areal wird im Wechsel von Ebbe und Flut von Landtieren (Vögeln) oder Meerestieren (Fischen und Garnelen) zur Nahrungsgewinnung aufgesucht.

Das Supralitoral erstreckt sich vom MThw bis zu etwa 1,50 m über MThw. In den meisten Bereichen wird das Supralitoral an der Landseite von Seedeichen begrenzt; nur an einigen Stellen begrenzen Düneninseln oder diluviale (bzw. tertiäre) Sockel das Supralitoral in Form natürlicher Steilküsten (z. B. bei Schuby nördlich Husum, bei Emmerleff-Kliff/Dänemark, das tertiäre Morsum-Kliff auf der Ostseite von Sylt, der diluviale Sockel bei Cuxhaven). Das Supralitoral kann zur Meerseite hin Abbruchkanten bis zu 1,50 m Höhe bilden; heute sind solche Abbruchkanten an vielen Stellen der nordwesteuropäischen Wattenmeerküste durch künstliche Verfelsungen bzw. profilierte Steinkanten befestigt. Der größte Teil des Supralitorals des Wattenmeers besteht aus Salzwiesen (Außengroden, Vorland). Selbst auf Salzwiesen, die aus Sandwatten hervorgegangen sind, lagern sich später noch Schlicksedimente ab, so daß sie eine Auflage von Schlick tragen können. Salzwiesen sind unter dem Einfluß von Beweidung als Salzrasen ausgeprägt, können aber in den tiefer gelegenen Teilen bei Ausfall der Beweidung in ein typisches Hochstaudenried übergehen. Hochstaudenriede stellen die ursprüngliche pflanzliche Besiedlungsform dieses Bereiches dar. Abb. 8.1 gibt einen Überblick über die Lage größerer Salzwiesenareale im Wattenmeer. Zur besonderen ökologischen Situation in diesen Grenzgebieten zwischen Land und Meer sowie zur Entwicklung der hier vorkommenden Lebensgemeinschaften siehe HEYDEMANN, 1960, 1962, 1967, 1968 (dort weitere Literatur), 1973 und 1979 b.

835. In den Salzwiesen haben sich salzliebende, salzbeanspruchende und salzresistente Pflanzenarten zu charakteristischen Pflanzengesellschaften zusammengeschlossen. Mit steigender Sedimentationshöhe treten aufeinanderfolgende Pflanzengesellschaften verschiedener Zusammensetzung auf (Sukzessionen). Die Pflanzengesellschaften entwickeln sich in Abhängigkeit von Überflutungsdauer und -häufigkeit, vom Bodentyp, vom Salzgehalt, von der Nährstoffversorgung und von der Bodenfeuchtigkeit. Folgende Gesellschaften lassen sich unterscheiden.

1) *Strandmeldengesellschaft (Atriplicetum littoralis – Suaedetum maritimae u.a.); sie tritt am Spülsaum, d. h. an der landseitigen Grenze des Eulitorals auf.*

2) *Andelzone; sie findet sich im unteren Supralitoral 0–35 cm über der MThw-Linie, im Durchschnitt mit 100–400 Überflutungen pro Jahr. Diese Gesellschaft tritt in verschiedenen Formen auf:*
   – *als Pioniergesellschaft mit der Strandaster (Aster tripolium-Assoziation). Diese Gesellschaft tritt vor allem bei Misch-Beweidung auf.*
   – *als Andelrasen (Puccinellietum maritimae); dieser tritt zum Teil in der abweichenden Form des Strandwegerich-Strandwiderstoßrasens (Plantagini-Limonietum) oder der Strandkeilmelde-Zwergstrauchgesellschaft (Halimionetum portulacoidis) auf. Die beiden zuletzt genannten Gesellschaften sind beweidungsgefährdet; bei starker Beweidung stellt sich ein monotoner Andelrasen ein.*

3) *Rotschwingelzone (Festucetum rubrum littorale); sie tritt im oberen Supralitoral (35–120 cm über der MThw-Linie) und in verschiedenen Untertypen auf. Eine reine Rotschwingel-Strandnelken-Gesellschaft entwickelt sich vor allen Dingen bei Beweidung (Fe-*

stucetum-Armerion maritimae). Bei Nichtbeweidung entwickeln sich auch Zwergstrauchrasen (Strandbeifuß-Gesellschaft, Artemisietum maritimae). Schwache Beweidung verträgt der Bottenbinsenrasen (Juncetum gerardii). Widerstandsfähiger gegen Beweidung ist bei stärkerer Aussüßung und Austrocknung der Rasen des Niederliegenden Straußgrases (Agrostidetum stolonifera salinae).

836. Sommerköge, die nur einen niedrigen Sommerdeich besitzen, der höhere Winterüberflutung zuläßt, tragen nur noch in Ausnahmefällen Salzpflanzen-Gesellschaften. Sie sind zu den Süßwiesen-Süßweiden-Gesellschaften zu rechnen und nicht zu den Salzwiesen-Komplexen.

837. Die Salzwiesen haben ein charakteristisches Arteninventar; nur wenige dieser Arten kommen auch an Salzstellen des Binnenlandes vor. Nach der Eindeichung hält sich die Gesellschaft nur kurzfristig (5–10 Jahre) in nichtkultivierten Bereichen und solchen, die durch Grundwasser und kapillaren Salzaufstieg an der Oberfläche genügend mit Salz versorgt werden. Die Salzpflanzen weisen zumeist einen hohen Spezialisationsgrad auf Salzwiesen-Standorte aus. Wegen der Dezimierung ihrer Biotope findet sich ein erheblicher Anteil auf der Roten Liste der gefährdeten Pflanzenarten der Bundesrepublik Deutschland.

838. Die Zahl der Tierarten in den Salzwiesen beläuft sich auf mindestens 1 650 Landformen und etwa 350 Arten, die vom Meer her in den Salzwiesenboden und speziell in das wassererfüllte Hohlraumsystem des Bodens eingewandert sind. Etwa die Hälfte der Tierarten ist auf die Lebensgemeinschaft Salzwiese spezialisiert; sie fehlen entsprechend in anderen Ökosystemen. Etwa 410 leben als Pflanzenfresser von den rd. 25 häufigsten Pflanzenarten; dies bedeutet, daß die Vernichtung des Vorkommens schon einer Pflanzenart eine größere Zahl von pflanzenfressenden Tierarten ihrer Existenzgrundlage beraubt. Da die Tierarten der Salzwiese über vier- bis fünfgliedrige Nahrungsketten miteinander in Verbindung stehen, führt bereits der Fortfall einer oder weniger Pflanzenarten zu beträchtlichen Einbußen der Tierwelt, die weit über die Pflanzenfresser hinausgehend auch zahlreiche räuberische oder parasitisch lebende Arten trifft. Abb. 8.2 stellt einen Ausschnitt aus dem Ökosystemgefüge einer Salzwiese des Wattenmeeres dar.

839. Die Salzwiesen haben eine hohe pflanzliche Bioproduktion, die überwiegend von Blütenpflanzen, in geringerem Umfang von bodenlebenden Algen getragen wird. Dazu kommt eine beträchtliche Einschwemmung von organischer Substanz vom Meer her, die allerdings wegen des Abtrocknens des Sediments für Tiere weniger gut nutzbar ist als im Eulitoral (Tz. 105). Im Salzwiesenbereich wird der größere Teil der tierischen Biomasse von Konsumenten der Blütenpflanzen produziert. Sowohl die pflanzenfressenden Kleintiere als auch das Pflanzenmaterial selbst stellen eine wichtige Nahrung für Vögel dar, insbesondere auch für Gastvogelarten (Tz. 1001).

Abb. 8.1

Verbreitung der Salzwiesen im Nordwesteuropäischen Wattenmeergebiet

Esbjerg

Rømø

Dänemark

Sylt

Föhr

Amrum

Schleswig-
Holstein

Helgoland

Elbe

Spiek.
Lang.
Wang.
Nordern.
Juist
Borkum
Leybucht
Jadebusen
Niedersachsen
Schiermonnikoog
Weser

Terschelling

Texel
Ems
Den
Helder
Niederlande

0   50 km

Größere

Salzwiesen–Ökosysteme

Ijsselmeer

Quelle: HEYDEMANN (1979 a)

SR-U 80 0313

Abb. 8.2

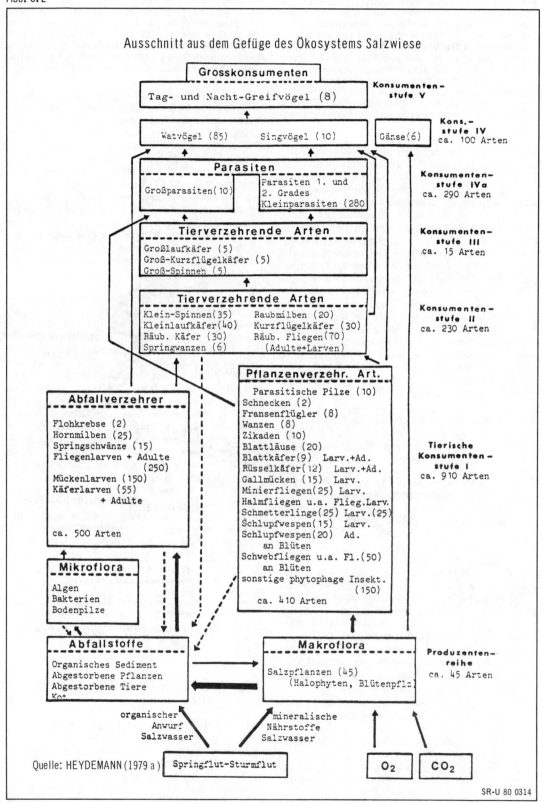

Ausschnitt aus dem Gefüge des Ökosystems Salzwiese

Grosskonsumenten

Tag- und Nacht-Greifvögel (8) — Konsumentenstufe V

Watvögel (85) Singvögel (10) Gänse(6) — Kons.-stufe IV ca. 100 Arten

Parasiten

Großparasiten(10) Parasiten 1. und 2. Grades Kleinparasiten (280) — Konsumentenstufe IVa ca. 290 Arten

Tierverzehrende Arten

Großlaufkäfer (5)
Groß-Kurzflügelkäfer (5)
Groß-Spinnen (5) — Konsumentenstufe III .ca. 15 Arten

Tierverzehrende Arten

Klein-Spinnen(35) Raubmilben (20)
Kleinlaufkäfer(40) Kurzflügelkäfer (30)
Räub. Käfer (30) Räub. Fliegen(70)
Springwanzen (6) (Adulte+Larven) — Konsumentenstufe II ca. 230 Arten

Abfallverzehrer

Flohkrebse (2)
Hornmilben (25)
Springschwänze (15)
Fliegenlarven + Adulte (250)
Mückenlarven (150)
Käferlarven (55) + Adulte

ca. 500 Arten

Pflanzenverzehr. Art.

Parasitische Pilze (10)
Schnecken (2)
Fransenflügler (8)
Wanzen (8)
Zikaden (10)
Blattläuse (20)
Blattkäfer(9) Larv.+Ad.
Rüsselkäfer(12) Larv.+Ad.
Gallmücken (15) Larv.
Minierfliegen(25) Larv.
Halmfliegen u.a. Flieg.Larv.
Schmetterlinge(25) Larv.(25)
Schlupfwespen(15) Larv.
Schlupfwespen(20) Ad. an Blüten
Schwebfliegen u.a. Fl.(50) an Blüten
sonstige phytophage Insekt. (150)

ca. 410 Arten — Tierische Konsumentenstufe I ca. 910 Arten

Mikroflora

Algen
Bakterien
Bodenpilze

Abfallstoffe

Organisches Sediment
Abgestorbene Pflanzen
Abgestorbene Tiere
Kot

Makroflora

Salzpflanzen (45) (Halophyten, Blütenpflz.) — Produzentenreihe ca. 45 Arten

organischer Anwurf Salzwasser mineralische Nährstoffe Salzwasser

Quelle: HEYDEMANN (1979 a) Springflut-Sturmflut O_2 CO_2

SR-U 80 0314

840. *Die Bioproduktion der Blütenpflanzen in den Salzwiesen des Wattenmeeres liegt nach Daten von JOENJE u. WOLFF (1979) im Bereich von etwa 200–600 g/m² a bei einem Mittelwert von 425 g/m² a (alle Angaben in Trockengewicht). Dazu kommt ein Eintrag an organischer Substanz vom Meer her in Höhe von 300–500 g/m² a. Die Bioproduktion der wirbellosen Tiere an der Bodenoberfläche beträgt rd. 3 g/m² a, in der Vegetationsschicht hingegen rd. 10 g/m² a; Gastvogelarten produzieren etwa 0,1–0,2 g/m² a (HEYDEMANN, 1979 a). Die Werte variieren je nach ökologischer Situation beträchtlich.*

841. Die Salzwiesen haben große ökologische Bedeutung als Rast- und Nahrungsraum für Vögel (vgl. Tz. 999). Bei hohen Flutständen kommt den hochgelegenen Salzwiesen besondere Bedeutung als Hochwasserrastplatz zu. Insgesamt stehen bei einer Gesamtfläche von 20 000 ha Salzwiese nur etwa 5 000–8 000 ha an größeren Arealen als solche geschützten Rastplätze zur Verfügung. In Zeiten höchster Vogeldichte während der Zugzeit konzentrieren sich 1,2–3 Mio. Vögel auf den Salzwiesen; das bedeutet 400–600 Vögel/ha. Die einzelnen Pflanzengesellschaften der Salzwiese haben unterschiedliche Bedeutung für die einzelnen Vogelarten (s. Abb. 9.2). Während die Rotschwingel-Zone als Rastplatz besondere Bedeutung hat, spielt sie als Nahrungsplatz nur für acht Arten die entscheidende Rolle. Bei der niedrigeren Andelzone kommen hierfür 22 Arten in Betracht, für die Quellerzone (im Eulitoral) 24 Arten und für die Sublitoral-Bereiche des Watts 15 Arten (SCHULZ u. KUSCHERT, 1979).

842. Im Wattenmeer besteht eine Seedeichlinie von rd. 2 000 km, also rd. das Vierfache der Luftlinien-Ausdehnung des gesamten Bereichs. Die Seedeiche bilden eine nahezu kontinuierliche Begrenzung zwischen dem Supralitoral und den ausgesüßten bzw. kultivierten Marschgebieten. Sie erheben sich bis zu 7 m und mehr über die MThw-Linie und bedecken mit ihrem Deichfuß bis zu 130 m (moderne Seedeiche) des ehemaligen Wattbodens. Bei rd. 2 000 km gesamter Seedeichlänge im Bereich des Wattenmeers und einer zugrunde gelegten durchschnittlichen Breite von 100 m bedecken die Seedeiche allein eine Fläche von 20 000 ha. Nur ein Streifen von durchschnittlich 10–15 m Breite am Deichfuß gehört zum Salzwiesentyp. Der übrige Teil des Deiches rechnet zu Fettweiden vom Typ der Weidelgras-Weißkleeweiden (Lolio-Trifolium-repens-Gesellschaft). Ökologisch sind die Seedeiche nicht zum Gebiet des Salzwiesenvorlandes zu rechnen. Die Seedeiche sind durch folgende Eigenschaften gekennzeichnet:

– *die begrünten Sicherungsanlagen stellen im Rahmen des Küstenschutzes biologische Bauten dar;*

– *sie stehen zur Beweidung durch Schafe und Rinder zur Verfügung (meist 5–10 Schafe oder 2–3 Rinder pro ha);*

– *sie sind Landschaftselemente mit ökoklimatischer Auswirkung auf das Hinterland;*

– *der anthropogene Biotoptyp vom Charakter der Dauerweiden, zum Teil mit Elementen trockenwarmer Rasengesellschaften südlicher Prägung, bildet einen Erholungsraum namentlich als „Grüner Strand“.*

Die Deiche haben eine eigene Fauna, die den Dauerweiden ähnlich ist. Flora und Fauna der neuen Seedeiche mit Sandkernfüllung und Klei-Auflage (von einer Schichtdicke von 50–100 cm) unterscheiden sich in ihrem Arteninventar wesentlich von den Klei-Deichen herkömmlicher Bauart und ebenfalls von den Schlafdeichen („Deiche der zweiten Deichlinie“) im Hinterland.

843. Das Wattenmeer ist ein typischer Sedimentationsraum (Tz. 105). Die biogene Neuproduktion von Sedimenten in den Wattengebieten ist jedoch relativ gering. Die meisten Sedimente, die nach technischen Maßnahmen in Küstennähe entstehen, stammen vielmehr aus Umlagerungen. Infolge von Eindeichungsprozessen sind solche Umlagerungen allerdings seltener geworden. Ein Teil der Sedimente kommt aus den Flüssen. Der Schlick besteht aus tonigem Silt mit Anteilen von Feinsand. Der Sand der Watten ist vornehmlich ein Feinsand von mittlerer Korngröße um 0,1 mm. Im Supralitoral der Salzwiese werden die organischen Stoffe zunehmend aus den Rückständen der dichten Vegetation und aus tierischen Exkrementen gebildet.

844. Außerhalb des geschlossenen Wattenmeeres der Deutschen Bucht gibt es in der Nordsee nur wenige, kleinere Küstenabschnitte mit ähnlichen ökologischen Eigenschaften. Der mittlere und nördliche Teil der dänischen Nordseeküste besitzt nur im Schutze von Sand-Nehrungen salzwiesenartige Bildungen; punktuell wiederholt sich nur noch an wenigen Stellen der Wattenmeercharakter. Südlich von Den Helder wiederholt sich ebenfalls noch einmal ein Teilkomplex des Wattenmeeres in insularer Verbreitung in der Deltamündung von Schelde und Rhein. Hier sind jedoch die Ausprägungen von Salzwiesen und Vorland in das Innere des Ästuars verlegt und stehen unter Brackwassereinfluß. Salzwiesen und Vorlandgebiete haben sich im Nordseebereich ferner in den Flußmündungen der ostenglischen und schottischen Küste ausgebildet. Hier liegen aber besondere Verhältnisse auch in der ökologischen Entwicklung vor. Insbesondere hat sich hier keine geschlossene Wattenmeerlandschaft wie in der Deutschen Bucht ausbilden können.

Im Bereiche der westlichen Ostsee haben sich zwar ebenfalls einige kleinflächige Salzwiesen ausgebildet, jedoch sind sie im Rahmen von Verlandungsvorgängen und nicht durch Anlandungen wie an der Nordseeküste entstanden. Sie haben infolge des Ausbleibens von Ebbe-Flut-Erscheinungen eine andere Wasser- und Nährstoffversorgung als die Salzwiesen des Wattenmeers und sind nur als verarmte Varianten aufzufassen.

8.1.2 Bedeutung der Artenvielfalt für Ökosysteme

845. Die Natur bedient sich bei der Umsetzung von Stoffen und Energie einer Vielzahl ökologisch spezialisierter Systeme (Arten). Dabei ist der Weg der ökologischen Evolution nicht über wenige Arten mit großer ökologischer Spannweite (Ubiquisten), sondern mehr über viele spezialisierte (stenöke) Arten mit geringer ökologischer Spannweite gegangen.

Ähnlich wie im menschlichen Wirtschaftsleben, wo größere Stabilität oft eher durch viele kleine und mittlere Betriebe anstatt durch wenige Großunternehmen mit universellem Produktions- und Verkaufsbereich bewirkt wird, hängt auch in Ökosystemen der Stabilitätsgrad vom Prinzip der Aufgliederung in zahlreiche Produktions-Betriebe mit engem Produktionssektor ab.

846. Diese Artenvielfalt hat mehrere Funktionen:

– In den meisten Fällen bewirkt die an einem Standort höchstmögliche Artenvielfalt auch die höchste Stabilität des Systems und damit auch die höchste Überdauerungsfähigkeit der Einzelart. Artenvielfalt ist über den Umweg der Stabilisierung des Gleichgewichts im System also auch das erfolgreichste Prinzip des Artenschutzes durch die Arten selbst.

– In der Artenvielfalt drückt sich auch das biologische Prinzip der „Speicherung organischer Stoffe auf möglichst variable Weise" aus. Größere Schwankungen im Fließgleichgewicht der Stoffe werden durch diese Diversität der Speicherung von Stoffreserven in verschiedenen Arten besser aufgefangen.

– Über eine hohe Artenvielfalt wird ebenfalls eine hohe biogenetische Vielfalt der biologischen Systeme erreicht. Hohe Artenzahl sichert das biogenetische Potential für die ökologischen Anpassungsprozesse der Ökosysteme in der Zukunft.

– Hohe Artenvielfalt sichert weiterhin rentablen Umgang mit der in Ökosystemen umgesetzten Energie. Durch eine Vielfalt stofflicher Auf- und Abbausysteme über zahlreiche durch Arten markierte stoffliche Positionen wird in Ökosystemen ein Recycling der Stoffe mit hohem Ausnutzungsgrad und geringer Toxizität der Abfallprodukte organisiert.

Die Bedeutung der Artenvielfalt in Ökosystemen, damit aber auch die Erkenntnis von der Notwendigkeit der Existenz und Erhaltung möglichst zahlreicher Arten, sind die Grundlage für die hohe Einschätzung des Artenschutzes und des Ökosystemschutzes für die aquatischen und terrestrischen Biotope.

8.1.3 Ökologische Auswirkungen von Deichbau, Abdämmungen und Landgewinnung

8.1.3.1 Auswirkungen auf die Flora

847. Nach Eindeichungen treten ökologische Umwandlungsprozesse auf, die folgende Konsequenzen haben (Abb. 8.3):

– Auf den Flächen etwa 30 cm über MThw-Linie stirbt innerhalb von zwei bis drei Jahren die Mehrzahl der Salzpflanzenarten ab oder unterliegt der Konkurrenz eindringender Süßwiesenpflanzen.

– Mit fortschreitender Entsalzung besiedeln Ruderal-, Wiesen- und Weidepflanzen sowohl den ehemaligen Salzwiesenbereich als auch Flächen, die vorher keine deckende Vegetation besaßen.

– Auf hoch gelegenen Flächen, die vorher weitgehend von höherer Vegetation frei waren, siedeln sich salzmeidende Pflanzenarten an. Die ursprünglichen, tief liegenden Wattflächen, die vor der Eindeichung frei von höherer Vegetation waren, überziehen sich mit bestimmten salzliebenden Pflanzenarten.

– Innerhalb der ersten fünf bis sieben Jahre nach der Eindeichung sterben infolge der fortschreitenden Entsalzung auch salzliebende Erstansiedler wieder ab.

– Nach 10–15 Jahren stabilisiert sich die Vegetationsentwicklung in Abhängigkeit von weiteren anthropogenen Eingriffen. Ohne Kultivierung und Drainierung stellt sich häufig auf Kleiboden eine Hochstaudengesellschaft ein, die allmählich in ein Weiden-Eschen-Erlen-Gebüsch übergeht. Bei Beweidung ergibt sich eine Süßweiden-Vegetation, bei Mahd-Nutzung eine Weidelgras-Weißklee-Vegetation.

– Auf ehemaligem Sandboden geht die Entwicklung in Richtung zu Primärdünen, Trockenrasen, möglicherweise später auch zu Heiden. In südwestlichen Wattenmeergebieten erfolgt die Vegetationsentwicklung in Richtung eines Sanddorngebüsches.

– In den sandigen Arealen wird der Salzgehalt schneller ausgewaschen – vor allem, wenn nach der Eindeichung eine Drainierung erfolgt. Auf schlickhaltigen Flächen kann dagegen in sommerlichen Trockenperioden das Salz in größerem Umfang kapillar aus den tieferen Bodenschichten an die Bodenoberfläche aufsteigen.

– In Staubeckenbereichen entwickeln sich bei Salzwassereinfluß Brackwasserröhrichte (Scirpus maritimus-Bestände), in Süßwasserbereichen Schilfröhrichte (Phragmites australis).

848. Die spezialisierten und seltenen Pflanzengesellschaften des Wattenvorlandes werden infolge Eindeichung durch häufige und allgemein verbreitete Süßwiesengesellschaften ersetzt. Dieser totale ökologische Wechsel tritt auch ohne stärkere Entwässerung und Agrarkultivierung des Gebietes ein, wird aber durch diese Maßnahmen in besonders starkem Maße beschleunigt. Eine derartige Entwicklung zu typischem Süßwiesen-Grünland ist nur in den nach Eindeichung noch tidebeeinflußten Gebieten aufzuhalten, wenn möglichst große Meerwassermengen mit Hilfe von Schleusen oder Sielen ein- und ausgelassen werden.

849. Im Umkreis von Salzwasserstaubecken können einige Salzwiesenreste erhalten bleiben:

– So werden an wenigen Standorten die ehemaligen Andelgrasrasen (Puccinellia maritima-Bestände)

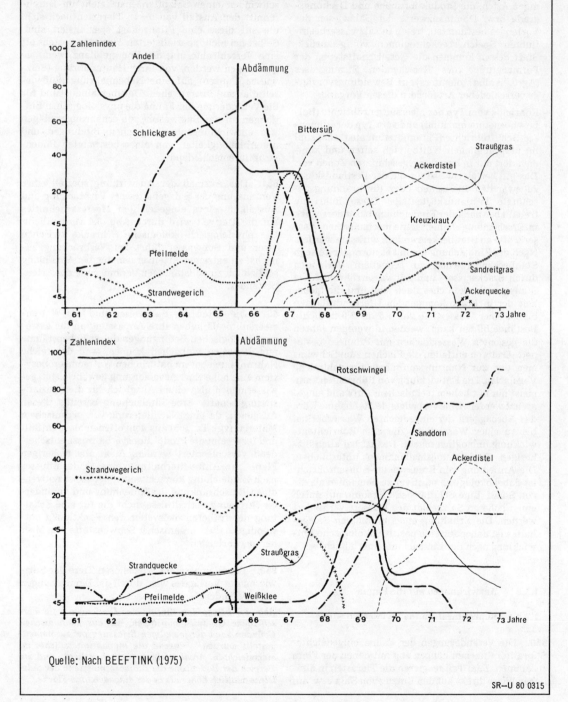

Abb. 8.3

Die wichtigsten Veränderungen der Flora in einem Andelrasen
(Salzwiese eines Puccinellia maritima-Bestandes) (oben)
und einer höher gelegenen Salzwiese (Rotschwingelzone Armeria maritima–Bestand) (unten)
nach der Abdämmung des Brielse–Gat (Groene Strand, Oostvoorne, Niederlande).

Quelle: Nach BEEFTINK (1975)

SR–U 80 0315

301

als Vorland-Andelgrasrasen erhalten bleiben. Daneben tritt nach der Eindeichung in zunehmendem Maße das salzliebende Binnenlandsalzstellen-Andelgras Puccinellia distans auf.

- Der Rotschwingelrasen (Festuca rubra litoralis-Rasen), der im Vorland auf einer Sedimenthöhe von 30 cm über MThw wächst, wird nach der Eindeichung weitgehend durch die Bottenbinsen-Bestände (Juncus gerardii-Rasen) abgelöst. Diejenigen Arten, die Produktionshöhe und Deckungsgrade bzw. Dominanzwerte der Salzwiesen des Vorlandes bestimmten, treten in salzwasserbeeinflußten Speicherbeckenregionen völlig zurück. Statt dessen kommen die Gesellschaftstypen der Formengruppe des Kriechenden Straußgrases (Agrostis alba stolonifera) auf. Beweidungsvorgänge verschiedener Art fördern diesen Vorgang.

- Röhrichte vom Typ der Meersimsenröhrichte (Bolboschoenetum maritimi) und vom Typ der Binnensee-Schilfröhrichte (Phragmitetum australis) sind im ursprünglichen Wattbereich selten und kommen dort nur in brandungsgeschützten Zonen vor. Das gilt beispielsweise für die der Festlandsküste zugewandten Inselseiten oder für brandungsgeschützte Festlandsküstenteile. Diese Röhrichte treten aber nach der Eindeichung besonders stark in Erscheinung, da hier keine mechanischen Wasserkräfte an Staubeckenrändern wirksam werden. Nach der Eindeichung kommt es normalerweise in Staubeckenbereichen zu schnellem Verlanden durch Brackwasser- und Süßwasserröhrichte. Da Stauwasserbecken eher flach sind und die Mehrheit der in Frage kommenden Uferrandpflanzen bis zu einer Wassertiefe von 1,5 bis 2,0 m dichte Bestände bilden kann, werden in wenigen Jahren die gesamten Wasserflächen mit Pflanzen besiedelt. Dadurch entfallen die Flächen zum Schwimmen und zur Nahrungsaufnahme für zahlreiche Vogelarten. Die Entwicklung von Röhrichten kann meist nur mit hohem technischem Aufwand eingegrenzt werden. Eine vorbeugende Maßnahme wäre das Ausbaggern der eingedeichten Wasserbecken bis zu einer Wassertiefe, die eine Röhrichtentwicklung unmöglich macht. Das ist bei allen bisherigen Eindeichungsmaßnahmen unterblieben. Die Ansiedlung von Brackwasser-Simsenröhricht ist dabei ökologisch positiver zu beurteilen als die von Schilf. Eine Schilfansiedlung kann nur durch einen höheren Salzgehalt des Wassers verhindert werden. Die Erhaltung eines minimalen Salzgehaltes ist daher für eine positive ökologische Entwicklung nach der Eindeichung unerläßlich.

8.1.3.2 Auswirkungen auf die Fauna

8.1.3.2.1 Supralitoral-Fauna im engeren Sinne

850. Die Veränderungen der Fauna eingedeichter Supralitoralflächen hängen eng mit denen der Flora zusammen. Zum Teil reagieren die Tierarten in ähnlicher Weise direkt auf den Entzug von Salz bzw. auf das Ausbleiben von entsprechender Befeuchtung durch Überflutung, auch entfällt die Zufuhr organischer Substanz vom Meer her, wodurch für viele Arten eine Verschlechterung der Nahrungsversorgung eintritt. Vor allem aber entfällt für rd. 420 pflanzenverzehrende Tierarten die Nahrungsbasis. Da fast die Hälfte dieser Tierarten auf bestimmte Salzpflanzenarten spezialisiert ist, können sie nicht auf andere Futterpflanzen ausweichen. Das Verschwinden einer Salzpflanzenart zieht im Durchschnitt den Ausfall von 8–16 Tierarten nach sich, die auf diese eine Pflanzenart spezialisiert sind. Selbst bei nicht spezialisierten Tierarten besteht oft eine Verschlechterung der Energiebilanz, wenn sie gezwungen werden, von ihrer Hauptnahrung (Salzwiesenpflanzen) auf eine Nebennahrung (Süßwiesenpflanzen) überzugehen. Darüber hinaus sind für die Veränderung der Fauna die physiologischen Bindungen an das Salzwasser, die ernährungsmäßigen wie entwicklungsphysiologischen Bindungen und die Abhängigkeiten von einer bestimmten Bodenstruktur entscheidend.

851. Das Ausmaß der Auswirkung speziell einer Veränderung des Salzgehaltes bei Verbrackung und Aussüßung eines eingedeichten Meeresabschnittes auf die Tierwelt wird durch Abb. 8.4 verdeutlicht. Die physiologisch-ökologische Schranke zwischen Meer und Süßwasser führt bei Verbrackung zunächst zu extremer Artenverarmung, bei Aussüßung schließlich zu vollständiger Veränderung des Artenbestandes.

852. Die Arten der Salzwiesen und des Wattenmeereulitorals haben ihre Anpassung an die extremen ökologischen Bedingungen dieser Lebensräume nur deswegen vollziehen können, weil das reiche Nahrungsangebot im natürlichen Wattenmeerökosystem eine hohe Energieversorgung gewährleistet, gewissermaßen also einen Ausgleich für die Spezialisierung schafft. Eine Eindeichung beseitigt diesen Ausgleich, da eine Nachlieferung von organischem Material (vgl. Tz. 105) aus dem offenen Meer entfällt und insgesamt die Produktionsverhältnisse entscheidend verschlechtert werden. Auch alle bisherigen Pläne zur Aufrechterhaltung eines Tideeinflusses nach Eindeichung können wegen der meist notwendigen Einschränkung des Tidenhubs und veränderter Strömungsverhältnisse nicht die für eine Erhaltung der früheren ökosystemaren Funktionen notwendige Zufuhr organischer Schwebstoffe vom Meer her gewährleisten.

853. Die Biomasse der wirbellosen Tiere der Salzwiesen des Vorlandes wird durch die Eindeichungen stark verändert.

Abb. 8.5 belegt den Einfluß der Eindeichung für verschiedene Organismengruppen, die aus methodischen Gründen nach der jeweiligen Erfassungsart zusammengestellt wurden. Während die Flugaktivitätsdichte im eingedeichten Areal geringfügig höher liegt, sind im Bereich der Bodenzone die Biomassenwerte in der Salzwiese deutlich höher als in der eingedeichten Fläche.

Abb. 8. 4

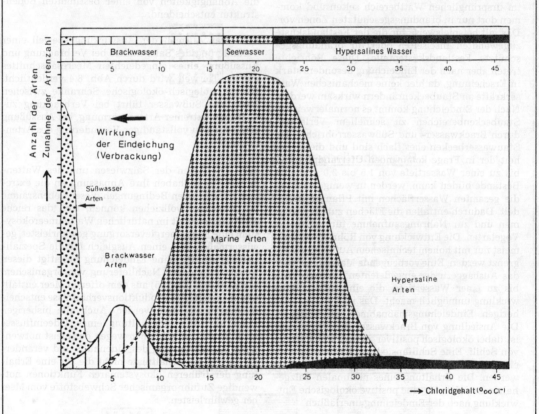

Die Zahl der Tierarten im Süßwasser, Brackwasser, Meerwasser und hochkonzentrierten Salzwasser (hypersalin)

Die Eindeichung eines Meeresteiles bewirkt eine Verbrackung (starke Verminderung des Salzgehaltes) und damit eine starke Artenminderung allein über die Auswirkung der Erniedrigung des Salzgehaltes. Brackwassergebiete haben neben hochsalzigen Arealen (z.B. Salzseen) die niedrigsten Artenzahlen aller aquatischen Ökosysteme.

Quelle: HEYDEMANN (1979a) in Anlehnung an REMANE (1934) aus KINNE (1971)

Abb. 8.5

Das Verhältnis der Biomasse von wirbellosen Tieren eines nicht eingedeichten zu der eines eingedeichten Areals. Vergleichsbasis: Gewicht der konservierten Tiere

Methoden: 1. Flug-Aktivitätsdichte mit Gelbschalenfängen.
a) uneingedeicht - Mittelwerte von Andel- und Rotschwingelzone, b) eingedeicht - Mittelwert aller Zonen

2. Besiedlungsdichte - Bodenoberfläche mit Bodenfallen.
a) uneingedeicht - Mittelwert von Andel- und Rotschwingelzone, b) eingedeicht - Mittelwert aller Zonen

3. Besiedlungsdichte - Bodenoberfläche mit Exhaustorfängen im Stechrahmen. a) + b) uneingedeicht - verschiedene Zonen c) eingedeicht - alle Zonen.

1. Flug-Aktivitätsdichte

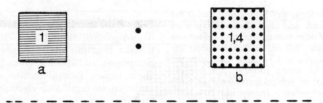

2. Bodenoberflächen-Aktivitätsdichte

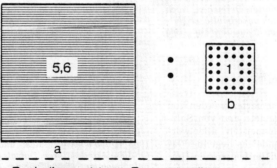

3. Besiedlungsdichte - Bodenoberfläche

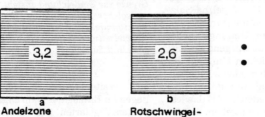

Quelle: HEYDEMANN (1979 a)

SR—U 80 0317

854. *Ein Vergleich der Biomasse der in vier Wochen sich aus bodenlebenden Larven entwickelnden Insekten (Vergleichsbasis: Lebendgewicht) ergab folgendes Resultat (HEYDEMANN, 1979a). Eingedeichte Sandwatten: 13,4 kg/ha im August, Brackwasser-Quellerzone eines sekundären Salzwiesenbiotops nach Eindeichung: 10,6 kg/ha pro 4 Wochen bzw. in stärker salzhaltigem (18–20‰) und nässerem Bereich 110 kg/ha pro vier Wochen.*

855. *Eine entscheidende Veränderung im Angebot an Biomasse nach der Eindeichung ist darin zu sehen, daß die Biomasse der wirbellosen Tiere des freien Watts auch in den Wintermonaten noch relativ hohe Werte hat und verfügbar ist, während nach Eindeichung und Abtrocknung sich eine überwiegend aus Arthropoden bestehende Besiedlung einstellt, die wegen der winterlichen Ruhe im Boden über 5–6 Monate nicht oder nur eingeschränkt für andere Arten als Nahrung zur Verfügung steht. Schon im September/Oktober senkt sich die Ausschlupfdichte der Insekten in eingedeichten Bereichen auf 3 bis 0,6 kg/ha pro 4 Wochen ab. (Untersuchungen innerhalb der ersten fünf Jahre nach der Eindeichung.)*

856. *Die Insektenbesiedlung der Böden und damit die Ausschlupfdichte vor und nach der Eindeichung wird entscheidend von der Bodenbeschaffenheit geprägt. Im Sandwattboden geht die Ausschlupfdichte durch die Eindeichung von 30,2 kg/ha pro 14 Tage (Bezugsbasis: Trockengewicht) auf 13,8 kg/ha pro 14 Tage zurück. Dieser Rückgang beträgt in Schlickwattbereichen nach der Eindeichung in den ersten 5 Jahren nur 20–30%; später sind es allerdings ebenfalls 40–50%.*

857. *Die im Jahresablauf insgesamt verfügbare Biomasse (Trockengewicht) von wirbellosen Tieren beträgt etwa 100–190 kg/ha im Durchschnitt der nicht eingedeichten Salzwiesenzonen im Gegensatz zu etwa 50–80 kg/ha (in der Vegetationsperiode von 6 Monaten) in den eingedeichten, aber nicht kultivierten Bereichen. Nach der Kultivierung, namentlich nach ackerbaulicher Nutzung, sinkt dieses Trockengewicht weiter auf etwa 10–20 kg/ha ab.*

8.1.3.2.2 Gastvögel (siehe dazu Tz. 1001)

858. Etwa 90 der 100 Gastvogelarten werden von der Eindeichung freier Wattgebiete und von Salzwiesen negativ betroffen. In den meisten Fällen werden die von den Vogelarten binnendeichs liegenden Flächen als Ausgleichsflächen nur im begrenzten Umfange oder gar nicht angenommen. Da es sich im allgemeinen um sehr hohe Rastdichten der durchziehenden Vögel handelt (ca. 100–150 Vögel/ha Salzwiese), können diese Vogelmengen nicht in Binnendeichsgebieten in entsprechendem Umfange wieder aufgefangen werden, da sich hier nirgendwo entsprechende Lebensräume in gleichem Umfange für die ausgefallenen Gebiete erhalten oder wiederherstellen lassen. Größenordnungsmäßig muß man bei einem Komplex von 400 ha eingedeichter Salzwiese (z. B. im Bereiche Rodenäs) davon ausgehen, daß für Tagesmaximalzahlen von ca. 60000 Vögeln die Rastplätze ausfallen. Für eine solche Zahl von Vögeln ist prinzipiell kein Ersatzraum schaffbar, so daß ein permanenter Rückgang der Durchzugspopulationen erfolgt.

859. Eine andere Auswirkung von Eindeichungen besteht bei Zugvögeln in dem Verdrängungseffekt und in der übermäßigen Verdichtung in ungestörten Restgebieten. Dies hat beispielsweise bei der Dunkelbäuchigen Ringelgans (Branta bernicla bernicla) zur Folge, daß sie in Bereichen wie etwa der Hallig Gröde für die dortigen Halligbauern zum Schädling wird. Dieses „Schädlichwerden" beruht nicht auf einer natürlichen Verdichtung, sondern auf einem Verdrängungseffekt durch kleiner werdende Nahrungsbiotope im Salzwiesenbereich anderer Küstenregionen. Als Konsequenz von Eindeichungsmaßnahmen ist daher langfristig neben unzuträglichen Verdichtungserscheinungen in Restgebieten eine Abnahme der Populationsgröße zahlreicher Vogelarten zu befürchten. Diese Abnahme beruht auf einer Veränderung des Flächengleichgewichtes zwischen offenem Watt als Nahrungsraum und gewachsenen Salzwiesen als Rast-, Nahrungs- und Mausergebiet sowie auf einer Störung des Gleichgewichtes zwischen Nahrungsangebot und Konsum.

860. Bei zahlreichen Vogelarten scheint neben der ökologischen Bindung auch eine ethologisch-traditionelle Bindung an bestimmte Einzelbestände von Salzwiesen zu bestehen. Diese läßt sich oft nicht aus ökologischen Besonderheiten eines Lebensraumes herleiten, sie ergibt sich vielmehr wahrscheinlich aus traditionellen „Einteilungsprinzipien" ähnlicher Lebensräume (Prinzip der traditionellen Vikarianz).

Besonders häufig kann man diese traditionelle Vikarianz von Arten bei Gänsen beobachten. Beispielsweise hat die Kurzschnabelgans seit etwa 20 Jahren einen traditionellen Rastplatz im deutsch-dänischen Deichvorland Rodenäs-Emmerleff-Kliff. Hier ist zeitweilig die gesamte Brutpopulation Spitzbergens von dieser Gänseart versammelt, wobei es sich gelegentlich um Tagesmaxima von 12000 Tieren handelt; der regelmäßige Besatz im März/April liegt bei 5000 Individuen. Nur 10% dieser Gänse sind auch im Binnenland zu beobachten. Die Kurzschnabelgans steht auf der europäischen „Roten Liste" der gefährdeten Vogelarten. Infolge von Biotopveränderungen hat diese Gänseart an Zahl abgenommen. Das ehemalige Überwinterungsgebiet im Emsland wird seit der Trockenlegung durch den Bau des Leda-Sperrwerks 1956 nicht mehr aufgesucht. Durch Flurbereinigungsmaßnahmen auf der Insel Föhr ging nach 1963/64 das wichtigste Rast- und Überwinterungsgebiet für diese Arten verloren. Damals gelang diesen Gänsepopulationen eine Umstellung der Tradition und eine neue Bindung an ein Gebiet, das an der deutsch-dänischen Grenze zur Eindeichung ansteht. Wichtig für die Annahme solcher Biotope durch Gänse ist ein Komplex von Weiträumigkeit, Übersichtlichkeit, Störungsfreiheit und ein vielseitiges, differenziertes Angebot von Wasserflächen und Salzwiesen.

861. Weitere Auswirkungen von Eindeichungen liegen im Entzug der Nahrungspflanzen bei spezialisierten Vogelarten. Ein typisches Beispiel einer derartigen Gefährdung ist die Dunkelbäuchige Ringelgans, bei der ein Wechsel der Nahrungspflanzen vom Herbst (Seegras und Grünalgen im Watt als Hauptnahrung) bis zum Frühjahr (Salzwiesenpflanzen als Hauptnahrung) besteht.

862. Insgesamt läßt sich sagen, daß bei vielen im Wattenmeer vorkommenden Vogelarten angeborene Bindungen an einen bestimmten Biotoptyp für Rast oder Nahrungsaufnahme (z. B. in Salzwiesen oder in Seegrasarealen) zusammen mit traditionellen Bindungen an bestimmte eng begrenzte Standorte vorliegen. Aufgrund dieser Biotop- und Standortbindung besteht bei dem überwiegenden Teil der Wattenmeerarten keine große verhaltensmäßige Elastizität und entsprechend keine Anpassungsfähigkeit an neue, z. B. an eingedeichte Lebensräume. Dabei sind Rast-, Nahrungs-, Mauser- und Brutplatzansprüche getrennt zu bewerten. Die Mehrheit der Wattenmeervogelarten zeigt die größte Elastizität bei der Rastplatzwahl, hinsichtlich des Nahrungsplatzes ist die Bindung wesentlich stärker und bezüglich des Brutplatzes bestehen die engsten Biotopbindungen.

Die immer wieder betonten Anpassungserscheinungen (Verhaltens-Adaptionen von Vogelarten an die Kultur-Biotope des Menschen) betreffen nur wenige der im Salzwiesenbereich brütenden Arten, z. B. Lachmöwe, Silbermöwe, Feldlerche, Wiesenpieper, also weit verbreitete, ökologisch gesehen ubiquitäre Arten. Keine der typischen spezialisierten Wattenmeervogelarten hat solche Anpassungen bisher gezeigt und es ist auch in Zukunft eine derartige Anpassung nicht zu erwarten.

8.1.4 Konflikte bei Deichbaumaßnahmen

8.1.4.1 Entstehung des Konfliktpotentials

863. Lange Zeit sind ökologische Gesichtspunkte bei der Planung und Durchführung von Deichbaumaßnahmen nicht berücksichtigt worden. Deichbau- und Landgewinnungsmaßnahmen wurden vielmehr als Teil des Ringens der Menschen mit den Naturgewalten angesehen, der Anspruch des Menschen auf die Gewinnung von Neuland wurde – und wird auch heute noch – kulturhistorisch begründet (Tz. 45). Weil sich bis vor einigen hundert Jahren unbedeichte Marschen weiter ins Wattenmeer erstreckten als heute, werden Salzwiesen und offene Wattflächen vielfach als künstliche, durch menschliche Einwirkung entstandene Biotoptypen bezeichnet. Dieses, die Schutzwürdigkeit des Wattenmeer-Ökosystems relativierende Argument ist biohistorisch falsch, weil unabhängig vom Verlauf der Küstenlinie während der letzten 7000 Jahre stets eine breite, durch Priele verzahnte Salzwiesen-Zone am Nordseeküstensockel vorhanden war. Durch den säkularen Meeresspiegelanstieg hat sich diese Zone lediglich in Richtung des Geestsockels der Festlandsküste verschoben (Tz. 42). Früher bewegten sich die Größenordnungen der Eindeichungsprojekte nur etwa zwischen 100 und 1000 ha. Seit nunmehr rd. vierzig Jahren nehmen jedoch in den Niederlanden, seit etwa 25 Jahren auch in der Bundesrepublik Deutschland die Eindeichungsprojekte gigantische Ausmaße an. Im IJsselmeer-Bereich wurden bis heute 166000 ha Land eingedeicht, weitere 60000 ha werden folgen. Im Bereich der Lauwerszee wurden 9000 ha vom Wattenmeer abgeschnitten. Im Eindeichungs-

projekt Ley-Bucht wären ca. 2000 ha betroffen, das geplante und von dänischer Seite begonnene internationale Eindeichungsprojekt Hindenburgdamm Emmerleff-Kliff soll ebenfalls 2000 ha umfassen, das Eindeichungsprojekt Nordstrander Bucht sogar 5600 ha (Tab. 8.1).

864. Der Rat hat in seinen Gutachten wiederholt betont, daß Umweltprobleme in der Regel Probleme der Eingriffsintensität bzw. -dosierung sind. Dies trifft im wesentlichen auch auf die Umweltprobleme der Nordsee zu. Denn während in früheren Jahrhunderten die Zuwachsraten für hohes Watt und Salzwiesen etwa dem Eindeichungsumfang entsprachen, rühren die heute zu beobachtenden Größenordnungen von Eindeichungsprojekten an die Substanz des Ökosystems Wattenmeer. Durch die geplanten Großeindeichungsprojekte entsteht deshalb die Gefahr der Unterschreitung des Minimalareals für besonders gefährdete Ökosystemteile, vor allem für die Salzwiesen. Minimalareale zeichnen sich dadurch aus, daß in ihnen derjenige minimale Anteil der typischen bzw. dominierenden Arten enthalten ist, der notwendig ist, um einen Ökosystemtypus dauerhaft zu erhalten.

865. Gestiegene Größenordnungen von Eindeichungsprojekten, verbesserte Erkenntnisse ihrer ökologischen Konsequenzen und ein allgemein gestiegenes Umweltbewußtsein haben ein beträchtliches Konfliktpotential zwischen Deichbaumaßnahmen und ökologischen Folgewirkungen deutlich werden lassen.

Deichbaumaßnahmen verfolgen das Ziel des Küstenschutzes und damit das Oberziel des Schutzes der Küstenbewohner (Personenschutz). Diesem Ziel wird zu Recht hohe Priorität eingeräumt. Deichbaumaßnahmen werden aber über den für den Personenschutz notwendigen Rahmen hinaus auf Flächengewinn ausgelegt. Diesem Ziel muß aus ökologischer Sicht widersprochen werden. Die ökologische Perspektive geht nämlich von der Erkenntnis aus, daß das Wattenmeer in seiner Gesamtfläche nicht vermehrbar ist und daß damit jede Vordeichung eine Verkleinerung des Großökosystems Wattenmeer bedeutet. Die Erhaltung der Ausmaße und der Struktur von Ökosystemen muß aber oberstes Ziel einer ökologisch ausgerichteten Politik sein. Dieses ökologische Ziel steht ganz offensichtlich im Widerspruch zu den derzeitigen Planungen im Deichbau.

8.1.4.2 Konflikte durch Veränderung von Größe und Struktur des Ökosystems Wattenmeer

866. Durch Eindeichungen verändern sich die Flächenproportionen der einzelnen Ökosystemeinheiten innerhalb des Wattenmeeres. Besonders stark wird der Salzwiesenbereich (Supralitoral) getroffen, während die den Gezeiten ausgesetzten Wattflächen (Eulitoral) und die dauernd von Wasser bedeckten Bereiche (Sublitoral) an ihrer Gesamtfläche gemessen geringer beansprucht werden. Das liegt einmal daran, daß die Salzwiesen an der Landgrenze liegen und

Tab. 8.1

Landgewinnungsmaßnahmen seit 1963

Lfd. Nr.	Projekt (Land)	Größe (ha)	Stand 1980	Anmerkungen
1	Eindeichung Balgzand (NL)	8100	Aufgegeben	
2	Hafenanlage Balgzand (NL)	300	Aufgegeben	
3	Einpolderung Noord-Friesland Buitendijks (NL)	4000	Aufgegeben	Vorläufig letztes Projekt in den Niederlanden; war als Anbaugebiet für Pflanzkartoffeln geplant. Das niederländische Kabinett hat am 12. Juli 1979 die Konzession abgelehnt. Premierminister van Agt: „Saatkartoffeln sind schön, aber das Wattenmeer ist schöner"
4	Trockenlegung Amelander Watt (NL)	17000	Aufgegeben	
5	Eindeichung Lauwerszee (NL)	9000	Abgeschlossen	
6	Einpolderung Noord-Groningen Buitendijks (NL)	4500–9000	Aufgegeben	
7	Eemshaven (NL)	800	Abgeschlossen	
8	Ausweitung Eemshaven (NL)	700	Planung	Wenig realistisch, da bisheriger Eemshaven noch nicht ausgelastet.
9	Einpolderung Dollart-Salzwiesen (NL)	1000	Aufgegeben	Bedarf für Gewerbefläche und Hafen ist fraglich (Kap. 3). Ramsar-Konvention wird verletzt.
10	Dollarthafenprojekt (D)	1200	Planung	
11	Eindeichung Leybucht (D)	3100	Aufgegeben	Niedersächsisches Kabinett beschloß Anfang 1980, die Leybucht nicht einzudeichen. Ausführlich dazu der Bericht für Naturschutz und Landschaftspflege des BML.
12	Vordeichung Spieka-Neufeld (D)	600	Planung	Raumordnungsverfahren mit Empfehlung, nicht einzudeichen, wurde im Frühjahr eingeleitet.
13	Industriegebiet Scharhörn (D)	4400	Planung	Projekt ruht z. Z.; wurde offiziell nicht aufgegeben.

Lfd. Nr.	Projekt (Land)	Größe (ha)	Stand 1980	Anmerkungen
14	Medemsand (Deuport) (D)	15 000	Planung	
15	Außendeichgelände längs der Unterelbe (D)	15 000	Abgeschlossen	
16	Außendeichgelände längs der Eider (D)	1 250	Abgeschlossen	
17	Eindeichung Meldorfer Bucht (D)	4 800	Abgeschlossen	
18	Eindeichung Nordstrander Bucht (D)	5 700	Planung	„Große Lösung" (5 700 ha) bringt viel Ackerlandgewinn. 1 600 ha Vorland, d. h. 32% des Vorlandes im Nordfriesischen Wattenmeer, würden in Anspruch genommen. Das größte zusammenhängende Wattgebiet der Schlick- und Schluffgruppe der gesamten Nordseeküste wäre betroffen. Wichtiges Brut- und Rastgebiet für Vögel, Brutraum für Plattfische. Verstoß gegen Ramsar-Konvention. „Kleine Lösung" (3 430 ha) nicht aktuell, da das Landeskabinett von Schleswig-Holstein am 29. 11. 1977 „Große Lösung" beschloß. Das Argument des verbesserten Schutzes vor Sturmfluten ist nicht stichhaltig, da eine Deichverstärkung möglich ist.
19	Vordeichung beim Fahretofter Vorland – Osewoldter Vorland (D)	260	Planung	
20	Eindeichung Rodenäs–Emmerleff (D, DK)	2 100	Im Bau	Das Projekt wurde auf dänischer Seite begonnen, während in der Bundesrepublik Deutschland das Planfeststellungsverfahren im Juni 1980 noch lief. Die Bundesrepublik Deutschland ist durch einen Vertrag mit Dänemark zum Deichbau verpflichtet. Das Projekt verstößt gegen internationale Konventionen und das Bundesnaturschutzgesetz (Tz. 875). Entscheidender Salzwiesenbereich des Naturschutzgebietes, Vogelfreistätte Wattenmeer östlich Sylt" geht verloren. Vorländer sind überproportional betroffen; Vogelbrut- und -rastgebiet; einziger Rastplatz der Kurzschnabelgans in der Bundesrepublik Deutschland. Auf dänischer Seite würde eine Sturmflut, wie die vom 3./4. Januar 1976, tatsächlich eine Bedrohung darstellen.
21	Deich Rømø–Mandø–Fanø–Esbjerg (DK)	30 000	Aufgegeben	

Quellen: Landelijke Vereniging tot Behoud van de Waddenzee (1979, 1980); Landesamt für Naturschutz und Landespflege Schleswig-Holstein (1972); Deutscher Bund für Vogelschutz e. V. (1978); Der Beirat für Naturschutz und Landschaftspflege beim Bundesminister für Ernährung, Landwirtschaft und Forsten (1979).

zum anderen daran, daß von den 730 000 ha Wattenmeerfläche 710 000 ha zum Eulitoral rechnen und nur 20 000 ha zum Supralitoral, wo allein sich Salzwiesen entwickeln können; das Verhältnis Watten zu Salzwiesen liegt demnach bei rd. 36:1. Die Salzwiesen sind aber nicht nur der flächenmäßig kleinste Komplex, sie besitzen vor allem eine besondere ökologische Bedeutung (Tz. 837 ff.) innerhalb des Ökosystems Wattenmeer selbst. Dieser kommt durch den Verbund mit anderen, zum Teil weit entfernt liegenden Ökosystemen (Vogelzug aus der Tundra Nordskandinaviens zum Wattenmeer, Tz. 1001) auch eine geradezu globale Bedeutung zu. Die Bewertung der verschiedenen durch Eindeichung betroffenen Wattenmeerteile muß derartige ökologische Sonderstellungen in Rechnung setzen.

867. Das Eulitoral wird gegenüber dem Sublitoral nach der Flächenbeanspruchung etwa um das Zweibis Vierfache stärker getroffen. Das kann nach einer Eindeichung negative Folgen für die Fauna des verbliebenen Restwatts haben, da die Jugendformen vieler Bodentiere des Wattenmeeres vorzugsweise in den oberen, von der Eindeichung in erster Linie betroffenen Bereichen des Eulitorals leben.

868. *In den höchsten Flachwasserbereichen in direkter Küstennähe befinden sich vor allem Schlickflächen, während im Sublitoral vorwiegend Sandsedimente vorkommen. Schlickbereiche zeigen oft eine viel höhere Besiedlungsdichte mit Bodentieren als Sandsedimente, so daß mit einem Eingriff in die Schlickflächen des Wattenmeeres eine wesentlich größere Störung des Energieumsatzes im Gesamtökosystem auftritt als bei gleichflächigen Eingriffen in die Sandbereiche des Sublitorals.*

869. Da sich nach den Eindeichungen auch im Bereiche des ehemaligen gezeitenbeeinflußten Watts in den meisten Fällen großflächig Austrocknung einstellt, verschieben sich die Wasser-Land-Verhältnisse nach Eindeichungen sehr stark zugunsten des Landes. Das Ökosystem wird damit radikal verändert. Auch verbleibende kleinere Wasserbecken gewährleisten keinen Ökosystemschutz mehr.
Am Beispiel der Meldorfer Bucht zeigt sich, daß vorher 50 000 Vögel auf 3 500 ha Watt und 1 300 ha Salzwiesenfläche Nahrung fanden, während nach der Eindeichung auf 350 ha Wasserfläche sich allenfalls 1 000−5 000 Vögel mit Nahrung versorgen können.

870. Das aus wasserbautechnischer Perspektive vorgetragene Argument, die verlorengegangenen Flachwassergebiete des Watts könnten durch entsprechende Anlandungsmaßnahmen wieder gewonnen werden, berücksichtigt nicht die beschränkte Verfügbarkeit des Schlicks, die flächenmäßige Begrenztheit des Gesamtsystems und die großen Zeitperioden (30−100 Jahre), in denen die in den letzten Jahrzehnten verlorengegangenen Ökosystemteile wieder aufgebaut werden könnten. Die Zeitspanne bis zur Regeneration (ökologische Interimsphase) kann von den an bestimmte Ökosystemstrukturen

angepaßten Organismen wegen Mangel an Ausweichräumen nicht überdauert werden. Salzwiesen brauchen mindestens 50 Jahre, um eine Breite von 500 m und eine Höhe von 0,5 m über MThw zu erreichen. Diese Zeiträume überstehen die spezialisierten Arten nicht. Allenfalls aus der Perspektive des Geologen kann man sagen, daß solche Räume eines Tages wiederaufgebaut sein werden.

871. Als wesentlich bleibt festzuhalten, daß durch Vordeichungen nicht nur die Gesamtgröße des Watts sondern auch seine Struktur entscheidend verändert wird.

8.1.4.3 Konflikte durch die Zerstörung der Einmaligkeit des Ökosystems Wattenmeer

872. Je höher die einzelnen Subsysteme des „Wattenmeeres" im Profil des Watts liegen, desto spezialisierter sind ihre Arten. Daher findet sich der geringste Anteil spezialisierter Arten im Sublitoral, ein bereits höherer Anteil von wattenmeertypischen Formen im Eulitoral. Im Supralitoral (Salzwiesen) sind je nach Artengruppe zwischen 10 und 60% der vorkommenden Arten auf dieses Ökosystem beschränkt (sog. endemische Arten) vertreten. Die Gefahr für das Gesamtökosystem Wattenmeer liegt darin, daß gerade die seltenen Ökosysteme mit geringer Arealfläche (Schlickwatten, Salzwiesen) und hoher Spezialisation ihrer Arten besonders stark durch Eindeichung betroffen werden, während die ausgedehnten Sandflächen mit ihren geringer spezialisierten Arten durch Eindeichungsmaßnahmen weniger beeinträchtigt sind. Es werden also durch Eindeichung diejenigen Ökosysteme vorrangig beansprucht, die in anderen geographischen Räumen in dieser Zusammensetzung nicht mehr vorkommen. Aus ökologischer Sicht gilt es, die Einmaligkeit dieser „endemischen Ökosysteme" zu erhalten.

873. Der Artenbestand der typischen Salzwiesen ist zwar im gesamten Wattenmeergebiet ähnlich, jedoch weisen einzelne Salzwiesenareale jeweils eine besondere Artenzusammensetzung oder höhere Bestandsdichte auf und sind damit als Zentren der Erhaltung solcher Arten unverzichtbar. Für eine Reihe von ökologisch bedeutsamen Arten gibt es auch innerhalb der verschiedenen Salzwiesenzonen des Wattenmeerbereiches keine Austauschmöglichkeiten. Diese begrenzten Austauschmöglichkeiten der ökologischen Typen sind bei der Planung und Durchführung von Deichbaumaßnahmen zu berücksichtigen.

8.1.4.4 Konflikte durch die Gefährdung von Arten

874. Im Bereich des Sublitorals und des Eulitorals besteht durch die geplanten Eindeichungsmaßnahmen zwar keine totale Gefährdung des biogenetischen Potentials der Pflanzen und der wirbellosen Tiere; die Verminderung des Gesamtbestandes an Pflanzen und niederen Tieren infolge der Eindei-

Tab. 8.2   Vorschriften in der Bundesrepublik Deutschland und internationale Verpflichtungen zum Ökosystem- und Artenschutz

Nr.	Abkommen	Inkrafttreten	Ziele
1.	RAMSAR-Abkommen 1971 Übereinkommen über Feuchtgebiete, insbesondere als Lebensraum für Watt- und Wasservögel von internationaler Bedeutung	Das Übereinkommen ist am 21. 12. 1975 völkerrechtlich in Kraft getreten. Für die Bundesrepublik Deutschland wurde das Übereinkommen am 25. 6. 1976 verbindlich (BGBl. 1976 II, S. 1265).	Die Bundesrepublik Deutschland wird in diesem Abkommen verpflichtet, den Schutz dieser Gebiete von internationaler Bedeutung zu gewährleisten. Allen für Eindeichungen vorgesehenen Gebieten in den Niederlanden, in Dänemark und in der Bundesrepublik Deutschland kommt der internationale Status von Feuchtgebieten nach dem RAMSAR-Abkommen zu.
2.	BONNER Übereinkommen Übereinkommen zur Erhaltung der wandernden – wildlebenden Tierarten	Das Übereinkommen wurde auf einer internationalen Konferenz (Bonn) vom 11.–23. 6. 79 verabschiedet. Das Übereinkommen entspricht der Empfehlung der UN-Umweltkonferenz in Stockholm 1972.	Dieses Übereinkommen soll bewirken, daß Tierarten, die periodisch über nationale Grenzen hinweg wandern, als gemeinsames „Naturgut" durch internationale Schutzmaßnahmen erhalten werden.
3.	BRÜSSELER Übereinkommen EG-Vogelschutzrichtlinie	Der EG-Ministerrat hat eine Richtlinie über die Erhaltung der wildlebenden Vogelarten verabschiedet (2. 4. 1979).	Nach diesem Abkommen sind die EG-Staaten verpflichtet, den Schutz der Lebensräume („Biotopschutz") für alle in der EG heimischen Vogelarten zu gewährleisten. **Artikel 1:** Für 74 stark gefährdete Arten sind in bezug auf den Biotopschutz besondere Maßnahmen anzuwenden, um ihr Überleben und ihre Vermehrung im Verbreitungsbereich zu sichern. Auch für die regelmäßig auftretenden Zugvogelarten sind Maßnahmen hinsichtlich der Vermehrungs-, Mauser-, Überwinterungs- und Rast-Gebiete zu treffen. Zu diesem Zweck haben sich die Mitgliedsstaaten verpflichtet, dem Schutz der Feuchtgebiete, ganz besonders dem der international bedeutsamen, große Bedeutung beizumessen. Ein größerer Teil der im Wattenmeer gefährdeten Arten gehört auch zu den in der EG-Vogelschutz-Richtlinie genannten besonders gefährdeten Arten.
4.	Bundesnaturschutzgesetz	Das Bundesnaturschutzgesetz vom 20. 12. 1976 (BGBl. I, S. 3574 ff.) enthält eine Reihe von Aussagen, die für die Beurteilung der Wattenmeeränderung wichtig sind.	– § 13, Abs. 2 (Naturschutzgebiete): „Alle Handlungen, die zu einer Zerstörung, Beschädigung oder Veränderung des Naturschutz-Gebietes oder seiner Bestandteile oder zu einer nachhaltigen Störung führen können, sind nach Maßgabe näherer Bestimmungen verboten". Nimmt man diese Bestimmungen ernst, so sind mehrere der geplanten Deichbau-Vorhaben (z. B. Nordstrander Bucht, Rodenäs-Gebiet an der dänischen Grenze) unzulässig. In diesen Arealen wird in vollem Flächenumfang die Eindeichung in einem Naturschutz-Gebiet durchgeführt. Nachträglich stehen diese Gebiete nicht wieder voll dem Naturschutz zur Verfügung; nach den vorliegenden Informationen ist in großem Maße landwirtschaftliche Nutzung vorgesehen. – § 8, Abs. 3 (Eingriffe in Natur und Landschaft): „Der Eingriff ist zu untersagen, wenn die Beeinträchtigungen nicht zu vermeiden oder nicht im erforderlichen Maße auszugleichen sind und die Belange des Naturschutzes und der Landschaftspflege

5. "Verbesserung der Agrarstruktur und des Küstenschutzes"	Gesetz vom 3. 9. 1969 BGBl. I, S. 1573, geändert durch Gesetz vom 23. 12. 1971, BGBl. I, S. 2140.	bei der Abwägung aller Anforderungen an Natur und Landschaft im Range vorgehen". Die durch Eindeichungen im Wattenmeer in Naturschutzgebieten notwendigen Ausgleichsmaßnahmen sind jedoch unter ökologischen Aspekten nicht möglich. – § 20, Abs. 2: Es wird zum Ausdruck gebracht, daß die Internationalen Artenschutzbestimmungen durch Bund und Länder zu unterstützen sind. Nach dieser Gemeinschaftsaufgabe beteiligt sich der Bund finanziell an bestimmten Maßnahmen zur Verbesserung der Agrarstruktur und des Küstenschutzes. Die Förderungsgrundsätze des jüngsten Rahmenplans (1979–1982) sehen ausdrücklich vor, daß im Rahmen des Küstenschutzes keine "landbautechnischen Maßnahmen" gefördert werden dürfen. Vielmehr heißt es in diesen Förderungsgrundsätzen, daß die "landwirtschaftsökologischen Wirkungen der Vorhaben" zu "beachten" sind.
6. WASHINGTONER Artenschutzübereinkommen vom 3. 3. 1973 Konvention über den internationalen Handel mit gefährdeten Arten freilebender Tiere und Pflanzen	Völkerrechtlich in Kraft seit dem 1. 7. 1975. Für die Bundesrepublik Deutschland seit dem 20. 6. 1976 (BGBl. 1976 II, S. 1237).	Das Washingtoner Artenübereinkommen verbietet den Handel mit seltenen Tier- und Pflanzenarten, wenn die nach dem Übereinkommen notwendigen Genehmigungen nicht vorliegen. Weiterhin untersagt es das gewerbsmäßige Inverkehrbringen und den gewerbsmäßigen Erwerb von solchen Exemplaren, die ohne die erforderlichen Genehmigungen und Dokumente in den Geltungsbereich dieses Gesetzes gelangt sind. Instrumentarien zur Ahndung von Verstößen gegen das Übereinkommen sind Beschlagnahme, Einziehung und Bußgelder bis zu 50 000,– DM. (In Anhang I–III sind die von dem Übereinkommen erfaßten Tier- und Pflanzenarten aufgeführt.) Anhang I/II BGBl. 1979 II, S. 713; Anhang III BGBl. 1979 II, S. 986).
7. Übereinkommen zur Erhaltung freilebender Tiere und wildwachsender Pflanzen und ihrer natürlichen Lebensräume in Europa	Die Konvention wurde am 19. 9. 1979 in Bern angenommen. Sie trat jedoch bisher nicht in Kraft und wurde demzufolge von der Bundesrepublik Deutschland noch nicht ratifiziert (Text in: Internationales Umweltrecht. Multilaterale Verträge Bz UB 7/I/80 979:70/1; eine dtsch. Textfassung existiert noch nicht).	Zum Schutz und zur Erhaltung der Tier- und Pflanzenarten werden im Übereinkommen hauptsächlich Maßnahmen wie z. B. die Einführung von Jagdschutzzeiten während der Brunft, der Aufzucht und des Winterschlafs sowie Einschränkungen der Umweltausbeutung angeregt. Wie im Washingtoner Artenschutzübereinkommen werden auch den Handel kontrollierende Maßnahmen statuiert. Die vom Übereinkommen erfaßten Tier- und Pflanzenarten finden sich in Anhang I–III.

Gesetze und Verordnungen der Länder

Schleswig-Holstein	Gesetz für Naturschutz und Landschaftspflege in der Fassung vom 20. 12. 1977 (GVOBl. Schl.-Holstein S. 507).
Hamburg	1. Reichsnaturschutzgesetz in der Fassung vom 9. 12. 1974 (GVBl. S. 381). 2. Anordnung zur Durchführung des Naturschutzrechts vom 4. 6. 1974 (ABl. S. 833).
Niedersachsen	1. Reichsnaturschutzgesetz in der Fassung vom 2. 12. 1974 (Nieders. GVBl. S. 535). 2. Verordnung zum Schutze der wildwachsenden Pflanzen und nichtjagdbaren wildlebenden Tiere (Naturschutzverordnung) in der Fassung des Änderungsgesetzes vom 21. 6. 1972 (GVBl. S. 309) und der Änderungsverordnung vom 15. 8. 1975 (GVBl. S. 289).
Bremen	Gesetz über Naturschutz und Landschaftspflege vom 17. 9. 1979 (Brem. GBl. S. 345).

chung bedeutet jedoch eine wesentliche Verringerung des Nahrungsangebotes für Wirbeltiere, insbesondere Vögel. Dadurch entsteht ein hoher Gefährdungsgrad für mindestens 30 – 40 Vogelarten, von denen ein erheblicher Teil bereits nach verschiedenen internationalen Abkommen unter Artenschutz steht.

Im Bereiche der Wirbellosen-Fauna des Supralitorals liegt je nach Gruppe der Gefährdungsgrad zwischen 10% und 60% des Arteninventars. Insgesamt sind etwa 500 – 700 Tierarten in diesem Bereich mangels Ausweichmöglichkeiten durch Eindeichungsmaßnahmen gefährdet bis höchstgefährdet. Es handelt sich dabei um bodenlebende Tiere, um Bestandsabfallzersetzer, um räuberische und um parasitische Arten, vor allem aber um auf Salzpflanzen spezialisierte Arten. Diese Arten stellen selbst wieder ein Nahrungspotential für gefährdete Vogelarten dar.

875. Den nationalen und internationalen Artenschutzübereinkommen (Tab. 8.2) wird zuwidergehandelt, wenn durch Deichbaumaßnahmen die Biotope der zu schützenden Arten zerstört werden; in diesem Fall sind auch Fang- und Jagdverbote als Mittel des Artenschutzes unwirksam. Zum zentralen Nahrungsbiotop für die Vögel gehören vor allem die Eulitoral- aber auch bestimmte Supralitoralbereiche.

876. Die Leitpläne größerer Eindeichungsvorhaben der letzten Zeit haben jedoch im Gegensatz zu diesen Abmachungen und ökologischen Vorstellungen gezeigt, daß doch der größte Flächenanteil dieser Eindeichungsprojekte für landwirtschaftliche Belange vorgesehen ist, so im Eindeichungsprojekt Meldorfer Bucht, in den Planungsgrundlagen für die Nordstrander Bucht und für den Bereich Rodenäs-Emmerleff-Kliff. Mit landwirtschaftlichem Bedarf werden auch die Eindeichungsvorhaben vor Spieka-Neufeld, in der Ley-Bucht (beides Niedersachsen), ebenso im Bereich der niederländischen Nordfriesland-Küste (hier mit Bedarf für die Kartoffelsaatgutzucht) begründet.

877. *Es sei hinzugefügt, daß die eingedeichten Flächen vor allem im Schlickbodenbereich sehr hohe landwirtschaftliche Erträge abwerfen. Dies mag unter betriebswirtschaftlichen Aspekten begrüßenswert sein und erklärt auch zum Teil das Interesse und den Einfluß der Landwirtschaft, neue Flächen einzudeichen. Besonders attraktiv werden diese Flächen für die Landwirtschaft aber vornehmlich deshalb, weil sie zu einem Preis angeboten werden, der weit unter den Eindeichungskosten und auch weit unter dem Marktpreis vergleichbarer Marschflächen liegt (16 – 20 000 DM/ha statt 50 000 DM/ha).*

Angesichts der im Rahmen der EG ohnehin schon vorhandenen partiellen Überschüsse bei landwirtschaftlichen Produkten sind die betriebswirtschaftlich erwünschten hohen Flächenerträge eingedeichter Gebiete volkswirtschaftlich eher bedenklich. Denn die EG-Agrarmarktpolitik veranlaßt die Landwirte dazu, landwirtschaftliche Produkte auch über die Marktsätti-

gungsgrenze hinaus anzubieten. Je günstiger aber die Produktionsbedingungen sind, desto höher wird ceteris paribus auch die Überschußproduktion. Die Überschüsse aber können nur mit hohem finanziellem Aufwand verwertet werden. Insofern erweisen sich Agrarpolitik und Küstenschutzpolitik als nicht genügend aufeinander abgestimmt. Eine Naturschutzpolitik zugunsten des Watts hätte dagegen nicht diese negativen volkswirtschaftlichen Konsequenzen.

8.1.4.5 Konflikte infolge einer Gefährdung der Wattenmeer-Dynamik

878. Neue großflächige Vordeichungen – wie zum Beispiel die der Nordstrander Bucht mit einer geplanten neuen Deichlinie bis zu 3,7 km seewärts von der bisherigen Deichlinie – werden neuerdings mit der Notwendigkeit zur Einengung des Flutraumes begründet. Beispielsweise werden in die Nordstrander Bucht durch den Norderhever-Wattstrom in den Bereich der für die Vordeichung vorgesehenen Fläche bei jeder Tide 60 Millionen Kubikmeter Wasser eingebracht. Diese Wassermassen strömen teilweise bei Ebbe nicht im gleichen Prielsystem seewärts, sondern beschreiben um bestehende Wattsockel (z. B. Pellworm) Kreisströme. Diese Strömungen sind möglicherweise durch Ausbaggerungen mit verursacht. Es wird befürchtet, daß durch solche tidezyklischen Strömungserscheinungen die Wattsockel bestehender Inseln zunehmend erodiert werden. Durch große Vordeichungen sollen die von Wattströmen beförderten Wassermengen eingeschränkt werden, um auf diese Weise die Erosion zu vermindern.

879. Dabei ist allerdings zu beachten, daß das gesamte Wattenmeer nur durch die Dynamik solcher Strömungserscheinungen zwischen Ebbe und Flut und die dadurch bedingte Umlagerung von Sedimenten seine charakteristische Eigenart dauerhaft behält. Die konsequente Weiterführung der Stillegung des dynamischen Systems Wattenmeer führt zu Überlegungen, wie sie bereits in Dänemark und in den Niederlanden angestellt worden sind: Eindeichungen großer Flächenanteile des Wattes (15 000 bis 30 000 ha) durch Anlage von Dämmen zwischen den das Wattenmeer seewärts begrenzende Inseln. Diese großflächigen Projekte sind aber aus ökologischen Gründen inzwischen sowohl von der dänischen Regierung (bezüglich Rømø-Fanø-Watt) als auch von der niederländischen Regierung (bezüglich Ameland-Watt) wieder zurückgenommen worden.

880. Eine notwendige Einschränkung von Ebbe-Flut-Kreisströmen im Wattenmeer kann durch die Anlage von Leitdämmen (Sicherungsdämmen) bewirkt werden. Ein solcher Leitdamm ist im Bereich der Nordstrander Bucht vom Festland zur Insel Pellworm vorgesehen. Er soll eine Höhe von 2 m über der MThw-Linie erhalten und ist daher bei extremem Hochwasser überströmbar, um einen zu starken Stau von Wasser an der Festlandküste zu vermeiden. Leitdämme können großflächige Vordeichungen überflüssig machen.

881. Auch der Bau von Dämmen kann allerdings die Dynamik des Wattenmeeres gefährden. In diesem Jahrhundert sind im Wattenmeer bereits zahlreiche teilweise oder voll befahrbare Dämme vom Festland zu Inseln oder Halligen gebaut worden, z.B. in Schleswig-Holstein nach Nordstrand, zur Hallig Nordstrandisch Moor, zu den Halligen Oland und Langeneß, zur Hamburger Hallig, nach Sylt; in Dänemark nach Rømø. Diese Dammbildungen haben die Dynamik des Wattenmeeres wesentlich verändert. Sie haben einerseits zur Bildung neuer hoher Schlickflächen im Watt und zu neuen Salzwiesen geführt. Auf der anderen Seite zerschneiden diese Dämme das Wattenmeer in isolierte Zonen, zwischen denen der Austausch von Arten, Jungtieren, Larven usw. stark behindert wird. Überdies haben nahezu alle Dammbauten zu einer Überlastung angeschlossener Gebiete durch Fremdenverkehr geführt und zwar sowohl durch Nah- als auch durch Fernerholung (vgl. Tz. 930 ff.). Dadurch sind für den Naturschutz entscheidend wichtige Ruhezonen (z.B. auf der Hamburger Hallig, auf der Hallig Nordstrandisch Moor, auch auf den Inseln Sylt und Rømø) verlorengegangen. Die Belastung durch Fremdenverkehr führt in den Ökosystemen vorwiegend zum Ausfall von Vogelarten und Robben, da diese besonders empfindlich gegen Beunruhigung sind.

8.1.4.6 Konflikte durch die Beeinflussung von Wasserhaushalt und Agrarstruktur im Hinterland von neuen Deichanlagen

882. Oft werden Neueindeichungen nicht nur mit einer Verbesserung des technischen Küstenschutzes begründet, sondern auch mit dem Hinweis auf notwendige Entwässerungsmaßnahmen im Hinterland. Hierzu werden Speicherbecken mit einem Fassungsvermögen von mehreren Millionen Kubikmeter gebaut, die die Abflußbedingungen des Niederschlagswassers im Hinterland (z.B. bei Sturmfluten oder Dauerregen) durch Reservebecken verstärken sollen. Solche Speicherbecken sind im Hauke-Haien-Koog (1958/59) und in der Meldorfer Bucht (1973/78) geschaffen worden. Sie sind auch bei den geplanten Neueindeichungen in der Nordstrander Bucht und im Bereiche Hindenburgdamm–Emmerleff-Kliff vorgesehen. Die zunächst ökologisch unbedenklich erscheinenden Maßnahmen schaffen in Wirklichkeit ernste ökologische Probleme. In der Meldorfer Bucht wird beispielsweise gegenüber einer Gesamt-Eindeichungsfläche von 5600 ha durch ein Speicherbecken von ca. 500 ha eine Zusatzentwässerung von über 30 000 ha im Einflußbereich des Mielestroms geschaffen. Dadurch werden aber die als ökologische Ausgleichsgebiete dienenden landwirtschaftlichen Flächen in Gestalt von Feuchtwiesen in trockene Weiden bzw. Ackerland umgewandelt, also sekundär Binnenlandfeuchtgebiete zerstört.

8.1.4.7 Konflikte durch neue Erholungsansprüche

883. Ein weit ins Wattenmeer vorgeschobener Deichbau eröffnet Möglichkeiten für die zusätzliche Anlage von Sportboothäfen, von „grünem" Badestrand auf den Deichen und von Golfplätzen in eingedeichten Gebieten. Diese Nutzungen werden vor allem von Kurgemeinden in der Nähe von Eindeichungsgebieten, z.B. in der Meldorfer Bucht angestrebt. Derartige Wünsche kollidieren jedoch mit ökologisch begründeten Ansprüchen auf eine großflächige Unterschutzstellung eingedeichter Areale. Der Naturschutz gerät durch die Ansprüche von Gemeinden auf Erholungsgebiete zunehmend in eine flächenmäßige „Restnutzerposition".

8.1.4.8 Konflikte durch Schädigung der Fischerei

884. Jede Art großflächiger Vordeichung schränkt das Areal für die fischereiliche Nutzung von Wattmeerorganismen ein (Fisch- und Garnelenfang, Muschelgewinnung, Aquakultur; vgl. Tz. 692 ff., 746). Großflächige Neueindeichungen können überdies erhebliche Ertragsminderungen auch außerhalb des Wattenmeers selbst hervorrufen, da Kinderstuben von Nordseefischen (Tz. 722) vernichtet und die Nahrungsbasis für Jungfische vor allem im höheren Watt stark geschmälert wird. Seitens der Fischerei bestehen daher an vielen Stellen erhebliche Bedenken gegen Neueindeichungen. Im übrigen steht zu befürchten, daß den ohnehin sehr kostenaufwendigen Eindeichungsmaßnahmen später Kosten in Form von Ausfallzahlungen an geschädigte Betriebe folgen werden.

8.1.5 Neugewinnung von Vorland als „Ausgleichsmaßnahme" für den Verlust durch Eindeichungen

885. Angesichts dieser ökologischen Bedenken ist vielfach der Vorschlag gemacht worden, für den Verlust von hohen Wattflächen und von Vorland (Salzwiesen) Neugewinnungsmaßnahmen von hohem Watt durch vermehrte Lahnungsbauten (Schlickfangmethodik) und durch intensive Einflußnahme auf das Anwachsen von Salzwiesen (z.B. durch Grüppelungsmaßnahmen) durchzuführen.

Diese Neugewinnungsmaßnahmen von Vorland sind dort, wo Deiche als Schardeiche ausgeprägt sind, zu begrüßen. Aus technischer Sicht sind Lahnungsfelder mit höherem Schlickaufwuchs und sich daran anschließende Salzwiesen Energiewandler-Systeme gegenüber den auflaufenden Wellen. Anlandungs- und Vorlandsflächen sind damit Hilfsmittel für den technischen Küstenschutz.

886. Zur Nutzung als biologische Ausgleichsfläche ist die Neugewinnung von Schlick- und Sandwatten ebenso wie die von Salzwiesen zu begrüßen. Daher wird auch von seiten des Naturschutzes und der Landschaftspflege die Gewinnung eines kontinuierlichen hohen Anwuchsstreifens vor der gesamten Wattenmeer-Festlandsküste und auch an den Inseln positiv beurteilt. Aus geologischer Sicht besteht kein besonderer Bedarf an einer Beschleunigung dieser Vorhaben, da die Wiederherstellung des geomorphologischen Landschaftsbildes nicht an bestimmte Zeiteinheiten gebunden ist. Aus technischer Sicht wird dieser Anlandungsvorgang möglichst beschleunigt, um schnell einen zusätzlichen Küstenschutz zu erhalten. Aus biologischer Sicht jedoch sind die in einigen Jahrzehnten eventuell neu gebildeten Schlick- und Salzwiesenflächen kein Ersatz für die zwischenzeitlich eingedeichten Areale, da keine zeitliche Anschlußmöglichkeit für die Übersiedlung der Ökosysteme besteht. Problematisch ist die Neugewinnung von Salzwiesen auf Kosten von freien Wattflächen auch deshalb, weil dadurch bestimmte natürliche Proportionen zwischen dem Flächenanteil des freien Watts und der Salzwiesen verschoben werden.

8.1.6 Das Personenschutz-Problem und die zweite Deichlinie

887. Eindeichungsmaßnahmen und die Landansprüche bei Deicherhöhungen, die ebenfalls zu Lasten der Vorlandzonen gehen, sind unter dem Gesichtspunkt der Priorität des Schutzes der Menschen zu sehen. Es unterliegt keinem Zweifel, daß infolge des säkularen Meeresanstieges und infolge der in den letzten Jahrzehnten nicht zuletzt durch menschliche Eingriffe verursachten höheren Sturmflutwasserstände eine Erhöhung der meisten Seedeiche an den nordwesteuropäischen Küsten erfolgen muß. Es gibt keine verantwortliche Naturschutz-Argumentation, die dem Schutz des Menschen nicht erste Priorität einräumt.

Andererseits gibt es keinen „absoluten Personenschutz", auch nicht durch Konstruktion von Mehrfach-Deichlinien. Die Argumentation der Schaffung einer zweiten Deichlinie vor den ersten Siedlungsabschnitten in der Marsch ist im wesentlichen auf das Land Schleswig-Holstein beschränkt; es spielt insbesondere bei der Planung der Eindeichungsprojekte Nordstrand und – im Zusammenwirken mit Dänemark – im Bereiche Hindenburgdamm – Emmerleff-Kliff eine Rolle. Hier hat auch die Bevölkerung das Argument aufgegriffen, eine zweite Deichlinie biete einen besseren Schutz als eine Deicherhöhung. Entsprechend ist ein starker Bevölkerungsanteil für eine Neueindeichung und gegen Deicherhöhungen. Dabei ist allerdings zu berücksichtigen, daß in den letzten 25 Jahren die als zweite Deichlinien gebauten Deiche des Friedrich-Wilhelm-Lübke-Kooges (1953/54 gebaut) und des Hauke-Haien-Koogs (1958/59 gebaut) in Schleswig-Holstein durch die anschließende Aufsiedelung der neuen Köge mit landwirtschaftlichen Siedlungen wieder zur ersten Seedeichlinie gemacht wurden. Diese Reduzierung auf zwei Deichlinien durch Neubesiedlung des Kooges fand im Kreise Nordfriesland statt, wo nunmehr die zweite Deichlinie wiederum nachdrücklich gefordert wird.

888. Der Konflikt sollte dadurch ausgeglichen werden, daß der Bau einer zweiten Deichlinie in nur 100 bis 200 m Abstand vor der bestehenden Deichlinie befürwortet wird, ähnlich wie es bei Sommerkögen

mit Sommerdeichen schon seit Jahrhunderten im Nordseebereich mit Erfolg üblich ist. Die dagegen vorgebrachten hydrostatischen Bedenken, nämlich daß es bei Überlaufen der ersten Seedeichlinie zu einem besonderen Druck auch auf die zweite Seedeichlinie führen könnte, sind nicht begründet, weil das Überlaufen von Sommerkögen hinter Sommerdeichen schon seit Jahrhunderten niemals zum Bruch des dahinterliegenden Seedeichs geführt hat. Im Gegenteil wurden Sommerdeiche stets als besonderer Schutz für dahinterliegende Seedeiche angesehen.

8.1.7 Beeinflussung von Watt-Arealen durch Sperrwerke

889. Das Ökosystem Wattenmeer wird nicht nur durch Eindeichung und Neulandgewinnung negativ beeinflußt, sondern auch durch die Errichtung von Sperrwerken, mit denen Meeresbuchten und Flußästuarien vom Meer abgegrenzt werden. Seit etwa 40 Jahren werden solche Sperrwerke und Dämme von den Nordseeanrainerstaaten Dänemark, Bundesrepublik Deutschland, Niederlande und Großbritannien (siehe z. B. CORLETT 1978a und b; MITCHELL, 1978) gebaut. Ein größerer Teil dieser gebauten oder geplanten Sperrwerke liegt außerhalb der geschlossenen Wattenregion der Deutschen Bucht. Die größte im Wattenmeerbereich liegende Region ist das IJssel-Meer (früher Zuider-See). Das größte nahezu fertige Projekt ist das Delta-Projekt (Rhein-Maas-Schelde-Delta) in den Niederlanden (siehe z. B. SAEIJS u. BANNINK, 1978; VAAS u. WOLFF, 1978). Dieser Bereich liegt außerhalb der Wattenmeerregion.

890. *Zahlreiche Sperrwerkprojekte zum Teil in Verbindung mit Kraftwerken sind im Bereich der englischen Flußästuarien geplant. Die meisten englischen Ästuarien weisen ebenfalls umfangreiche Watt- und Salzwiesen-Ökosysteme auf, die aber zum Teil von den Ökosystemen im Wattenmeer der Deutschen Bucht differieren. Namentlich ihre südlichsten Ausläufer zeigen andere Floren- und Faunenelemente im Arteninventar. Kennzeichnend für diese Ökosysteme ist, daß sie voneinander isoliert sind. Die Ästuarien von Schelde, Rhein und Maas in den Niederlanden tragen ebenfalls Salzwiesen und Wattareale, sind jedoch in umfangreicher Weise durch Sandstrände eingefaßt. Vorherrschend sind hier die Übergänge von Salzwasser- über Brackwasser- zu Süßwasser-Ökosystemen.*

891. *In den meisten Fällen wandeln sich die größeren „abgeschnittenen" Meeresteile in Flußdeltabereichen von ursprünglichen Salzwassersystemen in Brackwassersysteme um. Dabei tritt eine starke Instabilität des Salzgehaltes auf. Diese bewirkt bei vielen Arten starke Schwankungen der Populationsdichte und damit eine Labilität im Ökosystem. Diese Schwankungen sind bei kleineren abgeschnittenen Meeresarmen (z. B. Veersemeer mit 2 000 ha) stärker ausgeprägt, da im Vergleich zum Volumen des Sees der Süßwasserzufluß sehr groß ist. 1971 wurde das Grevelingenästuar im Rahmen des Deltaplanes vom Meer unter Ausschaltung des Gezeiteneinflusses abgedämmt. Das rd. 10 800 ha große Grevelinger Meer hat wegen eines vergleichsweise geringeren*

Süßwasserzuflusses eine geringere Abnahme des Salzge-
haltes und weniger starke Schwankungen; es weist ins-
gesamt eine größere Stabilität auf.

892. Das Grevelinger Meer ist ein Musterbeispiel
für ökologische Veränderungen nach Abdämmungen
größerer Salzwasserareale. Innerhalb von sechs bis
sieben Jahren ist eine tiefgreifende biologische Umstrukturierung des Ökosystems erfolgt (NIENHUIS,
1978), die im wesentlichen auf den Ausfall von Ebbe
und Flut (Tiedenhub ursprünglich 2,5 – 3 m) und die
Verlängerung der Aufenthaltszeit des Wassers im
See zurückzuführen ist; die Verweildauer betrug vor
der Eindeichung wenige Tage, nach der Eindeichung
10 Jahre. Vor der Eindeichung erfolgte eine erhebliche Zufuhr von organischem Material vom Meer her;
deren Ausfall nach der Eindeichung führte zu einer
Minderung der für wirbellose Tiere verfügbaren organischen Substanz um rd. 40%. Der Tierbestand im
See verminderte sich in sechs Jahren um 24% (75
Arten). Von 10 Großkrebsarten sind nur noch 2 Arten
existenzfähig, von 28 Fischarten nur 16 Arten.
Brackwasserarten sind statt dessen zugewandert.
Die ökologischen Zonen Eu- und Supralitoral sind
wegen des Wegfalls der Gezeiten verschwunden. Damit sind zeitweilig wasserfreie Wattflächen ebenso
wie typische Salzwiesen verschwunden. Struktur
und Funktionen des Ökosystems sind weniger vielfältig als vor der Eindeichung.

8.1.8 Empfehlungen

893. Ursachen und Begründungen pro und contra
Eindeichungsmaßnahmen werden zunächst in Tab.
8.3 einander gegenübergestellt, und aus diesen Argu-
menten leitet der Rat die folgenden Einzelempfeh-
lungen ab.

Deichverstärkungen

894. Der technische Küstenschutz müßte sich zukünftig vorrangig den Deichverstärkungen zuwen-
den und bestehende Planungen für großflächige Vordeichungen rückgängig machen.

Die Gefahr von Grundbrüchen, die bei der Verstärkung
von Deichen besteht, ist auch bei der Anlage von neuen
Deichtrassen im freien Wattenmeer vorhanden. Darüber
hinaus ist gerade im unbewachsenen Watt an vielen
Stellen die Gefahr von Grundbrüchen größer als auf
bereits lange bestehenden Deichlinien. Die Bevölkerung
sollte nicht durch unvorsichtige Stellungnahmen einsei-
tig auf die Schaffung zweiter und dritter Deichlinien
ausgerichtet werden, weil dadurch spätere sachlichere
Entscheidungen in anderer Richtung von der Bevölke-
rung nur unter Schwierigkeiten akzeptiert werden. Es
fällt auf, daß in den verschiedenen verwaltungstechni-
schen Regionen des nordwesteuropäischen Wattenmee-
res unterschiedliche Strategien im Küstenschutzdeich-
bau betrieben werden. In Schleswig-Holstein wird hoher
Wert auf die zweite Deichlinie gelegt, während etwa im
niedersächsischen Bereich zweite Deichlinien in der
Mehrheit der Fälle nicht existieren.

Vorlandgewinnung

895. Die Gewinnung neuer höherer Schlickwatten
und von Salzwiesen ist in den Bereichen, wo bisher
vor den Seedeichen kein Vorland bestand, zu begünstigen (Schardeiche).

Diese Vorlandgewinnung sollte insgesamt zunächst in
einer Breite von 400 – 500 m betrieben werden. Dafür
sind nur die Bereiche der Festlandsküste und nicht
eventuelle neue Dammbauten vorzusehen. Innerhalb der
Lahnungsfelder im Eulitoral sind nur Grüppelarbeiten
in ökologischer Abstimmung durchzuführen, um keine
großflächige Schädigung der Bodenfauna und Bodenflo-
ra zu bewirken. Im Bereiche der Salzwiesen ist nur in
Absprache mit dem Naturschutz ein Grüppeln (Gräben
ausheben) durchzuführen und damit die Entwässerungs-
technik auf die Bedeutung dieser Region als internatio-
nale Feuchtgebiete abzustellen. Das Ausmaß der bisher
betriebenen Grüppeltechnik kann die Ökosysteme schä-
digen. Desgleichen muß die Normalbeweidung auf 2
Schafe/ha und 1 Rind pro 3 ha zurückgenommen wer-
den, um eine partielle Zerstörung der Vorländer auf
Dauer zu vermeiden. 50% der zukünftigen Salzwiesen-
fläche sollten zur Hälfte nicht und zum anderen Teil nur
schwach beweidet werden (1 Schaf/ha und weniger).

896. *Soweit wie möglich muß die „Verfelsung" der*
Wattenmeerküste vermieden werden. Das bedeutet, na-
türliche Abbruchkanten in Salzwiesen zuzulassen, so-
weit dieses unter dem Aspekt des Küstenschutzes unbe-
denklich ist.

Neue Deichlinien

897. Neue Deich-Trassen sollten höchstens in direkter Entfernung von 100 – 200 m vor den bisherigen Seedeichen vorgesehen werden, und nur dort, wo
eine Erhöhung der bisherigen Seedeiche eine Grund-
bruchgefahr heraufbeschwört. Vor allen Dingen dürfen neue Deichlinien nicht als Verkürzungslinien der
bisherigen Seedeich-Trassen vorgesehen werden, da
dadurch der landschaftstypische Buchteneffekt des
Wattenmeeres beseitigt wird. Die Bildung neuer
Salzwiesen wird außerdem an einer begradigten Küstenlinie erschwert. Salzwiesen und hohes Vorland
sollten andererseits auch von küstenschutztechni-
schen Gesichtspunkten her wichtige biogene Wellen-
brecher sein (Energiewandler).

Speicherbecken

898. Die Anlage von Speicherbecken im Bereich
kleinflächiger Vordeichungen oder auch hinter
schon bestehenden Seedeichlinien ist nur mit besonderer Vorsicht zu planen.

Die Einrichtung von Speicherbecken führt zu weiterer
Entwässerungen im Hinterland und zu Umwandlungen
von notwendigen Feuchtgebieten der Marsch in Trok-
kengebiete. Bei der Planung von Speicherbecken ist zu-
künftig im Rahmen von Umweltverträglichkeitsprüfun-
gen das unbedingte Erfordernis für solche wasserbau-
technischen Maßnahmen festzustellen. Dabei sollte als
Richtlinie gelten, daß kein Grünland in Acker umgewan-
delt wird.

Tab. 8.3

Ursachen und Begründungen pro und contra Eindeichungen

PRO	CONTRA
– Historisch geprägte Mentalitätsstruktur, z. B.: „Kampf dem Blanken Hans." „Wer nicht will deichen, muß weichen." „Das Land der Vorfahren wiedergewinnen."	– Ökologisches Umdenken ist angesichts der Belastung des Wattenmeeres eine vordringliche gesellschaftliche Aufgabe. Dabei müssen historische und psychologische Positionen aufgegeben oder verändert werden.
– Berufliche Einstellung der Wasserbauer; langfristige Kontinuität der Grundposition in bezug auf Bevorzugung von Entwässerungsstrategie, zunehmende Tendenz von Großbauvorhaben, die technisch „interessant" sind, Bau technischer „Großdenkmäler".	– Anstelle der Großtechnologien mit großräumigem Flächenanspruch im Wattenmeer müssen wirksame Küstenschutzmaßnahmen mit geringem Flächenanspruch entwickelt werden. Die Möglichkeiten dazu sind gegeben, zumal früher auch mit geringem Flächenanspruch eingedeicht wurde.
– Ständige Verbesserung der technologischen Voraussetzungen für großflächige Eindeichungen. Dabei wird die technische und finanzielle Kapazität jeweils voll ausgeschöpft, was zu ständig zunehmender Flächenvergrößerung der Vordeichung führt.	– Die finanziellen Aufwendungen im Küstenschutz müssen anteilig mehr dem ökologischen Schutz gefährdeter Ökosysteme zufließen.
– Erhebliche Vergrößerung der finanziellen Kapazität dadurch, daß Eindeichungsmaßnahmen unter die Gemeinschaftsaufgabe des Bundes und der Länder fallen.	– Der Arten- und Ökosystemschutz muß in Europa vornehmlich in den letzten, großen, noch erhaltenen Naturräumen einsetzen: Wattenmeer und Alpen.
– Tendenz der landwirtschaftlichen Verbände zur Flächenvergrößerung der Einzelbetriebe in der Marsch.	– Der Anteil gefährdeter Vogelarten ist im Wattenmeer besonders hoch. Dabei sind viele internationale Verpflichtungen zu beachten.
– Erweiterung der großflächigen Entwässerungsvorhaben des Hinterlandes durch Anlage von Speicherbecken in den neu eingedeichten Gebieten. Dadurch Übergang von der Grünlandschaft zur ergiebigeren Ackerbauwirtschaft in großen Bereichen des Hinterlandes hinter neu eingedeichten Gebieten (auch der alten Marsch).	– Die Ökosysteme des Wattenmeeres kommen in anderen Teilen der Erde nicht wieder vor. Für sie sind keine Ausgleichsmaßnahmen möglich, es gibt keine „Ersatzstandorte" binnendeichs durch Entwicklung von Feuchtgebieten.
– Der Fremdenverkehr sieht im Rahmen von Eindeichungen Einnahmequellen durch die Anlagen von Sporthäfen, Golfplätzen, Grünanlagen, Aufforstungen (z. Z. mit Windschutzfunktion in neu eingedeichten Flächen).	– Das Wattenmeer ist in seiner Fläche nicht vermehrbar; das potentielle Areal ist begrenzt.

Ausgleichsmaßnahmen

899. „Ausgleichsmaßnahmen" nach dem Bundesnaturschutzgesetz sollen ökologische Folgen unvermeidbarer Eingriffe ausgleichen. Bei den meisten Eingriffen in das Wattenmeer ist dieses allerdings nicht möglich. Dies gilt insbesondere für endemische Ökosysteme.

Für zukünftige unumgängliche, kleinflächige Eindeichungen und für bereits vorgenommene Eindeichungen sind Maßnahmen im Watt und in eingedeichten Gebieten vorzusehen. Grundsätzlich muß jedoch bemerkt werden, daß die für eingedeichte

Gebiete häufig angebotenen Ersatzbiotope, die binnendeichs angelegt werden sollen, keinen Ausgleich für zerstörte Vorlandflächen bieten können.

Artenschutz

900. Zum Schutz der national oder international gefährdeten Pflanzen- und Tierarten muß zukünftig die Erhaltung intakter Ökosysteme gesichert werden. Dieses ist nur mit Hilfe eines Biotop-Managements zu erreichen.

Zukünftig zum Zweck des Personenschutzes eingedeichte ökologisch wertvolle Flächen müssen dem

Naturschutz zur Verfügung gestellt werden. In geeigneten Fällen sind bereits kultivierte Bereiche für die Renaturierung vorzusehen.

Zur Gemeinschaftsaufgabe

901. Es ist zu prüfen, ob die im Bereich der Gemeinschaftsaufgabe zur Verbesserung der Agrarstruktur und des Küstenschutzes durchgeführten Maßnahmen den nationalen und internationalen Verpflichtungen zum Arten- und Ökosystemschutz (Internationale Übereinkommen, Bundesnaturschutzgesetz usw.) entsprechen. Die vorstehenden Empfehlungen sollten bei der Genehmigung von zukünftigen Küstenschutzmaßnahmen berücksichtigt werden.

902. Im Rahmen der Beantragung von Mitteln zu Küstenschutz-Zwecken sollte nur noch eine Bewilligung von Zuschüssen im Rahmen von Deichverstärkungen vorgesehen werden. Auch sollte der Bund vermehrt darauf achten, daß landschaftspflegerische Gesichtspunkte bei der Bewilligung der Mittel aus der Gemeinschaftsaufgabe „Verbesserung der Agrarstruktur des Küstenschutzes" bei Anträgen zur Deichverstärkung bzw. auf Neubau von Deichen durch die Länder im nötigen Umfange berücksichtigt werden. Die Rahmenbestimmungen der Gemeinschaftsaufgabe geben dazu die Möglichkeit.

Die von Bund und Ländern in die Gemeinschaftsaufgabe investierten Mittel sollten nicht verkürzt, sondern unter Berücksichtigung der notwendigen ökologischen Zielsetzungen verlagert werden.

8.2 Hygienischer Zustand der Badegewässer an der deutschen Nordseeküste

903. Die hygienisch einwandfreie Beschaffenheit des Wassers an den Badestränden ist Voraussetzung für den Erholungswert eines Badeurlaubs. Eine gute Badewasserqualität wird von den Besuchern der Nordseeküste erwartet und sollte auch in Zukunft gewährleistet sein. Gegenwärtig allerdings ist die Badewasserbeschaffenheit an einigen Stellen, insbesondere in den Ästuarien, infolge von Abwassereinleitungen unzureichend. So mußten Gesundheitsbehörden zur Abwehr von gesundheitlichen Gefährdungen Badeverbote an den Unterläufen von Elbe und Weser erlassen.

904. Zur hygienischen Beurteilung des Badewassers werden mikrobiologische, chemische, physikalische und ästhetische Parameter gemäß der EG-Richtlinie über die Qualität von Badegewässern herangezogen. Hierbei spielen als Belastungstypen neben den krankheitserregenden Mikroorganismen (Bakterien) auch sichtbare Wasserverschmutzungen, wie schwimmende Abfallstoffe, Ölfilme und anomale Wasserfärbungen (vgl. „Wasserblüten" Tz. 909) eine Rolle.

Hygienisch bedeutsam sind ferner auch Müll und Speisereste am Strand, da sie als Bakterienbrutstätte gelten (ROSENTHAL, 1973).

8.2.1 Belastungstypen und deren gesundheitliche Bedeutung

8.2.1.1 Bakterien, Viren und Pilze

905. Einen wesentlichen Belastungstyp stellen humanpathogene Bakterien dar, die vom Menschen mit den Fäkalien ausgeschieden werden. Sie gelangen unmittelbar mit Kot oder Urin an den Strand oder werden mit Abwassereinleitungen ins Meer eingebracht.

Es handelt sich bei den Bakterien im wesentlichen um Salmonellen und coliforme Bakterien, die zur Familie der Enterobakterien zählen. Eine Reihe von Arten (Serotypen) ist im Meerwasser nachgewiesen worden (GÄRTNER, HAVEMEISTER, WALDVOGEL und WUTHE, 1975; OGER, PHILIPPO u. LECLERC, 1974; WALDVOGEL, 1975). Unter den Salmonellen sind besonders gefährlich die Typhuserreger (Salmonella typhi, Salmonella paratyphi B, Salmonella typhimurium u.a.), die zu Durchfallerkrankungen (Gastroenteritiden) führen.

Wenn in einem Badegewässer coliforme Bakterien der Gattungen Escherichia und Enterobakter nachgewiesen werden, so kommt ihnen eine Leitfunktion (Indikatorfunktion) zu; denn im allgemeinen gehören diese Bakterien zur normalen Darmflora des Menschen und sind nicht krankheitserregend. Sie können jedoch außerhalb des Darmes pathogene Wirkungen hervorrufen, insbesondere Infektionen der Gallen- und Harnwege sowie des Bauchfells (Peritoneum); außerdem können sie bei Neugeborenen zu Hirnhautentzündung (Meningitis) und Durchfall (Dyspepsie) führen.

Am Nordseestrand sind aus seuchenhygienischer Sicht auch Streptokokken und Staphylokokken von Interesse. Sie rufen eine Vielzahl von Entzündungen hervor, z.B. Ohrenentzündungen; sie infizieren Wunden, etwa Schnitt- oder Schürfwunden und können auch Entzündungen im Blasen- und Nierenbeckenbereich verursachen (SCHAEFFER, 1975).

906. Einen weiteren wichtigen Belastungstyp stellen solche Viren dar, die über Fäkalien bzw. Abwasser verbreitet werden. Bei diesen Infektionskrankheiten viröser Ätiologie handelt es sich um Erreger der Gelbsucht (Hepatitis epidemica) sowie der Kinderlähmung (Poliomyelitis); bei diesen wird die Möglichkeit von Übertragungen auf dem Wasserwege nicht mehr in Frage gestellt (STEINMANN, 1977).

An stark frequentierten und entsprechend verschmutzten Stränden besteht die Infektionsmöglichkeit mit Hautpilzen, insbesondere dem Fußpilz (Trichophyton), deren Infektionsstadien vom erkrankten Menschen aus direkt auf den Boden übertragen werden.

Das Verhalten von humanpathogenen Bakterien im Meer

907. Die durch Abwässer und Abfälle ins Meer eingebrachten Bakterienpopulationen nehmen an Zahl relativ und absolut beträchtlich ab, teils durch strömungsbedingte Verdünnung oder Verfrachtung, teils aber auch, weil die Mikroorganismen im Meerwasser selbst absterben. In Ästuarien dagegen können wegen der andersartigen Verhältnisse (vgl. Tz. 125) die aus dem Abwasser stammenden Bakterien länger in höherer Konzentration erhalten bleiben. Ähnliches gilt für strömungsarme Buchten im Wattenmeer (vgl. auch GEHRMANN, 1974). Die humanpathogenen Bakterien werden insbesondere durch den hohen Salzgehalt des Meerwassers geschädigt, da die meisten Darmbakterien halophob, d. h. salzwasserunverträglich sind, nur einige wenige sind halotolerant (salzwasserverträglich).

Über die Toxizität von Meerwasser für Fäkalbakterien liegt eine Reihe von Untersuchungen vor, die aufgrund unterschiedlicher Methoden schwer vergleichbar sind. Nach Angaben von HAVEMEISTER (1975) überleben Escherichia coli-Populationen aus Abwasserproben (Ostseewasser bei Kiel) in frischem Meerwasser mehrere Wochen lang; dabei nimmt die Zahl aber ab. Das Absterben wird nicht nur auf die Salzwirkung allein, sondern auch auf die interspezifische Konkurrenz mit marinen Bakterien (Antibiose) zurückgeführt (ROSENTHAL, 1973; WACHS, 1970).

Die Überlebenszeit von Darmbakterien im Meerwasser ist auch an die Wassertemperatur gebunden, so daß die jahreszeitlichen Temperaturschwankungen immer Populationsänderungen bewirken (CASPERS, 1975). Auch der Verschmutzungsgrad des Meerwassers übt einen positiven Einfluß auf die Überlebenszeit pathogener Bakterien aus. Adsorption an schwimmende oder schwebende organische Schmutzteilchen sowie das reichhaltige Nährstoffangebot bieten den Darmbakterien ausreichende Lebensbedingungen und sogar Vermehrungsbedingungen. Salmonellen vermehren sich bei Konzentrationen über 100 mg Protein/l Brackwasser, z. B. in eiweißhaltigen filmartigen Überzügen auf dem Wasser und in Schäumen. Andererseits sedimentieren die bakterienbeladenen Schwebstoffe und führen zu höheren Keimzahlen über Grund, woraus sich eine Entlastung der oberen Wasserschichten ergeben kann (WACHS, 1970).

Meerwasser besitzt auch antivirale Eigenschaften, die jedoch gebunden sind an das Vorkommen bestimmter Bakterienarten (LO, GILBERT u. HETTRICK, 1976; STEINMANN, 1977; Kommission der EG, 1979).

908. Infektionen und Krankheiten nach Baden in verunreinigtem Meerwasser sind immer dann möglich, wenn die humanpathogenen Mikroorganismen in ausreichender Menge (Mindestinfektionsdosis) den menschlichen Körper befallen. Die Mindestmenge an Salmonellen (Typhuserreger) wird mit 10^3 und bei Enteritiserregern mit $10^5 - 10^6$ Bakterien angegeben. Man gewinnt einen Anhaltspunkt über die Menge der humanpathogenen Bakterien im Meerwasser, wenn man sich an den sogenannten Indikatoren (Tz. 905) orientiert. Indikatorformen und pathogene Keime stehen in einem gewissen zahlenmäßigen Verhältnis zueinander.

Dies gilt z. B. für fäkalcoliforme Bakterien und für Streptokokken, für Escherichia coli und Salmonellen. Bei einem Escherichia coli-Titer[1] von 1,0 (100 E. coli

---

[1] Titer: Gehalt an wirksamen Stoffen.

318

pro 100 ml Wasser) wurden im Bereich der auf wasserhygienischem Sektor von HAVEMEISTER (1975) untersuchten Kieler Bucht nur wenige Salmonellen (<2 pro 100 ml) gefunden. Bei einem Escherichia coli-Titer von 0,1 (1 000 E. coli pro 100 ml Wasser) erhöht sich die Salmonellenkonzentration aber deutlich.

Um eine Durchfallerkrankung (Enteritis) bzw. eine typhöse Infektion hervorzurufen, müßten jeweils mehrere Liter verunreinigten Nordseewassers aufgenommen werden. Daraus folgt, daß auch positive Salmonellenbefunde im Küstenbereich nicht unbedingt sofort als ein Gesundheitsrisiko für Badende aufzufassen sind. Diese Sachlage erklärt auch, daß eine Epidemiologie von Krankheiten durch Enterobakterien bzw. Enteroviren wegen der geringen Zahl bekanntgewordener Krankheitsfälle so schwer durchzuführen ist. Die bisher erhobenen Befunde und Ergebnisse haben zu internationalen kontroversen Diskussionen geführt (SCHAEFFER, 1975). Die Schwierigkeit liegt vor allem darin, daß in vielen Fällen nur leichte Krankheitserscheinungen (subklinische Symptome) auftreten, und daß beim Auftreten von massiven klinischen Symptomen eindeutige Zusammenhänge nur sehr schwer nachzuweisen sind.

8.2.1.2 Algenblüten

909. Bei bestimmten ökologischen Bedingungen kommt es im Meer, insbesondere im Küstenbereich, zur Massenvermehrung von pflanzlichen Kleinformen, z. B. von Dinoflagellaten und Blaualgen, die eine Färbung des Wassers verursachen (sog. Algenblüte oder Wasserblüte). Derartige Erscheinungen können rein natürliche Ursachen haben, können aber auch durch anthropogene Zufuhr von Pflanzennährstoffen gefördert werden. Ein derartiger menschlicher Einfluß ist z. Z. aber räumlich nur begrenzt – z. B. in der Nähe und Umgebung von Kläranlagenausläufen oder bei Abwassereinleitungen – nachweisbar.

Durch Verfaulen der absterbenden Organismen am Strandsaum oder im seichten Wasser von Strandtümpeln können Geruchsbelästigungen entstehen. Einige Blaualgenarten geben zwar Algentoxine ins Wasser ab, die Hautreaktionen bei Badenden hervorrufen können; für die deutsche Nordseeküste liegen aber keine Belege über derartige Effekte vor.

An der friesischen Nordseeküste beispielsweise werden Algenblüten sehr selten beobachtet. Klagen über allergische Hautreaktionen von Badenden, die in Zusammenhang mit Algenblüten gebracht wurden (z. B. 1977 bei Schillig, Kreis Friesland), dürften auf Kontakt mit Quallen beruhen (SCHIEK, 1979).

8.2.1.3 Ästhetische Beeinträchtigungen

910. Angaben über Verschmutzungen durch Öl und Müll in deutschen Seebädern liegen nicht vor. Dagegen werden täglich mit der Flut große Mengen von Treibgut verschiedenster Art – in den letzten Jahren zunehmend Kunststoffmaterial – an Land gespült. An der Westküste Schleswig-Holsteins wurden 1978 insgesamt 90 000 m³ Treibgut beseitigt. Die Betreiber von Strandbädern sind überdies durch polizeirechtliche Vorschriften gehalten, die Strände zu pflegen.

8.2.2 Gegenwärtiger Stand der Überwachung

911. Die für die behördliche Überwachung der Badewassergüte im deutschen Nordseeküstenbereich maßgebenden Maßstäbe und Verfahren beruhen auf der Richtlinie des Rates der EG vom 8. 12. 1975 über die Qualität der Badegewässer (76/160 EWG). Die Richtlinie enthält Vorschriften über:

- Wassergütemaßstäbe
- Probenahmen, Analysen und Prüfungen
- Ausnahmeregelungen
- sonstige Vollzugsmodalitäten.

912. Für die Zulassung zur Nutzung als Badegewässer durch öffentliche oder private Träger wurden die Grenzwertkategorien G und I geschaffen. Die erstere stellt Leitwerte auf (guide), die letztere verpflichtende Grenzwerte (imperative); die G-Werte liegen um den Faktor 20 unter den I-Werten. Die I-Werte werden bis 1985 als Richtwerte behandelt. Ab 1986 stellen sie Grenzwerte dar, die nicht mehr überschritten werden dürfen. Die G-Werte gehen dagegen auf Dauer nicht über einen Empfehlungscharakter hinaus.

913. In den deutschen Küstenländern wird die Badegewässer-Richtlinie durch Verwaltungsvorschriften vollzogen.

- Niedersachsen war das erste Bundesland, das Richtlinien für die Hygiene öffentlicher Badeanstalten erließ (1953). Der Runderlaß vom 17. 9. 1973 (NIEDERSÄCHSISCHER SOZIALMINISTER, 1973) über die Hygiene öffentlicher Badeanstalten, der auch für die Nordseebäder galt, enthielt bereits ins einzelne gehende Anforderungen über Sichttiefe, Ammoniakgehalt, Sauerstoffsättigung, KMnO$_4$-Gehalt und bakteriologische Verunreinigung. Die EG-Richtlinie ist durch den Gemeinsamen Runderlaß der Niedersächsischen Minister für Landwirtschaft und für Soziales vom 15. 2. 1977 umgesetzt worden. Die Regierungspräsidenten bzw. Präsidenten der Verwaltungsbezirke ermitteln die von der Richtlinie erfaßten Badegewässer und legen die jeweils maßgebenden Parameter fest. Den Wasserbehörden ist aufgegeben, geeignete Maßnahmen zu ergreifen, um Badegewässer, deren Qualität den Grenzwerten noch nicht entspricht, innerhalb der in Art. 4 der Richtlinie genannten Frist zu sanieren.

- In Schleswig-Holstein überwachen die Gesundheitsämter das Badewasser an Badestellen, an Oberflächengewässern und Meeren auf Grund des § 69 der 3. Durchführungsverordnung zum Gesetz über die Vereinheitlichung des Gesundheitswesens vom 30. 3. 1935 (RMBl. I, S. 327). Die Einzelheiten sind im Runderlaß des Sozialministers vom 20. 7. 1978 geregelt (SOZIALMINISTER DES LANDES SCHLESWIG-HOLSTEIN, 1978).

914. An der schleswig-holsteinischen Westküste einschließlich der Inseln und Halligen bis zur Elbmündung bei Brunsbüttel liegen über 100 ausgewiesene Badestellen, die meisten in Nordfriesland. Die Wasserqualität wird innerhalb von 24 unterschiedlich großen Strandabschnitten (davon 19 in Nordfriesland, mit 34 Probeentnahmestellen) von den Gesundheitsämtern Husum und Heide überwacht. Um mögliche tidebedingte Wasserqualitätsänderungen zu erfassen, wurden im Kreis Nordfriesland (Gesundheitsamt Husum) an einigen Badestellen täglich mehrfach Proben genommen: 2 Std. vor Hochwasser, bei Hochwasser und 2 Std. nach Hochwasser.

Ausgewählte bakteriologische Ergebnisse von den am meisten besuchten Badestellen des Kreises Husum sind in Tab. 8.4 dargestellt. Nach der Zahl der coliformen Bakterien kann hier von einer guten Badewasserqualität gesprochen werden, die der Kategorie „G" der Anforderungen der EG-Richtlinie entspricht. Auch die Badewasserqualität an der Küste Dithmarschens (Gesundheitsamt Heide) entspricht den Anforderungen der EG-Richtlinie. Badeverbote wegen Wasserverschmutzung bestehen aber an einigen Küstenabschnitten von Sylt (4 Stellen), Amrum (3 Stellen), Föhr (1 Stelle) sowie in der Eidermündung (2 Stellen) (SOZIALMINISTERIUM SCHLESWIG-HOLSTEIN, 1979).

915. Die badegewässerhygienische Situation an der niedersächsischen Nordseeküste kann nicht umfassend dargestellt werden, da bislang keine flächendeckenden Wasseruntersuchungen durchgeführt wurden. Befunde aus dem Bereich östlich der Wesermündung sind in Tab. 8.4 enthalten.

916. Eine Badegewässergütekarte für die gesamte deutsche Nordseeküste gibt es noch nicht, nach der Veröffentlichung von Untersuchungsergebnissen gemäß den Verwaltungsvorschriften der Länder wird aber eine Anfertigung möglich sein.

8.2.3 Empfehlungen

917. Der hohe Wert eines Erholungs- und Badeurlaubs an der Nordseeküste ist nur dann garantiert, wenn eine ausreichende Badewasserqualität gewährleistet ist. Abwassereinleitungen müssen grundsätzlich vermieden werden. Regelmäßige Badewasseruntersuchungen sollten zukünftig an allen Badestränden vorgenommen werden.

918. Es muß allerdings darauf hingewiesen werden, daß durch den Wortlaut der EG-Richtlinie über die Qualität der Badegewässer Interpretationsprobleme bei der Prüfung und Verbesserung der Badewassergüte entstehen können. Eine Reihe von Kritikpunkten ist im folgenden zusammengestellt und gibt Hinweise auf die erwünschten Verbesserungen der Methodenvorschriften.

Tab. 8.4

Auszug aus den Befunden über die bakteriologische Beschaffenheit des Badewassers an Badeorten der deutschen Nordseeküste im Sommer 1979

Probenahmestelle	Coliforme Bact. in 100 ml 37°/44°	E. coli-Titer in ml
1. Schleswig-Holstein		
Sylt-West (4. 7.): List, Westerland, Hörnum	<10/<10	>10
Sylt-Ost (4. 7.): List	<10/<10	>10
Hörnum	80/35	1,0
Amrum-West (10. 7.): Norddorf, Nebel, Wittdün	<10/<10	>10
Föhr (24. 7.): Wyk (3 × Messung im Flut- und Ebbestrom)	35/<10	>10
	<10/<10	>10
	850/60	1,0
Nieblum (3× Messung im Flut- und Ebbestrom)	20/<10	10
	<10/<10	>10
	20/<10	>10
Utersum	<10/<10	>10
St. Peter-Ording (24. 7.): Ording, Böhl	<10/<10	>10
2. Niedersachsen[1]		
Nordenham (2. 7.)	<500/<100	
Burhave (9. 7.)	<500/<100	
Tossens (9. 7.)	<500/<100	
Dangast (20. 8.)	>500/<100 <10 000	
Wilhelmshaven (Südstrand) (19. 7.)	>500/>500 <10 000/<2 000	
Hooksiel (Sommer 1979)	500/<100	
Horumersiel (Sommer 1979)	500/<100	
Schillig (1979)	500/<100	
Neuharlingersiel (Sommer 1979)	>800/<100 <10 000	
Bensersiel (Sommer 1979)	<500/<100	

[1] Bei den hier angegebenen Bestimmungen der Bakterienzahlen wurden die Konzentrationen unterhalb 100/100 ml nicht differenziert.

Quelle: Auskünfte vom Gesundheitsamt Husum, 1979 und Landes-Hygiene-Institut Oldenburg, 1979

Kritische Bemerkungen zum methodisch-verfahrenstechnischen Teil der Bestimmungen der EG-Vorschriften

919. *Probenahme: Über die Anzahl der pro Termin und Entnahmeort zu entnehmenden Proben (Wiederholungen) ist nichts gesagt; dies berührt auch die Auswertung gemäß Artikel 5, da für den Zeitraumbezug des erlaubten Abweichungsquotienten ebenfalls keine Angaben gemacht sind. Vielmehr ist nach Art. 5 eine unbegrenzte Überschreitung der Grenzwerte der mikrobiologischen Parameter bei 5% aller Proben der Kategorie I, bei 10% der Proben der Kategorie G, und bei 20% der Probenwerte der Parameter „Gesamtcoliforme Bakterien" und „Fäkalcoliforme Bakterien" der Kategorie G zulässig. Wünschenswert ist eine statistische Berechnung der Analysenwerte nach Art. 5; entweder für jeden Probenahmetermin und -ort oder für die jährlich erhaltenen Werte an einem Ort.*

Die Bestimmungen über die Probenahme enthalten keine genauen Verfahrensvorschriften für Tidegewässer. Es ist aber bekannt (WACHS, 1970), daß die Bakterienkonzentrationen in tidebeeinflußten Küstengewässern nicht nur im Wechsel der Jahreszeiten starke Schwankungen zeigen, sondern auch innerhalb einer Woche (Wochenend-, Urlaubsbetrieb) oder eines Tages (Wechsel von Ebbe und Flut, tagesperiodischer Abwasseranfall). Beispielsweise ist anzunehmen, daß die Wassergütewerte einer Vormittagsflut und einer Nachmittagsflut sowie die eines Flut- und eines Ebbestroms differieren. Ein gangbarer Weg zur Berücksichtigung des Tideeinflusses scheint das Verfahren von Schleswig-Holstein zu sein, wo örtlich Wasserproben zwei Stunden vor und zwei Stunden nach dem Tidehochwasser-Zeitpunkt gezogen wurden.

Kritik ist auch bei den Bakterienzahlbestimmungen zu erheben, da diese stark von der verwendeten Methode abhängen. Die EG-Vorschrift gibt hier z. B. bei der Wahl der Nährböden einen weiten Spielraum.

8.3 Fremdenverkehr und Erholung

8.3.1 Entwicklung, heutige Struktur und Trends

8.3.1.1 Kur- und Erholungsverkehr bis zur Mitte der sechziger Jahre

920. Die Geschichte des Kur- und Erholungsverkehrs im Küstenbereich spiegelt in starkem Maße die wirtschaftliche und gesellschaftliche Entwicklung der Einzugsbereiche wie auch das seit Ende des 18. Jahrhunderts sich wandelnde Verhältnis zu Natur und Landschaft wider.

1. Phase (1797—1870)

921. *Die Gründung der ersten deutschen Nordseebäder fällt in die Phase eines neuen Bewußtseins für die Bedeutung von Natur und Landschaft für Mensch und Gesellschaft, aber auch für die heilenden und abhärtenden Wirkungen von Seeklima und Meerwasser. Auf Norderney wird im Jahre 1797 das erste deutsche Seebad*

– auf ärztliche Initiative – gegründet, nachdem drei Jahre zuvor an der Ostsee Bad Doberan entstanden war und wenig früher sich in England einige bald sehr beliebte Seebäder entwickelt hatten. 1798 besuchen 50 Gäste das Seebad Norderney mit damals 500 Einwohnern und 106 Häusern. Die Gründungsjahre der Seebäder auf den anderen ostfriesischen Inseln sind für Wangerooge 1804, Spiekeroog 1809, Langeoog 1830, Juist 1840, Borkum 1850 und Baltrum 1892. Auf den nordfriesischen Inseln erfolgen Gründungen von Bädern in Wyk auf Föhr 1819, in Kampen auf Sylt 1856. Auf den westfriesischen Inseln entstehen in dieser Phase Badehäuser, z. B. auf Ameland 1850. Auf dem Festlande eröffnet Cuxhaven im Jahre 1816 sein erstes Badehaus.

2. Phase (von 1870 bis zum 1. Weltkrieg)

922. *Mit den veränderten wirtschaftlichen und sozialen Bedingungen, insbesondere dem wirtschaftlichen Aufschwung, der mit der Gründerzeit in Deutschland einsetzt, aber auch mit den verbesserten Verkehrsbedingungen (Eisenbahnen) erfolgt eine starke Aufwärtsbewegung des Seebäderverkehrs, der bald – wenn auch zögernd – auf einige Festlandorte übergreift. Die Hauptentwicklung der Nordseebäder findet in den Jahren 1875–1914 statt. 1890 wird Westerland auf Sylt Seebad. Von 1885 bis 1905 steigt die Besucherzahl in sämtlichen deutschen Nordseebädern von 22 000 auf 135 000. Im Küstengebiet Niedersachsens wird 1906 ein kleiner Badebetrieb in Carolinensiel, 1907 ein Kurverein in Norden gegründet.*

3. Phase (zwischen 1. und 2. Weltkrieg)

923. *In diesem Zeitraum holen die kleinen Inseln hinsichtlich Gästezahlen und Übernachtungen wie im Ausbau der Infrastrukturen gegenüber den großen Bädern Norderney und Borkum auf. Die Gästezahl steigt weiterhin an, zugleich wird der Gästekreis auf weniger zahlungskräftige Schichten ausgedehnt, z. T. auch infolge staatlicher Förderung und Urlaubsorganisationen.*

4. Phase (nach dem 2. Weltkrieg)

924. *Mit der wirtschaftlichen und sozialen Entwicklung der Bundesrepublik Deutschland steigert sich seit den fünfziger Jahren der Fremdenverkehr auf den Inseln wie in den Küstenorten erheblich. In letzteren wird die Entwicklung durch die zunehmende Motorisierung, den Ausbau des Straßennetzes und im Zusammenhang damit durch die Campingbewegung, vor allem aber auch durch die begrenzte Aufnahmefähigkeit der Inselbäder während der Hauptsaison begünstigt. Neben Campingplätzen entstehen an der Küste Hallenbäder. Heute bestehen am Wattenmeer im Schutz der ostfriesischen Inseln sieben Küstenbadeorte: Greetsiel, Norden-Norddeich, Nessmersiel, Dornumer-Accumersiel, Neuharlingersiel, Bensersiel und Harlesiel, vier Küstenbadeorte an der Jade: Hornumersiel-Schillig, Hooksiel, Wilshelmshaven und Dangast, ferner Cuxhaven mit Duhnen und Sahlenburg. An der schleswig-holsteinischen Küste sind es St. Peter-Ording und Büsum. Die Entwicklungen der fünfziger und frühen sechziger Jahre wurden Ende der sechziger Jahre durch einen Boom privater und öffentlicher Investitionen beträchtlich verstärkt.*

8.3.1.2 Erholungseignung des Nordseeküstenraumes

925. Der besondere landschaftliche Reiz, den Meer, Inseln und Watt auf den Besucher ausüben, geht erstmalig aus Reisebeschreibungen zu Beginn des vorigen Jahrhunderts hervor. Sehr früh wird auch der Wert dieses Landschaftsraumes für Bade- und Klimakuren erkannt.

Um die Jahrhundertwende und in den ersten Jahrzehnten dieses Jahrhunderts entdecken dann Maler wie Max Liebermann und Emil Nolde, Schriftsteller und Dichter wie Theodor Storm, Wilhelm Raabe, Ferdinand Avenarius, der Herausgeber des „Kunstwart", später Thomas Mann die Nordseeinseln als Erlebnisraum, Ferienort oder dauernden Wohnsitz und machen sie durch ihr Werk so auch breiten Kreisen im Binnenland vertraut. Erste Landschulheime und Heimvolkshochschulen folgten (Martin Luserke: „Schule am Meer" auf Juist, Knut Ahlborn: VHS Klappholttal).

926. *Vielfalt und Abwechslungsreichtum auf kleinem Raum, das Mosaik von Watt und Vorländern, Strand und Düne, Marsch und Geestrand, werden im Küstenraum überlagert von der Weite der Horizonte und der Großräumigkeit von Meer und Himmel. Gerade diese – bewußt oder unbewußt wahrgenommen – Bilder einer einmaligen und in ihrer Dynamik, in Formen, Farben und Lichtwirkungen als Kontrast zur gewohnten Wohn- und Arbeitsumwelt empfundenen Landschaft werden gegenwärtig in ihrer psychischen Wirkung hoch bewertet. Mit den heilenden Wirkungen von Meerwasser, jod- und salzhaltigen Aerosolen und Reizklima sowie der Vielzahl möglicher Freizeitaktivitäten bedingen sie die besondere Anziehungskraft dieses Erholungsraumes.*

927. *Es ist versucht worden, die natürliche Erholungseignung des Küstenbereiches in ihren wesentlichen Komponenten näherungsweise zu erfassen und nach Rangstufen zu quantifizieren (KIEMSTEDT, 1967; ZEH, 1972 u. a.). Das Verfahren erscheint – trotz mancher Kritik – für einen Vergleich der Teilräume des Küstenbereiches wie auch des Hinterlandes in ihrer natürlichen Erholungseignung als hinreichend geeignet, da alle wesentlichen Komponenten erfaßt sind und richtig gewichtet erscheinen (vgl. BECHMANN, 1979). Zur vollständigen Beurteilung der Erholungseignung wird eine Ergänzung durch die Bewertung der Infrastrukturen und evtl. der Restriktionen erforderlich. In die Bewertung gingen die Vielfalt des Landschaftsmusters und seiner Benutzbarkeit für Erholungsaktivitäten, der Effekt von Wald- und Gewässerrändern (Meer, Wattströme, Flüsse, Kanäle und Seen des Hinterlandes), bioklimatische Stufen (Reizklima, Schonklima) und Relief (Dünen, Geestränder) als Teilwerte ein.*

Für den Bereich der ostfriesischen Inseln und den Raum Cuxhaven liegen solche Bewertungen vor (Gesellschaft für Landeskultur, 1974; MÜLLER, 1976). In Abb. 8.6 wird die hervorragende Bedeutung der Inseln mit V-Werten > 5,0 (V-Wert = Wert der natürlichen Erholungseignung) besonders deutlich. Der Küstenstreifen zeigt bis auf Bereiche am Rysumer Nacken, Elisabethgroden (Vorländer) sowie kleineren einförmigen Marsch- und Landgewinnungsgebieten noch ausreichende Erholungseignung, wobei besonders die Umgebungen der Sielorte mit Werten > 4,0 hervortreten. Der überwiegende Teil des Hinterlandes mit Marsch und Geest ist infolge fehlender größerer Gewässer, Wälder oder Reliefun-

Abb. 8.6

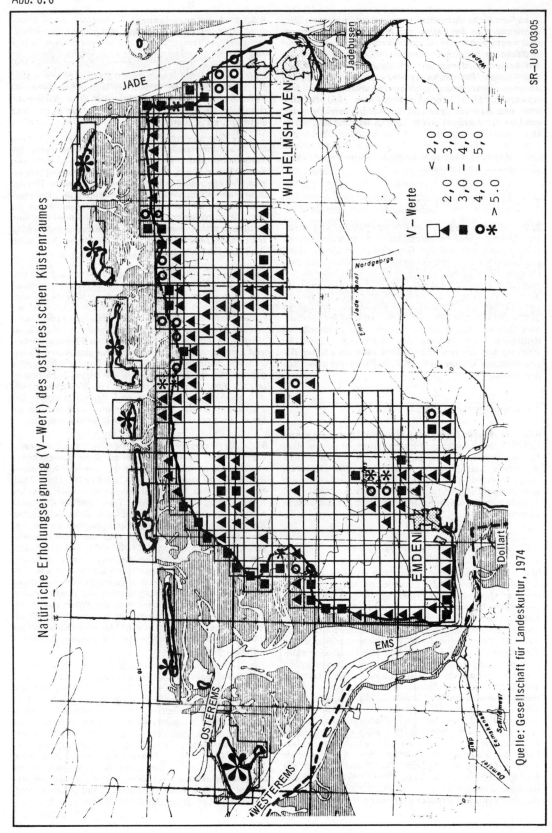

Natürliche Erholungseignung (V-Wert) des ostfriesischen Küstenraumes

Quelle: Gesellschaft für Landeskultur, 1974

SR-U 80 0305

terschiede von geringer Attraktivität (V-Wert <2,0). Vergleicht man das Gebiet der ostfriesischen Inseln in seiner natürlichen Erholungseignung mit anderen nordwestdeutschen Landschaftsräumen (Abb. 8.7) wie der hannoverschen Börde (V-Wert 2,8), den Mittelgebirgsräumen der Naturparke Solling (4,5) und Harz (5,3) sowie den Geestlandschaften des Naturschutzparks Lüneburger Heide (4,0), der Wildeshauser- (3,9) und der hannoverschen Moorgeest (3,5), so wird auch hier die Position der Inseln (V-Wert 7,0) für die Erholung deutlich.

928. Entscheidend für die hohe natürliche Erholungseignung des Küstenraumes ist neben seinen Erlebniswerten die bioklimatische Eignung. DAMMANN (1969) unterscheidet in einer klimaphysiologischen Karte von Niedersachsen zwei bioklimatische Zonen mit hohem Reizklima, die Zonen des Strand- und des Wattklimas (Abb. 8.8).

929. Strandklima haben die Strand- und Dünengebiete der Inseln mit den zwischen ihnen liegenden Gats, aber ohne die auf der Wattseite gelegenen Marschen und die Nehrungshaken. Es ist gekennzeichnet durch zeitweise hohe Windgeschwindigkeiten, bei auflandigem

Wind rein maritimes Aerosol, Wasserstaub durch Brandung, hohe relative Luftfeuchte und große Luftreinheit. Der maritime Temperaturverlauf hat nur geringe Tages- und Jahresschwankungen sowie eine Abschwächung der Extreme. Die Zone ist relativ trocken- und niederschlagsarm, relativ sonnenscheinreich mit hohem Anteil der erythembildenden UV-Strahlung. Klimatherapeutisch ist es ein reizstarkes Klima mit hoher Beanspruchung des Organismus durch Wind und Strahlung und wird u.a. für Abhärtungstherapien genützt (Seebäder, Strandlauf).

Das Wattklima findet sich im Wattenmeer sowie im küstennahen Raum in einer Tiefe von 1–1,5 km. Alle Komponenten des Wattklimas sind denen des Strandklimas ähnlich, jedoch mit merklich verändertem Temperaturgang und mit deutlich verringerter Windgeschwindigkeit. Das Wattklima ist daher insgesamt etwas „milder" als das Seeklima der vordersten Strandlinie. Klimatherapeutisch wird diese Zone durch ausgedehnte Wattwanderungen genutzt.

Im Vergleich zu diesen beiden bioklimatischen Zonen besitzt die nächste Zone eines etwa 20 km tiefen Festlandstreifens nur noch ein mäßiges Klima mit rascher Änderung aller Komponenten vom maritimen zum Festlandscharakter. Klimatherapeutisch liegt hier kein Seeklima vor.

Abb. 8.7

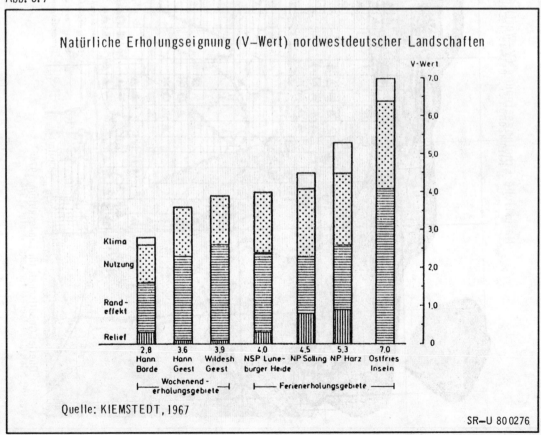

Natürliche Erholungseignung (V–Wert) nordwestdeutscher Landschaften

Quelle: KIEMSTEDT, 1967

SR–U 80 0276

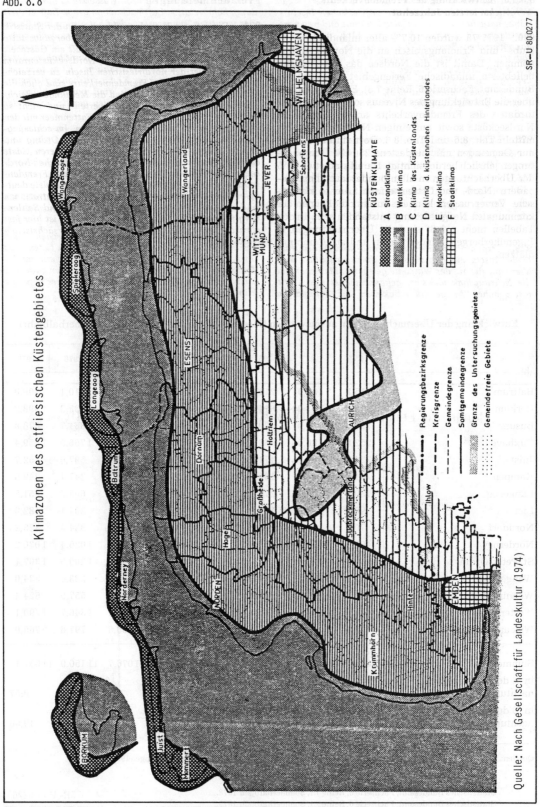

Abb. 8.8

Klimazonen des ostfriesischen Küstengebietes

SR–U 80 0277

KÜSTENKLIMATE

A Strandklima
B Wattklima
C Klima des Küstenlandes
D Klima d. küstennahen Hinterlandes
E Moorklima
F Stadtklima

Regierungsbezirksgrenze
Kreisgrenze
Gemeindegrenze
Samtgemeindegrenze
Grenze des Untersuchungsgebietes
Gemeindefreie Gebiete

Quelle: Nach Gesellschaft für Landeskultur (1974)

8.3.1.3 Entwicklung des Fremdenverkehrs im letzten Jahrzehnt

930. 1977/78 wurden 10,7% aller inländischen Urlaubs- und Erholungsreisen an die Nordsee unternommen. Damit ist die Nordsee das mit Abstand beliebteste inländische Feriengebiet (Statistisches Bundesamt, Fachserie 6, Reihe 7.3). Einen Überblick über die Entwicklung des Niveaus sowie über Strukturdaten des Fremdenverkehrs an der deutschen Nordseeküste sowie auf einigen Nordseeinseln vermitteln Tab. 8.5 und Tab. 8.6. Dort sind allerdings nur Gemeinden mit mindestens 250 000 Übernachtungen jährlich berücksichtigt. Damit sind etwa 50% der Übernachtungen in allen bundesdeutschen Seebädern (Nord- und Ostsee) erfaßt. Leichte statistische Verzerrungen können durch die Folgen der kommunalen Neugliederung entstanden sein. In den Tabellen nicht erfaßt sind die Übernachtungen in Jugendherbergen, Kinderheimen und auf Campingplätzen.

Fremdenmeldungen

931. *Die meisten Fremdenmeldungen (in der Statistik als „Ankünfte von Gästen in einer Beherbergungsstätte ..., die zum vorübergehenden Aufenthalt ein Gästebett belegten" geführt) im deutschen Nordseeküstenraum sind im Gebiet der nordfriesischen Inseln zu verzeichnen. Schwerpunkte des Fremdenverkehrs sind auch die ostfriesischen Inseln, jedoch sind die Meldungen gleichmäßiger über alle sieben Inseln verteilt und nicht so konzentriert wie im nordfriesischen Wattenmeer mit den Schwerpunkten Sylt, Föhr und Amrum. Im schleswig-holsteinischen Küstengebiet sind St. Peter-Ording und Büsum bedeutende Fremdenverkehrsorte, deren Gäste einen großen Anteil aller schleswig-holsteinischen Nordseeurlauber bilden. Demgegenüber sind die Fremdenmeldungen an der niedersächsischen Nordseeküste deutlich niedriger: Ausgeprägte Besucherkonzentrationen sind nur für Cuxhaven mit Duhnen, Döse und Sahlenburg festzustellen. Die Zahl der Meldungen ist hier fast ebenso hoch wie an der gesamten niedersächsischen Nordseeküste.*

Tab. 8.5

Entwicklung der Übernachtungen in ausgewählten Nordseebädern (in 1 000) (jeweils Sommerhalbjahr)

	1952	1957	1962	1967	1972	1977	1978	1979
Baltrum	115,8	132,3	211,3	310,8	318,6	306,4	310,1	309,0
Borkum	275,0	351,0	614,4	756,5	851,2	1020,5	938,3	998,2
Büsum	50,8	192,0	230,3	536,4	791,1	878,0	831,7	878,0
Cuxhaven	252,5	480,0	666,1	980,0	872,9	1443,6	1766,9	1559,4
Juist	224,7	359,5	471,7	625,5	625,7	615,1	597,6	652,7
Kampen	71,9	171,1	185,9	226,5	221,6	265,3	247,4	249,5
Langeoog	139,3	199,0	278,7	359,0	437,5	598,3	605,9	651,5
List	96,7	133,0	161,0	222,4	262,8	211,8	204,1	182,8
Norddorf	70,0	103,3	154,7	237,7	322,8	348,6	334,4	325,2
Norderney	495,5	470,3	790,5	939,1	833,8	1071,1	1025,4	1030,2
St. Peter-Ording	166,0	345,0	475,1	637,5	930,6	1105,4	1209,5	1307,1
Wangerooge	163,9	212,3	281,9	374,5	368,3	369,4	383,4	334,0
Wenningstedt	95,1	171,3	245,8	391,4	426,0	611,0	557,9	524,4
Westerland	491,8	693,2	865,5	1306,3	1211,4	1451,4	1346,7	1290,1
Wyk auf Föhr	126,7	252,0	360,6	573,7	692,5	780,8	791,6	765,0
Summe	2835,7	4265,3	5993,5	8477,3	9166,8	11076,7	11150,9	11057,1
in % der Gesamtübernachtungen im Bundesgebiet	7,47	6,72	7,42	9,33	6,41	6,77	6,81	6,57
in % der Übernachtungen in Seebädern	62,21	55,83	56,06	55,40	48,83	45,92	48,36	49,56

Quellen: Statistisches Bundesamt, Fachserie F, Reihe 8, Reiseverkehr, Ankünfte und Übernachtungen 1952–1971.
Statistisches Bundesamt, Fachserie F, Reihe 8, Sommerhalbjahr 1972.
Statistisches Bundesamt, Fachserie 6, Reihe 7.1, Sommerhalbjahr 1977.
Statistisches Bundesamt, Fachserie 6, Reihe 7.1, Sommerhalbjahr 1978.
Statistisches Bundesamt, Fachserie 6, Reihe 7.1, Sommerhalbjahr 1979.

Tab. 8.6

Strukturdaten ausgewählter Nordseebäder (Sommerhalbjahr 1979)

| | Fremden-meldungen (Ankünfte) | Über-nachtungen | Bettenkapazität am 1. 4. 1979 | | Betten-ausnutzung (in %) | Aufenthalts-dauer (Tage) | Fremden-verkehrs-intensität[1] |
			insgesamt	Privat-quartiere			
Baltrum	26 253	309 023	3 412	93	49,5	11,8	381,0
Borkum	74 890	998 215	10 497	2 375	52,0	13,3	123,7
Büsum	62 337	878 073	8 521	3 680	56,3	14,1	149,0
Cuxhaven	160 821	1 559 419	18 111	8 290	47,1	9,7	26,2
Juist	54 346	652 716	7 423	241	48,1	12,0	293,2
Kampen	16 428	249 457	2 714	1 085	50,2	15,2	259,3
Langeoog	61 191	651 546	7 073	581	50,3	10,6	250,5
List	12 791	182 789	2 814	2 516	35,5	14,3	58,6
Norddorf	19 014	325 208	3 088	442	57,5	17,1	408,5
Norderney	90 849	1 030 164	13 740	6 330	41,0	11,3	126,0
St. Peter-Ording	78 670	1 307 083	12 629	5 895	56,6	16,6	257,1
Wangerooge	26 178	333 983	4 460	967	40,9	12,8	174,3
Wenningstedt	34 059	524 417	6 088	2 988	47,1	15,4	254,7
Westerland	108 211	1 290 106	17 108	11 131	41,2	11,9	134,7
Wyk auf Föhr	52 991	764 930	7 669	4 520	54,5	14,4	143,0

[1]) Berechnet nach der Einwohnerzahl vom 31. 12. 1978.

Quellen: Eigene Zusammenstellung nach Statistisches Bundesamt, Fachserie 6, Reihe 7.1, Übernachtungen in Beherbergungsstätten, September und Sommerhalbjahr 1979 sowie Statistisches Bundesamt, Fachserie 6, Reihe 7.2, Beherbergungskapazität 1. April 1979.

Übernachtungen

932. Die Zahl der Fremdenübernachtungen im Nordseeküstengebiet gibt zusätzliche Informationen über die Bedeutung des Fremdenverkehrs. Die Darstellung der Entwicklung auf den ostfriesischen Inseln (Abb. 8.9) kann bis auf wenige Ausnahmen (z. B. Sylt) auch für andere Nordseeinseln gelten.

Die Fremdenverkehrsintensität, die die Zahl der Übernachtungen pro Einwohner angibt, läßt einen Schluß auf die wirtschaftliche Bedeutung des Fremdenverkehrs zu. Die Zahl der Übernachtungen pro Einwohner zeigt für Schleswig-Holstein die wirtschaftliche Bedeutung des Fremdenverkehrs im Vergleich zu anderen Bundesländern wie auch zu Niedersachsen. Er nimmt in Schleswig-Holstein hinsichtlich seines Beitrages zum Bruttoinlandsprodukt eine Spitzenstellung ein, wobei innerhalb des Landes die Fremdenverkehrsorte von Sylt an führender Stelle stehen (Raumordnungsbericht Schleswig-Holstein 1978).

Eine Steigerung der Fremdenübernachtungen wird in den Landesraumordnungsplänen als Ziel genannt, doch erscheint eine Zunahme in der Sommersaison infolge Erreichung der Freiraum- und ökologischen Kapazität vieler Inseln nicht vertretbar, wohl aber in den Küstenbadeorten (Abschn. 8.3.2).

Bettenkapazität

933. *Die Bettenkapazität, die Anzahl der zur Verfügung stehenden Fremdenbetten, kann ebenso wie die Fremdenübernachtungen Aufschlüsse über die wirtschaftliche Bedeutung eines Fremdenverkehrsortes aus der Sicht des Angebots geben. Ähnlich wie bei den Übernachtungen ergeben sich für die Inseln im Vergleich zu den Küstenbadeorten wesentlich höhere Werte.*

Ausnutzung der Bettenkapazität

934. Die Ausnutzung, definiert als Relation der Übernachtungszahlen zur tatsächlich möglichen Ausnutzung, hat sich in den letzten Jahren erhöht. Bei den in Tab. 8.6 angegebenen Werten muß berücksichtigt werden, daß in den Monaten der Hauptsaison die Auslastung wesentlich höher ist (vgl. auch Abb. 8.10). Die Erhöhungen im Winterhalbjahr wurden durch intensive Bemühungen zur Saisonausweitung mit Hilfe geeigneter Infrastrukturen erreicht. Auch in der Ausnutzung der Bettenkapazität bestehen deutliche Unterschiede zwischen den Inseln und dem Küstengebiet.

Abb. 8.9

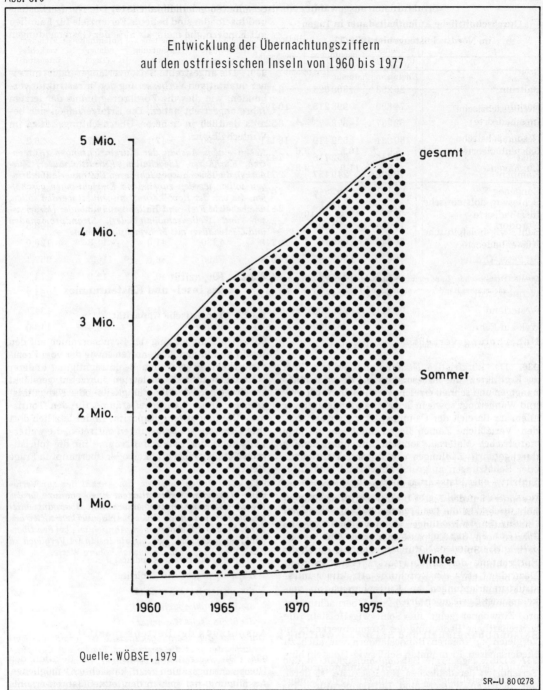

Entwicklung der Übernachtungsziffern
auf den ostfriesischen Inseln von 1960 bis 1977

gesamt

Sommer

Winter

Quelle: WÖBSE, 1979

SR–U 80 0278

Durchschnittliche Aufenthaltsdauer

935. Die durchschnittliche Aufenthaltsdauer kennzeichnet das Ausmaß des längerfristigen Fremdenverkehrs.

In den Küstenbadeorten erfolgt wegen ihrer besseren Erreichbarkeit eine starke Durchmischung des Ferienverkehrs mit kurzfristigem Erholungsverkehr; daher ist dort die durchschnittliche Aufenthaltsdauer niedriger als auf den Inseln. Auch für das Winterhalbjahr ergeben sich niedrigere Werte (Tab. 8.7).

Tab. 8.7

**Durchschnittliche Aufenthaltsdauer in Tagen
im Nordseeküstengebiet 1976/77**

Gebiet	Winter-halbjahr	Sommer-halbjahr	Insgesamt
Niedersächsische Inselbadeorte	8,6	12,9	12,4
Niedersächsische Küstenbadeorte	4,9	10,5	9,6
Cuxhaven	4,6	11,0	9,8
Schleswig-holsteinische Inselbadeorte	9,3	13,4	10,3
Schleswig-holsteinische Küstenbadeorte	6,4	11,3	7,9

Quelle: Statistisches Landesamt Schleswig-Holstein, Nieder-sächsisches Landesverwaltungsamt (1977).

Naherholungsverkehr

936. Der kurzfristige Naherholungsverkehr führt zu Konflikten, die insbesondere auf den tidenab-hängigen und schnell erreichbaren Inseln Norderney und Wangerooge sowie in den Festlandbadeorten vor allem im Bereich der Campingplätze sichtbar wer-den. Verläßliche Zahlen liegen nicht vor, da kein statistisches Material, sondern nur unregelmäßig durchgeführte Zählungen von Tagesrückfahrkarten oder Schätzungen aufgrund am Strand verkaufter Eintritts- oder Platzkarten durchgeführt werden.

Besonders auf den Inseln beeinträchtigt der Naher-holungsverkehr die Dauergäste; die Auslastung der Infrastruktureinrichtungen ist an wenigen Tagen im Jahr so hoch, daß Engpässe entstehen. Eine Verrin-gerung der Spitzenbelastungen kann nur durch die Entflechtung der Erholungsarten erzielt werden. Dazu dient etwa die Errichtung attraktiver Infra-struktureinrichtungen im Küstenbereich an ver-kehrsgünstig gelegenen Orten.

Saisonabhängigkeit und Saisonausweitung

937. Die ausgeprägte Saisonabhängigkeit in den Ferienorten der deutschen Nordseeküste ist durch die niedrigen Wasser- und Lufttemperaturen bis zum Juni und ab September bedingt. Abb. 8.10 ver-deutlicht den jahreszeitlichen Verlauf des Fremden-verkehrs für die ostfriesischen Inseln. Die Zunahme der Übernachtungen beginnt im Mai, setzt sich im Juni verstärkt fort, um im Juli und August Höchst-werte zu erreichen, die dann im September wieder stark abnehmen, bis sie im November die gleichmä-ßig niedrige Höhe des Winterhalbjahres erreicht ha-ben. Der steile Verlauf der Übernachtungskurve

wird noch verstärkt durch die große Zahl an die Schulferien gebundener Gäste: Die Nordseeküsten-und Inselbäder sind beliebte Ferienziele für Familien mit Kindern, die mehr als 50% der Gästemeldungen repräsentieren.

938. Die angestrebte Saisonverlängerung ist mit ei-ner qualitativen Verbesserung der Infrastruktur ver-bunden, wie dies die Förderprogramme der letzten Jahre angestrebt haben. Die Erfolge zeigen sich be-reits deutlich in höheren Übernachtungszahlen im Winterhalbjahr.

Neben einem Ausbau der Kureinrichtungen (Kurzen-tren, Kurhäuser, Liegehallen, Kurmittelhäuser, Kur-parks), die einen ausgeglicheneren Saisonverlauf erbrin-gen sollen, werden zunehmend Einrichtungen geschaf-fen, die von der Bevölkerung mitbenutzt werden sollen, wie beheizte Frei- und Hallenschwimmbäder (Meerwas-ser- und Wellenschwimmbäder), Strandpromenaden und Gästehäuser mit Mehrfachfunktionen.

8.3.2 Kapazität des Insel- und Küstenraumes

8.3.2.1 Touristische Kapazität

939. Die Entwicklung der Besucherzahlen auf den Inseln und in den Küstenorten sowie der vom Frem-denverkehr ausgehenden Beeinträchtigung anderer Nutzungen führten im letzten Jahrzehnt verstärkt zur Frage nach den Tragfähigkeits- oder Kapazitäts-grenzen dieser Landschaftsräume für den Touris-mus. Die touristische Kapazität findet letztlich dort ihre Grenzen, wo Belastungen auftreten, die weitere Leistungen der Landschaftsräume für die touristi-sche Nutzung einschränken oder überhaupt in Frage stellen.

940. *Touristische Kapazität ist eine komplexe Größe, die die folgenden Komponenten umfaßt (ergänzt oder abgeändert u.a. nach JACSMANN, 1971; BEZZOLA, 1975; SCHARPF, 1980):*

– *die Beherbergungskapazität* ✓
– *die infrastrukturelle Kapazität*
– *die sozio-psychische Kapazität*
– *die ökonomische Kapazität*
– *die Freiraumkapazität und* ✓
– *die ökologische Kapazität.* ✓

Unter der Beherbergungskapazität ist primär die Bet-tenkapazität und die verfügbare Fläche auf Camping- und Caravanplätzen zu verstehen. Sie ist jedoch eng gekoppelt mit der Bereitstellung weiterer Räumlichkei-ten (Tagesräume, Speiserestaurants, Gästekindergärten u.a.), dem Ausbau gewerblicher und tertiärer Dienste sowie von Infrastrukturen für den ruhenden und beweg-lichen Verkehr, für Wasserversorgung und Entsorgung usw. (Infrastrukturelle Kapazität).

Die sozio-psychische Kapazität wird begrenzt durch Verhaltensweisen, Interessen und Bereitschaften der Er-holungsuchenden wie der einheimischen Bevölkerung. Dies gilt z.B. für die Bereitschaft der Gäste, überfüllte Strände und Gaststätten sowie die Schwierigkeiten beim Aufeinandertreffen von Tages- und Ferienurlau-

Abb. 8.10

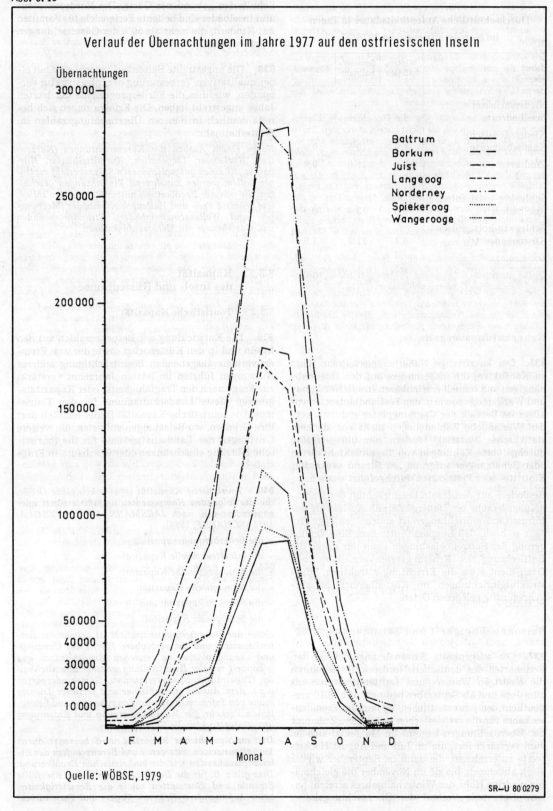

Verlauf der Übernachtungen im Jahre 1977 auf den ostfriesischen Inseln

Übernachtungen

Baltrum
Borkum
Juist
Langeoog
Norderney
Spiekeroog
Wangerooge

Monat

Quelle: WÖBSE, 1979

SR—U 80 0279

bern mit unterschiedlichen Aktivitätsansprüchen zu akzeptieren. Es gilt auch für die Bereitschaft der Einheimischen zur Übernahme von Dienstleistungen zur Aufnahme auswärtiger oder ausländischer saisonaler Arbeitskräfte.

Die ökonomische Kapazität wird nach unten begrenzt durch die notwendige Mindestauslastung von Freizeiteinrichtungen, nach oben durch die Maximalauslastung, deren Überschreitung eine sprunghafte Erhöhung der Infrastrukturkosten verursacht.

Die Freiraumkapazität gibt die Besucheraufnahmefähigkeit für Flächen an, die nicht überbaut, für den Touristen zugänglich und für die Freizeitaktivitäten nutzbar sind. Das bedeutet, daß sie von anderen Nutzungen nicht oder nur insoweit beansprucht werden, als eine Überlagerung durch Erholungsnutzungen möglich ist. Als potentielle Freiräume kommen im Küstenbereich in Frage: Grünflächen wie Parks, Spielplätze, Sportplätze im Bebauungsbereich der Gemeinden; im Außenbereich der Gemeinden Strände, Dünen, Heiden, Wattflächen, Salzwiesen, land- und forstwirtschaftlich genutzte Flächen der Geest und Marsch.

Die ökologische Kapazität einer Insel, ihrer Teillandschaften oder der Küstenlandschaft ist begrenzt durch das Eintreten ökologischer Belastungen infolge touristischer und anderer Nutzungen. Von den ökologischen Belastungen eines Landschaftsraumes werden hier nur die Eingriffe und Maßnahmen erfaßt, die die Leistungsfähigkeit der Ökosysteme für die touristische Nutzung verringern oder in Frage stellen.

941. Auf den ost- und nordfriesischen Inseln ist in den letzten Jahrzehnten besonders deutlich geworden, daß der vor allem wirtschafts- und strukturpolitisch motivierte Ausbau der Infrastrukturen in den Fremdenverkehrsgemeinden nur bedingt die gewünschten Struktur- und Einkommenseffekte erbracht hat. Insbesondere die Einkommenseffekte reichten nicht aus, um das interregionale Einkommensgefälle abzubauen bzw. um die Abwanderung qualifizierter Erwerbspersonen zu verhindern. Vielmehr mußten auch negative Folgewirkungen hingenommen werden (Deutscher Rat für Landespflege, 1970). Die noch wachsende touristische Nachfrage führt bei zunehmender räumlicher Konzentration in bestimmten Regionen des Küstenbereichs von Nord- und Ostsee zu schwerwiegenden Beeinträchtigungen der Landschaftsräume in ökologischer wie in visueller Hinsicht, aber auch zu ökonomischen, sozialen und politischen Belastungen (KRIPPENDORF, 1975; SCHARPF, 1980).

942. Der Druck gerade auf diese restlichen, naturnahen noch attraktiven Landschaftsräume wird wahrscheinlich noch wachsen. KRIPPENDORF (1975), WEISS (1973), SCHARPF (1980) u.a. haben für diesen z.B. auf den Nordseeinseln denkbaren Prozeß ein „Szenario" entwickelt:

Eine wachsende Erholungsnachfrage wie zu Beginn der sechziger Jahre veranlaßt private Investoren, dort in Freizeiteinrichtungen zu investieren, wo die landschaftliche Attraktivität und schon vorhandene freizeitrelevante Grundausrüstungen eine hohe Kapitalrendite versprechen. Verbesserte Einrichtungen wie Wellenschwimmbäder und Kurmittelhäuser ziehen nun weitere Erholungsuchende an. So kann es zu Engpässen in der öffentlichen Infrastruktur kommen. Für die Bewälti-

gung des steigenden privaten Kraftfahrzeugverkehrs reichen Straßennetz und Parkplätze nicht mehr aus. Die Wasserversorgung und Entsorgung ist bald überlastet. Es drohen Engpaßsituationen, die ungünstige Auswirkungen auf das Image des Seebades befürchten lassen. So entsteht die Sorge, daß private Angebote wie Pensionen, Hotels und sonstige Dienstleistungen nicht mehr ausgelastet werden könnten und die Kapitalrendite sinkt. Die Interessenvertreter werden aktiv, um die Engpässe zu beseitigen. Unter Druck gesetzt stimmen die politischen Entscheidungsträger dem Ausbau der öffentlichen Infrastruktur zu. Falsche Planung, aber auch die Koppelung mehrerer Einrichtungen führen nun oft zu Überkapazitäten. Die Spirale dreht sich wieder. Um eine wirtschaftliche Auslastung der gerade erst erstellten Einrichtungen zu sichern, werden die Politiker erneut bemüht, öffentliche Mittel für weitere Beherbergungsangebote und private Einrichtungen zuzuschießen, um eine Erhöhung der Gästezahlen zu erreichen – was häufig wiederum Engpässe im öffentlichen Infrastrukturbereich erzeugt. Dieses Szenario mag vielleicht den realen Ablauf der Prozesse überzeichnen oder simplifizieren. Die Verhältnisse, wie sie gerade auch in den Nord- und Ostseebädern beobachtet wurden, werden hierdurch aber erkennbar. Sie haben maßgeblich zu einer Verschärfung der ökonomischen wie ökologischen Problematik auf den Inseln und an der Festlandküste geführt.

Insgesamt erfolgt der geschilderte Prozeßverlauf mit wachsenden Gästezahlen und Bettenkapazitäten sowie fortschreitender Überbauung der Insel auf Kosten von Freiräumen und ökologisch wertvollen Flächen, d.h. auf Kosten des landschaftlichen Grundkapitals jeglichen Erholungsverkehrs.

8.3.2.2 Kapazitätsermittlung

943. Für die Ermittlung und Beeinflussung der touristischen Kapazität der Nordseeinseln sind die Freiraumkapazität und die ökologische Kapazität von entscheidender Bedeutung. Sie werden zum begrenzenden Minimumfaktor. In einer Reihe von Ansätzen wurden für die wichtigsten landschaftlichen Freiräume die begrenzenden Belastungen bzw. die Kapazität untersucht.

Anhand einer Untersuchung von ANGERER (1975) soll zunächst die Vorgehensweise dargestellt werden.

944. Zur Beurteilung der Aufnahmekapazität von Stränden der Düneninseln Ameland und Juist wurde eine repräsentative Befragung nach der hauptsächlichen Urlaubsbeschäftigung der Gäste durchgeführt. Sie ergab, daß auf Ameland etwa 72%, auf Juist etwa 82% der Befragten den Strand als überwiegenden Ort ihrer Freizeitaktivitäten angaben.

945. Die landläufige Ansicht, ein Erholungsort müsse ruhig, d.h. möglichst menschenleer sein, muß daher in dieser Ausschließlichkeit angesichts der häufigen Konzentration von Urlaubern auf kleine Freiflächenareale revidiert werden. Diese Ballungstendenzen im Fremdenverkehr sind offenbar nicht nur durch die Konzentration des Erholungsangebotes auf kleine Räume bedingt, sondern auch durch das Bestreben des Erholungsuchenden, in seiner Freizeit den Kontakt mit anderen Menschen zu suchen.

946. Die Frage nach den im Mittel je Besucher notwendigen Flächen ist bisher sehr unterschiedlich beant-

wortet worden. Die Werte für die erforderlichen Strandflächen schwanken zwischen 20 m² und 3 m²/Gast (bei Massenbesuch). Diese unterschiedlichen Werte sind insoweit fiktiv, als die Gäste sich nicht gleichmäßig auf den Strand verteilen, sondern die Verteilung sich nach Erschließung der Flächen durch Wege und Erholungseinrichtungen, nach der Entfernung zu den Unterkünften, den zur Verfügung stehenden Verkehrsmitteln und den individuellen Raumansprüchen bzw. Ruhe- oder Kontaktwünschen von einzelnen und Gruppen richtet. Es liegt nahe, zunächst die verfügbaren Strandflächen als vermutlich begrenzenden Faktor für die touristische Kapazität einer Insel zu untersuchen. Zur Klärung dieser Frage wurden auf Ameland und Juist die Strandbesucher zu einem Zeitpunkt gezählt, zu dem ein maximaler Besuch der Strände zu erwarten war.

Die größten Belegungsdichten ergaben sich auf beiden Inseln (Abb. 8.11 und 8.12) in einer Entfernung von etwa 30 m vom Mittelpunkt der Badestelle aus mit durchschnittlich 4,4 m² Strandfläche pro Gast auf Ameland und 5,8 m² auf Juist. Dies entspricht einer Belegungsdichte von ca. 2 200 Gästen/ha Strand auf Ameland. Die maximale Kapazität der Strände wird mit diesen Belegungsdichten auf beiden Inseln nicht erreicht. Die vorhandenen Strandflächen begrenzen also die touristische Kapazität der beiden Inseln bei der derzeit vorhandenen Beherbergungskapazität nicht. Selbst bei Zugrundelegung einer im Mittel je Gast erforderlichen Strandfläche von 20 m² (MAROLD, 1963) und der Nutzung eines 50 m breiten Strandstreifens ergibt sich aus der gegebenen Strandfläche für Juist (Strandlänge 15,5 km) eine Kapazität von rd. 38 000 Gästen, für Ameland (Strandlänge 28 km) von rd. 70 000 Gästen. Die Untersuchung ergibt ferner, daß auf diesen beiden Inseln die Strandbelegung von der Zahl und den Abständen der Zufahrtswege abhängig ist. In der Regel wird nur ein maximaler Abstand zwischen Liegeplatz am Strand und beaufsichtigter Badestelle von 100–150 m akzeptiert. Die Abstände zwischen den Badestellen (und damit auch zwischen den Zugangswegen) müßten nach ANGERER, um eine optimale Ausnutzung des Strandes zu erreichen, etwa 300 m betragen.

947. Dieser Vorschlag ANGERERS zur Berechnung der Strandkapazität einer Insel ist zur Bestimmung der Aufnahmekapazität einer Insel insgesamt nicht ausreichend, weil die Strandfläche nur ein Faktor zur Bestimmung der Aufnahmekapazität einer Insel sein kann. Insbesondere besteht die Notwendigkeit, neben einem begrenzten Intensivbereich einen ausgedehnten Extensivbereich des Strandes zu erhalten.

948. *Sieht man von den Stränden der Naturschutzgebiete der Inseln ab, so muß die übrige Strandfläche in einen Intensiv- und einen Extensivbereich unterteilt werden. Der Intensivbereich, die von Aktivitäten am meisten frequentierte und zum Teil mit baulichen Anlagen ausgestattete Fläche, ist gekennzeichnet durch: Nähe zum Ort, gute Erreichbarkeit, vielseitige Infrastruktur und bewachten Badestrand.*

Der Extensivbereich der Strände in den Außengebieten der Inseln dient zur Ausübung von Freizeitaktivitäten mit hohem Flächenanspruch, für die keine baulichen Anlagen erforderlich sind, nämlich: Wandern am Strand, Strandlauf, Beobachten/Naturerleben, Baden im Meer, Gruppenspiele, Gymnastik, Ballspiele und Reiten.

Auf diesen Extensivbereich kann heute keine Insel mehr verzichten. Die Besucherstruktur der Insel ist sehr hete-

rogen. Der Strand muß deshalb einer breiten Skala von Aktivitäten Raum bieten, die allein vom Intensivbereich des Strandes nicht erfüllt werden können.

949. Diese Erkenntnisse berücksichtigt eine Untersuchung der Freiraumkapazität an den Stränden der Insel Langeoog (KÜMMEL, 1978). Langeoog kann in seiner begrenzten Freiraumkapazität als exemplarisch für die Verhältnisse einer Reihe anderer Nordseeinseln angesehen werden. Die Maximalnachfrage in der Hochsaison muß für Langeoog mit rd. 11 600 Gästen angesetzt werden (8 100 belegte Betten, 1 000 Tagesgäste, „Dunkelziffer" von rd. 2 500 Personen). Die Verteilung dieser Besucher auf die einzelnen Freiräume der Insel (Wasser, Strand, Dünen, Vorländer usw.) läßt sich nach niederländischen Untersuchungen (VAN LIER, 1973) errechnen. Danach würden sich 78% der Gäste, d. h. rd. 9 000 Besucher Langeoogs, zum Zeitpunkt der Maximalnachfrage und bei günstigen Witterungsverhältnissen am Strand und im Wasser aufhalten.

950. *Es wird von der durch Beobachtungen gestützten Annahme ausgegangen, daß sich zum Zeitpunkt der Maximalnachfrage im stark frequentierten Strandbereich (Intensivstrand) 90% und im weniger stark frequentierten (Extensivstrand) 10% der Strandbesucher aufhalten. Aus der Anzahl der Strandkörbe pro Fläche bei mittlerer Belegung mit drei Personen sowie Berücksichtigung einer Anzahl von Besuchern ohne Strandkorb ergibt sich ein durchschnittlicher Flächenanspruch von 15 m² Strand pro Person. Die bei Maximalnachfrage in der Hochsaison notwendige Strandfläche würde danach rd. 140 000 m² betragen. Dieser Bedarfszahl stehen 120 000 m² an verfügbarer Strandfläche gegenüber. Unter den getroffenen realistischen Annahmen ist der Strand Langeoogs dann voll ausgelastet. Eine Erhöhung des Fassungsvermögens kann nur durch eine höhere Belegungsdichte und durch eine Ausdehnung des Intensivstrandes erreicht werden. Gegen eine Erhöhung der Belegungsdichte spricht grundsätzlich die Tatsache, daß der Erholungswert durch eine Reduzierung der pro Person zur Verfügung stehenden Fläche gesenkt wird. Daneben wird sich zweifellos der Druck auf die angrenzenden Bereiche, z. B. die Dünen, erhöhen.*

Eine Erhöhung der Bettenkapazität und damit der Besucherzahl würde im Falle Langeoog bei bereits bestehender voller Auslastung des Intensivstrandes also entweder höhere Belegungsdichten oder seine Ausdehnung in den jetzigen Extensivbereich und die Naturschutzgebiete erforderlich machen.

951. *Die Insel Langeoog hat ihre Kapazitäten weitgehend ausgeschöpft; Freiraum- und ökologische Kapazität haben offensichtlich ihre Grenzen erreicht. Ein weiterer quantitativer Ausbau müßte sich in ökologischer Hinsicht und in der Qualität des Freiraumangebotes, in der Folge aber auch ökonomisch negativ auswirken. Mit diesem Befund ist Langeoog zweifellos repräsentativ für eine Reihe von Inseln mit ähnlichem Naturpotential und Besucherzahlen.*

Für die Insel Sylt liegt eine ähnliche Untersuchung der optimalen Freiraumkapazität und daraus abgeleitet der Beherbergungskapazität vor. Das „Syltgutachten" (Gutachtergruppe Sylt, 1974) wurde von der schleswig-holsteinischen Landesregierung in Auftrag gegeben, nachdem die Entwicklung von touristischen Großvorhaben an der Ostseeküste die Einleitung einer restriktiven

Abb. 8.11

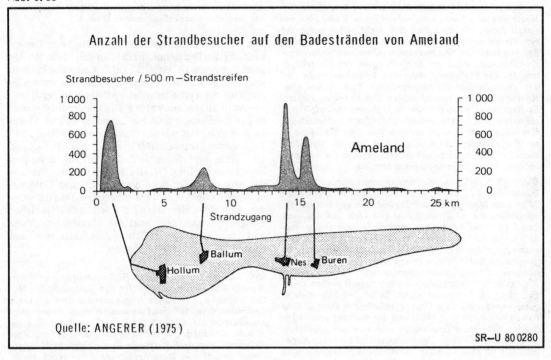

Anzahl der Strandbesucher auf den Badestränden von Ameland

Strandbesucher / 500 m –Strandstreifen

Quelle: ANGERER (1975)

SR–U 80 0280

Abb. 8.12

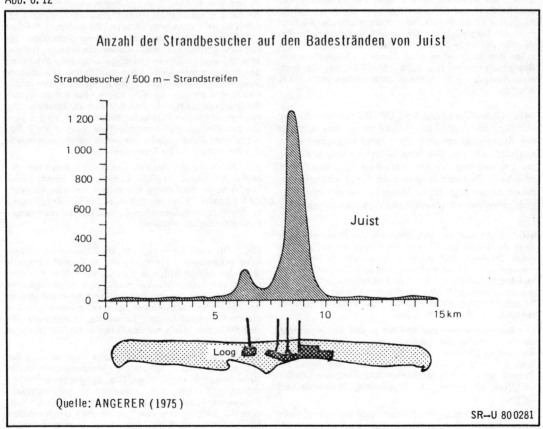

Anzahl der Strandbesucher auf den Badestränden von Juist

Strandbesucher / 500 m – Strandstreifen

Quelle: ANGERER (1975)

SR–U 80 0281

„Konsolidierungsphase" nötig machte und zugleich das rasche Ansteigen der Übernachtungszahlen auf Sylt eine Überlastung der Insellandschaft befürchten ließ. Die Gutachtergruppe Sylt kam zu dem Ergebnis, daß das ausgelastete Bettenangebot auf der Insel die Zahl 45 000 nicht überschreiten sollte, da nur dann eine optimale Strandauslastung möglich sei. Bei Fertigstellung des Gutachtens 1974 lag das Bettenangebot bereits bei 69 000.

8.3.2.3 Die Dünen als empfindlichstes Ökosystem der Inseln

952. Die Dünen sind das ökologisch labilste Glied des Inselsystems. Ein Betreten des Dünengürtels kann zu schwerwiegenden Belastungen (LUX, 1969, 1970) führen, da intakte, d.h. ausreichend durch Vegetation gesicherte Dünengürtel für die Inseln lebenswichtige Funktionen haben:

– *Wo der Dünengürtel durch Siedlungserweiterungen und durch Trampelpfade der Besucher mit folgender Winderosion angegriffen wird, sind Ein- und Durchbrüche der Nordsee möglich und bis in die letzten Jahre immer wieder erfolgt. Alle Dünenschutzmaßnahmen erfolgen primär unter diesem Gesichtspunkt.*

– *Die Festlegung der Dünen durch Strandhaferpflanzungen dient zugleich zur Sicherung von in Lee gelegenen Siedlungen und Straßen sowie von Kulturland.*

– *Die Dünen sichern die Wasserversorgung aus den „Süßwasserlinsen" unter dem Dünengebiet (Tz. 954).*

– *Vegetation und Tierwelt der Dünengürtel enthalten eine hohe Anzahl gefährdeter und für die Dünen repräsentativer Arten (s. Kap. 9).*

953. Diese Funktionen sind durch touristische Nutzungen gefährdet,

– durch Trittwirkung (Trampelpfade)

– durch Lagern, insbesondere in den strandnahen und deshalb für den Küstenschutz besonders wichtigen Weißdünen; Lagern führt zur Zerstörung der schützenden Pflanzendecke

– durch die Verschmutzung der Dünen mit Abfällen und Fäkalien

– durch Pflücken, Ausgraben, Ausreißen von Pflanzen

– durch Störung der Vögel, die in größeren Dünengebieten Brut- und Rastplätze finden.

954. Ein indirekter, noch wachsender Einfluß des Tourismus auf das System Düne erfolgt durch die Entnahme von Trinkwasser aus der Süßwasserlinse unter dem Dünengürtel. Für die Wasserversorgung der Düneninseln ist die Süßwasserlinse heute die einzige Quelle, soweit nicht bereits Wasser vom Festland bezogen wird. Die Problematik der Inseln mit Süßwasserlinse in den Dünen sei am Beispiel Langeoog erläutert.

Das Grundwasservorkommen versorgt Langeoog zu 100% mit Trinkwasser. Zur Zeit können jährlich etwa 480 000 m³ Wasser gefördert werden.

10 000 Gäste und Einwohner verbrauchen pro Tag etwa 2 500 m³ Wasser, wobei ein Pro-Kopf-Verbrauch von

250 l zugrunde gelegt wurde, der in Ferienorten allgemein üblich ist. In einer 90-Tage-Saison wäre somit fast die Hälfte der Reserven (225 000 m³) verbraucht. Im Unterschied zu den Nachbarinseln Spiekeroog und Wangerooge ist Langeoog auch in Zukunft an einer autarken Trinkwasserversorgung interessiert. Somit bestimmt hier die Kapazität der Linse die Grenzen der touristischen Entwicklungsmöglichkeiten. Im Winter- wie im Sommerhalbjahr trägt ein Teil der Niederschläge zur Grundwasserneubildung bei, wovon wiederum etwa zwei Drittel ungenutzt ins Meer fließen. Dieser Überschuß des abfließenden Wassers trägt wesentlich zur Stabilität der Linse bei, da er sie vor dem nachdrückenden Salzwasser schützt. Selbst da, wo wie auf Norderney keine wesentliche Verschiebung der Süßwasser-Salzwassergrenze festgestellt wurde, ist auf Dauer wegen der Regeneration der Linse eine Saisonausweitung bzw. eine Steigerung der Entnahmeraten kritisch zu beurteilen.

955. Eine übermäßige Entnahme aus den Süßwasserlinsen ist auch im Hinblick auf die Vegetation der Dünentäler nicht nur in Naturschutzgebieten kritisch zu beurteilen. Dies gilt insbesondere wegen der verstärkten jahreszeitlichen Schwankungen. Die laufende Beobachtung der Pflanzengesellschaften der Dünentäler belegt z.B. für Norderney und Borkum eine Koinzidenz zwischen Grundwasserentnahmen und Vegetationsstörung.

8.3.2.4 Schlußfolgerungen

956. Der Fremdenverkehr ist im Küstenraum sowohl Verursacher wie Betroffener von Beeinträchtigungen. Die Erholungsnutzung auf den Inseln, im Watt und im Küstenraum wird in erster Linie von den Nutzungen Siedlung, Industrie und Kraftwerke sowie durch den Straßen- und Luftverkehr infolge Flächenentzug und Immissionen beeinträchtigt. Demgegenüber treten Beeinträchtigungen durch militärische Nutzung, durch die Landwirtschaft und die Lagerung fester Abfälle zurück.

957. Der Rat geht davon aus, daß die Sicherung naturnaher Erholung im Blick auf den Fremdenverkehr oberstes Ziel sein muß. Unter dieser Voraussetzung ist eine weitere Zunahme der Besucherzahlen während der sommerlichen Saison durch Erhöhung der Bettenkapazität, Ausweitung der Bauflächen und Vergrößerung der Transportleistungen zu den Inseln nicht mehr wünschbar. Das gilt sowohl für Feriengäste wie auch für Tages- und Wochenendgäste, da eine Erhöhung der Besucherzahlen die Intensiv- wie die Extensivstrände überlastet und die erholungswirksame landschaftliche Substanz verringert. Die Gefährdung der den Inselcharakter entscheidend mitprägenden Naturschutzgebiete in Dünen und Salzwiesen, im Watt und auf den Stränden erfordert ebenfalls eine Begrenzung der Gästezahlen. In dieser Beurteilung der Belastungsgrenzen bestehen zwischen den einzelnen Inseln nur graduelle Unterschiede.

958. Nach den Plänen der Fremdenverkehrsprogramme soll an die Stelle einer weiteren Erhöhung der Bettenkapazität eine Entzerrung der Besucherzahlen durch bessere Auslastung des Bettenangebotes im Winter, Frühjahr und Herbst treten, beispielsweise durch Förderung saisonverlängernder Infrastrukturen. Auch dieser Ausbau ist nicht unproblematisch, weil damit gerechnet werden muß, daß hierdurch auch die Attraktivität während der Sommersaison erhöht wird und so die Besucherzahl auch in diesen Monaten weiterhin ansteigt. Es kann ferner erwartet werden, daß auf diese Weise der Wachstumsprozeß durch weitere private und öffentliche Investitionen erneut in Gang gesetzt wird (Tz. 942). Schließlich ist diese Ausweitung auf die Herbst-, Winter- und Frühjahrsmonate auch ökologisch bedenklich, da so die Störmomente für die überwinternden und durchziehenden Vogelarten erhöht werden (vgl. Kap. 9).

959. Der Rat hält eine Intensivierung und gegebenenfalls Ausweitung der Flächensicherung durch Natur- und Landschaftsschutzgebiete für notwendig. Da Erholung in naturnahen Landschaftsräumen den Schutz von Natur und Landschaft voraussetzt, wird ein in seiner Intensität abgestufter Schutz für die Teilräume des Watten-Insel-Raumes mit differenzierten Nutzungsmöglichkeiten erforderlich. Nur so ist das Nebeneinander und z. T. die Überlagerung von Erholungs- und Naturschutznutzung möglich.

960. Zur Verringerung der Belastungen von Erholungsuchenden und Tierwelt ist eine zeitliche, räumliche und zahlenmäßige Begrenzung des privaten Flugverkehrs im Raum des Wattenmeeres und der Inseln nötig.

Das Beispiel der autofreien Inseln hat sich bewährt; ihm sollte weitgehend gefolgt werden. Der motorisierte Individualverkehr ist entsprechend durch umweltfreundliche Verkehrsmittel zu ersetzen. Die Forschungsförderung für neue Verkehrsmittel (Elektromobile, moderne Inselbahnen) hätte hier ein dankbares Betätigungsfeld.

961. Für alle Inseln sollten Analysen zur Ermittlung der Beherbergungs-, Freiraum- und ökologischen Kapazität durchgeführt werden; auf dieser Grundlage sind Entwicklungskonzepte anhand integrierter Flächennutzungs- und Landschaftspläne aufzustellen, die auch eine Verminderung des Individualverkehrs umfassen.

962. Der Rat ist sich der Tragweite dieser Empfehlungen bewußt. Er weist deshalb darauf hin, daß es in Zukunft häufiger zu regional begrenzten Konflikten zwischen Wachstums- und Umweltzielen kommen wird. Dies betrifft nicht nur die Inseln, sondern beispielsweise auch den Bodenseeraum und das Alpengebiet. Dies schließt selbstverständlich eine Erneuerung und Verbesserung der bisherigen Bausubstanz nicht aus. Sollten in diesen Gebieten Wohlstandsverluste eintreten, so müßten entsprechende Ausgleichsmechanismen entwickelt werden.

8.3.3 Ansätze zur Sicherung der Erholungs- und Naturschutzfunktionen

8.3.3.1 Maßnahmen und Planungen des Bundes

963. In den letzten Jahren sind mit unterschiedlicher Intensität und Schwerpunktbildung vom Bund und von den Küstenländern Niedersachsen und Schleswig-Holstein verstärkte Bemühungen um den Schutz ökologisch wertvoller Landschaftsräume des Watten-Insel-Raumes ausgegangen. Schleswig-Holstein hat darüber hinaus erste differenzierte Steuerungsmaßnahmen des touristischen Wachstums und der Bautätigkeit auf den Inseln eingeleitet. Als Schritte in dieser Richtung sind die in der folgenden Übersicht aufgeführten Übereinkommen, Programme und Gutachten zu werten:

- *Das Übereinkommen über Feuchtgebiete von internationaler Bedeutung, insbesondere als Lebensraum für Wasser- und Watvögel (RAMSAR-Konvention, 1971), besitzt seit 1976 in der Bundesrepublik Deutschland Gültigkeit. Es ist von besonderer Bedeutung für Wattenmeer und Ästuarien.*

- *Das Bundesraumordnungsprogramm (1975) widmet den Zusammenhängen von Raumstruktur und Umweltbelastung große Aufmerksamkeit.*

- *Das fremdenverkehrspolitische Konzept der Bundesregierung: „Tourismus in der Bundesrepublik Deutschland – Grundlagen und Ziele" (Bundesratsdrucksache, 448/75).*

- *Das internationale Abkommen zur Erhaltung der wandernden wildlebenden Tierarten (1979) dient dem Schutz der überwinternden und durchziehenden Vogelarten des Wattenmeeres.*

- *Die „Stellungnahme zur ökologischen Situation des Wattenmeeres" durch den Beirat für Naturschutz und Landschaftspflege beim Bundesminister für Ernährung, Landwirtschaft und Forsten (1979) analysiert die gegenwärtige Lage und gibt Empfehlungen.*

- *Der laufende deutsch-niederländisch-dänische Informationsaustausch zum Schutze des Wattenmeeres dient dem gegenseitigen Austausch von Erfahrungen auf dem Gebiet des Naturschutzes, der ökologischen Forschung sowie der Orientierung über Entwicklungsvorhaben.*

964. Die Bundesregierung hat im Jahre 1975 mit dem Bericht „Tourismus in der Bundesrepublik Deutschland – Grundlagen und Ziele" erstmalig eine fremdenverkehrspolitische Konzeption vorgelegt (Bundesratsdrucksache 448/75). Zu den hier entwickelten grundlegenden Zielsetzungen einer Fremdenverkehrspolitik des Bundes gehört auch die Absicherung der für eine kontinuierliche Entwicklung des Fremdenverkehrs erforderlichen umweltpolitischen Rahmenbedingungen.

Die hier geforderten Maßnahmen umfassen u. a. die Ermittlung besonders für den Erholungsverkehr geeigneter Landschaftsräume, die Festlegung von Belastungsgrenzen für diese und Aufgaben des Naturschutzes und der Landschaftspflege zur Sicherung des Naturpotentials und der natürlichen Erholungseignung. Eine Reihe der Programmpunkte sind inzwischen in Angriff genommen, bzw. abgeschlossen worden; so die Ermittlung besonders für die Erholung geeigneter Räume und stark belasteter Fremdenverkehrsgebiete.

8.3.3.2 Maßnahmen und Planungen der Länder

965. Niedersachsen

– *Landes-Raumordnungsprogramm Niedersachsen vom 18. März 1969 in der Fassung vom 23. Mai 1978 (3. Änderung).*

– *Regionales Raumordnungsprogramm für den Regierungsbezirk Aurich (1976).*

– *Regionales Raumordnungsprogramm für den Verwaltungsbezirk Oldenburg (1976).*

– *Regionales Raumordnungsprogramm für den Regierungsbezirk Stade (1976).*

– *Entwicklungsplan für den Fremdenverkehr in Ostfriesland (1973).*

– *Gutachten im Auftrag des niedersächsischen Ministers des Innern als oberste Landesplanungsbehörde „Grundlage für die Entwicklung des Naturparks Ostfriesische Inseln und Küste" (Gesellschaft für Landeskultur, 1974).*

– *Gutachten im Auftrage des World-Wildlife-Fund und des Niedersächsischen Ministers für Ernährung, Landwirtschaft und Forsten „Niedersächsisches Wattenmeer, Grundlagen für ein Schutzprogramm" (AUGST u. WESEMÜLLER, 1980).*

– *Ausweisung von großräumigen „Feuchtgebieten von internationaler Bedeutung" aufgrund der RAMSAR-Konvention (1971).*

966. Das Landes-Raumordnungsprogramm Niedersachsen (LROP, 1978) nennt die ostfriesischen Inseln mit dem Wattenmeer an erster Stelle unter den großräumigen niedersächsischen Erholungslandschaften von überregionaler Bedeutung. Es ist Ziel der Raumordnung, hier einen Naturpark „Ostfriesische Inseln und Küste" zu schaffen, für den Grundlagen und Grundzüge eines Entwicklungsplanes im Sinne eines Landschaftsrahmenplanes erarbeitet wurden (Gesellschaft für Landeskultur, 1974). Die nach dem LROP grundsätzlich für alle großräumigen Erholungslandschaften Niedersachsens zu erarbeitenden Landschaftsrahmenpläne sollen die Entwicklungsplanung für den Erholungsverkehr, ein Schutzgebietssystem sowie Hinweise auf Rangstufen der Landschaftsbelastung und auf landschaftspflegerische Maßnahmen enthalten.

967. *Für Räume, die bereits an der Grenze ihrer Belastbarkeit angelangt sind, sieht das LROP eine Konsolidierungsphase[1] vor, um sicherzustellen, daß die durch das Bettenangebot für den Fremdenverkehr sowie die Anzahl der Ferienwohnungen, Zweitwohnungen und*

Wochenendhäuser aufnehmbare Gästezahl, die Aufnahmefähigkeit der Erholungslandschaft nicht übersteigt (LROP, 1978, S. 26). Von diesen vorsorglich angekündigten Steuerungs- und Restriktionsmaßnahmen wurde bisher auf den Inseln noch kein Gebrauch gemacht. Daß diese Gefahr einer Überlastung der Inseln seit Jahren erkannt ist, geht aus mehreren Hinweisen in den Regionalen Raumordnungsprogrammen wie auch aus dem „Entwicklungsplan für den Fremdenverkehr in Ostfriesland" (1973) hervor: „Bei der zeitweise stürmischen Zunahme der Gästezahlen ist die Gefahr nicht auszuschließen, daß durch übereilte Baumaßnahmen Fehlentwicklungen eintreten. Wenn nämlich durch spekulative Vorhaben eine Benachteiligung oder gar Schädigung der natürlichen Landschaft entsteht und damit die Erholungs- und Freizeitwerte gemindert werden, wird zugleich der Fremdenverkehr als zukunftsträchtiger Wirtschaftszweig gefährdet ...". Nach den Darlegungen in Abschnitt 8.3.2.2 besteht bereits heute eine Diskrepanz zwischen der als Ziel der Raumordnung anerkannten Steigerung der Übernachtungsziffern um ein Drittel im Zeitraum 1969–1980 und der begrenzten ökologischen und Freizeitkapazität vieler Inseln.

968. *Auch der Entwurf des Landes-Raumordnungsprogramms Niedersachsen (1979) sieht den ostfriesischen Watten-Insel-Raum als „Gebiet besonderer Eignung" vor. Darunter werden Gebiete verstanden, die aufgrund ihrer natürlichen Eignung und der raumstrukturellen Erfordernisse für die Entwicklung des Landes oder von Teilräumen von besonderer Bedeutung sind, d. h. bestimmte, begrenzte Funktionen erfüllen können. In diesen Gebieten sollen deshalb die betreffenden Ressourcen gesichert oder gegebenenfalls entwickelt werden, vor allem dann, wenn sie noch keinem anderen rechtlichen Schutz unterliegen. In dieser Form sind Gebiete mit besonderer Bedeutung für die Erhaltung von Natur und Landschaft, für die Erholung, die Wasser- und Rohstoffgewinnung und die Land- und Forstwirtschaft festzulegen. Dieser Katalog beruht in modifizierter Form auf den entsprechenden Festlegungen des Bundes-Raumordnungsprogramms (1975, Ziff. I, 2.3). Etwaige Benachteiligungen solcher Gebiete in ihrer wirtschaftlichen Entwicklung sollen gegebenenfalls durch andere Maßnahmen in der Landesentwicklung ausgeglichen werden.*

Im LROP festgelegte Gebiete besonderer Eignung sollen in den künftigen Regionalen Raumordnungsprogrammen näher bestimmt werden. Um die zu sichernden und zu nutzenden Ressourcen nicht durch konkurrierende Nutzungen zu beeinträchtigen, gilt für alle raumbedeutsamen Planungen und Maßnahmen ein besonderes Abstimmungsgebot. In Gebieten besonderer Bedeutung ist eine Überlagerung von Nutzungen nur dann möglich, wenn Nutzungskonflikte ausgeschlossen sind.

969. Das Fremdenverkehrsprogramm Niedersachsen (1974)[1] hat die fremdenverkehrswirtschaftliche Förderung im öffentlichen und privaten Bereich zum Ziel. Es konkretisierte damit die Zielsetzungen zum Fremdenverkehr im Landesentwicklungsprogramm Niedersachsen 1976. Vorrangig sollte ein Ausbau der fremdenverkehrswirksamen Infrastruktur, insbesondere mit saisonverlängernder Wirkung erfolgen,

---

[1] Unter „Konsolidierungsphase" wird ein Zeitraum verstanden, in dem öffentliche Investitionen für fremdenverkehrswirksame Infrastrukturen eingestellt werden.

[1] Das Fremdenverkehrsprogramm Niedersachsen (1974) lief 1978 aus, wird jedoch bei weiterer Konzentration auf Schwerpunktbereiche fortgeschrieben. Eine Bilanz der Förderung bei MEYER (1979).

bei Konzentration der Förderung auf ausgewählte touristische Schwerpunktgemeinden. Da die ostfriesischen Inseln bereits vor Einsetzen des Programms speziell in dieser Richtung gefördert wurden, soll hier künftig die Anhebung des qualitativen Standards des Beherbergungsgewerbes im Vordergrund stehen, dagegen die Küstenorte bei Ausbau saisonverlängernder Infrastrukturen unterstützt werden.

Im Gegensatz zum Tourismuskonzept der Bundesregierung (Bundesratsdrucksache 448/75), das auf die begrenzenden Rahmenbedingungen hinweist und entsprechende Untersuchungen einleitete, wird die Problematik einer möglichen Überlastung hier weder erwähnt noch speziell für die ostfriesischen Inseln angesprochen. Im Kriterienkatalog des Programms 1974 für die Auswahl der zu fördernden Gemeinden sind Kriterien der begrenzten Freiraum- und ökologischen Kapazität, bzw. Belastungen der Insellandschaften durch den Fremdenverkehr wie durch andere Nutzungen nicht enthalten (Fremdenverkehrsprogramm Niedersachsen, 1974).

970. Im Regionalen Raumordnungsprogramm für den Regierungsbezirk Aurich (1976) wird die Errichtung des Naturparks „Ostfriesische Inseln mit Küste" vorwiegend unter dem Aspekt einer Verbesserung der Wirtschaftsstruktur genannt. Die Notwendigkeit einer Steuerung der touristischen Entwicklung bei Erreichen der Kapazitätsgrenzen einiger Inseln (vgl. Abschn. 8.3.2.2) wird nicht erwähnt. Es muß daher befürchtet werden, daß auch ein künftiger Naturpark Ostfriesische Inseln dem bisherigen Trend vieler deutscher Naturparke mit einer einseitigen Förderung touristischer Einrichtungen und ohne ausreichende Sicherung einer naturnahen Erholung sowie der Naturschutzfunktionen des Raumes folgt (Umweltgutachten, 1978 (Tz. 1275–1278).

971. Demgegenüber wird im Regionalen Raumordnungsprogramm für den Verwaltungsbezirk Oldenburg (1976) konkret festgestellt, daß auf Wangerooge „mit Rücksicht auf den begrenzten Raum und die begrenzte Belastbarkeit der Insel die Bereitstellung zusätzlicher Bauflächen für die Errichtung von Zweitwohnungen den Zielen der Raumordnung entgegen" steht. In ähnlicher Weise wird für eine Reihe von Küstenbadeorten des Jeverlandes und Butjadingens die Entwicklung von Campingplätzen, Wochenend- und Ferienhäusern insbesondere vor den Deichen begrenzt.

972. Das Regionale Raumordnungsprogramm für den Regierungsbezirk Stade (1976) weist die Nordseeküste zwischen Weser- und Elbmündung mit dem Nordseeheilbad Cuxhaven als großflächiges Erholungsgebiet von regionaler Bedeutung aus. Auf die Notwendigkeit von Steuerungsmaßnahmen wird nicht hingewiesen.

973. Bei einer Reihe der ostfriesischen Inseln sind die Grenzen der ökologischen Freiraumkapazität erreicht, bei weiteren werden sie bei anhaltendem Anstieg der Gästezahlen in absehbarer Zeit erreicht

sein. In dieser Situation erscheinen der Konkretisierungsgrad der Regionalpläne und die Bindungen für die Flächennutzungspläne der Gemeinden im Sinne des Vorsorgeprinzips unzureichend, um eine wirkungsvolle Steuerung der Beherbergungskapazität, der baulichen und landschaftlichen Entwicklung zu erzielen. Vordringlich ist die Aufstellung von Entwicklungsplänen für die Inseln und Küstengemeinden auf der Basis von Flächennutzungs- und Landschaftsplänen. Es ist zweifelhaft, ob die hier gestellte Aufgabe einer „restriktiven Entwicklung" durch Übertragung der regionalplanerischen Kompetenzen an die Kreise besser als bisher gelöst werden kann.

974. Schleswig-Holstein

– *Ausweisung des Naturschutzgebietes „Nordfriesisches Wattenmeer" (1974).*

– *Gutachten im Auftrag des schleswig-holsteinischen Ministers für Wirtschaft und Verkehr „Gutachten zur Struktur und Entwicklung der Insel Sylt" (Syltgutachten, 1974).*

– *Regionalplan für den Planungsraum V (1975).*

– *Landesraumordnungsplan Schleswig-Holstein (1979).*

– *Flächennutzungsplan für die Insel Sylt (1976).*

975. Die sprunghafte Entwicklung der Ferienzentren und touristischen Großvorhaben an der schleswig-holsteinischen Ostseeküste seit Ende der sechziger Jahre hatte Anfang der siebziger Jahre zur Gefahr des Überangebotes an Fremdenverkehrskapazitäten geführt. Zugleich wurde an der Bauweise heftige Kritik geübt, da Gestaltung und Größen der Baukörper in keinem Verhältnis zur Küstenlandschaft standen.

Trotz grundsätzlicher Bejahung auch der neuen touristischen Angebotsform beschloß die Landesregierung mit der 2. Änderung des Landes-Raumordnungsplanes (1973), für den Ostseeküstenbereich eine Konsolidierungsphase bis 1975 einzuführen, um ein Hineinwirken der Nachfrage in die neugeschaffenen Kapazitäten ohne Gefährdung mittelständischer Betriebe zu sichern.

Für die Ostseeküste wurde durch eine zunächst bis 1978 verlängerte restriktive Phase der touristischen Entwicklung ohne Zulassung von Großvorhaben für Schleswig-Holstein das Signal für eine Neuausrichtung der Fremdenverkehrs- und Raumordnungspolitik für die Küstenräume gesetzt.

Dies bedeutete die Beendigung der Förderung von Großbauvorhaben, Vermeidung von Überkapazitäten, statt dessen Erhöhung der Auslastungsquoten und Minimierung der schnell fortschreitenden Belastung der erholungswirksamen Inselräume.

976. Ausgelöst durch zwei Baubooms, die auf Sylt ähnliche Entwicklungen wie im Ostseeküstenraum brachten, gab die Landesregierung ein „Gutachten zur Struktur und Entwicklung der Insel Sylt" in Auftrag (Syltgutachten, 1974). Nach Fragestellung, Ergebnissen und bisher vom Auftraggeber gezogenen Konsequenzen hat dieses „Syltgutachten" inzwischen für die Inseln des Nordseeraumes Modellcharakter gewonnen. Das Gutachten ging auf folgende Fragestellungen ein, um damit Entscheidungshilfen für raumplanerische Zielsetzungen zu liefern:

– die weitere optimale Entwicklung des Fremdenverkehrs und der Siedlungsstruktur unter Berücksichtigung der Belastung der Landschaftsräume der Insel und ihrer Naturschutzfunktionen,

– die Lösung der Verkehrsprobleme und

– die künftige Abstimmung der kommunalen Planungen auf der Insel.

Diese Problematik ist heute in mehr oder weniger abgewandelter Form auf allen Inseln des deutschen Nordseeküstenraumes aktuell und vordringlich zu lösen.

977. Das Syltgutachten kommt zu dem Ergebnis, daß bereits heute auf der Insel kritische Belastungsgrenzen überschritten sind und so langfristig der Bestand der Insel in seiner Fremdenverkehrsfunktion gefährdet ist. Dies gilt für die Verringerung der erholungswirksamen landschaftlichen Substanz durch Überbauung, den Verlust der visuellen Vielfalt, die Verkehrsbelastung und die Verringerung der Grundwasservorräte. Das erfordert die Einleitung und Durchführung von Restriktionen.

978. Derartige Überlegungen haben zum großen Teil bereits ihren Niederschlag in den Zielaussagen des Regionalplanes für den Planungsraum V des Landes Schleswig-Holstein (1975) gefunden, der den Kreis Nordfriesland mit umfaßt. Bereits im Landesraumordnungsplan für Schleswig-Holstein (1969) war das Gebiet der Inseln Sylt, Amrum und Föhr als „Fremdenverkehrsordnungsraum" ausgewiesen worden.

979. *Die Ergebnisse des Syltgutachtens über die bauliche Entwicklung und die Belastungen der Insellandschaften führten dazu, die Ziele für den weiteren Zuwachs an Bauten und Betten wesentlich restriktiver zu fassen als etwa noch im Regionalbezirksplan des Jahres 1967. Zur Erhaltung der naturnahen Erholungslandschaft Sylt beschreitet der Regionalplan (1975) Wege, die selbst über die Grenze dessen hinausgehen, was im „Ordnungsraum" der schleswig-holsteinischen Umgebung Hamburgs für die weitere Bauentwicklung als landesplanerisches Ziel vorgegeben wurde.*

980. *Die wesentlichen Festlegungen des Regionalplanes für den Nahbereich Westerland, d. h. für die Insel Sylt sind:*

– *Als Obergrenze der Aufnahmefähigkeit Sylts gilt eine Zahl von 100 000 Personen. Da diese Obergrenze bei der Verabschiedung des Regionalplanes nahezu erreicht war (rd. 90 000 Dauerbewohner und Gäste während der Saisonspitze), muß die Bautätigkeit auf der Insel erheblich eingeschränkt werden.*
Die weitere bauliche Entwicklung soll sich daher unter Einhaltung der in der Karte zum Regionalplan V dargestellten Baugebietsgrenzen vollziehen.
Danach darf der Zuwachs an Bruttogeschoßfläche für Wohnungen und Beherbergungsbetriebe im Planungszeitraum bis 1985 10% der vorhandenen Bruttogeschoßfläche (1973: 3,1 Mio m²) nicht überschreiten.

– *In einem gemeinsamen Flächennutzungsplan der sieben Sylter Gemeinden ist die siedlungsmäßig und wirtschaftlich sinnvolle Verteilung des Zuwachses auf die einzelnen Inselgemeinden vorzunehmen.*

– *Aus dem gemeinsamen Flächennutzungsplan und den detaillierten Zielsetzungen für die städtebauliche Ordnung im Syltgutachten sind Bebauungspläne für die einzelnen Ortskerne und Neubaugebiete abzuleiten.*
Allen Sylter Gemeinden wird empfohlen, Bebauungspläne auch für das Gemeindegebiet außerhalb von Bauflächen aufzustellen. Dies gilt auch für die Teilgebiete großräumiger Naturschutzgebiete, die für die weitere Entwicklung des Fremdenverkehrs von Bedeutung sind. Die Gemeinden sind verpflichtet, einen gemeinsamen Landschaftsplan als Ergänzung des Flächennutzungsplanes aufzustellen.

981. Über diese Regelungen im Regionalplan hinaus haben die Aussagen des Syltgutachtens über die begrenzte Kapazität der Insel und die Gefährdung der Qualität des Fremdenverkehrs zu einem Bewußtseinswandel auf der Insel geführt. Bürgerschaft wie Politiker bemühen sich verstärkt um die Sicherung von Landschafts- und Ortsbild und damit der Eigenart der Insel. Es ist deutlich geworden, daß alle sich bei der baulichen Weiterentwicklung auf Sylt Zurückhaltung auferlegen müssen. Das Leitbild einer stark verdichteten und massiven Bebauung der Insel, wie es noch bei den Auseinandersetzungen um das Atlantik-Projekt in Westerland propagiert wurde, ist fallengelassen worden. Schließlich haben die Überlegungen des Gutachtens zur besseren kommunalen Zusammenarbeit auf der Insel beigetragen. Über den Planungsverband als Zwangsverband hinaus sind die Sylter Gemeinden näher zusammengerückt.

982. Grundsätzlich erfordert die begrenzte ökologische und Freiraumkapazität für alle nord- und ostfriesischen Inseln Überlegungen und Maßnahmen zur Begrenzung und Steuerung der Bautätigkeit, Beherbergungskapazität und Verkehrsbelastung. Die unterschiedliche Zusammensetzung der Inseln aus den Landschaftsräumen Strand, Düne, Geest, Marsch und Salzwiese, der verschiedene Stand der Verkehrsanschlüsse vom Festland wie der baulichen und infrastrukturellen Entwicklung erfordern jedoch differenzierte Entwicklungs-, Schutz- bzw. Restriktionskonzepte. So berücksichtigt z. B. der Regionalplan für den Planungsraum V die Strukturunterschiede zwischen den Inseln Sylt, Amrum und Föhr durch unterschiedliche Maßnahmen-Kataloge, ohne insgesamt auf steuernde bzw. restriktive Maßnahmen verzichten zu können.

983. Auf Amrum ist infolge der Breite des westlich vorgelagerten Kniepsandes z. Z. noch keine Kapazitätsbegrenzung durch Überbelastung der Strandflächen akut. Günstig wirkt sich auch die Aufnahmefähigkeit der neu angelegten Wälder aus. Dagegen sind die Dünen- und Heidelandschaften wie auf Sylt besonders empfindlich und gefährdet. Bisher sind auf Amrum weder touristische Großvorhaben mit Hochhausbauten noch der Autoverkehr für die Qualität der Erholung zum Problem geworden. Dies hängt auf Amrum wie auf Föhr auch mit der im Vergleich zu Sylt anderen Gästestruktur zusammen. Eine Wandlung ist hier allerdings bei weiter wachsendem Anteil des Wochenendverkehrs mit veränderten Infrastrukturwünschen und zusätzlicher Belastung der Landschaft möglich. Ohne steuernde bzw. restriktive Maßnahmen können auch hier Entwicklungen wie in Sylt eintreten.

984. Die Gefahr einer touristischen Überbelastung erscheint z. Z. auf Föhr mit einem hohen Anteil landwirtschaftlich genutzter Marschflächen und teilweise anderen Urlaubsformen („Ferien auf dem Lande") im Vergleich zu Sylt zunächst noch geringer. Trotzdem sind Amrum und Föhr wie Sylt im Regionalplan V vorsorglich als Fremdenverkehrsordnungsraum ausgewiesen. Der Regionalplan V legt daher für den Nahbereich Wyk (Inseln Amrum und Föhr) fest: „Wegen der schon erreichten Konzentration des Fremdenverkehrs und der ebenso wie Sylt nur begrenzt belastbaren Inseln Amrum und Föhr soll die weitere Fremdenverkehrsentwicklung in erster Linie in Form der Verbesserung bestehender Einrichtungen und nicht durch die Schaffung neuer Beherbergungskapazitäten erfolgen. Für alle Gemeinden der beiden Inseln sollten jeweils gemeinsame Entwicklungskonzepte auf der Grundlage gemeinsamer Flächennutzungskonzepte und Landschaftspläne erarbeitet werden."

985. Bremen, Hamburg, Niedersachsen, Schleswig-Holstein

- *Differenziertes Raumordnungskonzept für den Unterelberaum. Auf der Grundlage der Raumordnungsvorstellungen der vier norddeutschen Länder gemeinsam erarbeitetes Konzept vom 23. November 1978.*
- *Vorstudie zu einem ökologischen Gesamtlastplan für die Niederelberegion. Im Auftrage der Länder Bremen, Hamburg, Niedersachsen und Schleswig-Holstein (GRIMM, PETERS, ROHWEDDER, Universität Hamburg, 1976).*

8.3.4 Zusammengefaßte Schlußfolgerungen und Empfehlungen

986. Der Insel- und Küstenbereich der Nordsee läßt deutlich Kapazitätsgrenzen im Hinblick auf den Fremdenverkehr erkennen. Maßgebend hierfür ist die ökologische Belastung und die Tatsache, daß die für den Fremdenverkehr erforderlichen baulichen Einrichtungen eben jenen Reiz der Landschaft zerstören, der als auslösender Faktor und Grundlage des Fortbestandes des Fremdenverkehrs angesehen werden kann. Eine landespflegerische Vorsorgepolitik und Steuerung des Wachstums des Fremdenverkehrs, insbesondere auch unter dem Aspekt seiner Intensivierung außerhalb der Hauptsaison, ist daher unerläßlich.

Ausgehend von der Fortführung der Fremdenverkehrsentwicklungspolitik des Bundes und der Länder bietet sich für die Konkretisierung von Einzelmaßnahmen der im Rahmen des Syltgutachtens eingeschlagene Weg an.

987. Der Rat empfiehlt für alle Inseln Analysen zur Ermittlung der Beherbergungs-, Freiraum- und ökologischen Kapazität durchzuführen und auf dieser Grundlage Entwicklungskonzepte anhand integrierter Flächennutzungs- und Landschaftspläne aufzustellen. In diesen sind entsprechend den vorrangigen Funktionen des Watten-Insel-Raumes die Aufgaben der Erholung und des Naturschutzes jeweils gegeneinander abzuwägen und gegenüber den anderen Nutzungen des Raumes zu sichern.

988. Der Watten-Insel-Raum sollte auf Länderebene als „Gebiet besonderer Eignung" (in der bisherigen Diskussion häufig als „großräumige Vorranggebiete" bezeichnet) mit den Vorrangfunktionen „naturnahe Erholung" und „Naturschutz" ausgewiesen werden, um so die hochwertigen und knappen bzw. einmaligen Ressourcen dieser ökologisch wertvollen Räume mit hoher natürlicher Erholungseignung wirkungsvoll sichern zu können. Um sowohl den Vorrangfunktionen wie den übrigen Nutzungen entsprechend der besonderen Eignung und Widmung des Raumes gerecht werden zu können, empfiehlt sich ein differenziertes Schutz- und Nutzungskonzept, wie es in Abschnitt 9.4.2 dargestellt wurde. Dieses Vorgehen wird auch für den Küstenbereich empfohlen.

9 NATURSCHUTZ IM WATTENMEER

9.1 Ökologische Funktionen, Gefährdung und Schutzwürdigkeit des Gesamtraumes und seiner Teilbereiche

989. Das Watten-Insel-System der deutschen Nordseeküste ist ein Teil des Wattengürtels, der von Den Helder in den Niederlanden bis Esbjerg (Dänemark) reicht. Es ist eine der wenigen großen naturnahen Landschaftsräume Europas und in dieser Form einmalig. Wie die Untersuchungen der Meeresströmungen, der Verdriftung von Schadstoffen, der Sedimentations- und Erosionsprozesse sowie der ökologischen Zusammenhänge zeigen, muß dieses Gesamtsystem als Einheit gesehen werden. Eingriffe in Teile bedingen Veränderungen im ganzen System.

990. In den vorangegangenen Kapiteln (u. a. 2.4, 8.3) wurde gezeigt, daß dieses System seine Leistungen für naturnahe Erholung, Naturschutz und Fischerei nur dann nachhaltig erbringen kann, wenn der derzeitige, noch weitgehend naturnahe Zustand der Ökosystemkomplexe durch ausreichende Schutzmaßnahmen erhalten wird. Aus der Einheit und Größe des Gebietes ergibt sich,

– daß nur ein großräumiger Schutz der Wattenlandschaft unter Berücksichtigung der von den benachbarten Räumen Geest und Marsch sowie von den Flußmündungen ausgehenden Belastungen wirkungsvoll ist;

– daß diese Aufgabe angesichts der bestehenden Nutzungen, u. a. als Siedlungs- und Fremdenverkehrsraum, nur durch ein differenziertes Schutzgebietssystem mit unterschiedlicher Schutz- und Nutzungsintensität der Teilräume zu lösen ist und

– daß die Schutzmaßnahmen nicht nur zwischen den beteiligten Bundesländern, sondern auch grenzüberschreitend mit den Niederlanden und Dänemark abgestimmt werden müssen.

9.1.1 Wandlungen der Nutzungen

991. Die verschiedenartige Nutzung dieses Raumes ist bis heute vom Meer und von den Wandlungen der Küste bestimmt. In der vorindustriellen Phase bildeten Landwirtschaft, ergänzt durch Fischfang und Jagd, sowie Schiffahrt Lebensgrundlagen der Bevölkerung. Erst seit den 70er Jahren des vorigen Jahrhunderts gewannen der Fremdenverkehr, aber auch die Industrie und Rohstoffgewinnung schrittweise an Bedeutung für die Wirtschaft des Raumes. Schwerwiegende gegenseitige Beeinträchtigungen der Nutzungen, der Ökologie und des Erscheinungs-

bildes der Landschaftsräume fanden zunächst nur in Ästuarien und Buchten statt. Dies änderte sich grundlegend in den letzten Jahrzehnten; Wachstumsprozesse brachten neu hinzukommende Nutzungen und damit Mehrfachnutzungen und Nutzungskonflikte mit sich.

992. Der sprunghafte Anstieg des Fremdenverkehrs mit schnell wachsenden Gäste- und Übernachtungsziffern bewirkte eine räumliche Ausdehnung und einen Strukturwandel der meisten Insel- und Küstenorte, vielfach auf Kosten und mit Entwertung naturnaher Flächen. Parallel lief die schnelle Entwicklung der Sportschiffahrt, des Flugverkehrs und des Kraftfahrzeugverkehrs zu und auf den Inseln. Seit den 60er Jahren begann die Ansiedlung großindustrieller Betriebe und Kraftwerke an der Küste (vgl. Abschn. 3.1), die zwar zunächst nur die Ästuarien und Buchten betrifft, in ersten Planungen aber bereits auf das freie Wattenmeer übergreift.

993. Die Matrix der Tab. 9.1 zeigt die von den Nutzungen im Nordseeküstenraum ausgehenden Wirkungen auf Landschaftshaushalt, -struktur und -bild. Diese bedeuten z. T. wesentliche Beeinträchtigungen des noch naturnahen Zustandes der Landschaftsräume.

Die Matrix verdeutlicht die aktuellen und potentiellen Konflikte zwischen den Ansprüchen des Naturschutzes im umfassenden Sinne des Bundesnaturschutzgesetzes und den konkurrierenden Nutzungen des Küstenraumes.

9.1.2 Produktionsbiologische Funktionen des Wattengebietes

994. Das Wattenmeer ist durch eine hohe Produktion an Biomasse ausgezeichnet (s. Abschn. 2.4.5). Die reiche Bodenfauna stellt eine wesentliche Nahrungsgrundlage für die Jugendstadien verschiedener wirtschaftlich bedeutender Fischarten der Nordsee dar (Kinderstubenfunktion); zahlreiche Vogelarten haben hier ihr Nahrungsrevier (Brut-, Rast- und Überwinterungsfunktion, s. Tz. 999). Jede Verkleinerung des Wattenmeeres, z. B. durch Eindeichung, hat entsprechende Rückwirkungen auf zahlreiche Fisch- und Vogelarten.

Die Nordsee gehört zu den für den Fischfang produktivsten Meeren. Ihre hohe Fischproduktion ist u. a. durch das Wattenmeer bedingt. In diesem bestehen auf räumlich eng begrenzter Fläche optimale Lebensbedingungen für die Jugendstadien verschiedener wirtschaftlich bedeutender Fischarten.

Einen Ersatz für das Wattenmeer gibt es nicht.

Tab. 9.1

Auswirkungen von Nutzungen auf Landschaftshaushalt, -struktur und -bild des Nordseeküstenraumes

Legende:
- ● Beeinträchtigung
- (●) Potentielle Beeinträchtigung
- ▶ Nutzungen

	Küstenschutz					Landwirtschaft			Forstwirtschaft	Fischerei	Jagd auf		Fremdenverkehr			
Faktorengruppen / Auswirkungen der Nutzungen ▶	Ein- und Vordeichungen	Sperrwerke	Leitdämme	Vorlandgewinnung	Feste Uferschutzwerke u. Lebendbau als Inselschutz	Grünlandwirtschaft	Ackerbau	Vorlandnutzung	Aufforstung auf Inseln	Musch.-, Krabb.-, Fischfang (Beifg.)	Gänse, Enten	Seehunde	Baden, Lagern, Reiten, Motorverkehr an Extensivstränden	Lagern, Wandern, Reiten in Dünen	Wandern im Vorland	Wandern, Reiten im Watt
Landschaftsstruktur und -bild																
Veränderung des charakteristischen naturnahen Landschaftsbildes nach Form und Farbe	●	●	●		●	●	●		●		●	●				●
Verringerung der visuellen Vielfalt (Nivellierung)	●						●	●			●	●				●
Tierwelt																
Minderung der biolog. Produktion	●	●	●		●	●	●		(●)		●	●	●	●		●
Störung (Verdrängung) von Arten											●	●	●	●		●
Artendezimierung bzw. -verschiebung	●	●	●		●					(●)	●	●	●	●		
Biotopveränderung	●	●	●	●	●	●	●	●	●	(●)			●	●		
Flächenentzug (Vernichtung naturnah. Biotope)	●	●	●		●	●	●									
Pflanzendecke																
Minderung der biolog. Produktion	●	●	●		●	●							●	●		●
Artendezimierung bzw. -verschiebung	●	●	●		●			●	●				●	●		●
Biotopveränderung	●	●	●	●	●	●	●	●	●				●	●		●
Flächenentzug (Vernichtung naturnah. Biotope)	●	●	●		●	●	●		●							
Klima/Luft																
Strahlungserhöhung (harte Strahlen)																
Strahlungsverminderung																
Lärmbelästigung													●	●	●	●
Luftverunreinigung Gase																
Luftverunreinigung Stäube																
Wasser																
Abwärmeeinleitung in Ästuarien und Meer																
Verölung Meer und Strand																
Schadstoffeintrag Ästuarien und Meer																
GW-Verunreinigung auf Inseln						●	●							●		
GW-Absenkung auf Inseln						●	●									
Boden																
Eutrophierung, Schadstoffeintrag						●	●						●	●		
Bodenverdichtung und -versiegelung														●		
Winderosion														●		
Flächenentzug	●	●	●		●	●	●									

340

Tourenfischerei

Tourist. Infrastrukturen (siehe auch Schiffahrt, Flugverkehr)

Sandvorspülungen an Festlandsküste

Siedlung
Wohngebiete
Infrastrukturen
Campingplätze

Straßenverkehr (Kfz)
Straßen
Parkplätze

Schiffsverkehr
Güterverkehr/Tanker
Linienverkehr zu Inseln
Sportschiffahrt (Mot., Seg.), Liegepl.

Flugverkehr
Linienverkehr zu Inseln, Flugplätze
Sportfliegerei (Tiefflug)

Militärische Nutzung
Schießübungen
Tiefflüge
Hubschraubereinsätze

Industrie und Kraftwerke
Chemische Industrie
Nahrungsmittelindustrie
Kraftwerke, Konv.
Kraftwerke, Kernkraft
Hafenanlagen

Feste Abfälle
Mülldeponien auf Inseln
Verklappung Klärschlamm u. Chemikalien in Ästuarien u. Hochsee

Abbau v. Bodenschätzen i. d. Nordsee
Sande und Kiese
Erdgase
Öl

Wasserwirtschaft
GW-Gewinnung auf Inseln
Abwassereinltg. Insel- u. Küstenorte
Entwässerung von Feuchtgebieten

Quelle: SCHARPF (1980), geändert

Tab. 9.2

Gefährdungsgrad, Schutzwürdigkeit und Stand des Schutzes charakteristischer Pflanzengesellschaften des Wattenmeeres und der Inseln in Niedersachsen

Landschaftsteile (Landschaftsräume)	Übergeordnete Einheiten der Pflanzengesellschaften	Charakteristische Pflanzengesellschaften	Bewertungsstufen der Gefährdungs- und Schutzmerkmale		
			A	B	C
Wattflächen/Priele (Eu- bis Sublitoral)	Seegras-Wiesen	Meerseegras-Wiese Zosteretum marinae	3	1	1
Grenze Salzwiesen/Wattflächen (Supra- bis Eulitoral)		Zwergseegras-Wiese Zosteretum noltii	3	1	1
(Desgl.)	Schlickgras-Gesellschaften	Schlickgras-Flur Spartinetum townsendii	7	5	5
Untere Zone der Salzwiesen (Supralitoral)	Queller-Fluren	Wattqueller-Flur Salicornietum strictae	4	3	3
Höhere Zone der Salzwiesen (Supralitoral)	Salzwiesen	Andelwiese Puccinellietum maritimae	7	5	3
		Bottenbinsen-Wiese Juncetum gerardii	7	5	5
Strand/Strandebene (Supralitoral)	Meersenf-Spülsaum-Gesellschaften	Friesenmeersenf-Spül-saum-Gesellschaft Caciletum frisicum	7	5	5
Strand/Vordüne (Supralitoral)	Binsenquecken-Vor-dünengesellschaften	Strandroggen-Binsenquecken-Gesellschaft Elymo-Agropyretum juncai	7	4	3
Weißdüne (Epilitoral)	Strandroggen-Dünen-gesellschaften	Gänsedistel-Strandroggen-Dünengesellschaft Sonchoarvensis-Elymetum arenariae	7	4	3
Weißdüne (Epilitoral)	Strandhafer-Dünen-gesellschaften	Strandroggen-Strandhafer-Gesellschaft Elymo-Ammophiletum arenariae	7	4	5
Graudüne (Epilitoral)	Silbergras-Fluren	Küstenveilchen-Silbergrasflur Violeto-Corynephoretum canescentis	7	4	5
Braundüne (Epilitoral)	Borstgrasrasen und Zwergstrauchheiden	Sandseggen-Krähenbeereheide Carici-Empetretum	3	1	1
Feuchte Dünentäler (Epilitoral)	Hochmoorbulten und Heidemoorgesell-schaften	Kriechweiden-Glockenheide-Moorgesellschaft Saliciarenariae-Ericetum tetralicis	2	1	3
(Desgl.)	Kleinseggen-Sümpfe	Sumpfstraußgras-Grauseggen-Sumpf Carici canescentis-Agrostidetum caninae	2	1	3
Marsch	Strandsimsen-Brack-wasserröhrichte	Strandsimsen-Brackwasser-röhricht Bolboschoenetum compacti	3	2	3
Geestkerne der Inseln und Küstennahe Festlandsgeest	Birken-Eichenwälder	Aspen-Traubeneichenwald Querco-Populetum tremulae	2	1	1

Quelle: PREISING, 1978.

Bewertungsstufen für Gefährdung, Schutzwürdigkeit und Stand des Schutzes von Pflanzengesellschaften

A Gefährdungsgrad und Bestandssituation	B Schutzwürdigkeit und Schutzbedürftigkeit	C Gegenwärtiger Stand des Schutzes durch bestehende Naturschutzgebiete und flächenhafte Naturdenkmäler
A 1 Ausgestorbene oder verschollene Pflanzengesellschaften	B 1 Hochgradig schutzwürdige und höchst schutzbedürftige Pflanzengesellschaften	C 1 Pflanzengesellschaften, die nicht in Naturschutzgebieten vertreten sind
A 2 Akut vom Aussterben bedrohte Pflanzengesellschaften	B 2 Schutzwürdige und schutzbedürftige Pflanzengesellschaften	C 2 In Naturschutzgebieten vorhandene, jedoch von den Schutzbestimmungen völlig oder teilweise ausgenommene Pflanzengesellschaften
A 3 Stark gefährdete Pflanzengesellschaften	B 3 Schutzwürdige, in ausgewählten Beständen schutzbedürftige Pflanzengesellschaften	
A 4 Gefährdete Gesellschaften mit allgemeiner Rückgangstendenz	B 4 Schutzwürdige, jedoch noch nicht schutzbedürftige Pflanzengesellschaften	C 3 In Naturschutzgebieten nicht in ausreichenden Beständen vertretene Pflanzengesellschaften
A 5 Durch Entartung gefährdete Gesellschaften	B 5 Nicht oder noch nicht schutzwürdige Pflanzengesellschaften	C 4 In Naturschutzgebieten vorhandene, aber mangelnder Pflege gefährdete Gesellschaften
A 6 Potentiell gefährdete Pflanzengesellschaften		C 5 In Naturschutzgebieten ausreichend geschützte und gesicherte Pflanzengesellschaften
A 7 Nicht gefährdete Pflanzengesellschaften		

9.1.3 Schutzwürdigkeit und Gefährdung von Pflanzen und Pflanzengesellschaften

995. Die Vegetationsdecke des nordwesteuropäischen Wattenmeeres und seiner Inseln ist Ausdruck extremer Standortverhältnisse. Gezeiten- und Salzeinfluß sowie Windwirkung prägen die charakteristischen Ökosystemkomplexe der Wattflächen und -ströme, der Salzwiesen, der Dünen von Inseln und Geesträndern der Küste, der Geestkerne der Inseln sowie der See- und Flußmarschen.

Tab. 9.2 zeigt für charakteristische, ausgewählte Pflanzengesellschaften des Wattenmeeres und der Inseln Gefährdungsgrade, Schutzwürdigkeit und Schutzbedürftigkeit sowie den Stand des Schutzes (PREISING, 1978). Diese für Niedersachsen erarbeitete Bewertung gilt hinsichtlich der Spalten A und B mit einigen Abweichungen auch für Schleswig-Holstein. Die Schutzwürdigkeit kennzeichnet hier vor allem den grundsätzlichen Wert der Pflanzengesellschaften aus der Sicht des Naturschutzes, d. h. aus der Blickrichtung des Arten- und Biotopschutzes. Die Schutzbedürftigkeit wird in erster Linie durch Richtung und Stärke der Gefährdung bestimmt.

996. Die Schutzwürdigkeit (BUCHWALD, 1980) der Pflanzengesellschaften ergibt sich vor allem aus ihrer Repräsentanz, dem endemischen Auftreten des Großteils der Arten und Gesellschaften sowie in gewissem Umfang ihrer Seltenheit. Das heißt im einzelnen:

- Die in kennzeichnenden Zonierungen und Mosaiken auftretenden, in Tab. 9.2 aufgeführten Pflanzengesellschaften sind für den Watten-Insel-Raum in besonderem Maße charakteristisch.

- Die meisten flächendeckenden Pflanzenarten des Watts (Eu-, Supra- und Epilitoral) sind hoch spezialisiert und in Europa einmalig. Für diese Arten ist Biotopschutz die Voraussetzung ihrer Erhaltung.

- Die Gefährdung zeigt Tab. 9.1. Zahlreiche Nutzungen wirken sich verändernd oder zerstörend

auf die natürliche Planzendecke aus (Artendezimierung, Veränderung der natürlichen Artenkombinationen, Flächenentzug).

- Nach der „Roten Liste" finden sich von den 580 gefährdeten Arten der Blütenpflanzen und Farne Niedersachsens 145 auf den ostfriesischen Inseln mit umgebenden Wattflächen (WÖBSE, 1979).

997. In Tab. 9.2 wurde die Einstufung der Schutzwürdigkeit aus der Sicht des Arten- und Biotopschutzes vorgenommen. Darüber hinaus ergeben sich nach heutiger Auffassung weitere Gründe für einen Schutz natürlicher und naturnaher Pflanzengesellschaften:

- *Aus der Forderung nach Sicherung des charakteristischen, naturnahen Landschaftsbildes folgt die Notwendigkeit, die natürliche Vegetation möglichst großflächig zu erhalten.*

- *Eine Reihe der großflächig verbreiteten Pflanzengesellschaften üben wichtige ökologisch stabilisierende Wirkungen auf das Gesamtsystem Watt, Inseln, Küste aus oder sie erbringen Regulations- oder Ausgleichsleistungen gegenüber mannigfachen Störeffekten. Dies gilt beispielsweise für die den Wellenschlag dämpfende und schlickbindende Wirkung der Quellerfluren und Salzwiesen im Vorland der Inseln und Küstendeiche, für die Windenergie verringernde und erosionsmindernde Wirkung von Strandhafer-, Strandgerste- und Kleingrasrasen-Gesellschaften in den Dünengürteln, für die Filterfunktion der Heidegesellschaften auf Dünen und in Dünenteilen und damit Schutz des Grundwassers vor Verschmutzung.*

- *Viele Pflanzengesellschaften sind wichtige Nahrungsgrundlage für geschützte Tierarten, insbesondere Brut- und Gastvögel (Seegraswiesen, Salzwiesen).*

998. Aus all diesen Gründen ergibt sich für die Beurteilung der Gefährdung und Schutzwürdigkeit und für die Ausweisung weiterer Schutzgebiete:

- Die Bestände des Meerseegrases wie des Zwergseegrases sind stark gefährdet, hochgradig schutzwürdig und schutzbedürftig. Sie sind bisher in Niedersachsen in Schutzgebieten nicht erfaßt.

Zusätzliche Schutzgründe:

Die Seegrasbestände sind im Herbst Hauptnahrung von gefährdeten Gastvögeln wie der Ringelgans (vgl. Abschn. 9.1.4).

Gefährdungsursachen:

Flächenverluste durch Ein- und Vordeichungen, Sperrwerke, Sandaufspülungen für Strände, Industriegelände u. a.

– Die Quellerbestände sind gefährdet durch allgemeine Rückgangstendenz; sie sind in ausgewählten Beständen schutzwürdig. In den bisherigen Naturschutzgebieten sind sie nicht ausreichend geschützt.

Zusätzliche Schutzgründe:

Die Quellerfluren sind wichtige Nahrungsgrundlage für zahlreiche Wat- und Wasservögel. Ihre Wirkung in den Vorländern ist von Bedeutung für den Insel- und Küstenschutz.

Gefährdungsursachen:

Ein- und Vordeichungen, Sperrwerke, Sandaufspülungen, Überweidung durch Schafe, Anlage von Campingplätzen in den Vorländern.

– Aus den gleichen Gründen wie bei den Quellerfluren sind Gefährdungsgrad und Schutzbedürftigkeit für die Andel- und Bottenbinsen-(=Rotschwingel-)Wiesen für den Gesamtraum wesentlich höher einzustufen, als Tab. 9.2 für Niedersachsen ausweist.

– In Niedersachsen sind die Krähenbeerheiden der Braundünen stark gefährdet und hochgradig schutzwürdig. Auch auf den nordfriesischen Inseln sind sie trotz der noch ausgedehnten Bestände wegen allgemeiner Rückgangstendenz gefährdet.

Gefährdungsursachen:

Flächenverluste durch Überbauung, Trittwirkung, Eutrophierung.

– Die Glockenheidemoore und Kleinseggensümpfe der Dünentäler sind vom Aussterben bedroht und hochgradig schutzwürdig. Trotz großer geschützter Flächen auf den nordfriesischen Inseln ist die Gefährdung durch Grundwasserabsenkung auf den meisten Inseln gegeben.

Gefährdungsursachen:

Trinkwasserentnahme aus der Süßwasserlinse, Entwässerung, Überbauung, Trittwirkung.

9.1.4 Schutzwürdigkeit und Gefährdung der Vogelwelt

999. Das Wattenmeer ist Lebensraum für viele euro-asiatische Wat- und Wasservogelarten. Abb. 9.1 stellt die Region von Nordsibirien bis Grönland dar, aus der Vögel in den Wattenmeerraum einfliegen und ihn für die Rast beim Durchzug, für die Überwinterung, seltener für die Übersommerung und als Mauserplatz nutzen. Für diese Gastvögel (Winter-, Sommer- und Zuggäste) ist bedeutsam:

– das große, leicht zu erreichende und spezielle Nahrungsangebot,

– die große Ausdehnung und eine relative Störungsfreiheit der Vorländer, Halligen, Inseln und Sände.

Von den rd. 100 Vogelarten dieses Lebensraumes nutzen ihn mindestens 26 Arten als Brutraum, 88 als Nahrungs- und 84 als Rastraum. Im Gesamtgebiet des nordwesteuropäischen Watts leben im Jahresmittel 2 Mio Vögel (HEYDEMANN, 1979). Die Sicherung des nordwesteuropäischen Wattenraumes als Brut-, Rast- und Nahrungsraum durch Maßnahmen des Naturschutzes entscheidet über das Überleben dieser Arten.

Brutvögel

1000. *Die Brutvögel benötigen vor allem in den Frühjahrs- und Sommermonaten zur Erhaltung der Art ein störungsfreies Brutgeschäft, eine gesicherte Aufzucht der Jungen und ungestörte Nahrungsbeschaffung. Wie auch die Gastvögel sind sie überwiegend auf eine Verzahnung von Watt- und Prielflächen mit Salzwiesen als Nahrungsraum angewiesen. Die 50 cm über MThw liegenden Salzwiesenzonen haben ihre besondere Bedeutung als Hochwasser-Rastplätze. Abb. 9.2 stellt die Bindung der erwachsenen Vögel an das Watt dar. Deutlich wird die enge Bindung von Gänsen und Enten an die Andel-Rasen, der Brachvögel, Rot- und Grünschenkel, Säbelschnäbler, Regenpfeifer und Strandläufer an die Quellerbestände und die Wattflächen (HEYDEMANN, 1979).*

Gastvögel

1001. *Die Gastvögel des Watts sind überwiegend Arten, deren Brutgebiete im hohen Norden liegen (Abb. 9.1) – von den Tundren und Küsten Eurasiens über die arktischen Inseln bis nach Grönland (u. a. Ringelgans, Pfeifente, Austernfischer, Sandregenpfeifer, Kiebitzregenpfeifer, Steinwälzer, Großer Brachvogel, Regenbrachvogel, Pfuhlschnepfe, Rotschenkel, Zwergstrandläufer, Alpenstrandläufer, Sichelstrandläufer, Mantelmöwe, Sturmmöwe). In ihrer arktischen und subarktischen Heimat halten sich die hochnordischen Arten nur während des Brutgeschäftes und der Aufzucht der Jungen auf. Für viele Wochen oder Monate ziehen sie dann in die Wattgebiete der Nordsee, wo sie oft schon Ende Juli eintreffen, andere Arten erst im September/Oktober. Einige von ihnen mausern im Watt bzw. auf den Sänden, Teile überwintern bei offenem Watt. Bei Vereisung des Watts wandert die überwiegende Zahl in Gebiete mit milderem Klima ab. Der Rückzug der Gastvögel nach Norden erfolgt dann im April/Mai (Projekt Scharhörn, 1976).*

Die relativ kleinen Nordseewatten sind für Vögel aus einem gewaltigen Einzugsbereich unersetzlich; die Verantwortung des Menschen gegenüber diesem Lebensraum ist sehr groß.

1002. *Auch die Wintergäste sind zur Erhaltung ihrer Leistungsfähigkeit für den Rückflug auf eine störungsfreie, ausreichende Nahrungsaufnahme angewiesen. Von einigen Gastvogelarten halten sich im Winter wesentli-*

Abb. 9.1

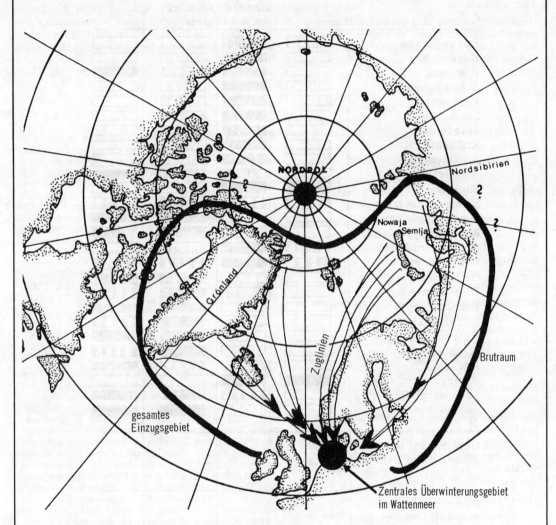

Einzugsgebiete von Wat− und Wasservögeln
des nordwesteuropäischen Wattenmeeres aus dem arktischen Bereich

Darstellung der global−räumlichen Bedeutung der Nordseewatten für die nordischen Gastvögel:
Die Wasser− und Watvögel aus einem großen arktischen Einzugsbereich sind während ihres Jahreslaufs sehr viel länger auf den speziellen Lebensraum Watt angewiesen als auf ihre "Brutheimat".

▬▬▬ Nachgewiesenes Areal

? Vermutliche zusätzliche Herkunftsgebiete

Quelle: Landesamt für Naturschutz und Landschaftspflege, Schleswig−Holstein (1977),
nach Waddenzeecommissie (1974), aus HEYDEMANN (1979 a)

SR−U 80 0282

Abb. 9.2

Nahrungsbeziehungen der adulten Vögel des Watts zu bestimmten ökologischen Zonen

Art	Rotschwingel-zone	Andel-zone	Queller-zone	Watt
Kurzschnabelgans	öfter	überwiegend	gar nicht	gar nicht
Nonnengans	gar nicht	überwiegend	selten	gar nicht
Pfeifente	gar nicht	überwiegend	öfter	überwiegend
Schnatterente	gar nicht	überwiegend	selten	gar nicht
Krickente	gar nicht	überwiegend	selten	gar nicht
Stockente	selten	überwiegend	öfter	gar nicht
Spießente	gar nicht	überwiegend	selten	gar nicht
Knäkente	gar nicht	überwiegend	selten	gar nicht
Löffelente	gar nicht	überwiegend	selten	gar nicht
Austernfischer	öfter	selten	selten	gar nicht
Kiebitz	überwiegend	überwiegend	selten	gar nicht
Sandregenpfeifer	öfter	öfter	öfter	öfter
Seeregenpfeifer	gar nicht	selten	selten	überwiegend
Kiebitzregenpfeifer	gar nicht	selten	selten	überwiegend
Goldregenpfeifer	öfter	überwiegend	selten	gar nicht
Steinwälzer	öfter	überwiegend	öfter	selten
Gr. Brachvogel	gar nicht	selten	überwiegend	überwiegend
Regenbrachvogel	gar nicht	selten	überwiegend	öfter
Pfuhlschnepfe	gar nicht	gar nicht	überwiegend	überwiegend
Dunkl. Wasserläufer	gar nicht	selten	überwiegend	öfter
Rotschenkel	gar nicht	selten	überwiegend	überwiegend
Grünschenkel	gar nicht	selten	überwiegend	öfter
Knutt	gar nicht	gar nicht	öfter	überwiegend
Zwergstrandläufer	überwiegend	gar nicht	gar nicht	gar nicht
Alpenstrandläufer	gar nicht	öfter	überwiegend	überwiegend
Säbelschnäbler	gar nicht	gar nicht	überwiegend	überwiegend
Gesamtzahl der in dieser Zone Nahrung aufnehmenden Arten	8	22	24	15
Arten mit Schwerpunkt der Nahrungsaufnahme in der betreffenden Zone	2	13	10	10

Erläuterungen:
- ■ = überwiegend in dieser Zone Nahrung aufnehmend
- öfter in dieser Zone Nahrung aufnehmend
- selten in dieser Zone Nahrung aufnehmend
- gar nicht in dieser Zone Nahrung aufnehmend

Quelle: nach SCHULZ und KUSCHERT (1979)

SR–U 80 0283

che Teile des Weltbestandes im Watt auf. Die hohen, gleichzeitig auftretenden Individuenzahlen lassen den Laien nicht vermuten, daß es sich hier oft um gefährdete Arten handelt. Ihre Dichte übertrifft die der Brutvögel im Wattenraum in der Regel um das 50- bis 100fache (HEYDEMANN, 1979).

In den sechs Monaten von Oktober bis März entfällt nur 1% der insgesamt von Vögeln aufgenommenen Nahrung auf Brutvögel, während 99% von rastenden und durchziehenden Vögeln verbraucht werden. Für diese ist der Wattenraum genauso lebenswichtig wie ihre nordischen Brutgebiete, da sie die Hälfte oder sogar zwei Drittel ihres Lebens im Watt verbringen.

Entscheidend ist, daß diese Arten in besonders hohem Maße biotop- und sogar ortsspezialisiert sind, so daß bei Flächenverlusten durch Eindeichungen oder Aufspülung von Sand Ersatzflächen häufig nicht angenommen werden.

Bestandsdichten

1003. Für die möglichen Dichten der rastenden Vögel haben die Buchten der Nordseeküste mit ihrem hohen Salzwiesenanteil eine wesentlich höhere Bedeutung als die offenen Wattflächen außerhalb der Buchten („Buchteneffekt"). Die o. a. mittlere Besatzdichte im Jahr im Gesamtgebiet von rd. 2 Mio Individuen kann sich in Buchten wie dem Dollart auf das Achtfache steigern. Selbst bei Zugrundelegung einer maximalen Besatzdichte von 3,2 Mio rastenden Vögeln würden die Buchten noch die zehnfache Belegung im Vergleich zu anderen Bereichen des Wattenmeeres erreichen (HEYDEMANN, 1979).

Auf den Salzwiesen konzentrieren sich bei höheren Flutständen allein 1,2–3 Mio Zugvögel, also 400 bis 500 Vögel/ha, da diese Hochwasserrastplätze nur begrenzt, d. h. bis zu 5 000–8 000 ha, zur Verfügung stehen (Abschn. 8.1). Damit wird der unwiederbringliche Verlust an wertvollen Biotopen bei Eindeichung von Buchten und Vorländern deutlich.

Gefährdungen durch den Fremdenverkehr

1004. Die schnelle Zunahme der Zahl der Erholungssuchenden während der letzten Jahrzehnte (vgl. Kap. 8.3) sowie die Entwicklung und räumliche Ausdehnung neuer Freizeitaktivitäten, wie die verschiedensten Formen der Sportschiffahrt, die Tourenfischerei, Sportfliegerei, Besichtigungsfahrten zu Seehundbänken, Wattwandern und Wattreiten, Camping am „Grünen Sand" der Salzwiesen, haben eine Fülle von direkten und indirekten Auswirkungen an die naturnahen Landschaften des Küstenraumes, ihr Bild, ihre Pflanzen- und Tierwelt zur Folge gehabt.

1005. *Für die Brutvögel in den Dünen, auf Salzwiesen und Sänden entstehen durch Wandern, Reiten und Lagern direkte Schäden durch meist unbeabsichtigtes Zertreten der gut getarnten Gelege von Bodenbrütern, ferner durch Lagern und Lärmen in der Nähe von Gelegen, so daß die Altvögel vom Nest ferngehalten werden und die Eier auskühlen (WÖBSE, 1979).*

1006. *Das Wattwandern gehört heute zu den beliebten Freizeitaktivitäten. Allerdings bedeuten vor allem die vielen Kleingruppen eine ständige Störung für die nach Nahrung suchenden Vögel.*

Indirekte Schäden entstehen durch die Mülldeponien, die meist auf den Wattseiten der Inseln liegen. Die Müllmengen sind mit dem Ansteigen des Fremdenverkehrs enorm angewachsen, und der Transport zu geordneten Deponien des Festlandes wird noch nicht durchgeführt. Ratten und Möwen finden deshalb ein zusätzliches Nahrungsangebot, besonders im Winter, der ihren Bestand normalerweise erheblich reduziert. Durch sie werden Eier, Jungvögel wie auch z. T. Elterntiere gefährdet (WÖBSE, 1979).

1007. Entscheidend für Brut- wie Gastvögel ist das zunehmende Maß an Beunruhigungen und Störungen der Tiere. Die Schwimmvögel haben meist sehr hohe Fluchtdistanzen wie Abb. 9.3 veranschaulicht. An der Spitze stehen hier Gänse und Schwäne, es folgen Kormorane, Säger, Enten, ferner Regenpfeifer und Strandläufer.

Störungen durch Flugverkehr

1008. Der Flugverkehr zwischen den Inseln untereinander und mit dem Festland ist seit Mitte der sechziger Jahre sprunghaft angestiegen. Den stärksten Flugverkehr hat Westerland zu verzeichnen mit jeweils rund 200 Starts pro Monat im Januar und Februar und rund 4 000 Starts im August 1979 (Statistisches Bundesamt, 1979, 1980). Der in diesen Zahlen enthaltene Linienverkehr bringt nicht die Hauptprobleme, da er sich in der Regel korrekt an vorgegebene Routen und Mindestflughöhen hält. Wesentlich kritischer ist die zahlenmäßig noch zunehmende Sportfliegerei zu beurteilen, da so gut wie keine Kontrolle von Flughöhe und -wegen möglich ist und Vogelrast- und -nahrungsplätze vermutlich attraktive Flugziele sind. Schulflüge spielen zahlenmäßig nur auf Sylt eine Rolle mit ca. 1 200 Starts im August 1979; im Winter liegt die Zahl bei 50 Starts pro Monat (Statistisches Bundesamt, 1979, 1980). St. Peter-Ording trägt mit weniger als 200 Schulflügen im August 1979 vernachlässigbar wenig bei; die nachfolgenden Flugplätze Borkum und Norderney verzeichneten 1979 weniger als 30 Schulflüge pro Monat.

1009. *Der gesamte Flugverkehr zeigt in allen Insel- und Küstenbadeorten einen stark jahreszeitlich bestimmten Verlauf: erwartungsgemäß wird in den Monaten Juni bis August ein Maximum erreicht, das Minimum liegt zwischen November und Februar. Abb. 9.4 zeigt den Verlauf für Westerland/Sylt und Norderney; für Borkum, Juist und Wangerooge sind die Kurven ähnlich wie für Norderney.*

1010. Für die Vogelwelt sind Tiefflüge über den Sänden und Watten besonders störend, da die Fluchtdistanzen vieler Wasservögel bei Annäherung von Flugzeugen sehr viel höher liegen als bei der Annäherung von Menschen. Schon bei Entfernungen der Flugzeuge von über 3 km ist ein Auffliegen von Gänsen zu beobachten (WÖBSE, 1979).

Abb. 9.3

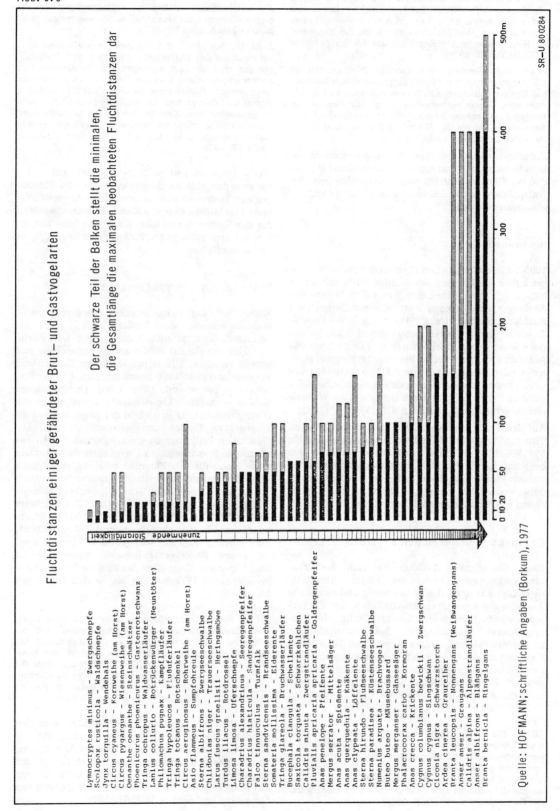

Fluchtdistanzen einiger gefährdeter Brut- und Gastvogelarten

Der schwarze Teil der Balken stellt die minimalen,
die Gesamtlänge die maximalen beobachteten Fluchtdistanzen dar

Quelle: HOFMANN; schriftliche Angaben (Borkum), 1977

348

Abb. 9.4

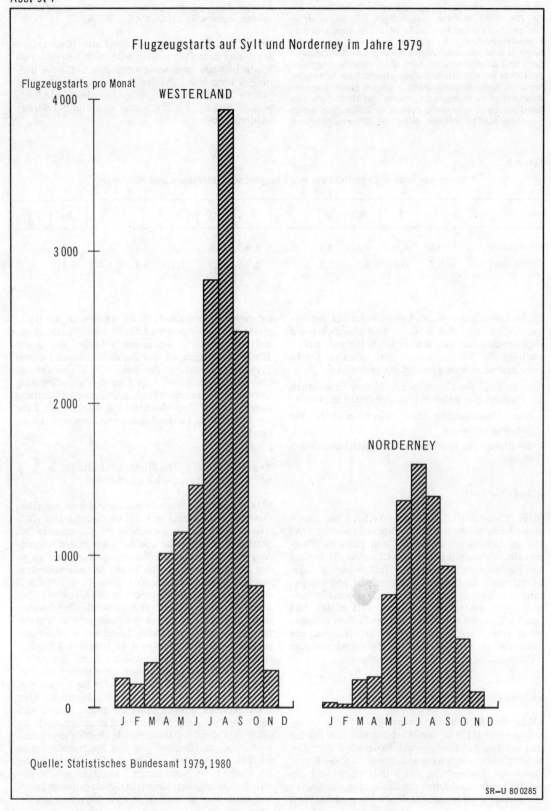

Flugzeugstarts auf Sylt und Norderney im Jahre 1979

Flugzeugstarts pro Monat

WESTERLAND

NORDERNEY

Quelle: Statistisches Bundesamt 1979, 1980

SR–U 80 0285

Gänse benötigen während der kurzen Wintertage bei geringem Nahrungsangebot die volle Tageslänge, um den für gute Kondition notwendigen Energiebedarf zu decken. Jedes Ansteigen anderer Aktivitäten wie z. B. Alarmbereitschaft oder Fliegen geht auf Kosten der Freßzeit und bedeutet Nichtdeckung des Nahrungsbedarfs und Energieverlust. Auch die Umstellung tagaktiver Gänse auf nächtliche Nahrungsaufnahme, wie sie bei starkem Beunruhigungsdruck erfolgen kann, hat verschlechterte Nahrungsbedingungen und zusätzliche Gefährdung durch natürliche Feinde zur Folge. Englischen Angaben zufolge können selbst in Reservaten durch menschliche Störungen nur 50% der zur Verfügung stehenden Zeit von den Gänsen zur Nahrungsaufnahme genutzt werden (PODLOUCKY u. WILKENS, 1977).

1011. Die hohe Empfindlichkeit der Wasservögel gegenüber dem Flugverkehr wirkt sich besonders im Winterhalbjahr ungünstig aus. Als Maß für die Störungen kann die Zahl der Starts pro Tag oder pro Stunde Tageslicht herangezogen werden; diese Werte sind in Tab. 9.3 für Westerland und Norderney wiedergegeben.

Tab. 9.3

Starts pro Stunde Tageslicht auf den Flugplätzen Westerland und Norderney

1979	J	F	M	A	M	J	J	A	S	O	N	D
Westerland	0,8	0,5	0,8	2,4	2,3	2,9	5,8	9,1	6,3	2,3	0,9	
Norderney	0,1	0,1	0,5	0,5	1,5	2,7	5,2	3,2	2,4	1,3	0,4	

Die im Luftfahrthandbuch Deutschland auf den Seiten RAC 3−6−1 bis RAC 3−6−3 ausgewiesenen Vogelschutzzonen geben zwar einen Hinweis auf zu umfliegende Gebiete, jedoch wird offenbar diesen Vorschriften zu wenig Beachtung geschenkt.

Aus der Sicht des Umweltschutzes muß hinsichtlich des Flugverkehrs gefordert werden (WÖBSE, 1979)

− eine Überwachung des Überflugverbots für Schutzgebiete,

− die Einhaltung bestimmter Anflugstrecken zu den Inseln.

Empfehlungen

1012. Generell sind die Möglichkeiten einer drastischen Reduzierung des Flugverkehrs zu prüfen. Dies gilt im besonderen Maße für den privaten Flugverkehr, insbesondere die Sportfliegerei. Sicherung der Naturschutzfunktion des Watten-Insel-Raums, Lärmfreiheit für den Erholungsverkehr und Einsparung von Energie sprechen dafür. Dabei müßte beispielsweise geklärt werden, inwieweit mittel- und langfristig durch eine Änderung des Luftverkehrsgesetzes gesetzliche Möglichkeiten zur Steuerung des Luftverkehrs aus Gründen der Erholung und des Naturschutzes geschaffen werden können.

Störungen durch den Bootsverkehr

1013. Der Verkehr mit Sportbooten findet in zunehmendem Maße in den Wattströmen, den Prielen und auf den Wattflächen statt. Bedenklich wird diese Entwicklung durch die wachsende Zahl der Boote, durch die Ausbreitung des Windsurfing auch im Wattenbereich und durch die Benutzung von Booten mit geringem Tiefgang, mit denen das gesamte Watt befahren werden kann. Dabei werden oft die Rastplätze von Seevögeln und Seehunden (Tz. 1022) gezielt angesteuert. Störungen erfolgen vor allem durch Landungen an den Außensänden und durch „Trockenfallenlassen" der Boote. Die Neuanlage von Sportbootliegeplätzen verstärkt diese Gefährdung wertvoller Naturschutzgebiete. In gewissem Umfang kann auch die Sportfischerei bei wachsender Zahl von Schiffen zu Beunruhigung von Vögeln und Seehunden führen.

Regelungen für den Bootsverkehr in Schutzgebieten und Ruhezonen

1014. Nach § 1 Bundeswasserstraßengesetz (WaStrG) in Verbindung mit Art. 89 Grundgesetz (GG) stehen die Flächen zwischen der Küstenlinie bei mittlerem Hochwasser und der seewärtigen Begrenzung des Küstenmeeres (Staatshoheitsgrenze) als zu den Bundeswasserstraßen zählende Seewasserstraßen im Eigentum des Bundes. Nach § 5 S. 1 WaStrG darf grundsätzlich jedermann im Rahmen der Vorschriften des Seeschiffahrtsrechts die Bundeswasserstraßen, also auch das Wattenmeer, mit Wasserfahrzeugen befahren. Dieses Recht kann für Schutzgebiete nach den §§ 13 und 14 BNatSchG (Naturschutzgebiete und Nationalparks) durch Rechtsverordnung des Bundesministers für Verkehr im Einvernehmen mit dem Bundesminister für Ernährung, Landwirtschaft und Forsten eingeschränkt, aber auch gänzlich ausgeschlossen werden, soweit dies zur Erreichung des Schutzzweckes erforderlich ist, (§ 5 S. 3 WaStrG). Dahingehende Überlegungen, insbesondere im Hinblick auf den Sportbootverkehr, werden z. Z. in den zuständigen Ministerien unter Beteiligung der betroffenen Länder angestellt. Soweit Befahrungsregelungen in Schutzgebieten bestehen, sind diese im Seekartenwerk gekennzeichnet.

Vogelschutzgebiete
als Attraktion der Fremdenverkehrsorte

1015. Vielfach finden sich in den Werbeprospekten der Kurorte ausführliche Hinweise auf Naturschutz- und Vogelschutzgebiete. Gerade Areale mit größtem Vogelbestand und Tierdichte werden als besondere touristische Ziele angeboten. Die Gefahr einer Beeinträchtigung und Entwertung der Naturschutzgebiete ist angesichts der wachsenden Besucherzahlen bei begrenztem Raum und meist hoher Empfindlichkeit groß. Andererseits sollte dem interessierten Ferien- und Wochenendgast die Möglichkeit gegeben werden, die Schutzgebiete nach vorangegangener Information und unter fachlicher Führung kennenzulernen.

1016. Der Rat hat im Umweltgutachten '78 auf die Gefahren für die Naturschutzgebiete wie auf die erforderlichen Maßnahmen hingewiesen (Tz. 1236 bis 1252). In den Schutzgebieten des Watten-Insel-Raumes ist anzustreben:

– Informationen durch Vorträge, Informationszentren und Führungen; in vorbildlicher Weise wurde ein solches Informationssystem auf den nordfriesischen Inseln und den Halligen von Naturschutz- und Vogelschutzverbänden aufgebaut;

– gezielte Besucherlenkung durch geeignete Standortwahl für Parkplätze, sinnvolle Wegführung bzw. Wahl der Bootsrouten, Aussichtskanzeln und -türme, die einen Einblick in die Naturschutzgebiete erlauben, zugleich aber trittempfindliche Dünen-, Heide- und Feuchtgebiete umgehen, auf Holzstegen überqueren und ausreichende Entfernung von Vogelkolonien und Seehundbänken halten;

– regelmäßige Kontrolle der Gebietsentwicklung und möglicher Beeinträchtigungen; Durchführung notwendiger Pflegemaßnahmen (Biotopmanagement) mit Hilfe einer leistungsfähigen Schutz- und Pflegeverwaltung (Tz. 1044).

Störungen durch militärische Übungen
im Watt

1017. Als militärische Übungsplätze im Watt werden im Bereich der Bundesrepublik Deutschland die Strände in den amphibischen Übungsgebieten Osterems und Hörnum (Sylt) sowie der Bord-Boden-Schießplatz List/Sylt in Anspruch genommen. Daneben sind in begrenztem Umfang die Wattenfahrwasser an der ostfriesischen und nordfriesischen Küste für amphibische Übungen freigegeben.

Abgesehen von Luft-Luft-Schießübungen in festgelegten Gebieten werden im übrigen See- und Küstengebiet des Nordseeraumes Übungsflüge gemäß den geltenden Flugbetriebsbestimmungen für Flüge über See durchgeführt. Höhen von 33 m dürfen über bewegter See und bei erkennbarem Horizont, 150 m über glatter See oder nicht erkennbarem Horizont – ohne Benützung eines elektronischen Höhenmessers –

– nicht unterschritten werden. Es gibt keine gesonderten Tieffluggebiete im Küstenraum. Ausgenommen von Tiefflügen sind lediglich Vogelschutzgebiete und die mit Rücksicht auf die Nordseebäder Helgoland, Borkum, Juist, Norderney, Baltrum, Wangerooge, St. Peter-Ording, Wyk auf Föhr und Westerland/Sylt erlassenen Schutzzonen. In weiten Teilen des Wattenmeeres sind also Tiefflüge möglich und, wie die Erfahrung zeigt, häufig. Von ihnen gehen erhebliche Belastungen für die Vogelwelt und für Seehunde aus (Abschn. 9.1.5). Die Lärm-, Beunruhigungs- und Schockwirkungen sind hoch. Sie bewirken vielfach erhebliche Störungen der brütenden, rastenden und nahrungssuchenden Vögel. Deshalb sind die Einhaltung größerer Flughöhen und die Aussparung des Wattenmeeres aus den Übungsflügen im Tiefflug in größerem Umfang als bisher erforderlich.

Beeinträchtigungen durch die Jagd

1018. Der Abschuß jagdbarer Vogelarten trägt durch die damit verbundene Beunruhigung zur Gefährdung auch der geschützten Wasser- und Watvogelarten auf Watt und Inseln bei. Ähnlich wie durch Bootsverkehr, Tiefflieger und Wattwanderer wird auch durch die Jagd eine ruhige und ausreichende Aufnahme der Nahrung beeinträchtigt oder verhindert und die Population vor allem im Winter geschwächt. Wie bei den anderen Störfaktoren können deshalb die Beeinträchtigungen der Vogelwelt durch die Jagd nur durch die Ausweisung hinreichend großer Schutzgebiete verhindert werden, in denen die Jagd ruht. Dies gilt insbesondere für die Jagd in „Feuchtgebieten von internationaler Bedeutung" gemäß RAMSAR-Konvention.

Einzelne Schutzzonen, in denen die Jagd bestimmungsgemäß oder aufgrund freiwilliger Beschlüsse der Jäger ganz oder teilweise ruht, sind bereits vorhanden. Für ein Schutzgebietssystem mit differenzierter Schutzintensität, in dem die für den Schutz der Wasservogelwelt wichtigen Schutzräume erfaßt sind, liegt ein Vorschlag des Niedersächsischen Landesverwaltungsamtes vor (vgl. Tz. 1046).

1019. Der Einfluß von Ölverschmutzungen auf die Vogelwelt wird in Kapitel 6 ausführlich dargestellt.

Auswirkungen von Eindeichungen
auf die Vogelwelt (s. auch Abschn. 8.1)

1020. Die in Schleswig-Holstein und Niedersachsen geplanten Eindeichungsmaßnahmen würden den bisher schwersten Eingriff in das Ökosystem des Wattenmeers und damit in den Brut- und Rastvogelbestand des Reviers bedeuten. Durch ihre landnahe Lage sind davon vornehmlich der Salzwiesengürtel und das hohe Schlickwatt betroffen, die für die Vogelwelt lebenswichtig sind. Die allgemeinen ökologischen Probleme der Eindeichungen werden in Abschn. 8.1 zusammenhängend dargestellt; die möglichen Auswirkungen auf die Vogelwelt werden am Beispiel der hochspezialisierten dunkelbäuchigen Ringelgans geschildert. Das Brutgebiet dieser Ringelgans liegt in den Tundren Westsibiriens. Sie überwintert etwa 7 Monate im Wattenmeer von Dänemark bis zu den Niederlanden und benötigt für den Hin- und Rückflug rd. drei Monate. Die rd. 100 000 Individuen des Weltbestandes haben wegen der extremen Lebensräume eine hohe Mortalitätsrate. Die Witterungsbedingungen zur Brut- und Überwinterungszeit wirken sich in starken Schwankungen der Population aus. Der Bruterfolg der Art kann zwischen 0 bis 52% liegen (PROKOSCH, 1979).

Sie ist daher besonders empfindlich gegenüber Veränderungen in den winterlichen Rast- und Nahrungsflächen. Durch die hohe Nahrungsspezialisation auf Seegras und Grünalgen des hohen Watts, im Herbst und Frühjahr aber auf bestimmte Salzwiesenpflanzen sind auch die potentiellen Nahrungsräume sehr eingeschränkt. Ein Ausweichen ist kaum möglich. Bei der Nahrungsaufnahme in Salzwiesen werden je Zeiteinheit 70% mehr umsetzbare Energie durch die Ringelgans aufgenommen als bei gleich langer Nahrungsaufnahme in Süßwiesen (PROKOSCH, 1979).

Diese werden daher von der Ringelgans nur bei großer Not aufgesucht. Gerade vor dem Rückflug in die sibirischen Brutgebiete sind die Salzwiesen die einzige Nahrungsgrundlage für den Aufbau der erforderlichen Energiereserven, die die langen Flugleistungen, Eiproduktion und die anschließende Erneuerung des Gefieders ermöglichen. Das deutsche Wattenmeer bietet für 35–45% des Weltbestandes dieser Ringelgansunterart die Nahrungs- und Rastbiotope. Davon entfallen allein 80% auf die Salzwiesen des nordfriesischen Wattenmeeres, 8% auf die Leybucht in Niedersachsen. Beide Räume sind in erster Linie von den geplanten Eindeichungsmaßnahmen bedroht (PROKOSCH, 1979).

9.1.5 Funktionen von Wattflächen und Sänden für den Seehundschutz

1021. Im nordwesteuropäischen Wattenmeer ist der Seehund (Phoca vitulina) der einzige einheimische Großsäuger, sieht man von einem kleinen Bestand der im nordfriesischen Wattenmeer regelmäßig vorkommenden Kegelrobbe (Halichoeros grypus) ab. Tab. 9.4 gibt einen Überblick über die derzeitige Gesamtzahl der Seehunde und den Anteil der Neugeborenen. Abb. 9.5 stellt die Gebiete mit hohen Populationsdichten im niedersächsischen Wattenmeer dar (nach WIPPER, 1974, und AUGST u. WESEMÜLLER, 1979). Nach erheblichen Rückgängen der Bestandszahlen in den letzten Jahrzehnten deutet sich z. Z. wenigstens in Schleswig-Holstein eine Stabilisierung an. In den Niederlanden, in Niedersachsen und Schleswig-Holstein ruht die Jagd auf Seehunde, in Niedersachsen wie in Schleswig-Holstein erfolgt lediglich der Abschuß erkrankter Tiere. In Schleswig-Holstein sind begrenzte Abschüsse im Rahmen eines Forschungsprojektes zur Gewinnung von Unterlagen für einen Schutz- und Pflegeplan genehmigt.

Tab. 9.4

Maximal gezählte Seehunde (einschließlich der Jungtiere) in den verschiedenen Wattenmeergebieten (1978) und prozentuale Anteile neugeborener Junge an der jeweiligen Gesamtzahl (Niederlande und Niedersachsen: Mittel der Jahre 1974–1977; Schleswig-Holstein: Mittel der Jahre 1975–1977; Dänemark: Wert von 1978)

	Gesamtzahl	Neugeborene
Niederlande	508	13,2%
Niedersachsen	1 228	20,2%
Schleswig-Holstein	1 833	25,3%
Dänemark	300	10,2%

Quelle: DRESCHER, 1979.

1022. Die wesentlichen zur Reduktion der Bestände führenden Belastungen sind in Kap. 5.8 (Tz. 556 ff.) im einzelnen dargestellt. Es handelt sich um

– Schadstoffbelastungen

– Störungen durch Flugverkehr (Tiefflüge)

– Störungen durch Bootsverkehr und Besichtigungsfahrten.

Schwerwiegend und offensichtlich sind die Störungen durch Freizeitaktivitäten, Flugverkehr und militärische Übungen. Während ein großer Teil der Seehunde in den Wintermonaten in der offenen Nordsee lebt, halten sie sich zur Wurf- und Aufzuchtzeit (Monat August, d. h. im Höhepunkt der sommerlichen Fremdenverkehrssaison) auf den Sänden, meist in der Nähe von Prielen oder Wattströmen auf. In dieser Entwicklungsphase erfolgen die Störungen der jungen Seehunde auf den Sandbänken, so daß ihre Kondition am Ende der Säugezeit geschwächt bzw. unzureichend ist. Ihre Fluchtdistanz beträgt während der Säugezeit rd. 200 m. Durch Alarmreaktion wird der Säugevorgang unterbrochen, die Tiere gehen ins Wasser. Dies erfolgt schon bei vorbeifahrenden Schiffen. Die ruhige Liegezeit der Jungen wird verkürzt, so daß sich die Gesamtsterblichkeit der Population dadurch erhöht. Die für den Seehund geeigneten Liegeplätze werden zugleich als Anlegeplatz der Sportschifffahrt sowie von organisierten Ausflugsfahrten bevorzugt. Dabei werden die z. B. im Naturschutzgebiet Nordfriesisches Wattenmeer ausgewiesenen Ruhezonen häufig nicht berücksichtigt. Ähnliches gilt für die Störungen durch Wattwanderer. Die Seehundpopulation des Wattenmeeres gilt daher mit Recht als bedroht.

1023. Diese Störungen müssen auf ein Minimum reduziert werden. Dazu wurden bereits einige Wurf- und Aufzuchtgebiete als „Seehundschutzgebiete" ausgewiesen, in denen das Anfahren und Begehen mindestens in der Zeit vom 1. bis 15. August verboten ist. Ohne eine ausreichende Aufsicht wird allerdings ein wirkungsvoller Schutz nicht durchgesetzt

Abb. 9.5

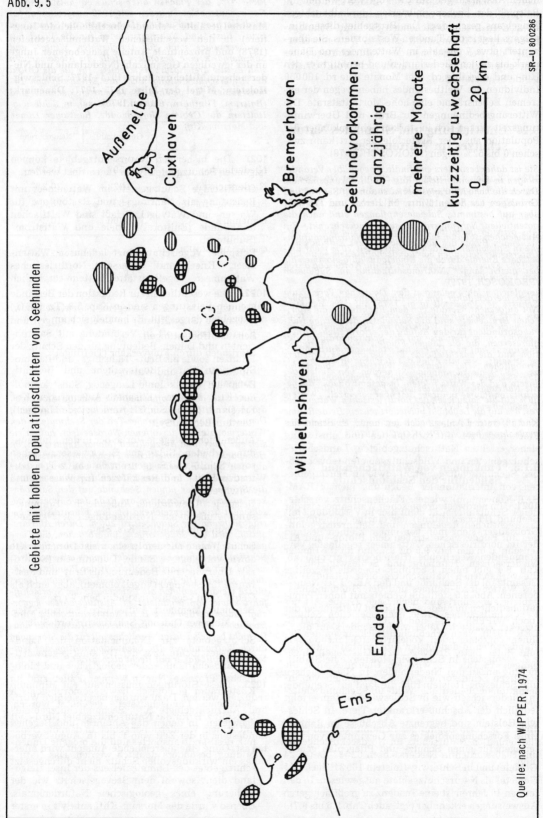

Gebiete mit hohen Populationsdichten von Seehunden

Seehundvorkommen:
ganzjährig
mehrere Monate
kurzzeitig u.wechselhaft

Außenelbe

Cuxhaven

Bremerhaven

Wilhelmshaven

Emden

Ems

0   20 km

SR–U 800286

Quelle: nach WIPPER, 1974

werden können. In Karte 4 der Anlage sind die z. Z. im Bereich des Ems- und Weserästuars und der ostfriesischen Inseln bestehenden Seehund-Schutzgebiete dargestellt. Im nordfriesischen Wattenmeer erfüllen die vier Ruhezonen des Naturschutzgebietes eine entsprechende, wenn auch nicht voll befriedigende Schutzfunktion.

9.2 Entwicklung und Stand des Naturschutzes im Wattenmeer

1024. Zugleich mit der Entdeckung der Nordseeinseln als Feriengebiete wurde auch die Schutzwürdigkeit dieser Landschaft, ihrer Pflanzen- und Tierwelt erkannt.

Aus privater Initiative erfolgten durch die damals entstehenden Bünde des Volksnaturschutzes Aufkäufe und Unterschutzstellungen von Landschaftsteilen, so im Jahre 1907 Erwerb und Schutz der Hallig Norderoog durch den Verein Jordsand.

Im gleichen Jahre gelang es dem Deutschen Verein zum Schutze der Vogelwelt (gegr. 1875) auf dem Memmert die erste Seevogelfreistätte zu schaffen. Auf Sylt erfolgten nach dem ersten Weltkrieg im Gefolge mit der Jugendbewegung Hinweise auf die Schutzwürdigkeit der Insellandschaft und Unterschutzstellungen durch private Ankäufe, dem mit Erlaß des Reichsnaturschutzgesetzes (1935) die planmäßige Sicherung von Teilen der Inseln und des Watts folgten. Insgesamt blieben die geschützten Räume in dieser Zeit aber vereinzelt. (Weitere Einzelheiten bei ANT, 1972).

Karte 4 in der Anlage gibt den heutigen Stand des Flächenschutzes an vorhandenen und einstweilig sichergestellten Naturschutzgebieten, Landschaftsschutzgebieten und Wildschutzgebieten (einschließlich Seehundschutzgebieten) sowie an Feuchtgebieten von internationaler Bedeutung (gemäß RAMSAR-Konvention) wieder. Flächenschutz verschiedener Schutzintensität dient hier in Verbindung mit jagdrechtlichen Regelungen und Befahrensregelungen auf Bundeswasserstraßen dem Biotop- und Artenschutz. In den Tab. 9.5 bis 9.7 sind für die Länder Niedersachsen, Hamburg und Schleswig-Holstein die vorhandenen Naturschutzgebiete (Stand 1978) des Watten-Insel-Raumes und der Flußmündungsgebiete aufgeführt und nach Lage, Größe, Art des Landschaftsraumes sowie nach speziellen Schutzzwecken erläutert. Dabei wird besonders auf die in ihnen vorkommenden Vogelarten (Gefährdungsart laut Roter Liste, Brutvögel bzw. Gastvögel) eingegangen. In Tab. 9.8 wird ein Überblick über die sonstigen Schutzformen, wie Feuchtgebiete von internationaler Bedeutung, Wild- und Seehundschutzgebiete, gegeben.

1026. Seit dem Beginn der Bemühungen um einen flächenhaften Naturschutz im Nordseeküstengebiet um 1930 wurden in Niedersachsen 62 537 ha (= 24 Gebiete) und in Schleswig-Holstein 165 319 ha (= 21 Gebiete) als Naturschutzgebiete ausgewiesen. In den letzten 10 Jahren ist eine Tendenz zu großflächigeren Ausweisungen erkennbar (vgl. auch Tab. 9.5 bis 9.7).

Rund 87% der Flächen aller schleswig-holsteinischen Naturschutzgebiete wurden seit 1969 ausgewiesen; für Niedersachsen sind es 60%. Dabei spielt der Schutz von Brut-, Rast- und Nahrungsräumen für die Vögel des Nordseeraumes sowie für Durchzügler, Winter- und Sommergäste eine besondere Rolle. In Niedersachsen sind es nur drei Naturschutzgebiete, für die als Grund der Unterschutzstellung nicht die Erhaltung von Lebensräumen für gefährdete Vogelarten genannt sind (Baltrum, Flinthörn, Süder-Kleinhörne), in Schleswig-Holstein die Gebiete Hörnumodde, Rantumer Dünen und Morsum-Kliff.

1027. Die bisherigen Naturschutzgebiete können folgenden Schutzgebietstypen zugeordnet werden:

– Großflächige Schutzgebiete im Wattenmeer mit Bedeutung als Nahrungs- und Rastbiotope für Wasser- und Watvögel. Erfaßt sind Wattflächen und Sände (Eulitoral), Priele und Wattströme (Sublitoral).
Beispiele: Vogelschutzgebiet Jadebusen, Wattenmeer – Knechtsand – Eversand, Nordfriesisches Wattenmeer, Vogelfreistätte Wattenmeer östlich Sylt.

– Schutzgebiete, die vorwiegend Salzwiesen bzw. Vorländer (Supralitoral) an Inseln, Halligen und Küste erfassen, oft in Verbindung mit Salzröhrichten und Dünen. Bedeutung für den Schutz der Pflanzen sowie als Brut-, Nahrungs- und Rastbiotop für Wasser- und Watvögel.
Beispiele: Vogelkolonie Langeoog, Südstrandpolder/Krs. Norden, Elisabeth-Außengroden/Krs. Friesland, Hallig Südfall (und weitere Halligen), Rantum-Becken/Sylt.

– Außendeichs gelegene Vorländer in den Flußmündungsgebieten. Salz- und Brackwassermarschen sowie Schilf- und Seggenröhrichte mit z. T. bedeutenden Brut- und Rastplätzen für Wasser- und Watvögel.
Beispiele: Altewördener Außendeich – Brammersand, Außendeich Nordkehdingen I, Neßsand, Ostemündung (sämtlich Krs. Stade).

– Schutzgebiete auf den Inseln, meist Dünengebiete sowie vorgelagerte Sände, Düneninseln (Epilitoral). Überwiegende Bedeutung als Brut- und Rasträume für Seevögel (Vogelkolonien), aber auch als Gebiete von vegetationskundlichem Wert.
Beispiele: Memmert, Lütje Hörn, Baltrum, Mellum, Minsener Oldeoog, Scharhörn, Nord-Sylt.

– Schutzgebiete zur Dokumentation der Landschaftsgeschichte bzw. der Dynamik gegenwärtiger landschaftsbildender geologischer und biologischer Prozesse. Nur in wenigen Fällen sind im Küstenraum geologisch bzw. geomorphologisch bedeutende Landschaftsteile geschützt worden. Dies gilt z. B. für das Naturschutzgebiet Nord-Sylt mit seinem Wanderdünengebiet, in dem die Dynamik des Sandtransportes und die biogene Dünenbildung besonders deutlich werden. Das Naturschutzgebiet des Lummenfelsens der Insel Helgoland dient sowohl dem Seevogelschutz wie der Sicherung eines geologischen Naturdenkmals. Ebenso wurde das Morsum-Kliff auf Sylt in erster

Tab. 9.5 **Vorhandene Naturschutzgebiete, Stand 1978**

Name	Letztes VO-Datum	Größe (ha)	Landkreis	Vorrangiger Wert in bezug auf[1]
Niedersachsen				
Waterdelle-Muschelfeld	17. 1. 61	87	Leer	P, T
Tüskendörsee	9. 1. 78	44	Leer	T
Lütje Hörn	11. 8. 58	1450	Leer	P, T, B
Nordseeinsel Memmert	24. 5. 61	2200	Norden	P, T, B
Bill	13. 3. 52	184	Norden	P, T, B
Südstrandpolder	6. 6. 61	130	Norden	P, T
Baltrum	22. 9. 51	60	Norden	P
Flinthörn	12. 8. 63	160	Wittmund	P, B
Vogelkolonie Langeoog	20. 8. 64	600	Wittmund	P, T, B
Spiekeroog-Ostplate	15. 1. 70	885	Wittmund	P, T, B
Vogelfreistätten Wangerooge	14. 9. 70	197	Friesland	P, T
Seevogelfreistätte Minsener Oldeoog	28. 2. 49	3	Friesland	T
Elisabeth-Außengroden	12. 4. 73	774	Friesland	P, T
Vogelfreistätte Insel Mellum	1. 4. 53	3500	Wesermarsch	T, B
Vogelschutzgebiet Jadebusen	23. 3. 72	16600	Friesld./Weserm.	T
Süderkleihörne	26. 1. 53	16	Wesermarsch	P, B
Wattenmeer-Knechtsand-Eversand	15. 6. 73	32500	Wesermünde	T
Vogelschutzgebiet Hullen	29. 10. 76	480	Stade/Land Hadeln	P, T
Ostemündung	21. 4. 75	160	Stade	P, T
Außendeich Nordkehdingen I	25. 11. 74	900	Stade	T
Hohe-Weg-Watt	21. 3. 78	50000	Stade	T
Altewördener Außend./Brammers.	18. 4. 78	550	Stade	P, T
Neßsand (Anteil)	5. 7. 72	145	Stade	P, T, B, N
Binnendeich Nordkehdingen I	[2]	800	Stade	T
Knechtsand-Eversand		32500	Cuxhaven	

Asseler Sand/Schwarztonnen-Sand geplant
Wischhapener Sand geplant   Naturschutzprogramm Unterelbe
Hadeler/Belumer Außendeich geplant

Name	Letztes VO-Datum	Größe (ha)	Landkreis	Vorrangiger Wert in bezug auf[1]
Schleswig-Holstein				
Neßsand (Anteil)	30. 8. 52	20	Pinneberg	P, T, B, N
Insel Trischen	28. 10. 59	233	Dithmarschen	T, B, N, L
Lummenfelsen Helgoland	8. 5. 64	1	Pinneberg	7, B
Vogelfreistätte Schülper Neuensiel	12. 6. 50	19	Dithmarschen	T, N
Westerspätinge	78	27	Nordfriesland	T, N
Hallig Südfall	22. 1. 59	58	Nordfriesland	P, B, T, N
Hallig Süderoog	28. 7. 77	60	Nordfriesland	P, T, B, N
Vogelfreistätte Hallig Norderoog	1. 7. 39	23	Nordfriesland	T, N
Hamburger Hallig	16. 4. 30	216	Nordfriesland	T, N
Amrumer Dünen	29. 10. 36	728	Nordfriesland	P, T, B, N, L
Nordspitze Amrum	2. 12. 72	71	Nordfriesland	T, B, N, L
Hörnumodde/Sylt	28. 2. 72	157	Nordfriesland	P, B, N, L
Rantumer Dünen	28. 2. 73	397	Nordfriesland	P, B, N, L
Rantum-Becken	20. 9. 62	560	Nordfriesland	T, N
Baggerkuhle im Rantum-Becken	7. 11. 51	14	Nordfriesland	T
Morsum Kliff	9. 8. 68	43	Nordfriesland	P, B
Nordfriesisches Wattenmeer	22. 1. 74	140000	Nordfriesland	P, T, B, N, L
Kampener Vogelkoje	18. 3. 35	10	Nordfriesland	P, T
Nordsylt	5. 6. 69	1790	Nordfriesland	
Vogelfreistätte Wattenmeer				P, T, B, N, L
Östlich Sylt	6. 2. 37	20700	Nordfriesland	T, N
Delver Koog	24. 9. 76	191	Dithmarschen	P, T
Schülper Neuensiel	12. 6. 50	19	Nordfriesland	T
Helgoländer Felssockel			Pinneberg	P, T, B, N, L
Hörnum-Knobs, Holt-Knobs, Jungmannsand		2400	Nordfriesland	T, B, N, L
Nielönn/Sylt	1. 1. 79	64	Nordfriesland	P, B, N, L
Braderuper Heide/Sylt	bis	137	Nordfriesland	P, L
Baakdeel-Rantum/Sylt	31. 5. 79	242	Nordfriesland	P, B, N, L
Dünenlandschaft auf dem Roten Kliff		177	Nordfriesland	P, B, N, L
Hamburg				
Neßsand (Anteil)		95	Hamburg	
Scharhörn	26. 9. 67	200	Hamburg	

[1] P = Pflanzenwelt, T = Tierwelt, B = Boden- und geolog. Aufbau, N = Naturhaushalt, L = Landschaftsgestalt.

[2] nicht verordnet

Quelle: ERZ (1979).

355

Tab. 9.6

Vorhandene Naturschutzgebiete, Stand 1973

Name	geschützte Organismengruppen	Landschaftsformen[1]
Niedersachsen		
Waterdelle-Muschelfeld	char. Pflanzengesellschaft, Seevögel	Strandsee
Tüskendörsee	Seevögel	See im Feuchtgebiet
Lütje Hörn	Seevögel, char. Pflanzengesellschaft	Düneninsel
Nordseeinsel Memmert	Seevögel, Vegetationsentwicklung	Insel, Dünen
Bill	char. Pflanzenges., Seevögel und Durchzügler	Dünen, Süßwassersee
Südstrandpolder	char. Pflanzengesellschaft, Seevögel	Dünen, Salzwasserbereich
Baltrum	char. Pflanzengesellschaft, Seevögel	Dünen
Flinthörn	Vegetationsentwicklung	Nehrungshaken
Vogelkolonie Langeoog	Vegetationsentwicklung, Brutvögel	regelmäßig trockenfallendes Watt, Vorländereien
Spiekeroog-Ostplate	Vegetationsentwicklung, Brutvögel	Inselbildung
Vogelfreistätten Wangerooge	charakteristische Inselfauna und Flora	Insel, Vorländereien, Dünen
Seevogelfreistätte Minsener Oldeoog	Vegetationsentwicklung, Brutvögel	Insel
Elisabeth-Außengroden	char. Pflanzengesellschaft, Seevögel	Vorländereien
Vogelfreistätte Insel Mellum	Seevögel und Durchzügler	Insel
Vogelschutzgebiet Jadebusen	Brutvögel, Gänse, Enten	regelmäßig trockenfallendes Watt, Vorländereien
Süderkleihörne	charakteristische Pflanzengesellschaft	Hochmoor Außendeichs
Wattenmeer-Knechtsand-Eversand	Wasser-, Strandvögel	regelm. trockenfallendes Watt
Vogelschutzgebiet Hullen	charakteristische Pflanzengesellschaft, Wat-, Strand-, Zugvögel	Vorländereien (Uferlandschaft)
Ostemündung	char. Pflanzengesellschaft, Wat- und Zugvögel	Vorländereien (Uferlandschaft)
Außendeich Nordkehdingen I	charakteristische Pflanzengesellschaft, Entenarten, Watvögel	Vorländereien, Watt
Hohe-Weg-Watt (geplant)		
Altewördener Außendeich Brammersand	char. Pflanzengesellschaft, Vogelarten	Vorländereien, Watt, Süderel.
Neßsand	charakteristische Pflanzengesellschaft, Brutgebiet und Rastplätze	Insel (künstlich)
Binnendeich Nordkehdingen I	Wat- und Wasservögel	Flußmarsch

[1] Wattströme, Inseln, Vorländereien, Halligen, Außensände, Dünen, regelmäßig trockenfallendes Watt.

Name	geschützte Organismengruppen	Landschaftsformen[1]
Schleswig-Holstein		
Neßsand (Anteil)	charakteristische Pflanzengesellschaft, Brutgebiet und Rastplätze von Zugvögeln	Insel (künstlich)
Insel Trischen	Seevögel	Insel (Naturlandschaft)
Lummenfelsen Helgoland	Seevögel	Vogelfelsen
Vogelfreistätte Schülper Neuensiel	Seevögel, Rastplatz von Zugvögeln	Vorländereien
Westerspätinge	Seevögel	küstennah., brackig. Feuchtgebiet
Hallig Südfall	Brutgebiet, charakteristische Pflanzengesellschaft (Salzwiese)	Hallig
Hallig Süderoog	Seevögel	Hallig
Hallig Norderoog	Seevogelfreistätte	Hallig
Hamburger Hallig	Seevögel	Hallig
Amrumer Dünen	charakterist. Pflanzengesellschaften	Dünen
Nordspitze Amrum	Seevögel	Dünen
Hörnumodde	char. Pflanzengesellschaft, Dünenbildung	Dünen auf Nehrungshaken
Rantumer Dünen	char. Pflanzengesellschaft, Dünenbildung	Dünen auf Nehrungshaken
Rantum-Becken	char. Pflanzengesellschaft (Verlandungsgesellschaft), Seevögel	Verlandungsbecken
Baggerkuhle im Rantum-Becken	seltene Qualle	Wasserloch (künstlich)
Morsum Kliff	charakteristische Pflanzengesellschaft (Heide), Versteinerungen	Steilufer, Tertiärformat
Nordfriesisches Wattenmeer	charakteristische Flora und Fauna	regelm., trockenfallendes Watt
Kampener Vogelkoje	charakteristische Pflanzengesellschaft	Süßwasserteich
Nordsylt	char. Pflanzengesellsch., Dünenbildung	Dünen
Vogelfreistätte Wattenmeer östlich Sylt	Seevögel	regelmäßig trockenfallendes Watt
Delver Koog	char. Pflanzengesellschaften, Seevögel	Niederungsmoor (Eider)
Hörnum-Knobs, Holt-Knobs, Jungmannsand	charakteristische Tierarten	Sandbänke
Schülper Neuensiel	Brutgebiet für Seevögel	Insel im Außendeichvorland

[1] Wattströme, Inseln, Vorländereien, Halligen, Außensände, Dünen, regelmäßig trockenfallendes Watt.

Tab. 9.7

In Naturschutzgebieten vorkommende Vogelarten (laut Naturschutzverordnungen: Gründe für eine Unterschutzstellung)

Niedersachsen

Name	Kampfläufer	Säbelschnäbler	Alpenstrandläufer	Rotschenkel	Austernfischer	Blässgans	Weißwangengans	Graugans	Schwan	Saatgans	Bekassine	Uferschnepfe	Spießente	Krickente	Brandente	Kurzschnabelgans	Ringelgans	Seeregenpfeifer	Sturmmöwe	Flußseeschwalbe	Küstenseeschwalbe	Zwergseeschwalbe	Brandseeschwalbe	Großer Brachvogel	Sandregenpfeifer	Heringsmöwe	Lachmöwe	Löffelente
	1		1	1		4	4		4	4	2	2	5	2		4	4	3		1	3	1	2	2				2¹
Waterdelle-Muschelfeld		B													B			B						B	B			B
Tüskendörsee	B	B		B							B	B		B										B				
Lütje Hörn																		B					B	B	B	B²⁾		
Nordseeinsel Memmert				B	B										B				B		B	B	B			B		
Bill	B	B											B		B													
Südstrandpolder	B	B		B	B						B			B	B			B				B						
Vogelkolonie Langeoog				B	B							B						B		B	B	B	B				B	
Spiekeroog-Ostplate				B	B													B			B	B		B	B	B	B	
Seevogelfreistätte Minsener Old.					B																							
Vogelfreistätte Insel Mellum			D		B								B															
Vogelschutzgebiet Jadebusen															D	D	D	B		B	B		B		B			
Wattenmeer-Knechtsand-Evers.																D	D		B	B	B							
Vogelschutzgebiet Hullen	B						D									D	D²⁾											
Außendeich Nordkehdingen I	B	B		B		D	D		D						D													
Hohe-Weg-Watt (geplant)						D	D		D																			
Altewördener Außend./Brammers.	B	B		B		D	D		D				D	D														D
Binnendeich Nordkehdingen I	B	B		B		D	D		D	B	B																	

Schleswig-Holstein

Name	Flußseeschwalbe	Küstenseeschwalbe	Zwergseeschwalbe	Brandseeschwalbe	Seeregenpfeifer	Brandente	Rotschenkel	Schneeammer	Trottellumme	Dreizehenmöwe	Tordalk	Lachmöwe	Säbelschnäbler	Austernfischer	Spießente	Stockente	Kiebitz	Uferschnepfe	Teichhuhn	Bekassine	Kampfläufer	Sandregenpfeifer	Ringelgans	Weißwangengans	Lachseeschwalbe	Alpenstrandläufer	Kormoran	Seeadler	Bläßgans	Eiderente	Sturmmöwe	Ohrenlerche
(Gefährdungsgrad)	1	3	1	2	3		1		5	5	5				5			2		2	1		4	4	1	1	1	1	4¹⁾			
Insel Trischen	B	B	B	B	B	·	·	·	·	·	·	·	·	·	·	·	·	·	·	·	·	·	·	·	·	·	·	·	·	·	·	·
Lummenfelsen Helgoland	·	B	·	·	·	·	·	·	B	B	B	·	·	·	·	·	·	·	·	·	·	·	·	·	·	·	·	·	·	·	·	·
Vogelfreistätte Schülper-Neuensiel	B	B	·	·	·	B	B	·	·	·	·	B	B	B	·	B	·	B	·	·	·	·	·	·	·	·	·	·	·	·	·	·
Westerspätinge	B	B	B	·	B	B	B	·	·	·	·	B	B	B	B	B	B	B	B	B	B	·	·	·	·	·	·	·	·	·	·	·
Hallig Südfall	B	B	B	·	B	B	B	·	·	·	·	B	B	B	·	·	B	B	B	B	·	B	B	D	D	·	·	·	·	·	B²⁾	·
Hallig Norderoog	B	B	B	·	B	B	B	·	·	·	·	·	B	B	·	B	·	·	·	·	·	B	D	D	·	·	·	·	·	B	B	·
Hamburger Hallig	B	B	B	·	B	B	B	D	·	·	·	B	B	B	·	·	B	·	·	·	B	B	D	D	D	·	·	·	·	B	B	D
Amruner Dünen	B	B	B	B	·	B	·	·	·	·	·	B	·	B	·	·	·	·	·	·	·	B	·	·	·	·	·	·	·	B	B	·
Rantumer Dünen	·	B	B	B	B	·	·	·	·	·	·	·	B	·	·	·	·	·	·	·	B	·	·	·	·	·	·	·	·	B	·	·

¹) Gefährdungsgrad lt. Roter Liste:
1 = Vom Aussterben bedroht
2 = Stark gefährdet
3 = Gefährdet
4 = Gefährdete Durchzügler, Überwinterer, Gäste
5 = Potentiell gefährdet

²) B = Brutvögel
D = Durchzügler

Tab. 9.8 a   **Internationale Feuchtgebiete**

Name	Größe (ha)
Wattenmeer: Elbe-Weser-Dreieck	43 000
Naturschutzgebiet „Wattenmeer-Knechtsand-Eversand"	32 500
Wattenmeer: Jadebusen und westliche Wesermündung	45 500
Naturschutzgebiet „Vogelschutzgebiet Jadebusen"	16 600
Naturschutzgebiet „Süderkleihörne"	16
Naturschutzgebiet „Vogelfreistätte Insel Mellum"	3 500
Wattenmeer: Ostfriesisches Wattenmeer mit Dollart	100 000
Naturschutzgebiet „Seevogelfreistätte Minsener Oldeoog"	3
Naturschutzgebiet „Elisabeth-Außengroden"	775
Naturschutzgebiet „Vogelfreistätte Wangerooge"	197
Naturschutzgebiet „Spiekeroog-Ostplate"	885
Naturschutzgebiet „Vogelkolonie Langeoog"	600
Naturschutzgebiet „Flinthörn"	160
Naturschutzgebiet „Südstrandpolder"	130
Naturschutzgebiet „Bill"	184
Naturschutzgebiet „Nordseeinsel Memmert"	2 200
Naturschutzgebiet „Lütje Hörn"	1 450
Naturschutzgebiet „Tüskendörsee"	44
Niederelbe zwischen Bachkrug und Otterndorf	10 500
Naturschutzgebiet „Ostemündung"	160
Naturschutzgebiet „Vogelschutzgebiet Hullen"	489
Naturschutzgebiet „Außendeich Nordkehdingen I"	900

Tab. 9.8 b   **Europareservate**

Name	Größe (ha)
Naturschutzgebiet „Vogelfreistätte Wattenmeer – östlich Sylt"	20 700
Naturschutzgebiet „Rantum-Becken"	560
Naturschutzgebiet „Nordfriesisches Wattenmeer"	140 000
Elbeaußendeichsgelände Ostemündung bis Freiburg	
Naturschutzgebiet „Ostemündung"	160
Naturschutzgebiet „Vogelschutzgebiet Hullen"	489
Naturschutzgebiet „Außendeich Nordkehdingen I"	900
Elbe-Weser-Dreieck einschließlich Neuwerk-Scharhörn	40 000
Naturschutzgebiet „Scharhörn"	200
Vogelschutzgebict Jadebusen und westliche Wesermündung	45 000
Naturschutzgebiet „Wattenmeer-Knechtsand-Eversand"	32 500
Naturschutzgebiet „Vogelschutzgebiet Jadebusen"	16 600
Naturschutzgebiet „Vogelfreistätte Insel Mellum"	3 500
Naturschutzgebiet „Nordseeinsel Memmert"	2 200
Naturschutzgebiet Lütje Hörn	1 450

Quelle: ERZ (1979).

Tab. 9.8c

Wildschutzgebiete

Name	Art	Größe (ha)	Verordnungsdatum
Innerer Jadebusen	Wasservögel	2 000	27. 9. 69
Außendeich Nordkehdingen	Wasservögel	2 700	25. 10. 74
Knechtsand-Eversand/Blindes Ranzelgat	Seehunde	32 500	
Evermannsgat	Seehunde		
Koppersandpriel	Seehunde		
Innere Blaue Balje	Seehunde		
Moosbalje	Seehunde		
Hohes Riff	Seehunde		
Ostteil Kaiserbalje	Seehunde		geplant

Quelle: ERZ (1979).

Linie zum Schutze des Kliffs als geomorphologisch und paläontologisch bedeutender Landschaftsteil als Naturschutzgebiet eingetragen, erst in zweiter Linie als Pflanzenschutzgebiet.

9.3 Zielsetzungen des Naturschutzes und Eignungsbeurteilung der Schutzformen

1028. Die Zielsetzungen des Naturschutzes und der Landschaftspflege sind im Bundesnaturschutzgesetz[1] niedergelegt:

„(1) Natur und Landschaft sind im besiedelten und unbesiedelten Bereich so zu schützen, zu pflegen und zu entwickeln, daß
1. die Leistungsfähigkeit des Naturhaushaltes,
2. die Nutzungsfähigkeit der Naturgüter,
3. die Pflanzen- und Tierwelt sowie
4. die Vielfalt, Eigenart und Schönheit von Natur und Landschaft als Lebensgrundlagen des Menschen und als Voraussetzung für seine Erholung in Natur und Landschaft nachhaltig gesichert sind.

(2) Die sich aus Absatz (1) ergebenden Anforderungen sind untereinander und gegen die sonstigen Anforderungen der Allgemeinheit an Natur und Landschaft abzuwägen.“

1029. Der Naturschutz setzt zur Erreichung dieser Ziele in erster Linie Schutzgebietssysteme in Verbindung mit Maßnahmen des Artenschutzes (BNatSchG §§ 20–26) ein. Dazu stehen in der Bundesrepublik Deutschland nach dem Bundesnaturschutzgesetz die folgenden Schutzformen (Schutzkategorien) zur Verfügung:

- Naturschutzgebiete,
- Nationalparks,
- Landschaftsschutzgebiete,
- Naturparks,
- Naturdenkmale,
- geschützte Landschaftsbestandteile.

1030. Schutzgebiete aufgrund von Erlassen der Landesforstverwaltungen, der Landeswaldgesetze u. a. sind

- Naturwaldreservate und Schutzgebiete aufgrund internationaler Abkommen (mit unterschiedlichem Schutzstatus nach den Gesetzen für Naturschutz und Landschaftspflege)
- Feuchtgebiete von internationaler Bedeutung gemäß RAMSAR-Konvention.

Hinzu kommen die Möglichkeit einer Ausweisung als Wildschutz- und Seehundschutzgebiete nach den Landesjagdgesetzen sowie der Erlaß von Befahrungsregelungen für Bundeswasserstraßen.

Von Bedeutung für den Biotop- und Artenschutz im Watten-Insel-Raum sind in erster Linie die Schutzkategorien der Naturschutzgebiete und der Landschaftsschutzgebiete, ferner die Feuchtgebiete von internationaler Bedeutung sowie Wild- und Seehundschutzgebiete. Zu prüfen ist die Eignung der Kategorien Natur- und Nationalparks für die Schutzzwecke dieses Raumes.

Naturschutzgebiete

1031. *In der Formulierung des Bundesnaturschutzgesetzes (BNatSchG) (§ 13) wird die Einrichtung von Naturschutzgebieten erforderlich*

1. „zur Erhaltung von Lebensgemeinschaften oder Lebensstätten bestimmter wildwachsender Pflanzen oder wildlebender Tierarten,

---

[1] Gesetz über Naturschutz und Landschaftspflege (BNatSchG) vom 20. 12. 1976, BGBl. I.

2. *aus wissenschaftlichen, naturgeschichtlichen oder landeskundlichen Gründen oder*

3. *wegen ihrer Seltenheit, besonderen Eigenart oder hervorragenden Schönheit".*

Neben den Nationalparks sind die Naturschutzgebiete die Schutzform mit der stärksten Sicherung. Soweit in der Schutzverordnung nicht anders festgelegt, besteht Nutzungsverbot und Veränderungsschutz. Tatsächlich ist ein großer Teil der Naturschutzgebiete gerade auch des Nordseeküstenraumes von anderen Nutzungen überlagert oder tangiert und damit in ihren Funktionen oft beeinträchtigt (vgl. Abschn. 9.1). Unerläßlich wird daher die Einrichtung eines Schutz- und Pflegedienstes mit Aufsichtsfunktion für die Schutzgebiete durch die Länder Niedersachsen und Schleswig-Holstein.

Nationalparks

1032. *Unter dieser Kategorie des internationalen Gebietsschutzes versteht das BNatSchG (§ 14) „rechtsverbindlich festgesetzte einheitlich zu schützende Gebiete, die*

1. *großräumig und von besonderer Eigenart sind,*

2. *im überwiegenden Teil ihres Gebietes die Voraussetzungen eines Naturschutzgebietes erfüllen,*

3. *sich in einem vom Menschen nicht oder wenig beeinflußten Zustand befinden und*

4. *vornehmlich der Erhaltung eines möglichst artenreichen heimischen Pflanzen- und Tierbestandes dienen".*

Unter Berücksichtigung der „durch die Großräumigkeit und Besiedlung gebotenen Ausnahmen" sind Nationalparks wie Naturschutzgebiete zu schützen und sollen, „soweit es der Schutzzweck erlaubt, ... der Allgemeinheit zugänglich gemacht werden".

Für den ostfriesischen Wattenmeerraum wird der Schutzstatus eines Nationalparks z. Z. erneut diskutiert. Auf die Problematik der Errichtung von Nationalparks in touristisch stark genutzten Räumen wurde im Umweltgutachten '78 (Tz. 1253−1260) ausführlich eingegangen.

Landschaftsschutzgebiete

1033. *Unter diese Kategorie fallen nach § 15 Abs. 1 BNatSchG „rechtsverbindlich festgesetzte Gebiete, in denen ein besonderer Schutz von Natur und Landschaft*

1. *zur Erhaltung oder Wiederherstellung der Leistungsfähigkeit des Naturhaushalts oder der Nutzungsfähigkeit der Naturgüter,*

2. *wegen der Vielfalt, Eigenart oder Schönheit des Landschaftsbildes oder*

3. *wegen ihrer besonderen Bedeutung für die Erholung erforderlich ist".*

Sämtliche Maßnahmen, die diese Zwecke beeinträchtigen, sind innerhalb der abgegrenzten Gebiete untersagt.

1034. *Landschaftsschutzgebiete sind relativ großräumig. Sie können kleinere Siedlungen, Verkehrswege und wirtschaftlich genutzte Flächen (Land- und Forstwirtschaft) umfassen. Gegenüber Naturschutzgebieten und Nationalparks (die im Prinzip großen Naturschutzgebieten entsprechen), handelt es sich um eine schwächere Schutzkategorie. Als schutzwürdig gelten hier vor allem*

bestimmte Funktionen und Eigenschaften (Leistungsfähigkeit des Naturhaushaltes, Vielfalt, Eigenart und Schönheit des Landschaftsbildes, natürliche Erholungseignung), während sich der besondere Schutz bei Naturschutzgebieten unmittelbar an Natur und Landschaft in ihrer Gesamtheit oder in einzelnen Teilen orientiert. Vor Eingriffen in Landschaftsschutzgebiete ist von den Naturschutzbehörden zu überprüfen, ob diese Eingriffe den Charakter des Gebietes verändern oder dem besonderen Schutzzweck zuwiderlaufen (§ 15 Abs. 1 u. 2 BNatSchG).

Der überwiegende Teil des ostfriesischen Wattenmeeres ist z. Z. als Landschaftsschutzgebiet ausgewiesen (Karte im Anhang), für Teile der Inseln und Vorstrände ist diese Schutzform geplant. Sie ist zweckentsprechend für naturnahe Räume mit dominierender Erholungsfunktion. Dies gilt z. B. für die Wattenräume zwischen Küstenorten und Inseln sowie für die Vorstrände mit starkem Sportboot- und Transportverkehr. Sie reicht jedoch nicht aus für Aufgaben des Seevogelschutzes im Wattenmeer. Hierfür wird es erforderlich, in Teilräumen des Watts den Schutz zu verstärken (Teilnaturschutzgebiete).

Naturparks

1035. *Laut Bundesnaturschutzgesetz (§ 16, Abs. 1 und 2) sind Naturparks „einheitlich zu entwickelnde und zu pflegende Gebiete, die*

1. *großräumig sind,*

2. *überwiegend Landschaftsschutzgebiete oder Naturschutzgebiete sind,*

3. *sich wegen ihrer landschaftlichen Voraussetzungen für die Erholung besonders eignen und*

4. *nach den Grundsätzen und Zielen der Raumordnung und Landesplanung für die Erholung oder den Fremdenverkehr vorgesehen sind" (Abs. 1).*

„Naturparks sollen entsprechend ihrem Erholungszweck geplant, gegliedert und erschlossen werden" (Abs. 2).

In der gegenüber dem Reichsnaturschutzgesetz neuen Schutzkategorie sollen die Aufgaben des Naturschutzes und der Landschaftspflege mit denen der Erholung verbunden werden. Dabei stand bisher der Erholungszweck und die Förderung fremdenverkehrsfördernder Infrastrukturmaßnahmen oft zu einseitig im Vordergrund. Der damit verbundene starke Besucherandrang, der vielfach Formen des Massentourismus angenommen hat, hat zu erheblichen Belastungen und Schäden der Landschaft geführt. Hiervon wurden nicht nur die den Großteil der Naturparkflächen bildenden Landschaftsschutzgebiete, sondern auch Naturschutzgebiete betroffen (Umweltgutachten 1978, Tz. 1275−1278). Für den Raum der ostfriesischen Inseln, des Watts und der Küste ist die Einrichtung eines Naturparks vorgesehen (Landes-Raumordnungsprogramm 1980, Entwurf).

Feuchtgebiete von internationaler Bedeutung

1036. *Zur Auswahl international bedeutsamer Feuchtgebiete (RAMSAR-Konvention 1971) in der Bundesrepublik Deutschland werden folgende Kriterien herangezogen:*

1. *Die Mindestanzahl der anwesenden Vögel beträgt 10 000 Tiere.*

2. *Die Mindestangaben für anwesende Artenzahlen betragen 1 bis 2% der Gesamtzahl.*

3. Hoher Gefährdungsgrad der Arten.

4. Unentbehrliches Rastgebiet.

5. Wertvolles und gefährdetes Biotop.

6. Rastgebiete von mehr als 1 000 Watvögeln im Binnenland.

Wie aus Karte 4 (Anlage) hervorgeht, ist bisher nur ein Teil der in Tab. 9.8 genannten Feuchtgebiete internationaler Bedeutung des Nordseeküstenraumes wirkungsvoll als Naturschutzgebiet gesichert. Dazu tritt partiell ein zusätzlicher Schutz als

– Wildschutzgebiete sowie als

– Seehundschutzgebiete (vgl. Tab. 9.8).

9.4 Folgerungen

9.4.1 Zur gegenwärtigen Diskussion

1037. Die meisten der heutigen Schutzgebiete sind entweder durch geringe Größe oder durch überlagernde und tangierende Nutzungen Störungen ausgesetzt (Fremdenverkehr, Jagd u.a.) oder durch Fernwirkungen (Immissionen, Schadstofftransport, durch Strömungen) gefährdet. Seit einigen Jahren liegen daher großräumige, umfassende Schutzkonzepte vor, die von den jeweiligen Landesämtern (Landesverwaltungsämtern) für Naturschutz und Landschaftspflege, häufig in Zusammenarbeit mit Naturschutzverbänden, entwickelt wurden. Die Schutzkonzepte sind z.T. bereits realisiert (z.B. Naturschutzgebiet Nordfriesisches Wattenmeer) (Karte 4 in Anlage), z.T. in Vorbereitung.

Zur Diskussion um einen Nationalpark für das Nordfriesische Wattenmeer

1038. Das schleswig-holsteinische Landschaftspflegegesetz vom 16. 4. 1973 sieht die Ausweisung und Zweckbestimmung eines Nationalparks durch ein besonderes Nationalparkgesetz vor. Andere Schutzbereiche wie Naturschutzgebiete und Landschaftsschutzgebiete können durch Verordnungen der zuständigen Behörden festgelegt werden.

Von den Naturschutzverbänden und -stellen wurde die Errichtung eines Nationalparks im nordfriesischen Wattenmeer gefordert, für den folgender Zonierungsvorschlag vorgelegt wurde (ERZ, 1974):

– *Totalreservat:* Bereich der nordfriesischen Außensände mit den Halligen Norderoog und Süderoog sowie der angrenzenden Wattgebiete (ca. 10% der Gesamt-Nationalparkfläche).

– *Besondere Schutzbereiche:* Acht Einzelgebiete besonderer Schutzwürdigkeit geologischer, geomorphologischer, vegetationskundlicher, zoologischer oder landschaftskundlicher Art (ca. 15%), im wesentlichen die bestehenden und geplanten Naturschutzgebiete.

– *Integrationszone oder Teilschutzzone:* Integration von Naturschutz und einigen traditionellen, nicht aus dem Nationalpark auszuschließenden Nutzungen (z. B. Versorgungsverkehr, Fischerei u.a.) (ca. 50%).

– *Randzone mit stark wirtschaftsbestimmten Nutzungen des Wattenmeeres, jedoch wichtig als „Pufferzone".*

Für die einzelnen Zonen wurde ein Katalog der hier möglichen Nutzungen bzw. der örtlichen und zeitlichen Nutzungsbeschränkungen aufgestellt. Nicht in den Nationalpark einbezogen werden sollten die intensiv durch Siedlungen, Verkehr, Tourismus und Landwirtschaft genutzten Inseln (Sylt, Föhr, Amrum, Pellworm, Nordstrand, Hallig Hooge und Langeness) bzw. Teile von diesen (ERZ, 1974).

Dieser Plan wurde vom Land Schleswig-Holstein wieder aufgegeben (1976) mit der Begründung, daß ein großflächiges Naturschutzgebiet einen dem Nationalpark gleichwertigen Schutz bieten könne. Vermutlich steht hinter dieser Entscheidung auch die Befürchtung von Konflikten mit wirtschaftlich orientierten Nutzungen des Raumes.

Der Plan eines Naturparks „Ostfriesische Inseln und Küste"

1039. Das Landes-Raumordnungsprogramm Niedersachsen in der Fassung vom 23. Mai 1978 sowie in der Neufassung 1979/80 (Entwurf) sieht die Errichtung eines Naturparks „Ostfriesische Inseln und Küste" vor. Im Auftrage des Regierungspräsidenten in Aurich wurden die Grundlagen für die Entwicklung dieses Naturparks (Gesellschaft für Landeskultur, 1974) erarbeitet.

Der Rat hat sich bereits im Umweltgutachten 1978 kritisch mit der bisherigen Entwicklung der Naturparks in der Bundesrepublik Deutschland auseinandergesetzt. Die einseitige Förderung der touristischen Belange unter Vernachlässigung der Aufgaben des Naturschutzes und der Landschaftspflege machen es fragwürdig, ob die Schutz- und Planungskategorie des Naturparks das für den Wattenmeerraum geeignete Entwicklungskonzept darstellt. Angesichts der bedeutenden und vorrangigen ökologischen Funktionen des Watten-Insel-Raumes sollte der Plan eines Naturparks für den ostfriesischen Wattenraum zugunsten eines Konzeptes mit einem differenzierteren und in den besonders schutzwürdigen Teilbereichen wirkungsvolleren Schutz, der in Abschn. 9.4.2 dargestellt wird, aufgegeben werden.

1040. Inzwischen wird die Errichtung eines Nationalparks für den Bereich des ostfriesischen Wattenmeeres erwogen. Ein Schutz- und Entwicklungskonzept liegt noch nicht vor.

9.4.2 Vorschläge für ein differenziertes Schutzgebietssystem Ostfriesisches Wattenmeer

1041. Der größte Teil des ostfriesischen Wattenmeeres ist seit 1976 als Landschaftsschutzgebiet sichergestellt bzw. ausgewiesen worden. Weitere Teile im Bereich der Inseln, im Jadebusen und im Elbe-Weser-Mündungsgebiet sind Naturschutzgebiete. Als zusätzlicher Schutz ist eine Reihe von Wildschutzgebieten verordnet bzw. im Verfahren. Eine Reihe von Seehundschutzgebieten wird jährlich neu ausgewiesen. Im Bereich des ostfriesischen Wattenmeeres bestehen drei großräumige Feuchtgebiete von internationaler Bedeutung, von denen zwei zusätzlich als Naturschutzgebiet geschützt sind (vgl. Karte 4, Anlage, und Tab. 9.8). Für die Zukunft kommt es darauf an, weitere schutzwürdige Bereiche zu Naturschutzgebieten aufzuwerten.

1042. Zwei Grundgedanken des für den Nationalpark „Nordfriesisches Wattenmeer" entwickelten Planes (hier nach ERZ, 1974) erscheinen für die weitere Entwicklung realistischer Schutzkonzepte im gesamten Wattenraum entscheidend: Der Gedanke einer Zonierung der Schutzintensitäten und Nutzungsmöglichkeiten sowie der einer leistungsfähigen Schutz- und Pflegeverwaltung.

1043. Für eine solche Zonierung der Schutzintensitäten sprechen folgende Gründe:

- Im Gebiet wechseln fast unberührte naturnahe Räume wie die Außensände einschließlich der sie umgebenden Wattflächen mit Landschaftsräumen, in denen Fischerei und Jagd betrieben werden, und schließlich Inselräume mit intensiver touristischer Nutzung.

- Freizeit und Erholung können unter bestimmten Voraussetzungen mit Naturschutzzielen selbst in Nationalparks in Einklang gebracht werden; bei anderen Nutzungen sollten klare räumliche und zeitliche Abgrenzungen (Zonierung) vorgenommen werden. Dies gilt beispielsweise für Landwirtschaft, Siedlung, Fischerei, Jagd, Verkehr und militärische Übungen.

- Eine Zoneneinteilung ermöglicht eine bessere Kontrolle sowohl der Aktivitäten des Naturschutzes (Forschungsvorhaben, Führungen, Einsatz), der Schutz- und Pflegemaßnahmen als auch der weiteren in den einzelnen Zonen zugelassenen Nutzungen.

1044. Ein derart differenziertes Schutz- und Nutzungskonzept erfordert ein leistungsfähiges Schutz- und Pflegeamt (das folgende nach ERZ, 1974) mit den Aufgaben der Verwaltung, Aufsicht, Durchführung und Kontrolle von Planungen und Pflegemaßnahmen („park management"), wissenschaftlicher Arbeit, Betreuung eines Informationssystems für verschiedenste Ansprüche der Parkbesucher. Dieser Aufgabenbereich erfordert eine eigenständige Verwaltungsposition, d. h. eine lediglich der Obersten Landschaftspflegebehörde (Ministerium) nachgeordnete Institution; eine Forderung, die vom Rat von Sachverständigen für Umweltfragen im Umweltgutachten 1978 grundsätzlich für Nationalparks erhoben wurde.

Wesentlicher Teil des Amtes muß ein ständig im Gebiet anwesender Aufsichtsdienst sein, der die Kontrolle der Schutzgebiete gegenüber unerlaubten Eingriffen durchführt, wozu dem Schutz- und Pflegeamt ordnungsbehördliche Aufgaben der unteren Landschaftspflege sowie der Jagd- und Fischereibehörde für den Gebietsbe-

reich zu übertragen wären. Erwünscht ist hierbei wie bisher die Mitarbeit der freien Naturschutzverbände, jedoch nicht ausreichend. Dasselbe gilt für deren wertvolle Leistungen durch den Aufbau von Informationszentren, die Durchführung von Kursen und Führungen. Ziel muß auf die Dauer in allen Teilen des deutschen Wattenmeerbereiches der Aufbau eines Informationssystems sein mit Informationszentren, Lehrpfaden, Demonstrationsgebieten sowie am Sitz des Amtes eine Museums- und Lehrgangsstätte. Ein solcher Informationsdienst vermag wesentlich zur Bewußtseinsbildung der Besucher, zur Besucherlenkung und zum Schutz des Gebietes beizutragen.

1045. Für den Schutz des ostfriesischen Wattenmeeres einschließlich der Mündungsgebiete von Ems und Elbe/Weser bietet sich angesichts des räumlichen Nebeneinanders und der häufigen Überlagerung der beiden Vorrangfunktionen Erholung und Naturschutz ein Zonenkonzept mit unterschiedlichen Schutzintensitäten besonders an. Ein solches Konzept wurde für den Raum des nordfriesischen Wattenmeeres bereits entwickelt (ERZ, 1974). Ein ähnlicher, differenzierter Entwurf wurde für das westfriesische Wattenmeer vorgelegt (Projektbureau Waddenzee, 1979).

1046. Für das ostfriesische Wattenmeer liegt der Entwurf eines solchen Schutzzonenkonzepts von AUGST u. WESEMÜLLER (1979) vor. Ohne auf Einzelheiten einzugehen wird dieser Entwurf hier als Modell in den Grundzügen dargestellt (Abb. 9.6).

Der Entwurf sieht 4 Zonen (1–4) mit abnehmender Schutzintensität vor. Die Begründungen für Schutzintensität, Nutzungsbeschränkungen und Nutzungsausschluß beruhen auf den dargestellten Belastungen und Störwirkungen.

Zone 1:

Sehr hohe Schutzintensität (Vollnaturschutz). Nutzungsfrei. Nur notwendiger Versorgungsverkehr und Maßnahmen der Wasser- und Schiffahrtsverwaltung. Zutritt nur für Kontroll-, Pflege- und Schutzmaßnahmen, für Forschungsvorhaben mit Sondergenehmigung. Keine Jagd. Keine Tiefflüge und amphibischen Übungen.

Beispielsflächen (Abb. 9.6):

Knechtsand mit umgebenden Watten bis Scharhörn, Mellum und umgebende Watten, Watten und Sände westlich Wangerooge, Watten im Ost- und Westteil des Jadebusens, Leybucht, südöstlich Borkum.

Zone 2:

Hohe Schutzintensität (Teilnaturschutz). Begrenzte Nutzungen im Einvernehmen mit Naturschutzbehörden. Küstenfischerei, Segelsport, motorisierter Sportbootverkehr und Flugverkehr mit Einschränkungen möglich. Zutritt für Erholungssuchende unter fachlicher Führung. Informationseinrichtungen der Naturschutzstellen und -verbände. Einschränkung der Jagd. Reduzierung der Tiefflüge, Einstellung zur Brut- und Wurfzeit von Vögeln und Seehunden, Einstellung von amphibischen Übungen.

Beispielsflächen (Abb. 9.6):

Wattflächen zwischen Außenweser und Jade, Wattflächen im Jadebusen, zwischen Inseln und Küste mit Ausnahme breiter Korridore als Schiffahrtswege zwischen Küstenorten und Inselhäfen. Als Naturschutzgebiete ausgewiesene Inselteile.

Abb. 9.6

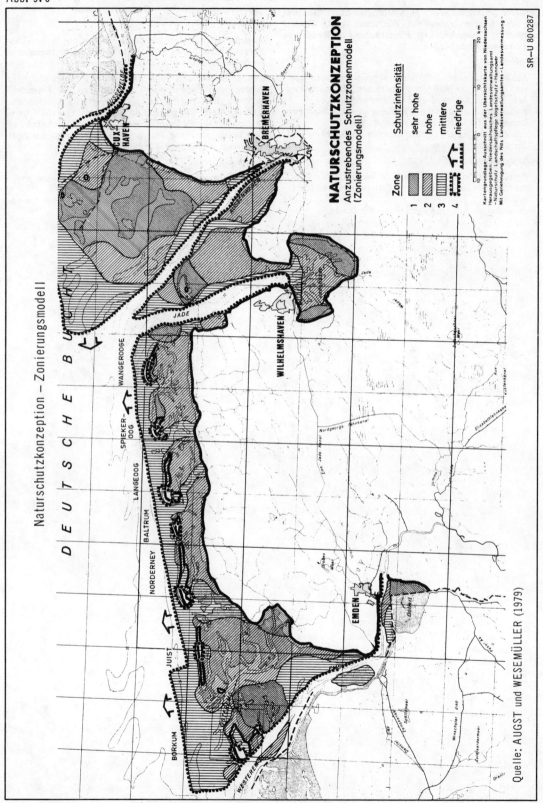

Naturschutzkonzeption – Zonierungsmodell

Quelle: AUGST und WESEMÜLLER (1979)

365

Zone 3:

Mittlere Schutzintensität (Landschaftsschutz). Nutzungen durch Fremdenverkehr, Fischerei, Jagd, Wasserwirtschaft, Landwirtschaft, Küstenschutz im Benehmen mit Naturschutzbehörden.

Möglich sind:

- *Linienverkehr der Schiffahrt, Segelsport, motorisierter Sportbootverkehr mit zeitlichen Einschränkungen, u. a. für Seehund- und Wildschutzgebiete,*
- *reduzierte militärische Tiefflüge gemäß Sonderabkommen hinsichtlich der Inselbereiche,*
- *erholungsrelevante Infrastrukturen im Benehmen mit Naturschutzbehörden.*

Beispielsflächen:

- *Priele und Gats sowie Wattflächen längs der Schifffahrtsverbindungen von den Küstenorten zu den Inselhäfen,*
- *Brandungssände und Vorstände der Inseln,*

- *als Landschaftsschutzgebiet geschützte Teile der Inseln einschließlich der Extensivstände.*

Zone 4:

Niedrige Schutzintensität (kein Flächenschutz nach den Naturschutzgesetzen, aber Beteiligung der Naturschutzbehörden bei Fach- und Gesamtplanung).

Generelle Nutzungsmöglichkeit unter Berücksichtigung ökologischer Erfordernisse. Siedlungswesen, Fremdenverkehr, Wasserwirtschaft, Landwirtschaft, Küstenfischerei, Jagd, Schiffahrt und durch militärische Übungen im bisherigen Umfang. Regelung und Beschränkung der Bautätigkeit auf Inseln gemäß der regionalen Entwicklungsprogramme.

Beispielsflächen:

- *Schiffahrtsstraßen von Außenelbe, Außenweser, Jade, Ems, Westerems,*
- *Bebauungsbereich der Inselorte mit näherer Umgebung und Intensivstränden.*

10.1   Die Politik der EG und der Anrainerstaaten in bezug auf die Umweltprobleme der Nordsee

10.1.1 Vorbemerkung

1047. Die Sorge um die Erhaltung der Nordsee und ihrer Randgebiete als intaktes und für Fischerei und Erholung nutzbares Ökosystem beschäftigt alle Anrainer dieses Meeres – allerdings in höchst unterschiedlichem Ausmaß. Eine Umweltschutzpolitik für die Nordsee besteht aber erst in Ansätzen, da der allgemeine Zustand nicht als kritisch betrachtet wird, so daß es auch keiner umfassenden Therapie zu bedürfen scheint. Umfassende Konzepte für den Schutz der Nordseeumwelt werden meist von privaten oder halbprivaten Gruppen vorgeschlagen, in denen die „concerned scientists" den Ton angeben.

Eine Übersicht über die Haltung der einzelnen Länder und der EG zu den Umweltproblemen der Nordsee und deren rechtliche Regelung ist sinnvoll, wenn man bedenkt, daß ein Großteil der Probleme – wie sie in diesem Gutachten dargestellt werden – nur in internationaler Zusammenarbeit gelöst werden können. Auch bei Problemen, die von der Bundesrepublik Deutschland allein geklärt und gelöst werden könnten, sind Vergleiche mit dem Ausland nützlich.

1048. In allen Anrainer-Ländern wächst das Bewußtsein, daß die Nutzung der Nordsee und ihre ökologische Erhaltung verstärkte Anstrengung zur Bewirtschaftung und zum Schutz dieses Meeres erfordern und daß diese Ziele nur durch gemeinsames Handeln der Anrainerstaaten erreicht werden können. Ein sichtbarer Ausdruck dieser Einsicht sind die internationalen Konferenzen der Staaten, der Wissenschaftler und anderer interessierter Kreise: Das Greenwich Forum[1] hat im Mai 1979 über die Notwendigkeit einer koordinierten Bewirtschaftung der Nordsee beraten; ein Symposium von Wissenschaftlern aus Wattenmeerländern hat im Juni 1979 in Ribe (DK) versucht, den Stand der Forschung zusammenzufassen und Empfehlungen zu geben; ein weiteres Gespräch der Wattenmeerländer auf Regierungsebene fand am 28. Februar 1980 in Bonn statt; im Oktober 1979 hat ein internationales Seminar in Den Haag einen Aufruf zu einem verbesserten Umweltschutz der Nordsee und zur Einrichtung eines Nordseeausschusses bei der EG verabschiedet. Auch die verstärkte Aktivität der Kommission der Europäischen Gemeinschaft muß im Zusammenhang mit der wachsenden Sorge um die Nordsee und dem Wunsch nach internationaler Zusammenarbeit gesehen werden.

1049. Nordseeanrainer sind Belgien, Dänemark, Bundesrepublik Deutschland, Großbritannien, die Niederlande und Norwegen; Frankreich kann unter bestimmten Gesichtspunkten ebenfalls als Nordseeanrainer betrachtet werden.

Gegenüber den anderen Anrainern weist die Bundesrepublik Deutschland einige Besonderheiten auf:

– Durch wirtschaftsgeographische und historische Faktoren bedingt weisen nur die vier norddeutschen Länder eine besondere Meeresorientierung auf.

– Die Küste ist wegen des Wattenmeeres durchweg empfindlich.

– Die Vorkommen von Öl und Gas im Meer sind (wie bei Belgien) nur geringfügig.

Die Position der Bundesrepublik Deutschland wird in diesem Abschnitt nicht dargestellt, da sie durchgängig Gegenstand des Gutachtens ist.

10.1.2 Europäische Gemeinschaft[1]

1050. Für die Nordsee ist die EG als Koordinierungsinstanz von besonderer Bedeutung, weil sie außer Norwegen alle Anrainerstaaten und damit 97% der Anrainereinwohner umfaßt.

Die EG strebt an, ihre Rolle in der Bewirtschaftung der Nordsee zu verstärken. Die gemeinschaftliche Politik auf den Gebieten der Landwirtschaft, des Verkehrs und der Energie bietet dafür Ansatzpunkte. Die EG hat jedoch auch eine von diesen Politikbereichen unabhängige Konzeption für den Umweltschutz entwickelt.

Alle Anrainer sind Mitglieder der NATO, aber das Bündnis hat viele weitere Mitglieder und auch ganz andere Schwerpunkte.

Die NATO hat über ihren Umweltausschuß (CCMS) ihren Arbeitsbereich auch auf den Schutz des Meeres ausgedehnt, ist aber der Mitgliedschaft entsprechend nicht auf die Nordsee konzentriert.

---

[1] Eine jährliche Konferenz über Fragen der Meerespolitik, die von Großbritannien aus organisiert wird und an der Fachleute aus allen interessierten Kreisen und vielen europäischen Ländern teilnehmen.

[1] Die Darstellung stützt sich im folgenden häufig auf einen Bericht über North Sea Environmental Protection: Regimes of Riparian States, den L. Cuyvers vom Denter für the Study of Marine Policy der Universität Maryland für den Rat gefertigt hat (CUYVERS, 1979).

Umweltprogrammatik der EG

1051. Die Grundlage der Umweltpolitik der EG – auch in bezug auf die Nordsee – sind das Aktionsprogramm für den Umweltschutz vom 22. 11. 1973 (AKTIONSPROGRAMM EG, 1973) und dessen Fortschreibung vom 17. 5. 1977 (FORTSCHREIBUNG DES AKTIONSPROGRAMMS EG, 1977). Über die Grundlagen der Umweltpolitik der EG, deren Grundsätze und einige wesentliche Maßnahmen, hat sich der Rat von Sachverständigen für Umweltfragen bereits im Umweltgutachten 1974 (Tz. 707−718) und im Umweltgutachten 1978 (Tz. 1667−1690) geäußert.

Diese programmatischen Grundlagen der Umweltpolitik der EG sind sehr breit angelegt und enthalten eine Fülle von Empfehlungen und Ankündigungen von Maßnahmen. Spezielle Programmpunkte für die Nordsee sind nicht vorgesehen; die einschlägigen Abschnitte behandeln immer die Umweltprobleme des Meeres ohne geographische Spezifikation. Jedoch ist klar, daß nicht die Ozeane, sondern die kleineren und relativ abgeschlossenen Gewässer des Mittelmeeres, der Ostsee und der Nordsee im Mittelpunkt des Interesses der EG stehen.

1052. Die Aussagen von Aktionsprogramm und Fortschreibung mit Bezug zu den Umweltproblemen der Meere lassen sich wie folgt zusammenfassen:

a) Das Meer ist wegen seiner Bedeutung für das globale ökologische Gleichgewicht, als Quelle hochwertiger Nahrung und als Erholungsgebiet besonders schutzwürdig. Die Schutzbedürftigkeit ergibt sich aus der Verschmutzung durch Schiffahrt, Abfallbeseitigung auf See, Abbau von Bodenschätzen im Meeresgrund und Stoffeintrag vom Land (AKTIONSPROGRAMM EG, 1973, Teil II, Titel I, Kap. 6, Abschnitt 1). In der Fortschreibung werden Schutz und Sanierung der Binnengewässer und des Meerwassers noch stärker betont und zu „vorrangigen Zielen" erklärt. Meeres- und Binnengewässer werden in einem engen Zusammenhang gesehen, wodurch der Stoffeintrag über die Flüsse (Abschn. 4.3) eine Schlüsselstellung erhält (FORTSCHREIBUNG AKTIONSPROGRAMM EG, 1977, Tz. 27−32).

b) Der Schutz der Meeresfauna ist für die EG sowohl im Umweltschutz wie auch in ihrer Fischereipolitik im Rahmen der agrarwirtschaftlichen Kompetenzen begründet (FORTSCHREIBUNG AKTIONSPROGRAMM EG, 1977); Tz. 145−150. Zur Fischereipolitik der EG (s. Abschn. 7.4.2).

c) Die Hauptstrategien zur Verbesserung des Schutzes der Meere sind die Angleichung der Durchführungsvorschriften zu den internationalen Übereinkommen und die Verminderung der vom Land ausgehenden Meeresverschmutzung (AKTIONSPROGRAMM EG, 1973; Titel II, Kap. 1, Abs. 8). Hinter der Strategie der Angleichung steht deutlich der Auftrag der EG zur Vermeidung von Wettbewerbsverzerrungen. Dabei wird berücksichtigt, daß Fortschritte nicht so sehr

durch neue Rechtsvorschriften, sondern durch einen konsequenten und in allen Anrainerstaaten gleich wirksamen Vollzug zu erreichen sind. Die Strategie der Verminderung des Eintrags vom Land aus gründet sich auch auf den Art. 235 EWG-Vertrag und die daraus abgeleitete Zuständigkeit zur Entwicklung einer gemeinschaftlichen Politik zum Schutz der Binnengewässer.

Fischereipolitik

1053. Die Fischereipolitik ist die wichtigste Aufgabe der EG mit Bezug auf die Nordsee (s. Abschn. 7.4); diese Aufgabe ist im Gegensatz zu anderen Umweltaktivitäten auch im EWG-Vertrag ausdrücklich begründet (Art. 38 EWG-Vertrag). Mit der Ausdehnung der Fischereizonen der EG-Mitgliedsländer auf 200 sm ist eine umfassende Fischereipolitik der EG mit dem Ziel der Erhaltung und wirtschaftlichen Nutzung des Fischbestandes dringlich geworden. Wegen der divergierenden nationalen Interessen der Mitgliedsländer konnte die EG auf dem Gebiet der Fischereipolitik bislang allerdings nur Teilerfolge erzielen.

So ist zwar Fischfang dritter Länder in EG-Gewässern stark zurückgegangen, insbesondere sind die Ostblockländer aus der Nordsee teilweise verdrängt worden. Andererseits ist jedoch die EG-Politik, den eigenen Fischern Fangrechte in 200-sm-Zonen vor Drittländern einzuräumen, auf große Schwierigkeiten gestoßen. Für die Erhaltung der Fischbestände in der Nordsee ist besonders bedeutsam, daß die Einhaltung der ökologisch für sinnvoll erachteten Fangquoten nicht gewährleistet ist, solange die Mitgliedsländer sich nicht auf ein gemeinsames Fischereiregime geeinigt haben (zur Fischereipolitik s. Abschn. 7.4).

Stoffeintrag durch die Schiffahrt

1054. Die Kommission hat sich mit dem betriebs- und unfallbedingten Stoffeintrag durch die Schiffahrt befaßt. Der Rat der EG hat im Jahre 1977 eine Konsultationspflicht der Mitgliedsstaaten bei der internationalen Regelung des Seeverkehrs eingeführt (Abl. EG, 1977, Nr. L 239). In der IMCO hat die Kommission den Status eines Beobachters; die Kommission empfiehlt, daß die Mitgliedsstaaten alle vorliegenden internationalen Abkommen betreffend Ölverschmutzung ratifizieren und die entsprechenden Ausführungsvorschriften erlassen (JOHNSON, 1979, S. 43−44).

1055. Ein wichtiger Anstoß für die EG-Politik zur Verhütung der Ölverschmutzung war die Katastrophe der Amoco Cadiz, die zu folgenden Vorschlägen der Kommission führte: Entwicklung eines Aktionsprogramms zur Überwachung und Verminderung des Öleintrags, Beitritt der EG zum Bonn-Abkommen und Beschluß zur Ausdehnung der Hoheitsgewässer auf zwölf Seemeilen.

Das Aktionsprogramm zur Überwachung und Verminderung des Öleintrags ins Meer wurde im Juli 1978 vom Rat der EG beschlossen. Das Programm sieht umfangreiche Untersuchungen vor, die zum Teil schon abgeschlossen sind oder noch laufen; Schwerpunkte der Untersuchungen sind Maßnahmen bei Ölunfällen.

Darüber hinaus empfiehlt die Kommission unter Zustimmung des Rates der EG den Mitgliedsstaaten die baldige und möglichst gleichzeitige Ratifikation der MARPOL-, SOLAS- und ILO-Abkommen (vgl. 10.2). Die Kommission strebt eine Mitsprache beim Bonn-Abkommen an, um im Rahmen dieser Vereinbarung die Forschungstätigkeit und den Informationsaustausch bei Unfällen zu intensivieren (JOHNSON, 1979, S. 46—49).

Verschmutzung vom Land aus

1056. Auf diesem Gebiet des Umweltschutzes der Meere hat die EG bisher die wichtigsten Schritte unternommen:

– Die Richtlinie betreffend die Verschmutzung infolge der Ableitungen bestimmter gefährlicher Stoffe in die Gewässer der Gemeinschaften (ENV 131) stellt eine Reihe von Instrumenten zum Abbau von Gewässerbelastungen bereit (vgl. Tz. 1126 ff. und Umweltgutachten 1978, Tz. 1678 ff.).

– Der EG-Rat hat die Pariser Konvention ratifiziert und arbeitet in den Ausschüssen mit (vgl. Tz. 1110 ff.).

– Die EG hat eine Richtlinie über die Qualität der Badegewässer verabschiedet (vgl. Abschn. 8.2).

– Die Richtlinie über Muschelzuchtgewässer (vgl. Tz. 1350) betrifft auch die Einleitungen vom Lande aus.

– Im Jahre 1980 will die Kommission „konkrete Vorschläge für die Kontrolle und die Eindämmung der Verschmutzung infolge Ableitung von Kohlenwasserstoffen ins Meer" vorlegen (PROGRAMM EG, 1980).

Die Kommission beabsichtigt weiterhin, Vorschläge für eine Angleichung der Durchführungsvorschriften internationaler Abkommen zu machen, die den Zielen des Umweltschutzes und dem der Wettbewerbsgleichheit gerecht werden sollen (FORTSCHREIBUNG AKTIONSPROGRAMM EG, 1977, Tz. 40).

Abfallbeseitigung auf See

1057. Die EG hat eine Richtlinie betreffend die Verklappung von Abfällen aus der Titandioxidproduktion verabschiedet (vgl. Umweltgutachten 1978, Tz. 1687 ff.). Im Jahre 1980 beabsichtigt die Kommission, einen Richtlinienentwurf für ein System zur Überwachung und Kontrolle der Abfälle der TiO_2-Produktion vorzulegen (vgl. Tz. 259).

Die Kommission strebt an, auch dem Oslo-Abkommen beizutreten und in den Ausschüssen (OSCOM

usw.) mitzuarbeiten. Der Rat der EG hat dem grundsätzlich zugestimmt, der Beitritt wird derzeit noch durch dänische Einwände verzögert.

1058. Im Aktionsprogramm war vorgesehen, daß in der Gemeinschaft die Durchführungsvorschriften für die Übereinkommen von London und Oslo harmonisiert werden und auch die Verklappung von in den Abkommen nicht erfaßten Stoffen geregelt wird (AKTIONSPROGRAMM EG, 1973, Teil II, Titel I, Kap. 6, Abschnitt 1, Punkt 2.2). Im Jahre 1976 hatte die Kommission einen entsprechenden Richtlinienvorschlag[1]) unterbreitet, der auch das Genehmigungsverfahren regeln sollte. Nachdem der Rat der EG einem Beitritt der EG zum Übereinkommen von Oslo (Tz. 1154) im Prinzip zugestimmt hat, hat die Kommission den Richtlinienvorschlag vorerst zurückgezogen (STATEMENT, 1979). Diese Initiative könnte wieder belebt werden, wenn sich der gegenwärtige Zustand im Hinblick auf Wettbewerb oder Umweltschutz als unzureichend erweist, z. B. bei Transport von gefährlichen Abfällen durch Länder mit weniger strikter Genehmigungspraxis (vgl. Tz. 1458).

Bodenschätze

1059. Die EG läßt die Hoheitsrechte der Mitgliedsstaaten über die Ausbeutung von Bodenschätzen im Küstenmeer im Gebiet des Festlandsockels unberührt. Es gibt keine besonderen Aktivitäten der EG in Hinblick auf die Ausbeutung der Bodenschätze in der Nordsee. Eine Weiterentwicklung der gemeinschaftlichen Energiepolitik könnte allerdings Einfluß auf die Öl- und Gasgewinnung nehmen.

Forschung und Entwicklung

1060. Zur Umweltpolitik der EG können auch die zahlreichen Forschungsvorhaben gerechnet werden, die aufgrund der verschiedenen Programme (COST, Aktionsprogramme, Forschungsprogramm auf dem Gebiet des Umweltschutzes) vergeben werden. Diese Forschungstätigkeiten gehen teilweise in international abgestimmte Meß- und Überwachungsprogramme für die Meere über (vgl. Abschn. 10.3.1.2.2).

10.1.3 Großbritannien

1061. In Fläche, Bevölkerungszahl und Wirtschaftsstruktur ähnelt Großbritannien am ehesten der Bundesrepublik Deutschland. Im Verhältnis zur Nordsee und deren Umwelt sind zwei Unterschiede festzustellen:

– Wegen der Insellage kommt den Nutzungen an der Küste eine ungleich größere Bedeutung als in der Bundesrepublik Deutschland zu.

---

[1]) Abl. Nr. C 40 vom 20. 2. 1976.

- Die Industriestandorte und Siedlungsschwerpunkte sind nie weit vom Meer entfernt. Die Einleitung von Abwasser über Flüsse und die Abfallbeseitigung auf See bieten sich überall an.

Als früher führende und noch immer bedeutende Schiffahrtsnation hat Großbritannien große Kenntnisse und technologische Kapazitäten auf diesem Gebiet. Zahlreiche internationale Schiffahrtsorganisationen, an der Spitze die IMCO, haben ihren Sitz in London.

Stoffeintrag durch die Schiffahrt

1062. Die britische Handelsmarine ist die drittgrößte der Welt; für seinen Außenhandel ist Großbritannien fast völlig auf den Seeweg angewiesen. Die Regierung vermeidet daher jeden Schritt, der die Freiheit des Handels und der Schiffahrt einschränken könnte. Großbritannien lehnt aber auch einseitige Maßnahmen gegenüber Dritten zum Schutz der Meeresumwelt ab; Aktionen von beschränkter geographischer Geltung werden mit Skepsis betrachtet; die bevorzugte Organisation ist die weltweite IMCO (WATT, 1979).

Großbritannien hat die wichtigen internationalen Abkommen zum Schutz des Meeres ratifiziert – außer MARPOL, 1973. Die Ausführungsgesetze sind für britische Schiffe oft strenger als die Abkommen: So verbietet das Gesetz zur Verhütung der Ölverschmutzung britischen Schiffen jegliche Einleitung, während das internationale Recht eine Einleitung weiter als 50 sm von einer Küste unter bestimmten Bedingungen zuläßt.

In bezug auf die Überwachung ist Großbritannien Signatar des Bonn-Abkommens und der Pariser Konvention. Im Ärmelkanal üben Großbritannien und Frankreich ihre Verantwortung für Schiffssicherheit gemeinsam aus (MANCHEPLAN). Eine Ausdehnung der gemeinsamen Zone auf das Gebiet nördlich der Straße von Dover unter Beteiligung Belgiens wird gegenwärtig erörtert.

Ölverschmutzung des Meeres

1063. Die britische öffentliche Meinung reagiert auf Ölverschmutzungen besonders empfindlich, wobei die sichtbaren Schäden an Vögeln und die Beeinträchtigung der Sauberkeit und Schönheit der Strände im Vordergrund stehen. Für diese Ziele engagiert sich eine sehr aktive und politisch anerkannte pressure group, der Advisory Council on Oil Pollution of the Seas (ACOPS). Die Reihe von Schiffsunfällen im Jahre 1978 hat zu einer Stärkung und Straffung der Organisation zur Bekämpfung von Ölunfällen geführt. Im Gegensatz zu anderen Ländern, wie den Niederlanden, Norwegen oder der Bundesrepublik Deutschland werden in Großbritannien chemische Mittel bei der Bekämpfung der Unfallfolgen eher als anwendbar betrachtet.

Fischerei

1064. Der Fischfang ist für Großbritannien wirtschaftlich von Bedeutung, die allerdings im Bewußtsein der Öffentlichkeit übertrieben groß erscheint. Die Ernährungsgewohnheiten sind stark auf (bestimmte) Fische eingestellt; die in der Fischerei Beschäftigten sind oft in ansonsten wirtschaftlich schwachen Orten konzentriert. 1977 landeten britische Schiffe etwa 916 000 t in britischen Häfen an; davon kamen 390 000 t aus der Nordsee. Wegen des stetigen Rückgangs der Hochseefischereierträge hat die Bedeutung der seit 1976 gültigen 200-sm-Fischereizone für Großbritannien ständig zugenommen.

Grundlagen der Fischereipolitik in Großbritannien sind die Gesetz über Meeresfischfang von 1968, das Gesetz zur Regelung der Fischerei von 1966 und das Fischereigrenzengesetz von 1976. Die Gesetze geben den Behörden eine breite Ermächtigung für Verordnungen und Einzelfallentscheidungen.

1065. Die Fischereipolitik der EG, insbesondere das Prinzip des gleichberechtigten Zugangs, stößt in Großbritannien auf Widerstand. Die britische Seite verweist darauf, daß sich 60% der Fischbestände des „EG-Meeres" in ihrer Fischereizone befinden; eine bevorrechtigte Nutzung dieser Bestände erscheint ihr recht und billig. Auch verweist man darauf, daß Großbritannien das Problem der Überfischung eher erkannt und in Angriff genommen hat. Es gab bereits einschneidende Maßnahmen zur Beschränkung des Fischereipotentials, als andere Länder noch versuchten, ihre Position bei der Quotenverteilung durch Rekordfänge zu verbessern. Diese Interessenlage hat bisher eine gemeinsame Fischereipolitik behindert. Die Fischereiverbände mißtrauen den Quotensystemen, weil alle Kontrollen umgangen werden können, wenn nicht die Fangmöglichkeiten durch unumgehbare Maßnahmen beschränkt werden (vgl. 7.4) (WATT, 1979). Die fischereipolizeilichen Aufgaben werden in Großbritannien von der Royal Navy wahrgenommen.

Abfallbeseitigung auf See

1066. Die Abfallbeseitigung auf See, besonders die Verklappung von Klärschlamm, spielt in England eine große Rolle; ca. ein Viertel des Klärschlamms wird im Meer verklappt, davon mehr als die Hälfte in der Nordsee (s. Abschn. 4.6). Da viele Abfallquellen sich nahe der Küste befinden und da schädliche Einwirkungen auf die Meeresumwelt nur dann angenommen werden, wenn diese konkret nachweisbar sind, werden Genehmigungen großzügig erteilt. Grundlage ist das Gesetz über Abfallbeseitigung auf See von 1974, welches die Abkommen von Oslo und London umsetzt. Die Zulässigkeit von Verklappungen wird vom Ministerium für Landwirtschaft, Ernährung und Fischerei beurteilt. Hauptkriterium ist die Frage, ob die Schadstoffe über Fische die menschliche Gesundheit belasten könnten (DOE 1979). Hier zeigt sich der konsequent immissionsbezogene Ansatz, der eine laufende Überwachung der

Wirkungen fordert, aber eine Reduktion der Emissionen entsprechend dem Vorsorgeprinzip ablehnt.

Verbrennungen von Abfällen werden auf See nicht durchgeführt, da es genügend geeignete Standorte an der Küste gibt. Die Abgase gehen teilweise über dem Meer nieder.

Meeresverschmutzung vom Land aus

1067. Der Stoffeintrag über die Flüsse ist erheblich; die Direkteinleitungen von der Küste aus sind zahlreich. Nicht alle Einleitungen werden überwacht; nur jene Schwerpunkte, wo über die Meerestiere Schadstoffe in die menschliche Nahrung kommen könnten, unterliegen einer Kontrolle.

Großbritannien nutzt Standortvorteile wie Meeresnähe und günstige Strömungsbedingungen aus und besteht daher nicht darauf, den Stand der Rückhaltetechnik und die Abwasserreinigung überall durchzusetzen. Jedoch wird der Stoffeintrag teilweise auch bei ungünstigen Bedingungen fortgesetzt, so z. B. in der Irischen See, wo die Verschmutzung in erhöhtem Maße zu Fischkrankheiten geführt hat und deshalb schon Fanggründe aufgegeben werden mußten. Die britische Haltung zur Meeresverschmutzung wird in einem amtlichen Bericht wie folgt zusammengefaßt: „Ausgenommen einige Gebiete, wie z. B. stark industrialisierte Ästuarien, gibt es wenig Belege für Meeresverschmutzungen, d. h. tatsächliche Schäden, in den Gewässern des Vereinigten Königreichs. Die verbleibenden Sorgen entspringen eher dem Wissen um die frühere Bedenkenlosigkeit und Sorglosigkeit bei der Nutzung der Meeresumwelt als unmittelbaren Beweisen ernster Schäden" (DOE 1980).

1068. Großbritannien hat die Pariser Konvention ratifiziert und unterliegt auch den Richtlinien der EG; der Vollzug dieser Vorschriften richtet sich nach der britischen Gewässerreinhaltedoktrin und ist daher oft Anlaß zur Kritik seitens der kontinentalen Staaten, die – wie auch die Kommission der EG – stärker das Vorsorgeprinzip betonen und daher emissionsorientiert handeln. Die ENV 131 ist bereits als Kompromiß zwischen diesen Doktrinen angelegt und ermöglicht es Großbritannien, seine Schutzpolitik weiter zu verfolgen (vgl. Umweltgutachten 1978, Kap. 2.3).

Bodenschätze

1069. Großbritannien hat alle Bodenschätze in seinem Festlandsockelgebiet verstaatlicht. Die Genehmigungen für Ölexploration und -förderung werden vom Energieministerium erteilt. Die Umweltaspekte werden aufgrund der einschlägigen Gesetze geregelt. Die Verschmutzung des Meeres durch Erdöl soll durch Anwendung der „good oilfield practice" begrenzt werden (SIBTHORP, 1975, S. 175). Die Vorschriften in Großbritannien sind weniger streng als in Norwegen, dem anderen Hauptförderland von Nordseeöl. Als Unterzeichner der Pariser Konven-

tion akzeptiert Großbritannien zwar den Wert von 40 ppm für ölhaltige Abwässer, interpretiert diesen jedoch nicht als Grenzwert, sondern als Zielwert, der mit den „best practical means" angestrebt werden sollte (BIRNIE, 1979). Vor den britischen Küsten – auch der Nordsee – werden beträchtliche Mengen Kies und Sand gefördert. Genehmigungen setzen u. a. die Zustimmung des Ministeriums für Landwirtschaft, Ernährung und Fischerei voraus, das die möglichen Störungen für die Fischwirtschaft beurteilt. Da die Förderung von Sand und Kies in schlickfreien Gebieten erfolgt, bestehen nach britischer Ansicht kaum fischereibiologische Bedenken (s. auch Abschn. 5.7).

10.1.4 Niederlande

1070. Von allen Anrainern sind die Niederlande am stärksten mit der Nordsee verbunden. Die Küste ist von keinem Ort weiter als 180 km entfernt, und anders als Großbritannien oder Dänemark grenzen die Niederlande nur an die Nordsee. Der Deichbau zur Landgewinnung und heute zum Schutz vor Sturmfluten spielt im Bewußtsein der Bevölkerung eine große Rolle. Die Häfen der Niederlande, insbesondere Rotterdam, sind eine wichtige Grundlage für den industriellen Wohlstand des Landes. Das Erdgas, der wichtigste Rohstoff des Landes, wird zunehmend aus Quellen in der Nordsee gefördert.

1071. Diese Bedeutung der Nordsee verbunden mit einem hohen Umweltbewußtsein führt dazu, daß die Umweltprobleme der Nordsee in keinem Anrainerstaat soviel Aufmerksamkeit finden wie in den Niederlanden. Da etwa die Hälfte der Küste vom Wattenmeer gesäumt wird und die vorgelagerten Inseln intensiv für den Fremdenverkehr genutzt werden, ist das Wattenmeer ein Schwerpunkt der niederländischen Umweltpolitik. Diese Bedeutung der Nordsee und des Wattenmeeres spiegelt sich auch in der wissenschaftlichen Forschung wider. Die niederländischen Interessen, die dem Schutz der Nordsee zugrunde liegen, sind saubere Strände (Erholung), Schutz des Wattenmeeres (Ökologie) und Sicherung der Fischbestände (Ernährung) (KOERS, 1979).

1072. Die Deichbaupolitik der Niederlande hat sich in den letzten Jahren gewandelt. Das Ziel der Landgewinnung ist zurückgetreten; die ökologischen Gesichtspunkte werden stärker berücksichtigt. Die Deichbauplanung stellt auf die Sicherheit der Siedlungen und des Ackerlandes ab. Deichbauvorhaben zur Landgewinnung sind nicht mehr geplant (DIJKEMA u. VERHOEVEN, 1979). Die ökologischen Gesichtspunkte bei der Bewirtschaftung des Wattenmeeres werden von einer aktiven Lobby mit der „Werkgroep Noordzee" und der „Stichting tot behoud van de Waddenzee" als Kern vertreten.

Stoffeintrag durch die Schiffahrt

1073. Vor der Küste der Niederlande herrscht ein außergewöhnlich dichter Schiffsverkehr. Daher sind die Niederlande an der Ausweisung von besonderen Schiffahrtswegen besonders interessiert. Gemeinsam mit der Bundesrepublik Deutschland haben sie eine besondere Route für Tanker in der Nordsee vorgeschlagen. Für den Zugang zu den großen Häfen sind ausgedehnte Baggerarbeiten vonnöten, die den Schiffsverkehr sichern, aber auch die Umwelt belasten.

Die Niederlande haben die wichtigeren Abkommen zur Schiffssicherheit und zum Schutz der Meere umgesetzt. Ihre Vollzugskompetenzen sind jedoch – wie in anderen Anrainerländern auch – den Problemen nicht angemessen. Jedes Jahr werden entsprechend dem Bonn-Abkommen Hunderte von Öllachen gemeldet, die fast immer nur durch Verletzungen der einschlägigen Abkommen entstanden sein können. Auch in den Niederlanden wird beklagt, daß man zwar die Überwachungstätigkeit verbessern könne, es aber wegen der 3-Meilen-Grenze selten möglich sei, direkte Sanktionen einzuleiten (KOERS, 1979).

1074. Wegen des dichten Verkehrs ist das Unfallrisiko auch für Tanker hoch. Die Niederlande haben entsprechende Pläne erarbeitet. Bei der Beseitigung von Öllachen werden mechanische Mittel bevorzugt, chemische allerdings bei einer unmittelbaren Bedrohung der Küste eingesetzt.

Dem hohen „Nordseeumweltbewußtsein" entsprechend sorgen sich die Niederlande um die zunehmenden Risiken aus dem Transport von Chemikalien. In der entsprechenden Arbeitsgruppe der Vertragsstaaten des Bonn-Abkommens haben sie die Federführung.

Fischerei

1075. Die Niederlande betreiben einen bedeutenden Fischfang in der Nordsee, wenngleich die Anlandungen in den letzten Jahren gesunken sind, nicht zuletzt wegen des Verbots des Heringsfanges. Im Jahre 1977 wurden Fänge im Werte von 401 Mio hfl eingebracht, davon ein Wert von 319 Mio hfl aus der Nordsee. Der Fischfang und die damit verbundenen Gewerbe beschäftigen etwa 12 000 Personen (KOERS, 1979).

Die den Niederlanden zugewiesenen Fangquoten werden vom Ministerium für Landwirtschaft und Fischerei verteilt. Berechnungsgrundlage sind das Fangpotential und die Vorjahresfänge. Die Reduktion der Fischereiflotte wird durch die Subventionierung des Abwrackens und der Stillegung von Fischereifahrzeugen unterstützt.

Abfallbeseitigung auf See

1076. Die Niederlande haben die Abkommen von Oslo und London durch das Gesetz über die Verunreinigung des Meereswassers umgesetzt und dadurch verschärft, daß Abfallbeseitigung auf See nur als letzter Ausweg in Frage kommt. 1977 wurden von niederländischen Häfen aus 1,25 Mio t Industrieabfälle verklappt, wovon weniger als 2% aus den Niederlanden stammten. An Baggergut werden 32 Mio t im Meer verklappt. 4 000 t Sonderabfälle aus niederländischen Quellen wurden auf See verbrannt (vgl. Abschn. 4.6). Die Niederlande haben vorgeschlagen, ein gemeinsames Verbrennungsgebiet in der Mitte der südlichen Nordsee einzurichten, u. a. um die küstennahe Verbrennung vor Belgien zu unterbinden (CUYVERS, 1979).

Stoffeintrag vom Lande aus

1077. Die Niederlande haben die Vorschriften der Pariser Konvention in ihr Gesetz über die Verunreinigung der Oberflächengewässer umgesetzt. Darüber hinaus gilt für die Niederlande die EG-Gewässerschutzrichtlinie von 1976 (ENV 131). Eine besondere Stellung nimmt das Abkommen zum Schutz des Rheins gegen chemische Verunreinigung ein, das auch ein Abkommen zum Schutz der Nordsee ist. Die Niederlande streben ein Folgeabkommen zur Begrenzung der Chromeinleitungen an.

Bodenschätze

1078. Die Niederlande beabsichtigen, die Förderung von Erdgas in ihrem Teil der Nordsee auszuweiten. Die Bodenschätze in der Nordsee sind durch das Gesetz über Rohstoffgewinnung aus dem Festlandsockel von 1967 verstaatlicht. Voraussetzung einer Genehmigung ist eine Art Umweltverträglichkeitsprüfung, in der die Rückwirkung von Bohrung und Förderung auf Fischerei, Schiffahrt und Umweltschutz untersucht werden muß. Die Ausbeutung von Kies- und Sandvorkommen im Meer ist genehmigungsbedürftig.

10.1.5 Belgien

Nutzung von Meer und Küste

1079. Die belgische Küste ist 70 km lang und damit die kürzeste aller Nordseeanrainer. Sie ist die auch am intensivsten genutzte (CUYVERS, 1979). Der größte Hafen Belgiens, Antwerpen, hat seinen Zugang zum Meer allerdings durch niederländisches Gebiet (Westerschelde).

Belgien hat alle Bodenschätze seines Festlandsockels verstaatlicht. Bisher sind allerdings nur Kies und Sand dort gefunden worden. Der Abbau hat zu Schwierigkeiten für den Fischfang geführt; die Niederlande und Frankreich haben Vorbehalte gegen die belgische Praxis angemeldet (CUYVERS, 1979).

Die Fischereiflotte ist die kleinste der Nordseeländer. Belgien unterstützt die Entwicklung einer gemeinsamen Fischereipolitik der EG. Die Überwachungsaufgaben werden von der Marine und der Küstenwache wahrgenommen.

Stoffeintrag von Schiffen und Abfallbeseitigung

1080. Die wichtigsten Verträge zur Verhinderung der Meeresverschmutzung von Schiffen aus sind von Belgien ratifiziert worden. Belgien überwacht eine Zone entsprechend dem Bonn-Abkommen gemeinsam mit Frankreich und Großbritannien.

Belgien hat das Oslo-Abkommen umgesetzt, jedoch die Londoner Konvention nicht ratifiziert, da Belgien die Abfallbeseitigung auf See als eine Methode unter anderen und nicht als letzten Ausweg betrachtet. Die Auswirkungen der Verklappungen werden beobachtet und wissenschaftlichen Begleituntersuchungen unterzogen (CUYVERS, 1979).

Stoffeintrag vom Land

1081. Die Pariser Konvention ist von Belgien zwar unterzeichnet aber nicht ratifiziert worden. Das Gewässerschutzgesetz von 1974 erfüllt jedoch die meisten Anforderungen der Konvention (CUYVERS, 1979).

10.1.6 Dänemark

1082. Dänemark ist in Besiedlung und Industrie ganz überwiegend zur Ostsee hin orientiert, für die wesentlich strengere internationale Vorschriften gelten als für die Nordsee. Dänemark hat lange Küsten, so daß deren Belastung durch Fremdenverkehr, Industrie und Schiffahrt geringer ist als in allen anderen Anrainerstaaten, außer Norwegen.

Fischerei

1083. Die stärksten Einwirkungen von Dänemark auf die Nordsee bestehen in der Fischerei. Im Jahre 1977 wurden 1,3 Mio t aus der Nordsee angelandet. Die Fischereiinteressen sind in Dänemark mächtiger als nach ihrem Beitrag zum Bruttosozialprodukt zu erwarten wäre. Die dänische Fischerei wird oft kritisiert, weil die Fänge ständig erhöht wurden und große Mengen von Speisefischen nicht dem menschlichen Konsum direkt zugeführt, sondern zu Fischmehl usw. verarbeitet werden (vgl. Abschn. 7.3).

Dänemark hat 1976 seine Fischereizone auf 200 sm ausgedehnt. Der Zugang zu dänischen Fischgewässern ist durch den Beitrittsvertrag zur EG und in zweiseitigen Verträgen geregelt. Die Überwachung wird durch einen speziellen Dienst des Fischereiministeriums in Zusammenarbeit mit der Marine ausgeführt.

Bodenschätze

1084. Im dänischen Festlandsockel unter der Nordsee hatte man lange Zeit kein Gas oder Öl festgestellt. Inzwischen ist man fündig geworden, was für Dänemark besonders wichtig ist, da es bisher als einziger Nordseeanrainer über keine heimischen Energiequellen verfügte. Dänemark wird Kies und Sand zunehmend aus dem Meer fördern, da die Vorräte an Land beschränkt sind.

Küste und Wattenmeer

1085. Die Nutzungsansprüche an die dänische Nordseeküste sind relativ gering. Allerdings sind die ökologischen Belastungen im dänischen Wattenmeergebiet zwischen Esbjerg und Sylt etwas größer, weil die Fremdenverkehrsnutzung dort besonders intensiv ist. Außerdem hat dort der Bau des Deiches Emmerlev-Rodenäs begonnen, der wegen der großen eingedeichten Fläche auf erhebliche ökologische Bedenken stößt (vgl. Abschn. 8.1).

10.1.7 Norwegen

1086. Norwegen grenzt mit seinem südlichen Teil an die Nordsee. Die geringe Besiedlungsdichte, die Natur der Küsten und die Tiefe der norwegischen Rinne lassen die Umweltprobleme in diesem Bereich sehr gering erscheinen.

Norwegen ist der einzige Nordseeanrainer, der nicht Mitglied der EG geworden ist. Die Mitgliedschaft wurde weitgehend wegen der speziellen Fischereiinteressen verworfen. Norwegen bewirtschaftet daher seine Fischereizone, die im Jahr 1976 ausgedehnt wurde, allein. Mit einem Gesamtumfang von etwa 3,3 Mio t aus den ICES-Gebieten, aber nur 470 000 t aus der Nordsee (1977) ist Norwegen bei weitem das größte Fischfangland unter den Nordseeanrainern, wenngleich diese Fänge nur zu einem geringen Anteil aus der Nordsee stammen (ICES, 1979). Norwegen verhandelt gegenwärtig mit der EG-Kommission über Fangrechte und Sicherung der Fischbestände.

Bodenschätze

1087. Norwegen ist neben Großbritannien der einzige größere Förderer von Erdöl in der Nordsee. Den hohen Ansprüchen an Umweltqualität entsprechend hat Norwegen seit 1970 die Vorschriften bezüglich der Sicherheit und der Meeresverschmutzung bei der Ölgewinnung ständig verschärft. Die ölhaltigen Abwässer der Bohrplattformen halten z.B. den 40 ppm Grenzwert durchweg ein. Die Beseitigung des Sperrmülls von den Plattformen ist ebenfalls streng geregelt: das Material muß gesammelt und an Land beseitigt werden. Insgesamt gelten die norwegischen Vorschriften als sehr viel strenger als die britischen (CUYVERS, 1979).

Stoffeintrag durch Schiffahrt und Abfallbeseitigung auf See

1088. Norwegen hat alle einschlägigen Abkommen ratifiziert und ausgeführt. Das Oslo-Abkommen wird durch Verordnungen ausgeführt, die strenger als das Abkommen sind. Abfallbeseitigung auf See wird als letzter Ausweg betrachtet. Industrieabfallverklappungen sind bisher noch nicht genehmigt worden (CUYVERS, 1979).

Küstengebiet

1089. Norwegen hat ein eigenes Gesetz für die Planung und Entwicklung der Küsten, für das in der Zentralregierung eine Abteilung des Umweltministeriums zuständig ist.

10.1.8 Folgerungen

1090. Im Ergebnis haben die Anrainerstaaten, selbst in den Fällen, in denen Ratifikationen oder Umsetzungen noch nicht abgeschlossen sind, heute weitgehend übereinstimmende umweltfreundliche Vorschriften in bezug auf die Nordsee. Die Wettbewerbsrücksichten, die zunehmende internationale Diskussion und der Wunsch der Anrainerstaaten, im Umweltschutz gegenüber anderen Anrainern nicht zurückzustehen, dürften gewährleisten, daß sich die Vorschriften auch künftig nicht auseinanderentwickeln werden. Ins Gewicht fallen aber die Unterschiede im Vollzug. Hier spielen die vorgegebenen staatlichen Formen und Institutionen eine Rolle. Ferner drückt sich die grundsätzliche Haltung zum Schutz der Nordseeumwelt eher im Vollzug als in den Normen aus.

1091. Daher kommt der abgestimmten Ausfüllung der Verträge und Richtlinien Priorität zu. Der Schwerpunkt einer Verbesserung und Harmonisierung des Vollzugs der international gültigen Vorschriften, wie er von der EG postuliert wird, entspricht dieser Priorität.

Auch der zweite Schwerpunkt des EG-Umweltprogramms, die Verminderung des Stoffeintrags vom Lande aus, ist nach Auffassung des Rates richtig gewählt. Der Rat würde daher weitere Schritte der EG zum Schutz der Nordseeumwelt entsprechend diesen Schwerpunkten begrüßen.

1092. Zur Arbeit der EG selbst schlägt der Rat einen „EG-Nordsee-Ausschuß" vor. Die Erarbeitung von Programmen und Richtlinien bei der EG obliegt Gruppen von Fachleuten, die Interessenvertreter sowohl ihres Staates wie ihres Ressorts sind. Die allgemeine politische Diskussion beginnt erst, wenn den Parlamenten, Regierungen und interessierten Kreisen der Mitgliedstaaten kaum noch veränderbare Verhandlungsergebnisse zur Billigung und Umsetzung vorgelegt werden. Um die umfassende Erörterung neuer Schritte sicherzustellen und um neue Initiativen an die EG-Kommission heranzutragen, sollte die Einrichtung eines beratenden Ausschusses für Nordseefragen erwogen werden, dem Vertreter etwa folgender Gruppen angehören könnten: zuständige Behörden der Anrainerstaaten, Industriezweige mit besonderer Bedeutung für die Nordsee, Fischereiwirtschaft, Schiffahrtsindustrie, Fremdenverkehrsverbände, Umweltverbände, Wissenschaft. Dieser „EG-Nordsee-Ausschuß" sollte Forderungen an die EG-Kommission richten können, die Programme und Vorhaben der EG-Kommission sollten ihm zur Stellungnahme vorgelegt werden.

10.2 Rechtliche Instrumente zum Schutz der Nordsee und ihre Anwendung

10.2.1 Der Schutz der Meeresumwelt und die territoriale Abstufung der nationalen Einflußbereiche

1093. Während das auch von der Bundesrepublik Deutschland ratifizierte Helsinki-Übereinkommen vom 22. März 1974 (Gesetz vom 30. 11. 1979, BGBl. II, S. 1229) über den Schutz der Meeresumwelt des Ostseegebietes auf eine umfassende Kontrolle aller der Ostsee drohenden Gefahrenquellen abzielt, gibt es für die Nordsee ein entsprechendes komplexes Vertragswerk nicht. Die bestehenden internationalen Abkommen, EG-rechtlichen Vorschriften und nationalen Schutzgesetze sind vielmehr auf die Kontrolle jeweils besonderer Verschmutzungs- und Gefahrenquellen ausgerichtet.

1094. Die rechtlichen Instrumente zum Schutz des Meeres und der Küsten haben sich erst im Laufe dieses Jahrhunderts nach und nach entwickelt. Dabei standen zunächst keine ökologischen Gesichtspunkte im Vordergrund; mittelbar ergaben sich Schutzbereiche für das Meer und die Küsten daraus, daß Maßnahmen zur Erhöhung der Schiffssicherheit und Schiffsverkehrssicherheit getroffen wurden, weil dies im Interesse der Schiffe und der Mannschaften geboten erschien. Nach dem Zweiten Weltkrieg hat die Zunahme der Ölverschmutzung weitere Anstöße gegeben, den Schutz des Meeres und der Küsten weltweit zu verbessern. Dabei gewannen insbesondere die Bedrohung für die Fischerei und für den Fremdenverkehr an Bedeutung. Erst in den 70er Jahren brachte es die weltweite Umweltschutzbewegung mit sich, daß umfassendere Maßnahmen zum Schutz von Meer und Küste angestrebt wurden. Damit wurden auch die der Nordsee drohenden vielfältigen Gefahren mehr und mehr unter Kontrolle gebracht. Allerdings sind noch keineswegs alle vereinbarten Schutzvorschriften ratifiziert worden und in Kraft getreten. Die Wirksamkeit des Schutzes wird weithin dadurch beeinträchtigt, daß die Überwachungsmöglichkeiten nicht ausreichen und die Durchsetzung der Schutzmaßnahmen nicht gewährleistet ist.

1095. Die Instrumente zum Schutz der Nordsee sind in erster Linie aus der Sicht der Küstenstaaten zu betrachten, die von Schädigungen am stärksten betroffen werden und daher an der Überwachung von Gefahrenquellen am meisten interessiert sind. Die Möglichkeit vorbeugender Kontrollen, von Abwehr- und Rettungsmaßnahmen ist nach den verschiedenen Einflußzonen abgestuft, die sich aus geltendem und künftigem Seerecht ergeben. Dabei ist zwischen Eigengewässern, dem Küstenmeer, der Anschlußzone, dem Festlandsockel, der Wirtschaftszone (oder Umweltschutzzone, Fischereizone) sowie der Hohen See zu unterscheiden.

Eigengewässer

1096. Eigengewässer sind die Gewässer des Küstenstaates, über die er die volle Gebietshoheit mit allen daraus folgenden Rechten (wie Zollhoheit, Polizeihoheit, Gerichtshoheit) hat. Eigengewässer sind vor allem Binnengewässer, Häfen, Flußmündungen, Wattgebiete und Buchten (diese mit einer Breite bis zu 24 Seemeilen). Die Eigengewässer sind seewärts begrenzt durch die Grundlinie (Basislinie); näheres im Art. 5 des „Genfer Übereinkommens über das Küstenmeer und die Anschlußzone" vom 29. April 1958. Das Übereinkommen wurde von der Bundesrepublik Deutschland nicht ratifiziert, ist aber insoweit Völkergewohnheitsrecht (Text bei BERBER, 1967, Bd. I, S. 1361).

Die Grundlinie wird im Regelfall dort gezogen, wo bei Niedrigwasser die Wasserlinie an der Küste verläuft. Weist die Küste tiefe Einbuchtungen auf oder erstreckt sich entlang der Küste in ihrer unmittelbaren Nähe eine Inselkette, können gerade Basislinien gezogen werden, die geeignete Punkte miteinander verbinden. So verläuft im Gebiet der deutschen Nordsee die Basislinie unmittelbar vor den Ost- und Nordfriesischen Inseln. Seewärts vor der Grundlinie liegt das Küstenmeer.

Nach Art. 16 Ziff. 2 des Genfer Übereinkommens über das Küstenmeer und die Anschlußzone ist der Küstenstaat berechtigt, in bezug auf Schiffe, die in innere Gewässer einlaufen, die erforderlichen Maßnahmen zu treffen, und jede Verletzung der Bedingungen zu verhindern, unter denen solche Schiffe in diesen Gewässern zugelassen sind. Aufgrund dieser Vorschrift könnten danach auch zum Schutz der Eigengewässer Anforderungen an den Schiffsbau gestellt oder ähnliche Sicherheitsmaßnahmen verlangt werden. Die Auslegung der Vorschrift ist aber, soweit davon Behinderungen der Schiffahrt ausgehen können, im Völkerrecht umstritten.

Küstenmeer

1097. Die äußere Grenze des Küstenmeeres verläuft parallel zur Basislinie in einem Abstand, der nach internationalem Seerecht je nach dem Willen des Küstenstaates zwischen drei und zwölf Seemeilen betragen kann. Die Küstenmeere der Nordsee-Anliegerstaaten haben eine Breite von drei Seemeilen. In der Bundesrepublik Deutschland ist Küstengewässer nach § 1 Abs. 1 Ziff. 1a Wasserhaushaltsgesetz (WHG) (BGBl. I, 1976, S. 3017) das Meer zwischen der Küstenlinie bei mittlerem Hochwasser oder der seewärtigen Begrenzung der oberirdischen Gewässer und der seewärtigen Begrenzung des Küstenmeeres. Im Küstenmeer besitzt der Küstenstaat grundsätzlich volle Souveränität. Sie erstreckt sich auch auf den Luftraum darüber sowie den Meeresgrund und Meeresuntergrund darunter. Die Souveränität ist jedoch nach Art. 14 Abs. 1 des Genfer Übereinkommens gegenüber der Souveränität über die Eigengewässer insoweit noch weiter eingeschränkt, als die Schiffe aller Staaten das Recht der friedlichen Durchfahrt haben; die Hoheitsrechte des Küstenstaates dürfen nicht so ausgeübt werden, daß die friedliche Durchfahrt behindert ist.

1098. Hoheitsrechte der Küstenstaaten zur Kontrolle der Schiffahrt im Küstenmeer bestehen danach nur in folgendem Umfang:

- zur Verhinderung einer nichtfriedlichen Durchfahrt,

- zur Verhütung einer Verletzung der Bedingungen, unter denen Schiffe in innere Gewässer einlaufen dürfen,

- wenn der Küstenstaat die friedliche Durchfahrt fremder Schiffe in bestimmten Zonen seines Küstenmeeres, ohne fremde Schiffe untereinander diskriminierend zu behandeln, nach gehöriger Bekanntmachung untersagt hat, weil dies für den Schutz seiner Sicherheit unerläßlich ist,

- soweit in Übereinstimmung mit den Regeln des Völkerrechts Gesetze und Vorschriften erlassen worden sind, die den Transport und die Schiffahrt betreffen (Art. 16, 17 des Genfer Übereinkommens).

1099. Aufgrund des Gesetzes über die Aufgaben des Bundes auf dem Gebiet der Seeschiffahrt vom 24. Mai 1965 (BGBl. II, S. 833) obliegen dem Bund die Aufgaben der Überwachung, der Kontrolle und des Vollzugs für die Küstengewässer und für die Hohe See, soweit die deutsche Zuständigkeit reicht. Die Behörden der Wasser- und Schiffahrtsverwaltung des Bundes haben insoweit nach pflichtgemäßem Ermessen die notwendigen Maßnahmen zur Abwehr von Gefahren und schädlichen Umwelteinwirkungen zu treffen. Wie auch für den Inlandsbereich stehen der Bundeswasserstraßenverwaltung aber keine polizeilichen Vollzugskräfte zur Verfügung. Die Überwachungsaufgaben werden daher innerhalb der Küstengewässer von den Wasserschutzpolizeien der Küstenländer wahrgenommen. Nach § 3 Abs. 2 Seeschiffahrts-Aufgabengesetz (BGBl. I, 1977, S. 1314) kann der Bundesminister für Verkehr Aufgaben der Wasser- und Schiffahrtsverwaltung im Bereich der seewärtigen Begrenzung des Küstenmeeres sowie auf der Hohen See zur Ausübung auf den Bundesgrenzschutz übertragen. Eine solche Verordnung ist bisher nicht ergangen. Offenbar soll die seevölkerrechtliche Klärung abgewartet werden, wieweit sich die Hoheitsaufgaben der Küstenstaaten auf die Hohe See erstrecken werden. Bisher ist der Bundesgrenzschutz mit Schiffen nur in der Ostsee stationiert. Es ist weder festgelegt, von welchem Hafen aus der Bundesgrenzschutz künftig in der Nordsee operieren wird, noch welche Schiffe dabei zur Verfügung stehen werden. Die Effizienz der künftigen Überwachung der deutschen Nordsee unter dem Gesichtspunkt ausreichenden Umweltschutzes ist also offen.

Anschlußzone

1100. Das Gebiet jenseits des Küstenmeeres ist rechtlich betrachtet Hohe See. Die Kontrollbefugnisse der Küstenstaaten sind aber in besonderen Vorschriften verstärkt worden. Dazu gehören Regelungen über die Anschlußzone in Art. 24 Abs. 2 des Genfer Übereinkommens über das Küstenmeer und die Anschlußzone vom 29. April 1958. Die Anschlußzone ist eine an das Küstenmeer angrenzende Zone der Hohen See. Sie darf sich nicht weiter als zwölf Seemeilen über die Grundlinie des Küstenmeeres hinaus erstrecken. Wo das Küstenmeer schon eine Breite von zwölf Seemeilen hat, ist demnach für eine Anschlußzone kein Raum mehr. In der Anschlußzone kann der Küstenstaat Kontrollen ausüben, um Verstöße gegen seine Zoll-, Finanz-, Gesundheits- und Einwanderungsvorschriften zu verhindern oder, wenn sie in seinem Hoheitsgebiet oder seinem Küstenmeer begangen wurden, zu ahnden (JENISCH, 1977, S. 14/15).

1101. *Über das Ausmaß der Überwachungs- und Eingriffsbefugnisse des Küstenstaates in der Anschlußzone besteht Streit. Während z. B. McDOUGAL u. BURKE (1962, S. 77, 693 ff.) davon ausgehen, daß dem Küstenstaat für diesen Bereich eigenständige Rechte zur Kontrolle dieses Meeresbereichs erwachsen und daß daher auch eigene Vorstellungen zum Schutz der Meeresumwelt in dieser Zone verwirklicht werden können, geht die wohl herrschende Meinung (SCHULTHEISS, 1973, S. 31; BERBER, 1967, Bd. I, S. 51) davon aus, daß es sich bei der Anschlußzone lediglich um einen Teil der Hohen See handelt, in dem der Küstenstaat vorgeschobene Kontrollen zum Schutz seiner Küstengewässer ausüben kann.*

Ferner besteht keine Einigkeit darüber, in welchem Ausmaß unter dem Gesichtspunkt der Beobachtung des nationalen Gesundheitsrechts auch Überwachungs- und Eingriffsrechte des Küstenstaates auf dem Gebiet des Umweltschutzes in Anspruch genommen werden können.

Im übrigen gilt für die Anschlußzone das Recht der Hohen See. Die gesteigerten Überwachungsaufgaben in der Anschlußzone werden im deutschen Nordseebereich künftig vom Bundesgrenzschutz wahrgenommen.

Festlandsockel

1102. Der Festlandsockel ist die natürliche Fortsetzung des Landes unter Wasser. Er umfaßt den Meeresgrund und den Meeresuntergrund bis zu einer Wassertiefe von 200 m oder soweit eine Ausbeutung der Naturschätze im Festlandsockel technisch möglich ist. Diese auf die technischen Möglichkeiten der Ausbeutung abgestellte Definition hat die Begrenzung des Festlandsockels problematisch werden lassen, da eine Ausbeutung nach der Entwicklung der letzten Jahre in fast jeder Tiefe möglich geworden ist. Das Beispiel der Manganknollengewinnung macht dies besonders deutlich.

Siehe dazu im einzelnen Art. 1 des Genfer Abkommens über den Festlandsockel (FSK) vom 29. April 1958; Text mit Datum des Inkrafttretens und der Vertragsstaaten in: UNTS vol. 499, p. 311 ff.; dt. Text bei BERBER (1967, Bd. I, S. 1361). Dieses Abkommen ist von der Bundesrepublik Deutschland nicht ratifiziert worden. Statt dessen erließ sie eine Proklamation über die Erforschung und Ausbeutung des deutschen Festlandsockels (vom 22.

Januar 1964, BGBl. II, S. 104) und das Gesetz zur vorläufigen Regelung der Rechte am Festlandsockel (vom 24. Juni 1964, BGBl. I, S. 497), zuletzt geändert durch das Gesetz zur Änderung des Gesetzes zur vorläufigen Regelung der Rechte am Festlandsockel (vom 2. September 1974, BGBl. I, S. 2149).

1103. Über den Festlandsockel übt der Küstenstaat gemäß Art. 5 II FSK Hoheitsrechte nur insoweit aus, als es um Erforschung und Ausbeutung der Naturschätze geht. Das über dem Festlandsockel befindliche Wasser behält seinen Rechtsstatus als Hohe See, auch die Freiheit des darüber befindlichen Luftraumes wird nicht eingeschränkt. Die Erforschung des Festlandsockels und die Nutzung seiner natürlichen Reichtümer hat jedoch Grenzen. Die Schiffahrt und der Fischfang dürfen nicht gefährdet oder unbillig behindert werden. Diese Regelung des FSK ist kritisiert worden (GÜNDLING, 1977, S. 546/547; O'CONNEL, 1969/70, S. 125 ff.; SINGLETON, 1970, S. 235 u. 240). Nach deutschem Recht bedürfen das Aufsuchen und die Gewinnung von Bodenschätzen, Forschungshandlungen, Errichtung und Betrieb einer Transit-Rohrleitung in diesem Gebiet einer Erlaubnis (§ 1 des Gesetzes zur vorläufigen Regelung der Rechte am Festlandsockel, Proklamation der Bundesregierung, s. Tz. 1102).

Zum Streit um den Festlandsockel

1104. *Für die Nordsee galten zunächst eine Reihe bilateraler Übereinkommen, die die jeweiligen Festlandsockelanteile abgrenzen (ODA, 1972, S. 384 ff.). Hinsichtlich der Abgrenzungskriterien orientierten sich diese Übereinkommen durchweg an Art. 6 der Konvention über den Festlandsockel (FSK). Danach erfolgt die Grenzziehung, falls die Staaten nichts anderes vereinbarten, anhand der sog. Äquidistanzmethode, bei der eine Mittellinie zwischen den Basislinien (Tz. 1096) beider Staaten gezogen wird. Die Bundesrepublik Deutschland konnte sich weder mit den Niederlanden noch mit Dänemark auf eine Abgrenzung einigen (BIRNIE u. MASON, 1979, S. 40). Die Niederlande und Dänemark bestanden auf der Anwendung der Äquidistanzmethode, während die Bundesrepublik Deutschland sich als Nichtvertragsstaat der FSK an die Vorschrift nicht gebunden fühlte. Eine Verpflichtung der Bundesrepublik Deutschland, Art. 6 FSK anzuerkennen, hätte nur bestanden, wenn die Vorschrift lediglich schon bestehendes Völkergewohnheitsrecht kodifiziert hätte. Diese Frage hat der von den Niederlanden und Dänemark angerufene Internationale Gerichtshof verneint (JENISCH, 1977, S. 31; MÜNCH, 1969, S. 455 ff.; ICJ-Report 1969, S. 3 ff.). Nach seiner Auffassung ist Grundlage des gesamten Festlandsockelrechts der Gedanke einer Erstreckung der küstenstaatlichen Souveränität in das Meer hinaus gemäß der natürlichen Erstreckung der Landmassen (sog. natural prolongation). Im weiteren Verlauf der Verhandlungen kam es dann zu einer Einigung, die weder auf Art. 6 FSK noch auf den vom IGH herausgearbeiteten Grundsätzen beruht. Vielmehr wurden die Grenzen nach der Billigkeit festgesetzt, wobei jeder Staat Zugeständnisse insbesondere im Hinblick auf die bekannten Bodenschätze in der Nordsee machte (BIRNIE u. MASON, 1979, S. 40). Dadurch erklären sich die gegenwärtigen Grenzlinien (s. Karte im Kapitel 1 [Einführung] und Karte 3 der Anlage).*

Wirtschaftszone
(Fischereizone, Umweltschutzzone)

1105. Einige Staaten sind dazu übergegangen, durch einseitige Erklärungen ihre Hoheitsbefugnisse auf bestimmte Teile der Hohen See und für bestimmte Zwecke auszudehnen (GÜNDLING, 1978, S. 616). Brasilien, Ecuador, Panama, Peru und andere Staaten ohne Festlandsockel beanspruchen als Ausgleich Küstengewässer von 200 sm Breite. Kanada hat anschließend an seine arktischen Küstengewässer eine Umweltschutzzone errichtet, für die es allein Regelungs- und Kontrollbefugnis beansprucht.

1106. Andere Länder wie Island haben wiederum Fischerei-Schutzzonen errichtet. Die EG hat im Oktober 1976 für ihre Küstenregion im Nordatlantik und in der Nordsee eine 200 sm breite Fischereizone (s. hierzu Tz. 1053 ff.) proklamiert. Dieses „EG-Meer" gilt als Vorzugsgebiet, soweit mit Drittländern über Fischereirechte verhandelt wird (CUYVERS, 1979, S. 4). Es liegt im Zuge der Entwicklung, daß das sog. EG-Meer künftig nicht nur fischereirechtliche, sondern auch allgemein wirtschaftsrechtliche und umweltschutzrechtliche Bedeutung gewinnen und damit zur Wirtschaftszone erstarken wird. Die innere Aufteilung der Nordsee unter den EG-Mitgliedstaaten dürfte sich dann etwa an den Grenzlinien für den Festlandsockel orientieren.

1107. Die Vielfalt der Zonen hat zu einer Rechtszersplitterung und -unsicherheit geführt, die durch die noch laufende 3. Seerechtskonferenz abgebaut werden soll. Nach dem derzeitigen Stand der Verhandlungen sieht es so aus, als ob eine einheitliche Wirtschaftszone von 188 sm anschließend an ein Küstenmeer von 12 sm eingerichtet werden wird, die den Küstenstaaten zur ausschließlichen wirtschaftlichen Nutzung zugeteilt wird (HERMES, 1978).

Die gesteigerten Überwachungsaufgaben innerhalb der Wirtschaftszone werden für den Bereich der deutschen Nordsee künftig vom Bundesgrenzschutz wahrgenommen werden.

Hohe See

1108. Das „Genfer Übereinkommen über die Hohe See" vom 29. 4. 1958 (innerstaatliches Recht durch Gesetz zum Übereinkommen vom 21. 9. 1972, BGBl. II, S. 1089) bekräftigt den Grundsatz der Freiheit der Meere, der völkergewohnheitsrechtlich schon lange gilt (JOHNSON, 1976, S. 12): „Da die Hohe See allen Nationen offensteht, kann kein Staat das Recht für sich in Anspruch nehmen, einen Teil davon seiner Souveränität zu unterstellen" (McDOUGAL u. BURKE, 1962, S. 730 ff.). Der Grundsatz der Freiheit der Meere ist zurückzuführen auf GROTIUS' „Mare liberum" (1609); dieser Grundsatz ist auch ohne die Geltung der Konvention als Völkergewohnheitsrecht anzusehen (VERDROSS, 1959/64, S. 232). Die Freiheit der Hohen See umfaßt insbesondere die Freiheit der Seeschiffahrt, der Fischerei, die Freiheit, unter-

seeische Kabel und Rohrleitungen zu legen sowie die Freiheit des Überfliegens. Bei der Ausübung dieser Freiheiten sind die Interessen anderer Staaten angemessen zu berücksichtigen, ohne daß diese allerdings ihre Interessen wirksam durchsetzen können.

1109. Die Hohe See ist dennoch nicht ganz frei von staatlichen Eingriffsmöglichkeiten gegenüber Schädigungen und Gefahrenquellen. Schiffe unterstehen jedenfalls der Hoheitsgewalt ihres Flaggenstaates. Jeder Staat kann Hoheitsgewalt gegenüber Piratenschiffen und gegenüber flaggenlosen Schiffen ausüben. Wichtiger als diese beiden Möglichkeiten ist für den Küstenstaat der Fall der „Nacheile" (hot pursuit) (STEIGER u. DEMEL, 1979, S. 212; EHMER 1974, S. 83 ff., 119 ff.; SIBTHORP 1975, S. 115). Die Nacheile ist zulässig, wenn die zuständige Behörde Grund zu der Annahme hat, daß das Schiff die Gesetze dieses Staates verletzt hat. Die Nacheile muß allerdings beginnen, solange das Schiff sich noch im Küstenmeer oder der Anschlußzone des nacheilenden Staates befindet und darf auf Hoher See nicht unterbrochen werden. Ein weiterer Fall ist der des völkergewohnheitsrechtlich anerkannten Notrechts. Danach kann ein Staat aus Gründen des Selbstschutzes berechtigt sein, im Falle einer seinem Staatsgebiet unmittelbar drohenden Gefahr schon auf der Hohen See Maßnahmen gegen fremde Schiffe zu ergreifen. Ein solches Notrecht ist allerdings eng auszulegen (BÖHME, 1970 a, S. 38 ff.).

10.2.2 Internationale, EG-rechtliche und nationale Schutzvorschriften und ihre Durchsetzung

10.2.2.1 Verschmutzung vom Lande aus

10.2.2.1.1 Internationales Übereinkommen zur Verhütung der Meeresverschmutzung vom Lande aus, 1974 (Pariser Konvention)

1110. Am 4. Juni 1974 wurde das „Übereinkommen zur Verhütung der Meeresverschmutzung vom Lande aus", auch als „Pariser Konvention" oder „Küstengewässerschutzkonvention" bekannt, abgeschlossen. Es ist seit 1978 in Kraft (Text in International Legal Materials (ILM), Bd. 13 (1974), S. 352; KEUNE, 1979, S. 225), von der Bundesrepublik Deutschland aber noch nicht ratifiziert, im Gegensatz zur EG, zu Frankreich, den Niederlanden, Dänemark, Norwegen und Großbritannien. Die Ratifikation hat sich in der Bundesrepublik Deutschland verzögert, ohne daß dies mit deutschen Vorbehalten gegenüber dem Inhalt des Abkommens im Zusammenhang stünde. Im Gegenteil: Bund und Länder erwägen lediglich, in welchem Maße das deutsche Ratifikationsgesetz wesentliche Verschärfungen der Kontrolle der Verschmutzungsvorgänge – vor allem für Abwassereinleitungen mit Hilfe von Pipelines unmittelbar in die Hohe See – gegenüber dem international vereinbarten Mindestschutz enthalten soll.

1111. Die räumliche Geltung des Übereinkommens erstreckt sich auf die Nordsee, den Nord-Ost-Atlantik und Teile des Eismeeres bis zur Barentssee. Das Übereinkommen gilt nicht nur für die Hohe See (Tz. 1108) und die Küstenmeere (Tz. 1097), sondern auch für die Eigengewässer, insbesondere das Wattengebiet. Bei Flüssen gilt es bis zur Süßwassergrenze.

1112. Die sachliche Geltung bezieht sich auf die Bekämpfung der Meeresverschmutzung vom Lande aus. Darunter ist gem. Art. 1 Pariser Konvention die Verschmutzung des Meeresgebietes zu verstehen

- durch Wasserläufe;
- von der Küste aus einschließlich der Einleitung durch Unterwasser- oder sonstige Rohrleitungen;
- von menschlichen Bauwerken aus, insbesondere von Explorations- oder Förderplattformen, die der Hoheitsgewalt einer Vertragspartei unterliegen.

1113. In dem Übereinkommen verpflichten sich die Vertragsstaaten, alle Maßnahmen zu treffen, um die Meeresverschmutzung, d. h. die unmittelbare oder mittelbare Einführung von Stoffen oder Energie in die Meeresumwelt durch den Menschen zu verhüten, wenn dadurch die menschliche Gesundheit gefährdet, die Fischbestände und das Ökosystem des Meeres geschädigt, die Erholungsmöglichkeiten beeinträchtigt oder die sonstigen rechtmäßigen Nutzungen des Meeres behindert werden (dazu FOTHERINGHAM u. BIRNIE, 1979, S. 190 ff.). Um dieses Ziel der Bekämpfung der Meeresverschmutzung vom Lande aus zu erreichen, sollen die Vertragsstaaten ihre Politik aufeinander abstimmen und jeder für sich allein oder gemeinsam die erforderlichen Maßnahmen treffen (zu den Kooperationsverpflichtungen der Vertragsstaaten vgl. BALLENEGGER, 1975, S. 151 ff.). Wie diese Maßnahmen auszusehen haben, läßt die Konvention freilich offen. Sie verweist vielmehr auf noch zu entwickelnde Programme, deren Festsetzung von einer Einigung unter den Vertragsparteien von Fall zu Fall abhängt (GÜNDLING, 1977, S. 557 ff.).

1114. Der wichtigste materielle Gehalt des Übereinkommens sind Regelungen über Stofflisten, die die Zulässigkeit eines Eintrags in die Meeresumwelt betreffen. Bei der Aufnahme der Schadstoffe in die Stofflisten dienen als Maßstab die Beständigkeit, die Giftigkeit oder sonstige schädliche Eigenschaften und die Tendenz zur biologischen Anreicherung.

Die Liste 1 (Teil I der Anlage A zum Übereinkommen), die „Schwarze Liste", unterwirft Stoffe einer besonders strengen Kontrolle der Einleitung, welche

- nicht durch natürliche Vorgänge rasch abgebaut oder unschädlich gemacht werden;
- zu einer gefährlichen Ansammlung schädlicher Stoffe in der Nahrungsmittelkette führen können;
- die Gesundheit von Lebewesen gefährden und dadurch unerwünschte Veränderungen in den Ökosystemen des Meeres hervorrufen oder

- die Ernte von Meeresprodukten oder die sonstige rechtmäßige Nutzung des Meeres ernstlich behindern können;
- wegen des Ausmaßes und der Folgen der bereits bestehenden Verschmutzung Sofortmaßnahmen erfordern (Liste 1 im Anhang I zu diesem Abschnitt).

Die Verschmutzung durch diese Stoffe haben die Vertragsstaaten gemäß Art. 4 Ia Pariser Konvention nötigenfalls auch stufenweise zu beseitigen, soweit dies technisch möglich ist.

Ein absolutes Einbringungsverbot für diese Stoffe besteht also nicht. Teilweise gelangen solche Stoffe auch durch natürliche Erosion in die Gewässer. Außerdem war die Stillegung der Produktion ganzer Industriezweige nicht beabsichtigt.

1115. Das Pariser Abkommen läßt die Frage offen, wie die Verpflichtung der Vertragsstaaten zur weitestmöglichen Beseitigung der Meeresbelastung mit Stoffen der Liste 1 verwirklicht werden soll. Die später zustande gekommene EG-Gewässerschutz-Richtlinie (s. Tz. 1126) dürfte von den kontinentalen Vertragsstaaten als Auslegungshilfe herangezogen werden, wenn es darum geht, der eingesetzten Kommission (PARCOM) Wege zur Anwendung zu weisen; das Vereinigte Königreich besteht dabei auch auf seiner ausschließlich immissionsbezogenen Betrachtungsweise, die sich aus seiner Insellage und aus den Strömungsverhältnissen erklärt. Unter den kontinentalen Mitgliedsstaaten herrscht Übereinstimmung darüber, daß nach und nach für die einzelnen Schadstoffe der Liste 1 Grenzwerte festgesetzt werden sollen, die bei der behördlichen Zulassung von Abwassereinleitungen nicht überschritten werden dürfen. Das Vereinigte Königreich lehnt zwar die international verbindliche Festsetzung von Emissionsgrenzwerten nicht grundsätzlich ab, wirkt dabei auch mit, widersetzt sich aber aus den genannten Gründen der Anwendung dieser Grenzwerte in der nationalen Wasserwirtschaft für England, Schottland und Nord-Irland. Daher ist damit zu rechnen, daß es in der Kommission (PARCOM) zur Festsetzung von Emissionsgrenzwerten für Schadstoffe der Liste 1 kommen wird, daß aber ihr Vollzug für das Vereinigte Königreich mangels der vertraglich vorausgesetzten Zustimmung ausbleibt.

1116. Aller Wahrscheinlichkeit nach wird über Grenzwerte in der Kommission nur verhandelt werden, nachdem innerhalb der EG auf der Grundlage der Gewässerschutz-Richtlinie oder innerhalb der Rheinschutzkommission auf der Grundlage des Chemie-Abkommens (s. Tz. 1137) jeweils Grenzwerte für die betreffenden Schadstoffe festgesetzt worden sind. Es ist nicht auszuschließen, daß diese Grenzwerte wegen der schwierigeren Willensbildung in PARCOM dabei nicht unwesentlich abgemildert werden.

Vertreter der EG-Kommission nehmen regelmäßig an den Sitzungen der Pariser Kommission teil. Die Kommission sieht ihre Aufgabe u. a. darin, im Rahmen der Umsetzung der Gewässerschutz-Richtlinie gewonnene Erkenntnisse in die Arbeit der Pariser Kommission einzubringen und auf eine harmonisierte Anwendung des Gewässerschutzrechtes der Gemeinschaft und des Pariser Übereinkommens zu achten. Ihre Rolle wird zunehmend deutlicher werden, wenn die Pariser Kommission künftig vermehrt zur Festlegung konkreter Maßnahmen und Programme übergeht.

1117. In der Liste 2 (Teil II der Anlage A der Konvention), sog. „Graue Liste", sind Stoffe aufgeführt, die weniger schädlich erscheinen als die Stoffe der Liste 1 oder die rascher durch natürliche Vorgänge abgebaut werden (Liste II in Anhang I zu diesem Abschnitt). Die Verschmutzung durch diese Stoffe haben die Vertragsstaaten zu reduzieren. Die Stoffe dürfen nur nach Erteilung einer Genehmigung eingeleitet werden; die Genehmigungen sind in regelmäßigen Abständen zu überprüfen (Art. 4 III b Pariser Konvention).

1118. Die Vertragsstaaten stellen gemeinsame Programme für die Verringerung der Belastung mit Stoffen der Liste 2 auf. Die Programme werden an Qualitätszielen für die aufnehmenden Gewässer oder die Meeresumwelt ausgerichtet. Emissionsgrenzwerte sind für diesen Bereich nicht vorgesehen. Die Vertragsstaaten verpflichten sich ferner, Maßnahmen zur Verhütung und ggf. Beseitigung der Verschmutzung des Meeresgebietes vom Lande aus durch radioaktive Stoffe zu ergreifen. Dabei sollen sie sich gemäß Art. 5 Pariser Konvention an den von internationalen Organisationen aufgestellten Empfehlungen und Überwachungsverfahren orientieren und ihre Überwachung und Untersuchung radioaktiver Stoffe koordinieren.

1119. Zur Erhaltung und Verbesserung der Qualität der Meeresumwelt haben die Vertragsstaaten sich zu bemühen, die bestehende Verschmutzung vom Lande aus zu verringern und neue Verschmutzungen zu verhüten (vgl. Art. 7 Pariser Konvention). Dabei haben sie u. a. den Grad der bestehenden Verschmutzung und die nur schwer quantifizierbare Selbstreinigungskraft (Tz. 201 ff.) des Gewässers zu berücksichtigen. Damit ist ein modifiziertes Verschlechterungsverbot ausgesprochen. Nach Ansicht der Mitgliedsstaaten wäre ein absolutes Verschlechterungsverbot mit anderen, dem Umweltschutz gleichwertigen politischen Notwendigkeiten der wirtschaftlichen Entwicklung und dem sozialen Fortschritt nicht in Einklang zu bringen, da dies zu wirtschaftlicher Stagnation und damit zwangsläufig zum Rückschritt führen müsse (BOE, 1975 a, S. 25). Mit einem Bekenntnis zum modifizierten Verschlechterungsverbot sind die Ziele des Übereinkommens, wenn auch vielleicht nicht bis zur Beliebigkeit verallgemeinert, so doch stark zurückgenommen und den jeweiligen politischen Kräfteverhältnissen zur Auslegung und Ausfüllung überlassen. Es bleibt allerdings den einzelnen Vertragsstaaten anheimgegeben, für ihren Zuständigkeitsbereich strengere Maßnahmen zu ergreifen.

1120. Gemeinsame einander ergänzende Forschungsprogramme sollen darauf gerichtet sein, die Möglichkeiten der Verringerung der Meeresverschmutzung vom Lande aus zu untersuchen und die hierbei erhaltenen Informationen auszutauschen. Sie sollen auch dazu dienen, die besten Methoden zur Beseitigung oder zur Substitution schädlicher Stoffe zu erforschen (Art. 10 Pariser Konvention). Stufenweise soll ein Überwachungssystem errichtet werden, mit dem es möglich ist, den Stand der Verschmutzung und die Wirksamkeit der getroffenen Maßnahmen festzustellen (Art. 10 Pariser Konvention).

Das Übereinkommen konstituiert eine gegenseitige Beistandspflicht der Vertragsstaaten zur Verhütung von Unfällen, die zu einer Verschmutzung vom Lande aus führen können. Darüber hinaus verpflichtet es dazu, durch geeignete Abwehr- und Rettungsmaßnahmen die Folgen eines solchen Ereignisses möglichst zu begrenzen und zu diesem Zweck Informationen auszutauschen.

1121. Die zur Durchführung des Übereinkommens eingesetzte Kommission „PARCOM" hat vor allem folgende Aufgaben:

- Die Aufsicht über die Durchführung des Übereinkommens wahrzunehmen;
- den Zustand des Meeres, die Wirksamkeit der Kontrollmaßnahmen und die Notwendigkeit zusätzlicher Maßnahmen zu überprüfen;
- Programme und Maßnahmen zur Beseitigung oder Verringerung der Verschmutzung zu erarbeiten;
- alle Informationen zu dem Übereinkommen entgegenzunehmen, zu überprüfen und an die Vertragsstaaten weiterzugeben;
- Empfehlungen hinsichtlich etwaiger Änderungen der Stofflisten abzugeben (vgl. hierzu Art. 13, 16 ff. Pariser Konvention).

1122. Programme und Maßnahmen sind mindestens mit Dreiviertelmehrheit zu beschließen. Dasselbe gilt für Forschungsprogramme und Überwachungssysteme sowie für Änderungen der Stofflisten. Beschlüsse, die nicht einstimmig, sondern lediglich mit Dreiviertelmehrheit zustande gekommen sind, werden allerdings nur für die Vertragsparteien verbindlich, die zugestimmt haben.

1123. Sanktionen für den Fall von Zuwiderhandlungen sind im Übereinkommen selbst nicht vorgesehen. Die Einhaltung des Übereinkommens im einzelnen ist vielmehr Sache der Vertragsparteien. Sie haben jeweils für ihr Hoheitsgebiet geeignete Maßnahmen zur Verhütung und Bestrafung von Zuwiderhandlungen zu schaffen. Gesetzgebungs- und Verwaltungsmaßnahmen, die sie in diesem Zusammenhang vorgenommen haben, sind der Kommission mitzuteilen. Im Gegensatz zu anderen Übereinkommen ist jedoch nicht vorgeschrieben, die aufgrund einer Zuwiderhandlung verhängten Sanktionen oder andere Maßnahmen der Kommission zu melden.

10.2.2.1.2 Vorschläge der 3. Seerechtskonferenz der Vereinten Nationen[1]

1124. Auch die 3. Seerechtskonferenz der Vereinten Nationen hat Maßnahmen gegen die Verschmutzung vom Land aus beschlossen. Nach Art. 207 ICNT/Rev. 2 (Informal Composite Negotiating Text, vom 11. 4. 1980) sind die Staaten verpflichtet, nationale Gesetze und Verordnungen zu erlassen, um die Umweltverschmutzung der See vom Land aus zu verhüten, zu verringern und zu kontrollieren, wobei als Quellen der Umweltverschmutzung Flüsse, Ästuarien, Pipelines und Ableitungsanlagen genannt werden. Aufgabe dieser Gesetze soll es sein, weitestmöglich (to the fullest possible extent) das Einbringen giftiger, schädlicher, insbesondere schwer abbaubarer Substanzen zu verringern. Eine Abwägung zwischen der möglichen Schädigung der marinen Umwelt und der wirtschaftlichen Bedeutung dieser Form der Abfallbeseitigung sieht Art. 207 ICNT/Rev. 2 nicht vor. Geschützt wird die Umwelt um ihrer selbst willen. Insofern geht Art. 207 ICNT/Rev. 2 zumindest was seine Zielsetzung angeht, über den Gehalt des Pariser Übereinkommens hinaus.

1125. Entwertet wird Art. 207 ICNT/Rev. 2 allerdings dadurch, daß die Staaten bei Verabschiedung ihrer Gesetze von internationalen Bindungen weitgehend freigestellt werden. Sie sollen international anerkannte Regeln und Maßstäbe sowie empfohlene Praktiken und andere Prozeduren berücksichtigen. Sie werden aufgerufen, ihre nationale Politik regional zu harmonisieren.

Die Entwicklung von „rules, standards and recommended practices and procedures" wird diplomatischen Konferenzen und internationalen Organisationen überlassen (JENISCH, 1977, S. 47/48). Dabei ist den besonderen regionalen Gegebenheiten sowie der wirtschaftlichen Kapazität der Entwicklungsländer Rechnung zu tragen. Diese Regeln, Standards und empfohlenen Praktiken und Prozeduren sollen von Zeit zu Zeit überprüft werden. Eine Pflicht der Staaten, sich an der Ausarbeitung dieser internationalen Regeln zu beteiligen bzw. sie zu übernehmen, besteht nicht. Art. 207 ICNT/Rev. 2 hat insofern nur den Charakter eines Appells.

Insgesamt hat der ICNT/Rev. 2 den Zustand, wie er durch das „Pariser Übereinkommen" geschaffen wurde, im wesentlichen bestätigt.

10.2.2.1.3 EG-Richtlinie betreffend die Verschmutzung infolge der Ableitung bestimmter gefährlicher Stoffe in die Gewässer der Gemeinschaft

1126. Die Richtlinie („ENV 131") wurde vom Rat der Europäischen Gemeinschaften am 4. Mai 1976 verabschiedet (Amtsblatt der EG Nr. L 129 vom 18.

5. 1976, S. 23 ff.). Sie ist mit ihrer Bekanntgabe wirksam geworden (zum Inhalt und zu den Schwierigkeiten ihrer Durchsetzung vgl. FOTHERINGHAM u. BIRNIE, 1979, S. 208 ff.). Die Richtlinie bedarf der Umsetzung in jeweils nationales Recht, denn Richtlinien der EG sind für die Mitgliedsstaaten, an die sie gerichtet sind, hinsichtlich ihrer Ziele oder Ergebnisse verbindlich, sie überlassen die Wahl der Form und der Mittel jedoch den innerstaatlichen Stellen. Das heißt, daß dem materiell-rechtlichen Gehalt der in einer Richtlinie enthaltenen Bestimmungen im jeweils nationalen Recht Geltung zu verschaffen ist.

Das deutsche Wasserrecht verfügt nach Inkrafttreten des 4. Änderungsgesetzes zum WHG über die rechtlichen Mittel, die für die Umsetzung der ENV 131 erforderlich sind (MÖBS, 1976, S. 269; EHLERS u. KUNING, 1978, S. 97; IPSEN, 1972, S. 455 ff.).

1127. Die Richtlinie ist auf die oberirdischen Binnengewässer, das Küstenmeer, die inneren Küstengewässer und das Grundwasser anzuwenden. Der Begriff „innere Küstengewässer" meint dabei die Gewässer auf der landwärtigen Seite der Basislinien (Tz. 1096), bei Wasserläufen bis an die Süßwassergrenze (Art. 1 u. 2 ENV 131). Im Bereich der deutschen Nordsee sind also neben dem Küstenmeer (Tz. 1097) das gesamte Wattengebiet und die Mündungsgebiete der Flüsse erfaßt.

1128. Die Richtlinie spricht ein allgemeines Verschlechterungsverbot für den Zustand der von ihren Regelungen erfaßten Gewässer aus. Kernstück der Richtlinie ist die Verpflichtung der Mitgliedsstaaten, die Verschmutzung der Gewässer durch Stoffe, die in der Liste 1 im Anhang der Richtlinie genannt sind, zu beseitigen, die durch Stoffe der Liste 2 zu verringern (Listen im Anhang zu diesem Abschnitt).

1129. Die Liste 1 betrifft innerhalb umschriebener Stofffamilien oder Stoffgruppen solche Stoffe, die aufgrund ihrer Toxizität, ihrer Langlebigkeit und ihrer Bioakkumulation auch noch für die Meeresumwelt schädlich sind. Diese Stoffe dürfen nur nach vorheriger Genehmigung der jeweils zuständigen Behörde der Mitgliedsstaaten in die Gewässer abgeleitet werden. Für Ableitungen sind in der Genehmigung (nach deutschem Recht: Erlaubnisbescheide der Wasserbehörden) sog. Emissionsnormen (RUCHAY, 1976, S. 267) festzusetzen (Art. 3 ff. ENV 131). Diese Emissionsnormen legen die in der einzelnen Ableitung zulässige maximale Konzentration fest sowie die zu einem oder mehreren bestimmten Zeiträumen zulässige Höchstmenge des Stoffes. Die Genehmigung ist zu verweigern, wenn der Ableiter erklärt, daß er die vorgeschriebenen Emissionsnormen nicht einhalten kann, oder wenn die zuständige Genehmigungsbehörde dies feststellt. Werden die in einer Genehmigung festgelegten Emissionsnormen nicht eingehalten, hat die zuständige Behörde des Mitgliedsstaates alle zweckdienlichen Schritte zu unternehmen, um die Einhaltung sicherzustellen, oder die Ableitung erforderlichenfalls zu verbieten (Art. 10 ENV 131). Unter Berücksichtigung der Toxizität, Langlebigkeit oder Bioakkumulation eines bestimm-

---

[1] Der Darstellung liegt teilweise ein von Dr. R. Wolfrum im Auftrag des Rates erstelltes Gutachten zugrunde.

ten Stoffes in einem bestimmten „Milieu", in das die Ableitung erfolgen soll, können die Mitgliedsstaaten, soweit dies erforderlich ist, auch strengere Anforderungen als nach EG-Recht stellen (Art. 6 ENV 131).

1130. Für die in der Liste 1 genannten Stoffe legt der Rat der EG auf Vorschlag der Kommission Emissionsgrenzwerte fest, welche die in den einzelnen Genehmigungen enthaltenen Emissionsnormen nicht überschreiten dürfen. Die Festlegung dieser Grenzwerte ist der für die Umsetzung und Anwendung der Richtlinie eigentlich entscheidende Schritt. Die Grenzwerte sollen enthalten

– die in Einleitungen zulässige Konzentration eines Stoffes und

– sofern zweckdienlich, die zulässige Höchstmenge eines solchen Stoffes, ausgedrückt in Gewichtseinheiten des Schadstoffes je Einheit des charakteristischen Elements der verunreinigenden Tätigkeit – beispielsweise Gewichtseinheiten je Rohstoff oder je Produktionseinheit – (Art. 6 [1] ENV 131, KEUNE, 1976, S. 13).

1131. Die Grenzwerte werden anhand der Toxizität, Langlebigkeit und Bioakkumulation unter Berücksichtigung der besten verfügbaren technischen Hilfsmittel („best available means") festgestellt. Die Auslegung einiger in diesem Zusammenhang in der Richtlinie vorkommender Begriffe wird sicher noch einige Zeit Schwierigkeiten bereiten, da sie zum Teil ausgesprochen unscharf und für das deutsche Wasserrecht neu sind (CZYCHOWSKI, 1977, S. 21 ff.). So ist z. B. weder der genaue Inhalt der Begriffe Toxizität, Langlebigkeit und Bioakkumulation zu bestimmen, noch ist klar, ob diese drei Voraussetzungen kumulativ oder alternativ vorliegen müssen. Der Begriff „beste verfügbare technische Hilfsmittel" ist ein eigenständiger Begriff des Gemeinschaftsrechts, der im deutschen Recht keine Entsprechung hat. Im Regelfall werden die inhaltlichen Anforderungen eher unterhalb des deutschen Rechtsbegriffs „Stand der Technik", jedenfalls aber über denen des in § 7 a Abs. 1 WHG gebrauchten Begriffs „allgemein anerkannten Regeln der Technik" liegen.

1132. Die Verpflichtung, Einleitungen der in der Liste 1 genannten Stoffe nach Maßgabe allgemein verbindlicher Grenzwerte zu begrenzen, besteht im übrigen für zunächst fünf Jahre nicht, wenn ein Mitgliedsstaat nachweist, daß die Gewässer seines Hoheitsgebietes von der EG festzulegende Qualitätsziele erreichen. Die Ziele werden hauptsächlich nach Maßgabe der Toxizität, der Langlebigkeit und der Akkumulation dieser Stoffe in lebenden Organismen und Sedimenten festgelegt, wobei die unterschiedlichen Eigenschaften von Meer- und Süßwasser zu berücksichtigen sind. Diese Vorschrift stellt einen Kompromiß dar, um die Verabschiedung der EG-Gewässerschutzrichtlinie zu ermöglichen. Sie nimmt Rücksicht auf die Wasserwirtschaftspolitik des Vereinigten Königreichs (FOTHERINGHAM u. BIRNIE, 1979, S. 208; MÖBS, 1978, S. 20; CZYCHOWSKI,

1977, S. 36), seinen Gewässern bis zu einem gewissen Grade auch Stoffe der Liste 1 zuzumuten. Die anderen Mitgliedsstaaten der EG haben verbindlich erklärt, daß sie von dieser Ausnahmeregelung keinen Gebrauch machen werden.

1133. Die Richtlinien des Rates

– betreffend die Grenzwerte für die Ableitungen von Quecksilber in die Gewässer durch den Sektor Alkalichloridelektrolyse,

– betreffend die Qualitätsziele für Gewässer, in die der Sektor Alkalichloridelektrolyse Quecksilber ableitet,

– über die Grenzwerte für Einleitungen von Aldrin, Dieldrin und Endrin in die Gewässer der Gemeinschaft,

– über die zu erreichenden Qualitätsziele für Gewässer, in welche Aldrin, Dieldrin und Endrin eingeleitet werden (EG-Dok. 7735/79 und 6995/79 und Bundesrats-Drucks. 309/1/79)

stehen vor der Verabschiedung. Sie bilden das Modell für die künftige Anwendung der EG-Gewässerschutzrichtlinie. Danach werden die Grenzwerte und Qualitätsziele jeweils durch sogenannte Folge-Richtlinien festgesetzt, die nicht unmittelbar auf Art. 100, 235 EG-Vertrag, sondern auf Art. 6 Gewässerschutzrichtlinie gestützt sind. Die Emissionsgrenzwerte sind jeweils nur für die kontinentalen Mitgliedsstaaten, die Qualitätsziele nur für Großbritannien von unmittelbar verpflichtender Wirkung (SALZWEDEL, 1979, S. 11). Vorhandene Anlagen müssen entsprechend einer verbindlichen zeitlichen Staffelung den Emissionsgrenzwerten bzw. Qualitätszielen angepaßt werden. Neue Anlagen dürfen aber nur genehmigt werden, wenn den EG-rechtlichen Anforderungen von vornherein entsprochen wird; neue Betriebe zur Herstellung von Aldrin, Dieldrin und/oder Endrin und zur Behandlung von Wolle und Wollerzeugnissen mit Dieldrin werden sogar der sogenannten Null-Emission unterworfen, d. h. sie dürfen nur zugelassen werden, wenn eine Konzentration dieser Schadstoffe im Abwasser mit den vorgeschriebenen Analyseverfahren nicht mehr nachweisbar ist (zum Umsetzung in nationales Recht und zum Inhalt vgl. SALZWEDEL, 1979, S. 10).

1134. Die Liste 2 umfaßt

– diejenigen Stoffe der in der Liste 1 aufgeführten Stoffamilien und Stoffgruppen, für die die in der Richtlinie vorgesehenen Grenzwerte nicht festgelegt werden,

– bestimmte einzelne Stoffe und bestimmte Stoffkategorien aus den aufgeführten Stoffamilien, die für die Gewässer schädlich sind, wobei die schädlichen Auswirkungen jedoch auf eine bestimmte Zone beschränkt sein können und von den Merkmalen des aufnehmenden Gewässers und der Lokalisierung abhängen (s. auch Anhang I zu diesem Abschn.).

1135. Zur Verringerung der Verschmutzung durch die Stoffe der Liste 2 haben die Mitgliedsstaaten jeweils nationale Sanierungsprogramme für bestimmte Gewässer aufzustellen. Zu den Mitteln der Programme gehören insbesondere

- die Steuerung der Ableitungen durch Genehmigungen, in denen Emissionsnormen festgesetzt sind,
- die Festlegung von Qualitätszielen, die von Gewässerabschnitt zu Gewässerabschnitt unterschiedlich sein können,
- Vorschriften für die Verwendung von Stoffen und Produkten, wobei die letzten wirtschaftlich realisierbaren technischen Fortschritte zu berücksichtigen sind,
- Fristen für die Durchführung (Art. 7 ENV 131).

Die EG-Kommission hat die nationalen Programme in Abständen zu vergleichen, um die Durchführung zu harmonisieren. Bisher sind Sanierungsprogramme für Stoffe der Liste 2 nicht in Sicht.

1136. Der Vollzug der Richtlinie obliegt den zuständigen Behörden der Mitgliedsstaaten, die zu diesem Zweck eine Bestandsaufnahme der Einleitungen vorzunehmen haben, welche Stoffe der Liste 1, für die Emissionsnormen gelten, enthalten können. Für die Bundesrepublik Deutschland sind dies die Wasserbehörden der Länder. Allerdings hat die EG-Kommission wirksame und ausbaufähige Möglichkeiten, um den Vollzug zu überwachen. Auf Ersuchen der Kommission haben ihr die Mitgliedsstaaten Auskunft zu geben über Einzelheiten der Genehmigungen, über Bestandsaufnahmen von Ableitungen mit Stoffen der Liste 1, über Ergebnisse der von den nationalen Behörden durchgeführten Gewässerüberwachungen und über einzelne nationale Sanierungsprogramme.

10.2.2.1.4 Chemie-Abkommen für den Rhein

1137. Parallel zur Entstehung der Europäischen Gewässerschutz-Richtlinie wurde zwischen den Regierungen der Rheinanliegerstaaten (Bundesrepublik Deutschland, Frankreich, Luxemburg, Niederlande und Schweiz) über ein Chemie-Abkommen zum Schutz des Rheins verhandelt. Das Chemie-Abkommen wurde in der Internationalen Kommission zum Schutz des Rheins gegen Verunreinigung ausgearbeitet. Dabei wurden vor allem drei Ziele verfolgt: den Anforderungen des Pariser Abkommens zum Schutz des Meeres zu genügen, ein Höchstmaß an Übereinstimmung mit dem Instrumentarium der EG-Gewässerschutz-Richtlinie zu erreichen, und die Schweiz als Nicht-EG-Mitglied in die gemeinsamen Anstrengungen der anderen Rheinanliegerstaaten einzubeziehen. Für die Bundesrepublik Deutschland kam es wettbewerbspolitisch zusätzlich darauf an, zu verhindern, daß an den Rhein strengere Anforderungen als an andere Oberflächengewässer im EG-Bereich gestellt werden.

1138. Auch das Chemie-Abkommen enthält zwei Schadstofflisten; die Einteilung der Schadstoffe in die beiden Stofflisten 1 und 2 (s. Stofflisten im Anhang) ist an der EG-Gewässerschutz-Richtlinie ausgerichtet, ohne daß die Stofflisten völlig identisch wären. So erstreckt sich das Chemie-Abkommen nicht auf die „langlebigen Kunststoffe, die im Wasser treiben, schwimmen oder untergehen und die jede Nutzung der Gewässer behindern können".

1139. Schadstoffe der Liste 1 sind vor dem Ableiten in den Rhein mit den jeweils besten verfügbaren technischen Mitteln zurückzuhalten. Die Verpflichtung wird aber erst durch Folgeabkommen konkretisiert, in denen jeweils Grenzwerte für einzelne Schadstoffe festgesetzt werden. Bisher ist ein solches Folgeabkommen noch nicht zustande gekommen. Es ist voraussehbar, daß die im Rahmen der EG-Gewässerschutz-Richtlinie festgesetzten Grenzwerte von der Rheinschutzkommission übernommen werden, es sei denn, daß wegen der besonderen Schutzbedürfnisse des Rheins Verschärfungen für erforderlich gehalten werden. Strengere Grenzwerte oder kürzere Fristen für die Anpassung bestehender Einleitungen an die neuen Anforderungen können insbesondere notwendig werden, um Gefährdungen der öffentlichen Wasserversorgung auszuschließen, die weiterhin in noch steigendem Maße von der Inanspruchnahme des Rheinwassers abhängig ist. Die Rheinschutzkommission wird aber auch von sich aus Grenzwerte für Schadstoffe festsetzen, wenn die EG-Kommission entsprechende Verhandlungen noch nicht aufgenommen oder noch nicht abgeschlossen hat. Dabei dürfte der Gesichtspunkt wiederum eine Rolle spielen, daß die Sanierung des Rheins besondere Maßnahmen erfordert; ferner kann man erwarten, daß sich unter den Rheinanliegerstaaten auf der Grundlage der kontinentalen Emissionsbetrachtungsweise eher eine Einigung erzielen läßt.

1140. Die Vertragsparteien haben den Auftrag, nationale Programme mit dem Ziel aufzustellen, die Verunreinigung des Rheins durch Stoffe der Liste 2 zu verringern. Es kann sich dabei auch um Teilprogramme handeln, z.B. um ein gezieltes Vorgehen gegen eine Belastung mit einem wassergefährdenden Stoff, der besondere Probleme mit sich bringt. Die nationalen Programme werden an Qualitätszielen ausgerichtet, erfassen also nur solche Einleiter, deren Abwässer die Erreichung der angestrebten Gewässergüte gefährden oder unmöglich machen. In der Bundesrepublik Deutschland können die Länder solche nationalen Programme als Bewirtschaftungspläne nach § 36 b WHG aufstellen. Die Bereitschaft der Länder, Bewirtschaftungspläne für den Rhein aufzustellen, ist unterschiedlich.

In der Rheinschutzkommission wird u.a. über ein Chrom-Abkommen verhandelt, also die Reduzierung der Belastung des Rheins mit einem Schadstoff, der der Liste 2 angehört.

10.2.2.1.5 Nationales Recht

1141. In der Bundesrepublik Deutschland hat die Vierte Novelle zum Wasserhaushaltsgesetz (vom 26. 4. 1976, BGBl. I, S. 1109) das rechtliche Instrumentarium zur Begrenzung von Gewässerverschmutzungen erheblich erweitert. Das Abwasserabgabengesetz (vom 13. 9. 1976, BGBl. I, S. 2721) soll auf längere Sicht zusätzliche Anreize schaffen, den Eintrag von kommunalen und gewerblichen Abwässern durch verbesserte Klärung oder auch durch die Umstellung auf umweltfreundliche Produktionsverfahren zu reduzieren.

1142. Nach § 7a Abs. 1 WHG darf eine Erlaubnis für das Einleiten von Abwasser nur erteilt werden, wenn Menge und Schädlichkeit des Abwassers so gering gehalten werden, wie dies bei Anwendung der jeweils in Betracht kommenden Verfahren nach den allgemein anerkannten Regeln der Technik möglich ist. Durch Verwaltungsvorschriften der Bundesregierung werden die Mindestanforderungen an das Einleiten der verschiedenen Arten von Abwasser näher bestimmt, die den allgemein anerkannten Regeln der Technik entsprechen. Die Mindestanforderungen erstrecken sich auch auf solche Abwässer, die Schadstoffe der Schwarzen Liste enthalten.

1143. Diese Regelung wird aber durch die Umsetzung der EG-Gewässerschutz-Richtlinie in nationales Recht überholt. Während nach Bundesrecht nur eine Reinigung nach den allgemein anerkannten Regeln der Technik geboten wäre, folgt aus den vom Landesrecht unmittelbar übernommenen EG-rechtlichen Vorschriften, daß die Reinigung den jeweils besten verfügbaren technischen Mitteln entsprechen muß. Damit werden die strengeren EG-Grenzwerte, die jeweils zum Schutz der Meeresumwelt für Schwermetalle und gefährliche organische Schadstoffe festgesetzt sind, die Praxis der Wasserbehörden bei der Erteilung von Erlaubnissen auf lange Sicht bestimmen. Auch die Anpassung vorhandener Abwassereinleitungen muß im Hinblick auf das EG-Recht rascher und entschiedener erfolgen, als § 7a Abs. 2 WHG es sonst vorschreibt (SALZWEDEL, 1979, S. 10 ff.).

1144. Wieweit der Vollzug des nationalen Wasserrechts und die Durchführung nationaler Investitionsprogramme es jeweils sicherstellen wird, daß die Verschmutzung der Nordsee vom Land aus nicht nur nicht weiter zunimmt, sondern nach und nach abgebaut wird, ist nicht mit Sicherheit vorauszusehen. Das Durchsetzungsvermögen der zuständigen Behörden bei der Anwendung des geltenden Wasserrechts ist nicht überall gleich, aber letztlich in allen Ländern noch nicht befriedigend. Hinsichtlich der Vollzugsprobleme, die sich für die Durchsetzung des Wasserhaushaltsgesetzes und der Landeswassergesetze durch die Wasserbehörden der Länder gezeigt haben, kann auf die Darstellung im Umweltgutachten 1978 (Tz. 1570 ff.) verwiesen werden. Wesentliche Verbesserungen sind hier insbesondere von der Einführung des AbwAG ab 1. 1. 1981 zu erwarten.

10.2.2.2 Verklappungen und Verbrennungen

10.2.2.2.1 Internationales Übereinkommen über die Verhütung der Meeresverschmutzung durch das Einbringen von Abfällen und anderen Stoffen, 1972 (London-Konvention)

1145. Bei dem Dumping-Abkommen von London (International Legal Materials (ILM) Bd. 11 (1972), S. 1291) handelt es sich um ein internationales Übereinkommen, das auf weltweite Geltung angelegt ist. Es ist bisher von mehr als 90 Staaten der Erde ratifiziert worden. Die Bundesrepublik Deutschland hat es 1977 ratifiziert (BGBl. II, 1977, S. 165 ff.).

Die Vertragsparteien werden darin aufgefordert, jede für sich und gemeinsam die wirksame Überwachung aller Ursachen der Verschmutzung der Meeresumwelt zu fördern. Insbesondere sind sie verpflichtet, „alle geeigneten Maßnahmen" zur Verhütung der Meeresverschmutzung durch das Einbringen von Abfällen und sonstigen Stoffen zu treffen, welche die menschliche Gesundheit gefährden, die Fischbestände und das Ökosystem des Meeres schädigen, die Erholungsmöglichkeiten beeinträchtigen oder andere rechtmäßige Nutzungen des Meeres behindern können (Art. I London-Konvention [L.-K.]).

1146. Das Einbringen (Dumping) umfaßt gemäß Art. II (1) a L.-K. jede auf See erfolgende vorsätzliche Beseitigung von Abfällen oder sonstigen Stoffen von Schiffen, Luftfahrzeugen, Plattformen oder sonstigen auf See errichteten Bauwerken aus. Damit ist auch das Verbrennen von Abfällen auf See erfaßt („vorsätzliches Beseitigen auf See"); in der BT-Drucks. 7/5268, S. 42, wird zum Ausdruck gebracht, daß Art. III auch für Verbrennungsschiffe gelte (dieser Interpretation widerspricht BALLENEGGER, 1975, S. 127). Unter das Übereinkommen fällt allerdings nicht die Beseitigung von Abfällen oder sonstigen Stoffen, die unmittelbar oder mittelbar aus der Exploration, der Förderung und der damit zusammenhängenden, auf See durchgeführten Verarbeitung von mineralischen Schätzen des Meeresbodens herrühren (Art. III (1) b L.-K.). Ein absolutes Einbringungsverbot besteht für die in Liste 1 der Anlage zum Übereinkommen genannten Stoffe (Art. IV (1) a L.-K.). Es gilt hingegen nicht, wenn bestimmte Stoffe im Baggergut oder im Klärschlamm nur als Spurenverunreinigungen enthalten sind (vgl. auch Abschn. 4.6).

1147. Ein Einbringungsverbot gilt ferner nicht für solche Stoffe, die durch physikalische, chemische oder biologische Prozesse im Meer rasch unschädlich gemacht werden, es sei denn, der Geschmack eßbarer Meereslebewesen wird beeinträchtigt oder die Gesundheit gefährdet. Eine zusätzliche Ausnahme vom absoluten Einbringungsverbot besteht ferner für Notlagen, die „unzumutbare Gefahren für die menschliche Gesundheit bilden und die keine andere Entscheidung zulassen". In solchen Fällen kann ein einzelner Vertragsstaat nach Konsultationen ande-

rer Vertragsstaaten und der IMCO eine Sondererlaubnis erteilen (Art. V L.-K.). An welche konkreten
Fälle gedacht ist, läßt sich nach der Formulierung
dieser Ausnahmeregelung nicht sagen. Ein Vergleich
mit der entsprechenden Liste 1 zum Oslo-Abkommen zeigt (Abschn. 10.2.2.2), daß eine Übereinstimmung nur teilweise besteht.

1148. Die Liste 2 (Anlage II zum Übereinkommen)
enthält Stoffe, die mit besonderer Sorgfalt zu behandeln sind (Liste II in Anhang I). Das Einbringen der
in dieser Liste genannten Abfälle und sonstiger Stoffe bedarf gem. Art. IV (1) b L.-K. einer vorherigen
Sondererlaubnis. Das Einbringen aller sonstigen Abfälle oder Stoffe bedarf einer vorherigen allgemeinen
Erlaubnis (Art. IV (1) c L.-K.). Für die Erteilung von
Erlaubnissen sind in der Anlage III zum Übereinkommen Kriterien aufgestellt. Sie sind orientiert an
den Eigenschaften und an der Zusammensetzung der
Stoffe, an den Verhältnissen des Einbringungsortes,
der Art des Einbringens und an den Möglichkeiten
der Behandlung, Beseitigung oder Vernichtung an
Land oder der Behandlung der Stoffe vor ihrem
Einbringen ins Meer zur Verringerung ihrer Schädlichkeit.

1149. *Die Sekretariatsaufgaben, die von der IMCO (Intergovernmental Maritime Consultative Organization)
wahrgenommen werden, umfassen vor allem die Einbe-
rufung von Konsultationssitzungen der Vertragsparteien mindestens alle zwei Jahre und von Sondersitzungen, die Bearbeitung von Anfragen und Mitteilungen der
Vertragsparteien (FOTHERINGHAM u. BIRNIE, 1979,
S. 182 ff.; WOLFRUM, BRÜCKNER, PRILL, 1977,
S. 204 ff.). Die Sachverständigen arbeiten in dem Ausschuß London Dumping Convention – Ad hoc Scientific
Group on Dumping (LDC/SC) zusammen.*

1150. *Beschlußgremium ist die Versammlung der Mitglieder. Auf ihren Konsultations- oder Sondersitzungen
prüfen die Vertragsparteien die Durchführung des Übereinkommens. Sie können insbesondere das Übereinkommen und seine Anlagen (Listen 1 und 2 sowie Entschei-
dungskriterien für Erlaubnisse) überprüfen und mit
Zweidrittelmehrheit der anwesenden Vertragsparteien
Änderungen beschließen, wissenschaftliche Gremien zur
Zusammenarbeit und Beratung einladen, Berichte über
Art und Menge, Ort, Zeit und die Methode des Einbringens von Stoffen sowie über die Überwachung des Zustands des Meeres entgegennehmen und prüfen sowie
alle sonstigen etwa erforderlichen Maßnahmen erwägen
(Art. XIV (4) L.-K.).*

1151. Eingriffsbefugnisse in die nationale Souveränität hat die Versammlung nicht. Allerdings gibt
es Pflichten zum gemeinsamen Handeln (Art. VIII,
Art. IX L.-K.). So sollen die Vertragsstaaten bei der
Entwicklung von Verfahren zusammenarbeiten, die
der wirksamen Anwendung des Übereinkommens
auf der Hohen See dienen, einschließlich der Verfahren zur Meldung von Schiffen und Flugzeugen, die
beim verbotenen Einbringen beobachtet worden
sind. Zum besonderen Schutz bestimmter empfindlicher geographischer Gebiete sollen Anliegerstaaten
neben diesem Übereinkommen regionale Überein-
künfte schließen. Diejenigen Vertragsparteien, die

bei der Ausbildung ihres wissenschaftlichen und
technischen Personals oder bei der Lieferung von
Forschungs- und Überwachungseinrichtungen oder
bei der Beseitigung und Behandlung von Abfällen
Hilfe brauchen, sollen unterstützt werden. Bisher ist
die Versammlung dreimal zusammengekommen.
Wesentliche Fortschritte sind nicht erzielt worden.

1152. Die Durchführung des Übereinkommens ist
weiterhin den einzelnen Vertragsstaaten überlassen
(Art. XI L.-K.). Sie benennen die Behörde, die für die
Erteilung der allgemeinen Erlaubnisse, Sonderer-
laubnisse oder Ausnahmegenehmigungen in Notlagen, für das Führen von Unterlagen über Art und
Menge sowie Ort, Zeit und Methode des Einbringens
aller mit Erlaubnis eingebrachten Stoffe und für die
ständige Überwachung des Zustands des Meeres zuständig sind. Dabei bezieht sich die Zuständigkeit
auf die Erlaubnisse für Stoffe, die im Hoheitsgebiet
eines Vertragspartners oder die von einem in seinem
Hoheitsgebiet eingetragenen und seine Flagge führenden Schiff oder Luftfahrzeug im Hoheitsgebiet
eines Nichtvertragsstaates geladen werden. Zusätzlich zu den im Anhang III zum Übereinkommen
genannten Kriterien für die Erlaubniserteilung können die Behörden weitere Kriterien, Maßnahmen
und Bedingungen aufstellen, die sie als zweckdienlich ansehen.

1153. Für das Verbrennen von Abfällen und anderen Stoffen auf See sind im Rahmen der London-
Konvention besondere „Regulations" zur Überwachung der Verbrennung erlassen worden; sie sind
zum 11. März 1979 in Kraft getreten. Gleichzeitig
wurde eine Resolution mit Ergänzungen der Stofflisten 1 und 2 beschlossen.

10.2.2.2.2 Internationales Übereinkommen zur Verhütung der Meeresverschmutzung durch das Einbringen durch Schiffe und Luftfahrzeuge, 1972 (Oslo-Konvention)

1154. Das Übereinkommen, auch Dumping-Ab-
kommen Oslo 1972 oder Oslo-Abkommen genannt,
ist völkerrechtlich seit 1975 in Kraft (International
Legal Materials (ILM) Bd. 11 [1972], S. 262). Die
Bundesrepublik Deutschland hat es 1977 ratifiziert
(BGBl. II, 1977, S. 165 ff.). Es gilt für das Küstenmeer
(Tz. 1097) – ausgenommen Gewässer landwärts der
Basislinie (Tz. 1096) – und die hohe See (Tz. 1108) im
Nordatlantik, nördlichen Eismeer und in der
Nordsee.

*Einen umfassenden Vergleich des Oslo-Abkommens mit
dem London-Abkommen vollziehen FOTHERINGHAM
u. BIRNIE (1979, S. 187 ff.), EHLERS u. KUNIG (1978,
S. 29 ff.) und SIBTHORP (1975, S. 141). Die Überschnei-
dungen hinsichtlich der Anwendungsgebiete mit dem
Pariser-Abkommen untersuchen EHLERS u. KUNIG
(1978, S. 43 ff.) und OKIDI (1978, S. 59).*

1155. Die Vertragsstaaten haben sich in dem Übereinkommen verpflichtet, zum Schutz vor vermeidba-
ren Meeresverschmutzungen durch Verklappungen
und Verbrennungen „alle nur möglichen Maßnah-

men zu treffen, um die Meeresverschmutzung durch Stoffe zu verhüten, welche die menschliche Gesundheit gefährden, die Fischbestände und das Ökosystem des Meeres schädigen, die Erholungsmöglichkeiten beeinträchtigen oder sonstige rechtmäßige Nutzungen des Meeres behindern könnten" (Art. 1 Oslo-Konvention [O.-K.]).

1156. Ebenso wie bei der Pariser Konvention werden die schädlichen Stoffe auch hier in zwei Kategorien aufgeteilt. Im Unterschied zu den Übereinkommen, die die Verschmutzung vom Lande aus in den Griff bekommen sollen, gibt es hier jedoch für Stoffe der Liste 1 (Anhang I zu diesem Abschn.) gemäß Art. 5 O.-K. ein absolutes Einbringungsverbot. Dies gilt allerdings nicht, wenn die Stoffe als Spurenverunreinigungen in den Abfällen enthalten sind und diesen nicht zum Zwecke der Beseitigung beigefügt wurden (Art. 8 O.-K.). Das absolute Einbringungsverbot ist u.a. dadurch gerechtfertigt, daß es sich beim Einbringen („Dumping") um das vorsätzliche Beseitigen von Stoffen und Gegenständen auf See mittels Schiffen oder Luftfahrzeugen – außer von Schiffsabfällen – handelt, die Beteiligten also Einfluß darauf haben, ob und wie die Beseitigung stattfindet, während beim Eintrag durch Flüsse auch Stoffe enthalten sein können, die durch Erosion in die Gewässer gelangt sind, also natürlichen Ursprungs sind.

1157. Bei der Beseitigung von Abfällen, die die in der Liste 2 (Anhang I zu diesem Abschn.) genannten Stoffe oder Gegenstände in bedeutenden Mengen enthalten, wobei dies Merkmal von der nach den Bestimmungen des Übereinkommens zu seiner Durchführung einzusetzenden Kommission zu bestimmen ist, bedarf es dazu gem. Art. 6 O.-K. für jeden Einzelfall einer von den zuständigen innerstaatlichen Behörden zu erteilenden „besonderen Erlaubnis". Alle anderen Stoffe oder Gegenstände dürfen gem. Art. 7 O.-K. nur eingebracht werden, wenn eine entsprechende „Genehmigung" – hier bedarf es nicht der „besonderen Erlaubnis" – von den innerstaatlichen Behörden vorliegt. Sowohl bei der Erteilung der Erlaubnis wie der Genehmigung haben die Behörden die Eigenschaften der Abfälle, die Verhältnisse des Einbringungsortes und die Art des Einbringens zu berücksichtigen. Darüber hinaus haben sie zu bedenken, inwieweit Schiffahrt, Fischerei, Erholung, Gewinnung von Bodenschätzen, Meerwasserentsalzung, Fisch- und Weichtierzucht, Gebiete von besonderer wissenschaftlicher Bedeutung und sonstige rechtmäßige Vorhaben beeinträchtigt werden können. Bei allem sind zudem stets Möglichkeiten der Beseitigung der Abfälle an Land vorrangig auszuschöpfen.

1158. *Hier wird wie bei der Pariser Konvention (vgl. 10.2.2.1.1), eine aus Vertretern aller Vertragsparteien bestehende „Kommission", gebildet (OSCOM). Sie hat fast dieselben Aufgaben wie die Kommission der Pariser Konvention, ist aber darüber hinaus gehalten, die allge-*

meine Aufsicht über die Durchführung des Abkommens auszuüben, Unterlagen über die erteilten Erlaubnisse und Genehmigungen zu sammeln, den Zustand des Meeres innerhalb des Geltungsbereichs des Übereinkommens sowie die Wirksamkeit der Kontrollmaßnahmen und die Notwendigkeit zusätzlicher Maßnahmen zu überprüfen und Änderungen der Listen, wenn dies nötig erscheint, zu empfehlen (Art. 17 O.-K.).

Änderungen der Listen 1 und 2 und der Grundsätze bei der Prüfung im Rahmen von Genehmigungs- oder Erlaubniserteilungen müssen von der Kommission einstimmig angenommen werden. Sie treten nach der Zustimmung aller Vertragspartner in Kraft (Art. 10 O.-K.).

1159. Der Vollzug des Übereinkommens ist Sache der einzelnen Vertragsparteien. Die Kommission führt nur eine allgemeine Aufsicht, ohne in Einzelfälle eingreifen zu können. So führt jede Vertragspartei Unterlagen über Art und Menge der Stoffe und Gegenstände, über den Tag, den Ort und die Methode des Einbringens. Diese Unterlagen übermitteln sie der Kommission. Gemeinsam stellen die Vertragsstaaten wissenschaftliche und technische Forschungsprogramme auf, die auch darauf angelegt sein sollen, andere Methoden als das Dumping zur Beseitigung von Schadstoffen zu erforschen.

1160. *Zur Überwachung der Verbreitung und Wirkung von Schadstoffen sollen die Vertragsstaaten einander ergänzende und gemeinsame Überwachungsprogramme aufstellen. Die Überwachung der Einhaltung des Übereinkommens im einzelnen dagegen obliegt jedem Staat für seinen konkreten Bereich. Dabei erstreckt sich seine Verpflichtung auf Schiffe und Luftfahrzeuge, die in seinem Hoheitsgebiet eingetragen sind, die in seinem Hoheitsgebiet Stoffe und Gegenstände zum Zwecke des Einbringens laden und diejenigen, bei denen angenommen wird, daß sie in sein Küstenmeer einbringen wollen. Um Verstöße zu verhüten oder um sie zu ahnden, wenn sie nicht verhindert werden konnten, haben die Staaten jeweils für ihr Hoheitsgebiet die geeigneten Maßnahmen zu treffen. Für das Gebiet der hohen See sind sie durch das Übereinkommen gehalten, ihre Aufsichtsschiffe und -luftfahrzeuge und sonstige in Frage kommenden Stellen anzuweisen, den Überwachungsbehörden alle Ereignisse oder Umstände zu melden, die den Verdacht erwecken, daß ein vertragswidriges Einbringen stattgefunden hat oder unmittelbar bevorsteht. Insbesondere auch für das Gebiet der Hohen See sollen sie gemeinsame Verfahren für eine Zusammenarbeit bei der Anwendung des Übereinkommens erarbeiten. Bei Unfällen besteht eine gegenseitige Beistandspflicht.*

1161. Im Rahmen der Oslo-Konvention hat man sich in der Kommission (OSCOM) noch nicht über besondere Vorschriften zur Überwachung und Kontrolle der Verbrennung von Abfällen auf See einigen können. Deshalb werden die zum London-Dumping-Abkommen bereits erwähnten „Regulations" angewendet, die zum 11. März 1979 in Kraft getreten sind.

1162. Wegen des engen Sachzusammenhangs zwischen der Kontrolle der Verschmutzung des Meeres vom Land aus und der Verschmutzung durch Verklappung und Verbrennung arbeiten die Sachverständigen in der Pariser Kommission und der Oslo-Kommission weitgehend parallel. Aus diesem Grund ist die Joint Monitoring Group (JMG) gebildet worden, in der die Vorbereitungen für Beschlüsse in den beiden Kommissionen PARCOM und OSCOM zusammengefaßt werden.

1163. *Als nationale Vertretung in der Oslo-Kommission wie auch in der JMG treten BMV und BMFT sowie LAWA/LAGA (Länderarbeitsgemeinschaft Wasser bzw. Abfall) auf. Im Ausschuß „Standing Advisory Committee on Scientific Advice" (SACSA) sind unter Führung des DHI die Biologische Anstalt Helgoland (BAH), das UBA sowie BFAF (Bundesforschungsanstalt für Fischereiwesen) und LAGA vertreten, im Unterausschuß INCINE-RATION Working Group das DHI mit dem UBA und der BAH.*

10.2.2.2.3 Vorschläge der 3. Seerechtskonferenz der Vereinten Nationen[1])

1164. Die 3. Seerechtskonferenz beschäftigt sich in Art. 210 ICNT/Rev. 2 mit der Verklappung. Danach werden die Staaten aufgefordert, nationale Gesetze und Rechtsverordnungen zur Verhütung, Verringerung und Kontrolle der Verschmutzung der See durch Verklappungen zu erlassen. Diese Vorschrift entspricht der bereits genannten Regelung hinsichtlich der Verschmutzung der See von Land aus (Art. 207 ICNT/Rev. 2). Gleiches gilt für die bei Art. 207 ICNT/Rev. 2 festgestellte Bindung der Staaten an "internationally agreed rules, standards and recommended practices and procedures". Zwar sieht Art. 210 Abs. 4 ICNT/Rev. 2 ebenso wie Art. 207 ICNT/Rev. 2 die Ausarbeitung derartiger internationaler Maßstäbe durch internationale Organisationen und Staatskonferenzen vor; eine direkte Bindung der nationalen Gesetze an diese Maßstäbe, wie Art. 207 ICNT/Rev. 2 (Abs. 1: "... taking into account internationally agreed rules ...") kennt Art. 210 ICNT/Rev. 2 jedoch nicht. Er betont dagegen, daß die Regelung der Verklappung in dem Bereich der Wirtschaftszonen (Tz. 1105), auf dem Festlandsockel (Tz. 1102) und in den Küstengewässern (Tz. 1097) unter die Kompetenz des Küstenstaates fällt und von den betreffenden Küstenstaaten nach Konsultationen mit anderen möglicherweise gefährdeten Staaten ausdrücklich genehmigt werden muß (Art. 210 Abs. V ICNT/Rev. 2). Dies entspricht Art. 56 Abs. 1 ICNT/Rev. 2, der für den Küstenstaat in der Wirtschaftszone eine Umweltschutzzuständigkeit statuiert. Dabei sollen nationale Gesetze jedoch nicht weniger effizient sein als globale Vorschriften.

1165. Auch wenn es auf den ersten Blick nicht deutlich wird, dürfte insgesamt die Bindung der Kü-

stenstaaten an international entwickelte Vorschriften gem. Art. 210 ICNT/Rev. 2 intensiver sein, als dies Art. 207 ICNT/Rev. 2 hinsichtlich der Verschmutzung von Land aus vorsieht. Denn gem. Art. 210 ICNT/Rev. 2 fungieren die internationalen Regeln als Mindeststandard, während nach Art. 207 ICNT/Rev. 2 diese nur in Betracht zu ziehen sind. Zudem sind zur Bekämpfung der Verschmutzung der See von Land aus "characteristic regional features, the economic capacity of the developing States and their need for economic development" in Betracht zu ziehen, eine einschränkende Klausel, wie sie Art. 210 ICNT/Rev. 2 nicht kennt.

1166. *Die Durchsetzung der internationalen Vorschriften gegenüber Verklappungen obliegt im Küstengewässer, im Bereich des Festlandsockels und der Wirtschaftszonen dem Küstenstaat, dem Flaggenstaat und dem Staat, in dem entsprechende Substanzen verladen werden. Insofern besteht eine Kompetenzkonkurrenz, wobei der Küstenstaat hinsichtlich der küstennahen Gebiete Priorität genießt.*

1167. *Zwar statuiert Art. 237 ICNT/Rev. 2, daß vor der Seerechts-Konvention abgeschlossene Verträge bezüglich des marinen Umweltschutzes unberührt bleiben. Das heißt jedoch nicht, daß das durch die Oslo- bzw. London-Konvention geschaffene Rechtssystem unberührt bliebe (EHLERS u. KUNIG, 1978, S. 102 ff.), denn diese Abkommen sind in einer besonderen Weise auszulegen, die mit den allgemeinen Prinzipien und den Zielen der Konvention vereinbar sein muß. Hierzu gehört ohne Zweifel die Erweiterung der küstenstaatlichen Kompetenzen, wie sie sich in der Errichtung der Wirtschaftszonen manifestiert.*

1168. *Ergebnis:*

– *Die Bundesrepublik Deutschland ist verpflichtet, die Vorschriften des Oslo- und des London-Abkommens nebeneinander legislativ durchzusetzen, wie sie dies bereits getan hat (BGBl. II, 1977, S. 165)[1]). Insofern bedeuten die Vorschläge der 3. Seerechtskonferenz keine Änderung der bisherigen Rechtslage.*

– *Wenn die Bundesrepublik Deutschland die Ablagerung von Stoffen in ihrem Küstengewässerbereich gestattet, muß sie dabei die Restriktionen der beiden Konventionen beachten und zusätzlich in Konsultationen mit möglicherweise betroffenen Staaten (im Nordseebereich Niederlande und Dänemark) eintreten. Gleiches gilt, will die Bundesrepublik Deutschland eine entsprechende Genehmigung für ihre Wirtschaftszone erteilen.*

– *Will die Bundesrepublik Deutschland eine Ablagerung von Schadstoffen in einer fremden Wirtschaftszone veranlassen, so erfordert dies, daß sowohl die Bedingungen der Oslo- und London-Konvention erfüllt sind als auch die Genehmigung des betreffenden Küstenstaates eingeholt wird. Dieser muß wiederum in Konsultation mit anderen betroffenen Staaten eintreten.*

---

[1]) Die folgende Darstellung stützt sich auf ein von Dr. R. Wolfrum (1979) im Auftrage des Rates erstelltes Gutachten.

[1]) Ob die Bundesrepublik Deutschland ihrem Auftrag voll gerecht geworden ist, soll hier nicht erörtert werden. Vgl. dazu die positive Stellungnahme von EHLERS u. KUNIG (1978) mit eingehender Begründung S. 45 ff.

10.2.2.2.4 Die Umsetzung der Dumping-Abkommen von Oslo und London in der Bundesrepublik Deutschland

Erlaubnispflicht gem. Art. 2 (1) des Ratifikationsgesetzes

1169. Das Ratifikationsgesetz[1]) zu den beiden Übereinkommen begründet eine Erlaubnispflicht für jegliche Beseitigung von Abfällen auf Hoher See. Unter Beseitigung sind dabei sowohl das Einbringen von Stoffen von Schiffen, Luftfahrzeugen und Plattformen als auch die Verbrennung von Stoffen auf speziell hierzu konstruierten Schiffen zu verstehen. Hingegen wird das Einbringen von Abfällen in das Küstenmeer durch das Ratifikationsgesetz nicht geregelt, weil hier bereits andere Vorschriften – insbesondere das Wasserhaushaltsgesetz – einschlägig sind. Sofern Stoffe im Küstenmeer beseitigt werden, haben die nach dem WHG und die nach den Wassergesetzen zuständigen Wasserbehörden der Bundesländer die beiden Übereinkommen ebenfalls zu beachten.

Die Erlaubnispflicht besteht gemäß Art. 2 (2) des Ratifikationsgesetzes für das Einbringen von Abfall aus

– Schiffen und Luftfahrzeugen, die berechtigt sind, die Bundesflagge oder das Staatszugehörigkeitszeichen der Bundesrepublik Deutschland zu führen,

– Schiffen und Luftfahrzeugen, die im Geltungsbereich dieses Gesetzes mit den einzubringenden oder einzuleitenden Stoffen beladen worden sind,

– festen oder schwimmenden Plattformen oder Vorrichtungen, die zur Exploration und Förderung der Vorkommen des Festlandsockels der Bundesrepublik Deutschland eingesetzt werden.

Grundsätze für eine Erlaubnis

1170. Nach dem Ratifikationsgesetz hat die Abfallbeseitigung an Land grundsätzlich Vorrang vor einer Abfallbeseitigung auf See. Die Erlaubnis (die Unterscheidung in Sondererlaubnis und allgemeine Erlaubnis wurde nicht aus dem Oslo-Abkommen übernommen) für eine Verklappung oder Verbrennung darf nur dann erteilt werden, wenn die Beseitigung der Stoffe an Land eine Beeinträchtigung des „Wohls der Allgemeinheit" mit sich brächte oder nur mit „unverhältnismäßig hohem Aufwand" möglich wäre und keine nachteilige Veränderung der Beschaffenheit des Meerwassers zu befürchten ist.

1171. *Allgemeine Kriterien zur Ausfüllung des unbestimmten Rechtsbegriffs „Wohl der Allgemeinheit" sind*

im Abfallbeseitigungsgesetz (§ 2 Abs. 1) niedergelegt. Danach ist unter anderem auszuschließen, daß die Gesundheit der Menschen gefährdet und ihr Wohlbefinden beeinträchtigt wird, Nutztiere, Vögel, Wild und Fische gefährdet, Gewässer, Boden und Nutzpflanzen schädlich beeinflußt oder schädliche Umwelteinwirkungen durch Luftverunreinigung oder Lärm herbeigeführt werden.

1172. *Der Begriff „unverhältnismäßig hoher Aufwand" stellt eine Verknüpfung wirtschaftlicher und technischer Möglichkeiten dar. Die Behörde hat im Einzelfall zu prüfen, ob eine Beseitigung an Land nach den allgemein anerkannten Regeln der Technik möglich ist. Diese Regeln sind allerdings im Bereich der Abfallwirtschaft noch nicht festgeschrieben. Das Gesetz dürfte aber nicht die besten verfügbaren technischen Hilfsmittel zugrunde legen. Vielmehr sind Regeln gemeint, die in der praktischen Anwendung eine Erprobung gefunden haben und die von der Mehrzahl der auf diesem Fachgebiet tätigen Sachverständigen als ausreichend und richtig angesehen werden.*

1173. *In der Frage des „wirtschaftlich Vertretbaren" kann nicht nur auf die Kostendifferenz zwischen der (billigeren) Seebeseitigung und der Landbeseitigung abgestellt werden. Es ist vielmehr zu prüfen, ob die Landbeseitigung nach dem objektiven Maßstab eines gesunden Durchschnittsunternehmens wirtschaftlich vertretbar ist oder nicht. Das subjektive Unvermögen des Abfallerzeugers im Einzelfall kann für die Zumutbarkeit, seine Abfälle an Land zu beseitigen, keine Entlastung darstellen.*

1174. *Eine nachteilige Veränderung des Meerwassers in dem Sinne, daß die menschliche Gesundheit gefährdet, die lebenden Bestände sowie die Tier- und Pflanzenwelt des Meeres geschädigt, die Erholungsmöglichkeiten beeinträchtigt oder sonstige rechtmäßige Nutzungen des Meeres behindert werden, wird im Falle des Einbringens der in den Listen 1 der Konventionen genannten Stoffe unterstellt. Der Nachweis der nachteiligen Veränderung braucht also in diesem Fall nicht besonders geführt zu werden.*

1175. Die Genehmigungsgrundsätze werden durch eine generalklauselartige Ausnahmeregelung relativiert. Sofern nämlich „zwingende öffentliche Interessen" für das Einbringen oder Einleiten in die Hohe See sprechen, darf die erforderliche Erlaubnis auch für solche Stoffe erteilt werden, die an sich an Land ohne eine Beeinträchtigung des Wohls der Allgemeinheit oder ohne unverhältnismäßig hohen Aufwand beseitigt werden könnten oder durch die eine nachteilige Veränderung der Beschaffenheit des Meerwassers zu besorgen ist (vgl. Art. 3 (4) des Ratifikationsgesetzes). Eine nähere Beschreibung dessen, was unter zwingenden öffentlichen Interessen zu verstehen ist, die immerhin alle Genehmigungsvoraussetzungen außer Kraft setzen können, wird im Gesetz nicht gegeben.

1176. Es könnte in Zweifel gezogen werden, ob die Ausnahmeregelung überhaupt mit den beiden Dumping-Übereinkommen in Einklang zu bringen ist. Denn nach dem Oslo-Übereinkommen darf für Stoffe, für die an sich ein absolutes Einleitungsverbot besteht, die Erlaubnis zum Einbringen nur dann erteilt werden, wenn sie an Land nicht ohne unver-

---

[1]) Gesetz zu den Übereinkommen vom 15. Februar 1972 und 29. Dez. 1972 zur Verhütung der Meeresverschmutzung durch das Einbringen von Abfällen durch Schiffe und Luftfahrzeuge vom 11. 2. 1977, BGBl. II, S. 165; ausführlich hierzu EHLERS u. KUNIG (1978, S. 45 ff.).

tretbare Gefahren oder Schäden beseitigt werden können. Das Londoner Übereinkommen ist noch enger gefaßt: es erlaubt das Einbringen nur „in Notlagen, die unzumutbare Gefahren für die menschliche Gesundheit bilden". Ist eine Beseitigung an Land ohne Beeinträchtigung des Wohls der Allgemeinheit möglich, so muß die Beseitigung nach dem London-Übereinkommen an Land erfolgen, auch wenn die Beseitigung einen erheblichen wirtschaftlichen Aufwand erfordern würde. Aus diesem Grunde vertreten STEIGER u. DEMEL (1979, S. 216) die Auffassung, daß die Bundesrepublik Deutschland gegen die Konventionen verstoßen würde, wenn sie in einem solchen Fall unter Berufung auf die Ausnahmeregelung das Einbringen genehmigen würde.

Anderer Ansicht als STEIGER und DEMEL sind auch EHLERS und KUNIG (1978, S. 79) wie wohl auch die amtliche Begründung zu Art. 2 (IV) des Ratifikationsgesetzes; hier wird allerdings ohne jede Erklärung die Auffassung vertreten, Art. 9 des Oslo-Übereinkommens bzw. Art. V des London-Übereinkommens ermächtigen zu einer derartigen Regelung (BT-Drucks. 7/5268, S. 8).

1177. Sicherlich darf nicht außer Betracht bleiben, daß die nationalen Anforderungen in keinem Vertragsstaat so gefaßt sind, wie dies der Auslegung der Dumping-Abkommen durch STEIGER und DEMEL entspricht. Erst recht ist die nationale Genehmigungspraxis weitgehend an wirtschaftlichen Erwägungen orientiert. Das Ausmaß der völkerrechtlichen Bindung der Bundesrepublik Deutschland kann danach vielleicht unterschiedlich interpretiert werden. Der Rat läßt dies dahingestellt. Entscheidend ist jedoch, daß die Ausnahmeregelung nicht eine Frage völkerrechtlicher Auslegung, sondern der Umweltverträglichkeit unter Berücksichtigung des Vorsorgeprinzips ist. Noch fehlen ökologische Testverfahren, die einerseits komplex genug, andererseits für ein Genehmigungsverfahren praktikabel genug sind, um über die zu erwartende Wirkung von Abfallstoffen im Meer zuverlässig Auskunft geben zu können. Die Frage geeigneter Testverfahren wird zur Zeit auf internationaler (OECD; SACSA der Oslo-Kommission) sowie auch auf nationaler Ebene bearbeitet.

1178. Keiner Erlaubnis bedarf das Einbringen eines Stoffes in einer Notlage, d. h., wenn Gefahren für das Leben oder die Gesundheit von Personen oder die Sicherheit eines Schiffes, Luftfahrzeuges oder einer Anlage bestehen. Außerdem findet das Gesetz keine Anwendung auf Schiffe und Luftfahrzeuge der Bundeswehr (Art. 3 Ratifikationsgesetz).

Erlaubnisverfahren und Vollzug

1179. Nach dem Ratifikationsgesetz ist das Deutsche Hydrographische Institut (DHI) als Erlaubnis-, Kontroll- und Ordnungsbehörde für die Einbringung (bzw. Verhütung von Einbringungen) von Abfällen sowie für die Verbrennung auf Hoher See zuständig. Das Erlaubfahren wird in der „Hohe-See-Ein-

bringungsverwaltungsvorschrift"[1]) geregelt und läuft in mehreren Schritten ab.

1180. Dem förmlichen Genehmigungsverfahren auf Verklappung oder Verbrennung geht üblicherweise ein Beratungsgespräch zwischen Behörde (DHI) und Antragsteller voraus. Erst dann beginnt das eigentliche Genehmigungsverfahren, in dem das DHI die vom Antragsteller ausgefüllten Antragsformulare daraufhin prüft, ob sie mit den Bestimmungen der Übereinkommen von Oslo und London (Schwarze Liste) vereinbar sind. Sodann holt das DHI eine Stellungnahme des Umweltbundesamtes (UBA) ein, um zu klären, ob die Beseitigung an Land möglich ist. Das UBA hört dazu die obersten Landesbehörden für Abfallbeseitigung und teilt seine Entscheidung dem DHI mit.

1181. Schließt das UBA die Beseitigung an Land aus und gehören die Abfallstoffe nicht in die Kategorie der Schwarzen Liste, so prüft das DHI die möglichen Auswirkungen der einzubringenden Stoffe auf die Hohe See. Hierzu werden 13 Behörden des Bundes und der Länder gehört, u. a. das Bundesgesundheitsamt, die Biologische Anstalt Helgoland, wiederum das Umweltbundesamt, die Oberpostdirektion Bremen, die Wasser- und Schiffahrtsdirektionen.

1182. Bei der Befürchtung einer nachteiligen Veränderung des Meerwassers ist eine Genehmigung nur dann möglich, wenn „zwingende öffentliche Interessen" dafür sprechen (s. o.). Dabei entscheiden die Fachbehörden wegen der unbestimmten Rechtsbegriffe und der Schwierigkeiten bei der Festlegung biologischer Kriterien für Stoffe außerhalb der Liste I aufgrund eines weiten Beurteilungsermessens. Nach der Rechtsprechung des Bundesverwaltungsgerichts prüfen die Gerichte aber die Anwendung dieser unbestimmten Rechtsbegriffe im Einzelfall uneingeschränkt nach. Kann der Nachweis erheblicher Schädigungen der Meeresumwelt nicht mit Sicherheit geführt werden, wird die Behörde u. U. das Prozeßrisiko scheuen.

1183. *Das gewünschte Verklappungsgebiet wird vom Antragsteller großräumig angegeben und von der Erlaubnisbehörde nach Einschätzung der Belastbarkeit der jeweiligen Meeresumwelt eingegrenzt. Eine Erlaubnis wird maximal für den Zeitraum von zwei Jahren erteilt und kann mit Auflagen versehen werden. Mit einer Erlaubnis müssen Untersuchungen einhergehen, die sicherstellen, daß eine nachhaltige Meeresverschmutzung nicht eintritt. Die Überwachung obliegt dem DHI.*

1184. *Wenn Anhaltspunkte für Verstöße beim Einbringen von Abfällen vorliegen, kann das DHI eigene Fahr-*

---

1) Allgemeine Verwaltungsvorschriften für die Erteilung von Erlaubnissen zum Einbringen von Abfällen in die Hohe See (Hohe-See-Einbringungsverwaltungsvorschriften) vom 22. 12. 1977, VkBl. 1978, S. 21 ff.; GMBl. 1978, 47 ff.

zeuge für Überwachungsaufgaben einsetzen oder den Einsatz von Fahrzeugen der Wasser- und Schifffahrtsverwaltung des Bundes sowie der Wasserschutzpolizei der Küstenländer anfordern. Verwaltungsakte zur Durchführung der Vorschriften des Gesetzes werden von der zuständigen Wasser- und Schifffahrtsdirektion erlassen. Sollte unmittelbarer Zwang nötig sein, so wird dieser von den Vollzugsbeamten der Wasser- und Schifffahrtsverwaltung des Bundes und künftig ggf. von den Vollzugsbeamten des Bundesgrenzschutzes angewandt.

Das Ratifikationsgesetz ermächtigt den Bundesminister für Verkehr, das Einbringen bestimmter Stoffe in die Hohe See von einer Erlaubnis freizustellen. Es enthält ferner die Ermächtigung, festzulegen, unter welchen Voraussetzungen bestimmte Stoffe in die Hohe See eingebracht oder eingeleitet werden dürfen. Von diesen Ermächtigungen wurde bisher kein Gebrauch gemacht. Bisher wurden nur allgemeine Verwaltungsvorschriften für das DHI und das UBA erlassen (Hohe-See-Einbringungsverwaltungsvorschrift vom 22. 12. 1977, GMBl. 1978, S. 47).

Nach der Verordnung zur Durchführung des Gesetzes zu den Übereinkommen vom 15. 2. 1972 und 29. 12. 1972 zur Verhütung der Meeresverschmutzung durch das Einbringen von Abfällen durch Schiffe und Luftfahrzeuge (Hohe-See-Einbringungsverordnung) vom 7. 12. 1977 (BGBl. I, S. 2478) sind dem DHI folgende Nachweise vorzulegen:

– Bestätigung eines unabhängigen Sachverständigen, daß die geladenen Stoffe der Erlaubnis entsprechen,

– Bestimmung des Standortes während der Beseitigung durch Funkpeilung oder andere Ortungsverfahren,

– Bericht des Führers des Schiffes, des Luftfahrzeuges oder der für die Sicherheit der Anlage verantwortlichen Personen über die durchgeführte Beseitigung,

– Entnahme und Untersuchung von Wasserproben durch einen unabhängigen Sachverständigen nach der Beseitigung.

Von der Nachweispflicht kann das DHI im Einzelfall befreien, sofern anderweitig sichergestellt ist, daß das Einbringungsverfahren ordnungsgemäß durchgeführt wird.

1185. Wer vorsätzlich oder fahrlässig einer Vorschrift über das Führen von Nachweisen zuwiderhandelt, kann mit einer Geldbuße bis zu 100 000 DM für diese Ordnungswidrigkeit belegt werden. Ordnungswidrig handelt auch, wer ohne Erlaubnis in die Hohe See einbringt oder einleitet oder gegen eine andere als die oben genannte Rechtsverordnung verstößt. Schwere Delikte können mit Freiheitsstrafe bis zu fünf Jahren oder mit Geldstrafe belegt werden.

1186. Schon seit längerer Zeit werden aus der Bundesrepublik Deutschland stammende Abfälle von drei Farbstoffe produzierenden Firmen nach Schifftransport über den Rhein von der niederländischen Küste aus eingebracht (Tz. 253 und 276). Ebenso werden die Verbrennungsschiffe mit deutschen Abfällen von den Niederlanden oder Belgien aus beladen (Tz. 264 bis 274). Die Firmen müssen sowohl die Genehmigung der deutschen als auch der niederländischen Behörden einholen. Die deutsche Industrie ist aber daran interessiert, zu erreichen, daß die Genehmigung des DHI genügt. Nach dem Londoner Abkommen hat jedoch der Hafenstaat Priorität; nach deutschem Recht muß für ein Schiff unter deutscher Flagge die Bundesrepublik Deutschland eine Erlaubnis erteilen. Letzteres ist u. a. deshalb sinnvoll,

weil nur das Land, aus dem die Abfälle stammen, über Möglichkeiten der Beseitigung an Land entscheiden kann.

1187. Stimmen die Voraussetzungen für die Erlaubniserteilung in beiden Ländern nicht völlig überein, kann dies unterschiedliche Entscheidungen zur Folge haben. Dem sollte man durch eine stärkere Zusammenarbeit zwischen den Vertragsstaaten Rechnung tragen. Der Bundesverkehrsminister hat Verhandlungen über eine Vereinfachung der Genehmigungsverfahren für Verklappungen und Verbrennungen auf See mit den Niederlanden aufgenommen.

1188. Eine gesetzliche Lücke bei der grenzüberschreitenden Abfallbeseitigung besteht allerdings dann, wenn ein nicht als zur Verklappung oder Verbrennung deklarierter Abfall über die Grenze transportiert und im Ausland auf ein Verklappungs- oder Verbrennungsschiff verladen wird, dessen Flaggenstaat die Dumping-Konventionen nicht ratifiziert hat.

1189. Die Anforderungen für das Genehmigungsverfahren bei Verklappungen und Verbrennungen sind für alle Vertragsparteien gleich. In der Praxis sind aber Unterschiede in der Handhabung des Verfahrens unübersehbar. So ist das Genehmigungsverfahren in den Niederlanden öffentlich, anders als in der Bundesrepublik Deutschland. In Belgien werden noch keine Genehmigungen verlangt, da die Konvention dort erst im Mai 1978 unterzeichnet wurde. Für eine besonders strenge Handhabung der Genehmigungsverfahren im Vereinigten Königreich gibt es keine Anhaltspunkte.

10.2.2.2.5 Vorschlag einer EG-Richtlinie über die Versenkung von Abfällen im Meer

1190. Als Vorschlag legte die EG-Kommission am 12. Januar 1976 den Entwurf einer Richtlinie über die Versenkung von Abfällen ins Meer vor (Amtsblatt der EG vom 20. 2. 1976, Nr. C 4013). Diese Richtlinie wurde nicht angenommen (s. auch Abschn. 10.1). Es ist jedoch zu erwarten, daß die Kommission im Rahmen ihres Aktionsprogramms neue Initiativen ergreift.

10.2.2.2.6 EG-Richtlinie über Abfälle aus der Titandioxid-Produktion

1191. Die Richtlinie über Abfälle aus der Titandioxid-Produktion war lange umstritten (Amtsblatt der EG Nr. L 54 vom 25. 2. 1978, S. 19 ff.). Mit einer Produktion von zur Zeit etwa 840 000 Tonnen TiO_2 pro Jahr hat die EG etwa 30% der Weltproduktion (Umweltgutachten 1978, Tz. 1687–1689). Der Entwurf der Richtlinie sah auch eine Verringerung der Gesamteinleitungen um 95% bis 1985 vor. Diese drastische Reduzierung stieß auf energischen Widerstand nicht zuletzt der Bundesrepublik Deutschland und des Vereinigten Königreichs. Der Widerstand des Vereinigten Königreichs beruhte in erster Linie auf seiner anderen „Gewässerphilosophie", die für Immissionsstandards eintritt, Emissionsbegrenzungen dagegen ablehnt (CUYVERS, 1979, S. 36; FOTHERINGHAM u. BIRNIE, 1979, S. 207/208).

1192. Die letztlich verabschiedete Richtlinie sieht davon ab, einheitliche Pläne mit Vorgaben für die zu erreichende Reduktion aufzunehmen. Statt dessen sind die Mitgliedsländer verpflichtet, nationale Programme zur Verminderung der Emission aufzustellen, die anschließend zu harmonisieren sind.

Die Richtlinie regelt jede Art der Beseitigung. Es werden erfaßt: Einleiten ins Meer oder Versenken ins Meer, das Einleiten in Oberflächengewässer und die Lagerung und Ablagerung auf den Boden oder im Boden sowie das Einbringen in das Grundwasser. Für die Nordsee sind jedoch vor allem das Einleiten und das Versenken wichtig, zumal diese Abfallbeseitigung quantitativ bei weitem im Vordergrund steht.

1193. Jedes Einbringen ins Meer bedarf gem. Art. 4 EG-Richtlinie einer vorherigen Genehmigung. Sie ist von den Behörden des Staates zu erteilen, auf dessen Gebiet die Abfälle erzeugt werden. Eine Genehmigung ist jedoch auch seitens der Behörden der Staaten erforderlich, auf deren Gebiet sie eingebracht oder von deren Gebiet aus sie eingeleitet oder versenkt werden. Sie darf immer nur für eine begrenzte Dauer erteilt werden und nur dann, wenn die im Anhang I der Richtlinie geforderten Auskünfte über Eigenschaften und Zusammensetzung des Stoffes, Verhältnisse des Versenkungs- und Einleitungsortes, Art der Beseitigung gegeben werden und unter der Voraussetzung,

– daß die Abfälle nicht durch geeignete Mittel beseitigt werden können,

– daß eine aufgrund der vorliegenden wissenschaftlichen und technischen Kenntnisse vorgenommene Beurteilung weder sofort noch später nachteilige Auswirkungen auf die Gewässer erwarten läßt,

– daß sich daraus keine nachteiligen Auswirkungen für die Schiffahrt, die Fischerei, die Erholung, die Rohstoffgewinnung, die Meerwasserentsalzung, die Fisch- und Muschelzucht, die Gebiete von besonderer wissenschaftlicher Bedeutung und die übrigen rechtmäßigen Vorhaben der betreffenden Gewässer ergeben (Art. 5 EG-Richtlinie).

1194. In diesen Genehmigungsvoraussetzungen steckt das Dilemma der Richtlinie. Einerseits dürfen die Abfälle keinerlei nachteilige Auswirkungen haben. Andererseits heißt es in der Präambel der Richtlinie wörtlich: „Die Abfälle der Titandioxid-Produktion sind eine Gefahr für die Gesundheit des Menschen sowie für die Umwelt. Deshalb muß die durch diese Abfälle verursachte Verschmutzung verhütet und mit dem Ziel ihrer Ausschaltung schrittweise verringert werden." Entweder sind die Abfälle keine Gefahr, dann ist die Erteilung einer Genehmigung unter den genannten Voraussetzungen auch auf Dauer möglich. Oder die Abfälle sind eine Gefahr; dann ist es irreführend, die Genehmigungsvorausset-

zungen so zu formulieren, als ob die Gefahr ausgeschlossen werden könnte (vgl. Tz. 259 f.).

1195. Jede Einleitung und jedes Versenken muß von Maßnahmen der Kontrolle begleitet sein. Diese hat sich sowohl auf die Abfälle wie auf das betroffene „Milieu" zu beziehen und zwar unter physikalischen, chemischen, biologischen und ökologischen Aspekten. Sie ist gemäß Art. 7 EG-Richtlinie in regelmäßigen Abständen von den Behörden des Staates vorzunehmen, der die Genehmigung erteilt hat.

Die Kontrolle der Abfälle (s. Anhang II EG-Richtlinie) hat sich an folgenden Kriterien zu orientieren:

1. Kontrolle der Menge, der Zusammensetzung und Giftigkeit der Abfälle, um festzustellen, ob die Voraussetzungen für die Genehmigung erfüllt sind,

2. Untersuchungen über die akute Giftigkeit bei bestimmten Arten von Weichtieren, Krebsen, Fischen und Plankton und vorzugsweise bei Arten, die in den Einleitungsgebieten normalerweise vorkommen. Außerdem sind Untersuchungen am Salinenkrebs (Artemia salina) durchzuführen. Diese Untersuchungen dürfen innerhalb von 36 Stunden und bei einer Verdünnung der Abfallstoffe von 1:5000 bei ausgewachsenen Exemplaren der untersuchten Arten keine höhere Mortalität als 20% und bei Larven keine höhere Mortalität als bei einer nicht belasteten Kontrollgruppe ergeben.

1196. Die Kontrolle der Umwelt (s. Anhang II der Richtlinie) bezieht sich beim Einleiten und Einbringen auf die drei Bereiche Wassersäule, Organismen und Sedimente, wobei in regelmäßigen Zeitabständen die Entwicklung im betroffenen Gebiet beobachtet werden soll.

Die Kontrolle erstreckt sich auf

– den pH-Wert,

– den gelösten Sauerstoff,

– den Trübheitsgrad,

– das hydrierte Eisenoxid und das Eisenhydroxid in schwebendem Zustand,

– die toxischen Metalle im Wasser, in Schwebstoffen, in den Sedimenten und, akkumuliert, in ausgewählten benthischen und pelagischen Organismen,

– die Vielfalt sowie den relativen und absoluten Bestand der Tier- und Pflanzenwelt.

1197. Ergeben die Kontrollen der Abfälle, daß Genehmigungsvoraussetzungen nicht erfüllt oder daß bei Untersuchungen über die akute Giftigkeit die angegebenen Höchstwerte überschritten werden, so haben die zuständigen Behörden Abhilfe zu schaffen und gegebenenfalls für eine Aussetzung des Einleitens oder Einbringens zu sorgen. Die Kontrollen der Meeresumwelt des betroffenen Gebietes können dagegen nur dann Anlaß zu den genannten Maßnahmen sein, wenn sich eine „erhebliche Schädigung" der betreffenden Zone erweisen sollte; eine „einfache" Schädigung genügt dazu nicht (Art. 8 EG-Richtlinie).

1198. Um die Verschmutzung langfristig zu verringern, haben die einzelnen Mitgliedsstaaten Programme aufzustellen. Diese Programme müssen allgemeine Ziele für die Verringerung der Verschmutzung durch flüssige, feste und gasförmige Abfälle enthalten. Sie müssen alle bestehenden Industrieanlagen erfassen und Aufschluß darüber geben, welche Maßnahmen für jede dieser Anlagen zu treffen sind. Ferner haben sie Angaben über die Umweltverhältnisse, über die Maßnahmen zur Verringerung der Verschmutzung sowie über die Methoden der Behandlung der bei den Herstellungsverfahren unmittelbar anfallenden Abfällen zu enthalten. Es sind auch Zwischenziele anzugeben. Quantifizierte Vorgaben für die zu erreichenden Werte nennt die Richtlinie aus den bereits genannten Gründen allerdings nicht. Sie nennt nur Daten: Spätestens zum 1. Juli 1980 sind die nationalen Programme der Kommission zuzuleiten. Diese macht geeignete Vorschläge zur Harmonisierung der Programme unter dem Aspekt der Reduzierung der Verschmutzung und der Verbesserung der Wettbewerbsbedingungen dieses Industriezweiges. Spätestens am 1. Januar 1982 sollen die Mitgliedsstaaten mit der Durchführung eines Programmes beginnen und die festgelegten Ziele bis zum 1. Juli 1987 erreicht haben (Art. 9 EG-Richtlinie).

1199. Neue Industrieanlagen der Titandioxid-Produktion sind nur nach vorheriger Genehmigung zulässig. Vorher müssen Untersuchungen über die Umweltverträglichkeit angestellt werden. Eine Genehmigung darf nur erteilt werden, wenn das Unternehmen sich verpflichtet, nur die auf dem Markt verfügbaren Materialien, Verfahren und Technologien zu verwenden, die am wenigsten umweltschädlich sind (Art. 11 EG-Richtlinie).

Alle drei Jahre hat die Kommission dem Rat und dem Europäischen Parlament Bericht über die Anwendung der Richtlinie zu erstatten. Die Mitgliedsstaaten haben Angaben über ihre Erfolge bei der Verhütung und Verringerung der Verschmutzung durch Abfälle aus der Titandioxid-Produktion zu machen (Art. 12 EG-Richtlinie).

10.2.2.2.7 Schwachstellen im Bereich des Dumping

1200. Im Bereich der Verklappung und Verbrennung sieht der Rat folgende Schwachstellen (s. auch DU PONTAVICE, 1973, S. 124 f.; RAHN et al., 1979, S. 236 ff.):

– Das Ausmaß ungenehmigter Abfallbeseitigung auf See ist schwer abzuschätzen. Soweit von der Technik her keine Spezialschiffe für die Beseitigung von Abfällen auf See erforderlich sind, läßt sich nicht ausschließen, daß andere Frachter gegen Entgelt Abfälle zur Beseitigung auf See an Bord nehmen. Eine allgemeine Nachweispflicht für von Schiffen transportierte Güter besteht nicht.

– Der grenzüberschreitende Abfalltransport ist rechtlich nicht hinreichend erfaßt und bereitet der Überwachung Schwierigkeiten. Informationen über das Ausmaß der jeweils ins Ausland verbrachten Abfallmengen liegen nicht vor. Es be-

steht weder eine Verpflichtung, über Menge, Art und Wirkungsweise der grenzüberschreitend transportierten Abfälle einen Nachweis zu führen, noch für den Transport eine Genehmigung einzuholen.

– Die Überwachung des Verfahrens genehmigter Abfallbeseitigung auf See ist z. T. unbefriedigend. Demgegenüber erscheint die Kontrolle der Verbrennung auf See besser gewährleistet.

– Die Meldung der durch die Mitgliedsstaaten nach dem Dumping-Übereinkommen von Oslo jährlich in die Nordsee eingebrachten Stoffe erfolgt z. Z. noch schleppend oder gar nicht.

– Die Genehmigungs- und Überwachungspraxis wird in den einzelnen Staaten noch unterschiedlich gehandhabt.

– Die Möglichkeit, Stoffe der Schwarzen Liste in das Meer einzubringen, wenn sie nur als „Spurenstoffe" vorhanden sind, gibt dem Verfahren einen großen Spielraum.

– Für die Beurteilung der Schädlichkeit von nicht in den Schwarzen Listen der Abkommen erfaßten Stoffe auf die Meeresumwelt bestehen keine befriedigenden Testverfahren.

– Die ökologische Überwachung der Verklappungsgebiete geschieht in der Bundesrepublik Deutschland von Fall zu Fall von interessierten Forschern an biologisch arbeitenden Instituten. Das Deutsche Hydrographische Institut kann diese Überwachung nicht wahrnehmen.

10.2.2.3 Präventive Maßnahmen gegen eine Verschmutzung des Meeres beim Betrieb von Tank- und anderen Seeschiffen und durch Schiffsunfälle

10.2.2.3.1 Schiffssicherheit: Bau, Ausrüstung, Bemannung

10.2.2.3.1.1 Internationales Übereinkommen zum Schutz des menschlichen Lebens auf See, 1960 (SOLAS, 1960)

1201. Nach der Katastrophe des britischen Passagierdampfers „Titanic" wurde eine Konferenz nach London einberufen, die 1914 eine Konvention über den „Schutz des menschlichen Lebens auf See" (Safety of Life at Sea – SOLAS) annahm. Dieses Übereinkommen trat nicht in Kraft, blieb aber nicht ohne Wirkung auf den Schiffsbau. Technische Fortschritte machten die Formulierung neuer Konstruktionsmuster im Abkommen zuerst von 1929, dann von 1948 notwendig. SOLAS 1948 wurde durch SOLAS 1960 abgelöst. Dieses Übereinkommen trat 1965 in Kraft und ist auch heute noch verbindlich. Die Bundesrepublik Deutschland ist dem Vertrag mit Gesetz vom 6. 5. 1965 (BGBl. II, 1965, S. 465) beigetreten.

SOLAS 1960 (SIBTHORP, 1975, S. 115 ff.) dient ausschließlich der Rechtsvereinheitlichung auf dem Gebiet der Schiffssicherheit. Dies bedeutet aber zugleich einen wichtigen Beitrag zum Umweltschutz über die Verhinderung von Schiffsunfällen. Die dem Übereinkommen beitretenden Länder verpflichten sich, alle Vorschriften zu erlassen, die erforderlich sind, um dem Übereinkommen volle Wirksamkeit zu verleihen. Der Wortlaut der nationalen Vorschriften, eine Liste der nichtstaatlichen Stellen, die befugt sind, in Namen der Vertragsregierungen Maßnahmen zum Schutz des menschlichen Lebens auf See zu treffen, sowie Muster der aufgrund von SOLAS 1960 ausgestellten Zeugnisse sind der IMCO zu übermitteln.

1202. Das Übereinkommen gilt für alle Schiffe, die sich auf Auslandsfahrt befinden und im Schiffsregister eines Vertragsstaates eingetragen sind.

Um zu gewährleisten, daß ein Fahrgastschiff – das ist ein Schiff, das mehr als zwölf Personen befördert – die bestehenden Vorschriften einhält, unterliegt es folgenden Besichtigungen (Anlage A, Kap. I, Teil B, Regel 7):

– einer Besichtigung vor Indienststellung des Schiffes;

– einer regelmäßig alle zwölf Monate durchzuführenden Besichtigung;

– zusätzlichen Besichtigungen, wenn ein Anlaß dafür besteht.

Bei Frachtschiffen – das sind alle Schiffe, die keine Fahrgastschiffe sind – werden in gleichen Abständen die Rettungsmittel (diese aber regelmäßig nur alle 24 Monate), Funk- und Radaranlage, Schiffskörper, Maschinen und Ausrüstung besichtigt (Anlage A, Kap. I, Teil B, Regeln 8, 9 und 10).

Die Besichtigung erfolgt durch Bedienstete des Flaggenstaates; jedoch kann der Staat die Besichtigung den für diesen Zweck ernannten Besichtigern oder anerkannten Stellen übertragen (Anlage A, Kap. I, Teil B, Regel 6).

Über die Besichtigung wird ein Zeugnis ausgestellt, welches die Vertragsstaaten gegenseitig anerkennen (Anlage A, Kap. I, Teil B) sowie Anhang zu Anlage A (BGBl. II, 1965, S. 719).

1203. Um Verbesserungen von SOLAS 1960 zu ermöglichen, ist jeder Vertragsstaat verpflichtet, Seeunfälle zu untersuchen, die ihren von SOLAS erfaßten Schiffen zustoßen, wenn er der Ansicht ist, daß die Untersuchung zu besseren Regelungen beitragen kann. Die Ergebnisse der Untersuchung sind der IMCO zu übermitteln (Anlage A, Kap. I, Teil C, Regel 21).

1204. *Im Abkommen finden sich ausführliche Regelungen über die Bauart neuer Schiffe. Neue Schiffe sind solche, deren Kiel am Tage des Inkrafttretens des Übereinkommens oder später gelegt wurde. SOLAS 1960 hat also keine rückwirkende Kraft. Auf ältere Schiffe sind die Vorschriften anwendbar, die zur Zeit der Kiellegung galten. Unter Zugrundelegung bestimmter Formeln sind Flutbarkeit und Länge der Abteilungen zu berechnen. Soweit möglich, muß das Schiff einen Doppelboden haben. Mit jedem Schiff ist vor Indienststellung ein Krängungsversuch durchzuführen, aufgrund dessen die Grundwerte seiner Stabilität festgestellt werden.*

Auch Maschinen und elektrische Anlagen sind Regelungsgegenstand. Auf jedem Schiff, auf dem elektrische Energie für den Antrieb unumgänglich ist, müssen zwei Hauptstromerzeugeraggregate vorhanden sein. Alle Schiffe müssen eine Notstromquelle haben und mit einer Haupt- und einer Hilfsruderanlage ausgerüstet sein.

Andere Vorschriften befassen sich mit dem Feuerschutz, der Feueranzeige und Feuerlöschung und mit allgemeinen Brandschutzmaßnahmen. Die dafür maßgebenden Grundsätze sind Trennung der Unterkunftsräume vom übrigen Schiff durch wärmedämmende und bauliche Unterteilungen, Begrenzen, Löschen oder Anzeigen jedes Brandes am Brandherd, Sicherung der Ausgänge.

Schließlich werden Regeln über Rettungsmittel, Telegraphiefunk und Sprechfunk, Sicherung der Seefahrt (durch Gefahrmeldungen, Austausch meteorologischer Daten etc.) und die Beförderung von Getreide aufgestellt.

SOLAS 1960 findet auch auf alle Reaktorschiffe mit Ausnahme von Kriegsschiffen Anwendung (Anlage A, Kap. VIII).

Für die Besichtigungen gelten die allgemeinen Vorschriften, diese sind jedoch mindestens einmal jährlich durchzuführen. Dabei ist auch der Sicherheitsbericht zu überprüfen. Die Geltungsdauer der Zeugnisse ist auf höchstens zwölf Monate beschränkt.

1205. SOLAS 1960 enthält u.a. auch Vorschriften über die Beförderung gefährlicher Güter. Diese Vorschriften haben für den Schutz der Meeresumwelt besonderes Gewicht (Anlage A, Kap. VIII).

Sie finden Anwendung auf die Beförderung dieser Güter in allen Schiffen, ausgenommen die Beförderung von Vorräten und Ausrüstung sowie Ladungen in eigens für diesen Zweck gebauten oder umgebauten Schiffen, beispielsweise Tankschiffen. Der Begriff der gefährlichen Güter wird nicht definiert, es erfolgt aber eine Aufzählung einer Reihe von Stoffen durch Einteilung in insgesamt neun Klassen. Die Verpackung eines gefährlichen Gutes muß so beschaffen sein, daß sie der Beanspruchung einer Seereise standhält, insbesondere daß innere Oberflächen mit denen der Inhalt in Berührung kommen kann, nicht angegriffen werden. Jeder Behälter, der ein gefährliches Gut enthält, muß mit den richtigen technischen Namen (nicht unbedingt identisch mit dem Handelsnamen) bezeichnet und mit einem besonderen Kennzeichen versehen sein, um die Art der Gefährlichkeit anzuzeigen. Der technische Name ist in allen Urkunden zu verwenden, die sich auf die Beförderung beziehen. In der Urkunde müssen genaue Angaben gemacht werden, zu welcher Klasse das Gut gehört. Jedes Schiff, das gefährliche Güter befördert, muß ein besonderes Verzeichnis mitführen, in dem die an Bord befindlichen gefährlichen Güter aufgeführt sind und der Platz, an dem sie gestaut sind, angegeben ist. An Stelle dieses Verzeichnisses kann auch ein ausführlicher Stauplan verwendet werden.

Besondere Vorschriften gelten für den Transport von Explosionsstoffen.

1206. *Das deutsche „Gesetz über die Beförderung gefährlicher Güter" vom 6. 8. 1975 (BGBl. I, S. 2121) definiert gefährliche Güter als „Stoffe und Gegenstände, von denen aufgrund ihrer Natur, ihrer Eigenschaften oder ihres Zustandes im Zusammenhang mit der Beförderung Gefahren für die öffentliche Sicherheit oder Ordnung, insbesondere für die Allgemeinheit, für wichtige Gemeingüter, für Leben und Gesundheit von Menschen sowie für Tiere und andere Sachen ausgehen können" (§ 2 I). Die auf diesem Gesetz beruhende „Verordnung über die Beförderung gefährlicher Güter mit Seeschiffen" vom 5. 7. 1978 (BGBl. I, S. 1017) präzisiert und erweitert SOLAS 1960. Sie gilt für die Beförderung gefährlicher Güter mit Schiffen, die berechtigt sind, die Bundesflagge zu führen, mit Einschränkungen auch für*

Schiffe fremder Flaggen, die sich in den Hoheitsgewäs-
sern der Bundesrepublik Deutschland befinden. Anders
als in SOLAS 1960 gibt es keine Ausnahme für Schiffe,
die ausschließlich für den Transport gefährlicher Güter
gebaut wurden. Gefährliche Güter sind die in den Anla-
gen A und B genannten Stoffe und Gegenstände, auch
hier erfolgt eine Einteilung in verschiedene Klassen. Die
Verpackungen müssen entweder bestimmten Normen
entsprechen oder von der Bundesanstalt für Material-
prüfung zur Beförderung zugelassen worden sein. Zu-
sammenpackungen sind nur unter gewissen Vorausset-
zungen gestattet. Die Versandstücke sind entsprechend
SOLAS zu kennzeichnen.

Der Hersteller gefährlicher Güter hat dem Versender
eine besondere Bescheinigung zu übergeben, in der An-
gaben über das Gut zu machen sind. Ferner ist in der
Bescheinigung die Beförderungseignung zu erklären.
Die Angaben müssen in einen besonderen Verladeschein
(den. sog. „Schiffszettel") übernommen werden. Der
Aussteller des Schiffszettels – in der Regel der Versender
– ist verpflichtet, den Gütern Unfallmerkblätter beizuge-
ben, aus denen sich in knapper Form ergibt, wie bei
Zwischenfällen mit dem Gut zu verfahren ist.

1207. *Auf den Schiffen sind bestimmte Sicherheits-*
maßnahmen zu ergreifen und Verhaltensregeln zu be-
achten. Dazu zählen das schon im Zusammenhang mit
SOLAS erwähnte Verzeichnis, das auf Verlangen zur
Prüfung herausgegeben werden muß. Die Besatzung ist
darüber zu unterrichten, daß und wo sich die gefährli-
chen Güter an Bord befinden. Die Ladung muß regelmä-
ßig kontrolliert werden. Werden Mängel festgestellt oder
ereignen sich im Zusammenhang mit der Beförderung
Unfälle, so ist der Bundesminister für Verkehr zu ver-
ständigen. Im Bereich der Ladung sind das Rauchen und
die Verwendung von Feuer und offenem Licht verboten.
An elektrische Anlagen in Laderäumen sind erhöhte
Anforderungen gestellt.

1208. *Erhöhte Anforderungen gelten auch für den Um-*
schlag gefährlicher Güter. So ist der Umschlag nur auf
den hierfür von der Strom- und Schiffahrtspolizei be-
kanntgemachten Umschlagstellen gestattet. Der Um-
schlag ist rechtzeitig vorher anzuzeigen. Besondere Vor-
schriften enthält die Verordnung für das Laden und
Löschen mit brennbaren Gasen und entzündbaren Flüs-
sigkeiten.

Schließlich statuiert die Verordnung eine Reihe von Tat-
beständen, die als Ordnungswidrigkeiten mit Geldbußen
bis zu 100 000 DM geahndet werden können.

10.2.2.3.1.2 Internationales Übereinkommen zum Schutz des menschlichen Lebens auf See, 1974 (SOLAS, 1974) mit Protokoll 1978

1209. Am 4. 11. 1974 wurde in London ein neues
Übereinkommen zum Schutz des menschlichen Lebens auf See (SOLAS 1974) angenommen (Text in
ILM Bd. 14 (1974), S. 959 ff.). Es tritt zwölf Monate
nach dem Tag in Kraft, an dem mindestens 25 Staaten, deren Handelsflotte insgesamt mindestens 50%
des Bruttoraumgehalts der Welthandelsflotte ausmachen, Vertragsparteien geworden sind. Die Bundesrepublik Deutschland hat das Übereinkommen
bereits ratifiziert (BGBl. II, 1980, S. 717 f.). Es tritt
am 25. 5. 1980 in Kraft. Nach der Mitteilung des
Bundesverkehrsministeriums – See – vom 31. 1. 1980

(Info 5/79) tritt gleichzeitig die Neufassung der
Schiffssicherheitsverordnung in Kraft.

SOLAS 1974 ist dazu bestimmt, SOLAS 1960 abzu-
lösen. Die allgemeinen Bestimmungen wie Rechtsvereinheitlichung, Austausch von Gesetzestexten,
regelmäßige obligatorische Besichtigungen usw.
bleiben unverändert.

Die verschärften Vorschriften über die Bauart der
Schiffe finden nur auf neue Schiffe Anwendung. Für
ältere Schiffe gelten die Regeln von SOLAS 1960
weiter. Alle Schiffe, die vor SOLAS 1960 auf Kiel
gelegt wurden, müssen dem Standard von SOLAS
1948 entsprechen.

1210. *Alle Schiffe über 1600 BRT sind künftig mit*
einer Kreiselkompaßanlage auszurüsten. Alle Schiffe
über 500 BRT müssen über eine Echolotanlage verfü-
gen. Dadurch wird in Zukunft die Navigation wesentlich
erleichtert. Die Wassertiefe kann schneller und genauer
festgestellt werden, Grundberührungen werden vermie-
den. Kreiselkompaß und Echolot gehören auf deutschen
Schiffen zur Standardausrüstung, auch auf solchen älte-
rer Bauart.

Im Kapitel über Brandschutz, Feueranzeige und Feuer-
löschung wurden die maßgebenden Grundsätze ver-
schärft. In Zukunft sind beim Bau von Schiffen folgende
Regeln zu beachten:

- *Einteilung des Schiffes in senkrechte Hauptbrandab-*
  schnitte durch wärmedämmende und bauliche Unter-
  teilungen;
- *Trennung der Unterkunftsräume vom übrigen Schiff*
  durch wärmedämmende und bauliche Unter-
  teilungen;
- *beschränkte Verwendung brennbarer Werkstoffe;*
- *Anzeigen jedes Brandes im Abschnitt seiner Entste-*
  hung;
- *Begrenzen und Löschen jedes Brandes am Brand-*
  herd;
- *Sicherung der Fluchtwege oder der Zugänge für die*
  Brandbekämpfung;
- *sofortige Verwendungsbereitschaft der Feuerlöschein-*
  richtungen;
- *Herabsetzung der Möglichkeit der Entzündung ent-*
  zündbarer Ladungsdämpfe auf ein Mindestmaß.

1211. Besondere Vorschriften gelten für Brandschutzmaßnahmen bei neuen Tankern. Jeder Tanker
über 100000 tdw muß mit einem fest eingebauten
Deckbeschäumungssystem und einem fest eingebauten Inertgassystem ausgestattet sein. Mit dem Inertgassystem werden geleerte Tanks sofort mit einem
sauerstoffarmen Gasgemisch gefüllt, so daß die Entwicklung von explosiven Gas-Sauerstoff-Gemischen
in den leeren Tanks verhindert wird. Andere Einrichtungen auf den Schiffen sind gestattet, sofern sie
einen gleichwertigen Schutz gewährleisten.

1212. Auch SOLAS 1974 stellt nicht mehr den
neuesten Stand der Entwicklung dar. Anfang 1978
nahm die Internationale Konferenz über Tankersicherheit und Verhütung der Meeresverschmutzung
das "Protocol Relating to SOLAS 1974" an
(ILM Bd. 17 (1978), S. 579 ff.). Eine deutsche Fassung

des Protokolls existiert noch nicht. Hinsichtlich der Übersetzung lehnt sich die Darstellung daher an die Aufsätze von STELTER (1978a) S. 635ff. und (1978b) S. 301ff. an. Dieses Protokoll tritt sechs Monate nach dem Tag in Kraft, an dem mindestens fünfzehn Staaten mit mindestens 40% der Welthandelsflotte unter ihren Flaggen Vertragsparteien geworden sind, jedoch nicht vor SOLAS 1974. Dieser Zeitpunkt ist noch nicht erreicht, auch die Bundesrepublik Deutschland hat es noch nicht ratifiziert.

Durch das Protokoll werden zahlreiche Vorschriften von SOLAS 1974 geändert bzw. erweitert.

1213. *Für alle Schiffe gilt künftig, daß unangemeldete Zwischenbesichtigungen durchgeführt werden können. Beauftragte Besichtiger oder anerkannte Organisationen haben das Recht, eine Reparatur anzuordnen oder auf Anforderung der zuständigen Behörde des Hafenstaates Kontrollen durchzuführen. Alle Schiffe mit mehr als 1600 BRT müssen in Zukunft eine und alle Schiffe über 10 000 BRT zwei unabhängig voneinander arbeitende Radaranlagen haben, was zu einer gesicherten Navigation insbesondere bei Nebel führt. Die Kosten betragen ca. 40 000 DM je Schiff.*

1214. *Für die Besichtigung von Tankern wird detailliert vorgeschrieben, worauf sich eine Besichtigung zu erstrecken hat. Für mehr als zehn Jahre alte Tanker ist eine obligatorische Zwischenbesichtigung nach Ablauf der halben Laufzeit des jeweiligen Zeugnisses vorgesehen.*

Alle Tanker von 10 000 BRT und mehr müssen über zwei voneinander unabhängige Ruderanlagen verfügen. Dadurch ist auch bei Ausfall einer Ruderanlage die Manövrierfähigkeit noch gewährleistet. In vorhandene Tanker ist die zweite Ruderanlage binnen zwei Jahren einzubauen. Die Kosten belaufen sich auf etwa 50 000,– bis 100 000,– DM je Schiff. In der Bundesrepublik Deutschland zählt die doppelte Ruderanlage auch bei Schiffen älterer Bauart zur Standardausrüstung.

Bei neuen Tankern von 10 000 BRT oder mehr müssen zu der Ruderanlage zwei oder mehr vollwertige Kraftstationen gehören, die einzeln oder zusammen bestimmte Manöver ausführen können müssen. Die Ruderanlage ist zwölf Stunden vor Abfahrt in einem genau festgelegten Testverfahren zu überprüfen. „Neue Tanker" im Sinne des Protokolls sind solche, die nach dem 1. 6. 1979 in Auftrag gegeben oder deren Kiel nach dem 1. 1. 1980 gelegt oder aber solche, die zu diesen Zeitpunkten in größerem Umfang umgebaut werden sollen. Die Begriffsbestimmung gilt auch für die Ablieferung bzw. Beendigung der Umbauarbeiten von Tankern nach dem 1. 6. 1982.

Auch die Regeln über den Feuerschutz für Tanker werden verschärft. Jeder neue Tanker von 20 000 tdw und mehr muß mit einem Deckbeschäumungssystem und einer Inertgasanlage (oder mit vergleichbaren Einrichtungen) ausgerüstet sein. Für vorhandene Tanker gelten Übergangsvorschriften.

10.2.2.3.1.3 Internationale Übereinkommen über Ausbildung, Befähigung und den Wachdienst von Seeleuten, 1978

1215. Das Übereinkommen ist von besonderer Bedeutung für die Schiffssicherheit. Denn wie die Amoco-Cadiz-Katastrophe gezeigt hat, sind auch modern ausgerüstete Schiffe keineswegs gegen Unglücke gefeit, wenn Eignung oder Zuverlässigkeit von Kapitän und Besatzung nicht ausreichen. Das Übereinkommen wird allerdings erst zwölf Monate nach dem Zeitpunkt in Kraft treten, an dem es von mindestens 25 Staaten mit zusammen mindestens 50% Anteil an der Welttonnage von Schiffen über 100 BRT ratifiziert worden ist. Darüber hinaus sieht es Übergangsperioden vor.

Das Übereinkommen gilt im wesentlichen für alle Schiffe der Vertragsstaaten. Die Vertragsstaaten sind verpflichtet, das Übereinkommen in nationales Recht umzusetzen, die Texte ihrer Ausbildungsvorschriften der IMCO zuzusenden, die die anderen Vertragsstaaten davon unterrichtet, sowie ihre nationalen Befähigungszeugnisse mit einem international genormten Aufdruck zu versehen (zum folgenden s. FRANZ u. HAPKE, 1978, S. 1255ff.).

1216. Das Übereinkommen dient dazu, einen Mindeststandard an Ausbildungs- und Patentvorschriften für die Besetzung einzelner Funktionen an Bord von Schiffen festzulegen. Tankerbesatzungen sollen eine zusätzliche Ausbildung erhalten.

Die Prüfungs- und Patentvoraussetzungen nach dem Übereinkommen sind leider weniger anspruchsvoll als die, die in den klassischen Schiffahrtsländern seit langem praktiziert werden. Der Grund hierfür ist darin zu sehen, daß möglichst alle Staaten (auch die Entwicklungsländer) das Übereinkommen ratifizieren sollen. Bedenklich erscheinen erleichterte Bedingungen für Ausbildung und Patenterteilung für Kapitäne, nautische und maschinentechnische Offiziere, die auf Schiffen in „near-coastal voyages" Dienst tun. Da der Begriff „near-coastal voyages" so gefaßt ist, daß jeder Vertragsstaat ein Gebiet in der Nähe seines Staates für solche Reisen festsetzen kann und daß Schiffe eines Vertragsstaates, die im so festgesetzten Gebiet eines anderen Vertragsstaates fahren wollen, dort ebenfalls Besatzungen mit geringeren Ausbildungsanforderungen einsetzen können, ist die Möglichkeit einer „weltweiten Küstenfahrt" gegeben. Darüber hinaus läßt das Übereinkommen verschiedene Ausnahmen zu. So darf – was u.a. von deutscher Seite erfolglos bekämpft wurde – ein Mannschaftsdienstgrad für kurze Zeit auch den niedrigsten Offiziersposten besetzen.

1217. *Alle Schiffe – also auch solche von Nichtvertragsstaaten – unterliegen der Kontrolle in den Häfen der Vertragsstaaten. Ergibt die Überprüfung einen Verstoß gegen das Übereinkommen, so ist dies dem Kapitän des Schiffes, und der nächsten diplomatischen Vertretung des Flaggenstaates zu melden, und um Abhilfe nachzusuchen. Wenn die Mängel nicht beseitigt werden, und dadurch eine Gefahr für Menschenleben, fremdes Eigentum oder die Umwelt besteht, kann das Schiff festgehalten werden.*

Vom Leiter der deutschen Delegation ist trotz Kritik an Einzelpunkten hervorgehoben worden, daß das Übereinkommen insofern ein wesentlicher Schritt zur Verbesserung der Sicherheit auf See ist, als es zum ersten Mal internationale Mindestanforderungen setzt, die geeignet sind, das Ausbildungsniveau in solchen Staaten zu he-

*ben, in denen bisher keine oder nur unzulängliche Aus-
bildungs- und Patentvorschriften gelten.*

1218. Ein weiterer Schritt zur Sicherheit auf See ist
durch das noch nicht in Kraft getretene Abkommen
Nr. 147 der International Labour Organisation (ILO)
in Genf von 1976 eingeleitet worden. Dieses setzt für
alle Schiffe eine ausreichende Mindestbesatzung
fest. Dadurch sollen Unterbesetzungen verhindert
werden. Bei diesem Abkommen handelt es sich um
ein Rahmenübereinkommen, in dem sich die Mitgliedsstaaten damit einverstanden erklären, nachzu-
prüfen, ob minimale Sicherheitsbestimmungen, die
denen in anderen internationalen ILO-Übereinkom-
men entsprechen, in ihren Rechtsvorschriften schon
vorgesehen sind und ggf. entsprechende Rechtsvorschriften anzunehmen.

10.2.2.3.1.4 Schwachstellen

1219. Im Bereich der Schiffssicherheit stimmt der
Rat mit RAHN[1] et al. (1979) überein. Trotz beachtli-
cher Fortschritte weist er auf die folgenden
Schwachstellen hin:

- Überalterte Schiffe befinden sich z. T. in schlechtem Zustand. Der Zeitraum für Hauptinspektio-
  nen zur technischen Überwachung des vorgeschriebenen Sicherheitszustandes ist nur für
  Tankschiffe, nicht für andere Frachtschiffe verkürzt worden.

- Die technischen Möglichkeiten zur Verbesserung
  der Manövrierfähigkeit von Tankschiffen werden
  nicht generell genutzt. Der Ausfall der Steueran-
  lage in Küstennähe oder in der Revierfahrt erhöht
  die Gefahr einer Kollision oder Strandung außerordentlich.

- Die doppelte Ausführung der Hydraulik und Elek-
  tronik der Ruderanlage, des Radargerätes und des
  Kompasses ist nicht generell vorgeschrieben.

- Bei Tankschiffen sind Inertgasanlagen nicht generell vorgeschrieben. Die älteren Tankschiffe sind
  zu einem großen Teil noch nicht nachgerüstet.

- Bei Tankschiffen werden zu einem erheblichen
  Teil noch ungenügende Anker und Ketten verwendet.

- Die Qualifikation- und Bemannungsrichtlinien
  sind international uneinheitlich. Unterbesetzungen bleiben häufig unbemerkt.

10.2.2.3.2 Betriebssicherheit in bezug auf Öl- und Chemikalientransporte sowie Schiffsabfälle und -abwässer

10.2.2.3.2.1 Internationales Übereinkommen zur Verhütung der Verschmutzung der See durch Öl, 1954 (OILPOL, 1954) und seine Änderungen

1220. Die Belastung des Meeres durch Stoffe, die
mit dem Betrieb von Schiffen zusammenhängen, ist
früh als Problem erkannt worden. Zunächst wurde

allerdings Öl als einzige gefährliche Substanz angesehen. Andere Stoffe wie Chemikalien, Schiffsabfälle oder -abwässer waren noch nicht angesprochen.
Demgemäß beschränkte sich die erste internationale
Übereinkunft auf diesem Gebiet darauf, die Ölverschmutzung einzuschränken. Dieses „Internationale
Übereinkommen zur Verhütung der Verschmutzung
der See durch Öl, 1954" (OILPOL, 1954) ist in der
Folgezeit mehrfach geändert worden. Es ist heute
noch in Kraft und gilt in der Fassung vom 31. Dezember 1978 (BGBl. II, S. 62). (Zu den Änderungen
von OILPOL und zum Inhalt siehe auch SIBTHORP,
1975, S. 120 ff.; DU PONTAVICE, 1968, S. 92 ff.;
SCHULTHEISS, 1973, S. 189 ff.; und zu OILPOL
1954, HECKER, 1961, S. 986 ff.)

Seine räumliche Geltung richtet sich nach dem im
Seevölkerrecht geltenden Flaggenstaatsprinzip, wonach Übereinkommen auf die im Gebiet eines Vertragsstaates registrierten Schiffe anzuwenden sind.
Sachlich gilt das Übereinkommen für Schiffe über
150 BRT.

1221. Zur Erreichung des Zweckes, das Ablassen
von Öl zu verhindern, waren ursprünglich Verbotszonen eingerichtet worden, zu denen auch die Nordsee gehörte. Dieses Prinzip ist aber unterdessen aufgegeben und durch eine nach Tankschiffen und anderen Schiffen differenzierende Regelung ersetzt
worden, die insgesamt das Ablassen von Öl und ölhaltigem Gemisch erheblich einschränkt. Im gesamten Geltungsbereich des Übereinkommens, also auch
außerhalb der bisherigen Verbotszonen, ist das Ablassen nur noch unter Bedingungen gestattet, die den
bis dahin innerhalb der Verbotszone geltenden
gleichwertig sind. Der küstennahe Bereich wird besonders geschützt, indem für die bisher als Verbotszone behandelte 50 Seemeilen breite Küstenzone ein
totales Verbot des Ablassens von Öl und ölhaltigem
Gemisch durch Tankschiffe eingeführt ist. Die Änderung vom 21. 10. 1969 ist am 20. 1. 1978 international
in Kraft getreten (Annual Report of the IMCO
1976/77, S. 14). Durch verschärfte Anforderungen
soll nicht nur der Ölgehalt des abgelassenen Gemisches weiter eingeschränkt, sondern zugleich eine
bessere Verteilung des Öls über eine möglichst große
Meeresfläche erreicht werden. Dadurch wird dem
Umstand Rechnung getragen, daß der Grad einer
möglichen Meeresverschmutzung weniger von dem
Ölgehalt des Schiffsablasses als von der absoluten
Menge des an einer bestimmten Stelle abgelassenen
Öls abhängt. Zugleich soll durch Änderungen ein
Anreiz gegeben werden, bei der Tankreinigung Verfahren anzuwenden, die es überflüssig machen, die
bei der Tankreinigung verbleibenden Ölrückstände
außenbords zu pumpen (s. auch Abschn. 4.8).

1222. *Tankschiffen ist es nur erlaubt, Öl oder ölhaltige
Gemische abzulassen, wenn folgende Bedingungen erfüllt sind:*

---

[1] Folgende Darstellung stützt sich weitgehend auf RAHN et al.
(1979, S. 201 ff.).

– das Tankschiff fährt auf seinem Kurs;

– die jeweilige Öl-Ablaßrate ist nicht größer als 60 Liter je Meile;

– die Gesamtmenge des auf einer Ballastreise abgelassenen Öls ist nicht größer als ein Fünfzehntausendstel der gesamten Ladefähigkeit;

– das Tankschiff ist mehr als 50 Meilen vom nächstgelegenen Land entfernt.

Diese Beschränkungen finden keine Anwendung auf das Ablassen von Ballast aus einem Ladetank, der seit der letzten Beförderung von Ladung so gereinigt worden ist, daß Ausflüsse daraus, wenn sie aus einem stilliegenden Tankschiff bei klarem Wasser in sauberes ruhiges Wasser abgelassen würden, keine sichtbaren Ölspuren auf der Wasserfläche hinterlassen würden.

1223. *Anderen Schiffen ist es nur erlaubt, Öl und ölhaltige Gemische abzulassen, wenn folgende Bedingungen erfüllt sind:*

– das Schiff fährt auf seinem Kurs;

– die jeweilige Ölablaßrate ist nicht größer als 60 Liter je Meile;

– der Ölgehalt der abgelassenen Flüssigkeit ist geringer als 100 Teile auf 1 000 000 Teile Gemisch;

– das Ablassen erfolgt in möglichst weiter Entfernung von der Küste.

Das Ablassen von Ölrückständen, die bei Heiz- oder Schmierölreinigungen oder -klärungen anfallen, unterliegt denselben Regeln, die für das Ablassen von Öl und ölhaltigem Gemisch gelten. Außerdem ist ein Schiff so auszurüsten, daß das Eindringen jeglichen Öls in die Bilge verhindert wird.

1224. *Die Vertragsstaaten werden durch das Übereinkommen verpflichtet, in ihren Haupthäfen geeignete Anlagen einzurichten, die es ohne unangemessene Verzögerung für die Schiffe ermöglichen, Rückstände des ölhaltigen Ballast- und Tankwaschwassers aufzunehmen.*

Ferner besteht für alle Schiffe die Verpflichtung zur Führung eines Öltagebuches. Nach der „Verordnung über die Form und Führung der Öltagebücher" (BGBl. I, 1979, S. 229) ist dieses Tagebuch folgendermaßen zu führen:

Die Tagebuchpflicht gilt auf jedem Tankschiff von 150 BRT und mehr sowie auf jedem anderen Schiff von 500 BRT und mehr, das Öl zum Antrieb verwendet. In das Öltagebuch für Tanker ist einzutragen:

– das Füllen der Ladetanks mit Ballastwasser, das Lenzen des Ballastwassers und die Reinigung der Ladetanks;

– das Absetzen in Setztanks und das Lenzen von Wasser,

– die Abgabe von Ölrückständen des Schiffes aus Setztanks und sonstigen Sammelstellen,

– das ungewollte oder das durch außergewöhnliche Umstände verursachte Ablassen oder Auslaufen von Öl.

In das Öltagebuch für Nichttanker ist einzutragen:

– das Füllen der Bunkeröltanks mit Ballastwasser, das Lenzen dieses Ballastwassers und die Reinigung der Bunkeröltanks während der Reise,

– die Abgabe von Ölrückständen des Schiffes aus Bunkeröltanks und sonstigen Sammelstellen,

– das ungewollte oder das durch außergewöhnliche Umstände verursachte Ablassen oder Auslaufen von Öl.

1225. Von der IMCO wurden am 15. 10. 1971 Ergänzungen zum Übereinkommen, die die Anordnung von Tanks und die Tankgrößen betreffen (ILM Bd. 11 (1972), S. 267) verabschiedet; sie sollen durch schiffbauliche Vorschriften das Ablassen von Öl im Rahmen der Bordroutine vermindern. Sie sind allerdings noch nicht in Kraft und auch von der Bundesrepublik Deutschland noch nicht ratifiziert worden.

Die Durchführung des Übereinkommens auf internationaler Ebene hat die IMCO übernommen. Ihr ist der Wortlaut der im Gebiet der Vertragsstaaten geltenden Gesetze, Verordnungen, Anordnungen und Verwaltungsvorschriften zur Durchführung des Übereinkommens zu übersenden. Da den Vertragsstaaten an einem den Erfordernissen der Praxis angepaßten Übereinkommen lag, Änderungen daher von vornherein in Betracht gezogen wurden, sind der IMCO außerdem alle amtlichen Berichte über die bei der Anwendung des Übereinkommens gesammelten Erfahrungen zuzustellen. Weitergehende Befugnisse beim Vollzug dieses Übereinkommens sind der IMCO nicht zugesprochen.

1226. *Auch hier gilt das Flaggenstaatprinzip, nach dem der direkte Zugriff auf ein Schiff nur dem jeweiligen Flaggenstaat zusteht (STEIGER u. DEMEL, 1979, S. 213). Das Prinzip war jedoch schon in der Fassung des Übereinkommens von 1954 insoweit abgeschwächt, als die für das jeweilige Staatsgebiet zuständigen Behörden, auf den diesem Übereinkommen unterworfenen Schiffen, während des Aufenthalts in einem Hafen, das Öltagebuch einsehen, daraus genaue Abschriften jeder Eintragung fertigen lassen, und die Richtigkeit dieser Abschriften vom Kapitän bescheinigen lassen konnten. Insoweit waren die Kontrollbefugnisse der Vertragsstaaten erweitert auf die in ihren Häfen liegenden Schiffe anderer Vertragsstaaten. Die Verfolgung von Zuwiderhandlungen obliegt den Vertragsstaaten jeweils für die unter ihrer Flagge fahrenden Schiffe (WOLFRUM, 1975 b, S. 204). Im Fall von Zuwiderhandlungen eines anderen Vertragsstaates kann der Vertragsstaat dem anderen Staat schriftlich mitteilen, welche Tatsachen aus seiner Sicht als erwiesen gelten. Dieses Recht steht ihm ohne Rücksicht darauf zu, wo die Zuwiderhandlung begangen wurde. Der Staat, dem die Anzeige erstattet worden ist, hat den Sachverhalt zu prüfen und kann den mitteilenden Staat um weitere und genauere Einzelheiten über die Zuwiderhandlung ersuchen. Gelangt der Flaggenstaat zu der Ansicht, daß der Tatverdacht ausreicht, um eine Verfolgung des verantwortlichen Reeders oder Kapitäns einzuleiten, so hat er für eine möglichst rasche Verfolgung zu sorgen, und sowohl den mitteilenden Staat als auch die IMCO über alle aufgrund der Mitteilung getroffenen Maßnahmen zu unterrichten. Mit dieser Vorschrift soll sichergestellt werden, daß der benachrichtigende Staat über das von ihm angeregte Verfahren Mitteilung erhält. Nur so ist es für den anzeigenden Staat möglich, das durch seine Mitteilung ausgelöste Verfahren zu verfolgen.*

Die IMCO soll über solche Vorgänge informiert werden, um daraus Schlüsse für die Wirksamkeit des Übereinkommens ziehen zu können. Durch die Berichtspflicht soll aber auch der jeweilige Flaggenstaat unter Druck gesetzt werden, ihm angezeigte Zuwiderhandlungen tatsächlich zu verfolgen.

1227. Verstöße gegen die Ablaßverbote des Übereinkommens sind nach den Gesetzen des Flaggenstaates zu bestrafen. Die Anforderungen an die Sanktionsregeln der Vertragsstaaten wurden im Laufe der Zeit konkretisiert und verschärft. War es früher den Vertragsstaaten überlassen, auf welche Art und Weise sie gegen Verstöße vorgehen und wie sie Verstöße bestrafen wollten, so wurde später festgelegt, daß die Strafen für das unerlaubte Ablassen von Öl oder ölhaltigen Gemischen außerhalb des Küstenmeeres des betreffenden Gebietes hinreichend schwer sein müssen, um abschreckend zu wirken. Außerdem dürfen die Strafen nicht milder sein als die Strafen, die nach dem Recht dieses Hoheitsgebietes für die gleichen Zuwiderhandlungen innerhalb des Küstenmeeres verhängt werden.

1228. Die deutschen Strafvorschriften drohen für den Fall einer Zuwiderhandlung gegen die Reinhaltungsvorschriften Freiheitsstrafe bis zu zwei Jahren oder Geldstrafe an. Wird die Tat fahrlässig begangen, so beträgt die Freiheitsstrafe bis zu sechs Monaten oder Geldstrafe bis zu 180 Tagessätzen. Als Ordnungswidrigkeit wird das Unterlassen der vorgeschriebenen Eintragungen in das Öltagebuch oder das unrichtige Eintragen der Angaben eingestuft. Die Ordnungswidrigkeit wird mit einer Geldstrafe bis zu 10 000 DM geahndet. Die Zuständigkeit für die Verfolgung und Ahndung von Ordnungswidrigkeiten liegt neuerdings beim DHI (Verordnung zur Übertragung von Zuständigkeiten für die Verfolgung und Ahndung von Ordnungswidrigkeiten nach dem Gesetz über das Internationale Übereinkommen zur Verhütung der Verschmutzung der See durch Öl, 1954, vom 24. 7. 1979, BGBl. I, S. 1262).

10.2.2.3.2.2 Internationales Übereinkommen zur Verhütung der Meeresverschmutzung durch Schiffe, 1973 (MARPOL 1973) und Protokoll (1978)

1229. Im Jahre 1973 wurde auf einer internationalen Konferenz über Meeresverschmutzung ein „Internationales Übereinkommen zur Verhütung der Meeresverschmutzung durch Schiffe" beschlossen (ILM, Bd. 12 (1973), S. 1399 ff.). In diesem Übereinkommen, das bisher völkerrechtlich noch nicht in Kraft getreten und auch von der Bundesrepublik Deutschland noch nicht ratifiziert worden ist, wird erstmals versucht, alle durch den Transport mit Schiffen und durch den Schiffsbetrieb verursachten Verschmutzungen rechtlich zu erfassen. Dabei handelt es sich um Öl, um andere schädliche Stoffe, die als Massengut befördert werden (Chemikalien), um Schadstoffe, die in verpackter Form oder in Containern, ortsbeweglichen Behältern oder Straßen- und Schienentankwagen auf See befördert werden, um Abwasser aus Schiffen und um Müll von Schiffen.

Das Übereinkommen verfolgt das Ziel, die betriebsbedingte Verschmutzung des Meeres durch Öl und andere Schadstoffe völlig zu unterbinden und das störfallbedingte Einleiten solcher Stoffe auf ein Mindestmaß zu beschränken. Dieses Ziel soll durch die Einführung von Vorschriften mit weltweiter Geltung erreicht werden, die sich nicht auf die Ölverschmut-

zung beschränken. Um eine möglichst große Zahl potentieller Verschmutzer einzubeziehen, ist das Inkrafttreten des Übereinkommens davon abhängig gemacht worden, daß wenigstens 15 Staaten, deren Handelsflotten insgesamt mindestens 50 vH des Bruttoraumgehalts der Handelsflotte der Welt ausmachen, Vertragsparteien geworden sind. Bisher (Stand 22. 3. 1979) haben es erst vier Staaten ratifiziert. Das Übereinkommen soll an die Stelle des internationalen Übereinkommens zur Verhütung der Verschmutzung der See durch Öl (OILPOL 1954) in seiner mehrfach geänderten Fassung treten (SIBTHORP, 1975, S. 124).

1230. Den Vertragsparteien bleibt es allerdings überlassen, ob sie den in den Anhängen III, IV und V zum Übereinkommen enthaltenen besonderen Regeln zur Verhütung der Verschmutzung durch Schadstoffe, die in verpackter Form oder in Containern, ortsbeweglichen Behältern oder Straßen- und Schienentankwagen auf See befördert werden, und den Regeln zur Verhütung der Verschmutzung durch Müll von Schiffen aus beitreten wollen. Zwingend allerdings sind die Regeln zur Verhütung der Verschmutzung durch Öl (Anhang I) und durch als Massengut beförderte schädliche Stoffe (Anhang II). Wie frühere Übereinkommen auch, gilt das Übereinkommen im wesentlichen für alle Handelsschiffe der Vertragsparteien.

1231. Die Vertragsparteien sind verpflichtet, Verstöße gegen das Übereinkommen zu ahnden, unabhängig davon, wo der Verstoß begangen wird. Sie haben Verfahren zur Ahndung von Verstößen nach ihrem Recht so bald wie möglich einzuleiten, wenn sie von Schiffen unter ihrer Flagge begangen werden. Neu gefaßt und schärfer als bisher sind die Regeln für den Fall, daß ein Verstoß im Hoheitsbereich einer Vertragspartei begangen wird. Die Vertragsparteien haben dann die Wahl, ob sie ein Verfahren nach ihrem Recht einleiten oder dem Flaggenstaat alle in ihrem Besitz befindlichen Informationen und Beweise vorlegen wollen. Wählt ein Staat die zweite der genannten Möglichkeiten, so ist der Flaggenstaat des Schiffes verpflichtet, den betroffenen Küstenstaat und die IMCO umgehend über die von ihm getroffenen Maßnahmen zu unterrichten.

1232. Wie im Übereinkommen von 1954 mit seinen Änderungen müssen Ahndungsmaßnahmen so streng sein, daß sie von Verstößen gegen das Übereinkommen abschrecken. Um die Einhaltung der Bestimmungen des Übereinkommens zu kontrollieren, können die Vertragsparteien in ihren Häfen oder in der Küste vorgelagerten Umschlagplätzen liegende Schiffe überprüfen. Die Überprüfung ist allerdings auf die Feststellung beschränkt, ob die Schiffe gültige Zeugnisse über ihren Zustand an Bord führen. Nur falls eindeutige Gründe zu der Annahme bestehen, daß der Zustand des Schiffes oder seiner Ausrüstung wesentlich von den Angaben des Zeugnisses abweicht, oder wenn das Schiff kein gültiges Zeugnis mitführt, kann der die Überprüfung durchführende Staat alle Maßnahmen treffen, um sicherzustellen, daß das Schiff nicht ausläuft, bis es dies ohne übermäßige Gefährdung des Meeres tun kann. Für den Fall, daß ein Küstenstaat einem ausländischen Schiff das Einlaufen in einen Hafen oder in einen der Küste vorgelagerten Umschlagplatz verweigert oder eine Maßnahme gegen das Schiff trifft, weil es das Übereinkommen nicht befolgt, hat er davon dem Flaggenstaat sofort Mitteilung zu machen.

Bei der Aufdeckung von Verstößen und der Durchführung des Übereinkommens sollen die Vertragsparteien zusammenarbeiten (WOLFRUM, 1975a, S. 157ff.).

1233. *Über jeden Vorfall, bei dem ein Schadstoff entgegen den Regelungen des Übereinkommens ins Meer gelangt, ist unverzüglich eine Meldung zu machen. Der Kapitän oder der sonst jeweils für das Schiff Verantwortliche hat die Einzelheiten eines solchen Ereignisses unverzüglich und so ausführlich wie möglich nach den Bestimmungen eines gesonderten Protokolls zu melden. Die Vertragsparteien haben Einrichtungen zu schaffen, die alle Meldungen über Ereignisse entgegennehmen und bearbeiten. Erhält eine Vertragspartei eine Meldung über ein solches Ereignis, hat sie diese unverzüglich dem Flaggenstaat des jeweiligen Schiffes und jedem anderen etwa betroffenen Staat zu übermitteln. Den für die Überwachung des Meeres verantwortlichen Schiffen und Luftfahrzeugen und anderen zuständigen Diensten ist Weisung zu erteilen, jedes Ereignis zu melden.*

1234. *Um der IMCO als der für die Durchführung des Übereinkommens zuständigen Organisation einen Überblick über alle Vollzugsmaßnahmen zu verschaffen, haben die Vertragsparteien ihr folgendes mitzuteilen:*

- *den Wortlaut von Gesetzen, Verordnungen, Erlassen und Verwaltungsvorschriften sowie sonstigen Vorschriften, die zu den verschiedenen unter dieses Übereinkommen fallenden Angelegenheiten ergangen sind,*

- *ein Verzeichnis der nichtstaatlichen Stellen, die ermächtigt sind, in Fragen im Zusammenhang mit dem Entwurf, dem Bau und der Ausrüstung von Schiffen, die Schadstoffe gemäß den Regeln zu befördern, im Namen der Vertragspartei tätig zu werden,*

- *eine ausreichende Zahl von Mustern ihrer aufgrund der Regeln ausgestellten Zeugnisse,*

- *ein Verzeichnis der Auffanganlagen einschl. ihres Standortes, ihrer Kapazität und der verfügbaren Anlagen sowie sonstiger Merkmale,*

- *amtliche Berichte oder Kurzfassungen amtlicher Berichte, soweit sie die Ergebnisse der Anwendung dieses Übereinkommens darstellen sowie*

- *einen jährlichen Bericht, der in einer von der Organisation genormten Form Statistiken über die tatsächlichen für Verstöße gegen dieses Übereinkommen verhängten Ahndungsmaßnahmen enthält.*

Bei Unfällen mit besonders schädlichen Auswirkungen auf die Meeresumwelt sind die Vertragsstaaten verpflichtet, Untersuchungen durchzuführen und der IMCO Informationen über die Ergebnisse zur Verfügung zu stellen, wenn sie der Auffassung sind, daß diese Informationen zu Änderungen an dem Übereinkommen führen sollten. Die genannten Regelungen gelten für alle im Übereinkommen angesprochenen Stoffe. Daneben gibt es für jeden Stoff noch eine Reihe von besonderen Vorschriften.

Besondere Regeln zur Verhütung der Verschmutzung durch Öl

1235. *Da die Regeln sehr ins einzelne gehen, kann hier nur ein grober Überblick über die wichtigsten gegeben werden (Text in ILM, Bd. 12 (1973), Annex I, S. 1335ff.).*
Neu ist die Pflicht, für jedes Öltankschiff von 150 BRT und mehr und jedes andere Schiff von 500 BRT und mehr, die über See fahren sollen, ein internationales Zeugnis über die Verhütung der Ölverschmutzung auszustellen. Dieses Zeugnis wird vom Flaggenstaat ausgestellt, und er trägt dafür die volle Verantwortung. Es wird nach einer Besichtigung, die für diese Schiffe zur Pflicht gemacht wird, ausgestellt.

1236. *Die erste Besichtigung hat stattzufinden, bevor das Schiff in Dienst gestellt wird. Sie umfaßt eine vollständige Besichtigung seiner Bauausführung, Ausrüstung, Einrichtungen, allgemeinen Anordnung und Werkstoffe. Sie hat die Gewähr dafür zu bieten, daß das Schiff in jeder Hinsicht den einschlägigen Vorschriften entspricht. Die Besichtigungen sind in von den jeweiligen Flaggenstaaten festgesetzten Zeitabständen zu wiederholen, mindestens jedoch alle fünf Jahre. In bestimmten von den Flaggenstaaten festzusetzenden Zeitabständen, mindestens jedoch alle 30 Monate, sind Zwischenbesichtigungen durchzuführen. Diese sollen die Gewähr dafür bieten, daß die Ausrüstung und die zugehörigen Pumpen- und Leitungssysteme einschließlich der Überwachungs- und Kontrollsysteme für das Einleiten von Öl, des Öl-Wasser-Separators und des Öl-Filter-Systems den einschlägigen Vorschriften entsprechen und einwandfrei arbeiten. Das Ergebnis der Zwischenbesichtigung ist in das Zeugnis einzutragen. Die Besichtigung der Schiffe ist Aufgabe der Behörden des Flaggenstaates; dieser kann die Besichtigung jedoch entweder für diesen Zweck ernannten Besichtigern oder von ihm anerkannten Stellen übertragen. Die Flaggenstaaten übernehmen in jedem Fall die volle Gewähr für die Vollständigkeit und Gründlichkeit der Besichtigungen.*

1237. Das Übereinkommen führt Sondergebiete ein, in denen jedes Einleiten von Öl oder einem ölhaltigen Gemisch ins Meer verboten ist. Im Bereich dieser Sondergebiete müssen die Schiffe jeden Ölrest und jeden Ölschlamm sowie alles schmutzige Ballast- und Tankwaschwasser an Bord behalten; diese Stoffe dürfen sie nur in Auffanganlagen einleiten. Sondergebiete sind das Mittelmeer, die Ostsee, das Schwarze Meer, das Rote Meer und das „Gebiet der Golfe". Die Nordsee gehört nicht zu den Sondergebieten. Daher ist im Gebiet der Nordsee das Einleiten von Öl oder ölhaltigen Gemischen unter bestimmten Bedingungen erlaubt.

1238. Diese Bedingungen wurden gegenüber OILPOL verschärft; im Bereich der Nordsee sind dies für Öltankschiffe:

- das Tankschiff ist mehr als 50 Seemeilen vom nächstgelegenen Land entfernt;

- das Tankschiff fährt auf seinem Kurs;

- die augenblickliche Öl-Einleit-Rate liegt nicht höher als 60 Liter je Seemeile; die Gesamtmenge des ins Meer eingeleiteten Öls beträgt bei älteren Tankschiffen wie bisher nicht mehr als ein Fünfzehntausendstel, bei neuen Tankschiffen nicht mehr als ein Dreißigtausendstel der Gesamtmenge der besonderen Ladung, aus welcher der Rückstand stammt;

– das Tankschiff hat, wenn es in Betrieb ist, ein Überwachungs- und Kontrollsystem für das Einleiten von Öl und eine Setztankanlage.

Um die Tragweite dieser Regelungen ermessen zu können, bedarf es einiger erläuternder Hinweise. Der in der Regelung verwendete Begriff „Neues Schiff" bezeichnet ein Schiff, das nach dem 31. 12. 1975 in Auftrag gegeben oder dessen Kiel nach dem 30. 6. 1976 gelegt oder nach dem 31. 12. 1979 geliefert wird. Die vorgenannten Daten gelten für die Begriffsbestimmung auch bei größeren Umbauarbeiten.

Da das Übereinkommen noch nicht in Kraft ist, bedeutet eine solche Vorschrift, daß sie rückwirkende Kraft hat, wenn das Übereinkommen in Kraft gesetzt wird. Da der Inhalt der Vorschrift allerdings schon jetzt bekannt ist, wird er bei Neubauten auch beachtet, das bedeutet, daß die besonderen Anforderungen des Übereinkommens bei den meisten Neubauten der letzten Jahre erfüllt worden sind.

1239. Bei anderen Schiffen als Tankschiffen von 500 BRT und mehr, darf Öl oder ölhaltiges Gemisch in die Nordsee eingeleitet werden, sofern folgende Bedingungen eingehalten sind:

– das Schiff ist mehr als zwölf Seemeilen vom nächstgelegenen Land entfernt;

– das Schiff fährt auf seinem Kurs;

  als 100 ppm und

– das Schiff hat, wenn es in Betrieb ist, ein Überwachungs- und Kontrollsystem für das Einleiten von Öl, einen Öl-Wasser-Separator, ein Ölfilter-System oder eine ähnliche Einrichtung.

1240. *Das Einlaßverbot bei anderen Schiffen als Tankschiffen gilt nicht für das Einleiten ölhaltigen Gemisches, das unverdünnt einen Ölgehalt von nicht mehr als 15 ppm aufweist. Die Verbote gelten ferner nicht für das Einleiten von sauberem oder getrenntem Ballast. Der Ausdruck „sauberer Ballast" bezeichnet dabei den Ballast in einem Tank, der, seitdem zum letzenmal Öl darin befördert wurde, so gereinigt worden ist, daß ein Ausfluß daraus, wenn er von einem stillstehenden Schiff bei klarem Wetter in sauberes, ruhiges Wasser eingeleitet würde, keine sichtbaren Ölspuren auf der Wasseroberfläche oder auf angrenzenden Küstenstrichen hinterlassen und keine Ablagerung von Ölschlamm oder Emulsion unter der Wasseroberfläche oder auf angrenzenden Küstenstrichen verursachen würde. Der Ausdruck „getrennter Ballast" bezeichnet das Ballastwasser, das in einen völlig vom Ölladungs- und Brennstoffsystem getrennten Tank eingelassen wurde, der ständig der Beförderung von Ballast oder der Beförderung von Ballast und anderen Ladungen als Öl oder schädlichen Stoffen dient. Alle Ölrückstände, die nicht ins Meer eingeleitet werden dürfen, müssen an Bord behalten oder in Auffanganlagen eingeleitet werden. Die Vertragsstaaten sind verpflichtet, ausreichende Auffanganlagen für Rückstände und ölhaltige Gemische einzurichten, die von Öltankern und anderen Schiffen zurückgelassen werden. Diese Anlagen müssen den Erfordernissen der sie in Anspruch nehmenden Schiffe entsprechen, ohne ungebührliche Verzögerungen zu verursachen.*

1241. *Eine Reihe von Vorschriften regelt die Ausstattung der Schiffe. Danach muß jedes neue Öltankschiff von 70 000 und mehr tdw mit Tanks für getrennten Ballast ausgestattet werden, wobei Größe und Fassungsvermögen im einzelnen festgelegt sind. Bei neuen Schiffen mit einem Bruttoraumgehalt von 4000 und mehr Registertonnen, die keine Öltankschiffe sind, und bei neuen Öltankschiffen mit einem Bruttoraumgehalt von 150 und mehr Registertonnen darf kein Ballastwasser mehr in Brennstofftanks befördert werden. Öltankschiffe mit einem Bruttoraumgehalt von 150 und mehr Registertonnen sind mit angemessenen Vorrichtungen auszustatten, um die Ladetanks zu reinigen und die schmutzigen Ballastrückstände und das Tankwaschwasser aus den Ladetanks in einen Setztank zu überführen. Neue Öltankschiffe mit mehr als 70 000 tdw müssen mit mindestens zwei Setztanks ausgestattet sein. Es ist ein Überwachungs- und Kontrollsystem für das Einleiten von Öl einzubauen. Das System ist mit einem Gerät zu versehen, das die eingeleitete Menge in Liter je Seemeile sowie die eingeleitete Gesamtmenge oder den Ölgehalt und die Einleitrate ständig aufzeichnet. Diese Aufzeichnung muß Uhrzeit und Datum enthalten und mindestens drei Jahre lang aufbewahrt werden. Das Überwachungs- und Kontrollsystem für das Einleiten von Öl muß sich einschalten, wenn irgendwelche Ausflüsse ins Meer eingeleitet werden. Es muß sicherstellen, daß das Einleiten eines ölhaltigen Gemisches selbsttätig unterbrochen wird, wenn die augenblickliche Öl-Einleitrate den zugelassenen Wert übersteigt. Ein Ausfall des Systems muß das Einleiten unterbrechen und in das Öltagebuch eingetragen werden. Es ist eine handbetätigte Alternativvorrichtung vorzusehen, die bei einem solchen Ausfall verwendet werden kann. Auf vorhandene Tankschiffe finden diese Vorschriften erst drei Jahre nach Inkrafttreten des Übereinkommens Anwendung.*

1242. *Jedes Schiff (nicht nur Tankschiffe) von 400 BRT und mehr muß mit einem Öl-Wasser-Separator oder einem Filtersystem ausgestattet sein. Jedes Schiff von 10 000 BRT und mehr muß mit einem Überwachungs- und Kontrollsystem für das Einleiten von Öl ausgestattet sein oder mit einem Öl-Wasser-Separator und einem wirksamen Filtersystem. Außerdem sind alle Schiffe von 400 BRT und mehr mit Tanks zur Aufnahme von Ölschlamm auszustatten. In den besonderen Regeln für die Verhütung der Verschmutzung durch Öl sind außerdem Vorschriften enthalten über die Begrenzung der Größe und die Anforderung an Ladetanks und über die Stabilität von Öltankschiffen. Dadurch wird die hypothetische Ölausflußmenge nach einem Unfall auf maximal 30 000 cbm begrenzt, die Schwimmfähigkeit nach einem Unfall wird erhalten. Die Mehrkosten bei einem Neubau sind gering, bei einem Umbau betragen die Kosten ca. 10% der Neubaukosten.*

Besondere Regeln zur Überwachung der Verschmutzung durch als Massengut beförderte schädliche flüssige Stoffe (Chemikalien)

1243. Im Gegensatz zu den besonderen Regeln für Öl, bei denen es heißt „Regeln zur Verhütung der Verschmutzung . . ." heißt es bei den Chemikalien „Regeln zur Überwachung der Verschmutzung . . .". Schon aus dieser Formulierung der Überschrift wird deutlich, daß der Inhalt der Regeln von dem Inhalt der anderen besonderen Regeln abweicht. Das Schwergewicht der Regeln liegt bei Betriebs- und

399

Überwachungsvorschriften, weniger Bedeutung haben dagegen die technischen Vorschriften für den Bau und die Ausrüstung von Chemikalientransportschiffen (Text in ILM, Bd. 12 (1978), Annex II, S. 1386 ff.).

1244. *Die flüssigen Stoffe (Chemikalien), die im Sinne der besonderen Regeln als gefährlich gelten, sind in einer Liste aufgeführt. Die Liste enthält ungefähr 180 verschiedene Stoffe. Ein zweite Liste nennt fast 50 Stoffe, die ebenfalls als Massengut befördert werden, die jedoch als ungefährlich gelten und daher keiner besonderen Regelung unterliegen.*

Die schädlichen flüssigen Stoffe werden je nach ihrer Schädlichkeit in vier Gruppen eingeteilt. Zur Einstufung der schädlichen flüssigen Stoffe in eine dieser Gruppen enthält der Anhang zu den Regelungen besondere Richtlinien. Grundsätzlich ist das Einleiten der Stoffe ins Meer, sei es in reiner, sei es in vermischter Form, verboten. Für die verschiedenen Stoffgruppen sind dann aber je nach dem Grad ihrer Gefährlichkeit Bedingungen aufgestellt, bei deren Beachtung das Einleiten ins Meer erlaubt ist. Besondere Bedingungen gelten für das Einleiten in „Sondergebieten".

1245. *Soweit die gefährlichen flüssigen Stoffe nicht ins Meer eingeleitet werden dürfen, müssen sie in den Schiffen gesammelt und an Auffanganlagen weitergegeben werden. Die Unterzeichnerstaaten sind entsprechend verpflichtet, die Einrichtung von Auffanganlagen sicherzustellen. Insbesondere müssen Lade- und Löschhäfen sowie Umschlagplätze mit Auffanganlagen ausgestattet sein, ferner die Häfen, in denen Reparaturen an Chemikalientankschiffen vorgenommen werden. Welche Arten von Anlagen eingerichtet werden, liegt im Ermessen der jeweiligen Vertragsstaaten.*

1246. *Um das unkontrollierte Einleiten gefährlicher flüssiger Stoffe ins Meer auf ein Mindestmaß zu beschränken, werden besondere Anforderungen an den Entwurf, den Bau, die Ausrüstung und den Betrieb von Chemikalientankern gestellt. Die Vorschriften selbst sind jedoch in den Regeln nicht enthalten. Sie sind vielmehr im einzelnen von den jeweiligen Vertragsstaaten zu erlassen. Inhaltlich festgelegt sind sie jedoch insoweit, als sie in ihren Anforderungen mindestens dem zu entsprechen haben, was in dem von der 7. IMCO-Vollversammlung angenommenen Code für den Bau und die Ausrüstung von Schiffen, die gefährliche Chemikalien als Massengut befördern, niedergelegt ist.*

1247. *Zur Kontrolle des Umgangs mit Chemikalien ist auf den Schiffen ein Ladungstagebuch zu führen. Dieses Ladungstagebuch entspricht für den Bereich der Chemikalien in etwa dem für Öltankschiffe vorgeschriebenen Öltagebuch. Alle im Umgang mit den Chemikalien wichtigen Vorgänge sind in dieses Ladungstagebuch einzuschreiben. Das gilt insbesondere für Beladen und Entladen, Umpumpen von Ladung, Umpumpen von Ladungsrückständen oder Ladung enthaltenden Gemischen in einen Setztank, Reinigen der Ladetanks, Umpumpen aus Setztanks, Füllen der Ladetanks mit Ballast. Umpumpen schmutzigen Ballastwassers und das Einleiten ins Meer. Die zuständigen Behörden der Vertragsregierungen können das Ladungstagebuch während des Aufenthalts eines Schiffes in ihren Häfen überprüfen, daraus Abschriften fertigen und die Richtigkeit dieser Abschriften vom Kapitän bescheinigen lassen. Die Vertragsstaaten ernennen darüber hinaus besondere Besichtiger, die bestimmte Vorgänge beim Waschen von Tanks oder Lei-*

tungen in Chemikalientankern zu überwachen und zu bescheinigen haben.

1248. *Für jedes Schiff, das wassergefährdende Stoffe befördert, ist ein internationales Zeugnis über die Verhütung der Verschmutzung für die Beförderung dieser Stoffe als Massengut auszustellen. Der Ausstellung eines solchen Zeugnisses haben Besichtigungen vorauszugehen. Eine erstmalige Besichtigung erfolgt, bevor das Schiff in Dienst gestellt wird; diese Besichtigung umfaßt eine vollständige Überprüfung seiner Bauausführung, Ausrüstung, Einrichtungen, allgemeinen Anforderungen und Werkstoffe. Die Besichtigung hat die Gewähr dafür zu bieten, daß in jeder Hinsicht den besonderen Regeln über den Transport gefährlicher flüssiger Stoffe entsprochen wird. Später sind regelmäßige Besichtigungen durchzuführen, mindestens alle fünf Jahre. Diese Besichtigungen sollen die Gewähr dafür bieten, daß das Schiff weiterhin den Vorschriften entspricht. In der Zwischenzeit, mindestens jedoch alle 30 Monate, sind Zwischenbesichtigungen durchzuführen. Diese sollen insbesondere die Gewähr dafür bieten, daß die Ausrüstung und die dazugehörigen Pumpen- und Leitungssysteme den Vorschriften entsprechen und einwandfrei arbeiten. Nach der Besichtigung eines Schiffes dürfen an der Bauausführung, der Ausrüstung, den Einrichtungen, der allgemeinen Anordnung und den Werkstoffen, auf die sich die Besichtigung erstreckt hat, ohne Genehmigung des jeweiligen Flaggenstaates keine wesentlichen Änderungen vorgenommen werden.*

Besondere Regeln zur Verhütung der Verschmutzung durch Schadstoffe, die in verpackter Form oder in C o n t a i n e r n, ortsbeweglichen Behältern oder Straßen- und Schienentankwagen auf See befördert werden (Text in ILM, Bd. 12 (1973), Annex III, S. 142 ff)

1249. Der Ausdruck „Schadstoff" bezeichnet in diesen besonderen Regeln jeden Stoff, der bei Zuführung in das Meer geeignet ist, die menschliche Gesundheit zu gefährden, das Meer sowie Tiere und Pflanzen zu schädigen, die Nutzung der Strände zu beeinträchtigen oder die rechtmäßige Nutzung des Meeres zu behindern. Er umfaßt alle Stoffe, die nach dem Übereinkommen MARPOL 1973 einer Überwachung unterliegen. Die Beförderung von Schadstoffen darf nur nach den besonderen Regeln erfolgen. Um die Verschmutzung der Meeresumwelt durch Schadstoffe zu verhüten oder jedenfalls auf ein Mindestmaß zu beschränken, haben die Vertragsregierungen ausführliche Anordnungen über Verpackung, Bezeichnung und Kennzeichnung, Urkunden, Stauung, Mengenbeschränkungen, Ausnahmen und Mitteilungen herauszugeben.

In den besonderen Regeln ist ferner festgelegt, daß alle Behältnisse, in denen Schadstoffe transportiert werden, mit dem richtigen technischen Namen des Stoffes bezeichnet und außerdem mit einem besonderen Kennzeichen versehen sein müssen, das angibt, daß der Inhalt schädlich ist. Auch in den Papieren, die sich auf die Beförderung dieser Stoffe auf See beziehen, müssen die richtigen technischen Namen verwendet werden. Den Verladepapieren muß eine Bescheinigung beigefügt sein, aus der sich ergibt, daß die zu befördernde Ladung ordnungsgemäß verpackt, bezeichnet und gekennzeichnet ist. Jedes Schiff, das solche Schadstoffe befördert, muß eine Liste oder ein Verzeichnis mitführen, in dem die an Bord befindlichen Schadstoffe aufgeführt sind und in dem der Platz angegeben ist, an dem sie gestaut sind. Abschriften dieser Unterlagen müssen auch an Land verbleiben, bis die Schadstoffe gelöscht sind.

1250. Der Transport von solchen Schadstoffen, die gefährlich für die Meeresumwelt sind, kann verboten, die an Bord eines einzelnen Schiffes zu befördernde Menge kann beschränkt werden. Die Vertragsstaaten haben die Möglichkeit, bestimmte Schadstoffe zu bezeichnen, die sie für besonders gefährlich halten. Sollen diese Stoffe geladen oder gelöscht werden, so ist der zuständigen Hafenbehörde hiervon mindestens 24 Stunden im voraus eine Mitteilung zu machen.

Besondere Regeln zur Verhütung der Verschmutzung durch Abwasser aus Schiffen

1251. *Die Regeln zur Verhütung der Verschmutzung durch Abwasser aus Schiffen gelten (Text in ILM, Bd. 12 (1973), Annex IV, S. 1224 ff.)*

- *für neue Schiffe mit einem Bruttoraumgehalt von 200 und mehr BRT;*
- *für neue Schiffe mit einem Bruttoraumgehalt von weniger als 200 BRT, die für eine Beförderung von mehr als zehn Personen zugelassen sind;*
- *für neue Schiffe, die keinen vermessenen Bruttoraumgehalt haben und die für eine Beförderung von mehr als zehn Personen zugelassen sind;*
- *für vorhandene Schiffe mit einem Bruttoraumgehalt von 200 und mehr BRT zehn Jahre nach Inkrafttreten der Regeln;*
- *für vorhandene Schiffe mit einem Bruttoraumgehalt von weniger als 200 BRT, die für eine Beförderung von mehr als zehn Personen zugelassen sind, zehn Jahre nach Inkrafttreten dieser Regeln und*
- *für vorhandene Schiffe, die keinen vermessenen Bruttoraumgehalt haben und die für eine Beförderung von mehr als zehn Personen zugelassen sind, zehn Jahre nach Inkrafttreten dieser Regeln.*

Den genannten Schiffen ist nach einer Besichtigung ein internationales Zeugnis über die Verhütung der Verschmutzung durch Abwasser auszustellen. Zuständig für die Ausstellung des Zeugnisses ist der jeweilige Flaggenstaat. Eine erste Besichtigung erfolgt, bevor das erforderliche Zeugnis zum erstenmal ausgestellt wird. Diese Besichtigung hat sicherzustellen, daß Abwasser-Aufbereitungsanlagen, Anlagen zur mechanischen Behandlung und zur Desinfizierung des Abwassers, Sammeltanks oder Rohrleitungen nach außen, die für das Einleiten von Abwasser in eine Auffanganlage geeignet sind, den Anforderungen der IMCO entsprechen. Die Besichtigungen sind in regelmäßigen Abständen, mindestens jedoch alle fünf Jahre zu wiederholen. Sie sind von den Beamten der jeweiligen Flaggenstaaten vorzunehmen. Nach einer Besichtigung dürfen an dem Schiff ohne Genehmigung keine wesentlichen Änderungen vorgenommen werden.

1252. *Abwasser, das in einer zugelassenen Anlage mechanisch behandelt und desinfiziert worden ist, darf in einer Entfernung von mehr als vier Seemeilen vom nächstgelegenen Land eingeleitet werden. Nicht mechanisch behandeltes oder desinfiziertes Abwasser darf in einer Entfernung von mehr als zwölf Seemeilen vom nächstgelegenen Land eingeleitet werden, sofern dieses in Sammeltanks aufbewahrte Abwasser jeweils nicht auf*

einmal, sondern mit einer mäßigen Rate eingeleitet wird, während das Schiff mit einer Geschwindigkeit von mindestens vier Knoten auf seinem Kurs fährt. Abwasser darf ferner eingeleitet werden, wenn das Schiff eine zugelassene, nicht nur mechanisch arbeitende Abwasserkläranlage betreibt. Der Abfluß aus dieser Anlage darf in dem das Schiff umgebenden Wasser keine sichtbaren schwimmenden Festkörper erzeugen und keine Verfärbung des Wassers hervorrufen. Die Vertragsstaaten sind verpflichtet, in ihren Häfen und Umschlagplätzen Auffanganlagen zu errichten, die das Abwasser aufnehmen können, ohne eine ungebührliche Verzögerung für die Schiffe zu verursachen, und die auch ausreichen, um den Erfordernissen der sie in Anspruch nehmenden Schiffe zu genügen.*

Besondere Regeln zur Verhütung der Verschmutzung durch Schiffsmüll

1253. Unter Schiffsmüll werden alle beim üblichen Betrieb eines Schiffes anfallenden und ständig oder in regelmäßigen Abständen zu beseitigenden Arten von Speise-, Haushalts- und Betriebsabfall verstanden. Die Regeln sind weder auf Schiffe eines besonderen Typs noch einer bestimmten Größe beschränkt, sondern gelten für alle Schiffe (Text in ILM, Bd. 12 (1973), Annex V, S. 1434 ff.).

1254. *Die Beseitigung aller Kunststoffgegenstände wie z. B. synthetischer Seile, synthetischer Fischnetze oder Kunststoffmülltüten ins Meer ist verboten. Stauholz, Auskleidungs- und Verpackungsmaterial, soweit es schwimmt, dürfen nur ins Meer geworfen werden, wenn die Entfernung vom Land mehr als 25 Seemeilen beträgt. Lebensmittelabfälle und aller sonstiger Müll einschl. Papiererzeugnisse, Lumpen, Glas, Metall, Flaschen, Steingut u. ä. Abfall dürfen nur in einer Entfernung von mehr als zwölf Seemeilen vom Land im Meer vernichtet werden. Die Beseitigung der letztgenannten Abfälle kann jedoch erlaubt werden, wenn sie durch eine Zerkleinerungs- und Mahlanlage geleitet worden sind und wenn die Beseitigung dann so weit wie möglich vom nächstgelegenen Land entfernt erfolgt. Die Entfernung muß jedoch mindestens drei Seemeilen betragen. Der zerkleinerte oder zermahlene Müll muß ein Sieb mit Öffnungen von höchstens 25 mm passieren können. Von festen oder schwimmenden Plattformen, wie sie bei der Exploration und Förderung und damit zusammenhängender auf See stattfindender Verarbeitung von Bodenschätzen des Meeresgrundes eingesetzt sind, dürfen Lebensmittelabfälle beseitigt werden, wenn diese Plattformen mehr als zwölf Seemeilen vom Land entfernt sind und wenn die Abfälle durch eine Zerkleinerungs- oder Mahlanlage geleitet worden sind. Die Beseitigung von anderen Gegenständen von Plattformen aus ist verboten.*

1255. *Schärfere Regeln gelten für Sondergebiete, zu denen allerdings die Nordsee nicht gehört. In diesen ist die Beseitigung allen Mülls einschl. Papiererzeugnisse, Lumpen, Glas, Metall, Flaschen, Steingut, Stauholz, Auskleidungs- und Verpackungsmaterial verboten. Die Beseitigung von Lebensmittelabfällen ist erlaubt, muß jedoch in einer Entfernung von mindestens zwölf Seemeilen vom nächstgelegenen Land aus erfolgen. In diesen Sondergebieten sind so bald wie möglich in allen Häfen geeignete Auffanganlagen einzurichten.*

1256. *Ausnahmen von den Regeln gelten für den Fall, daß aus Gründen der Sicherheit des Schiffes und der an*

Bord befindlichen Personen oder zur Rettung von Menschenleben auf See die Beseitigung des Mülls erforderlich ist, oder Müll aufgrund einer Beschädigung des Schiffes über Bord geht. Eine weitere, allerdings weniger präzise gefaßte Ausnahme gilt für den unfallbedingten Verlust von synthetischen Fischnetzen oder von synthetischem Material in Zusammenhang mit dem Instandsetzen derartiger Netze. Sofern alle angemessenen Vorsichtsmaßnahmen getroffen sind, um dies zu verhüten, gelten die Verbotsvorschriften nicht. So einleuchtend das für den unfallbedingten Verlust ist, so schwierig wird es im Einzelfall sein, den Beweis dafür anzutreten, daß es sich nicht um einen Unfall gehandelt hat.

Zur Durchführung der besonderen Regeln über Schiffsabfälle sind die Unterzeichnerstaaten des Übereinkommens verpflichtet, in Häfen und Umschlagplätzen für die Einrichtung von Anlagen zur Aufnahme von Müll zu sorgen.

1257. Wie schon erwähnt, gehören die besonderen Regeln über Chemikalien zu den Teilen des Übereinkommens (MARPOL 1973), für die die Ratifizierung durch die Vertragsstaaten obligatorisch ist. Da andererseits einige dieser Regeln bisher nicht vollziehbar sind, sind die notwendigen Ratifikationen unterblieben, und das gesamte Übereinkommen MARPOL 1973 ist noch nicht in Kraft gesetzt worden. Dadurch wurde auch das Inkrafttreten der realisierbaren Teile des Übereinkommens verhindert. Kein EG-Staat hat die Konvention trotz einer entsprechenden EG-Empfehlung vom 26. 6. 1978 bisher ratifiziert.

1258. Um in dieser Sackgasse nicht steckenzubleiben, wurde auf der Konferenz über Tankersicherheit und Verhütung der Meeresverschmutzung (International Conference on Tanker Safety and Pollution Prevention, 1978 – TSPP) ein Protokoll 1978 zu MARPOL 1973 beschlossen, durch welches die Regeln über Chemikalien aus dem Übereinkommen abgekoppelt werden (Text in ILM, Bd. 17 (1978), S. 546 ff.). Diese Abkoppelung gilt zunächst für einen Zeitraum von drei Jahren, gerechnet vom Inkrafttreten des Protokolls. Die Frist kann verlängert werden, wenn eine Zweidrittel-Mehrheit der im Ausschuß für Fragen der Meeresverschmutzung der IMCO vertretenen Vertragsparteien dies beschließt. Durch dieses Protokoll ist nunmehr der Weg frei zum Inkraftsetzen der übrigen Regelungen von MARPOL 1973.

Die Vertragsparteien des Protokolls verpflichten sich, die Vorschriften

a) des Protokolls und seiner Anlage, die einen Bestandteil des Protokolls bildet, und damit

b) das Übereinkommen MARPOL 1973 in der Form, wie es durch das Protokoll geändert und ergänzt worden ist, in Kraft treten zu lassen.

Für das Inkrafttreten des Protokolls gelten die gleichen Vorschriften wie für MARPOL 1973: Es erfolgt zwölf Monate nach dem Zeitpunkt, zu dem mindestens 15 Staaten mit mindestens 50% der Welthandelsflotte unter ihren Flaggen Vertragsparteien geworden sind.

1259. In einer Resolution, die zur Ergänzung des Protokolls beschlossen wurde und die deutlich machen soll, welche Absichten die Mehrheit der Konferenzteilnehmer verfolgt, wurde zum Ausdruck gebracht, daß die Vertragsstaaten möglichst rasch, jedoch nicht später als bis Juni 1980 die Ratifizierung vornehmen sollen. Das Protokoll und das Übereinkommen würden danach im Juni 1981 in Kraft treten müssen. Daß dies erreicht wird, erscheint allerdings ausgeschlossen.

1260. Die Anlage zum Protokoll enthält Änderungen und Ergänzungen von MARPOL 1973, die darauf gerichtet sind, die Durchsetzbarkeit der Ziele und Vorschriften des Übereinkommens zu verbessern. Die Vorschriften über die Besichtigungen von Schiffen zum Zwecke der Kontrolle ihres Zustandes sind insbesondere dadurch ergänzt worden, daß neben Zwischenbesichtigungen auch außerterminliche Überprüfungen vorgeschrieben werden. Außerdem ist näher festgelegt, worauf diese Besichtigungen sich im einzelnen zu erstrecken haben. Schließlich sind die Vertragsregierungen als Flaggenstaaten verpflichtet, die mit der Überprüfung beauftragten Besichtiger oder Organisationen zumindest zu berechtigen,

– die Reparatur eines Schiffes zu verlangen und

– auf Anforderung eines Hafenstaates Überprüfungen und Besichtigungen vorzunehmen.

1261. Die wichtigsten Änderungen und Erweiterungen der Regeln für Tanker haben folgenden Inhalt:

Alle neuen Rohöltanker von 20 000 tdw und mehr sowie alle neuen Produktentanker von 30 000 tdw und mehr müssen mit getrennten Ballasttanks (Segregated Ballast Tanks) ausgerüstet sein. Die neuen Rohöltanker müssen außerdem die Ladetanks nach dem Crude-Oil-Washing-Verfahren (Waschen mit Rohöl) reinigen (s. Tz. 313 f.).

„Neue Tanker" im Sinne dieser Vorschriften sind bei 70 000 tdw und mehr solche, deren Bauvertrag nach dem 31. Dezember 1975 abgeschlossen oder deren Kiel nach dem 30. Juni 1976 gelegt wurde, oder die nach dem 31. Dezember 1979 abgeliefert werden. Bei Tankern unter 70 000 tdw sind es solche, deren Bauvertrag nach dem 1. Juni 1979 abgeschlossen oder deren Kiel nach dem 1. Januar 1980 gelegt wird, oder die nach dem 1. Juni 1982 abgeliefert werden.

Tanker, die nicht nach der obigen Definition neue Tanker sind, gelten als „vorhandene Tanker". Sofern solche vorhandenen Rohöltanker eine Größe von 40 000 tdw oder mehr haben, müssen sie vom Tage des Inkrafttretens des Protokolls entweder

– mit getrennten Ballasttanks oder

– Tankreinigungsverfahren mit Crude Oil Washing oder

– mit für sauberen Ballast bestimmten Tanks (Dedicated Clean Ballast Tanks) betrieben werden (wobei diese Möglichkeit bei Tankern mit 70 000 tdw und mehr für die Dauer von zwei Jahren und bei Tankern zwischen 40 000 und 70 000 tdw nur für die Dauer von vier Jahren zugelassen ist).

1262. Vorhandene Produktentanker mit 40 000 tdw und mehr müssen vom Tage des Inkrafttretens des Protokolls an entweder mit getrennten Ballasttanks ausgerüstet sein, oder sie müssen mit Dedicated Clean Ballast Tanks betrieben werden, ohne daß hierfür eine zeitliche Begrenzung besteht.

In weiteren Vorschriften sind nähere Einzelheiten über den Betrieb der für sauberen Ballast bestimmten Tanks und das Waschen mit Rohöl festgelegt, wobei darauf hinzuweisen ist, daß die Anforderungen an die genannten Verfahren ohne Änderung des Übereinkommens oder

des Protokolls an die technische Weiterentwicklung die-
ser Verfahren angepaßt werden können.

10.2.2.3.2.3 Schwachstellen beim Betrieb von Seeschiffen mit Folgen für die Verunreinigung durch Öl/Chemikalien oder durch Schiffsabfälle und -abwässer

1263. Gefahrenquellen für den Betrieb von Seeschiffen sind bei Frachtschiffen und Tankschiffen weitgehend übereinstimmend zu beurteilen. Das gilt auch für den Eintrag von Schiffsabfällen und Schiffsabwässern, einschließlich des ölhaltigen Bilgenwassers. Bei Tankschiffen kommt hinzu, daß die Reinigung der Ladetanks, soweit sie auf Hoher See vorgenommen wird, erheblich zur Verschmutzung der Meere beiträgt.

1264. Der Rat weist für den Schiffsbetrieb vor allem auf die folgenden noch fortbestehenden Schwachstellen hin:

– Strafverfahren wegen mutwilligen Ölablassens können nur in den seltensten Fällen erfolgreich abgeschlossen werden. Die Höhe der Bußgelder wirkt für manche in deutschen Hoheitsgewässern begangene Ordnungswidrigkeiten nicht abschrekkend.

– Die Inanspruchnahme der großen Entsorgungsanlagen z. B. von Brunsbüttel, Rotterdam oder Lissabon entspricht nicht den Erwartungen. Da die Anlagen meist privat betrieben werden, sind die Entsorgungsentgelte entsprechend den Kosten hoch. Für ein Schiff, das von 30 000 t ölhaltigem Ballast einschließlich Slop entsorgt werden will, berechnet die Firma Slopex, Brunsbüttel, z. B. etwa 30 000,– DM. Vergleicht man damit die Bußgelder für unrichtige Angaben im Öltagebuch, die bis zu 10 000,– DM gehen, so kann man nur von einem negativen ökonomischen Anreiz sprechen, sich rechtmäßig zu verhalten.

– Das Qualifikationsniveau der Besatzung von Schiffen liegt insbesondere bei Billigflaggenländern noch unter dem Durchschnitt. Die Vergabepraxis für Befähigungszeugnisse ist unterschiedlich. Auch die Unterbesetzung von Schiffen ist immer wieder zu beklagen. Alles dies begünstigt ein Fehlverhalten bei der Reinigung von Tankschiffen und der Beseitigung von Ölabwässern sowie von Schiffsabfällen und Schiffsabwässern im allgemeinen. Das Umweltbewußtsein der Schiffsbesatzung ist oft mangelhaft.

1265. Eine Verbesserung der gegenwärtigen Situation ist aus folgenden Gründen in Sicht:

– Die Verfahren zur Identifizierung illegal eingeleiteter Ölabwässer aus Reinigungstanks sind ausgereift. Die Tankschiffe können künftig verpflichtet werden, ihre Tanks so zu behandeln, daß die Überwachung gewährleistet ist.

– Die Überprüfung der Öltagebücher in den Häfen wird verschärft. Die Lotsenübernahmepflicht

führt dazu, daß die Kontrollen bereits auf Hoher See einsetzen.

– In Zukunft wird der Bundesgrenzschutz die Überwachung innerhalb der deutschen Fischereizone aus der Luft und durch eigene Schiffe wahrnehmen. Die Beobachtung des Verhaltens von Tankschiffen auf Hoher See wird damit entscheidend verbessert.

10.2.2.3.3 Vorschläge der 3. Seerechtskonferenz der Vereinten Nationen[1]

10.2.2.3.3.1 Vorbemerkung

1266. Den unter der IMCO entwickelten Abkommen zum Schutz der Meeresumwelt wird zum Vorwurf gemacht, daß sie nicht genügend auf den Schutz der küstennahen Gewässer abstellen. Dementsprechend verlangen die Küstenstaaten eine stärkere Beteiligung sowohl bei der Gestaltung der rechtlichen Instrumente als auch bei deren Durchsetzung und wenden sich damit gegen das reine Flaggenstaatprinzip. Eine stärkere Beteiligung an der Durchsetzung der Umweltschutzvorschriften verlangen auch die Hafenstaaten.

Küstenstaaten und Hafenstaaten können zu Recht darauf hinweisen, daß die unter der IMCO-Initiative entwickelten Instrumente von den Flaggenstaaten nur widerwillig und zögernd ratifiziert wurden, diese also die Verwirklichung eines effektiven Umweltschutzes verzögerten. Es ist auffallend, daß MARPOL 1973 innerhalb von fünf Jahren nur vier Ratifikationen verzeichnen konnte. Ohne die Ratifikation von Liberia, Japan, Großbritannien, Griechenland und Norwegen, die über die Hälfte der Welttonnage stellen (Liberia allein ca. 20%), kann diese Konvention nicht in Kraft treten.

10.2.2.3.3.2 Die Verteilung der Rechtsetzungskompetenzen

1267. Grundlage für die Regelung des marinen Umweltschutzes gegen eine Verschmutzung der See durch Schiffe ist Art. 211 ICNT/Rev. 2. Danach schaffen die Staaten gemeinsam internationale Normen und Maßstäbe zur Verhütung, Verringerung und Kontrolle der Verschmutzung der See durch Schiffe, wobei sie sich der dafür zuständigen internationalen Organisationen oder genereller diplomatischer Konferenzen bedienen. Die so geschaffenen Regelungen sollen in gleicher Weise von Zeit zu Zeit überprüft werden (internationale Regeln und Maßstäbe). Die Staaten haben die Verpflichtung, Gesetze und Verordnungen zu erlassen, welche darauf abzielen, die Verschmutzung der See durch Schiffe ihrer Flagge zu verhüten, zu verringern und zu kontrollieren (nationale Normen).

---

[1] Die Darstellung der Vorschläge der 3. Seerechtskonferenz stützt sich auf das von Herrn Dr. Wolfrum im Auftrag des Rates 1979 erstellte Gutachten.

1268. Von wesentlicher Bedeutung ist die Beziehung zwischen den nationalen Normen und den internationalen Regeln und Maßstäben. Art. 211 Abs. 2 ICNT/Rev. 2 verzichtet darauf, die Flaggenstaaten an die auf internationaler Ebene entwickelten Regeln strikt zu binden. Er begnügt sich vielmehr mit der Formulierung, daß die nationalen Gesetze mindestens den gleichen Effekt haben sollen wie die allgemein anerkannten internationalen Regeln und Maßstäbe. Dies entspricht grundsätzlich der in Art. 20 Abs. 2 ISNT Teil III (Umweltschutz) und Art. 21 Abs. 1 RSNT Teil III enthaltenen Fassung; eine ähnliche Formulierung, wenn auch negativ gefaßt ("... no less effective..." anstatt "... at least have the same effect..."), fand sich in Art. 210 Abs. 6 ICNT/Rev. 2 hinsichtlich der Abfallbeseitigung auf See.

Mit dieser Klausel wendet sich Art. 211 ICNT/Rev. 2 im Prinzip gegen alle diejenigen Staatenvorschläge, die eine enge Bindung der nationalen Gesetzgeber an internationale Regeln und Maßstäbe und damit eine Vereinheitlichung des die Schiffahrt betreffenden Umweltschutzes vorsehen. Er folgt mehr den Vorstellungen derjenigen Staaten, die den marinen Umweltschutz stärker unter dem Gesichtspunkt der nationalen Interessenwahrung behandeln, wobei allerdings im Gegensatz zu diesen Vorschlägen im Ergebnis der Flaggenstaat begünstigt wird. Es wird zwar auf diese Weise durch den ICNT/Rev. 2 gewährleistet, daß kein Flaggenstaat, um seine Schiffahrt zu begünstigen, Regeln zum Schutz der marinen Umwelt erläßt, die unter den international anerkannten Maßstäben liegen. Damit wird aber nur klargestellt, daß ein effektiver Umweltschutz auf See gleichgewichtige Anstrengungen aller Beteiligten verlangt. Nicht gelöst wird auf diese Weise das Problem, daß nationale Umweltschutzmaßnahmen, die sich an die Schiffahrt richten, auch möglichst gleichartig gestaltet sein müßten, sollen sie nicht zu Hindernissen für die Freiheit der Schiffahrt werden.

1269. Der wichtigste Einwand gegen diese Klausel liegt jedoch auf anderem Gebiet. Die Regelung des Umweltschutzes auf Hoher See erfolgt ausschließlich über die nationale Gesetzgebung der Flaggenstaaten. Da diese aber nicht unmittelbar an die Maßstäbe und Regelungen gebunden sind, die von internationalen Organisationen erlassen werden, ist zu befürchten, daß sie wie bisher nicht geneigt sind, ihren Schiffen strenge Pflichten aufzuerlegen, zumindest hinreichende Pflichten, um einen effektiven Umweltschutz auf Hoher See zu garantieren. Dies wird ihnen zudem durch die Klausel in Art. 211 Abs. 2 ICNT/Rev. 2 erleichtert, wonach sie nur die allgemein anerkannten ("generally accepted") internationalen Regelungen zu beachten haben. Sie können sich damit einer Bindung ohne weiteres entziehen.

1270. Trotz der negativen Beurteilung von Art. 211 Abs. 1 und 2 ICNT/Rev. 2 kann nicht gesagt werden, daß der bestehende Rechtszustand negativ beeinflußt würde. Auch bislang bestand keinerlei Verpflichtung, sich internationalen Umweltschutzmaßstäben für die Hohe See zu unterwerfen. Es wäre allerdings zu erwarten gewesen, daß das neue Recht den Gedanken einer Gesamtverantwortung der Staatengemeinschaft in den Dienst eines effektiven marinen Umweltschutzes stellen würde.

1271. Im Gegensatz zu der sehr schwachen Bindung der Flaggenstaaten an internationale Regeln und Maßstäbe bei dem Erlaß von nationalen Umweltschutznormen ist die entsprechende Bindung der Küstenstaaten, die Umweltschutznormen für die Wirtschaftszonen aufstellen, nach wie vor ziemlich stark. Die Küstenstaaten können nämlich für ihre Wirtschaftszonen Gesetze für den Schutz der marinen Umwelt gegenüber der Schiffahrt nur erlassen und durchsetzen, wenn diese Gesetze den durch internationale Organisationen entwickelten Regeln und Maßstäben entsprechen.

"... Coastal states may, in the exercise of their sovereignty within their territorial sea, adopt laws and regulations for the prevention, reduction, and control of marine pollution from vessels including vessels exercising the right of innocent passage. Such laws and regulations shall in accordance with section 3 of Part II not hamper innocent passage of foreign vessels" (Art. 211 Abs. 4, ICNT/Rev. 2).

(Diese Vorschrift ist somit in Zusammenhang zu lesen mit Artikel 21, Absatz 1, lit. f, Artikel 56, Absatz 1, lit. b ICNT/Rev. 2).

1272. Die unterschiedliche Bindung küstenstaatlicher und flaggenstaatlicher Gesetze, die sich an die Schiffahrt richten, läßt sich nur daraus erklären, daß der Erlaß derartiger Normen historisch als Vorrecht der Flaggenstaaten anerkannt wurde und daß auf der Seerechtskonferenz nur geringe Bereitschaft bestand, dieses Vorrecht der Flaggenstaaten im Interesse eines stärker vereinheitlichten marinen Umweltschutzes einzuschränken. Die Flaggenstaaten können sich darauf berufen, daß durch eine unterschiedliche flaggenstaatliche Gesetzgebung keine Hindernisse für die Schiffahrt entstehen (wohl Wettbewerbsverzerrungen). Ohne Zweifel wäre dies aber der Fall, wenn die küstenstaatlichen Gesetzgebungen für die Wirtschaftszone eine derartige Vereinheitlichung vermissen ließen.

Dennoch erscheint eine derartige unterschiedliche Bindung von küsten- und flaggenstaatlicher Gesetzgebung nicht gerechtfertigt. Wenn man anerkennt, daß der marine Umweltschutz im Interesse aller Staaten liegt und Küsten- sowie Flaggenstaaten in gleicher Weise zu einer Verwirklichung beizutragen haben, müssen beide in gleicher Weise an internationale Maßstäbe und Normen gebunden sein. Dies würde auch helfen, die Besorgnisse der Küstenstaaten zu zerstreuen, daß einige Flaggenstaaten nicht gewillt oder in der Lage sind, die notwendigen Maßnahmen zum Schutze der marinen Umwelt vor unter ihrer Flagge fahrenden Substandard-Schiffen zu treffen.

1273. Der Hinweis auf die „generally accepted rules" hat außerdem für die flaggenstaatlichen und küstenstaatlichen Kompetenzen eine völlig unterschiedliche Bedeutung. Wenn nach Art. 211 Abs. 2

ICNT/Rev. 2 Flaggenstaaten bei Fehlen derartiger Maßstäbe völlig frei sind, welche Vorschriften sie für die Schiffe ihrer Flagge erlassen, so gilt dies nicht für die Küstenstaaten. Denn die Küstenstaaten können, wie sich aus Art. 211 Abs. 6 ICNT/Rev. 2 ergibt, nur unter eng umschriebenen Voraussetzungen eigenständige Vorschriften für den Umweltschutz in ihren Wirtschaftszonen gegenüber der Schiffahrt erlassen. Die Maßstäbe und Regeln bilden für die Küstenstaaten überhaupt erst eine Ermächtigungsgrundlage, während sie für die Flaggenstaaten nur eine gewisse Einschränkung ihres umfassenden Rechtsetzungsrechts bedeuten.

Dies kann zu Schwierigkeiten führen. Wenn die Flaggenstaaten ein Interesse daran haben, die Kompetenzen der Küstenstaaten zum Erlaß von Umweltschutzvorschriften in deren Wirtschaftszonen einzuschränken, so brauchen sie nur den entsprechenden Übereinkommen nicht beizutreten. Damit erhalten die Vertragswerke nicht den Charakter des generell anerkannten internationalen Umweltschutzrechtes und können daher auch nicht als Ermächtigungsgrundlage für küstenstaatliche Umweltschutznormen dienen. In der gleichen Weise können die Flaggenstaaten auch eine entsprechende Verschärfung ihrer Gesetze verhindern, die von besonderer Bedeutung für den Umweltschutz auf Hoher See sind.

1274. Eine wesentliche Verstärkung sollte die Stellung der Hafenstaaten durch einen Vorschlag Frankreichs erfahren; er hatte folgenden Wortlaut:

"States may conclude between another agreement to regulate, on a reciprocal basis, the admission of vessels within their inland waters in general or within their port installations outside their inland waters."

Dieser Vorschlag zielte darauf ab, den Hafenstaaten Einfluß auf Bau, Ausrüstung und Bemannung der seine Häfen anlaufenden Schiffe zu geben. Gegen diese Vorschrift, die den Hafenstaaten, die bislang auf die Durchsetzung der Umweltschutzvorschriften beschränkt waren, Einfluß auf den Inhalt dieser Vorschriften zusprechen sollte, wandten sich eine Reihe von Staaten mit größtem Nachdruck (Liberia, Irak, Griechenland, Korea, Doc. A/Conf. 62/C. 3/SR. 39). Diese Vorschrift wirkte sich in Wahrheit nicht zugunsten von Staaten aus, die über eine lange und damit gefährdete Küste verfügen, sondern bevorzugte solche, die sehr stark von Schiffahrtslinien angelaufen werden. Offenbar fand dieser Vorschlag auch manche Zustimmung. Sicher hat Frankreich diesen Vorschlag unter dem Eindruck der Schiffsunglücke Torrey Canyon und Amoco Cadiz gemacht.

1275. Eine starke Bindung der Küstenstaaten an internationale Maßstäbe und Regeln zeigt sich auch, wenn Küstenstaaten für bestimmte Teile ihrer Wirtschaftszonen einen Sonderschutz (Sonderzone) einführen wollen. Diese Möglichkeit eröffnet sich unter folgenden Voraussetzungen: die internationalen Regeln und Maßstäbe reichen nicht aus, da das Gebiet entweder ökologische Empfindlichkeiten aufweist oder besondere Regeln wegen einer speziellen Nutzung des Gebietes oder wegen einer speziellen Gefährdung des Schiffsverkehrs angebracht erscheinen. Gedacht war zunächst an den Schutz arktischer Gebiete, die später in der Tat eine Sonderregelung erfahren haben. Die derzeitige Fassung läßt sich aber auch u. U. auf die Deutsche Bucht (starker Verkehr) anwenden. Die Küstenstaaten können allerdings nicht einseitig vorgehen. Sie haben vielmehr alle Unterlagen nach Konsultationen mit den Anrainern der zuständigen internationalen Organisation zu unterbreiten, die entscheidet, ob die Voraussetzungen für die Schaffung einer Sonderzone vorliegen. Ist dies der Fall, so kann der Küstenstaat schärfere Gesetze zum Schutze der Umwelt erlassen, wobei diese aber den Normen und Maßstäben der IMCO zu entsprechen haben. Daneben kann der Küstenstaat auch, wenn er dies vorher bekanntgegeben hat, zusätzlich Vorschriften erlassen (sog. additional laws and regulations), die aber keine anderen Bedingungen für Bauweise, Konstruktion, Bemannung und Ausrüstung von Schiffen als die anerkannten internationalen Regeln enthalten dürfen und zudem von der IMCO akzeptiert werden müssen (Art. 211, Abs. 6 ICNT/Rev. 2).

1276. Gemäß Art. 21 Abs. 1 lit. f ICNT/Rev. 2 in Verbindung mit Art. 21 Abs. 2/4 ICNT/Rev. 2 haben die Küstenstaaten das Recht, Normen zum Schutz der Umwelt in den Küstengewässern zu erlassen, wobei sich diese Normen im Rahmen der durch die Seerechtskonferenz gezogenen Grenzen und der Übereinkommen zu halten haben, die sich auf die Durchfahrt durch Küstengewässer beziehen. Eine wesentliche Beschränkung ist aber darin zu sehen, daß den Küstenstaaten nicht das Recht zugestanden wird, Vorschriften über Bauweise, Konstruktion, Ausrüstung und Bemannung der Schiffe zu erlassen, wenn sie dabei nicht international anerkannte Regeln und Maßstäbe verwirklichen. Die küstenstaatlichen Kompetenzen für die Küstengewässer reichen damit sogar weiter als die Kompetenzen selbst für die Sonderzone. Das macht deutlich, daß der Umweltschutz im Küstengewässerbereich als vorrangig im Interesse der Küstenstaaten angesehen und daher die Regelungskompetenz bei diesen konzentriert wird. Diese Position der Küstenstaaten sollte ein Vorschlag von zwölf Staaten (darunter Kanada, Island, Spanien und Portugal) auf der 7. Tagung der 3. Seerechtskonferenz der Vereinten Nationen noch verbessern, wonach diese auch Bauweise und Ausrüstung der Schiffe regeln können, solange internationale Regeln nicht bestehen (Doc. MP/8). Der Unterschied zu dem Vorschlag Frankreichs (Doc. MP/1) liegt darin, daß damit die Küstenstaaten Einfluß auf den passierenden Schiffsverkehr gewonnen hätten. Insgesamt vermochte sich diese Idee bisher nicht durchzusetzen. Die kanadische Gesetzgebung scheint aber diesen Ansatz einseitig national durchsetzen zu wollen.

10.2.2.3.3.3 Die Verteilung der Durchsetzungsbefugnisse

1277. Die Durchsetzungsbefugnisse für den Umweltschutz in dem Bereich der Wirtschaftszone sind zwischen den Flaggenstaaten (Art. 217 ICNT/Rev. 2), den Hafenstaaten (Art. 218 ICNT/Rev. 2) und den Küstenstaaten (Art. 220 ICNT/Rev. 2) geteilt. Nach Art. 217 ICNT/Rev. 2 obliegt dem Flaggenstaat die Pflicht, durch den Erlaß entsprechender Gesetze sicherzustellen, daß die Schiffe seiner Flagge die anzuwendenden internationalen Normen und die nationalen Gesetze des Flaggenstaates hinsichtlich des marinen Umweltschutzes beachten. Dabei haben die Flaggenstaaten vor allem sicherzustellen, daß keine Schiffe in See gehen, die nicht den in Bauweise, Konstruktion, Ausrüstung und Bemannung erlassenen Sicherheitsanforderungen entsprechen. Art. 217 ICNT/Rev. 2 steht nur scheinbar in Widerspruch zu Art. 211 ICNT/Rev. 2, wonach die flaggenstaatlichen Gesetze lediglich die allgemein anerkannten international erlassenen Maßstäbe zu verwirklichen haben. Denn Art. 217 Abs. 1 ICNT/Rev. 2 verweist auf die „anwendbaren" völkerrechtlichen Regelungen und Maßstäbe; die Anwendbarkeit beruht aber auf Art. 211, Abs. 2 ICNT/Rev. 2.

1278. Die Flaggenstaaten kontrollieren im wesentlichen durch Schiffsinspektionen. Dabei gibt es Bauinspektionen sowie periodische Inspektionen. Die Schiffe erhalten Zertifikate, wie sie bereits in den erwähnten Übereinkommen vorgesehen sind. Die Zertifikate gelten gegenüber anderen Staaten bis zum Beweis des Gegenteils als Nachweis dafür, daß der Zustand der Schiffe den allgemeinen Sicherheitsanforderungen entspricht. Außerdem sind die Flaggenstaaten auch in die Untersuchung aktueller Verletzungen der Umweltschutzvorschriften durch ihre Schiffe eingeschaltet. Sie sorgen dafür, daß eine prompte Untersuchung aufgenommen wird, wenn sie von der Verletzung durch ein Schiff ihrer Flagge Kenntnis erlangen, gleichgültig, wo diese stattgefunden hat. Sie haben eine Untersuchung einzuleiten, wenn sie von einer derartigen Verletzung formell in Kenntnis gesetzt werden. Bemerkenswert ist, daß erst RSNT und ICNT eine Verpflichtung der Flaggenstaaten begründen, Übertretungen der Umweltschutzvorschriften durch Schiffe ihrer Flagge zu verfolgen, gleichgültig wo diese stattfinden. Damit wird stärker als bislang deutlich, daß der Schutz der marinen Umwelt im Interesse der gesamten Staatengemeinschaft liegt und daß zu seiner Erfüllung auch die Flaggenstaaten in Pflicht genommen werden.

1279. Die Befugnisse der Hafenstaaten umfassen sowohl eine Kontrolle des Zustandes der Schiffe wie auch eine Untersuchung von aktuellen Verstößen, womit Art. 218 ICNT/Rev. 2 von den genannten Konventionen abweicht. Die Hafenstaaten haben das Recht, Untersuchungen wegen aller Verstöße einzuleiten, soweit diese nicht im Bereich der Binnen- oder Küstengewässer oder der Wirtschaftszone eines anderen Staates stattfanden. Die Einhaltung der Umweltschutzvorschriften für den Bereich der

Hohen See liegt also jetzt generell in den Händen der Flaggen- und der Hafenstaaten. Damit unterscheidet sich Art. 218 Abs. 1 ICNT/Rev. 2 grundsätzlich von Art. 28 Abs. 1 RSNT Teil III und Art. 27 Abs. 1 ISNT Teil III (Umweltschutz). Die beiden letztgenannten Vorschriften machten es nämlich gerade dem Hafenstaat zur Pflicht, Untersuchungen einzuleiten, gleichgültig, wo der Verstoß gegen Umweltschutzvorschriften erfolgte. Damit wurde stärker als durch den jetzigen Artikel des ICNT/Rev. 2 betont, daß die Hafenstaaten eine Art Polizeifunktion hinsichtlich des Umweltschutzes wahrnehmen sollten.

1280. Zum Schutz der küstennahen Gewässer kommen Durchsetzungsbefugnisse auch noch dem Küstenstaat zu. Dabei sind die Kompetenzen zwischen Küsten- und Hafenstaat nach dem ICNT/Rev. 2 genau getrennt, während die küstenstaatlichen Kompetenzen hinsichtlich des Schutzes der Küstengewässer sich im RSNT noch mit denen der Hafenstaaten überschnitten.

Der Schutz der Hohen See ist nach wie vor wenig befriedigend. Denn der Umweltschutz für den Bereich der Hohen See bemißt sich zu einem nach den international anerkannten Maßstäben, zum anderen nach dem nationalen Recht der Flaggenstaaten. Die Hafenstaaten haben aber nur die Möglichkeit, die international anerkannten Regeln und Maßstäbe durchzusetzen. Ist es ihnen nicht gelungen, derartige anerkannte Maßstäbe und Regelungen einzuführen, so läuft die Kompetenz der Hafenstaaten ins Leere. Sie haben nicht die Möglichkeit, die Einhaltung der von einzelnen Staaten erlassenen nationalen Gesetze zu überwachen, zumindest nicht, solange sie von diesen nicht mit dieser Aufgabe speziell betraut wurden. Damit verbleibt der Schutz der Hohen See primär in den Händen der Flaggenstaaten.

1281. Die Hafenstaaten können auch gegen Verstöße einschreiten, die im Bereich der Binnen- bzw. Küstengewässer oder der Wirtschaftszone eines anderen Staates erfolgten, soweit sie dazu von dem Flaggenstaat, dem betroffenen Küstenstaat oder dem geschädigten Staat ersucht werden, oder wenn die Verletzung der Umweltschutzvorschriften auch zu einer Schädigung des Hafenstaates zu werden droht (Art. 218, Abs. 2 ICNT/Rev. 2). Diese Vorschrift ist mit Rücksicht auf die Kompetenzverteilung systemgerecht, da die Flaggenstaaten Verletzungen der internationalen Umweltschutzvorschriften überall, die Küstenstaaten jedoch nur in dem Meeresgebiet unter ihrer Kontrolle verfolgen können. Der Hafenstaat muß eine entsprechende Untersuchung einleiten, soweit er dazu von einem der genannten Staaten aufgefordert wird. Untersucht der Hafenstaat einen Vorfall, der im Bereich der Küstengewässer, der Binnengewässer oder der Wirtschaftszone eines anderen Staates stattgefunden hat, so kann dieser verlangen, daß das Verfahren an ihn abgetreten wird. Ein derartiges Recht steht dem Flaggenstaat nach dem ICNT nur unter erheblichen Einschränkungen zu.

1282. *Gegenüber der detaillierten Umschreibung der hafenstaatlichen Befugnisse bei der Überprüfung von*

*konkreten Verletzungen des völkerrechtlichen Umwelt-
schutzrechts fällt auf, daß die Befugnisse zur Überprüfung des baulichen Zustandes von Schiffen weitaus weniger deutlich geregelt sind. Art. 219 ICNT/Rev. 2 legt
lediglich fest, daß die Hafenstaaten das Recht haben,
Schiffen, die nicht mehr seetüchtig sind, zu verbieten, in
See zu gehen, eine Befugnis, die ihnen bereits durch
SOLAS 1974 und MARPOL 1973 zuerkannt wurde. Dagegen wird nicht erwähnt, daß sie auch das Recht haben,
das Vorhandensein gültiger Zertifikate zu prüfen und
welche Maßnahmen sie ergreifen dürfen, wenn ein derartiges Zertifikat fehlt.*

1283. *Art. 226 ICNT/Rev. 2, der das Inspektionsrecht
der Hafen- und Küstenstaaten regelt, besagt lediglich,
daß die Untersuchungen Schiffe nicht über Gebühr aufhalten dürfen. Wenn Verletzungen von Umweltschutzvorschriften festgestellt werden, so ist dem Schiff die
Weiterfahrt gegen Sicherheitsleistung zu gestatten. Eine
Klarstellung zur Bauprüfungskompetenz konnte auf
Vorschlag der Bundesrepublik Deutschland auf der
7. Tagung der 3. Seerechtskonferenz erreicht werden
(Doc. MP/15). Danach sind „physische Inspektionen"
auf die Überprüfung von Zertifikaten zu beschränken.
Weitgehende Untersuchungen sind nur möglich, wenn
die Angaben der Zertifikate nicht mit den Baueigen-
schaften der Schiffe übereinstimmen oder ein Verstoß
gegen Umweltschutzvorschriften festgestellt wird.*

1284. Die in Art. 220 ICNT/Rev. 2 niedergelegten
Kompetenzen der Küstenstaaten für den marinen
Umweltschutz finden in dem geltenden Seerecht,
soweit es auf den Genfer Konventionen beruht, keine
Parallele. Nach Art. 220 ICNT/Rev. 2 ergibt sich
folgendes Bild: Verletzt ein Schiff internationale
Umweltschutzvorschriften oder nationale Umwelt-
schutzbestimmungen, die den internationalen entsprechen, und hat dies schädliche Folgen für den
Bereich der Wirtschaftszone bzw. einer Sonderzone
gem. Art. 211 Abs. 5 ICNT/Rev. 2, so kann der betroffene Küstenstaat verlangen, daß sich das betreffende
Schiff ausweist, seinen Registrierhafen, seinen nächsten Anlaufhafen und seinen letzten Hafen meldet
sowie Auskünfte zur Rechtsverletzung erteilt (Art.
220 Abs. 3 ICNT/Rev. 2). Wenn die Verletzung zu
einer erheblichen Verschmutzung der marinen Umwelt geführt hat oder das Schiff die geforderten
Auskünfte verweigert, so kann eine Inspektion des
Schiffes selbst (physical inspection) durchgeführt
werden (Art. 220 Abs. 5 i. V. m. Art. 226 ICNT/
Rev. 2). Das gleiche gilt, wenn die von dem Schiff
abgegebenen Informationen offensichtlich nicht mit
den Tatsachen übereinstimmen. Zwangsmaßnahmen
können nur ergriffen werden, wenn die Rechtsverletzung flagrant war und erhebliche Umweltschäden
eingetreten sind.

*Was unter "physical inspection" zu verstehen ist, um-
schreibt Art. 226 ICNT/Rev. 2, auf den bereits verwiesen
wurde. Der in diesem Zusammenhang angesprochene
Vorschlag der Bundesrepublik Deutschland auf der
7. Tagung der 3. Seerechtskonferenz ist insofern auch für
die küstenstaatlichen Kompetenzen von großer Bedeutung.*

1285. Die küstenstaatlichen Befugnisse gehen weiter, soweit es sich um Rechtsverletzungen mit Folgen
für den Bereich der Küstengewässer oder die Küste
selbst handelt (Art. 220 Abs. 6 ICNT/Rev. 2). Hier
kann der Küstenstaat stets eine Inspektion des ver-
dächtigen Schiffes veranlassen und, wenn dies der
Verletzung angemessen ist, Zwangsmaßnahmen ergreifen. Das gleiche Recht steht ihm zu bei einer
Verletzung nationaler Gesetze im Bereich der Küstengewässer, soweit diese internationalen Maßstäben entsprechen (Art. 220 Abs. 2 ICNT/Rev. 2).

Diese Zwangsmaßnahmen des Küstenstaates sind jedoch nicht unbeschränkt. Bei Verletzung der nationalen Gesetze im Küstengewässerbereich hat er das
Recht der Beschlagnahme, nicht jedoch bei Verletzung von Umweltschutzvorschriften in der Wirtschaftszone, selbst wenn dies zu einer Schädigung
der Küstengewässer geführt hat (vgl. Art. 220 Abs. 2
und Art. 220 Abs. 6 ICNT/Rev. 2). Ein amerikanischer Vorschlag (Doc. MP/9) auf der 7. Tagung der
3. Seerechtskonferenz zielt darauf ab, beide Fälle
einander anzugleichen. Da in dieser Hinsicht von
den Vereinigten Staaten großer Druck ausgeübt
wird, kann man davon ausgehen, daß sich diese Initiative durchsetzen wird.

1286. An dieser Regelung wird wiederum deutlich,
daß Küsten- und Hafenstaaten durchaus unterschiedliche Befugnisse zustehen. Die Hafenstaaten
werden grundsätzlich nur tätig, soweit die Rechtsverletzung im Bereich der Hohen See stattgefunden
hat, bei allen übrigen Verletzungen benötigen sie
einen entsprechenden Auftrag. Allerdings haben sie
stets das Recht, Zwangsmaßnahmen gegen Schiffe zu
ergreifen. Dieses Recht steht demgegenüber den Küstenstaaten nur bei Verletzung eigener Rechte und
nur in Extremfällen zu.

Hieraus ergibt sich: Die Hafenstaaten werden im
Interesse der Staatengemeinschaft an einem effektiven Umweltschutz auf See tätig. Sie erhalten praktisch Polizeibefugnisse und haben bei Ausführung
ihres Untersuchungsrechts nicht einmal dem Flaggenstaat zu weichen. Demgegenüber sind die küstenstaatlichen Befugnisse insofern vergleichweise geringer, als ihnen nur in Ausnahmefällen das Recht
einer direkten Untersuchung zugestanden wird. In
der Ahndung der Vergehen sind sie jedoch den Hafenstaaten gleichgestellt.

1287. Hafenstaaten wie Küstenstaaten stützen ihre
Maßnahmen unmittelbar auf das Völkerrecht. Der
Küstenstaat kann allerdings auch seine nationalen
Gesetze heranziehen, soweit diese dem Völkerrecht
entsprechen.

Hafen- wie Küstenstaaten verwirklichen also völkerrechtlich geschaffenes Umweltschutzrecht auf
See. Den Küstenstaaten wird ausdrücklich das Recht
abgesprochen, nationales, vom Völkerrecht abwei-
chendes Umweltschutzrecht außerhalb ihrer Küstengewässer auf fremde Schiffe auszudehnen. Die

Durchsuchungsbefugnisse sind also nicht Ausdruck staatlicher Souveränität, sondern des Weltgemeinschaftsinteresses an einem effektiven marinen Umweltschutz. Das allein rechtfertigt es, daß diese Befugnisse Vorrang vor den Interessen der Flaggenstaaten haben.

1288. *Der ICNT/Rev. 2 enthält eine Reihe von Verfahrensgarantien, die Küsten- und Hafenstaaten sowohl bei ihren Inspektionen als auch bei einer Verfolgung der Vergehen zu beachten haben. Sie können unmittelbare Zwangsmaßnahmen gegen Schiffe nur durch Staats- oder Kriegsschiffe ergreifen (Art. 224 ICNT/Rev. 2); Schiffe sind bei Inspektionen nicht über Gebühr festzuhalten; ihnen muß das Recht gegeben werden, eine Sicherheit zu hinterlegen. Wird eine fehlende Seefähigkeit festgestellt, besteht allerdings die Möglichkeit, das betreffende Schiff an der Weiterfahrt zu hindern.*

Der Hafen- wie auch der Küstenstaat können nur Geldstrafen aussprechen (Art. 230 ICNT/Rev. 2). Das gilt auch für Vergehen, die im Bereich der Küstengewässer begangen wurden, nicht dagegen, falls sie in den Binnengewässern stattfanden. Eine Verschärfung strebt insoweit ein Vorschlag der USA auf der 7. Tagung der 3. Seerechtskonferenz an (Doc. MP/9), wonach für Vergehen in dem Küstengewässerbereich auch Haftstrafen verhängt werden sollen. So weit geht ein Vorschlag der Bundesrepublik Deutschland (Doc. MP/10) nicht. Er sieht lediglich Geldstrafen vor und versucht, Sicherungen für ein rechtsstaatliches Verfahren einzuführen. Man wird wohl davon ausgehen können, daß sich die Vorstellungen der USA durchsetzen.

Von Strafen ist abzusehen, wenn die Übertretung der Umweltschutzvorschriften außerhalb der Küstengewässer eines Staates stattfand und der Flaggenstaat bereits ein Strafverfahren eingeleitet hat. Eine Ausnahme davon gilt dann, wenn dieser Flaggenstaat seine Pflicht zur Durchsetzung der Umweltschutzvorschriften offen mißbraucht hat, oder wenn es sich um eine Verletzung der Umweltschutzvorschriften handelt, die zu einer wesentlichen Schädigung des Küstenstaates geführt hat (Art. 228 ICNT/Rev. 2). Dadurch soll ein gewisser Druck auf die Flaggenstaaten ausgeübt werden, auf die Durchsetzung der Umweltschutzvorschriften zu dringen.

1289. Die Anerkennung flaggenstaatlicher Priorität bei der Ahndung von Umweltverstößen wirft Probleme auf, obwohl sie versucht, Kompetenzkonflikte zwischen Flaggen- und Küstenstaaten zu vermeiden. Es kann nämlich der Fall eintreten, daß ein Hafenstaat auf Antrag des Flaggenstaates Untersuchungen gegen ein Schiff einleitet, diese aber an den Küstenstaat weiterzugeben hat, in dessen Wirtschaftszone die Übertretung geschah. Dann ist der Küstenstaat nicht befugt, eine Verurteilung vorzunehmen, wenn diese bereits durch den Flaggenstaat erfolgte. Auf diese Weise hat der Flaggenstaat die Möglichkeit, die Funktionen des Küstenstaates zu unterlaufen. Erkennt man an, daß der Hafenstaat und der Küstenstaat im Interesse der Staatengemeinschaft an dem marinen Umweltschutz tätig werden, muß ihnen auch das Recht der Bestrafung zustehen. Daß dem Flaggenstaat letztlich ein Monopol im Bereich der Bestrafung zuerkannt wird, ist ein Relikt des überkommenen Völkerrechts.

10.2.2.3.3.4 Zusammenfassende Würdigung

1290. Die außerordentlich kompliziert gefaßten Vorschriften des ICNT/Rev. 2 lassen sich wie folgt zusammenfassen:

1) Der ICNT/Rev. 2 enthält kein Umweltschutzrecht im materiellen Sinne, wenn man von entsprechenden Ansätzen in Art. 194 ICNT/Rev. 2 absieht, die während der 7. Tagung der Seerechtskonferenz noch etwas verstärkt wurden. Er konzentriert sich auf eine Kompetenzverteilung bei Erlaß und Durchsetzung von Umweltschutznormen.

2) Der Erlaß von Umweltschutznormen (Regelungskompetenz) liegt in den Händen der einzelnen Staaten. Die Bemühungen von IMCO oder UNEP, Rechtsetzungsbefugnisse zu erhalten, blieben bisher ohne Erfolg. Damit bleibt letztlich der dominierende Einfluß der Flaggenstaaten auf die Erarbeitung von internationalen Umweltschutznormen erhalten.

Dem Erlaß nationaler Umweltschutzgesetze für den Bereich der Wirtschaftszone sind Grenzen gesetzt. Sie müssen internationalen Maßstäben entsprechen und dürfen sich nicht auf Ausrüstung, Bau und Bemannung der Schiffe beziehen. Größere Freiheit kommt den Küstenstaaten bei Erlaß nationaler Normen für den Bereich der Küstengewässer und der marinen Eigengewässer zu. Einfluß auf Bauweise, Ausrüstung und Bemannung der Schiffe steht den Küstenstaaten aber auch für die Küstengewässer nicht zu, soweit nicht entsprechende internationale Maßstäbe existieren. In dieser Beziehung sind aber noch Veränderungen möglich. Abgesehen davon bringt die Fassung von Art. 211 Abs. 3 ICNT/Rev. 2 auch jetzt schon eine wesentliche Änderung des derzeitigen Rechtssystems mit sich. Zur Ausfüllung dieser küstenstaatlichen Befugnisse sind nationale Gesetze notwendig.

Für die Bundesrepublik Deutschland wäre es von großer Bedeutung, sollten die Hafenstaaten das Recht erhalten, das Anlaufen von Schiffen an bestimmte Bedingungen auch schiffbaulicher Art zu knüpfen (bilaterale Vereinbarung). Dies würde intensive und unverzügliche Verhandlungen mit den Haupthandelspartnern erforderlich machen, letztlich aber auch den Erlaß von entsprechenden nationalen Gesetzen nach sich ziehen.

3) In die Durchsetzung internationaler und u. U. nationaler Umweltschutzvorschriften teilen sich Flaggen-, Hafen- und Küstenstaaten.

a) Grundsätzlich obliegt die Durchsetzung ihres nationalen sowie des internationalen Umweltschutzrechts für den Bereich der Hohen See den Flaggenstaaten. Insoweit bringt die 3. Seerechtskonferenz der Vereinten Nationen keine wesentliche Veränderung des bestehenden Rechtszustandes, sieht man einmal davon ab, daß die Flaggenstaaten etwas stärker in die Pflicht genommen werden. Gewisse Kontrollbefugnisse stehen in dieser Hinsicht aber auch den Hafenstaaten zu. Diese bedeuten eine wesentliche Veränderung des bisherigen Systems. Sollten sie sich durchsetzen, müßte ihr die nationale Gesetzgebung Rechnung tragen.

b) Die Durchsetzung der völkerrechtskonformen Umweltschutzvorschriften in dem Bereich der Wirtschaftszone obliegt dem Küsten- und Hafenstaat. Die Hafenstaatskompetenzen entsprechen einer bereits in früheren Übereinkommen zu beobachtenden Tendenz. Sie haben sich insgesamt jedoch verstärkt.

Neu sind dagegen die küstenstaatlichen Durchsetzungskompetenzen in bezug auf völkerrechtskonforme nationale Umweltschutzgesetze in der Wirtschaftszone. Entsprechende Durchsetzungsbefugnisse sind in der deutschen Rechtsordnung noch nicht vorgesehen.

c) Die Durchsetzung nationaler Umweltschutzgesetze im Küstengewässerbereich obliegt allein den Küstenstaaten. Derartige Kompetenzen kamen den Küstenstaaten unter dem bisher geltenden Recht nicht zu. Auch insoweit ist eine entsprechende Anpassung der nationalen Gesetzgebung notwendig.

4) Bereits bestehende Umweltschutzabkommen werden gemäß Art. 237 ICNT/Rev. 2 durch die neue Seerechtskonvention nicht berührt. Da aber die den Küsten- und Hafenstaaten in MARPOL 1973 eingeräumten Befugnisse geringer sind als die ihnen nach dem ICNT zuerkannten, ist schwerlich damit zu rechnen, daß dieses Abkommen noch in Kraft tritt. Bereits bestehende Abkommen werden allerdings von einer neuen Konvention nicht berührt.

Die Konvention gewährt den bereits gebundenen Staaten auch nicht das Recht, sie wieder zu verlassen. Insgesamt gesehen wird sich aber ein Systemwandel vollziehen, weil den verstärkten Durchsetzungskompetenzen der Küsten- und Hafenstaaten in Zukunft Rechnung zu tragen ist.

10.2.2.3.4 Schiffsverkehrssicherheit

10.2.2.3.4.1 Internationales Übereinkommen über die Internationalen Regeln zur Verhütung von Zusammenstößen auf See, 1972

1291. Wichtigstes Instrument zur Regelung der Verkehrssicherheit ist das auf der Konferenz in London vom 20. Oktober 1972 zustande gekommene Übereinkommen über die Internationalen Regeln zur Verhütung von Zusammenstößen auf See, dem die Regeln, die sog. Seestraßenordnung, als Anlage beigefügt sind. Dieses Übereinkommen trat in Kraft und wurde durch Gesetz vom 29. Juni 1976 (BGBl. II, S. 1017) innerstaatliches Recht der Bundesrepublik Deutschland. Am 13. Juni 1977 wurde die Verordnung zur Seestraßenordnung erlassen (BGBl. I, S. 813). Da die Regelungen der Seestraßenordnung sehr ins einzelne gehen – detailliert geregelt ist z. B.,

welche Lichter ein Fahrzeug führen muß –, soll das Übereinkommen hier nur in einer groben Zusammenfassung dargestellt werden. Die Regeln gelten für alle Fahrzeuge auf Hoher See und auf den mit dieser zusammenhängenden, von Seeschiffen befahrbaren Gewässern. Sie lassen allerdings Sondervorschriften für Reeden, Häfen, Flüsse, Seen oder Binnengewässer zu, die mit der Hohen See zusammenhängen und von Seeschiffen befahrbar sind (BGBl. II, 1976, S. 1023).

1292. *Die Verordnung zur Seestraßenordnung bestimmt als Geltungsbereich für Schiffe, die berechtigt sind die Bundesflagge zu führen, die Hohe See sowie für alle Schiffe die Seeschiffahrtsstraßen und die an ihnen gelegenen bundeseigenen Häfen. Für die Seeschiffahrtsstraßen und Häfen gilt zusätzlich die Seeschiffahrtsstraßenordnung; soweit diese abweichende Vorschriften enthält, gilt sie als Sondervorschrift im Sinne des Übereinkommens.*

Sachlich setzt die Seestraßenordnung bestimmte Regeln für alle Fahrzeuge auf Hoher See fest. Dabei handelt es sich um Ausweich- und Fahrregelungen, um die Beschaffenheit von Lichtern und Signalkörpern und um Schall- und Lichtsignale.

Innerhalb der Ausweich- und Fahrregeln wird nach Sichtverhältnissen unterschieden. Grundsätzlich muß jedes Fahrzeug jederzeit durch Sehen und Hören sowie durch jedes andere verfügbare Mittel gehörigen Ausguck halten, um so einen vollständigen Überblick über die Lage und die Möglichkeit der Gefahr eines Zusammenstoßes zu gewinnen. Es muß darüber hinaus mit einer „sicheren Geschwindigkeit" fahren, d. h., es muß rechtzeitig geeignete und wirksame Maßnahmen treffen können, um einen Zusammenstoß zu vermeiden. Zur Bestimmung der sicheren Geschwindigkeit enthält das Übereinkommen einen beispielhaften Katalog von Umständen, die zu berücksichtigen sind, wie etwa die Sichtverhältnisse, die Verkehrsdichte, die Wind-, Seegangs- und Strömungsverhältnisse.

1293. *Der IMCO wird die Möglichkeit eingeräumt, Verkehrstrennungsgebiete einzurichten, d. h. Gebiete festzulegen, in denen Einbahnverkehr gilt. Für die Verkehrstrennungsgebiete gibt es eine besondere Regel, die u. a. vorsieht, daß das Ein- und Auslaufen von der Seite in einem möglichst kleinen, das Queren in einem möglichst rechten Winkel erfolgen soll. Derartige Manöver sollen nur durchgeführt werden, wenn sie erforderlich sind. Nach der Verordnung zur Seestraßenordnung gilt diese Regel nur, wenn das Verkehrstrennungsgebiet in den Nachrichten für Seefahrer (NfS) des DHI bekanntgemacht worden ist.*

1294. *Haben Fahrzeuge einander in Sicht, so legen die Regeln fest, daß sie sich bei entgegengesetzten Kursen und der Gefahr eines Zusammenstoßes zur Steuerbordseite hin ausweichen müssen. Bei sich kreuzenden Kursen hat dasjenige Fahrzeug seinen Kurs zu ändern, das das andere an Steuerbord hat. „Vorfahrt" hat also, wer von „rechts" kommt. Für das Ausweichen gilt insofern eine Besonderheit, als nach der Manövrierfähigkeit des Fahrzeugs unterschieden wird. So ist es etwa Pflicht eines Maschinenfahrzeuges in Fahrt, einem fischenden Fahrzeug in Fahrt auszuweichen. Bei verminderter Sicht, wenn die Fahrzeuge einander nicht in Sicht haben, muß jedes Maschinenfahrzeug seine Maschinen für ein sofortiges Manöver bereithalten.*

1295. *Der Teil C der Regeln befaßt sich mit der Beschaffenheit von Lichtern und Signalkörpern. Erwähnenswert ist hier lediglich, daß anhand der Lichter und Signalkörper genau festgestellt werden kann, um welche Art von Fahrzeugen es sich handelt (z. B. schleppendes oder geschlepptes Fahrzeug, nicht trawlendes Fischereifahrzeug). In der Anlage I zu den Regeln werden dazu technische Einzelheiten z. B. über die Lichtstärke bestimmt. Insoweit haben die Regeln allerdings keine rückwirkende Kraft. Entspricht nämlich ein Fahrzeug nicht den Regeln, war es bei Inkrafttreten der Regeln bereits auf Kiel gelegt und entspricht es den Vorschriften der Internationalen Regeln von 1960 zur Verhütung von Zusammenstößen auf See, so kann es teils auf Dauer, teils für eine Übergangszeit von vier bzw. neun Jahren von der Befolgung der Regelung in Anlage I befreit werden. Zuständig hierfür sind die Flaggenstaaten, in der Bundesrepublik Deutschland die Strom- und Schiffahrtspolizeibehörden.*

1296. *Teil D der Regeln legt fest, daß Fahrzeuge bei bestimmten Sichtverhältnissen oder bestimmten Manövern bestimmte Schallsignale geben müssen. Aus der Anlage III der Regeln ergeben sich die technischen Einzelheiten der Schallsignalanlagen. Ist ein Fahrzeug nicht entsprechend ausgerüstet, erfüllt es aber die Bedingungen wie oben für die Anlage I dargestellt, so kann es von den Vorschriften über Schallsignalanlagen für eine Übergangszeit von neun Jahren nach Inkrafttreten befreit werden. In der Anlage IV der Regeln finden sich Notzeichen wie das Morsesignal „SOS" oder das Sprechfunksignal „Mayday".*

1297. *Die deutsche Verordnung zur Seestraßenordnung legt zusätzlich Sicherheitszonen fest (vgl. § 7). Das sind Wasserflächen, die sich in einem Abstand von 500 Metern um Vorrichtungen zur Erforschung oder Ausbeutung von Naturschätzen im Bereich des Festlandsockels der Bundesrepublik Deutschland oder eines anderen Staates erstrecken. Sicherheitszonen dürfen nur zur Versorgung der Anlagen befahren werden.*

10.2.2.3.4.2 Entwicklung auf EG-Ebene seit dem Unglück der Amoco Cadiz

1298. Der Schiffbruch des Tankers Amoco Cadiz im März 1978 vor der bretonischen Küste wurde von Frankreich, Dänemark und der Bundesrepublik Deutschland zum Anlaß für eine Reihe von Anregungen an die EG genommen (Dokumente R/744/78, R/763/78, R/775/78, R/825/78, R/826/78, R/881/78 und R/987/78). Diese Anregungen sind zum Teil in EG-Richtlinien und -Empfehlungen eingeflossen, zum Teil hat die Bundesrepublik Deutschland sie einseitig in nationales Recht übernommen. Hierzu zählen vor allem durchgreifende Änderungen der Schiffahrtsregelungen und der küstenstaatlichen Überwachung im Bereich der 200-Meilen-Zone auf den Gebieten der Nautik und des Seelotsenwesens (dazu 10.2.2.3.4.3).

Einige Anregungen und Forderungen sind nicht weiter verfolgt worden. Unter anderem war vorgeschlagen worden:

– wirksame Kontrolle nicht der Norm entsprechender Schiffe,

– Sperre der EG-Häfen für derartige Tanker auf der Grundlage der Gegenseitigkeit,

– Verschärfung des Systems der Sanktionen für Meeresverschmutzungen insbesondere durch Reinigung der Schiffstanks,

– Beschränkung des Einsatzes von „Billigflaggen-Schiffen" im Außenhandel der Gemeinschaften.

10.2.2.3.4.3 Schiffahrtspolizeiliche Kontrollen

1299. Die schiffahrtspolizeilichen Kontrollen werden seitdem verschärft. So wird die Einhaltung der Vorschriften über die Schiffssicherheit und die Sicherheit und Gesundheit der Besatzung auf der Grundlage der IMCO-Empfehlung Nr. 321 (IX) vom 12. 11. 1975 und der Vereinbarung der Nordseeanliegerstaaten über die Einhaltung der Normen auf Handelsschiffen vom 2. 3. 1978 (Den Haag) künftig schärfer überprüft werden, wodurch der vorgeschriebene Sicherheitszustand besser gewährleistet werden soll. Seit dem 1. 4. 1979 wird im nationalen Bereich mit einer Prüfliste (check-list) für Tankschiffe gearbeitet. In diese Prüfliste haben der Kapitän oder sein Stellvertreter eine Reihe von Angaben über das Schiff, seine Sicherheitseinrichtungen (z. B. Haupt- und Hilfsruderanlage, Feuerlöscheinrichtungen), Sicherheitszeugnisse und andere Dokumente (z. B. Schiffssicherheitszeugnis, Öltagebuch) sowie über die Besatzung einzutragen. Durch die Kontrolle dieser Liste wird der Seelotse über den Zustand des Schiffes unterrichtet, was eine Beratung erleichtert. Außerdem wird der vorgeschriebene Sicherheitsstandard gewährleistet und eine intensivere Kontrolle in den Häfen vorbereitet.

1300. Durch Bekanntmachung der WSD Nord-West vom 25. 1. 1978 und der WSD Nord vom 2. 5. 1978 wurde eine Anmeldung für Tankschiffe (wozu auch Gastankschiffe und Chemikalientankschiffe gehören) obligatorisch.

Von besonderer Wichtigkeit ist die Übertragung von Zuständigkeiten im Bereich der Nordsee auf den Bundesgrenzschutz. Er wird die Überwachung des Tankschiffverkehrs auf den Schiffahrtswegen vor der deutschen Küste durch eigene Flugzeuge und Schiffe übernehmen.

Einer IMCO-Empfehlung folgend soll ein küstenferner Schiffahrtsweg vom Englischen Kanal bis zum Feuerschiff „Deutsche Bucht" für Schiffe über 10 000 BRT mit umweltgefährdender Ladung an Bord eingerichtet werden. Hiervon verspricht man sich eine Verringerung der Strandungs- und Kollisionsgefahr und vor allem die Möglichkeit einer Beseitigung von Ölverschmutzungen, bevor das Öl die Küste erreicht. Bereits in Kraft (Bekanntmachung der WSD Nord-West vom 25. 1. 1978 und der WSD Nord vom 2. 5. 1978) ist ein Ein- und Auslaufverbot für alle Tankschiffe bei verminderter Sicht.

10.2.2.3.4.4 Seelotsenwesen

1301. Zur Verbesserung der Schiffsverkehrssicherheit ist auf dem Gebiet des Seelotsenwesens eine Reihe von Änderungen geplant und zum Teil schon vollzogen.

Geplant ist zur Unterstützung der Tätigkeit des Seelotsen an Bord eine ständige Radarberatung für Tankschiffe. Ebenso soll es in Zukunft Lotsenberatung für alle Schiffe auf Seeschiffahrtsstraßen vor der Nordseeküste geben, was eine Verringerung von Gefahren zur Folge haben wird, die Tankschiffen von anderen Schiffen drohen.

Bereits in Kraft ist eine räumliche Ausdehnung der Lotsenannahmepflicht für Tankschiffe über 10 000 BRT auf allen Fahrstrecken binnenwärts vom Feuerschiff „Deutsche Bucht" (VOen der WSDn Nord und Nord-West vom 31. 8. 1978 bzw. 4. 9. 1978). Spätestens ab 1. 1. 1980 soll nach Maßgabe der EG-Richtlinie vom 21. 12. 1978 eine Meldepflicht gelten, wenn der Seelotse Mängel auf dem von ihm beratenen Schiff feststellt.

1302. Eine Verbesserung der Qualifikation der Seelotsen wird von einer zusätzlichen Ausbildung in Form eines Schiffsführungs- und Radarsimulator-Lehrgangs erwartet. Auch die Qualifikation der Überseelotsen in der Nordsee und im Englischen Kanal soll verbessert werden. Durch Verordnung der WSD Nord-West vom 4. 9. 1978 wurde ein Lotsbezirk Jade eingerichtet. In Zukunft sollen Lotsenwechselpunkte auf der Jade vermieden werden, weil zusätzliche Manöver dort Grundberührungen zur Folge haben können.

10.2.2.3.4.5 Schwachstellen

1303. Der Rat weist auf folgende Schwachstellen für den Bereich der Schiffsverkehrssicherheit hin[1]):

- Die Vorschriften über Verkehrstrennungsgebiete werden nicht hinreichend beachtet. Eine gezielte Überwachung gibt es zur Zeit noch nicht.
- Für überlastete und besonders gefährliche Seewasserstraßen ist eine landseitige Verkehrslenkung unerläßlich. Auf der 21. Tagung des IMCO-Ausschusses "Safety of Navigation" vom August 1978 in London ist daher die von Frankreich und England für den Englischen Kanal und die Straße von Dover vorgeschlagene Regelung über ein Schiffsmeldesystem skizziert worden. Danach wird vorgeschlagen, daß alle beladenen Öl-, Gas- und Chemikalientanker über 1 600 BRT, alle manövrierunfähigen und in Verkehrstrennungsgebieten ankernden Fahrzeuge, alle manövrierbehinderten Fahrzeuge und außergewöhnliche Schleppzüge und alle Fahrzeuge mit defekten Navigationsgeräten, die für die sichere Navigation unter den herrschenden Umständen von Bedeutung

---

1) Die folgende Darstellung stützt sich z. T. auf RAHN et al. (1979).

---

sind, an dem Schiffsmeldesystem teilnehmen. Unter Angabe von Namen, Rufzeichen, Position, Kurs, Geschwindigkeit, Bestimmungshafen und Tiefgang müssen die Fahrzeuge sich bei bestimmten Küstenfunkstellen melden, sobald sie in die Verkehrstrennungsgebiete, Straße von Dover, Ushant und Casqets einlaufen. Nach zunächst freiwilliger Einführung wird das Schiffsmeldesystem später obligatorisch werden müssen.

- Die Seewasserstraßen verlaufen zum Teil zu dicht an der Küste. Sie müssen gerade in der Nordsee zum Teil weiter seewärts verlegt werden.
- Für Tankschiffe und Schiffe mit gefährlicher Ladung muß in verkehrsreichen und schwierigen Seegebieten eine Lotsenannahmepflicht eingeführt werden.
- Bisher fehlt es an einer Verpflichtung, Wetterberatung in Anspruch zu nehmen. Ohne Kenntnis der zu erwartenden Wetterverhältnisse ist eine sichere Schiffsführung nicht gewährleistet.

10.2.2.4 Abwehr- und Rettungsmaßnahmen des Küstenstaates bei drohender Verschmutzung der See nach Schiffsunglücken

10.2.2.4.1 Internationales Übereinkommen über Maßnahmen auf Hoher See bei Ölverschmutzungsunfällen (1969)

1304. *Das Schiffsunglück des Tankers „Torrey Canyon" vor der britischen Küste im Jahre 1967 rief die Gefährlichkeit von Ölkatastrophen dieses Ausmaßes in das allgemeine Bewußtsein. Die Regierung Großbritanniens, das von der Strandung der „Torrey Canyon" am unmittelbarsten betroffen war, wandte sich daher an die IMCO mit der Bitte, diese solle sich mit den an diesem Fall sichtbar gewordenen Problemen befassen. Auf Initiative der IMCO trat daraufhin im November 1969 in Brüssel eine Seerechtskonferenz zusammen, die zwei internationale Übereinkommen annahm: Das Abkommen über die zivilrechtliche Haftung für Tankerunfälle (ILM, Bd. 9 (1970), S. 45; JOHNSON, 1976, S. 34) und das Übereinkommen über Maßnahmen auf Hoher See bei Ölverschmutzungsunfällen (ILM, Bd. 9 (1970), S. 25; SCHULTHEISS, 1973, S. 198 ff.; BÖHME, 1970 b, S. 57 ff.).*

1305. Nach Art. I des letztgenannten Übereinkommens können die Vertragsparteien im Fall einer drohenden Ölverschmutzung nach einem Schiffsunglück die „erforderlichen Maßnahmen" treffen. Was erforderliche Maßnahmen sind, wird allerdings nicht näher erläutert. Eine Konkretisierung findet sich lediglich in Art. V des Abkommens, wonach die Maßnahmen dem Verhältnismäßigkeitsprinzip entsprechen müssen. Unter mehreren möglichen Maßnahmen ist der jeweils schonendste Eingriff zu wählen; zwischen den mit dem Eingriff verbundenen Härten für den Betroffenen und den möglichen Verschmutzungsfolgen für die Allgemeinheit darf kein offenbares Mißverhältnis bestehen. Die Umschreibung kann nur so verstanden werden, daß dem betroffenen Staat ein weitgesteckter Ermessensspielraum bei der Auswahl der Maßnahme zusteht. Das verunglückte Schiff darf also notfalls auch, wie im Fall der „Torrey Canyon", bombardiert werden (BÖHME, 1970 a, S. 1001; STEIGER u. DEMEL, 1979, S. 214).

1306. Der Zweck des Abkommens war allerdings nur durch eine generalklauselartige Formulierung zu erreichen. Vergegenwärtigt man sich, daß eine effektive Gefahrenabwehr nur bei einem großen Ermessensspielraum für den Küstenstaat möglich ist, daß sie auch die schärfste Abwehrmaßnahme, die Zerstörung des Schiffes, einschließen muß, so wird verständlich, warum die Formulierung über die „erforderlichen Maßnahmen" in der Literatur einhellig begrüßt wurde (JAENICKE, 1971, S. 211; KLUMB, 1974, S. 112 ff.). Es ist allerdings fraglich, ob durch das Interventionsrecht etwas Neues geschaffen wurde (CALFISCH, 1972, S. 7 ff.; WOLFRUM, 1975 b, S. 204; SCHULTHEISS, 1973, S. 198 ff.). Denn auch nach allgemeinem Völkerrecht ist ein von einem Notstand bedrohter Staat unter bestimmten Voraussetzungen berechtigt, im Wege des Nothandelns die von ihm nicht hervorgerufene Gefahr für seine staatliche Existenz und für andere lebenswichtige Interessen durch einen Eingriff in die Rechts- und Interessensphäre eines fremden, unbeteiligten Staates abzuwenden. Der Umfang dieses Notrechts ist freilich nicht unbestritten.

1307. Die Zulässigkeit von Maßnahmen setzt zunächst voraus, daß die Verschmutzung auf einen Seeunfall zurückzuführen ist. Schiff ist nach der Legaldefinition des Art. II Nr. 2 jedes schwimmende Fahrzeug mit Ausnahme von Einrichtungen, die zur Erforschung oder Ausbeutung des Meeresbodens verwendet werden. Bohrinseln sind also von dem Anwendungsbereich des Abkommens grundsätzlich ausgenommen. Diese Regelungslücke ist darauf zurückzuführen, daß Ölverschmutzungen in der Vergangenheit hauptsächlich nach Tankerunfällen aufgetreten sind. Indes sind von Bohrinseln gleich große Gefahren einer Ölverschmutzung im Meer zu erwarten. Das wird von Fachleuten nicht mehr bezweifelt (BÖHME, 1970 a, S. 1001) und durch die Katastrophe im Golf von Mexiko bei der Bohrinsel Ixtoc I im Sommer 1979 eindrucksvoll belegt. Andererseits weist KLUMB (1974, S. 111 ff.) mit Recht darauf hin, daß der Schelfstaat, der regelmäßig mit dem betroffenen Küstenstaat identisch sein wird, gegenüber der Bohrinsel stärkere Einflußmöglichkeiten hat als gegenüber einem Schiff auf Hoher See. Allerdings trifft das nicht immer zu, wie der Blow-out im norwegischen Ekofisk-Feld (Tz. 612) gezeigt hat, der auch die dänische Küste bedrohte. Hier besteht noch eine bedenkliche Regelungslücke (STEIGER u. DEMEL, 1979, S. 214).

1308. Die Zulässigkeit von Maßnahmen setzt ferner voraus, daß es sich um einen Ölunfall handelt. Diese Einschränkung ist keineswegs selbstverständlich. Denn es gibt eine Reihe von Chemikalien, die mindestens genauso gefährlich wie Öl sind. Die Konferenz hat durch Verabschiedung einer Resolution versucht, die Folgen der Einengung des sachlichen Geltungsbereichs zu mildern. Einmal soll sich die IMCO verstärkt der Meeresverschmutzung widmen, die durch andere Stoffe als Öl verursacht wird. Zum anderen wird das Recht jedes Staates bekräftigt, sich ungeachtet des Interventionsabkommens gegen Gefahren zu wehren, die aus der Meeresverschmutzung durch andere Stoffe als Öl herrühren (BÖHME, 1970 b, S. 79). Teilweise wird in der Resolution die Empfehlung gesehen, in solchen Fällen dennoch auf der Basis des Abkommens vorzugehen (KLUMB, 1974, S. 111). Zumindest entnimmt man dem Abkommen die stillschweigende Anerkennung eines begrenzten Interventionsrechts (JAENICKE, 1971, S. 215). Tatsächlich besagt die Regelung aber nur, daß die betroffenen Staaten (Flaggenstaat und bedrohte Staaten) in diesen Fällen in gemeinsamer Zusammenarbeit die Vorschriften des Abkommens ganz oder teilweise anwenden sollen. Im Falle einer Verschmutzung durch andere Stoffe als Öl kann eine Maßnahme nicht gegen den Willen des Flaggenstaates getroffen werden, es sei denn, diese ist nach Völkergewohnheitsrecht zulässig.

1309. Die Zulässigkeit von Maßnahmen setzt eine Gefahr für die Reinhaltung der Küsten oder für ähnliche Interessen der Vertragsstaaten voraus. Dazu zählt das Abkommen beispielhaft mit der See verbundene Tätigkeiten in Küstengebieten, touristische Schwerpunkte in dem betroffenen Gebiet sowie die Gesundheit der Küstenbewohner und die Erhaltung der Tier- und Pflanzenwelt.

1310. *Bevor der betroffene Küstenstaat Maßnahmen ergreift, hat er alle natürlichen und juristischen Personen zu benachrichtigen, deren Interessen tangiert werden. Er hat ferner ihre Auffassung über mögliche Abwehrmaßnahmen zu berücksichtigen. Des weiteren kann er unabhängige Sachverständige konsultieren, deren Namen einer von der IMCO geführten Liste entnommen werden. Der Küstenstaat hat außerdem andere durch den Seeunfall betroffene Staaten, insbesondere den Flaggenstaat, zu konsultieren, um Übereinstimmung über die zu treffenden Maßnahmen zu erreichen. Nur in Fällen äußerster Dringlichkeit, in denen Sofortmaßnahmen erforderlich sind, kann der Küstenstaat die durch die dringliche Lage notwendig gewordene Maßnahme ohne vorherige Notifikation treffen. Diese Konsultationspflicht ist eine wichtige Sicherung gegen übereilte Schritte des Küstenstaates. Der Fall der „Torrey Canyon" hat gezeigt, daß die Öffentlichkeit starken Druck auf die Regierung ausübt, unverzüglich und ohne Rücksicht auf rechtliche Bedenken gegen die drohende Verschmutzung vorzugehen (BÖHME, 1970 a, S. 1002).*

1311. Sollte der Küstenstaat Maßnahmen ergreifen, die im Sinne des Abkommens als nicht erforderlich anzusehen sind, trifft ihn nach Art. VI die Verpflichtung, Entschädigung zu zahlen. Diese Vorschrift hat allerdings nur deklaratorischen Wert. Denn eine Maßnahme, die nicht mit dem Abkommen in Einklang steht, stellt ohnehin ein Delikt dar, das nach allgemeinem Völkerrecht eine entsprechende Schadenersatzverpflichtung nach sich zieht (BÖHME, 1970 b, S. 59 ff.).

Für alle Streitigkeiten zwischen den Vertragsparteien darüber, ob eine Maßnahme gegen das Übereinkommen verstoßen hat und ob und in welcher Höhe Entschädigung zu leisten ist, ist ein Vergleichsverfahren oder, wenn der Vergleich scheitert, ein Schiedsverfahren nach Maßgabe einer Anlage zum Übereinkommen vorgesehen.

1312. Das Übereinkommen gewährt einem von einer Ölpest bedrohten Staat die eindeutige Befugnis, auf Hoher See gegen diese Gefahr vorzugehen. Es muß klargestellt werden, daß es sich bei dem Interventionsabkommen nur um einen völkerrechtlichen Vertrag, nicht etwa um allgemeines Völkerrecht handelt. Das bedeutet, daß auf Hoher See Maßnahmen aufgrund des Abkommens nur ergriffen werden können, wenn Flaggenstaat und Küstenstaat Vertragsparteien sind. Ist auch nur eine Partei dem Abkommen nicht beigetreten, kann der Flaggenstaat Schadenersatz nach allgemeinem Völkerrecht fordern. Allerdings könnte das Interventionsabkommen künftig Bestandteil des alle Staaten, also auch die Nichtvertragsparteien, bindenden allgemeinen Völkerrechts werden.

Die Entwicklung von Vertragsrecht zu Völkergewohnheitsrecht hängt nach einem Urteil des Internationalen Gerichtshofes vom 20. 2. 1969 (ICJ Report 1969, S. 24) entscheidend von der Praxis der Staaten nach Vertragsschluß, insbesondere vom Verhalten der Nichtunterzeichner ab. Diese im Interesse eines effektiven Schutzes des Meeres vor Verschmutzung unerfreuliche Konsequenz wird jedoch dadurch gemildert, daß sich unter den Vertragsstaaten auch sog. Billigflaggenländer wie Panama und Liberia befinden (STEIGER u. DEMEL, 1979, S. 219 ff.).

1313. Das „Gesetz zu dem Internationalen Übereinkommen vom 29. 11. 1969 über Maßnahmen auf Hoher See bei Ölverschmutzungsunfällen" (BGBl. II, 1975, S. 137) sieht eine Verpflichtung deutscher Handelsschiffe vor, Seeunfälle, die eine Verschmutzung der See durch Öl verursachen und die Reinhaltung der Küsten oder verwandte Interessen eines Vertragsstaates ernstlich gefährden können, unverzüglich unter Verwendung eines bestimmten, vom BMV bekanntgemachten Musters der zentralen Meldestelle für Ölverschmutzungen der Wasser- und Schiffahrtsverwaltung des Bundes zu melden. Gleichzeitig soll der gefährdete Vertragsstaat verständigt werden. Verstöße gegen diese Meldepflicht werden als Ordnungswidrigkeit mit einer Geldbuße bis zu 10000 DM behandelt.

10.2.2.4.2 Protocol relating to Intervention on the High Seas in Cases of Marine Pollution by Substances other than Oil (1973)

1314. Auf der Londoner Konferenz von 1973 über die Seeverschmutzung wurde das „Protocol relating to Intervention on the High Seas in Cases of Marine Pollution by Substances other than Oil" (ILM, Bd. 13 (1974), S. 605ff.) angenommen. Es soll 90 Tage nach der Ratifikation durch den 15. Staat in Kraft treten. Dieser Zeitpunkt ist noch nicht erreicht. Auch eine Ratifikation durch die Bundesrepublik Deutschland

ist bislang nicht erfolgt. Obwohl das Übereinkommen noch nicht in Kraft ist, hat Großbritannien die Rechtsgrundlage für ein entsprechendes Tätigwerden geschaffen (The Oil in Navigable Waters – Shipping Casualties – Order 1971/ILM, Bd. 11 (1972), S. 173 und Oil in Navigable Waters Act 1971/ILM, Bd. 10 (1971), S. 584; dazu WOLFRUM 1975 b, S. 204).

Das Protokoll nimmt in der Frage, welche Abwehrmaßnahmen bei drohender Verschmutzung getroffen werden können, auf das Interventionsabkommen Bezug. Der betroffene Staat kann also im Fall einer Verschmutzung nach Notifikation und Konsultation die erforderlichen Maßnahmen treffen und muß im Fall nicht erforderlicher Maßnahmen Schadensersatz leisten. Bei Streitigkeiten kommt es zum Vergleichsverfahren und gegebenenfalls zum Schiedsverfahren.

1315. „Andere Stoffe als Öl" sind zunächst die Stoffe, die in einer von der IMCO geführten Liste verzeichnet sind und die dem Protokoll als Anhang beigefügt werden soll, ferner alle anderen Stoffe, die eine Gefahr für die menschliche Gesundheit bilden, dem tierischen und pflanzlichen Leben an Land und im Wasser schaden oder störend auf legitime Meeresnutzung einwirken können. Bei nicht aufgelisteten Stoffen muß der Staat allerdings nachweisen, daß der Stoff unter den gegebenen Umständen ebenso schädliche Wirkungen äußern kann, wie die in der Liste aufgeführten Stoffe. Ergänzungen der Liste können von jeder Vertragspartei vorgeschlagen werden.

Der Vorschlag bedarf zu einer Annahme einer Zweidrittelmehrheit im zuständigen Organ der IMCO. Die Änderung tritt für alle Staaten in Kraft, die nicht binnen sechs Monaten nach Bekanntgabe widersprochen haben, es sei denn, ein Widerspruch erfolgt durch mehr als ein Drittel der Vertragsstaaten. Die Liste von Sachverständigen wird um die Namen solcher Experten erweitert, die im Falle einer Verschmutzung durch andere Stoffe als Öl Rat geben können.

10.2.2.4.3 Vorschläge der 3. Seerechtskonferenz der Vereinten Nationen

1316. Nach Artikel 221 ICNT/Rev. 2 können die Küstenstaaten zum Schutz ihrer Küsten und ihrer Fischereiinteressen Maßnahmen auch außerhalb ihrer Küstengewässer ergreifen; sowohl dem RSNT als auch dem ISNT fehlte eine entsprechende Vorschrift noch. Eine Veränderung der bestehenden völkerrechtlichen Lage ergibt sich daraus jedoch nicht. Vor allem dürfte auch danach noch keine Anwendung des Interventionsabkommens gegenüber Schiffen in Betracht kommen, deren Flaggenstaat das Abkommen nicht ratifiziert hat.

10.2.2.4.4 Übereinkommen zur Zusammenarbeit bei der Bekämpfung von Ölverschmutzungen der Nordsee (Bonn-Abkommen 1969)

1317. Im Zusammenhang mit der Brüsseler Konferenz, die mit der Unterzeichnung des Interventionsabkommens endete, hatten die acht Nordseeanrainerstaaten am 9. 6. 1969 in Bonn ein Abkommen über die Zusammenarbeit bei der Bekämpfung von Ölverschmutzungen in der Nordsee vereinbart (BGBl. II, 1969, S. 2073 ff.). Das Übereinkommen ist am 9. 8. 1969 in Kraft getreten (BGBl. II, 1969, S. 1066). Es findet Anwendung auf Ölverschmutzungen der Nordsee gleich welchen Ursprungs, wenn dadurch eine unmittelbar bevorstehende schwere Gefahr für die Küste und damit zusammenhängende Interessen einzelner oder mehrerer Vertragsparteien heraufbeschworen wird. Ein Vorgehen aufgrund des Bonn-Abkommens ist also im Gegensatz zum Interventionsabkommen auch dann geboten, wenn der Ölausfluß von einer Bohrinsel stammt. „Nordsee" wird definiert als das Gebiet der Nordsee südlich des 61. nördlichen Breitengrades einschließlich des Skagerraks bis zur Linie Skagen-Pater-Noster-Schäre und des Ärmelkanals und seiner Eingangsgewässer bis zu einer Linie, die 50 Seemeilen westlich einer die Scilly-Inseln und die Insel Quensant verbindenden Linie verläuft. Für die Zwecke des Abkommens wird dieses Gebiet in Zonen eingeteilt, deren Zuschnitt aus einer Anlage ersichtlich ist (Abb. 10.1).

Jede Vertragspartei ist verpflichtet, nach einem Unfall oder bei Auftreten von Ölflächen einen anderen Vertragsstaat davon zu unterrichten, der dadurch gefährdet wird. Außerdem sind alle Kapitäne der unter der Flagge fahrenden Schiffe sowie die Führer der dort registrierten Luftfahrzeuge zu ersuchen, Ölflächen und alle Unfälle, die eine Meeresverschmutzung verursachen können, zu melden.

1318. Erfährt ein Vertragsstaat, daß sich in seiner Zone ein Ölunfall ereignet hat oder daß Ölflächen vorhanden sind, so trifft er die notwendigen Feststellungen über Art und Ausmaß des Unfalls sowie über Art und ungefähre Menge des auf der See treibenden Öls und über dessen Richtung und Geschwindigkeit. Ferner benachrichtigt er alle anderen Vertragsparteien über seine Feststellungen und über die Maßnahmen, die er zur Bekämpfung des treibenden Öls getroffen hat; er beobachtet das Öl, solange es in seiner Zone treibt. Benötigt die Vertragspartei Hilfe bei der Bekämpfung der Ölverschmutzung, so kann sie alle anderen Vertragsstaaten um Beistand ersuchen, und zwar zuerst diejenigen, die durch das Öl gefährdet sein würden.

1319. Die Frage der Kostenverteilung ist in dem Abkommen nicht geregelt. Im Vorentwurf war vorgesehen, daß jeder Staat die Kosten der von ihm ergriffenen Maßnahmen selbst tragen solle. Da das Übereinkommen zu diesem Punkt nichts aussagt, müssen sich die Vertragsparteien noch auf einen Modus einigen. In der Literatur wird eine anteilige Kostentragung befürwortet. Ferner wird vorgeschlagen, einen Fonds zu errichten, aus dem eine Erstattung der Aufwendungen erfolgen soll (KLUMB, 1974, S. 126; BÖHME, 1970 b, S. 66).

1320. Das Bonn-Abkommen schweigt ebenso wie das Interventionsabkommen über die Art der von den Vertragsparteien zu ergreifenden Maßnahmen. Anders als das Interventionsabkommen verpflichtet es aber die Vertragsstaaten nicht zur Duldung fremder Eingriffe in ihre Souveränität. Es kann also nicht zur Rechtfertigung der Zerstörung von Schiffen oder ähnlichen Maßnahmen herangezogen werden (KLUMB, 1974, S. 126).

10.2.2.4.5 Verwaltungsabkommen zwischen dem Bund und den Küstenländern über die Bekämpfung von Ölverschmutzungen (1975)

1321. Das Verwaltungsabkommen sieht die Errichtung einer Ölmeldeorganisation (Zentraler Meldekopf – ZMK) und einer Ölbekämpfungsorganisation (Einsatzleitungsgruppe – ELG) vor. (BOE, 1975 b, S. 127; VKBL Allgemeiner Teil 11, 1975, S. 333).

1322. Ölunfälle und Ölverschmutzungen sind an den ZMK zu melden. Er ist beim Wasser- und Schiffahrtsamt (WSA) Cuxhaven eingerichtet und jederzeit besetzt. Der ZMK registriert die Meldungen und überprüft sie ggf. durch Schiffe und Flugzeuge, die er von den Vertragspartnern anfordern kann. Für die Meldungen ist ein gewisses Schema festgesetzt worden, das im Rahmen des Bonn-Abkommens mit den anderen Mitgliedsstaaten abgesprochen worden ist. Ergibt die Überprüfung, daß mit großen Ölverschmutzungen zu rechnen ist, ruft der Leiter des ZMK die Einsatzleitungsgruppe (ELG) zusammen. Er muß dies tun, sobald der Beauftragte eines Vertragspartners es verlangt.

1323. Die ELG ist für die Anordnung der konkreten Bekämpfungsmaßnahmen zuständig. Sie besteht aus einem Beauftragten des Bundes und je einem Beauftragten der vom Öl voraussichtlich bedrohten Küstenländer sowie je zwei Stellvertretern. Alle Mitglieder sind in einem Alarmierungsplan aufgeführt und jederzeit erreichbar. Die ELG entscheidet einvernehmlich, ob und welche Maßnahmen zu treffen sind. Sie kann Maßnahmen bis zu einer geschätzten Kostenhöhe von 500 000,– DM anordnen, bei voraussichtlich höheren Kosten ist vorher eine Ermächtigung der Finanzminister bzw. -senatoren einzuholen. Die Maßnahmen erstrecken sich auf die Hohe See, die Küstengewässer, den Nord-Ostsee-Kanal sowie Strände und Ufer.

1324. Die ELG ordnet die Maßnahmen an und führt sie auch selbst durch. Sie kann dazu u. a. auf die sachliche und personelle Ausstattung aller Partner des Verwaltungsabkommens zurückgreifen. In der praktischen Durchführung liegt das Übergewicht deutlich beim Bund. Die Bekämpfung von Ölunfällen zu Wasser obliegt den Schiffen der Wasser- und Schiffahrtsverwaltung des Bundes (WSV). Bei der

Abb. 10.1

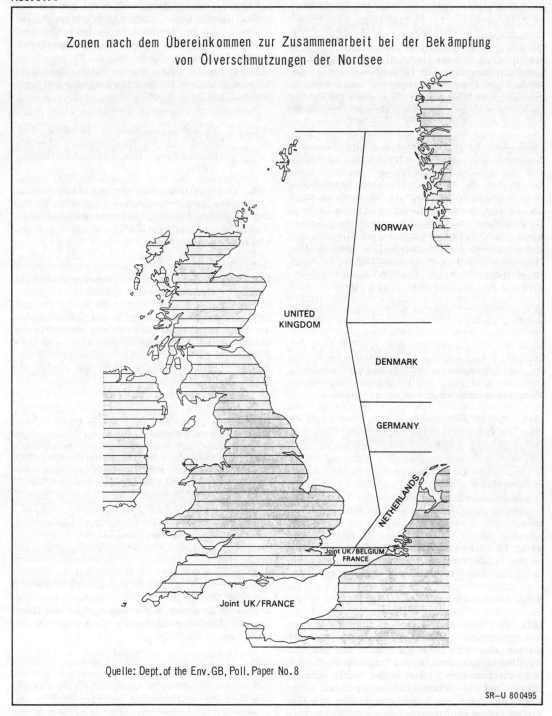

Zonen nach dem Übereinkommen zur Zusammenarbeit bei der Bekämpfung
von Ölverschmutzungen der Nordsee

NORWAY

UNITED
KINGDOM

DENMARK

GERMANY

NETHERLANDS

Joint UK/BELGIUM
FRANCE

Joint UK/FRANCE

Quelle: Dept. of the Env. GB, Poll. Paper No. 8

SR–U 80 0495

WSV lagern die gemeinsam von Bund und Ländern beschafften Bekämpfungsmittel. Die WSV verfügt über mehr und geeignetere Schiffe und Einrichtungen als die Länderverwaltungen.

1325. *Die Bekämpfung der Ölverschmutzung setzt entweder bereits auf Hoher See oder aber im Küstenmeer ein. Es kann allerdings Fälle geben, in denen es die ELG für sinnvoller erachtet, die Bekämpfung erst an den Stränden und Ufern vorzunehmen. Die dortige Bekämp-*

fung ist Sache der örtlichen Ordnungsbehörden. Nur bei außergewöhnlichen und weiträumigeren Ölverschmutzungen an Stränden und Ufern kann das Verwaltungsabkommen Anwendung finden. Die ELG wird in diesen Fällen allerdings nur beratend tätig; die Durchführung der Strand- und Uferreinigung ist nicht ihre Aufgabe. Da jedoch nur die von der ELG angeordneten Maßnahmen gemeinsam von Bund und Ländern finanziert werden, dürfte in der Regel sichergestellt sein, daß die von der ELG für notwendig gehaltenen Maßnahmen zur Bekämpfung großer Ölverschmutzungen der Strände und Ufer auch tatsächlich durchgeführt werden.

1326. Der bereits bestehende Ölunfallausschuß See/Küste (ÖSK, drei Vertreter des Bundes – BMV, BMFT und BMI/UBA –, je ein Vertreter der Küstenländer) soll die weitere Entwicklung neuer Mittel und Wege zur Vermeidung von Ölverschmutzungen und neuer wirksamer Maßnahmen zu deren Bekämpfung anregen und verfolgen sowie seine „Technischen Vorschläge zur Bekämpfung von Ölverunreinigungen im See- und Küstengebiet" laufend überprüfen und ergänzen. Außerdem schlägt er Vorsorgemaßnahmen vor, welche Bekämpfungsmittel zu beschaffen sind und wo diese gelagert werden sollen. Zu diesem Zweck ist jährlich ein Beschaffungsplan aufzustellen, der von allen Vertragspartnern genehmigt werden muß.

1327. *Die personellen und sächlichen Kosten tragen die jeweils betroffenen Behörden selbst. Lediglich die Kosten von Vorsorgemaßnahmen, z.B. Umbau von Schiffen, Beschaffung und Ersatzbeschaffung von Bekämpfungsmitteln mit Ausnahme der Unterhaltungskosten zahlen Bund und Küstenländer je zur Hälfte. Das gleiche gilt für Kosten, die bei einer Bekämpfung auf Anordnung der ELG entstehen. Der Kostenanteil der Länder ist nach einem Schlüssel aufgeteilt. Er beträgt gegenwärtig für*

– *Bremen 2%*

– *Hamburg 5%*

– *Niedersachsen 25%*

– *Schleswig-Holstein 18%.*

10.2.2.4.6 Schwachstellen bei der Bekämpfung von Ölverschmutzungen in der Bundesrepublik Deutschland[1])

1328. Der Ablauf der Ölbekämpfung wurde von RAHN et al. (1979) einer kritischen Analyse unterzogen. Die Studie kommt zu dem Ergebnis, daß im Verwaltungsabkommen selbst keine Schwachstellen auszumachen sind. Die Entscheidungsgrundlagen für die Einsatzstellen sind aber unzureichend. Zwar wird die ELG durch Institute des Bundes und der Küstenländer sowie durch Fachleute beraten, es gibt aber eine Reihe von Informationslücken, die eine Entscheidung erschweren oder unmöglich machen (vgl. die ausführliche Darstellung in Tz. 647 – 681).

– Die Entwicklung geeigneter Fernerkundungsverfahren zur Verfolgung des Öltransports auf der Meeresoberfläche ist noch nicht abgeschlossen.

– Die Bereitstellung von Schlepper- und Leichterkapazität ist organisatorisch nicht geregelt. Der Fall „Amoco Cadiz" zeigt, daß in bestimmten Revieren und bei bestimmten Wetterverhältnissen eine erfolgreiche Bergung nicht immer gewährleistet ist.

– Im Fall der „Amoco Cadiz" zeigten sich auch Schwierigkeiten bei der Koordination des ohnehin nicht speziell geschulten Bekämpfungspersonals. Es mangelte überwiegend nicht an Helfern und Geräten, sondern an einer klaren und konsequent durchgeführten Einsatzplanung. Die Zusammenarbeit der einzelnen Dienststellen funktionierte nicht.

– Die Planung sieht zwar eine von der ELG organisierte Einsatzplanung für die verschiedenen Dienststellen vor. Es ist aber fraglich, ob im Fall eines großen Ölunfalls geordnete Entscheidungsabläufe und reibungslose Zusammenarbeit gewährleistet sind.

10.2.2.4.7 Bekämpfung von Ölverschmutzungen in Großbritannien

1329. *In Großbritannien gibt es ebensowenig wie in der Bundesrepublik Deutschland eine stehende Ölbekämpfungsorganisation (SIBTHORP, 1975, S. 190 ff.). Es besteht eine Verpflichtung für alle Schiffe, Ölflecke an die Küstenwache zu melden. Von dort werden über ein Benachrichtigungsnetz alle interessierten Stellen in Kenntnis gesetzt.*

1330. *Oberster Grundsatz ist die Regionalisierung der Bekämpfung. Zu diesem Zweck ist das Meer um Großbritannien in neun Meeresüberwachungsdistrikte eingeteilt. Für jeden Distrikt ist ein dem Department of Trade (DoT) unterstehender Principal Marine Officer (PMO) zuständig. Der PMO greift allerdings nur ein, wenn Schäden zu befürchten sind. Die Bekämpfung geschieht durch Dispergatoren und anschließende Bewegung des Öl/Dispergatoren/Seewassergemisches. Jeder PMO hat seinen eigenen Bekämpfungsplan, der auf den vom DoT aufgestellten Grundsätzen beruht. Ein typischer Fall enthält in erster Linie Verzeichnisse*

– *der Stellen, die von dem Unglück zu benachrichtigen sind*

– *der Stellen, bei denen genaue Wettervorhersagen angefordert werden können*

– *über die Kontakte zu Einrichtungen, deren Mittel (z. B. Schiffe) in Anspruch genommen werden können*

– *über die Lagerorte der Dispergatoren und die entsprechende Ausrüstung*

– *über die Nachrichtenwege, durch die die Verantwortlichen miteinander in Kontakt bleiben*

– *über die Länge der Küste und ökologisch besonders empfindliche Gebiete.*

In jedem PMO-Gebiet findet alle drei Jahre eine Alarmübung statt.

1331. *Der Küstenschutz (bis eine Meile im Meer) gegen die Ölverschmutzung ist Sache der örtlichen Behörden.*

---

1) In Anlehnung an RAHN et al., 1979, S. 136 ff.

Es besteht allerdings keine ausdrückliche Verpflichtung für sie, tätig zu werden. Ihre Vorkehrungen beruhen auf Rundschreiben der Zentralregierung, in denen an sie appelliert wurde, bis zu einem entsprechenden Gesetz selbst eine Organisation aufzubauen. Ziel der Rundschreiben war es, eine Organisation „vor Ort" zu schaffen. Die Rundschreiben gingen davon aus, daß es nicht erforderlich sei, einheitliche Vorkehrungen zu treffen, skizzierten aber doch gewisse Leitlinien. Die Pläne der örtlichen Behörden werden zentral gesammelt; das Warren Spring Laboratory, eine Forschungseinrichtung des Department of Industry, gibt technische Ratschläge. Die zur Bekämpfung benötigte Ausstattung lagert bei den örtlichen Behörden. Wird die Bekämpfung für diese zu teuer, übernimmt das Department of the Environment die Kosten.

10.2.2.5 Verschmutzungen der See durch den Meeresabbau von Bodenschätzen, insbesondere von Erdöl und Erdgas

1332. *In den letzten Jahrzehnten ist der Meeresabbau von Bodenschätzen im Bereich des Festlandsockels und des Tiefseebodens immer wirtschaftlicher geworden. In gleichem Maße nahmen die Kontroversen und Konflikte um die Verteilung der Nutzungsrechte zwischen den Staaten und Nutzungsbeschränkungen zum Schutz der marinen Umwelt zu. Zur Zeit steht noch die Gewinnung von Erdöl und Erdgas im Vordergrund. Im Tiefseebergbau wird die Gewinnung von Manganknollen eine große Rolle spielen.*

1333. Der Meeresabbau von Bodenschätzen ist durch die Genfer Konvention über den Festlandsockel von 1958 (vgl. Tz. 1102) und die Genfer Konvention über die Hohe See von 1958 (vgl. Tz. 1108) geregelt. Nach Art. 5 der Genfer Festlandsockel-Konvention darf eine Ausbeutung des Festlandsockels nicht zu ungerechtfertigten Eingriffen in die Navigation, den Fischfang oder den Schutz der Meeresumwelt führen. Explorationsbohrungen sowie die Förderung von Bodenbestandteilen müssen gegenüber den Bedürfnissen der traditionellen Nutzungen des Meeres sowie dem Schutz der Meeresumwelt grundsätzlich zurücktreten. Um die technischen Einrichtungen können bestimmte Sicherheitszonen errichtet werden. Alle Küstenstaaten haben die notwendigen Maßnahmen zum Schutz der marinen Umwelt zu ergreifen. Welche Maßnahmen notwendig werden, bestimmt der Küstenstaat im Rahmen der ihm eingeräumten Nutzungshoheit über den Festlandsockel.

1334. Nach Art. 24 Genfer Hohe See-Konvention hat jeder Staat Regeln zu schaffen, die die Ausbeutung des Meeresbodens hinreichend beschränken, um Verunreinigungen der marinen Umwelt zu verhindern.

1335. Durch die 3. Seerechtskonferenz der Vereinten Nationen wird die Rechtslage völlig neu gestaltet. Die Mehrheit der Staaten hat sich dafür entschieden, den Meeresabbau von Bodenbestandteilen außerhalb des Festlandsockels der Kompetenz der Einzelstaaten zu entziehen. Auch für den Schutz der

marinen Umwelt soll eine internationale Lösung gefunden werden. Auf Einzelheiten ist hier nicht einzugehen, weil die Nordsee fast vollständig von den zu schaffenden Wirtschaftszonen abgedeckt wird, die der Kompetenz der Küstenstaaten unterstehen.

1336. Die Erschließung von Off-shore-Lagerstätten erfolgt unter der Kontrolle der Regierung des zur Ausbeutung des Festlandsockels berechtigten Küstenstaates. Die Nordsee wurde zu diesem Zweck im Jahre 1958 zwischen Norwegen, Dänemark, der Bundesrepublik Deutschland, den Niederlanden und Großbritannien aufgeteilt. Aus Verwaltungsgründen hat jedes Land seine Anteile in Blöcke aufgeteilt, die bei den verschiedenen Anliegerstaaten jeweils Flächen zwischen 240 und 560 km² umfassen. Die Blöcke werden in sog. Lizenzrunden zur Exploration und evtl. Nutzung an Unternehmen vergeben.

1337. Eine Reihe von schweren Unfällen auf Explorations- oder Förderbohrinseln haben weltweites Aufsehen erregt (vgl. Tz. 1307). Dahinter ist die Bedeutung einer Vielzahl von kleineren Unfällen zurückgetreten, die insgesamt zu einer vielleicht noch empfindlicheren Schädigung der marinen Umwelt geführt haben. Schließlich darf nicht außer acht gelassen werden, daß – ähnlich wie bei der Schiffahrt – die laufende betriebsbedingte Verschmutzung des Meeres durch Explorations- oder Förderaktivitäten Dauerbelastungen der marinen Umwelt darstellen, deren ökologische Bedeutung weit höher zu veranschlagen ist als die Schädigung durch Unfälle.

1338. Mobile Bohrplattformen dienen vornehmlich der Exploration von Ölvorkommen (Tz. 338). Die Gefahr von Explosionen und Bränden ist vor allem gegeben, wenn während des Bohrens bedeutende Vorkommen getroffen werden. Während der Explorationstätigkeit in der Nordsee hat sich bis heute noch kein Blow-out mit Öleintrag in das Meerwasser ereignet. Der Unfall bei Ekofisk vom April 1977 ereignete sich während einer Überholung auf einer Förderplattform (Tz. 607). Die Schwankungsbreite für die Abschätzung eines Blow-out-Risikos ist erheblich. Als Ursachen werden in etwa zwei Drittel aller Fälle menschliches Versagen, in ein Sechstel der Fälle technisches Versagen angegeben; die restlichen Risiken sind breiter verteilt.

1339. Unter den von RAHN et al. (1979) aufgeführten Schwachstellen sind die folgenden besonders hervorzuheben:

– Die Sicherheitszonen von 500 m um die Verankerung von Hubinseln oder Halbtauchern reichen nicht aus.

– Die Materialermüdungserscheinungen sind zur Zeit nur ungenau abzuschätzen, weil langfristige Messungen der Wellenbewegung und der Wellenhöhe besonders für den Bereich der mittleren Nordsee noch nicht vorliegen.

– Da in der Nordsee wegen der besonderen Belastung des Personals Streß-Erscheinungen und menschliches Versagen vermehrt auftreten, müßten in größerem Umfang automatische oder halbautomatische Hilfsmittel eingesetzt werden.

- Die Möglichkeit, ausgetretenes Öl in Reservetanks auf der Förderplattform zu sammeln, bevor es mit dem Seewasser in Berührung kommt, wird nicht genügend genutzt.
- Das Personal der Off-shore-Unternehmen ist international zusammengesetzt und uneinheitlich ausgebildet. Insbesondere befriedigt der Trainingsstand für Notsituationen noch nicht.

1340. Im Unterschied zu Hubinseln und Halbtauchern, die für drei bis vier Monate niedergebracht werden, sind Förderplattformen in der Nordsee auf eine Nutzungsdauer von 20 – 30 Jahren angelegt. Explosionen und Brände können nicht nur während der Bohrtätigkeit auftreten, sondern bleiben wegen der Entstehung leicht entzündlicher Gase, wie Methan, eine ständige Gefahr. Die lange Nutzungsdauer erhöht das Sicherheitsrisiko insofern, als sich Korrosion, Materialermüdung und Gründungsversagen auswirken können (RAHN et al. 1979, S. 112).

1341. Bei bestimmten Arbeiten am Bohrloch (work over) müssen Blow-out-Preventer sowie zusätzliche Untertagesicherheitsventile gegen den unkontrollierten Austritt von Öl und Gas vorübergehend entfernt werden. Die Nichteinhaltung des genehmigten „Workoverplans" infolge menschlichen Versagens nach dem Ablaufmuster des Ekofisk-Unfalls dürfte das größte Blow-out-Risiko darstellen (RAHN et al., 1979, S. 117).

1342. Von RAHN et al. (1979, S. 129 ff.) werden insbesondere folgende Schwachstellen genannt, zusätzlich zu denen der Explorationstechnik:

- Bei der Produktion und Lagerung wird ölhaltiges Wasser erzeugt, das nach einer gewissen Reinigung in das Meer abzulassen ist. Weder über das Ausmaß der Ölverschmutzung noch über ihre ökologischen Folgen liegen ausreichende Erkenntnisse vor. Es fehlt an Sensoren für eine genaue und eindeutige Messung der emittierten Ölmengen.
- Wichtige Komponenten der Off-shore-Technik sind nicht hinreichend standardisiert; wie der Ekofisk-Unfall zeigt, gilt das auch für die Blow-out-Preventer.
- Der Korrosionsschutz der Steigrohre ist noch unzureichend. Die technischen Anlagen werden unter Wasser durch Algenbewuchs zusätzlich gefährdet. Die Reparaturtechniken sind noch entwicklungsbedürftig.

1343. Auch Bau und Betrieb der Pipelines weisen noch erhebliche Schwachstellen auf (RAHN et al., 1979, S. 137 ff.). So werden die Druckverhältnisse unter Umständen falsch eingeschätzt, weil die freispülenden Strömungen nicht bekannt sind. Eingespülte Pipelines können optisch und akustisch nur unzureichend kontrolliert werden. Die Überprüfung durch Taucher liefert ebenfalls nur unzuverlässige Informationen. Der Schutz der Pipelines vor Kollision, insbesondere in vielbefahrenen Seewasserstraßen, ist unterentwickelt. Insbesondere durch Anker werden häufiger Beschädigungen verursacht.

1344. *Auf der Seerechtskonferenz wurde der Meeresabbau von Bodenschätzen wie folgt geregelt: Innerhalb der Wirtschaftszone fällt die Regelung des Schutzes der marinen Umwelt vor Beeinträchtigungen durch die Ausbeutung des Meeresbodens gemäß Art. 56 ICNT/Rev. 2 ausschließlich in die Jurisdiktion des Küstenstaates. Dieser kann vorsehen, daß Bohrplattformen durch Sicherheitszonen umgeben werden, wobei diese nicht mehr als 500 Meter Radius haben dürfen. Eine Erweiterung dieser Sicherheitszonen über 500 Meter hinaus ist nur möglich, soweit entsprechende internationale Abkommen bestehen.*

Art. 209 ICNT/Rev. 2 gibt Richtlinien für den Erlaß von Umweltschutzvorschriften der Küstenstaaten. Sie haben Gesetze und Verordnungen zu erlassen, durch die eine Beeinträchtigung der marinen Umwelt verhindert, verringert oder zumindest doch kontrolliert wird. Derartige Maßnahmen dürfen nicht weniger effektiv sein, als internationale Regeln und Maßstäbe sowie empfohlene Praktiken und Prozeduren. Die Staaten werden aufgefordert, ihre entsprechende nationale Politik zu harmonisieren und zwar auf regionaler Ebene. Die Staaten arbeiten auf der Basis internationaler Organisationen oder entsprechender Konferenzen zusammen, um globale bzw. regionale Regeln und Maßstäbe zu entwerfen, die dazu dienen, die Verschmutzung der See durch Meeresbodenaktivitäten zu verhindern, zu reduzieren oder doch zu kontrollieren. Derartige Regeln und Maßstäbe werden von Zeit zu Zeit revidiert.

1345. Die Entwicklung eines entsprechenden Umweltschutzsystems erfolgt auf drei Ebenen, einer nationalen Ebene, einem regionalen Forum für Beratungen und die Harmonisierung der Maßstäbe sowie einer globalen Ebene, auf welcher die sog. Minimalregeln festzulegen sind. Letztlich unterscheidet sich dieses System nur geringfügig von den Vorschriften der Genfer Festlandsockel-Konvention 1958, sieht man einmal davon ab, daß die Normenkonkurrenzklausel zugunsten der traditionellen Nutzungsformen aufgehoben wurde.

Anhang I

Stofflisten ausgewählter internationaler Regelungen

	Liste 1	Liste 2
Übereinkommen zur Verhütung der Meeresverschmutzung vom Lande aus, 1976 (Pariser Übereinkommen)	1. Organische Halogenverbindungen und Stoffe, die in der Meeresumwelt derartige Verbindungen bilden können, mit Ausnahme solcher Stoffe, die biologisch unschädlich sind oder die im Meer rasch in biologisch unschädliche Stoffe umgewandelt werden. 2. Quecksilber und Quecksilberverbindungen. 3. Cadmium und Cadmiumverbindungen. 4. Beständige Kunststoffe, die im Meer treiben, schwimmen oder untergehen können und die jede rechtmäßige Nutzung des Meeres ernstlich behindern können. 5. Aus Erdöl gewonnene beständige Öle und Kohlenwasserstoffe.	1. Organische Verbindungen von Phosphor, Silizium und Zinn und Stoffe, die in der Meeresumwelt derartige Verbindungen bilden können, mit Ausnahme derjenigen Stoffe, die biologisch unschädlich sind oder die im Meer rasch in biologisch unschädliche Stoffe umgewandelt werden. 2. Reiner Phosphor. 3. Aus Erdöl gewonnene nichtbeständige Öle und Kohlenwasserstoffe. 4. Folgende Elemente und ihre Verbindungen: Arsen Kupfer Nickel Chrom Blei Zink 5. Stoffe, die nach Ansicht der Kommission eine schädliche Wirkung auf den Geschmack und/oder Geruch der Erzeugnisse haben, die aus der Meeresumwelt für den menschlichen Verbrauch gewonnen werden.
Richtlinie des Rates der Europäischen Gemeinschaften betreffend die Ableitung bestimmter gefährlicher Stoffe in die Gewässer der Gemeinschaft (ENV 131)	1. Organische Halogenverbindungen und Stoffe, die im Wasser derartige Verbindungen bilden können. 2. Organische Phosphorverbindungen. 3. Organische Zinnverbindungen. 4. Stoffe, deren kanzerogene Wirkung im oder durch das Wasser erwiesen ist (+). 5. Quecksilber und Quecksilberverbindungen. 6. Cadmium und Cadmiumverbindungen. 7. Beständige Mineralöle und aus Erdöl gewonnene beständige Kohlenwasserstoffe. 8. Langlebige Kunststoffe, die im Wasser treiben, schwimmen oder untergehen können und die jede Nutzung der Gewässer behindern können (nur für die Anwendung einiger Vorschriften der Richtlinie).	1. Diejenigen Stoffe der in der Liste 1 aufgeführten Stofffamilien und Stoffgruppen, für die die in der Richtlinie vorgesehenen Grenzwerte nicht festgelegt werden. 2. Folgende Metalloide und Metalle und ihre Verbindungen: 1. Zink 6. Selen 11. Zinn 16. Vanadium 2. Kupfer 7. Arsen 12. Barium 17. Kobalt 3. Nickel 8. Antimon 13. Beryllium 18. Thallium 4. Chrom 9. Molybdän 14. Bor 19. Tellur 5. Blei 10. Titan 15. Uran 20. Silber 3. Biozide und davon abgeleitete Verbindungen, die nicht in Liste 1 aufgeführt sind. 4. Stoffe, die eine abträgliche Wirkung auf den Geschmack und/oder den Geruch der Erzeugnisse haben, die aus dem Gewässer für den menschlichen Verzehr gewonnen werden, sowie Verbindungen, die im Wasser zur Bildung solcher Stoffe führen können. 5. Giftige oder langlebige organische Siliziumverbindungen und Stoffe, die im Wasser zur Bildung solcher Verbindungen führen können, mit Ausnahme derjenigen, die biologisch unschädlich sind oder die sich im Wasser rasch in biologisch unschädliche Stoffe umwandeln. 6. Anorganische Phosphorverbindungen und reiner Phosphor. 7. Nichtbeständige Mineralöle und aus Erdöl gewonnene nichtbeständige Kohlenwasserstoffe. 8. Cyanide, Fluoride. 9. Stoffe, die sich auf die Sauerstoffbilanz ungünstig auswirken, insbesondere Ammoniak, Nitrite.

(+) Sofern bestimmte Stoffe aus der Liste 2 kanzerogene Wirkung haben, fallen sie unter Gruppe 4 dieser Liste.

	Liste 1	Liste 2
Übereinkommen zur Verhütung der Meeresverschmutzung durch das Einbringen durch Schiffe und Luftfahrzeuge, 1972 (Osloer Übereinkommen)	1. Organische Halogenverbindungen und Verbindungen, die in der Meeresumwelt derartige Stoffe bilden können, mit Ausnahme solcher Stoffe, die nicht giftig sind oder die im Meer rasch in biologisch unschädliche Stoffe umgewandelt werden. 2. Organische Siliziumverbindungen und Verbindungen, die in der Meeresumwelt derartige Stoffe bilden können, mit Ausnahme solcher Stoffe, die nicht giftig sind oder die im Meer rasch in biologisch unschädliche Stoffe umgewandelt werden. 3. Stoffe, die nach übereinstimmender Auffassung der Vertragsparteien unter den Bedingungen ihrer Beseitigung wahrscheinlich krebserregend sind. 4. Quecksilber und Quecksilberverbindungen. 5. Cadmium und Cadmiumverbindungen. 6. Beständige Kunststoffe und anderes beständiges synthetisches Material, die im Meer treiben oder schweben können und die ernstlich die Fischerei oder die Schiffahrt beeinträchtigen, die Annehmlichkeiten der Umwelt verringern oder sonstige rechtmäßige Nutzungen des Meeres behindern können.	1. Arsen, Blei, Kupfer, Zink und ihre Verbindungen, Cyanide und Fluoride sowie Schädlingsbekämpfungsmittel und ihre Nebenprodukte, soweit sie nicht unter die Liste 1 fallen. 2. Behälter, Schrott, teerähnliche Stoffe, die auf den Meeresboden sinken können, sowie sonstige sperrige Abfälle, welche die Fischerei oder die Schiffahrt ernstlich behindern können. 3. Stoffe, die zwar nicht giftig sind, jedoch wegen der Menge, in der sie eingebracht werden, schädlich wirken können oder welche die Annehmlichkeiten der Umwelt ernstlich verringern können.
Übereinkommen zur Verhütung der Meeresverschmutzung durch das Einbringen von Abfällen und anderen Stoffen, 1972 (Londoner Übereinkommen)	1. Organische Halogenverbindungen. 2. Quecksilber und Quecksilberverbindungen. 3. Cadmium und Cadmiumverbindungen. 4. Beständige Kunststoffe und anderes beständiges synthetisches Material, z.B. Netze und Seile, die im Meer so treiben oder schweben können, daß sie die Fischerei, die Schiffahrt oder sonstige rechtmäßige Nutzungen des Meeres wesentlich behindern. 5. Rohöl, Heizöl, schweres Dieselöl und Schmieröle, hydraulische Flüssigkeiten und einen dieser Stoffe enthaltende Gemische, die zum Zweck des Einbringens an Bord genommen werden. 6. Hochgradig radioaktive Abfälle od. sonst. hochgradig radioaktive Stoffe, die aus gesundheitl., biol. od. sonst. Gründen von dem dafür zuständ. internat. Gremium, z.Z. der Int. Atomenergie-Org., als ungeeignet für das Einbringen ins Meer bezeichnet sind. 7. Stoffe in jeglicher Form (z.B. fest, flüssig, halbflüssig, gasförmig oder lebend), die für die biologische und chemische Kriegsführung hergestellt worden sind. 8. Die vorstehenden Absätze gelten nicht für Stoffe, die durch physikalische, chemische oder biologische Prozesse im Meer rasch unschädlich gemacht werden, sofern sie nicht a) den Geschmack eßbarer Meereslebewesen beeinträchtigen oder b) die menschliche Gesundheit oder die Gesundheit von Haustieren gefährden.	1. Abfälle, die bedeutende Mengen folgender Stoffe enthalten: Arsen Blei Kupfer } und ihre Verbindungen Zink organische Siliziumverbindungen Cyanide Fluoride Schädlingsbekämpfungsmittel und ihre Nebenprodukte, soweit sie nicht unter die Liste 1 fallen. 2. Bei der Erteilung von Erlaubnissen für das Einbringen großer Mengen von Säuren und Laugen ist das mögliche Vorhandensein der unter Ziffer 1 aufgeführten Stoffe und folgender zusätzlicher Stoffe zu berücksichtigen: Beryllium Chrom Nickel } und ihre Verbindungen Vanadium 3. Behälter, Schrott und sonstige sperrige Abfälle, welche auf den Meeresboden sinken und die Fischerei oder die Schiffahrt ernstlich behindern können.

Noch Anhang I

	Liste 1	Liste 2
Übereinkommen zur Verhütung der Meeresverschmutzung durch das Einbringen von Abfällen und anderen Stoffen, 1972 (Londoner Übereinkommen)	9. Diese Liste gilt nicht für Abfälle oder sonstige Stoffe (z. B. Abwasserschlamm oder Baggergut), welche die unter den Ziffern 1 bis 5 bezeichneten Stoffe als Spurenverunreinigungen enthalten.	4. Radioaktive Abfälle oder sonstige radioaktive Stoffe, die nicht in der Liste 1 aufgeführt sind. Bei der Erteilung von Erlaubnissen für das Einbringen dieser Stoffe sollen die Vertragsparteien die Empfehlungen des dafür zuständigen internationalen Gremiums, zur Zeit der Internationalen Atomenergie-Organisation, in vollem Umfang berücksichtigen.
Vorschlag einer Richtlinie des Rates der Europäischen Gemeinschaften über die Versenkungen von Abfällen im Meer (Vorschlag der Kommission aus dem Jahre 1976, vgl. Tz. 1190 u. 1460)	1. Organische Halogenverbindungen und Verbindungen, die in der Meeresumwelt derartige Stoffe bilden können, mit Ausnahme solcher Stoffe, die nicht giftig sind oder die im Meer rasch in biologisch unschädliche Stoffe umgewandelt werden. 2. Organische Siliziumverbindungen und Verbindungen, die in der Meeresumwelt derartige Stoffe bilden können, mit Ausnahme solcher Stoffe, die nicht giftig sind oder die im Meer rasch in biologisch unschädliche Stoffe umgewandelt werden. 3. Quecksilber und Quecksilberverbindungen. 4. Cadmium und Cadmiumverbindungen. 5. Beständige Kunststoffe und anderes beständiges synthetisches Material, die ernstlich die Fischerei oder die Schiffahrt beeinträchtigen, die Annehmlichkeiten der Umwelt verringern oder sonstige rechtmäßige Nutzungen des Meeres behindern können. 6. Aus Erdöl gewonnene Rohöle und Kohlenwasserstoffe sowie alle solche Stoffe enthaltenden Mischungen, die zum Zweck des Einbringens an Bord genommen werden. 7. Abfallstoffe hoher, mittlerer, niedriger Radioaktivität sowie andere Gegenstände von hoher, mittlerer, niedriger Radioaktivität. 8. Säuren und Laugen aus der Titan- und Aluminiumindustrie. 9. Materialien in jeglicher Form (d. h. fest, flüssig, schlammförmig, gasförmig oder in lebendigem Zustand), die für die biologische und chemische Kriegsführung hergestellt worden sind. 10. Diese Liste gilt nicht für Stoffe, die durch physikalische, chemische oder biologische Prozesse im Meer rasch unschädlich werden, sofern sie nicht a) eßbaren Meeresorganismen einen unangenehmen Geschmack verleihen oder b) die menschliche Gesundheit oder die Gesundheit von Haustieren gefährden. 11. Diese Liste gilt nicht für Abfälle und andere Gegenstände, die Spuren der in den Nummern 1 bis 6 genannten Stoffe enthalten.	1. a) Arsen, Blei, Kupfer, Beryllium, Chrom, Nickel, Vanadin und ihre Verbindungen; b) Cyanide und Fluoride; c) Schädlingsbekämpfungsmittel und ihre Nebenprodukte, soweit sie nicht unter die Liste 1 fallen; d) synthetische organische Chemikalien. 2. Säuren und Laugen, soweit sie nicht unter die Liste 1 fallen. 3. Behälter, Schrott und sonstige auf den Meeresboden sinkende, sperrige Abfälle, welche die Fischerei oder die Schiffahrt ernstlich behindern können. 4. Stoffe, die zwar nicht giftig sind, jedoch wegen der Menge, in der sie eingebracht werden, schädlich wirken können, oder welche die Annehmlichkeit der Umwelt ernstlich verringern können. 5. Radioaktive Abfälle und sonstige radioaktive Gegenstände, soweit sie nicht unter die Liste 1 fallen.

Anhang II:

Aktueller Stand internationaler Übereinkommen mit Bezug auf den Schutz der Meeresumwelt der Nordsee

	Belgien	BR Deutschland	Dänemark	Frankreich	Großbritannien	Niederlande	Norwegen	Schweden	Datum der Annahme	Ort der Annahme	Inkrafttreten	Stand der Information
Internationales Übereinkommen zur Verhütung der Meeresverschmutzung vom Lande aus, 1976 (Pariser Konvention)	x	–	x	x	x	?	x	?	4. 6.1974	Paris	6. 5.1978	24. 6.1980
Internationales Übereinkommen zur Verhütung der Meeresverschmutzung durch das Einbringen durch Schiffe und Luftfahrzeuge, 1972 (Osloer Übereinkommen)	–	x	x	x	x	x	x	x	15. 2.1972	Oslo	7. 4.1975	24. 6.1980
Internationales Übereinkommen über die Verhütung der Meeresverschmutzung durch das Einbringen von Abfällen und anderen Stoffen, 1972 (Londoner Übereinkommen)	–	x	x	x	x	x	x	x	29.12.1972	London	30. 8.1975	24. 6.1980
Internationales Übereinkommen zum Schutz des menschlichen Lebens auf See, 1960 (SOLAS 1960)	x	x	x	x	x	x	x	x	17. 6.1960	London	26. 5.1965	24. 6.1980
Internationales Übereinkommen zum Schutz des menschlichen Lebens auf See, 1974 (SOLAS 1974)	–	–	x	x	x	–	x	–	1.11.1974	London	25. 5.1980	24. 6.1980
SOLAS Protokoll, 1978	–	–	–	–	–	–	–	–	17. 2.1978	London	25. 5.1980	24. 6.1980
Internationales Übereinkommen über Ausbildung, Beteiligung und den Wachdienst von Seeleuten, 1978	–	–	–	–	–	–	–	–	7. 7.1978	London	–	24. 6.1980
Internationales Übereinkommen zur Verhütung der Verschmutzung der See durch Öl, 1954 (OILPOL)	x	x	x	x	x	x	x	x	12. 5.1954	London	26. 7.1958	24. 6.1980

Übereinkommen	Ratifikation							Datum	Ort		Inkrafttreten
OILPOL Änderungen 1962	x	x	x	x	x	x	x	11. 4.1962	London	18.5. u. 28.6.1967	24.6.1980
OILPOL Änderungen 1969	x	x	x	x	x	x	x	21.10.1969	London	20.1.1978	24.6.1980
OILPOL Änderungen 1971 (Great Barrier Reef)	–	x	–	x	x			12.10.1971	London	–	24.6.1980
OILPOL Änderungen 1971 (Tanks)	–	–	–	x	–	x	x	15.10.1971	London	–	24.6.1980
Internationales Übereinkommen zur Verhütung der Meeresverschmutzung durch Schiffe, 1973 (MARPOL)	–	–	–	–				2.11.1973	London	–	24.6.1980
MARPOL Protokoll, 1978	–	–	–	–				17. 2.1978	London	–	24.6.1980
Internationales Übereinkommen über die internationalen Regeln zur Verhütung von Zusammenstößen auf See, 1972	x	x	x	x	?	x		20.10.1972	London	15.7.1977	24.6.1980
Internationales Übereinkommen über Maßnahmen auf Hoher See bei Ölverschmutzungen, 1969	x	x	x	x	x	x	x	29.11.1969	Brüssel	6.5.1975	24.6.1980
Protocol relating to Interventions on the High Seas in Cases of Marine Pollution by Substances other than Oil, 1973	–	–	–	–	x			2.11.1973	London	–	24.6.1980
Übereinkommen zur Zusammenarbeit bei der Bekämpfung von Ölverschmutzungen der Nordsee, 1969 (Bonn-Abkommen)	x	x	x	x	?	?	x	9. 6.1969	Bonn	9.8.1969	24.6.1980

Zeichenerklärung: x = ratifiziert
– = nicht ratifiziert; noch nicht in Kraft
? = keine Information verfügbar

10.3 Umweltüberwachung der Nordsee

10.3.1 Gegenwärtige Meß-, Beobachtungs- und Überwachungstätigkeiten

1346. Nach den bestehenden rechtlichen und vertraglichen Verpflichtungen ergeben sich für die Nordsee eine Reihe von Meß-, Beobachtungs- und Überwachungsaufgaben; der Rat hat sich eingehend mit ihnen beschäftigt und ist zu dem Schluß gekommen, daß ein weitergehendes Überwachungssystem nötig ist. Dieses System stellt er als Empfehlung in diesem Abschnitt des Gutachtens vor, nachdem er zunächst die gegenwärtigen Programme erläutert (Abschn. 10.3.1) und kritisch würdigt (Abschn. 10.3.2).

10.3.1.1 Rechtliche Grundlagen und Verbindlichkeiten

Abwasserabgabengesetz und Wasserhaushaltsgesetz

1347. Beide Gesetze verpflichten die zuständigen Landesbehörden zu einer vollständigen Bestandsaufnahme aller Abwassereinleiter. Dabei sollen für alle Abwassereinleitungen sowohl die Abwassermenge als auch die Schadstofffracht für die im Abwasserabgabengesetz festgelegten Abwasserinhaltsstoffe und Schadstoffparameter erfaßt werden. Dies gilt auch für das Einleiten von Abwasser in die Küstengewässer.

1348. Die Parameter, nach denen das Abwasserabgabengesetz die Schädlichkeit von Abwässern bemißt, sind der Gehalt an absetzbaren Stoffen, der Gehalt an oxidierbaren Stoffen (chemischer Sauerstoffbedarf CSB) und der Gehalt an Cadmium und Quecksilber sowie die Giftigkeit gegenüber Fischen (nach dem Goldorfen-Test). Daneben sind die Stoffe und Stoffgruppen zu beachten, für die in Allgemeinen Verwaltungsvorschriften nach § 7a Abs. 1 WHG Mindestanforderungen an das Einleiten von Abwasser gemäß den allgemein anerkannten Regeln der Technik gestellt werden sollen.

Tab. 10.1 zeigt die in den verschiedenen Gesetzen und Übereinkommen vorgesehenen Überwachungsparameter.

EG-rechtliche Bestimmungen

1349. Bisher regeln vier EG-rechtliche Bestimmungen Immissionsnormen und Überwachungsaufgaben:

– Richtlinie des Rates vom 4. Mai 1976 betreffend die Verschmutzung infolge der Ableitung bestimmter gefährlicher Stoffe in die Gewässer der Gemeinschaft (s. Tz. 1126)

– Richtlinie des Rates vom 20. Februar 1978 über Abfälle aus der Titandioxidproduktion (s. Tz. 1191)

– Richtlinie des Rates vom 8. Dezember 1975 über die Qualität der Badegewässer (s. Tz. 904)

– Richtlinie des Rates über die Qualitätsforderungen an Muschelgewässer.

1350. Die „Richtlinie über die Qualitätsforderungen an Muschelgewässer" vom 30. 10. 1979 (ABL. Nr. L 281 vom 10. 11. 1979, S. 47 ff.; Dokument 8433/79 ENV 124) stellt zur Sicherstellung der Güteüberwachung der Muschelgewässer durch die Mitgliedsstaaten gewisse Mindestanforderungen auf.

Sie findet Anwendung auf die Muschelgewässer in Küstengewässern und in Gewässern mit Brackwasser, die von den Mitgliedsstaaten als schutz- oder verbesserungsbedürftig benannt werden. Für die in Tab. 10.1 aufgeführten Parameter legen die Mitgliedsstaaten Grenzwerte fest, die mit der angegebenen Mindesthäufigkeit überwacht werden. Binnen sechs Jahren nach Benennung der Gewässer soll die Einhaltung der Gewässergüteziele erreicht sein, wenn die Mitgliedsstaaten erstmalig der Kommission der EG den regelmäßigen Bericht erstatten.

Internationale Übereinkommen

1351. Internationale Übereinkommen regeln die Verhütung der Meeresverschmutzung. Sie sind auch für die Überwachung von Bedeutung:

– Verklappungen und Verbrennungen. Übereinkommen zur Verhütung der Meeresverschmutzung durch Einbringung durch Schiffe und Luftfahrzeuge, Oslo-Konvention 1974 (Tz. 1154) sowie das Übereinkommen zur Verhütung der Meeresverschmutzung durch das Einbringen von Abfällen und anderen Stoffen, Londoner Dumping-Abkommen 1972 (Tz. 1145)

– Stoffeintrag vom Lande aus. Übereinkommen zur Verhütung der Meeresverschmutzung vom Lande aus, Pariser Übereinkommen 1974 (Tz. 1110)

– Stoffeintrag durch Betrieb von Seeschiffen. Internationales Übereinkommen zur Verhütung der Verschmutzung der See durch Öl, OILPOL 1954 (Tz. 1220) sowie das noch nicht in Kraft getretene Londoner Internationale Übereinkommen zur Verhütung der Meeresverschmutzung durch Schiffe, MARPOL 1973 (Tz. 1229)

– Stoffeintrag durch Seeunfälle. Londoner Internationales Übereinkommen zum Schutz des menschlichen Lebens auf See, SOLAS 1960 (Tz. 1201), Brüsseler Internationales Übereinkommen über Maßnahmen auf Hoher See bei Ölverschmutzungsunfällen – Interventionsabkommen – 1969 (Tz. 1304); sowie das Bonner Abkommen zur Zusammenarbeit bei der Bekämpfung von Ölverschmutzungen der Nordsee 1969 (Tz. 1317).

Tab. 10.1

Übersicht über die Überwachungsparameter der wichtigsten rechtlichen Grundlagen und Meßprogramme

Grundlage		Überwachungsparameter
Nationale Gesetze:		
Abwasserabgabengesetz (13. 9. 1976)		Absetzbare Stoffe, chemischer Sauerstoffbedarf (CSB); Hg, Cd und ihre Verbindungen; Fischgiftigkeit
Wasserhaushaltsgesetz (16. 10. 1976)		Biochemischer Sauerstoffbedarf (BSB$_5$), chemischer Sauerstoffbedarf (CSB) und branchenspezifische Stoffe
Europäische Gemeinschaft:		
ENV 131 (4. 5. 1976)	Liste I:	A[1]) und organische P-, Sn-Verbindungen, kanzerogene Stoffe, Öle und Kohlenwasserstoffe
	Liste II:	B[2]) und Ni, Cr, Sb, Mo, Ti, Sn, Ba, Be, B, U, V, Co, Tl, Te und Ag und ihre Verbindungen; Biozide, organische Si-Verbindungen, anorganische P-Verbindungen, reiner Phosphor, Öle und Kohlenwasserstoffe, Cyanide, Fluoride, Ammoniak, Ammoniumsalze und Nitrite
Richtlinie des Rates über Abfälle aus der TiO$_2$-Produktion		pH-Wert, gelöster Sauerstoff, hydriertes Eisenoxid und Eisenhydroxid, Trübheitsgrad, toxische Metalle in Wasser, an schwebenden Feststoffen, in Sedimenten und in ausgewählten benthonischen und pelagischen Organismen
Richtlinie des Rates über die Qualität der Badegewässer		Mikrobielle Parameter, pH-Wert, Mineralöle, Tenside, Phenol, gelöster Sauerstoff, Teerrückstände, Ammoniak, Kjeldahlstickstoff, Pestizide, As, Cd, Cr, Pb, Cyanide, Nitrat, Phosphat
Richtlinie des Rates über die Qualitätsforderungen an Muschelgewässer		pH-Wert, Temperatur, Schwebstoffe, Salzgehalt, gelöster Sauerstoff, Kohlenwasserstoffe aus Erdöl, organohalogene Stoffe, Ag, As, Cd, Cr, Cu, Hg, Ni, Pb, Zn, Fäkalkoliforme
Internationale Übereinkommen:		
OSLO (15. 2. 1972)	Liste I:	A und organische Si-Verbindungen, kanzerogene Stoffe
	Liste II:	B und Cyanide, Fluoride, Pestizide u. Nebenprodukte, sperrige Abfälle
LONDON (25. 12. 1972)	Liste I:	A und Öle, radioaktive Stoffe, Kampfstoffe
	Liste II:	B und organische Si-Verbindungen, Cyanide, Fluoride, Pestizide u. Nebenprodukte, sperrige Abfälle, radioaktive Stoffe; Be, Cr, Ni, V und ihre Verbindungen
PARIS (4. 6. 1974)	Liste I:	A und Öle und Kohlenwasserstoffe
	Liste II:	B und organische Si-, P- und Sn-Verbindungen, reiner Phosphor, Öle und Kohlenwasserstoffe; Cr, Ni und ihre Verbindungen
	Liste III:	radioaktive Stoffe
Nationale Meßprogramme:		
Bund/Länder-Meßprogramm (ab 1979/80)		siehe Tab. 10.2
Meßprogramm des DHI	im Wasser:	Chlorkohlenwasserstoffe; Cd, Cu, Fe, Ni, Mn, Zn und Pb; Sauerstoff- und Kohlendioxid-Gehalte; radioaktive Stoffe
	im Sediment:	Cd, Cu, Fe, Ni, Mn, Zn, Pb, Hg, Co und Cr; organische Kohlenstoff- und Stickstoff-Gehalte
Internat. F- u. E-Vorhaben:		
COST-Aktion 47 (5. 4. 1979)		küstennahe benthische Artengemeinschaften: im Sediment des Tiden- und Subtidenbereichs: Macoma/Abra/Amphiura, auf dem Gestein des Tidenbereichs: Balanidae/Patella, auf dem Gestein des Subtidenbereichs: Ascidiacea/Porifera

[1]) A = Organische Halogenverbindungen; Hg, Cd und ihre Verbindungen; beständige Kunststoffe.
[2]) B = As, Pb, Cu, Zn und ihre Verbindungen.

10.3.1.2 Gegenwärtige oder unmittelbar anstehende Programme

10.3.1.2.1 Internationale Programme (teilweise nach ERL, 1979)

ICES

1352. Der Internationale Rat für Meeresforschung (ICES) hat in den 70er Jahren zunehmend die Verschmutzung von Nordsee, Nordost-Atlantik und Ostsee erforscht, er hat zu diesem Zweck eine Anzahl von Arbeitsgruppen gebildet.

Die Arbeitsgruppe für die Nordsee und den Nordost-Atlantik (ICES-Working Group on Pollution Baseline and Monitoring Studies in the Oslo Commission and ICNAF Areas) ist 1975 gebildet worden, um den Eintrag verschiedener Belastungsstoffe in Nordsee und Nordost-Atlantik aus Haus- und Gewerbe-Abwässern, aus Verklappungen und aus der Atmosphäre abzuschätzen (ICES, 1978). Eine frühere Arbeitsgruppe hat eine ähnliche Studie bereits für die Nordsee durchgeführt (ICES, 1969).

Großbritannien, Belgien, die Niederlande, die Bundesrepublik Deutschland, Dänemark mit Grönland, Norwegen, Schweden, Portugal und Kanada haben an einem größeren Projekt der Grundlagenforschung über Schadstoffe in Fischen teilgenommen. Belgien, die Niederlande und Großbritannien haben bei einer Erhebung über ausgewählte Spurenmetalle im Nordseewasser zusammengearbeitet. Die Arbeitsgruppe für die Nordsee hat eine erste Erhebung über Rückstände von Metallen, chlororganischen Pestiziden und PCBs in Fischen und Schalentieren durchgeführt.

Die bisher nach verschiedenen ICES-Programmen ausgeführten Untersuchungen hatten nur orientierenden Charakter. Allerdings ist über Teilbereiche der Nordsee schon eine Fülle von Informationen zusammengetragen worden. Im Hinblick auf die Verpflichtungen aus den verschiedenen internationalen Übereinkommen werden gegenwärtig geeignete Überwachungsprogramme ausgearbeitet (ICES Cooperative Research Report Nr. 84 (ICES, 1979). Annex II dieses Berichts enthält Richtlinien für ein biologisches Überwachungsprogramm.

Eine Arbeitsgruppe Meereschemie (Marine Chemistry) hat ihre Arbeit aufgenommen. Sie befaßt sich mit dem Transport von Schadstoffen im Meer.

1353. Ein bedeutsamer Teil der ICES-Tätigkeiten ist der Vergleich der Meßverfahren (Interkalibrierung) der verschiedenen an Überwachungs- und Meeresforschungsaufgaben beteiligten Institute. Die Arbeitsgruppe für die Nordsee unternahm drei Interkalibrierungen in den Jahren 1972, 1973/74 und 1975. Eine Interkalibrierung der Spurenstoff-Erhebung im Nordatlantik erwies die Vergleichbarkeit der Meßergebnisse der teilnehmenden Institute, insbesondere für Quecksilber, Kupfer und Zink. Weitere vom ICES organisierte Interkalibrierungen für Schadstoffe im biologischen Material sind z.Z. im Gange, die Interkalibrierung von Quecksilber und Cadmium hat begonnen (Stand: Juni 1979). Die Abschlußberichte sollen 1980 verabschiedet werden.

Weitere Organisationen mit Überwachungstätigkeiten

IOC

1354. Die Zwischenstaatliche Ozeanographische Kommission (IOC), eine Unterorganisation der UNESCO, fördert weltweit marine Forschungen einschließlich der Verschmutzungsfolgen.

Zu den wichtigsten wissenschaftlichen Forschungsprogrammen der IOC gehört das Global-Investigation-of-Pollution-in-the-Marine-Environment-(GIPME-)Programm (BMFT, 1976).

Einer Empfehlung der Umweltkonferenz der UN (Stockholm 1972) folgend, entwickelten die IOC und die Meteorologische Weltorganisation (WMO) ein Versuchsprojekt für die Überwachung der Meeres-Ölverschmutzung: Marine Pollution (Petroleum) Monitoring Pilot Project, MAPMOPP. Seine Hauptaufgabe war zu prüfen, ob sich das bereits von beiden Organisationen gemeinsam betriebene „integrierte globale Ozean-Stationssystem" (Integrated Global Ocean Station System, IGOSS) auch dazu eignet, Beobachtungen über die Ölverschmutzung und Messungen von Kohlenwasserstoff-Konzentrationen im Meerwasser zu gewinnen und in einer Zentrale zusammenzutragen. Allerdings wurde der Grad der Ölverschmutzung nicht erfaßt. Die gewonnenen Daten wurden im Nationalen Ozeanographischen Datenzentrum der USA (US National Oceanographic Data Center US-NODC) in Washington bzw. im Japanischen Ozeanographischen Datenzentrum zentral gespeichert (vgl. Tz. 1369). Die gesammelten Daten sind 1979 zentral ausgewertet worden (KOHNKE, 1978).

Im Februar 1980 hat eine Konferenz in Neu Delhi erwartungsgemäß entschieden, daß das Versuchsprojekt MAPMOPP in ein ständiges Projekt MARPOLMON (Marine Pollution Monitoring) zur Überwachung der Ölverschmutzung der Meere umgewandelt wird. MARPOLMON setzt von den vier Unterprogrammen MAPMOPPs drei fort: das Messen der Teerkonzentration an der Meeresoberfläche mit Neustonnetzen, die Messung gelöster und dispergierter Kohlenwasserstoffe in 1 m Meerestiefe und die Messung an die Küste getriebener Teerrückstände; die visuelle Beobachtung des Öls an der Oberfläche des Meeres von Schiffen aus wird nicht fortgesetzt.

Oslo-Kommission (OSCOM) und Paris-Kommission (PARCOM)

1355. OSCOM ist das verantwortliche Organ für die Durchführung des Osloer Übereinkommens (s. Tz. 1158). Eine Anzahl von Arbeitsgruppen führt Überwachungsprogramme in genutzten und vorgeschlagenen Verklappungsgebieten durch. PARCOM ist das aufsichtsführende Organ für das Pariser Übereinkommen (s. Tz. 1115).

Als nationale Vertretung für die Bundesrepublik Deutschland wirken in OSCOM das BMV mit dem BMFT und die Länderarbeitsgemeinschaften Wasser und Abfall (LAWA und LAGA). Im Ausschuß „Standing Advisory Committee on Scientific Advice" (SACSA) sind unter Führung des Deutschen Hydrographischen Instituts (DHI) die Biologische Anstalt Helgoland

(BAH), das Umweltbundesamt (UBA), die Bundesforschungsanstalt für Fischerei (BFAF) und die LAGA vertreten, im Unterausschuß „Incineration" das DHI mit UBA und BAH. Im entsprechenden Ausschuß „London Dumping Convention Ad Hoc Scientific Group on Dumping (LDC/SG)" bzw. im Unterausschuß „Incineration" zur Londoner Dumping Konvention (für die ansonsten die IMCO Sekretariatsaufgaben wahrnimmt) wirken deutscherseits wieder dieselben Delegationen mit.

Gemeinsame Überwachungsgruppe (JMG)

1356. PARCOM hat zusammen mit OSCOM die Gemeinsame Überwachungsgruppe (JMG) gebildet; die Überwachungsprogramme werden jeweils durch die Mitgliedsstaaten durchgeführt. Darüber hinaus werden auch die vom ICES durchgeführten Programme mit verwertet. Vorrangig werden Quecksilber, Cadmium und PCBs untersucht.

Die JMG hat ein gemeinsames Güte-Überwachungsprogramm beschlossen. Die beteiligten Länder haben die Gebiete angegeben, die in das Joint Monitoring Programme eingebracht werden sollen, sowie die Probenahme-Orte für Wasser und lebende Organismen. Die Bundesrepublik Deutschland hat als Überwachungsgebiete die Emsmündung und das Klärschlamm-Verklappungsgebiet in der Deutschen Bucht genannt. An einer Reihe von Punkten sollen etwa fünfmal im Jahr Wasserproben für die Analyse auf Quecksilber und Cadmium entnommen werden. Das Programm wird durch Interkalibrierung der Probenahme, der Probebehandlung und der Analysen-Methode und durch ein Standard-Verfahren der Berichterstattung „harmonisiert". Ergebnisse sind nicht vor 1981 zu erwarten.

GESAMP

1357. Die Vereinigte Gruppe von Sachverständigen für die wissenschaftlichen Gesichtspunkte der Meeresverschmutzung (Joint Group of Experts of the Scientific Aspects of Marine Pollution, GESAMP) ist eine UN-Organisation, die Vertreter der IMCO[1]), FAO, UNESCO, WMO, WHO und IAEA[2]) umfaßt und zahlreiche Arbeitsgruppen zur Meeresverschmutzung leitet. Zu den Gegenständen laufender Programme gehört neben anderem die Erforschung

- des Austauschs von Schadstoffen zwischen Meer und Atmosphäre,

- der Belastung des Meeres mit Schadstoffen,

- der biologischen Folgen der Abwärmebelastung des Meeres,

- der Belastung des Meeres durch Öl,

- der Überwachung biologischer Indikatoren der Meeresverschmutzung.

10.3.1.2.2 Überwachungsprogramme in EG-Gewässern

1358. Einen ersten Überblick über die Qualität der Küstengewässer im gesamten Bereich der EG brach-

te die 1976 vom Umwelt-Verbraucherschutzdienst der Kommission der EG in Auftrag gegebene und von der britischen Environmental Resources Limited (ERL) im Februar/März 1979 abgeschlossene Studie (ERL, 1979) über die EG-Küstengewässer.

Gegenstand der Studie ist:

- *Einleitung von Abwässern und Einbringung von Abfällen in die Küstengewässer,*

- *gegenwärtige und geplante Reinigung von Abwässern vor der Einleitung in Küstengewässer,*

- *eine Abschätzung der Kosten einer Behandlung derjenigen Abwässer, die zur Zeit der Erhebung nicht oder nur unvollständig geklärt eingeleitet werden und*

- *die Güte der EG-Küstengewässer.*

Die verwendeten Daten wurden von der ERL nicht selbst gemessen, sondern von nationalen und örtlichen Behörden, von internationalen Organisationen, von Forschungseinrichtungen, Ingenieurbüros und anderen fachlichen Quellen übernommen.

10.3.1.2.3 Programme in der Bundesrepublik Deutschland

1359. Der Rat weist darauf hin, daß die Bedeutung der Überwachung der Meeresumwelt im Jahre 1977 in einer vom BMFT veranlaßten Studie über „Möglichkeiten der Überwachung der Küstengewässer der Bundesrepublik Deutschland" herausgestellt wurde (KOSCHE, 1977). Diese Studie stellt keine eigenen Forschungs- oder Überwachungsergebnisse vor, sondern versucht, den Stand der Überwachungstätigkeit bis etwa 1976 festzustellen. Sie macht Vorschläge für die gezielte Ausweitung der Überwachungsarbeit, die Verbesserung der Meßverfahren und die Organisation einer koordinierten Überwachung.

Gemeinsames Bund/Länder-Meßprogramm Nordsee

1360. Bund und Länder ermitteln in Erfüllung ihrer gesetzlichen Aufgaben die erforderlichen Daten durch nachgeordnete Fachdienststellen in geeigneten Meßprogrammen.

Das Land Schleswig-Holstein führt seit längerem eine regelmäßige Güte-Überwachung des Meerwassers vor seinen Küsten aus. Die Überwachung schließt Abwassereinleitungen und Flüsse ein. Die überwachten Parameter sind: Nährstoff- und Bakteriengehalt sowie weitere chemische Parameter. Die Ergebnisse werden alle zwei Jahre veröffentlicht (zuletzt: Landesamt für Wasserhaushalt und Küsten, 1978).

Auch das Land Niedersachsen hat mit einem Überwachungsprogramm für seine Küstengewässer begonnen (BfG, NWUA, 1976—1978; BfG, 1978). Die von den Arbeitsgemeinschaften der Anrainer-Länder von Elbe und Weser durchgeführten Untersuchungen haben ihren Niederschlag in mehreren Zusammenstellungen gefunden (ARGE ELBE, 1978; ARGE WESER, 1978; ADV/ORGA, 1978).

1361. *Eine Bund-Länder-Arbeitsgruppe hat ein Konzept „Gewässergütemessung in den Ästuarien und Küstengewässern der Bundesrepublik Deutschland – Ge-*

---

[1]) Intergovernmental Maritime Consultative Organisation.

[2]) International Atomic Energy Agency.

*meinsames Bund/Länder-Meßprogramm für die Nord-
see" ausgearbeitet, das sich zunächst nur auf den Nordseeküstenbereich bezieht. Abb. 10.2 zeigt Lage und Typ
der Meßpunkte. Dieses Küsten-Meßprogramm soll den
regelmäßigen Grundbedarf der beteiligten Behörden an
Informationen decken und eine den Anforderungen der
internationalen Zusammenarbeit genügende Aufbereitung und zusammenfassende Darstellung der Ergebnisse
sicherstellen. Sein Umfang ist so bemessen, daß er langfristigen Erfordernissen genügen soll. Die Träger und
zentralen Fachdienststellen sind:*

- *der Bund mit der Bundesanstalt für Gewässerkunde
  (BfG) und dem Deutschen Hydrographischen Institut
  (DHI),*

- *Niedersachsen mit dem Niedersächsischen Wasseruntersuchungsamt,*

- *Schleswig-Holstein mit seinem Landesamt für Wasserhaushalt und Küsten,*

- *Hamburg mit dem Amt für Strom- und Hafenbau,*

- *Bremen mit dem Wasserwirtschaftsamt Bremen.*

Abb. 10.2

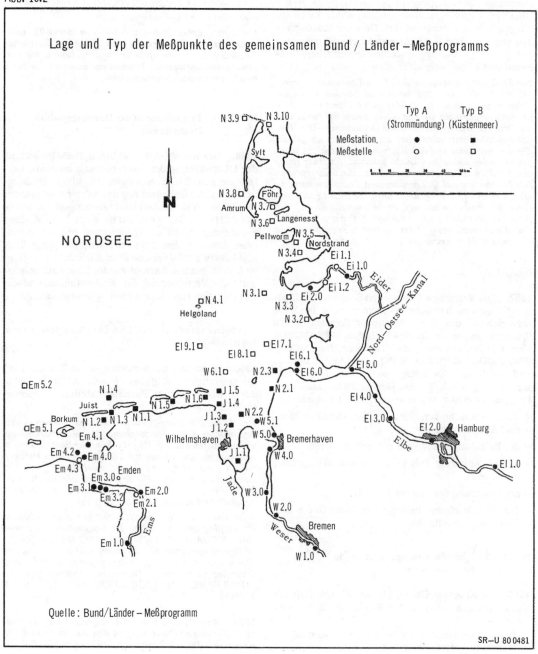

1362. *Das Untersuchungsgebiet umfaßt (Abb. 10.2) die Nordsee zwischen der Hoheitsgrenze und der Küstenlinie sowie angrenzende Bereiche der Hohen See und die Mündungsgebiete bis zur Tidegrenze. Die Messungen erfolgen an ortsfesten Punkten, die Meßketten im Stromstrich der großen Mündungen (Typ A) bzw. ein großräumiges Meßnetz im Küstenmeer (Typ B) bilden. Die Meßpunkte werden unterschieden in Meßstationen, an denen einzelne Meßgrößen ständig bestimmt und laufend Wasserproben entnommen werden, und in Meßstellen, an denen im festen Rhythmus Proben zur Analyse im Labor entnommen werden.*

Die anzuwendenden Meßverfahren und Analysemethoden sowie der Probenahme-Zeitplan sind in Tab. 10.2 zusammengestellt.

Der Rat begrüßt diese Initiative und empfiehlt die weitere Verwirklichung dieses Konzepts.

Überwachungsprogramm des Deutschen Hydrographischen Instituts

1363. Das dem BMV nachgeordnete DHI (DHI, 1978) ist fachtechnische Erlaubnis- und Kontrollbehörde für die Einbringung von Abfallstoffen durch Schiffe und Luftfahrzeuge; es überwacht die Einhaltung der Abkommen von Oslo und London (s. Tz. 1351) sowie der in den Erlaubnissen gemachten Auflagen. Es erteilt ferner die erforderlichen Erlaubnisse für Forschungs- und Gewinnungsarbeiten im deutschen Festlandsockel auch unter dem Gesichtspunkt der Reinhaltung des Meeres. Darüber hinaus führt das DHI verschiedene Programme der Überwachung des Meerwassers und der Sedimente auf Radioaktivität und Schadstoffe durch. Sie beziehen sich überwiegend auf den Bereich der Hohen See. Biologische Programme werden von anderen Institutionen durchgeführt.

1364. *Vom Vermessungs- und Forschungsschiff „Gauß" werden an 23 Positionen in der Deutschen Bucht (Abb. 10.3) regelmäßig Wasserproben aus verschiedenen Tiefen sowie Schwebstoff- und Sedimentproben entnommen. Die Wasserproben werden auf 21 Substanzen untersucht, unter ihnen HCH, DDT und PCB, desgleichen auf die Schwermetalle Cadmium, Kupfer, Eisen, Nickel, Mangan, Zink und Blei und auf Pflanzen-Nährstoff-, Sauerstoff- und Kohlendioxid-Gehalte. Schwebstoff- und Sedimentproben werden außerdem auf Quecksilber, Kobalt und Chrom untersucht. Wenigstens zeitweise (1976 – 1977) wurden sie auch auf Korngrößen- und Mineralzusammensetzung sowie auf ihre organischen Kohlenstoff- und Stickstoffgehalte untersucht. An ausgewählten Punkten werden auch hydrographische Parameter (Salzgehalt, Trübung, Temperatur, Strömung) gemessen (Tab. 10.1). Das DHI arbeitet in den entsprechenden Arbeitsgruppen des ICES und der IOC mit, so in der ICES Subgroup on Contaminant Levels in Seawater.*

1365. *Ein Schwerpunkt der Arbeiten des DHI liegt in der Kontrolle der Meeresverschmutzung. In diesem Rahmen wird der Meeresboden in den Verklappungsgebieten der Abwässer der Titandioxid-Erzeugung bzw. des Hamburger Klärschlamms überwacht.*

Das DHI hat ferner die Aufgabe, den Stand der Verunreinigung der Deutschen Bucht (und der westlichen Ost-

see) durch Erdölkohlenwasserstoffe laufend zu überwachen. Im Falle eines Ölunfalls soll das DHI die Verdriftung und Ausbreitung des Ölteppichs vorhersagen und sein physikalisch-chemisches Verhalten abschätzen. Der zu diesem Zweck 1977 gegründeten Arbeitsgruppe gehören Wissenschaftler des DHI und aller anderen meereskundlichen Institute der Bundesrepublik Deutschland an. Die Vorsorge- und Bekämpfungsmaßnahmen obliegen allerdings dem Ölunfallausschuß See/Küste, dem Vertreter des Bundes (BMV, BMI, BMFT) und der Küstenländer angehören, und der Einsatzleitungsgruppe (s. Tz. 680 und 1321).

1366. *Seit 1959/60 überwacht das DHI die Radioaktivität des Meeres. 1963 wurde in den deutschen Küstengebieten ein Strahlenüberwachungsnetz eingerichtet mit festen Meßstationen auf vier Feuerschiffen in der Nordsee und auf Helgoland sowie Meßanlagen an Bord von fünf Schiffen, das die Gammastrahlen-Aktivität des oberflächennahen Meerwassers ständig überwacht. Außerdem werden auf den Stationen und auf Meßfahrten der Schiffe regelmäßig Wasser- und Bodenproben entnommen, die auf Cäsium 137 und 134, Strontium 90, Ruthenium 106 und auf verschiedene Transurane untersucht werden. Außerdem werden seit 1969 regelmäßig Wasserproben an etwa 150 über die gesamte Nordsee verteilten Positionen entnommen und auf Cäsium 137 untersucht.*

1367. *Die letztgenannten Probleme sind schon Gegenstand der meeresphysikalischen Forschung. Neben der chemischen und geologischen Forschung werden Erkenntnisse der Meeresphysik für die Genehmigungs-, Kontroll- und Überwachungsaufgaben nutzbar gemacht. Das DHI untersucht entsprechend Strömung und Zirkulation der Wassermassen, die Schichtung des Wasserkörpers, die Vermischungsvorgänge und den Seegang. Diese Arbeiten stützen sich auf ständige Routinemessungen (Stationen auf Feuerschiffen, Bojen und der Nordsee-Plattform) und auf gezielte Meßprogramme.*

1368. *Das DHI erprobt schließlich Methoden der Fernerkundung für eine mögliche Überwachung der Meeresverschmutzung mit Flugzeugen und Satelliten. Es beteiligte sich an zwei Fernerkundungsprogrammen: einem von der Europäischen Gemeinschaft vor der belgischen Küste durchgeführten Experiment (Simulation des im Satelliten NIMBUS-G vorgesehenen optischen Scanners) und einem von der Deutschen Forschungs- und Versuchsanstalt für Luft- und Raumfahrt (DFVLR) im Auftrag des BMFT durchgeführten „erdwissenschaftlichen Flugzeug-Meßprogramm" über den Verklappungsgebiet von Abfall-Lösungen aus der Titandioxid-Produktion.*

Aufgaben des Deutschen Ozeanographischen Datenzentrums (DOD)

1369. *Das beim DHI angesiedelte DOD baut ein Datenarchiv auf. Es beruht auf Meßwerten deutscher Forschungsschiffe und Beobachtungen von deutschen Feuerschiffen. Das Archiv wird von deutschen Behörden, Universitätsinstituten und Industrieunternehmen, von ausländischen Stellen und von zwischenstaatlichen Organisationen genutzt. Darüber hinaus wird das DOD auch als zentrale Koordinationsstelle und als Beratungsorgan für Archivierung und Austausch von ozeanographischen Daten herangezogen. Das DOD hat, zusammen mit dem Seewetteramt Hamburg des Deutschen*

Tab. 10.2

Bund/Länder-Meßprogramm für die Nordsee – Meßgrößen und Häufigkeit der Messungen

Meßgröße	Maßeinheit	Probenart	Meßstationen Typ A	Typ B	Meßstellen Typ A	Typ B
1. Hydrologische Parameter						
1.1 Wasserstand	cm	–	k		+	–
2. Physikalische Parameter						
2.1 Wassertemperatur	°C	W	k		+	+
2.2 Elektrische Leitfähigkeit	mS · cm^{-1}	W	k		m	4/J
2.3 Trübung	–	W	m		m	4/J
2.4 pH-Wert	–	W	k		m	4/J
2.5 rH-Wert	–	W	m		m	4/J
2.6 Gesamt-Beta-Aktivität	µCi/ml	W	k		–	–
3. Chemische Parameter						
3.1 Chlorid	mg/l Cl	W	m (M)		m	4/J
3.2 Sulfat	mg/SO$_4$	W	2/J		2/J	–
3.3 Hydrogenkarbonat (m-Wert)	mval/l HCO$_3$	W	2/J		2/J	–
3.4 Hg gelöst, Hg gesamt	µg/l bzw. µg/kg TS	W, S, Org	4/J (M)		4/J	4/J
3.5 Cd gelöst, Cd gesamt	µg/l bzw. µg/kg TS	W, S, Org	4/J (M)		4/J	4/J
3.6 Pb, Ni, Cr, Zn, Cu, Sb und As jeweils gelöst und gesamt	µg/l bzw. µg/kg TS	W, S	2/J (M)		2/J	2/J
3.7 Ammoniumstickstoff	mg/l N	W	m (M)		m	4/J
3.8 Nitritstickstoff	mg/l N	W	m (M)		m	4/J
3.9 Nitratstickstoff	mg/l N	W	m (M)		m	4/J
3.10 Org. Stickstoff	mg/l N	W	m (M)		m	4/J
3.11 Phosphat	mg/l N	W	m (M)		m	4/J
3.12 Gesamtphosphor (n. Aufschl.)	mg/l N	W	m (M)		m	4/J
3.13 Gelöster Sauerstoff	mg/l O$_2$	W	k		m	4/J
3.14 BSB$_5$	mg/l O$_2$	W	m		m	4/J
3.15 TOC (Total Organic Carbon)	mg/l C	W	m (M)		m	4/J
3.16 Ungelöste Stoffe und Glühverlust	mg/l bzw. % TS	W, S	m (M)		m	4/J
3.17 Mineralöl	mg/l	W	4/J (M)		4/J	2/J
3.18 Phenole	mg/l	W	4/J (M)		4/J	2/J
3.19 Organohalogenverbindungen	mg/l	W, S, Org	4/J (M)		4/J	2/J
3.20 Anionenaktive Detergentien	mg/l TBS	W	2/J (M)		2/J	1/J
4. Biologische Parameter						
4.1 Plankton		W	3/V		3/V	3/V
4.2 Nekton		W	1/J		1/J	1/J
4.3 Mikro- und Makroflora	meth.-bedingte	W	2/V		2/V	2/V
4.4 Mikro-, Meso- und Makrofauna	Angabe	W, S	2/V		2/V	2/V
4.5 Epibiose		W	–		–	2/J
4.6 Bakterien		W	2/J		2/J	4/J

Nach näherer Festlegung sind ferner zu untersuchen: Stoffwechseldynamik, Toxizität, Saprobien und Bioakkumulation.

Erläuterungen: k = kontinuierlich; m = 4wöchentlich; 1/J, 2/J = einmal, zweimal jährlich; 2/V, 3/V = zweimal, dreimal je Vegetationsperiode; W = Wasserprobe; S = Sedimentprobe; Org = Organismenprobe; + = in Verbindung mit Probenahme; (M) = automatische Sammelprobe Wasser.

Abb. 10.3.

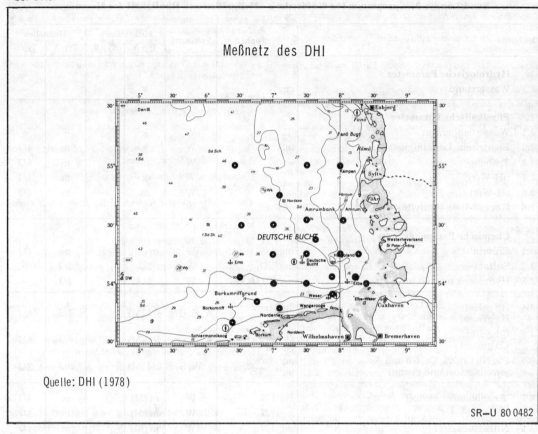

Meßnetz des DHI

DEUTSCHE BUCHT

Quelle: DHI (1978)

SR—U 80 0482

Wetterdienstes, im Rahmen des IGOSS Versuchsprojektes MAPMOPP (s. Tz. 1354) die Sichtbeobachtungen von Ölverschmutzungen organisiert. Die im DOD einlaufenden Daten wurden mit EDV-Anlagen verarbeitet und an das Ozeanographische Datenzentrum der USA (US-National Oceanographic Data Center US-NODC) in Washington, D.C., weitergeleitet.

Die Rolle der Deutschen Forschungsgemeinschaft (DFG)

1370. In der Bundesrepublik Deutschland gibt es kein Institut, das neben Aufgaben der Forschung und Ausbildung auch nationale Koordinierungsfunktionen im Bereich der Meeresforschung wahrnehmen und Anstöße für neue oder weiterführende Entwicklungen und Strukturverbesserungen geben könnte. Statt dessen hat sich recht erfolgreich ein Forschungsverbund von Einzelinstituten gebildet. Soweit die Grundlagenforschung auf Hoher See betroffen ist, nimmt die DFG – vertreten durch die Senatskommission für Ozeanographie – die Koordinierung wahr (DFG, 1979).

1371. Das Forschungsprogramm der DFG zur Verschmutzung von Küstengewässern ist 1966 aufgestellt worden. Vorrangige Forschungsziele sind:

– Beschreibung der gegenwärtigen Bedingungen in verschiedenen Seegebieten,

– Untersuchung des Einflusses von Schadstoffen auf das Ökosystem im Küstenbereich und in der offenen See, einschließlich der Frage der Anreicherung in der Nahrungskette,

– Bestimmung von Zulässigkeitsgrenzen für Schadstoffgehalte im Meerwasser.

Eine systematische Darstellung der Meeresforschung bietet die Schrift „Meeresforschung in den 80er Jahren" (DFG, 1979).

Weitere Forschungs- und Überwachungstätigkeiten

1372. Beiträge zur Umweltüberwachung der Nordsee werden von den folgenden Einrichtungen erbracht:

Bundesforschungsanstalt für Fischerei (BFAF):

Diese Anstalt im Geschäftsbereich des BML umfaßt mehrere Forschungsinstitute, die u.a. mit folgenden Überwachungs- und Untersuchungsaufgaben befaßt sind: Bestandsüberwachung und Fischereiregulierung, Situation in den Fanggebieten, Watten als Kinderstube

431

für Fische, Speicherung und Akkumulation von Halogen-Kohlenwasserstoffen (DDT), von Cadmium u.a. in Organismen, Frischfisch-Untersuchungen, Bestimmung von Schwermetallgehalten (Hg, Cd, Pb), Standardisierung der Untersuchungsmethoden, Überwachung der Radioaktivität in Fischen u.a.

Bundesanstalt für Gewässerkunde (BfG) im Geschäftsbereich des BMV:

Errichtung und Betrieb von Teilmeßprogrammen innerhalb des Bund/Länder-Meßprogramms (Meßstationen, regelmäßige Meßfahrten, Sonderuntersuchungen), insbesondere Einrichtung eines Dauermeßprogramms in der Emsmündung; hydrologische Forschung, Strömungs- und Schwebstoffmessungen, Untersuchungen über den chemischen und biologischen Zustand im Emsästuar, insbesondere Untersuchungen auf Schwermetalle im Meereswasser, im Sediment sowie in Algen und Muscheln; organische Schadstoffe in der Emsmündung; biologisch-biochemische Gewässeranalysen im Bereich der Küsten- und Tidegewässer; Wärmehaushalt der Küstengewässer; Untersuchungen über Transport- und Ausbreitungsvorgänge; Vegetationskartierung am Dollart; Tritiumbelastung der Küstengewässer (BfG, 1979).

Biologische Anstalt Helgoland (BAH) im Geschäftsbereich des BMFT:

Diese Anstalt unterhält neben der Zentrale und dem mehreren Instituten zur Verfügung stehenden Isotopenlaboratorium, beide in Hamburg, eine Meeresstation auf Helgoland und eine Litoralstation in List/Sylt. Sie führt Bestandsuntersuchungen im freien Wasser der Deutschen Bucht und Schwermetalluntersuchungen in Organismen durch. Im Rahmen zweier vom BMFT ab 1980 geförderter Forschungsvorhaben arbeitet die BAH an der Entwicklung von Testverfahren für biologische Monitoring-Programme und auf dem Gebiet der Anwendung und Verfeinerung spurenanalytischer Methoden für die Bestimmung von Schwermetallen und Organohalogenverbindungen.

Institut für Hydrobiologie und Fischereiwissenschaft der Universität Hamburg:

Bestandsuntersuchungen am Boden im Unterelberaum und im Klärschlammverklappungsgebiet. Entwicklung von Methoden des Einsatzes von Indikator-Organismen zu Überwachungszwecken. Untersuchung der Ökotoxizität metallhaltiger Schlämme und Analyse von Mechanismen der Bioakkumulation und Langzeit-Toxizität von Schadstoffen im marinen Milieu.

Institut für Meereskunde an der Universität Hamburg:

Ozeanographische Untersuchung des Reststromsystems der Nordsee und der Bewegungsvorgänge in Tideflüssen (Elbe, Eider, Ems) im Hinblick auf Wasserverschmutzung und Sandbewegung.

Institut für Meereskunde der Universität Kiel:

Betreibt neben anderen Forschungsschwerpunkten auch biologische und ozeanographische Untersuchungen im Nordseebereich.

Institut für Meeresforschung Bremerhaven:

Widmet sich u.a. folgenden Untersuchungen: Verteilung von Abwässern und Chemikalien sowie von Schwermetallen und Bakterien in der Wesermündung, organische Substanzen im Sediment des Meeresbodens, Stoffwechselvorgänge, Analytik toxischer Verbindungen im Meer, Bioakkumulation. Forschungen zur Meeresbiologie und zum marinen Stoffkreislauf. Bestandsuntersuchungen am Meeresboden mit Schwerpunkten im Bereich der Wesermündung und der Verklappungsgebiete von Klärschlamm und Abwässern der Titandioxidproduktion.

Forschungsanstalt für Meeresgeologie und -biologie Senckenberg in Wilhelmshaven:

Sie führt Forschungen über Lebensgemeinschaften am Boden in ausgewählten Gebieten der südlichen Nordsee durch, desgleichen Untersuchungen auf Schwermetalle und Biozide in der Küstenzone der südlichen Nordsee (Sedimente) mit Schwerpunkten im Gebiet der Jade und der ostfriesischen Küste.

1373. Weitere Einrichtungen mit spezifischen Beiträgen – insbesondere von Länderseite – sind:

– *Landesamt für Wasserhaushalt und Küsten Schleswig-Holstein:*
Überwachung von Küstengewässer, Mitwirkung am Bund/Länder-Meßprogramm,

– *Fischereiamt des Landes Schleswig-Holstein:*
Fischereiaufsicht,

– *Amt für Strom- und Hafenbau der Hansestadt Hamburg:*
Mitwirkung am Bund/Länder-Meßprogramm,

– *Wasserwirtschaftsamt Bremen:*
Mitwirkung am Bund/Länder-Meßprogramm,

– *Niedersächsisches Wasseruntersuchungsamt, Hildesheim:*
Mitwirkung am Bund/Länder-Meßprogramm,

– *Forschungsstelle für Insel- und Küstenschutz, Norderney, beim Niedersächsischen Minister für Ernährung, Landwirtschaft und Forsten:*
Ökologische Untersuchungen im Wattenmeer, Überwachung des Gütezustands der Küstengewässer,

– *Deutscher Wetterdienst mit dem Seewetteramt, Hamburg.*

10.3.2 Zusammenfassung und Bewertung der gegenwärtigen und kurzfristig geplanten Meß-, Beobachtungs- und Überwachungstätigkeit

10.3.2.1 Aufgaben und Ziele der Meß-, Beobachtungs- und Überwachungsprogramme

1374. Überwachungssysteme der Nordsee sollen mit ihren Messungen und Untersuchungen nicht in erster Linie wissenschaftliches Neuland betreten. Vielmehr soll die Überwachung vorrangig der Überprüfung der Erfüllung gesetzlicher Forderungen oder internationaler Vereinbarungen mit dem Ziel der Vermeidung oder Verminderung von Meeresverschmutzungen dienen. Überwachungssysteme sollten daher weitgehend von Aufgaben befreit bleiben, die nicht unmittelbar das oben abgesteckte Ziel verfolgen. Das bedeutet aber nicht, daß Erkenntnisse aus der ozeanographischen Forschung nicht in das regelmäßige Meßprogramm einfließen sollen. Bei ökologischen Zusammenhängen und langfristigen Wirkungsketten bestehen nach wie vor Wissenslücken. Dies macht parallele Forschungsaktivitäten nötig.

1375. Langjährige Beobachtungs- und Meßreihen haben insofern eine besondere Bedeutung, als eine langfristige Schädigung der marinen Populationen am Immissionsort durch sehr niedrige aber chronische Dosen stattfinden kann. Die Erfassung von

Schadstoffwirkungen wird dabei weniger Gegenstand und Aufgabe der Überwachung als vielmehr der Forschung sein. Können erst einmal Zusammenhänge zwischen Schadstoffart und Wirkung hergestellt werden, so läßt sich eine routinemäßige Überwachung der Schadstoffkonzentration einfacher durchführen als die überwachungsmäßige Feststellung der Schadstoffwirkung. Auch hinsichtlich der natürlichen Grundbelastung ist der Kenntnisstand vorerst noch lückenhaft. Eine Trennung der durch natürliche Vorgänge und der durch anthropogene Emission bedingten Konzentrationsschwankungen, die die Erkennung einer Zunahme durch Emissionen ermöglichen würde, ist ebenfalls nur mittels langfristiger Meßreihen möglich.

1376. In den internationalen Übereinkommen zur Verhütung der Meeresverschmutzung von Oslo, London und Paris sowie der Richtlinie des Rates der EG (ENV 131) sind folgende Stoffe und Stoffgruppen genannt, deren Einleitung in die Binnengewässer bzw. in das Meer verhindert oder eingeschränkt werden soll (s. auch Tab. 10.1). Ihre Überwachung von der Emissions- bzw. Immissionsseite her ist daher erforderlich:

- *organische Halogenverbindungen,*
- *organische Phosphorverbindungen,*
- *organische Siliziumverbindungen,*
- *organische Zinnverbindungen,*
- *kanzerogene Stoffe,*
- *Biozide,*
- *Öle und Kohlenwasserstoffe,*
- *Schwermetalle und ihre Verbindungen, besonders von Hg, Cd, As, Cr, Cu, Pb, Ni und Zn,*
- *Cyanide,*
- *Fluoride,*
- *Kampfstoffe,*
- *radioaktive Stoffe.*

1377. Die Stofflisten der verschiedenen Übereinkommen und der ENV 131 zeigen, daß bei den anorganischen Stoffen meist eine eindeutige Benennung in Form einer überschaubaren Anzahl definierter Anionen und Kationen erfolgt, während auf seiten der organischen Stoffe vorwiegend Stoffgruppen genannt sind. Die Ursache für diesen Unterschied liegt darin, daß aus den organischen Stoffgruppen bei zahlreichen Einzelsubstanzen ein Gefährdungspotential bekannt ist oder erwartet werden kann; also müssen zunächst alle Vertreter dieser Stoffgruppen kritisch beobachtet werden. Ihnen sollte daher sowohl emissions- als auch immissionsseitig in einem Überwachungsprogramm besondere Aufmerksamkeit geschenkt werden, wobei die Festlegungen, welche organischen und metallorganischen Einzelsubstanzen zu überwachen und welche vorläufig überwachungsfrei sind, dem jeweiligen Erkenntnisstand der Wirkungsforschung anzupassen sind. Außerdem ist die Unterscheidung innerhalb der organischen Stoffgruppen nur mit erhöhtem analytischen Aufwand zu erreichen. Die in die Abkommen aufgenommenen Stofflisten sind folglich für ein Überwachungssystem nicht als endgültig zu betrachten; sie sollten nach dem jeweiligen Kenntnisstand der tatsächlichen und möglichen Gefährdung ergänzt und aktualisiert werden.

1378. Meßverfahren zur Bestimmung der Schadstoffe und Schadstoffgruppen sind in den internationalen Übereinkommen nicht angegeben. Deshalb müssen geeignete Probenahme- und Meßverfahren erarbeitet oder festgelegt werden. Einen Überblick über verschiedene Meßverfahren gibt KOSCHE (1977). Die Überwachung sollte auf alle Fälle sowohl die Sedimente als auch das Meerwasser (oder Flußwasser) und die Meeresorganismen umfassen.

10.3.2.2 Stand der Programme

Beobachtung des atmosphärischen Schadstoffeintrags

1379. Zur Abschätzung des Schadstoffeintrags in die Nordsee muß auch die Emission aus der Atmosphäre bestimmt werden. Dazu sind Emissionsmessungen und Immissionsmessungen nötig, die über Seegebieten sich nicht so einfach durchführen lassen wie auf dem Lande. Entsprechend gering ist das Zahlenmaterial zum Schadstoffeintrag aus der Atmosphäre in die Nordsee (Tz. 290). Hinsichtlich der Kenntnis des Stoffeintrags aus der Atmosphäre in die Nordsee besteht ein beträchtliches Defizit, das nur durch ein gezieltes Meßprogramm an der Küste und über der See zu vermindern ist. Zur Absicherung und Nachprüfung der bisher berechneten Eintragswerte müssen noch umfangreichere Erhebungen und Messungen durchgeführt werden. Für Berechnungen bieten sich auch landseitige, aus Luft-Emissionskatastern gewonnene Werte an.

1380. Der Rat begrüßt daher das Projekt „Überwachung und Beurteilung des weiträumigen Transports von Luftverunreinigungen in Europa" der UN-Wirtschaftskommission für Europa (Economic Commission for Europe, ECE), dessen erste Phase 1978–1980 von den ECE-Mitgliedsstaaten genehmigt worden ist (ECE, 1979) und das in dem Übereinkommen über weiträumige grenzüberschreitende Luftverschmutzung bestätigt wurde.

Es hat folgende vordringliche Aufgaben:

- *Luft- und Niederschlags-Probenahmen an 45 Bodenstationen in den europäischen ECE-Staaten und deren chemische Analyse,*
- *Aufarbeitung emissionsseitiger Informationen aus den europäischen ECE-Staaten (Erstellung eines Emissionskatasters) zur Eingabe in weiträumige Ausbreitungsmodelle,*
- *Durchführung weiträumiger Ausbreitungsmodellrechnungen, Simulation der Konzentrations- und Depositionsbelastungen sowie der grenzüberschreitenden Stoffströme.*

Die Bundesrepublik Deutschland beteiligt sich an dem Projekt mit 14 Meßstellen des Umweltbundesamtes. Die Möglichkeiten synoptischer Erfassung weiter geographi-

scher Bereiche durch Fernerkundung mit Hilfe von Flugzeugmessungen sind dabei noch nicht eingesetzt.

Überwachung physikalisch-chemischer Meßgrößen

1381. Das Gemeinsame Bund/Länder-Meßprogramm (Tz. 1360) soll diese Meßgrößen für den Küstenbereich gewinnen. An den insgesamt 58 Meßpunkten, die zum Teil schon jetzt betrieben werden, zum Teil noch eingerichtet werden müssen, sind die in Tab. 10.2 aufgeführten Messungen mit der angegebenen Häufigkeit vorgesehen.

Für den Bereich außerhalb der Dreimeilengrenze führt das DHI eine regelmäßige Überwachung der physikalisch-chemischen Parameter der Wassergüte durch (s. Tz. 1363). Offenbar selten oder gar nicht gemessen werden allerdings im DHI-Programm: Quecksilber-Verbindungen, polyzyklische Aromaten, anionenaktive Tenside, Summenparameter wie CSB, TOC, DOC und Kjeldahl-Stickstoff. Das Bund/Länder-Meßprogramm ist insgesamt umfangreicher als dasjenige des DHI. Zum Beispiel werden nur im Bund/Länder-Meßprogramm elektrische Leitfähigkeit, rH-Wert und BSB_5 erfaßt. In einem eigenen Meßprogramm überwacht das DHI die deutsche Nordseeküste auf Radionukleide; im Bund/Länder-Programm ist nur die Messung der Gesamt-Betaaktivität vorgesehen.

1382. Zusammenfassend ist festzustellen: Die in internationalen Übereinkommen genannten Meßgrößen sind nur zum Teil in den Meßprogrammen des DHI und der Bund/Länder-Arbeitsgemeinschaft enthalten. Eine Erweiterung dieser Meßprogramme auf alle in nationalen Gesetzen und Verordnungen sowie in internationalen Vereinbarungen genannten Verbindungen und Stoffgruppen hätte allerdings einen erheblichen Anstieg des Meßumfangs zur Folge. Ein derart erweitertes Meßprogramm erscheint sowohl vom Meßumfang als auch von der Aufgabenstellung her als sehr aufwendig. Zum einen dürfte es an nicht ausreichenden Analysenkapazitäten scheitern, und zum anderen erfordert die Bestimmung vieler meist nur in extrem niedrigen Konzentrationen vorliegender Stoffe eine sehr zeit- und kostenaufwendige Analytik, die in diesem Umfang ebenfalls nicht zur Verfügung steht. Zum gegenwärtigen Zeitpunkt erscheint es dem Rat sinnvoll, die bestehenden Meßprogramme des DHI und der Bund/Länder-Arbeitsgruppe in ihrem geplanten Umfang in die Tat umzusetzen und aufeinander abzustimmen. Weitere Verbindungen und Stoffe im Meer sollten gezielt nur bei begründetem Verdacht in die Untersuchung einbezogen werden. Wertvolle Hinweise auf das Auftreten potentieller Schadstoffe können beispielsweise die Untersuchung von Meeresorganismen und die regelmäßige Überwachung von Einleitungen geben.

Überwachung der Sedimente und Schwebstoffe

1383. Es besteht keine Abstimmung der Programme, insbesondere sind die Meßmethoden nicht hin-länglich abgestimmt. Darüber hinaus ist eine Koordination notwendig hinsichtlich Meßzeiten, Meßhäufigkeit, Probenahme, Probenkonservierung und Meßparameter. Es ist zu begrüßen, daß eine Abstimmung der Analyseverfahren durch eine Interkalibrierung eingeleitet wurde.

Schadstoffüberwachung in Meeresorganismen

1384. Eine Routine-Überwachung mit dem Ziel der Erfassung der Umweltbelastung für die gesamte deutsche Nordsee findet bisher nicht statt. Lediglich aus lebensmittelrechtlichen Gründen und fischereilichen Belangen werden regelmäßig Proben genommen. Außerdem führt die Bundesforschungsanstalt für Fischerei Messungen der Radioaktivität aus Sr 90 und Cs 137 an Küsten- und Hochseefischen durch. Auch erfolgten Radioaktivitätsuntersuchungen an Fischen und Benthos-Organismen in der Unterelbe. Verschiedene Institute führen Schwermetalluntersuchungen an Fischen und Muscheln zur Entwicklung von Analysenmethoden durch.

1385. Im Bund/Länder-Meßprogramm sind die Ermittlungen der Konzentrationen von Quecksilber-, Cadmium- und Organohalogenverbindungen in Organismenproben vorgesehen. Internationale Meßprogramme (vgl. Tz. 1352) sind nicht auf die Nordsee allein bezogen.

1386. Der Schadstoffakkumulation in Meeresorganismen wird allgemein noch zu wenig Aufmerksamkeit geschenkt. Bedenkt man die außerordentliche Bedeutung der Meeresorganismen für die Proteinversorgung der Menschheit, so erscheint der Aufbau einer derartigen Überwachung dringend geboten. Im übrigen stellen Fische und Muscheln wichtige Bio-Indikatoren für die Schadstoffbelastung dar.

Biologische Überwachung

1387. Für die Binnengewässer ist im Rahmen der Gewässergütekartierung eine Charakterisierung der Fließgewässer mit Hilfe des Saprobiensystems vorgenommen worden. Der Versuch, ein vergleichbares System für den Bereich der Ästuarien zu entwickeln, ist seitens der LAWA geplant. Eine Klassifikation der Meereswassergüte aufgrund biologischer Parameter wird eine wertvolle Ergänzung der chemisch-physikalischen Ermittlung des Zustandes sein, insbesondere auch um Aussagen über langfristige Veränderungen machen zu können.

1388. Bisher führen verschiedene Institutionen Bestandsuntersuchungen an Meeresorganismen durch, ohne daß eine Koordination bestünde oder die Untersuchungsprogramme auf die Entwicklung einer marinen Wassergüte-Klassifikation auf biologischer Grundlage abgestellt wären. Tab. 10.3 gibt einen Überblick.

1389. Die Entwicklung einer biologischen Güteklassifikation stößt deshalb auf erhebliche Schwie-

Tab. 10.3

Beobachtung von Lebensgemeinschaften zum Zwecke einer Güteüberwachung der Nordsee

Untersuchende Institution	Untersuchungsgegenstand und Meeresbereich
Institut für Hydrobiologie und Fischereiwissenschaft der Universität Hamburg	Bestandsuntersuchungen am Boden im Unterelberaum und im Klärschlammverklappungsgebiet. Auffinden geeigneter Indikatororganismen zu Überwachungszwecken
Biologische Anstalt Helgoland	Bestandsuntersuchungen in der Deutschen Bucht
Bundesanstalt für Gewässerkunde, Koblenz	Bestandsuntersuchungen im Bereich der Ems
Forschungsanstalt für Meeresgeologie und Meeresbiologie Senckenberg, Wilhelmshaven	Forschungen über Boden-Lebensgemeinschaften in ausgewählten Gebieten der südlichen Nordsee
Institut für Meeresforschung, Bremerhaven	Bestandsuntersuchungen am Boden mit Schwerpunkten im Bereich der Wesermündung und der Verklappungsgebiete von Klärschlamm und Abfällen der TiO_2-Erzeugung
Nachgeordnete Behörden des Bund/Länder-Meßprogramms	Biologische Parameter (Tab. 10.1) im freien Wasser und teilweise im Sediment an 58 Meßstellen (s. Abb. 10.3)

rigkeiten, weil zunächst geeignete Indikatororganismen aufgefunden werden müssen, die sich zur Charakterisierung der Meerwassergüte eignen. Sobald dies gelungen ist, wollen die am Bund/Länder-Meßprogramm beteiligten Institute (s. Tz. 1360) die Untersuchung der „Saprobien" in ihr geplantes Überwachungsprogramm aufnehmen (s. Tab. 10.2). Eine besondere Schwierigkeit bei der Erstellung einer biologischen Güteklassifikation ergibt sich aus den starken natürlichen Bestandsschwankungen der Meeresorganismen. Dadurch wird die eindeutige Unterscheidung zwischen anthropogenen Einflüssen und natürlichen Schwankungen erschwert, wenn nicht unmöglich gemacht. Hier bedarf es umfangreicher und langfristig angelegter Erhebungen. Diesem Ziel gilt auch die Koordinierung und Förderung der europäischen Forschung über küstennahe benthische Ökosysteme (COST-Aktion 47, Tab. 10.1).

1390. Daten über Bestandsveränderungen mariner Organismen werden bereits jetzt im Rahmen von Forschungsprojekten erhoben; diese sind aber weder koordiniert noch werden sie einer zentralen Auswertung zugeführt. Eine ständige Überwachung findet weder im Bereich der Flußmündungen noch im gesamten Tidebereich der Küste statt. Auch in der Hohen See beschränkt sich die Datenerhebung zur Zeit auf einzelne Forschungstätigkeiten. Trotz bemerkenswerter Ergebnisse im einzelnen läßt sich z. B. auch nach mehr als zehn Jahren der Forschung noch nicht entscheiden, ob in der Deutschen Bucht ein Trend zur Eutrophierung vorliegt.

Dichte des Meßnetzes

1391. Das Meßnetz des DHI und der Bund/Länder-Arbeitsgruppe besteht aus Meßstationen an Land und auf Schiffen oder Bojen und aus Meßstellen im Meer, die mit Schiffen angefahren werden.

1392. Die Wassergütepolitik im Binnenland stützt sich auf Messungen beim Einleiter („emissionsseitig") und in Gewässern („immissionsseitig"); die maritimen Überwachungsprogramme sind hingegen durchgängig immissionsseitig (und wirkungsseitig) ausgerichtet. Diese Einseitigkeit läßt sich nur durch eine Ausdehnung des Meßstellennetzes beseitigen. Dabei muß allerdings wegen der großen Flächenausdehnung des zu überwachenden Gebiets eine schwerpunktmäßige Auswahl der Meßorte erfolgen. Als Meßpunkte bieten sich an:

– Einleitungsorte und Verklappungsgebiete,

– Orte, die aufgrund der Strömungsverhältnisse erhöhte Schadstoffkonzentration erwarten lassen,

– Laichgründe und Muschelzuchtgebiete,

– Ästuarien,

– Orte mit niedrigen Schadstoffkonzentrationen, an denen man die natürliche Grundbelastung bzw. die Folgen von Einleitungen oder Verklappungen feststellen will,

– Badezonen.

10.3.2.3 Zur Koordinierung und Dokumentation

Koordinierungsmängel

1393. Zahlreiche Behörden und Institutionen sind teils überwachend, teils forschend im Bereich der Nordseeküste tätig; eine wirkliche Koordination aller dieser Tätigkeiten findet aber nicht statt. Nur in Teilbereichen besteht eine Koordinierung. Allerdings besteht ein grundlegender Unterschied zwischen dem Koordinationsbedarf in den Bereichen Überwachung und Forschung.

Besonders schwierig ist die Koordinierung der verschiedenen Forschungsvorhaben, weil sie stets in eine bürokratische Gängelung umzuschlagen droht, die der Freiheit der Forschung abträglich ist. Anders verhält es sich bei der Überwachung, die einer abgestimmten Anzahl von Meßgrößen bedarf, bei der Meßpunkte festgelegt werden müssen, die langfristig angelegt werden muß und die einer regelmäßigen und übersichtlichen Veröffentlichung der Meß- und Untersuchungsergebnisse bedarf. Zur Erfüllung dieser Forderungen ist eine zentrale Koordinierung notwendig. Wo Überwachungsarbeit in Forschung übergeht und die Gesichtspunkte der Flexibilität und problemorientierten Messung überwiegen, muß zumindest der Informationsaustausch und die koordinierte Aufbereitung der Meß- und Untersuchungsergebnisse gewährleistet sein.

1394. Ansatzpunkte für eine zentrale Koordinierung bestehen, wie die folgende Aufzählung der Gremien zeigt, die sich mit Koordinierungsaufgaben in Teilbereichen der Meeresforschung befassen:

– „Koordinierungsausschuß Meeresforschung und Meerestechnik (KMM)". Ihm gehören unter dem Vorsitz des BMFT Vertreter der Bundesministerien, der vier Küstenländer-Regierungen und der DFG an.

– Senatskommission für Ozeanographie der DFG. Entsprechend ihrem wissenschaftlichen Auftrag richtet die DFG ihre Tätigkeit auf die Meere weltweit, die die Nordsee betreffenden Tätigkeiten bilden davon einen Teil. Die an sich vorgesehene Koordinierung aller einschlägigen Arbeiten durch den KMM hat nicht die anfangs geweckten Erwartungen erfüllt; der Grund wird in mangelhafter Unterstützung durch die beteiligten Bundes- und Landesministerien gesehen. Aus diesem Grunde kommt der DFG-Senatskommission nach wie vor eine besondere Bedeutung zu.

– „Deutsche Wissenschaftliche Kommission für Meeresforschung" mit den Aufgaben der Planung, Koordinierung und Auswertung der Forschungsaufgaben auf dem Gebiet der internationalen Meeres- und Seefischereiforschung, die sich aus den Beschlüssen des ICES und der ICNAF ergeben oder ihr vom BML übertragen werden.

– „Deutscher Landesausschuß für Meeresforschung (SCOR)", der im Scientific Committee on Oceanic Research mitarbeitet.

– „Kuratorium für Forschung im Küsteningenieurwesen", dem die Koordinierung der Forschung im Küsteningenieurwesen an den deutschen Küsten und im Küstenvorfeld obliegt.

1395. Die letztgenannten Gremien befassen sich entweder wenig mit Überwachungsmeßprogrammen oder nur in geringem Ausmaß mit der deutschen Nordsee, so daß auch hier nicht die wünschenswerte Koordination stattfindet. Insgesamt ist im Hinblick auf eine umfassende Überwachung der Nordsee die Situation unbefriedigend, da zahlreiche Einrichtungen zwar einzelne, begrenzte Überwachungs- oder Forschungstätigkeiten entweder aufgrund gesetzlicher Verpflichtung oder in Verfolgung wissenschaftlichen Interesses wahrnehmen. Diese erbringen aber ohne eine fest eingerichtete Koordination oder ein Gesamtkonzept nicht ihren vollen Nutzen.

Dokumentationsmängel

1396. Bei den laufenden Forschungs- und Überwachungstätigkeiten fällt eine große Fülle von Daten an. Die Datenmenge muß in dem Maße wachsen, in dem die weitergehenden Überwachungserfordernisse aus den rechtlichen und vertraglichen Verbindlichkeiten erfüllt werden, so daß die Frage einer geeigneten Datensammlung und Dokumentation zunehmend dringlicher wird. Zur Zeit werden wissenschaftliche Daten einiger Forschungseinrichtungen der Meeresforschung, auch des DHI, vom Deutschen Ozeanographischen Datenzentrum (DOD) gesammelt, aufbereitet und international ausgetauscht; dazu gehören

– Meßwerte von deutschen Forschungsschiffen (Temperatur, Salzgehalt, chemische Parameter),

– Beobachtungen von den deutschen Feuerschiffen (Temperatur, Salzgehalt, Oberflächenströmungen).

Zum Teil werden auch Wassergüte-Daten gesammelt.

Die Datensammlung ist noch nicht vollständig, da nicht jede betroffene Stelle ihre Daten übermittelt. Außerdem sind nicht alle Parameter so zuverlässig meßbar, daß die Speicherung für sinnvoll angesehen wird.

1397. Die am geplanten Bund/Länder-Meßprogramm beteiligten Behörden sollen ihre aufbereiteten Daten zur Dokumentation an das Niedersächsische Wasseruntersuchungsamt in Hildesheim weiterleiten. Fachbehörden können auf diese Daten zurückgreifen, wobei sie zunächst die Fachdienststellen der Träger des Bund/Länder-Meßprogramms einschalten müssen. Die Daten aus der wasserhaushalts- und abwasserabgabenrechtlichen Überwachung werden bei den zuständigen Landeswasserbehörden gesammelt.

1398. Daten der rohstoffbezogenen Meeresforschung werden in der Bundesanstalt für Geowissenschaften und Rohstoffe aufbereitet und gespeichert. Maritim-meteorologische Beobachtungen der Handels-, Forschungs- und Feuerschiffe werden beim Seewetteramt, Hamburg, des Deutschen Wetterdienstes geprüft und für die weitere Nutzung bereitgehalten. Eine Dokumentation und Information über die Ergebnisse von Meeresforschung und Meerestechnik wird im Rahmen des Fachinformationssystems Rohstoffgewinnung und Geowissenschaften unter Beteiligung mehrerer Bundesanstalten und anderer Dokumentationsstellen zusammengestellt (BMFT, 1976).

1399. Angesichts der verschiedenen Dokumentationsstellen ist die Gefahr nicht von der Hand zu weisen, daß eine Gelegenheit zur zentralen Sammlung und Speicherung wichtiger Meeres-Umweltdaten durch den Aufbau wetteifernder Dokumentationszentren vertan wird. Daher ist die Bereithaltung aller Daten an nur einer Stelle dringend geboten, um die Meßergebnisse optimal nutzen zu können. Auch die Informationen des zentralen Meldekopfes (ZMK) bei Ölunfällen und Ölverschmutzungen beim Wasser- und Schiffahrtsamt Cuxhaven sollten dieser zentralen Stelle zugeleitet werden.

1400. Über naturwissenschaftliche Daten hinaus ist bislang kein Ansatz erkennbar, Informationen aus dem Umweltbereich im weiteren Sinne aufzubereiten. Hierzu gehören beispielsweise: Erlaubnisbescheide, Abgabebescheide, Schiffszeugnisse, Öltagebücher, Ladungstagebücher, Schiffszettel, eventuelle Emissionserklärungen. Solche Archivalien könnten bei zentraler Bereithaltung nützliche Erkenntnisse über Stoffeintragungen vermitteln. Allerdings muß auf die juristischen Beschränkungen (Vertraulichkeit) bei Erhebung und Nutzung der Daten hingewiesen werden, die den Behörden im Rahmen ihrer Überwachungstätigkeit bekannt werden.

1401. Ein technisches Problem besteht heute noch in den nicht immer ausreichenden Analysenkapazitäten, die dazu führen, daß Wasserproben tiefgefroren aufbewahrt, aber nicht bearbeitet werden. Hier muß Abhilfe geschaffen werden, damit die Meß- und Untersuchungsergebnisse für eine schnelle und regelmäßige Veröffentlichung zur Verfügung stehen.

1402. Neben dem Problem der zentralen Verfügbarkeit der Meeres- und Meeresumwelt-Daten stellt sich das Problem genügender EDV-Rechenzeiten. In der Vergangenheit konnten zahlreiche Projekte im Bereich der Meereskunde nicht in Angriff genommen werden, da die erforderlichen EDV-Zeiten nicht zur Verfügung standen. Messungen im Meer werden künftig in verstärktem Maße mit Modellrechnungen abgestimmt werden müssen, um eine Steigerung der Effektivität zu erzielen. Dies setzt großzügige Rechenmöglichkeiten voraus. Auch aus diesem Grunde erscheint eine institutionelle Lösung des gesamten Datenproblems angezeigt.

10.3.3 Vorschlag einer verbesserten Überwachung der deutschen Nordsee

10.3.3.1 Verbesserung der gegenwärtigen Überwachung

1403. Seit einiger Zeit wird eine eindrucksvolle Vielzahl von Messungen und Untersuchungen durchgeführt. Diese Tätigkeiten müssen auch in Zukunft fortgeführt werden. Allerdings ist die gegenwärtige Überwachung in drei Punkten verbesserungsbedürftig:

– Der gegenwärtigen Überwachung fehlt aufgrund ungenügender Koordination der Untersuchungen

und der Auswertungen (Dokumentation und Verfügbarkeit der Daten) die erforderliche Systematik.

– Die biologische Überwachung (Überwachung auf Schadstoffe in Organismen, Bestandsüberwachung) sollte ausgedehnt und zur Routine erhoben werden; teilweise sind geeignete Methoden und Bewertungskriterien noch zu entwickeln.

– In der gegenwärtigen Umwelt-Überwachung der (deutschen) Nordsee hat die immissionsseitige Überwachung ein deutliches Übergewicht. Dies entspricht der herkömmlichen Gewässerschutzpolitik, liefert aber keine genügende Grundlage für einen aktiven Umweltschutz nach dem Verursacherprinzip.

1404. Das Bund/Länder-Meßprogramm stellt einen wichtigen Schritt dar. Zugleich findet damit eine Ergänzung zum DHI-Meßprogramm mit dem Schwerpunkt auf der Hohen See statt. Vorrangige Aufgabe sollte es sein, beide Meßprogramme hinsichtlich der Probenahme-Häufigkeit, der Probenahme-Methoden, der Meßparameter, der Meßmethoden und der Dokumentation der Ergebnisse aufeinander abzustimmen. Vordringlich ist es aber, die Verwirklichung des geplanten Bund/Länder-Meßprogramms im vorgesehenen Rahmen zügig einzuleiten.

1405. Wichtig ist eine verstärkte und abgestimmte Überwachung der Meerestiere auf Schadstoffgehalt, um zu erkennen, welche Stoffe sich in Organismen anreichern (Bioakkumulation, Biomagnifikation). Da man von den mehreren tausend verschiedenen chemischen Stoffen, die über Flüsse, Direkteinleitungen und Schiffe in die Nordsee gelangen, mit vertretbarem Aufwand nur einige Dutzend in einem Überwachungsprogramm messend erfassen kann, geben die Rückstandsuntersuchungen in Meereslebewesen unter Umständen Hinweise auf bedenkliche Stoffe, denen dann immissions- und emissionsseitig erhöhte Beachtung zu schenken ist, und die gegebenenfalls in eine regelmäßige Überwachung mit aufgenommen werden können. Im Rahmen eines Überwachungsprogramms wäre ferner die Kontrolle von Bestandsveränderungen repräsentativer Meeresorganismen wichtig.

1406. Frühere Vorschläge legten das Hauptgewicht der Überwachung auf die Immissionsseite (KOSCHE, 1977); der Rat schlägt zusätzlich eine verstärkte Emissionsüberwachung vor. Gemäß dem Verursacherprinzip liegt bei der deutschen Gewässergütepolitik und bei maßgeblichen internationalen Vereinbarungen das Gewicht mehr auf emissionsseitigen Regelungen. Die künftige Umweltüberwachung der Nordsee wird zunehmend darauf angelegt sein müssen, zugleich die Einhaltung von Emissionsnormen zu überwachen.

1407. Die Forschung benötigt zum Verständnis der Vorgänge im Meer Daten, die Aufschluß über Veränderungen der Umweltbeschaffenheit geben können. Insbesondere Daten aus langen Meßreihen, die bei der Überwachung anfallen, sind sehr wertvoll.

1408. Vor allem die Wirkungsforschung und die Entwicklung geeigneter Probenahme-, Probenaufbereitungs- und Analysenverfahren sollten dem Überwachungsprogramm neue Impulse geben. Es muß festgestellt werden, daß ein erhebliches Ungleichgewicht zwischen anorganischer und organischer Schadstoffanalytik zuungunsten der organischen Analytik besteht. Dieses Ungleichgewicht steht im Gegensatz zur Bedeutung und möglichen Gefahr der organischen Schadstoffe. Hier steht der Forschung ein weiteres Betätigungsfeld offen.

10.3.3.2 Konzept eines künftigen Umwelt-Überwachungssystems Nordsee

10.3.3.2.1 Komponenten eines Überwachungssystems

1409. Die Komponenten eines umfassenden Umwelt-Überwachungssystems Nordsee sind mit den Stichworten Archiv- und Buchhaltungssystem, Emissionskataster und zentrale Koordination zu kennzeichnen. Dieses neue Konzept kann nicht etwa die auch bisher schon erfolgreiche, wenn auch ungenügend abgestimmte und stärker immissionsseitig ausgerichtete Überwachung ersetzen; es hat vielmehr die gegenwärtige Tätigkeit mit den neuen Komponenten zu einem systematischen Ganzen zu vereinen.

1410. Abb. 10.4 zeigt eine mögliche Aufgliederung des Überwachungssystems in Untersysteme. In allen drei Untersystemen ist die vorhandene immissionsseitige Überwachung einbezogen; diese stützt sich jeweils stärker auf ortsfeste bzw. auf bewegliche Meß- und Kontrolleinrichtungen. Bei den Untersystemen „besonders gefährdete Bereiche" und „allgemeiner Küstenbereich" treten noch die (auszubauende) Überwachung der Einleitungen und ein daraus zu erstellender Emissionskataster hinzu. Alle Daten, Unterlagen usw. werden dokumentiert bzw. gesammelt in jeweils einem Archiv-, Buchhaltungs- und Dokumentationszentrum. Vorsorglich enthalten die Untersysteme „besonders gefährdete Bereiche" und „Hohe See" wegen der gegenüber dem allgemeinen Küstenbereich verschärften Überwachungsprobleme die Systemkomponente „Fernerkundung, Satelliten". Das System ist so beschaffen, daß es einerseits – ohne organisatorische Verdoppelungen – seine Einbeziehung in ein deutsches Gesamtkonzept der Gewässerüberwachung als Teilprogramm Nordsee und andererseits die Einbeziehung in ein internationales Überwachungssystem für die gesamte Nordsee gestattet.

1411. Fernerkundungsverfahren vom Flugzeug oder Satelliten aus gewinnen zunehmend Bedeutung als wesentliche Ergänzung von Messungen am Ort, da sie gestatten, Vorgänge an der Wasseroberfläche über einen weiten Bereich synoptisch zu erfassen. Neben der Erfassung meeresphysikalischer Erscheinungen wie Seegang und Oberflächentemperatur oder Eisfelder bieten sie die Möglichkeit, das Auftre-

ten von Substanzen in der oberflächennahen Wasserschicht, die Licht oder Infrarot-Strahlung absorbieren oder streuen (Schwebstoffe, verklapptes Gut), zu kartieren. Mit Satelliten ist die Gelegenheit gegeben, ganze Küstenzonen, Schelfgebiete und Meeresteile auf Chlorophyllentwicklung, Temperaturverteilung, Meeresströmungen oder Ölverschmutzungen zu überwachen (BMFT, 1976; BODECHTEL, 1978; BECKER, GIENAPP, SCHMIDT, STRÜBIG, DOERFFER, 1979). An eine Verwirklichung dieser Systemkomponente ist jedoch erst im Rahmen eines Umweltüberwachungssystems für die gesamte Nordsee zu denken. Zunächst erscheint der Einsatz des Fernerkundungsinstruments Flugzeug in der Weise möglich, daß Flugzeuge der Bundeswehr zur Überwachung der Nordseeumwelt mitbenutzt werden.

Emissionskataster als Instrument des Umweltschutzes

1412. Emissionskataster haben sich auf dem Lande mehrfach bewährt; auch zur Reinhaltung der Nordsee, insbesondere des Küstenbereiches und besonders gefährdeter Gebiete, ist eine solche Informations- und Datensammlung als notwendiges Gegenstück einer immissionsseitig ausgerichteten zentralen Sammlung von Gewässergütedaten erforderlich. Zu den Gebieten, für die ein Emissionskataster besonders vorteilhaft wäre, gehören insbesondere das Wattenmeer und die Flußmündungen. Dort sind die Direkteinleitungen bisher nicht vollständig erfaßt. Ihre Kenntnis wäre jedoch wegen des ökologisch wertvollen und empfindlichen Wattenmeeres und zum Verständnis der Vorgänge im Brackwasser-Bereich der Ästuarien wichtig. Daher wird vorrangig für diese Bereiche die detaillierte Erfassung der Einleitungen in einem Emissionskataster empfohlen. In ihm sollten Art, Herkunft, Menge und weitere Aspekte der Einbringung von Schadstoffen in den Vorfluter Nordsee festgehalten werden. Auch Verhalten und Verbleib fester Abfallstoffe in Entsorgungsanlagen und Deponien müssen erfaßt werden, sofern sie Abwasseremissionen in die Nordsee verursachen. Wegen der Vielzahl der hier aufzunehmenden Einzelheiten ist der Einsatz elektronischer Datenverarbeitungsanlagen unerläßlich. Nur so ist ein schneller Zugriff und eine gezielte Auswertung der gespeicherten Daten gewährleistet. Nach seiner Erstellung ist der Kataster in angemessenen zeitlichen Abständen auf den neuesten Stand zu bringen.

1413. Die mit dem Emissionskataster bereitgestellten Möglichkeiten sind je nach konkreter Fragestellung vielfältig. Es sind in den Grundzügen die Möglichkeiten

– der Prüfung der (wasserhaushalts- oder abwasserabgaberechtlichen) Emissionserklärungen auf Glaubwürdigkeit anhand von Vergleichs- und Kontrolldaten und damit Förderung des Erfolgs der Selbstüberwachung,

– der Bewertung von Planungsunterlagen, z.B. in Genehmigungsverfahren anhand von Vergleichszahlen,

Abb. 10.4

Aufgaben in den Untersystemen

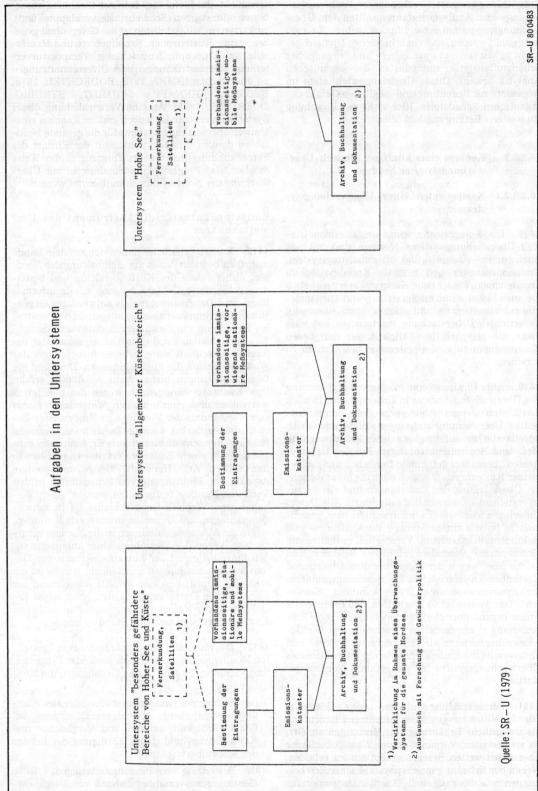

Untersystem "besonders gefährdete Bereiche von Hoher See und Küste"

Fernerkundung, Satelliten [1]

Bestimmung der Eintragungen

vorhandene immissionsseitige, stationäre und mobile Meßsysteme

Emissionskataster

Archiv, Buchhaltung und Dokumentation [2]

Untersystem "allgemeiner Küstenbereich"

Bestimmung der Eintragungen

vorhandene immissionsseitige, vorwiegend stationäre Meßsysteme

Emissionskataster

Archiv, Buchhaltung und Dokumentation [2]

Untersystem "Hohe See"

Fernerkundung, Satelliten [1]

vorhandene immissionsseitige mobile Meßsysteme

Archiv, Buchhaltung und Dokumentation [2]

[1] Verwirklichung im Rahmen eines Überwachungssystems für die gesamte Nordsee
[2] Austausch mit Forschung und Gewässerpolitik

Quelle: SR-U (1979)

439

– der Bilanzierung von Stoffeinträgen und der Bereitstellung von Eingabewerten für die Abschätzung von Schadstoffbelastungen mit Hilfe von Ausbreitungsrechnungen,

– der Ursachenanalyse bei auffälligen immissionsseitigen Befunden (z. B. Kontamination von Meeresorganismen),

– der rationalen Auswahl von Maßnahmen,

– der optimalen Aufstellung von Sanierungsplänen.

1414. Bei der Erstellung eines Emissionskatasters wird vom Betreiber einer Anlage zum Teil Offenlegung von Verfahrens- und Betriebsmerkmalen gegenüber der Behörde verlangt. Dies läßt sich im Interesse des Umweltschutzes nur rechtfertigen, wenn die vorgelegten Erklärungen und gewonnenen Meßergebnisse strikt vertraulich behandelt werden. Wertvolles Verfahrenswissen und Betriebserfahrung sind schutzwürdiges Gut Privater und dürfen auch nicht in anonymer oder pauschaler Form Dritten zugänglich gemacht werden. Nur nachweislich zuverlässigem und eigens dafür verpflichtetem Personal zuständiger Behörden bzw. gutachterlicher Stellen kann Einsicht in Informationen und Unterlagen gewährt werden. Die Erfahrungen mit den Emissionskatastern Luft zeigen, daß die rechtmäßigen Ansprüche der betroffenen Unternehmen auf Schutz ihres Know-how befriedigt werden können.

Aufbau der Emissionskataster

1415. Die beiden Datenbanken „Emissionskataster Küste" und „Emissionskataster besonders gefährdete Bereiche" bestehen aus je zwei Informationsgruppen, denen jeweils mehrere Dateien zugeordnet sind:

– Die erste beschreibt Anlagen, deren unterschiedliche Aggregate und deren Emissionen (Abwasser und Abfall).

– Die zweite Informationsgruppe erfaßt den Verbleib der Schadstoffe und die Wege insbesondere des Abwassers bis zur bzw. in der Nordsee. Ferner werden hier Angaben über die zeitliche und mengenmäßige Verteilung von Stoffen in der Nordsee verarbeitet.

1416. Der systematische Zusammenhang der Dateien erlaubt es, Schadstoffe von ihrem Ursprung innerhalb einer Anlage bis zur Lagerung, Vernichtung oder Einleitung in den Vorfluter Nordsee zu verfolgen. Auch in umgekehrter Reihenfolge können von einem Schadstoff, der in der Nordsee oder auf einer Deponie identifiziert wird, mögliche Ursprünge gesucht werden.

Flüsse, als bedeutende Einleiter von Schadstoffen in die Nordsee, können als fiktive Anlagen erfaßt werden. Dazu müssen die Immissionssituationen an der Süßwassergrenzlinie der Flüsse und die Einleitungen in den Brackwasserbereich erfaßt werden, um daraus in erster Näherung Schadstoffinhalt und Frachten beim Übertritt über die Küstenlinie erschließen zu können. Eine weitere Aufgliederung der Emissio-

nen eines Flusses ist selbstverständlich möglich, allerdings ist dies eine Aufgabe der binnenländischen Wassergütepolitik. Ähnlich lassen sich Siedlungs- und Landwirtschaftsgebiete, Schiffahrtslinien, Gebiete mit Off-shore-Tätigkeit u. ä. mit pauschalen Annahmen über das Emissionsverhalten der sie repräsentierenden fiktiven „Anlagen" erfassen.

Archiv-, Buchhaltungs- und Dokumentationssystem

1417. Als ein Hilfsmittel der Meeresforschung und der behördlichen Planung und Entscheidung sollte ein System der Archivierung, Buchhaltung und Dokumentation zur Verfügung stehen, das sich auf alle erheblichen Überwachungsgrundlagen und -ergebnisse erstreckt.

Es hat folgende Aufgaben zu lösen:

– *Zum Aufbau eines Archivs sind die geeigneten Archivalien von verschiedenen Seiten einzuholen. Die schon im DOD gesammelten einschlägigen Daten und Unterlagen sowie die beim Zentralen Meldekopf (Tz. 653f. und 1321) eingegangenen Meldungen über Ölverschmutzungen sind in das Archiv einzubringen. Gegebenenfalls muß eine Aufbewahrungs- und Abgabepflicht verordnet werden.*

– *Die einschlägigen Meßdaten des DHI-Überwachungsprogrammes sind in das Dokumentationssystem aufzunehmen.*

– *Die Funktion der Annahmestelle für die (aufbereiteten) Meßdaten des Bund/Länder-Meßprogramms sollte vom dafür vorgesehenen Niedersächsischen Wasseruntersuchungsamt auf das vorgestellte System übergehen.*

– *Die Wasserbehörden der Länder stellen die ihnen vorliegenden wasserhaushalts- bzw. abwasserabgaberechtlichen Daten über die wesentlichen Direkteinleitungen in die Nordsee zur Verfügung.*

1418. Das System enthält mithin eine große Zahl anfallender Daten, die sinnvollerweise mit EDV zu verarbeiten sind. Es erfaßt weiterhin Belege, für deren Speicherung die Emissionskataster nicht ausgelegt sind (Erlaubnisbescheide, Öltagebücher, Ladungstagebücher, Altöl-Abgabenachweise usw.). Die Verfügbarkeit der Daten wird durch geeignete Maßnahmen gewährleistet, z. B. statistische Aufbereitung, Datenreporte, Veröffentlichungsreihen. Das System hat teilweise, wie der Emissionskataster, vertraulichen Charakter. Die Verfügung über solche Informationen liegt im pflichtgemäßen Ermessen der Behörde. Unter diesem Gesichtspunkt läßt sich das Archiv-, Buchhaltungs- und Dokumentationssystem gliedern in ein Archiv behördlichen (vornehmlich emissionsseitigen) Materials und eine Dokumentation von (immissionsseitigen) Meßergebnissen.

10.3.3.2.2 Ein Organisationsmodell

1419. Der Rat geht bei seinem Vorschlag davon aus, daß eine Verbesserung der Überwachung durch Zentralisierung und verbesserte Koordinierung eher erreichbar ist, als durch Erweiterung der Meßprogramme und Vergrößerung der Meßstellenzahl. Wenn Meßprogramme und Meßmethoden aufeinander abgestimmt werden und die ermittelten Meßdaten einer zentralen Sammel- und Auswertestelle zufließen, kann die Fülle der schon heute von den verschiedensten Überwachungs- und Forschungseinrichtungen durchgeführten Messungen und gesammelten Daten wirkungsvoller genutzt werden. Abb. 10.5 enthält ein Konzept für den institutionellen Aufbau des künftigen Umweltüberwachungssystems Nordsee.

1420. Es ist selbstverständlich, daß eine koordinierte und umfassende Überwachung der Gewässer sich nicht nur auf die Nordsee und die unmittelbaren Einleitungen erstrecken sollte. Bei aller Verschiedenheit von Salz- und Süßwasser sollten die Konzeptionen der Gewässerüberwachung organisatorisch – und soweit möglich – auch technisch aufeinander abgestimmt sein, so daß die Umweltüberwa-

chung Nordsee ein Teilprogramm einer umfassenden Gewässerüberwachung wäre.

1421. Der Rat vertritt die Auffassung, daß das hier vorgeschlagene Überwachungsprogramm nicht für sich allein bestehen kann. Ein allein Meßwerte produzierendes Programm kann die Umweltprobleme der Nordsee nicht lösen. Er hält deshalb die Einrichtung eines ständigen Koordinierungsausschusses (Abb. 10.5) für notwendig, in dem alle für die Aufgabe maßgeblichen Stellen (Bundes- und Länderbehörden, Forschungsinstitute) die erforderlichen Absprachen herbeiführen, z. B. über

– arbeitsteilige Meßprogramme,

– Meßnetze und Meßzeiten,

– Verfahren der Probenahmen, Probenkonservierung und Probenaufbereitung,

– Erarbeitung eines Probenidentifizierungs- und -dokumentationssystems,

– Meßparameter und Meßverfahren.

Abb. 10.5

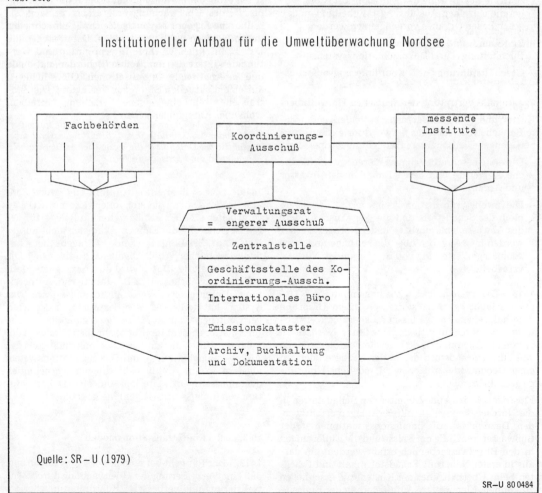

Institutioneller Aufbau für die Umweltüberwachung Nordsee

Quelle: SR–U (1979)

SR–U 80 0484

1422. Zu den Aufgaben des Koordinierungsausschusses gehört die organisatorische Durchführung von Ringversuchen (Interkalibrierungen), mit denen zwischen den beteiligten Instituten die Vergleichbarkeit der Messungen gesichert wird. Weiter gehört zu den Aufgaben dieses Koordinierungsausschusses auch eine interdisziplinäre, wissenschaftliche Begleitung der Überwachungsprogramme zur

- Sicherstellung eines reibungslosen und effektiven Ablaufs der Überwachung,
- Kontrolle der Messungen und Interpretation der Meßergebnisse,
- Initiierung und Koordinierung außerplanmäßiger Überwachungen und vertiefender Einzeluntersuchungen (wie z. B. über spezielle Schadstoffe),
- Begleitung der Entwicklung neuer Meßprogramme und Parametersysteme (wie z. B. einer biologischen Güte-Klassifikation des Meerwassers) und Beschlußfassung über ihre Einführung.

1423. Für den Koordinierungsausschuß ist eine Zentralstelle tätig, die folgende Funktionen vereinigt:

- zentrale Bearbeitung des Emissionskatasters, wobei die einzelnen Ausführungstätigkeiten von den gesetzlichen Organen vorgenommen werden,
- Erstellung und Pflege des zentralen Archiv-, Buchhaltungs- und Dokumentationssystems,
- Geschäftsführung des Koordinierungsausschusses,
- nationale Vertretung der deutschen Umweltüberwachung und

- internationale Vertretung der deutschen Umweltüberwachung der Nordsee.

1424. Nach Auffassung des Rates bedarf eine solche Zentralstelle folgender Eigenschaften:

- leistungsfähige Verwaltung,
- Freiheit von Zielkonflikten mit dem Umweltschutz,
- gutes Verhältnis zu den Ländern und
- gute Ausstattung mit wissenschaftlich ausgebildeten Mitarbeitern für alle Felder der Umweltüberwachung Nordsee.

1425. Eine wesentliche Aufgabe der Zentralstelle sollte darin bestehen, die große Datenmenge so aufzuarbeiten, daß eine übersichtliche Darstellung der Meßergebnisse samt ihrer Bewertung zur Verfügung steht. Die eingehenden Daten müssen also erfaßt, aufbereitet und interpretiert werden, was in erster Linie vom Koordinierungsausschuß zu steuern ist.

1426. Da die bei wissenschaftlichen Untersuchungen übliche Zeitspanne von ein bis zwei Jahren zwischen Probenahme und Publikation für die Erfordernisse eines Überwachungsprogramms zu lang ist, sollten die Ergebnisse von der Zentralstelle schneller und periodisch publiziert werden. Damit stehen die Daten einschließlich ihrer Interpretation und Wertung den interessierten Stellen (Behörden, nationale und internationale Organisationen, Öffentlichkeit) auf einem aktuellen Stand zur Verfügung. Die Zentralstelle soll keine eigene Forschung betreiben, wohl aber Anregungen geben.

11 SCHLUSSBETRACHTUNG UND EMPFEHLUNGEN

11.1 Die ökologische Situation

1427. Die Nordsee ist trotz der ökologischen Verschiedenheit ihrer einzelnen Regionen ein einziges großes Ökosystem, das sich von der Straße von Dover bis zum Skagerrak und bis zu den Shetland-Inseln erstreckt. Die Nordsee läßt nach dem derzeitigen Stand des Wissens noch keine großräumigen Schädigungen erkennen; geschädigt sind aber bereits Teile des Küstenmeeres und die Ästuarien, weil sie übermäßig starken Belastungen ausgesetzt sind. Damit ist aber auch die Nordsee als Ganzes erheblich gefährdet. Wenn nämlich Küstenregionen, die beispielsweise als Kinderstube für Nordseefische (Kap. 2.4.5.1) dienen, durch Tankerunfälle (Kap. 6), durch Überbelastungen mit Abwasser (Kap. 5) oder Deichbauten (Kap. 8.1) in ihrer ökologischen Funktion gestört werden, wirkt das auf den Gesamtfischbestand der Nordsee und letztlich auf ihr gesamtes Ökosystem zurück.

1428. Die meisten Ästuarien sind ökologisch erheblich beeinträchtigt (Kap. 2.4.5.3) und in ihrem Zustand den stark verunreinigten Flüssen des Binnenlandes vergleichbar. Charakteristisch sind hohe Konzentrationen an leicht abbaubaren Stoffen, an Pflanzennährstoffen sowie an Schadstoffen verschiedener Typen. Die Pflanzen- und Tierwelt ist bereits artenmäßig verarmt, die Fischbestände sind stark beeinträchtigt. Dieser Zustand ist vor allem auf die hohe Abwasserbelastung, die Nutzung als Schiffahrtsstraße und Baumaßnahmen vielfältiger Art zurückzuführen. Die Uferregion hat durch Deichbaumaßnahmen und Uferbefestigung, z.T. auch durch Industrieansiedlungen, ihren natürlichen Zustand eingebüßt.

1429. Das Wattenmeer ist ökologisch gefährdet. Diese Region ist von Natur eutroph, d.h. nährstoffreich mit hoher Pflanzenproduktion und viel organischem Material im Sediment (Kap. 2.4.5.1 und 5.8). Der anthropogene Eintrag von leicht abbaubaren Stoffen und von Pflanzennährstoffen hat hier außer in lokalen Einzelfällen noch keine negativen Folgen für den Sauerstoffhaushalt und die Organismenbesiedlung gebracht. Problematisch ist aber der Eintrag von Organochlorverbindungen (vor allem PCB, Kap. 5.5) und von Schwermetallen (Kap. 5.4), die teils direkt, teils mit Strömungen aus dem küstennahen Meer ins Wattenmeer gelangen. Diese Schadstoffe, die aus der anthropogenen Belastung der Flüsse stammen, werden mit Schwebeteilchen transportiert, an die sie adsorbiert sind. Der Schadstoffeintrag führt zur Anreicherung in Muscheln (Kap. 5.5) und anderen Organismen. Bei Fischen wird ein ursächlicher Zusammenhang zwischen dem gehäuf-

ten Auftreten von Fischkrankheiten (Kap. 5.8) und der Schadstoffbelastung angenommen. Es besteht der Verdacht, daß polychlorierte Biphenyle zum Rückgang der Bestände des Seehunds im Wattenmeer (Kap. 5.8) beitragen.

1430. Die größte Gefahr für das Wattenmeer geht von der Großschiffahrt aus. Trotz aller bisher getroffenen Sicherungsmaßnahmen kann sich täglich ein Unfall eines Öltankers oder Chemikalientransporters ereignen. Ein solcher Unfall würde in diesem Ökosystem schwerste Schäden verursachen; die stärksten und am längsten währenden Schadwirkungen sind für die ökologisch besonders bedeutsamen Stillwassergebiete (Schlickgebiete) und Salzwiesen zu befürchten (Kap. 6.2). Ähnliche Folgen könnte ein Betriebsunfall bei der Exploration oder Förderung von Erdöl in der Nordsee haben, wenn das Leck nicht rechtzeitig geschlossen werden kann und bei entsprechenden Windverhältnissen der Ölteppich auf das Wattenmeer zutreibt.

1431. Auch durch Deichbaumaßnahmen (insbesondere Eindeichungen) sind Teile des Wattenmeeres, vor allem die Salzwiesen, in ihrer ökologischen Struktur gefährdet (Kap. 8.1). Aus diesen Eingriffen und den verschiedenen anthropogenen Stoffeinträgen resultieren Gefahren für die Funktion des Wattenmeeres als Kinderstube wirtschaftlich bedeutender Nutzfische und zahlreicher für das Gesamtökosystem Nordsee wesentlicher Oganismenarten. Das Wattenmeer stellt eine wichtige Produktionsstätte für von Menschen nutzbare Muscheln und Krebstiere dar (Kap. 7.1). Darüber hinaus kommt der Region vor allem auch wegen ihrer Funktion als Rast-, Mauser- und Überwinterungsplatz für viele Vogelarten, deren Brutgebiete weit außerhalb liegen, international größte ökologische Bedeutung zu (Kap. 8.1). Aus der Sicht des Artenschutzes ist das Wattenmeer unverzichtbarer Voll- und Teillebensraum einer Anzahl existenzgefährdeter Tierarten.

1432. Touristische Aktivitäten, Bootsverkehr und Fluglärm stellen für einzelne Tierarten des Wattenmeeres, aber auch für die Ökosysteme des Küstenraumes (Dünen u.a.), beträchtliche Gefährdungspotentiale dar (Kap. 8.3 und 9).

1433. Die küstennahen Nordseeareale, z.B. in der Deutschen Bucht und in der südlichen Nordsee (Southern Bight), zeigen anthropogen erhöhte Konzentrationen von Pflanzennährstoffen (Kap. 5.2). Obwohl dies noch nicht zu sicher nachweisbaren Veränderungen geführt hat, ist eine wachsende Gefährdung erkennbar. Ein besonderes Problem bilden die Verklappungsgebiete in der inneren Deutschen

Bucht (Kap. 4.6). Sie werden immer noch zur Ablagerung von Klärschlamm genutzt, obwohl sie wegen ihrer hydrographischen und ökologischen Gegebenheiten dafür ungeeignet sind. Zunehmender Sauerstoffmangel im Sediment, Verarmung der Bodentierwelt, Anreicherung schwer abbaubarer Stoffe sind typische, ökologisch negativ zu bewertende Folgen. Eine aktuelle ökologische Gefährdungssituation kann vor allem in dem gehäuften Auftreten von Fischkrankheiten in diesem Gebiet gesehen werden (Kap. 5.8).

1434. Die küstenferne zentrale und nördliche Nordsee („Hohe See") ist noch in einem weitgehend natürlichen Zustand. Nachweisbare Folgen menschlicher Eingriffe treten hier nur in Veränderungen der Fischbestände aufgrund überhöhten Fischfangs (Kap. 7.1) auf. Ein ökologisches Gefährdungspotential könnte sich aus dem Auftreten von Chlorkohlenwasserstoffen ergeben. Über die Wirkung von gelösten Erdölkohlenwasserstoffen, die bei der Ölgewinnung in der offenen See in das Ökosystem gelangen, liegen noch keine verläßlichen Aussagen vor.

11.2 Schwerpunktempfehlungen aus ökologischer Sicht

1435. Für die Ästuarien und die stark verschmutzten Teile des Küstenmeeres müssen Sanierungsprogramme aufgestellt werden. Ihr Ziel muß insbesondere die Reduzierung der Schmutzfrachten aus den verschiedenen Verschmutzungsquellen des Binnenlandes sein. Die Mindestanforderungen an Abwassereinleitungen nach § 7a WHG müssen auf vorhandene Abwassereinleitungen in die Vorfluter schnell und strikt angewendet werden; darüber hinaus werden gezielt weitergehende Reinigungsmaßnahmen durchzusetzen sein, um eine Sanierung zu erreichen. Nur in dem Maße, in dem sich der ökologische Zustand der Ästuarien und des Küstenmeeres verbessert, vermindern sich die ökologischen Gefahren, die dem Ökosystem Nordsee im ganzen drohen.

Besonders bedenklich ist die Belastung der küstennahen Nordsee mit Chlorkohlenwasserstoffen (Kap. 5.5) und Schwermetallen (Kap. 5.4), die überwiegend durch Flüsse eingetragen werden. Zwar liegen deren Konzentrationen im Süßwasser wesentlich höher als im Meerwasser, jedoch ergeben sich im Meer wegen der Anreicherung in Organismen (Kap. 5.1; 5.5; 5.8), insbesondere auch in den zur Ernährung genutzten Meerestieren (Kap. 7.2), besondere Gefährdungspotentiale. Es wird in diesem Fall deutlich, daß eine Minderung dieser Belastung des Meeres nur über eine Verbesserung des Gewässerschutzes im Binnenland möglich ist. Wenn dort diese Belastungen durch quellenorientierte Maßnahmen reduziert werden, so kommt dies auch der Nordsee zugute. Auch nach dem Vorsorgeprinzip ist die Sanierung der Binnengewässer eine unabdingbare Voraussetzung für den Schutz der Nordsee.

1436. Der Schutz des Wattenmeeres muß verstärkt werden. Insbesondere sind alle Maßnahmen zu treffen, die das Risiko eines Unfalles von Öltankern oder Chemikalientransportern vermindern, die eine Schlepp- und Leichterhilfe bei Havarien verbessern und die eine Abwehr einer der Küste drohenden Ölpest effizienter machen (Kap. 6.4 und 10.2.2.4.6). Entsprechendes gilt für die Verbesserung der Sicherheitstechnik und die Überwachungen bei der Offshore-Förderung von Erdöl.

Deichbaumaßnahmen im Wattenmeer sollten nur in Form von Deichverstärkungen oder unmittelbarer Vordeichung ohne Landgewinnung vorgenommen werden (Kap. 8.1 und 11.8).

Um eine Schädigung wertvoller Naturgebiete auf den Inseln und in bestimmten Küstenregionen durch die Freizeitnutzung zu verhindern, muß eine gewisse Steuerung und gegebenenfalls Begrenzung des Fremdenverkehrs erfolgen (Kap. 8.3. und 11.8).

Industrielle Großvorhaben und entsprechende Häfen, von denen Gefährdungen für das Wattenmeer ausgehen können, sollten unterbleiben (Kap. 3.4 und 11.8).

1437. Die bisherige Praxis der Verklappung von Klärschlamm in der inneren Deutschen Bucht (Kap. 4.6 und 5.8) muß eingestellt werden.

1438. Zum Schutz der Hohen See müssen die im Internationalen Übereinkommen zur Verhütung der Meeresverschmutzung vom Lande aus (Pariser Konvention, Kap. 10.2.2.1.1) und im Internationalen Übereinkommen über die Verhütung der Meeresverschmutzung durch das Eintragen von Abfällen und anderen Stoffen (Oslo-Konvention, Kap. 10.2.2.2.2) festgelegten Ziele energisch weiterverfolgt werden. Hier besteht zunächst noch ein erhebliches Ausfüllungsdefizit. Im Rahmen der Pariser Konvention müssen so rasch wie möglich Grenzwerte für die Abwassereinleitungen von Stoffen der Schwarzen Liste festgelegt werden, insbesondere von Chlorkohlenwasserstoffen (PCB u. a.) und Schwermetallen. Im Rahmen der Oslo-Konvention stehen noch wirksame Maßnahmen zur Kontrolle der Genehmigungspraxis der Anrainerstaaten für die Verklappung aus.

11.3 Die Durchsetzung des Vorsorgeprinzips

1439. Eine erfolgreiche Umweltpolitik für das Ökosystem Nordsee muß sich am Vorsorgeprinzip orientieren. Die Nordsee wird geradezu zum Testfall für die Durchsetzung des Vorsorgeprinzips. Solange katastrophale Ereignisse und alarmierende ökologische Funktionsstörungen noch nicht aufgetreten sind, fehlt es möglicherweise an dem notwendigen Problemdruck, um geeignete umweltpolitische Maßnahmen noch rechtzeitig in die Wege zu leiten. Andererseits dürften Schädigungen, die das Ökosystem

Nordsee im ganzen verändern, weitgehend irreversibel sein. Die Wirkungsmechanismen, die die Grenzen der Belastbarkeit des Ökosystems bestimmen, sind zudem weitgehend unbekannt. Die Umweltpolitik muß also ökologischen Fehlentwicklungen vorbeugen, ohne sich bei den im einzelnen gebotenen Maßnahmen allein an bereits abgestuft feststellbaren Beeinträchtigungen der Meeresumwelt ausrichten zu können.

1440. Das Vorsorgeprinzip ist im nationalen und internationalen Umweltrecht sowie in EG-Richtlinien schon weitgehend verankert; in der umweltpolitischen Diskussion bezeichnet man damit jedoch eine über das geltende Recht weit hinausgehende Zielsetzung politischen Handelns. Dabei sind drei Abstufungen denkbar:

- vorgeschobene Gefahrenabwehr zum Schutz der Meeresökologie,

- emissionsbezogene Maßnahmen,

- Verbot von Eingriffen in Natur und Landschaft, insbesondere des Eintrags naturfremder Stoffe.

1441. Das Vorsorgeprinzip zielt zunächst darauf ab, daß eine vorgeschobene Gefahrenabwehr erfolgt, bevor Störungen der Meeresökologie oder konkrete Gefahrensituationen für einzelne Arten erkennbar werden. So dürfen z. B. Abwassereinleitungen nach § 6 WHG schon dann nicht erlaubt werden, wenn das allgemeine Wohl dadurch beeinträchtigt wird, daß ernsthafte Gefahren für Ästuarien, bestimmte Küstengewässer oder das Wattenmeer näherrücken. Das Vorsorgeprinzip umfaßt einen solchen präventiven Schutz, reicht aber weiter.

1442. Das Vorsorgeprinzip zielt mit seinen emissionsbezogenen Maßnahmen darauf ab, daß konkrete Gefahren für die Meeresumwelt und nachweisbare Schadwirkungen gar nicht erst entstehen können. Insbesondere ist auch die Einbringung solcher Stoffe zu verhüten, bei denen eine schädliche Wirkung zu befürchten ist, ein konkreter Nachweis jedoch noch aussteht. Dem Anwachsen von Schadstoffbelastungen ist ebenfalls dadurch entgegenzutreten, daß auch Einträge in Spurenkonzentrationen verhindert werden. Schließlich ist dem Umstand Rechnung zu tragen, daß immer wieder neue Erkenntnisse über Schadstoffwirkungsbeziehungen im Meer gewonnen werden; dabei muß auch das Auftreten von Schadeffekten infolge von Kombinationswirkungen einkalkuliert werden.

Daher fände das Vorsorgeprinzip seinen deutlichsten Ausdruck in der allen Verursachern auferlegten Verpflichtung, bei ihren Nutzungen die jeweils verfügbare Vermeidungstechnik auch dann anzuwenden, wenn noch nicht nachweisbar ist, daß sonst mit konkreten Gefahren oder Schäden für die Meeresökologie gerechnet werden müßte. Es werden Emissionsnormen festgesetzt, die der Verursacher im Einzelfall erfüllen muß, ohne daß sein Einwand rechtlich relevant und zulässig wäre, unter den gegebenen Verhältnissen würde sich weder eine konkrete Gefahr noch eine Schädigung der Meeresökologie zeigen.

1443. Für einen Teilbereich kann das Vorsorgeprinzip schließlich auch noch strenger formuliert werden: Danach darf in die Stoff- und Energiekreisläufe sowie das Artengefüge eines Ökosystems überhaupt nicht eingegriffen werden, insbesondere nicht durch den Eintrag von naturfremden Stoffen, die nicht oder schwer abbaubar sind oder sich in Lebewesen anreichern. Ob ein naturfremder Stoff nach den bisherigen Erkenntnissen überhaupt toxisch wirkt, sei es allein oder erst im Zusammenhang mit anderen Stoffen und somit Beeinträchtigungen der Meeresumwelt hervorrufen kann, bleibt dabei außer Betracht.

1444. Ob das Vorsorgeprinzip die Umweltpolitik für die Nordsee bestimmt, ist der nationalen Willensbildung der Nordseeanrainerstaaten nicht mehr überlassen. Der Schutz der Nordsee nach internationalem, supranationalem und deutschem Recht ist nach dem Vorsorgeprinzip in der Weise ausgerichtet, daß er einerseits weit über den vorbeugenden Schutz des betroffenen Milieus hinausreicht, andererseits aber kein generelles Verbot naturfremder Eingriffe in das Ökosystem einschließt. Die strikte Anwendung des Vorsorgeprinzips für das Ökosystem Nordsee verlangt vor allem die Festlegung von Emissionsgrenzwerten für Abwassereinleitungen vom Lande aus, soweit das Abwasser Schadstoffe der sog. Schwarzen Liste enthält, sowie die Überwachung des Verbots der Verklappung entsprechender Abfälle. Für einzelne besonders empfindliche Regionen der Nordsee, insbesondere im Wattenmeer ist ein weitergehender Schutz durch das grundsätzliche Verbot naturfremder Eingriffe geboten.

1445. Dem Vorsorgegedanken entspricht immer auch eine breit angelegte Forschung. Ein Großteil der Kontroversen um den Zustand und den Schutz der Ökosysteme der Nordsee ist nur auf dem Hintergrund einer wissenschaftlich ungeklärten Problematik verständlich. Daher finden sich im Gutachten durchgängig Empfehlungen zur weiteren wissenschaftlichen Klärung offener Fragen. Allerdings lassen diese einzelnen Hinweise sich kaum zu Generalempfehlungen für die Forschung verdichten. Der Rat weist besonders darauf hin, daß innerhalb der umfangreichen und wachsenden Meeresforschung Umweltaspekte einen hohen Rang einnehmen sollten.

11.4 Schwierigkeiten bei der Anwendung des Vorsorgeprinzips

1446. Es kann nicht bestritten werden, daß das Vorsorgeprinzip große ökonomische Probleme aufwirft. Das gilt insbesondere bei der Anwendung strengerer Maßstäbe auf vorhandene Anlagen der Abwasserreinigung und Abfallbeseitigung. Darüber hinaus stößt das Vorsorgeprinzip bei seiner Anwendung im nationalen Rahmen auf eine Reihe von Schwierigkeiten.

1447. Die Festsetzung von Emissionsnormen wie Immissionsstandards orientiert sich bisher an bekannten Schadstoffbelastungen und bekannten Schadwirkungen. Die Vergangenheit hat aber gezeigt, daß Belastungen zum Teil überraschend auftreten, daß synergistische Effekte selten einkalkuliert werden, daß die Kenntnisse des Ablaufs ökologischer Schädigungen nicht ausreichen. Eine Orientierung der rechtlichen Normen an den bekannten Schadwirkungen läuft aber Gefahr, nur den gegenwärtig faßbaren ökologischen Schädigungen und Gefahren zu begegnen, ohne daß dabei das wirkliche Ausmaß des objektiv vorhandenen ökologischen Risikos berücksichtigt wird.

1448. Steigende industrielle Produktionen führen zu steigendem Anfall von Abfällen und Abwasser, die letztlich eine steigende Belastung der Nordsee zur Folge haben. Demgegenüber wirken Genehmigungsvorbehalte aus sich heraus noch nicht auf eine Begrenzung der Schadstoffbelastung hin; Emissionsnormen sichern nur eine relative Verminderung der Schadstoffbelastung, schließen aber eine absolute Steigerung des ökologischen Risikos nicht aus.

1449. Die Anwendung von Emissionsnormen bei Stoffen der Schwarzen Liste (Kap. 10.2.2.1.1) stößt insbesondere in Großbritannien auf strikte Ablehnung. Werden jedoch Emissionsnormen nur bei einigen Nordseeanrainerstaaten praktiziert, treten Wettbewerbsverzerrungen auf. Dies führt zu weiteren Verzögerungen und Erschwernissen der internationalen Willensbildung, die das Wirksamwerden des vorhandenen rechtlichen Instrumentariums schon im Stadium der Ausfüllung in Frage stellt. Erst recht ist in der Folge mit Vollzugsdefiziten zu rechnen.

1450. Wo das Vorsorgeprinzip als Rechtsprinzip mit konkreten Pflichten ausgefüllt und praktisch vollziehbar gemacht ist, wird seiner Anwendung im Einzelfall immer häufiger der Grundsatz der Verhältnismäßigkeit entgegengehalten. Dadurch wird die Absicht, schon das Entstehen ökologischer Gefahrenquellen abzufangen, relativiert und auf lange Sicht aufgehoben. Die Durchsetzung von vorsorgebedingten Emissionsnormen braucht zwar nicht schlechthin auszuschließen, daß der mit bestimmten Maßnahmen erreichbare Nutzen für das allgemeine Wohl zu den Kosten in Beziehung gesetzt wird, die der Verursacher aufzubringen hat. Dabei darf aber der Nutzen für das allgemeine Wohl nicht nur daran gemessen werden, ob im näheren Umkreis des Einleitens oder Einbringens der Schadstofffrachten meßbare Veränderungen der Umwelt festgestellt werden können. Dieser Fehler wird indes immer wieder bei der Bewertung sowohl des Stoffeintrags vom Lande aus als auch der Abfallbeseitigung auf See gemacht. Entsprechendes gilt für die Verharmlosung der Folgen von Ölverschmutzungen. Vielmehr muß es umgekehrt um den Nachweis gehen, daß die Verschmutzung keine weiträumige Schadwirkungen zur Folge haben kann; dieser Nachweis ist in der Regel nicht zu führen. Ferner dürfen nicht nur die gegenwärtig bekannten oder meßbaren Belastungen und

Schadwirkungen in Rechnung gestellt werden, vielmehr sind auch ökologische Risiken mit einer gewissen Eintrittswahrscheinlichkeit auszuschließen. Außerdem ist durch weltweite Erfahrung belegt, daß sich die Umweltbelastungen nur dann wirksam reduzieren lassen, wenn möglichst alle Verursacher den gleichen Mindestanforderungen unterworfen werden. Wo dies der Fall ist, können Emissionsnormen im Einzelfall auch dann durchgesetzt werden, wenn eine konkrete Schädigung nicht zu erwarten ist, ohne daß dadurch der Grundsatz der Verhältnismäßigkeit verletzt würde.

11.5 Rechtliche Situation und Empfehlungen

1451. Das Vorsorgeprinzip ist, wie bereits dargelegt, für die Nordseeanrainer in weitem Maße bindendes Recht geworden. Der beachtlichen Regelungsdichte stehen aber weiterhin

– ein Ratifizierungsdefizit,

– ein Ausfüllungsdefizit,

– ein Überwachungsdefizit,

– ein Durchsetzungs- und Sanktionsdefizit gegenüber.

Einige wichtige Verträge sind noch nicht ratifiziert worden oder noch nicht in Kraft. Die Ausfüllung durch Festsetzung von Grenzwerten für Schadstoffe oder durch Umsetzung in nationales Recht steht weithin noch aus. Vielfach sind die Strafen unzureichend, wie auch die Überwachungsmöglichkeiten nach wie vor unzulänglich sind.

1452. Das internationale Übereinkommen zur Verhütung der Meeresverschmutzung vom Land aus (Pariser Konvention von 1974, Kap. 10.2.2.1.1) kann als geeignetes Instrument zum Schutz der Nordsee betrachtet werden. Die Ratifikation durch alle Unterzeichnerstaaten, auch durch die Bundesrepublik Deutschland, sollte so schnell wie möglich sichergestellt werden. Die Durchführung des Übereinkommens erfolgt allerdings schleppend. Die Aufstellung eines im Abkommen vorgesehenen Meßprogramms sollte daher beschleunigt werden. Ferner erscheint es notwendig, eine rasche Einigung über die wichtigsten Schadstoffe der Schwarzen Listen (Kap. 10.2.2.1.1) herbeizuführen. Dabei sollte der Versuch unternommen werden, die für den Vollzug der EG-Richtlinien oder des Chemieabkommens für den Rhein (Kap. 10.2.2.1.4) jeweils vereinbarten Emissionsgrenzwerte auch der Willensbildung in der zuständigen Kommission zugrundezulegen.

1453. Die EG-Richtlinien betreffend die Verschmutzung infolge der Ableitung gefährlicher Stoffe in die Gewässer der Gemeinschaft (Kap. 10.2.2.1.3) verstehen sich selbst auch als Instrument zur Verhütung der Meeresverschmutzung vom Lande aus; sie wirken in die gleiche Richtung wie die Pariser Konvention. Auch die weitere Entwicklung der

Grundrichtlinie vom 4. Mai 1976 (ENV 131, Kap. 10.2.2.1.3) verläuft schleppender, als dies dem Schutz der Nordsee dienlich ist. Der Schutz der Nordsee vor Stoffen der Schwarzen Liste wird vielmehr nur in dem Maße effektiv, in dem sogenannte Folgerichtlinien betreffend die Grenzwerte für die Ableitungen bestimmter Schadstoffe in die Gewässer verabschiedet werden können. Bisher sind nur Richtlinien für Einleitungen von Aldrin, Dieldrin und Endrin sowie von Quecksilber durch den Sektor Alkalichloridelektrolyse verabschiedungsreif (Kap. 10.2.2.2.1.3).

An einer Folgerichtlinie für Quecksilber aus anderen Quellen und für Cadmium wird gearbeitet. Es erscheint dem Rat generell zweifelhaft, ob die Prioritäten bei der Stoffliste wirklich stets danach gesetzt werden, welche Schadstoffe die Nordsee am stärksten bedrohen. Vielmehr wird offensichtlich in den Vordergrund gerückt, über welche Schadstoffe am leichtesten eine Einigung erzielt werden kann. Die Festsetzung von Grenzwerten für Organohalogenverbindungen und die wichtigsten Schwermetalle ist dringlich.

1454. Es ist noch nicht erkennbar, was die Kommission der EG unter Sanierungsprogrammen zur Verringerung von Ableitungen von Schadstoffen der sogenannten Grauen Liste (Kap. 10.2.2.1.3) versteht. Die in der Grundrichtlinie festgelegten Fristen für die Aufstellung nationaler Sanierungsprogramme, für ihre Gegenüberstellung durch die Kommission und für Maßnahmen zu ihrer Harmonisierung scheinen völlig in Vergessenheit geraten zu sein. Auch ein Austausch über Ergebnisse der von den nationalen Behörden durchgeführten Überwachungen der Meeresqualität steht noch aus.

1455. Das Übereinkommen zum Schutz des Rheins gegen die chemische Verunreinigung (Kap. 10.2.2.1.4), das die Rheinanliegerstaaten bei der Inanspruchnahme des Rheins zur Fortleitung von Ableitungen aus der chemischen Industrie bindet, kann ebenfalls als ein Mittel zur Verwirklichung der Ziele des Pariser Abkommens verstanden werden. Die Willensbildung in der Rheinschutzkommission verläuft allerdings nicht so zügig, wie dies zum Schutz der Meeresumwelt notwendig erscheint. Insbesondere ist das Verfahren zur Festsetzung von Grenzwerten für Ableitungen von Stoffen der Schwarzen Liste in den Rhein nicht zügiger als auf EG-Ebene.

1456. Die Umsetzung der Dumping-Abkommen von Oslo und London ist durch das Bundesgesetz zur Verhütung der Meeresverschmutzung durch das Einbringen von Abfällen durch Schiffe und Luftfahrzeuge vom 11. 2. 1977 gewährleistet. Schwierigkeiten bereitet aber nach wie vor die Entscheidung, wann eine Beseitigung von Abfall an Land möglich ist und wann die Genehmigung zum Verklappen in Erwägung gezogen werden kann. Das Vorsorgeprinzip verlangt grundsätzlich eine Vermeidung des Abfalls oder eine Behandlung dort, wo er auch in seinen Folgewirkungen kontrollierbar ist. Das bedeutet im Zweifelsfall eine Problemlösung an Land. Die Über-

einkommen entsprechen dem weitgehend: In beiden Übereinkommen bildet die Zulassung einer Verklappung einen Ausnahmefall; für den deutschen Bereich gilt sogar der strikte Vorrang der Abfallbeseitigung an Land.

1457. Der Rat sieht mit Sorge, daß beim Verklappungsproblem die Zwänge zunehmen. Einerseits wachsen die Schwierigkeiten bei der Abfallbeseitigung an Land. Andererseits könnte von der Abwasserabgabe ein Anreiz ausgehen, die abgaberechtlichen Belastungen durch ein Ausweichen auf die abgabenfreie Verklappung zu unterlaufen. In dieser Situation trägt die Genehmigungsbehörde eine große Verantwortung für den Schutz der Nordsee.

1458. Ferner besteht eine immer bedeutsamer werdende Lücke beim Schutz der Nordsee: der grenzüberschreitende Transport von Abfällen in Länder mit großzügiger Genehmigungspraxis unterliegt keiner Kontrolle. Der Rat schlägt vor, eine Genehmigungspflicht einzuführen.

1459. Der Rat geht davon aus, daß in der Nordsee das Verbot der Versenkung radioaktiver Stoffe eingehalten wird.

1460. Der Rat zweifelt, ob eine einheitliche, strenge Genehmigungspraxis der Nordseeanrainerstaaten ohne eine supranationale Regelung sichergestellt werden kann. Er regt daher an, die Arbeiten an einer EG-Richtlinie über die Versenkung von Abfällen ins Meer wieder aufzunehmen.

1461. Besondere Aufmerksamkeit hat in letzter Zeit die Einbringung von sog. Dünnsäure aus der chemischen Produktion in die Nordsee gefunden. Der Rat weist darauf hin, daß entgegen der in der Öffentlichkeit vielfach herrschenden Vorstellung die Einbringung der Dünnsäure selbst keine wesentlichen Beeinträchtigungen der Meeresökologie mit sich bringt. Für die Beurteilung der Schädlichkeit sind die in der Dünnsäure als Beimengung jeweils enthaltenen Schadstoffe von Bedeutung.

1462. Bedeutung hat das Verklappen von Abfällen aus der Titandioxidproduktion (Kap. 4.6) in die Nordsee. Das innerhalb der Europäischen Gemeinschaft zunächst angestrebte Ziel, die Gesamteinleitungen bis 1985 um 95% zu reduzieren, ist vor allem am Widerstand der Bundesrepublik Deutschland und Großbritanniens gescheitert. Die EG-Richtlinie vom 25. 2. 78 (Kap. 10.2.2.2.6) beschreitet den Weg, das Genehmigungsverfahren für das Verklappen zu verschärfen und außerdem langfristig Programme zur Verringerung des Eintrags einzuleiten. Im Genehmigungsverfahren setzt der Schutz der Organismen im Verklappungsgebiet aber erst bei dem Nachweis ein, daß mit einer erheblichen Schädigung gerechnet werden muß. Ausreichende wissenschaftliche Erkenntnisse für Schädigungen unterhalb dieser Schwelle sind noch nicht verfügbar. Bis spätestens zum 1. 7. 1980 waren der Kommission nationale Programme zur Verringerung des Abfallanfalles vorzulegen.

1463. Zum Vorsorgeprinzip gehört auch die Anwendung der technisch bestmöglichen Sicherheitsmaßnahmen bei Seeschiffen. Das internationale Übereinkommen zum Schutz des menschlichen Lebens auf See in der Fassung von SOLAS 1974 und die Ergänzung im Protokoll von 1978 (Kap. 10.2.2.3.1.2) bringen die Vorschriften über die Sicherheit von Seeschiffen auf einen modernen, im wesentlichen zufriedenstellenden Stand.

1464. Die Betriebssicherheit in bezug auf Öl- und Chemikalientransporte sowie Schiffsabfälle und -abwässer wird durch das internationale Übereinkommen zur Verhütung der Meeresverschmutzung durch Schiffe von 1973 (MARPOL, Kap. 10.2.2.3.2.2) und das Protokoll von 1978 wesentlich erhöht. Würden diese Vorschriften heute schon weltweit beachtet, könnte die Meeresumwelt als wesentlich besser geschützt angesehen werden. Aber MARPOL 1973 ist auch in der reduzierten Fassung des Protokolls von 1978 völkerrechtlich noch nicht in Kraft getreten. Auch die Bundesrepublik Deutschland hat es noch nicht ratifiziert. Obwohl die Europäische Gemeinschaft ihren Mitgliedsstaaten mit der Empfehlung vom 26. 6. 1978 die Ratifizierung nahegelegt hatte, ist bisher kein Mitgliedsstaat dieser Anregung gefolgt.

1465. Größte Sorge bereitet das Regelungsdefizit für Chemikalientransporte, das durch MARPOL 1973 geschlossen werden sollte und mit der Ausklammerung der betreffenden Regeln durch das Protokoll 1978 in eine ungewisse Zukunft hinein fortgeschleppt wird. Zur Zeit bilden diese Regeln wieder die Arbeitsgrundlage für Beratungen in einer Arbeitsgruppe der IMCO. Dort bewegt man sich aber noch im Vorfeld von Verhandlungen, weil zunächst Informationen über die Transporte von Chemikalien unter dem Gesichtspunkt der unterschiedlichen Stoffgefährlichkeit gesammelt werden. Es ist nicht abzusehen, wann mit einer weltweiten Einigung zu rechnen ist und ob ein vertretbares Niveau der Risikobeherrschung erreicht werden wird. Das Bewußtsein, daß Unfälle von Chemikalientransporten ungleich gefährlicher für die Meeresumwelt sein können als selbst die spektakulärsten Öltankerunfälle, ist noch nicht hinreichend verbreitet. Nur so erklärt sich die gerade auf diesem Gebiet nicht zu verantwortende Regelungslücke. Erste und einfache Schritte wären eine unmißverständliche Kennzeichnung der chemischen Güter im Transport, die vollständige Eintragung solcher Güter in die Papiere und eine Meldung beim Einlaufen in die EG-Gewässer.

1466. Soweit die Meeresverschmutzung durch Öl, Schiffsabfälle und -abwässer, insbesondere solche, die bei der Tankreinigung anfallen (Kap. 4.8), bedingt ist, wird sie durch ein Überwachungs- und Vollzugsdefizit gefördert. Mit der Übernahme der Überwachungsaufgaben im Nordseeraum durch den Bundesgrenzschutz dürfte eine Verbesserung zu erwarten sein. Die Überprüfung der Öltagebücher in den Häfen wird verschärft. Die Lotsenübernahme-

pflicht führt dazu, daß die Kontrollen bereits auf Hoher See einsetzen. Es wird erwogen, daß Tankschiffe verpflichtet werden, ihre Tankinhalte so zu kennzeichnen, daß eine Identifizierung eingeleiteter Ölabwässer sichergestellt ist. Es sei im übrigen nur darauf hingewiesen, daß auch für den illegalen Eintrag von Öl- oder Chemikalienabwässer weithin das Qualifikationsniveau der Besatzung von Schiffen bei manchen Billigflaggenländern entscheidend ist.

1467. Im nationalen Bereich muß die Höhe der Bußgelder drastisch erhöht werden. Unrichtige Angaben im Öltagebuch, die regelmäßig eine massive Meeresverschmutzung verschleiern, können nur mit einem Bußgeld von bis zu 10 000,– DM geahndet werden. Die Höhe der Bußgelder muß einen positiven Anreiz bieten, die in Brunsbüttel, Rotterdam und Lissabon vorhandenen Entsorgungsanlagen trotz der relativ hohen Entsorgungsentgelte in Anspruch zu nehmen.

1468. Das internationale Übereinkommen über die internationalen Regeln zur Verhütung von Zusammenstößen auf See von 1972 (Kap. 10.2.2.3.4.1) hat die Schiffsverkehrssicherheit wesentlich erhöht. Vor allem die Einführung von Verkehrstrennungsgebieten hat die Kollisionsgefahr merklich vermindert. Allerdings werden bestehende Vorschriften über Verkehrstrennungsgebiete bisher nicht hinreichend beachtet. Eine gezielte Überwachung gibt es z. Z. noch nicht überall. Bei überlasteten und besonders gefährlichen Seewasserstraßen ist eine landseitige Verkehrslenkung mittels Küstenradaranlagen und anderen Überwachungssystemen unerläßlich (entsprechende Möglichkeiten werden z. Z. für die Deutsche Bucht geprüft). Daneben sind dort Vorfahrtsregeln für Tanker und andere Schiffe mit gefährlichen Gütern einzuführen. Dieses gilt in besonderem Maße für den Englischen Kanal und die Straße von Dover, für die darüber hinaus ein im Versuchsstadium stehendes Schiffsmeldesystem verbindlich gemacht werden sollte.

1469. Die Verhütung von Tankerunfällen ist sicherlich eines der wichtigsten Anwendungsgebiete des Vorsorgeprinzips überhaupt. Der Rat verhehlt nicht, daß er hier immer noch eine beachtliche Lücke zwischen Norm und hoffentlich nicht eintretender Wirklichkeit sieht. Nach dem Schiffbruch des Tankers Amoco Cadiz hat die EG die wichtigsten Maßnahmen zum Schutz der Nordsee in die Hand genommen. Durch eine besondere Prüfliste für Tankschiffe wird sichergestellt, daß in Häfen der Mitgliedsstaaten der EG einlaufende Schiffe über ausreichende Sicherheitseinrichtungen und Zeugnisse verfügen. Eine Anmeldepflicht für Öltankschiffe, Gastankschiffe und Chemikalientankschiffe kommt hinzu. Die EG-Richtlinie vom 21. 12. 1978 (Kap. 10.2.2.3.4.4) regelt Grundfragen einer Seelotsenannahmepflicht für bestimmte Schiffe auf bestimmten Fahrtstrecken. Die küstennahen Schiffahrtsstraßen werden für größere Schiffe oder Schiffe mit gefährlicher Ladung gesperrt. Die Schiffahrtsstraße wird auf Kanalmitte verlegt.

Außerdem sollte daran gedacht werden, eine Verpflichtung einzuführen, Wetterberatung in Anspruch zu nehmen.

1470. Abwehr- und Rettungsmaßnahmen des Küstenstaates gegenüber einer Verschmutzung der See nach Schiffsunglücken sind durch das internationale Übereinkommen über Maßnahmen auf Hoher See bei Ölverschmutzungsunfällen von 1969 und das Protokoll von 1973 für Unfälle mit anderen Stoffen hinreichend geregelt (Kap. 10.2.2.4.1 und 10.2.2.4.2). Die Umsetzung in den Küsten- und Hafenstaaten kann aber noch nicht als zufriedenstellend bezeichnet werden. Das gilt auch für die Bundesrepublik Deutschland.

1471. Das Verwaltungsabkommen zwischen dem Bund und den Küstenländern über die Bekämpfung von Ölverschmutzungen von 1975 (Kap. 6.4.1 und 10.2.2.4.5) hat zwar eine Ölunfallmeldeorganisation (Zentraler Meldekopf) und eine Ölbekämpfungsorganisation (Einsatzleitungsgruppe) geschaffen; die Durchführung wirksamer Einsatzmaßnahmen erscheint aber noch nicht gewährleistet. Der Ölunfallausschuß See/Küste, der aus Vertretern des Bundes und der Küstenländer zusammengesetzt ist (Kap. 6.4.1), hat technische Vorschläge zur Bekämpfung von Ölverunreinigungen im See- und Küstengebiet erarbeitet. Aufgrund jährlicher Beschaffungspläne wird die bereitzuhaltende Ausrüstung an Schiffen und Sachgütern vervollständigt. Eine reibungslose Zusammenarbeit zwischen den Einsatzkräften des Bundes und denen der Küstenländer ist aber noch nicht für alle Fälle sichergestellt; das gilt auch für die technische Hilfeleistung durch die Bundeswehr. Grundsätzlich sollte bei allen Ölbekämpfungsmaßnahmen den physikalischen Methoden der Vorrang vor dem Chemikalieneinsatz gegeben werden (Kap. 6.4.2).

1472. Eine internationale Zusammenarbeit bei der Bekämpfung von Ölverschmutzungen der Nordsee wird durch das sogenannte Bonn-Abkommen von 1969 (Kap. 10.2.2.4.4) geregelt. Darin verpflichten sich acht Nordseeanrainerstaaten zum Informationsaustausch über Unfälle und Bekämpfungsmaßnahmen und zur gegenseitigen Hilfe. Der Erfahrungsaustausch umfaßt auch die Aufstellung und Abstimmung der jeweiligen nationalen Einsatzpläne. Allerdings vermißt der Rat Regelungen zur schnellen Bergung havarierter Tanker, die wegen der oft langwierigen Bergungsverhandlungen (s. Amoco Cadiz) unzumutbar verzögert werden kann.

Ansätze für eine internationale Überwachung der Einhaltung von Sicherheitsvorschriften beim Abbau von Bodenschätzen im Meer mit mobilen Bohrplattformen, Förderplattformen und Pipelines sind noch nicht erkennbar. Auf lange Sicht könnte es sich aber herausstellen, daß eine küstenstaatliche Kontrolle der Off-shore-Technik allein nicht ausreicht, um die Nordsee zu schützen.

1473. Die Vorschläge, die auf der 3. Seerechtskonferenz der Vereinten Nationen (Kap. 10.2.2.3.3.4)

erörtert worden sind, zielen darauf ab, die Regelungs- und Kontrollbefugnisse der Küsten- und Hafenstaaten zu verstärken. Unter dem Gesichtspunkt, die Nordsee künftig besser als bisher vor Gefährdungen durch die Schiffahrt schützen zu können, ist die Verstärkung der Kontrollbefugnisse der Küsten- und Hafenstaaten in der Wirtschaftszone (Kap. 10.2.1) zu begrüßen. Der Rat unterstützt die Bemühungen der Bundesregierung, diese Bestrebungen auf der 3. Seerechtskonferenz durchzusetzen.

11.6. Empfehlungen zur Überwachung

1474. Der Rat empfiehlt mit Nachdruck die Bildung eines Umweltüberwachungssystem Nordsee (Kap. 10.3), das unter Einbeziehung der vielen schon bestehenden Meßstellen und Meßstellennetze gebildet werden sollte, aber umfassender sein muß. Rechtliche Grundlagen für Emissions- wie für Immissionsmessungen sind vorhanden; viele Institutionen sind bereits tätig (Kap. 10.3.1.2).

1475. Am weitesten fortgeschritten ist im deutschen Bereich das Vorhaben „Gewässergütemessung in den Ästuarien und Küstengewässern der Bundesrepublik Deutschland – Gemeinsames Bund/Länder-Meßprogramm für die Nordsee" (Kap. 10.3.1.2.3). Der Rat begrüßt diese Initiative und empfiehlt die baldige Verwirklichung dieses Programms. Ein Umweltüberwachungssystem Nordsee muß nach Auffassung des Rates breiter angelegt werden und bestimmte zusätzliche biologische, chemische und physikalische Parameter (Kap. 10.3.2.2) innerhalb des Großökosystems Nordsee umfassen. Dabei sind langjährige Beobachtungs- und Meßreihen von besonderer Bedeutung, da durch die chronische Einwirkung niedriger Schadstoffkonzentrationen eine Schädigung der Meeresorganismen erst nach längeren Zeiträumen sichtbar wird. Während die bisherigen Meßprogramme vorwiegend immissionsorientiert sind, schlägt der Rat als wesentliche Ergänzung die Aufstellung eines Emissionskatasters vor.

1476. Von den Anforderungen an ein Überwachungssystem möchte der Rat zwei hervorheben:

– die langfristig angelegte Wiederholung der Messungen und

– die regelmäßige und übersichtliche Veröffentlichung der Meß- und Untersuchungsergebnisse.

Eine Verwirklichung dieses Programms ist ohne eine zentrale, wirksame Koordinierung nicht möglich. Der Rat erachtet deshalb die Einrichtung eines ständigen Koordinierungsausschusses (Kap. 10.3.3.2.2) für notwendig. In diesem sollten alle für die Aufgabe maßgeblichen Stellen (Bundes- und Länderbehörden, Forschungsinstitute) die erforderlichen Absprachen herbeiführen, z. B. über arbeitsteilige Meßprogramme, Meßnetze und Meßzeiten, Verfahren der Probenahme, Probenkonservierung und Probenaufbereitung (Interkalibrierung), Erarbeitung eines Probenidentifizierungs- oder -dokumentationssystems sowie über Meßparameter und Meßverfahren.

Eine wichtige Aufgabe dieses Gremiums wäre die Erarbeitung der Grundlagen für das Emissionskataster (Kap. 10.3.3.2.1). Der Koordinierungsausschuß sollte auch dafür Sorge tragen, daß zur Speicherung der Meß- und Beobachtungsergebnisse ein „Archiv- und Buchhaltungssystem" (Kap. 10.3.3.2.1) eingerichtet wird.

1477. Ein besonderes Problem besteht darin, daß die Kenntnisse über den Stoffeintrag aus der Atmosphäre (Kap. 4.7) in die Nordsee lückenhaft sind. Sie sollten durch ein gezieltes Meßprogramm an der Küste und über dem Meer vermehrt und vervollständigt werden. Die relevanten Stoffgruppen sind in den vielen Abkommen und Gesetzen genügend beschrieben, doch müssen zur Absicherung und Nachprüfung der bisher berechneten Eintragswerte noch umfangreichere Erhebungen und Messungen durchgeführt werden. Für Berechnungen bieten sich auch landseitige, aus Luft-Emissionskatastern gewonnene Werte an. Parallel und ergänzend zu den Überwachungsaufgaben sind Forschungsvorhaben über Schadstoffwirkung auf die verschiedenen Organismen des Ökosystems Nordsee nötig, ferner eingehende Untersuchungen der langfristigen natürlichen Populationsschwankungen.

1478. Der Erfolg eines Umweltüberwachungssystems Nordsee hängt entscheidend von der internationalen Koordinierung der Meßprogramme der Anrainerstaaten ab. Der Rat regt an, daß der vorgeschlagene Koordinierungsausschuß im Rahmen der Joint Monitoring Group oder der EG für die Bundesrepublik Deutschland koordinierend auftritt.

11.7 Fischereipolitik

1479. Im Bereich der Fischereipolitik (Kap. 7.4) ist zwischen kurzfristigen Maßnahmen und längerfristig angelegten Programmen zu unterscheiden. Kurzfristig ist zur Erhaltung der Bestände wichtiger, für den menschlichen Konsum nutzbarer Fischbestände eine verbindliche Einigung auf Höchstfangmengen sowie die Aufteilung dieser Total Allowable Catches in nationale Quoten sicherzustellen. Hierbei handelt es sich vornehmlich um ein Problem der politischen Willensbildung in den Organen der Europäischen Gemeinschaft. Bislang ist eine Lösung nicht zuletzt deshalb gescheitert, weil innergemeinschaftliche Konflikte, wie die Beitragsfrage, mit den Fischereiproblemen verbunden wurden. In seiner Sitzung von Ende Mai 1980 hat der Ministerrat der Europäischen Gemeinschaft nunmehr beschlossen, noch im Laufe von 1980 die Fischereifrage auf der Grundlage des gleichberechtigten Zugangs der Mitgliedsstaaten zum „EG-Meer" zu regeln. Da es sich bei der Erhaltung der Fischbestände aus ökologischen Gründen um einen Gegenstand von hoher Dringlichkeit handelt, sollte diese Absichtserklärung nun möglichst rasch verwirklicht werden. Die Höhe der Fangquoten sollte dabei an fischereibiologischen und nicht an kurzfristigen politischen Kriterien ausgerichtet sein. Sind nationale Quoten verbindlich zugeteilt, so ist durch geeignete Maßnahmen die Einhaltung dieser Quoten unbedingt zu gewährleisten; bereits einzelne Übertretungen der zugelassenen Fangmengen können die Motivation aller Beteiligten zur Einhaltung der Quotenregelung mindern.

Für eine längerfristige Fischereipolitik fehlen derzeit noch wichtige wissenschaftliche Grundlagen. Im Mittelpunkt zukünftiger Forschungsarbeit auf diesem Gebiet sollten die sekundären Wirkungen anthropogener Eingriffe auf Fischbestände stehen, um die Kenntnisse über die zwischenartlichen Beziehungen zu vervollständigen. Im übrigen empfiehlt der Rat zu prüfen, inwieweit ökonomische Steuerungsinstrumente im Bereich der Fischereipolitik angewendet werden können.

1480. Da die Belastung des Individuums nicht nur von den Schadstoffgehalten der Meerestiere sondern auch von Menge und Häufigkeit des Konsums abhängt, müssen die einschlägigen Ernährungsgewohnheiten vorrangig ermittelt werden. Der Rat empfiehlt eine wirksame Begrenzung der Konzentrationen insbesondere von Arsen, Cadmium und PCB, wobei darauf zu achten ist, daß nicht nur die Spitzenbelastungen sondern auch die durchschnittliche laufende Aufnahme zu reduzieren sind.

11.8 Situation des Küstenraums und Empfehlungen

Industrieansiedlung

1481. Das Vorsorgeprinzip impliziert auch eine größere Zurückhaltung bei der industriellen Nutzung des Küstenraumes (Kap. 3), die ökologisch wegen des Flächenverbrauchs, der Emissionen in Luft und Wasser und der Belastungen durch den Folgeverkehr bedenklich ist. Die Forderung nach zurückhaltender Industrialisierung widerspricht jedoch den regionalpolitischen Entwicklungsstrategien, die über die Schaffung industrieller Arbeitsplätze die überdurchschnittliche Arbeitslosigkeit in vielen Küstenarbeitsmarktregionen und das Attraktionsgefälle im Arbeitsplatzangebot abbauen wollen, um eine passive Sanierung zu verhindern.

1482. Angesichts dieser Probleme fordert der Rat die politischen Entscheidungsträger auf, in die raumplanerische Abwägung zwischen industrieller Nutzung und ökologischer Belastung erneut einzutreten und hierbei zu berücksichtigen, daß das industrielle Nutzungspotential großer Teile der deutschen Nordseeküste aufgrund der immer noch vorherrschenden Siedlungsstruktur sowie der peripheren Lage geringer ist als vielfach angenommen wird; außerdem sind vorzugsweise solche Vorhaben zu verzeichnen, die nur geringe Beschäftigungseffekte aufweisen, sich aber gleichzeitig als flächenbeanspruchend und umweltbelastend darstellen. Angesichts dieser Lage sprechen viele Gründe dafür, die Industrialisierung auf ausgewählte Schwerpunkte zu beschränken und ansonsten der nicht industriellen Nutzung des Raumes einen Vorrang einzuräumen, soweit sich nicht aus der Verarbeitung von Produkten aus Landwirtschaft und Fischerei besondere Standortvorteile ergeben.

1483. Der ansonsten in Küstenregionen durchschlagende Standortvorteil der Lage am seeschifftiefen Wasser (Kap. 3.4.5) kommt hier aufgrund der Teilung Deutschlands und des sektoralen Strukturwandels nur noch unterdurchschnittlich zur Entfaltung. Ein Standortvorteil, der bisher im Hinblick auf geringere Gewässerschutzanforderungen erwartet worden sein mag, darf angesichts der besonderen Empfindlichkeit der Ästuarien und des Watts in Zukunft nicht mehr gelten.

1484. Möglicherweise ergibt sich aus der verstärkten Nutzung der Kohle zur Verstromung und später auch zur Veredelung eine Änderung des industriellen Nutzungspotentials der deutschen Nordseeküste. Sollte ein verstärkter Kohleimport über die Häfen der deutschen Nordseeküste und die Verwertung am Hafenstandort ins Blickfeld rücken, dann müssen ökologische Gesichtspunkte bei der Planung und bei der Emissionsminderung berücksichtigt werden.

1485. Die großen industriellen Anlagen belasten die empfindliche Küste in jeder Hinsicht, sie beeinträchtigen auch andere Nutzungen wie den Fremdenverkehr. Dem stehen nachweislich nur recht beschränkte Beschäftigungseffekte gegenüber. Daher empfiehlt der Rat, bei Abwägung vor der Ansiedlung neuer Großindustrien die ökologischen Argumente stärker zu gewichten und die ökonomischen Argumente schärfer auf ihre Tragfähigkeit hin zu prüfen.

Angesichts des begrenzten Neuansiedlungspotentials in der Bundesrepublik Deutschland ist zu prüfen, inwieweit nicht die Unterstützung heimischer Klein- und Mittelbetriebe eher geeignet ist, den Konflikt zwischen flächenbeanspruchender Arbeitsplatzbeschaffung und Umweltsicherung zu verringern.

1486. Gleichzeitig warnt der Rat vor einer weiteren Vertiefung der Fahrrinnen bzw. dem Neubau von Tiefwasserhäfen (Kap. 3.2.1), da die absehbare Entwicklung der Schiffsgrößen keine hinreichende Begründung für derartige ökologisch nachteilige Projekte bietet.

Deichbaumaßnahmen

1487. Die Maßnahmen des Küstenschutzes haben lange Zeit zugleich der Landgewinnung gegolten. Hierzu besteht unter den gegenwärtigen agrarpolitischen Bedingungen kein Anlaß mehr (Kap. 8.1.4.6). Der technische Küstenschutz sollte sich daher von Eindeichungsmaßnahmen abwenden, die eine Vernichtung großer Flächen hohen Schlickwatts und von Salzwiesen bedeuten (Kap. 8.1.3 und 8.1.4). Er müßte sich vielmehr auf Deichverstärkungen beschränken und bestehende Planungen für großflächige Vordeichungen rückgängig machen. Der Rat gibt diese Empfehlungen besonders nachdrücklich und weist in diesem Zusammenhang daraufhin, daß „Ausgleichsmaßnahmen" nach dem Bundesnaturschutzgesetz, die die Folgen ökologischer Eingriffe ausgleichen sollen, in den meisten Fällen überhaupt nicht möglich sind. Für die hier betroffenen spezialisierten Ökosysteme gibt es nämlich keine Ersatzstandorte, die sich in absehbarer Zeit schaffen ließen (Kap. 8.1.5). Die häufig angebotenen „Ersatzbiotope", die nach der Eindeichung binnendeichs als Salzwiesenbiotope angelegt werden sollen, spielen für den ökologischen Ausgleich zerstörter Vorlandflächen keine wesentliche Rolle, da nur ein kleiner Teil der für diesen Lebensraum typischen Arten auf längere Zeit in Salzwiesenbiotopen ohne Tideeinfluß existieren kann (Kap. 8.1.5). Gegen eine Eindeichung von Wattflächen spricht insbesondere, daß eine größere Anzahl von Arten auf Ökosysteme des Wattenmeeres angewiesen ist (Kap. 8.1.4.4). Ihr Überleben kann daher nur durch Erhaltung dieses Lebensraumes gesichert werden.

1488. Die instrumentellen Möglichkeiten für diese Maßnahmen sind im Rahmen der Gemeinschaftsaufgabe zur Verbesserung der Agrarstruktur und des Küstenschutzes durchaus gegeben. Der Bund sollte darauf hinwirken, daß bei der Ausrichtung der Förderung Gesichtspunkte des Naturschutzes und der Landschaftspflege stärker berücksichtigt werden. An die Stelle von Vordeichungen können Deichverstärkungen und ökotechnologischer Küstenschutz treten.

1489. Der Rat sieht mit Bedauern auf dänischer Seite den Beginn der Eindeichungsmaßnahmen im dänisch-deutschen Projekt Rodenäs-Vorland, zu einer Zeit, in der in der Bundesrepublik Deutschland noch das Planfeststellungsverfahren läuft. Es sollte auch in dieser Situation noch versucht werden, das Projekt im Sinne des Naturschutzes bei Gewährleistung der berechtigten Anliegen des Menschenschutzes zu modifizieren.

1490. Zahlreiche Pflanzen- und Tierarten des Wattenmeers sind schützenswert: Ihr Schutz muß in Zukunft vor allem durch die Erhaltung der Vielfalt der betroffenen Ökosysteme erreicht werden. Größere Teile des Watts und sämtliche bereits eingedeichten Flächen, soweit sie nicht bereits kultiviert sind, sind für den Naturschutz zur Verfügung zu stellen.

Fremdenverkehr

1491. Die Aufnahmefähigkeit des Insel- und Küstenbereichs der Nordsee ist im Hinblick auf den Fremdenverkehr begrenzt (Kap. 8.3.2). Nicht nur die ökologische Belastung sondern auch die für den Fremdenverkehr erforderlichen baulichen Maßnahmen, die den notwendigen Reiz der Landschaft zerstören, sind hierfür verantwortlich. Eine landespflegerische Vorsorgepolitik und Steuerung des Wachstums des Fremdenverkehrs sind unerläßlich. Der Rat empfiehlt dazu Analysen zur Ermittlung der Beherbergungs-, Freiraum- und ökologischen Kapazität, damit auf dieser Grundlage umweltschonende Entwicklungskonzepte erstellt werden können.

Der Watten-Insel-Raum sollte vorrangig den Funktionen „naturnahe Erholung" und „Naturschutz" zugewiesen werden, um so den für die Erholung notwendigen ökologisch wertvollen Raum zu sichern. Überdies ist der Rat der Auffassung, daß dort, wo regionale Nutzungskonflikte einen Vorrang des Umweltschutzes unvermeidlich machen, eine Politik der Wachstumsbegrenzung belastender Faktoren bewußt angestrebt werden sollte.

Naturschutz

1492. Das Watten-Insel-System ist einer der wenigen großen naturnahen Landschaftsräume Europas und nach Naturausstattung und Ausdehnung einmalig (Kap. 2.3). Die Watten der deutschen Nordseeküste bilden mit den niederländischen und dänischen Watten eine ökologische Einheit. Für dieses Gebiet sieht der Rat vier Funktionen als vorrangig an: Naturschutz, Küstenschutz, Fischerei, Erholung. Aus ökologischen wie aus räumlichen Gründen sind diese Nutzungsmöglichkeiten begrenzt. Sie stehen untereinander sowie mit Jagd und Landwirtschaft und den industriellen und militärischen Nutzungen in Konflikt.

1493. Bei einer Anerkennung der oben genannten vier Vorrangfunktionen ergibt sich die Notwendigkeit eines differenzierten Nutzungs- und Schutzkonzeptes. Der Rat schlägt deshalb eine Gliederung in Zonen unterschiedlicher Schutz- und Nutzungsintensität vor (Kap. 9.4.2), wie sie u.a. für Natur- und Nationalparks in der Bundesrepublik Deutschland und in Österreich entwickelt und angewendet werden. Ein solches Schutzkonzept müßte vier Zonen umfassen: a) Zonen mit Vollnaturschutz und Verzicht auf wirtschaftliche Nutzung, b) Zonen mit Teilnaturschutz und Zulassung einiger weniger Nutzungen, c) Landschaftsschutzgebiete und d) Zonen mit allen sonst rechtlich zulässigen Nutzungsmöglichkeiten.

1494. Diese Maßnahmen eines differenzierten Flächenschutzes für Inseln, Wattenmeer und Küste müssen durch Maßnahmenbündel zur Minderung von Beeinträchtigungen infolge von Nutzungskonflikten ergänzt werden. Diese Regelungen und Einschränkungen betreffen

– den Verkehr von Sportbooten und Angelsportfahrzeugen,

– den Flugverkehr von und zu den Inseln, die Sportfliegerei und militärische Flugübungen,

– großflächige Sand- und Kiesgewinnung, Gas- und Ölexploration,

– die Begrenzung des Besucherverkehrs im Dünengürtel und auf Salzwiesen,

– die Wattenjagd.

Anhang

ERGÄNZENDE MATERIALIEN

Erlaß
über die Einrichtung eines Rates von Sachverständigen für Umweltfragen
bei dem Bundesminister des Innern
vom 28. Dezember 1971
(BMBl. 1972, Nr. 3, Seite 27)

§ 1

Zur periodischen Begutachtung der Umweltsituation und der Umweltbedingungen in der Bundesrepublik Deutschland und zur Erleichterung der Urteilsbildung bei allen umweltpolitisch verantwortlichen Instanzen sowie in der Öffentlichkeit wird im Einvernehmen mit den im Kabinettausschuß für Umweltfragen vertretenen Bundesministern ein Rat von Sachverständigen für Umweltfragen gebildet.

§ 2

(1) Der Rat von Sachverständigen für Umweltfragen soll die jeweilige Situation der Umwelt und deren Entwicklungstendenzen darstellen sowie Fehlentwicklungen und Möglichkeiten zu deren Vermeidung oder zu deren Beseitigung aufzeigen.

(2) Der Bundesminister des Innern kann im Einvernehmen mit den im Kabinettausschuß für Umweltfragen vertretenen Bundesministern Gutachten zu bestimmten Themen erbitten.

§ 3

Der Rat von Sachverständigen für Umweltfragen ist nur an den durch diesen Erlaß begründeten Auftrag gebunden und in seiner Tätigkeit unabhängig.

§ 4

(1) Der Rat von Sachverständigen für Umweltfragen besteht aus 12 Mitgliedern.

(2) Die Mitglieder sollen die Hauptgebiete des Umweltschutzes repräsentieren.

(3) Die Mitglieder des Rates von Sachverständigen für Umweltfragen dürfen weder der Regierung oder einer gesetzgebenden Körperschaft des Bundes oder eines Landes noch dem öffentlichen Dienst des Bundes, eines Landes oder einer sonstigen juristischen Person des öffentlichen Rechts, es sei denn als Hochschullehrer oder als Mitarbeiter eines wissenschaftlichen Instituts angehören. Sie dürfen ferner nicht

Repräsentant eines Wirtschaftsverbandes oder einer Organisation der Arbeitgeber oder Arbeitnehmer sein oder zu diesen in einem ständigen Dienst- oder Geschäftsbesorgungsverhältnis stehen; sie dürfen auch nicht während des letzten Jahres vor der Berufung zum Mitglied des Rates von Sachverständigen für Umweltfragen eine derartige Stellung innegehabt haben.

§ 5

Die Mitglieder des Rates werden vom Bundesminister des Innern im Einvernehmen mit den im Kabinettausschuß für Umweltfragen vertretenen Bundesministern für die Dauer von drei Jahren berufen. Die Mitgliedschaft ist auf die Person bezogen. Wiederberufung ist höchstens zweimal möglich. Die Mitglieder können jederzeit schriftlich dem Bundesminister des Innern gegenüber ihr Ausscheiden aus dem Rat erklären.

§ 6

(1) Der Rat von Sachverständigen für Umweltfragen wählt in geheimer Wahl aus seiner Mitte für die Dauer von drei Jahren einen Vorsitzenden und einen stellvertretenden Vorsitzenden mit der Mehrheit der Mitglieder. Einmalige Wiederwahl ist möglich.

(2) Der Rat von Sachverständigen für Umweltfragen gibt sich eine Geschäftsordnung. Sie bedarf der Genehmigung des Bundesministers des Innern im Einvernehmen mit den im Kabinettausschuß für Umweltfragen vertretenen Bundesministern.

§ 7

(1) Der Vorsitzende beruft schriftlich den Rat zu Sitzungen ein; er teilt dabei die Tagesordnung mit. Den Wünschen der im Kabinettausschuß für Umweltfragen vertretenen Bundesminister auf Beratung bestimmter Themen ist Rechnung zu tragen.

(2) Auf Wunsch des Bundesministers des Innern hat der Vorsitzende den Rat einzuberufen.

(3) Die Beratungen sind nicht öffentlich.

§ 8

Der Rat von Sachverständigen für Umweltfragen kann im Einvernehmen mit dem Bundesminister des Innern zu einzelnen Beratungsthemen andere Sachverständige hinzuziehen.

§ 9

Die im Kabinettausschuß für Umweltfragen vertretenen Bundesminister sind von den Sitzungen des Rates und den Tagesordnungen zu unterrichten; sie und ihre Beauftragten können jederzeit an den Sitzungen des Rates teilnehmen. Auf Verlangen ist ihnen das Wort zu erteilen.

§ 10

(1) Der Rat von Sachverständigen für Umweltfragen legt die Ergebnisse seiner Beratungen in schriftlichen Berichten nieder, die er über den Bundesminister des Innern den im Kabinettausschuß für Umweltfragen vertretenen Bundesministern zuleitet.

(2) Wird eine einheitliche Auffassung nicht erzielt, so sollen in dem schriftlichen Bericht die unterschiedlichen Meinungen dargelegt werden.

(3) Die schriftlichen Berichte werden grundsätzlich veröffentlicht. Den Zeitpunkt der Veröffentlichung bestimmt der Bundesminister des Innern.

§ 11

Die Mitglieder des Rates und die von ihm nach § 8 hinzugezogenen Sachverständigen sind verpflichtet, über die Beratungen und über den Inhalt der dem Rat gegebenen Informationen, soweit diese ihrer Natur und Bedeutung nach geheimzuhalten sind, Verschwiegenheit zu bewahren.

§ 12

Die Mitglieder des Rates von Sachverständigen für Umweltfragen erhalten pauschale Entschädigungen sowie Ersatz ihrer Reisekosten. Diese werden vom Bundesminister des Innern im Einvernehmen mit dem Bundesminister für Wirtschaft und Finanzen festgesetzt.

§ 13

Das Statistische Bundesamt nimmt die Aufgaben einer Geschäftsstelle des Rates von Sachverständigen für Umweltfragen wahr.

Bonn, den 28. Dezember 1971

Der Bundesminister des Innern

Genscher

Literaturverzeichnis

2.1 – 2.3

ABRAHAMSE. J., JOENJE, W., LEEUVEN-SEELT, N. van (Eds.) (1977): Wattenmeer. (2. Aufl.). – Neumünster (Wachholtz).

BACKHAUS, H. (1978): On currents in the German Bight. – Symposium on Mathematical Modelling of estuarine physics, Hamburg.

BÖHNECKE, G. (1922): Salzgehalt und Strömungen der Nordsee. – Veröff. Inst. f. Meeresk., Universität Berlin, N. F. A., Geog.-naturw. Reihe 10, 1 – 34.

CADÉE, G. (1977): Pflanzliche Produktion im Wattenmeer, in: Abrahamse, J., Joenje, W., Leeuven-Seelt, N. van (Eds.): Wattenmeer. (2. Aufl.). – Neumünster (Wachholtz), 117 – 122.

DFG (Deutsche Forschungsgemeinschaft) (Ed.) (1979): Sandbewegung im Küstenraum. – Boppard (Boldt).

DEUTSCHES HYDROGRAPHISCHES INSTITUT (1978 a): Jahresbericht 1976/1977, S. 52, Hamburg.

DEUTSCHES HYDROGRAPHISCHES INSTITUT (1978 b): Externes Gutachten für den Rat von Sachverständigen für Umweltfragen.

DÖRJES, J. (1978): Das Watt als Lebensraum, in: Reineck, H. E. (Ed.): Das Watt. (2. Aufl.). – Frankfurt (Kramer), 107 – 144.

DUENSING, G., ZÖLLNER, R. (1978): Die Windverhältnisse in der Bundesrepublik Deutschland im Hinblick auf die Nutzung der Windkraft. Teil II. Küstenvorfeld – Hamburg, Deutscher Wetterdienst.

EISMA, D. (1973): Sediment distribution in the North Sea in relation to marine pollution, in: Goldberg, E. D. (Ed.): North Sea Science. – Cambridge, Mass. (The MIT Press).

ELLENBERG, H. (1978): Vegetation Mitteleuropas mit den Alpen in ökologischer Sicht. (2. Aufl.) – Stuttgart (E. Ulmer).

HERTWECK, G. (1978): Die Bewohner des Wattenmeeres in ihren Auswirkungen auf das Sediment, in: Reineck, H. E. (Ed.): Das Watt. (2. Aufl.). – Frankfurt (Kramer), 145 – 172.

HICKEL, W. (1979): Das Wattenmeer als Sinkstoff-Falle. – Umschau 79 (19), 608 – 609.

HILL, H. W. (1973): Currents and water masses, in: Goldberg, E. D. (Ed.): North Sea Science. – Cambridge, Mass. (The MIT Press).

HILL, H. W., DICKSON, R. R. (1978): Long term changes in North Sea hydrography. Rapp. P.-v. Réun. Cons. int. Explor. Mer 172, 310 – 334.

HOMEIER, H. (1969): Der Gestaltwandel der ostfriesischen Küste im Laufe der Jahrhunderte. Ein Jahrtausend ostfriesischer Deichgeschichte, in: Ohling, J. (Ed.): Ostfriesland im Schutze des Deiches 2, 3 – 75. – Leer.

KAUTSKY, H. (1973): The distribution of the radio-nuclide Caesium 137 as an indicator for North Sea watermass transport. – Dt. hydrogr. Z. 26, 241 – 246.

KLUG, H., HIGELKE, B. (1979): Ergebnisse geomorphologischer Seekartenanalysen zur Reliefentwicklung und des Materialumsatzes im Küstenvorfeld zwischen Hever und Elbe 1936 – 1969, in: DFG-Forschungsbericht: Sandbewegung im Küstenraum. – Boppard (Boldt), 125 – 145.

LAEVASTU, T. (1963): Serial atlas of the marine environment, folio 4. – New York (American Geographical Society).

LAMB, H. H. (1972): The effect of climatic anomalies, in: Goldberg, E. D. (Ed.): North Sea Science. – Cambridge, Mass. (The MIT Press).

LEE, A. J., RAMSTER, J. W. (1979): Atlas of the seas around the British Isles, Lowestoft (Ministry of Agriculture, Fisheries and Food, Directorate of Fisheries Research).

LUCK, G., WITTE, H.-H. (1979): Erfassung morphologischer Vorgänge der ostfriesischen Riffbögen in Luftbildern, in: DFG-Forschungsbericht: Sandbewegung im Küstenraum. – Boppard (Boldt), 207 – 221.

MAIER-REIMER, E. (1979): Some effects of the Atlantic circulation and of river discharges on the residual circulation of the North Sea. – Dt. hydrogr. Z. 32 (3), 126 – 130.

MAIER-REIMER, E. (1977): Residual circulation in the North Sea due to the M_2-tide and mean annual wind stress. – Dt. hydrogr. Z. 30 (3), 69 – 80.

NAUDIET, R. (1976): Das nordfriesische Halligmeer. Die Halligen – Nordstrand – Pellworm. – Münsterdorf (Hansen & Hansen).

OEBIUS, H. U., FENNER, H. (1979): Analytische und experimentelle Untersuchung der Auswirkung von Flachwasserwellen auf die Reststromkomponente am Meeresboden, in: DFG-Forschungsbericht: Sandbewegung im Küstenraum. – Boppard (Boldt), 259 – 272.

REINECK, H. E. (1978): Topographie und Geomorphologie, in: Reineck, H. E. (Ed.): Das Watt. (2. Aufl.). – Frankfurt (Kramer), 7 – 10.

SEEWETTERAMT (1979): Die meteorologischen Bedingungen auf der Nordsee und an ihren Küsten. Ausarbeitung für den Rat von Sachverständigen für Umweltfragen.

SINDOWSKI, K.-H. (1962): Nordseevorstöße und Sturmfluten an der ostfriesischen Küste seit 7000 Jahren. – Geogr. Rundschau 14 (8), 322 – 329.

2.4 Ökologie der Nordsee

ABRAHAMSE, J., JOENJE W., LEEUVEN-SEELT, N. van (Eds.) (1976): Wattenmeer. – Neumünster (Wachholtz).

BEUKEMA, J. J. (1976 a): Biomass and species richness of the macrobenthic animals living on the tidal flats of the Dutch Wadden Sea. – Neth. J. Sea Res. 10 (2), 236–261.

BEUKEMA, J. J. (1976 b): Nahrungsketten im Wattenmeer, in: Abrahamse, J. et al. (Eds.): Wattenmeer. Neumünster (Wachholtz), 173–176.

BEUKEMA, J. J., DE BRUIN, W., JANSEN, J. J. M. (1978): Biomass and species richness of the macrobenthic animals living on the tidal flats of the Dutch Wadden Sea: Long-term changes during a period with mild winters. – Neth. J. Sea Res.12 (1), 58–77.

BONOTTO, S. (1976): Cultivation of plants, in: Kinne, O: Marine Ecology 3, Part 1. – London (Wiley).

CADÉE, G. C., HEGEMAN, J. (1974 a): Primary production of phytoplankton in the Dutch Wadden Sea. – Neth. J. Sea Res. 8 (2), 240–259.

CADÉE, G. C., HEGEMAN, J. (1974 b): Primary production of the benthic micro-flora living on the tidal flats in the Dutch Wadden Sea. – Neth. J. Sea Res. 8 (2–3), 260–291.

CASPERS, H. (1955): Limnologie des Elbeästuars. – Verh. Internat. Ver. Limnol. 12, 613–619.

CASPERS, H. (1958): Biologie der Brackwasserzonen im Elbeästuar. – Verh. Internat. Ver. Limnol. 13, 687–698.

CASPERS, H. (1968): Der Einfluß der Elbe auf die Verunreinigung der Nordsee. – Helgoländer wiss. Meeresunters. 17, 422–434.

COLEBROOK, J. M. (1978): Changes in the zooplankton of the North Sea, 1948 to 1973. – Rapp. P.-v. Réun. Cons. int. Explor. Mer 172, 390–396.

CRISP, D. J. (1975): Secondary productivity in the sea. – Productivity of world ecosystems. – Washington D. C. (Nat. Acad. of Sciences), 71–89.

CUSHING, D. H. (1973): Productivity of the North Sea, in: Goldberg, E. D. (Ed.): North Sea Science. – Cambridge, Mass. (MIT Pr.), 249–266.

CUSHING, D. H. (1975): Marine ecology and fisheries. – London (Cambridge Univ. Pr.).

DANKERS, N., WOLFF, W. J., ZIJLSTRA, J. J. (Eds.) (1978): Fishes and fisheries of the Wadden Sea. – Report 5 of the Wadden Sea Working Group.

DE HAAS, W., KNORR, F. (1965): Was lebt im Meer? – Stuttgart (Frankh).

DÖRJES, J. (1977): Über die Bodenfauna des Borkumriffgrundes (Nordsee). – Senckenbergiana marit. 9, 1–17.

DREBES, G. (1974): Marines Phytoplankton. – Stuttgart (Thieme).

ELBE-Ästuar: (1961) Arch. Hydrobiol./Suppl. 26, Elbe-Ästuar 1. – (1964) Arch. Hydrobiol./Suppl. 29, Elbe-Ästuar 2. – (1968) Arch. Hydrobiol./Suppl. 31, Elbe-Ästuar 3. – (1972–1979) Arch. Hydrobiol./Suppl. 43 (1–3), Elbe-Ästuar 4.

ES, F. B. van (1977): A preliminary carbon budget for a part of the Ems estuary: The Dollard. – Helgoländer wiss. Meeresunters. 30, 283–294.

FRASER, J. H. (1973): Zooplankton of the North Sea, in: Goldberg, E. E. (Ed.): North Sea Science. – Cambridge, Mass. (MIT Pr.), 267–289.

FRIEDRICH, H. (1965): Meeresbiologie. – Berlin (Bornträger).

GERLACH, S. A. (1972): Die Produktionsleistung des Benthos in der Helgoländer Bucht. – Verh. d. Zool. Ges. 1971, 1–14.

GESSNER, F. (1957): Meer und Strand. (2. Aufl.). – Berlin (Deutscher Verl. der Wiss.).

GREVE, W., PARSONS, T. R. (1977): Photosynthesis and fish production: Hypothetical effects of climatic change and pollution. – Helgoländer wiss. Meeresunters. 30, 666–672.

HAGMEIER, E. (1978): Variations in phytoplankton near Helgoland. – Rapp. P.-v. Réun. Cons. int. Explor. Mer 172, 361–363.

HILL, H. W., DICKSON, R. R. (1978): Long term changes in North Sea hydrography. – Rapp. P.-v. Réun. Cons. int. Explor. Mer 172, 310–334.

KÖHLER, A. (1979): Pathologische Veränderungen der inneren Organe von Flunder (Platichthys flesus) und Stint (Osmerus eperlanus) in der Unterelbe. – Verh. Dtsch. Zool. Ges. 1979, 245.

KUCKUCK, P. (1974): Der Strandwanderer. (11. Aufl.). – München (Lehmann).

LEWIS, J. R. (1964): The ecology of rocky shores. – London (The English Universities Pr.).

LUCHT, F. (1964): Hydrographie des Elbe-Aestuars. – Arch. Hydrobiol. Suppl. 29 (Elbe-Aestuar 2), 1–96.

LÜNEBURG, H., SCHAUMANN, K., WELLERSHAUS, S. (1975): Physiographie des Weser-Ästuars (Deutsche Bucht). – Veröff. Inst. Meeresforsch. Bremerhaven 15, 195–226.

MANN, H. (1968): Die Beeinflussung der Fischerei in der Unterelbe durch zivilisatorische Maßnahmen. – Helgoländer wiss. Meeresunters. 17, 168–181.

MCINTYRE, A. D. (1978): The benthos of the western North Sea. – Rapp. P.-v. Réun. Cons. int. Explor. Mer 172, 405–417.

MUUS, B. J. (1967): The fauna of Danish estuaries and lagoons. – Copenhagen (Host).

NEISH, I. C. (1979): Developments in the culture of algae and seaweeds and the future of the industry, in: Pillay, T. V. R., Dill, W. A. (Eds.): Advances in Aquaculture. – Farnham (Fishing News Books Ltd.), 395–410.

NEWELL, G. E., NEWELL, R. C. (1963): Marine plankton. – London (Hutchinson Educational).

NOLTE, W. (1968): Die Küstenfischerei in der Unter- und Außenweser und die Abwasserbedrohung. – Helgoländer wiss. Meeresunters. 17, 156–167.

PETERS, N. (1979): Bedrohter Lebensraum Wasser, 4. Folge: Elbe. – Sielmanns Tierwelt 3 (9), 23–31.

RACHOR, E. (1977): Faunenverarmung in einem Schlickgebiet in der Nähe Helgolands. – Helgoländer wiss. Meeresunters. 30, 633–651.

RACHOR, E., GERLACH, S. A. (1978): Changes of macrobenthos in a sublittoral sand area of the German Bight, 1967 to 1975. – Rapp. P.-v.Réun. Cons. int. Explor. Mer 172, 418–431.

RASMUSSEN, E. (1973): Systematics and ecology of the Isefjord marine fauna (Denmark) with a survey of the eelgrass (Zostera) vegetation and its communities. – Ophelia 11, 1–507.

REID, P. C. (1978): Continuous plankton records: Large-scale changes in the abundance of phytoplankton in the North Sea from 1958 to 1973. – Rapp. P.-v.Réun. Cons. int. Explor. Mer 172, 384–389.

REINECK, H.-E. (Ed.) (1978): Das Watt. (2. Aufl.). – Frankfurt (W. Kramer).

REISE, K. (1978): Experiments on epibenthic predation in the Wadden Sea. – Helgol. wiss. Meeresunters. 31, 55–101.

REMANE, A. (1940): Einführung in die zoologische Ökologie der Nord- und Ostsee, in: Grimpe, G., Wagler, E.: Die Tierwelt der Nord- und Ostsee 1. – Leipzig, 1–238.

STRIPP, K. (1969a): Jahreszeitliche Fluktuationen von Makrofauna und Meiofauna in der Helgoländer Bucht. –Veröff. Inst. Meeresforsch. Bremerhaven 12, 65–94.

STRIPP, K. (1969b): Die Assoziationen des Benthos in der Helgoländer Bucht. – Veröff. Inst. Meeresforschung Bremerhaven 12, 95–141.

STRIPP, K. (1969c): Das Verhältnis von Makrofauna und Meiofauna in den Sedimenten der Helgoländer Bucht. – Veröff. Inst. Meeresforsch. Bremerhaven 12, 143–148.

STRIPP, K., GERLACH, S. A. (1969): Die Bodenfauna im Verklappungsgebiet von Industrieabwässern nordwestlich von Helgoland. – Veröff. Inst. Meeresforsch. Bremerhaven 12, 149–156.

WELLERSHAUS, S. (1978): Transport of pollutants from the freshwater regime to the Wadden Sea trough rivers, in: Essink, K., Wolff, W. J. (Eds.): Pollution of the Wadden Sea area. – Report 8 of the Wadden Sea Working Group.

WHEELER. A. (1979): The tidal Thames. The history of a river and its fishes. – London (Routledge & Kegan Paul).

WHITTAKER, R. H., LIKENS, G. E. (1975): The biosphere and man, in: Lieth, H., Whittaker, R. H. (Eds.): Primary productivity of the biosphere. – Ecol. Studies 14, 305–328.

WILKENS, H., KÖHLER, A. (1977): Die Fischfauna der unteren und mittleren Elbe: die genutzten Arten, 1950–1975. – Abh. Verh. naturwiss. Ver. Hamburg (NF) 20, 185–222.

WOLFF, W. J. (1973): The estuary as a habitat. An analysis of data on the soft-bottom macrofauna of the estuarine area of the rivers Rhine, Meuse, and Scheldt. – Zoolog. Verhandl. (Leiden) 126, 1–242.

WOLFF, W. J. (Ed.) (1979): Flora and vegetation of the Wadden Sea. 206 S. – Report 3 of the Wadden Sea Working Group, Leiden.

ZIEGELMEIER, E. (1964): Einwirkungen des kalten Winters 1962/63 auf das Makrobenthos im Ostteil der Deutschen Bucht. – Helgoländ. wiss. Meeresunters. 10, 276–282.

ZIEGELMEIER, E. (1978): Macrobenthos investigations in the eastern part of the German Bight from 1959 to 1974. – Rapp. P.-v.Réun. Cons. int. Explor. Mer 172, 432–444.

ZIJLSTRA, J. J. (1978): Quantitative aspects of the role of fishes in Wadden Sea food chains, in: Dankers, N., Wolff, W. J., Zijlstra, J. J. (Eds.): Fishes and fisheries of the Wadden Sea. – Report 5 of the Wadden Sea Working Group, Leiden.

3. Industrielle Nutzung des deutschen Nordseeküstenraumes

ARL (Akademie für Raumforschung und Landesplanung), Landesarbeitsgemeinschaft Norddeutsche Bundesländer (1973): Beiträge zur Raumordnung und Landesentwicklung in Nordwestdeutschland. 1. – Hannover.

Der Bundesminister für Verkehr (1978): Verkehr in Zahlen. – Verkehr in Zahlen 7.

Bundesraumordnungsprogramm (BROP) (1975): Raumordnungsprogramm für die großräumige Entwicklung des Bundesgebietes. Bundesmin. f. Raumordnung, Bauwesen und Städtebau (Ed.). – Schriftenreihe Raumordnung 06.002.

Centraal bureau voor de Statistiek (1978): Statistiek van het international zeehavenvervoer 1977, deel 1. Rotterdam en Amsterdam. – 'sGravenhage.

DANNEMANN, G. (1978): Die Hafenabhängigkeit der Bremischen Wirtschaft. – Regionalwirtschaftliche Studien 2.

Deutscher Rat für Landespflege (1976): Landespflegerische Probleme in der Region Unterelbe. – Schriftenreihe des Deutschen Rates für Landespflege 25, 245–256.

Differenziertes Raumordnungskonzept für den Unterelberaum – Bremen, Hamburg, Hannover, Kiel (1979). Freie Hansestadt Bremen, Der Senator für das Bauwesen, Freie und Hansestadt Hamburg, Baubehörde, der Niedersächsische Min. des Innern, Referat Raumordnung u. Landesplanung, Der Innenmin. des Landes Schleswig-Holstein, Abtlg. für Raumordnung.

European Petroleum Year Book 78 (1978). – Hamburg (O. Vieth).

FIGGE, K. (1979): Sand- und Kiesvorkommen auf dem Festlandsockel und deren Nutzungsmöglichkeiten. – Arbeiten des Deutschen Fischereiverbandes 27, 71–81.

Große Verkehrsobjekte in Niedersachsen (1979). – Wirtschaft und Standort (4), VI–VII.

ICES (International Council for the Exploration of the Sea) (1977): Second report of the ICES Working Group on effects on fisheries of marine sand and gravel extraction. – Cooperative Research Report 64.

ISENBERG, G. (1967): Die Nordwestdeutschen Küstenländer. – Institut für Städtebau Berlin der Deutschen Akademie für Städtebau und Landesplanung (3).

KÖHLER, G. (1976): Der 9-m-Ausbau der Unterweser. – Neues Archiv für Niedersachsen 25 (1), 59–70.

LUDWIG, G., FIGGE, K. (1979): Schwermineralvorkommen und Sandverteilung in der Deutschen Bucht. – Geologisches Jahrbuch, Reihe D (32), 23–68.

LÜTTIG, G. (1972): Die Bodenschätze des Nordsee-Küstenraumes und ihre Bedeutung für Landesplanung und Raumordnung. – Neues Archiv für Niedersachsen 21 (1), 13–25.

LÜTTIG, G. (1977): Geologisch-lagerstättenkundliche Untersuchung von Schwermineralvorkommen im Bereich des niedersächsischen Küstenraumes und der Deutschen Bucht, S. 5.

LÜTTIG, G. (1978): Present and future economic value of marine sand and gravel. – Industrial Minerals 133, 53–57.

Der Niedersächsische Minister für Wirtschaft und Verkehr (1978): Verkehrsbericht Niedersachsen 1978. – Hannover.

PARTENSCKY, H.-W., BARG, G. (1979a): Gutachterliche Stellungnahme zur Veränderung der Schichtung und Trübung im Dollart durch den Bau des geplanten Dollarthafens. – Franzius-Institut für Wasserbau und Küsteningenieurwesen der Universität Hannover.

PARTENSCKY, H.-W., BARG, G. (1979b): Gutachterliche Stellungnahme zur Veränderung der Salzgehaltsverteilung im Dollart durch den Bau des geplanten Dollarthafens. – Franzius-Institut für Wasserbau und Küsteningenieurwesen der Universität Hannover.

PLANCO Consulting Gesellschaft (1976a): Kosten-Nutzen-Untersuchung für die Verbesserung der seewärtigen Zufahrt und den Ausbau des Emder Hafens unter besonderer Berücksichtigung der regionalen Wirtschaftsstruktur (Dollarthafen). Pilotstudie. – Hamburg/Essen.

PLANCO Consulting Gesellschaft (1976b): Kosten-Nutzen-Untersuchung für die Verbesserung der seewärtigen Zufahrt und den Ausbau des Emder Hafens unter besonderer Berücksichtigung der regionalen Wirtschaftsstruktur (Dollarthafen). Ergebnisbericht. – Hamburg/Essen.

POHL, M. (1979): Industrieansiedlung an Küstenstandorten. Ein Überblick. – Bremer Zeitschrift für Wirtschaftspolitik (2).

PROGNOS AG (1967): Planungsgutachten Süderelberaum. – Basel, S. 8.

Der Rat von Sachverständigen für Umweltfragen (1976): Umweltprobleme des Rheins. – Mainz (W. Kohlhammer).

Raumordnungsbericht Niedersachsen 1978. Der Niedersächsische Minister des Innern. – Schriften der Landesplanung Niedersachsen, S. 125.

Raumordnungsvorstellungen der vier norddeutschen Bundesländer – Bremen, Hamburg, Hannover, Kiel (1975): Hrsg. von Freie Hansestadt Bremen, Der Senator für das Bauwesen, Freie Hansestadt Hamburg, Baubehörde, Der Niedersächsische Minister des Innern, Referat Raumordnung und Landesplanung, Der Innenminister des Landes Schleswig-Holstein, Abteilung Raumplanung.

Regionales Raumordnungsprogramm für den Regierungsbezirk Aurich (1976). – Amtsblatt für den Regierungsbezirk Aurich (25), 168–195.

Regionales Raumordnungsprogramm für den Verwaltungsbezirk Oldenburg (1976). – Amtsblatt für den Niedersächsischen Verwaltungsbezirk Oldenburg (52 A), 5–34.

RICHERT, R. (1977): Leistungs-, Organisations- und Finanzierungsstrukturen der deutschen Seehäfen. – Veröffentlichungen der Akademie für Raumforschung und Landesplanung: Beiträge 19.

SCHNEIDER, K. H. (1968): Über die Notwendigkeit regionaler Wirtschaftspolitik. – Schriften des Vereins für Sozialpolitik N. F. 41, 3–17.

Statistisches Bundesamt (1961, 1968, 1971, 1972, 1974–1979): Seeschiffahrt – bis 1975: Fachserie H, Reihe 2; ab 1976: Fachserie 8, Reihe 2.

TAMCHINA, E. (1979): Erdgas- und Erdölgewinnung deutscher Gesellschaften im In- und Ausland. – Erdöl und Kohle-Erdgas-Petrochemie vereinigt mit Brennstoffchemie 32, 227–230.

THOMAS, W. (1971): Die Standortdynamik des Wirtschaftsraumes Unterelbe/Stade (T. 1). – Neues Archiv für Niedersachsen 20 (4), 285–304.

Tiefwasserhäfen-Kommission (1972): Bericht der Tiefwasserhäfen-Kommission, Anlagen 17 und 18.

Umwelt-Ministerkonferenz Norddeutschland, Arbeitsgemeinschaft Ökologiekonzept Unterelbe-/Küstenregion (1976): Ökologische Darstellung Unterelbe-/Küstenregion.

Wissenschaftlicher Ausschuß für gesamtökologische Fragen (1976): Hafenprojekt Scharhörn. Freie und Hansestadt Hamburg, Behörde für Wirtschaft, Verkehr und Landwirtschaft (Ed.).

Zweites Gesetz zur Änderung des Bundesfernstraßengesetzes (2. FStrÄnd.G) vom 4. Juli 1974 – BGBl. I, S. 1401.

4.1–4.5

ARGE ELBE (Arbeitsgemeinschaft zur Reinhaltung der Elbe) (1977): Jahresbericht 1977.

ARGE WESER (Arbeitsgemeinschaft zur Reinhaltung der Weser) (1977): 1. Zahlentafel der physikalisch-chemischen Untersuchungen. 2. Bericht über die Weseruntersuchungsfahrt 1977.

ATV (Abwassertechnische Vereinigung e. V.) (1973): Lehr- und Handbuch der Abwassertechnik (2. Aufl.). – Berlin (W. Ernst).

AURAND, K., GANS, L., RUEHLE, H. (1974): Vorkommen natürlicher Radionuklide im Wasser, in: AURAND, K., et al. (Ed.): Die natürliche Strahlenexposition des Menschen. – Stuttgart (Thieme).

B.O.E.D.E. (Biologisch Onderzoek Eems-Dollard Estuarium), Bundesanstalt für Gewässerkunde, Niedersächsisches Wasseruntersuchungsamt, Rijksinstitut voor Zuivering van Afvalwater, Rijkswaterstaat, Direktie Groningen, Wasser- und Schiffahrtsamt Emden (1979): Gemeinsames deutsch-niederländisches Gutachten über die Auswirkung der Veenkolonien Abwasserleitung auf das Ems-Ästuar im Herbst 1978.

CAIRNS, J., HEATH, A. G., PARKER, B. C. (1975): Temperature influence on chemical toxicity to aquatic organisms. – JWPCF 47, 267.

CASPERS, H. (1968): Der Einfluß der Elbe auf die Verunreinigung der Nordsee. – Helgoländer wiss. Meeresforschung 17, 422–434.

CASPERS, H. (1977): Qualität des Wassers – Qualität der Gewässer. Die Problematik der Saprobiensysteme. – Archiv für Hydrobiologie 9, 3.

DAHLEM, H. W. (1977): Vergleichende Untersuchung der Abbauvorgänge in ein- und mehrstufigen Tropfkörpern und Belebungsanlagen. – Dissertation TH Darmstadt.

DFG (Deutsche Forschungsgemeinschaft) (1978): Hydrologischer Atlas der Bundesrepublik Deutschland (U. de HAAR [Ed.]) – Boppard (Boldt).

DVGW (Deutscher Verein des Gas- und Wasserfaches) (1977): Eignung von Oberflächenwasser als Rohstoff für die Trinkwasserversorgung. – Frankfurt/M. (ZfGW-Verl.) – Arbeitsblatt W 151.

EPS (Environmental Protection Service) (1979): Status report on compliance with the chlor-alkali mercury regulations 1976–77. ISBN 0–662–10709–8.

EULEN, J. R., GILDE, L. J., KOOLEN, J. L., VAN DER ZAAN, H. (1977): Der Einfluß von Abwassereinleitungen aus dem Gebiet der Fehnkolonien auf den Sauerstoffgehalt des Emsästuars. – Lelystad (Rijksinstituut voor Zuivering van Afvalwater).

ERL (Environmental Resources Limited) (1979): A study of EEC coastal waters. Prep. for the Commission of the European Communities.

EGGINK, H. J. (1965): Het estuarium als ontvangend water van grote hoeveelheden afvalstoffen. Afvoer van het veenkoloniale afvalwater naar de Eems. – Rijksinstituut voor Zuivering van Afvalwater.

ESSER, W. (1977): Reaktionskinetische Untersuchung der Selbstreinigungsvorgänge in Fließgewässern. – Dissertation TH Darmstadt.

ESSINK, K., WOLFF, W. (Eds.) (1978): Pollution of the Wadden Sea area. – Report 8 of the Wadden Sea Working Group. ISBN 90–6191–0587.

GERLACH, S. A. (1976): Meeresverschmutzung – Diagnose und Therapie. – Berlin (Springer).

GRIMME, R., PETERS, N., ROHWEDER, O. (1976): Vorstudie zu einem ökologischen Gesamtplan für die Niederelberegion. In: Technologie und Politik 7, S. 197–282. – RoRoRo Aktuell. 4121.

IAWR (Internationale Arbeitsgemeinschaft der Wasserwerke im Rheineinzugsgebiet) (1978): Rheinbericht '78. Amsterdam (Eigenverl.).

ICES (International Council for the Exploration of the Sea) (1978): Input of Pollutants to the Oslo Commission Area.

ILIC, P. (1977): Untersuchungen zum Verhalten schwer abbaubarer Modellsubstanzen bei der biologischen Reinigung. – Dissertation TH Darmstadt.

Landesamt für Wasserhaushalt und Küsten, Schleswig-Holstein (1978): Belastung der Nordsee im schleswig-holsteinischen Küstengebiet. – LW 300 c–5.37.03–09.3.

LAWA (Länderarbeitsgemeinschaft Wasser) (1977): Gewässergütekarte der Bundesrepublik Deutschland (2. Aufl.). – Mainz.

LUCHT, F. (1977): Die Wassergüte der Elbe. – Wasser und Boden, 29 (12), 337.

OTTE, G. (1979): Organische Abwassereinleitungen in Wattengebiete: Versuch einer saprobiellen Wertung. Archiv für Hydrobiologie, Beih. 9, 139.

Der Rat von Sachverständigen für Umweltfragen (1976): Umweltprobleme des Rheins. – Stuttgart (Kohlhammer).

RINCKE, G. (1979): Wie krank ist unser Rhein? Vortrag zum Internationalen Städte-Symposium „Sauberer Rhein" am 7. 2. 1979 in Düsseldorf.

RINCKE, G., SEYFRIED, C. F. (1977): Gutachtliche Stellungnahme zum Einfluß von Abwassereinleitungen aus den Veenkolonien auf die Wasserqualität des Ems-Ästuars. Institut WAR, TH Darmstadt (Eigenverl.).

VERNBERG, F. J., VERNBERG, W. B. (1974): Pollution and physiology of marine organisms. – New York (Academic Pr.). S. 492.

WACHS, B. (1970): Abwasser-Bakterien im Küstenbereich der Nordsee. – Z. f. Wasser- und Abwasser-Forschung 3,71.

WACHS, B. (1972): Größe und Abbau der organischen Substanz in Brack- und Meerwasser. – Münchner Beiträge zur Abwasser-, Fischerei- und Flußbiologie.

WEICHART, G. (1973): Pollution of the North Sea. – Ambio 2 (4), 99.

ZIETZ, V. (1975): Probleme der Gewässergüte der Unterweser. – Deutsche gewässerkundliche Mitteilungen, Sonderh. 1975, 87–94.

ZIJLSTRA, K. C. (1978): Wasserqualitätspläne in den Niederlanden. – Gewässerschutz–Wasser–Abwasser 25, 135.

4.6 Stand und Probleme der Abfallbeseitigung auf See

BARNISKE, L. (1978): Technische Gesichtspunkte bei der Verbrennung von besonderen Abfällen. – Mskpt., Berlin, Umweltbundesamt.

CASPERS, H. (1979): Die Entwicklung der Bodenfauna im Klärschlamm-Verklappungsgebiet vor der Elbe-Mündung. – Arbeiten des Deutschen Fischerei-Verbandes 27, 109–134.

DETHLEFSEN, V. (1979): Auftreten von Fischkrankheiten in der Deutschen Bucht als Folge einer Abwasserbelastung der Region. – Gutachten im Auftrag des Rates von Sachverständigen für Umweltfragen.

FABIAN, H. W., FRICKE, H. (1977): Chlorkohlenwasserstoff-Rückstände/Abfälle: Anfall, Verwendung und Beseitigung. – Mskpt., 32 S., Leverkusen/Marl (Bayer AG/Chem. Werke Hüls) 10. 7. 1977.

FABIAN, H. W. (1979): Verbrennung chlorierter Kohlenwasserstoffe. – Umwelt 1, 12–17.

GERLACH, S. A. (1976): Meeresverschmutzung – Diagnose und Therapie. – Berlin (Springer).

GERLACH, S. A. (1978): Land- oder Seebeseitigung von Abfällen – eine ökologische Gesamtschau. Seminar Abfallbeseitigung auf Hoher See, Essen 12. – 13. 12. 1978. – Mskpt. zum Vortrag.

JERNELÖV, A., ROSENBERG, R., JENSEN, S. (1972): Biological effects and physical properties in the marine environment of aliphatic chlorinated by-products from vinylchloride production. – Water Research 6, 1118–1191.

JOHNSON, S. P. (1979): The pollution control policy of the European Communities. – London (Graham & Trotman).

KARBE, L. (1977): Gutachten zur Verschmutzung der Nordsee durch ökologisch relevante Schwermetalle. – Externes Gutachten des Rates von Sachverständigen für Umweltfragen, 44 S.

KAYSER, H. (1969): Züchtungsexperimente an zwei marinen Flagellaten (Dinophyta) und ihre Anwendung im toxikologischen Abwassertest. – Helgoländer wiss. Meeresunters. 19, 21–44.

OSCOM (1978a): Quarterly reports on the dumping permits and approvals issued. Fifth meeting of the Oslo-Commission. The Hague, 21.–24. Nov. 1978. – OSCOM V/8/1–E.

OSCOM (1978b): Annual reports on all dumpings carried out in the Oslo Convention Area. Fifth meeting of the Oslo-Commission. The Hague, 21.–24. Nov. 1978. – OSCOM V/8/2–E.

OSCOM (1978c): Report on the notification of permits issued for the incineration of wastes at sea for years 1976 and 1977. Fifth meeting of the Oslo-Commission. – The Hague, 21.–24. Nov. 1978. – OSCOM V/9/1–E.

OSCOM (1978d): Annual Report on all incineration operations carried out during the year 1977. Fifth meeting of the Oslo-Commission. The Hague, 21.–24. Nov. 1978. – OSCOM V/9/2–E.

RACHOR, E. (1977): Faunenverarmung in einem Schlickgebiet in der Nähe Helgolands. – Helgoländer wiss. Meeresunters. 30, 633–651.

RACHOR, E. (1979): Verbringung von industriellen Abwässern. – Arbeiten des Deutschen Fischereiverbandes 27, 135–145.

RACHOR, E., GERLACH, S. A. (1978): Changes of macrobenthos in a sublittoral sand area of the German Bight, 1967 to 1975. – Rapp. P. – v. Réun. Cons. int. Explor. Mer. 172, 418–431.

ROLL, H. U. (1971): Welches Ausmaß hat die Ölverschmutzung des Meeres und deren Verunreinigung durch sonstige schädliche Stoffe erreicht und welche Auswirkungen haben diese Verunreinigungen? In: Umweltschutz (I): Wasserhaushalt, Binnengewässer, Hohe See und Küstengewässer. – Zur Sache 3/71, 157–162.

ROSENTHAL, H., DETHLEFSEN, V., TIEWS, K. (1973): Rotschlamm in die Nordsee? – Umschau 73 (4), 118–121.

SACSA (1979a): Report on the amounts of wastes dumped in the Oslo Convention area. Seventh meeting of the Standing Advisory Committee for Scientific Advice, Hamburg, 2.–5. 10. 1979. – SACSA VII/2/2–E.

SACSA (1979a): Report on the amounts of wastes dumped in the Oslo Convention area. Seventh meeting of the Standing Advisory Committee for Scientific Advice, Hbg., 2.–5. 10. 79. – SACSA VII/2/2–E.

Standing Committee on the Disposal of Sewage Sludge (1978): Sewage sludge disposal data and reviews of disposal to sea. London (Dept. of the Environment and National Water Council). – Standing Technical Committee Reports. 8.

STRIPP, K., GERLACH, S. A. (1969): Die Bodenfauna im Verklappungsgebiet von Industrieabwässern nordwestlich von Helgoland. – Veröff. Inst. Meeresforsch. Bremerhaven 12, 149–156.

ULLMANNs Enzyklopädie der technischen Chemie. (3. Aufl.), Bd. 13, 760–768 u. Bd. 17, 415–419. – München (Urban u. Schwarzenberg) 1962.

WEICHART, G. (1972): Chemical and physical investigations on marine pollution by wastes of a titanium dioxide factory, in: Ruivo, M. (Ed.): Marine pollution and sea life. – FAO technical conference on marine pollution and its effects on living resources and fishing. Rome 1970. – West Byfleet, Fishing News for the FAO, 186–188.

WEICHART, G. (1973): Verschmutzung der Nordsee. – Naturwissenschaften 60, 469–472.

WEICHART, G. (1975a): Untersuchungen über den pH-Wert im Wasser der Deutschen Bucht im Zusammenhang mit dem Einbringen von Abwässern aus der Titandioxid-Produktion. – Dt. hydrogr. Z. 28b, 244–252.

WEICHART, G. (1975b): Untersuchungen über die Fe-Konzentration im Wasser der Deutschen Bucht im Zusammenhang mit dem Einbringen von Abwässern aus der Titandioxidproduktion. – Dt. hydrogr. Z. 28, (2) 51–61.

WEICHART, G. (1977): Untersuchungen über die Verdünnung von Abwässern aus der Titandioxid-Produktion bei Einleitung in das Schraubenwasser eines Schiffes. – Dt. hydrogr. Z. 30, (2), 37–50.

WINTER, J. E. (1972): Long-term laboratory experiments on the influence of ferric hydroxide flakes on the filter-feeding, behavior, growth, iron content, and mortality in Mytilus edulis L., in: Ruivo, M. (Ed.): Marine pollution and sea life. – FAO technical conference on marine pollution and its effects on living resources and fishing. Rome 1970. – West Byfleet, Fishing News for the FAO, S. 392–396.

ZOBEL, H., KULLMANN, A., STAROSTA, K.-H. (1978): Zur möglichen Verwendung von Rotschlamm als Bodenverbesserungsmittel. – Arch. Acker- u. Pflanzenbau u. Bodenkunde 22 (5), 293–297.

4.7 Stoffeintrag aus der Atmosphäre

BARTELS, J. (Ed.) (1960): Fischer Lexikon Geophysik. – Stuttgart (DVA).

BJÖRSETH, A., LUNDE, G., LINDSKOG, A. (1979): Long-range transport of polycyclic aromatic hydrocarbons. – Atmospheric Environment 13, 45–53.

BMI (Der Bundesminister des Innern) (1978): Medizinische, biologische und ökologische Grundlagen zur Bewertung schädlicher Luftverunreinigungen, Sachverständigenanhörung Berlin, Feburar 1978. – Umweltbundesamt (Berlin).

BÖTTGER, A., EHHALT, D. E., GRAVENHORST, G. (1978): Atmosphärische Kreisläufe von Stickstoffoxiden und Ammoniak. Institut für Chemie, Institut 3: Atmosphärische Chemie. – Berichte der Kernforschungsanlage Jülich, Nr. 1558.

CAMBRAY, R. S., JEFFERIES, D. F., TOPPING, G. (1976): The atmospheric input of trace elements to the North Sea. – Marine Science Communications 5 (2), 175–194.

DAVIES, J. M. (1976): The atmospheric deposition of some heavy metals around the Firth of Forth. – ICES, Fisheries Improvement Committee: CM 1976/E:41.

GRIMMER, G. (1979): Prozesse, bei denen PAH entstehen, in: Umweltbundesamt (Ed.): Luftqualitätskriterien für ausgewählte polyzyklische aromatische Kohlenwasserstoffe. – Berlin (E. Schmidt).

ICES (International Council for the Exploration of the Sea) (1978a): Report of the ICES to the Oslo Commission, the Interim Helsinki Commission, and the Interim Paris Commission, 1977. – Cooperative Research Report. 76.

– (1978b): Input of pollutants to the Oslo Commission area. – Cooperative Research Report. 77.

JOHNSON, W. B., WOLF, D. E., MANCUSO, R. L. (1978): Long term regional patterns and transfrontier exchange of airborne sulfur pollution in Europe. – Atmospheric Environment 12, 511–527.

KLUG, W. (1973): The transport of airborne material, in: GOLDBERG, E. D. (Ed.): North Sea Science. – Cambridge, Mass. (The MIT Pr.)

LUNDE, G., GETHER, J., GJØS, N., LANDE, M.-B. S. (1976): Organic micropollutants in precipitation in Norway. – SNSF (Sur Nedbørs Virkning Pa Skog og Fisk) Research Report. 9.

MACHTA, L. (1978): Air concentration and deposition rates from uniform area sources. – The Monitoring and Assessment Research Centre (MARC), Chelsea College, Univ. of London.

MCINTYRE, A. D., JOHNSTON, R. (1975): Effects of nutrient enrichment from sewage in the sea, in: Games, A. L. H. (Ed.): Discharge of sewage from sea outfalls. – Oxford (Pergamon Pr.).

MÖLLER, F. (1973): Einführung in die Meteorologie. – Mannheim (Bibliographisches Institut).

NATO (North Atlantic Treaty Organisation) (1978): Introduction to air quality modelling. A report of the NATO/CCMS pilot study on air pollution assessment methodology and modelling, Committee on the Challenges of Modern Society.

OECD (Organisation for Economic Co-operation and Development) (1977): The OECD Programme on long range transport of air pollutants. – Paris.

PIERROU, U. (1976): The global phosphorus cycle, in: Nitrogen, phosphorus and sulphur – global cycles. – Scope Report 7., Ecol. Bull. (Stockholm) 22, 75–88.

POTT, F. (1979): Verunreinigungen der Umwelt mit PAH (Luft), in: Umweltbundesamt (Ed.): Luftqualitätskriterien für ausgewählte polyzyklische aromatische Kohlenwasserstoffe. – Berlin (E. Schmidt).

SEMB, A. (1978): Deposition of trace elements from the atmosphere in Norway. – Lillestrøm, Norway (Norwegian Institute for Air Research). – Research Report FR 13/78.

SÖDERLUND, R. (1977): NO_x pollutants and ammonia emissions – a mass balance for the atmosphere over NW Europe. – Ambio 6, 118–122.

STUMM, W. (1974): Zivilisatorische Aktivität, Luftverunreinigung und Gewässerbelastung. – Informationsblatt der Föderation Europäischer Gewässerschutz, Nr. 21. 85–92.

WELLS, D. E., JOHNSTONE, S. J. (1978): The occurence of organochlorine residues in rainwater. – Water, Air and Soil Pollution 9, 271–280.

4.8, 4.9

ALTHOF, W. (1978): Meeresnutzung und Meerestechnik. – Seewirtschaft 10 (1), 13.

BLUNCK, G. H. (o. J.): Marine pollution prevention in the international oil industry. (Sonderdr.) – London (Mobil Shipping Co. Ltd).

BORN, R. (1978): Flotation. – Vortrag zum ATV-Fortbildungskurs A–4 „Weitergehende Abwasserreinigung" vom 9. 10. bis 13. 10. 1978 in Laasphe.

COWELL, E. B. (1978): Global inputs of hydrocarbons to the oceans. – CONCAWE-Beitrag zur Öffentlichen Anhörung Europäischer Parlamentarier des Europarats zum Thema „Die Belastung von Küstenzonen durch Kohlenwasserstoffe", Paris 4. 7. 1978.

CONCAWE (1977): Spillages from oil industry cross-country pipelines in Western Europe. – CONCAWE Report. 9/77.

Department of Trade Marine Division (1978): Accidents at sea causing oil pollution. – Review of contingency measures. – London (Department of Trade).

Deutsche BP AG (Ed.) (1978): Zahlen aus der Mineralölwirtschaft. – Hamburg.

Exxon Corporation (1976): Crude tanker pollution abatement.

GESAMP (Group of Experts on the Scientific Aspects of Marine Pollution) (1971): Report of the third session – Rome (FAO). – UN Doc. GESAMP III/19, pp. 19–22.

GIERLOFF-EMDEN, H. G., GUILCHER, A. (1978): Ölkatastrophen durch Tankerunfälle. – Umschau 78 (15), 468–475.

IMCO (Intergovernmental Maritime Consultative Organization) (1976): Introduction of segregated ballast in existing tankers, submitted to IMCO by the Governments of Greece, Italy and Norway (MEPC V/INF. 4).

KOONS, C. B., WHEELER, R. B. (1977): Inputs, fate and effects of petroleum in offshore Norwegian waters. – Exxon Production Research Company, Basis Exploration Division, Special Report EPR. 28 Ex. 77.

LEE, A. J., RAMSTER, W. (1979): Atlas of the seas around the British Isles. Ministry of Agriculture, Fisheries, and Food, Directorate of Fisheries Research. – Lowestoft. – Fisheries Research Technical Report. 20.

MILZ, E. A., BROUSSARD, D. E. (o. J.): Technical capabilities in offshore pipeline operations to maximize safety. OTC.

MIT (Massachussetts Institute of Technology) (1974): Analysis of oil statistic, in: Council for Environmental Quality (Ed.): Vol. V.

MYERS, E. P., GUNNERSON, CH. G. (1976): Hydrocarbons in the ocean. – Maritime administration and NOAA environmental research laboratories. Marine ecosystem analysis programme, Boulder (Colorado) – MESA special report.

National Academy of Science USA (January 1975): Petroleum in the marine environment. – Proceedings of a workshop on inputs, fates, and the effects of petroleum in the marine environment, may 21–25, 1973, Airlie House, Airlie (Virg.).

Norwegische Delegation (1978): Generation of oily water from offshore drilling platforms (exploration drilling). – Vorlage der Norwegischen Delegation auf der zweiten Sitzung der „Sub-Working Group on Water Pollution from Hydrocarbons Exploration and Exploitation" im Rahmen der Paris-Konvention vom 1.–2. Juni 1978.

OCIMF (Oil Companies International Marine Forum), ICS (International Chamber of Shipping) (o. J.): Clean seas guide for oil tankers.

OCIMF (Oil Companies International Marine Forum), ICS (International Chamber of Shipping) (1973): Monitoring of load-on-top.

OOSTERS, T. J.: Oil, noxious treatment and recycling facilities in harbours. – Vortragsmaterial der 3. Tagung des International Maritime Congress (IMC) Europort 1974.

RAHN, J. U., SCHOTTER, R., MÜLLER, H., DALCHOW, K., THOMAS, J., WINTERFELDT, D. von (1979): Ermittlung von Schwachstellen. – Maßnahmen zur Vermeidung von Umweltschäden bei industriellen Aktivitäten im Meer. – Friedrichsh. Dornier System GmbH, BMFT Abschlußber. MFU 0334.

SCHUSTER, H. (1973): Technologische Wege der modernen Abwasserreinigung, in: Technik und Umweltschutz. – Leipzig.

SEIBEL, D. (1976): Umweltschutz auf Schiffen (T. I–IV). – Seeschiffahrt 8 (6), 333; 8 (7), 398; 8 (10), 589; 8 (12), 718.

SIBTHORP, M. M. (Ed.) (1975): The North Sea, challenge and opportunity. Report of a study group of the David Davies Institute of International Studies. – London (Europe Publ.).

Statistisches Bundesamt (1970): Fachserie H, Reihe 2

Statistisches Bundesamt (1978): Fachserie 8, Reihe 5

Working Group on Oil Pollution, secretariat „Oil pollution from offshore oil and gas exploitation" GOP II/1–E (1978): Vorlage zum 2. Treffen der Working Group on Oil Pollution im Rahmen der Paris-Konvention, Paris, 1.–2. Juni 1978.

5.1 Methodische Probleme der Erfassung

CAIRNS, J., HEATH, A. G., PARKER, B. C. (1975): Temperature influence on chemical toxicity to aquatic organisms. – Journal Water Pollution Control Federation 47 (2), 267–280.

DAVIES, J. M., GAMBLE, J. C. (1979): Experiments with large enclosed ecosystems. Vortrag auf der Tagung „The assessment of sublethal effects of pollutants in the sea" der Royal Society in London vom 24.–25. Mai 1978. – Philosophical Transactions of the Royal Society, Series B 286 (1015), 523–544.

ICES (International Council for the Exploration of the Sea) (1978): On the feasibility of effects monitoring. – Cooperative Research Report No. 75. – Charlottenlund.

JACOBSON, S. M., BOYLAN, D. B. (1973): Effect of seawater-soluble fraction of kerosine on chemotaxes in the marine snail Nassarius Obsoletus. – Nature 241, 213–215, London.

KETTREDGE, J. S. (1974): In: MARISCAL, R. N. (Ed.): Experimental marine biology. New York (Plenum Pr.), 226–267.

STEELE, J. H. (1979): Ecosystem simulation in artifical enclosures. Vortrag auf der Tagung „The assessment of sublethal effects of pollutants in the sea" der Royal Society in London vom 24.–25. Mai 1978. – Philosophical Transactions of the Royal Society, Series B 286 (1015), 583–595.

STURESSON, U. (1978): Cadmium enrichment in shells of Mytilus edulis. – Ambio 7 (3), 122–125.

5.2 Leicht abbaubare Stoffe und
5.3 Eutrophierende Stoffe

BENNEKOM, A. J. van, KRIJGSMAN-van HARTINGSVELD, E., VEER, G. C. M. van, VOORST, H. F. J. van (1974): The seasonal cycles of reactive silicate and suspended diatoms in the Dutch Wadden Sea. – Neth. J. Sea Res. 8 (2–3), 174–207.

BENNEKOM, A. J. van, GIESKES, W. W. C., TIJSSEN, S. B. (1975): Eutrophication of the Dutch coastal waters. – Proc. Royal Soc. London (B) 189, 359–374.

BUTLER, E. I., KNOX, S., LIDDICOAT, M. I. (1979): The relationship between inorganic and organic nutrients in sea water. – J. mar. biol. Ass. U. K. 59, 239–250.

CADÉE, G. C., HEGEMAN, J. (1974a): Primary production of phytoplankton in the Dutch Wadden Sea. – Neth. J. Sea Res. 8 (2–3), 240–259.

CADÉE, G. C., HEGEMAN, J. (1974b): Primary production of the benthic micro-flora living on the tidal flats in the Dutch Wadden Sea. – Neth. J. Sea Res. 8 (2–3), 260–291.

CASPERS, H. (1968): Der Einfluß der Elbe auf die Verunreinigungen der Nordsee. – Helgoländer wiss. Meeresunters. 17 (1–4), 422–434.

CASPERS, H. (1978): Ecological effects of sewage sludge on benthic fauna off the German North Sea coast. – Progr. Wat. Tech. 9 (4), 951–956.

CASPERS, H. (1979): Die Entwicklung der Bodenfauna im Klärschlamm-Verklappungsgebiet vor der Elbe-Mündung. – Arbeiten des Deutschen Fischerei-Verbandes 27, 109–134.

COLEBROOK, J. M. (1960): Continuous Plankton Records: Methods of analyses, 1950–1959. – Bull. mar. Ecol. 5, 51–64.

COLEBROOK, J. M., REID, P. C., COOMBS, S. H. (1978): Continuous Plankton Records: A change in the plankton of the southern North Sea between 1970 and 1972. –Marine Biol. 45 (3), 209–213.

EIJK, M. van der (1979): The Dutch Wadden Sea, in: Dunbar, M. J. (Ed.): Marine production mechanisms. IBP 20, 197–228. – London (Cambridge Univ. Pr.).

ESSINK, K. (1978): The effects of pollution by organic waste on macrofauna in the eastern Dutch Wadden Sea. – Neth. Inst. for Sea Res. Publ. Series No. 1, 1–135.

ESSINK, K., WOLFF, W. J. (Eds.) (1978): Pollution of the Wadden Sea area. – Report 8 of the Wadden Sea working group. 61 p.

GIESKES, W. W. C. (1974): Eutrophication and primary productivity studies in the Dutch coastal waters, in: Netherlands contribution to the IBP. Final report 1966–1971, 65–67. – Amsterdam (North-Holland).

GIESKES, W. W. C., KRAAY, G. W. (1977): Continuous Plankton Records: Changes in the plankton of the North Sea and its eutrophic Southern Bight from 1948–1975. – Neth. J. Sea Res. 11 (3–4), 334–364.

GLOVER, R. S. (1974): Marine biological surveillance. – Environmental Change 2, 395–402.

GLOVER, R. S., ROBINSON, G. A., COLEBROOK, J. M. (1972): Plankton in the North Atlantic: An example of the problems of analysing variability in the environment, in: Ruivo, M. (Ed.): Marine Pollution and Sea Life. – FAO Technical Conference on Marine Pollution and its Effects on living Resources and Fishing. – Rome 1970, 439–445.

GOEDECKE, E. (1968): Über die hydrographische Struktur der Deutschen Bucht im Hinblick auf die Verschmutzung in der Konvergenzzone. – Helgoländer wiss. Meersunters. 17 (1–4), 108–125.

GREVE, W., PARSONS, T. R. (1977): Photosynthesis and fish production: Hypothetical effects of climatic change and pollution. – Helgoländer wiss. Meeresunters. 30, 666–672.

HAGMEIER, E. (1978): Variations in phytoplankton near Helgoland. – Rapp. P.-v. Réun. Cons. int. Explor. Mer. 172, 361–363.

HARDY, A. C. (1939): Ecological investigations with the Continuous Plankton Recorder: object, plan and methods. – Hull Bull. mar. Ecol. 1, 1–57.

HELDER, W. (1974): The cycle of dissolved inorganic nitrogen compounds in the Dutch Wadden Sea. – Neth. J. Sea Res. 8 (2), 214–239.

HICKEL, W. (1979): Phosphate eutrophication of the German Bight (North Sea). – Helgoland Symposium. 8 S. (Mskpt.).

JONGE, V. N. de, POSTMA, H. (1974): Phosphorus compounds in the Dutch Wadden Sea. – Neth. J. Sea Res. 8 (2–3), 139–153.

KÜSTERS, E. (1974): Ökologische und systematische Untersuchungen der Aufwuchsciliaten im Königshafen bei List/Sylt. – Arch. Hydrobiol./Suppl. 45 (2–3), 121–211.

OTTE, G. (1979): Untersuchungen über die Auswirkung kommunaler Abwässer auf das benthische Ökosystem mariner Watten. – Helgoländer wiss. Meeresunters. 32, 73–148.

POSTMA, H. (1973): Transport and budget of organic matter in the North Sea, in: Goldberg, E. D. (Ed.): North Sea Science, 326–334.

POSTMA, H. (1978): The nutrient contents of North Sea water: changes in recent years, particularly in the Southern Bight. – Rapp. P.-v. Réun. Cons. int. Explor. Mer. 172, 350–357.

POSTMA, H., BENNEKOM, A. J. van (1974): Budget aspects of biologically important chemical compounds in the Dutch Wadden Sea. – Neth. J. Sea Res. 8 (2–3), 312–318.

POSTMA, H., ROMMETS, J. W. (1970): Primary production in the Wadden Sea. – Neth. J. Sea Res. 4 (4), 470–493.

RACHOR, E. (1977): Faunenverarmung in einem Schlickgebiet in der Nähe Helgolands. – Helgoländer wiss. Meeresunters. 30, 633–651.

RACHOR, E. (1979): The inner German Bight-an ecologically sensitive area as indicated by the bottom fauna. – Helgoland Symposium, 8 S. (Mskpt.).

REID, P. C. (1977): Continuous Plankton Records: Changes in the composition and abundance of the phytoplankton of the North Eastern Atlantic Ocean and North Sea, 1958–1974. – Marine Biology 40, 337–339.

REID, P. C. (1975): Large scale changes in the North Sea phytoplankton. – Nature 257, 217–219.

REID, P. C. (1978): Continuous Plankton Records: Large scale changes in the abundance of phytoplankton in the North Sea from 1958–1973. – Rapp. P.-v.Réun. Cons. int. Explor. Mer 172, 384–389.

ROBINSON, G. A. (1977): The Continuous Plankton Recorder Survey: Plankton around the British Isles during 1975. – Ann. Biol. (Copenh.), 32, 56–61.

TANGEN, K. (1977): Blooms of Gyrodinium aureolum (Dinophyceae) in north European waters, accompanied by mortality in marine organisms. – Sarsia 62 (2), 123–133.

5.4 Schwermetalle und Spurenelemente

BIAS, W. R. (1979): Kinematik der Anreicherung und Elimination von Cadmium im Schlickkrebs Corophium volutator (PALLAS) (Crustacea Amphipoda). Analyse der Verteilung in Wasser, Sediment und Organismen. – Dissertation Universität Hamburg.

CAMBRAY, R. S., JEFFERIES, D. F., TOPPING, G. (1976): The atmospheric input of trace elements to the North Sea. – ICES CM 1976/E :17.

DUINKER, J. D., NOLTING, R. F. (1976): Distribution model for particulate trace metals in the Rhine estuary, Southern Bight and Dutch Wadden Sea. – Netherlands Journ. Sea Res. 10, 71–102.

ERLENKEUSER, H., SUESS, E., WILLKOMM, H. (1974): Industrialization affects heavy metal and carbon isotope concentrations in recent Baltic Sea sediments. – Geochim. cosmochim. Acta 38, 823–842.

FÖRSTNER, U., MÜLLER, G. (1974): Schwermetalle in Flüssen und Seen. – Berlin (Springer).

FÖRSTNER, U., REINECK, H.-E. (1974): Die Anreicherung von Spurenelementen in rezenten Sedimenten eines Profilkerns aus der Deutschen Bucht. – Senckenbergiana marit. 6, 175–184.

GADOW, S., SCHÄFER, A. (1973): Die Sedimente der Deutschen Bucht: Korngröße, Tonmineralien und Schwermetalle. – Senckenbergiana marit. 5, 165–178.

GESAMP (Group of Experts on the Scientific Aspects of Marine Pollution) (1976): Principles for developing coastal water quality criteria. – FAO Reports and Studies No. 5.

GROOT, A. J. de. (1966): Mobility of trace elements in deltas. – Transactions, Commissions II and IV, Int. Society of Soil Science. – Aberdeen, S. 267–279.

GROOT, A. J. de, SALOMONS, W. (1978): Pollution history of trace metals in sediments, as affected by the Rhine river. In: Krumbein, W.: Environmental biogeochemistry and geomicrobiology. Vo. 1: The aquatic envoronment. – (Ann Arbor Science).

HAAR, E. (1975): Schwermetall-Gehalte in Benthosorganismen aus Wattengebieten der deutschen Nordseeküste. – Regionaler Vergleich der Einflußgebiete von Ems, Weser und Elbe. – Diplom-Arbeit Fachbereich Biologie Univ. Hamburg, 1975.

ICES (International Council for the Exploration of the Sea) (1974): Report of the Working Group for the international Study of the Pollution of the North Sea and its Effects on Living Resources and their Exploitation. – Cooperative Research Report No. 39. – Charlottenlund.

ICES (International Council for the Exploration of the Sea) (1977a): The ICES Coordinated Monitoring Programme in the North Sea, 1974. – Cooperative Research Report No. 58.

ICES (International Council for the Exploration of the Sea) (1977b): The ICES Coordinated Monitoring Programme 1975 and 1976. – Cooperative Research Report No. 72.

JONES, P. G. W., HENRY, J. L., FOLKARD, A. R. (1973): The distribution of selected trace metals in the water of the North Sea 1971–1973. – ICES, C. M. 1973/C :5.

KARBE, L. (1975): Toxicity of heavy metals modified by environmental stress. – Abstr. Int. Conf. Heavy Metals in the Environm., Toronto 1975, C–14.

KARBE, L. (1976): Rückstandsuntersuchungen zur Frage nach der Kontamination von Miesmuscheln mit Schwermetallen. – Arbeiten des Deutschen Fischerei-Verbandes 20, 63–73.

KARBE, L. (1977): Spurenmetalle in Muscheln und Garnelen aus Nord- und Ostsee. – Kolloquium Rückstände im Fisch der DFG Senatskomm. zur Prüfung von Rückständen in Lebensmitteln, Hamburg 1977.

KARBE, L., SCHNIER, C., NIEDERGESÄSS, R. (1978): Trace elements in mussels (Mytilus edulis) from German coastal waters. Evaluation of multielement patterns with respect to their use for monitoring programmes. – GKSS 78/E/51.

KRÜGER, K.-E., NIEPER, L. (1977): Der Quecksilber-Gehalt der Seefische im Nordatlantik. – Kolloquium Rückstände im Fisch der DFG Senatskomm. zur Prüfung von Rückständen in Lebensmitteln, Hamburg 1977.

LICHTFUSS, R., BRÜMMER, G. (1977): Schwermetallbelastung von Elbe-Sedimenten. – Naturwissenschaften 64, 122–125.

MÜLLER, G., FÖRSTNER, U. (1975): Heavy metals in sediments of the Rhine and Elbe estuaries: Mobilization or mixing effect? In: Environmental Geology, Vol. 1 (1975) 33–39.

SCHMIDT, D. (1976): Distribution of seven trace metals in seawater of the inner German Bight. – ICES, C. M. 1976/C:10.

SCHMIDT, D. (1980 im Dr.): Comparison of trace heavy-metal levels from monitoring in the German Bight and the southwestern Baltic Sea. – Helgol. wiss. Meeresunters. 33 (im Dr.).

SCHULZ-BALDES, M. (1973): Die Miesmuschel Mytilus edulis als Indikator für die Bleikonzentration im Weser-Ästuar und in der Deutschen Bucht. – Mar. Biol. 21, 98–102.

STEBBING, A. R. D. (1976): The effects of low metal levels on a clonal hydroid. – J. Mar. Biol. Ass. U. K. 56, 977–994.

WEICHART, G. (1973): Pollution of the North-Sea. – Ambio 2, 99–106.

WOLF, P. de (1975): Mercury content of mussels from west European coasts. – Mar. Poll. Bull. 6, 61–63.

ZAUKE, G.-P. (1975): Untersuchungen über den Schwermetallgehalt in Benthos-Organismen aus den Halinitätszonen des Elbe-Ästuars, durchgeführt unter Anwendung von flammenloser Atomabsorption und instrumenteller Neutronenaktivierungsanalyse. – Diplomarbeit Fachbereich Biologie, Univ. Hamburg, 1975.

ZAUKE, G.-P. (1977): Mercury in benthic invertebrates of the Elbe estuary. – Helgol. wiss. Meeresunters. 29, 358–374.

5.5 Chlorkohlenwasserstoffe und andere Organohalogene

ACKER, L., SCHULTE, E. (1970): Über das Vorkommen von chlorierten Biphenylen und Hexachlorbenzol neben chlorierten Insektiziden in Humanmilch und menschlichem Fettgewebe. – Naturwissenschaften 57, 497.

ADDISON, R. F. (1976): Organochlorine compunds in aquatic organisms, their distribution, transport and physiological significance. In: Lockwood, A. P. M. (Ed.): Effects of pollutants on aquatic organisms. – Cambridge, Mass. (Cambridge Univ. Pr.), S. 127–143.

ADEMA, D. M. M., GROOT-VANZIJL, Th. A. M. (1974a): Enkele beschouwingen en resultaten betreffende het toetsen van EDC-tars met pekelkreeftjes Artemia salina. – Delft, (The Netherlands). – Report MD-N & E 74/20. (Central Laboratory TNO).

ADEMA, D. M. M., GROOT-VANZIJL, Th. A. M. (1974b): Enkele beschouwingen en resultaten betreffende het toetsen van EDC-tars met gruppen. – Delft (The Netherlands). – Central laboratory TNO. – Report MD-N & E 74/12.

ANDERSON, J. M., PETERSON, M. R. (1969): DDT, sublethal effects on brook trout nervous system. – Science 164, 440–441.

ARBEITSGEMEINSCHAFT ZUR REINHALTUNG DER ELBE (1977): Wassergütedaten der Elbe, Abflußjahr 1977. – Hamburg.

BRAATEN, B., MØLLERRUD, E. E., SOLEMDAL, P. (1972): The influence of some byproducts from vinylchloride production on fertilization, development and larval survival on plaice, cod and herring eggs. – Aquaculture 1, 81–90.

BUTLER, P. A. (1966): Pesticides in the marine environment. – J. Appl. Ecol. 3, Suppl. 253–259.

CARLSON, R. W., DUBY, R. T. (1973): Embryotoxic effects of three PCBs in the chicken. – Bull. Environ. Contam. Toxicol. 11, 425–528.

CHOI, W.-W., CHEN, K. Y. (1976): Associations of chlorinated hydrocarbons with fine particles and humic substances in nearshore surficial sediments. – Environ. Sci. Technol. 10, 782–786.

COULSON, J. C., DEANS, I. R., POTTS, G. R., ROBINSON, J., CRABTREE, A. N. (1972): Changes in organochlorine contamination of the marine environment of eastern Britain monitored by shag eggs. – Nature 236, 454–456.

COX, J. L. (1971): DDT residues in seawater and particulate matter in the California current system. – Fish. Bull. 69, 443.

COX, J. L. (1972): DDT residues in marine phytoplankton. – Residue Reviews 44, 23–38.

DAWSON, R., RILEY, J. R. (1977): Chlorine – containing pesticides and polychlorinated biphenyls in British coastal waters. – Estuar. Coast. Mar. Sci. 4, 55–69.

DICKSON, A. G., RILEY, J. P. (1976): The distribution of shortchain halogenated aliphatic hydrocarbons in some marine organisms. – Mar. Pollut. Bull. 7, 167–189.

DILL, P. A., SAUNDERS, R. C. (1974): Retarded behavioral development and impaired balance in atlantic Salmon (Salmo salar) alevins hatched from gastrulae exposed to DDT. – J. Fish. Res. Bord Can. 31, 1936–1938.

DRESCHER, H. E. (1979): Zu Biologie, Ökologie und Schutz der Seehunde im schleswig-holsteinischen Wattenmeer. – Unveröffentlichtes Gutachten.

DRESCHER, H. E., HARMS, U., HUSCHENBETH, E. (1977): Organchlorines and heavy metals in the harbour seal (Phoca vitulina) from the German North Sea coast. – Mar. Biol. 41, 99–106.

DUINKER, J. C., KOEMAN, J. H. (1974): Summary report on the distribution and effects of toxic pollutants (metals and chlorinated hydrocarbons) in the Wadden Sea. Report prepared for the International Working Group of the Wadden Sea.

DUKE, T. W., LOWE, J., WILSON, A. J. (1970): A polychlorinated biphenyl (Aroclor 1254) in the water, sediment and biota of Escambia Bay, Florida. – Bull. Environ. Contam. Toxicol. 5, 171–180.

DYBERN, B. I., JENSEN, S. (1978): DDT and PCB in fish and mussels in the Kattegat-Skagerrak Area.

– Meddelande from Havsfiskolaboratoriet Lysekil 232, 1–17.

EDER, G. (1976): Polychlorinated biphenyls and compounds of the DDT group in sediments of the central North Sea and the Norwegian Depression. – Chemosphere 5, 101–106.

EDER, G., SCHAEFER, R., ERNST, W., GOERKE, H. (1976): Chlorinated hydrocarbons in animals of the Skagerrak. – Veröff. Inst. Meeresforsch. Bremerhaven 16, 1–9.

EDER, G., WEBER, K. (1980 in pr.): Chlorinated phenols in sediments and suspended matter of the Weser Estuary. – Chemosphere.

ERNST, W. (1973a): Zur Belastbarkeit des Meeres mit Chlorkohlenwasserstoffen. – Interocean 1973, S. 695–710.

ERNST, W. (1973b): Pesticides as marine pollutants, their distribution and fate. – Proc. 5th Int. Coll. Med. Oceanogr., Messine, October 4–7, 1973, p. 495–502.

ERNST, W. (1975): Pestizide im Meerwasser, Aspekte der Speicherung, Ausscheidung und Umwandlung in marinen Organismen. – Schriftenr. Ver. Wass. Boden-Lufthyg. 46.

ERNST, W. (1977): Determination of the bioconcentration potential of marine organisms. A steady approach. I. Bioconcentration data for seven chlorinated pesticides in mussels (Mytilus edulis) and their relation to solubility data. – Chemosphere 6, 731–740.

Ernst, W. (1979): Factors affecting the evaluation of chemicals in laboratory experiments using marine organisms. – Ecotoxicol. Environ. Safety 3, 90–98.

ERNST, W. (1980): Pesticides and related organic compounds in the sea. – Helgoländer wiss. Meeresuntersuchungen, im Druck.

ERNST, W. (in Vorbereitung): Organic matter in sediments of the North Sea.

ERNST, W., GOERKE, H. (1974): Anreicherung, Verteilung, Umwandlung und Ausscheidung von DDT-^{14}C bei Solea solea (Pisces: Soleidae). – Mar. Biol. 24, 287–304.

ERNST, W., GOERKE, H., EDER, G., SCHAEFER, R. G. (1976): Residues of chlorinated hydrocarbons in marine organisms in relation to size and ecological parameters. I. PCB, DDT, DDE and DDD in fishes and molluscs from the English Channel. – Bull. Environ. Contam. Toxicol. 15, 55–65.

ERNST, W., GOERKE, H., WEBER, K. (1977): Fate of ^{14}C-labelled di-, tri- and pentachlorobiphenyl in the marine annelid Nereis virens. II. Degradation and faecal elimination. – Chemosphere 6, 559–568.

ERNST, W., WEBER, K. (1978a): The fate of pentachlorophenol in the Weser Estuary and the German Bight. – Veröff. Inst. Meeresforsch. Bremerhaven 17, 45–53.

ERNST, W., WEBER, K. (1978b): Chlorinated phenols in selected estuarine bottom fauna. – Chemosphere 7, 867–872.

FAO/WHO (1967): Evaluation of some pesticide residues in food. FAO, PL:CP/15; WHO/Food Add./67.32.

FISHER, N. S., WURSTER, C. F. (1973): Individual and combined effects of temperature and polychlorinated biphenyls on the growth of three species of phytoplankton. – Environ. Pollut. 5, 205–212.

FREEMAN, H. C., IDLER, D. R. (1973): The effect of polychlorinated biphenyl (PCB) on steroidogenesis and reproduction in the brook trout Salvelinus fontinalis. ICES, Lisbon, 1973.

GOERKE, H., EDER, G., WEBER, K. und ERNST, W. (1979): Patterns of organochlorine residues in animals of different trophic levels from the Weser Estuary. – Mar. Pollut. Bull. 10, 127–132.

HALTER, M. T., JOHNSON, H. E. (1974): Acute toxicities of a polychlorinated biphenyl (PCB) and DDT alone and in combination to early life stages of Coho salmon (Oncorhynchus Kisutch). – J. Fish. Res. Board Can. 31, 1543–1547.

HARMS, U., DRESCHER, H. E., HUSCHENBETH, E. (1977): Further data on heavy metals and organochlorines in marine mammals from German coastal waters. – International Council for the Exploration of the Sea, paper C. M. 1977/N: 5.

HEATH, R. G., SPANN, J. W., KREITZER, J. F. (1969): Marked DDE impairment of mallard reproduction in controlled studies. – Nature 224, 47–48.

HEATH, R. G., SPANN, J. W., KREITZER, J. F., VANCE, C. (1972): Effects of polychlorinated biphenyls on birds. In: Voons, K. H. (Ed.): Proceedings of the 15. Intern. Ornithological Congress. The Hague 1970. – Leiden (E. J. Brill), S. 475–485.

HOLDEN, A. V. (1972): Monitoring organochlorine contamination of the marine environment by analysis of residues in seals. In: Ruivo, M. (Ed.): Marine pollution and sea life. – FAO Technical Conference on Marine Pollution and its Effects on Living Resources and Fishing. Rome 1970. – West Byfleet, Fishing News for the FAO, S. 266–272.

HOLDGATE, M. W. (Ed.) (1971): The Sea Bird Wreck in the Irish Sea – Autumn 1969. – The Natural Environment Research Council, Publ. Series C, No. 4.

HUSCHENBETH, E. (1973): Zur Speicherung von chlorierten Kohlenwasserstoffen im Fisch. – Arch. Fisch. Wiss. 24, 105–116.

ICES (International Council for the Exploration of the Sea) (1974): Report of the working group for the international study of the pollution of the North Sea and its effects on living resources and their exploitation. – Cooperative Research Report No. 39. – Charlottenlund.

ICES (International Council for the Exploration of the Sea) (1977a): The ICES coordinated monitoring programme in the North Sea 1974. – Cooperative Research Report No. 58. – Charlottenlund.

ICES (International Council for the Exploration of the Sea) (1977b): The ICES coordinated monitoring programmes, 1975 and 1976. – Cooperative Research Report No. 72. – Charlottenlund.

JENSEN, S. (1972): The PCB story. – Ambio 1, 123–131.

JENSEN, S., JERNELØV, A., LANGE, R. und PALMORK, K. H. (1972): Chlorinated by-products from vinyl chloride production: A new source of marine pollution. In: Ruivo, M. (Ed.): Marine pollution and sea Life. – FAO Technical Conference on Marine Pollution and its Effects on Living Resources and Fishing. Rome 1970. – West Byfleet, Fishing News for the FAO, S. 242–244.

JENSEN, S., LANGE, R., BERGE, G., PALMORK, K. H., RENBERG, L. (1975): On the chemistry of EDC-tar and its biological significance in the sea. – Proc. R. Soc. Lond. B. 189, 333–346.

JERNELØV, A., ROSENBERG, R., JENSEN, S. (1972): Biological effects and physical properties in the marine environment of aliphatic chlorinated by-products from vinylchloride production. – Water Research 6, 1181–1191.

KARPPANEN, E., KOHLHO, L. (1972): PCB in mammals and birds in the Netherlands, PCB Conference II Stockholm 1972. – National Swedish Environment Protection Board, Publication 1973: 4 E, S. 128.

KENAGA, E. E. (1972): Guidelines for environmental study of pesticides: determination of bioconcentration potential. – Residue Reviews 44, 73–114.

KLEIN, M. L., LINCER, J. L. (1974): Behavioral effects of dieldrin upon the fiddler crab, Uca pugilator. In: Vernberg, F. J., Vernberg, W. B. (Eds.): Pollution and physiology of marine organisms. – New York (Acad. Pr.), S. 181–196.

KÖLLE, W., SCHWEER, K.-H., GÜSTEN, H., STIEGLITZ, L. (1972): Identifizierung schwer abbaubarer Schadstoffe im Rhein und Rheinuferfiltrat. – Vom Wasser 39, 109–119.

KOEMAN, J. H. (1971): The occurrence and toxicological implications of some chlorinated hydrocarbons in the Dutch coastal area in the period from 1965 to 1970. – Utrecht (Thesis).

KOEMAN, J. H. (1973): PCB in mammals and birds in the Netherlands. PCB Conference II. Stockholm 1972. – National Swedish Environment Protection Bord, Publication 1973: 4 E, S. 35–43.

KOEMAN, J. H., GENDEREN, H.v. (1972): Tissue levels in animals and effects caused by chlorinated hydrocarbon insecticides, chlorinated biphenyls and mercury in the marine environment along the Netherland coast. In: Ruivo, M. (Ed.): Marine pollution and sea life. – FAO Technical Conference on Marine Pollution and its Effect on Living Resources and Fishing. Rome 1970. – West Byfleet, Fishing News for the FAO, S. 428–435.

KOEMAN, J. H., UELZEN-BLAD, H. C. W. van, VRIES, R. de, VOS, J. G. (1973): Effects of PCB and DDE in cormorants and evaluation of PCB residues from an experimental study. – J. Reprod. Fert. Suppl. 19, 353–364.

KOEMAN, J. H., STASSE-WOLTHUIS, M. (1978): Environmental toxicology of chlorinated hydrocarbon compounds in the marine environment of Europe. Commission of the European Communities (Ed.). – EUR 5814 EN.

KUNTE, H., SLEMROVA, J. (1975): Gaschromatographische und massenspektrometrische Identifizierung phenolischer Substanzen aus Oberflächenwässern. – Z. f. Wass.- u. Abwass.-Forsch. 8, 176–182.

LANE, C. E., LIVINGSTON, J. R. (1970): Some acute and chronic effects of dieldrin on the Sailfin Molly, Poecilia latipinna. – Trans. Am. Fish. Soc. 99 (3), 489–495.

LONGCORE, J. R., SAMSON, F. B., WHITTENDALE, T. W. (1971): DDE thins eggshells and lowers reproductive succes of captive black ducks. – Bull. Environ. Contam. Toxicol. 6, 485–490.

LOVELOCK, J. E., MAGGS, R. J., WADE, R. J. (1973): Halogenated hydrocarbons in and over the Atlantic. – Nature 241, 194–196.

LUNDE, G., GETHER, J., JOSEFSSON, B. (1975): The sum of chlorinated and of brominated non-polar hydrocarbons in water. – Bull. Environ. Contam. Toxicol. 13, 656–661.

LUNDE, G., GETHER, J., STEINNES, E. (1976): Determination of volatility and chemical persistence of lipid-soluble halogenated organic substances in marine organisms. – Ambio 5, 180–182.

LUNDE, G., STEINNES, E. (1975): Presence of lipid-soluble chlorinated hydrocarbons in marine oils. – Environmental Science & Technology 9, 155–157.

MacGREGOR, J. S. (1974): Changes in the amount and proportions of DDT and its metabolites, DDE and DDD, in the marine environment of Southern California 1949-72. – Fish. Bull. 72, 275–293.

MAKI, A. W., JOHNSON, H. E. (1975): Effects of PCB (Aroclor 1254) and p, p'-DDT on production and survival of Daphnia magna Strauss. – Bull. Environ. Contam. Toxicol. 13, 412–416.

MEIJER, C. L. C., OLDERSMA, H. (1974): Vergelijking van twee toxiciteitstoetsen uitgevoerd met een marine alg en met drie EDC-tars als toxische stoffen. – Delft, Netherl. (Central Laboratory TNO). – Report MD-N & E 74/21.

MENZEL, D. W., ANDERSON, J., RANDIKA, A. (1970): Marine phytoplankton vary in their response to chlorinated hydrocarbons. – Science 167 (3926), 1724–1726.

MESTRES, R. (1975): The content of organo-halogen compounds detected between 1968 and 1972 in water, air, and foodstuffs and the methods of analysis used in the nine member states of the European Community. Commissions of the European Communities. S. 41–66.

MOORE, S. A., HARRIS, R. C. (1972): Effects of polychlorinated biphenyl on marine phytoplankton communities. – Nature 240, 356–357.

MORRISON, F. O. (1972): A review of the use and place of lindan in the protection of stored products from the ravages of insect pests. – Residue Reviews 41, 113–180.

OLAUSSON, E. (1972): Water sediment exchange and recycling of pollutants through biogeochemical processes. In: Marine pollution and sea life. – FAO Technical Conference on Marine Pollution and its Effects on Living Resources and Fishing. Rome 1970. – West Byfleet, Fishing News for the FAO, S. 158–161.

PARSLOW, J. L. F., JEFFERIES, D. J., HANSON, H. M. (1973): Gannet mortality incidents in 1972. – Mar. Pollut. Bull. 4, 41–43.

PEARSON, C. R., McCONNELL, G. (1975): Chlorinated C_1 and C_2 hydrocarbons in the marine environment. – Proc. R. Soc. Lond. B. 189, 305–332.

PIERCE, R. H., OLNEY, C. E., FELBECK, G. T. Jr. (1974): pp'-DDT adsorption to suspended particulate matter in sea water. – Geochimica et Cosmochimica Acta 38, 1061–1073.

RAYBAUD, H. (1969): Thesis. Centre Univ. de Luminy, Univ. D.'Aix-Marseille, 64 pp.

ROBERTS, J. R., RODGERS, D. W., BAILY, J. R., RORKE, M. A. (1978): Polychlorinated biphenyls: Biological criteria for an assessment of their effects on environmental quality. – Nat. Res. Council of Canada, 1978, Publ. No. NRCC 16077. – (Ottawa).

SCHAEFER, R. G., ERNST, W., GOERKE, H., EDER, G. (1976): Residues of chlorinated hydrocarbons in North Sea animals in relation to biological parameters. – Ber. dt. wiss. Komm. Meeresforsch. 24, 225–233.

SIUDA, J. F., DEBERNADIS, J. F. (1973): Naturally occurring halogenated organic compounds. – Lloydia 36, 107–143.

SMITH, R. M., COLE, C. F. (1970): Chlorinated hydrocarbon insecticide residues in winter flounder, Pseudopleuronectes americanus, from the Weweantic River Estuary, Mass. – J. Fish Res. Bd. Can. 27, 2374–2380.

SMOKLER, P. E., YOUNG, D. R., GARD, K. L. (1979): DDTs in marine fishes following termination of dominant California, input: 1970–1977. – Mar. Poll. Bull. 10, 331–334.

SONTHEIMER, R. (1973): Aufgaben und Möglichkeiten des Gewässerschutzes am Beispiel des Rheins. – Chemie-Ing.-Techn. 45, 1185–1191.

STADLER, D. F. (1977): Chlorinated hydrocarbons in the seawater of the German Bight and the western Baltic in 1975. – DHZ 30, (6), 189–215.

STADLER, D., ZIEBARTH, U. (1975): Beschreibung einer Methode zur Bestimmung von Dieldrin, pp'-DDT und PCBs in Seewasser und Werte für die Deutsche Bucht, 1974. – DHZ 28, 263–273.

STICKEL, L. F. (1973): Pesticide residues in birds and mammals. In: Edwards, C. A. (Ed.): Environmental pollution by pesticides. – London, (Plenum Pr.), 254–312.

SUNDSTRÖM, G., JANSSON, B., JENSEN, S. (1975a): Structure of phenolic metabolites of pp'-DDE in rat, wild seal and guillemot. – Nature 255, 627–628.

SUNDSTRÖM, G., SAFE, S., HUTZINGER, O. (1975b): Polygechlorerde biphenylen, een klassiek geval van milieuverontreiniging. – Chemisch Weekblad (27) 4. Juli 1975, 9–11.

SWENNEN, C. (1972): Chlorinated hydrocarbons attacked the Eider population in the Netherlands. – TNO nieuws, 556–560.

TEN BERGE, W. F., HILLEBRAND, D. M. (1974): Organochlorine compounds in several marine organisms from the North Sea and the Dutch Wadden Sea. – Neth. J. Sea. Res. 8, 361–368.

UBA (Umweltbundesamt) (1977): Materialien zum Immissionsschutzbericht 1977. – Berlin (E. Schmidt).

VAUK, G., LOHSE, H. (1977): Biocid-Belastung von Seevögeln sowie einiger Landvögel und Säuger der Insel Helgoland. Veröffentlichungen aus dem Übersee-Museum Bremen. – Bremen (Selbstverl.).

WADDINGTON, J. I., BEST, G. A., DAWSON, J. P., LITHGOW, T. (1973): PCB in the Firth of Clyde. – Mar. Pollut. Bull. 4, 26–28.

WEBER, K., ERNST, W. (1978a): Occurrence of brominated phenols in the marine polychaete Lanice conchilega. – Naturwiss. 65, 262.

WEBER, K., ERNST, W. (1978b): Levels and pattern of chlorophenols in Water of the Weser estuary and the German Bight. – Chemosphere 7, 873–879.

WHO (World Health Organization) (1975): Long term programme in environmental pollution control in Europe: Ecological aspects on water pollution in specific geographical areas. Study of sublethal effects on marine organisms in the Firth of Clyde, the Oslo Fjord and the Wadden Sea. Report of a Working Group, Wageningen, 2–4 Dec. 1974. – Copenhagen (WHO-Regional Office for Europe).

WILDISH, D. J. (1972): Polychlorinated biphenyls (PCB) in sea water and their effect on reproduction of Gammarus oceanicus. – Bull. Environ. Contam. Toxicol. 7, 182.

WURSTER, C. F. (1968): DDT reduces photosynthesis of marine phytoplankton. – Science 159, 1474–1475.

WURSTER, C. F. (1971): Aldrin and dieldrin. – Environment 13 (8), 33–35.

5.6 Radioaktive Stoffe

ARNDT, J., AURAND, K., GANS, J., RÜHLE, H. (1973): Natürliches Uran in Oberflächen- und Trinkwasser – Toxizität des Urans (Literaturübersicht). – Wa Bo Lu – Bericht 11/73 Berlin (BGA).

AURAND, K., GANS, J., RÜHLE, H. (1974): Vorkommen natürlicher Radionuklide im Wasser, in: Aurand, K. (Ed.): Die natürliche Strahlenexposition des Menschen. – Stuttgart (Thieme).

BMI (1980): Umweltradioaktivität und Strahlenbelastung, Jahresbericht 1977. – Bonn.

BMI (o. J.): Umweltradioaktivität und Strahlenbelastung, Jahresbericht 1976. – Bonn.

BfG (Bundesanstalt für Gewässerkunde) (1978): Bericht der BfG an das BMI für den Jahresbericht: Umweltradioaktivität und Strahlenschutz (i. Dr.).

DHI (Deutsches Hydrographisches Institut) (1978): 31./32. Jahresbericht. 1976/77.

DHI (Deutsches Hydrographisches Institut) (1978): Bericht des DHI an das BMI für den Jahresbericht: Umweltradioaktivität und Strahlenschutz (i. Dr.).

HERSHBERGER, W. K., BONHAM, K., DONALDSON, L. R. (1978): Chronic exposure of chinook salmon eggs and alevins to gamma irradiation: effects on their return to freshwater as adults. – Trans. Am. Fish. Soc. 107, 622–631.

HETHERINGTON, J. A., JEFFERIES, D. F., MITCHELL, N. T., PENTREATH, R. J., WOODHEAD, D. S. (1976): Environmental and public health consequences of the controlled disposal of transuranic elements to the marine environment, in: Transuranium Nuclides in the Environment, IAEA Symposium, San Francisco 17–21 November 1975. International Atomic Energy Agency, Vienna, 139–153.

HYODO-TAGUCHI, Y., EGAMI, N., (1977): Damage to spermatogenic cells in fish kept in tritiated water. – Radiat. Res. 71, 641–652.

HÜBEL, K., RUF, M. (1976): Radioökologische Analyse der Donau, in: Aurand, K. (Ed.): Kernenergie und Umwelt. – Berlin (E. Schmidt).

IAEA (International Atomic Energy Agency) (1976): Effects of ionizing radiation on aquatic organisms and ecosystems. – Techn. Rep. Int. Atom. En. Ag. (172) 131 pp.

KAUTSKY, H. (1973): Radioaktivität im Meer zur Zeit unbedenklich. – Umschau 73 (17), 527–529.

KAUTSKY, H. (1976): The Caesium 137 content in the water of the North Sea during the years 1969 to 1975. – Deutsche Hydrographische Zeitschrift 29/30, 217–221.

KAUTSKY, H. (1979): Transportvorgänge in der Nordsee, in: Krämer, H. R. (Ed.): Die wirtschaftliche Nutzung der Nordsee und die Europäische Gemeinschaft. – Baden-Baden (Nomos), S. 93–97. – Schriftenreihe des Arbeitskreises Europäische Integration. 6.

LUYKX, F., FRASER, G. (1978): Radioactive effluents from nuclear power stations and nuclear fuel reprocessing plants in the European Community: Discharge data 1972–1976. Radiological Aspects. – Luxemburg (Kommission der Europäischen Gemeinschaften). – EUR 6088.

MITCHELL, N. T. (1977): Radioactivity in surface and coastal waters of the British Isles 1976 Part 1: The Irish Sea and its environs, Min. of Agriculture, Fisheries and Food. Direcorate of Fisheries Research. – Fisheries Radiobiological Laboratory Technical Report FRL 13. – Lowestoft.

MITCHELL, N. T. (1978): Radioactivity in surface and coastal waters of the British Isles 1976 Part 2: Areas other than Irish Sea and its environs, Min. of Agriculture, Fisheries and Food. Directorate of Fisheries Research. – Fisheries Radiobiological Laboratory Technical Report FRL 14. – Lowestoft.

MURRAY, C. N., KAUTSKY, H. (1977): Plutonium and Americium activities in the North Sea and German coastal regions. – Estuarine and Coastal Marine Science 5, 319–328.

PENTREATH, R. J., LOVETT, M. B. (1976): Occurence of plutonium and americium in plaice from the north-eastern Irish Sea. – Nature 262, 814–816.

RIME REPORT (1971): Radioactivity in the marine environment, National Academy of Sciences, (sog. Rime Report).

WOODHEAD, D. S. (1977): The effects of chronic irradiation on the breeding performance of the gruppy, Poecilia reticulata (Osteichthyes: Teleostei). – Int. J. Radiat. Biol. 32, 1–22.

WOODHEAD, D. S. (o. J.): Marine Disposal of radioactive wastes. – Helgoländer wissenschaftliche Meeresuntersuchungen 33 (im Druck).

5.7 Folgen von Kies- und Sandgewinnung

FIGGE, K. (1979): Sand- und Kiesvorkommen auf dem Festlandsockel und deren Nutzungsmöglichkeiten. – Arb. d. deut. Fischerei-Verbandes 27, 71–81.

Freie und Hansestadt Hamburg (Ed.) (1976): Projekt Scharhörn. – Bericht des Wissenschaftlichen Ausschusses für gesamtökologische Fragen.

GROOT, S. J. DE (1979a): The consequence of marine gravel extraction for the spawning of herring. – ICES CM. (1979) E: 5.

GROOT, S. J. DE (1979b): An assessment of the potential environmental impact of large-scale sand – dredging for the building of artificial islands in the North Sea. – Ocean Management 5, 211–232.

GROOT, S. J. DE (1979c): The potential environmental impact of marine gravel extraction in the North Sea. – Ocean Management 5, 233–249.

ICES (1979): Report of the ICES Working Group on effects on fisheries of marine sand and gravel extraction. 3rd meeting 21–23 March 1979. – Charlottenlund.

STUNET (Stuurgreop Studie Nordzee Eilanden en Terminals) (1978): Studie betreffend de mogelijke gevolgen voor het milieu door de annleg, de aanwezigheit en het gebruik van een industrie-eiland in de Nordzee. – Dossier 1-2911-46-01.

TIEWS, K. (1979): Probleme für die Fischerei bei der Sand- und Kiesgewinnung. – Arbeiten des deutschen Fischerei-Verbandes 27, 62–70.

5.8 Ökologische Folgen des Stoffeintrags in der Nordsee

AKER, E. (1970): Salzwasseraalseuche in der Deutschen Bucht. – Arch. Fisch. Wiss. 21, 268–269.

AMLACHER, E. (1976): Taschenbuch der Fischkrankheiten. (3. A.). – Stuttg., N. York (G. Fischer).

ANWAND, K. (1962): Beobachtungen der Lymphocystiskrankheit bei Schollen und Flundern. – Dt. Fisch. Ztg. 9, 24–28.

BLAB, J., NOWAK, E., TRAUTMANN, W., SUKOPP, H. (1977): Rote Liste der gefährdeten Tiere und Pflanzen in der Bundesrepublik Deutschland. – Naturschutz aktuell 1, 1–67. – Münster (Kildar).

BONNER, W. N. (1978): Man's impact on seals. – Mammal Rev. 8, 2–13.

DETHLEFSEN, V. (1979a): Auftreten von Fischkrankheiten in der Deutschen Bucht als Folge einer Abwasserbelastung der Region. – Externes Gutachten im Auftrage des Rates von Sachverständigen für Umweltfragen.

DETHLEFSEN, V. (1979b): Häufigkeit und Vorkommen von Fischkrankheiten und mögliche Beziehung zur Verschmutzung der Deutschen Bucht. – Arbeiten des Deutschen Fischerei-Verbandes 27, 169–183.

DJV (Deutscher Jagd Verband) (1980): DJV – Handbuch 1980. – Mainz (D. Hoffmann).

DRESCHER, H. E. (1978): Hautkrankheiten beim Seehund, Phoca vitulina Linné, 1758, in der Nordsee. – Säugetierkundliche Mitt. 26, 50–59.

DRESCHER, H. E. (1978/79): Present status of the harbour seal, Phoca vitulina, in the German Bight (North Sea). – Meeresforschung 27 (1), 27–34.

DRESCHER, H. E. (1979a): Aufgaben, Probleme und Erfolge des Schutzes europäischer Robben durch abgestimmte internationale Forschung. – Natur und Landschaft 54 (6), 198–202.

DRESCHER, H. E. (1979b): Zu Biologie, Ökologie und Schutz der Seehunde im schleswig-holsteinischen Wattenmeer. – Unveröffentlichtes Gutachten.

DRESCHER, H. E., HARMS, U., HUSCHENBETH, E. (1977): Organochlorines and heavy metals in the harbour seal (Phoca vitulina) from the German North Sea Coast. – Marine Biology 41, 99–106.

HELLE, E., OLSSON, M., JENSEN, S. (1976): PCB levels correlated with pathological changes in seal uteri. – Ambio 5, 261–263.

JOENSEN, A. H., SÖNDERGAARD, N. O., HANSEN, E. B. (1976): Occurence of seals and seal hunting in Denmark. – Dan. Revue of Game Biol. 10, 2–20.

KÖHLER, A. (1979): Pathologische Veränderungen der inneren Organe von Flunder (Platichthys flesus) und Stint (Osmerus eperlanus) in der Unterelbe. – Verh. Dtsch. Zool. Ges. 1979, 245.

KOOPS, H., MANN, H. (1966): The cauliflower disease of eels in Germany. – Bull. Off. int. Epiz. 65, 991–998.

KOOPS, H., MANN, H. (1969): Die Blumenkohlkrankheit der Aale. Vorkommen und Verbreitung der Krankheit. – Arch. Fisch. Wiss. Beih. 20, 5–15.

MANN, H. (1970): Über den Befall der Plattfische der Nordsee mit Lymphocystis. – Ber. dt. wiss. Komm. Meeresforsch. 21, 219–223.

McCAIN, B. B., MYERS, M. S., GRONLUND, W. D., WELLINGS, S. R., ALPERS, C. E. (1978): The frequency distribution, and pathology of three diseases of demersal fishes in the Bering Sea. – J. Fish Biol. 12, 267–276.

MÖLLER, H. (1977): Distribution of some parasites and diseases of fishes from the North Sea in February, 1977. – ICES. – C. M. 1977/E: 20.

MÖLLER, H. (1978): Geographical and seasonal variation in fish pests in North Sea and Baltic. – ICES. – C. M. 1978/E: 9.

MÖLLER, H. (1979): Geographical distribution of fish diseases in the NE Atlantic. A bibliographic review. – Meeresforschung 27 (4) 217–235.

OLOFSSON, S., LINDAHL, P. E. (1979): Decreased fitness of cod (Gadus morrhua L.) from polluted waters. – Marine Environ. Res. 2, 33–45.

PETERS, G. (1975): Seasonal fluctuations in the incidence of epidermal papillomas of the European eel Anguilla anguilla. – J. Fish Biol. 2, 415–422.

PETERS, G., PETERS, N. (1977): Temperature-dependent growth and regression of epidermal tumors in the European eel (Anguilla anguilla L.). – Annals of the New York Academy Sciences 298, 245–260.

PETERS, N., PETERS, G., BRESHING, G. (1972): Redifferenzierung und Wachstumshemmung von epidermalen Tumoren des europäischen Aals unter Einwirkung von Chininsulfat. – Arch. Fisch. Wiss. 23, 47–63.

REIJNDERS, P. J. H. (1978): Recruitment in the harbour seal (Phoca vitulina) population in the Dutch Wadden Sea. – Neth. J. Sea Res. 12, 164–179.

SINDERMANN, C. J. (1979): Pollution-associated diseases and abnormalities of fish and shellfish: a review. – Fishery Bulletin 76 (4), 717–749.

SUMMERS, C. F., BONNER, W. N., HAAFTEN, J. VAN (1978): Changes in the seal populations of the North Sea. – Rapp. P.-v. Réun. Cons. int. Explor. Mer 172, 278–285.

VAUGHAN, R. W. (1978): A study of Common seals in the Wash. – Mammal Rev. 8, 25–34.

WUNDER, W. (1971): Mißbildungen beim Kabeljau (Gadus morrhua) verursacht durch Wirbelsäulenverkürzung. – Helgol. wiss. Meeresunters. 22, 201–212.

5.9 Exkurs Abwärme

ARGE Elbe (1973): Wärmelastplan für die Elbe. – Arbeitsgemeinschaft für die Reinhaltung der Elbe.

ARGE Weser (1974): Wärmelastplan Weser. – Arbeitsgem. der Länder zur Reinhaltung der Weser.

KINGWELL, S. J. (1974): The use of artificially warmed water for marine fish cultivation. Referate der 6. Fachtagung anläßlich „Pro aqua, pro vita". – Luft und Wasser, Bd. 6 A, 298–310.

KUHLMANN, H. (1976): Preliminary fish farming experiments in brackish water thermal effluents, in:

Pillay, T. V. R., Dill, W. A. (Eds.): Advances in Aquaculture; papers presented at the FAO Technical Conference on Aquaculture Kyoto, Japan, 26 May – 2 June 1976, S. 502–505. Farnham (Surrey) England (Fishing News Books Ltd).

MÖLLER, H. (1978): Ecological effects of cooling water of a river plant at Kiel Fjord. – Meeresforschung 25 (3–4), 117–130.

6. Belastung der Nordsee durch Erdöl und -produkte

AALUND, L. R. (1976): Wide variety of crudes gives refiners range of charge stocks. – Oil and Gas Journal 74 (13), 87–122; 74 (15), 72–78; 74 (17), 112–126; 74 (19), 85–94; 74 (21), 80–87; 74 (23), 139–148; 74 (25), 137–152; 74 (27), 98–108.

AEV (Arbeitsgemeinschaft Erdölgewinnung und -verarbeitung) (1979): Für die Bundesrepublik Deutschland bestimmte Rohölanlandungen und Bestände in den Häfen im Monat Juni 1979. Computerdruck. – Hamburg, den 23. 7. 1979.

BAKER, J. M. (1971a): The effects of a single oil spillage, in: Cowell, E. B. (Ed.): The ecological effects of oil pollution on littoral communities. – Essex (Applied Science Publ.), S. 16–20.

BAKER, J. M. (1971b): Succesive spillages, in: Cowell, E. B. (Ed.): The ecological effects of oil pollution on littoral communities. – Essex (Applied Science Publ.), S. 21–32.

BAKER, J. M. (1971c): Seasonal effects, in: Cowell, E. B. (Ed.): The ecological effects of oil pollution in littoral communities. – Essex (Applied Science Publ.), S. 44–51.

BAKER, J. M. (1971d): Effects of cleaning, in: Cowell, E. B. (Ed.): The ecological effects of oil pollution in littoral communities. – Essex (Applied Science Publ.), S. 52–57.

BAKER, J. M. (1971e): Refinery effluent, in: Cowell, E. B. (Ed.): The ecological effects of oil pollution on littoral communities. – Essex (Applied Science Publ.), S. 33–43.

BAKER, J. M. (1978): Marine ecology and oil pollution. – J. Water Pollut. Control Fed. 50 (3), 442–449.

BELLAMY, D. J., CLARKE, P. H., JOHN, D. M., JONES, D., WHITTICK, A., DARKE, T. (1967): Effects of pollution from the Torrey Canyon on littoral and sublittoral ecosystems. – Nature 216, 1170–1173.

BERGHOFF, W. (1968): Erdölverarbeitung und Petrochemie. Ein Wissensspeicher. – Leipzig (VEB Deutscher Verl. für Grundstoffindustrie), S. 44–64.

BERNE, S., D'OZOUVILLE, L. (Ed.) (1979): „Amoco Cadiz" – Cartographie des apports polluants et des zones contaminées. Centre Nat. pour l'Exploitation des Oceans/Centre Océanolog. de Bretagne, Brest.

BLEAKLEY, R. J., BOADEN, P. J. S. (1974): Effects of an oil spill remover on beach meiofauna. – Annls. Inst. Oceanogr. Monaco 50, 51–58.

BLOHM u. VOSS GmbH (1979): Mechanische Ölabschöpfgeräte für Hohe See mit Entsorgungssystem. Wasser- und Schiffahrtsdirektion Nord (Kiel).

BMFT (1979): BMFT-Mitteilungen vom 17. 12. 1979. Bonn (BMFT) S. 136.

BMI (1978): Vorentwurf zur Störfallverordnung vom Sept. 1978, Anlage 1, Nr. 143.

BOESCH, D. F., HERSHNER, C. H., MILGRAMM, J. H. (1974): Oil spills and the marine environment. – Cambridge, Mass. (Ballinger Publ.).

BREMISCHE BÜRGERSCHAFT (Landtag), 9. Wahlperiode, 75. Sitzung am 1. 2. 1979. Folgen von Ölunfällen und Ölabwehrkatastrophenmaßnahmen. Große Anfrage der Fraktion der SPD vom 16. Jan. 1979 (Drs. 9/953).

BROWN, D. H. (1974): Field and laboratory studies on detergent demage to lichens at the Lizard, Cornwall. – Cornish Stud. 2, 33–40.

CABIOCH, L., DAUVIN, J.-C., Gentil, F. (1978): Preliminary observations on pollutions of the sea bed and disturbance of sub-littoral communities in northern Britany by oil from the Amoco Cadiz. – Mar. Pollut. Bull. 9 (11), 303–307.

CALDER, J. A., BOEHM, P. D. (1979): Year study of weathering processes acting on the Amoco Cadiz oil spill, in: Amoco Cadiz: fates and effects of the oil spill – Centre Océanologique de Bretagne, Brest, 19 au 22 novembre 1979.

CHASSE, C. (1978): The ecological impact on and near shores by the Amoco Cadiz oil spill. – Mar. Pollut. Bull. 9 (11), 298–301.

CLARK, R. C., BROWN, D. W. (1977): Petroleum: Properties and analyses in biotic and abiotic systems in: Malins, D. C. (Ed.): Effects of petroleum on arctic and subarctic marine environments and organisms. Vol. I: Nature and fate of petroleum. – New York (Academic Pr.), S. 2–75.

COOPER, L. (1968): Scientific consequences of the wreck of the „Torrey Canyon". – Helgoländer wiss. Meeresunters. 17, 340–355.

CRAPP, G. B. (1971): Chronic oil pollution, in: Cowell, E. B. (Ed.): The ecological effects of oil pollution in littoral communities. – Essex (Applied Science Publ.), S. 187–203.

CROSS, F. A., DAVIS, W. P., HOSS, D. E., WOLFE, D. A. (1978): Biological observations, in: Hess, W. N. (Ed.): The Amoco Cadiz oil spill. – Washington D. C. – NOAA/EPA Special Report, S. 197–215.

DGMK (Deutsche Gesellschaft für Mineralölwissenschaft und Kohlechemie e. V.) (1979): Bericht über die Diskussionstagung der DGMK-Fachgruppe Analytik vom 4.–5. Oktober 1979 in Lahnstein. – Hamburg.

DOE (Department of the Environment) (1976): Accidental oil pollution of the sea. A report by officials on oil spills and clean-up measures. – London (HMSO). Pollution Paper No. 8.

DREW, E. A., FORSTER, G. R., GAGE, J., HARWOOD, G., LARKUM, A. W. D., LYTHGOE, J. N.,

POTTS, G. W. (1967): „Torrey Canyon" report. – Underw. Assoc. Rep. 1966–1967, 53–60.

EXXON (1979): Oil spill cleanup manual. Response guidelines. Exxon Corporation, December 1979.

FROST, L. C. (1974): Torrey Canyon disaster: the persistent toxic effects of detergents on cliff-edge vegetation at the Lizard peninsula, Cornwall. – Cornish Stud. 2, 5–14.

GERLACH, S. A. (1976): Meeresverschmutzung – Diagnose und Therapie. – Berlin (Springer).

GERLACH, S. A. et al. (1978): Meereskundliche Untersuchung von Ölunfällen. Aktionsprogramm der Meeresforschung in der Bundesrepublik Deutschland für den Fall eines größeren Ölunfalls im deutschen Meeres- und Küstengebiet. – Bremerhaven (Inst. für Meeresforschung).

GERLACH, S. A. et al. (1979): Meereskundliche Untersuchung von Ölunfällen. Aktionsprogramm der Meeresforschung in der Bundesrepublik Deutschland für den Fall eines größeren Ölunfalls im deutschen Meeres- und Küstengebiet. – Bremerhaven (Institut für Meeresforschung).

GIERE, O. (1979): Ölpest – schwarzer Tod unserer Meere? – Umschau 79 (16), 501–506.

GOLOMBEK, N. (1979): Auswirkungen der Verölung auf Gefäßpflanzen. Ein Diskussionsbeitrag. In: UBA (Ed.): Zwischenbericht „Auswirkungen von Tankerunfällen vor der deutschen Küste auf das Ökosystem Wattenmeer". Berichtskolloquium am 12. 12. 1979 in Bremerhaven.

GUNDLACH, E., HAYES, M. (1978): Investigations of beach processes, in: Hess, W. N. (Ed.): The Amoco Cadiz oil spill. – Washington D. C. – NOAA/EPA Special Report, S. 85–196.

HALL, L. W., BUIKEMA, A. L., CAIRNS, H. (1978): Effects of simulated refinery effluent on grass-shrimp, Paleomonetes pugio. – Arch. Environm. Contam. Toxicol. 7, 23–35.

HANN, R. W., RICE, L., TRUJILLO, M.-C., YOUNG, H. N. (1978): Oil spill cleanup activities, in: Hess, W. N. (Ed.): The Amoco Cadiz oil spill – Washington D. C. – NOAA/EPA Special Report, S. 229 ff.

HELLMANN, H., ZEHLE, H. (1972): Die Ölviskosität als wirksamkeitsbegrenzender Faktor bei der Ölbekämpfung in Gewässern mit Hilfe von ölverteilenden Chemikalien. – Tenside 9 (2), 61–65.

HELLMANN, H., MÜLLER, D. (1975): Untersuchungen der langfristigen Veränderung von Mineralölen auf Gewässern. Bericht „Wasser Nr. 11/72 (W)" für das BMI. – Koblenz (Bundesanstalt für Gewässerkunde).

HELLMANN, H., MÜLLER, D. (1975): Untersuchungen der langfristigen Veränderung von Mineralölen auf Gewässern. Bericht „Wasser Nr. 11/72 (W)" für das BMI. – Koblenz (BfG).

HOPE-JONES, P., MONNAT, J. Y., CADBURY, C. J., STOWE, T. J. (1978): Birds oiled during the Amoco Cadiz incident – an interim report. – Mar. Pollut. Bull. 9 (11), 307–310.

HÖPNER, Th. et al. (1979): Untersuchungen über die Wirkungen einer auf der Wattoberfläche liegenden Ölschicht auf den Chemismus tieferer Sedimentschichten unter Einsatz eines Diffusions-Probenehmers für interstitielles Wasser. Univ. Oldenburg. Ein Diskussionsbeitrag. In: UBA (Ed.): Zwischenbericht „Auswirkungen von Tankerunfällen vor der deutschen Küste auf das Ökosystem Wattenmeer". Berichtskolloquium am 12. 12. 1979 in Bremerhaven.

HUANG, C. P., ELLIOTT, H. A. (1977): The stability of emulsified crude oils as effected by suspended particles, in: Wolfe, D. A. et al. (Eds.): Fate and effects of petroleum hydrocarbons in marine ecosystems, S. 413–420.

ICES (1977): The Ekofisk Bravo Blow-Out. C. M. 1977/E: 55.

IKU (Institute of Continental Shelf Surveys) (1977): Bravo-Blow-Out. – Oslo, Norw. (Norwegian Information Publ.). – IKU-Report No. 90.

ILSEMANN, W. von (1979): Tankschiffahrt zwischen Energiesicherung und Umweltschutz. HANSA-, Schiffahrt-Schiffbau-Hafen 116 (20) 1508 – 1511.

ITOPF (The International Tanker Owners Pollution Federation Ltd., London) (1979): Measures to enhance oil spill response within the EEC. Report of a study carried out on behalf of the Commission of the European Communities. ENV 223/74/EN. November 1979.

JADAMEC, J. R., KLEINBERG, G. A. (1978): United States Coast Guard combats oil pollution. – International Environment and Safety, Oct. 1978, 9–13.

JOHNSTONE, R. (1970): The decomposition of crude oil residues in sand columns. – J. Mar. Biol. Assoc. U. K. 50, 925–937.

KAWAHARA, F. K. (1974): Recent developments in the identification of asphalts and other petroleum products. Marine Pollution Monitoring (Petroleum). Natl. Bureau of Standards Spec. Publ. No. 409, S. 145–148.

KÖNIG, D. (1968): Biologische Auswirkungen des Abwassers einer Öl-Raffinerie in einem Vorlandgebiet an der Nordsee. – Helgoländer wissenschaftliche Meeresforschungen 17, 321–334.

KRÜGER, K. (1977): „Mein Gott, wenn da was passiert!" (Von Alt-Bundespräsident W. Scheel.) – Geo-Magazin 1 (6) 110–134.

KRÜGER, K. (1978a): Die Bombe tickt auch vor unserer Tür. Teil I. – Yacht 10, 164–180.

KRÜGER, K. (1978b): Die Bombe tickt auch vor unserer Tür. Teil II. – Yacht 11, 108–114.

LEHMANN, H. (1964): Erdöllexikon (4. Aufl.). – Heidelberg (Springer).

LINDEN, A. C. van der (1978): Degradation of oil in the marine environment, in: Developments in Biodegradation of Hydrocarbons. – Essex (Applied Science Publ.) S. 165–200.

LLOYD'S (1979): Lloyd's Shipping Index, Tuesday Sep. 25, 1979. Lloyd's London Press.

McAULIFFE, C. D. (1977): Evaporation and solution of C_2 to C_{10} hydrocarbons from crude oils on the sea surface, in: Wolfe, D. A. et al. (Eds.): Fate and effects of petroleum hydrocarbons in marine ecosystems and organisms. Proceedings of a Symposium. – Oxford (Pergamon Pr.), S. 363 – 372.

MARCINOWSKI, H.-J. (1978): Ölsperren – Grundlagen, Forderungen, technische Lösungen. – Wasser und Boden 8, 214 – 218.

MARCINOWSKI, H.-J. (1979 a): Die Beseitigung von wassergefährdenden Flüssigkeiten von Wasseroberflächen (Erwartungen und Aussichten). In: Hübner, H. (Ed.): Wasser-Kalender 1979. – Berlin (E. Schmidt) S. 44 – 79.

MARCINOWSKI, H.-J. (1979 b): Ölausbreitung. Vorhersage der Ausbreitung von Ölen in Böden und Gewässern. – Gefährliche Ladung 2, 37 – 39.

MARCINOWSKI, H.-J. (1980): Die Bekämpfung von Ölkatastrophen. Erfahrungen – Erschwernisse – Möglichkeiten. In: Hübner, H. (Ed.): Wasser-Kalender 1980. – Berlin (E. Schmidt) S. 36 – 78.

McINTYRE, A. D., WHITTLE, K. J. (Eds.) (1977): Petroleum hydrocarbons in the marine environment. – Rapp. P.-v. Réun. Cons. int. Explor. Mer 171. ICES (Charlottenlund).

MOSTERT, N. (1975): Supership. – New York (Warner Books), S. 58 – 83, 230 – 235, 366 – 382.

MWV (Mineralölwirtschaftsverband e. V.) (1979 a): Lagebericht. (Hamburg, den 13. 8. 1979).

MWV (Mineralölwirtschaftsverband e. V.) (1979 b): Lagebericht. (Hamburg, den 2. 7. 1979/8-sa).

NATALI, N. (1979): Intervention de Monsieur Natali, Vice-Président de la Commission sur l'Etat des Travaux de la Commission en exécution du Programme de contrôle et de réduction de la pollution causée par le déversement d'hydrocarbures en mer. Commission des Communautés Européenes, Bruxelles, le 12 décembre 1979.

NOU (Norges Offentlige Utredninger) (1977): The Bravo Blow-Out: The Action Command's Report, NOU (1977): 57 A, Universitetsforlaget Oslo – Bergen – Tromsø.

RAHN, U. et al. (1979): Ermittlung von Schwachstellen – Maßnahmen zur Vermeidung von Umweltschäden bei industriellen Aktivitäten im Meer. Abschlußbericht BMFT MFU 0334. Dornier System GmbH, Friedrichshafen, Mai 1979.

RSPB (The Royal Society for the Protection of Birds) (1979): Marine oil pollution and birds. Sandy, Bedsh.

RALPH, R., GOODMANN, K. (1979): Foul beneath the waves. – New Scientist 82 (1160), 1018 – 1020.

RUMPF, K. K. (1969): Mineralöle und verwandte Produkte (2. Aufl.). – Berlin (Springer), S. 306 – 348.

SALZWEDEL, H., MURKEN, J. (1978): Bericht über die Folgen des „Amoco-Cadiz"-Ölunfalls an der bretonischen Küste. In: Ganslmayr, R. (Ed.): Meeresver-

schmutzung. – Bremen (Museum, Selbstverl.) – Veröffentlichungen aus dem Übersee-Museum, Bremen, Reihe E, Human-Ökologie, Bd. 1, S. 29 – 89.

SHMITH, M. E. (1968): „Torrey Canyon". Pollution and marine life. – London (Cambridge Univ. Pr.).

SPOONER, M. F. (1978): The Amoco Cadiz oil spill. – Marine Poll. Bull. 9 (11), 181 – 184.

STØRMER, F. C., VINSJANSEN, A. (1976): Microbial degradation of Ekofisk oil in seawater by Saccharomy copsis lipolytica. – Ambio 5 (3), 141 – 142.

SOUTHWARD, A. J., SOUTHWARD, E. C. (1978): Recolonisation of rocky shores in Cornwall after use of toxic dispersants to clean up the Torrey Canyon spill. – J. Fish. Res. Board of Canada 35 (5), 682 – 706.

STEELE, R. L. (1977): Effects of certain petroleum products on reproduction and growth of zyotes and juvenile stages of the alga Fucus edentatatus de la Pyl (Phaeophyceae: Fucales), in: Wolfe, D. A. et al. (Eds.): Fate and effects of petroleum hydrocarbons in marine organisms and ecosystems. New York (Pergamon Pr.), S. 138 – 142.

TARZWELL, C. M. (1975): Toxicity of oil and oil-dispersant mixtures of aquatic life. Seminar on Water Pollution by Oil, Aviemore Scotland (Zitiert nach Huang und Elliott, 1977).

THURSTON, A. D., KNIGTH, R. W. (1971): Characterization of crude and residual-type oils by fluorescence spectroscopy. – Environmental Science and Technology, 1971 (5), 64 – 69.

TISSOT, B. P., WELTE, D. H. (1978): Petroleum Formation and Occurence. A new approach to oil and gas exploration. – Berlin (Springer).

UBA (Umweltbundesamt) (1979): Zwischenbericht für das Forschungsvorhaben Wasser 102 08 018 „Auswirkungen von Tankerunfällen vor der deutschen Küste auf das Ökosystem Wattenmeer". Berichtskolloquium am 12. Dez. 1979 in Bremerhaven. – Berlin (UBA) (im Druck).

ULLMANN (1975): Enzyklopädie der technischen Chemie, Bd. 10 (4. Aufl.) Weinheim (Verl. Chemie), S. 622 – 637.

ULRICH, J. (1979): Bodenrippeln als Indikatoren für Sandbewegung. In: DFG-Forschungsbericht: Sandbewegung im Küstenraum. Rückschau, Ergebnisse und Ausblick. Ein Abschlußbericht. – Boppard (Boldt Verl.), S. 333 – 350.

VDI (1979): Fahrtenergie von Tankern berechnet. Radarsystem mit Prozeßdatenverarbeitung warnt vor Kollisionen. – VDI-Nachrichten 33 (47), 1.

WIBORG, K.: Warum soll ich noch den Mund halten? Der Hamburger Reeder Drescher legt sich mit dem ÖTV an; Mannschaftswechsel vor der deutschen Küste. Frankfurter Allgemeine, vom 15. 11. 1979, S. 13.

WWA (Wasserwirtschaftsamt Wilhelmshaven) (1979): Die Wassergüte der Jade. Bericht für STALA Wilhelmshaven am 6./7. Sept. 1979.

7.1 Fischereibiologie

ANDERSEN, K. P., URSIN, E. (1977): A multispecies extension to the Beverton and Holt theory of fishing, with accounts of phosphorus circulation and primary production. – Meddr. Danm. Fisk. – og Havunders. NS 7, 319–435.

ANDERSEN, K. P., URSIN, E. (1978): A multispecies analysis of the effects of variations of effort upon stock composition of eleven North Sea fish species. – Rapp. P.-v. Réun. Cons. int. Explor. Mer 172, 286–291.

BANNISTER, R. C. A. (1978): Changes in plaice stocks and plaice fisheries in the North Sea. – Rapp. P.-v. Réun. Cons. int. Explor. Mer 172, 86–101.

BEVERTON, R. J. H., HOLT, S. J. (1957): On the dynamics of exploited fish populations. – Fish. Invest. (London), Ser. 2, 19, 553 pp.

BODDEKE, R. (1978): Changes in the stock of Brown Shrimp (Crangon crangon L.) in the coastal area of the Netherlands. – Rapp. P.-v. Réun. Cons. int. Explor. Mer 172, 239–249.

BURD, A. C. (1978): Long-term changes in the North Sea herring stocks. – Rapp. P.-v. Réun. Cons. int. Explor. Mer 172, 137–153.

CORTEN, A. A. H. M. (1978): Een korte geschiedenis van de beschermende maatregelen voor Nordzee haring. – Visserij 31 (1), 71–78.

CUSHING, D. H. (1975): Marine ecology and fisheries. – London. (Cambridge Univ. Pr.). 278 pp.

CUSHING, D. H. (1978): Biological effects of climatic change. – Rapp. P.-v. Réun. Cons. int. Explor. Mer 173, 107–116.

CUSHING, D. H., DICKSON, R. R. (1976): The biological response in the sea to climatic changes. – Adv. Mar. Biol. 14, 1–122.

DAAN, N. (1978): Changes in cod stocks and cod fisheries in the North Sea. – Rapp. P.-v. Réun. Cons. int. Explor. Mer 172, 39–57.

DANKERS, N., WOLFF, W. J., ZIJLSTRA, J. J. (Eds.) (1978): Fishes and fisheries of the Wadden Sea. – Report 5 of the Wadden Sea working group. – (Leiden).

DETHLEFSEN, V. (1979): Krankheitserscheinungen beim Fisch. – Arbeiten des Deutschen Fischerei-Verbandes 27, 169–183.

DRINKWAARD, A. C. (1976): Die niederländische Miesmuschelzucht und Bemühungen um ihre Verbesserung. – Arbeiten des Deutschen Fischerei-Verbandes 20, 22–46.

EDWARDS, D. J. (1978): Salmon and trout farming in Norway. – Farnham (Fishing News Books). 195 p.

EDWARDS, E. (1979): The edible crab and its fishery in British waters. – Farnharm (Fishing News Books). 142 p.

ESSINK, K., WOLFF, W. J. (Eds.) (1978): Pollution of the Wadden Sea area. – Report 8 of the Wadden Sea working group. – (Leiden).

GOLDENBERG, E. D. (Ed.) (1973): North sea science. – Cambridge, Mass. (M.I.T. Pr.). 500 p.

GLOVER, R. S., ROBINSON, G. A., COLEBROOK, J. M. (1974): Marine biological surveillance. – Environment and Change 2, 395–402.

GULLAND, J. A. (Ed.) (1977): Fish pollution dynamics. 372 pp. – Chichester (Wiley). 372 p.

HAMRE, J. (1978): The effect of recent changes in the North Sea mackerel fishery on stock and yield. – Rapp. P.-v. Réun. Cons. int. Explor. Mer 172, 197–210.

HARDING, D., NICHOLS, J. H., TUNGATE, D. S. (1978): The spawning of plaice (Pleuronectes platessa L.) in the southern North Sea and English Channel. – Rapp. P.-v. Réun. Cons. int. Explor. Mer 172, 102–113.

HEMPEL, G. (1977): Fischerei in marinen Ökosystemen. – Verh. Dtsch. Zool. Ges. 1977, 67–85.

HEMPEL, G. (1978a): North Sea fisheries and fish stock – a review of recent changes. – Rapp. P.-v. Réun. Cons. int. Explor. Mer 173, 145–167.

HEMPEL, G. (Ed.) (1978b): North Sea fish stocks – recent changes and their causes. – Rapp. P.-v. Réun. Cons. int. Explor. Mer 172.

HEMPEL, G. (1978c): Synopsis of the symposium on North Sea fish stocks – recent changes and their causes. – Rapp. P.-v. Réun. Cons. int. Explor. Mer 172, 445–449.

HEMPEL, G. (1978d): Biologische Probleme der Befischung mariner Ökosysteme. – Verh. Ges. Dtsch. Naturf. u. Ärzte 1976, 69–75.

HEMPEL, G. (1978e): Fisch frißt Fisch. Nahrungsketten und Fangerträge in der Nordsee. – Umschau 78 (9), 271–277.

HILL, H. W., DICKSON, R. R. (1978): Long-term changes in North Sea hydrography. – Rapp. P.-v. Réun. Cons. int. Explor. Mer 172, 310–334.

HOLDEN, M. J. (1978): Long-term changes in landings of fish from the North Sea. – Rapp. P.-v. Réun. Cons. int. Explor. Mer 172, 11–26.

ICES (1978): The biology, distribution and state of exploitation of shared stocks in the North Sea area. – Coop. Res. Rep. 74. 81 p. – Charlottenlund.

JONES, R., HISLOP, J. R. G. (1978): Changes in North Sea haddock and whiting. Rapp. P.-v. Réun. Cons. int. Explor. Mer 172, 58–71.

KINNE, O., ROSENKRANZ, H. (1977): Commercial cultivation, in: Kinne, O. (Ed.): Marine Ecology 3 (3), 1321–1398. – Chichester (Wiley).

KLEINSTEUBER, H., WILL, K. R. (Eds.) (1976): Frische Seemuscheln (Mytilus edulis L.) als Lebensmittel. Muschelsymposium 1975 in Oldenburg. – Arbeiten des Deutschen Fischerei-Verbandes, H. 20, 1–161.

KORRINGA, P. (1973): The edge of the North Sea as nursery ground and shellfish area, in: Goldberg, E. D. (Ed.) North Sea science, 361–382.

KORRINGA, P. (1976a): Farming marine organisms low in the food chain. – Developments in Aquaculture and Fisheries Science 1. – Amsterdam (Elsevier). 264 p.

KORRINGA, P. (1976b): Farming the flat oysters of the genus Ostrea. – Developments in Aquaculture and Fisheries Science. 3. – Amsterdam (Elsevier). 238 p.

KÜHLMORGEN-HILLE, G. (1977): Wachstum und Nutzung von Herzmuscheln (Cardium edule) an der Nordseeküste von Schleswig-Holstein. – Informationen für die Fischwirtschaft 24 (6), 212–214.

LEE, A. (1978): Effects of man on the fish resources of the North Sea. – Rapp. P.-v. Réun. Cons. int. Explor. Mer 173, 231–240.

MEIXNER, R. (1979): Eiswinter 1978/79 bedroht Herz- und Miesmuschelbänke. – Informationen für die Fischwirtschaft 26 (1), 26–27.

MICHAELIS, H. (1978): Recent biological phenomena in the German Wadden Sea. – Rapp. P.-v. Réun. Cons. int. Explor. Mer 172, 276–277.

MÖLLER, Ch. J. (1977): Die Fische der Nordsee. Stuttgart (Franckh.). 128 S.

MUUS, B. J., DAHLSTRÖM, D. (1965): Meeresfische in Farben. – München (BLV). 244 S.

NELLEN, W. (1978a): Probleme der wirtschaftlichen Nutzung mariner Ökosysteme. – Verh. Ges. f. Ökol., Kiel 1977, 67–76.

NELLEN, W. (1978b): Das Wattenmeer: Ökologische Kostbarkeit und Goldgrube für den Fischer. – Umschau 78 (6), 163–169.

PARSONS, T. R., JANSSON, B.-O., LONGHURST, A. R., SAETERSDAL, G. (Eds.) (1978): Marine ecosystems and fisheries oceanography. – Rapp. P.-v. Réun. Cons. int. Explor. Mer 173 Charlottenlund (ICES).

POPP MADSEN, K. (1978): The industrial fisheries in the North Sea. – Rapp. P.-v. Réun. Cons. int. Expor. Mer 172, 27–30.

POSTMA, H. (1978): The nutrient contents of North Sea water: Changes in recent years, particularly in the Southern Bight. – Rapp. P.-v. Réun. Cons. int. Explor. Mer 172, 350–357.

POSTUMA, K. H. (1978): Immigration of southern fish into the North Sea. – Rapp. P.-v. Réun. Cons. int. Explor. Mer 172, 225–229.

RAUCK, G., ZIJLSTRA, J. J. (1978): On the nursery-aspects of the Wadden Sea for some commercial fish species and possible long-term changes. – Rapp. P.-v. Réun. Cons. int. Explor. Mer 172, 266–275.

REAY, P. J. (1979): Aquaculture. – Studies in Biology 106. – London (Arnold). 60 p.

SAHRHAGE, D., WAGNER, G. (1978): On fluctuation in the haddock population of the North Sea. – Rapp. P.-v. Réun. Cons. int. Explor. Mer 172, 72–85.

TALBOT, J. W. (1978): Changes in plaice larval dispersal in the last fifteen years. – Rapp. P.-v. Réun. Cons. int. Explor. Mer 172, 114–123.

TAMBS-LYCHE, H. (1978): Monitoring fish stocks: the role of ICES in the North-East Atlantic. – Marine Policy, April 1978, 127–132.

TIEWS, K. (1977): Zur Aquakultur in der Bundesrepublik Deutschland. – Sonderdr. d. Aquakultur Entwicklungs- u. BeratungsGmbH, Bremerhaven.

TIEWS, K. (1978a): On the disappearance of Bluefin Tuna in the North Sea and its ecological implications for Herring and Mackerel. – Rapp. P.-v. Réun. Cons. int. Explor. Mer 172, 301–309.

TIEWS, K. (1978b): The predator-prey relationship between fish populations and the stock of brown shrimp (Crangon crangon L.) in German coastal waters. – Rapp. P.-v. Réun. Cons. int. Explor. Mer 172, 250–258.

TIEWS, K. (1978c): The German industrial fisheries in the North Sea and their by-catches. – Rapp. P.-v. Réun. Cons. int. Explor. Mer 172, 230–238.

TIEWS, K. (1979): By-catch in the shrimps (Crangon crangon) fishery of the Federal Republic of Germany in 1977. – Ann. Biol. 34, 227–228.

TIEWS, K., MANN, H. (Eds.) (1976): Fortschritte in der Aquakultur und die Belastung der Gewässer durch Intensivzucht und Maßnahmen zu ihrer Bekämpfung. – Arbeiten des Deutschen Fischerei-Verbandes 19, 1–218.

TIEWS, K., SCHUMACHER, A. (1977): Nordseegarnele der deutschen Küste optimal befischt. – Informationen für die Fischwirtschaft 24 (2), 52–56.

URSIN, E., ANDERSEN, K. P. (1978): A model of the biological effects of eutrophication in the North Sea. – Rapp. P.-v. Réun. Cons. int. Explor. Mer 172, 366–377.

URSIN, E. (1979): Eine neue Grundlage für die Regulierung der Fischerei. – Vortrag 16. Nordische Fischereikonferenz, Mariehamn, Aland 28.–31. 8. 1978 (Deutsche Übersetzung von F. Thurow). Informationen für die Fischwirtschaft 26 (1), 3–9.

WILL, K. R. (1976): Die Muschelaufzucht an der Deutschen Nordseeküste. – Arbeiten des Deutschen Fischerei-Verbandes 20, 1–14.

WOOD, P. C. (1976): Guide to shellfish hygiene. WHO Offset Publ. No. 31. 80 p. (Geneva).

7.2 Schadstoffe in marinen Lebensmitteln

Bundesamt für Ernährung und Forstwirtschaft (1979): Zentrales Daten- und Informationssystem AGRUM des Bundesamtes für Ernährung und Forstwirtschaft – Grundkarte Nr. 03/02–02 (V).

Bundesgesundheitsamt (1979): Richtwerte 1979 für Blei, Cadmium und Quecksilber in und auf Lebensmitteln – Bundesgesundheitsblatt 22, 282–283.

DFG (1979): Rückstände in Fischen – Situation und Bewertung. – Mitteilung VII.

EDER, G., SCHAEFER, R., ERNST, W., GOERKE, H. (1976): Chlorinated hydrocarbons in animals of the Skagerrak. – Veröff. Inst. Meeresforsch. Bremerhaven 16, 1–9.

HARMS, U. (1979): Speicherung von Schadstoffen im Fisch und in anderen Meerestieren. Vortrag Jahrestagung dt. Fischerei-Verband, 10. 5. 1979.

HUSCHENBETH, E. (1973): Zur Speicherung von chlorierten Kohlenwasserstoffen im Fisch. – Arch. Fisch. Wiss. 24, 105–116.

IARC (International Agency for Research on Cancer) (1973): Monographs on the evaluation of carcinogenic risk of chemicals to man. Some inorganic and organometallic compounds. – Vol. 2. – Lyon.

ICES (1974): Report of Working Group for the International Study of the Pollution of the North Sea and its Effects on Living Resources and their Exploitation. – ICES Cooperative Research Report No. 39, Charlottenlund.

ICES (1977a): The ICES Coordinated Monitoring Programme in the North Sea. – Cooperative Research Report No. 58.

ICES, (1977b): – The ICES Coordinated Monitoring Programme 1975 and 1976. – Cooperative Research Report No. 72.

KARBE, L., SCHNIER, Ch., SIEWERS (1977): Trace elements in mussels (Mytilus edulis) from coastal areas of the North Sea and the Baltic. Multielement analyses using Instrumental Neutron Activation Analyses (INAA) – J. Radioanal. Chem. 37, 927–943.

KATSUNA, B. (Ed.) (1968): Minamata disease. – Kumamoto University, Japan.

KRÜGER, K., NIEPER, L. (1978): Bestimmung des Quecksilbergehaltes der Seefische auf den Fangplätzen der deutschen Hochsee- und Küstenfischerei. – Arch. f. Lebensmittelhygiene 29, 165–168.

MOORE, S., HARRIS, R. (1972): Effects of polychlorinated biphenyl on marine phytoplankton communities. – Nature 240, 356–357.

NIIGITA REPORT (1967): Report on the cases of mercury poisoning in Niigita – Tokyo (Ministry of Health and Welfare).

SCHAEFER, R., ERNST, W., GOERKE, H., EDER, G. (1976): Residues of chlorinated hydrocarbons in North Sea animals in relation to biological parameters – Ber. dt. wiss. Komm., Meeresforsch. 24, 232–233.

SVANBERG, O., LINDEN, E. (1979): Chlorinated paraffins an environmental hazard? Ambio 8, 206–209.

WHO (World Health Organisation) (1976): Environmental health criteria. 2: Polychlorinated biphenyls and terphenyls. – Geneva.

WOLF, P. de (1975): Mercury content of mussels from West European coasts. – Mar. Poll. 6, 61 ff.

ZOOK, E., POWELL, J., HACKLEY, B., EMERSON, J., BROOKER, J., KNOBL, G. (1976): National marine fisheries service preliminary survey of selected seafoods for mercury, lead, cadmium, chromium, and arsenic content – J. Agric. Food Chem. 24, 47–53.

7.3 Wirtschaftliche Aspekte der Fischerei

BEIL, H. (1978): Wirtschaftliche Lage der Seefischerei, in: Bundesministerium für Ernährung, Landwirtschaft und Forsten (Ed.): Jahresbericht über die deutsche Fischwirtschaft 1977/78 – Berlin.

BUNDESTAGSDRUCKSACHE 8/3097 (1979): Bericht der Bundesregierung über die Entwicklung der Finanzhilfen und Steuervergünstigungen für die Jahre 1977 bis 1980 gemäß des § 12 des Gesetzes zur Förderung der Stabilität (Siebter Subventionsbericht) vom 8. 8. 1979.

BUNDESVERBAND FISCHINDUSTRIE (1978): Geschäftsbericht des Bundesverbandes der deutschen Fischindustrie und des Fischgroßhandels. – Hamburg.

COULL, J. R. (1979): The fishing industries of the North Sea and Atlantic States. (Unveröffentl. Mskpt.).

EUROSTAT (Statistisches Amt der Europäischen Gemeinschaften) (1979): Vierteljährliches Fischereibulletin 1/1979.

GOEBEN, H. (1975): Fischwirtschaft in Niedersachsen, in: Niedersächsisches Ministerium für Ernährung, Landwirtschaft und Forsten sowie Sekretariat der Agrarsozialen Gesellschaft (Ed.): Das nasse Dreieck – Probleme und Lösungen. – Göttingen.

HEGAR, K. (1979): Seefischerei und Versorgung mit Seefisch 1978. – Wirtschaft und Statistik 5/79.

ICES (International Council for the Exploration of the Sea) (1979): Advance Release of Tables 1–5 and K of Bulletin Statistique. Vol. 62, 1977. – Charlottenlund.

KOERS, A. E. (1979): Dutch offshore policy, in: The Greenwich Forum International Conference „Europe and the Sea: The Case for and against a new international regime for the North Sea and its approaches" (Greenwich V).

LEE, A. J., RAMSTER, J. W. (1979): Atlas of the Seas around the British Isles. – Lowestoft. – Fisheries Research Technical Report. No. 20.

MAFF (Ministry of Agriculture, Fisheries and Food) (1978): Sea Fisheries Statistical Tables 1977.

OECD (1978): Review of fisheries in OECD member countries 1977. – Paris.

SCHLESWIG-HOLSTEINISCHE FISCHEREIORDNUNG vom 9. 6. 1971 (GVOBl. Schl.-H. S. 355), zuletzt geändert durch die Landesverordnung vom 14. 5. 1979 (GVOBl. Schl.-H. S. 376).

SCOTT, J. (1979): The importance of the fishery resources of the North Sea, in: The Greenwich Forum International Conference „Europe and the Sea: The Case for and against a new internat. regime for the North Sea and its approaches" (Greenwich V).

SOMMER, U. (1978): Die Fischwirtschaft in Zahlen. Institut für landwirtschaftliche Marktforschung der BfG für Landwirtschaft. – Braunschweig.

STATISTIK ARBOG (1979): Danmarks Statistik 1979. – Kopenhagen.

STATISTISCHES BUNDESAMT (verschiedene Jahrgänge): Fachserie 3, Reihe 4.5: Hochsee- und Küstenfischerei, Bodenseefischerei. – Stuttgart (Kohlhammer).

STEINGASSER, E. (1978): Die deutsche Fischereiflotte nach dem Stand vom 31. 12. 1977, in: Bundesministerium für Ernährung, Landwirtschaft und Forsten (Ed.): Jahresbericht über die deutsche Fischwirtschaft 1977/78. – Berlin.

7.4 Fischereipolitik

AGRARBERICHT 1979, vom 1. 2. 1979, Bundestagsdrucksache 8/2530.

ANDERSON, L. G. (1977): The economics of fisheries management. – Baltimore (The John Hopkins Univ. Pr.).

BROMLEY, D. W., BISHOP, R. C. (1977): From economic theory to fisheries policy: Conceptual problems and management prescriptions, in: Anderson, L. G. (Ed.): Economic aspects of extended fisheries jurisdiction. – Ann Arbor (Ann Arbor Science Publishers).

BUNDESANZEIGER Nr. 236 vom 16. 12. 1978: Erste Bekanntmachung über den Fischfang in Meeresgewässern der EG-Mitgliedsstaaten im Jahre 1979, vom 15. 12. 1979.

BUNDESANZEIGER Nr. 122 vom 5. 7. 1979: Zweite Bekanntmachung über den Fischfang in Meeresgewässern der EG-Mitgliedsstaaten im Jahre 1979, vom 29. 6. 1979.

BUNDESTAGSDRUCKSACHE 8/1818 vom 19. 5. 1978: Antwort der Bundesregierung auf die Kleine Anfrage der Abgeordneten Dr. von Geldern u. a., Fischereipolitik.

COMMISSION OF THE EUROPEAN COMMUNITIES (Ed.): First report of the scientific and technical committee for fisheries (Commission staff paper), Brüssel, 25. 10. 1979.

COPES, P. (1970): The backward-bending supply curve of the fishing industry. – Scottish Journal of Political Economy 17, 69 – 77.

DEUTSCHER BUNDESTAG, AUSSCHUSS FÜR ERNÄHRUNG, LANDWIRTSCHAFT UND FORSTEN (1979): Stenographisches Protokoll der 53. Sitzung vom 11. 6. 1979, Öffentliche Anhörung „Lage der deutschen Fischwirtschaft".

ERTL, J. (1978): Zum aktuellen Stand der Fischereipolitik. – Bulletin des Presse- und Informationsamtes der Bundesregierung Nr. 29 vom 22. 3. 1978, 265 – 269.

EUROPÄISCHE GEMEINSCHAFTEN (1979): Zwölfter Gesamtbericht über die Tätigkeit der Europäischen Gemeinschaften 1978. – Brüssel und Luxemburg.

EUROPÄISCHES PARLAMENT, DOK. 608/78, Bericht im Namen des Landwirtschaftsausschusses über die gemeinsame Fischereipolitik, 8. 2. 1979.

EUROPÄISCHES PARLAMENT, DOK. 116/79, Bericht im Namen des Landwirtschaftsausschusses über im Rahmen der Entwicklung der Fischzucht in der EG zu treffende Maßnahmen, 4. 5. 1979.

EUROPÄISCHE GEMEINSCHAFTEN, DER RAT, Arbeitsunterlage R/168 d/78 (AGRI 49) (RELEX 2), Brüssel, 8. 2. 1978 („Berliner Kompromiß").

FAO (Food and Agricultural Organization) (Ed.) (1978): Yearbook of fishery statistics 1977. – Rome (FAO). – FAO Fisheries Series 8. – FAO Statistics Series 17.

GORDON, H. S. (1972): The economic theory of a common-property resource: The fishery, in: Dorfman, R., Dorfman, N. S. (Eds.): Economics of the environment. – New York.

HARTJE, V. (1979): Fischereipolitik im Nordostatlantik, Referat zur Arbeitstagung des Vereins für Socialpolitik „Erschöpfbare Ressourcen" in Mannheim vom 24. – 26. 9. 1979.

HÜBNER, W. (1971): Produktions- und marktökonomische Probleme der europäischen Seefischereien, Diss., Kiel.

KARPENSTEIN, P. (1979): Die Entwicklung des Gemeinschaftsrechts. – Europarecht 16, 300 – 312.

KACZYNSKI, V. (1979): The economics of the eastern bloc ocean policy. – The American Economic Review 69, 261 – 265.

KOM (76) 59 endg., Probleme, die der Gemeinschaft in der Seefischerei durch die Einführung von 200-Seemeilen-Wirtschaftszonen entstehen, Mitteilung der Kommission an den Rat vom 18. 2. 1976.

KOM (76) 500 endg., Künftige Fischereipolitik gegenüber Drittländern und innergemeinschaftliche Fischereiregelung, Mitteilung der Kommission an den Rat vom 23. 9. 1976.

KOM (78) 669 endg., Mitteilung der Kommission an den Rat über die Festsetzung des Gesamtumfanges der für 1979 zulässigen Fänge (TAC) für bestimmte Fischbestände in der Fischereizone der Gemeinschaft vom 23. 11. 1978.

KOM (79) 72 endg., Mitteilung der Kommission an den Rat über die Festsetzung des Gesamtumfanges der für 1979 zulässigen Fänge (TAC) für bestimmte Fischbestände in der Fischereizone der Gemeinschaft vom 16. 2. 1979.

KOM (79) 586 endg., Vorschlag für einen Beschluß des Rates gestützt auf die Verträge betreffend die Fischereitätigkeit in den der Hoheit oder der Rechtsprechung der Mitgliedsstaaten unterstehenden Gewässern auf zeitweiliger Grundlage bis zum Erlaß dauerhafter Gemeinschaftsmaßnahmen, von der Kommission dem Rat vorgelegt, 22. 10. 1979.

KOM (79) 600 endg., Mitteilung der Kommission an den Rat über die Festsetzung des Gesamtumfanges der für 1979 zulässigen Fänge (TAC) für bestimmte Fischbestände in der Fischereizone der Gemeinschaft vom 25. 10. 1979.

KOM (79) 621 endg., Erster Bericht des wissenschaftlich-technischen Fischereiausschusses. Mitteilung der Kommission an den Rat vom 29. 10. 1979.

KOM (79) 676 endg., Mitteilung der Kommission an den Rat über die Festsetzung der höchstzulässigen Gesamtfänge (TAC) für bestimmte Fischbestände der Fischereizone der Gemeinschaft.

OECD (Ed.) (1972): Economic aspects of fish production. – Paris.

OECD (1978): Review of fisheries in OECD member countries 1977. – Paris.

OECD (1979): Review of fisheries in OECD member countries 1978. – Paris.

PEARSE, P. H. (1972): Rationalization of Canada's West Coast salmon fishery: An economic evaluation, in: OECD (Ed.): Economic aspects of fish production, S. 172–202.

PONTECORVO, G., JOHNSTON, D. M., WILKINSON, M. (1977): Conditions for effective fisheries management in the Northwest Atlantic, in: Anderson, L. G. (Ed.): Economic impacts of extended fisheries jurisdiction. – Ann Arbor (Ann Arbor Science Publishers).

SCHUMACHER, A. (1979): Entwicklung von Fangquoten aus fischereiwissenschaftlicher und fischereipolitischer Sicht. – Informationen für die Fischwirtschaft 26 (3/4), 87–90.

SEEFISCHEREI-VERTRAGSGESETZ, Gesetz zu Änderungen und zur Durchführung der Übereinkommen über die Fischerei im Nordwestatlantik und im Nordostatlantik sowie über weitere Maßnahmen zur Regelung der Seefischerei, vom 25. 8. 1971 in der Fassung vom 10. 9. 1976, sowie sämtliche Durchführungsverordnungen. – Bundesgesetzblatt, Teil II, verschiedene Jahrgänge.

SOMMER, U. (1978): Veränderungen in der Struktur der Fischwirtschaft in der EWG und ihre Auswirkungen auf die Fischwirtschaftspolitik, im Auftrag des Bundesministeriums für Ernährung, Landwirtschaft und Forsten. – Münster-Hiltrup.

VERORDNUNG (EWG) NR. 17/64 des Rates vom 5. 2. 1964 über die Bedingungen für die Beteiligung des Europäischen Ausrichtungs- und Garantiefonds für die Landwirtschaft.

VERORDNUNG (EWG) NR. 2141/70 des Rates vom 20. 10. 1970 über die Einführung einer gemeinsamen Strukturpolitik für die Fischwirtschaft.

VERORDNUNG (EWG) NR. 2142/70 des Rates vom 20. 10. 1970 über die gemeinsame Marktorganisation für Fischereierzeugnisse.

VERORDNUNG (EWG) NR. 2722/72 des Rates vom 19. 12. 1972 über die Finanzierung einer Umstellungsmaßnahme auf dem Sektor Kabeljaufischerei durch den Europäischen Ausrichtungs- und Garantiefonds, Abteilung Ausrichtung.

VERORDNUNG (EWG) NR. 100/76 des Rates vom 19. 1. 1976 über die gemeinsame Marktorganisation für Fischereierzeugnisse.

VERORDNUNG (EWG) NR. 101/76 des Rates vom

19. 1. 1976 über die Einführung einer gemeinsamen Strukturpolitik für die Fischwirtschaft.

VERORDNUNG (EWG) NR. 355/77 des Rates vom 15. 2. 1977 über eine gemeinsame Maßnahme zur Verbesserung der Verarbeitungs- und Vermarktungsbedingungen für landwirtschaftliche Erzeugnisse.

VERORDNUNG (EWG) NR. 1852/78 des Rates vom 25. 7. 1978 über eine gemeinsame Übergangsmaßnahme zur Umstrukturierung der Küstenfischerei.

VERORDNUNG (EWG) NR. 592/79 des Rates vom 26. 3. 1979 zur Änderung der Verordnung (EWG) Nr. 1852/78 des Rates über eine gemeinsame Übergangsmaßnahme zur Umstrukturierung der Küstenfischerei.

VOLLE, A., WALLACE, W. (1977): Wie gemeinschaftlich ist die Fischereipolitik der Europäischen Gemeinschaft? – Europa-Archiv, Folge 3, 73–84.

8.1 Ökologische Folgen von Deichbau, Abdämmungen und Landgewinnung im Wattenmeerbereich

BEEFTINK, W. G. (1975): The ecological significance of embankment and drainage with respect to the vegetation of South-West Netherlands. – J. Ecol. 63, 423–458.

Der Beirat für Naturschutz und Landschaftspflege beim Bundesminister für Ernährung, Landwirtschaft und Forsten (1979): Stellungnahme zur ökologischen Situation des Wattenmeeres.

CHAPMAN, V. J. (Ed.) (1977): Wet coastal ecosystems. – Amsterdam (Elsevier), 109–155.

CORLETT, J. (1978a): Introduction to United Kingdom estuarial engineering schemes. – Hydrobiol. Bull. 12, 273–276.

CORLETT, J. (1978b): Ecological implications of proposed water storage schemes in British estuaries. – Hydrobiol. Bull. 12, 291–298.

Deutscher Bund für Vogelschutz e.V. (1978): Watt in Gefahr. – Wir und die Vögel, Zeitschrift für Natur- und Umweltschutz 10 (3), 4–12.

HEYDEMANN, B. (1960): Die biozönotische Entwicklung vom Vorland zum Koog. – Wiesbaden (Steiner), 169 S.

HEYDEMANN, B. (1962): Die biozönotische Entwicklung vom Vorland zum Koog. Teil II. – Wiesbaden (Steiner), 200 S.

HEYDEMANN, B. (1967): Biologische Grenze Land – Meer. – Wiesbaden (Steiner), 200 S.

HEYDEMANN, B. (1968): Das Freiland- und Laborexperiment zur Ökologie der Grenze Land – Meer. – Verh. d. Deutsch. Zool. Ges. in Heidelberg 1967, 256–309 (dort weitere Literatur).

HEYDEMANN, B. (1973): Zum Aufbau semiterrestrischer Ökosysteme im Bereich der Salzwiesen der Nordseeküste. – Faun. – ökol. Mitt. 4, 155–168.

HEYDEMANN, B. (1979a): Die ökologischen Folgen von Eindeichungen, Abdämmungen und Landgewinnung im Wattenmeer Nordwesteuropas – Gutachten im Auftrage des SRU.

HEYDEMANN, B. (1979b): Responses of animals to spatial and temporal environmental heterogeneity within salt marshes, in: Jefferies, R. L., Davy, A. J. (Eds.): Ecological processes in coastal environments. – Oxford (Blackwell Scientific Publ.), 145–163.

JOENJE, W., WOLFF, W. J. (1979): Functional aspects of salt marshes in the Wadden Sea area, in: Wolff, W. J. (Ed.): Flora and vegetation of the Wadden Sea. – Leiden, 161–171.

KINNE, O. (1971): Salinity, in: Kinne, O. (Ed.): Marine ecology. I (2), 683–1244. – London (Wiley).

Landelijke Vereniging tot Behoud van de Waddenzee (1979): Regeringsverklaring van het kabinet van Agt, 12 juli 1979. – Waddenbulletin 1979/3, 141–142.

Landelijke Vereniging tot Behoud van de Waddenzee (1980): Internationale aktietegen deens duitse indijking. – Waddenbulletin 1980/1, 25–26.

Landesamt für Naturschutz und Landschaftspflege Schleswig-Holstein (1977): Gutachterliche Stellungnahme zum Naturschutz an der nordfriesischen Küste Schleswig-Holsteins unter besonderer Berücksichtigung geplanter Deichbauvorhaben.

MITCHELL, R. (1978): Nature conservation implications of hydraulic engineering schemes affecting British estuaries. – Hydrobiol. Bull. 12, 333–350.

NIENHUIS, P. H. (1978): Lake Grevelingen: a case study of ecosystem changes in a closed estuary. – Hydrobiol. Bull. 12, 246–259.

SAEIJS, H. L. F., BANNINK, B. A. (1978): Environmental consideration in a coastal engineering project. The Delta Project in the South-Western Netherlands. – Hydrobiol. Bull. 12, 180–202.

SCHULZ, W., KUSCHERT, H. (1979): Bewertung von Vorländern für die Vogelwelt (ausgenommen Ringelgans). Gutachten im Auftrag des Landesamtes für Naturschutz und Landschaftspflege. – Kiel, 66 S.

SCHULZ, W., PROKOSCH, P. (1979): Bewertung der Vorländer und Halligen für die Ringelgans (Branta bernicla). Gutachten im Auftrag des Landesamtes für Naturschutz und Landschaftspflege. – Kiel, 90 S.

VAAS, K. F., WOLFF, W. J. (1978): Large hydraulic engineering projects in the Netherlands and studies of their environmental impact. Hydrobiol. Bull. 12, 176–179.

8.2 Hygienischer Zustand der Badegewässer an der deutschen Nordseeküste

CASPERS, H. (Ed.) (1975): Pollution in coastal waters. – Boppard (H. Boldt). – DFG Research Report, 54–89.

GÄRTNER, H., HAVEMEISTER, G., WALDVOGEL, B., WUTHE, H. H. (1975): Qualitative und quantitative Salmonellenuntersuchungen und ihre hygienische Bewertung im Zusammenhang mit dem E.-coli-Titer, dargest. an Beispielen aus den Küstengewässern der Kieler Bucht (westl. Ostsee). – Zbl. Bakt. Hyg., I. Abt. Orig. B 160, 246–267.

GEHRMANN, U. (1974): Die Bedeutung der Strömungsverhältnisse im Außenwasser-Jade-Bereich für die Vertriftung von Abwassereinleitungen. – Neues Archiv für Niedersachsen 32 (4), 345–360.

HAVEMEISTER, G. (1975): E.-coli-Titer und Salmonellenhäufigkeit in Küstengewässern, in: Meinck, F. (Ed.): Schwimmbadhygiene. – Stuttgart (Fischer). – Schriftenreihe des Vereins für Wasser-, Boden- und Lufthygiene 43, 19–30.

HAVEMEISTER, G. (1979): pers. Mitteilung, Kiel.

Der INNENMINISTER des Landes Schleswig-Holstein (1977): Aufrechterhaltung der öffentlichen Sicherheit und Ordnung im Badewesen. – Amtsblatt für Schleswig-Holstein (18), 412–417.

KOMMISSION der Europäischen Gemeinschaften (1979): Stand der Umweltschutzarbeiten. Zweiter Bericht, S. 37. – Brüssel–Luxemburg.

LO, S., GILBERT, J., HETTRICK, F. (1976): Stability of human enteroviruses in Estuarine and marine waters. – Appl. Microbiol. 32, 235–249.

Der NIEDERSÄCHSISCHE SOZIALMINISTER (1973): Hygiene öffentlicher Badeanstalten. Rd.Erl. v. 17. 9. 1973. – Niedersächsisches Ministerialblatt 45, 1446–1448. – Hannover.

OGER, C., PHILIPPO, A., LECLERC, H. (1974): Sur la pollution microbienne des plages de la mer des Nord et de la Manche. – Ann. Microbiol. (Inst. Pasteur) 125b, 513–527.

Der Rat der Europäischen Gemeinschaften (1975): Richtlinie des Rates der EG vom 8. 12. 1975 über die Qualität der Badegewässer. – Gemeinsamer Runderlaß des ML und des MS vom 15. 11. 1977. – Nieders. Ministerialblatt (1978) 2, 33–40. – Hannover.

RHEINHEIMER, G. (1975): Mikrobiologie der Gewässer. (2. Auflage) – Stuttgart (Fischer).

ROSENTHAL, H. (1973): Zum Problem der Nordseeverschmutzung. – Städtehygiene 3, 57–63.

SCHAEFER, C. (1975): Gesundheitsgefahren durch Baden in Küstengewässern der Nordsee, in: Meinck, F. (Ed.): Schwimmbadhygiene. – Stuttgart (Fischer). – Schriftenreihe des Vereins für Wasser-, Boden- und Lufthygiene 43, 5–14.

SCHIEK, W. (1979): pers. Mitteilung (Landes-Hygiene-Institut Oldenburg).

Der SOZIALMINISTER des Landes Schleswig-Holstein (1978): Überwachung der Badegewässer von Badestellen. Schreiben IX 470 Bb-402.122.0- vom 20. 7. 1978, Kiel.

STEINMANN, H. (1977): Nachweis von Viren im Ostseewasser. – Zbl. Bakt. Hyg., I. Abt. Orig. B 164, 492–497.

WACHS, B. (1970): Abwasser-Bakterien im Küstenbereich der Nordsee. – Wasser- und Abwasser-Forschung 3, 71–85.

WALDVOGEL, B. (1975): Über das Vorkommen von Salmonellen in den Küstengewässern der Kieler Bucht aus epidemiologischer Sicht, in: Meinck, F. (Ed.): Schwimmbadhygiene. – Stuttgart (Fischer). – Schriftenreihe des Vereins für Wasser-, Boden- und Lufthygiene 43, 39 – 44.

8.3 Fremdenverkehr und Erholung

Abkommen zur Erhaltung der wandernden wildlebenden Tierarten (1979). – Environmental Policy and Law (EPL) 5 (3), 158.

ANGERER, D. (1975): Zum Potential und der touristischen Aufnahmekapazität des Strandes von Küstendüneninseln. – Information zur Raumentwicklung 10, 489 – 499.

AUGST, H.-J., WESEMÜLLER, H. (1980): Niedersächsisches Wattenmeer. Grundlagen für ein Schutzprogramm. WWF-Projekt 1411. Schlußbericht an den World-Wildlife-Fund. Niedersächs. Landesverwaltungsamt – Naturschutz, Landschaftspflege, Vogelschutz – (als Mskpt.).

BECHMANN, A. (1979): Großräumige Erholungsgebiete in Niedersachsen. Das Laron-Infosystem. Institut für Landschaftspflege und Naturschutz der Technischen Universität Hannover. – Schriften der Landesplanung Niedersachsen.

Beirat für Naturschutz und Landschaftspflege beim Bundesminister für Ernährung, Landwirtschaft und Forsten (1979): Stellungnahme zur ökologischen Situation des Wattenmeeres. – Bonn.

BEZZOLA, A. (1975): Probleme der Eignung und der Aufnahmekapazität touristischer Bergregionen der Schweiz. – Bern. – St. Gallener Beiträge zum Fremdenverkehr. Reihe Fremdenverkehr 7.

Bundesraumordnungsprogramm (1975): Raumordnungsprogramm für die großräumige Entwicklung des Bundesgebietes. – Schriftenreihe des Bundesministers für Raumordnung, Bauwesen und Städtebau 06.002.

Bundesregierung (1975): Unterrichtung durch die Bundesregierung. – Tourismus in der Bundesrepublik Deutschland – Grundlagen und Ziele. – Bundesrats-Drucksache 448/75.

DAMMANN, W. (1969): Physiologische Klimakarte von Niedersachsen. – Neues Archiv für Niedersachsen 18.

Deutscher Rat für Landespflege (1970): Landespflege an der Nordseeküste. Stellungnahme des Deutschen Rates für Landespflege und Berichte von Sachverständigen über die landespflegerischen Probleme an der Nordseeküste. – Bonn-Bad Godesberg. – Schriftenreihe des Deutschen Rates für Landespflege 14.

Differenziertes Raumordnungskonzept für den Unterelberaum (1978): Landesplanungsbehörden der norddeutschen Länder (Eds.). Bremen, Hannover, Hamburg, Kiel.

Entwicklungsplan für den Fremdenverkehr von Ostfriesland (1973). Regierungspräs. in Aurich (Ed.).

Flächennutzungsplan für die Insel Sylt vom 22. März 1976: Bekanntgabe der Ziele der Raumordnung und Landesplanung nach § 16 (I) Landesplanungsgesetz vom 13. April 1971 (GVOBL. Schleswig-Holstein, S. 152). Ministerpräsident des Landes Schleswig-Holstein, Landesplanungsbehörde (Ed.).

Fremdenverkehrsprogramm Niedersachsen: Regionale Schwerpunkte der fremdenverkehrlichen Entwicklung (1974). Niedersächsischer Min. f. Wirtschaft u. öffentliche Arbeiten (Ed.).

Gesellschaft für Landeskultur (1974): Grundlage für die Entwicklung des Naturparks Ostfriesische Inseln und Küste. – Schriften der Landesplanung Niedersachsen 34.

GRIMM, R., PETERS, N., ROHWEDDER, O. (1976): Vorstudie zu einem ökologischen Gesamtlastplan für die Niederelberegion. – Universität Hamburg.

Gutachtergruppe Sylt (1974): Gutachten zur Struktur und Entwicklung der Insel Sylt. Im Auftrage des Ministers für Wirtschaft und Verkehr des Landes Schleswig-Holstein: Band I–IV, Kiel.

JACSMANN, J. (1971): Zur Planung von städtischen Erholungswäldern. – Zürich. – Schriftenreihe zur Orts-, Regional- und Landesplanung 8.

KIEMSTEDT, H. (1967): Zur Bewertung natürlicher Landschaftselemente für die Planung von Erholungsgebieten. – Diss. Technische Universität Hannover, in: Beiträge zur Landespflege, Sonderh. 1. – Stuttgart.

KRIPPENDORF, J. (1975): Die Landschaftsfresser. – Bern.

KÜMMEL, E. (1978): Landschaftsplan Langeoog. – Projektarbeit am Institut für Landschaftspflege und Naturschutz der Technischen Universität Hannover (als Mskpt. vervielf.)

Landesentwicklungsprogramm Niedersachsen (LEP) (1976). Ministerpräsident des Landes Niedersachsen. – Hannover.

Landesraumordnungsplan (LROP): Raumordnungsplan für das Land Schleswig-Holstein (1979). Neufassung 1977. Ministerpräsident des Landes Schleswig-Holstein, Landesplanungsbehörde (Ed.). – Amtsblatt für Schleswig-Holstein. 38.

Landes-Raumordnungsprogramm Niedersachsen vom 18. März 1969 in der Fassung vom 23. Mai 1978 (3. Änd.). Niedersächsischer Min. des Innern (Ed.). – Schriften der Landesplanung Niedersachsen, Sonderveröffentl. – Hannover.

Landes-Raumordnungsprogramm Niedersachsen, T. II (Entwurf Dezember 1979). Niedersächsischer Min. des Innern, Referat Raumordnung und Landesplanung.

LIER, H. N. van (1973): Determination of planing capacity and layout criteria of outdoor recreation projects. – Wageningen.

LUX, H. (1969): Festlegung und Begründung von Dünen, in: Buchwald, K., Engelhardt, W.: Handbuch für Landschaftspflege und Naturschutz, 4. – München.

LUX, H. (1970): Natur- und Landschaftsschutz auf Sylt, in: Landespflege an der Nordseeküste. Stellungnahme des Deutschen Rates für Landespflege und Berichte von Sachverständigen über die landespflegerischen Probleme an der Nordseeküste. – Schriftenreihe des Deutschen Rates für Landespflege 14, 59–61.

MAROLD, K. (1963): Eine Methode zur Bewertung von Erholungsmöglichkeiten an der Küste, in: Forschungsbericht 1963. Entwurfsbüro für Gebiets-, Stadt- und Dorfplanung. – Rostock.

MEYER, M. (1979): Bilanz zum Fremdenverkehrsprogramm Niedersachsen. – Neues Archiv für Niedersachsen 28 (1), 28–38.

Niedersächsisches Landesverwaltungsamt (1977): Gäste und Übernachtungen im Fremdenverkehr – Sommerhalbjahr 1977 –. Statistische Berichte, April 1977.

Niedersächsisches Landesverwaltungsamt (1977): Gäste und Übernachtungen im Fremdenverkehr – Winterhalbjahr 1976/77.

RAMSAR-Konvention (1971): Übereinkommen über Feuchtgebiete, insbesondere als Lebensraum für Wasser- und Watvögel, von internationaler Bedeutung. – BGBl. II, 1976, S. 1265.

Der Rat von Sachverständigen für Umweltfragen (1978): Umweltgutachten 1978. – Stuttgart und Mainz (Kohlhammer).

Raumordnungsbericht 1978 des Landes Schleswig-Holstein. Ministerpräsident des Landes Schleswig-Holstein, Landesplanungsbehörde (Ed.). – Landesplanung in Schleswig-Holstein. 15.

Regionales Raumordnungsprogramm für den Regierungsbezirk Aurich vom 27. 7. 1976. Regierungspräsident in Aurich (Ed.).

Regionales Raumordnungsprogramm für den Verwaltungsbezirk Oldenburg vom 6. 12. 1976. Präsident des Niedersächsischen Verwaltungsbezirks Oldenburg (Ed.).

Regionales Raumordnungsprogramm für den Regierungsbezirk Stade vom 30. Nov. 1976. Regierungspräsident in Stade (Ed.).

Regionalplan für den Planungsraum V des Landes Schleswig-Holstein vom 26. 3. 1975. Ministerpräsident des Landes Schleswig-Holstein, Landesplanungsbehörde (Ed.). – Amtsblatt für Schleswig-Holstein. 17.

SCHARPF, H. (1980): Die Belastungsproblematik im Rahmen der Freizeitplanung, in: Buchwald, K., Engelhardt, W. (Eds.): Handbuch für Planung, Gestaltung und Schutz der Umwelt, 3. – München (BLV).

Statistisches Landesamt Schleswig-Holstein (1977): Statistische Berichte des Statistischen Landesamtes Schleswig-Holstein vom 29. 6. 1977. Beherbergungskapazität für den Fremdenverkehr in Schleswig-Holstein am 1. April 1977.

WEISS, H. (1973): Die technische Erschließung alpiner Erholungsräume aus der Sicht des Landschaftsschutzes. – Garten und Landschaft 11, 572–576.

WÖBSE, H. H. (1979): Beeinträchtigungen gefährdeter Pflanzen- und Vogelarten auf den ostfriesischen Inseln durch den Fremdenverkehr. Überlegungen zur Minimierung der schädigenden Einflüsse. – Institut für Landschaftspflege und Naturschutz der Universität Hannover (Mskpt.).

ZEH, W. (1972): Zur Bewertung von Erholungseinrichtungen, Diss. Technische Universität Hannover.

9. Naturschutz im Wattenmeer

ANT, H. (1972): Daten zur Geschichte des Naturschutzes. – Jahrbuch für Naturschutz und Landschaftspflege 21, 124–135.

AUGST, H.-J., WESEMÜLLER, H. (1979): Niedersächsisches Wattenmeer. Grundlagen für ein Schutzprogramm. Zwischenbericht (Januar 1979). WWF-Projekt 1411. – Hannover (Niedersächsisches Landesverwaltungsamt – Naturschutz, Landschaftspflege, Vogelschutz –) (als Mskpt. vervielf.).

Beirat für Naturschutz und Landschaftspflege beim Bundesminister für Ernährung, Landwirtschaft und Forsten (1979): Stellungnahme zur ökologischen Situation des Wattenmeeres. – Bonn.

BUCHWALD, K. (1980): Naturschutzplanung, in: Buchwald, K., Engelhardt, W. (Eds.): Handbuch für Planung, Gestaltung und Schutz der Umwelt, 3. – München (BLV).

DRESCHER, H. E. (1979): Zu Biologie, Ökologie und Schutz der Seehunde im schleswig-holsteinischen Wattenmeer. – Unveröffentl. Gutachten.

ERZ, W. (1974): Wie muß der deutsche Wattenmeer-Nationalpark aussehen? – Garten und Landschaft 74 (3), 113–117.

ERZ, W. (Ed.) (1979): Katalog der Naturschutzgebiete in der Bundesrepublik Deutschland. – Naturschutz aktuell Nr. 3.

Gesellschaft für Landeskultur (1974): Grundlage für die Entwicklung des Naturparks Ostfriesische Inseln und Küste. – Niedersächsischer Minister des Innern (Ed.). – Schriften der Landesplanung Nd.sachs., 34.

GOETHE, F. (1970): Bedeutung der Außensände für den Vogelschutz, in: Deutscher Rat für Landespflege an der Nordseeküste. – Schriftenreihe des Deutschen Rates für Landespflege 14, 41–42.

HEYDEMANN, B. (1979): Die ökologischen Folgen von Eindeichungen, Abdämmungen und Landgewinnung im Wattenmeer Nordwesteuropas. – Gutachten für den Rat von Sachverständigen für Umweltfragen.

Landesraumordnungsprogramm Niedersachsen vom 18. März 1969; hier in der Fassung vom 23. Mai 1978 (3. Änderung). – Niedersächsischer Minister des Innern (Ed.) (1978). Schriften der Landesplanung Niedersachsen (Sonderveröffentlichung).

Landes-Raumordnungsprogramm Niedersachsen, Teil II (Entwurf Dezember 1979). Niedersächsischer Minister des Innern, Referat Raumordnung und Landesplanung (1979).

PODLOUCKY, R., WILKENS, H. (1977): Landschafts- und ornithoökologische Analyse zur Erstellung eines Entwicklungs- und Pflegeplanes für ein Gänse- und Grünlandvogelreservat in Nordkehdingen. – Hamburg.

PREISING, E. (1978): Verschollene und gefährdete Pflanzengesellschaften in Niedersachsen (Rote Liste der Pflanzengesellschaften). (Als Mskpt. vervielf.). – Hannover.

Projectbureau Waddenzee (1979): Ontwerp-Structurschets Waddenzeegebied. – Provinciale Planologische Dienst, Leeuwarden.

Projekt Scharhörn (1976): Bericht des Wissenschaftlichen Ausschusses für gesamtökologische Fragen. – Hamburg (Freie und Hansestadt Hamburg).

PROKOSCH, P. (1979): Ringelgänse zwischen Arktis und Wattenmeer – Bestandssituation, Schutz u. Forschung. – Natur und Landschaft 54 (6), 213 – 216.

RAMSAR-Konvention (1976): Übereinkommen über Feuchtgebiete, insbesondere als Lebensraum für Wasser- und Wattvögel, von internationaler Bedeutung. – BGBl. II, 1976, S. 1265.

Rat von Sachverständigen für Umweltfragen (1978): Umweltgutachten 1978. – Stuttgart (Kohlhammer).

SCHARPF, H. (1980): Die Belastungsproblematik im Rahmen der Freizeitplanung, in: Buchwald, K., Engelhardt, W. (Eds.): Handbuch der Planung, Gestaltung und Schutz der Umwelt 3. – München (BLV).

SCHULZ, W., KUSCHERT, H. (1979): Bewertung von Vorländern für die Vogelwelt (ausgenommen Ringelgans). Gutachten im Auftrag des Landesamtes für Naturschutz und Landschaftspflege, Kiel, 66 S.

SCHULZ, W., PROKOSCH, P. (1979): Bewertung der Vorländer und Halligen für die Ringelgans (Branta bernicla). Gutachten im Auftrag des Landesamtes für Naturschutz und Landschaftspflege, Kiel, 90 S.

WADDENZEECOMMISSIE (1974): Rapport van de Waddenzeecommissie. – Den Haag (Minister van Verkeer en Waterstaat u. Minister van Volkshuisvesting en Ruimtelijke Ordening).

WEBER, E. (1977): Ostfrieslands Luftverkehr im Aufwind. – Ostfriesland 4, 25 – 26.

WÖBSE, H. H. (1979): Beeinträchtigungen gefährdeter Pflanzen- und Vogelarten auf den ostfriesischen Inseln durch den Fremdenverkehr – Überlegungen zur Minimierung der schädigenden Einflüsse. – Institut für Landschaftspflege und Naturschutz der Universität Hannover (Mskpt.).

WIPPER, E. (1974): Die ökologischen und pathologischen Probleme beim europäischen Seehund (Phoca vitulina Linné 1758) an der niedersächsischen Nordseeküste. – München, Univ. Diss.

10.1 Die Politik der EG und der Anrainerstaaten in bezug auf die Umweltprobleme der Nordsee

BIRNIE, P. W. (1979): The North Sea: A challenge of disorganized opportunities. Bericht für The Greenwich Forum International Conference „Europe and the Sea: The Case for and against a New International Regime for the North Sea and its Approaches" am 2.–4. 5. 1979.

CUYVERS, L. (1979): North Sea environmental protection: Regimes of riparian states. – Bericht für den Rat von Sachverständigen für Umweltfragen, November 1979.

DIJKEMA, K. S., VERHOEVEN, B. (1979): Embankments in the Wadden Sea, general considerations. Referat für das deutsch-dänisch-niederländische Wattenmeersymposium am 16.–18. Mai 1979.

DOE (Department of the Environment, Central Directorate on Environmental Pollution) (1979): The United Kingdom environment 1979: Progress of pollution-control. – London (HMSO). – Pollution Paper No. 16.

EG (Europäische Gemeinschaften) (1973): Aktionsprogramm der Europäischen Gemeinschaften für den Umweltschutz vom 22. 11. 1973. – Abl. EG Nr. C 112, vom 20. 12. 1973.

EG (Europäische Gemeinschaften) (1977): Entschließung zur Fortschreibung und Durchführung der Umweltpolitik und des Aktionsprogramms der europäischen Gemeinschaften für den Umweltschutz vom 17. 5. 1977. – Abl. EG Nr. C 139 vom 13. 6. 1977.

EG (Europäische Gemeinschaft) (1980): Programm der Kommission für 1980. – Brüssel (EGKS, EWG, EAG).

ICES (International Council for the Exploration of the Sea) (Ed.) (1979): – Bulletin Statistique 62, 1977. – Adv. Release of Tabl. 1 – 5 and K. – Charlottenlund.

JOHNSON, St. P. (1979): The pollution control policy of the European Communities. – London (Graham u. Trotman).

KOERS, A. E. (1979): Dutch off-shore policy. Bericht für The Greenwich Forum International Conference „Europe and the Sea: The Case for and against a New International Regime for the North Sea and its Approaches" am 2.–4. 5. 1979.

KRÄMER, H. R. (Ed.) (1979): Die wirtschaftliche Nutzung der Nordsee und die Europäische Gemeinschaft. – Baden-Baden (Nomos). – Schriftenreihe des Arbeitskreises Europäische Integration. 6.

SIBTHORP, M. M. (Ed.) (1975): The North Sea. Challenge and Opportunity. Report of a Study Group of The David Davies Memorial Institute of International Studies. – London (Europa Publ.).

STATEMENT (1979): Statement prepared by the Services of the Commission of the European Communities for the Greenwich Forum International Conference „Europe and the Sea", vom 30. 3. 1979.

WATT, D. (1979): The United Kingdom's off-shore policy, Bericht für The Greenwich Forum International Conference, „Europe and the Sea: The Case for and against a New International Regime for the North Sea and its Approaches" am 2.–4. 5. 1979.

10.2 Rechtliche Instrumente zum Schutz der Nordsee und ihre Anwendung

BALLENEGGER, J. (1975): La Pollution en droit international. – Genf.

BERBER, F. (1967): Völkerrecht, Dokumentarsammlung, Bd. I. – München, Berlin.

BIRNIE, P. W., MASON, C. M. (1979): Oil and gas: The International regime, in: Mason, C. M.: The effective management of resources. The international politics of the North Sea. – London, New York.

BOE, C. (1975 a): Die Küstengewässerschutzkonvention. – Deutsche Gewässerkundliche Mitteilungen. Sonderheft, S. 25–27.

BOE, C. (1975 b): Bund/Länder-Vereinbarung zur Bekämpfung von Ölunfällen an der Küste und auf Hoher See. – Deutsche Gewässerkundliche Mitteilungen. Sonderheft, S. 127/128.

BÖHME, E. (1970 a): Das Brüsseler Interventionsabkommen. – Hansa. Schiffahrt – Schiffbau – Hafen (23), 1001–1003.

BÖHME, E. (1970 b): Tankerunfälle auf dem Hohen Meer. – Hamburg.

CALFISCH, L. C. (1972): International law and ocean pollution: The present and the future. – Revue belge de droit, S. 7–33.

CUYVERS, L. (1979): North Sea environmental protection: Regimes of riparian states. Bericht für den Rat von Sachverständigen für Umweltfragen, November 1979.

CZYCHOWSKI, M. (1977): Die EG-Gewässerschutzrichtlinie und ihre Auswirkungen auf die Arbeit der Wasserbehörden. – Das Recht der Wasserwirtschaft (20), 21–38.

DuPONTAVICE, E. (1968): La Pollution Des Mers Par Les Hydrocarbures (A propos de l'Affaire du „Torrey Canyon"), Paris.

DuPONTAVICE, E. (1973): Pollution, in: The Future of the law of the sea. Proceedings of the Symposium on the Future of the Sea organized at Den Helder by the Royal Netherlands Naval College and the International Law Institute of Utrecht State University 26/27 June 1972, The Hague 1973, S. 104–153.

EHLERS, P., KUNIG, Ph. (1978): Die Abfallbeseitigung auf Hoher See. – Hamburg.

EHMER, J. (1974): Der Grundsatz der Freiheit der Meere und das Verbot der Meeresverschmutzung. – Berlin. – Schriften zum Völkerrecht. Bd. 38.

FOTHERINGHAM, P., BIRNIE, P. W. (1979): Regulation of North Sea marine pollution, in: Mason, C. M.: The effective management of resources. The international politics of the North Sea. –London – New York.

FRANZ, W., HAPKE, H.J. (1978): Training and certification. – Hansa. Schiffahrt – Schiffbau – Hafen (23), 1255–1257.

GROTIUS, H. (1609): Mare Librium

GÜNDLING, L. (1977): Ölunfälle bei der Ausbeutung des Festlandsockels. –Zaö RV, S. 530–570.

GÜNDLING, L. (1978): Die exklusive Wirtschaftszone. – Zaö RV, S. 616–658.

HECKER, H. (1961): Verhütung der Ölverschmutzung des Meeres durch internationale Regelungen. – MDR, S. 986–988.

IPSEN, H. P. (1972): Europäisches Gemeinschaftsrecht. – Tübingen.

JAENICKE, G. (1971): Stellungnahme zu öffentlichen Anhörungen zu Maßnahmen zur Reinhaltung der Meere. – Umweltschutz I (Zur Sache 3/71).

JENISCH, U. (1977): Ergebnisse der 6. Session der 3. UN-Seerechtskonferenz, 23. Mai – 15. Juli New York 1977. Analyse des Informal Composite Negotiating Text – ICNT – Hamburg.

JOHNSON, B. (1976): International environmental law. – Stockholm.

JUDA, L. (1977): IMCO and the regulation of ocean pollution from ships. – The international and comparative law Quarterly 26 (3), 558–584.

KEUNE, H. (1976): Auswirkungen der Rechtsgrundsätze der EG-Gewässerschutz-Richtlinie auf das internationale und deutsche Wasserrecht. – IWL-Forum 13, III, 1–28.

KISS, A. Ch. (1978): La pollution du milieu marin. – Zaö RV, S. 902.

KLUMB, U. (1974): Rechtliche Probleme der Ölverschmutzung der See. Jur. Diss., Frankfurt.

KRÄMER, H. R. (1978): Die Nordsee in der EWG. – Europa-Archiv, Zeitschrift für internationale Politik, Folge 18, S. 571 ff.

MALLE, K.-G. (1977): Technik und Wirtschaftlichkeit. – Umwelt 1977, S. 474.

McDOUGAL, M. S., BURKE, W. T. (1962): The public order of the oceans, a contemporary international law of the sea. – New Haven, Conn. (Yale).

MÖBS, H. (1976): Die EG-Gewässerschutzrichtlinie. – Umwelt (4), 269.

MÖBS, H. (1978): Die Richtlinienpolitik der Europäischen Gemeinschaften im Gewässerschutz – Maßstäbe für die Ausfüllung, Auslegung und den Vollzug gemeinschaftlicher Emissionsgrenzwerte und Gewässergüteziele. – Das Recht der Wasserwirtschaft (21), 14–30.

MÜNCH, F. (1976): Das Urteil des Internationalen Gerichtshofes v. 20. Februar 1969 über den deutschen Anteil am Festlandsockel der Nordsee. – Zaö RV, S. 455–475.

O'CONNELL, D. M. (1969/70): Continental Shelf Oil Disasters: Challenge to International Pollution Control. – Cornwell Law Review 55, 113–128.

ODA, S. (1972): Documents. The international law of the ocean development – Basic Documents. – Leyden.

OKIDI, O. C. (1978): Regional control of ocean pollution, legal and institutional problems and prospects. – Alphen aan den Rijn.

PLATZÖDER, R. (1975): Die Behandlung der Meerengenfrage auf der Dritten Seerechtskonferenz der Vereinten Nationen. Caracas-Session 1974. – Berichte der Deutschen Gesellschaft für Völkerrecht (15), 111 ff.

PLATZÖDER, R. (1978): Meerengen. – Zaö RV, S. 710 ff.

RAHN, U. et al. (1979): Ermittlung von Schwachstellen – Maßnahmen zur Vermeidung von Umweltschäden bei industriellen Aktivitäten im Meer, Projekt Nr. BMFT MFU 0334 – Endberichtsentwurf März 1979 –

Rat von Sachverständigen für Umweltfragen (1978): Umweltgutachten 1978. – Stuttgart, Mainz (Kohlhammer).

RIEGEL, R. (1977): Umweltschutzaktivitäten der Europäischen Gemeinschaften auf dem Gebiet des Wasserrechts und deren Bedeutung für das innerstaatliche Recht. – DVBl. S. 82–89.

RUCKAY, D. (1976): Vorschriften harmonisieren. – Umwelt 4, 266–269.

SALZWEDEL, J. (1979): Auswirkungen der EG-Richtlinien mit wasserrechtlichem Bezug auf den Vollzug des deutschen Wasserrechts. Thesenpapier. Ges. f. Umweltrecht (Ed.). – Berlin (Schmidt).

SCHULTHEISS, (1973): Umweltschutz und die Freiheit der Meere. Eine Studie am Beispiel der kanadischen Arctic Waters Pollution Prevention Act von 1970. Jur. Diss. Bonn.

SIBTHORP, M. M. (1975): The North Sea. Challenge and opportunity. Report of a Study Group of The David Davies Memorial Institute of International Studies. – London (Europa Publ.).

SINGLETON, J. F. (1970): Pollution of the marine environment from the outer continental shelf oil operations. – South Carolina Law Review 22, 228–240.

STEIGER, H., DEMEL, B. (1979): Schutz der Küsten vor der Verschmutzung vom Meer aus. – DVBl. S. 205–221.

STELTER, F. (1973): Internationale Konferenz über Meeresverschmutzung. – Hansa. Schiffahrt – Schiffbau – Hafen (23), 2103–2108.

STELTER, F. (1978a): Internationale Konferenz über Tankersicherheit und Verhütung der Meeresverschmutzung, London, 6. bis 17. Februar 1978. – Schiff u. Hafen, Kommandobrücke 30 (4), 301–307.

STELTER, F. (1978b): Hat die IMCO sich bewährt? – Hansa. Schiffahrt – Schiffbau – Hafen (23), 635–637.

VERDROSS, A. (1959/1964): Völkerrecht (4./5. Aufl.). – Wien.

WOLFRUM, R. (1975a): Die Beschränkungen für die Freiheit der Schiffahrt durch das kanadische „Arctic Waters Pollution Prevention Act" sowie die internationalen Übereinkommen zum Schutz der Meeresumwelt. – Berichte der Deutschen Gesellschaft für Völkerrecht (15), 143–162.

WOLFRUM, R. (1975b): Der Umweltschutz auf Hoher See – Internationale wie nationale Maßnahmen und Bestrebungen. – Verfassung und Recht in Übersee (2. Quartal), 201–219.

WOLFRUM, R. (1979): Die Auswirkungen der 3. Seerechtskonferenz der Vereinten Nationen auf den Umweltschutz des Nordseeraums, März/April 1979, Bonn. Externes Gutachten für den Rat von Sachverständigen für Umweltfragen.

10.3 Umweltüberwachung der Nordsee

ADV/ORGA F. A. Meyer GmbH (1978): Grobkonzept für ein Umwelt-Informationssystem „Unterelbe/Küstenregion" i.A. der Umweltminister-Konferenz Norddeutschland, vertreten durch den Sozialmin. des Landes Schleswig-Holstein. – Hamburg.

ARGE Elbe (Arbeitsgemeinschaft für die Reinhaltung der Elbe) (1978): Wassergütedaten der Elbe, Abflußjahr 1977. – Hamburg.

ARGE Weser (Arbeitsgemeinschaft der Länder zur Reinhaltung der Weser) (1976–1978): Zahlentafel der physikalisch-chemischen Untersuchungen 1975, 1976, 1977.

BECKER, G., GIENAPP, H., SCHMIDT, D., STRÜBIG, K., DOERFFER, R. (1979): Flugzeugmeßprogramm in der Deutschen Bucht. – Umschau 79 (24), 774–777.

BFG (Bundesanstalt für Gewässerkunde) (1979): Jahresbericht 1978. – Koblenz.

BFG (1978): Zahlentafel der biologischen Untersuchungen im Ems-Ästuar 1974–1976.

BFG, NWUA (Niedersächsisches Wasseruntersuchungsamt) (1976–1978): Zahlentafel der chemischen Untersuchungen im Ems-Ästuar 1971–1977.

BMFT (Bundesminister für Forschung u. Technologie) (1976): Gesamtprogramm Meeresforschung und Meerestechnik 1976–1979. – Bonn.

BODECHTEL, J. (1978): Fernerkundung – Satellitenphotographie im Dienst der Wissenschaft. – Bild der Wissenschaft (10), 62–68.

Bund/Länder-Meßprogramm (o.J.): Gewässergütemessung in den Ästuaren und Küstengewässern der Bundesrepublik Deutschland. – Gemeinsames Bund/Länder-Meßprogramm für die Nordsee. – Konzept.

COST (Europ. Zusammenarbeit auf dem Gebiet der wissenschaftlichen u. technischen Forschung) Aktion 47 (1979): Gemeinsame Absichtserklärung zur Durchführung einer europäischen Forschungsaktion betreffend küstennahe benthonische Ökosysteme, vom 5. 4. 1979.

DFG (Deutsche Forschungsgemeinschaft, Senatskommission für Ozeanographie) (1979): Meeresforschung in den achtziger Jahren – Grundlagenforschung in der Bundesrepublik Deutschland. – Boppard (Boldt).

DHI (Deutsches Hydrographisches Institut) (1978): Reinhaltung des Meeres. – Hamburg.

ERL (Environmental Resources Limited) (1979): A study of EEC Costal Waters. – A report on the quality of coastal waters in the European Community and treatment of effluents discharged into these waters, prepared for the Environment and Consumer Protection Service of the Commission of the European Communities, Vol. 1–10, London, Februar 1979. Vol. 1: Final Report, Vol. 6: Germany.

ECE (1979): Übereinkommen über weiträumige grenzüberschreitende Luftverschmutzung. – Amtsblatt der EG Nr. C 218/2 bis 8 vom 10. 11. 1979.

EG-Dokument 8433/79 ENV 124: Richtlinie des Rates vom 30. Oktober 1979 über die Qualitätsanforderungen an Muschelgewässer. – Amtsblatt der EG, Nr. L 281/47 bis 52 vom 10. 11. 1979.

HINZPETER, H. (1978): Meeresforschung – die Arbeit des Sonderforschungsbereiches 94 der Deutschen Forschungsgemeinschaft – Hamburg.

ICES (1979): Report of the ICES Advisory Committee on Marine Pollution, 1978. – Cooperative Research Report 84.

KOHNKE, D. P. (1978): Ein Versuchsprojekt für die weltweite Überwachung der Ölverschmutzung der Meere. – SEEWART 39 (6), 241–249.

KOSCHE, H. (1977): Möglichkeiten der Überwachung der Küstengewässer der Bundesrepublik Deutschland. – Friedrichshafen (Dornier System). – Bundesmin. für Forschung u. Technologie, Forschungsbericht M 77–11.

Landesamt für Wasserhaushalt und Küsten Schleswig-Holstein (1978): Belastung der Nordsee im schleswig-holsteinischen Küstengebiet. (2 Bde).

Verzeichnis der Abkürzungen

ACOPS	Advisory Council on Oil Pollution of the Seas		Ed	Edited, Editor
ARGE Elbe	Arbeitsgemeinschaft für die Reinhaltung der Elbe		EG	Europäische Gemeinschaft(en)
			EGW	Einwohnergleichwert
ARGE Weser	Arbeitsgemeinschaft der Länder zur Reinhaltung der Weser		ELG	Einsatzleitungsgruppe (bei Ölunfällen)
BAH	Biologische Anstalt Helgoland		EPA	Environmental Protection Agency, USA
BFAF	Bundesforschungsanstalt für Fischerei		ERL	Environmental Resources Limited, London
BfG	Bundesanstalt für Gewässerkunde		FAO	Food and Agriculture Organization, Ernährungs- und Landwirtschaftsorganisation der VN
BGBl	Bundesgesetzblatt			
BMFT	Bundesminister(ium) für Forschung und Technologie		FSK	Festlandsockel
BMI	Bundesminister(ium) des Innern		GESAMP	Joint Group of Experts of the Scientific Aspects of Marine Pollution, Vereinigte Gruppe von Sachverständigen für die wissenschaftlichen Gesichtspunkte der Meeresverschmutzung
BML	Bundesminister(ium) für Ernährung, Landwirtschaft und Forsten			
BMV	Bundesminister(ium) für Verkehr			
BRT	Bruttoregistertonnen			
BSB	Biologischer Sauerstoffbedarf		GIPME	Global Investigation of Pollution in the Marine Environment, Globale Untersuchungen der Verschmutzung der Meeresumwelt
BVerwG	Bundesverwaltungsgericht			
CCKW	Chlorierte cyclische Kohlenwasserstoffe			
CONCAWE	The Oil Companies International Study Group of Clean Air and Water-Europe		HCH	Hexachlorcyclohexan, Pflanzenschutzmittel
			IACS	International Association of Classification Societies, Internationale Vereinigung der Schiffsklassifikationsgesellschaften
Conf	Conference			
COW	Crude Oil Washing, Reinigung von Öltanks mit Rohöl			
CSB	Chemischer Sauerstoffbedarf		IAEA	International Atomic Energy Agency, Internationale Agentur für Atomenergie
DDT	Dichlor-diphenyl-trichloräthan, Insektizid			
DFG	Deutsche Forschungsgemeinschaft		IAWR	Internationale Arbeitsgemeinschaft der Wasserwerke im Rheineinzugsgebiet
DFVLR	Deutsche Forschungs- und Versuchsanstalt für Luft- und Raumfahrt			
			ICES	International Council for the Exploration of the Sea, Internationaler Rat für Meeresforschung
DHI	Deutsches Hydrographisches Institut			
Doc.	Document		ICJ	International Court of Justice, Internationaler Gerichtshof
DOC	Dissolved organic carbon, Gelöster organisch gebundener Kohlenstoff		ICNAF	International Commission for the Northwest Atlantic Fisheries
DOD	Deutsches Ozeanographisches Datenzentrum		ICNT	Informal Composite Negotiating Text (der Seerechtskonferenz)
DOE	Department of the Environment, GB		ICRP	Internationale Strahlenschutzorganisation
DoT	Department of Trade, GB		ICS	International Chamber of Shipping
ECE	Economic Commission for Europe, Wirtschaftskommission der VN für Europa		IGH	Interntionaler Gerichtshof
			IGOSS	Integrated Global Ocean Station System

IKU	Institutt for Kontinentalsokkelundersøkelser, Norwegisches Institut für Untersuchungen des Kontinentalsockels	OCIMPF	Oil Companies International Marine Forum
		OECD	Organisation für wirtschaftliche Zusammenarbeit und Entwicklung
ILM	International Legal Materials	ÖKS	Öl- und Katastrophenschutz e. V.
ILO	International Labour Organization	OILPOL	Intern. Übereinkommen zur Verhütung der Verschmutzung der See durch Öl
IMCO	Intergovernmental Maritime Consultative Organization		
IOC	International Oceanographic Commission, Zwischenstaatliche Ozeanographische Kommission	OSCOM	Kommission zur Oslo-Konvention
		ÖSK	Ölunfallausschuß See/Küste
		PARCOM	Kommission zur Pariser Konvention
ISNT	Informal Single Negotiating Text		
ITOPF	International Tanker Owners' Pollution Federation	PCB	Polychloriertes Biphenyl
		Rev.	Revision
JMG	Joint Monitoring Group	RSNT	Revised Single Negotiating Text
KMM	Koordinierungsausschuß Meeresforschung und Meerestechnik	SACSA	Standing Advisory Committee for Scientific Advice (für Oslo-Abkommen)
LAGA	Länderarbeitsgemeinschaft Abfall		
LAWA	Länderarbeitsgemeinschaft Wasser	SCOR	Scientific Committee on Oceanic Research
LDC/SC	London Dumping Convention – Ad hoc Scientific Group on Dumping		
		SkN	Seekarten-Null
LOT	Load On Top, Verfahren zur Tankerreinigung	SOLAS	Intern. Übereinkommen zum Schutz des menschlichen Lebens auf See
LROP	Landesraumordnungsprogramm		
MAPMOPP	Marine Pollution (Petroleum) Monitoring Pilot Project	TAC	Total Allowable Catch
		TSPP	International Conference on Tanker Safety and Pollution Prevention
MARPOL	Intern. Übereinkommen zur Verhütung der Meeresverschmutzung durch Schiffe		
		UBA	Umweltbundesamt
MARPOLMON	Marine Pollution Monitoring	UNEP	United Nations Environmental Programme
MEPC	Marine Environmental Protection Committee		
		UNTS	United Nations Treaty Series
MThw	Mittleres Tiedenhochwasser	VkBl	Verkehrsblatt
MTnw	Mittleres Tiedenniedrigwasser	VTG/DB	Verkehrstrennungsgebiet Deutsche Bucht
MSY	Maximum Sustainable Yield		
NAS	National Acadamy of Sciences, USA	WHG	Wasserhaushalts-Gesetz
		WHO	World Health Organization, Weltgesundheitsorganisation
NfS	Nachrichten für Seefahrer		
NN	Normalnull	WMO	World Meteorological Organization, Meterologische Weltorganisation
NODC	National Oceanographic Data Center, Washington D.C., USA		
		WSA	Wasser- und Schiffahrtsamt
NOU	Norges Offentlige Utredninger	WSD	Wasser- und Schiffahrtsdirektion
NRT	Nettoregistertonnen	WSV	Wasser- und Schiffahrtsverwaltung
NWUA	Niedersächsisches Wasseruntersuchungsamt	ZMK	Zentraler Meldekopf (für Ölunfälle)

Bisher veröffentlichte Gutachten des Sachverständigenrates

1. Sondergutachten   „Auto und Umwelt"
                      104 Seiten, DIN A 5, kartoniert, erschienen im Oktober 1973, Preis: DM 9,–
                      Verlag W. Kohlhammer GmbH, Postfach 42 11 20, 6500 Mainz 42
                      vergriffen

2. Sondergutachten   „Die Abwasserabgabe"
                      90 Seiten, DIN A 4, kartoniert, erschienen im Februar 1974, Preis: DM 6,–
                      Verlag W. Kohlhammer GmbH, Postfach 42 11 20, 6500 Mainz 42
                      vergriffen

Hauptgutachten   „Umweltgutachten 1974"
                      320 Seiten, Format 18,4 x 26,4 cm, Plastikeinband, erschienen im Juni 1974,
                      Preis: DM 28,–
                      Verlag W. Kohlhammer GmbH, Postfach 42 11 20, 6500 Mainz 42
                      vergriffen

                      als Bundestagsdrucksache 7/2802
                      320 Seiten, DIN A 4, geheftet, Preis: DM 8,60
                      Verlag Dr. Hans Heger, Postfach 8 21, 5300 Bonn-Bad Godesberg 1

3. Sondergutachten   „Umweltprobleme des Rheins"
                      258 Seiten, 9 mehrfarbige Karten, Format 18,4 x 26,4 cm, Plastikeinband, erschienen
                      im Mai 1976, Preis: DM 20,–
                      Verlag W. Kohlhammer GmbH, Postfach 42 11 20, 6500 Mainz 42

                      als Bundestagsdrucksache 7/5014
                      258 Seiten, 9 mehrfarbige Karten, DIN A 4, kartoniert, Preis: DM 11,20
                      Verlag Dr. Hans Heger, Postfach 821, 5300 Bonn-Bad Godesberg 1

Hauptgutachten   „Umweltgutachten 1978"
                      638 Seiten, Format 18,4 x 26,4 cm, Plastikeinband, erschienen im August 1978,
                      Preis: DM 33,–
                      Verlag W. Kohlhammer GmbH, Postfach 42 11 20, 6500 Mainz 42

                      als Bundestagsdrucksache 8/1938
                      638 Seiten, DIN A 4, geheftet, Preis: DM 12,60
                      Verlag Dr. Hans Heger, Postfach 821, 5300 Bonn-Bad Godesberg 1

Stellungnahme   „Umweltchemikalien"
                      Entwurf eines Gesetzes zum Schutz vor gefährlichen Stoffen, mit Stellungnahme des
                      Rates
                      74 Seiten, erschienen im September 1979
                      Herausgeber: Bundesministerium des Innern, Referat Öffentlichkeitsarbeit, Grau-
                      rheindorfer Straße 198, 5300 Bonn

Register

Das Register enthält Sachbegriffe, Gesetzesbezeichnungen, geographische Begriffe und Institutionsbezeichnungen, soweit sie im Umweltzusammenhang von Bedeutung sind. Es wird auf Textziffern und nicht auf Seitenzahlen verwiesen. Anhänge I und II am Ende von Abschnitt 10.2, Kartenanlage am Ende des Gutachtens.

Anlagen

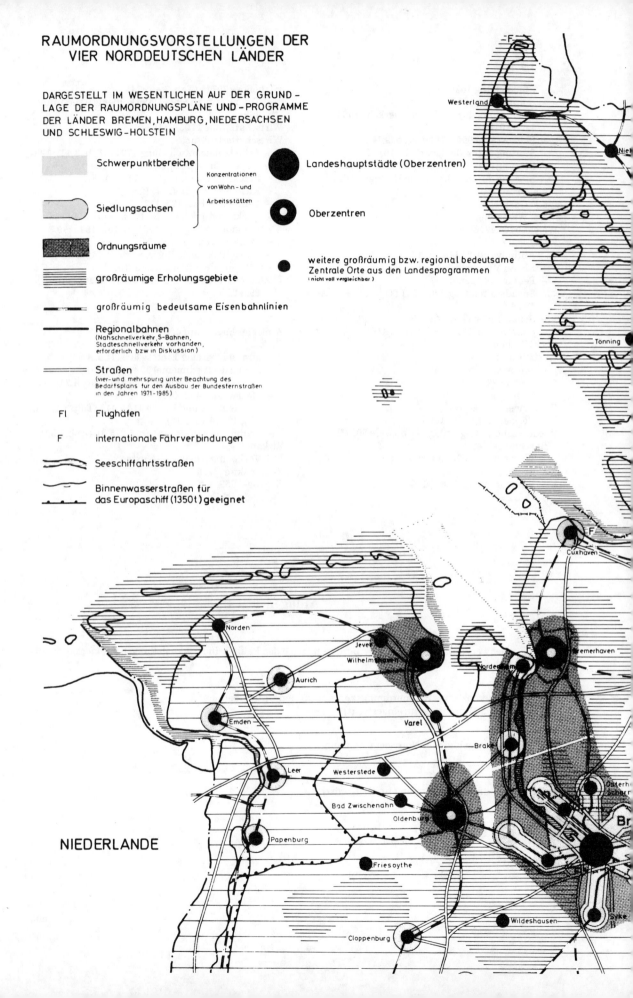

RAUMORDNUNGSVORSTELLUNGEN DER VIER NORDDEUTSCHEN LÄNDER

DARGESTELLT IM WESENTLICHEN AUF DER GRUND-
LAGE DER RAUMORDNUNGSPLÄNE UND -PROGRAMME
DER LÄNDER BREMEN, HAMBURG, NIEDERSACHSEN
UND SCHLESWIG-HOLSTEIN

Schwerpunktbereiche

Siedlungsachsen

Konzentrationen
von Wohn- und
Arbeitsstätten

Ordnungsräume

großräumige Erholungsgebiete

großräumig bedeutsame Eisenbahnlinien

Regionalbahnen
(Nahschnellverkehr, S-Bahnen,
Stadteschnellverkehr vorhanden,
erforderlich bzw. in Diskussion)

Straßen
(vier- und mehrspurig unter Beachtung des
Bedarfsplans für den Ausbau der Bundesfernstraßen
in den Jahren 1971-1985)

Fl   Flughäfen

F   internationale Fährverbindungen

Seeschiffahrtsstraßen

Binnenwasserstraßen für
das Europaschiff (1350 t) geeignet

Landeshauptstädte (Oberzentren)

Oberzentren

weitere großräumig bzw. regional bedeutsame
Zentrale Orte aus den Landesprogrammen
(nicht voll vergleichbar)

Westerland

Niel

Tönning

Cuxhaven

Norden

Jever

Wilhelm

Nordedam

remerhaven

Aurich

Emden

Varel

Brake

Osterh
Scharn

Leer

Westerstede

Oldenb

Br

Bad Zwischenahn

NIEDERLANDE

Papenburg

Friesoythe

Wildeshausen

Cloppenburg

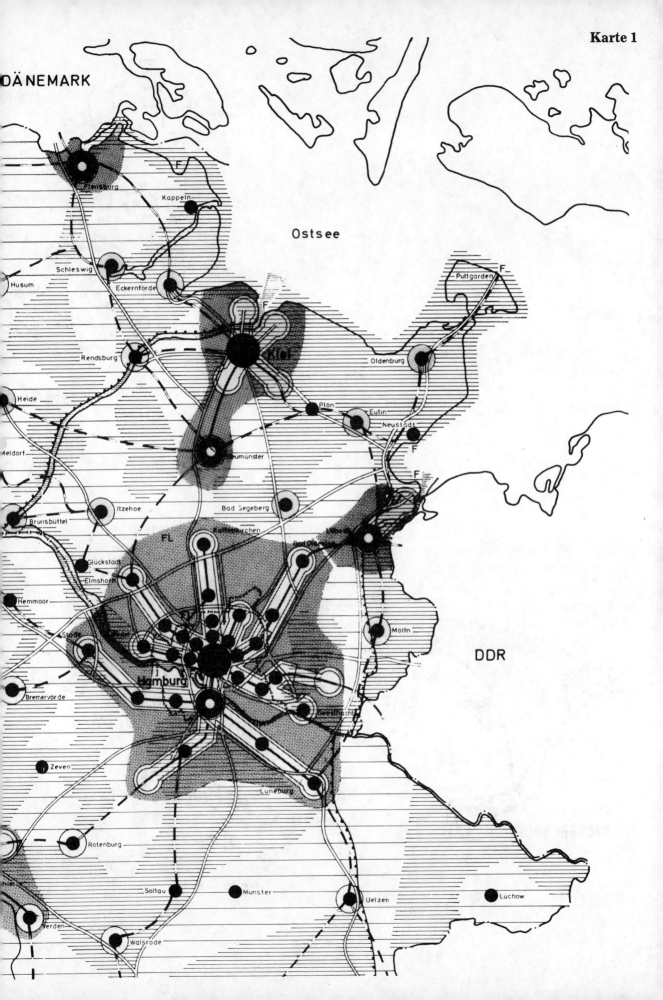

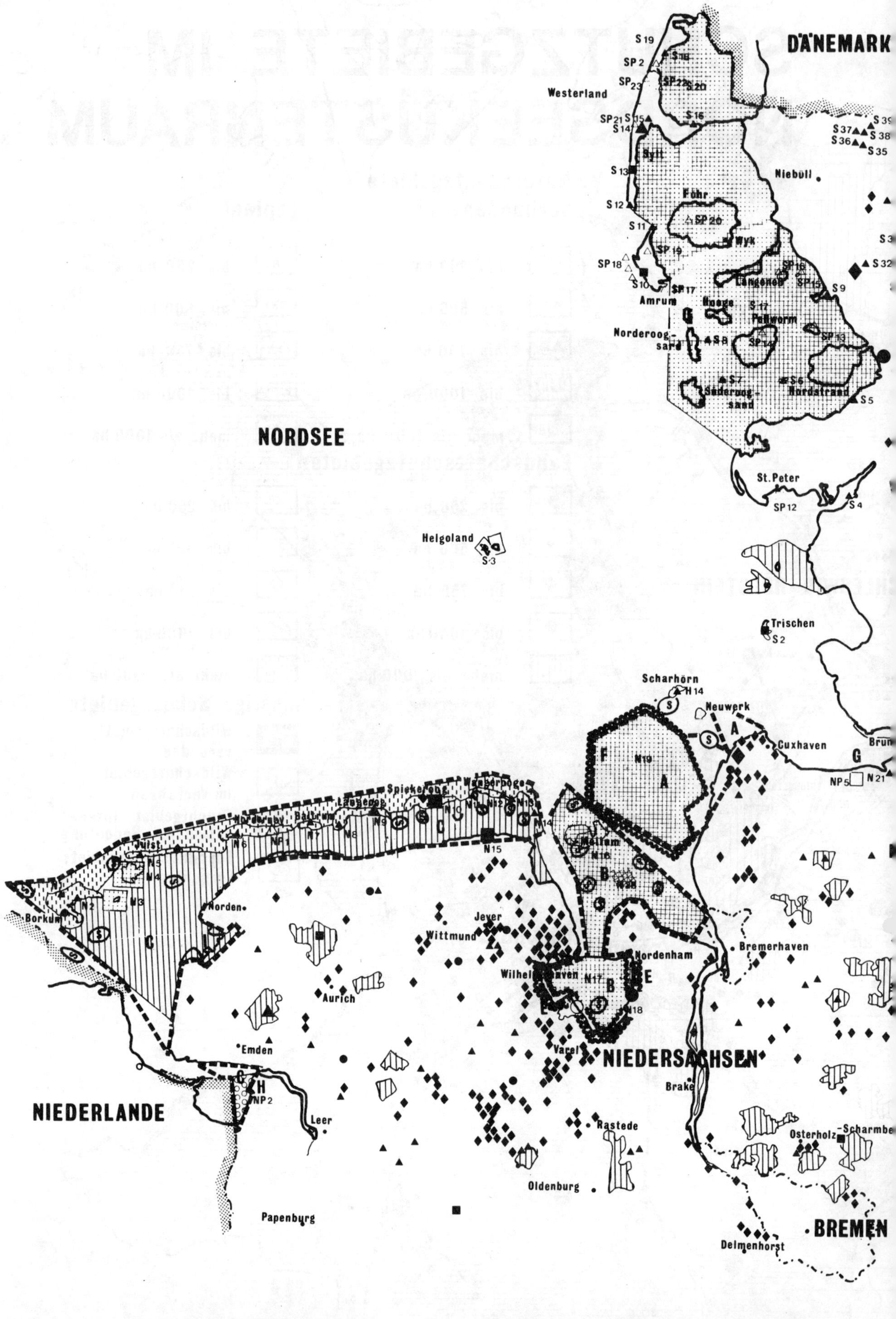

DÄNEMARK

NORDSEE

NIEDERLANDE

NIEDERSACHSEN

BREMEN

Westerland
S 19
SP 2
S 18
SP 23
SP 22
S 20
SP 21
S 15
S 16
S 14
Sylt
S 37
S 39
S 36
S 38
S 35
Niebüll
S 13
Föhr
S 12
SP 20
S 11
Wyk
SP 19
S 3
SP 18
SP 16
S 32
S 10
SP 17
Langeneß
SP 15
S 9
Amrum
S 11
Hooge
G
Pellworm
Norderoog-
sand
S 8
SP 14
SP 13
S 6
Süderoog-
sand
Nordstrand
S 5

St. Peter
SP 12
S 4

Helgoland
S 3

Trischen
S 2

Scharhörn
H 14
S
Neuwerk
A
S
Cuxhaven
Brun
G
F
N 10
A
NP 5
N 21
Spiekeroog
Wangerooge
Langeoog
Norderney
Baltrum
N 9
N 8
Memmert
N 11
N 12
N 13
N 14
Mellum
N 16
N 15
Juist
N 7
N 5
N 4
B
N 38
Norden
N 2
N 3
Borkum
C
Jever
Bremerhaven
Wittmund
Nordenham
Wilhelmshaven
N 17
B
E
Aurich
Varel
N 18
Emden
Brake
G ZH
NP 2
NIEDERLANDE
Leer
Rastede
Osterholz
Scharmbe
Oldenburg
Papenburg
Delmenhorst

SCHUTZGEBIETE IM NORDSEEKÜSTENRAUM

Naturschutzgebiete

vorhanden		geplant	
▲H1	bis 250 ha	△N9	bis 250 ha
■H3	bis 500 ha	□N8	bis 500 ha
▲H	bis 750 ha	△N6	bis 750 ha
■H7	bis 1000 ha	□N7	bis 1000 ha
H6	mehr als 1000 ha	N5	mehr als 1000 ha

Landschaftschutzgebiete

◆	bis 250 ha	◇	bis 250 ha
●	bis 500 ha	○	bis 500 ha
◆	bis 750 ha	◇	bis 750 ha
●	bis 1000 ha	○	bis 1000 ha
‖‖‖	mehr als 1000 ha	▦	mehr als 1000 ha

Sonstige Schutzgebiete

E	Wildschutzgebiet, verordnet
J	Wildschutzgebiet, im Verfahren
⟋⟍	Feuchtgebiet internationaler Bedeutung
⊘	Seehundschutzgebiet, Vorschlag

Geographisches Institut
der Universität Kiel
Neue Universität

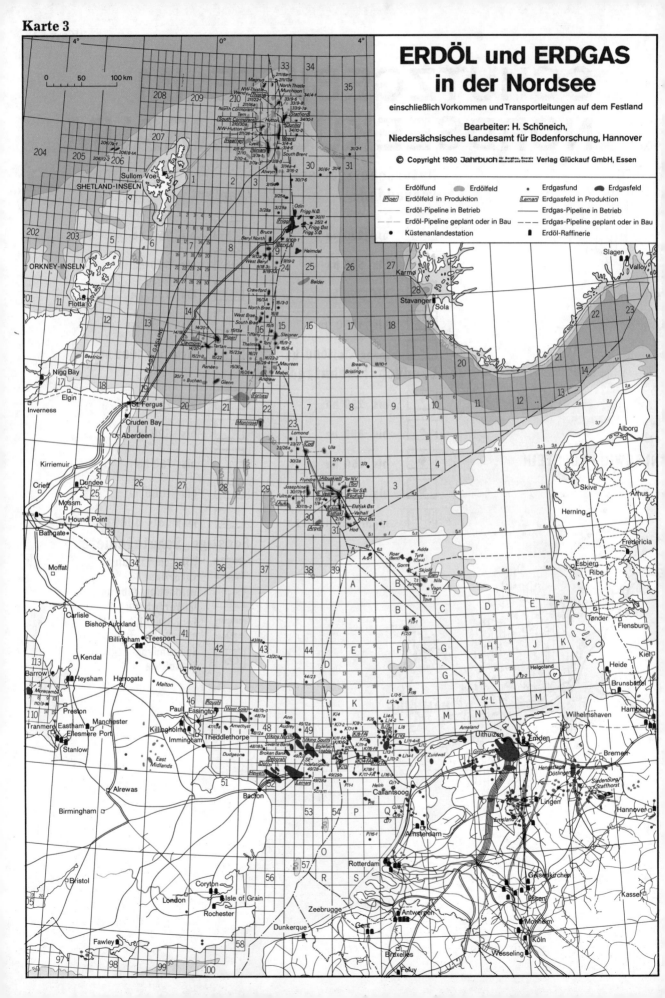

Karte 3

ERDÖL und ERDGAS in der Nordsee

einschließlich Vorkommen und Transportleitungen auf dem Festland

Bearbeiter: H. Schöneich,
Niedersächsisches Landesamt für Bodenforschung, Hannover

© Copyright 1980 **Jahrbuch** für Bergbau, Energie Mineralöl und Chemie Verlag Glückauf GmbH, Essen

- Erdölfund
- Erdölfeld
- Erdgasfund
- Erdgasfeld
- *Piper* Erdölfeld in Produktion
- *Leman* Erdgasfeld in Produktion
- Erdöl-Pipeline in Betrieb
- Erdgas-Pipeline in Betrieb
- Erdöl-Pipeline geplant oder in Bau
- Erdgas-Pipeline geplant oder in Bau
- Küstenanlandestation
- Erdöl-Raffinerie